Carl Friedrich von Weizsäcker
Aufbau der Physik

Carl Friedrich von Weizsäcker
Aufbau der Physik

Carl Hanser Verlag

ISBN 978-3-446-25150-2
Alle Rechte vorbehalten
© Carl Hanser Verlag 1985 / 2002
Satz: Fotosatz Otto Gutfreund, Darmstadt
Printed in Germany

Albert Einstein

Niels Bohr

Werner Heisenberg

Inhalt

Vorwort	15
Abkürzungen	21

1. Kapitel: Einleitung
    1. Die Frage — 23
    2. Gliederung — 25
    3. Gedankengang — 28
        a. Methodisches — 28
        b. Zeitliche Logik — 29
        c. Wahrscheinlichkeit — 30
        d. Irreversibilität, Evolution, Informationsstrom — 31
        e. Das Gefüge der Theorien — 32
        f. Abstrakte Quantentheorie — 34
        g. Konkrete Quantentheorie — 37
        h. Deutungsfragen — 38
    4. Vorschlag zu einem kurzen Durchgang durch das Buch — 41

Erster Teil:
Zeit und Wahrscheinlichkeit

2. Kapitel: Logik zeitlicher Aussagen
    1. Logik zeitlicher Aussagen als Postulat — 47
    2. Wie begründet man Logik? — 53
    3. Präsentische und perfektische Aussagen — 64
    4. Futurische Aussagen — 79
    5. Der klassische Aussagenverband — 88

3. Kapitel: Wahrscheinlichkeit
    1. Wahrscheinlichkeit und Erfahrung — 100
    2. Der klassische Wahrscheinlichkeitsbegriff — 105
    3. Empirische Bestimmung von Wahrscheinlichkeiten — 111
    4. Zur Wahrscheinlichkeitsbewertung von Prognosen — 116

4. Kapitel: Irreversibilität und Entropie
   1. Irreversibilität als Problem 119
   2. Ein Modell irreversibler Vorgänge 128
   3. Dokumente 139
   4. Kosmologie und Relativitätstheorie 149
5. Kapitel: Information und Evolution
   1. Der systematische Ort des Kapitels 163
   2. Was ist Information? 165
   3. Was ist Evolution? 168
   4. Information und Wahrscheinlichkeit 170
   5. Evolution als Wachstum potentieller Information 174
      a. Grundgedanke 174
      b. Kondensationsmodell 181
      c. Schlußbemerkungen 186
   6. Information als Nutzen
      a. These 189
      b. Information als Nutzenfunktion für subjektive Wahrscheinlichkeiten 192
      c. Subjektive und objektive Wahrscheinlichkeit und der Informationsbegriff 194
      d. Der Sinn der Gleichsetzung von Nutzen und Information 197
   7. Pragmatische Information: Erstmaligkeit und Bestätigung
      a. Pragmatische Information 200
      b. Erstmaligkeit und Bestätigung 203
      c. Ein Modell 204
   8. Biologische Präliminarien zur Logik
      a. Methodisches 207
      b. Die Erkenntnisförmigkeit des Lebens 207
      c. Ein Weg zum pragmatischen Wahrheitsbegriff 210
      d. Die Zweiwertigkeit der Logik 212

Zweiter Teil:
Die Einheit der Physik

6. Kapitel: Das Gefüge der Theorien
   1. Vorbemerkung 219
   2. Klassische Punktmechanik 223
      a. Erste Analyse des Sinns der Grundgleichungen 223
      b. Körper, Massenpunkt, Systeme von Massenpunkten 229
      c. Kraft, Trägheit, Wechselwirkung 234
      d. Raum 237
      e. Zeit 240
   3. Mathematische Formen der Naturgesetze 242
   4. Chemie 246
   5. Thermodynamik 250
   6. Feldtheorien 252
   7. Nichteuklidische Geometrie und semantische Konsistenz 253
   8. Das Relativitätsproblem 255
   9. Spezielle Relativitätstheorie 261
   10. Allgemeine Relativitätstheorie 266
      a. Einsteins Theorie 266
      b. Eine Notiz zur philosophischen Debatte 269
      c. Abweichende physikalische Argumente 269
      d. Kosmologie 274
   11. Quantentheorie, historisch 276
      a. 1900–1925. Planck, Einstein, Bohr 276
      b. Quantenmechanik 279
      c. Elementarteilchen 280
   12. Quantentheorie, Plan der Rekonstruktion 280

7. Kapitel: Vorüberlegungen zur Quantentheorie
   1. Die Unmöglichkeit einer fundamentalen klassischen Physik 287
      a. Grundsätzliches 287
      b. Postulate der klassischen Physik 291
   2. Bohrs Begriff der Individualität der Prozesse 295
   3. Wahrscheinlichkeitspostulate und Quantentheorie 300

4. Zweite Quantelung	306
5. Feynmans Fassung der Quantentheorie	310
6. Quantenlogik	313
a. Der quantentheoretische Aussagenverband	313
b. Volle Quantenlogik	318
7. Ein Rückblick	319

8. Kapitel: Rekonstruktion der abstrakten Quantentheorie

1. Methodisches	330
a. Der Begriff der Rekonstruktion	330
b. Abstrakte Quantentheorie	332
c. Vier Wege der Rekonstruktion	333
2. Erster Weg: Rekonstruktion über Wahrscheinlichkeiten und den Aussagenverband	334
A. Alternativen und Wahrscheinlichkeiten	334
B. Objekte	335
C. Letzte Aussagen über ein Objekt	336
D. Finitismus	337
E. Zusammensetzung von Alternativen und von Objekten	338
F. Die Wahrscheinlichkeitsfunktion	339
G. Objektivität	340
H. Indeterminismus	340
I. Skizze des Aufbaus der Quantentheorie	341
Historische Anmerkung	342
3. Zweiter Weg: Rekonstruktion über Wahrscheinlichkeiten direkt zum Vektorraum	343
a. Zwei methodische Vorbemerkungen	344
1. Definition der empirisch entscheidbaren Alternative	344
2. Unschädliche Allgemeinheit	344
b. Drei Postulate über Alternativen	345
1. Trennbarkeit	345
2. Erweiterung	346
3. Kinematik	347
c. Drei Folgerungen	348
1. Zustandsraum	348
2. Symmetrie	348
3. Dynamik	350

    d. Schlußbemerkung 352
 4. Dritter Weg: Rekonstruktion über Amplituden
    zum Vektorraum. 352
    Abstrakte Quantentheorie. Entwurf,
    September 1974 354
 5. Erläuterungen zum dritten Weg 369

9. Kapitel: Spezielle Relativitätstheorie
 1. Konkrete Quantentheorie 379
    a. Raum 379
    b. Teilchen 384
    c. Wechselwirkung 384
 2. Vierter Weg: Rekonstruktion der Quanten-
    theorie über variable Alternativen 385
    a. Variable Alternativen 385
       α. Drei Postulate 385
          1. Fundierung der Möglichkeiten 385
          2. Offener Finitismus 386
          3. Aktuale Alternative 387
       β. Drei Folgerungen 388
          1. Determinismus der Möglichkeiten 388
          2. Variable Alternativen 389
          3. Wachstum der Möglichkeiten 389
    b. Uralternativen 390
       1. Theorem der logischen Zerlegung der
          Alternativen 390
       2. Theorem der mathematischen Zerlegung
          der Zustandsräume 391
       3. Postulat der Wechselwirkung 392
       4. Postulat der Ununterscheidbarkeit der Ure 393
    c. Der Tensorraum der Ure 393
 3. Raum und Zeit 396
    a. Realistische Hypothese 396
    b. Der Einstein-Kosmos: ein Modell des Raums 399
    c. Trägheit 400
    d. Spezielle Relativitätstheorie im binären
       Tensorraum 402
    e. Konforme spezielle Relativitätstheorie 404
    f. Relativität der Ure 409

10. Kapitel: Teilchen, Felder, Wechselwirkung

1. Offene Fragen — 413
   a. Rekapitulation — 413
   b. Programm — 416
2. Darstellungen im Tensorraum — 418
   a. Grundoperationen in T_n — 418
   b. Grundoperationen in T — 421
   c. Bose-Darstellungen — 423
   d. Parabose-Darstellungen — 424
   e. Mehrfache Quantelung in der Urtheorie — 429
3. Wechselwirkung im Tensorraum — 431
   a. Produkte von Darstellungen — 431
   b. Wechselwirkung — 433
   c. Energie — 436
4. Quasiteilchen in starren Ortsräumen — 440
   a. Einstein-Raum — 440
   b. Globaler Minkowski-Raum — 442
   c. Lokaler Minkowski-Raum — 445
5. Modell der Quantenelektrodynamik — 449
   a. Alter Entwurf, neues Programm — 449
   b. Masseloses Lepton — 450
   c. Relativistische Invarianz — 454
   d. Das Maxwell-Feld — 456
   e. Elektromagnetische Wechselwirkung — 458
      α. Die Gestalt der Gleichungen — 459
      β. Trennbarkeit — 459
      γ. Konstanten — 460
6. Elementarteilchen — 462
   a. Vorgeschichte: Atomismus oder einheitliche Feldtheorie — 462
   b. Das Angebot der Urtheorie — 464
   c. Systematik und Eichgruppen — 467
   d. Ruhmassen — 470
7. Allgemeine Relativitätstheorie — 476
   a. Das Problem der Raumstruktur — 476
   b. Klassisches metrisches Feld — 479
   c. Quantentheorie der Gravitation — 483
   d. Kosmologie — 484

Dritter Teil:
Zur Deutung der Physik

11. Kapitel: Das Deutungsproblem der Quantentheorie
- 1. Zur Geschichte der Deutung — 489
  - a. Die Aufgabe — 489
  - b. Vorgeschichte der Deutungsdebatte — 490
  - c. Schrödinger — 493
  - d. Born — 495
  - e. De Broglie — 498
  - f. Heisenberg — 498
    - α) Quantenmechanik — 498
    - β) Unbestimmtheitsrelation — 500
    - γ) Teilchenbild und Wellenbild — 503
  - g. Bohr — 506
  - h. Neumann — 511
  - i. Einstein — 512
- 2. Die semantische Konsistenz der Quantentheorie — 514
  - a. Vier Stufen semantischer Konsistenz — 514
  - b. Messung als Informationsgewinn — 515
  - c. Meßtheorie, klassisch — 519
    - α) Die Idee einer Quantentheorie der Messung — 519
    - β) Die Irreversibilität der Messung — 523
    - γ) Die Rolle des Beobachters in der Kopenhagener Deutung — 526
  - d. Meßtheorie, quantentheoretisch — 531
  - e. Quantentheorie des Subjekts — 535
- 3. Paradoxien und Alternativen — 538
  - a. Vorbemerkung — 538
  - b. Schrödingers Katze: der Sinn der Wellenfunktion — 541
  - c. Wigners Freund: Einbeziehung des Bewußtseins — 543
  - d. Einstein-Podolsky-Rosen: verzögerte Wahl und Realitätsbegriff — 544
    - α) Das Gedankenexperiment — 544
    - β) Ein älteres Gedankenexperiment mit verzögerter Wahl — 547

γ) Semantische Konsistenz der Wahrscheinlichkeitsdeutung, anhand des
EPR-Modells 550
δ) Einsteins Realitätsbegriff 552
ε) Raum und Objekt 557
e. Verborgener Parameter 560
f. Das quantentheoretische Mehrwissen 561
g. Poppers Realismus 563
h. Everetts Mehr-Welten-Theorie: Möglichkeit und Faktizität 563

12. Kapitel: Der Informationsstrom
1. Die Suche nach der Substanz 567
2. Der Informationsstrom in der Quantentheorie 572
3. Geist und Form 580

13. Kapitel: Jenseits der Quantentheorie
1. Grenzüberschreitung 588
   a. Physik jenseits der Quantentheorie 589
   b. Menschliches Wissen jenseits der Physik 591
   c. Sein jenseits menschlichen Wissens 593
2. Faktizität der Zukunft 595
3. Möglichkeit der Vergangenheit 603
4. Umfassende Gegenwart 612
5. Jenseits der Physik 617

14. Kapitel: In der Sprache der Philosophen
1. Exposition 621
2. Wissenschaftstheorie 622
3. Physik 627
4. Metaphysik 634

Personenregister 643
Sachregister 647
Literatur 656

Vorwort

Das Buch berichtet über einen Versuch, die Einheit der Physik zu verstehen. Diese Einheit hat sich in unserem Jahrhundert in unerwarteter Form zu enthüllen begonnen. Der wichtigste Schritt dazu war die Entstehung der Quantentheorie. Deshalb ist der Schwerpunkt des Buchs das Bemühen, die Quantentheorie zu verstehen. »Verstehen« bedeutet hier nicht bloß, die Theorie praktisch anwenden zu können; in diesem Sinne ist sie seit langem verstanden. Es bedeutet, sagen zu können, was man tut, wenn man die Theorie anwendet. Dieses Bemühen hat mich einerseits, reflektierend, in die Grundlagen der Theorie der Wahrscheinlichkeit und der Logik zeitlicher Aussagen geführt, andererseits, vorschreitend, in einen, wie mir scheint, aussichtsreichen Versuch, die Theorie so fortzubilden, daß aus ihr auch die Relativitätstheorie und ein Grundgedanke für die Theorie der Elementarteilchen abzuleiten wäre. Wenn dieser Versuch Erfolg hätte, käme man der realen Einheit der Physik als verstandener Theorie einen Schritt näher. Das Verständnis der Einheit der Physik ist andererseits wohl Vorbedingung der Einsicht in ihren philosophischen Sinn, also in ihre Rolle bei unserem Bestreben, uns der Einheit der Wirklichkeit zu öffnen. Dies schließlich dürfte nötig sein, wenn wir verstehen wollen, was die Naturwissenschaft für die Entwicklung der neuzeitlichen Kultur bedeutet, als Schlüssel zu tiefen, wirkungsvollen und lebensgefährlichen Einsichten.

Ich habe dem Buch die drei Namen Albert Einstein, Niels Bohr, Werner Heisenberg vorangestellt. Einstein war der Genius des Jahrhunderts. Die Relativitätstheorie ist sein Werk, die Quantentheorie ist durch ihn auf den Weg gekommen. Alle Jüngeren stehen im Bann seiner Einsichten. Bohr war der fragende Meister der Atomtheorie. Er drang in Bereiche vor, denen Einstein sich verschloß; die Vollendung der Quantentheorie ist das Werk seiner Schüler. Heisenberg tat mit der Quantenmechanik den ersten Schritt auf festen Boden. In der Generation der Vollender der Quantentheorie war er primus inter pares. Als seinesgleichen darf man vielleicht Dirac, Pauli,

Fermi nennen. Die Entstehung der neuen Physik ist ein kollektives Werk. Unerläßlich war die Arbeit von Planck, der die Tür zur Quantentheorie öffnete, von Rutherford, der in der experimentellen Erforschung der Atome so der Meister und Lehrer war wie dann sein Schüler Bohr in der Theorie, von Sommerfeld, von de Broglie und Schrödinger, von Born und Jordan, und von vielen Experimentatoren, die ich nicht aufzähle.

Die Nennung der drei Namen hat für mich auch die persönliche Bedeutung verehrender und liebender Erinnerung. Einstein bin ich leider nie begegnet. Aber sein Name war mir schon als Schüler geläufig, und seine Größe habe ich von Jahrzehnt zu Jahrzehnt besser verstehen gelernt. Bohr hat mir, als ich neunzehn Jahre alt war, die philosophische Dimension der Physik eröffnet. Er hat mir damit das gegeben, was ich in der Physik gesucht hatte. An ihm habe ich verstehen gelernt, wie Sokrates auf seine Schüler gewirkt haben muß. Heisenberg zu begegnen war der Glücksfall meines fünfzehnten Lebensjahrs. Er brachte mich in die Physik, lehrte mich ihr Handwerk und ihre Schönheit und wurde der Freund einer Lebenszeit.*

Ein kleines Vergnügen an runden Zahlen darf vielleicht ausgesprochen werden. Ohne daß es so geplant gewesen wäre, erscheint das Buch fast auf den Tag zu Bohrs hundertstem Geburtstag, am 7. Oktober 1985. Vor sechzig Jahren, Pfingsten 1925, fand Heisenberg in Helgoland die Grundlagen der Quantenmechanik. Vor fünfzig Jahren, 1935, veröffentlichte Einstein sein Gedankenexperiment zur Quantentheorie mit Podolsky und Rosen.

Zur Entstehung dieses Buches: Als die Überlegungen begannen, von denen das Buch berichtet, war die Arbeit der Pioniere seit langem abgeschlossen. Heisenberg erzählte mir schon im April 1927, zwei Monate nach unserer ersten Begegnung, die noch unveröffentlichte Unbestimmtheitsrelation. Seitdem wünschte ich, Physik zu studieren, um die Quantentheorie zu verstehen. Aber je länger ich Physiker war, desto klarer wurde

---

* Ich darf hier wohl auf ausführlichere Berichte über die drei verweisen: »Einstein« (1979), »Bohr und Heisenberg. Eine Erinnerung aus dem Jahr 1932« (1982), »Werner Heisenberg« (1977, 1985); bibliographische Hinweise im Literaturverzeichnis.

mir, daß ich die Theorie noch nicht verstand. 1954 kam ich zu dem Schluß, der klassische Horizont des Denkens müsse schon im Bereich der Logik überschritten werden; um 1963 sah ich ein, daß es sich dabei um die Logik der Zeit handelte. Beide Schritte waren vorbereitet. Die zentrale Rolle der Zeit wurde mir in einer Arbeit über den zweiten Hauptsatz der Thermodynamik (1939) klar, in diesem Buch im 4. Kapitel dargestellt. Über Quantentheorie habe ich seit 1931 philosophische Versuche geschrieben, deren haltbarere im Buch *Zum Weltbild der Physik* (1943, abgeschlossen 1957[7]) veröffentlicht wurden. Der Weg zur logischen Deutung ist jetzt in 7.7 geschildert. Erst seit ich diese Deutung gefunden hatte, konnte ich – so empfand ich – sichere Schritte tun. Aber der Weg war sehr lang. 1971 veröffentlichte ich einen Zwischenbericht in dem Buch *Die Einheit der Natur*, noch immer nur einer Aufsatzsammlung. Seitdem habe ich ständig fortgearbeitet.

Die Länge des Wegs lag teils an der Schwierigkeit der Sache, teils an den engen Grenzen meiner mathematischen Fähigkeit. Hätten sich viele Kollegen für die Fragestellung interessiert, so wären die mathematischen Probleme sehr viel schneller gelöst worden. Aber ich konnte ihre Neugier nicht wecken. Der Weg dieser Reflexion lag abseits von der erfolgreichen Marschroute der gegenständlichen Forschung in der Physik. Selbst Heisenberg, der sich von mir über Ergebnisse und Probleme meiner Arbeit stets berichten ließ, sagte mir: »Du bist auf einem guten Weg. Aber ich kann dir nicht helfen. So abstrakt kann ich nicht denken.« Nur der Erfolg weckt die produktive Neugier der Wissenschaftler, und ich hätte dieser Neugier als Hilfe vor dem Erfolg bedurft. Hingegen hat die scheinbare Ablenkung durch Philosophie und Politik in meinem Leben das Tempo dieser Arbeit wohl nur wenig verlangsamt. Philosophie war unerläßlich für eine philosophisch orientierte Analyse der Physik; der Versuch, Platon, Aristoteles, Descartes, Kant, Frege oder Heidegger zu verstehen, war keinerlei Ablenkung von der Sache selbst, also kein Zeitverlust. Sachfremd war die Politik. Aber es wäre mir moralisch unmöglich gewesen, Physik zu treiben und die politischen, vermutlich katastrophalen Folgen physikalischer Erkenntnis auf sich beruhen zu lassen. Die Politik hat mich vielleicht im ganzen zehn Arbeitsjahre gekostet, vielleicht mehr. Doch ging die Arbeit neben der Politik ständig weiter, und das unbewußte Nachdenken hört nicht auf, wenn andere Inhalte zeitweilig das Bewußtsein erfüllen. Schlimmer ist das unausweichliche Erlebnis der Erfolgslosigkeit politischer Anstrengung angesichts der herrschenden Verdrängung der Gefahr.

Die Arbeit ist nicht abgeschlossen. Ich schreibe diesen Bericht jetzt, im Empfinden, daß mir wahrscheinlich keine längere Zeit mehr bleibt, teils im Blick auf mein Lebensalter, teils wegen der unsicheren Zeitläufte. Anders als die *Einheit der Natur* ist das Buch als einheitlich durchgehender Gedankengang entworfen. Eine Schwäche ist sein Umfang. Anscheinend habe ich die Darstellung vieler Einzelheiten und das Beschreiten mehrerer alternativer Wege gebraucht, um die Klarheit über das Ganze zu gewinnen, die mir vielleicht am Ende ermöglicht hätte, alles in einem Bruchteil des jetzigen Umfangs zu sagen. Aber es mag sein, daß bei neuartigen Gedanken die Ausführlichkeit der Darstellung dem Leser zum Verständnis hilft. Jedenfalls habe ich niemals die hermetisch-abweisende Knappheit gesucht, die in der Mathematik verbreitet ist.

Die Fülle des Stoffs hat dazu geführt, den Bericht in zwei Bücher aufzuteilen. Das gegenwärtige Buch, das zuerst erscheint, schildert in einem direkten Durchgang den Aufbau der Physik, wie ich ihn anstrebe. *Aufbau der Physik* habe ich auch als Titel gewählt. *Einheit der Physik* wäre sachlich noch deutlicher gewesen; diesen Titel habe ich nur vermieden, um Verwechslungen mit der *Einheit der Natur* auszuschließen. Ein zweites Buch, unter dem Titel *Zeit und Wissen*, soll die philosophische Reflexion enthalten. Ich muß im jetzigen Augenblick offenlassen, ob es noch einmal unterteilt werden wird.

Das Buch ist ein Forschungsbericht und kein Lehrbuch. Es muß daher beim Leser Vorkenntnisse in den behandelten Sachbereichen voraussetzen. Ich habe mich aber bemüht, den physikalischen und philosophischen Gedankengang breit zu entwickeln, mathematisches Detail jedoch möglichst zu vermeiden. Die mathematische Durchführung wird der Sachkenner selbst vollziehen können, und dem Nichtkenner bliebe sie unverständlich. Ich leugne aber nicht, daß sich in der verbalen Darstellungsweise, zu der allein ich fähig gewesen bin, mathematisch ungeklärte Probleme verbergen mögen, die ich selbst nicht deutlich genug wahrgenommen habe. Die Kapitel 1 bis 6, 12 und 14 sollten für einen mit Physik einigermaßen vertrauten Naturwissenschaftler oder Philosophen direkt lesbar sein. Die Kapitel 7 bis 11 und 13 setzen Quantentheorie als bekannt voraus.

Aus etwa zwanzig Jahren lag Material für das Buch bereit. Ich habe nicht versucht, alles neu zu schreiben, sondern habe manche dieser Materialien wörtlich benützt. Dadurch bleiben einige Unebenheiten und Wiederholungen derselben Gedanken in verschiedenen Zusammenhängen. Einige der Texte sind stärker pädagogisch formuliert, andere für Sachkenner referierend oder auch programmatisch. Der Leser wird sich leichter orientieren, wenn er sie auseinanderhalten kann. Deshalb habe ich die alten Texte jeweils nach Entstehungszeit und erster Verwendung gekennzeichnet. Hier ein Überblick dazu: Die Kapitel 2 und 4 entstammen einem ersten Entwurf des Buches von 1965, in Gestalt einer Vorlesung. Im Kapitel 3 ist die ältere Formulierung durch Texte aus der Zeit um 1970 ersetzt. Ein paar Texte aus den siebziger Jahren oder Referate aus solchen enthalten die Kapitel 5 bis 7 und 12. Ganz neu geschrieben sind die Kapitel 1, 8 bis 10, 13 und 14. Neu ist, mit Ausnahme der schon damals kohärenten Kapitel 2 bis 4, auch die gesamte Anordnung der Texte zu einem laufenden Gedankengang.

Die Untersuchungen wären ohne jahrzehntelange Gemeinschaftsarbeit nicht möglich gewesen. Die erste ausführlichere Publikation, 1958, geschah gemeinsam mit E. Scheibe und G. Süssmann. R. Ebert war damals an den ständigen Diskussionen beteiligt. Die Dissertation von H. Kunsemüller trug zum Verständnis der Quantenlogik bei. K. M. Meyer-Abich klärte die Entstehung und den Sinn der Grundbegriffe Bohrs. 1965 bis 1978 trug M. Drieschner einen wesentlichen Teil der Arbeit über Wahrscheinlichkeit, Irreversibilität und den axiomatischen Aufbau der Quantentheorie. F. J. Zucker steuerte, solange er in Deutschland war, neben philosophischer Reflexion wesentlich zum Verständnis des Informationsbegriffs bei, ebenso E. u. C. v. Weizsäcker im Heidelberger Gesprächskreis

»Offene Systeme«; in Amerika schuf F.J. Zucker dann Kontakte u.a. durch eine vorbildliche Übersetzung der *Einheit der Natur.* L. Castell gab 1968 einen für alle weitere Arbeit entscheidenden Anstoß durch die Einführung der gruppentheoretischen Denkweise. 1970 bis 1984 war er leitend in der Starnberger Arbeitsgruppe; wesentliche Teile des 9. und 10. Kapitels sind Berichte über seine und seiner Schüler Arbeit. An äußeren Kontakten war das jahrzehntelange Gespräch mit H.P. Dürr wesentlich. 1971 begegnete mir in D. Finkelstein der einzige Physiker, der unabhängig von uns dieselben Gedanken über das Verhältnis der Quantentheorie zum Raum-Zeit-Kontinuum entwickelt hatte; ein periodischer Gesprächskontakt folgte. P. Roman war mehrfach monatelang unser Gast in Starnberg und trug zur kosmologischen Anwendung der Ur-Theorie als erster und weiterhin bei. Zum Evolutionsproblem vedanke ich in den letzten Jahren Wesentliches der Diskussion mit H. Haken und B.O. Küppers; ein neues Buch von K. Kornwachs konnte ich leider nicht mehr berücksichtigen. In Starnberg waren Träger der Arbeit K. Drühl, J. Becker, P. Jacob, F. Berdjis, P. Tataru-Mihaj, W. Heidenreich, Th. Künemund. 1979 kam Th. Görnitz zu der Arbeitsgruppe; ihm verdankt die heutige Gestalt der Kapitel 9 und 10 wesentliche neue Gedanken, insbesondere bezüglich des Raumproblems und der allgemeinen Relativitätstheorie. Die Damen Käte Hügel, Erika Heyn, Ruth Grosse, Traudl Lehmeier erfüllten in vorbildlicher Weise die undankbaren Sekretariatsaufgaben einer Gruppe, die sich nur in abstrakt-unverständlichen Sphären bewegte. Ohne die aufopfernde Arbeit von Ruth Grosse wäre das Buch heute nicht da.

Pfingsten 1985 C.F. v. Weizsäcker

Abkürzungen

Auf das geplante Buch *Zeit und Wissen* wird mit Kapitel- oder mit Kapitel- und Abschnitts-Nummer verwiesen, z.B. *Zeit und Wissen 5.2.6.*

Innere Verweise dieses Buches geschehen mit Kapitel- und Abschnittsnummer, z.B. 3.1 oder 8.3b3. Innerhalb eines Kapitels wird, wo kein Irrtum zu befürchten ist, oft auch nur die Abschnittsnummer angegeben, z.B. 3b3. Gleichungen sind in den Abschnitten durchnumeriert. In einem Abschnitt wird auf sie nur mit der Nummer in Klammern verwiesen, z.B. (4); aus einem anderen Abschnitt mit dessen Nummer, z.B. 10.5, Gl. (4).

Jahreszahlen bei einem Autor verweisen auf das Literaturverzeichnis, z.B. Castell (1975). Texte des Verfassers dieses Buchs werden im allgemeinen nur durch eine Jahreszahl, gegebenenfalls mit zusätzlicher Nummer bezeichnet, z.B. (1939) oder (1973[1]); unter dieser Bezeichnung sind sie im Literaturverzeichnis zu finden.

Der Verfasser spricht von sich selbst per »wir«, wenn er den Leser in die Argumentation mit einbeziehen will; per »ich«, wenn er seine persönliche Verantwortung für die geäußerte Meinung hervorheben will; per »der Verfasser«, wenn er auf seine Funktion als Verfasser des Buchs Bezug nimmt.

Erstes Kapitel
Einleitung

1. Die Frage

Sapere aude

Was ist die Wahrheit der Physik?
Physik beruht auf Erfahrung. Theorien formulieren die Gesetze, die in der Erfahrung gelten. Das Gefüge physikalischer Theorien, die in den letzten Jahrhunderten entstanden sind, strebt einer einheitlichen, umfassenden Theorie zu. Die nächste Annäherung, die wir heute an eine solche allgemeine Theorie der Physik kennen, ist die Quantentheorie. Diese Theorie scheint in der gesamten Natur zu gelten; wie wohl die Mehrheit der Forscher heute glaubt, auch im Bereich des organischen Lebens.

Es ist nützlich, wenn wir lernen, uns über die richtigen Dinge zu wundern. Oft wundern wir uns über das Erstaunlichste nicht, weil es uns seit langem bekannt ist und darum selbstverständlich scheint. Warum können überhaupt umfassende Theorien gelten? Die Grundannahmen der Quantentheorie kann man für den mathematisch gebildeten Leser auf einer Druckseite aussprechen. Der Quantentheorie genügen schätzungsweise eine Milliarde von heute bekannten einzelnen Erfahrungstatsachen, und keine einzige Erfahrung ist bekanntgeworden, die in überzeugender Weise den Eindruck erweckt hätte, sie widerspreche der Quantentheorie. Können wir diesen Erfolg verstehen?

Eine solche Frage nennt man eine philosophische Frage. Man schiebt sie damit aus dem Alltag der Wissenschaft ab. Die normale Wissenschaft, die ihre Probleme nach festen »Paradigmen« (Th. Kuhn 1962) löst, ist eine »Ebene«, in der man die bergsteigerische Kunst der Philosophie in der Tat nicht braucht. Aber »wissenschaftliche Revolutionen« (Kuhn),

---

Sapere aude, Horaz, *Episteln* I, 2, 40: »Wage die Einsicht!« Dazu Kant, *Beantwortung der Frage: Was ist Aufklärung?* (1784).

Übergänge zu neuen »abgeschlossenen Theorien« (Heisenberg 1948) bedürfen der philosophischen Fragen. Das Buch, das hier vorgelegt wird, studiert den Aufbau der Physik, ausgehend von der philosophischen Frage, wie umfassende Theorien überhaupt möglich sind, in der Erwartung, damit auch in der Physik selbst eine neue Ebene der theoretischen Forschung zu erreichen.

Wie ist Theorie möglich? Sie folgt niemals mit logischer Notwendigkeit aus der Erfahrung. Aus Gesetzen, die sich in der Vergangenheit bewährt haben, folgt nicht mit logischer Notwendigkeit, was in Zukunft geschehen wird. Aber bisher haben sich die Vorhersagen der Theorien, die wir noch glauben, bewährt. Wie waren diese Vorhersagen, solange das Vorgesagte noch zukünftig war, begründet? Auf diese Frage Humes antwortet Kant, die grundlegenden allgemeinen Einsichten der Physik bewährten sich deshalb immer *in* der Erfahrung, weil sie notwendige Bedingungen *für* die Erfahrung aussprächen. Wir werden uns diesen Gedanken Kants nicht als Gewißheit, aber als heuristische Vermutung zu eigen machen. Wir werden versuchen, wie weit wir mit ihm kommen.

Erfahrung geschieht in der Zeit. Die logischen Formen, in denen wir von Vorgängen in der Zeit reden, sind daher der erste Gegenstand unserer Studie. Von dort gehen wir zum Begriff der Wahrscheinlichkeit über, den wir prognostisch verstehen. Die Quantentheorie fassen wir als eine allgemeine Theorie von Wahrscheinlichkeitsprognosen über einzeln empirisch entscheidbare Alternativen auf. Wir erheben den Anspruch, aus der so gedeuteten Quantentheorie die Dreidimensionalität des Raumes und die Relativitätstheorie herzuleiten.

Die Physik wäre demnach so allgemeingültig wie die Trennbarkeit der Alternativen, also wie die Zerlegbarkeit unseres Wissens in je für sich entscheidbare Ja-Nein-Fragen. In diesem Grund ihres Erfolgs, in ihrer »Machtförmigkeit«, läge zugleich die Grenze ihrer Wahrheit.

2. Gliederung

Die nachfolgenden drei Abschnitte dieser Einleitung versuchen, zusammen mit dem ausführlichen Inhaltsverzeichnis, dem Leser eine Orientierung in dem Buch zu geben.

Den jetzigen Abschnitt »Gliederung«, mit dem Diagramm 1, könnte man mit der kurzgefaßten funktionalen Anatomie eines Organismus vergleichen, das Inhaltsverzeichnis mit einer umfangreicheren anatomischen Liste seiner Teile. Der nächste Abschnitt »Gedankengang« wäre dann ein physiologischer Versuch, dem Blutkreislauf durch alle Organe in seiner Wirkung zu folgen. Der letzte Abschnitt »kurzer Durchgang« entspräche einer Anweisung zum Gehenlernen.

Das Buch zerfällt, nach der Einleitung, in dreizehn Sachkapitel, die in drei Teile von vier, fünf und vier Kapiteln gegliedert sind. Der erste Teil führt die Grundbegriffe Zeit und Wahrscheinlichkeit ein. Der zweite Teil entwickelt die Einheit der Physik, erst historisch, dann in einer Rekonstruktion. Der dritte Teil sucht die so dargestellte Physik zu deuten. In der Deutung werden die Begriffe ausgelegt, mit denen wir begonnen haben.

I. Grundbegriffe. Physik beruht auf Erfahrung. Erfahrung heißt, aus der Vergangenheit für die Zukunft lernen. Wer Physik ausübt, versteht bereits, in einer für die Praxis hinreichenden Weise, die »Zeitmodi« Vergangenheit, Gegenwart, Zukunft; lebend geht er mit ihnen um. Das 2. Kapitel, *Logik zeitlicher Aussagen*, versucht, die Sprache zu präzisieren, in der wir immer schon von Gegenwart, Vergangenheit und Zukunft reden.

Das 3. Kapitel definiert Wahrscheinlichkeit als Vorhersage relativer Häufigkeit von Ereignissen, also im Blick auf die jeweilige Zukunft.

Das 4. Kapitel zeigt, daß dieses futuristische Verständnis der Wahrscheinlichkeit notwendig ist, um den zweiten Hauptsatz der Thermodynamik, also das Grundphänomen der Irreversibilität, widerspruchsfrei zu begründen.

Das 5. Kapitel ist für den Aufbau der Physik nicht direkt notwendig. Es zeigt, daß Evolution und Entropiewachstum in

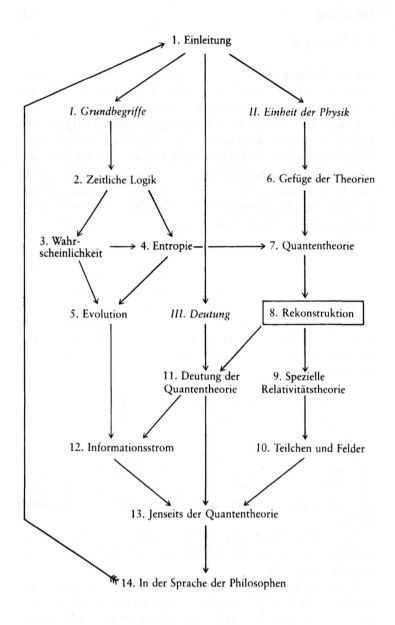

Diagramm 1: *Gliederung der Kapitel*

der Geschichte des organischen Lebens gleichbedeutende Begriffe sind. Es führt weiter zu dem Deutungskapitel 12: *Der Informationsstrom.*

II. Einheit der Physik. Wie diese Einheit sich historisch herausgearbeitet hat, zeigt das 6. Kapitel: *Das Gefüge der Theorien.*

Die Zentraldisziplin der heutigen Physik ist die Quantentheorie. Das 7. Kapitel zeigt zuerst, daß der Verzicht auf eine fundamentale klassische Physik thermodynamisch unausweichlich war; das deuten die waagerechten Pfeile an, welche im Diagramm 1 die Kapitel 3.→4.→7. verbinden. Das Kapitel erörtert dann den nichtklassischen Wahrscheinlichkeitsbegriff der Quantentheorie.

Das 8. Kapitel ist das zentrale Kapitel des Aufbaus (Einrahmung im Diagramm). Es ist unter den dreizehn Sachkapiteln äußerlich zentral: sechs Kapitel gehen ihm als Vorbereitung voraus, sechs folgen ihm, um Konsequenzen zu ziehen. Es ist inhaltlich zentral: es sucht die historisch entstandene Zentraldisziplin der Quantentheorie aus einfachen Postulaten über empirisch entscheidbare Alternativen, also letztlich über Zeit und Wahrscheinlichkeit zu rekonstruieren.

Das 9. Kapitel geht von der zuvor rekonstruierten abstrakten, für beliebige denkbare Objekte gültigen Quantentheorie über zur konkreten Quantentheorie der real existierenden Objekte. Aus einer zusätzlichen, fast trivialen Annahme, der Hypothese der Uralternativen, leitet es die spezielle Relativitätstheorie her. Diese ist, so verstanden, eine Konsequenz der Quantentheorie. Eine Konsequenz der Quantentheorie ist damit auch die Existenz eines dreidimensionalen Ortsraums, in dem wir die Objekte der Physik beschreiben.

Das 10. Kapitel zieht die Folgerungen hieraus für die realen Teilchen und Felder. Es ist jedoch bis jetzt nur das Programm einer Theorie.

III. Deutung. Die Debatte zur Deutung der Quantentheorie, die seit rund sechzig Jahren im Gange ist, wird im 11. Kapitel zuerst historisch, dann systematisch besprochen.

Das 12. Kapitel bezeichnet den Ablauf der Erscheinungen als Informationsstrom. Es nimmt die philosophischen Fragen nach dem Bleibenden in der Flucht der Erscheinungen und nach der Einheit von Bewußtsein und Materie im Begriff der Form wieder auf.

Das 13. Kapitel liest die Quantentheorie als Theorie des menschlichen Verstandeswissens. Es stellt die drei Fragen nach der Physik jenseits der Quantentheorie, nach menschlichem Wissen jenseits der Physik, nach dem Sein jenseits menschlichen Wissens.

In der Sprache der Philosophen rekapituliert das 14. Kapitel diese Fragen.

Das Diagramm 1 schließt sich durch einen Pfeil, der vom Schlußkapitel zur Einleitung zurückführt. Am Ende werden die Begriffe reflektiert, mit denen wir beginnen mußten. Unsere Philosophie ist ein Kreisgang.

3. Gedankengang

Dieser ausführliche Abschnitt durchläuft einmal den Gedankengang des ganzen Buchs. Er war ursprünglich als ein zusammenfassendes Schlußkapitel geplant, steht aber vielleicht besser als Überblick am Anfang. Es sei dem Leser überlassen, ob er ihn vorweg zur Einführung in das Ganze oder beim Durchgang durch das Buch als »Landkarte« oder schließlich am Ende als Rückblick lesen will.

a. Methodisches. Das Thema des Buches ist die Einheit der Natur, so wie sie sich uns in der Einheit der Physik darstellt. Die historische Gestalt der Einheit der Physik ist eine Folge oder ein Gefüge (6.) abgeschlossener Theorien. Abgeschlossen nennen wir, anknüpfend an Heisenberg (6.1; 14.2) eine Theorie, die durch kleine Änderungen nicht mehr verbessert werden kann. Eine in der Folge spätere Theorie weicht im allgemeinen von ihren Vorgängern in gewissen Grundbegriffen radikal ab, erklärt jedoch den Erfolg der Vorgänger für einen Geltungsbereich. Die umfassendste abgeschlossene Theorie ist heute die Quantentheorie. Das Buch verfolgt die Arbeitshypothese, daß die gesamte heute bekannte Physik auf die Quantentheorie zurückgeführt werden kann.

Wir suchen diese Einheit der Physik zu beschreiben und soweit als möglich zu begründen.

Eine Theorie der neuzeitlichen Physik wird in mathematischer Form vorgetragen (6.2a). Die dabei verwendeten mathematischen Begriffe erhalten eine physikalische Bedeutung (Semantik) vermittels der Weise, in welcher die Umgangssprache unseren Umgang mit der Natur beschreibt. Die Umgangssprache ist bei neueren Theorien meist die verfügbare Sprache der älteren Theorien. Gewisse fundamentale Aussagen der Theorien werden als Naturgesetze bezeichnet. Die mathematische Gestalt der Naturgesetze hat sich geschichtlich entwickelt. Wir unterscheiden vier solcher Gestalten (6.3): Morphologie, Differentialgleichung, Extremalprinzip, Symmetriegruppe. Jede dieser Gestalten rechtfertigt in gewisser Weise die vorangehende. Vermutungsweise werden wir die neueste Gestalt, die der Symmetriegruppen, auf Trennbarkeit der Alternativen zurückführen (8.3c2).

Diese Beschreibung der Naturgesetze fordert zu einer Erklärung heraus. Wir sagen, die Physik beruhe auf Erfahrung. Ein Naturgesetz ist, logisch betrachtet, ein allgemeiner Satz. In der Allgemeinheit, die durch seine logische Form bedingt ist, kann er in der Erfahrung nicht verifiziert werden. Er soll für eine praktisch unendliche Menge von Einzelfällen gelten, darunter alle, die jetzt noch in der Zukunft liegen. Nach Kant wird ein Satz dann allgemein in der Erfahrung gelten, wenn er Vorbedingungen jeder möglichen Erfahrung ausspricht. Wir hätten die Naturgesetze erklärt, wenn wir sie auf Vorbedingungen von Erfahrung zurückgeführt hätten.

Erfahrung heißt aus der Vergangenheit für die Zukunft lernen. Die Zeit in ihren Modi der Gegenwart, Vergangenheit und Zukunft ist somit eine Vorbedingung von Erfahrung (2.1). Wir versuchen, die ganze Physik ausgehend von den Zeitmodi aufzubauen.

b. Zeitliche Logik. Eine Wissenschaft, welche gewisse Vorbedingungen jeder Wissenschaft, also auch der Physik formuliert, ist die Logik. Auch Empirie, wenn wir darunter wissenschaftlich gesammelte und beurteilte Erfahrung verstehen, sollte den Gesetzen der Logik genügen. Wir finden aber, daß die traditionelle Logik diejenigen Aussagen nicht adäquat beschreibt, die sich auf die Zeitmodi, insbesondere auf die Gegenwart und die Zukunft beziehen (2.). Speziell schlagen wir vor (2.4), futurischen Sätzen grundsätzlich nicht die Wahrheitswerte »wahr« und »falsch«, sondern Modalitäten wie »möglich, notwendig, unmöglich« zuzuschreiben. Der Zusammenhang dieser Logik zeitlicher Aussagen mit der allgemeinen Wissenschaft der Logik wird in *Zeit und Wissen* 6 erörtert werden.

In der klassischen Wahrscheinlichkeitstheorie (3.) und ihrer quantentheoretischen Verallgemeinerung (7.3) beziehen wir uns auf Kataloge formal möglicher zeitlicher Aussagen. Solche Aussagen sollen in der klassischen Theorie den drei Bedingungen der Entscheidbarkeit, Wiederholbarkeit und Entscheidungsverträglichkeit (2.5) genügen. In der Quantentheorie fällt die dritte Bedingung weg. Die Kataloge haben die mathematische Struktur von Verbänden.

c. Wahrscheinlichkeit. Die Wahrscheinlichkeit einer formal möglichen zeitlichen Aussage bzw. des durch diese Aussage bezeichneten formal möglichen Ereignisses definieren wir als eine quantifizierte futurische Modalität: als die Voraussage der relativen Häufigkeit eines Ereignisses des betreffenden Typus. Hieraus lassen sich die klassischen Gesetze der Wahrscheinlichkeit gemäß den Kolmogorowschen Axiomen herleiten. Das Verhältnis dieser Definition der Wahrscheinlichkeit zu den traditionellen logischen, empirischen und subjektiven Definitionen wird das Thema des 4. Kapitels von *Zeit und Wissen* sein.

Unsere Definition der Wahrscheinlichkeit ist »regressiv« (3.2). In mathematischer Präzisierung ist die Voraussage einer relativen Häufigkeit als deren Erwartungswert zu bezeichnen. Der Erwartungswert einer relativen Häufigkeit in einem Ensemble möglicher Fälle ist durch die Wahrscheinlichkeit des Auftretens dieser relativen Häufigkeit definiert, also durch den Erwartungswert der relativen Häufigkeit dieser relativen Häufigkeit in einem »Meta-Ensemble« von Ensembles. Es wird dargelegt, daß diese Definition in regressiven Stufen nicht eine Schwäche der Definition ist, sondern das einzige Verfahren, wie die Vorhersage einer empirischen Größe (also auch einer empirisch gedeuteten Wahrscheinlichkeit) überhaupt streng interpretiert werden kann (3.1).

Die abstrakte Quantentheorie im Hilbertraum kann als eine verallgemeinerte Wahrscheinlichkeitstheorie aufgebaut werden (7.3; 8.2; 8.3). Dies dürfte der Grund ihrer umfassenden Gültigkeit sein.

d. Irreversibilität, Evolution, Informationsstrom. Der Ausgangspunkt der hier vorgetragenen Auffassung der Zeit und des gesamten daran anschließenden Aufbaus der Physik war eine Analyse der Boltzmannschen Begründung des zweiten Hauptsatzes der Thermodynamik durch die statistische Mechanik (4.). Diese Begründung ist nur dann konsistent, wenn man in ihr den Begriff der Wahrscheinlichkeit lediglich auf zukünftige Ereignisse anwendet. Im Sinne einer Konsistenzüberlegung kann man dann nachträglich zeigen, daß die Faktizität der Vergangenheit und die Offenheit der Zukunft (in der Gestalt der Existenz von Dokumenten der Vergangenheit, aber nicht der Zukunft) aus der Irreversibilität der Ereignisse gemäß dem zweiten Hauptsatz folgt. Der Unterschied des Jetzt von vergangenen und zukünftigen Zeitpunkten aber kann aus den ihrer Form nach für jeden Zeitpunkt gültigen Naturgesetzen nicht rekonstruiert werden; er ist Voraussetzung, aber nicht Folge der allgemeinen Naturgesetze. Eigentümlicherweise gibt es einen starken emotionalen Widerstand fast aller Physiker gegen diese Folgerung (dazu 11.3dδ; *Zeit und Wissen* 3.6).

Die Shannonsche Definition der Information als (positive) Entropie ist korrekt, wenn man Information und Entropie als potentielles Wissen versteht (5.4). Man kann dann zeigen, daß Evolution und thermodynamische Irreversibilität notwendige statistische Folgen derselben Zeitstruktur – eben des Unterschiedes perfektischer Faktizität und futurischer Möglichkeit – sind. Im Falle der Evolution bedeutet Entropiewachstum gerade eine Zunahme der Menge von Gestalten, also der potentiellen Information (5.5).

Da auch Erkenntnis als Informationszunahme gedeutet werden kann, ist Evolution »erkenntnisförmig« (5.8b). Die Strukturen tierischen Verhaltens erweisen sich als biologische

Vorstufen der Logik (5.8). Dem entspricht die Berechtigung, den »subjektiven« Begriff des Nutzens und den »objektiven« Begriff der Information gleichzusetzen (5.6). In einem nichthierarchischen Aufbau der Wissenschaft ist es legitim, die Strukturen der Logik, mit denen wir den Aufbau der Physik begonnen haben, als Merkmale des Verhaltens von Menschen als Lebewesen wiederzufinden. Das ist der Kreisgang.

In der philosophischen Tradition nennt man das, was sich im zeitlichen Geschehen durchhält, die Substanz. Die obige Überlegung und ebenso die konsequente Deutung der Quantentheorie (11.2e) legt nahe, auf den cartesischen Unterschied der »ausgedehnten« und der »denkenden« Substanz (»Materie« und »Bewußtsein«) zu verzichten. Nach der klassischen griechischen Philosophie ist das, was sich durchhält, das Eidos, die Form. Nun läßt sich Information als Menge der Form definieren. Das Geschehen in der Zeit kann dann als Informationsstrom aufgefaßt werden (12.).

Diese abstrakten Überlegungen gewinnen freilich erst einen diskutierbaren Inhalt anhand der realen Gestalt der Theorien der Physik.

e. Das Gefüge der Theorien. Die klassische Mechanik präsentiert uns eine Vierheit von Entitäten: Körper, Kräfte, Raum, Zeit (6.2). Im mechanischen Weltbild des 17. Jahrhunderts versuchte man, die Kräfte auf eine definierende Eigenschaft der Körper, ihre Undurchdringlichkeit, zurückzuführen. Die historische Entwicklung der Physik nahm einen anderen Weg. Die Einzelheiten dieses Wegs waren meist durch neue Erfahrungen, manchmal auch durch wechselnde Denkweisen bestimmt. Rückblickend aber kann man versuchen, eine innere Logik des Weges zu erkennen, die durch die Struktur der Begriffe selbst bestimmt war.

Als das entscheidende begriffliche Problem erwies sich am Ende einer langen Entwicklung der Theorien die Dynamik des Kontinuums. Das Raumvolumen, das ein ausgedehnter Körper erfüllt, ist mathematisch unbegrenzt in kleinere Volumina unterteilbar. Welche Kräfte halten die Teile des Körpers zusammen, welche diese Teilvolumina erfüllen? Die Chemie führte zum Bild gleichartiger stabiler raumerfüllender Atome für

Gedankengang

jedes Element (6.4). Die Physik konnte kein konsequentes mechanisches Modell solcher Atome anbieten. Der Erfolg der Himmelsmechanik und die Probleme der Kontinuumsdynamik führten statt dessen zum Modell der Massenpunkte mit Fernkräften. Die Kräfte, so als selbständige Entitäten aufgefaßt, erwiesen sich als Felder, d.h. selbst als dynamische Kontinua (6.6). Die unausweichliche Härte des Problems zeigte sich in der abstraktesten und eben darum unerschütterlichsten der klassischen Disziplinen der Physik: der statistisch begründeten Thermodynamik (6.5). Aus der Entwicklung, die zur Quantentheorie führte, lesen wir im Rückblick die Unmöglichkeit einer fundamentalen klassischen Physik, nämlich einer klassischen Kontinuumsdynamik der Körper und Felder ab (7.1). Die unendliche Anzahl der Freiheitsgrade eines Kontinuums läßt klassisch kein thermodynamisches Gleichgewicht zu.

Sind wir uns der begrifflichen Probleme der klassischen Physik bewußt, so tritt die Quantentheorie in die Physik nicht als eine uns durch neue Erfahrungen aufgenötigte begriffliche Verlegenheit ein, sondern gerade umgekehrt als die Lösung einer ohne sie unlösbaren begrifflichen Verlegenheit. Sie ermöglicht thermodynamisches Gleichgewicht eines Kontinuums, erklärt die Stabilität und Gleichheit der Atome eines Elements und bietet einen universalen Rahmen der Physik.

Die Physik unseres Jahrhunderts hat auch die beiden anderen Grundlagen der klassischen Mechanik, Raum und Zeit, in ihre neue Einheit einzuschmelzen begonnen. Das alte Problem der Relativität der Bewegung (6.8) fand eine gruppentheoretische Lösung in der speziellen Relativitätstheorie (6.9). Der Kern des Problems war das nach klassischen Kausalitätsbegriffen unerklärbare Trägheitsgesetz (6.2c). Die spezielle Relativitätstheorie macht Raum- und Zeitmessungen vom Bewegungszustand der Objekte abhängig, hebt aber – entgegen einer verbreiteten Sprechweise – den Unterschied von Raum und Zeit nicht auf; die Unterscheidung raumartiger und zeitartiger Abstände ist lorentzinvariant. Die Relativitätstheorie hebt auch unsere Beschreibung der Zeitmodi nicht auf; auch die Unterscheidung von Vergangenheit und Zukunft ist lorentzinvariant. Die mathematische Entdeckung nichteuklidischer Geometrien und Einsteins Gedanke der lokalen Äquivalenz eines Gravitationsfeldes mit einem beschleunigten Bezugssystem führten in der allgemeinen Relativitätstheorie (6.10) zur Beschreibung der Raum-Zeit-Metrik nach dem Muster der Feldtheorien. Die Theorie blieb entgegen Einsteins ursprünglicher Intention dualistisch: Materie und metrisches Feld waren nicht aufeinander reduzierbar. Diese beiden je in sich komplexen Entitäten sind das, was von der Vierheit aus der klassischen Mechanik übriggeblieben ist. Ihre Zusammengehörigkeit zu verstehen, wäre ein Teil des Programmes einer Einheit der Physik.

f. Abstrakte Quantentheorie. Als abstrakte Quantentheorie bezeichnen wir die allgemeinen Gesetze der Quantentheorie etwa in der mathematischen Gestalt, in welche J. v. Neumann sie gebracht hat (8.1b). Die Zustände eines beliebigen Objekts sind durch die linearen Teilräume eines Hilbertraums beschrieben. Die Metrik dieses Hilbertraums bestimmt die bedingten Wahrscheinlichkeiten $p\ (x, y)$, einen Zustand y zu finden, wenn ein Zustand x vorliegt. Die Zustände eines zusammengesetzten Objekts liegen im Tensorprodukt der Hilberträume seiner Teile. Die Dynamik eines Objekts ist durch eine vom Zeitparameter t abhängige unitäre eindimensionale Gruppe von Abbildungen seines Hilbertraumes auf sich gegeben.

Wir nennen diese Theorie abstrakt, weil sie universell für alle beliebigen Objekte gilt. Sie besagt nichts über die Existenz eines (empirisch dreidimensionalen) Ortsraums, von Körpern oder Massenpunkten, und über die zwischen den Objekten wirkenden speziellen Kräfte (d. h. über die Auswahl des Hamilton-Operators, der die Dynamik generiert). Wegen dieser ihrer Allgemeingültigkeit fassen wir sie als eine Theorie der Wahrscheinlichkeit auf, die sich von der klassischen Wahrscheinlichkeitstheorie nur durch die Wahl des zugrunde gelegten Aussagenverbandes unterscheidet (7.3). Diesen Verband gibt die sog. Quantenlogik an (7.6). Der regressiven Definition der Wahrscheinlichkeit entspricht das Verfahren der zweiten oder mehrfachen Quantelung (7.4). Feynman hat anschließend an Dirac das Hamiltonsche Prinzip der klassischen Mechanik als Huygenssches Prinzip der Wellenmechanik gedeutet; wir lesen

Gedankengang

analog das Extremalprinzip der Wellenmechanik als Huygenssches Prinzip der nächsthöheren Quantelungsstufe (7.5).

Historisch ist die Quantentheorie aus konkreten physikalischen Problemen entstanden. Die abstrakte Allgemeinheit ihrer endgültigen Gestalt legt jedoch den Versuch nahe, diese Gestalt aus Postulaten zu rekonstruieren, welche nur plausible Vorbedingungen möglicher Erfahrung formulieren (8.). Hierfür wurden vier Wege beschritten, deren Reihenfolge wiederum eine zunehmende Unabhängigkeit der Postulate von historischen Voraussetzungen bezeichnen soll.

Der gemeinsame logische Ausgangspunkt der vier Wege ist der Begriff der n-fachen Alternative, d.h. einer empirisch entscheidbaren Frage, die genau n einander ausschließende Antworten zuläßt. Die drei ersten Wege benutzen unabhängig davon den Begriff des Objekts (8.2B), der etwa als die mathematische Stilisierung eines physischen Dinges erläutert werden kann. Eine Alternative gehört dann zu einem Objekt; ihre Antworten bezeichnen mögliche Eigenschaften (Zustände) des Objekts. Der Objektbegriff wird wohl in allen axiomatischen Formulierungen der Quantentheorie benutzt. Die Quantentheorie selbst zeigt jedoch, daß er nur eine Näherung bezeichnet (8.2E): Jedes Objekt kann mit Objekten seiner Umwelt zu einem Gesamtobjekt zusammengefaßt werden; im Hilbertraum des Gesamtobjekts sind aber die Zustände, in denen die Teilobjekte selbst wohldefinierte Zustände haben, nur eine Menge vom Maß Null. Der Grund des Erfolgs der Quantentheorie (und damit erst recht ihres Grenzfalles, der klassischen Physik) muß in der faktisch guten Trennbarkeit der Objekte bzw. der ihnen zugeordneten Alternativen liegen.

Nützlich für die Rekonstruktion ist die zweckmäßige Anwendung des »Finitismus« (8.2D; 9.2a α2). Empirisch sind nur endliche Alternativen entscheidbar; andererseits benutzt die historisch entstandene Quantentheorie einen Hilbertraum von abzählbar unendlicher Dimensionszahl. Die ersten drei Wege (Kap. 8) beschreiben wir faktisch nur für endliche Alternativen. Thematisch wird das Problem in 9.2a unter dem Titel »offener Finitismus« auf dem vierten Weg behandelt. Dort werden nur endliche Alternativen, aber zu beliebig großen n, benutzt und in einem gemeinsamen Zustandsraum behandelt, der folglich abzählbar unendlichdimensional ist. Die »Objekte« zu Alternativen fester endlicher Dimension heißen dort Subobjekte; ein Objekt hat dann als Zustandsraum die vektorielle Summe der Räume unendlich vieler Subobjekte.

Die entscheidende Annahme der Quantentheorie wird auf allen vier Wegen unter dem Namen der Erweiterung oder auch des Indeterminismus eingeführt (8.2H; 8.3b2; 8.4). Sie besagt, daß es zu je zwei einander ausschließenden Zuständen x und y einer Alternative wenigstens einen Zustand z gibt, der keinen von beiden ausschließt. Die beiden ersten Wege setzen den Begriff der Wahrscheinlichkeit voraus und definieren z durch die bedingten Wahrscheinlichkeiten $p\ (z,\ x)$ und $p\ (z,\ y)$. Der erste Weg rekonstruiert von hier aus zunächst den quantenlogischen Aussagenverband, beweist, daß dieser eine projektive Geometrie ist, und führt den Hilbertraum als den Vektorraum ein, über dem diese projektive Geometrie definiert werden kann (8.2). Der zweite Weg führt über eine Symmetrieannahme direkt zum Hilbertraum als Darstellungsraum der betreffenden Symmetriegruppe (8.3). Auf beiden Wegen wird die Dynamik am Ende als eine Invarianzgruppe der Wahrscheinlichkeitsmetrik eingeführt.

Der dritte und der vierte Weg stellen die Zeit noch entschiedener an die Spitze des Aufbaus. Der dritte Weg (8.4 und 8.5) geht nicht von zählbaren Zuständen und der Intention nach auch nicht von zählbaren Objekten, sondern von Strömen aus. Dem entspricht es, nicht mit Wahrscheinlichkeiten, also relativen Häufigkeiten zu beginnen, sondern mit »futurischen Modalitäten«; diese haben eine additive Gruppe, die der Additivität von Zeitspannen entstammt (8.4, Nr. 18). Auf diese Art wird der Hilbertraum zunächst als linearer Raum definiert, in dem erst nachträglich durch stationäre Zustände eine Zählbarkeit und damit eine Metrik eingeführt wird. Dieser Weg ist vorerst eher ein Programm.

Der vierte Weg setzt die Ergebnisse der beiden ersten Wege für endliche Alternativen voraus. Sein Ausgangspunkt ist das Entstehen und Verschwinden von Alternativen in der Zeit. Er führt in die konkrete Quantentheorie hinüber.

g. Konkrete Quantentheorie. Als konkrete Quantentheorie bezeichnen wir die Theorie der real existierenden Objekte. In der in diesem Buch vorgetragenen Form ist sie ein unabgeschlossenes, der Intention nach umfassendes Programm. Für seine Einzelheiten sei auf das 9. und 10. Kapitel verwiesen. Hier soll nur die grundsätzliche Fragestellung besprochen werden.

Die Unterscheidung allgemeiner und spezieller Naturgesetze ist alt. Es fragt sich aber, ob sie grundsätzlichen Charakter hat. Spezielle Gesetze beschreiben spezielle Erfahrungsgebiete. In dem Grade, in dem die Physik zur Einheit zusammenwächst, nehmen aber die allgemeinen Gesetze eine Gestalt an, in der sie die unter sie fallenden Spezialgebiete selbst bestimmen, z. B. als spezielle Lösungen allgemeiner Gleichungen. So erklärte Bohrs Quantentheorie des Atombaus das vorher empirisch gefundene periodische System der Elemente. Eine analoge Hoffnung hat man heute für das System der Elementarteilchen. Es wäre also denkbar, daß die allgemeine Theorie selbst schon festlegt, was für spezielle Lösungen, insbesondere was für Elementarteilchen möglich sind.

Im allgemeinen nimmt man heute an, hierfür müsse die abstrakte Quantentheorie immerhin durch besondere dynamische Gesetze ergänzt werden. Unser Kapitel 10 verfolgt die Vermutung, daß dies nicht nötig sei, mit Ausnahme einer einzigen Hypothese, deren volle Trivialität wir nicht haben beweisen können: daß nämlich alle realen Alternativen einschließlich der zu ihnen gehörenden Dynamik aus binären Ur-Alternativen aufgebaut werden können (»Ur-Hypothese«).

Die heutige Elementarteilchenphysik sucht das System der Elementarteilchen auf Symmetriegruppen zu begründen. Die fundamentale Gruppe ist die Poincaré-Gruppe, welche die spezielle Relativitätstheorie definiert; dazu kommen kompakte Gruppen »innerer« Symmetrien. Aus der Ur-Hypothese nun folgt die Existenz eines dreidimensionalen reellen Ortsraums und die Geltung der speziellen Relativitätstheorie (9.3). Auf diese Weise sind Ortsraum und spezielle Relativitätstheorie rein quantentheoretisch hergeleitet; sie bedürfen außer der Ur-Hypothese keiner Zusatzannahmen zur abstrakten Quantentheorie. Die Existenz von Teilchen folgt unmittelbar aus der speziellen Relativitätstheorie; sie sind irreduzible Darstellungen der Poincaré-Gruppe.

Hierüber hinaus ist die Theorie bisher nur ein Programm, dessen Durchführung an der Überwindung mathematischer Schwierigkeiten hängt. Die Wechselwirkung zwischen Teilchen von gegebener Ruhmasse und gegebenem Spin ist zwar, wenn wir die Folgerungen richtig ziehen, durch die Theorie willkürfrei bestimmt (10.3). Die Theorie sollte also im Popperschen Sinne empirisch falsifizierbar sein. Die Existenz und daher die feldtheoretische Beschreibung der Teilchen ist nur eine Näherung für große Abstände. Die Wechselwirkung ist daher nichtlokal und aller Voraussicht nach schon ohne Renormierung nicht singulär. Die formale Ausarbeitung der Theorie bis hin zu empirischer Prüfbarkeit ist jedoch eine bisher ungelöste mathematische Aufgabe. Wir legen ein Modell der Quantenelektrodynamik (10.5) und einen Vorschlag zur Begründung der Eichgruppen in der Systematik der Teilchen (10.6) vor. Die Erklärung der scharfen Ruhmassen dürfte an der Lösung eines statistischen Problems hängen (10.6d).

Die allgemeine Relativitätstheorie drückt in diesem Rahmen genau die bei der quantentheoretischen Rekonstruktion des Raum-Zeit-Kontinuums offenbleibende Verknüpfung lokaler Minkowski-Räume aus (10.7).

h. Deutungsfragen. Die langhingezogene Deutungsdebatte der Quantentheorie ist nur von ihrer historischen Voraussetzung aus begreiflich. Die Quantentheorie ist aus der klassischen Physik hervorgegangen. Trotz ihres überwältigenden empirischen Erfolgs wurde ihre Abweichung vom klassischen Bilde der Welt als ein Opfer empfunden. Zwischen Bohr und Einstein ging es darum, ob der Gewinn das Opfer rechtfertigt oder nicht (11.1; 11.3a-e). Beide hielten an der Wichtigkeit der klassischen Physik fest: Bohr in der Beschreibung der empirischen Phänomene (11.1g), Einstein an ihrem Realitätsbegriff (11.1i; 11.3d).

Von unserem Standpunkt aus scheint diese Debatte die wahren ungelösten Probleme der Quantentheorie eher zu verdecken. Keiner der in der Debatte verwendeten Begriffe wäre verständlich ohne ein schon verfügbares Verständnis von

Geschehen und Handlung in der Zeit: jetzt, zwischen faktischer Vergangenheit und möglicher Zukunft. Bohrs These, daß wir Experimente stets mit klassischen Begriffen beschreiben müssen, beruht auf der Forderung faktischer, irreversibler Resultate; insofern ist sie in einer zeitlichen Theorie erklärbar und als erklärte legitim. Einsteins Realitätsbegriff überträgt die Merkmale der Faktizität, die der Vergangenheit zukommt, auch auf zukünftiges, d.h. mögliches Geschehen.

Nach unserer Auffassung orientiert sich diese Debatte aus historischen Gründen zu sehr an der »konkreten« statt der »abstrakten« Physik – an den konkreten Bildern des Geschehens, die man naturgemäß historisch früher ausarbeiten konnte als ihre Erklärung aus allgemeinen Gesetzen. Uns stellt sich die klassische Physik als ein Grenzfall der konkreten Quantentheorie dar, die konkrete Quantentheorie mutmaßlich als eine Konsequenz der abstrakten Quantentheorie und die abstrakte Quantentheorie als eine allgemeine Theorie probabilistischer Prognosen. Jeder dieser drei Schritte enthält ungelöste Fragen, die aber in der Deutungsdebatte noch gar nicht zur Diskussion gestellt sind, und die wir hier zum Abschluß nennen.

Klassische Physik als Grenzfall der konkreten Quantentheorie: Ein Grenzwert ist sehr viel ärmer an Information als eine Folge, deren Grenzwert er ist. Wir haben dies als das »quantentheoretische Mehrwissen« hervorgehoben (11.3f). Dies ist der Kern der Heisenbergschen Unbestimmtheitsrelation: die klassische Bahn darf nicht existieren, damit die unermeßlich reichere Information der Schrödingerwelle existieren kann.

Konkrete Quantentheorie als Konsequenz der abstrakten: Ich werde die Vermutung nicht los, daß die Ur-Hypothese trivial, d.h. eine notwendige Konsequenz der abstrakten Quantentheorie sei, wenn man letztere alsbald gemäß dem Postulat der Wechselwirkung aufbaut (9.2b3). Wie dem auch sei, jedenfalls ist die verblüffende Herleitung des Ortsraums als Darstellungsraum der Quantentheorie der binären Alternative aufgrund ihrer Symmetriegruppe SU (2) ein schönes Beispiel des quantentheoretischen Mehrwissens. Wer Quantentheorie kann, besitzt zu jeder Ja-Nein-Entscheidung alsbald einen dreidimensionalen metrischen Raum von Möglichkeiten.

Abstrakte Quantentheorie als verallgemeinerte Wahrscheinlichkeitstheorie: Diese Formulierung zeigt zwar zutreffend den Abstraktionsgrad und damit den mutmaßlichen Grund der Allgemeingültigkeit der Quantentheorie. Hieraus folgt unter anderem, daß wir keinen Anlaß haben, die Anwendbarkeit der Quantentheorie auf psychische Vorgänge auszuschließen (11.2e). Davon haben wir im Begriff des Informationsstroms schon Gebrauch gemacht (12.). Vermutlich ist aber auf dieser Stufe der Begriff der Wahrscheinlichkeit ein inadäquates Ausdrucksmittel, und ebenso der Begriff des Indeterminismus. Hier stoßen wir an eine bisher unüberschrittene Grenze der Quantentheorie (13.). Schon mit dem logischen Begriff der empirisch entscheidbaren Alternative setzen wir die Faktizität des Meßresultats nach der Entscheidung voraus, und damit den in der Irreversibilität steckenden Informationsverlust (11.2cβ). Das Durchdenken der Quantentheorie führt uns so zu einer Kritik an den Prämissen, ohne die wir sie nicht hätten aufbauen können. Wieso konnte auf so schwankender Basis eine so erfolgreiche Theorie errichtet werden?

Wir formulieren die Selbstkritik und die begrenzte Selbstrechtfertigung der Quantentheorie (13.).

Die klassische Logik ist, als »Mathematik des Wahren und Falschen« (*Zeit und Wissen* 6), eine Theorie der Ja-Nein-Entscheidungen. Das quantentheoretische Mehrwissen haben wir in sie durch das Erweiterungs-Postulat eingeführt, das aber auf den ersten beiden Wegen der Rekonstruktion den Begriff der Wahrscheinlichkeit, also das Zählen günstiger und ungünstiger Fälle, somit wieder Ja-Nein-Entscheidungen benutzt. Der dritte Weg wurde eingeschlagen, um diesen Begriff als Grundbegriff zu vermeiden. Um jedoch eine mathematisch präzisierbare Theorie zu erhalten, mußten wir Symmetrieforderungen stellen, welche die Anwendung der Gruppentheorie ermöglichten. Rechtfertigen konnten wir diese Forderungen nur durch die genäherte Trennbarkeit der Alternativen, also von neuem durch ein Nichtwissen. Die konkrete Quantentheorie versieht uns mit einer quantitativen Abschätzung der Güte dieser Näherung (13.4). In der Tat erweist sich der Weltraum als »beinahe leer«; die Teilchen können sehr weit voneinander entfernt sein. Die Selbstrechtfertigung der Quantentheorie besagt also, daß wir das »Mehrwissen« in meist sehr guter

Näherung durch Darstellungen der Symmetriegruppe, also durch Hilbertvektoren (Schrödingerfunktionen) beschreiben können. Die Selbstkritik aber bleibt bestehen, daß sich hinter dieser guten Näherung übergreifende Zusammenhänge verbergen können, die unsere bisherigen Ansätze nicht erfassen. Es ist nicht auszuschließen, daß diese den methodischen Ausgangspunkt unserer Rekonstruktion der gesamten Physik, eben die Unterscheidung von Jetzt, Vergangenheit und Zukunft, noch überschreiten (13.4-5).

In der Sprache der Philosophen (14.) formulieren wir die Deutung in der aristotelischen Trias von Logik, Physik und Metaphysik. Für die Logik tritt hier modern die Methodologie der Wissenschaftstheorie ein; sie führt uns im Kreisgang zum Anfang zurück. Die Metaphysik lehrt uns die Grenzen der Wahrheit der Physik sehen.

4. Vorschlag zu einem kurzen Durchgang durch das Buch

Leider ist es mir nicht gelungen, das Buch so kurz zu fassen, daß ein Leser versucht sein könnte, es im ganzen zu lesen. Der Grund dafür liegt in einem doppelten Anspruch, dem sich das Buch unterwirft. Einerseits versucht es, eine Kette neuer Gedanken vorzutragen – etwa so vieler, als das Buch Kapitel enthält. In Thesenform gefaßt, würden diese Gedanken vermutlich etwa in einem Zehntel des Buchumfangs Platz finden. Andererseits aber sucht es jeden dieser Gedanken breit genug darzustellen, um ihn gegenüber dem heutigen Wissen zu rechtfertigen. Das ist auf knapperem Raum als dem je eines Kapitels schwer möglich.

Um die Lektüre zu erleichtern, habe ich jedes Kapitel mit einer umgangssprachlichen Darlegung seines Problems und des Lösungsgedankens eingeleitet. Dies hat wahrscheinlich den Umfang des Buchs noch erweitert, bietet aber eine Chance zu einem kurzen Durchgang durch das Buch, gleichsam durch lockeres Erdreich.

Diagramm 2 bietet eine Skizze eines solchen möglichen Durchgangs, einen Wanderweg, zu dem jeder Leser Seitenwege oder Abkürzungen wählen kann. Die Anordnung der Themen ist dieselbe wie im Diagramm 1. Ich gebe eine kurze Beschreibung der Aussichtspunkte.

Vom 1. Kapitel genügen Frage und Gliederung. 2.1 skizziert die Abhängigkeit der Erfahrung von den Zeitmodi. 3.1-2 definiert den Wahrscheinlichkeitsbegriff futurisch. 4.1 und 4.3 zeigen, wie der zweite Hauptsatz der Thermodynamik am futurischen Charakter der Wahrscheinlichkeit hängt. Hier verzweigt sich der Weg.

Wer den *Aufbau* der Physik verfolgen will, kann die Inhaltsübersicht 6.1 zum Gefüge der Theorien und vielleicht die breite, aber lockere Diskussion mechanischer Grundbegriffe in 6.2 und mathematischer Formen der Naturgesetze in 6.3 ansehen. Dann führt der Weg zur Rekonstruktion der Quantentheorie. Es dürfte nützlich sein, sich in 7.1a an die Unmöglichkeit einer fundamentalen klassischen Physik erinnern zu lassen. Im Rekonstruktionskapitel sollten die Einleitung 8.1 und der »zweite Weg« 8.3 genau gelesen werden.

Von hier an ist der Weg des Aufbaus (Kapitel 9 und 10) nur noch für erfahrene theoretische Physiker gangbar. Kapitel 9 enthält die einzige neue inhaltliche physikalische Hypothese des Buchs, die »Ur-Hypothese«. Für ihr Verständnis dürfte das ganze Kapitel nötig sein. Kapitel 10 enthält den Entwurf der Konsequenzen aus der Hypothese, in 10.1b aufgezählt. Das ist eine Speisekarte.

Es ist auch möglich, von der Rekonstruktion direkt zur Deutung der Quantentheorie im 11. Kapitel überzugehen. 11.1a leitet in das Problem ein. 11.1f bespricht Heisenbergs Auffassung, 11.1g und 11.2c diejenige Bohrs, 11.3d die Auffassung Einsteins. 11.2e begründet, warum ich mich nicht scheue, die Quantentheorie auch auf das Bewußtsein des Beobachters anzuwenden.

Hiermit werden wir auf die Grundfragen der *Deutung* der Physik geführt. Der erkennende Mensch ist ein Kind der Natur, die er zu erkennnen sucht. Das führt von der Quantentheorie des Subjekts zur Frage der Evolution zurück, zu der auch der direkte Weg von der thermodynamischen Irreversibilität aus gegangen werden könnte. 5.1-3 deuten an, warum Evolution als Informationswachstum mit dem zweiten Hauptsatz vereinbar ist. 5.8 führt von der Erkenntnisförmigkeit des

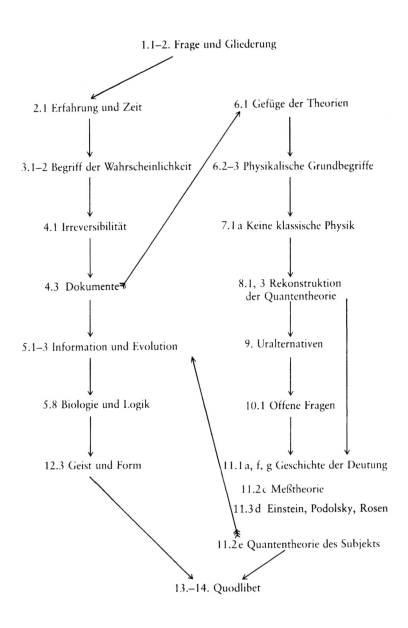

Diagramm 2: *Kurzer Durchgang durch das Buch*

Lebens zu den Voraussetzungen menschlicher Logik. Was dies für das durch die neuzeitliche Philosophie und Naturwissenschaft erzeugte »Leib-Seele-Problem« bedeuten mag, diskutiert Kapitel 12, vor allem 12.3. Was der Leser sich dann noch aus den beiden Schlußkapiteln zumuten will, sei seinem Belieben überlassen.

Erster Teil
Zeit und Wahrscheinlichkeit

Zweites Kapitel*
Logik zeitlicher Aussagen

1. Logik zeitlicher Aussagen als Postulat

Physik ist eine Erfahrungswissenschaft. Was ist Erfahrung? Wir nennen einen Menschen erfahren, wenn er aus der Vergangenheit für die Zukunft gelernt hat. Die Ereignisse, die er in der vergangenen Zeit erlebt hat, waren zwar, wie alle Ereignisse, strenggenommen einmalig; strenggenommen wiederholt sich nichts in der Welt. Aber ein solcher Mensch hat es vermocht, an ihnen die Züge zu erkennen, die sich doch wiederholen. Indem er diese Züge kennt, begegnet ihm das, was heute auf ihn zukommt, nicht völlig unerwartet. Auch was noch in fernerer Zukunft auf ihn wartet, vermag er einigermaßen abzuschätzen. Daß er nicht ganz falsch geschätzt hat, wird sich zeigen, wenn das, was heute Zukunft ist, Gegenwart geworden sein wird. So bewährt sich seine Erfahrung immer wieder: Die jeweilige Gegenwart zeigt, daß er aus der Vergangenheit für das, was damals Zukunft war, wirklich gelernt hat. Dies rechtfertigt die Vermutung, seine Erfahrung werde sich auch in der Zeit bewähren, die heute noch zukünftig ist.

Die empirische Wissenschaft zeigt alle diese Merkmale auch, nur in systematischer Form. In einer längeren Zeitspanne stellen wir Beobachtungen an und schließen aus ihnen auf Gesetze, nach denen auf gewisse Erscheinungen stets gewisse andere Erscheinungen folgen. Wenn die Gesetze aufgestellt sind, so sind die Beobachtungen, aus denen sie gefolgert wurden, vergangen. Nun wagen wir auf Grund der Gesetze zu prophezeien, was in Zukunft geschehen wird. Wenn dann eine Zeit, für die wir prophezeit haben, Gegenwart geworden ist, so können wir erkennen, ob wir richtig prophezeit haben. Je nachdem bewahren oder verbessern wir die angenommenen Gesetze anhand der neuen Erfahrung und benutzen sie zu neuen Prognosen.

* Dieses Kapitel entstammt einer Vorlesung über Zeit und Wahrscheinlichkeit im Sommersemester 1965.

Das komplizierte Gefüge der Gegenwart, die alsbald vergangen ist, der Zukunft, die schließlich Gegenwart wird, der Vergangenheit, die nicht als Gegenwart wiederkehrt und doch in gegenwärtigen Fakten – subjektiv als Erinnerung oder Erfahrung – aufbewahrt wird, dieses komplizierte Gefüge deuten wir mit den Namen Zeit an. Was Zeit ist, weiß in gewisser Weise jeder Mensch; wie könnte er sonst Worte wie »jetzt«, »bald«, »damals«, »tun«, »Erfahrung«, »Vorhersage« sinnvoll gebrauchen? In gewisser Weise weiß er aber auch nicht, was Zeit ist, nämlich wenn er dieses sein immer schon vorfindliches »Wissen« begrifflich formulieren soll. »Wenn man mich nicht fragt, was Zeit ist, so weiß ich es, wenn man mich aber fragt, kann ich es nicht sagen« (Augustinus, *Confessiones*).

Physik kann begrifflich nicht klar ausgesprochen werden ohne eine gewisse Artikulation unseres Wissens von der Zeit. Daß Zeit ihr methodisch schon deshalb zugrunde liegt, weil sie eine Erfahrungswissenschaft ist, haben wir soeben gesehen. Aber auch der Inhalt physikalischer Sätze ist immer auf Zeit bezogen. Die einzelne Beobachtung findet jeweils zu einer bestimmten Zeit statt, und ein korrektes Versuchsprotokoll enthält die Angabe der Zeit des Versuchs. Die Gesetze der Physik geben, wie oben lose formuliert wurde, an, welche Erscheinungen auf welche Erscheinungen folgen. Mathematisch formuliert man physikalische Gesetze meist als (hyperbolische) Differentialgleichungen nach der Zeit. Hierbei wird der sogenannte »Zeitpunkt« des jeweiligen Zustands oder Geschehens durch den Wert eines reellen Parameters t beschrieben. Extremalprinzipien sind andere Formulierungen desselben mathematischen Sachverhalts wie die Differentialgleichungen, die dann als ihre Eulerschen Gleichungen erscheinen; sie enthalten t als Integrationsvariable. Erhaltungssätze schließlich besagen, daß sich gewisse Größen nicht mit der Zeit ändern; sie setzen die Ableitung der betreffenden Größen nach der Zeit gleich Null.

Es könnte so scheinen, als sei das Problem der begrifflich scharfen Fassung der Zeit durch die Einführung des Zeitparameters gelöst. Das vorliegende Buch wurde geschrieben, weil dies nicht der Fall ist. Zunächst ist offensichtlich, daß der

Zeitparamter die eingangs verbal umschriebene Struktur von Gegenwart, Zukunft, Vergangenheit nicht mitbeschreibt. Aus den Gleichungen der Physik ist nicht zu ersehen, welcher Zeitpunkt als der jeweils gegenwärtige gemeint ist, und die Gleichungen geben den qualitativen Unterschied zwischen unwiderruflichen Fakten der Vergangenheit und offenen Möglichkeiten der Zukunft nicht wieder. Viele Physiker sind geneigt, eben darum die Begriffe Gegenwart, Zukunft, Vergangenheit als »nur subjektiv« aus der »objektiven« Naturbeschreibung auszuschließen. Soweit das nicht tunlich erscheint, führt man einen Rest der durch sie bezeichneten Struktur unter den metaphorischen Titeln »Zeitrichtung« oder »Zeitpfeil« ein (beide sind Metaphern, welche die Zeit wie eine Raumkoordinate behandeln). Die begrifflich klare Beschreibung dessen, was mit dem »Zeitpfeil« gemeint ist, erweist sich dann als sehr schwierig.

Diese Schwierigkeiten rühren meiner Ansicht nach daher, daß man die natürliche Richtung der Definition oder Begründung umgekehrt hat. Wer weiß, was Erfahrung ist, weiß unartikuliert auch schon, was Zeit im vollen, oben angedeuteten Sinn ist. Wer Physik treibt, weiß, was Erfahrung ist. Die Ergebnisse der Physik können nicht dazu führen, nachträglich zu *definieren*, was Zeit oder Zeitrichtung ist, wenn unter Definition die Rückführung auf inhaltliche Begriffe der Physik (z. B. die Entropie) verstanden wird; das wäre zirkelhaft. Die Ergebnisse der Physik können aber dazu führen, daß wir uns deutlicher machen, was wir unartikuliert vor aller Physik schon wußten. Wir können also eine kontrollierbare Redeweise verabreden, in der wir fortan über Zeit sprechen wollen, und können prüfen, ob diese Redeweise unserem vorgängigen Verständnis von Zeit entspricht. Mit Hilfe dieser Redeweise können wir dann andere, erklärungsbedürftige Begriffe der Physik definieren oder wenigstens auch für sie eine kontrollierte Redeweise einführen, die gewisse, bisher empfundene Schwierigkeiten eliminiert. Der Schlüsselbegriff hierfür ist der Begriff der Wahrscheinlichkeit, der für die Interpretation der Thermodynamik und der Quantentheorie fundamental ist.

Die Einführung einer kontrollierten Redeweise über die Zeit führt uns zunächst ins Feld der *Logik*. Als »zeitliche Aussagen«

sollen alle Aussagen bezeichnet werden, die irgendwie zeitliche Verhältnisse mit angeben. Die einfachsten Beispiele sind Aussagen, die etwas als zu einer Zeit geschehend bezeichnen, etwa »es regnet«, »es hat geregnet«, »es wird regnen«, »Napoleon ist 1821 gestorben«, »im Jahre 1999 wird eine Sonnenfinsternis sein«. Komplizierter sind Verknüpfungen solcher Aussagen wie »wenn es geregnet hat, ist die Straße naß«, »die Entropie eines isolierten Systems nimmt nicht ab«. Erste Forderung an unsere kontrollierte Redeweise ist, die Logik zu bestimmen, der die zeitlichen Aussagen genügen.

Man könnte meinen, die Erfüllung dieser Forderung sei trivial. Es sei nämlich nicht nötig zu fragen, »*welcher*« Logik die zeitlichen Aussagen genügten; insofern sie Aussagen seien, genügten sie, wie alle Aussagen »der« Logik, d.h. der einen, uns allen bekannten Logik. Gerade einige scharfsinnige Logiker und Philosophen sehen in der Suche nach einer besonderen Logik der zeitlichen Aussagen (insbesondere einer »Quantenlogik«) eine Verkennung der im Wesen der Sache liegenden Begründungsreihenfolge. Die »Quantenlogik« beruhe auf der Quantentheorie, die Quantentheorie beruhe auf Erfahrung, wissenschaftlich formulierte Erfahrung aber setze schon die Logik voraus. Also beruhe die »Quantenlogik« auf der Logik. Sei sie mit ihr im Einklang, so sei sie trivial, widerspreche sie ihr, so sei sie falsch; in Wahrheit aber werde sich die als »Quantenlogik« bezeichnete mathematische Struktur als ein harmloses Stück Physik erweisen, dem zu Unrecht der Name »Logik« gegeben sei.

Auf das Problem der Quantenlogik kann ich erst im Zusammenhang der Quantentheorie näher eingehen. Ich habe es hier nur erwähnt, um den Begründungszusammenhang deutlich zu machen, in dem die Frage nach der Logik zeitlicher Aussagen steht. Wenn es wahr wäre, daß wissenschaftlich formulierte Erfahrung schon eine bestimmte, uns bekannte Logik, eben »die Logik« sachlich voraussetzte, so wäre natürlich auch die Schlußfolgerung wahr, daß man aus solcher Erfahrung nicht eine von dieser abweichende Logik herleiten kann. Ich würde sogar weitergehen und denken, daß man aus Erfahrung niemals eine Logik logisch herleiten kann; die Logik wäre ja in der Herleitung selbst schon benützt. Ich behaupte vielmehr, daß sich bei genauem Hinsehen die Prämisse, wissenschaftliche Erfahrung setze »die Logik« voraus, in zweifacher Hinsicht als unbegründet erweist. Erstens ist bis heute nie erfolgreich überlegt worden, wie man gerade die elementaren zeitlichen Aussagen logisch erfassen soll, und zweitens sind heute die Logiker selbst darüber uneinig, ob es so etwas wie »die wahre Logik« gibt, und zwar aus Gründen, die meiner Meinung nach eben damit zu tun haben, daß wir die logische Beschreibung zeitlicher Verhältnisse noch nicht verstanden haben. Die Quantentheorie ist nach dieser Auffassung nur die Stelle, an der diese Unklarheit in den logischen Grundlagen der Physik zum erstenmal ins Bewußtsein der Physiker gerückt ist. Dasselbe hätte zwar auch schon in der statistischen Begründung der Thermodynamik sichtbar werden können, doch war damals das Mißtrauen gegen die überlieferte Logik nicht geweckt und der Grund der Schwierigkeit zu tief verborgen, als daß man auf den Zusammenhang mit der Logik aufmerksam geworden wäre.

Die Schwierigkeit der logischen Erfassung zeitlicher Aussagen tritt genau dort hervor, wo der Zeitparameter zur Darstellung zeitlicher Verhältnisse nicht hinreicht, wo also Gegenwart, Zukunft und Vergangenheit in ihrem eigentlichen Sinn genommen werden müssen. Z. B. ist eine zulässige physikalische Bedeutung des Begriffs der Wahrscheinlichkeit (und wie ich zu zeigen hoffe, sogar seine primäre Bedeutung) die derjenigen Wahrscheinlichkeit, mit der man eine Vorhersage machen kann. Diese verliert ihren direkten Sinn in dem Augenblick, in dem der Zeitpunkt, für den man vorhergesagt hat, Gegenwart und alsbald Vergangenheit geworden ist. Es ist sinnlos zu sagen, man sage jetzt ein vergangenes Faktum vorher. Eine logische Erfassung des Wahrscheinlichkeitsbegriffs setzt also eine logische Erfassung von Aussagen über die Zukunft voraus. Daß bei diesen tiefliegende logische Probleme auftreten werden, hat aber schon Aristoteles klar gesehen. Er bezweifelt (De Interpretatione 9), daß der von ihm selbst (Metaphysik Γ, 7) als allgemein aufgestellte Satz vom ausgeschlossenen Dritten für Aussagen über zukünftige Ereignisse Geltung habe (dazu Frede 1970). Ist der Satz »morgen wird eine Seeschlacht stattfinden« heute notwendigerweise an sich entweder wahr oder falsch? Wäre dies der Fall, so wäre heute an sich bestimmt, ob morgen eine Seeschlacht stattfinden wird. Man hätte also den Determinismus aus dem Satz vom ausgeschlossenen Dritten hergeleitet. Nun mag der Determinismus wahr sein; aber es erscheint als eine unzulässige Erschleichung, ihn, der eine positive metaphysische Behauptung ist, aus einem Satz der Logik herzuleiten. Es ist aber schwer zu sehen, was an dieser Herleitung falsch sein soll, wenn nicht die Prämisse, jener Satz über die Zukunft sei in der Gegenwart wahr oder falsch. In der Tat werden wir in Abschnitt 4 eine Logik futurischer Aussagen einführen, die ihnen nicht die Wahrheitswerte wahr und falsch, sondern die Modalitäten notwendig, kontingent und unmöglich zuschreibt. Damit wird das Bedenken von Aristoteles, wie ich hoffe in seinem Sinne, behoben sein.

Ein systematischer Aufbau würde verlangen, daß zuerst die vollständige Logik zeitlicher Aussagen entwickelt und auf sie dann erst die physikalische Theorie gegründet würde. Das vorliegende Buch ist eine Zwischenstation auf dem langen Weg zu einem solchen Ziel. Seine Untersuchungen sind aus der Physik hervorgegangen und zielen unmittelbar auf die Aufklärung physikalischer Sachverhalte, vor allem des Entropiesatzes und der Quantentheorie. Freilich können auch diese Sachverhalte ohne eine fundierte Logik zeitlicher Aussagen nicht definitiv aufgeklärt werden. Aber ich glaube, daß diese nur in einem einheitlichen Arbeitsgang zusammen mit der Erörterung der Rolle der Zeit bei der Grundlegung der allgemeinen Logik begründet werden kann. Diese sehr umfassende Arbeit muß ich einem späteren Zeitraum und einem anderen Verfasser überlassen (vgl. *Zeit und Wissen* 6). Hier werde ich, mit lockerer Begründung, einige Grundgesetze einer möglichen Logik zeitlicher Aussagen hypothetisch entwickeln. Von diesen werde ich alsbald zur Wahrscheinlichkeitsrechnung und zur Physik übergehen, um zu zeigen, daß sie ausreichen, über die Grundlagen dieser Disziplinen ein passables Maß an Klarheit zu gewinnen. Dadurch verschafft man sich zugleich für eine spätere, strengere Begründung der Logik die Physik als eine Sammlung von Anwendungsbeispielen.

2. Wie begründet man Logik?

Es muß von vornherein zweifelhaft erscheinen, in welchem Sinn man von einer Begründung der oder einer Logik sprechen kann. Begründen heißt doch wohl, auf etwas anderes zurückführen. Worauf aber soll man die Logik noch zurückführen? Und wenn eine solche Zurückführung, z.B. auf Ontologie, geschehen sollte, müßte sie nicht mit Hilfe von Schlüssen geschehen, für welche man schon fordern muß, daß sie gemäß der Logik vollzogen werden? D.h. ist Begründung der Logik nicht ein wesentlich zirkelhaftes Unterfangen? In der Tat kann man sich auf den Standpunkt stellen, die Logik sei einer Begründung weder fähig noch bedürftig. Richtiges Denken, das es ja vor der Aufstellung einer Wissenschaft namens Logik längst gegeben hat, hält sich nach dieser Auffassung im allgemeinen von selbst (»instinktiv«) an die Logik; bei den Griechen hat dann die Aufstellung von scheinbaren Paradoxien zu einer Reflexion auf diese bisher unausdrücklich geübte Kunst des logischen Schließens geführt, und so wurde die Logik entdeckt. Ihre Begründung liegt in ihrer Evidenz. Wenn wir nun bei dem Umgang mit zeitlichen Aussagen auf Schwierigkeiten stoßen, so haben wir bloß dasselbe zu tun, was seinerzeit die Griechen getan haben: uns die Regeln bewußt zu machen, denen wir beim vernünftigen Reden über zeitliche Verhältnisse tatsächlich folgen.

Diese Darstellung vereinfacht zwar das philosophische Problem und damit auch den historischen Vorgang bei den Griechen ungebührlich, sie gibt aber einen ersten pragmatischen Leitfaden. In der Tat werde ich im folgenden nicht viel anderes tun als versuchen, das Verfahren bewußt zu machen, das wir bei der Beurteilung zeitlicher Verhältnisse immer schon anwenden. Dabei will ich mich aber einer Verschärfung der Fragetechnik bedienen, die wir der Diskussion über die Grundlagen der Logik in unserem Jahrhundert verdanken und die vielleicht den Namen eines Mittels zur Begründung der Logik verdient.

Das Problem der Begründung der Logik ist in unserem Jahrhundert dadurch akut geworden, daß bei gewissen logischen Streitfragen die angebliche Evidenz der Logik de facto nicht ausgereicht hat, um eine Entscheidung herbeizuführen. Es handelt sich vor allem um den Satz vom ausgeschlossenen Dritten, dessen Anwendbarkeit auf unendliche Gesamtheiten von Brouwer und seiner Schule bestritten wird. Der logische Dogmatismus, d. h. die schlichte Berufung auf die Evidenz der Logik, läßt sich als methodischer Standpunkt schwer aufrechterhalten, wenn seine Anhänger sich in zwei Parteien spalten, die Entgegengesetztes für evident halten. Wer sich auf Argumentationen mit dem Gegner einläßt, gebraucht dabei Argumente, die man als Beiträge zur Begründung der Logik (zum mindesten einzelner logischer Sätze) auffassen kann. Als einziger Ausweg aus der Begründungsdebatte könnte ein logischer Konventionalismus erscheinen, der beliebige Logiken für zulässig hält. Aber auch der Konventionalist muß, wenn er seine Lösung durchsetzen will, argumentieren. Er muß einerseits begründen, warum er die vorgebrachten Begründungen nicht für stichhaltig hält. Andererseits wird auch er wenigstens das Gebiet abgrenzen müssen, das er noch als Logik anzusprechen bereit ist (z. B. ist Geometrie oder Mineralogie vermutlich nicht Logik), und diese Abgrenzung muß er wohl auch begründen.

Das Begründungsverfahren, das ich hier benützen möchte, kann man *reflexiv* nennen und durch die Frage charakterisieren: »Was weiß derjenige immer schon, der überhaupt imstande ist, sich mit Verständnis an einem Streit über die Begründung der Logik zu beteiligen?« Reflexiv in diesem Sinne ist z. B. die These Bocheńskis (1956), die wahre Logik sei die Metalogik. D. h. nicht jedes axiomatische System, dem man den Namen Logik gibt, ist deshalb schon »wahre« Logik. Wahre Logik ist vielmehr ein Teil der Theorie, nach der man entscheidet, was in axiomatischen Systemen überhaupt ableitbar ist. In der Technik der Durchführung der reflexiven Begründung will ich mich an die von Lorenzen (1959) im Anschluß an Beth (1955) entwickelte *dialogische* Begründung der Logik halten. Dabei sind der Gegenstand der Untersuchung aber nicht, wie bei Lorenzen, mathematische oder überhaupt als zeitlos gültig gemeinte Aussagen, sondern eben zeitliche Aussagen.

Zunächst soll das Lorenzensche Verfahren, soweit wir es hier brauchen werden, an einigen einfachen, meist der Logik zeitloser Aussagen zugehörigen Beispielen erläutert werden.

Wir betrachten die folgenden vier aussagenlogischen »Funktoren«, in denen für A und B beliebige Aussagen eingesetzt werden dürfen:
1. Negation: ¬A bedeute »nicht A«
2. Konjunktion: A ∧ B bedeute »A und B«
3. Disjunktion: A ∨ B bedeute »A oder B«
4. Implikation: A→B bedeute »wenn A, so B«.

Das »oder« soll, wie üblich, nicht ausschließend gemeint sein; A ∨ B sei also auch dann wahr, wenn sowohl A wie B wahr sind. Was »nicht«, »und«, »oder«, »wenn«, »so« in der Umgangssprache bedeuten, wissen wir für den Normalgebrauch gut genug. Ab und zu treten aber Unklarheiten auf. Die Formalisierung soll uns Gelegenheit geben, die Regeln, denen der Gebrauch dieser logischen Partikeln genügen soll, eindeutig festzulegen. Es ist nicht die Absicht, diese Regeln hier vollständig aufzuzählen. Es genügt uns, als Beispiel einige mit diesen Partikeln formulierte Aussageformen zu betrachten, die in der klassischen Logik alle als immer wahr, d. h. als für jede Einsetzung zu wahren Aussagen werdende Aussageformen gelten. Daß sie immer wahr sind, gilt für jede von ihnen als ein Satz oder Gesetz der Logik, dessen Namen wir der Formel hinzufügen. Wir betrachten die folgenden vier Sätze:
1. Implikativer Satz der Identität: A→A (wenn A, dann A)
2. Satz vom Widerspruch: ¬.A ∧ ¬A (nicht: A und nicht A)
3. Satz vom ausgeschlossenen Dritten: A ∨ ¬A (A oder nicht A)
4. Satz von der Prämissenvorschaltung: A→B→A (wenn A, so wenn B dann A).

In der Schreibweise haben wir statt Klammern Punkte gesetzt: Ein Punkt auf der Zeile trennt, so daß ¬.A ∧ ¬A zu verstehen ist wie ¬(A ∧ ¬A); ein Junktor, über dem ein Punkt steht, trennt stärker als einer ohne Punkt, so daß A→B→A zu verstehen ist wie A→(B→A). Es sei nochmals hervorgehoben, daß die Formeln bei jeder Einsetzung für A und B wahr werden sollen: Jedes A impliziert sich selbst; für jedes A gilt, daß nicht sowohl A als auch nicht A wahr sind; für jedes A gilt, daß A oder nicht A wahr ist; für jedes A gilt, daß, wenn A wahr ist, dann für jedes B, wenn B wahr ist, so auch A wahr ist. Von den vier Sätzen sind die beiden ersten logisch unumstritten. Die beiden anderen werden zwar in der klassischen Logik zugrunde gelegt, aber der dritte nicht in der intuitionistischen Logik, der vierte nicht für zeitliche Aussagen in der Quantenlogik. Wie können wir uns nun von der Wahrheit solcher Sätze überzeugen? Betrachten wir das einfachste Beispiel: A→A. D. h.: Bei jeder Einsetzung einer Aussage für A soll gelten: wenn A, so A. Wenn es regnet, regnet es. Wenn $2 \times 2 = 4$, so $2 \times 2 = 4$. Wenn $2 \times 2 = 5$, so $2 \times 2 = 5$. Wie die einzelnen, für A einzusetzenden Aussagen verifiziert werden, fragen wir zunächst nicht. Unsere drei Beispiele enthalten eine zeitliche, von Fall zu Fall durch Beobachtung zu entscheidende Aussage sowie eine wahre und eine falsche zeitlose Aussage. Für alle diese und andere Aussagen soll A→A gelten. Ein universelles Urteil läßt sich jedenfalls dann durch Aufzählung der unter es fallenden Einzelfälle entscheiden, wenn diese einzeln entscheidbar und endlich an der Zahl sind. Unser Satz soll aber für unendlich viele, nämlich alle überhaupt möglichen Aussagen gelten. Das können wir nur dann wissen, wenn wir eine Einsicht in eine Regel haben, nach der in jedem Einzelfall entschieden werden kann, daß das betreffende Urteil richtig ist. Eine solche Regel muß aus der Form des Urteils folgen, hier also daraus, daß es eine Implikation ist. Wann kann ich z.B. sicher sein, daß für zwei vorgegebene zeitliche Einzelaussagen a und b allgemein a→b wahr ist? Offenbar dann, wenn ich einsehen kann, daß das Wahrsein von a eine Bedingung verwirklicht, unter der b notwendigerweise wahr ist, z.B. »wenn es regnet, wird der Boden naß«. Ich weiß, daß auf den Boden fallendes Wasser ihn naß macht, und eben solches Wasser ist der Regen. Ich kann mich also anheischig machen, jedesmal, wenn es regnet, auch den nassen Boden aufzuweisen. Dies aber ist ein empirischer, allenfalls ein sehr locker formulierter naturgesetzlicher Zusammenhang mit allen Ungenauigkeiten und Ungewißheiten eines solchen. In der Tat kann man an heißen Tagen beobachten, daß ein feiner vorübereilender Regen den Boden nicht feuchtet, weil er auf dem warmen trockenen Boden alsbald verdunstet. A→A aber soll ohne Ausnahme gelten und nicht aus vagen, nie ganz durchsichtigen empirischen Gründen, sondern aus einem schlechthin einsich-

Wie begründet man Logik?

tigen logischen Grund. Dieser Grund ist unser Verständnis der *Identität*.

Diesen Grund stellen wir nun nach Lorenzen in einem Diskussionsspiel dar (wie Kapp [1942] nachgewiesen hat, ist auch die griechische Logik aus der Reflexion auf ein Diskussionsspiel hervorgegangen). Die Forderung, $A \rightarrow A$ solle für jede beliebigbe Einsetzung gelten, illustrieren wir, indem wir die Argumentation auf zwei Gegner verteilen. Der eine von ihnen, genannt der *Proponent* (kurz: P), soll die betreffende Aussageform, also etwa eine Implikation der Form $A \rightarrow B$, als immer wahr behaupten. Der Ausdruck, sie sei bei beliebiger Einsetzung wahr, wird dadurch erläutert, daß eine andere Person, der *Opponent* (kurz: O), wählen darf, welche Aussage a für das Vorderglied der Implikation, also für A, eingesetzt werden soll. Dieser wird eine bestimmte Einsetzung b für B entsprechen. Z.B. laute $A \rightarrow B$ »wenn es regnet, wird der Boden naß«, a: »*jetzt* regnet es«, b: »*jetzt* wird der Boden naß«. Der Proponent hat mit der Behauptung $A \rightarrow B$ die Verpflichtung übernommen, immer dann, wenn der Opponent eine für A einsetzbare Aussage a als wahr nachgewiesen hat, b auch als wahr nachzuweisen. Eine Behauptung der Form $A \rightarrow B$ soll dann *logisch wahr* heißen, wenn man aus ihrer *bloßen Form* einsehen kann, daß dem Proponenten dieser Nachweis stets glücken muß. Wir illustrieren den Nachweis der logischen Wahrheit von $A \rightarrow A$, indem wir einen möglichen Dialog darüber als Beispiel hinschreiben.

O	P
	1. $A \rightarrow A$
2. Das glaube ich nicht	2. Wähle ein Gegenbeispiel!
3. Für A setze ich ein $2 \times 2 = 4$	3. Bitte beweise diesen Satz
4. (O gibt den Beweis, z.B. aus Peanos Axiomen)	4. Diesen Beweis erkenne ich an
5. Nun beweise du, was du zu beweisen übernommen hast	5. Ich habe übernommen, denselben Satz wie du, also $2 \times 2 = 4$, zu beweisen

6. Bitte tu es	6. (P wiederholt den von O unter 4. gegebenen Beweis)
7. Diesen Beweis erkenne ich an	7. Also hast du mich nicht widerlegt

Wir können a priori einsehen, daß jeder Dialog über einen für A eingesetzten beweisbaren Satz so verlaufen wird. Denn offenbar ist es notwendig, daß P im 6. Zug *denselben* Beweis führt, den O im 4. Zug angegeben hat. Dies war gemeint, als ich oben sagte, der Grund der logischen Wahrheit von A→A liege in unserem Verständnis der Identität. Es hat einen Sinn zu sagen, man wiederhole *denselben* Satz, *denselben* Beweis. Im übrigen würde durch Einsetzung eines unbeweisbaren, z. B. falschen Satzes für A auch nichts geändert. Der Dialog verliefe dann so:

O	P
	1. A→A
2. Das glaube ich nicht	2. Gib ein Gegenbeispiel
3. Für A setze ich ein: $2 \times 2 = 5$	3. Bitte beweise diesen Satz
4. Das kann ich nicht	4. Dann bin auch ich zu keinem Beweis verpflichtet
5. Das gebe ich zu	5. Also hast du mich nicht widerlegt

Zur Einübung in die Denkweise des Dialogspiels und zur Erläuterung der dabei auftauchenden Probleme besprechen wir nun die weiteren, oben genannten logischen Gesetze. Dabei schließen wir uns verhältnismäßig eng, aber nicht in jeder Einzelheit der Prozedur, an Lorenzen an. Das Spiel sei allgemein so aufgebaut: P behauptet eine Aussageform. O wählt Einsetzungen für die in dieser Form vorkommenden Variablen aus. Die Aussagen, die er einsetzt, muß er faktisch beweisen.* Dann muß P die aus seiner Aussageform durch diese Einsetzungen entstehende Aussage beweisen. Wenn P eine »Gewinnstrategie« hat, die »offensichtlich« für jede von O gewählte Einsetzung diesen Beweis zu führen erlaubt, so ist die von ihm behauptete Aussageform ein logisches Gesetz. Das Wählen einer Einsetzung nennen wir auch einen »Angriff« auf die betreffende Aussageform, den Nachweis ihrer Beweisbarkeit unter der Voraussetzung der Beweisbarkeit der eingesetzten Aussagen eine »Verteidigung«. Die vier Junktoren $\wedge$, $\vee$, $\neg$ und $\to$ werden dabei wie folgt behandelt:

$A \wedge B$ wird verteidigt, indem A und B verteidigt werden.

$A \vee B$ wird verteidigt, indem A oder B verteidigt wird.

$\neg A$ wird angegriffen, indem der Opponent A behauptet; der Proponent muß dann A angreifen, und er hat $\neg A$ verteidigt, wenn dem Opponenten die Verteidigung von A nicht gelingt.

$A \to B$ wird verteidigt, indem P zu jeder von O gewählten Einsetzung in A die durch dieselbe Einsetzung in B entstehende Aussage verteidigt.

Diese Vorschriften seien kurz erläutert:

»$A \wedge B$« heißt, verbal gelesen, »A und B«. Man verteidigt »A und B«, indem man A verteidigt und B verteidigt. D. h. die Vorschrift ist nicht eine Definition des Begriffs »und«, sondern eine Konsequenz unseres in der Umgangssprache schon verfügbaren Verständnisses des Sinnes von »und«. Sie ist aber eben darum eine Festlegung der Art, wie in einer logisch regulierten Sprache Ausdrücke mit »und«, also eben Ausdrücke der Form $A \wedge B$ verwendet, speziell also im Dialog verteidigt werden sollen. Sie ist in diesem Sinne eine Definition des

---

* Lorenzen (vgl. seine »Metamathematik«) verlangt nicht, daß O seine eingesetzten Aussagen faktisch beweist. Die Allgemeingültigkeit der von P behaupteten Aussageform ist schon widerlegt, wenn sie falsch wäre, falls O seine Aussagen beweisen könnte. Für zeitliche Aussagen muß aber ein Unterschied gemacht werden zwischen Aussagen, die sich, wenn nachgeprüft, mit Sicherheit als wahr erweisen (notwendigen Aussagen im Sinne von 2.4) und solchen, die sich vielleicht als wahr erweisen (möglichen Aussagen). Deshalb gibt es ein »härteres« Spiel, wenn man von O den Beweis seiner Einsetzungen verlangt. Die allgemeine Theorie des Sinns verschiedener Spielregeln im Dialogspiel überschreitet den Rahmen unserer Untersuchungen (vgl. dazu K. Lorenz, 1961).

logischen Funktors »Konjunktion«. Analoges gilt von den drei anderen Vorschriften.

Nun läßt sich das Wesentliche des Dialogs über $A \to A$ knapp so schreiben:

	O	P
1.		$A \to A$
2.	a	a

In Worten: O greift durch eine Einsetzung a für A an. Falls O a beweisen kann, so kann P es auch.

Der Satz vom Widerspruch führt zu folgendem Dialog:

	O	P
1.		$\neg . A \wedge \neg A$
2.	$a \wedge \neg a$	? 1
3.	a	? 2
4.	$\neg a$	a

In Worten: P behauptet den allgemeinen Satz vom Widerspruch. O meint, für a treffe derselbe nicht zu. Also muß er $a \wedge \neg a$ verteidigen. P fordert zuerst die Verteidigung des ersten Konjunktionsgliedes. Wir nehmen an, O könne a beweisen. Nun fordert P die Verteidigung des zweiten Konjunktionsgliedes. O muß jetzt also $\neg a$ behaupten. Dies greift P mit a an, was er mit demselben Beweis beweist, den O vorher benutzt hat.

Der Satz vom ausgeschlossenen Dritten läßt sich nach den bisher angegebenen Regeln nicht mit Sicherheit beweisen. Der Dialog wird zunächst so aussehen:

	O	P
1.		$A \vee \neg A$
2.	a?	a $\vert$ $\neg a$
3.	$\neg a \vert a$	

In Worten: P behauptet in allgemeiner Form das Tertium non datur. O fordert eine Verteidigung im Falle a. Es kann sein, daß

Wie begründet man Logik? 61

er ein a so findet, daß P weder einen Beweis für a noch für ¬a besitzt. P kann raten, ob er besser a oder ¬a behauptet. In jedem Fall kann es ihm passieren, daß O die entgegengesetzte These beweisen kann (O wird a aus einem Gebiet wählen, das er besser kennt als P). P hat also keine Gewinnstrategie. Dies nannte Lorenzen mündlich die »harte« Spielweise. Man kann aber auch weich, d. h. mit Zurücknehmen spielen. Das Schema sieht so aus:

	O	P
1.		A ∨ ¬A
2.	a?	a|¬a
3.	¬a|a	¬a|a

In Worten: Falls O dasjenige Disjunktionsglied bewiesen (oder unwiderlegt behauptet) hat, das P nicht behauptet hatte, so kann P sagen: Ich nehme zurück und behaupte, was du soeben behauptet hast. Dem darfst du nicht mehr widersprechen, und a ∨ ¬a ist damit doch verteidigt.

Es ist nicht das Ziel dieses Kapitels, die mathematische Grundsatzfrage zu entscheiden, die sich hinter der Wahl zwischen harter und weicher Spielweise verbirgt. Die harte Spielweise legt sich unmittelbar nahe als Ausdruck einer Auffassung, welche die Behauptung irgendeiner mathematischen Aussage gleichsetzt mit der Behauptung »a ist beweisbar«. Für eine konstruktive Auffassung der Mathematik ist dies die natürliche Ansicht. Für sie ist ein nicht beweisbarer Satz überhaupt kein Satz der Mathematik. Daß weder a noch ¬a faktisch bewiesen ist, kommt oft vor; daß einer von beiden Sätzen beweisbar sein müsse, ist selbst zum mindesten eine keineswegs evidente Behauptung. Setzt man Beweisbarkeit gleich mit Herleitbarkeit in einem gegebenen formalen System, so beweist schon der Gödelsche Satz, daß es in allen interessanten Formalisierungen der Mathematik Sätze gibt, die (in diesem formalen Sinne) weder beweisbar noch widerlegbar sind. Andererseits sind diese Sätze gerade im Gödelschen Beispiel oft durch »inhaltliches Schließen« doch beweisbar oder widerlegbar. Daher liegt der Gedanke immerhin nahe, jeder formal mögliche mathematische Satz sei an sich entweder wahr oder falsch. Dieser Auffassung entspricht die weiche Spielweise. Der Konstruktivist wird diese Auffassung als einen mathematisch belanglosen »Glaubenssatz« abtun. Hilberts Ausweg war, die Widerspruchsfreiheit und damit die Ungefährlichkeit der betreffenden Annahme mit Mitteln zu beweisen, die selbst der konstruktiven Mathematik angehören. Auch wenn dieser Beweis glückt, bleibt die Frage, was Sätze, die nur so gerechtfertigt sind, inhaltlich bedeuten. Hilbert verwies zur Verteidigung seiner Haltung auf ihre Schönheit (»wir lassen uns aus dem Paradies der Analysis nicht vertreiben«; ob es wohl Adam genützt hätte, dem Erzengel so zu erwidern?) und auf ihre Unentbehrlichkeit für die Physik. Beide Argumente verweisen auf ungelöste Fragen: »Was ist mathematische Schönheit?« (eine sehr sinnvolle Frage) und: »Was ist das Unendliche und das Kontinuum in der Physik?« Die zweite Frage führt zu unserem Thema der zeitlichen Aussagen zurück. Die Antwort des Intuitionisten hingegen verweist auf das Zählen als mathematische Grundintuition und damit wieder auf die Zeit, da Zeit und Zählen zusammenhängen.

Unmittelbar zur Physik gehören die Probleme des vierten Beispiels. Der Dialog wird nach klassischer Auffassung lauten:

	O	P
1.		A→B→A
2.	a	B→a
3.	b	a

In Worten: P behauptet »wer irgendein A verteidigen kann, der kann, wenn er ein beliebiges B verteidigen kann, auch A verteidigen«. O bietet a als Beispiel für A. P behauptet B→a. O bietet b als Beispiel für B. P behauptet das von O schon behauptete a.

Dieser Satz von der Prämissenvorschaltung macht dem nicht mit Logik vertrauten Denken manchmal Schwierigkeiten. Wie kann aus einer Aussage A folgen, daß eben diese Aussage aus jeder anderen Aussage folgt? Es ist wichtig, daß wir hier zwei verschiedene Begriffe des Folgens auseinanderhalten. Die logische Implikation besagt keinen inhaltlichen, etwa naturgesetz-

Wie begründet man Logik? 63

lichen Zusammenhang der in ihr verknüpften Aussagen. Betrachten wir das scheinbare Gegenbeispiel gegen unseren Satz, das entsteht, wenn man für A einsetzt »es regnet«, für B »der Himmel ist wolkenlos«. Aus A→B→A wird damit »wenn es regnet, so regnet es, wenn der Himmel wolkenlos ist«. Dies bedeutet nicht: »Wenn es gerade regnet, so wird dadurch die naturwissenschaftliche These wahr, es regne immer, wenn der Himmel wolkenlos ist.« Eine solche naturwissenschaftliche These nämlich ist, wenn sie wahr ist, auch wahr, wenn ihre zeitabhängige Prämisse gerade nicht erfüllt ist, und wird in diesem Fall zweckmäßigerweise sprachlich im Irrealis formuliert: »Wenn jetzt der Himmel wolkenlos wäre, so würde es regnen.« Wir werden in 2.4 solche naturwissenschaftlichen Zusammenhänge ausdrücklich betrachten müssen; aber wir haben sie scharf von der logischen Implikation zu unterscheiden. Diese besagt nur: »Wer B verteidigen kann, kann auch A verteidigen.« Wer nun A verteidigen kann, der kann das, ganz einerlei, welches B er außerdem verteidigen kann: Wenn ich ad oculos demonstrieren kann, daß es regnet, so kann ich das, selbst wenn ich imstande sein sollte, außerdem ad oculos zu demonstrieren, daß der Himmel blau ist; ob ich letzteres können werde oder ob das naturgesetzlich ausgeschlossen ist, brauche ich dazu gar nicht zu wissen.

Trotzdem bietet der Satz der Prämissenvorschaltung, wie Mittelstaedt (1978) bemerkt hat, ein Problem für gewisse zeitliche Aussagen, und zwar in der Quantentheorie. Wir setzen für A und B Sätze der Form ein »das soeben betrachtete physikalische Objekt hat den Ort x« und »eben dieses Objekt hat den Impuls p«; wir kürzen diese Sätze durch x und p ab. Ferner soll O gezwungen werden, die von ihm behaupteten Sätze experimentell zu beweisen. Schließlich werde die Unbestimmtheitsrelation benützt. Dann verläuft der Dialog möglicherweise wie folgt:

	O	P
1.		A→B→A
2.	x	B→x
3.	p	x
4.	¬x	

D.h. wenn P im 3. Zug das von O im 2. Zug experimentell bewiesene x von neuem behauptet, so stellt O im 4. Zug einen auf Grund der im 3. Zug vollzogenen Impulsmessung veränderten Ort fest und beweist damit $\neg$x.

Diese Schwierigkeit läßt sich freilich, zum mindesten formal, beheben, indem man jede der Aussagen genau dem Zeitpunkt zuordnet, zu dem die Messung gemacht wird. Dann beziehen sich das x des 2. Zugs einerseits, das des 3. und 4. Zugs andererseits auf zwei verschiedene Zeiten (nämlich vor und nach der Impulsmessung), und es ist kein Wunder, daß sich die erste als wahr, und doch die zweite als falsch erweisen kann. Diese formal korrekte Lösung geht aber über das eigentliche Problem hinweg, das im Sinn eben derjenigen zeitlichen Aussagen besteht, die ohne Angabe eines Zeitpunkts als »jetzt« gültig gemacht werden. Diesen müssen wir uns zunächst zuwenden.

3. Präsentische und perfektische Aussagen*

Als *präsentische* Aussagen wollen wir solche Aussagen bezeichnen, die einen gegenwärtigen Tatbestand oder ein gegenwärtiges Geschehen bezeichnen. Beispiele sind: »der Mond scheint«, »vor der Tür steht ein Pferd«. Zum Vergleich stellen wir neben diese Beispiele präsentischer Aussagen eine *zeitlose* und eine *perfektische* Aussage: »zweimal zwei ist vier«, »Napoleon ist im Jahr 1821 gestorben«. Jede Aussage einer dieser beiden letzten Arten ist, wenn sie wahr oder falsch ist, ein für allemal wahr oder falsch. So sind sie gemeint, selbst wenn sie in concreto unentschieden und vielleicht unentscheidbar sind, wie etwa der große Fermatsche Satz oder eine unnachprüfbare historische Behauptung; wären diese entschieden, so wären sie ein für allemal entschieden.

Die präsentische Aussage ist anders gemeint. Gerade wenn man ihre sprachliche Form festhält, erweist sie sich bald als wahr, bald als falsch. Bald scheint der Mond, bald nicht; so ist »der Mond scheint« bald eine wahre, bald eine falsche Aussa-

---

* Vgl. hierzu *Zeit und Wissen* 6.7.

ge. Das wird nicht anders, wenn man sagt »jetzt scheint der Mond«, denn »jetzt« ist immer wieder eine andere Zeit, eben die jeweilige Gegenwart. Die Identität des Ausgesagten kann man in diesen Aussagen höchstens dadurch erreichen, daß man ihre Form ändert; den speziellen Sachverhalt, den ich vorhin meinte, als ich sagte: »Der Mond scheint«, suche ich jetzt auszudrücken, indem ich sage: »Vorhin schien der Mond.«

Die Logik hat zu diesen gegenwartsbezogenen Aussagen ein zwiespältiges Verhältnis. Ausgehend von der terminologischen Festsetzung, Wahrheit oder Falschheit müsse einer in fester Form gegebenen Aussage als feste Eigenschaft zukommen, strebt man, die präsentischen Aussagen gar nicht als Aussagen anzuerkennen; man faßt sie etwa als unvollständige Aussageformen auf, zu denen eine »objektive« (d.h. nicht auf die jeweilige Gegenwart bezogene) Zeitbestimmung zu ergänzen wäre. Trotzdem tauchen sie wohl in praktisch allen Lehrbüchern der Logik auf, wenn einfache Beispiele gebraucht werden sollen. Sie sind uns eben allen aus dem täglichen Leben geläufig. Ich glaube, daß wir keine zeitliche Struktur verstehen können, wenn wir das Phänomen der immer neuen Gegenwart übergehen. Deshalb stelle ich die, wie ich meine, aus gutem Grund sprachlich einfachsten zeitlichen Aussagen, eben die auf die jeweilige Gegenwart bezogenen, an die Spitze der Logik zeitlicher Aussagen.

Wollen wir nach der Methode des Abschnitts 2 eine Logik präsentischer Aussagen aufbauen, so müssen wir zuerst fragen, wie man eine einzelne präsentische Aussage rechtfertigen (verteidigen) kann. Die direkte Rechtfertigung besteht im Aufweis der *phänomenalen Gegebenheit* des behaupteten Tatbestandes. »Der Mond scheint. Du glaubst es nicht? Schau aus dem Fenster, so wirst du ihn selbst sehen.« Wir wollen keine andere als die phänomenale Rechtfertigung einer präsentischen Aussage zulassen. Auch alle anderen Rechtfertigungen zeitlicher und zeitloser Aussagen laufen schließlich auf die Anerkennung einer phänomenalen Gegebenheit hinaus, z.B. das Ausrechnen einer Gleichung auf die Feststellung: »Sieh zu, rechts steht jetzt dieselbe Zahl wie links.« Natürlich ist der Grund, aus dem man eine präsentische Aussage macht, nicht immer ihre eigene phänomenale Gegebenheit, sondern oft die

Einsicht in einen gesetzlichen Zusammenhang mit anderem phänomenal Gegebenen, z. B. »der Mond muß scheinen, denn es steht im Kalender und das Wetter ist klar«. Aber wer aus solchen Gründen präsentische Aussagen macht, stellt sich grundsätzlich doch dem Anspruch, daß bei Widerspruch der Tatbestand phänomenal aufweisbar sein müsse. Dabei müssen wir uns über zwei Schranken dieses Aufweises im klaren sein. Es kann erstens sein, daß man dem Zweifler das Phänomen praktisch nicht verschaffen kann (er kann vielleicht den Mond nicht sehen, weil er ans Krankenzimmer gefesselt oder blind ist). Diese Schranke darf man in einer logischen Erörterung als irrelevant behandeln, denn in der Logik, wie in jeder Wissenschaft, geht es um die prinzipielle, nicht um die jeweilige praktische Möglichkeit der Rechtfertigung der Aussagen. Zweitens aber kann es sein, daß die Aussage inzwischen falsch geworden ist (der Mond ist inzwischen untergegangen oder hinter Wolken verschwunden). Diese Schranke ist von prinzipieller Natur, denn es liegt im Wesen der präsentischen Aussage, daß sie falsch werden kann. Sie zu erörtern ist das hauptsächliche Ziel dieses Abschnitts. Vorher wollen wir uns aber, als Anschauungsmaterial, einen ersten Überblick über die Fragen verschaffen, die bei der Einführung der Funktoren in die Logik präsentischer Aussagen auftreten werden.

p, q, r... seien Variable für präsentische Aussagen. Wie rechtfertigt man p ∧ q, p ∨ q usw.?

p ∧ q. Beispiel: »der Mond scheint, und ein Pferd steht vor der Tür«. Nach der Definition der Konjunktion verteidigt man p ∧ q, indem man p verteidigt und q verteidigt. Nach dieser Erklärung kann man unseren Beispielsatz rechtfertigen, indem man phänomenal aufweist, daß der Mond scheint, und phänomenal aufweist, daß ein Pferd vor der Tür steht. Oft wird man beides zugleich mit einem einzigen Blick können. Dann kann man direkt sagen, p ∧ q selbst sei phänomenal aufgewiesen. Jeder direkt wahrnehmbare Tatbestand ist ja komplex und läßt eine Zerlegung in mehrere, gleichzeitig wahrgenommene Tatbestände zu. Oft lassen sich aber die beiden Aussagen nur nacheinander phänomenal rechtfertigen, z. B. »beide Seiten dieser Münze sind blank«. Wenn es dabei auf die Reihenfolge nicht ankommt, entsteht kein Problem; in indirektem Sinn ist dann auch p ∧ q phänomenal gerechtfertigt, wenn p und q es nacheinander sind. Aber da eine präsentische Aussage falsch werden kann, kann es auf die Reihenfolge ankommen. Daß dies physikalisch relevant ist, hat die Quantentheorie gezeigt. Wer (im Sinne des letzten Beispiels aus Abschnitt 2) zuerst x phänomenal rechtfertigt und dann p, der hat im Sinne der Quantentheorie eine ganz andere Aussage gerechtfertigt, als wer zuerst p rechtfertigt und dann x. Diese Probleme stellen wir bis zur Erörterung der Quantentheorie zurück (7.6).

p ∨ q. Beispiel: »der Mond scheint, oder ein Pferd steht vor der Tür«. Die Rechtfertigung besteht darin, wenigstens p oder q phänomenal zu geben. Hier haben wir Anlaß, einiges Nachdenken zu verwenden auf den Unterschied zwischen der Rechtfertigung einer Aussage und dem Grund, der uns veranlaßt, sie zu behaupten. Der Grund einer konjunktiven präsentischen Aussage p ∧ q liegt zwar oft darin, daß uns die in beiden Aussagen ausgesagten Tatbestände, vielleicht sogar als ein einziger komplexer Tatbestand, phänomenal gegeben sind. Der Grund einer disjunktiven präsentischen Aussage p ∨ q liegt aber wohl selten in direkter phänomenaler Gegebenheit, weder von p bzw. q noch gar von p ∨ q. Sehe ich, daß p, so ist mir erstens eben p und nicht p ∨ q phänomenal gegeben; zweitens pflege ich dann p und nicht p ∨ q zu behaupten. Wenn ich schon weiß, daß der Mond scheint, stelle ich nicht eine so umständliche Behauptung auf wie »der Mond scheint, oder ein Pferd steht vor der Tür«. Man gebraucht das »oder« in der Praxis gerade dann, wenn der Grund der Aussage *nicht* phänomenale Gegebenheit ist. Etwa »der Hausmeister ist im Wirtshaus oder im Bett«, wenn phänomenal gegeben ist, daß er auf Klingeln nicht reagiert, und meine Kenntnis seiner Lebensgewohnheiten andere Alternativen ausschließt. Man kann Aussagen, deren *Grund* phänomenale Gegebenheit ist, auch *ontisch begründete* Aussagen nennen; der Grund dafür, daß ich sie machen kann, ist ja meine unmittelbare Gewißheit, daß es so *ist*, wie die Aussage sagt. Aussagen, deren Grund ein Wissen ist, das nicht den Inhalt der Aussage selbst phänomenal gibt, sollen demgegenüber *epistemisch begründet* heißen. Man kann dann sagen, daß Aussagen der Form p ∨ q grundsätzlich epistemisch begründete Aussagen sind, während p ∧ q ontisch begründet sein kann.

¬*p*. Beispiel: »der Mond scheint nicht«. Wenn man sich klargemacht hat, daß der Inhalt einer disjunktiven Aussage nicht unmittelbar phänomenal gegeben ist, kann man sehr in Zweifel geraten, wie es hierin mit einer negativen Aussage steht. Daß der Mond scheint, sieht man, wenn er scheint und wenn man hinschaut. Daß der Mond nicht scheint, sieht man eigentlich nicht. Man sieht den dunklen Himmel, die Sterne oder Wolken, und erst auf die Frage: »scheint der Mond?« erschrickt man gleichsam und antwortet: »nein, er scheint nicht, sonst müßte ich ihn sehen.« »Die Welt ist voll von Nicht-Elefanten« (Bocheński), die man natürlicherweise nicht gerade als Nicht-Elefanten anspricht. Insofern könnte man die negativen Aussagen als epistemisch begründet ansehen.

Andererseits ist jedes »Nachsehen, ob...« ein »Nachsehen, ob oder ob nicht...«. Deshalb ist die Entscheidung über eine präsentische Aussage p durch phänomenalen Aufweis des diesbezüglichen Sachverhalts zugleich eine Entscheidung über ¬p; sie ist eine Entscheidung der *Alternative* zwischen p und ¬p. Der Ausgangspunkt der intuitionistischen Kritik am Satz vom ausgeschlossenen Dritten ist, daß für gewisse Sätze zwar klar ist, welches Phänomen ein Beweis für sie ist, aber nicht, welches Phänomen eine Widerlegung für sie ist, oder umgekehrt. Z.B. kann eine Existenzaussage über eine unendliche Gesamtheit (»es gibt eine natürliche Zahl der Eigenschaft E«) durch ein einziges Beispiel bewiesen, aber durch keine endliche Menge von Gegenbeispielen widerlegt werden; eine Allaussage (»alle natürlichen Zahlen haben die Eigenschaft E«) wird durch ein Gegenbeispiel widerlegt, aber durch keine endliche Beispielmenge bewiesen. Dergleichen kommt für einfache präsentische Aussagen nicht vor; dasselbe Verfahren führt zu ihrem Beweis oder ihrer Widerlegung.

p→*q*. Hier müssen wir eine sprachliche Falle vermeiden. Man könnte naiv festsetzen, p→q solle heißen »wenn p, so q«, z.B. »wenn der Mond scheint, so schimmern die Berge«. Nun drücken wir aber in der grammatischen Form des Präsens sowohl präsentische wie zeitüberbrückende oder zeitlose Sachverhalte aus: »der Mond scheint«, »der Mond ist kleiner als die Erde«, »zweimal zwei ist vier«. »Wenn der Mond scheint, so schimmern die Berge« ist zeitüberbrückend gemeint: »immer wenn der Mond scheint, schimmern die Berge.« Das ist keine präsentische Aussage. Eine implikative präsentische Aussage wäre: »wenn jetzt der Mond scheint, so schimmern jetzt die Berge.« Man könnte um der pedantischen Deutlichkeit willen auch diesen Satz noch durch ein »Jetzt gilt:« einleiten. Dies kann ohne Gefahr des Mißverständnisses ebenso wegfallen wie das »jetzt« in der simplen präsentischen Aussage »der Mond scheint jetzt«. Man würde also festsetzen: p→q heißt »wenn jetzt p, so jetzt q«. Diese Aussage kann dialogisch wie üblich behandelt werden. »p→q« kann genau dann verteidigt werden, wenn der Proponent, falls der Opponent jetzt p verteidigen kann, jetzt q verteidigen kann.

Den weiteren Aufbau der Logik präsentischer Aussagen werden wir in zwei Schritten unter jeweils verschiedenen Voraussetzungen andeuten: unter denen der Ontologie der klassischen Physik in 2.5, unter denen der Quantentheorie in 7.6. Jetzt kehren wir zu dem zentralen Problem ihrer Bedeutung zurück, daß sie nämlich bei gleichbleibender Form bald wahr, bald falsch sein können.

Wir analysieren hierzu den implikativen Satz der Identität, p→p, für präsentische Aussagen p. Wir interpretieren die Formel durch die soeben gegebene Erklärung der Implikation und durch die Einsetzungsregel, daß für dieselbe Variable an verschiedenen Stellen einer Formel stets nur dieselbe Aussage eingesetzt werden darf. In der Einsetzungsregel ist von unserem vorgängigen Verständnis von Identität Gebrauch gemacht. p ist vor und hinter dem Pfeil dieselbe Variable, obwohl es zwei verschiedene Häufchen von Druckerschwärze von (wie mikroskopische Analyse zeigen würde) verschiedener Gestalt sind. Wir erkennen eben den Buchstaben p als denselben wieder. Wir setzen dann für ihn dieselbe Aussage ein, z. B. »jetzt scheint der Mond«. Auch diese steht im fertigen Satz »wenn jetzt der Mond scheint, so scheint jetzt der Mond«

zweimal da, gemäß den Regeln der Umgangssprache sogar in verschiedener Anordnung der Wörter; aber wir erkennen sie als dieselbe wieder. Nur weil sie an beiden Stellen dieselbe ist, entsteht das Erlebnis logischer Evidenz. Wie sieht aber der zugehörige Dialog aus? Er sei hier in Worten wiedergegeben:

O	P
	1. Wenn jetzt p, so jetzt p
2. Soll das auch gelten für p: »der Mond scheint«?	2. Bitte stelle mich auf die Probe
3. Der Mond scheint	3. Kannst du mir das beweisen?
4. Bitte schau aus dem Fenster	4. Du hast recht. Der Mond scheint
5. Bitte behaupte du nun, was du zu behaupten übernommen hast!	5. Der Mond scheint
6. Kannst du mir das beweisen?	6. Bitte schau aus dem Fenster!
7. Du hast recht. Der Mond scheint	7. Also habe ich das Versprochene geleistet
8. Das muß ich zugeben	

Dies ist der Normalverlauf. Aber folgende Fortsetzung könnte auch vorkommen.

O	P
7. Ich sehe den Mond nicht	7. Du hast zu lange gewartet. Er ist inzwischen untergegangen
8. Deine Gründe sind mir gleichgültig. Du hast das Versprochene nicht geleistet	8. Das muß ich zugeben

Die Möglichkeit des zweiten Dialogausgangs zeigt, daß der Proponent bei dem siegreichen ersten Ausgang des Dialogs aus einem Sachverhalt Nutzen gezogen hat, den man üblicherweise

Präsentische und perfektische Aussagen 71

nicht einen logischen, sondern einen *ontologischen Sachverhalt* nennen wird. Ich will ihn als die *Ständigkeit der Natur* bezeichnen. Präsentische Aussagen bleiben im allgemeinen eine Weile wahr. Wäre es grundsätzlich nicht so, so wären sie grundsätzlich nicht nachprüfbar. Da wir uns aber über die Phänomene der realen Welt im allgemeinen durch präsentische Aussagen verständigen, ist nicht zu sehen, wie es dann überhaupt Begriffsbildung und Erfahrung geben könnte. Die Ständigkeit der Natur ist eine Bedingung der Möglichkeit von Erfahrung. Diese stillschweigende Voraussetzung alles präsentischen Sprechens liegt auch der Möglichkeit zugrunde, eine Logik präsentischer Aussagen im hier geschilderten Sinne zu entwickeln; sie wird im implikativen Satz der Identität ausgesprochen.

Die Ständigkeit der Natur ist aber kein zeitloses Stehen. Präsentische Sätze sind meist, aber nicht immer, nachprüfbar. So scheint die »Logik präsentischer Aussagen« mit der für das herkömmliche Verständnis von Logik unerträglichen Hypothek einer nur ungenauen oder ungefähren Geltung belastet. Wir besprechen drei Antworten auf diesen Einwand, die einander nicht ausschließen, sondern ergänzen.

Erstens kann man sagen, der implikative Satz der Identität bezeichne eben genau die *Voraussetzung* und damit die *Gültigkeitsgrenze* von Logik überhaupt. Wo Identität vorausgesetzt werden darf, ist Logik möglich, anderswo nicht. Man kann Logik präsentischer Aussagen treiben, aber man muß wissen, daß sie eine Idealisierung der wirklichen Verhältnisse darstellt. Diese Antwort wird demjenigen als die wichtigste erscheinen, der die Logik als einen Ausdruck ontologischer Sachverhalte versteht und der zudem die Ontologie der Zeit als eine noch ungelöste Aufgabe ansieht. Auch er wird jedoch die beiden nachfolgenden Antworten ins einzelne verfolgen müssen; sie werden für ihn Beiträge zur Ontologie der Zeit sein. Zunächst formulieren wir diese Antworten aber als Versuche, eine strenge und von ontologischen Voraussetzungen freie Logik zeitlicher Aussagen zu gewinnen.

Die zweite Antwort weist darauf hin, daß sich die These von der Ständigkeit der Natur zu der der *Kontinuität des Geschehens* verschärfen läßt. Dann gibt es bei hinreichend genauer

Formulierung immer präsentische Aussagen *p(x)*, die von einem kontinuierlichen Parameter *x* abhängen, der sich stetig mit der Zeit ändert. Man kann also immer eine Zeitspanne *t* so finden, daß die Änderung von *x* während *t* kleiner bleibt als eine (bei hinreichender Kenntnis der Änderungsgesetze) vorweg wählbare Schranke. Diese Antwort wird also die ontologische Prämisse nicht los, sondern verschärft sie sogar, aber so, daß ein Grenzfall definiert werden kann, in dem die Logik präsentischer Aussagen streng gilt.

Die dritte Antwort führt eine *andere Form zeitlicher Aussagen* ein. Ihr Anwalt würde sagen: Die Niederlage des Proponenten im zweiten Ausgang des Dialogs über p→p rührt nur daher, daß für p gar keine echte Aussage, sondern eine unvollständige Aussageform eingesetzt worden ist. Er würde sich anheischig machen, mit einer echten Aussage den Dialog immer zu gewinnen, etwa wie folgt[*]:

O	P
	1. Wenn p zur Zeit *t*, so p zur Zeit *t*
2. Es ist jetzt eine Minute vor 10 Uhr. Soll dein Satz gelten für »abends um 10 Uhr schien am 28.6.63 in Prägraten der Mond«?	2. Bitte stell' mich auf die Probe!
3. Ich behaupte obigen Satz	3. Kannst du ihn mir beweisen?
4. Es ist 10 Uhr. Bitte schau aus dem Fenster!	4. Ich schreibe ins Protokoll: »Ich habe gesehen: abends um 10 Uhr schien am 28.6.63 in Prägraten der Mond.«
5. Bitte behaupte nun, was du zu behaupten übernommen hast!	5. Abends um 10 Uhr schien am 28.6.63 in Prägraten der Mond

Dieser Text ist offenkundig im Sommer 1963 geschrieben. Ich tilge bei der jetzigen Buchausgabe dieses Dokument eines vergangenen Zeitraums nicht. Würde ich jetzt 1985 für 1963 einsetzen, so wäre für einen (erhofften) Leser im Jahre 2007 die Zeitangabe ebenso überholt.

Präsentische und perfektische Aussagen

6. Kannst du mir das beweisen?	6. Bitte sieh im Protokoll nach!
7. Du hast recht. Da steht: »Ich habe gesehen: abends um 10 Uhr schien am 28. 6. 63 in Prägraten der Mond.«	7. Traust du dem Protokoll?
8. Ja	8. Also habe ich das Versprochene geleistet
9. Das muß ich zugeben	

Die »echte Aussage« ist in diesem Dialog die im Protokoll niedergeschriebene. Sie gibt den Zeitpunkt und den Ort explizite an, für den sie gelten soll. Die Ortsbestimmung und die mit ihr verbundenen Probleme (Probleme des »hier« in Analogie zu denen des »jetzt«) wollen wir hier nicht besprechen; in allen künftigen Überlegungen sollen die Aussagen stets stillschweigend als bezüglich des Orts hinreichend bestimmt angesehen werden. Um der einfacheren Ausdrucksweise willen wollen wir die Aussage des Beispiels künftig in der Form zitieren »um 10 Uhr schien der Mond«; außer dem Ort ist auch der Kalendertag als bekannt vorausgesetzt und nicht genannt.

Dieser neue Aussagetyp erzwingt eine neue Art der Rechtfertigung. 10 Uhr ist während des Dialogs höchstens einmal »jetzt«. Wer 5 Minuten nach 10 Uhr nachweisen will, daß um 10 Uhr der Mond geschienen hat, kann dieses Faktum nicht mehr phänomenal aufweisen. Ein Phänomen im bisher benutzten Sinne des Worts ist stets ein gegenwärtiges Phänomen; ein vergangenes Phänomen ist nur als *Erinnerung* zugänglich. Um sich gegen Erinnerungstäuschungen und böswilliges Ableugnen zu sichern, legt man die Aussage im Augenblick ihrer phänomenalen Aufweisbarkeit durch ein *Dokument* fest, hier durch das oben zitierte Protokoll. Für die Gewinnstrategie im Dialog ist es wesentlich, daß der Proponent *denselben* Beweis benützen kann, den der Opponent *vorher* vorgebracht hat. Man sieht an dieser Formulierung deutlich, inwiefern in die dialogische Begründung der Logik als undiskutierte Bedingungen ihrer Möglichkeit die Identität und die Zeitlichkeit eingehen. Die Identität des Beweises basiert hier darauf, daß beiden

Partnern dasselbe *Faktum,* daß nämlich um 10 Uhr der Mond schien, zur Verfügung steht. Will man den Beweis von beiden Partnern auch formal identisch führen lassen, so müssen beide mit demselben Protokolltext arbeiten. D. h. da der später Beweisende das Faktum nur durch ein Dokument beweisen kann, muß auch der früher Beweisende dann schon mit einem Dokument arbeiten; die Umsetzung des phänomenalen Aufweises in ein Dokument (das Verfassen des Protokolls) ist strenggenommen kein Teil des Dialogs.

Diese Beweistechnik schränkt nun die auf einen Zeitpunkt bezogenen Aussagen, für welche Dialoge tatsächlich gewonnen werden können, offensichtlich zunächst einmal auf Aussagen über *Vergangenes* ein. Solche Aussagen wollen wir *perfektisch* nennen. In der Tat sind zukünftige Ereignisse weder phänomenal gegeben, noch haben wir Erinnerungen oder Dokumente von ihnen; sie sind für uns keine Fakten. Die in der Physik übliche Charakterisierung des Zeitpunkts durch einen reellen Parameter t verwischt diesen Unterschied. Die Umgangssprache ist hier wie so oft präziser als die bisher vorliegende mathematische Sprache der Wissenschaft. Das ist kein Wunder; sie ist ja nicht wie die Sprache der Wissenschaft für Einzelaspekte, sondern für die Orientierung im Ganzen unseres Lebens bestimmt. Umgangssprachlich ist es in unseren indogermanischen Sprachen nicht möglich, eine auf einen festen Zeitpunkt bezogene Aussage in unveränderter Form zu bewahren, wenn dieser Zeitpunkt aus einem zukünftigen zu einem vergangenen wird. Vor 10 Uhr sagt man »um 10 Uhr wird der Mond scheinen«, nach 10 Uhr »um 10 Uhr schien der Mond« (wobei von den subtileren Unterscheidungen wie der von Imperfekt und Perfekt, die heute schon manchen deutschen Autoren nicht mehr sicher zur Verfügung stehen, noch abgesehen ist). Diesen Unterschied habe ich oben im Dialogtext unterdrückt, indem ich den Opponenten den Satz schon vor 10 Uhr in der Form wörtlich zitieren ließ, in der er nach 10 Uhr würde verteidigt werden können. Wir lassen nun das Problem der Zukunft zunächst noch beiseite und besprechen die Grundlagen der Logik perfektischer Aussagen.

Als Variable für perfektische Aussagen sollen p_t, q_t, ... dienen. Für p, q, ... soll dabei je eine Aussage eingesetzt

Präsentische und perfektische Aussagen   75

werden, die, wenn *t* die Gegenwart wäre, als präsentische
Aussage ausgesprochen werden könnte; für *t* ist ein vergangener Zeitpunkt einzusetzen. Der Bezug auf die präsentischen
Aussagen in dieser Definition ist konsequent, denn nur was
einmal ein gegenwärtiger Sachverhalt war, ist nachher ein
vergangenes Faktum. In der Umgangssprache müssen die
Aussagen bei diesem Übergang von der Gegenwart in die
Vergangenheit umformuliert werden, und die Notwendigkeit
dieser Umformulierung soll in der obigen Definition mitverstanden werden. Eine von der Umgangssprache abgelöste,
formal exakt festgelegte Gestaltung zeitlicher Aussagen zu
entwickeln, übersteigt den Plan dieses Buches und ist für das
vorerst angestrebte inhaltliche Verständnis der Physik noch
nicht nötig.

Wir werfen hier nur einen flüchtigen Blick auf die Probleme
der Junktoren für perfektische Aussagen. $p_t \wedge q_t$ ist durch
Dokumente zu rechtfertigen, wenn p_t und q_t durch Dokumente
zu rechtfertigen sind; $p_t \vee q_t$, wenn wenigstens eines der
Glieder zu rechtfertigen ist. Ein Dokument für oder gegen p_t ist
zugleich ein Dokument gegen oder für $\neg p_t$. Über die Zulässigkeit des Satzes vom ausgeschlossenen Dritten kann man hier
Zweifel hegen. In einem Dialog über die allgemein behauptete
Aussageform $p_t \vee \neg p_t$ könnte es vorkommen, daß für eine
bestimmte Einsetzung (ein bestimmtes denkbares Ereignis der
Vergangenheit) der Proponent über kein Dokument verfügt
und nicht weiß, ob der Opponent eines besitzt. Dann gibt es für
ihn keine Gewinnstrategie bei harter Spielweise. Genau wie in
der Mathematik wird man hier genötigt, nach dem Sinn der
vorgelegten (hier also der perfektischen) Aussagen zu fragen.
Unsere normale Überzeugung ist, daß die Vergangenheit an
sich, unabhängig von unserer Kenntnis, feststeht; jedes denkbare vergangene Ereignis hat an sich entweder stattgefunden
oder nicht. Wer so denkt, wird die weiche Spielweise zulassen
und zur klassischen Aussagenlogik für perfektische Aussagen
gelangen. Wer einen Grund zum Zweifel hieran zu sehen
meint, kann sich auf die harte Spielweise und somit auf die
intuitionistische Logik für perfektische Aussagen beschränken. Dies lassen wir hier offen. In $p_t \rightarrow q_t$ schließlich haben wir
den Bezug auf einen einzigen Zeitpunkt, den wir in $p \rightarrow q$

ausdrücklich einführten, schon in der Schreibweise mit ausgedrückt.

Denken wir uns die hier angedeutete Logik perfektischer Aussagen errichtet, so wäre damit das Programm der dritten obigen Antwort, präsentische Aussagen durch »echte Aussagen« zu ersetzen, in gewissem Umfang, nämlich noch unter Fortlassung der Zukunft, ausgeführt. Ist diese Logik perfektischer Aussagen damit auch von den oben genannten ontologischen Voraussetzungen unabhängig? In einem Sinne ja, in einem anderen nein.

Die ontologischen Voraussetzungen spielen in ihr in dem Sinne keine Rolle, daß die Veränderlichkeit der Sachverhalte keine Gültigkeitsgrenzen der perfektischen Aussagen mit sich bringt. Hat sich der Sachverhalt von t bis $t + \Delta t$ verändert, so bringt man das zum Ausdruck, indem man in p_t und $p_{t+\Delta t}$ zwei verschiedene Aussagen für p als wahr einsetzt. Hiermit ist, soweit man zunächst sehen kann, die Unanfechtbarkeit einer einmal gerechtfertigten Aussage in Strenge erreicht, welche die obige zweite Antwort für präsentische Aussagen in beliebig guter Näherung zu erreichen versprach, indem sie den Sinn der Aussage auf einen beliebig kurzen Zeitraum beschränkte. Schon diese zweite Antwort tendiert ja dahin, die Aussage genau einem Zeitpunkt zuzuordnen (wobei stillschweigend vorausgesetzt war, daß es Zeitpunkte im strengen Sinne überhaupt gibt). Der Kunstgriff, der nun den Übergang zur vollen Strenge zu gewährleisten scheint, ist die Ablösung des Beweises der Aussage von der phänomenalen Gegebenheit des Sachverhalts, der Übergang zum Beweis durch Erinnerung oder Dokumente.

Damit ist aber die Abhängigkeit der die Logik etablierenden Dialogtechnik von der Grundtatsache der Ständigkeit der Natur nicht aufgehoben, nicht einmal abgeschwächt. Wenn der Opponent ein Dokument vorgelegt hat und der Proponent später auf dieses Dokument zurückgreift, so gelingt dieser Rückgriff, weil das Dokument erstens materiell noch besteht (oder wenigstens beiden noch in Erinnerung ist; Ständigkeit der Erinnerung) und weil es zweitens noch immer ein Dokument für dasselbe vergangene Faktum ist. Die Aussage: »Hier steht im Protokoll: um 10 Uhr schien der Mond« ist selbst eine präsentische Aussage. Die, im Sinne der Rückführung auf Phänomene, letzte bei einem dokumentarischen Beweis benutzte Aussage ist notwendig präsentisch; das Vorliegen des Dokuments muß phänomenal aufgewiesen werden. Sagt der Proponent statt dessen: »Um 10.05 Uhr hast du aus dem Protokoll vorgelesen: ›um 10 Uhr schien der Mond‹«, so ist eben diese Aussage in dem Sinne präsentisch, daß sie eben jetzt für beide Partner die phänomenale Evidenz der Erinnerung haben muß, um zum Beweis zu dienen.

Nebenbei sei bemerkt, daß mutatis mutandis die Begründung der Logik zeitloser Aussagen auf denselben Grundtatsachen beruht. Setzt man in A→A für A einen mathematischen Satz ein, den der Opponent beweisen kann, so kann der Proponent »denselben« Beweis später auch nur übernehmen, weil der Beweisgang im Gedächtnis verfügbar bleibt und weil er ein Beweis für denselben Satz bleibt. Diese Bemerkung verfolgen wir hier nicht.

Man kann fragen, was den Logiker die Abhängigkeit der Dialogtechnik (und natürlich ebenso alles Operierens mit Kalkülen etc.) von ontologischen Grundtatsachen angeht. Die operative bzw. dialogische Begründung der Logik ist gerade im Gegensatz zu einer ontologischen Deutung der Logik entwickelt worden. Doch dürfte es sich hier um eine nicht leicht vermeidbare Mehrdeutigkeit von Worten wie »Ontologie«, »Deutung« und »Voraussetzung« handeln. Wir haben gesehen, daß sowohl bei mathematischen wie bei perfektischen Aussagen die Voraussetzung, die betreffenden Aussagen seien ohne Rücksicht auf ihre Beweisbarkeit wahr oder falsch, zur Herleitung des Tertium non datur notwendig war. Diese Voraussetzung kann man sehr leicht ontologisch formulieren: »ein denkbares vergangenes Ereignis hat an sich entweder stattgefunden oder nicht«, »ein denkbarer mathematischer Sachverhalt besteht an sich oder er besteht nicht«. Solche Sätze kann man *ontologische Hypothesen* nennen. Sie mögen sehr einleuchtend sein, aber die bloße Möglichkeit, einen großen Teil der Mathematik und Physik mit intuitionistischer Logik für beide Aussagetypen aufzubauen, zeigt, daß diese Hypothesen nicht unerläßlich sind für die Wissenschaft; sie sind, wie Kant sagen würde, keiner transzendentalen Begründung fähig.

Es ist sinnvoll, einen von ontologischen Hypothesen unabhängigen Aufbau der Logik anzustreben.

Anders steht es mit der Voraussetzung der Ständigkeit der Natur. Wenn wir fingieren, diese sei schlechterdings nicht erfüllt, so fingieren wir einen Fall, in dem kein Dialog mehr erfolgreich durchgespielt werden könnte. Womöglich noch unvorstellbarer wäre eine Begründung von Logik im fingierten Falle einer nicht im geläufigen Sinne zeitlichen Welt, in der also z. B. Worte wie »zuerst«, »dann« und alle eine Handlung bezeichnenden Verben keinen Sinn hätten. Freilich sind alle diese Strukturen unseres zeitlichen Seins nicht in dem Sinne »Voraussetzungen« der Logik, wie etwa ein Axiom Voraussetzung der aus ihm folgenden Sätze ist. Der implikative Satz der Identität, auch wenn man ihn für präsentische Aussagen ausspricht, hat diese »Voraussetzungen« nicht zum Inhalt, sondern nur zur Vorbedingung. Andererseits ist zu bedenken, daß diese Voraussetzungen vermutlich überhaupt nicht in ihrem vollen Umfang in Sätzen ausgesprochen werden können, die selbst den Prinzipien logischer Kontrollierbarkeit unterliegen. Jedenfalls können wir die Fiktion ihrer Falschheit nur in einer Sprache formulieren, die, wenn die Fiktion zuträfe, überhaupt nicht gesprochen werden könnte. Man wird wenigstens sagen dürfen, daß in den logischen Grundsätzen die ontologischen Vorbedingungen der Logik »mit sichtbar werden«. Diese Ontologie ist übrigens, wie man sieht, gerade nicht die in der Tat hypothetische Ontologie an sich seiender idealer oder realer Gegenstände (die man, mit dem üblichen Mißbrauch historischer Namen, in der heutigen Logik oft Platonismus nennt), sondern eine Ontologie der Zeit.

Innerlogisch relevant werden solche Überlegungen, wenn wir Anlaß haben, nicht – was unmöglich ist – an der Gesamtheit, sondern – was möglich ist – an einem umschriebenen Teilstück dieser Vorbedingungen zu zweifeln (vgl. *Zeit und Wissen* 2). So hat Brouwer den hypothetischen Charakter des Tertium non datur für mathematische Aussagen entdeckt (so wie schon Aristoteles für futurische Aussagen). Die hier unternommene Analyse soll eben für die Bearbeitung solcher spezieller Zweifel, wie sie nun auch die Physik zutage gefördert hat, das Handwerkszeug bereitstellen.

4. Futurische Aussagen

Eine Aussage soll *futurisch* heißen, wenn sie einen zukünftigen Sachverhalt aussagt. Ein Beispiel ist: »Morgen früh wird schönes Wetter sein.« Diese Formulierung ist *gegenwartsbezogen;* mit der Zeitbestimmung »morgen« drückt der Satz das Gemeinte nur heute richtig aus. Wir werden statt dessen im allgemeinen mit futurischen Aussagen arbeiten, in denen die Zeitangabe auf eine objektive Zeitskala bezogen ist, z.B. »am 29.6.63 früh wird in Prägraten schönes Wetter sein«. Aussagen dieser Art sollen *formal-perfektisch* heißen, weil sie die Form der Zeitbestimmung mit den perfektischen teilen; man kann auch sagen, sie bestimmen die Zeit des Geschehenen, so wie man sie bestimmen wird, wenn das jetzt Vorhergesagte vergangen sein wird. Die hohe Präzision der Umgangssprache gestattet jedoch, wie schon bemerkt, auch keine formalperfektische futurische Aussage, die korrekt formuliert bleibt, wenn der in ihr bezeichnete Zeitpunkt vergangen ist. Man muß sie dann durch eine echt perfektische ersetzen, z.B. »am 29.6.63 früh war in Prägraten schönes Wetter«.

Die Umgangssprache weist uns hier auf ein Problem hin, das sich uns enthüllt, wenn wir nach der möglichen *Rechtfertigung* futurischer Aussagen fragen. Durch phänomenale Gegebenheit lassen sich die Aussagen »morgen wird schönes Wetter sein« oder »am 29.6.63 wird schönes Wetter sein« erst rechtfertigen (oder widerlegen), wenn man das Gemeinte in dieser Form gar nicht mehr sagen kann, wenn nämlich der vorhergesagte Tatbestand eingetreten (oder ausgeblieben) ist. Eine futurische Aussage läßt *als* futurische überhaupt keine phänomenale Rechtfertigung zu. Ebensowenig ist sie aus Dokumenten oder durch Erinnerung zu rechtfertigen; es gibt keine Dokumente und keine Erinnerung der Zukunft. Trotzdem machen wir ständig Aussagen über die Zukunft. Wir können auch bei solchen Aussagen immer wieder kontrollieren, ob wir sie mit Recht gemacht haben, denn die Zukunft wird ja einmal Gegenwart. Und in der Tat bewähren sie sich so; die Physik rechtfertigt sich durch den Erfolg ihrer Prophezeiungen. Der Begriff der Erfahrung wäre sinnlos, wenn Erfahrungsurteile keine Anwendung auf die jeweilige Zukunft zuließen; in diesem Sinne wurde am Anfang dieses Kapitels Erfahrung als Lernen aus der Vergangenheit für die Zukunft definiert. Die einzelne futurische Aussage, die ich heute mache, ist aber immer gerade nicht schon phänomenal gerechtfertigt. Futurische Aussagen sind demnach, im Sinne der oben eingeführten Terminologie, stets *epistemisch* begründet. Sie setzen ein doppeltes Wissen voraus: über allgemeine Gesetze, genannt Naturgesetze, und über gegenwärtige bzw. vergangene Tatbestände, aus denen der vorausgesagte Sachverhalt naturgesetzlich folgt oder folgen könnte.

Wir wollen dem dadurch Rechnung tragen, daß wir alle direkt behaupteten futurischen Aussagen als abgekürzte Ausdrucksweisen für gewisse *modale Aussagen* auffassen. »Morgen früh wird schönes Wetter sein« heißt dann, je nach dem Grade unseres Zutrauens, »es ist notwendig – wahrscheinlich – möglich, daß morgen früh schönes Wetter sein wird«. Im Formalismus wollen wir futurische Aussagen als modalisierte formal-perfektische Aussagen schreiben: Np_t = es ist notwendig, daß p zur Zeit t; Mp_t = es ist möglich, daß p zur Zeit t. Damit wollen wir aber weder inhaltlich noch in den formalen Regeln ungeprüfte Anleihen bei der schon vorhandenen Modallogik machen. Inhaltlich wollen wir »notwendig« und »möglich« nicht als anderswo schon explizierte Begriffe auf die Zukunft »anwenden«; welchen Sinn diese Begriffe im futurischen Gebrauch haben, müssen wir vielmehr durch Reflexion auf unser Zeitverständnis, wie es sich zumal in Umgangssprache und Physik schon teilweise ausgeprägt hat, ermitteln. Diesem Verständnis müssen wir dann die formalen Regeln anpassen.

Die volle Entwicklung dieses Verständnisses und der zugehörigen Regeln übersteigt wiederum den Rahmen dieses Buchs. Wir werden es insbesondere mit einer bestimmten Verschärfung des hier eingeführten Möglichkeitsbegriffs zu tun haben, dem Begriff der Wahrscheinlichkeit. Dessen Gesetze werden wir in den zwei sukzessiven Stufen des klassischen und des quantentheoretischen Wahrscheinlichkeitsbegriffs entwickeln. Die beiden Stufen werden sich durch gewisse Vorentscheidungen über die einfachen Modalitäten Notwendigkeit und Möglichkeit unterscheiden. Hier besprechen wir nur einige Gesichtspunkte, die bei diesen Vorentscheidungen zu berücksichtigen sein werden.

Zunächst ist zu bemerken, daß die Modalfunktoren N und M offenbar präsentisch zu verstehen sind: »Jetzt ist es notwendig (möglich), daß am 29.6.63 schönes Wetter herrschen wird.« Unser Formalismus bildet also gerade auch darin die Umgangssprache nach, daß er überhaupt keine gemeinsame Form für behauptete perfektische und futurische Aussagen hat. Dies wird vielleicht noch deutlicher, wenn man das Fregesche Behauptungszeichen benutzt (auf das wir im allgemeinen verzichten): ⊢ p_t ist dann eine behauptete perfektische Aussage, ⊢ Np_t und ⊢ Mp_t sind behauptete futurische Aussagen, ⊢ p wäre die entsprechende behauptete präsentische Aussage. Der in allen diesen Beispielen gleiche Bestandteil p heiße eine *formal mögliche Aussage*; diese kann als solche nicht behauptet werden. Will man sie umgangssprachlich zitieren, so setzt man sie meist ins Präsens; so ist in unseren Beispielen p = »es ist schönes Wetter«. Analog ist die formal-präsentische Aussage p_t, die aus ihr wird, wenn man eine Zeitangabe hinzufügt, in unserem Beispiel: p_t = »am 29.6.63 ist schönes Wetter«. In dieser Form findet man zeitliche Aussagen meist zitiert, wenn von den drei Zeitmodi abgesehen wird (z.B. bei Scheibe 1964). Dieses grammatische Präsens involviert nicht, daß eben jetzt schönes Wetter oder daß heute der 29.6.63 sei; wir nennen es *neutrales Präsens*. Wir werden es im folgenden zum Zitieren von formal möglichen Aussagen benützen. Eine formal mögliche (zeitliche) Aussage kann als solche nicht behauptet werden. Wird sie behauptet, so muß sie präsentisch, perfektisch oder futurisch-modal behauptet werden, und zwar, wenn sie mit Zeitangabe formuliert ist, zu jeder Zeit höchstens in einer dieser drei Formen.

Wenn man will, kann man auch in den Modalfunktoren den Übergang von präsentischer zu perfektischer und futurischer Behauptung vollziehen. $N_t p_{t'}$ und $M_t p_{t'}$ würden dann heißen: »Zur Zeit t war es notwendig (möglich), daß p zur (späteren) Zeit t'.« Will man sagen »zur Zeit t wird es notwendig (möglich) sein, daß p zur späteren Zeit t'«, so muß man dies nach unserer Auffassung modalisieren, also präsentisch als notwendig oder möglich bezeichnen. Das gibt die vier iterierten Modalitäten $NN_t p_{t'}$, $NM_t p_{t'}$, $MN_t p_{t'}$, $MM_t p_{t'}$. So kann man fortfahren. Analog läßt sich die perfektische Aussage im Sinne des Plusquamperfekts iterieren: $p_{t't} = $ »zur Zeit t war es schon geschehen, daß p zur Zeit t'« usw.

Die schlichten Iterationen NMp_t etc. sind hingegen in unserem Fall sinnlos. In der Umgangssprache entstehen sie leicht, ebenso wie modale Aussagen über die Vergangenheit und Gegenwart oder über zeitlose Tatbestände, wenn man noch einen anderen Sinn der Modalitäten benutzt, z. B. den mit dem Nichtwissen verbundenen. »Es ist möglich, daß es gestern geregnet hat« heißt »an sich hat es gestern entweder geregnet oder nicht, aber ich weiß es nicht«. Der Determinismus meint, auch die futurischen Modalitäten müßten auf Nichtwissen reduzierbar sein; an sich sei die Zukunft bestimmt, aber sie sei uns eben nicht bekannt. Dies aber ist eine unbewiesene Hypothese, die wir keinesfalls an die Spitze einer Analyse zeitlicher Aussagen stellen können. Wir unterscheiden daher streng zwischen der Möglichkeit des Zukünftigen und der Möglichkeit des Nichtgewußten. Wenn wir die letztere einführen, so werden wir ein anderes Symbol als M für sie benutzen.

Wir müssen uns die Art der Rechtfertigung futurischer Aussagen näher ansehen. Zunächst werde der Unterschied gegen die Rechtfertigung perfektischer Aussagen erläutert. Bei beiden – futurischen wie perfektischen – kann man den ausgesagten Sachverhalt nicht unmittelbar phänomenal geben. Bei den perfektischen Aussagen läßt sich aber das beweisende Dokument phänomenal geben (und, in etwas anderem Sinn, oft die beweisende Erinnerung, etwa: »weißt du denn nicht mehr, daß…«, »doch, jetzt fällt es mir wieder ein«). Daß das Dokument als Dokument gegeben ist und bleibt, hat zwar zur Vorbedingung die Ständigkeit oder Gesetzlichkeit der Natur, wobei der Zusammenhang zwischen Ständigkeit und Gesetzlichkeit vorerst ohne nähere Klärung als bekannt vorausgesetzt werden darf; wieder gilt Analoges für die Erinnerung. Aber das jeweilige besondere Gesetz, demgemäß ein Dokument Dokument für ein bestimmtes Ereignis ist, braucht nur in seltenen, schwierigen Fällen explizit genannt zu werden, während die Vorhersage der Zukunft durchaus auf der Kenntnis spezieller

Gesetze beruht. Über den Grund dieses Unterschieds werden wir im Kapitel 4 noch einige Betrachtungen anstellen. Hier genügt es uns, als Tatsache festzustellen, daß eine perfektische Aussage im allgemeinen zwar durch spezielle Dokumente, aber ohne Berufung auf spezielle Naturgesetze gerechtfertigt wird, während eine futurische Aussage nur aufgrund der Kenntnis einer ihr besonders entsprechenden Gesetzmäßigkeit gerechtfertigt werden kann. Daß der Halleysche Komet 1910 erschienen ist, können wir in Büchern lesen; die Glaubwürdigkeit dieser Bücher können wir im großen und ganzen beurteilen, ohne Astronomie zu können. Daß er 1986 wiederkommen wird, kann man nur aufgrund der Kenntnisse der Himmelsmechanik prophezeien.

Die Notwendigkeit des Rekurses auf Naturgesetze läßt sich auch aus der modalen Gestalt ablesen, die wir den futurischen Aussagen geben. An sich hat eine schlicht (also nicht modal) behauptete futurische Aussage (»morgen wird es regnen«) eine Chance phänomenaler Rechtfertigung, die die entsprechende perfektische Aussage (»gestern hat es geregnet«) nicht hat. Die Zukunft wird Gegenwart, man muß nur warten; so wird sie sprachlich mit Recht als das auf uns Zukommende (Zu-kunft) bezeichnet. Die Vergangenheit aber wird nie mehr Gegenwart; sie ist weggegangen, ver-gangen. Die Beschränkung auf schlicht behauptete futurische Aussagen, die sich nachher entweder bewähren oder nicht, wäre jedoch bloßes Raten; wir aber suchen Wissenschaft. In der Tat wäre sogar das Raten nicht möglich ohne den Leitfaden wenigstens einer unsystematischen Kenntnis der Regelmäßigkeiten des Geschehens. Deshalb drücken wir in der modalen Gestalt die Weise des Wissens mit aus, die in der futurischen Aussage steckt, *solange* sie futurisch ist. Eben die modale Aussage läßt nun aber überhaupt keine Ja-Nein-Entscheidung durch phänomenalen Aufweis zu, so wie dies für die schlichte Aussage möglich ist, sobald sie sich auf die Gegenwart bezieht. Die Aussage »am 29.6.63 ist das Wetter schön« wird an diesem Tag durch Hinsehen *entschieden;* derselbe Blick lehrt, ob sie wahr ist und ob sie falsch ist (dabei dürfen wir von der logisch irrelevanten Möglichkeit absehen, daß man sich bei gewissen Wetterlagen nicht entschließen kann, ob man sie schön nennen will oder nicht). Die Aussage »es ist notwendig, daß am 29.6.63 das Wetter schön sein wird« kann aber am 29.6.63 zwar durch Aufweis schlechten Wetters widerlegt, durch Aufweis schönen Wetters jedoch nicht bewiesen werden. Das ist jedenfalls dann so, wenn man zwischen Notwendigkeit und Möglichkeit einen realen Unterschied annimmt, so daß es kontingente, d. h. zwar mögliche, aber nicht notwendige Aussagen gibt. Entsprechend ist »es ist möglich, daß am 29.6.63 das Wetter schön sein wird« an diesem Tage phänomenal zwar beweisbar, aber nicht widerlegbar. Wie der Logiker bei All- und Existenzaussagen der *Logik* kann aber der *Physiker* bei den futurisch-modalen Aussagen der Physik eine Einsicht besitzen, die ausreicht, sie erfolgreich zu verteidigen. Diese Einsicht nennt der Physiker Kenntnis der Naturgesetze. Wer das für eine bestimmte Aussage relevante Gesetz kennt, der kann zuversichtlich prophezeien und den Dialog um diese Aussage nach Eintritt des vorhergesagten Ereignisses jedesmal gewinnen. Diese Gewißheit hat freilich zwei Schranken, die wir besprechen müssen: den *empirischen* Charakter der Naturgesetze und die *Kompliziertheit* des Geschehens.

Zum empirischen Charakter: Logische Gesetze erwecken das Erlebnis der Evidenz, Naturgesetze im allgemeinen nicht. In der dialogischen Begründung logischer Gesetze verstehen wir die Unfehlbarkeit einer Gewinnstrategie, ohne uns auf besondere Erfahrung berufen zu müssen, nachdem wir das Spiel anhand der Regeln oft genug durchgespielt haben, um seinen Sinn sicher zu erfassen. Zur Rechtfertigung von Naturgesetzen hingegen muß man sich auf ihre tausendfache Bewährung *berufen*. Es ist zwar denkbar, daß die Physik ein Reifestadium erreichen wird, das diesen Evidenzunterschied herabmindert; aber das braucht uns heute nicht zu beschäftigen. Es geht uns in der Logik zeitlicher Aussagen nicht darum, die Geltung spezieller Naturgesetze zu begründen, sondern diejenige Struktur der zeitlichen Aussagen zu analysieren, die besteht, wenn überhaupt auf die Zukunft aus Naturgesetzen geschlossen wird. Erweist es sich, daß gewisse, bisher angenommene Naturgesetze zu verwerfen sind, so fällt der vorige Gebrauch unter die Kategorie des Irrtums, der nicht Thema der Logik ist. Irgendwelche Gesetze werden jederzeit angenom-

Futurische Aussagen 85

men, und deren Gebrauch analysieren wir hier, ohne zu fragen, wie sie im einzelnen lauten.*

Die Kompliziertheit des Geschehens gibt uns Anlaß zur ersten Einführung zweier für das Folgende wichtiger Begriffe, des Objekts und der Frage. Strenggenommen hängt in der Welt alles mit allem zusammen. Will man aber über eine bestimmte Vorhersage Np_t oder Mp_t entscheiden, so kann man nicht alle auf das Ereignis einwirkenden Faktoren berücksichtigen. Man vernachlässigt in der Praxis gewisse Einflüsse und nimmt die entstehende Ungewißheit der Vorhersage in Kauf. Diese Einschränkung der Fragestellung schematisieren die beiden genannten Begriffe. Wir betrachten nicht Fragen des Allgemeinheitsgrades: »Was wird zur Zeit t überhaupt geschehen?«, sondern nur Fragen, für die ein *Katalog möglicher Antworten* schon vorgelegt ist; diese wollen wir im terminologisch engen Sinn als »Fragen« bezeichnen. Den konkreten Aufbau solcher Kataloge besprechen wir für den klassischen und den quantentheoretischen Fall gesondert in 2.5 und 7.6. Besonders interessieren uns *zeitüberbrückende* Fragen. Das sollen Fragen sein, deren Antwortenkatalog für verschiedene Zeiten dieselben möglichen Antworten enthält. Ein solcher zeitüberbrückender Antwortenkatalog heißt dann oft eine *Größe*, die möglichen Antworten heißen die möglichen *Werte* dieser Größe. Ein Beispiel einer zeitüberbrückenden Frage ist: Welche Seite dieses Würfels liegt zur Zeit t oben? Der Antwortenkatalog enthält zu jeder Zeit 6 formal-mögliche Antworten, die konventionell

---

* Daß der Irrtum nicht Thema der Logik ist, gilt in doppeltem Sinne. Erstens ist zwar der Unterschied von Wahr und Falsch Grundlage der klassischen Logik, aber diese studiert nicht, *warum* wahre bzw. falsche Aussagen gemacht werden, sondern was folgt, *wenn* sie gemacht werden können. Logik ist (vgl. *Zeit und Wissen* 5.6.4) nur Mathematik des Wahren und Falschen, d.h. Studium der Strukturen, die aus der Möglichkeit wahrer und falscher Aussagen folgen. Zweitens ist die Möglichkeit, an falsche Naturgesetze zu glauben, aus denen dann falsche Vorhersagen folgen können, kein Einwand gegen die logische Analyse des *Sinnes* von Naturgesetzen, aus denen, *wenn* sie zutreffen, wahre Sätze über die Zukunft (wahre Modalaussagen) gefolgert werden können. In der Hamburger Diskussionsgruppe, aus der dieses Kapitel hervorgegangen ist, drückten wir diesen Sinn unserer Analysen in dem kurzen Satz aus: »Irrtum ausgeschlossen«, d.h. die Analyse *meint* nur zutreffende Gesetze. (Anmerkung 1983)

durch die 6 möglichen Augenzahlen charakterisiert werden. Ein Beispiel einer Größe ist der Ort eines Massenpunkts. *Objekte* nennen wir gewisse Ausschnitte aus der Welt, auf die wir unser Augenmerk richten und die durch zeitüberbrückende Fragen charakterisiert werden können. Alle diese Begriffe werden wir später schärfer fassen.

Wie haben wir nun die Naturgesetze in unsere logische Symbolik einzuführen? Wir wollen nicht den ganzen Weg von mathematisch allgemein gefaßten Gesetzen zum Einzelfall verfolgen, der zum großen Teil mit Hilfe der normalen Logik zeitloser Aussagen zu behandeln ist. Wir beschränken uns auf den letzten Schritt. Schließlich muß aus unserer Kenntnis der Naturgesetze gefolgert werden können, daß, wenn eine bestimmte Aussage p_t wahr ist, eine andere Aussage $q_{t'}$ für eine spätere Zeit notwendig oder möglich ist. Wir wollen diese beiden Behauptungen in der Form schreiben

$$p_t \,\}\!\!\rightarrow Nq_{t'} \qquad p_t \,\}\!\!\rightarrow Mq_{t'} \qquad (4.1)$$

und sie *naturgesetzliche Implikationen* nennen. Ist t zukünftig, so wird man statt dessen aus der Notwendigkeit von p_t denselben Schluß ziehen:

$$Np_t \,\}\!\!\rightarrow Nq_{t'} \qquad Np_t \,\}\!\!\rightarrow Mq_{t'}. \qquad (4.2)$$

Auch Implikationen mit Mp_t als Vorderglied können vorkommen. Wir brauchen die formalen Regeln dieser Implikationen hier nicht zu untersuchen, denn wir werden sie in den späteren Kapiteln zu Wahrscheinlichkeitsimplikationen verschärfen und dann für diese die notwendigen Regeln angeben. Hingegen bedarf der Sinn der naturgesetzlichen Implikationen noch einer Erörterung.

Jedenfalls soll sie dienen, um in den Schlußregeln verwendet zu werden, die wir so schreiben können

$$\begin{array}{cc} p_t \,\}\!\!\rightarrow Nq_{t'} & p_t \,\}\!\!\rightarrow Mq_{t'} \\ \underline{p_t} & \underline{p_t} \\ Nq_{t'} & Mq_{t'} \end{array} \qquad (4.3)$$

und analog für Np_t als Vorderglied. In Worten heißt dies: Wenn p_t naturgesetzlich $Nq_{t'}$ impliziert und wenn p_t wahr ist, so ist $Nq_{t'}$ wahr; und analog für die anderen Fälle. Diese Schlußregeln sind von der Form des bekannten Modus ponens der Aussagenlogik: »wenn p→q und p, so q«. Aber die naturgesetzliche Implikation darf nicht mit der logischen Implikation gleichgesetzt werden. Erläutert man letztere z.B. wie in Abschnitt 2 durch den Dialog ihrer Verteidigung, so wird man A→B stets dann straflos behaupten dürfen, wenn A falsch ist, denn dann kann der Opponent die Behauptung A→B überhaupt nicht angreifen. Der alte logische Grundsatz »ex falso quodlibet«, das Falsche impliziert jede Aussage, drückt eben dies aus. Für den Physiker aber klänge es absurd, z.B. zu sagen, der Satz »wenn es jetzt regnet, bleibt jetzt der Boden trocken« sei immer dann richtig, wenn es gerade nicht regnet. Selbstverständlich ist dieser Satz, als logische Implikation verstanden, aus dem eben genannten Grunde völlig korrekt; der Opponent kann ihn nicht angreifen, weil es nicht regnet, oder, anders gesagt, aus diesem Satz läßt sich nichts Falsches folgern, da die Prämisse nicht erfüllbar und folglich die Schlußregel nicht anwendbar ist. Der Physiker »meint« aber seine Implikation als Ausdruck eines allgemeinen Gesetzes. Er meint sie so, daß sie auch im Irrealis ausgesprochen werden könnte: »Zwar ist faktisch p_t falsch; aber wenn p_t wahr wäre, so wäre Nq_t wahr.« »Zwar regnet es jetzt nicht, aber wenn es jetzt regnen würde, würde jetzt der Boden naß.« Es liegt nahe, dies durch eine Allaussage auszudrücken, z.B. indem man $t' = t + \Delta t$ setzt und dann behauptet $\Lambda_t \cdot p_t \rightarrow Nq_{t+\Delta t}$, in Worten »für alle Zeiten gilt, daß, wenn p_t, so $Nq_{t+\Delta t}$«.* Aber auch das bringt das vom Physiker Gemeinte noch nicht zum Ausdruck. Man kann sich ein Objekt vorstellen, dessen Natur gemäß eine bestimmte naturgesetzliche Implikation $p_t \rightarrow Nq_{t+\Delta t}$ notwendig falsch ist, das aber zufällig nie in einen Zustand kommt, für den p eine wahre Aussage wäre; dann wäre obige Allaussage richtig, weil p_t (bzw. Np_t) für jede Zeit falsch wäre. Auch für einen

---

* Genau genommen müßte man bei unserer Schreibweise diese Formel nur für alle vergangenen t schreiben und für zukünftige Zeiten p_t durch Np_t ersetzen.

Wassertropfen, der nie auf einen heißen Ofen fällt, wird man nicht sagen »wenn dieser Tropfen auf einen heißen Ofen fällt, gefriert er«. Diese Reaktion des Physikers (und jedes Nichtlogikers) hängt eng damit zusammen, daß die Zukunft grundsätzlich offen ist. Man kann, wenn t auf die Zukunft beschränkt wird, gar nicht mit Sicherheit wissen, daß Np_t für jedes t falsch ist. Eben deshalb kann der Fall, daß $\Lambda_t \cdot Np_t \rightarrow Nq_{t+\Delta t}$ dadurch wahr wird, daß Np_t für alle t falsch ist, in Wirklichkeit nicht eintreten, und so wäre die Definition der naturgesetzlichen Implikation durch eine auf die Zukunft bezügliche Allaussage vielleicht durchführbar. Doch erscheint dies künstlich, und es dürfte zweckmäßiger sein, die naturgesetzliche Implikation als selbständigen Begriff einzuführen und ihren Gebrauch durch Regeln festzulegen.

Bemerkt sei schließlich, daß zwei Grundregeln der gewöhnlichen Modallogik hier keine Anwendung finden, nämlich $Np \rightarrow p$ und $p \rightarrow Mp$, in Worten: alles Notwendige ist wirklich, alles Wirkliche ist möglich. Der dabei verwendete Wirklichkeitsbegriff hat in unserem Fall kein Korrelat. Futurische Aussagen ohne Modalfunktor können bei uns eben nicht die Werte wahr oder falsch, sondern nur die Werte notwendig oder möglich haben (und die daraus durch Negation zu bildenden wie »unmöglich« oder »kontingent«, die wir hier nicht erörtert haben); präsentische und perfektische aber haben eben diese Modalitäten nicht. Statt dessen gelten Aussagen, die wir hier nicht formalisieren, sondern nur verbal angeben: »Wenn Np_t, so wird p zur Zeit t eine wahre präsentische Aussage sein« und »wenn p zur Zeit t eine wahre präsentische Aussage ist, so war vorher Mp_t«.

5. Der klassische Aussagenverband

Wir werden im folgenden den Begriff der Wahrscheinlichkeit als eine mathematische Verschärfung des Begriffs der futurischen Möglichkeit aufbauen. Dies geschieht in zwei Schritten: 1. Definition des Typus von Aussagen, welche mit Wahrscheinlichkeiten bewertet werden sollen; 2. Definition der Wahrscheinlichkeit als quantitative Modalität solcher Aussagen.

Der erste Schritt geschieht im jetzigen Abschnitt, der zweite im nächsten Kapitel.

Wenn wir versuchen, den Wahrscheinlichkeitsbegriff zu präzisieren, so können wir uns zunächst von seiner umgangssprachlichen Verwendung leiten lassen. In dem Satz »es ist wahrscheinlich, daß es morgen regnen wird« erscheint das »es ist wahrscheinlich« als ein Prädikat des Subjekts, das in dem Nebensatz »daß es morgen regnen wird« ausgesprochen wird. Daß es morgen regnen wird, nennt man ein mögliches *Ereignis*, und so formuliert man die Wahrscheinlichkeiten oft als Prädikate (nämlich »Bewertungen«) von Ereignissen. Man kann auch die Aussage, welche das Ereignis angibt, als das Subjekt bezeichnen und dann die Wahrscheinlichkeit als Prädikat dieser Aussage auffassen. Diese Sprechweise schließt enger an die in 2.4 für futurische Aussagen gewählte an. Wir werden sie im allgemeinen benutzen, aber, wo es bequemer ist, auch auf die andere zurückgreifen. Sachlich hängen sie deshalb eng zusammen, weil ein Ereignis (auch ein Sachverhalt u. ä.) gar nicht anders als durch einen Satz (eine Aussage o. ä.) bezeichnet werden kann. Die Redeweise, die Wahrscheinlichkeiten seien Prädikate von Ereignissen, ist deshalb ungenau, weil die betreffenden Ereignisse bei der direkten, d. h. futurischen Auffassung der Wahrscheinlichkeit jeweils zu der Zeit, zu der man ihnen Wahrscheinlichkeiten zuschreibt, noch gar nicht stattgefunden haben. Man kann sie höchstens als mögliche Ereignisse bezeichnen. Auch dies ist nicht in dem Sinn gemeint, in dem wir »möglich« als eine futurische Modalität eingeführt haben. Denn es muß einen Sinn haben, ein »Ereignis« als unmöglich zu bezeichnen; man wird ihm dann die Wahrscheinlichkeit Null zuschreiben. Was wir meinen, sind *formal mögliche Ereignisse*. Man wird sie etwa definieren als Ereignisse, die gemäß der Natur der betrachteten Objekte stattfinden können. Sie werden durch die formal möglichen Aussagen im Sinne von 2.4 beschrieben, für welche »es regnet« (im neutralen Präsens) ein Beispiel ist. Wir fassen die Wahrscheinlichkeit als eine Verschärfung der futurischen Modalität »Möglichkeit« auf und insofern als ein Prädikat formal möglicher Aussagen.

Die Wahrscheinlichkeitstheorie, die wir aufbauen wollen, ist eine Theorie darüber, welche Wahrscheinlichkeitsaussagen,

d. h. welche Prädizierungen von Wahrscheinlichkeiten p bezüglich gegebener, formal möglicher zeitlicher Aussagen formal möglich sind und welchen Gesetzen sie genügen. In diesem Satz tritt der Begriff »formal möglich« zweimal auf: Er bezeichnet einmal die zeitlichen Aussagen, die Subjekte der Wahrscheinlichkeitsaussagen sind, und zweitens die Wahrscheinlichkeitsaussagen selbst, also die Prädikate, die den formal möglichen zeitlichen Aussagen zugeschrieben werden können. Die Regeln für die letzteren lassen sich erst formulieren, wenn die ersteren bekannt sind. Im jetzigen Paragraphen betrachten wir den systematischen Aufbau eines *Katalogs formal möglicher zeitlicher Aussagen*.

Wir könnten es uns bei diesem Unternehmen durch Berufung auf die existierenden einfachen Darstellungen der Theorie Boolescher Verbände leichtmachen. Man gebe eine Anzahl n von einander ausschließenden »elementaren« Aussagen p_k ($k = 1 \dots n$) vor. Dann besteht der Verband aus allen Aussagen, die durch Disjunktion irgendeiner Anzahl v solcher p_k entstehen; jede hat die Form $p_{k_1} \vee p_{k_2} \dots p_{k_v}$. Die formalen Regeln der Verknüpfung solcher Aussagen sind leicht anzugeben. Wir wählen jedoch eine ausführliche Begründung des Aufbaus, weil wir in der Quantentheorie (»Quantenlogik«) Anlaß haben, einige dieser Regeln abzuändern und damit zu einem Nicht-Booleschen Verband überzugehen.

Wie in 2.4 erläutert, streben wir nicht den unerreichbaren, vermutlich nicht einmal sinnvoll definierbaren Katalog aller überhaupt möglichen zeitlichen Aussagen an, sondern einen abgegrenzten Katalog, auf den sich Wahrscheinlichkeiten in kontrollierbarer Weise beziehen lassen. Ein solcher Katalog wird im allgemeinen einem bestimmten Objekt oder auch nur einer das Objekt betreffenden Frage oder Größe zugeordnet sein. Wir bilden ihn aus einer Anzahl vorgegebener Aussagen durch die logischen Junktoren. Daß eben dieses Verfahren zu einem in sich abgeschlossenen Katalog führt, der einer Wahrscheinlichkeitsbewertung zugrunde gelegt werden kann, ist keineswegs a priori selbstverständlich. Wir benutzen es hier, weil es sich in der Praxis vielfach bewährt hat, werden aber im Kapitel 7 einen anderen, tiefer ins Wesen zeitlicher Aussagen eindringenden Weg beschreiten. In der Tat müssen wir beim

Der klassische Aussagenverband

jetzigen Weg Voraussetzungen machen, die üblicherweise als selbstverständlich gelten, sich aber von den Ergebnissen der Quantentheorie her als nicht selbstverständlich, ja sogar, wenn allgemein behauptet, als falsch erweisen. Diese Voraussetzungen charakterisieren die nach dem im jetzigen Kapitel gewählten Verfahren errichteten Kataloge als »klassisch«. Den genauen Sinn dieses Begriffs werden wir erst anhand der Quantentheorie erörtern können, wir werden ihm aber im folgenden eine vorläufige Definition geben.

Es seien also gewisse formal mögliche zeitliche Aussagen p, q, r... gegeben, von denen wir uns der Einfachheit halber denken, sie bezögen sich alle auf dasselbe Objekt. Als formal mögliche Aussagen denken wir sie uns im neutralen Präsens ausgesprochen. Sollen sie behauptet werden, so müssen sie präsentisch, perfektisch oder futurisch-modal ausgesprochen werden. Dabei werden sie, sei es durch gegenwartsbezogene Formulierung, sei es durch formal-perfektische Formulierung, auf eine bestimmte Zeit bezogen. Wir beschränken uns im folgenden, soweit nicht ausdrücklich das Gegenteil angegeben ist, auf Aussagen, die alle auf dieselbe Zeit bezogen sind und die wir *gleichzeitig* nennen; die charakteristischen Probleme des Aufbaus des Aussagenkatalogs hängen alle mit der Bildung neuer Aussagen aus gleichzeitigen Aussagen zusammen. Unter dieser Voraussetzung ist es möglich, alle in einem Katalog vereinigten Aussagen zugleich in präsentischer Form zu behaupten. Das bedeutet natürlich nicht, ein Mensch könne sie alle physisch im selben Atemzug aussprechen, sondern ihr Sinn beziehe sich im selben Augenblick auf die Gegenwart; dabei werden wir alsbald genauere Festsetzungen darüber treffen, wie lange dieser »Augenblick« dauern darf. Diese präsentische Formulierung des ganzen Katalogs wählen wir als »Standard-Formulierung«. Umgangssprachlich erleichtert sie das Hin- und Hergehen zwischen echtem und neutralem Präsens, und inhaltlich ist sie diejenige, in der die direkte Rechtfertigung durch phänomenalen Aufweis diskutiert werden kann. Soweit Sonderfragen für perfektische Aussagen auftreten, werden wir diese am gegebenen Ort besprechen; die Rechtfertigung in futurischer Gestalt ist das Thema des nun folgenden Kapitels.

Wir stellen nun drei *Postulate* auf, denen alle dem aufzubauenden Katalog angehörenden Aussagen genügen sollen.

I. Entscheidbarkeit. Jede Aussage kann durch phänomenalen Aufweis entschieden (d. h. als wahr oder falsch erwiesen) werden.

II. Wiederholbarkeit. Eine als wahr erwiesene Aussage erweist sich bei unmittelbarer Wiederholung der Entscheidung von neuem als wahr, eine als falsch erwiesene als falsch.

III. Entscheidungsverträglichkeit. Zwei beliebige gleichzeitige Aussagen können zugleich entschieden werden.

Wir erläutern diese Postulate:

Zu I. Die Entscheidbarkeit ist keineswegs eine Eigenschaft beliebiger Aussagen. Bekanntlich rühren die großen Probleme der Logik zeitloser Aussagen und der Grundlagen der Mathematik gerade davon her, daß dort Aussagen vorkommen, für die man über kein Entscheidungsverfahren verfügt. Auch für präsentische Aussagen ist die Entscheidbarkeit oft problematisch. Erstens bietet sich die Entscheidung oft nicht von selbst, sondern muß durch ein bestimmtes Verfahren herbeigeführt werden. Zweitens sind solche Verfahren nicht immer verfügbar oder setzen (vgl. das Versagen des Postulats III in der Quantentheorie) voraus, daß gewisse andere, einschneidende Bedingungen erfüllt werden (dort der Verzicht auf die Entscheidung bestimmter anderer Aussagen). Selbstverständlich kann nicht von jeder sinnvollen präsentischen Aussage, die in der Wissenschaft vorkommt, vorausgesetzt werden, sie sei *praktisch* entscheidbar. Unser Postulat ist vielmehr in dem Sinne gemeint, jede Aussage, die in einen Katalog formal möglicher Aussagen aufgenommen wird, sei *theoretisch* entscheidbar; d. h. die Theorie würde nicht anders aufgebaut werden, als man sie wirklich aufbaut, wenn die Aussage auch praktisch entscheidbar wäre. Für eine theoretisch entscheidbare Aussage kann man in logischen und wahrscheinlichkeitstheoretischen Untersuchungen immer unterstellen, ein Entscheidungsverfahren sei verfügbar. Daß alle Aussagen der Kataloge theoretisch entscheidbar seien, ist aber nicht a priori einsichtig zu machen; es ist eine Hypothese, die sich zu bewähren hat. Vielleicht lassen sich erkenntnistheoretische

Gründe dafür angeben, etwa der Art, daß Wissenschaft ohne gewisse letzte entscheidbare Aussagen überhaupt nicht möglich wäre. Doch kann man sich bei solchen Argumenten sehr leicht in Scheinevidenzen verstricken. Wir verzichten daher auf eine Begründung für das Postulat I und heben nur hervor, daß auch die Quantentheorie keinen Anlaß gegeben hat, an ihm zu rütteln.

Das Postulat I gilt in der vorgelegten Form für präsentische Aussagen. Für perfektische Aussagen wäre es zu ersetzen durch

Ia. Vergangene Entscheidbarkeit: Jede perfektische Aussage konnte zu der Zeit, auf die sie sich bezieht, phänomenal entschieden werden. Dies ist selbst eine perfektische Aussage. Sie ist für die Gegenwart nur brauchbar, wenn sie ergänzt wird, z. B. durch

Ib. Existenz von Dokumenten: Wenn eine perfektische Aussage phänomenal entschieden worden ist, so ist diese Entscheidung dokumentarisch belegbar.

Dies kann wiederum nur theoretisch gelten, während praktisch der Beleg oft fehlen wird. Wir haben im folgenden keinen Anlaß, Ia und Ib in Zweifel zu ziehen. Sehr viel mehr würde behaupten

Ic. Dokumentarische Entscheidbarkeit: Jede perfektische Aussage ist nachträglich durch Dokumente entscheidbar.

Eine Aussage, die Ic genügt, könnte man »an sich entschieden« nennen; die Dokumente müssen ja entstanden sein, ehe ein Entschluß zur Entscheidung gefaßt wurde. Ic werden wir vorerst auch als wahr annehmen, aber wir werden im Kapitel 13 Gründe für den Zweifel an diesem Postulat (auch im Sinn »theoretischer« Gültigkeit) kennenlernen.

Zu II. Setzt man die Entscheidbarkeit voraus, so erscheint die Wiederholbarkeit fast selbstverständlich. Die Wiederholung ist ja einfach eine zweite Entscheidung. Man kann auch sagen, wenn ich eine Aussage »wahr« nenne, so meine ich zwar nicht notwendigerweise, daß sie entscheidbar sei, aber doch, daß sie sich bei Entscheidung als wahr erweise. Aber jedenfalls ist im Postulat der Wiederholbarkeit die Ständigkeit der Natur in dem in 2.3 erläuterten Sinne vorausgesetzt. Freilich ist zu vermuten, daß es schwer wäre, dem Begriff der Entscheidung ohne diese Voraussetzung einen klaren Sinn zu geben. Jedenfalls setzen wir die Wiederholbarkeit im folgenden stets (im theoretischen Sinne) voraus. Wir werden allerdings sehen, daß die Quantentheorie eine Verschärfung der Behauptung erzwingt.

Zu III. Wer die Quantentheorie nicht kennt, wird schwerlich auf den Gedanken kommen, daß die Entscheidungsverträglichkeit der betrachteten Aussagen eine besondere Voraussetzung ist. Nachträglich sieht man, daß die in dem Anschein ihrer Selbstverständlichkeit steckende Petitio principii in dem Wort »zugleich« liegt. Strenggenommen kann man zwei Aussagen oft nicht zugleich, sondern nur nacheinander entscheiden. Dies ist dann theoretisch belanglos, wenn die Entscheidung von p an der Wahrheit von q nichts ändert. Eben diese Prämisse wird sich in der Quantentheorie als nicht allgemein gültig erweisen. Wir nehmen im jetzigen Kapitel aber das Postulat III an; in ihm steckt die als »klassisch« bezeichnete Voraussetzung.

Wir wenden uns nun zu den Aussageverknüpfungen und betrachten zuerst die *Implikation*. Gemäß dem 1. Kapitel soll $p \rightarrow q$ bedeuten: wer p verteidigen kann, kann auch q verteidigen. Für die Implikation gelten einige Gesetze:

1. *Reflexivität:* $p \rightarrow p$.
   Dieses Gesetz haben wir als das implikative Gesetz der Identität ausführlich besprochen. Relationstheoretisch besagt es die Reflexivität der Relation $p \rightarrow q$.

2. *Transitivität:* Wenn $p \rightarrow q$ und $q \rightarrow r$, so $p \rightarrow r$.
   p sei verteidigt. Um nun r zu verteidigen, verteidigt man zuerst q, was laut Voraussetzung möglich ist. Ist q verteidigt, so kann laut Voraussetzung r verteidigt werden. Hierbei ist wie stets die Ständigkeit der Natur vorausgesetzt; wird das Dialogspiel effektiv durchgespielt, so wird das Postulat der Wiederholbarkeit benützt.

Nun setzen wir durch Definition eine dritte Regel fest:

3. *Äquivalenz:* Wenn p→q und q→p, so nennen wir p und q äquivalente Aussagen und schreiben p↔q.
Diese in der Logik übliche Definition ist vom inhaltlichen Sinn der Umgangssprache aus keineswegs selbstverständlich. p und q können auf verschiedene Weise verstanden werden und aufweisbar sein; sie sind dann nicht »dieselbe« Aussage.* Ihre Äquivalenz besteht nur für denjenigen, der den Sachverhalt (z. B. das Naturgesetz) kennt, aufgrund dessen sie sich gegenseitig implizieren. Diese Bemerkung nötigt uns, den Sinn der Implikation noch genauer anzugeben.

Wir nennen *Katalogaussagen* solche Aussagen, die dem aufzustellenden Katalog angehören; von ihnen unterscheiden wir *Aussagen über den Katalog*. Katalogaussagen sollen zu jeder Zeit durch phänomenalen Aufweis (theoretisch) entscheidbar sein. Zu ihnen gehören zunächst die vorgegebenen Aussagen p, q, r, ... Ferner werden wir sehen, daß A ∧ B, A ∨ B, ¬A zu ihnen gehören, sofern für A und B beliebige Katalogaussagen eingesetzt werden. A→B bei Einsetzung von Katalogaussagen für A und B ist aber keine Katalogaussage. Wer weiß, daß A→B für eine bestimmte Einsetzung naturgesetzlich wahr ist, der kann zwar diese Aussage dann in jedem Einzelfall phänomenal verteidigen. Wer aber in einem Einzelfall zuerst A und dann B phänomenal aufgewiesen hat, hat keineswegs A→B aufgewiesen, sondern (unter den »klassischen« Voraussetzungen; s. u.) A ∧ B. Es gibt auch keinen anderen phänomenalen Aufweis für A→B im Einzelfall. Die Implikation kann im allgemeinen nur behauptet werden, wenn ein naturgesetzliches Wissen vorliegt. Eine Ausnahme hiervon bilden solche Implikationen, die aus rein logischen Gründen oder aus phänomenalem Aufweis, zusammen mit logischen Gründen wahr sind. Rein logisch wahr sind A→A und (unter den »klassischen« Voraussetzungen) A→B→A. Aus letzterer Formel folgt, wenn außerdem p phänomenal wahr ist, B→p für beliebiges B. Dieses letzte Beispiel zeigt sehr deutlich, daß die logische

---

* Vgl. *Zeit und Wissen* 6.9 über »Sinn« und »Bedeutung«.

Implikation keinerlei inneren Zusammenhang zwischen den beiden Aussagen benötigt, die sie verknüpft. Es gilt zwar (wenn $\mathrel{\mid\!\rightarrow}$ wie in 2.4 die naturgesetzliche Implikation bezeichnet)

$$A \mathrel{\mid\!\rightarrow} B \rightarrow A \rightarrow B, \qquad (6.1)$$

aber nicht die umgekehrte Implikation.

Was uns beim Aufbau eines Katalogs interessiert, sind solche Implikationen, die nicht durch die zufällige phänomenale Wahrheit des Hintergliedes, sondern unter allen Umständen wahr sind. Solche Implikationen nennen wir naturgesetzlich, wobei ausdrücklich verabredet sei, auch eine aus *rein* logischen Gründen wahre Implikation naturgesetzlich zu nennen. Also gilt z. B. $A \mathrel{\mid\!\rightarrow} A$ für jedes A. Unter den naturgesetzlichen Implikationen zeichnen wir ferner diejenigen aus, deren Vorder- und Hinterglied je eine Katalogaussage ist. Eine solche Implikation nennen wir *Katalogimplikation* oder (da sie sich auf die mengentheoretische Inklusion wird abbilden lassen) *Inklusion*. Wir schreiben sie $A \subset B$ und lesen sie »A impliziert B naturgesetzlich« (was, wenn A und B als Katalogaussagen erkennbar sind, ausreichend klar ist) oder, anschließend an die im folgenden gegebene verbandstheoretische Deutung, »A liegt unter B« bzw. »A ist in B enthalten«, »B enthält A«.

Die drei oben angeführten Regeln übertragen sich auf die Katalogimplikation. Für die Reflexivität folgt dies daraus, daß sie eine aus rein logischen Gründen wahre Implikation ist. Für die Transitivität bedarf es einer inhaltlichen Überlegung (aus der rein logischen Wahrheit von $A \rightarrow B \wedge B \rightarrow C \rightarrow A \rightarrow C$ folgt nur $A \rightarrow B \wedge B \rightarrow C \mathrel{\mid\!\rightarrow} A \rightarrow C$, während wir brauchen $A \mathrel{\mid\!\rightarrow} B \wedge B \mathrel{\mid\!\rightarrow} C \mathrel{\mid\!\rightarrow} A \mathrel{\mid\!\rightarrow} C$). Wir haben dazu nur die oben bei der Begründung der Transitivität benutzte Argumentation zu wiederholen und zu bemerken, daß, wer aus naturgesetzlichen Gründen weiß, daß er bei Aufweis von A auch B und bei Aufweis von B auch C aufweisen kann, damit ein Verfahren besitzt, das ihm aus naturgesetzlichen Gründen gestattet, bei Aufweis von A auch C aufzuweisen. Im übrigen werden wir nachher beim Aufbau des Katalogs nur solche Katalogimplikationen benützen, die, wenn einmal die Postulate I, II und III

Der klassische Aussagenverband 97

zugegeben sind, rein logisch wahr sind. Trotzdem legen wir hier Wert auf die Bezeichnung des zugrunde gelegten Wissens als naturgesetzlich, weil wir im Fall der Quantentheorie eines der Postulate (III) werden aufgeben müssen und damit eine wesentlich andere Struktur des Katalogs erhalten.

Die Äquivalenz ist auch mit der Katalogimplikation durch Definition festgelegt; wir schreiben sie dann $A = B$. Wir legen hiermit fest, daß zwei Aussagen des Katalogs, die sich gegenseitig naturgesetzlich implizieren, »objektiv dieselbe« Aussage sein sollen. Es gibt keine Weise, durch *innerhalb des Katalogs* ausdrückbare Verfahren zwischen ihnen zu unterscheiden. Gleichwohl können sie in der Weise des Wissens verschieden sein.

Wir fassen die drei Regeln als Regeln der Katalogimplikation nochmals zusammen, wobei wir logische Zeichen zur Abkürzung gebrauchen:

1a. $A \subset A$
1b. $A \subset B \wedge B \subset C \to A \subset C$
1c. $A \subset B \wedge B \subset A \leftrightarrow A = B$.

Als Beispiel betrachten wir einen gewöhnlichen Würfel und die folgenden vier Aussagen:

p: der Würfel zeigt 2 Augen
q: der Würfel zeigt 2 oder 4 oder 6 Augen
r: der Würfel zeigt eine gerade Augenzahl
s: der Würfel betätigt ein Läutewerk.

Sicher gelten die Beziehungen

$$p \subset q,\ p \subset r,\ q = r. \qquad (6.2)$$

Von diesen Beziehungen gilt $p \subset q$ schon aus logischen Gründen, wenn man das »oder« wie üblich definiert, $p \subset r$ und $q = r$ gelten schon aus mathematischen Gründen. Falls der Würfel außerdem so konstruiert ist, daß er dann und nur dann, wenn er eine gerade Augenzahl zeigt, ein Läutewerk betätigt, so gilt in dem Katalog von Aussagen über *diesen* Würfel auch

$$p \subset s,\ q = s,\ r = s. \qquad (6.3)$$

Dies gilt nun nur aus naturgesetzlichen Gründen. Innerhalb des Katalogs wird aber dieser Unterschied zwischen den

Relationen (6.2) und denen (6.3) nicht gemacht. Wollte man solche Unterschiede zulassen, so könnte man auch fragen, woher man denn die Aussagen p, q und r als wahr erkennt, und müßte z. B. neben der akustischen Anzeige s auch noch die optische und die für einen Blinden noch mögliche haptische Feststellung der Augenzahl oder die Feststellung durch verschiedene Beobachter unterscheiden. Physik beruht wesentlich darauf, daß sie ihre Aussagen in dem Sinne objektiviert, daß nicht der Weg zur Aussage, sondern nur ihre gemäß Naturgesetzen nachprüfbare Information über das jeweilige Objekt betrachtet wird. Wir werden sehen, in welchem Sinne das auch in der Quantentheorie wahr bleibt.

Wir verzichten darauf, auch die anderen Junktoren ausführlich zu diskutieren*. Man findet, daß die Katalogaussagen einen Booleschen Verband bilden. Der Katalog enthält formal außer gewissen formal möglichen Aussagen, die präsentisch wahr oder falsch werden können, eine im Rahmen der im Katalog betrachteten Entscheidungen immer wahre und eine im selben Sinn immer falsche Aussage, genannt sein Einselement I und sein Nullelement 0. Ein Verband heißt *atomar*, wenn es in ihm Elemente, sog. *Atome*, gibt, deren jedes nur vom Nullelement und von sich selbst impliziert wird. Wir werden uns im folgenden vorzugsweise mit atomaren Verbänden beschäftigen, und zwar am meisten mit solchen von endlicher oder höchstens abzählbar unendlicher Anzahl von Atomen. Wir behandeln hier als Beispiel den Fall endlich vieler Atome. Diese seien die Aussagen

$$p_k \quad (k = 1, 2 \ldots n). \tag{6.24}$$

Der Verband bestehe nur aus ihnen und allen Aussagen, die durch die drei Operationen ∩, ∪ und ¬ aus ihnen gebildet werden können.

Es gilt

$$p_i \cap p_k = \begin{cases} p_i & \text{für } i = k \\ 0 & \text{für } i \neq k \end{cases} \tag{6.25}$$

* In der Vorlesung (1965), der dieser Text entstammt, ist die Diskussion durchgeführt.

Der klassische Aussagenverband

Man erhält jedes Element des Verbands, indem man eine Teilmenge der Indizes $k = 1, 2 \ldots n$ auswählt und alle und nur die p_k, deren Indizes der Teilmenge angehören, durch ∪ miteinander verbindet. D. h. der Verband ist isomorph dem Teilmengenverband der Menge seiner Atome. Hieraus sieht man leicht, daß die Atome den beiden Regeln genügen:
 a. Ist ein p_k wahr, so sind alle anderen falsch.
 b. Sind alle p_k bis auf eines falsch, so ist dieses eine wahr.
Eine Liste von p_k, welche diesen beiden Bedingungen genügen, wollen wir eine *Alternativfrage* oder *n-fache Alternative* oder auch kurz eine *Frage* nennen.

Ein einfaches Beispiel bietet wieder der Würfel. Der ihm zugeordnete Aussagenverband hat 6 Atome $p_1 \ldots p_6$, wobei der Index die Augenzahl angibt. Jede mögliche Aussage der Form »der Würfel zeigt k_1 oder k_2 oder ... Augen« gehört ihm an. Immer falsch ist die Aussage, der Würfel zeige gar keine Augenzahl, immer wahr die Aussage, er zeige irgendeine Augenzahl zwischen 1 und 6, beide eingeschlossen.

Drittes Kapitel
Wahrscheinlichkeit

In memoriam Imre Lakatos

Die zwei ersten Abschnitte dieses Kapitels stammen aus der deutschen Übersetzung meines Aufsatzes »Probability and Quantum Mechanics« *(1973). Imre Lakatos hatte diese Arbeit gelesen, als er in seinen letzten Lebensjahren Mitglied des Wissenschaftlichen Beirats des Max-Planck-Instituts zur Erforschung der Lebensbedingungen der wissenschaftlich-technischen Welt in Starnberg war. Er sah in ihr ein Beispiel der »rationalen Rekonstruktion« in der Wissenschaftsgeschichte und brachte sie zum Druck im* British Journal for the Philosophy of Science, 24, 321–337. *Ich widme deshalb dieses Kapitel seinem Gedächtnis.*

Die zwei nachfolgenden Abschnitte sind unveröffentlichte Notizen von 1971.

1. Wahrscheinlichkeit und Erfahrung

Die Wahrscheinlichkeitstheorie hatte ihren Ursprung in einer empirischen Frage: dem Würfelspielproblem des Chevalier de Meré. Ebenso findet auch der heutige Physiker keine Schwierigkeit darin, empirisch eine theoretisch vorhergesagte Wahrscheinlichkeit zu überprüfen, indem er die relative Häufigkeit des Eintretens eines gewissen Ereignisses mißt. Andererseits ist die erkenntnistheoretische Diskussion über den Sinn der Anwendung des sogenannten mathematischen Wahrscheinlichkeitsbegriffs auf die empirische Wirklichkeit keineswegs zu Ende. Noch immer tobt die Schlacht zwischen »objektivistischen«, »subjektivistischen« und noch anderen Deutungen des Wahrscheinlichkeitsbegriffs. Der Wahrscheinlichkeitsbegriff ist eines der auffallendsten Beispiele für das »erkenntnistheoretische Paradoxon«, daß wir unsere Grundbegriffe erfolgreich anwenden können, ohne sie wirklich zu verstehen. Nun besteht bei vielen scheinbaren Paradoxen in der Philosophie der erste Schritt zur Lösung darin, die paradox erscheinende Situation als Phänomen und insofern als Tatsache zu akzeptieren. So müssen wir verstehen lernen, daß es gerade zum Wesen von Grundbegriffen gehört, anwendbar zu sein, ohne daß oder wenigstens ehe sie analytisch geklärt sind. Diese Klärung muß ja wiederum andere Begriffe unanalysiert benutzen. Bei einer solchen Analyse kann es einen Fortschritt bedeuten, wenn wir erkennen, ob es beim praktischen Gebrauch gewisser Grundbegriffe eine Hierarchie gibt und welche Begriffe dann in der Praxis von der Verwendbarkeit welcher anderen Begriffe abhängen, oder aber, ob die in Frage stehenden Begriffe in einer nicht-hierarchischen Weise zusammenwirken. Wir werden zu zeigen suchen, daß eine der traditionellen Schwierigkeiten in der empirischen Deutung des Wahrscheinlichkeitsbegriffs aus der Meinung stammt, Erfahrung könne als ein gegebener Begriff behandelt werden und Wahrscheinlichkeit als ein Begriff, der im Felde der so verstandenen Erfahrung nur noch angewandt werden muß. Dies ist ein Beispiel für das, was ich irrige Begriffshierarchie nennen möchte. Wir werden zu zeigen suchen, daß, umgekehrt, Erfahrung und Wahrscheinlichkeit in einer Weise ineinandergreifen, welche es ausschließt zu begreifen, was wir unter Erfahrung verstehen, wenn wir nicht schon etwas wie einen Begriff von Wahrscheinlichkeit benützen. Wir werden einen speziellen Weg zur Einführung des Wahrscheinlichkeitsbegriffs in mehreren Stufen vorschlagen.

Wir deuten hierzu den Wahrscheinlichkeitsbegriff in einem streng empirischen Sinn. Wir sehen die Wahrscheinlichkeit als eine meßbare Größe an, deren Wert ebensogut empirisch überprüft werden kann wie z. B. der Wert einer Energie oder einer Temperatur. Zur Definition einer Wahrscheinlichkeit brauchen wir eine experimentelle Situation, in der verschiedene »Ereignisse« $E_1, E_2, \ldots$ die verschiedenen möglichen Ergebnisse eines und desselben Experiments sind. Wir müssen ferner sinnvoll sagen können, eine gleichartige experimentelle Situation (kurz »dieselbe Situation«) liege in verschiedenen Fällen vor (»in verschiedenen Realisierungen«, »zu verschiedenen Zeiten«, »für verschiedene individuelle Objekte« usw.), und, gegeben diese Situation, werde in jedem Falle ein gleichartiges Experiment (kurz »dasselbe Experiment«, »derselbe Versuch«) ausgeführt. Das Experiment sei in N Fällen ausgeführt worden, und das Ereignis E_k möge dabei n_k-mal eingetreten sein. In dieser Versuchsreihe wollen wir den Bruch

$$f_k = \frac{n_k}{N}$$

die relative Häufigkeit nennen, mit der E_k in der Serie vorgekommen ist.

Nun denken wir an eine zukünftige Serie von Ausführungen desselben Versuchs. Nehmen wir an, unsere (theoretische und empirische) Kenntnis befähige uns, eine Wahrscheinlichkeit p_k für das Ereignis E_k in dem Versuch anzugeben. Dann wollen wir als den Sinn dieser Zahl p_k annehmen, sie sei eine Vorhersage der relativen Häufigkeit f_k für die zukünftige Versuchsserie.* Man wird diese Vorhersage p_k empirisch überprüfen, indem man sie mit den Werten von f_k vergleichen wird, die sich in dieser und weiteren Serien des betrachteten Versuchs ergeben werden.

Dies ist die vereinfachende Denkweise des normalen Experimentators. Ich halte sie im wesentlichen für korrekt; sie muß nur gegen die Einwände der Erkenntnistheoretiker verteidigt werden. Natürlich hoffen wir, sie, indem wir sie verteidigen, besser verstehen zu lernen.

Ein einfaches Beispiel möge dazu dienen, den Haupteinwand zu formulieren. Unser Versuch bestehe im einmaligen Werfen eines Würfels. Es gibt 6 mögliche Ereignisse. Wählen wir das Ereignis, daß eine Fünf erscheint, als dasjenige Ereignis, für das wir uns speziell interessieren. Seine Wahrscheinlichkeit p_5 wird den Wert 1/6 haben, wenn der Würfel »gut« ist. Nun wollen wir den Würfel N-mal werfen. Selbst wenn N durch 6 teilbar ist, wird der Bruch f_5 nur in seltenen Fällen genau gleich 1/6 sein; und, was noch wichtiger ist, die Wahrscheinlichkeitstheorie erwartet gar nicht, daß f_5 gleich 1/6 sein soll. Die Theorie sagt eine Verteilung des gemessenen Werts von f_5 um die theoretische Wahrscheinlichkeit p_5 herum voraus, wenn mehrere Serien von Würfen gemacht werden. Die Wahrscheinlichkeit ist nur der *Erwartungswert* der relativen

---

* Diese Formulierung hat M. Drieschner (1970) vorgeschlagen.

Häufigkeit. Aber der Begriff »Erwartungswert« wird üblicherweise so definiert, daß dabei der Begriff »Wahrscheinlichkeit« schon benützt wird. Also sieht es so aus, als könne man die Wahrscheinlichkeit selbst grundsätzlich nicht durch Bezugnahme auf meßbare relative Häufigkeiten definieren, da diese Definition bei strenger Formulierung den Begriff der Wahrscheinlichkeit selbst schon benützen müßte; es entstünde – so scheint es – eine zirkelhafte Definition.

Wir wollen dem Problem nicht dadurch ausweichen, daß wir die Wahrscheinlichkeit als den Grenzwert der relativen Häufigkeit für lange Versuchsreihen definieren, denn es gibt keinen strengen Sinn des Grenzwerts in einer *empirischen* Versuchsreihe, die ja essentiell endlich ist. Diese Schwierigkeiten haben einige Autoren veranlaßt, die »objektivistische« Deutung der Wahrscheinlichkeit ganz zugunsten einer »subjektivistischen« Deutung aufzugeben, welche z.B. die Gleichung $p_5 = 1/6$ so liest: »Ich bin bereit, 1 gegen 5 zu wetten, daß beim nächsten Wurf eine Fünf fallen wird.« Die Wahrscheinlichkeitstheorie ist dann eine Theorie über die Konsistenz eines Wettsystems. Aber das ist nicht das Problem für den Physiker. Er möchte empirisch herausbringen, ob er durch sein Wettsystem ein reicher Mann werden kann. Ich trete hier noch nicht in die Diskussion dieser Vorschläge ein.* Lieber trage ich sofort meinen eigenen Vorschlag vor.

Der Ursprung der Schwierigkeit liegt nicht in dem speziellen Begriff der Wahrscheinlichkeit, sonder allgemein im Gedanken der empirischen Überprüfung irgendeiner theoretischen Vorhersage. Betrachten wir das Beispiel der Messung einer Ortskoordinate x eines Planeten zu einem bestimmten Zeitpunkt. Für sie sei von der Theorie der Wert ξ vorhergesagt. Eine einzelne Messung wird einen Wert ξ_1 ergeben, der von ξ verschieden ist. Die einzelne Messung wird vermutlich nicht genügen, uns zu überzeugen, ob man dieses Meßresultat als Bestätigung oder Widerlegung der theoretischen Vorhersage ansehen soll. Also werden wir die Messung N-mal wiederholen und die Fehlertheorie anwenden. Sei $\overline{\xi}$ der Mittelwert der gemessenen Werte. Vergleichen wir nun die Distanz $|\xi - \overline{\xi}|$

---

* Vgl. *Zeit und Wissen* 4.

mit der mittleren Streuung der gemessenen Werte, so können wir formal eine »Wahrscheinlichkeit« dafür ausrechnen, daß der vorhergesagte Wert von x sich von dem »wirklichen« Wert ξ_r (»ξ real«) um eine Größe $d = |\xi - \xi_r|$ unterscheidet. Diese »Wahrscheinlichkeit« gibt selbst eine Vorhersage der relativen Häufigkeit, mit welcher die gemessene Distanz $|\xi - \bar\xi|$ den Wert d annehmen wird, wenn wir die Versuchsreihe oft wiederholen. Diese Struktur der empirischen Überprüfung einer theoretischen Vorhersage ist etwas kompliziert, aber wohlbekannt. Wir können sie in die abgekürzte Behauptung zusammenpressen: »Die empirische Bestätigung oder Widerlegung einer theoretischen Vorhersage ist nie mit Gewißheit möglich, sondern nur mit einem höheren oder geringeren Grad von Wahrscheinlichkeit.« Dies ist ein Grundzug aller Erfahrung. In diesem Aufsatz begnüge ich mich damit, ihn zu beschreiben und zu akzeptieren; seine philosophische Bedeutung ist in anderem Zusammenhang zu erörtern.* Wer überhaupt in einer empirischen Wissenschaft arbeitet, hat ihn schon durch seine Praxis stillschweigend akzeptiert. In diesem Sinne setzt der Begriff wissenschaftlicher Erfahrung im praktischen Gebrauch immer schon die Anwendbarkeit irgendeines Wahrscheinlichkeitsbegriffs voraus, auch wenn dieser Begriff nicht ausdrücklich formuliert ist. Folglich muß der bloße Versuch, eine vollständige Definition der Wahrscheinlichkeit durch Rekurs auf einen vorgegebenen Erfahrungsbegriff zu geben, voraussichtlich zwangsläufig in eine zirkelhafte Definition führen. Natürlich wäre es ebenso unmöglich, den Begriff der empirischen Überprüfung durch Rekurs auf einen vorgegebenen Wahrscheinlichkeitsbegriff zu definieren. Die beiden Begriffe der Erfahrung und der Wahrscheinlichkeit stehen zueinander nicht in einem Verhältnis hierarchischer Unterordnung.

In der Praxis impliziert jede Anwendung der Fehlertheorie, daß wir die relativen Häufigkeiten von Ereignissen als vorhersagbare Größen auffassen. In diesem Sinne ist die Wahrscheinlichkeit eine meßbare Größe. Daraus folgt, daß unsere »abgekürzte Behauptung« auch für den Wahrscheinlichkeitsbegriff

* Vgl. *Zeit und Wissen* 3 u. 4.

selbst gilt: Die empirische Überprüfung einer theoretisch gewonnenen Wahrscheinlichkeit ist nur mit einem gewissen Grad von Wahrscheinlichkeit möglich. Das Auftreten des probabilistischen Begriffs des Erwartungswerts in der »Definition« von Wahrscheinlichkeit ist daher nicht ein Paradoxon, sondern eine notwendige Konsequenz aus der empirischen Bedeutung des Wahrscheinlichkeitsbegriffs; oder es ist ein »Paradoxon«, das dem Begriff der Erfahrung selbst anhaftet. Freilich steht dabei die Wahrscheinlichkeit nicht auf derselben methodologischen Stufe wie alle anderen empirischen Begriffe. Die möglichst präzise Messung jeder anderen Größe nötigt uns zur Messung relativer Häufigkeiten, also zur möglichst präzisen Messung von Wahrscheinlichkeiten; die möglichst präzise Messung von Wahrscheinlichkeiten nötigt uns über die Fehlertheorie von neuem zur möglichst genauen Messung von anderen Wahrscheinlichkeiten. Wegen dieser ihrer höheren Abstraktionsstufe sind die Vorhersagen der Wahrscheinlichkeitstheorie schärfer festgelegt. Die Streuung der Meßwerte einer beliebigen Größe um ihren Mittelwert hängt von der Natur des Meßinstruments ab; die Streuung der relativen Häufigkeiten um ihren Erwartungswert kann von der Theorie selbst angegeben werden.

2. Der klassische Wahrscheinlichkeitsbegriff

Wir haben bis hierher noch keine Definition der Wahrscheinlichkeit erreicht, die den Einwand, zirkelhaft zu sein, vermiede. Wir werden nun eine systematische Theorie der Wahrscheinlichkeit skizzieren, in der diese als empirischer Begriff verstanden ist, d.h. als Begriff einer empirisch meßbaren Größe. Das ist nicht eine streng durchgeführte klassische Wahrscheinlichkeitstheorie, sondern nur der Grundriß einer Analyse von deren Wahrscheinlichkeitsbegriff, ein Grundriß, der diejenigen Züge der Theorie hervorhebt, in denen üblicherweise erkenntnistheoretische Schwierigkeiten auftreten. Wir hoffen, daß diese Analyse zum Aufbau einer konsistenten klassischen Wahrscheinlichkeitstheorie ausreichen würde, bei der wir in den mathematischen Details jedem guten Lehrbuch folgen könnten. Das Wort »klassisch« meint hier nur »noch nicht quantentheoretisch«.

Der Aufbau geschieht in drei Schritten. Zuerst formulieren wir einen *vorläufigen Begriff* der Wahrscheinlichkeit. Er beansprucht nicht, präzise zu sein, sondern er will eine verständliche deutsche Beschreibung der Art sein, in der probabilistische Begriffe in der Praxis wirklich verwendet werden. Zweitens formulieren wir ein Axiomensystem der *mathematischen Theorie* der Wahrscheinlichkeit. In diesem Abschnitt können wir Kolmogorows System übernehmen. Drittens geben wir den Begriffen der mathematischen Theorie einen empirischen Sinn, sozusagen eine *physikalische Semantik,* indem wir einige ihrer Begriffe mit Begriffen identifizieren, die mit dem vorläufigen Wahrscheinlichkeitsbegriff zusammenhängen. Dieses dreigliedrige Vorgehen kann auch als eine Gedankenkette beschrieben werden, die dem vorläufigen Begriff die ihm anfangs fehlende mathematische Präzision verleiht. Der wichtigste Teil im dritten Schritt ist die Studie der Konsistenz des ganzen Vorgehens. Die gedeutete Theorie des dritten Schritts bietet ein mathematisches Modell derjenigen Strukturen, die im vorläufigen Begriff unpräzise beschrieben wurden. Ich schlage vor, eine Theorie *semantisch konsistent* zu nennen, wenn sie gestattet, die vorläufigen Begriffe, ohne die sie keinen empirischen Sinn empfangen hätte, so zu verwenden, daß diese Verwendung durch das in der Theorie selbst gebotene mathematische Modell korrekt beschrieben wird.*

Der *vorläufige Begriff* wird durch drei Postulate beschrieben:

A. Eine Wahrscheinlichkeit ist ein Prädikat eines formal möglichen zukünftigen Ereignisses, oder genauer, eine Modalität der Aussage, welche behauptet, dieses Ereignis werde eintreten.
B. Wenn ein Ereignis (oder die zugehörige Aussage) eine Wahrscheinlichkeit sehr nahe bei 1 oder 0 hat, so kann es (bzw. die Aussage) als praktisch notwendig oder praktisch unmöglich behandelt werden. Ein Ereignis (eine Aussage)

---

* Vgl. 6.7. und *Zeit und Wissen* 5.2.7.

Der klassische Wahrscheinlichkeitsbegriff

mit einer Wahrscheinlichkeit, die nicht sehr nahe bei 0 liegt, heißt möglich.

C. Schreiben wir einem Ereignis (einer Aussage) eine Wahrscheinlichkeit p ($0 \leq p \leq 1$) zu, so drücken wir dadurch die folgende Erwartung aus: Von einer großen Anzahl N von Fällen, in denen diese Wahrscheinlichkeit dem Ereignis (der Aussage) korrekt zugeschrieben wird, wird in ungefähr $n = pN$ Fällen das Ereignis eintreten (die Aussage sich als wahr erweisen).

Die Sprache, in der wir diese Postulate formuliert haben, bedarf weiterer Erläuterung. Zunächst sehen wir, daß vorsichtige Begriffsbildungen wie »praktisch«, »ungefähr«, »eine Erwartung ausdrücken« benutzt wurden. Sie sollen darauf hinweisen, daß der vorläufige Begriff nicht präzise, sondern präzisierungsbedürftig ist. Wir werden sehen, daß bei diesem Vorgehen die vorsichtigen Begriffe nicht eliminiert, sondern selbst schärfer präzisiert werden. Das Wort »korrekt« in C. deutet an, daß wir die Zuschreibung einer Wahrscheinlichkeit zu einem Ereignis nicht als einen Akt subjektiver Willkür ansehen, sondern als eine wissenschaftliche Behauptung, die eine Überprüfung fordert und zuläßt.

Die Sprache der Postulate verweist auf die Logik zeitlicher Aussagen. Für Aussagen über die Zukunft schlägt diese Logik vor, die traditionellen Wahrheitswerte »wahr« und »falsch« überhaupt nicht zu verwenden, sondern statt dessen nur die »futurischen Modalitäten«: »möglich«, »notwendig«, »unmöglich«. Das Postulat enthält den Vorschlag, Wahrscheinlichkeiten als eine präzisere Form futurischer Modalitäten zu verwenden. Verglichen mit dem üblichen Gebrauch des Worts »Wahrscheinlichkeit« kann man dies als eine terminologische Konvention ansehen: Von nun an wollen wir den Gebrauch dieses Worts auf Aussagen über die Zukunft einschränken. Aber hinter dieser Konvention steht die Überzeugung, dies sei der primäre Sinn von Wahrscheinlichkeit, und alle anderen Verwendungen des Worts ließen sich auf diese zurückführen. Z.B. wenden wir das Wort auf die Vergangenheit an, wenn wir sagen »wahrscheinlich hat es gestern geregnet« oder »vorgestern war es wahrscheinlich, daß es am Tag darauf regnen würde«. Aber im zweiten Beispiel bezieht sich die Wahrscheinlichkeit auf das, was damals Zukunft war; wir sagen hier »es *war* wahrscheinlich«. Im ersten Beispiel geben wir zunächst unsere Unwissenheit über gewisse Fakten der Vergangenheit zu; um der Aussage einen operativen Sinn zu geben, müssen wir sie wiederum auf die Zukunft beziehen in der Deutung: »Wahrscheinlich wird man bei näherer Untersuchung finden, daß es gestern geregnet hat.«

Für die *mathematische Theorie* können wir Kolmogorows Text wörtlich übernehmen; wir ändern nur einige Bezeichnungen:

»Sei M eine Menge von Elementen ξ, η, ζ, ... die wir *elementare Ereignisse* nennen, und F eine Menge von Teilmengen aus M; die Elemente von F werden wir *Ereignisse* nennen.

I. F ist ein Mengenverband.
II. F enthält die Menge M.
III. Jeder Menge A aus F ordnen wir eine nichtnegative Zahl $p(A)$ zu. Diese Zahl $p(A)$ heißt die Wahrscheinlichkeit des Ereignisses A.
IV. $p(M) = 1$
V. Sind A_1 und A_2 disjunkt, so gilt
$$p(A_1 + A_2) = p(A_1) + p(A_2).\text{«}$$

Wir lassen das Axiom VI beiseite, das eine Kontinuitätsbedingung formuliert, da wir seine Probleme hier nicht erörtern wollen. Wir benötigen hingegen die Definition des Erwartungswerts:

»Sei eine Zerlegung der ursprünglichen Menge M gegeben
$$M = A_1 + A_2 + ... + A_r,$$
und sei x eine reelle Funktion des elementaren Ereignisses ξ, die in jeder Menge A_q gleich einer Konstanten a_q ist. Dann nennen wir x eine *stochastische Größe* und betrachten die Summe
$$E(x) = \sum_q a_q\, p(A_q),$$
die mathematische Erwartung der Größe x.«

Jetzt wenden wir uns der *physikalischen Semantik* zu. Zur Vereinfachung des Ausdrucks und wegen einer Konzentration aufs Wesentliche nehmen wir die Menge M der elementaren Ereignisse als endlich an. Wir nennen die Anzahl der verschiedenen elementaren Ereignisse K; im Fall des Würfels ist $K = 6$. Ferner betrachten wir ein endliches *Ensemble* von N gleichartigen Fällen, z. B. von Würfen mit dem Würfel. Jedem elementaren Ereignis E_k (wir schreiben jetzt E_k statt Kolmogorows ξ; es sei $1 \leq k \leq K$) ordnen wir eine natürliche Zahl $n(k)$ zu, die angibt, wie oft dieses Ereignis (die Fünf im Würfelbeispiel) in der speziellen Reihe von N Versuchen, die unser Ensemble bildet, wirklich vorgekommen ist. Entsprechend ordnen wir jedem Ereignis A eine natürliche Zahl $n(A)$ zu. Man sieht leicht, daß die Größen

$$f(A) = \frac{n(A)}{N}$$

Kolmogorows Axiome I bis V erfüllen, wenn wir sie für $p(A)$ einsetzen. Dieses Modell der Axiome ist jedoch nicht das in der Wahrscheinlichkeitstheorie gemeinte. Wir erreichen aber unser Ziel durch Hinzufügung eines vierten Postulats zum vorläufigen Begriff:

D. Die Wahrscheinlichkeit eines Ereignisses (einer Aussage) ist der Erwartungswert der relativen Häufigkeit seines Stattfindens (ihres Wahrwerdens).

Der in D. genannte Erwartungswert ist nicht über dem ursprünglichen Verband F der Ereignisse definiert. Er kann über einem Verband G von »Meta-Ereignissen« definiert werden. Wir bezeichnen als Meta-Ereignis ein Ensemble von N zu F gehörigen Ereignissen, die unter gleichen Bedingungen stattfinden. Wir benützen hier die Redeweise, nach welcher »dasselbe« Ereignis mehrfach stattfinden kann (»es hat geregnet und wird wieder regnen«). G ist keine Teilmenge von M oder von F, sondern es ist eine Menge von Elementen von F mit Wiederholungen. Nun können wir F eine Wahrscheinlichkeitsfunktion $p(A)$ zuordnen; sie mag unsere Erwartungen über die Ereignisse A gemäß dem vorläufigen Begriff ausdrücken. Dann erlauben uns die Regeln der mathematischen Wahrscheinlichkeitstheorie, eine Wahrscheinlichkeitsfunktion für die Elemente von G *auszurechnen;* man muß dazu nur annehmen, daß die N Ereignisse, die zusammen ein Meta-Ereignis bilden, als unabhängig behandelt werden dürfen. Setzen wir die Gültigkeit der Kolmogorowschen Axiome für *F* voraus, so können wir ihre Gültigkeit für *G beweisen*, ebenso die Gültigkeit der Formel

$$p(A) = E\left(\frac{n_A}{N}\right) \qquad (2.1)$$

Nun dürfen wir unsere vorläufige Auffassung der $p(A)$ in *F* vergessen. Statt dessen können wir die drei Postulate A, B, C auf den Verband *G* der Meta-Ereignisse anwenden. Haben wir so den *p* in *G* eine Deutung (im vorläufigen Sinne) gegeben, so benützen wir (2.1), um eine Deutung der *p* in *F* herzuleiten. Sie besteht genau in der Aussage des Postulats D: $p(A)$ ist der Erwartungswert der relativen Häufigkeit von *A*. Erinnern wir uns nun, wie wir die *p* in *F* ohne diese Konstruktion gedeutet hätten: wir hätten dann nur A, B und C benützt. Dieser vorläufige Begriff ist jetzt gerechtfertigt als eine schwächere Formulierung zu D. Jetzt können wir die Begriffe »praktisch«, »ungefähr«, »Erwartung« präziser durch Abschätzungen wahrscheinlicher Fehler deuten. Das mathematische »Gesetz der großen Zahlen« beweist, daß die Erwartungswerte dieser Fehler für wachsende *N* gegen Null streben.

Was haben wir erkenntnistheoretisch gewonnen? Wir sind den unpräzisen vorläufigen Begriff nicht losgeworden, wir haben ihn nur von Ereignissen auf Meta-Ereignisse, d.h. auf große Ensembles von Ereignissen übertragen. Die physikalische Semantik der Wahrscheinlichkeiten beruht auf der vorläufigen Semantik der Meta-Wahrscheinlichkeiten. Dies ist ein präziserer Ausdruck unserer früheren Behauptung, eine Wahrscheinlichkeit könne nur mit einem gewissen Grad von Wahrscheinlichkeit überprüft werden. Die Lösung des Paradoxons liegt darin, daß wir es als Phänomen akzeptieren: Keine Theorie empirischer Wahrscheinlichkeiten darf auf mehr als eben diese Rechtfertigung hoffen, welche wenigstens ihre Konsistenz deutlicher macht.

Wenn wir mögen, können wir den Prozeß iterieren und diese Leiter von Meta-Wahrscheinlichkeiten eine »regressive Definition« der Wahrscheinlichkeit nennen. Während die übliche rekursive Definition einen festen Ausgangspunkt ($n = 1$) und eine Rekursionsregel von $n + 1$ auf n angibt, geht hier die

Regression so hoch, wie wir wollen. Auf irgendeiner Sprosse der Leiter müssen wir stehenbleiben und für sie dem vorläufigen Begriff trauen. Wegen des »Gesetzes der großen Zahl« genügt es, für diese oberste Stufe nur die Postulate A und B zu fordern. Dies ergibt als Folgerung A, B und C für die nächstniedrigere Stufe, und D für alle noch tieferen Stufen.

3. Empirische Bestimmung von Wahrscheinlichkeiten

Wir unterscheiden die *Wahrscheinlichkeit eines Ereignisses* von der *Wahrscheinlichkeit einer Regel*, nehmen aber (gegen den mittleren Carnap*) an, daß beide Größen von genau derselben Natur, aber in verschiedener Stufe der Anwendung sind. Die Wahrscheinlichkeit eines Ereignisses x ist die Voraussage (der Erwartungswert) der relativen Häufigkeit $f(x)$, mit der ein Ereignis dieser Sorte x bei häufiger Wiederholung eben des Versuchs, bei dem x auftreten kann, vorkommen wird. Der Inhalt einer Regel (eines »empirischen Naturgesetzes«) ist die Angabe von Wahrscheinlichkeiten für Ereignisse. Regeln geben stets *bedingte* Wahrscheinlichkeiten an: »Wenn y, dann wird mit der Wahrscheinlichkeit $p(x)$ eben x eintreten.« Aber eben so, als bedingte Wahrscheinlichkeit, ist auch die Wahrscheinlichkeit eines Ereignisses gemeint: Man kann die relative Häufigkeit überhaupt nur messen, wenn stets »derselbe« Versuch gemacht wird, d. h. wenn gleichartige Bedingungen hergestellt werden. Man kann sagen: Empirisch prüfbare Wahrscheinlichkeiten sind ihrem Wesen nach bedingte Wahrscheinlichkeiten. Die Wahrscheinlichkeit einer Regel ist nun gemeint als die Wahrscheinlichkeit, daß diese Regel »wahr« ist. Eine empirische Regel ist wahr, wenn sie sich in der Erfahrung bewährt. Ihre Wahrscheinlichkeit ist dann die Voraussage der relativen Häufigkeit, mit der sich gerade diese Regel R bei häufiger Wiederholung derselben empirischen Situation der Regelfindung bewähren wird. Wir haben diese zunächst formal gebildete Definition nur im einzelnen auszulegen und kommen dabei natürlich auf eine Interpretation des

* Vgl. *Zeit und Wissen* 4.3.

Bayesschen Problems. Was wir suchen, kann man vereinfacht eine iterierte Wahrscheinlichkeit $P(p(x))$ nennen. In *Zeit und Wissen* 4.5 b werden wir sehen, daß man besser von einer »Wahrscheinlichkeit höherer Ordnung« $P(f(x))$ spricht. Für die gegenwärtige Überlegung spielt diese Finesse keine Rolle.

Man kann (und wird im allgemeinen) die empirische Bestimmung einer Wahrscheinlichkeit mit einem Ansatz beginnen, der das *Vorwissen* zum Ausdruck bringt. Es sei hier methodisch in Erinnerung gerufen, daß eine objektive, empirisch prüfbare Wahrscheinlichkeit zugleich ihrem Sinne nach auf das Vorwissen eines Subjektes bezogen ist. Als Beispiel dienen uns zwei Würfel, mit denen sukzessive je einmal geworfen wird. Die Beobachter A und B sollen die Wahrscheinlichkeit für die Augenzahl 12 angeben, A vor dem Doppelwurf, B hingegen nachdem der erste Würfel gefallen ist. A gibt $p(12)$: 1/36, B gibt in durchschnittlich einem Sechstel der Fälle $p(12) = 1/6$, in durchschnittlich fünf Sechsteln der Fälle $p(12) = 0$. Beide haben, wenn der Würfel gut ist, empirisch recht, denn sie beziehen sich auf verschiedene statistische Gesamtheiten, die durch verschiedenes Vorwissen bedingt sind.

Der Ansatz der zu findenden Regel drückt aus, was man vor der Versuchsreihe schon weiß. Nehmen wir einfachheitshalber zunächst an, daß man die Anordnung begrifflich beschreiben kann, aber noch nicht mit genau dieser Realisierung dieser Begriffe experimentiert hat. Beispiele: man soll mit einer Münze »Kopf« oder »Zahl« werfen, man soll mit einem Würfel »1...6« würfeln, man soll aus einer Urne, die w weiße und s schwarze Kugeln enthält, eine Kugel ziehen. Hier ist die legitime Anwendung des Laplaceschen Begriffs der *Gleichmöglichkeit*, d.h. eines *Ansatzes der Symmetrie*. Man weiß, welche »Fälle« möglich sind, d.h. man kennt den Katalog möglicher Ereignisse. Man weiß nicht, was eines der Elementarereignisse (der Atome des Ereignisverbandes) vor einem anderen auszeichnen würde. In diesem Sinn sind sie alle gleich möglich. *Deshalb* setzt man an, sie seien alle gleich wahrscheinlich, d.h. man prognostiziert gleiche relative Häufigkeit ihres Auftretens. Die empirisch gemeinte Symmetrieannahme ist in dieser Phase des Versuchs essentiell Ausdruck eines

Empirische Bestimmung von Wahrscheinlichkeiten 113

Nichtwissens. Dies ist der legitime Sinn des Laplaceschen Ansatzes, wie die Weiterverfolgung des Versuchs zeigen wird.

Beim Versuch werden jedenfalls irgendwelche relativen Häufigkeiten gefunden werden. Wir können zunächst in roher Sprechweise drei Fälle unterscheiden:

a) es zeigen sich relative Häufigkeiten, die dem Ansatz entsprechen;

b) es zeigen sich relative Häufigkeiten, die gesetzmäßig einem anderen Ansatz entsprechen;

c) es zeigen sich relative Häufigkeiten, die keiner einheitlichen statistischen Verteilung entsprechen.

»Gesetzmäßig einem Ansatz entsprechen« heißt: innerhalb der Fehlergrenzen, die sich der Beobachter in Kenntnis der Wahrscheinlichkeitsrechnung gesetzt hat, mit der erwarteten Verteilung übereinstimmen. Hier gibt es für den Beobachter essentiell keine Gewißheit, sondern nur eine Wahrscheinlichkeit, die er jedem der zur Wahl stehenden Ansätze geben kann; wie er das macht, besprechen wir alsbald im Anschluß an das Bayessche Problem etwas genauer. Daß überhaupt die Häufigkeiten einem einheitlichen Ansatz entsprechen, ist keineswegs selbstverständlich. Das ist durch die Nennung des Falles c) angedeutet. In diesem Fall wird man vermuten, daß der Ereigniskatalog erweitert werden muß, so daß Bedingungen an den Tag kommen, die nicht statistisch, sondern systematisch variieren. Im Blick auf diese Möglichkeiten sind die Fälle a) und b) so wenig selbstverständlich, daß man sich fragen kann, mit welchem Recht man überhaupt erwartet, daß sie jemals eintreten. In der gegenwärtigen Stufe unserer epistemologischen Reflexion können wir nur in dieser Schwierigkeit das Humesche Problem wiedererkennen und antworten, daß nach bisheriger Einsicht wenigstens das Auftreten gesetzmäßig statistischer Verteilungen eine Bedingung der Möglichkeit von Erfahrung ist. Auf einer späteren Stufe (Kapitel 7–9) werden wir in den Laplaceschen Symmetrien Grundsymmetrien der Welt wiedererkennen, nämlich in der Gleichmöglichkeit der Seiten einer ebenmäßigen Münze oder eines ebenmäßigen Würfels Darstellungen der Drehgruppe des Raumes, realisiert in Objekten geringer Wechselwirkung mit der Umwelt, und in der Gleichmöglichkeit des Greifens jeder der Kugeln in der Urne eine Darstellung der Permutationsgruppe von Objekten. Wir werden dort durch eine Diskussion der Wechselwirkung begründen müssen, daß kein Hereinziehen neuer Objekte die Symmetrie der Welt selbst gegen diese Gruppen aufheben kann, so daß jede Abweichung einzelner Objekte von der Symmetrie nur ihrer individuellen Wechselwirkung mit anderen Objekten entstammt.

Das klassische Modell des Bayesschen Problems sind mehrere Urnen (sagen wir 11 Urnen) mit verschiedenen Mischungsverhältnissen weißer und schwarzer Kugeln (sagen wir in der nullten Urne 0 weiße und 10 schwarze, in der k-ten k weiße und $10-k$ schwarze). Für das Ziehen aus jeder Urne wird der Laplacesche Gleichwahrscheinlichkeitsansatz gemacht; jede der Urnen ist also durch eine Wahrscheinlichkeit p_1, eine weiße Kugel zu ziehen, und p_2, eine schwarze Kugel zu ziehen, gekennzeichnet. Es ist nach unseren Annahmen für die k-te Urne

$$p_1(k) = \frac{k}{10} \tag{1}$$

und stets

$$p_1 + p_2 = 1. \tag{2}$$

Nun greift man eine der Urnen, weiß aber nicht welche, und zieht eine Anzahl n mal je eine Kugel, die alsbald zurückgelegt wird. Wenn n_1 weiße und n_2 schwarze Kugeln herausgekommen sind ($n_1 + n_2 = n$), wie wahrscheinlich ist es, daß es die k-te Urne war? D.h. man bestimmt eine Wahrscheinlichkeit P_k. Man kann P_k als Vorhersage einer relativen Häufigkeit in doppelter Weise deuten: P_k ist einerseits die nach der Laplace-Annahme, angewandt auf das Greifen einer Urne, vorherzusagende relative Häufigkeit, mit der, *wenn* gerade in n_1 weiße und n_2 schwarze Kugeln aus der betreffenden Urne gezogen wurden, bei einer Inspektion der Urne diese sich als k-te erweist. P_k gestattet andererseits, bei weiterem Ziehen aus derselben Urne, neue Wahrscheinlichkeiten p_1' und p_2' zu prognostizieren, nach den Formeln

Empirische Bestimmung von Wahrscheinlichkeiten

$$p_1' = \sum_k P_k p_1(k) \qquad (3)$$

$$p_1' + p_2' = 1. \qquad (4)$$

Vor Beginn des Versuches würde man nach der Laplace-Annahme über das Greifen einer Urne jedes P_k gleich 1/11 setzen und die »Apriori-Wahrscheinlichkeiten« $p_1^{(o)}$ und $p_2^{(o)}$ daraus berechnen, die in unserem Fall beide gleich 1/2 wären. Die Versuchsreihe des Ziehens von n Kugeln ist dann die empirische Bestimmung neuer, d.h. von »Aposteriori-Wahrscheinlichkeiten«. Das Bayessche Verfahren gibt also jeder der 11 möglichen Regeln (1) eine Wahrscheinlichkeit der Regel P_k und bestimmt die für den praktischen Gebrauch vorgeschlagenen Wahrscheinlichkeiten p_1' aus der Wahrscheinlichkeit *gemäß* der Regel $(p_1(n))$ und der Wahrscheinlichkeit *der* Regel P_k nach (3).

Das Bayessche Verfahren korrigiert also eine anfängliche Gleichverteilungsannahme durch eine Einsicht in mögliche Fälle, welche zu verschiedenen Regeln führen, für die ihrerseits wieder eine Gleichverteilungsannahme gemacht wird. Natürlich läßt sich auch diese abändern. Man kann ungleiche Apriori-Wahrscheinlichkeiten des Greifens einer Urne einführen. Diese kann man wieder auf Gleichverteilung reduzieren, indem man verschiedene Anzahlen jedes Urnentyps voraussetzt. Der praktische Nutzen des Verfahrens beruht darauf, daß bei großer Anzahl n der Einfluß der angesetzten Apriori-Wahrscheinlichkeiten allmählich verschwindet. Mit einer ontologischen Annahme, daß alle Phänomene aus gleichmöglichen Elementarereignissen aufgebaut sind, kann man die empirische Bestimmung von Wahrscheinlichkeiten also sogar rechtfertigen. Ohne eine solche Annahme kann man diese empirische Bestimmung noch beschreiben, »als ob« eine solche Annahme berechtigt sei; wir brauchen die Annahme, um Fälle *zählen* und so absolute und damit relative Häufigkeiten *definieren* zu können.

4. Zur Wahrscheinlichkeitsbewertung von Prognosen

Ein altbekanntes »Paradox«: Der Lehrer sagt den Schülern: »In der kommenden Woche werde ich eine Klassenarbeit schreiben lassen, aber ihr werdet nicht vorher wissen, an welchem Tag.« Präzisierungsfrage: »Werden wir es auch am Morgen des betreffenden Tages nicht wissen?« Antwort: »Auch an dem Morgen nicht.« Das Paradox besteht darin, daß diese Aussage
1. einen Widerspruch impliziert,
2. empirisch leicht bestätigt werden kann.

1. Der Widerspruch. Am Samstag kann er die Arbeit nicht schreiben lassen. Denn wenn auch der Freitag vorbeigegangen ist, ohne daß sie geschrieben wurde, so wissen die Schüler am Morgen des Samstag, daß sie heute geschrieben wird.* Also muß sie an einem der fünf Tage Montag bis Freitag geschrieben werden. Am Freitag kann sie folglich auch nicht geschrieben werden, mit demselben Argument wie soeben. Also an einem der vier Tage Montag bis Donnerstag, also auch nicht am Donnerstag usf. Also gar nicht.

Zur Analyse des Widerspruchs zerlege man die Behauptung des Lehrers in ihre zwei Bestandteile:

A. In der kommenden Woche werde ich eine Arbeit schreiben lassen.

B. Am Morgen keines Tages, ehe sie geschrieben ist, werdet ihr wissen, ob sie heute geschrieben wird.

Der Widerspruch wäre direkt, wenn die Woche nur *einen* Arbeitstag hätte. Dann reduzierten sich A und B auf:

A.' Am Tag X werde ich eine Arbeit schreiben lassen.

B.' Am Morgen des Tages X werdet ihr nicht wissen, ob ich heute eine Arbeit schreiben lasse.

A und B, also auch A' und B' sind vom Lehrer gemeint als Prognose, die die Schüler von nun an als wahr glauben sollen. So interpretiert, implizieren A' und B':

A." Am Morgen des Tages X werdet ihr wissen, daß die Arbeit geschrieben wird.

---

* Man sieht, daß zur Zeit der Abfassung dieses Textes der Schulunterricht am Samstag noch die Regel war.

B." Am Morgen des Tages X werdet ihr nicht wissen, ob die Arbeit geschrieben wird.

Hat die Woche mehrere Arbeitstage, so treffen A" und B" auf den letzten Tag zu, falls vorher nicht geschrieben wurde. Die obige Überlegung ist eine vollständige Induktion nach dem Schema: Wenn A" und B" auf den n-ten Tag zutreffen, so auch auf den $(n-1)$-ten.

2. *Die empirische Bestätigung.* Wenn der Lehrer z.B. am Mittwoch schreiben läßt, so waren A und B richtig: Er hat in dieser Woche schreiben lassen, und die Schüler konnten nicht vorher wissen, daß es gerade am Mittwoch sein würde.

3. *Auflösung des Paradoxons.* Keine Prognose ist an sich wahr oder falsch. Sie hat nur eine gewisse Wahrscheinlichkeit, die man praktisch häufig mit Sicherheit gleichsetzen kann. Das Paradox entsteht, wenn man diese praktische Gleichsetzung prinzipiell versteht.

Mit subjektiven Wahrscheinlichkeiten und Bayesscher Theorie läßt sich das Paradox beispielsweise wie folgt auflösen:

Wir akzeptieren A als gewiß. Statt B werde im Laplaceschen Sinn behauptet: C: Alle noch verbleibenden Tage haben dieselbe Wahrscheinlichkeit p, der Tag der Arbeit zu sein. Am Montagmorgen ist $p = 1/6$. Wird am Montag geschrieben, so ist A empirisch bestätigt. Auch B war empirisch wahr, denn B besagt nur $p \neq 1$. Wurde am Montag nicht geschrieben, so ändert sich für die restlichen Tage der Wert von p; es wird $p = 1/5$. Und so fort. Wurde bis und mit Freitag nicht geschrieben, so wird nunmehr für den Samstag $p = 1$. In diesem Falle wird B falsch. Aus A und C würde man also folgern, daß am Montagmorgen B die Wahrscheinlichkeit 5/6 hat. Wurde bis Freitag nicht geschrieben, so bekommt B die Wahrscheinlichkeit Null. Das Paradox reduziert sich nun auf die Behauptung: Die Prognose »A und B« kann höchstens die Wahrscheinlichkeit 5/6 haben.

Man kann auch A nur eine Wahrscheinlichkeit $1-q$ geben. Dann ist am Montagmorgen $p = (1-q)/6$, am Samstagmorgen $p = 1-q$. In diesem Falle erhält B nie die Wahrscheinlichkeit Null.

4. *Grundsätzliche Bemerkung.* Das »Paradox« hat eine

ähnliche Funktion wie das aristotelische Argument der »Seeschlacht«: Wer Aussagen über die Zukunft für an sich wahr oder falsch hält, kann die dann folgenden logischen Konsequenzen nicht mit der Common sense-Bedeutung dieser Aussagen vereinbaren. Die Folgerung sollte sein, die Common sense-Bedeutung als die eigentliche anzuerkennen und, falls Bedarf besteht, zu formalisieren. Letzteres tut die zeitliche Logik mit futurischen Modalitäten und, quantifiziert, die Wahrscheinlichkeitstheorie.

Viertes Kapitel*
Irreversibilität und Entropie

1. Irreversibilität als Problem

In jedem Augenblick besteht zwischen Vergangenem und Zukünftigem der unverkennbare Unterschied, den wir in Kapitel 2 besprochen haben. Ein faktisches Ereignis A, das ich miterlebt habe, verwechsle ich bei gesunden Sinnen nicht mit einem möglichen Ereignis B, das ich erwarte oder befürchte. Wenn aber B dann später wirklich eingetreten ist, so ist danach B ebenso faktisch wie A. Besteht danach zwischen beiden noch ein qualitativer Unterschied? Die Antwort scheint leicht: A ist und bleibt *früher* als B. Dies ist nun aber selbst eine perfektische Aussage, und es fragt sich, wie sie sich dokumentarisch belegen läßt. Der Dokumentenbeweis ist leicht, wenn die objektive Zeit des Stattfindens von A und B dokumentarisch fixiert worden ist, etwa durch Angabe von Tag und Stunde im Versuchsprotokoll. Ist aber dies, das Aufgereihtsein aller vergangenen Ereignisse an einer dokumentarisch belegbaren Zeitskala, das einzige Mittel, unter ihnen frühere von späteren zu unterscheiden? In diesem Falle würde man nicht von einem qualitativen Unterschied zwischen Früherem und Späterem sprechen.

Eine solche Merkmallosigkeit der zeitlichen Reihenfolge finden wir in der Tat bei solchen Ereignissen, die ohne direkten kausalen Zusammenhang miteinander sind. Ob sich von zwei Brüdern heute früh Fritz in Hamburg oder Peter in München früher rasiert hat, das ist, wenn sich nicht beide an die Uhrzeit erinnern, nachträglich kaum aus Dokumenten oder Naturgesetzen zu entscheiden. Im allgemeinen wird es aber auch kaum einen Beobachter geben, für den zu irgendeinem Zeitpunkt Fritzens Rasur als vergangenes Ereignis und Peters Rasur als noch nicht eingetretenes Ereignis bekannt war. Ob aber Fritz

---

* Dieses Kapitel stammt aus der Vorlesung *Zeit und Wahrscheinlichkeit* von 1965. Es ist eine Ausführung meines Aufsatzes (1939).

sich zuerst eingeseift und dann geschabt hat oder umgekehrt, das weiß man nachträglich mit großer Zuverlässigkeit, denn das Einseifen ist naturgesetzliche Vorbedingung für erfolgreiches Schaben und nicht umgekehrt. Die *Kausalität* definiert in sehr vielen Fällen eindeutig, welche Abfolge der Ereignisse möglich sind und welche unmöglich. Man muß einen Film rückwärts laufen lassen, um zu sehen, wie vollkommen absurd uns eine Welt erscheint, in der diese Abfolgen umgekehrt sind. Diese Anordnung vergangener Ereignisse entlang möglichen kausalen Abläufen ist in der Tat der Überrest des qualitativen Unterschieds des Zukünftigen und des Vergangenen, den man erwarten muß, wenn alle Ereignisse des betreffenden Ablaufs vergangen sind. In einem gegenwärtigen Geschehen ist im allgemeinen das, was in der unmittelbaren Zukunft geschehen kann oder muß, etwas anderes, als was in der unmittelbaren Vergangenheit geschehen ist. Ein Auto fährt in der Richtung weiter, in der es soeben gefahren ist, der abbrechende Dachziegel fällt zu Boden und steigt nicht auf, der Kaffeetopf auf dem Eßtisch kühlt sich ab und wird nicht wärmer usw. Von dem in diesem Buch eingenommenen Standpunkt aus liegt hier also zunächst überhaupt kein Problem vor. Die objektive Ordnung vergangener Ereignisse in frühere und spätere ist die natürliche Folge der objektiven kausalen Ordnung, gemäß welcher in der jeweiligen Gegenwart das Zukünftige auf das Vergangene folgt. Dieselbe Ordnung erwarten wir ebenso natürlich auch für die fernere Zukunft.

Ein Problem entsteht aber in der klassischen Physik dadurch, daß diese Physik in ihren Grundgleichungen die uns aus dem Alltag so selbstverständliche Unumkehrbarkeit des Geschehens nicht mehr vorfindet. Die Physik findet sich konfrontiert mit dem für ein unverbildetes Gemüt völlig verblüffenden Faktum der *Reversibilität* der elementaren Abläufe. Für alle unsere weiteren Überlegungen müssen wir dieses Faktum sehr genau prüfen. Zur Vorbereitung der Analyse des Begriffs der Reversibilität gliedern wir zunächst die drei oben gegebenen Beispiele kausal bestimmter Zeitfolge auf, da jedes von ihnen einen anderen Aspekt des Problems zeigt.

Das weiterfahrende Auto illustriert das *Trägheitsgesetz*. An ihm ist das Phänomen der Reversibilität historisch zuerst

Irreversibilität als Problem

sichtbar geworden. Nach der vorgalileischen Denkweise bedarf es einer Ursache, damit ein Körper seinen Ort ändert; eine solche Ursache heißt Kraft. Die Bewegung geschieht in der Richtung, in der die Kraft wirkt; die umgekehrte Bewegung kann nur stattfinden, wenn in der Umwelt oder in der eigenen Natur des Körpers etwas anders ist, so daß eine Kraft in der umgekehrten Richtung wirkt. Nach dem Trägheitsgesetz aber beharrt der Körper gerade bei fehlender Kraft im Zustand konstanter Geschwindigkeit; derselbe Körper bewegt sich unter denselben äußeren Umständen in entgegengesetzter Richtung, wenn er von Anfang an die entgegengesetzte Geschwindigkeit hatte. Die Gleichung der kräftefreien Bewegung, im einfachsten Fall nur *einer* Ortskoordinate x, also die Gleichung

$$\ddot{x} = 0 \qquad (1)$$

ist in dem Sinne ein Gesetz, das Reversibilität zuläßt, oder kurz ein »reversibles Gesetz«, daß zu jeder Lösung $x(t)$ eine andere Lösung $x'(t) = x(-t)$ existiert. Etwas salopp drückt man das manchmal so aus, daß die Gleichung die Zeitumkehr zulasse. Tatsächlich ist natürlich in der Lösung $x'(t)$ nicht die Zeit umgekehrt (was keinen begreiflichen empirischen Sinn ergibt), sondern die Bewegungsrichtung; es ist

$$\dot{x}'(t) = -\dot{x}(-t). \qquad (2)$$

In gewissem Sinne bleibt freilich auch bei diesem »reversiblen« Gesetz der von uns vorhin behauptete Zusammenhang zwischen Kausalität und zeitlicher Ordnung der Ereignisse erhalten. Das Trägheitsgesetz ist ein »deterministisches« Gesetz: der Zustand des Objekts zu einer Zeit determiniert seinen Zustand zu einer späteren Zeit. Um so sprechen zu können, muß man zwei Bedingungen erfüllen. Man muß einerseits garantieren, daß in der betrachteten Zeitspanne die Umwelt des Objekts keinen in der Gleichung nicht berücksichtigten Einfluß auf das Objekt ausübt; das ist ja damit gemeint, daß eben *diese* Gleichung die Bewegung beherrscht. Andererseits muß man den »Zustand« des Objekts so *definieren,* daß er alle kontingenten Eigenschaften des Objekts umfaßt, von denen die Änderung seiner in Betracht gezogenen kontingenten Eigenschaften abhängt. In Betracht gezogen hatte man zunächst nur seinen *Ort* x. Dessen Änderung aber hängt nicht von ihm selbst, dem Ort, allein ab, sondern von der *Geschwindigkeit* $\dot{x}$. Der Zustand ist also durch Ort *und* Geschwindigkeit zu charakterisieren. Das Gesetz besagt nun, daß dies ausreicht, weil keine Änderung der Geschwindigkeit stattfindet. Der Zustand, der dem Prinzip des Determinismus genügt, ist also die *Phase* in dem Sinn, in dem man dieses Wort gebraucht, wenn man die Gesamtheit der möglichen Orte und Geschwindigkeiten (bzw. Impulse) als *Phasenraum* bezeichnet. Führen wir die Masse m des Objekts ein (was im Fall seiner Trägheitsbewegung überflüssig, aber für die späteren Beispiele nötig ist) und definieren seinen Impuls p durch

$$p = m\dot{x}, \tag{3}$$

so ist die Phase ein Vektor mit den beiden Komponenten x und p und genügt dem Gleichungspaar

$$\begin{aligned}\dot{x} &= p/m \\ \dot{p} &= 0.\end{aligned} \tag{4}$$

Diese Gleichung läßt keine »Zeitumkehr« zu, d.h. der Vektor

$$\begin{aligned}x'(t) &= x(-t) \\ p'(t) &= p(-t)\end{aligned} \tag{5}$$

ist keine Lösung der Gleichungen (4), sondern der Gleichungen

$$\begin{aligned}\dot{x}'(t) &= -\dot{x}(-t) = -p(-t)/m = -p'(t)/m \\ \dot{p}' &= 0.\end{aligned} \tag{6}$$

Eine Lösung von (4) ist nur

$$x'(t) = x(-t),\ p'(t) = -p(-t). \tag{7}$$

Wenn man den Zustand vollständig, d.h. durch die Phase charakterisiert, so bleibt also unsere obige Behauptung richtig, daß naturgesetzlich feststeht, welcher Zustand früher und welcher später ist. Dies ist in dem anschaulich evidenten Satz enthalten: Das Auto fährt in derselben Richtung weiter.

Trotzdem hat es einen guten Sinn, daß man die Trägheitsbewegung reversibel nennt. Nur bedeutet das nicht, daß die Folge ihrer Phasen in umgekehrter Reihenfolge durchlaufen werden könnte, sondern die Folge ihrer *Orte* allein. Wir stoßen hier auf ein Phänomen, das uns erst im 9. Kapitel näher beschäftigen wird: die Auszeichnung des Ortsbegriffs vor anderen physikalischen Begriffen, anders gesagt, die Tatsache, daß alle physikalischen Objekte, was sonst auch ihre Eigenschaften sein mögen, nicht nur die Zeit, sondern auch den Raum gemeinsam haben. Zur Diskussion dieser Tatsache reicht unser jetziger Begriffsapparat nicht aus. Wir beschränken uns daher auf eine abstraktere Beschreibungsweise: Die Zustandsparameter zerfallen in zwei Klassen derart, daß die der einen Klasse genügen, um die Naturgesetze zu formulieren, wenn man in Kauf nimmt, daß die Gesetze dann nicht durch Differentialgleichungen erster, sondern zweiter Ordnung beschrieben werden. In unserem Fall ist die Reversibilität eine Eigenschaft der Gleichung (1), in der nur x als abhängige Variable vorkommt. In x allein gesprochen, zeichnen die Naturgesetze keine objektive Folge früherer und späterer Zustände aus; der Körper kann jede gerade Strecke im Einklang mit dem Trägheitsgesetz in jeder der beiden Richtungen durchlaufen. Eben darum aber genügt auch die Angabe des Orts allein nicht, um die Weiterentwicklung zu determinieren, sondern auch die Geschwindigkeit, die dem Ort gegenüber als »Entwicklungstendenz« bezeichnet werden kann, muß gegeben sein.* So kann man auch in komplizierteren Fällen generell die Zustandsparameter der zweiten Klasse als Ausdruck der Entwicklungstendenz der Parameter der ersten Klasse auffassen, wenn die Umkehr der zeitlichen Abfolge der Parameter erster Klasse durch eine Vorzeichenumkehr der Parameter zweiter Klasse erreicht wird

---

* Vgl. dazu die Diskussion des Geschwindigkeitsbegriffs bei G. Böhme.

und wenn mit jedem Wertesystem der Parameter erster Klasse stets Werte beiderlei Vorzeichens für die Parameter zweiter Klasse vereinbar sind.

Damit läßt sich unsere Definition der Reversibilität an eine in der Thermodynamik übliche, formal zunächst ganz abweichende Definition anknüpfen. Dort nennt man einen von einem Zustand P des Objekts zu einem Zustand Q desselben Objekts führenden Prozeß reversibel, wenn es einen Prozeß gibt, der von Q zu P zurückführt, ohne daß bei dem Kreisprozeß von P über Q zu P zurück eine permanente Änderung in nicht in die Zustandsdefinition eingehenden Eigenschaften des Objekts oder in der Umwelt eingetreten wäre. Hier liegt insofern zunächst eine andere Problemstellung vor, als man in der Thermodynamik im allgemeinen Prozesse betrachtet, die eine zeitliche Folge von Gleichgewichtszuständen darstellen, also von Zuständen, die sich von selbst überhaupt nicht ändern. Die Zustandsänderungen des Objekts werden durch Zustandsänderungen der Umwelt (Zu- oder Abfuhr von Wärme bzw. Arbeit) erzwungen. Im thermodynamischen Fall liegt also die Entwicklungstendenz nicht im kontingenten Zustand des Objekts, sondern in der (meist als willkürlich beeinflußbar vorgestellten) Umwelt. Ein weiterer Unterschied liegt darin, daß die angeführte Definition den Fall zuläßt, daß der Rückweg von Q nach P eine andere Folge von Zuständen des Objekts durchläuft als der Hinweg. Ist aber der von P nach Q führende Prozeß in jedem seiner Teilschritte reversibel, so kann er genau rückläufig geführt werden. Dann lassen sich unsere beiden Definitionen so identifizieren: Ein Vorgang ist reversibel, wenn es eine Klasse von Zustandsmerkmalen gibt, deren zeitliche Abfolge in einer oder der entgegengesetzten Richtung durchlaufen werden kann, je nachdem, welche Werte gewisse andere Größen (die sog. »Entwicklungstendenzen«) annehmen, ohne daß dabei eine permanente Änderung nicht mitberücksichtigter Merkmale des Objekts oder eine permanente Änderung der Umwelt zurückbleibt. Natürlich ist diese Definition nun so abstrakt gehalten, daß sie erst durch genaue Angabe darüber, was jeweils unter »Objekt«, »Umwelt«, »Zustand«, »Größe«, »Änderung« verstanden werden soll, einen präzisen Sinn gewinnen wird.

Irreversibilität als Problem

Eine hinreichende mathematische Bedingung der Reversibilität ist es, daß als Zustandsparameter der ersten Klasse gewisse reelle Größen q_k $(k = 1,2\ldots f)$ auftreten und ihre Veränderung durch das Extremalprinzip

$$\delta \int_{t_1}^{t_2} L(q_k, \dot{q}_k) \, dt = 0 \tag{8}$$

beherrscht wird. Das Extremalprinzip hat die Eulerschen Gleichungen

$$\frac{\partial L}{\partial q_k} - \frac{\partial}{\partial t} \frac{\partial L}{\partial \dot{q}_k} = 0, \tag{9}$$

welche gegen die Transformation

$$\begin{aligned} q_k'(t) &= q_k(-t) \\ \dot{q}_k'(t) &= -\dot{q}_k(-t) \end{aligned} \tag{10}$$

invariant sind.

Wir können uns nun unseren anderen beiden Beispielen zuwenden. Der freie Fall des Ziegelsteins dient als Beispiel einer *Bewegung unter einer äußeren Kraft*. Wir wissen aus der Mechanik, daß sie einem Gesetz der Form (8) respektive (9) genügt und somit reversibel ist. Die Umkehrbewegung ist die, daß der Stein vom Boden nach oben steigt und auf dem Dach die Geschwindigkeit Null erreicht, so daß er bei geeigneter Unterstützung dort liegen bleiben könnte. Hier tritt das scheinbare Paradox ein, daß wir eben das Nichtvorkommen dieser Umkehrbewegung oben als Beispiel der naturgesetzlichen Abfolge früherer und späterer Zustände angeführt haben. Offenbar bedeutet dieses Nichtvorkommen etwas anderes als die Irreversibilität im eben definierten Sinne des Worts Reversibilität. Der Ziegelstein fällt reversibel. Die auch bei reversiblen Bewegungen vorfindliche Art naturgesetzlicher Bestimmtheit der Zeitfolge findet sich bei ihm wie bei der Trägheitsbewegung; so wie das Auto in seiner Richtung weiterfährt, fällt der Ziegelstein weiter, wenn er einmal fällt, steigt aber (mit der alleinigen Ausnahme des höchsten Punkts der Wurfparabel) weiter, wenn er einmal steigt. Daß wir faktisch oft fallende, nicht aber steigende Ziegelsteine beobachten, ist also eine ganz andere Auszeichnung eines Früher und Später als die bisher betrachtete.

In der Sprache der Mechanik läßt sich der Grund leicht bezeichnen: Gewisse Anfangszustände kommen sehr viel häufiger vor als gewisse andere. Wenn ich weiß, daß soeben ein Ziegelstein unter einem Dachrand frei in der Luft ist, so kann ich mit überwiegender Plausibilität schließen, daß er von einem Dach fällt und nicht von einem Menschen oder Apparat in die Höhe geworfen ist, denn man pflegt Ziegelsteine auf Dächer zu legen und dort liegen zu lassen, man pflegt aber nicht Ziegelsteine von unten auf Dächer zu werfen (dort, wo gerade Dachdecker am Werk sind und einander die Steine von unten nach oben zuwerfen, weiß man das und schließt eben deshalb umgekehrt als in unserem Beispiel). Wer sich mit dem Verweis auf so bekannte Tatsachen des Lebens zufrieden gibt, wird hier kein Problem mehr sehen. Man kann aber fragen, warum das Leben gerade so verläuft, daß es gewisse Ablaufrichtungen reversibler Prozesse begünstigt. Um von den Komplikationen des menschlichen Lebens loszukommen, kann man z.B. das Abbrechen eines Eisbrockens von einem hoch über einer Felswand endenden Gletscher betrachten. Auch hier ist die reine Fallbewegung des Eisstücks vom vollzogenen Abbrechen bis zum Aufprall auf dem Boden reversibel. Das Hinunterfallen solcher Eisstücke kommt mit einer gewissen Regelmäßigkeit vor, das Aufsteigen vom Boden und Wiederanfügen an den Gletscher aber nie. Offenbar werden hier die Anfangsbedingungen durch Vorgänge geschaffen, die selbst irreversibel sind. Also wird man die Auszeichnung gewisser Anfangsbedingungen erst verstehen können, wenn man auch das Vorkommen irreversibler Vorgänge verstanden hat.

Das führt uns zum dritten Beispiel, dem Kaffeetopf, der sich auf dem Eßtisch abkühlt. Dieser Vorgang ist, wie die Thermodynamik lehrt, wirklich irreversibel. Die Wärmeleitungsgleichung, für eine Koordinate lautend

$$\dot{T} = \alpha \frac{\partial^2 T}{\partial x^2}, \qquad (11)$$

ist von erster Ordnung in der Zeit und legt daher den Wert und insbesondere das Vorzeichen von $\dot{T}$ fest. Die Entwicklungsten-

Irreversibilität als Problem

denz ist hier keine unabhängige Zustandsvariable, und andererseits lehrt der zweite Hauptsatz der Thermodynamik, daß der Temperaturausgleich auch durch keinen Prozeß, der Objekt und Umwelt im übrigen unverändert läßt, rückgängig gemacht werden kann. Es gibt also irreversible Vorgänge, und diese sind es, welche die Entwicklungstendenzen des Geschehens naturgesetzlich bestimmen und zwischen früheren und späteren Ereignissen auch nachträglich objektiv zu unterscheiden gestatten.

Aber nun tritt erst das Problem auf, das in der seit dem 19. Jahrhundert traditionell gewordenen Darstellungsweise der Physik als das Problem der Irreversibilität bezeichnet wird. Irreversible Vorgänge hat die Physik nur in der Thermodynamik gefunden. Die kinetische Theorie der Wärme lehrte uns die Wärme als eine verborgene Bewegung der Atome verstehen. Von dieser Bewegung darf man annehmen, daß sie wie jede Bewegung den Gesetzen der Mechanik genügt. Mechanische Bewegungen sind aber, wie wir gelernt haben, reversibel. Also müßten auch die Wärmevorgänge reversibel sein. Woher kommt das Faktum oder der Anschein ihrer Irreversibilität?

Die statistische Mechanik lehrt, daß die Umkehrung eines Vorgangs, den die phänomenologische Thermodynamik als irreversibel beschreibt, in der Tat vorkommen kann. Die erfolgreiche Beschreibung von Schwankungserscheinungen wie z. B. der Brownschen Bewegung bestätigt die Denkweise der statistischen Mechanik zur Genüge. Irreversible Vorgänge sind nach ihr also lediglich häufige oder wahrscheinliche, ihre Umkehrungen seltene oder unwahrscheinliche Vorgänge.

Warum kommen aber gewisse Vorgänge häufiger vor als ihre Umkehrungen? Die Antwort der statistischen Mechanik ist, daß die für sie erforderlichen atomaren Anfangszustände häufiger vorkommen als die für die Umkehrung erforderlichen. Warum kommen aber gewisse Anfangszustände häufiger vor als andere? Im zweiten Beispiel ist uns diese Frage schon einmal begegnet. Dort haben wir ohne genaue Diskussion auf echt irreversible Vorgänge verwiesen, die die erforderlichen Anfangszustände bevorzugt produzieren. Jetzt scheinen wir uns in einem logischen Zirkel zu verfangen, wenn wir die relative Häufigkeit der irreversiblen Vorgänge, verglichen mit ihren Umkehrungen, auf die Häufigkeit des Vorkommens gewisser Anfangszustände zurückführen. Warum geschieht nicht alles, was wir erleben, in umgekehrter Ereignisabfolge, wenn das, wie kaum zu bezweifeln, auch eine Lösung der Gleichungen der Atommechanik wäre?

Diese Schwierigkeit ist zwar in der Vergangenheit viel diskutiert worden; Boltzmann und Gibbs waren sich ihrer voll bewußt, und ein klassischer Artikel von P. und T. Ehrenfest ist ihr gewidmet. Eine befriedigende Antwort ist aber meines Wissens weder damals noch in den seitherigen Lehrbüchern (die das Problem eher totschweigen) gegeben worden. Boltzmann hat einen, wie ich meine, widerlegbaren Lösungsvorschlag gegeben, Gibbs hat sich auf eine zutreffende, aber schwerverständliche Bemerkung beschränkt, P. und T. Ehrenfest waren sich dessen bewußt, daß sie das Problem nicht gelöst hatten. Die meisten neueren Versuche (z. B. Reichenbach) nehmen in variierter Form Boltzmanns irrigen Lösungsversuch wieder auf. Im folgenden soll das Problem in drei aufeinanderfolgenden Stufen, nämlich als das Problem menschlicher Experimente, objektiver Dokumente und kosmischer Abläufe besprochen werden.

2. Ein Modell irreversibler Vorgänge

Alle Theorien irreversibler Vorgänge enthalten die folgenden Teile:

a. ein Modell der elementaren Vorgänge (z. B. freie Bewegung und Stoßvorgänge kugelförmiger Gasmoleküle),

b. ein System reversibler Grundgesetze, denen diese elementaren Vorgänge genügen sollen (z. B. die Gleichungen der klassischen Mechanik von Massenpunkten bzw. elastischen Kugeln),

c. einen Ansatz zur statistischen Behandlung der betrachteten Vorgänge,

d. die Herleitung der thermodynamischen Größen und ihrer Gesetzmäßigkeiten, also insbesondere ihrer irreversiblen Änderung aus diesem Ansatz.

Wir wollen aber diejenigen Komplikationen vermeiden, die

Ein Modell irreversibler Vorgänge

nicht mit unserem Grundproblem der Irreversibilität zu tun haben, insbesondere die mit der speziellen Gestalt der Bewegungsgesetze b. verknüpften Fragen; wir suchen daher ein möglichst vereinfachtes Modell a., das lediglich geeignet ist, den Übergang von reversiblen Grundgesetzen b. über den statistischen Ansatz c. zu irreversiblen thermodynamischen Gesetzen d. zu illustrieren und für die Diskussion durchsichtig zu machen. Hierfür wählen wir ein zuerst von P. und T. Ehrenfest besprochenes Spiel mit Kugeln, das wir als das *Entropiespiel* bezeichnen wollen.

In zwei Urnen A und B sollen sich je N Kugeln befinden; zur Veranschaulichung werden wir $N = 100$ annehmen. Zu Anfang des Spiels seien in A nur weiße, in B nur schwarze Kugeln. Ein »Zug« des Spiels besteht darin, blindlings aus jeder der beiden Urnen je eine Kugel zu greifen und sie in die andere Urne zu legen. Nach jedem Zug soll jede der beiden Urnen so durchgemischt werden, daß die Wahrscheinlichkeit, im nächsten Zug aus ihr eine bestimmte individuelle Kugel zu greifen, für alle N in ihr enthaltenen Kugeln gleich groß ist. Gefragt wird nach der Anzahl n_k weißer Kugeln in der Urne A nach dem k-ten Zug. Durch n_k sind alle anderen Anzahlen nach dem k-ten Zug festgelegt; die Anzahl schwarzer Kugeln in B ist ebenfalls n_k, und die Anzahl schwarzer Kugeln in A und weißer in B ist $N-n_k$.

Unser Modell setzt bereits die elementaren Gesetze b. statistisch an (gleiche Wahrscheinlichkeit des Gegriffenwerdens für jede Kugel). Damit ist es ungeeignet, das Problem zu diskutieren, ob aus deterministischen Grundgesetzen überhaupt statistische Gesetzmäßigkeiten hergeleitet werden können. Dieses Problem wird uns auch des weiteren nicht beschäftigen, da wir im 7. Kapitel zur Quantentheorie, also einer Theorie mit statistischen Grundgesetzen übergehen werden. Hier sei nur bemerkt, daß möglicherweise Schwierigkeiten auftreten könnten, wenn die Annahme *strenger* Gültigkeit der Häufigkeitsvorhersagen der Wahrscheinlichkeitstheorie mit deterministischen Grundgesetzen vereinbart werden sollte (Ergodenproblem etc.); doch möchte ich vermuten, daß der im 3. Kapitel erläuterte *Sinn* der Wahrscheinlichkeitsvorhersagen, vor allem ihre notwendige Anknüpfung an die in Behauptung B. liegende genäherte Geltung aller Vorhersagen, die Schwierigkeiten als gegenstandslos erweisen würde. Uns beschäftigt hier jedenfalls nicht die Vereinbarkeit deterministischer Grundgesetze mit einer statistischen, sondern die reversibler Grundgesetze mit einer irreversiblen Thermodynamik.

Das statistische Grundgesetz unseres Modells ist nun in der Tat reversibel. Liege ein Zustand P vor, charakterisiert durch die Angabe, welche individuellen Kugeln (man kann sie durch eingestanzte Nummern, etwa $w\,1$ bis $w\,100$ für die weißen, $s\,1$ bis $s\,100$ für die schwarzen Kugeln individuell charakterisiert denken) in A und welche in B sind. Durch den Austausch zweier bestimmter Kugeln, deren Nummern wir durch die Buchstaben α und β andeuten, gehe P in einen anderen Zustand Q über. Dann wird Q in P überführt, indem β und α ausgetauscht werden (wir nennen z. B. immer die aus A nach B geführte Kugel zuerst, die andere nachher). Die Wahrscheinlichkeit, im Zustand P in A die Kugel α und in B die Kugel β zu greifen, ist $P^{PQ}_{\alpha\beta} = 1/N^2$; die Wahrscheinlichkeit, im Zustand Q in A die Kugel β, in B die Kugel α zu greifen, ist ebenfalls $P^{QP}_{\beta\alpha} = 1/N^2$. Also ist

$$P^{PQ}_{\alpha\beta} = P^{QP}_{\beta\alpha}. \tag{1}$$

Dies *meinen* wir, wenn wir sagen, das Grundgesetz sei reversibel: Die Wahrscheinlichkeit jedes Übergangs zwischen zwei Zuständen ist gleich der Wahrscheinlichkeit des umgekehrten Übergangs. Dasselbe gilt auch, wenn Q von P aus nicht durch einen einzigen Austausch, sondern nur über mehrere Zwischenglieder zu erreichen ist; man hat dann gesondert die Wahrscheinlichkeit zu berechnen, daß der Übergang in irgendeiner festen Anzahl Δk von Zügen vollzogen wird. Es gibt auch zu jeder Folge von Zuständen $P_1 P_2 \ldots P_k \ldots P_K$ mit festem K eine mögliche Folge $P'_1 P'_2 \ldots P'_k \ldots P'_K$ mit $P'_{K-k} = P_k$, und die Folge der P' hat dieselbe Wahrscheinlichkeit des Auftretens, wenn $P'_1 (= P_K)$ vorgegeben ist, wie die Folge der P, wenn $P_1 (= P'_K)$ vorgegeben ist. Dies ist das Analogon zur Gleichung (4.1.2). Natürlich folgt nicht wie im deterministischen Fall, daß zwei Folgen P_k und P'_k, wenn sie einmal in der angegebenen spiegelbildlichen Relation stehen, dieselbe auch bei Fortset-

Ein Modell irreversibler Vorgänge

zung zu kleineren Indizes als 1 und größeren als K beibehalten müssen; Spiegelbildlichkeit ist kein Character indelebilis zweier Folgen.

Der statistische Ansatz c. beruht nun darauf, daß wir uns nicht für die durch Angabe der individuellen Verteilung der Kugeln charakterisierten Zustände interessieren, sondern nur dafür, wie viele Kugeln einer bestimmten Farbe in einer der Urnen sind, also nur für die Zahl n_k. Wir fassen also alle Zustände, die zur selben Zahl n_k gehören, zu einer Klasse zusammen. Wir werden die individuell charakterisierten Zustände auch *Mikrozustände*, die Klassen auch *Makrozustände* nennen. Die Anzahl der Mikrozustände, die zum Makrozustand n_k gehören, ist

$$W(n_k) = \left(\frac{N!}{(N-n_k)!n_k!}\right)^2. \qquad (2)$$

Nach der Stirlingschen Formel kann man für große n_k und N in bekannter Weise für den Logarithmus von W die Näherung ableiten:

$$H = \ln \frac{W}{(N!)^2} = -2\,[n_k \ln n_k + (N-n_k) \ln (N-n_k)]. \qquad (3)$$

Inhaltlich ist $-H$ in der Sprache der Informationstheorie die Information, die durch die Angabe, der Mikrozustand liege in der Klasse n_k, gewonnen wird, wenn vorher nichts über den Mikrozustand bekannt war. Wir nennen diese Angabe selbst n_k. Dann ist die Information von n_k der Logarithmus der Wahrscheinlichkeit, n_k zu finden, wenn n_k bekannt ist, dividiert durch die Wahrscheinlichkeit, n_k zu finden, wenn n_k unbekannt ist. Erstere Wahrscheinlichkeit ist 1, letztere ist $W/(N!)^2$. Man kann

$$w(n_k) = \frac{W(n_k)}{(N!)^2} \qquad (4)$$

auch die *thermodynamische Wahrscheinlichkeit* des Makrozustandes n_k nennen. Sie ist ein festes Merkmal von n_k und scharf zu unterscheiden von der Wahrscheinlichkeit, mit der in einer konkreten Situation, etwa bei bestimmten Vorkenntnissen, vorhergesagt werden kann, man werde zu einer bestimmten Zeit n_k vorfinden.

Wir studieren nun die zeitlichen Entwicklungsgesetze d. für den Makrozustand. Ist im k-ten Zug $n_k = n$ erreicht, so kann n_{k+1} nur einen der drei Werte $n + 1$, n und $n - 1$ annehmen. Die Wahrscheinlichkeiten berechnen sich aus der für alle Mikrozustände gleichen Wahrscheinlichkeit, daß eine bestimmte Kugel α aus A mit einer bestimmten Kugel β aus B vertauscht wird, die wir

$$P = \frac{1}{N^2} \tag{5}$$

nennen wollen, zu

$$w_+ = w(n_{k+1} = n + 1) = \frac{(N-n_k)^2}{N^2}$$
$$w_c = w(n_{k+1} = n) = \frac{2n_k(N-n_k)}{N^2} \tag{6}$$
$$w_- = w(n_{k+1} = n - 1) = \frac{n_k^2}{N^2}.$$

Also ist

$$\frac{w_+}{w_-} = \frac{(N-n_k)^2}{n_k^2}. \tag{7}$$

Somit ist w_+ größer als w_-, wenn $n < N/2$, und w_+ kleiner als w_-, wenn $n > N/2$. D. h. es ist wahrscheinlich, daß sich der Wert von n mit jedem Schritt an $N/2$ annähert. Da H und $w(n)$ bei $n = N/2$ ein Maximum haben, kann man das auch so ausdrükken: Die Entropie (die thermodynamische Wahrscheinlichkeit) wächst wahrscheinlich bei jedem Zug, solange sie nicht ihren maximalen möglichen Wert erreicht hat. Dies ist das auf unseren Fall zugeschnittene Boltzmannsche H-Theorem. Es zeigt die Irreversibilität des Entwicklungsgesetzes der Makrozustände.

Dieses Ergebnis ist zwar aus den gemachten Prämissen beweisbar, muß aber trotzdem paradox erscheinen. Die Grundgesetze sind reversibel, die Zusammenfassung der Mikrozustände zu Klassen zeichnet keine Zeitfolge aus, und trotzdem resultiert ein irreversibles Entwicklungsgesetz für

Ein Modell irreversibler Vorgänge 133

diese Klassen. Wo ist die Irreversibilität in den Beweisgang hineingeschmuggelt worden?

Man kann zunächt mit P. und T. Ehrenfest zeigen, daß die Klassenbildung in der Tat keine Entwicklungsrichtung auszeichnet. Wir betrachten zu diesem Zweck viele Abfolgen von Zuständen, die von einem beliebigen, selbst zufällig herausgegriffenen Mikrozustand ausgehen. Da fast alle Mikrozustände zu den Klassen gehören, deren n wenig von $N/2$ abweicht, wird man meist von einem n nahe dem »Gleichgewichtswert« $N/2$ ausgehen. Im allgemeinen wird also die Entropie gar nicht wachsen, sondern mit kleinen Schwankungen konstant bleiben. Wachsen kann sie nur, wenn sie einen vom Maximalwert abweichenden Wert angenommen hat. Diesen wird sie im allgemeinen nur dadurch haben, daß sie vorher vom Gleichgewichtswert her bis zu diesem nichtmaximalen Wert abgenommen hat. Quantitativ lassen sich diese Verhältnisse leicht aus den oben angegebenen Formeln herleiten. Die Wahrscheinlichkeit, mit der ein beliebig herausgegriffener Zustand der Folge zur Anzahl n gehört, ist

$$w(n) = \left(\frac{1}{(N-n)!n!}\right)^2. \tag{8}$$

Zur Vereinfachung der Sprechweise nehmen wir an, es sei $n < N/2$; für $n > N/2$ würde sich mutatis mutandis dasselbe ergeben. Dieser Zustand kann – wenn man eine Reihe direkt aufeinanderfolgender Zustände mit $n_k = n$ als einen, länger dauernden Zustand auffaßt – auf vier Weisen eintreten:

α. Vorher und nachher $n_k = n-1$ (Maximum von n),
β. Vorher $n_k = n-1$, nachher $n_k = n+1$ (Aufstieg),
γ. Vorher $n_k = n+1$, nachher $n_k = n-1$ (Abstieg),
δ. Vorher und nachher $n_k = n+1$ (Minimum von n).

Die Wahrscheinlichkeit, daß nachher $n_k = n+1$, ist nach (6) (wegen der Weglassung von w_0 ist die Normierung verändert)

$$w'_+ = \frac{(N-n)^2}{N^2 - 2n(N-n)}. \tag{9}$$

Die Wahrscheinlichkeit, daß vorher $n_k = n+1$ ist, ist, *weil* im Mittel ebensoviel Aufstiege wie Abstiege stattfinden, gleich

w'_+. Die Wahrscheinlichkeiten, daß vorher bzw. nachher $n_k = n - 1$, sind

$$w'_- = \frac{n^2}{N^2 - 2n(N-n)}. \tag{10}$$

Die Wahrscheinlichkeiten der vier aufgezählten Fälle ergeben sich hieraus als Produkte, wobei wir den Nenner durch N' abkürzen,

$$w_\alpha = w'_- w'_- = \frac{n^4}{N'^2} \quad w_\delta = w'_+ w'_+ = \frac{(N-n)^4}{N'^2} \tag{11}$$

$$w_\beta = w_\gamma = w'_- w'_+ = \frac{n^2(N-n)^2}{N'^2}.$$

Nun ist laut Voraussetzung $n < N/2$, also

$$N - n > n; \tag{12}$$

somit ist

$$w_\delta > w_\beta. \tag{13}$$

Sogar

$$\frac{w_\delta}{w_\beta + w_\gamma} = \frac{(N-n)^2}{2n^2} \tag{14}$$

ist >1, sowie

$$n < \frac{N}{1 + \sqrt{2}}. \tag{15}$$

In Worten: Ein Zustand mit $n < N/2$ ist mit der größten relativen Häufigkeit ein Minimum von n, also das Extremum einer Schwankung. Der Überschuß von w_+ über w_- in (6), auf dem unser Beweis des H-Theorems beruhte, ist also lediglich die Folge davon, daß $w_\delta > w_\alpha$ und daher $w_\beta + w_\delta > w_\gamma + w_\alpha$, d.h. daß ein Zustand mit $n < N/2$ häufiger ein Minimum als ein Maximum von n darstellt. D.h. es ist wahr, daß n_k *nach* einem solchen Zustand meist größer sein wird als n, aber ebenso wahr ist, daß n_k *vor* demselben Zustand ebenfalls meist größer gewesen ist als n.

Ein Modell irreversibler Vorgänge

Das H-Theorem beweist also überhaupt keine Asymmetrie des Geschehens in der Zeitrichtung, sondern im Gegenteil unter den bisher gemachten Voraussetzungen die volle Symmetrie. Der falsche Anschein der Irreversibilität kam nur dadurch zustande, daß wir, wie es gewöhnlich spontan getan wird, den Begriff der Wahrscheinlichkeit des Übergangs von n_k nach n_{k+1} auf einen Schritt von der Gegenwart in die Zukunft und nicht auf einen Schritt von der Gegenwart in die Vergangenheit bezogen haben. Das H-Theorem liefert nur dann die Irreversibilität, wenn der Schluß auf die *Zukunft* vermittels der Wahrscheinlichkeiten (6) *erlaubt*, der auf die *Vergangenheit* aber *verboten* wird. Eben dies deutet ein Satz von Gibbs an, den P. und T. Ehrenfest mit dem Bemerken zitieren, es sei ihnen nicht gelungen, ihn zu verstehen: »Nun haben wir aber sehr viel seltener Gelegenheit, den Begriff der Wahrscheinlichkeit auf die Vergangenheit als auf die Zukunft anzuwenden.« Der Grundgedanke des vorliegenden Buchs ist aus dem Versuch entwickelt, eben diesen Satz verständlich zu machen.

Wir betrachten zunächst die Anwendung auf die Zukunft. Im 3. Kapitel haben wir den Wahrscheinlichkeitsbegriff von vornherein so entwickelt, daß er Aussagen über die Zukunft betrifft. Dieser Anwendung steht in unserem Modell nichts im Wege. Wenn ich jetzt n weiße Kugeln in der Urne A vorfinde, so kann ich den weiteren Verlauf des Spiels nur mit Wahrscheinlichkeit prophezeien. Die naturgesetzliche Berechnung dieser Wahrscheinlichkeit kann sich nur auf die soeben vorgetragenen Ansätze und Rechnungen stützen. Ich werde also vorhersagen, daß n wahrscheinlich anwachsen wird. Wer Lust hat, den Versuch wirklich zu machen, wird, wenn er die Kugeln in den Urnen immer tüchtig durchmischt, bei hinreichend vielen Versuchen praktisch mit Sicherheit die Häufigkeitsvorhersagen dieses Paragraphen bestätigt finden.

Nun die Anwendung auf die Vergangenheit. Nach Kapitel 2.3 bezeichnen perfektische Aussagen Fakten. Für diese ist nur wichtig, ob wir sie wissen oder ob wir sie nicht wissen. Wir behandeln beide Fälle getrennt.

Wenn wir die Fakten über den bisherigen Spielverlauf genau wissen, nämlich alle n_k von Spielbeginn bis jetzt kennen, so besteht in der Tat nicht der geringste Anlaß, auf sie mit Hilfe von Wahrscheinlichkeiten zu schließen. In unserer jetzigen theoretischen Analyse betrachten wir nur zwei typische, extreme Fälle:

Fall 1: Unter den vergangenen n_k ist der »Gleichgewichtswert« N/2 schon einmal vorgekommen. (Das kann geschehen, indem, entgegen unserer oben gemachten speziellen Annahme, mit $n_1 = N/2$ begonnen wurde oder indem das Spiel schon so lange gedauert hat, daß das Gleichgewicht schon einmal erreicht war.) In diesem Fall *weiß* man, daß n_k von jenem Wert N/2 bis zum jetzigen Wert $n < N/2$ abgenommen hat, eventuell mit zwischenliegenden Schwankungen. Man *weiß* also, daß die Entropie auf diesem Wegstück im Mittel abgenommen hat. Dies kann ja gemäß der statistischen Theorie gelegentlich vorkommen, und wir wissen, daß es gerade in diesem Fall vorgekommen ist. Also »epignostizieren« (spiegelbildliche Wortprägung zu »prognostizieren«) wir mit Recht für die Vergangenheit höhere Entropie als für die Gegenwart. Kennen wir nicht alle n_k, sondern wissen nur, daß einmal $n_k = N/2$ war, so epignostizieren wir mit Recht mit Hilfe der Wahrscheinlichkeitsansätze (6).

Fall 2: Das Spiel hat mit $n_1 = 0$ begonnen und hat noch keine N/2 Züge gedauert. Dann ist jetzt $n < N/2$, weil es noch gar keine Gelegenheit gehabt hat, bis N/2 zu wachsen. Jetzt epignostizieren wir mit Recht für die Vergangenheit niedrigere Entropie als für die Gegenwart. Kennen wir die zwischen $n_1 = 0$ und dem jetzigen $n_k = n$ liegenden n_k-Werte nicht, so werden wir die ersten von ihnen aus $n = 0$ und (6), nun auf die relative Zukunft bezogen, »epi-prognostizieren« (nachträglich als damalige Zukunft vorhersagen); bei Annäherung an den jetzigen Stand ist ein komplizierterer, das Wissen $n_1 = 0$ und das Wissen n_k (jetzt) $= n$ benutzender Wahrscheinlichkeitsansatz nötig.

Wir sehen an diesen Beispielen: Dort wo wir wirkliches Wissen über vergangene Fakten haben, tritt dieses Wissen für die betreffenden Fakten vollständig an die Stelle von Wahrscheinlichkeitsaussagen, und es determiniert auch für die nicht bekannten, aber mit den bekannten Fakten kausal oder statistisch verbundenen Fakten die Art, wie auf sie Wahrscheinlichkeitsschlüsse anzuwenden sind. Wir haben also sicher nicht, wie in bezug auf die Zukunft, ein allgemeines Recht zum Schluß auf die Vergangenheit aus den im *H*-Theorem benutzten Wahrscheinlichkeiten.

Dies reicht aber noch nicht aus. Tatsächlich ist der zweite Hauptsatz der Thermodynamik *empirisch* gefunden worden. D.h. wir *wissen* heute, daß in der Vergangenheit überall, wo eine zuverlässige Nachprüfung durch Menschen stattgefunden hat, die Entropie eines abgeschlossenen Systems im statistischen Mittel mit der Zeit gewachsen oder allenfalls konstant geblieben ist. Die Epignose nach den im *H*-Theorem benutzten Wahrscheinlichkeiten ist also (bis auf Schwankungserscheinungen) immer falsch, die Epi-Prognose nach eben diesen Wahrscheinlichkeiten immer richtig. Um sorgfältig genug vorzugehen, werden wir auch dieses Wissen getrennt für zwei Fälle betrachten: erstens für die Fälle, die heute tatsächlich durch Erinnerung oder Dokumente bekannt sind, und zweitens für die Fälle, deren faktischer Verlauf uns nicht in dieser Weise dokumentiert ist, sondern nur erschlossen wird.

Die bekannten Fälle lehren, daß in der Vergangenheit (mit Ausnahme der Beobachtung »wahrscheinlicher« Schwankungen wie etwa der Brownschen Bewegung) praktisch nie Schwankungen, sondern immer Entropiewachstum beobachtet wurde, d.h. daß die uns bekannte Vergangenheit praktisch immer vom Typ des obigen Falls 2 und nicht des Falls 1 ist. Die wirklich beobachteten Ereignisabläufe pflegten mit einem Zustand zu beginnen, der nicht im thermodynamischen Gleichgewicht war. Das ist nicht überraschend für Experimente, die der Mensch selbst angestellt hat. Man pflegt in einem Experiment einen Ausgangszustand zu schaffen, der vom Gleichgewicht abweicht (z.B.: 100 Kugeln derselben Farbe in einer Urne), und zuzusehen, was dann geschieht; nur dann wird ja im allgemeinen überhaupt etwas geschehen, was uns interessiert. Aber auch die Fälle, die wir nicht selbst präpariert, wohl aber beobachtet haben, sind von dieser Art. Das ist nicht bloß eine Folge unserer Auswahl, etwa weil nur diese Fälle uns interessieren. Entropieabnahmen hat uns die Natur in physikalisch beurteilbaren Fällen nie präsentiert, unwahrscheinliche Anfangszustände mit der daraus folgenden Entropiezunahme aber unablässig; nur die Fälle konstanter Entropie (z.B. eingestellte Temperaturgleichgewichte) lassen wir oft als uninteressant außer der Beobachtung.

Von hier aus liegt nun der Übergang auf die nicht faktisch beobachteten Fälle nahe. Wie bei allen anderen empirisch gefundenen Naturgesetzen wenden wir auch den zweiten Hauptsatz der Thermodynamik unbedenklich auf die Fülle der nicht beobachteten Vorgänge der Vergangenheit an. Auch nicht beobachtete Temperaturdifferenzen gleichen sich mit der Zeit aus, *nachdem* die Ursache, die sie erzeugt hat, nicht mehr wirkt usf. Der zweite Hauptsatz ist geradezu *das* Hilfsmittel zur Anordnung vergangener Ereignisse in zeitlicher Folge. Er ist nicht nur eine Folge unserer Art des Beobachtens, sondern ein objektives Gesetz alles Naturgeschehens, soweit wir überhaupt wagen dürfen, Schlüsse aus Erfahrung zu ziehen.

Können wir uns diese Allgemeingültigkeit des Satzes aus einfacheren oder einleuchtenderen Prämissen verständlich machen? Eben dies verspricht seine Begründung durch die statistische Mechanik. Wir haben aber bisher nur gesehen, daß sie den Satz für alle Ereignisse, die jetzt noch zukünftig sind, begründen kann. Für Ereignisse, die jetzt vergangen sind, hat die Faktizität der Vergangenheit nur ausgereicht, den empirisch falschen Schluß aus dem *H*-Theorem, in der Vergangenheit habe die Entropie im Mittel ständig abgenommen, als auch theoretisch unbegründet nachzuweisen. Wir kommen aber zum vollen zweiten Hauptsatz, wenn wir die volle Struktur der Zeit ausnutzen, nämlich daß jedes vergangene Ereignis einmal Gegenwart war. Wenn *damals* der Schluß auf die Zukunft gemäß den Gesetzen der Wahrscheinlichkeitstheorie berechtigt war, so war es damals berechtigt, für die Ereignisse, die damals zukünftig waren, Entropiezunahme im Mittel zu prophezeien. Wäre diese Entropiezunahme nachher nicht auch im Mittel eingetreten, so wäre damit empirisch bewiesen worden, daß die Anwendung der Wahrscheinlichkeitstheorie auf die Zukunft unberechtigt war. D. h. die empirische Bewährung der auf die jeweilige Zukunft bezogenen Wahrscheinlichkeitsvorhersagen in der jetzt vergangenen Zeit begründet zugleich im Sinne der stets üblichen Verallgemeinerung empirischer Ergebnisse auf die nicht faktisch beobachteten Vorgänge die allgemeine Gültigkeit des zweiten Hauptsatzes in eben jener Zeit.

Wir dürfen dies so zusammenfassen: Die in Kapitel 2 dargestellte Struktur der Zeit ist notwendig und hinreichend zur Begründung des zweiten Hauptsatzes. Beides ist natürlich nur so gemeint, daß im übrigen die bekannten, hier benutzten, aber noch nicht voll analysierten Prämissen der Physik gelten, wie z. B. die Anwendbarkeit des Objektbegriffs und wohl auch die Reversibilität der Grundgesetze. Unsere Behauptung wird also durch unsere weiteren Überlegungen präzisiert werden. Jedenfalls heißt jetzt »notwendig«: Bei bloßer Verwendung des Zeitparameters ohne Berücksichtigung des Unterschieds der faktischen Vergangenheit von der möglichen Zukunft folgt das falsche Ergebnis, daß die Entropie in der Vergangenheit abgenommen hat. Und »hinreichend« heißt: Die Beschreibung der Vergangenheit als vergangener Zukunft reicht aus, um zu folgern, daß auch in der Vergangenheit die Entropie zugenommen hat.

Dieses Ergebnis ist aber durch eine *Konsistenzüberlegung* zu ergänzen. Wir müssen zeigen, daß, wenn der zweite Hauptsatz als allgemeines Naturgesetz gilt, die Zeit in der Tat die von uns geschilderte Struktur haben *kann*. Daß das nicht trivial ist, werden wir am Beispiel des Begriffs des Dokuments erläutern. Diese Konsistenzüberlegung mag auch zur Erläuterung des bisher Vorgetragenen beitragen. Gerade Physiker sind oft geneigt, die hier geschilderte Zeitstruktur als »bloß subjektiv« anzusehen. Dies führt sie dann oft dazu, nach einem »objektiven Grund« für die »Auszeichnung einer Zeitrichtung« zu suchen. Die Phänomene, die als derart objektiver Grund angegeben werden, sind im wesentlichen eben diejenigen, die wir in den nachfolgenden zwei Abschnitten als Bedingungen der Konsistenz unserer Überlegungen anführen werden. Erst wenn sie diskutiert sind, können wir daher über Möglichkeit und Wünschbarkeit dieser »objektiven Begründung« reden.

3. Dokumente

Das am Schluß der vorigen Paragraphen genannte Konsistenzproblem stellt sich wie folgt: Der zweite Hauptsatz läßt sich aus der Struktur der Zeit herleiten. Diese enthält u. a. die

Faktizität der Vergangenheit, die der Möglichkeit der Zukunft gegenübersteht. Der Fakten der Vergangenheit können wir in jedem Einzelfall nur deshalb gewiß sein, weil es gegenwärtige Dokumente dieser Fakten gibt. Es gibt aber keine gegenwärtigen Dokumente zukünftiger Geschehnisse. Ohne diese Asymmetrie des Dokumentbegriffs bezüglich der Zeitmodi würde unserer Beschreibung des Unterschieds der beiden nicht-gegenwärtigen Modi durch die Begriffe »faktisch« und »möglich« jede Möglichkeit der Verifizierung fehlen; ohne sie könnte der Begriff »Erfahrung« nicht den Sinn haben, von dem wir in Kapitel 2 ausgegangen sind. Nun scheint das Vorhandensein von Dokumenten für die Vergangenheit, aber nicht für die Zukunft eine physikalische Tatsache zu sein, für welche man einen Grund in den Gesetzen der Physik suchen wird. Es liegt nahe und ist, wie wir nachher zeigen wollen, bei geeigneter Interpretation auch richtig, diesen Grund gerade in der Gültigkeit des zweiten Hauptsatzes zu suchen. Hiermit scheint unsere Argumentation in einen Zirkel zu geraten: Wir begründen den zweiten Hauptsatz durch die Zeitstruktur und die Zeitstruktur durch den zweiten Hauptsatz. Wir werden versuchen nachzuweisen, daß dies kein fehlerhafter Zirkel, sondern lediglich der Nachweis der Konsistenz unserer Annahmen ist. Wir dürfen vielleicht ein freilich zu einfaches Beispiel aus der Logik heranziehen: Wenn zwei Aussagen A und B logisch äquivalent sind, so kann man B aus A folgern und A aus B. Diese Feststellung ist kein Circulus vitiosus. Ein solcher läge nur vor, wenn A behauptet, daraus B abgeleitet, aus B wieder A abgeleitet und dann behauptet würde, nun habe man die Wahrheit von A bewiesen; bewiesen ist nur, daß A und B nur zugleich wahr oder falsch sein können. Im vorliegenden Fall sind freilich die Zeitstruktur und der zweite Hauptsatz nicht logisch äquivalent. Eine solche Äquivalenz könnten wir schon deshalb nicht behaupten, weil wir die Zeitstruktur nicht in einer logisch präzisierten Aussage formuliert haben; dies würde in der Tat sehr schwer sein, wenn unsere Vermutung zuträfe, daß die Zeitstruktur selbst Vorbedingung der Logik ist. In der Tat hoffen wir einsichtig zu machen, daß die Zeitstruktur nicht aus dem zweiten Hauptsatz hergeleitet werden kann; er ist eine notwendige,

aber keine hinreichende Bedingung der Zeitstruktur, so wie wir sie beschreiben.
Wir gehen nun den soeben umrissenen Gedankengang Schritt für Schritt durch.
Zunächst: Ist es wahr, daß es Dokumente der Vergangenheit, nicht aber der Zukunft gibt? Oder aber: Was meinen wir mit einem solchen Satz? Im 18. Jahrhundert hat man als Beispiel für einen kausalen Schluß gelegentlich folgendes Beispiel zitiert. Ein Südseereisender kommt auf eine nicht von Menschen bewohnte Insel und findet im Sand am Strand die Figur des pythagoreischen Lehrsatzes eingezeichnet. Er wird zuverlässig schließen, daß vor kurzer Zeit, sagen wir längstens einem Monat, Menschen (ja vermutlich Europäer) auf dieser Insel gewesen sind. Ich frage nun: Kann er aus dieser Figur irgend etwas von der Art schließen, daß in ebenso naher Zukunft Menschen (gar Europäer) auf der Insel sein werden? Offenbar nicht. Ursache und Wirkung sind unvertauschbar. Die Anwesenheit geometrisch gebildeter Menschen kann Ursache einer Figur im Sand werden, die Figur im Sand aber ist nicht Ursache der Anwesenheit geometrisch gebildeter Menschen.
Es ist nützlich, hier einen möglichen Einwand zu besprechen. Die Figur im Sand könnte doch auch Ursache der Anwesenheit geometrisch gebildeter Menschen werden. Z. B. wird der Forschungsreisende, der die Figur entdeckt, mutmaßen, daß die Zeichner der Figur wiederkommen könnten, und könnte, um sie zu treffen, länger als geplant auf der Insel verweilen. Trotzdem wird man sagen, daß die Figur im Sand ein Dokument der vergangenen Anwesenheit von Menschen ist, aber kein Dokument der zukünftigen Anwesenheit. Unter Dokumenten verstehen wir nur Wirkungen dessen, wofür sie Dokumente sind. Diese Asymmetrie der Bezeichnung hängt mit einer Verschiedenheit der Struktur zusammen.
Man nimmt diesen Unterschied schon in der Zuverlässigkeit der auf die Vergangenheit und auf die Zukunft gezogenen Schlüsse wahr. Wenn die Figur im Sand Anlaß des längeren Verharrens eines Forschungsreisenden ist, dessen erste Landung ohne Verursachung durch die (ihm ja damals noch unbekannte) Figur geschehen ist, so wird man diesen Kausal-

zusammenhang sehr lose finden; wer weiß, daß auf der Insel diese Figur ist, wird nur mit sehr geringer Wahrscheinlichkeit prognostizieren, daß nachher Menschen auf ihr sein werden. Umgekehrt aber schließt er mit an Sicherheit grenzender Wahrscheinlichkeit, daß in der nahen Vergangenheit hier Menschen waren, etwa in der Form: »Das müßte doch mit dem Teufel zugehen, wenn hier keine Menschen waren.« Der Teufel steht hier offenbar nur für die Möglichkeit, daß die uns bekannten Gesetzmäßigkeiten der Natur auf unübersehbare Weise durchbrochen wären oder ergänzt werden müßten. Schließen wir diese stets zuzulassende Möglichkeit des irrigen Schlusses aus der Diskussion aus, wie man es stets tut, wenn man die Konsequenzen (und nicht die möglichen Mängel) einer Theorie prüft*, so können wir sagen: Dokumente sind häufig geeignet, uns *Gewißheit* über ein vergangenes Faktum zu geben.

Diese Gewißheit aus Dokumenten ist zunächst scharf zu unterscheiden von der Gewißheit, die uns reversible Naturgesetze geben. Die letztere läßt genau gleichartige Schlüsse auf die Vergangenheit und auf die Zukunft zu. Aus den heutigen Gestirnpositionen und -geschwindigkeiten kann man mit derselben Genauigkeit eine Sonnenfinsternis berechnen, die vor 2500 Jahren (Zeit des Thales) stattgefunden haben muß wie eine, die in 2500 Jahren wird stattfinden müssen. In beiden Fällen hängt die Zuverlässigkeit des Schlusses an dreierlei: 1. der Genauigkeit, mit der wir die heutigen Daten kennen, 2. der Genauigkeit, mit der die von uns angenommenen Naturgesetze gelten, 3. der Genauigkeit, mit der man das System der beteiligten Gestirne als ein abgeschlossenes System behandeln, d.h. von äußeren, nicht in der Rechnung berücksichtigten Störungen absehen kann. Nehmen wir die Bedingungen 1. und 2. als voll erfüllt an, so bleibt doch immer die Ungewißheit aus 3. Ein dunkler Weltkörper könnte in 2400 Jahren die Bahn des Sonnensystems kreuzen und durch seine Gravitationswirkung den Mond um ein paar Bogenminuten aus seiner Bahn lenken; dann würde die Sonnenfinsternis nicht zur berechneten Zeit eintreten. Ob das geschehen wird, kön-

---

* Vgl. Fußnote S. 85.

nen wir heute nicht wissen. Ob dasselbe vor 2400 Jahren geschehen ist, wissen wir aus unseren heutigen astronomischen Daten ebensowenig. Aber wenn wir einen Bericht der Geschichtsschreiber haben, daß Thales die Sonnenfinsternis des Jahres 585 vorausgesagt habe und diese Sonnenfinsternis mit unseren Berechnungen übereinstimmt, so wissen wir auf einmal recht zuverlässig, daß seit 585 v. Chr. keine Störung der Mondbahn von der betreffenden Größe stattgefunden hat. So große Gewißheit geben uns Dokumente.

Der Unterschied zwischen der Gewißheit aus Dokumenten und der Gewißheit aus Naturgesetzen ist auch nicht auf reversible Naturgesetze beschränkt. Wende ich ein irreversibles Gesetz, etwa das der Wärmeleitung, auf ein abgeschlossenes System an, so habe ich jedenfalls eine vergleichbare Zuverlässigkeit der Schlüsse auf die nahe Vergangenheit und die nähere Zukunft. Solange die Kaffeekanne ungestört auf dem Eßtisch gestanden hat, muß sie sich abgekühlt haben; solange sie weiter ungestört dort stehen wird, wird sie sich weiter abkühlen. Nur bringt hier gerade der irreversible Charakter des Vorgangs zeitliche Grenzen der sinnvollen Epi- bzw. Prognose mit sich. Wenn der Kaffee Zimmertemperatur angenommen hat, wird, bei fortdauernder Ungestörtheit, nichts Neues mehr geschehen; die detailliertere Prognose hängt dann nur noch von den zuvor vernachlässigten Umwelteinflüssen ab. Andererseits läßt sich die Annahme ungestörten Dastehens der Kanne nicht unbegrenzt in die Vergangenheit extrapolieren. Denn zu jeder Zeit muß der ungestörte Kaffee heißer gewesen sein als zur nachfolgenden Zeit, und man kann den Zeitpunkt angeben, vor dem er über dem Siedepunkt, also gar kein flüssiger Kaffee gewesen sein müßte, wenn er schon damals und immer seitdem ungestört gestanden hätte. D. h. die dastehende Kaffeekanne erweist sich eben wegen der Irreversibilität des Vorgangs wiederum als ein Dokument, aus dem man mit Sicherheit schließen kann, daß frühestens vor einer angebbaren Zeit (z. B. einer Viertelstunde) die Kanne erst mit dem heißen Kaffee an diesen Ort gekommen (oder allenfalls einer wärmeisolierenden Hülle beraubt worden) sein kann.

Schließlich sei bemerkt, daß ein Ding oder Zustand keineswegs von Menschen gemacht worden sein muß, damit es oder er ein Dokument sein kann. Ein Ichthyosaurusknochen in der schwäbischen Alb ist ein Dokument dafür, daß hier (wie wir heute abschätzen können, vor rund 100 Millionen Jahren) ein Ichthyosaurus gelebt hat, aber gewiß nicht dafür, daß nach ähnlich langer Zeit hier ein Ichthyosaurus leben wird. Der Bleigehalt eines Uranminerals beweist dokumentarisch, daß dieses Mineral z.B. $2 \cdot 10^9$ Jahre chemisch unaufgelöst im Boden gelegen hat, aber gewiß nicht, daß es noch so lange da liegen wird. Das Licht eines neuen Sterns im Andromedanebel beweist uns, daß dort vor $2 \cdot 10^6$ Jahren ein Stern aufgeleuchtet ist, aber natürlich nicht, daß er in $2 \cdot 10^6$ Jahren aufleuchten wird. Es handelt sich also beim Phänomen des Dokuments um einen objektiv physikalisch aufweisbaren Tatbestand, der völlig unabhängig von dem Faktum des menschlichen Gedächtnisses besteht; auf letzteres wollen wir erst später eingehen (vgl. S. 148).

Damit kommen wir zur zweiten Frage: Welche physikalischen Gesetzmäßigkeiten liegen der Tatsache zugrunde, daß es Dokumente der Vergangenheit, aber nicht der Zukunft gibt? Wir werden sofort vermuten, daß reversible Gesetze dergleichen nicht zuwege bringen können. Das lenkt unsere Vermutung auf den zweiten Hauptsatz. Wir wollen aber langsamer vorgehen und zunächst das Phänomen selbst in etwas abstrakterer Sprache analysieren.

Wir können das bisherige Ergebnis so aussprechen: Ein Dokument, wie etwa die pythagoreische Figur im Sand der Südseeinsel, bietet uns viel Information über die Vergangenheit und wenig Information über die Zukunft. Der Begriff des Dokuments kann also mit dem Begriff der *Information* verknüpft werden. Verbal läßt sich der Informationsbegriff so einführen: Die in einer Aussage (einem Ereignis) A liegende Information ist die in geeigneter Weise gemessene Erhöhung der Wahrscheinlichkeit, mit der gewisse Aussagen B, C... gemacht werden können, wenn man A weiß, verglichen mit dem Fall, daß man A nicht weiß. Beschränken wir uns auf eine einzige Aussage B und führen wir als das üblich gewordene Maß der Information den Logarithmus zur Basis 2 des Verhältnisses der beiden Wahrscheinlichkeiten ein, so wäre die Information von A bezüglich B

$$H_A(B) = \log_2 \frac{w_A(B)}{w(B)}. \tag{1}$$

Hier ist $w(B)$ die vorweg geltende Wahrscheinlichkeit von B, $w_A(B)$ die bedingte Wahrscheinlichkeit für B unter der Voraussetzung A; man könnte $w(B)$ auch als die bedingte Wahrscheinlichkeit $w_{A \cup A}(B)$ schreiben. Will man den vollen Informationsgehalt von A angeben, so muß man über alle möglichen Aussagen B summieren:

$$H_A = \sum_B H_A(B). \tag{2}$$

Für alle diejenigen B, die von A unabhängig sind, ist $w_A(B) = w(B)$, also der Logarithmus Null, so daß sie in der Summe keine Rolle spielen. Uns interessiert nun aber gerade die relative Information $H_A(B)$, nämlich das, was ein Dokument A bezüglich eines vergangenen Ereignisses B oder eines zukünftigen Ereignisses C zu schließen gestattet. Unser bisheriger Befund besagt

$$H_A(B) \gg H_A(C) \quad \begin{array}{l}(A \text{ gegenwärtig})\\(B \text{ vergangen})\\(C \text{ zukünftig})\end{array} \tag{3}$$

Um nun diesen Befund mit dem zweiten Hauptsatz vergleichen zu können, nehmen wir einmal an, B, A und C seien formal mögliche Makrozustände desselben Objekts, das in der ganzen betrachteten Zeitspanne von der Umwelt isoliert bleibt. Für die unbedingten Wahrscheinlichkeiten $w(B)$ und $w(C)$, und ebenso auch $w(A)$, wird man dann, eben weil sie als die Wahrscheinlichkeiten ohne jede weitere Information gemeint sind, die thermodynamischen Wahrscheinlichkeiten gemäß (4.2.4) ansetzen. Wir geben damit also vergangenen und gegenwärtigen Ereignissen ebenso eine Wahrscheinlichkeit wie zukünftigen. Dies ist in dem in 3.1 erläuterten Sinne gemeint; es ist die Wahrscheinlichkeit, bei weiterer Nachforschung das betreffende Ereignis als faktisch geschehen zu erkennen.

Man sieht zunächst, daß

$$w(A) < 1, \tag{4}$$

und zwar, wenn A ein gutes Dokument sein soll, sehr klein gegen Eins sein muß. Wäre nämlich $w(A) = 1$, so müßten die bedingten Wahrscheinlichkeiten $w_A(B)$ und $w_A(C)$ gleich den unbedingten sein; das Eintreten eines vorweg gewissen Ereignisses vermehrt unsere Kenntnis nicht. Nun ist die Frage, wie die bedingten Wahrscheinlichkeiten unter der Voraussetzung (4) zu berechnen sind. Wenn man spezielle kausale Zusammenhänge zwischen B und A bzw. A und C kennt, so wird man daraus Folgerungen ziehen können. Das sind dann naturgesetzliche Implikationen der üblichen Art, die im Durchschnitt der Fälle ebensoviel über das vergangene wie über das zukünftige Ereignis lehren werden. Sie sind nicht Gegenstand unserer jetzigen Theorie; Schlüsse aus Dokumenten haben wir ja gerade von Schlüssen aus (speziellen) Naturgesetzen unterschieden. Wir nehmen also an, es seien keine besonderen naturgesetzlichen Zusammenhänge zwischen A, B und C bekannt. Bekannt sei aber das eine allgemeine Naturgesetz, von dem wir soeben handeln, der zweite Hauptsatz. Dieser besagt, daß die thermodynamische Wahrscheinlichkeit des Zustands, solange kein Gleichgewicht erreicht ist, im statistischen Mittel ständig zunimmt. Für die Fälle, die uns interessieren, kann man von Schwankungserscheinungen absehen. Also dürfen wir sagen, die thermodynamische Wahrscheinlichkeit des Zustands nehme von B über A bis C ständig zu; der Fall des Gleichgewichts kann wegen (4) erst später als A eintreten. Wenn wir also A wissen, so muß B einer der Zustände mit

$$w(B) < w(A) \qquad (5)$$

sein. Ohne spezielle kausale Kenntnis können wir nur schließen, daß B irgendeiner der Zustände ist, welche die Bedingung (5) erfüllen. Diese sind aber nur ein Teil aller formal möglichen Zustände, und da die Summe der thermodynamischen Wahrscheinlichkeiten, erstreckt über *alle* formal möglichen Zustände, gleich Eins ist, ist für die jetzt noch zulässigen B sicher

$$\sum_B w(B) \ll 1, \qquad (6)$$

und zwar im allgemeinen sehr klein gegen Eins. Hingegen muß

für alle zulässigen B die Summe ihrer durch A bedingten Wahrscheinlichkeiten natürlich Eins sein; eines von ihnen muß ja geschehen sein:

$$\sum_B w_A(B) = 1. \qquad (7)$$

Also wird auch

$$\sum_B H_A(B) > 1 \qquad (8)$$

sein; A enthält viel Information über B. Für das zukünftige Ereignis C folgt aus

$$w(A) < w(C) \qquad (9)$$

eine sehr viel schwächere Bedingung, weil nach dem Gesetz der großen Zahl die Streuung der Verteilung sehr gering, d.h.

$$1 - \sum_C w(C) \ll 1 \qquad (10)$$

sein wird. Es folgt

$$\sum_C H_A(C) \approx 0. \qquad (11)$$

M.a.W.: Liegt der Zustand A merkbar außerhalb des Gleichgewichts, so liegen fast alle formal möglichen Mikrozustände in Makrozuständen, die dem Gleichgewicht näher sind als A. Deshalb ist die Aussage, B sei dem Gleichgewicht ferner als A, sehr informationshaltig, die Aussage, C liege dem Gleichgewicht näher als A, fast nichtssagend.

Hiermit haben wir aus dem zweiten Hauptsatz hergeleitet, daß man aus Dokumenten nur auf die Vergangenheit schließen kann. Freilich haben wir einschränkende Bedingungen gemacht, die im allgemeinen nicht erfüllt sind: isoliertes System, Fehlen jedes speziellen kausalen Wissens. Aber die Abweichungen von diesen Bedingungen zeichnen im Durchschnitt keinen Zeitmodus aus. Äußere Einflüsse auf das System können die Rückschlüsse aus Dokumenten ungewisser, die Kenntnis spezieller kausaler Zusammenhänge kann sie präziser machen.

Aber dadurch wird die Richtigkeit unseres Ergebnisses im Mittel über alle Fälle nicht berührt. Genaueres läßt sich dann nur noch sagen, wenn die Art der äußeren Einflüsse und der Kausalketten angegeben wird. Es mag genügen, wenn wir darauf hinweisen, daß in allen vorhin besprochenen Beispielen eine gewisse Störungslosigkeit garantiert und eine gewisse kausale Kenntnis vorhanden war, daß aber der Schluß auf die Vergangenheit auf angebbaren irreversiblen Vorgängen beruhte. Die Figur im Sand, die auf der Tischdecke feststehende Kaffeekanne, der versteinerte Knochen, das bleihaltige Uranmineral sind lauter relativ unveränderliche Gegenstände, die nur durch irreversible Prozesse entstehen konnten; als Gegenbeispiel vergleiche man den Versuch, die pythagoreische Figur in eine elastische Oberfläche, etwa einen Gummibelag oder ins Meerwasser einzuzeichnen. Das von der Nova im Andromedanebel ausstrahlende Licht ist zwar kein festgewordener Gegenstand, aber statt dessen ein Prozeß mit noch ständig zunehmender Entropie; die Umkehrung wäre eine konzentrische, in den Stern einlaufende Kugelwelle, und »dergleichen kommt nicht vor«.

Wenn man glaubt, daß dem menschlichen Denken eine materielle Struktur entspricht, die den Gesetzen der Physik genügt, so ordnet sich unserer Betrachtung nun auch die Tatsache mühelos ein, daß wir ein *Gedächtnis* für die Vergangenheit, nicht aber für die Zukunft haben. Ein *Speicher* im kybernetischen Sinne ist ein Reservoir für Dokumente, und wenn diese materiell sein sollen, müssen sie Information über die Vergangenheit, aber nicht über die Zukunft enthalten. Dabei ist die Voraussetzung der Materialität oder der Geltung aller physikalischen Gesetze für die dem Denken zugeordnete oder zugeschriebene Struktur keineswegs notwendig; es müssen nur diejenigen Voraussetzungen gemacht werden, die zur Herleitung des zweiten Hauptsatzes ausreichen. Dazu ist nur notwendig, daß im Denken überhaupt zeitüberbrückende Alternativen bestehen, die eine sinnvolle Einteilung der formal-möglichen Zustände in Klassen gemäß der Unterscheidung von Mikro- und Makrozuständen zulassen.

Hiermit ist der erforderte Konsistenzbeweis geführt. Die Zeitstruktur hat den zweiten Hauptsatz zur Folge, und dieser hat die Auszeichnung der Vergangenheit durch die Existenz von Dokumenten zur Folge. Es sollte aber leicht sein zu sehen, daß der zweite Hauptsatz, wenn man in ihm nur die Parameterzeit einführt, nicht die volle Zeitstruktur zur Folge hat. Aus ihm folgt überhaupt nicht die Auszeichnung jeweils eines Zeitpunktes als Gegenwart, auch nicht das Gewesensein der Vergangenheit und das Nochnichtsein der Zukunft. Ebensowenig enthält er irgendeinen Unterschied zwischen Faktizität und Möglichkeit; die thermodynamische Wahrscheinlichkeit ist in der Parameterzeit lediglich ein Maß der Mächtigkeit gewisser Klassen von Mikrozuständen. Den Sinn von Wahrscheinlichkeit, den wir im 3. Kapitel besprochen haben, trägt erst unser vorgängiges Verständnis der Zeitstruktur in die Theorie hinein; er gehört nicht zum mathematischen Formalismus, sondern zur Semantik.

4. *Kosmologie und Relativitätstheorie*

Physiker, die die von uns an die Spitze gestellte Zeitstruktur für »nur subjektiv« halten (was immer die Wörtchen »nur« und »subjektiv« dabei heißen mögen), sehen im allgemeinen zwei Auswege oder Einwände gegen die hier gegebene Analyse. Einerseits halten sie für möglich, die Irreversibilität des Geschehens auf kosmologische Annahmen zurückzuführen; andererseits meinen sie, die Relativitätstheorie habe die Unterscheidung zwischen Raum und Zeit aufgehoben und damit Theorien wie den hier vorgetragenen den Boden entzogen. Wir müssen einerseits zeigen, daß diese Auswege nicht bestehen und diese Einwände falsch sind, und andererseits wenigstens die Grundzüge einer mit der Zeitstruktur vereinbaren Sprechweise über Kosmologie und Raum-Zeit-Kontinuum angeben.

Wir betrachten zwei typische Versuche, die Irreversibilität kosmologisch zu begründen. Der erste stammt von Boltzmann, der zweite ist unter heutigen Physikern verbreitet. Den ersten können wir die *Schwankungshypothese*, den zweiten die *Anfangshypothese* nennen. Ich möchte annehmen, daß keine anderen Versuche einer solchen Begründung gefunden werden können, die nicht mit einer geeigneten Kombination der Argumente erörtert werden könnten, die wir zu diesen beiden Hypothesen vorbringen müssen.

Die *Schwankungshypothese*, von Boltzmann im Schlußkapitel seiner *Vorlesungen über Gastheorie* eingeführt, besagt: Die Welt ist unendlich in Raum und Zeit, und im Mittel über hinreichend große Räume und Zeiten ist sie überall und immer im thermodynamischen Gleichgewicht. Zum Gleichgewicht gehören Schwankungen, und ab und zu geschehen sehr große Schwankungen. Durch Lichtjahrmilliarden und Äonen voneinander getrennt, finden da und dort, ab und zu, Schwankungen statt, die räumlich und zeitlich so ausgedehnt sind, daß sie als das Auftreten einer ganzen Welt bezeichnet werden müssen. Die Welt, in der wir leben, ist eine solche Schwankung. Obwohl eine so riesige Schwankung äußerst unwahrscheinlich ist, kommt sie doch in der unendlichen Weite von Raum und Zeit praktisch mit Sicherheit einmal (strenggenommen sogar unendlich oft) vor. Daß wir gerade in ihr leben, ist aber keineswegs unwahrscheinlich, denn hier ist nach der bedingten Wahrscheinlichkeit dafür gefragt, daß ein Mensch, wenn er überhaupt lebt, in einer solchen Welt lebt. Diese bedingte Wahrscheinlichkeit ist groß, denn nur eine solche Welt bietet ihm die Bedingungen, unter denen er leben kann. Man könnte noch einwenden, damit sei der zweite Hauptsatz noch nicht wirklich erklärt, denn die Entropieschwankung werde doch zweifellos einen Extremwert (Entropieminimum) haben, und von diesem nehme die Entropie nach beiden Zeitrichtungen hin zu; somit sei immerhin die Wahrscheinlichkeit ebenso groß, daß wir in der Phase abnehmender, wie die, daß wir in der Phase zunehmender Entropie lebten, und die Richtigkeit der üblichen Verwendung des *H*-Theorems sei somit bestenfalls ein Zufall. Hiergegen wendet der Anhänger der Schwankungshypothese ein, es gebe gar keine objektiv ausgezeichnete Zeitrichtung, vielmehr würden die Menschen die Zeit in jedem der beiden Zweige »in der Richtung zunehmender Entropie messen« (so Boltzmann).

Die *Anfangshypothese* fügt sich demgegenüber in die der heutigen Astronomie näher liegende Ansicht ein, die Welt sei ein einmaliger Ablauf, der zu einer ungefähr angebbaren Zeit einen Anfang gehabt habe. Diese Annahme gestattet, die Überlegungen des vorigen Paragraphen von menschlichen Experimenten auf das Weltganze zu übertragen. Ein menschliches Experiment pflegt mit einem speziell gewählten Zustand des Objekts zu beginnen, der, schon weil er speziell gewählt ist, im allgemeinen Merkmale trägt, die eine kleinere Entropie als die des Gleichgewichts implizieren; damit ist dann, wie oben erörtert, klar, daß seine Entropie *nach* diesem Anfangszustand wahrscheinlich anwachsen wird. Genauso impliziert jedes kosmologische Modell, das die Welt als einen einmaligen Ablauf mit einem Anfang in der Zeit darstellt, die Angabe bestimmter Merkmale des Anfangszustandes. Diese Merkmale bringen schon dadurch, daß sie bestimmt sind (z. B. homogene Verteilung von reinem Wasserstoff o. ä.), einen vom Gleichgewicht abweichenden Entropiewert mit sich. Daraus folgt bereits, daß vom Anfangszustand an die Entropie der Welt (oder, wenn man diesen Begriff vermeiden will, die Entropie jedes hinreichend isolierten endlichen Teils der Welt) bis zur Erreichung des Gleichgewichts zunehmen wird. Nun kann man wie Boltzmann weiter schließen, die Menschen in der Welt würden die Zeit »in Richtung wachsender Entropie messen«. Damit vermeidet man dann auch den Vorwurf einer Petitio principii, man habe willkürlich den einfachen Zustand an den zeitlichen Anfang der Welt gestellt, statt die ebensogut mögliche Annahme zu wählen, er stehe am zeitlichen Ende, womit Entropiewachstum und Zeitrichtung scheinbar gegenläufig würden. Definiert man die Zeitrichtung als Richtung wachsender Entropie, so kann man nun das gewählte Weltmodell auch in ein spekulatives größeres Modell einbauen, das z. B. zeitliche Periodizität oder Spiegelsymmetrie besitzt; damit würden sich dann die beiden Hypothesen, die wir besprechen, einander annähern.

Wir wollen nun zeigen, daß die Schwankungshypothese mit großer Wahrscheinlichkeit nachweislich falsch ist und daß die Anfangshypothese nicht über die Konsistenzbetrachtung des vorigen Paragraphen hinausführt.

Wir präzisieren das *Beweisziel* der Schwankungshypothese. Sie geht von der Annahme aus, die für Boltzmanns statistische Erklärung des zweiten Hauptsatzes in der Tat fundamental ist, daß die Maßzahl, die er die »thermodynamische Wahrscheinlichkeit« eines Makrozustandes nennt, benutzt werden darf, um die Wahrscheinlichkeit des Eintretens dieses Makrozustands abzuschätzen. Nun ist der Zustand der Welt, in dem wir uns vorfinden, thermodynamisch äußerst unwahrscheinlich; also ist es, laut gemachter Annahme, äußerst unwahrscheinlich, daß er eingetreten ist. Wenn einmal etwas so Unwahrscheinliches geschehen ist, und dieses Unwahrscheinliche sogar das Grundfaktum unseres ganzen Daseins ist, so fragt Boltzmann sich *mit vollem Recht*, ob er dann seiner Annahme überhaupt jemals trauen kann. Er muß also zeigen, daß die Abschätzung der Wahrscheinlichkeit des heutigen Weltzustands aus einer thermodynamischen Wahrscheinlichkeit ein anderes Problem darstellt als die entsprechende Abschätzung für einzelne physikalische Systeme in der Welt. Dies hofft er durch die Bemerkung zu zeigen, daß bei einzelnen physikalischen Systemen die Existenz des beobachtenden Menschen schon vorausgesetzt werden darf, bei der Welt im ganzen aber nicht. Man kann nicht sinnvoll fragen: »Wie wahrscheinlich würde ein Mensch die Welt so vorfinden, wie wir sie vorfinden«, ohne zu fragen, unter welchen Bedingungen ein Mensch überhaupt existieren kann. Wenn zu diesen Bedingungen die Welt, die wir vorfinden, gehört, so ist die *bedingte* Wahrscheinlichkeit, daß eine Welt wie die unsere existiert, *wenn* ein Mensch da ist, der nach ihrer Wahrscheinlichkeit fragen kann, gleich Eins.

Nun ist aber nach Boltzmanns eigenen Prämissen gar nicht einzusehen, warum eine ganze Welt wie die unsere die Bedingung des Daseins eines Menschen sein soll. Der strenge Gegenbeweis ist nur deshalb nicht zu führen, weil weder für noch gegen Boltzmanns Annahme streng argumentiert werden kann ohne kausale Kenntnisse über Physiologie, die wir in dieser Gestalt natürlich nicht besitzen. Wir beschränken uns auf das einzige, was auch Boltzmann benützt, nämlich die Abschätzung thermodynamischer Wahrscheinlichkeiten. Wir können nun leicht zwei denkbare Zustände im hypothetischen unendlichen Universum Boltzmanns angeben, die sicher wesentlich höhere Entropie haben als die uns bekannte Welt in ihrem, von Boltzmann postulierten, Schwankungsminimum.

Die erste ist ein Mensch, der ganz allein ohne Umwelt durch Schwankung entstanden ist, umgeben von einer ungefähr im Gleichgewicht befindlichen Umwelt, deren Dimension wir so wählen, daß sie dieselbe Zahl formal möglicher Mikrozustände hat wie der Teil unserer Welt, den wir kennen.* Natürlich ist es für unser Bewußtsein absurd anzunehmen, ein Mensch entstünde von selbst durch eine Schwankung. Aber es ist nach Boltzmanns eigener Ausgangsannahme sehr viel wahrscheinlicher, als daß eine ganze Welt wie die unsere von selbst durch Schwankung entsteht. Läßt Boltzmann diese seine Annahme fallen, so verschwindet sein Problem, aber freilich scheinbar auch seine ganze statistische Deutung des zweiten Hauptsatzes; hält er sie fest, so zeigt unser Einwand, daß er sein Problem nicht gelöst hat. Ein zweites Beispiel ist unsere heutige Welt, die wir kennen, verbunden mit der Annahme, das Entropieminimum sei genau jetzt, oder allenfalls kurz vor der Kindheit des ältesten heute lebenden Menschen. Gerade nach dem zweiten Hauptsatz hat der uns bekannte Teil der Welt jetzt sicher eine höhere Entropie als vor 1000 Jahren. Nach Boltzmanns eigener Annahme müßte es also sehr viel wahrscheinlicher sein, daß die heutige Welt direkt durch eine Schwankung entstanden wäre, als daß zu ihrer Vorgeschichte der Zustand gehörte, den wir Physiker als ihren Zustand vor 1000 Jahren annehmen. Freilich enthält die heutige Welt viele Dokumente der Vorgänge vor 1000 Jahren. Aber (vgl. Abschn. 3) diese Dokumente sind nur Dokumente vergangener Ereignisse, wenn wir den zweiten Hauptsatz für die Vergangenheit schon voraussetzen dürfen. Nach Boltzmanns Annahme muß man folgern, daß eine Welt, die zahllose »Dokumente« nicht stattgehabter Ereignisse enthält, viel wahrscheinlicher durch eine Schwankung entsteht als eine Welt, in der zuerst alle diese Ereignisse stattfinden und so die Dokumente produzieren.

Wie bemerkt, fehlt diesen Argumenten dadurch die volle Stringenz, daß sie von den Kausalverknüpfungen spezieller Ereignisse mit speziellen anderen Ereignissen absehen. Sie sind aber nicht genötigt, davon in höherem Maß abzusehen, als dies *jede* statistische Begründung des Entropiewachstums tut.

---

* Dieses Beispiel stammt von Landau.

Wenn es z. B. mechanisch überhaupt möglich ist, daß der Wind die Figur im Sand auslöscht, so ist es bei reversiblen Gesetzen der Mechanik *sicher* auch möglich, daß er sie in eine vorher glatte Sandfläche einzeichnet; es müssen ja nur alle atomaren Bewegungen in Wind und Sand exakt umgekehrt werden. Wenn es also möglich ist, daß sich ein isolierter Mensch in einer im thermodynamischen Gleichgewicht befindlichen Umwelt mit der Zeit durch Tod, Verwesung und Zerstreuung der Reste auflöst, so ist es bei reversiblen Grundgesetzen *eben deshalb* auch möglich, daß er durch den umgekehrten Prozeß entsteht. Analoges gilt für das zweite Gegenbeispiel. Die Absurdität unserer Gegenbeispiele wird dadurch nicht geringer; sie enthüllt nur die Absurdität der Boltzmannschen Meinung, eine Welt wie die unsere könne durch Schwankung entstehen. Diese Absurdität wird vermieden und trotzdem die statistische Deutung des zweiten Hauptsatzes gerettet, wenn man, wie wir es tun, Boltzmanns Annahme über den Zusammenhang zwischen »thermodynamischer Wahrscheinlichkeit« und Wahrscheinlichkeit im üblichen Sinne, auf die jeweilige Zukunft beschränkt.

Diese Einschränkung scheint nun durch die *Anfangshypothese* geliefert zu werden. Aus ihr folgt ja, so scheint es, das Entropiewachstum in der Zeitrichtung, die vom Anfang zum Gleichgewichtszustand führt. Damit folgt aus ihr wie in Abschnitt 3, daß ein heutiger Zustand eines Objekts, der vom Maximalwert der Entropie abweicht, starke Rückschlüsse auf die Vergangenheit, aber nur schwache Rückschlüsse auf die Zukunft zuläßt. Damit folgt, daß die jeweilige Vergangenheit als faktisch angesehen werden darf, die Zukunft aber nicht, und dies scheint doch die von uns benutzte Zeitstruktur zu sein. Wie schon am Ende von Abschnitt 3 bemerkt, enthält dies freilich nicht die Auszeichnung eines Zeitpunkts als Gegenwart; das »Strömen« der Zeit ist eine Komponente der Zeitstruktur, die jedenfalls unerklärt bleibt. In diesem Sinne bleibt die Anfangshypothese wohl doch nur eine Verschärfung unserer Konsistenzüberlegung durch Spezialisierung der kosmologischen Annahmen. Aber außerdem steckt auch in den soeben ohne Kritik referierten Elementen der Anfangshypothese eine Verwendung der Zeitstruktur. Es ist wichtig, diese zu erkennen, weil sie mit klassischen ungelösten Problemen der statistischen Mechanik zusammenhängt.

Nach der klassischen statistischen Mechanik ist der eigentliche Zustand eines Objekts der Mikrozustand. Der Makrozustand ist eine Klasse von Mikrozuständen; seine Angabe ist also eine unvollständige Charakterisierung des eigentlichen Zustands. Was man tatsächlich vom Objekt weiß, ist im allgemeinen nicht einmal der Makrozustand im bisher betrachteten Sinne, sondern die Gibbssche *kanonische Gesamtheit*, der das Objekt angehört. Man kann ja nur Zustände genau beobachten, die in hinreichender Näherung im Gleichgewicht sind. In eben dieser Näherung haben sie eine definierte Temperatur, also keine definierten Werte anderer Größen wie z. B. der Energie. Für die kanonischen Gesamtheiten lassen sich dann die Sätze der phänomenologischen Thermodynamik, insbesondere der zweite Hauptsatz, begründen; dabei ist das Entropiewachstum ein wahrscheinlicher, aber kein gewisser Vorgang. So darf man legitimerweise reden, wenn man den in diesem Buch geschilderten Weg nimmt. Nach der Anfangshypothese aber soll diese Verwendung des Begriffs der Wahrscheinlichkeit aus den Grundlagen der Theorie eliminiert und erst sekundär, als Näherung, gerechtfertigt werden. Wir haben also zu fragen, wie sich die Vorgänge darstellen, wenn man den Begriff der Wahrscheinlichkeit zunächst ganz vermeidet.

Tut man das aber, d.h. redet man nur von der kausalen Entwicklung des Mikrozustandes, so verliert man alle die Begriffe aus der Theorie, mit deren Hilfe man die »Auszeichnung einer Zeitrichtung« herleiten wollte. Die reversible Mechanik der Atome zeichnet eben wirklich keine Zeitrichtung aus. Denkt man sich den Anfangszustand der Welt eindeutig als einen bestimmten Mikrozustand charakterisiert, so folgt draus nur eindeutig ein Mikrozustand für jeden späteren Zeitpunkt, also keinerlei Abnahme der Information mit der Zeit. Dieselbe Folge von Mikrozuständen könnte nach den Gesetzen der Mechanik auch in umgekehrter Folge durchlaufen werden (Poincarés Umkehreinwand). Sie ist ferner möglicherweise eine periodische oder fast periodische Funktion der Zeit (Poincarés Wiederkehreinwand), und es ist schwer oder unmöglich zu beweisen, daß das Zeitmittel einer physikalischen Größe über einen solchen Ablauf gleich dem in der statistischen Mechanik angenommenen Mittelwert (dem »Scharmittel«) ist (Ergodenproblem). Alle diese halb oder gar nicht gelösten Probleme der statistischen Mechanik treten gar nicht auf, wenn man den Wahrscheinlichkeitsbegriff so einführt, wie wir es getan haben. Dann ist der einzig empirisch prüfbare Sinn der statistischen Behauptungen einer, der nur an einer großen Anzahl gleichartiger Systeme studiert werden kann, d. h. die einzigen Mittelwerte, die überhaupt betrachtet werden, sind Scharmittel, und Umkehr- und Wiederkehreinwand erledigen sich wie in Abschnitt 2 vorgeführt. Dafür nimmt man in Kauf, daß die Wahrscheinlichkeitsaussagen selbst nur mit Wahrscheinlichkeit empirisch geprüft werden können (s. 3. Kapitel). Die drei Probleme bestehen nur für eine Theorie, die den Ehrgeiz hat, die gute empirische Bewährung der Wahrscheinlichkeitsrechnung noch durch atommechanische Überlegungen zu begründen. Unser jetziger Einwand gegen diesen Ehrgeiz ist, daß dies schon daran scheitert, daß eine streng atommechanische (klassische) Theorie den Wahrscheinlichkeitsbegriff gar nicht enthält, also auch seine Bewährung nicht begründen kann. Selbstverständlich kann man zu jedem Mikrozustand angeben, welchem Makrozustand er angehört. Aber mikromechanisch folgt nun einmal nicht, daß auf einen Mikrozustand ein anderer folgen *muß*, der einem Makrozustand mit größerer Entropie angehört. Es folgt ebensowenig, daß dies *in der Mehrzahl der Fälle* geschieht, solange nicht gesagt ist, wie die »Anzahl der Fälle« gemessen werden soll. Dies kann nur durch eine Annahme über die Aprioriwahrscheinlichkeit des einzelnen Falls geschehen; und diese Aprioriwahrscheinlichkeit hat nur dann den empirisch erforderten Sinn, wenn sie als eine Wahrscheinlichkeit des Eintretens eines Ereignisses verstanden wird, d. h. wenn der Wahrscheinlichkeitsbegriff schon verfügbar ist.

Das einzige, was die Anfangshypothese unter diesen Umständen versuchen könnte zu leisten, wäre, begreiflich zu machen, daß Menschen, wenn ihr Körper aus Atomen besteht, »die Zeit nur in Richtung wachsender Entropie messen« können. Man könnte etwa sagen: Physiologische Vorgänge können nur ablaufen, wenn ihre Richtung thermodynamisch determiniert ist. Schwankungen finden zwar statt, aber wenn sie zu groß sind, töten sie eben den Menschen, in dessen Körper sie geschehen. Lebende Menschen haben Engramme im Gehirn, die nach dem zweiten Hauptsatz Dokumente der Vergangenheit, aber nicht der Zukunft sind. So garantiert der zweite Hauptsatz das menschliche Zeitverständnis, und er selbst ist durch den Anfangszustand der Welt garantiert. Aber (abgesehen davon, daß, wie mehrfach betont, damit die Auszeichnung der jeweiligen Gegenwart nicht erklärt ist) hierin steckt der Zirkel, daß der Anfangszustand der Welt den zweiten Hauptsatz eben nur für solche Physiker garantiert, die den Entropiebegriff schon zur Verfügung haben und den Anfangszustand als Makrozustand oder als Gibbssche kanonische Gesamtheit beschreiben. Ist der Anfangszustand mikrophysikalisch bestimmt, so folgt streng nichts über die Entropie der späteren Zustände, und das Wachstum der Entropie folgt nur »mit Wahrscheinlichkeit«. Dies ist kein Circulus vitiosus, wenn wir die Anfangshypothese bloß als Bestätigung unseres Ansatzes im Sinne einer Konsistenzüberlegung verstehen; soll sie die Auszeichnung einer Zeitrichtung *begründen,* so ist es ein Circulus vitiosus.

Es ist also keine erkennbare Aussicht, die Zeitstruktur kosmologisch zu begründen, sondern nur die Möglichkeit, kosmologische Hypothesen vereinbar mit der Zeitstruktur aufzustellen.

Nun scheint ein Einwand aus der Relativitätstheorie nahezuliegen. Sind nicht, seit Minkowskis berühmter Rede[*], »Raum für sich und Zeit für sich völlig zu Schatten« herabgesunken, so daß »nur noch eine Art Union der beiden« Selbständigkeit bewahrt hat? Man sieht an diesem Satz die Nachteile rhetorischer Begabung bei Wissenschaftlern. Wie Minkowski genau wußte, ist der Unterschied zwischen der Zeitartigkeit und der Raumartigkeit des Abstands zweier Ereignisse lorentz-invariant. Es hat einen relativistisch invarianten Sinn, von zwei Ereignissen, die am selben materiellen Objekt stattfinden, zu sagen, welches das frühere und welches das spätere ist. Damit

---

H. Minkowski, Vortrag 1908, abgedruckt in: H. Lorentz, A. Einstein, H. Minkowski, *Das Relativitätsprinzip*, 1958.

ist der zweite Hauptsatz, wie längst bekannt, mit der speziellen Relativitätstheorie vereinbar. Ebenso ist mit ihr vereinbar die Auszeichnung eines Zeitpunkts als jeweilige Gegenwart und damit unsere ganze bisherige Argumentation.

Man könnte den Einwand jedoch subtiler fassen. Was vielen Physikern an der Zeitstruktur vor allem »nur subjektiv« erscheint, ist gerade die Auszeichnung eines Zeitpunkts als jeweilige Gegenwart. Sie könnten nun sagen: Wäre diese Auszeichnung objektiv, so müßte für die ganze Welt definiert sein, welcher Zeitpunkt jeweils »jetzt« ist. Das aber widerspricht der Einsteinschen Erkenntnis, daß die Gleichzeitigkeit räumlich voneinander entfernter Ereignisse nur relativ zum jeweiligen Bezugssystem definiert ist; es würde ein Bezugssystem objektiv auszeichnen. Aber auch hierauf ist die Antwort einfach: Nichts in unserer Analyse der Zeitstruktur nötigt uns, den Begriff der Gegenwart über große Räume, gar über die ganze Welt auszudehnen. Schon der Sprachgebrauch weist darauf hin. Wenn man etwa von einer gegenwärtigen Person redet, so meint man jemanden, der *jetzt hier* ist. Daß für nacheinander geschehende Ereignisse der Begriff »hier« (Gleichortigkeit) vom Bezugssystem abhängt, ist längst klar; Einstein hat erkannt, daß auch für nebeneinander geschehende Ereignisse der Begriff »jetzt« (Gleichzeitigkeit) vom Bezugssystem abhängt. Der Begriff der relativistischen Kausalität, der in der heutigen Quantenfeldtheorie eine so große Rolle spielt, formuliert gerade gewisse notwendige Bedingungen der Lorentzinvarianz der Zeitstruktur. Man bezeichnet hierbei als die Zukunft zu einem Ereignis A die Ereignisse, auf die von A aus noch eine Wirkung ausgehen kann, als die Vergangenheit zu A die Ereignisse, die auf A wirken können. In diesem Begriff der Wirkung ist der Unterschied des Faktischen und des Möglichen stillschweigend vorausgesetzt, genauso, wie wir in Abschnitt 1 die zeitliche Ordnung zweier Ereignisse auf den Unterschied von Ursache und Wirkung zurückgeführt haben. Die Vergangenheit zu A sind die Ereignisse, die, wenn A Gegenwart ist, als Fakten bekannt sein können, die Zukunft zu A sind die, auf die, wenn A Gegenwart ist, noch ein Einfluß ausgeübt werden kann.

Einsteins Entdeckung bedeutet freilich in der Tat eine *Erwei-*

terung der Zeitstruktur, die phänomenologisch kaum vorhersehbar war. Zu den drei Arten von Ereignissen oder Aussagen, die wir in Kapitel 2 unterschieden haben, den präsentischen, perfektischen und futurischen, fügt er in den Ereignissen mit raumartigem Abstand eine vierte Gruppe. Diese hätte man in der vorrelativistischen Denkweise unbedenklich unter die gegenwärtigen Ereignisse, die sie aussagenden Aussagen unter die präsentischen Aussagen subsumiert. Nach der Relativitätstheorie sind solche Aussagen aber nicht präsentisch, denn ihr Inhalt ist jetzt nicht phänomenal aufweisbar; sie sind nicht perfektisch, denn ihr Inhalt ist nicht als Faktum gegeben, und sie sind nicht futurisch im vollen Sinn, denn ihre Möglichkeit bedeutet nur die Ungewißheit, aber nicht die Beeinflußbarkeit. Eine volle Logik zeitlicher Aussagen muß von vornherein so angelegt sein, daß sie für diese vierte Aussagenklasse Raum läßt; dieses Thema verfolgen wir hier jedoch nicht. (Hierzu P. Mittelstaedt 1979)

Daß es möglich ist, im Minkowskischen Raum-Zeit-Kontinuum wie in einem vierdimensionalen Raum zu operieren, liegt daran, daß nach der speziellen Relativitätstheorie für Ereignisse aller vier Ereignisklassen, einerlei, was sonst über sie bekannt oder unbekannt sein mag, eines feststeht: die formal möglichen Werte ihrer räumlichen und zeitlichen Koordinaten, bezogen auf beliebige Lorentz-Systeme. Das Raum-Zeit-Kontinuum als die Gesamtheit der formal möglichen Orte und Zeiten bildet, mit Einstein zu reden, eine fertige Mietskaserne, in welche die Ereignisse einziehen. *Daß* am Ort x, y, z zur Zeit t etwas geschehen ist, geschieht oder geschehen wird (für die vierte Klasse hat unsere Sprache keinen eigenen Ausdruck), das steht vorweg fest; nur *was* da geschehen ist, geschieht oder geschehen wird, ist kontingent. Daß wir so etwas a priori (vor aller einzelnen Erfahrung) wissen können, ist keineswegs selbstverständlich. In *Zeit und Wissen* 4.4 bemerken wir, daß aus unserem Wissen über Vergangenes und Gegenwärtiges nicht einmal logisch folgt, daß es überhaupt eine Zukunft geben muß; eben dies aber setzt alle Physik voraus. Ebenso hat die vorrelativistische Physik allen Ereignissen vorweg als Gesamtheit ihrer möglichen Orte den Newtonschen Raum angewiesen. Die spezielle Relativitätstheorie (die nicht ohne Humeschen Einfluß entstanden ist) hat die Naivität dieser Vorwegnahme der zeitlichen und räumlichen Einordnung aller denkbaren Ereignisse ein erstes Mal in ihre Schranken gewiesen, indem sie die alte apriorische Raum- und Zeit-Metrik durch eine neue ersetzt.

Die allgemeine Relativitätstheorie geht noch weiter. Sie zeigt, daß sogar die formal-möglichen Meßwerte von mit Maßstäben und Uhren gemessenen Orten und Zeiten nicht a priori feststehen, sondern von der kontingenten Materialverteilung abhängen. A priori gibt sie nur noch die Topologie im kleinen und die allgemeinen Gesetze der Metrik (Riemannsche Geometrie) vor. Die Kontingenz des metrischen Fundamentaltensors hat auch eine Kontingenz der Topologie im großen zur Folge, und damit entstehen kosmologische Möglichkeiten, die früher nicht bekannt waren. Es scheint mir, daß auch die allgemeine Relativitätstheorie nur ein Schritt auf dem Wege einer fortschreitenden Analyse der formal-möglichen Raum- und Zeit-Struktur ist und daß es insbesondere heute noch zu früh zu einer adäquaten Beurteilung ihrer kosmologischen Modelle ist. Da aber diese Modelle verschiedentlich mit der Zeitstruktur in Zusammenhang gebracht worden sind, seien abschließend ein paar Worte über sie gesagt.

In diesen Modellen wird meist von irreversiblen Vorgängen abgesehen. Dadurch entstehen in manchen von ihnen Strukturen, die mit der hier geschilderten Zeitstruktur kaum vereinbar scheinen. Z. B. kann es streng periodische pulsierende Weltmodelle geben, die die Vermutung wecken könnten, das Geschehen in der Welt könne überhaupt streng periodisch, der zweite Hauptsatz also z. B. nur auf eine Phase der Pulsation beschränkt sein. Noch eigenartiger ist, daß in manchen Modellen, z. B. dem von Gödel, zeitartige Weltlinien existieren, die eine schnelle Bewegung eines Körpers relativ zum Weltsubstrat bedeuten und die sich zeitlich schließen. Ein Astronaut, der längs einer solchen Weltlinie von der Erde abflöge, könnte in einem kontinuierlichen Flug zum räumlichen *und* zeitlichen Ausgangspunkt zurückkehren und so dieselbe Weltlinie unendlich oft durchlaufen. Für uns wäre er einer, der aus dem Weltraum gekommen ist und in ihn wieder abfliegt; für sich wäre er einer, der künftig der sein wird, der er schon gewesen ist. Gödel hat aus diesem, mathematisch in seinem Modell herleitbaren Resultat auf die »Idealität« (= Unwirklichkeit) der Zeit geschlossen.

Man kann aber wohl mit gutem Gewissen behaupten, daß alle diese Resultate lediglich die Folge unzulässiger Vernachlässigungen sind. Man kann ohne Rechnung qualitativ einsehen, was sich in den Ergebnissen ändert, wenn man die Irreversibilität der Vorgänge in der Welt nicht mehr vernachlässigt. Ein periodisch pulsierendes Weltmodell kann formal analog einer pulsierenden Gaskugel behandelt werden. Die Gesamtenergie einer solchen Kugel ist (bei Vernachlässigung der Ausstrahlung in den Außenraum, die ja beim Weltmodell wegfällt) konstant. Ihre Summanden kinetische Energie, potentielle Energie der Gravitation, Gas- und Strahlungsdruck ändern sich periodisch. Führt man nun irreversible Vorgänge, also Reibung ein, so ist der Vorgang nicht mehr periodisch und strebt schließlich einem Gleichgewicht zu. Genau dies wird mit einer pulsierenden Welt geschehen; es ist kein Wunder, daß man ohne Reibung ein mit der Annahme der Existenz eines irreversiblen Verlaufs unverträgliches Resultat erhielt, denn was man nicht hineinsteckt, kann nicht herauskommen. Genauso ist es im Gödelschen Modell. Wenn der Astronaut auf seinem Flug lebt oder wenn auch nur eine Uhr mitfliegt, die den Ablauf der Zeit in Dokumenten (Lochkarten, Abreißkalender) registriert, so geschieht auf dem Flug etwas Irreversibles. Dann kann der zweite Flug nicht mit dem ersten identisch sein, der dritte nicht mit dem zweiten usw. Fliegt der Astronaut z. B. eine Million Male und gibt es dann auf, so müssen für uns eine Million Astronauten nahezu gleichzeitig aus dem Kosmos ankommen und wieder abfliegen. Hiermit ist zunächst für den Astronauten selbst die Realität der Zeitfolge gesichert. Für uns bleiben jedoch noch Paradoxien. Z. B. müßte es unmöglich sein, einen der »mittleren« Astronauten zu erschießen, weil damit alle »späteren« Astronauten rückwirkend zum Verschwinden gebracht würden; die Faktizität der Vergangenheit wäre sonst verletzt. Ich möchte die Vermutung äußern, daß eine exakte Analyse der mit einem solchen Flug verbundenen irreversiblen Prozesse die Unmöglichkeit des ganzen Vorgangs erweisen würde.

Nach einem Satz von Hawking und Ellis (1973) müssen sich in jedem Weltmodell ohne kosmologisches Zusatzglied und mit überall positiver Energiedichte zu einer im Endlichen liegenden Zeit die Weltlinien schneiden, sofern sie sich nicht in der Zeit zyklisch schließen. Die natürliche Deutung dieses Ergebnisses von unserem Standpunkt aus ist, daß sie sich in der Vergangenheit geschnitten haben, d. h. daß die Welt einen zeitlichen Anfang hat; vermutlich ist nur dieser Fall mit dem zweiten Hauptsatz verträglich. Offensichtlich sind die Aufgaben, die einer Vereinigung kosmologischer und thermodynamischer Fragestellungen entspringen, noch weit von der Lösung entfernt.

Fünftes Kapitel
Information und Evolution

1. Der systematische Ort des Kapitels

Definiert man Physik als eine von mehreren Naturwissenschaften, so gehört dieses Kapitel nicht zum Aufbau der Physik. Information ist ein Reflexionsbegriff, der sich auf alle Wissenschaften bezieht; Evolution ist ein Grundphänomen des organischen Lebens, scheint also begrifflich der Biologie zuzugehören. Unser Buch baut aber die theoretische Physik als Zentraltheorie aller Naturwissenschaften auf, etwa auf demselben Niveau der Allgemeinheit wie der Informationsbegriff. Wir verwenden diesen Begriff de facto im Aufbau sowohl der statistischen Thermodynamik wie der Quantentheorie. Eine Reflexion auf den Sinn des Informationsbegriffs gehört daher jedenfalls zur Deutung der so aufgebauten Physik. Ferner beansprucht unser Aufbau, die Physik eben auch als Fundamentaltheorie für die Biologie zu rechtfertigen. Deshalb bietet das Verhältnis von Information und Evolution eine der wichtigsten Proben auf die Durchführbarkeit dieses Anspruchs.

Im Sinne des »kurzen Durchgangs« (Kapitel 1.4) gehört das jetzige Kapitel nicht in den konstruktiven Aufbau, wohl aber in die Deutung der Physik. Es knüpft an die Kapitel 3 und 4 über Wahrscheinlichkeit und Entropie an und bereitet das Begriffsmaterial für die Deutung der Natur als Informationsstrom im Kapitel 12 vor.

Der Titel dieses Kapitels steht gleichsam über Kreuz zu dem des vorangegangenen. Irreversibilität und Evolution sind zwei Grundphänomene der Natur. Entropie und Information sind zwei Begriffe, mit deren Hilfe wir diese Phänomene quantitativ zu beschreiben und schließlich zu erklären versuchen. Im vorigen Kapitel begannen wir mit dem Phänomen der Irreversibilität und führten den Begriff der Entropie zu seiner Beschreibung und Erklärung ein. Dabei war historisch Entropie zunächst ein beschreibender Grundbegriff der phänomenologischen Thermodynamik; durch seine wahrscheinlichkeitstheoretische Deutung wurde er zum Mittel einer Erklärung der Irreversibilität. Phänomenologisch wird Irreversibilität als Wachstum der Entropie beschrieben; statistisch erweist sich dieses Wachstum als das überwiegend wahrscheinliche Phänomen. Soweit ist hier nur die klassische Theorie des späten 19. und frühen 20. Jahrhunderts referiert. Neu in unserer Darstellung ist bloß die Aufklärung des Sinnes des damals naiv richtig verwendeten Begriffs der Wahrscheinlichkeit als Ausdruck der Offenheit der Zukunft oder, wie wir sagen können, als »futurische Modalität«.

Im jetzigen Kapitel beginnen wir umgekehrt mit der Einführung des wesentlichen Begriffs: der Information. Er ist um die Mitte unseres Jahrhunderts auf der Grundlage der Wahrscheinlichkeitstheorie geschaffen worden (Shannon 1949). Wir deuten ihn nun wieder als zeitlichen Begriff. Danach gehen wir zum Grundphänomen der Evolution über. Wir beschreiben die Evolution als Informationswachstum und zeigen wiederum, daß dieses Wachstum das überwiegend wahrscheinliche Phänomen ist. Im Unterschied zur statistischen Erklärung des zweiten Hauptsatzes kann diese statistische Erklärung der Evolutionstendenz noch nicht als anerkannte Überzeugung der heutigen Wissenschaft gelten. Zwar verwendet man in konkreten Modellen evolutiver Vorgänge seit Kant-Laplace und Darwin die Wahrscheinlichkeitsüberlegungen »naiv richtig«. Aber der Versuch, den Erfolg dieser Modelle auf eine ähnlich abstrakte Regel zurückzuführen wie die des Entropiewachstums, hat zu begrifflichen Schwierigkeiten geführt, die jedenfalls im allgemeinen Bewußtsein der Wissenschaftler ein Empfinden der Ungeklärtheit zurücklassen. Der Anspruch der hier vorgetragenen Überlegungen ist nicht, die Zahl der erfolgreichen Modelle um ein weiteres zu vermehren, wohl aber, die verbliebenen abstrakt-begrifflichen Probleme vollständig aufzuklären.

Der Ausgangspunkt ist die Identität der Definitionen von Entropie und syntaktischer Information. Die in der üblichen Sprechweise bestehende Unklarheit über das Vorzeichen der Information läßt sich durch die zeitliche Deutung einfach lösen: Entropie ist potentielle Information, negative Entropie ist aktuelle Information. Man kann dann zeigen, daß Evolution als Wachstum einer geeignet definierten potentiellen Information erklärt werden kann, also in der Tat als Wachstum der Entropie. Die vielerörterte Schwierigkeit, Entropiewachstum und Evolution zu vereinbaren, erweist sich als bloße Folge unscharf definierter Begriffe. Die generelle Deutung der Entropie als Maß der Unordnung ist nichts als eine sprachliche und logische Schlamperei.

Der Grundgedanke dieser Überlegung entstammt dem Schluß der 6. Vorlesung der *Geschichte der Natur* (1948), die Ausführung dem Aufsatz *Evolution und Entropiewachstum* (1972). Hieran schließen wir zwei weitere Untersuchungen über den Informationsbegriff. Die erste (Abschnitt 6) behandelt ihn, anschließend an den subjektiven Wahrscheinlichkeitsbegriff, als äquivalent dem Begriff des Nutzens. Die zweite (Abschnitt 7) skizziert eine von E. und C. v. Weizsäcker stammende Definition eines pragmatischen Informationsbegriffs, der für biologische und allgemein systemtheoretische Überlegungen grundlegend sein dürfte. Der letzte 8. Abschnitt deutet den Anfang eines philosophischen »Kreisgangs« an, von der Logik über Physik und Evolutionslehre zu den biologischen Voraussetzungen der Logik.

2. Was ist Information?

Was bedeutet die Frage: »Was ist Information?«? Was für eine Antwort können wir erhoffen?

»Information« ist ein Fundamentalbegriff der heutigen Wissenschaft. Formal fragen wir nach einer expliziten Definition dieses Begriffs, inhaltlich also wohl nach dem Wesen der in ihm gemeinten Sache. Für einen fundamentalen Begriff eine präzise Definition zu geben, kann nicht leicht sein. Er müßte dadurch auf noch fundamentalere Begriffe zurückgeführt werden; diese Rückfrage endet im Undefinierbaren. Fragen wir z. B.: »Was ist Materie?«, so wird die Antwort zunächst fast nur lauten können: »Sage mir, welcher Philosophie du anhängst, und ich werde dir sagen, wie du Materie definieren mußt.« Auf solche Fragen kommen wir im dritten Teil des Buches zurück.

Es könnte freilich scheinen, als sei das Problem im Falle des

Informationsbegriffs einfacher. Er ist vor wenigen Jahrzehnten durch explizite Definition in die Wissenschaft eingeführt worden. Im Abschnitt 4 dieses Kapitels werden wir diese Definition näher besprechen. Jetzt sei nur an ihren Grundgedanken erinnert. Sie erklärt den Begriff der Information durch den Begriff der Wahrscheinlichkeit. Man kann den Informationsgehalt eines Ereignisses als ein quantitatives (logarithmisches) Maß der Unwahrscheinlichkeit seines Eintretens bezeichnen. Diese Erklärung führt aber zu zwei weiteren Fragen:
1. Was ist Wahrscheinlichkeit im Sinne dieser Definition?
2. Trifft die Definition die Verwendung, die wir in der Praxis vom Informationsbegriff machen?

Zu 1.: Die Frage »Was ist Wahrscheinlichkeit?« haben wir im 3. Kapitel behandelt. Die philosophische Debatte lehrt uns wenigstens drei wesentlich verschiedene Auffassungen der Wahrscheinlichkeit kennen: die logische, die empirische und die subjektive. Wir haben die Wahrscheinlichkeit, ausgehend von der zeitlichen Logik, als Vorhersage einer relativen Häufigkeit definiert. Die Frage, wie diese Definition mit den drei genannten Auffassungen zusammenhängt, haben wir auf ein späteres Buch verschoben. Wir können jetzt nur sagen: Wenn Wahrscheinlichkeit die relative Häufigkeit eines Ereignistypus mißt, so bedeutet hoher Informationsgehalt des Typus, daß er selten vorkommt. Wer ihn antrifft, erfährt etwas Nichtselbstverständliches, eben »viel Information«. So haben wir in 4.3 den Informationsbegriff benützt, um den Begriff des Dokuments zu erklären.

Zu 2.: Da der Begriff der Wahrscheinlichkeit philosophisch ungeklärt war, ist naturgemäß auch eine inkonklusive philosophische Debatte über den Informationsbegriff entstanden. Man konnte zunächst relativ leicht sagen, was Information *nicht* ist. Eine Informationsmenge ist offenbar weder eine Materiemenge noch eine Energiemenge; andernfalls könnten winzige Chips im Computer wohl nicht Träger sehr großer Information sein. Information ist aber auch nicht einfach das, was wir subjektiv wissen. Die Chips im Computer, die DNS im Chromosom enthalten ihre Information objektiv, einerlei, was ein Mensch gerade davon weiß. Im Rahmen des in der Naturwissenschaft verbreiteten cartesischen Dualismus fragte man, ob Information Materie oder Bewußtsein sei, und erhielt die zutreffende Antwort: keines von beiden. Manche Autoren bezeichneten sie dann als »eine dritte Art der Realität«.

Wir werden die positive Antwort wählen: Information ist das Maß einer Menge von *Form*. Wir werden auch sagen: Information ist ein Maß der *Gestaltenfülle*. Form »ist« weder Materie noch Bewußtsein, aber sie ist eine Eigenschaft von materiellen Körpern, und sie ist für das Bewußtsein wißbar. Wir können sagen: Materie *hat* Form, Bewußtsein *kennt* Form. Was diese kurzen Formeln in der Praxis bedeuten, werden wir im jetzigen Kapitel im Durchgang durch eine Reihe von Problemen erörtern. Wir verlangen vom Leser vorweg nicht die Zustimmung zu unserer Erklärung der Information als Formmenge im Sinne einer »philosophischen Wahrheit«, sondern appellieren zunächst nur an sein Verständnis für eine bequeme Ausdrucksweise. Je mehr Entscheidungen an einem Objekt getroffen werden können, desto mehr »Form« in einem allgemeinen, nicht notwendigerweise räumlichen Sinne des Worts kann man an ihm erkennen. Diese Formmenge ist, wie soeben gesagt, Eigenschaft des Objekts und für uns wißbar. Was Form philosophisch bedeutet, darauf kommen wir im Kapitel 12 zurück.

Im jetzigen Kapitel werden wir u. a. die Beziehung der Information zu vier anderen Begriffen zu klären haben: zu den Begriffen der Entropie, der Bedeutung, des Nutzens und der Evolution.

Das Verhältnis zur *Entropie* bespricht Abschnitt 4. Den Begriff, den man später »Information« nannte, hat Shannon ursprünglich unter dem Namen »Entropie« definiert. Wir werden diese Gleichsetzung noch einmal rechtfertigen und insbesondere die Beziehung zwischen den Vorzeichen von Entropie und Information aufklären. Positive Entropie ist *potentielle* (oder virtuelle) Information. Die Entropie eines Makrozustandes mißt die Gestaltenmenge, welche derjenige kennen müßte, der den zugehörigen Mikrozustand angeben wollte. Ob man die Entropie als Maß der Gestaltenfülle oder

der Unordnung bezeichnen will, ist also lediglich eine Unterscheidung verschiedener Grade des Wissens. Die auf meinem Schreibtisch gestapelte Menge beschriebenen und bedruckten Papiers ist, wenn ich weiß, was wo auf den Papieren steht, eine außerordentliche Gestaltenfülle; wenn ich (oder die Putzfrau) es nicht weiß, so ist sie Unordnung.

Das Verhältnis zur *Bedeutung* führt in eine in den Anwendungen, zumal der Biologie, vielerörterte Frage. Beginnen wir mit dem historischen Ursprung des Informationsbegriffs, der Kommunikationstheorie. Ein bestimmtes Telegramm in z. B. englischer Sprache enthält eine Informationsmenge, die durch die statistische relative Häufigkeit aller in ihm vorkommenden Buchstaben in der englischen Schriftsprache bestimmt ist. Mit Hilfe dieser Buchstaben vermittelt das Telegramm dem Empfänger eine Botschaft des Absenders, z. B. »coming tomorrow«. Es hat, wie man sagt, eine Bedeutung. Mischt man dieselben Buchstaben anders, z. B. »cgimmn oooorrtw«, so ist die nach Shannon berechnete Information, die nur an den Buchstabenwahrscheinlichkeiten hängt, dieselbe wie zuvor, die Bedeutung aber ist verloren. Die *syntaktische* Information ist erhalten geblieben, die *semantische* Information ist weg. Die semantische Information ist aber offenbar der kommunikative Sinn der Information. Können wir sie definieren?

Das führt zum Verhältnis der Information zum *Nutzen* (Abschnitt 6) und zur *pragmatischen* Information (Abschnitt 7). Wir bewerten Information danach, was sie wirkt. Semantische Information ist meßbar nur als pragmatische Information.

Unter diesem Aspekt ist die biologische Verwendung des Informationsbegriffs, insbesondere seine Beziehung zur *Evolution* zu sehen (Abschnitt 5).

3. Was ist Evolution?

Als Evolution bezeichnet man vorzugsweise die Herausbildung der Gestaltenfülle des organischen Lebens im Laufe der Erdgeschichte. Die Herausbildung einer Fülle von Gestalten ist freilich nicht auf den Gegenstandsbereich der Biologie beschränkt. Einerseits gibt es eine reiche spontane Gestaltenbil-

Was ist Evolution? 169

dung im Anorganischen; heute unter den allgemeinen Kategorien der Synergetik (Haken 1978) mitumfaßt. Andererseits schafft auch die menschliche Kultur immer neue Gestalten. Evolution als Vorgang umfaßt die ganze Wirklichkeit, die wir kennen. Sie bedarf also auch einer umfassenden Erklärung.

Die Entdeckung der Evolution und Darwins kausal-statistischer Ansatz zu ihrer Erklärung wurde im 19. Jahrhundert zur größten Erschütterung des überlieferten Weltbildes durch die Wissenschaft. Schon die alltäglichste Erfahrung lehrt uns ja die Zweckmäßigkeit der Gestalten und des Verhaltens der Lebewesen kennen. Das Wort »organisch« bezeichnet eben dies: »organon« heißt Werkzeug. Die aristotelische Biologie beschrieb diese Zweckmäßigkeit mit empirischer Treue. Die christliche Theologie sah in ihr das Werk eines planenden Schöpfers. Darwin aber behauptete, all diese Gestalten und Verhaltensweisen seien »von selbst«, durch Zufall und Auslese entstanden. Heute, da der Sieg der Evolutionslehre seit langem entschieden ist, vermeidet man bei der Beschreibung dieser Gestalten und Verhaltensformen das Wort »zweckmäßig«, das die Vorstellung eines planenden Bewußtseins nahelegt. Man nennt sie »funktional«. Das ist aber objektiv genau dasselbe: die Formen ermöglichen die Erhaltung und Weiterbildung des Lebens.

Ein Unbehagen über die Möglichkeit einer kausalen Erklärung funktionaler Formen ist aber bei manchen Wissenschaftlern zurückgeblieben. Wir diskutieren dieses Unbehagen in der verbreiteten Gegenüberstellung von Irreversibilität und Evolution. Es ist, wie oben gesagt, üblich, Entropie als ein Maß der Unordnung und damit die thermodynamische Irreversibilität als ein Anwachsen der Unordnung aufzufassen. Evolution hingegen wird als Wachstum der Gestaltenfülle und insofern von Ordnung verstanden. Unter diesen Prämissen mußte die Evolution als ein der thermodynamischen Irreversibilität entgegengesetzter Vorgang empfunden werden. Hier soll nun eben die genau entgegengesetzte These vertreten werden. Unter geeigneten Prämissen ist Entropiewachstum *identisch* mit dem Wachstum der Gestaltenfülle; Evolution ist ein Spezialfall der Irreversibilität des Geschehens.

Abschnitt 5 erörtert dies für den einfachsten Begriff, den der syntaktischen Information. Abschnitt 7 nimmt die Frage unter dem Gesichtspunkt der pragmatischen Information auf. Abschnitt 8 schließlich ordnet menschliche Erkenntnis unter dem Gesichtspunkt der Informationsakkumulation in den Rahmen der Evolution ein.

4. Information und Wahrscheinlichkeit

Wir folgen vorerst der üblichen Definition der Information durch die Wahrscheinlichkeit. Es sei eine K-fache experimentelle Alternative gegeben, d.h. K einander ausschließende mögliche Ereignisse x_k ($k = 1, 2 \ldots K$). Wir erwarten das Eintreten von x_k im Falle einer Entscheidung der Alternative mit der Wahrscheinlichkeit p_k. Die »Einzelinformation« I_k soll den »Neuigkeitswert« des Ereignisses x_k messen, sofern eben bei der Entscheidung gerade x_k eintritt. Ein eingetretenes Ereignis enthält um so weniger Neuigkeitswert, je wahrscheinlicher es vorher war; war es vorweg gewiß, so wird man seinen Neuigkeitswert als Null ansehen. I_k sollte also eine monoton abnehmende Funktion von p_k sein. Man pflegt nun zu fordern, daß der Neuigkeitswert des aus zwei unabhängigen Ereignissen kombinierten Ereignisses gleich der Summe ihrer Neuigkeitswerte sein soll. Das führt zum Ansatz $I_k = -\log p_k$. Die übliche Definition gibt einem Ereignis der Wahrscheinlichkeit 1/2 den Neuigkeitswert 1 (ein bit). Dazu muß man setzen

$$I_k = -\mathrm{ld} p_k \qquad (1)$$

(ld = Logarithmus zur Basis 2). Man interessiert sich nun für den Erwartungswert von I_k, also den im Mittel über viele Versuche zu erwartenden Neuigkeitswert der einmaligen Entscheidung der Alternative. Er ist

$$H = \sum_k p_k I_k = -\sum_k p_k \mathrm{ld} p_k. \qquad (2)$$

Dies ist die von Shannon als Maß der Information eingeführte und mit Recht als Entropie bezeichnete Größe.

Zunächst ein Wort über das Vorzeichen dieser Größe. Man

hat Information mit Wissen, Entropie mit Nichtwissen korreliert und folglich die Information als Negentropie bezeichnet. Dies ist aber eine begriffliche oder verbale Unklarheit. Shannons H ist auch dem Vorzeichen nach gleich der Entropie. H ist der Erwartungswert des Neuigkeitsgehalts eines noch nicht geschehenen Ereignisses, also ein Maß dessen, was ich wissen könnte, aber zur Zeit nicht weiß. H ist ein Maß potentiellen Wissens und insofern ein Maß einer definierten Art von Nichtwissen. Genau dies gilt auch von der thermodynamischen Entropie. Sie ist ein Maß der Anzahl der Mikrozustände im Makrozustand. Sie mißt also, wieviel derjenige, der den Makrozustand kennt, noch wissen könnte, wenn er auch den Mikrozustand kennenlernte. Bei konstanter Gesamtanzahl der möglichen Mikrozustände eines Systems besagt das Wachstum der Entropie in der Tat ein Anwachsen derjenigen Menge an Wissen, die der Kenner der bloßen Makrozustände nicht hat, aber durch Feststellung des jeweiligen Mikrozustands grundsätzlich gewinnen könnte.

Der Übergang von der »Information« zur Entropie ergibt sich, wenn man für einen gegebenen Makrozustand die Wahrscheinlichkeiten aller mit ihm vereinbaren Mikrozustände einander gleich und die aller anderen Mikrozustände gleich Null setzt.

Als Modell betrachte man z.B. das Ehrenfestsche Urnenspiel, 4.2. Es folgt

$$H = K \cdot \frac{1}{K} \operatorname{ld} K = \operatorname{ld} K. \tag{3}$$

Die Entropie eines Makrozustands ist der Logarithmus der Anzahl K der in ihm enthaltenen möglichen Mikrozustände. Dies nennen wir die im Makrozustand enthaltene *potentielle Information*. Sie ist am größten für den thermodynamischen Gleichgewichtszustand. Er enthalte $K_{\max}$ Mikrozustände. In ihm ist die *aktuelle Information* über die Mikrozustände am kleinsten. Setzen wir ihren Wert willkürlich gleich Null, so wäre für jeden anderen Makrozustand die aktuelle Information

$$I = \operatorname{ld} K_{\max} - H = \operatorname{ld}(K_{\max}/K). \tag{4}$$

Bis auf den Summanden ldK_{max} ist also die aktuelle Information gleich der negativen Entropie. Sie ist die Information über den Mikrozustand, die man *schon dadurch besitzt*, daß man den Makrozustand kennt.

Wir haben die thermodynamische Entropie definiert durch Bezugnahme auf zwei *Klassen von Zuständen*, eben auf Makro- und Mikrozustände. In allgemein logischer Sprechweise entspricht einer *Klasse* ein *Begriff*. Entropie ist also definiert als eine *Relation zwischen zwei Begriffen*. Dasselbe gilt allgemein von der Information. Die beiden Begriffe bezeichnen hier *Ereignisklassen*. Dem Makrozustand entspricht das Ereignis »Entscheidung der K-fachen Alternative« x_k »($k = 1 ... K$)«, dem Mikrozustand das Ereignis x_k. Im folgenden werden wir statt von zwei Begriffen auch von zwei *semantischen Ebenen* reden.

Indem wir so sprechen, haben wir vorausgesetzt, daß man schon weiß, wie im konkreten Fall die Begriffe »Mikrozustand« und »Makrozustand« definiert sind. Für das Ehrenfestsche Spiel haben wir beide Arten von Zuständen explizit definiert (»wie viele Kugeln in der Urne 1« und »welche individuellen Kugeln in der Urne 1«). Für Kommunikationskanäle (zum Beispiel einen Telegrammempfänger) sei etwa der Makrozustand: »dieser Apparat wird alsbald einen Buchstaben des lateinischen Alphabets senden«, der Mikrozustand: »der Apparat sendet den Buchstaben X«. In der klassischen statistischen Mechanik der Atome ist der Makrozustand durch Angabe thermodynamischer Zustandsgrößen eines Systems (Druck, Volumen, Temperatur) definiert, der Mikrozustand durch Angabe des Phasenpunktes (Ort und Impuls) jedes Atoms im System. Diese Beispiele erläutern, was gemeint ist, wenn wir sagen, Makro- und Mikrozustände seien jeweils durch einen Begriff oder eine »semantische Ebene« festgelegt.

Es folgt dann, daß die Maßzahl der Information relativ auf zwei semantische Ebenen, eben die der zugrundegelegten Makro- und Mikrozustände definiert ist. Ein »absoluter« Begriff der Information hat keinen Sinn; Information gibt es stets nur »unter einem Begriff«, genauer »relativ auf zwei semantische Ebenen«. Zum Beispiel ist es nicht absolut definiert, wie groß die Information eines Chromosomensatzes von Drosophila ist. Für den Molekulargenetiker wäre etwa als Makrozustand »Chromosomensatz«, als Mikrozustand die Buchstabenfolge der DNS-Kette sinnvoll; für einen Chemiker als Makrozustand »Molekülkette«, als Makrozustand die Angabe jedes in der Molekülkette vorkommenden Atoms mit seinen Bindungen; für einen Elementarteilchenphysiker als Makrozustand »materielles System«, als Mikrozustand die Angabe aller darin vorkommenden Elementarteilchen. In dieser Sprechweise geben wir dem Molekulargenetiker das größte Vorwissen: »ich habe einen Chromosomensatz eines Lebewesens vor mir« und eben darum die geringste im dann beobachteten Makrozustand »Chromosomensatz von Drosophila« enthaltene potentielle Information.

Da die Information nach (2) eindeutig durch einen »Wahrscheinlichkeitsvektor« p_k definiert ist, werden wir daran erinnert, daß auch der Wahrscheinlichkeitsbegriff eine Relation zwischen zwei Ereignisklassen bestimmt. Man nennt sie gewöhnlich *mögliche* Ereignisse (die Klasse aller x_k für alle k) und *günstige* Ereignisse (die Klasse aller Ereignisse vom Typ $x_{k'}$, mit fest gewähltem k', deren Wahrscheinlichkeit $p_{k'}$, der Erwartungswert der relativen Häufigkeit der $x_{k'}$, unter allen vorkommenden x_k ist.) Hiermit hängt zusammen, daß jede gesetzlich angebbare Wahrscheinlichkeit eigentlich eine *bedingte* Wahrscheinlichkeit $p(y, x_k)$ ist. Dabei ist die Bedingung y eben das Ereignis, daß ein Versuch gemacht wird, der gesetzmäßig gerade alle x_k und nur diese als mögliche Ergebnisse hat und der so angelegt ist, daß dabei jedes x_k gerade mit der Wahrscheinlichkeit $p_k = p(y, x_k)$ erwartet werden kann. Sind nur die möglichen Ereignisse x_k, aber keine Funktion p_k vorweg bekannt, so dient das Bayessche Verfahren zu deren genäherter Bestimmung, also zur statistischen Feststellung, *welches* y die Versuchsbedingungen am besten beschreibt.

5. Evolution als Wachstum potentieller Information*

a. *Grundgedanke.* Organische Evolution ist die Herausbildung *funktionaler* Gestalten. Die Mechanismen, die dieses leisten, sind von den biologischen Evolutionstheoretikern vielfach studiert worden. Diese Überlegungen überschreiten bei weitem den Rahmen eines Buchs über den Aufbau der Physik. Der jetzige Abschnitt setzt sich ein bescheideneres Ziel. Er studiert lediglich das Wachstum potentieller *syntaktischer* Information, also nicht von speziell funktionalen Gestalten, sondern von zählbaren Gestalten überhaupt. Dieses Wachstum läßt sich in einem Modell relativ leicht mathematisch beschreiben. An dem Modell läßt sich dann demonstrieren, daß unter geeigneten Voraussetzungen gestaltenreichere Zustände zugleich die wahrscheinlicheren sind. Unter diesen Voraussetzungen ist das Wachstum der Gestaltenfülle der thermodynamischen Irreversibilität nicht entgegengesetzt, sondern ein Spezialfall von ihr.

Ich erlaube mir, das Problem in einer gewissen Breite zu erörtern, indem ich mit einigen Zitaten aus einem Buch von Glansdorff und Prigogine (1971) beginne. Prigogine hat das Problem, ausgehend von der Thermodynamik irreversibler Prozesse, ausführlich erörtert. Ich schließe mich seinen speziellen Modellen selbstverständlich ohne Vorbehalt an, glaube aber, daß meine im folgenden noch einmal geschilderte Betrachtungsweise gestattet, die abstrakten Prinzipien von Irreversibilität und Evolution noch einfacher zu beschreiben, wobei die Wahl der phänomenal stets schon gegebenen Zeitmodi Vergangenheit und Zukunft als Ausgangspunkt auch hier das vereinfachende Prinzip ist.

Glansdorff und Prigogine schreiben:
»Es ist ein recht bemerkenswertes Zusammentreffen, daß der Gedanke der Entwicklung im 19. Jahrhundert verbunden mit zwei im Konflikt stehenden Aspekten auftrat: In der Thermodynamik wird der Zweite Hauptsatz als das Prinzip von Carnot und Clausius formuliert. Er erscheint wesentlich

---

* Dieser Abschnitt ist eine verkürzte Version des Aufsatzes *Evolution und Entropiewachstum*, 1972.

als das Entwicklungsgesetz fortschreitender Desorganisation, das heißt des Verschwindens der durch Anfangsbedingungen eingeführten Struktur.
In der Biologie oder der Soziologie ist der Entwicklungsgedanke, gerade umgekehrt, eng verbunden mit einem Anwachsen der Organisation, das zur Schaffung immer komplexerer Strukturen Anlaß gibt.« (S. 287)
»Gibt es folglich zwei verschiedene irreduzible Typen physikalischer Gesetze?« (S. 288)
Die Verfasser entschließen sich nicht zu dieser Folgerung, sondern zu einer ihr entgegengesetzten Lösung: »Der in dieser Monographie studierte Gesichtspunkt legt nahe, daß es nur einen Typ physikalischer Gesetzmäßigkeit gibt, aber verschiedene thermodynamische Situationen: nah und fern dem Gleichgewicht. Allgemein gesagt ist *Zerstörung von Strukturen* die Situation, die in der Nachbarschaft des thermodynamischen Gleichgewichts auftritt. Im Gegensatz hierzu kann die *Schaffung von Strukturen*, mit spezifischen nichtlinearen kinetischen Gesetzen jenseits der Stabilitätsgrenze des thermodynamischen Astes [nämlich der Entropieproduktions-Funktion, C.F.W.] eintreten. Diese Bemerkung rechtfertigt Spencers Ansicht (1862): »*Entwicklung ist Integration von Materie und begleitende Dissipation von Bewegung.*« »Für alle diese verschiedenen Situationen bleibt der zweite Hauptsatz der Thermodynamik gültig.« (S. 288)
Wissenschaftsgeschichtlich und wissenschaftstheoretisch gesehen läßt sich dieses Problem als eines der nachträglichen Reflexion beschreiben. Wo immer Wissenschaftler versucht haben, die empirisch gefundene oder vermutete Entstehung neuer Strukturen kausal zu erklären, haben sie eine direkte Hypothese über den betreffenden Mechanismus vorgeschlagen, die mehr oder weniger einleuchtend machte, daß neue Gestalten entstehen können oder sogar müssen. Das klassische Beispiel ist Darwins Selektionstheorie. Aber auch für die Entstehung anorganischer Gestalten (zum Beispiel Kristallwachstum, Entstehung des Planetensystems etc.) wurden direkte, mehr oder weniger plausible Hypothesen vorgeschlagen. Die Erfinder solcher Entwicklungsmodelle mußten sich nachträglich aber fragen, oder fragen lassen, wie denn ihre

Erklärung einer quasi irreversiblen Entwicklungstendenz von Gestalten mit dem zweiten Hauptsatz vereinbar sei, der doch die Zerstörung von Gestalten und das Wachstum der Unordnung behaupte. Auf diese Rückfrage sind (wenn ich keine übersehen habe) vier dem Typus nach verschiedene Antworten gegeben worden, die sich an den soeben genannten Beispielen erläutern lassen:

1. In dem betrachteten Phänomen nimmt die Entropie wirklich ab, und das Phänomen erweist sich damit als nicht dem zweiten Hauptsatz unterworfen. So haben zum Beispiel die Vitalisten im allgemeinen über die Entwicklung des Lebens gedacht. Da vorausgesetzt wurde, Darwins Selektionstheorie sei als mit dem zweiten Hauptsatz vereinbar intendiert, wurde dann diese Theorie zugleich mit dem zweiten Hauptsatz verworfen. Man wird nicht behaupten können, daß diese Ansicht durch die heutige biologische Erfahrung widerlegt sei. Ich will sie gleichwohl des weiteren nicht betrachten. Es kommt mir hier darauf an, die begriffliche Struktur der Selektionstheorie zu analysieren, also zu prüfen, wie sie sich zum zweiten Hauptsatz verhält, *sofern* sie wahr ist. Ich hoffe, plausibel zu machen, daß ihr aus dem zweiten Hauptsatz keinerlei Schwierigkeiten entstehen.

2. Auf das betrachtete Phänomen läßt sich der Entropiebegriff und folglich der zweite Hauptsatz nicht oder doch nicht so umfassend anwenden, daß ein Problem entstünde. Da es in der Tat schwierig ist, die Entropie lebender Systeme quantitativ zu schätzen, wurde gelegentlich dieser Ausweg aus dem Dilemma zwischen Evolution und Entropiewachstum vorgeschlagen. Ich nenne ihn hier nur, um zu bezeugen, daß er meiner Aufmerksamkeit nicht entgangen ist. Ich hoffe aber zu zeigen, daß er überflüssig ist, ganz abgesehen davon, daß er meines Erachtens bei genauer Prüfung des Sinnes einer thermodynamischen Betrachtungsweise schwer zu verteidigen wäre.

3. In dem betrachteten Phänomen nimmt zwar infolge der Gestaltentwicklung ein Summand der Entropie ab, aber dies wird durch die Zunahme anderer Summanden überkompensiert, so daß der zweite Hauptsatz nie verletzt wird. Dies ist wohl die herrschende Ansicht über das Problem der biologischen Entwicklung. Die Entropieproduktion des Stoffwechsels

Evolution als Wachstum potentieller Information

der Organismen, unter dem ständigen Durchsatz von Sonnenenergie, übertrifft quantitativ bei weitem die Entropieänderungen, die durch die Gestaltentwicklung bedingt sind. Die Formulierung von Glansdorff und Prigogine muß wohl auch in diesem Sinne gedeutet werden.*

4. In dem betrachteten Phänomen bedeutet die Gestaltentwicklung selbst eine Entropievermehrung, ist insofern also eine direkte Konsequenz des zweiten Hauptsatzes. Dies ist zum Beispiel der Fall in dem einzigen der oben genannten Beispiele, das thermodynamisch durchgerechnet werden kann, dem des Kristallwachstums. Die Thermodynamik des Schmelzprozesses lehrt, daß bei hinreichend niedriger Temperatur das thermodynamische Gleichgewicht auf der Seite des Kristalls und nicht der Flüssigkeit liegt.** Da man andererseits nicht gerne leugnen wird, daß der Kristall eine höhere Struktur zeigt als die Flüssigkeit, gibt dieses Beispiel Anlaß, die These in Zweifel zu ziehen, daß Entropiewachstum notwendigerweise einen Struk-

---

* Herr Küppers machte mich darauf aufmerksam, daß Prigogine seine Überlegungen eher im Sinne der 2. Antwort verstehe. Lebende Systeme sind offene Systeme, und man kann behaupten, daß auf solche der zweite Hauptsatz gar keine Anwendung finden könne. Für meinen eigenen Lösungsvorschlag ist diese Zuordnungsfrage nicht wesentlich, und ich kenne die Literatur nicht genug, um über die subjektive Meinung der Autoren eine dezidierte Ansicht äußern zu können. Zur Sachfrage ist aber zu sagen, daß man auch über offene Systeme in der Sprache der Thermodynamik argumentiert. Man schreibt ihnen innerhalb abschätzbarer Fehlergrenzen wohldefinierte Werte thermodynamischer Größen wie Energie, Druck, Volumen, Temperatur, Entropie zu. Das meinte ich mit dem Satz, daß der Ausweg 2. bei genauer Prüfung des Sinnes einer thermodynamischen Betrachtungsweise schwer zu verteidigen wäre. Daß hingegen für ein offenes System die momentane Entropie zwar in guter Näherung definiert ist, aber nicht notwendigerweise wächst, ist eben die Ansicht 3. In diesem sehr speziellen Sinne »findet der zweite Hauptsatz auf sie keine Anwendung«.
** Hier verdanke ich Herrn Küppers den Hinweis auf eine Mehrdeutigkeit meiner Ausdrucksweise. Beim isothermen Kristallwachstum ist die maßgebende Größe nicht die Entropie, sondern die freie Energie. Meine Argumentation vergleicht aber die Entropie eines isolierten Kristalls mit dem der isolierten Flüssigkeit bei gleichem Energiegehalt und unterhalb des Schmelzpunkts, entspricht also etwa der adiabatischen Kristallisation einer unterkühlten Flüssigkeit. Hier ist zweifellos die Entropie des Kristalls höher als die der Flüssigkeit.

turabbau bedeute.* Die gegenwärtige Darstellung soll die Meinung aussprechen, daß die Lösung des Problems vielleicht durchgängig in der 4. Antwort gesucht werden darf. Damit soll natürlich überhaupt nicht geleugnet werden, daß die Vorgänge, die gewöhnlich im Sinne der 3. Antwort gedeutet werden, wirklich stattfinden. Die positive Beschreibung der Strukturentstehung nach Glansdorff und Prigogine durch Instabilitäten entropieerzeugender Prozesse fern von Gleichgewicht wird als überzeugend akzeptiert, einschließlich der dabei vorkommenden Verminderungen der Entropieproduktionsrate. Das Evolutionsmodell von Eigen (1971) war sogar ein Anstoß zu dieser Darstellung durch die Frage, wie in ihm eigentlich die Entropie definiert werden soll. Die These ist nur, daß dort, wo Gestaltentwicklung tatsächlich vorkommt, bei genauer Definition der zugehörigen Entropie dem Wachstum der Vielzahl und Komplexität der Gestalten ein Wachstum und nicht eine Abnahme desjenigen Summanden der Entropie entspricht, der der Gestaltinformation zugeordnet ist. Der Eindruck eines Konflikts zwischen Gestaltentwicklung und zweitem Hauptsatz ist, wenn diese These richtig ist, nur die Folge einer im allgemeinen unzutreffenden, aus einigen Beispielen verallgemeinerten Gleichsetzung der Entropie mit einem Maß gestaltenarmer Gleichförmigkeit. Der Wärmetod wäre, hinreichend niedrige Temperatur vorausgesetzt, nicht ein Brei, sondern eine Versammlung von komplizierten Skeletten.**

Diese These ist die korrigierende Durchführung eines älteren

---

* In den Schlußbemerkungen (s. S. 188) wird sich zeigen, daß eine Ausdrucksweise möglich ist, die das Richtige der Antwort 3 mit der Antwort 4 vereinigt.

** Ein Modell aus der Küchenpraxis: Wenn man, etwa als Beigabe zu einem Birchermüsli, Obstsalat aus Äpfeln, Pfirsichen und Bananen macht, so wird man zunächst jede Frucht einzeln ins Gefäß schneiden und dann umrühren, um die Obstsorten durcheinanderzumischen. Dünne Bananenscheiben haben aber eine Tendenz, aneinander (nicht an Äpfel- oder Pfirsichschnitzen) kleben zu bleiben. Zweckmäßig verteilt man daher die Bananenscheiben von vornherein möglichst einzeln zwischen die Schnitze der anderen Früchte. Wenn man *danach* mit dem Löffel noch durchmischt, so bilden sich nach und nach wieder »Bananenklumpen«. Da das Durchmischen sicher die Entropie erhöht, haben Bananenklumpen eine höhere Entropie als eine gleichmäßige Lösung einzelner Bananenscheiben im übrigen Obst.

Evolution als Wachstum potentieller Information

Gedankens.* Ausgehend von der Entwicklung kosmischer Gestalten, insbesondere des Planetensystems, hatte ich die Frage ihres Verhältnisses zum zweiten Hauptsatz diskutiert. Auch wenn wir über das richtige Modell der Planetenentwicklung ungewiß sind, wird doch kein heutiger Astrophysiker zweifeln, daß der Vorgang mit dem zweiten Hauptsatz vereinbar war; andererseits ist die Gestalt des Systems so speziell und »kunstreich«, daß ihre mutmaßliche mechanische Unerklärbarkeit einst für Newton die Basis eines Gottesbeweises – des Beweises der Existenz eines planvoll arbeitenden Ingenieurgottes – war. Ich habe nun damals die Meinung ausgesprochen, daß ganz allgemein die Entwicklung differenzierter Gestalten eine Folge genau derselben »Zeitstruktur« sei wie der zweite Hauptsatz. Ganz abgekürzt kann man sagen: Beide Entwicklungsgesetze besagen, daß das Wahrscheinliche eintreten wird. Zeitstruktur (»Geschichtlichkeit der Zeit«) kann dieser Sachverhalt heißen, weil das Wahrscheinliche für die Zukunft erwartet, nicht aber für die Vergangenheit behauptet wird. Für den zweiten Hauptsatz ist die Deutung, daß wachsende Entropie das Eintreten des Wahrscheinlichen sei, geläufig. Für die Gestaltentwicklung muß man sich überlegen, daß eine Vielzahl von Gestalten a priori wahrscheinlich, ein völlig gestaltloser Zustand hingegen a priori unwahrscheinlich ist. Das wurde damals nur qualitativ diskutiert; hier soll es begrifflich und an einem Modell näher durchgeführt werden.

In jener älteren Überlegung habe ich mich gleichwohl auf den Standpunkt der 3. Antwort gestellt. Ich war damals der herrschenden Meinung, die Herausbildung von Gestalten bedeute in der Tat eine Abnahme der Entropie, die jedoch durch die Entropieproduktion der begleitenden irreversiblen Prozesse überkompensiert werde. Das war aber, wie ich jetzt sehe, eine Inkonsequenz. Der Begriff Entropie ist so allgemein und abstrakt, daß auch die Angabe einer hohen a priori-Wahrscheinlichkeit für einen gestaltenreichen Zustand darauf hinausläuft, ihm eine hohe Entropie zuzuschreiben. Damals war der Shannonsche Informationsbegriff noch nicht bekannt, mit

---

* *Die Geschichte der Natur*, 1948, Ende der 6. Vorlesung (2. Aufl., S. 62 bis 65).

dessen Hilfe das Problem im folgenden beschrieben werden soll.

Beschränkt man sich, so wie in den bisherigen Beispielen, auf *zwei* semantische Ebenen und *einen* durch sie definierten Begriff von Information, so folgt aus der Zeitstruktur nur der zweite Hauptsatz: Mit fortschreitender Zeit wird mit überwiegender Wahrscheinlichkeit die aktuelle Information des zu dieser Zeit vorliegenden Makrozustandes abnehmen, seine potentielle Information (Entropie) zunehmen. Will man Gestaltentwicklung überhaupt mit dem Informationsbegriff ausdrücken, so muß man (wenigstens) *drei* semantische Ebenen einführen, zwischen denen dann drei verschiedene Informationsmaße definiert sind. Die drei Ebenen seien etwa durch die Buchstaben A, B, C bezeichnet, so daß A nur als Mikrozustand auftritt, C nur als Makrozustand, B aber als Mikrozustand gegenüber C, jedoch als Makrozustand gegenüber A. Die Anzahl von Zuständen der Ebene B, die in einem Zustand der Ebene C enthalten sind, heiße j_{BC}; dies ist im allgemeinen eine Funktion des speziellen Zustandes aus C. Analog kann man j_{AC} und j_{AB} definieren.

Wir nennen nun C die morphologische, B die molekulare, A die atomare Ebene und fixieren damit eine Modellvorstellung. Das Gesamtsystem, dessen Zustände wir betrachten, bestehe aus »Atomen«, deren Zustände in der Ebene A vollständig beschrieben werden. Die Angabe eines A-Zustandes ist also das (nach unserem Modell) maximal mögliche Wissen über das System. – Die Atome seien imstande, sich zu definierten Gestalten, verschiedenartigen »Molekülen« zusammenzuschließen. Ein B-Zustand gibt an, welche Moleküle vorhanden sind, das heißt welche Arten von Molekülen und wie viele von jeder Art. Ob auch zu jedem Molekül sein Ort und Impuls angegeben sein soll oder nicht, hängt von der Definition der Ebenen ab; darüber nachher noch eine Bemerkung. Jeder B-Zustand enthält natürlich viele verschiedene A-Zustände, mindestens sofern man für die Atome klassische Statistik treibt, oder auch sofern man Ort und Impuls der Moleküle im B-Zustand nicht mitbeschreibt. Ein C-Zustand gibt nur die »morphologische« Information, welche Arten von Molekülen vorhanden sind, aber nicht, wie viele Moleküle jeder Art. Jeder

Evolution als Wachstum potentieller Information 181

C-Zustand enthält im allgemeinen wieder viele B-Zustände. Das heißt j_{AB}, j_{BC} und j_{AC} sind im allgemeinen große Zahlen. Der zweite Hauptsatz besagt nun, der morphologische Zustand werde sich mit der Zeit zu immer größeren Werten von j_{AC} hin entwickeln. Im allgemeinen werden dabei zugleich j_{AB} und j_{BC} mitwachsen. $\mathrm{ld} j_{BC}$ bedeutet nun die Information, die man gewinnen kann, wenn man bei gegebenem morphologischen Zustand fragt, wie viele Moleküle jeder Sorte vorhanden sind. j_{BC} mißt also die Menge verschiedener Realisierungsmöglichkeiten des morphologischen Zustandes und insofern die potentiell in ihm enthaltene Gestaltenfülle. Ein Wachstum von j_{BC} kann also als Wachstum der Gestaltenmenge interpretiert werden. Sofern j_{AC} und j_{BC} gleichzeitig wachsen, ist *in diesem Sinne* das Wachstum der Gestaltenmenge direkt mit dem Entropiewachstum verbunden. *Daß* beide gleichzeitig wachsen, ist nicht allgemein zu beweisen, wohl aber für gewisse, von Gleichgewicht weit entfernte Zustände (wie Glansdorff und Prigogine behaupten). Im Modell werden wir dafür Beispiele finden.

Ein anderes mögliches Maß der Gestaltenfülle ist die Anzahl verschiedener Molekül*sorten*, die im C-Zustand vorkommen. Diese Zahl ist ein Merkmal des C-Zustandes, das zum Beispiel dann mit erdrückender Wahrscheinlichkeit wachsen wird, wenn im Anfangszustand nur isolierte Atome vorhanden waren, während der Gleichgewichtszustand verschiedene Molekülsorten in endlicher relativer Konzentration enthält.

b. Kondensationsmodell. Um diese Verhältnisse zu illustrieren, ist im folgenden ein sehr vereinfachtes Modell durchgerechnet. Um nur diskret ausrechenbare Zahlen zu benötigen, ist dabei von den Ortskoordinaten der Atome völlig abgesehen. Andererseits sollte doch illustriert werden, daß die Atome außer der Freiheit, sich zu Molekülen zu assoziieren, noch andere Freiheitsgrade haben; das ist durch die Einführung einer gequantelten »Anregungsenergie« geschehen. Dadurch ergeben sich vier »semantische Ebenen« je nach der Art der Berücksichtigung der Anregungsenergie. Man könnte jedoch genau dieselben Überlegungen auch nach der Art der chemischen Reaktionskinetik unter Einbeziehung des Orts- und Impuls-Spielraums der Atome und Moleküle durchführen. Unser Modell, in dem wir nur *eine* Atomart einführen und die Molekülsorten nur durch die *Anzahl k* der im »Molekül« enthaltenen Atome unterscheiden, würde dann in eine Beschreibung eines vereinfachten Kondensationsprozesses übergehen, in der die »Molekülsorten« den Tröpfchengrößen entsprechen. Wir bezeichnen es daher als Kondensationsmodell.

Wir betrachten ein isoliertes System von n Atomen. Die Atome sind in Moleküle zusammengefaßt; ein Molekül ist charakterisiert durch die Anzahl k der Atome, aus denen es besteht. Jede Anzahl k ($1 \le k \le n$) kann vorkommen. Wir nennen ein freies Atom auch ein Molekül mit $k = 1$. Moleküle mit großem k könnte man auch Flüssigkeitströpfchen nennen; daher der Name »Kondensationsmodell«. Jedes Molekül kann ferner verschiedene Energiemengen enthalten. Um der einfachen Rechnung willen nehme ich die Energie gequantelt an. Es gibt ein universelles Energiequantum E, und jedes Molekül kann irgendeine Anzahl q solcher Energiequanten haben. Dabei setzt sich q zusammen aus einem Anteil q_B »Bindungsenergie« und einem Anteil q_A »Anregungsenergie« (auch als »kinetische Energie« zu deuten, wenn man Lust dazu hat). Die Anregungsenergie eines Moleküls kann irgendeine nichtnegative ganze Zahl sein ($q_A = 0, 1, 2, \ldots$). Die Bindungsenergie ist negativ und dem Betrag nach gleich der Anzahl der an das erste Atom gebundenen Atome im Molekül, das heißt $q_B = 1-k$; ein freies Atom hat also $q_B = 0$, ein zweiatomiges Molekül $q_B = -1$ usw.

Wir unterscheiden nun nicht nur »Mikrozustände« und »Makrozustände«, sondern vier Sorten von Zuständen in vier »semantischen Ebenen«:

1. *Atomare Zustände.* Die Atome sind als individuell bekannt, also etwa als numeriert gedacht. Die Angabe des atomaren Zustands besteht darin, daß zu jedem Atom angegeben wird, mit welchen Atomen es in einem Molekül vereinigt ist und welche Energie dieses Molekül hat.

2. *Molekulare Zustände.* Die Moleküle sind nach Anzahl, Sorte und Energie bekannt. Zu jedem Molekül ist die Anzahl k seiner Atome und seine Energie q angegeben.

3. *Populative Zustände.* Die Populationen von Molekülen

Evolution als Wachstum potentieller Information

sind individuell bekannt. Das heißt, zu jeder Sorte k von Molekülen ist bekannt, wie viele Moleküle dieser Sorte (eventuell Null) es gibt. Populative und molekulare Zustände unterscheiden sich also nur darin, daß in den molekularen Zuständen auch die Energie jedes Moleküls bekannt ist. Wir wollen jedoch festsetzen, daß in einem populativen Zustand die Gesamtenergie des ganzen Systems bekannt ist. Sie sei durch eine ganze Zahl Q beschrieben.

4. *Morphologische Zustände.* Es ist nur bekannt, welche Sorten von Molekülen vorkommen. Auch hier sei aber die Gesamtenergie Q bekannt.

Wir bezeichnen die vier semantischen Ebenen durch ihre Nummern 1 bis 4 und definieren die Anzahl j_{xy} von Zuständen der Ebene x pro Zustand der Ebene y. Diese Anzahl ist eine Funktion des Zustandes der Ebene y; sie ist die Verallgemeinerung des Begriffs »Anzahl der Mikrozustände pro Makrozustand«.

Tabelle 1: Werte von j_{13}

K	j_{12}	$Q=-5$	-4	-3	-2	-1	0	1	2	3
6	1	1	1	1	1	1	1	1	1	1
5,1	6	–	6	12	18	24	30	36	42	48
4,2	15	–	15	30	45	60	75	90	105	120
3,3	20	–	20	40	60	80	100	120	140	160
4,1,1	15	–	–	15	45	90	150	225	315	420
3,2,1	60	–	–	60	180	360	600	900	1260	1440
2,2,2	15	–	–	15	45	90	150	225	315	420
3,1,1,1	20	–	–	–	20	80	200	400	700	1120
2,2,1,1	45	–	–	–	45	180	450	900	1575	2520
2,1,1,1,1	15	–	–	–	–	15	75	225	525	1050
1,1,1,1,1,1	1	–	–	–	–	–	1	6	21	56

Wir deuten die Rechnung hier nur an. Ein molekularer Zustand ist vollständig charakterisiert durch eine Funktion (k, q), welche angibt, wie viele Moleküle der Sorte k und der Energie q es in ihm gibt, ein populativer Zustand durch die Anzahlfunktion (k), die angibt, wie viele Moleküle der Sorte k vorkommen, sowie durch Q. In der Tabelle 1 sind für den Fall, daß es im ganzen 6 Atome gibt, alle möglichen populativen Zustände in der ersten Spalte (unter K) symbolisch angegeben. K ist die Auflistung aller in dem betreffenden Zustand vorkommenden Moleküle; z. B. bezeichnet $K = 3,1,1,1$ den Zustand, in dem ein Molekül $k = 3$, also aus drei Atomen besteht, und drei je einatomige Moleküle vorkommen.

Die zweite Spalte der Tabelle gibt die Anzahl j_{12} atomarer Zustände an, die in einem tiefsten molekularen Zustand vorkommen können, d. h. in einem molekularen Zustand ohne jede Anregungsenergie; in einem solchen ist $q_A = 0$ und $q = q_B = 1-k$. Z. B. gibt es in $K = 5,1$ gerade 6 atomare Zustände, da jedes der 6 Atome das im Molekül $k = 1$ sitzende sein kann. Gibt man dann eine gesamte Anregungsenergie Q_A vor, so definiert man damit einen populativen Zustand mit der Energie $Q = Q_A + Q_B$; Q_B ist für jedes K leicht zu berechnen. Die Energie Q_A kann nun auf verschiedene Weise über die Moleküle verteilt werden. So ergibt sich für jedes K eine Anzahl j_{23} von molekularen Zuständen, die zum selben populativen Zustand gehören. Es folgt als Anzahl der atomaren Zustände pro populativen Zustand $j_{13} = j_{12} \cdot j_{23}$. Diese j_{13} sind in den verbleibenden Spalten der Tabelle angegeben. Die Spalten sind durch die möglichen vorgegebenen Werte der Gesamtenergie Q unterschieden.

Wir diskutieren nun die Werte der j_{13}, also die Anzahl möglicher Verwirklichungen desselben populativen Zustands. Wegen der Bindungsenergie ist die tiefste mögliche Gesamtenergie, die nur im »Tropfen« aus 6 Atomen verwirklicht werden kann, $Q = -5$. Für tiefe Werte von Q sind die großen Moleküle begünstigt, für hohe Q die kleinen Moleküle. Betrachten wir zum Beispiel die Spalte $Q = 0$, so finden wir, daß lauter freie Atome (1,1,1,1,1,1) nur auf *eine* Weise herzustellen sind, ebenso wie ein »Tropfen«, der alle Atome umfaßt (6). Auf 600 Weisen läßt sich 3,2,1 herstellen, auf 450 2,2,1,1. Nehmen wir an, daß jeder atomare Zustand direkt oder indirekt in jeden anderen atomaren Zustand übergehen kann und daß diese Übergangswahrscheinlichkeiten symmetrisch sind (das heißt die Wahrscheinlichkeit des Übergangs, von A nach B ist gleich der von B nach A), so wird im statistischen Gleichgewicht die Wahrscheinlichkeit, einen bestimmten populativen

Zustand anzutreffen, proportional sein zur Anzahl der in ihm enthaltenen atomaren Zustände, und außerhalb des Gleichgewichts wird im statistischen Mittel die durch diese Anzahl definierte Entropie wachsen. Man sieht unmittelbar, daß in unserem Beispiel die Zustände mit komplizierten Gestalten, wie der, in dem die drei Molekülsorten 3,2,1 vorkommen, statistisch stark begünstigt sind gegenüber einfachen Gestalten wie dem bloßen Klumpen 6 oder lauter freien Atomen 1,1,1,1,1,1. Bei hinreichend niedriger Energie ist der Zustand maximaler Entropie gestaltenreich.

Das im Abschnitt 3 beschriebene Verhältnis dreier Ebenen A, B, C läßt sich in unserem Modell am einfachsten zwischen den Ebenen »populativ« (C = 3), »molekular« (B = 2) und »atomar« (A = 1) wiedergeben. Aus der Tabelle für $n = 6$ ziehe ich für drei Q-Werte die Werte von j_{12} *und* j_{23} aus:

Tabelle 2: j_{12} und j_{23} für $n = 6$

K	j_{12}	j_{23}		
		$Q = -3$	$= 0$	$= +3$
6	1	1	1	1
5,1	6	2	5	8
4,2	15	2	5	8
3,3	20	2	5	8
4,1,1	15	1	10	28
3,2,1	60	1	10	28
2,2,2	15	1	10	28
3,1,1,1	20	0	10	56
2,2,1,1	45	0	10	56
2,1,1,1,1	15	0	5	70
1,1,1,1,1,1	1	0	1	56

Man sieht, daß die beiden Größen keineswegs immer parallel gehen, aber gerade für $Q = 0$ ziemlich gut. Noch besser ist die Parallelität von j_{23}, das hier als Maß der Gestaltungen figuriert, mit j_{13}, das die thermodynamische Wahrscheinlichkeit mißt; hier ist ja, unabhängig von Q, j_{12} der Proportionalitätsfaktor.

Aber dieser Vergleich ist ziemlich formal, da man normalerweise nicht gerade die Energieverteilung auf die Moleküle messen kann. Ein einfaches Maß der Gestaltmenge wäre die Anzahl φ verschiedener Spezies in einem morphologischen Zustand. Für $n = 6$ gibt es 4 morphologische Zustände mit $\varphi = 1$, die bei $Q = 0$ zusammen 252 atomare Zustände umfassen, ferner 5 morphologische (6 populative) mit $\varphi = 2$ und 980 atomaren, schließlich einen mit $\varphi = 3$ und 600 atomaren. In einer statistischen Verteilung über die populativen Zustände mit der Wahrscheinlichkeit $p(\varphi)$ ist die »Information über φ«

$$H\varphi = - \sum_{\varphi} p(\varphi) \log_2 p(\varphi) \qquad (5.1)$$

Beginnt man bei einem bestimmten populativen Zustand, zum Beispiel 1,1,1,1,1,1, so ist $H = 0$. Läßt man den Zustand sich dann statistisch entwickeln, so steigt H bis zu dem Wert, der der Gleichverteilung entspricht; er ist etwa 1,32, während der maximal mögliche Wert $\log_2 3 \approx 1{,}55$ wäre.

Eine andere gestaltbezogene Information wäre definiert durch die Frage, welchem Typ ein zufällig herausgegriffenes Molekül angehört; wir wollen sie hier H_k nennen. In einem populativen Zustand mit $\varphi = 1$ ist $H_k = 0$; bei $\varphi = 2$ kann H_k maximal $= 1$, bei $\varphi = 3$ maximal $= \log_2 3$ sein. Auch H_k wird bei statistischer Entwicklung, ausgehend von 1,1,1,1,1,1, bis zu einem Wert wachsen, der etwas unter seinem maximal möglichen Wert liegt.

c. Schlußbemerkungen. Was haben wir qualitativ aus dem Modell gelernt? In extrem gestaltarmen Zuständen, wie »lauter freie Atome« oder »ein einziger Tropfen« ist die aktuelle Information über den atomaren Mikrozustand sehr groß, also die potentielle Information oder Entropie sehr gering. Dieses qualitative Argument zeigt schon, daß gestaltenreichere Zustände entropiereicher, also wahrscheinlicher sein müssen.

Die qualitative Verteilung und damit die Lage des Gleichgewichts hängt in dem Modell von der Gesamtenergie Q des Systems ab. Bei großem Q sind freie Atome und kleine Moleküle begünstigt, bei kleinem Q sind es die größeren Moleküle. Hätten wir gar keine Bindungsenergie eingeführt, so läge das Gleichgewicht stets auf der Seite der freien Atome. Wir haben hier keine Orts- und Impulskoordinaten eingeführt.

In einer realen chemischen Theorie des Reaktionsgleichgewichts tritt derselbe Sachverhalt noch schärfer hervor. Der Beitrag des Volumens zur Entropie ist um so größer, je mehr einzeln bewegliche Moleküle vorhanden sind, am größten also bei freien Atomen. Daneben tritt aber der Beitrag des Volumens im Impulsraum. Dieser ist beim Vorhandensein einer Bindungsenergie und bei fester Gesamtenergie größer für Moleküle, in denen die Atome viel Bindungsenergie freisetzen.

Die statistische Begünstigung des Gestaltenreichtums hängt also an zwei Bedingungen: Existenz einer Bindungsenergie und hinreichend niedrige Gesamtenergie (beziehungsweise Temperatur). Sind diese erfüllt, so wird nicht nur die Menge an Gestalten bei großem Abstand von Gleichgewicht anwachsen, wie Glansdorff und Prigogine zeigen, sondern entgegen der herrschenden Ansicht ist dann auch der Gleichgewichtszustand gestaltenreich. Dies führt auf die Frage, wie denn diese herrschende Ansicht entstehen und sich an so vielen empirischen Beispielen bestätigen konnte. Hierzu müssen wir näher betrachten, in welchem Sinne der Gleichgewichtszustand gestaltenreich ist.

Im Modell haben wir nur Entropien, aber keine Übergangsgeschwindigkeiten berechnet. Nehmen wir etwa an, daß pro Zeiteinheit stets *ein* Atom seinen Bindungs- oder Anregungszustand ändert, so gehen die atomaren Zustände mit stets gleicher Geschwindigkeit in Nachbarzustände über. Im Gleichgewicht sind dann zwar stets molekulare Gestalten vorhanden, aber immer wechselnde. Ein solches Gleichgewicht ist ein »Wimmeln wechselnder Gestalten«. Für einen Beobachter, der sich nur für unumkehrbare Entwicklungen interessiert, liegt es nahe, eine Beschreibungsweise zu wählen, in der er diese einzelnen Gestalten gar nicht mehr wahrnimmt. *Als Folge dieser Wahl der Beschreibungsweise* nennt er dann das Gleichgewicht chaotisch. Das liegt aber sozusagen nur daran, daß er natürlich in der Gleichgewichtssituation das nicht mehr haben kann, was ihn als historisch denkenden Menschen interessiert, nämlich eben unumkehrbare Entwicklungen. Das ist aber etwas ganz anderes als die Behauptung, im Gleichgewicht gebe es gar keine Gestalten.

Ein anderer Aspekt ergibt sich, wenn man annimmt, im Gleichgewicht am Ende eines Entwicklungsprozesses nähmen die Übergangsgeschwindigkeiten gegen Null ab. Dann entsteht das im Abschnitt 1 zitierte Bild des Gleichgewichts als einer Sammlung von Skeletten: Diejenigen Gestalten, die sich »zufällig« entwickelt haben, bleiben ohne weitere Veränderung ständig bestehen. So ist zum Beispiel die Entwicklung des Planetensystems zu deuten. Aus einem anfänglichen »Kant-Laplaceschen« Nebel, in dem hydrodynamische und chemische Vorgänge ablaufen, entstehen schließlich getrennte Planeten, die nur noch durch Gravitation aufeinander wirken; die Stabilitätssätze der Himmelsmechanik zeigen, daß dieses »Skelett« praktisch unbegrenzt fortbestehen kann.

Die üblichen thermodynamischen Beispiele für die Gestaltverwischung durch das Entropiewachstum sind einseitig ausgesucht. Sie betreffen Fälle, in denen sich eine Größe ausgleicht, die ihrem Wesen oder den besonderen Bedingungen gemäß zur Gestaltbildung durch Bindungskräfte gar nicht fähig ist. So zum Beispiel beim Energietransport im Falle der Wärmeleitung; kinetische Energie (»Bewegung« im Sinne des Spencer-Zitats) läßt sich nicht durch Bindungskräfte zusammenballen. Bei Diffusionsvorgängen gleichen sich zwar Materieverteilungen aus, aber nur, weil die betreffende Materie in Gestalt frei beweglicher Atome oder Moleküle vorliegt. Das thermodynamische, genauso relevante Gegenbeispiel des Kristallwachstums in einer Flüssigkeit wird meist vergessen. Hier bildet sich in der Tat ein geordnetes Gebilde, dessen Beitrag zum Volumenanteil der Entropie kleiner ist, als wenn es aufgelöst wäre; aber die frei werdende Bindungswärme überkompensiert dies durch den erhöhten Beitrag zum Impulsanteil. Das Auftreten des Wortes »überkompensieren« zeigt übrigens, daß zwischen den Antworten 3. und 4. im 1. Abschnitt kein scharfer Gegensatz besteht. Einer isolierten Gestalt kann man sinnvoll eine niedrige Entropie zuschreiben; nur die Entropie des Gesamtsystems nimmt bei ihrer Entstehung zu. Was durch die Unterscheidung der beiden Antworten hervorgehoben werden sollte, ist nur, daß auch die Prozesse der Gestaltbildung Folgen genau derselben Geschehensstruktur sind, die sich im zweiten Hauptsatz ausdrückt.

Am Schluß sei noch eine Bemerkung über den Begriff des Dokuments gemacht. In meinen älteren Arbeiten zum zweiten Hauptsatz habe ich mehrmals folgende Konsistenzüberlegung angestellt:* »Der zweite Hauptsatz folgt einerseits daraus, daß die Vergangenheit faktisch, die Zukunft offen (›möglich‹) ist. Dem entspricht, daß es Dokumente der Vergangenheit, aber nicht der Zukunft gibt. Dies muß nun umgekehrt auch aus dem zweiten Hauptsatz folgen. Es folgt, wenn man bedenkt, daß dem Entropiewachstum ein Informationsverlust entspricht. Ein Dokument ist ein unwahrscheinliches Faktum, enthält also viel Information. Daraus folgt, wegen des fortschreitenden Informationsverlustes, viel Information über die Vergangenheit, aber wenig Information über die Zukunft.« Diese Überlegung erscheint nun auf den ersten Blick problematisch, wenn der zweite Hauptsatz in Wirklichkeit ein Wachstum der Information behauptet. Aber es handelt sich hier wieder nur um die Vorzeichenunklarheit, die durch die Verwechslung aktueller und potentieller Information entsteht. Die potentielle Information wächst, die aktuelle nimmt ab, und bei einem Dokument handelt es sich um aktuelle Information.

6. *Information als Nutzen***

a. These. Die These dieses Abschnitts ist, daß operationale Definitionen der Begriffe Information und Nutzen gegeben werden können, nach denen beide Begriffe im wesentlichen identisch sind. Man könnte demnach, je nach der Fragerichtung, die quantitativ definierte Information als ein Maß des inhaltlich verstandenen Nutzens oder den quantitativ definierten Nutzen als ein Maß der inhaltlich verstandenen Information auffassen.

In der Literatur findet man zueinander spiegelbildliche Reduktionen des Nutzenbegriffs auf den Wahrscheinlichkeitsbegriff und des Wahrscheinlichkeitsbegriffs auf den Nutzenbegriff. Ich nenne hier zwei Beispiele.

Hier in 4.3.
Leicht umgearbeitete Fassung einer Aufzeichnung von 1976.

J. v. Neumann und O. Morgenstern (1943) begründen die Existenz einer linearen Nutzenskala auf die zwei Begriffe der Präferenzordnung und der Wahrscheinlichkeit. Seien A, B, C drei alternative Ereignisse, die von einer Person in einer subjektiven Präferenzordnung so bewertet werden, daß der Betreffende das Ereignis A dem Ereignis B vorzieht, und das Ereignis B dem Ereignis C; die Transitivität der Präferenzordnung wird vorausgesetzt und impliziert den Vorzug von A vor C. Um die Abstände auf der Präferenzskala meßbar zu machen, wird ein Ereignis pAC eingeführt, das darin besteht, daß entweder A oder C eintritt, und zwar A mit der Wahrscheinlichkeit p und C mit der Wahrscheinlichkeit $1-p$. Bewertet man nun willkürlich A mit dem Nutzen 1 und C mit dem Nutzen 0, so findet man eine reelle Zahl p ($0 \le p \le 1$) derart, daß pAC und B in der Präferenzordnung als gleich wünschenswert erscheinen. Dann ist p die Maßzahl des Nutzens von B.

Der Nutzen N ist nur bis auf eine lineare Transformation $N' = aN + b$ definiert; im Beispiel entspricht dem die willkürliche Wahl $N(A) = 1$, $N(C) = 0$. Wesentlich ist, daß allgemeinere Transformationen nicht zugelassen sind, d. h. daß lineare Relationen zwischen den Nutzenwerten verschiedener Ereignisse invariant sind; im Beispiel $N(B) = pN(A) + (1-p)N(C)$. Diese linearen Relationen basieren auf der additiven Gruppe der reellen Zahlen, und diese wird hier durch den Wahrscheinlichkeitsbegriff eingeführt. Der Wahrscheinlichkeitsbegriff selbst wird dabei als bekannt und operativ verwendbar vorausgesetzt: die Versuchsperson weiß, was sie meint, wenn sie einem Ereignis die Wahrscheinlichkeit p zuschreibt.

B. de Finetti (1972, vgl. auch Savage 1954) begründet umgekehrt den operativen Sinn des Wahrscheinlichkeitsbegriffs auf den Nutzenbegriff. Dies ist die sogenannte subjektive Theorie der Wahrscheinlichkeit.* Seien z.B. A und C zwei alternative Ereignisse, so wird die Versuchsperson aufgefordert, ihre Schätzung der Wahrscheinlichkeiten dieser Ereignisse bekanntzugeben. Sie schätze x als Wert der Wahrscheinlichkeit von A und $1-x$ als Wert der Wahrscheinlichkeit von C. Ihr

Hierzu *Zeit und Wissen* 4.4.

wird mitgeteilt, daß sie im Falle des Eintretens von A eine Strafe $(1-x)^2$ und im Falle des Eintretens von C eine Strafe x^2 zahlen muß; also jeweils das Quadrat der Abweichung ihrer Schätzung von den Werten 1 bzw. 0, welche nach dem Eintreten des Ereignisses sich als diejenige Schätzung erwiesen haben, welche richtig gewesen wäre. Nach Bekanntgabe einer festen Zahl x durch die Versuchsperson soll der Versuch häufig wiederholt werden, und jedesmal soll die fällige Strafe kassiert werden. Um realistisch zu sein, darf man annehmen, daß für die Teilnahme an diesem Spiel ein Honorar gezahlt wird, das den Erwartungswert der Strafen übertrifft, oder daß das Spiel als Nullsummen-Wettkampf zwischen verschiedenen Spielern ausgefochten wird, die verschiedene Werte von x nennen. Real hat de Finetti das Spiel mit Studenten gespielt, wobei die zu prognostizierenden Ereignisse die Ergebnisse der italienischen Fußball-Liga waren. Der Sinn des Strafverfahrens liegt in der Überzeugung, daß es die Versuchspersonen veranlaßt, ihre wahren subjektiven Schätzungen zu nennen. Der Begriff einer subjektiven Meinung wird dadurch intersubjektiv operationalisiert.

Mathematisch beruht dieses Verfahren darauf, daß die Versuchsperson, wenn ihre Schätzung richtig war, ihren Schaden minimiert; zum mathematischen Sachverhalt s.u. (Abschnitt 2.). Was bei Neumann und Morgenstern vorausgesetzt war, wird hier begründet: der Theoretiker weiß jetzt, was es heißt, daß die Versuchsperson einem Ereignis eine bestimmte Wahrscheinlichkeit zuschreibt. Was bei Neumann und Morgenstern begründet werden soll, wird hier vorausgesetzt: ein intersubjektives Maß des Nutzens in Gestalt des Geldwertes ist verfügbar. Die Begründung der Existenz dieses Maßes setzt ein erhebliches Stück ökonomischer Theorie voraus. De Finetti geht aber weiter und unterscheidet methodisch Geldwert von Nutzen, um die subjektive Wahrscheinlichkeitsdefinition streng auf den subjektiven Nutzenbegriff zu stützen; wir brauchen dies hier nicht zu verfolgen. Im Verfahren von de Finetti steckt jedoch noch eine Willkür, nämlich in der Auswahl des Quadrats der Abweichung als Nutzenfunktion.

Die These des vorliegenden Aufsatzes spaltet sich damit in zwei Thesen auf:

1) Die konsequente Nutzenfunktion für die Begründung des subjektiven Wahrscheinlichkeitsbegriffs ist die Information.

2) Die Klärung des Zusammenhangs zwischen dem subjektiven und dem objektiven Wahrscheinlichkeitsbegriff gestattet zugleich eine Verallgemeinerung der Gleichsetzung von Nutzen und Information.

These 1) wird im Abschnitt b. behandelt, These 2) in den nachfolgenden Abschnitten.

b. Information als Nutzenfunktion für subjektive Wahrscheinlichkeiten. Wir betrachten eine *n-fache Alternative* A_n, d.h. n mögliche, einander ausschließende Ereignisse E_k ($k = \ldots n$), welche die Bedingung erfüllen, daß, wenn $n-1$ von ihnen in einem Versuch der Entscheidung der Alternative nicht eintreten, das letzte eintritt. Als einen *Wahrscheinlichkeitsvektor* x zu A_n bezeichnen wir n reelle Zahlen x_k ($k = 1 \ldots n$), welche die zwei Bedingungen erfüllen:

$$\alpha)\ x_k \geq 0 \quad \text{für jedes } k$$
$$\beta)\ \sum_k x_k = 1. \tag{2.1}$$

Als eine *Nutzenfunktion* zu einem Wahrscheinlichkeitsvektor bezeichnen wir eine reelle Funktion $N_j(x)$ des Index $j = 1 \ldots n$ und des Vektors x.

Inhaltlich entspreche diesen Definitionen der folgende Ablauf des de Finettischen Spiels. Der Versuchsleiter gibt eine Nutzenfunktion $N_j(x)$ bekannt. Danach wählt die Versuchsperson einen festen Wahrscheinlichkeitsvektor $x = x'$. Ein Versuch der Entscheidung der Alternative wird gemacht. Das spezielle Ereignis $E_{j'}$ trete ein. Der Versuchsperson wird nunmehr der Betrag $N_{j'}(x')$ ausgezahlt. Der Versuch wird häufig wiederholt, wobei der einmal gewählte Vektor x' festgehalten bleibt. Die anfängliche Wahl von x' soll so getroffen werden, daß die Versuchsperson bei vorgegebener Nutzenfunktion ihren Nutzen maximiert. Das theoretische Problem, das wir lösen wollen, ist, die Nutzenfunktion so zu bestimmen, daß die Versuchsperson ihren Nutzen gerade dann maximiert, wenn die gewählten x_k die wirklich eintretenden relativen Häufigkeiten der Ereignisse E_k sind.

Information als Nutzen

Wir nehmen dazu an, bei m Versuchen sei das Ereignis E_k gerade m_k mal eingetreten: $\sum_k m_k = m$. Wir definieren die *faktische relative Häufigkeit* von E_k in dieser Versuchsreihe als

$$q_k = \frac{m_k}{m} \qquad (2.2)$$

Die Versuche der Reihe seien mit dem Index $\lambda = 1\ldots m$ numeriert. Der beim λten Versuch eingetretene Nutzen heiße N^λ. Es ist

$$N^\lambda = N_{j\lambda}(x), \qquad (2.3)$$

wenn beim λten Versuch das Ereignis $E_{j\lambda}$ eingetreten ist. Als *Gesamtnutzen* bei der betrachteten Versuchsreihe bezeichnen wir die Summe der N^λ:

$$N = \sum_\lambda N^\lambda \qquad (2.4)$$

Als eine *ausgezeichnete Nutzenfunktion* bezeichnen wir eine Nutzenfunktion, für welche der Gesamtnutzen N stets genau dann maximal ist, wenn $x_k = q_k$ gewählt war. Eine solche Funktion konstruieren wir in folgenden Schritten.

Der Wert der Funktion $N_j(x)$ für einen Wert j' des Index j hänge nur von der Komponente $x_{j'}$ des Vektors x ab:

$$N_j(x) = N_j(x_j) = f(x_j). \qquad (2.5)$$

Diese Abhängigkeit sei universell, d.h. für alle j, für alle Alternativen, Versuchsreihen etc. dieselbe. Dann ist

$$N = \sum_j q_j f(x_j) \qquad (2.6)$$

N soll als Funktion der n Variablen x_j ($j = 1\ldots n$) zum Maximum gemacht werden mit der Nebenbedingung

$$g = \sum_j x_j - 1 = 0. \qquad (2.7)$$

Die Lagrangesche Multiplikatormethode liefert

$$F = N + \lambda g \tag{2.8}$$

$$\left.\begin{array}{l}\dfrac{\partial F}{\partial x_j} = q_j f'(x_j) + \lambda = 0 \\ \dfrac{\partial F}{\partial \lambda} = g = 0.\end{array}\right\} \tag{2.9}$$

Diese Bedingungen sind erfüllbar durch die Wahl

$$f'(x_j) = -\lambda/x_j \tag{2.10}$$

$$f(x_j) = -\lambda \ln x_j \tag{2.11}$$

$$x_j = q_j. \tag{2.12}$$

Mit dieser Wahl wird

$$N = -\lambda \sum_j q_j \ln q_j, \tag{2.13}$$

d.h. der Gesamtnutzen ist die zur relativen Häufigkeit q_j gehörende Information.

M. Drieschner hat 1977 gezeigt, daß im allgemeinen Fall dies die einzige ausgezeichnete Nutzenfunktion ist.

c. Subjektive und objektive Wahrscheinlichkeit und der Informationsbegriff. Der Wahrscheinlichkeitsvektor x gibt die subjektive Schätzung der Versuchsperson für die relative Häufigkeit jedes Ereignisses E_k an, der Vektor q, der durch die Komponenten q_k definiert ist, gibt die realen Werte dieser relativen Häufigkeiten in einer konkreten Versuchsreihe.

Der durch die *»gemischte Information«*

$$I^{qx} = -\sum_k q_k \operatorname{ld} x_k \tag{3.1}$$

definierte Nutzen wird optimal, wenn $x = q$, d.h. wenn die Schätzung richtig war. Was bedeutet I^{qx} begrifflich?

Information als Nutzen

Wir betrachten zunächst die *subjektive Einzelinformation*

$$I_k^x = -\operatorname{ld} x_k, \qquad (3.2)$$

die einem speziellen Ereignis E_k durch die Schätzung x_k seiner Wahrscheinlichkeit zugeordnet wird. Sie ist die subjektive Schätzung der *objektiven Einzelinformation*

$$I_k^q = -\operatorname{ld} q_k \qquad (3.3)$$

Letztere können wir auch als ein Maß des *Aufwandes* auffassen, welcher getrieben werden muß, um festzustellen, daß das Ereignis E_k eingetreten ist. Dies sei zunächst an einem einfachen Beispiel erläutert.

Wir betrachten eine Alternative von vier möglichen Ereignissen. In einer Reihe von Versuchen seien ihre relativen Häufigkeiten

$$q_1 = \frac{1}{2}, \; q_2 = \frac{1}{4}, \; q_3 = q_4 = \frac{1}{8}. \qquad (3.4)$$

Bei jedem Versuch muß festgestellt werden, welches Ereignis eingetreten ist. Wir denken uns die dazu notwendigen Prozeduren aus einzelnen Ja-Nein-Entscheidungen zusammengesetzt. Z. B. seien vier elementare Ja-Nein-Entscheidungen möglich, deren jede für eines der vier möglichen Ereignisse feststellt, ob es stattgefunden hat oder nicht. Es fragt sich nun, wie man mit möglichst wenigen Entscheidungen bei jedem Versuch auskommt. Nehmen wir an, die obigen Werte der q_k seien vorweg bekannt (z. B. habe ein anderer die Ereignisse schon durchgemustert und die jetzt vollzogene Versuchsreihe sei nur eine Studie schon registrierter Ereignisse; oder aber man glaube an die Möglichkeit, objektive Wahrscheinlichkeiten vorherzusagen). Dann ist es offenbar am sparsamsten, zunächst festzustellen, ob E_1 geschehen ist. Ist die Antwort Ja, so ist der Versuch fertig; dies geschieht in der Hälfte der Fälle. Ist die Antwort Nein, so stellt man fest, ob E_2 geschehen ist; dies wird in der Hälfte der verbleibenden Fälle der Fall sein. Ist die Antwort wieder Nein, so stellt man fest, ob E_3 geschehen ist; dies genügt nun zur Entscheidung. Die Anzahl nötiger Entscheidungen, um E_k zu ermitteln, ist bei diesem Verfahren $-\mathrm{ld}q_k$; der Mittelwert dieser Anzahl pro Versuch ist $-\sum_k q_k \mathrm{ld}q_k$. Habe ich für q die subjektive Schätzung x und bin ich bereit, so viele Versuche zu bezahlen, als nach meiner Schätzung nötig sind, um die Versuchsreihe durchzuführen, so komme ich objektiv am billigsten weg, wenn der reale Mittelwert meiner Zahlungen, eben I^{qx}, gleich ist dem realen Mittelwert der realen Kosten:

$$I^{qq} = - \sum_k q_k \mathrm{ld}q_k. \qquad (3.5)$$

Wir kommen mit dieser Überlegung zurück zum kommunikationstheoretischen Ursprung des Informationsbegriffs. Die Information ist der Erwartungswert der Kosten der Erwerbung (oder Übermittlung) eines Wissens. Sie ist insofern der Nutzen dieses Wissens.

Die Überlegung illustriert den Satz: »Information gibt es nur unter einem Begriff.« An sich sind alle Ereignisse einer Versuchsreihe voneinander verschieden, sonst könnte man sie nicht zählen. Aber unter dem durch die Alternative A_n bezeichneten Begriff sind zwei Ereignisse als gleich zu betrachten, wenn auf beide derselbe Unterbegriff E_k zutrifft (wenn beide zur Klasse der E_k gehören). Die Einzelinformation I_k^q gibt den Aufwand an, der nötig ist, um festzustellen, ob ein Ereignis unter den Begriff E_k fällt.

Wie verhält sich die »subjektive« zur »objektiven« Wahrscheinlichkeit? x_k ist die Erwartung, die ein Subjekt von einer relativen Häufigkeit hat, q_k ist der Wert, den diese relative Häufigkeit in einer einzelnen Versuchsreihe faktisch erhalten hat. x_k bezieht sich auf Ereignisse, die zu der Zeit, zu der die Erwartung gehegt bzw. ausgesprochen wird, in der Zukunft liegen, q_k auf vergangene Ereignisse. Man hegt nur Erwartungen, wenn man Gesetzmäßigkeiten des Geschehens (wenigstens unreflektiert) voraussetzt. Gesetze geben stets *bedingte* Wahrscheinlichkeiten an. Ob ein Gesetz wahr ist, kann selbst einer Wahrscheinlichkeitsschätzung unterliegen. Wer eine Wahrscheinlichkeit schätzt, *meint* sie als objektive; de Finettis Strafverfahren ist eben der Versuch, die wahre Meinung der Versuchsperson zu ermitteln. In 3.3. habe ich versucht zu

Information als Nutzen 197

beschreiben, in welchem Sinne man Erwartungen empirisch prüfen kann. Es steht nichts im Wege, eine vom Theoretiker eingeführte »objektive Wahrscheinlichkeit« p_k in einem nächsten Reflexionsschritt als die »subjektive Schätzung des Theoretikers« zu bezeichnen. Derjenige, der die Reflexion vollzieht, benützt dabei wieder eine eigene, als objektiv gemeinte Schätzung. Die Theorie dieser Reflexion ist noch nicht der Gegenstand des jetzigen Buches.* Sie setzt vielmehr das Ergebnis dieses Abschnitts voraus. Man darf aber wohl die Sprechweise als verständlich ansehen, in der wir als Ergebnis der bisherigen Überlegung formulieren: Der als Information bezeichnete Aufwand wird minimal, wenn die subjektive Wahrscheinlichkeit gleich der objektiven gewählt wird.

d. Der Sinn der Gleichsetzung von Nutzen und Information. Jeder dieser beiden Begriffe wird in so vielen Bedeutungen verwendet, daß es leicht ist, aus dem Sprachgebrauch Beispiele zu finden, in denen Nutzen etwas anderes bedeutet als Information. Es kann höchstens behauptet werden: Ein Theoretiker, der den Zusammenhang zwischen den verschiedenen Verwendungen *desselben* Wortes begrifflich versteht, wird zu jeder Bedeutung von »Nutzen« eine sinnvolle Bedeutung von »Information« angeben können, die ihr gleichbedeutend ist, und vice versa. Das dabei anzuwendende Prinzip sei hier angedeutet.

Der Nutzenbegriff sucht eine Gesetzmäßigkeit im Verhalten eines Subjekts zu beschreiben. Er geht davon aus, daß es für ein Subjekt eine konstante Präferenzordnung zwischen Gütern gibt. Von einem objektiven Begriff des »Wertes« unterscheidet er sich nur dadurch, daß er diese Präferenzordnung nicht mit der intersubjektiven einer Gesellschaft oder mit der vom Theoretiker selbst für richtig gehaltenen identifiziert. Damit nun eine Person eine Präferenzordnung aufrechterhalten kann, muß sie Begriffe haben, durch welche sie die betreffenden Güter voneinander unterscheidet. Der Nutzen eines Gutes für die Person kann definiert werden als der Aufwand, den sie zu treiben bereit ist, um einen unter den Begriff dieses Gutes

---

* Hierzu *Zeit und Wissen* 4.6.

fallenden Gegenstand zu beschaffen (ein unter diesen Begriff fallendes Ereignis zu erzeugen). Dies ist formal analog der Erläuterung des Informationsbegriffs durch den zur Entscheidung über das Fallen eines Ereignisses unter einen Begriff notwendigen Aufwand. Hier ist als das leitende Interesse die Erkenntnis vorausgesetzt; deshalb ist hier die theoretische Entscheidung selbst das erstrebte Gut. Der Aufwand, den man zu treiben *bereit ist*, ist so lange gleich groß wie der Aufwand, den man treiben *muß*, als das Gut an sich begehrt wird (Wasser in einer humiden Landschaft ist zwar nicht weniger lebenswichtig als in einer ariden, aber sein »Nutzen« ist geringer, weil der erforderliche Aufwand geringer ist). Der Informationsgehalt einer Entscheidung ist also der Nutzen dieser Entscheidung unter dem vorausgesetzten theoretischen Interesse.

In einer pragmatischen Wahrheitstheorie ließe sich dieses Verhältnis auch umkehren. Dies ist eine lange Gedankenkette, von der hier nur der Anfang gezeigt werden kann. Es handelt sich um den pragmatischen Nutzen des theoretischen Interesses und, vermittelt dadurch, um die quantitative Bestimmung theoretischer Information *als* Nutzen.

Daß Lebewesen Präferenzordnungen, also im pragmatischen, nichtreflexiven Sinn des Worts, Begriffe haben, hängt mit den Bedingungen des Überlebens zusammen. Ein menschliches Individuum als Träger einer Präferenzordnung ist ein sehr kompliziertes Beispiel. Angeborenes oder erlerntes Verhalten von Tieren zeigt einfachere Beispiele. Verwandelt man in der Beschreibung eines tierischen Verhaltensmusters die empirisch erhebbare Nutzenskala in eine Wahrscheinlichkeitsskala, so sind die so erhobenen »subjektiven Wahrscheinlichkeiten für das Tier« für bestimmte Ereignisse vermutlich gute Annäherungen an objektive Wahrscheinlichkeiten, weil das Tier bzw. seine Spezies sonst wohl nicht überlebt hätte. Die »Begriffe«, unter denen diese Informationen definiert sind, sind die für das betreffende Tier lebenswichtigen. Das Verhaltensschema ist ein Beispiel von »Komplexitätsreduktion« im Sinne Luhmanns. Die Annäherung der subjektiven an die objektiven Wahrscheinlichkeiten bedeutet die optimale Lösung der Aufgabe der Komplexitätsreduktion (Aufwandsminimierung).

Menschliches Verhalten beruht auf der Fähigkeit, Verhalten nicht nur zu vollziehen, sondern vorzustellen. Hiermit hängt die Fähigkeit quasi unbeschränkter Informationsspeicherung zusammen. Akkumulierte Information ist Macht. Erst diese Reflexion thematisiert Begriffe *als* Begriffe, also Information *als* Information. Macht ist ein Humanum.

Hier stellt sich die erkenntnistheoretische Frage nach der Größe der Information einer begrifflichen Erkenntnis, also insbesondere eines erkannten Gesetzes. Man könnte vermuten, sie sei unendlich, da sie wegen der logischen Form der Allgemeinheit unbegrenzt viele Einzelfälle umfaßt. Nun ist aber nach Popper ein allgemeines Gesetz nicht empirisch verifizierbar. Jedes allgemeine Gesetz hat im Sinne Heisenbergs einen Geltungsbereich. Ein Kuhnsches Paradigma dürfte Träger großer, aber nicht unendlicher Information sein. Das abstrakt ausgesprochene allgemeine Gesetz faßt den Grund aller »Bestätigung« zusammen und verschiebt alle »Erstmaligkeit« in die unter es fallenden Einzelfälle (vgl. Abschnitt 7). Die Kuhnsche Krise ist die Rückkehr der Erstmaligkeit in die semantische Ebene der Gesetze. Die Möglichkeit der Krisen indiziert die Endlichkeit der Informationsmenge eines Gesetzes.

Wir treten mit diesen Fragen in den Anfang einer Selbstkritik des hier benützten theoretischen Ansatzes ein. Wenn die Physik, via Quantentheorie, auf dem Wahrscheinlichkeitsbegriff beruht, so ist die Frage, was zur Anwendbarkeit dieses Begriffs nötig ist. Er bedarf einer Vielzahl unter jeweils denselben Begriff (etwa »E_k«) fallender unabhängiger Einzelereignisse. Streng genommen sind Ereignisse nicht unabhängig. Die quantifizierende Wahrscheinlichkeitstheorie behandelt sie *als* unabhängig. Information ist meßbar, genau soweit sie akkumulierbarer Nutzen, also Macht, für einen die Ereignisse als unabhängig stilisierenden Menschen oder eine Gesellschaft solcher Menschen ist. Insofern ist Information Nutzen im Sinne des Homo oeconomicus der klassischen Wirtschaftstheorie. Eine Theorie der neuzeitlichen Wissenschaft muß die Möglichkeit dieser Stilisierung erklären, ohne ihre metaphysische Wahrheit vorauszusetzen.

7. Pragmatische Information: Erstmaligkeit und Bestätigung

a. *Pragmatische Information.** Wir erinnern uns an die Herkunft des Informationsbegriffs aus der Kommunikationstheorie. Was man in menschlicher Kommunikation umgangssprachlich unter Information versteht, ist nicht die syntaktisch definierbare Gestaltmenge einer Botschaft, sondern das, was ein kompetenter Hörer in der Botschaft verstehen kann. Wir verdichten dies in die These 1: *Information ist nur, was verstanden wird* (MEI, S. 351). Die These gilt übrigens für die beiden Begriffe der syntaktischen und der semantischen Information, nur eben in verschiedenen »semantischen Ebenen«. Die syntaktische Information liegt für denjenigen Sender oder Empfänger vor, der Buchstaben unterscheiden kann und an ihnen interessiert ist, die semantische für denjenigen, den die sprachlich mitgeteilten Inhalte interessieren.

An diese Unterscheidung knüpfen die Überlegungen von Ernst und Christine v. Weizsäcker über die biologische und gesellschaftlich systemtheoretische Definition und Verwendung des Informationsbegriffs an (1971, 72, 83, 84). Sie weisen zunächst darauf hin, daß alle biologischen Systeme ziemlich streng hierarchisch organisiert sind. Wir erläutern dies hier nur in unserem sprachlichen Beispiel der Botschaft eines Telegramms. Es teilt in der Ebene der *Sprache* eine wichtige Neuigkeit mit (hoher Neuigkeitswert) und bedient sich dazu der Ebene der *Buchstaben,* von denen nichts weiter verlangt wird als die Wiedererkennbarkeit. Die für Menschen bedeutsame Information ist in diesem Falle die sprachliche; sie wird eben deshalb »semantisch« (bedeutsam) genannt. Buchstaben und Sprache sind zwei hierarchisch übereinandergeordnete, aufeinander bezogene »semantische Ebenen«; schriftliche Sprache gibt es nur, *wenn* es wiedererkennbare, im übrigen uninteressante Buchstaben gibt; Buchstaben gibt es nur, *damit* es schriftliche Sprache geben kann.

Verstehen von Zeichen ist zunächst eine Bewußtseinsleistung; in diesem engen Sinne gibt es Semantik nur für Menschen. Wir verwenden aber den Informationsbegriff auch in

---

* Dieser Unterabschnitt schließt an an den Aufsatz *Materie – Energie – Information* (1969), in: *Die Einheit der Natur* III, 5; als MEI zitiert.

der Biologie; die gesamte Theorie über Information und Evolution beruht hierauf. Hier kann man den schon im menschlichen Bereich wichtigen Begriff der Pragmatik heranziehen. *Pragmatische* Information ist das, was *wirkt*. Wenn mich nicht interessiert, ob der Absender des Telegramms morgen ankommt, und ich daher nicht reagiere, so war das Telegramm wirkungslos; seine pragmatische Information für mich war gering. Im menschlichen Bereich bezeichnet Pragmatik eine wiederum höhere semantische Ebene als die Sprache: das Gefüge menschlicher Beziehungen und Handlungen. In dieser Ebene fallen die fürs Leben wichtigen Entscheidungen, und das bloße Mittel der Sprache ist für sie eine dienende, untergeordnete Ebene, so wie die Buchstaben für die Sprache. Zur dienenden Funktion der Sprache gehört wiederum ihre zuverlässige Verständlichkeit; sie muß garantiert sein, damit die eigentliche Neuigkeit, die jeweilige Handlung, erfolgreich eintreten kann. (Daß Sprache, z. B. dichterische Sprache, selbst ein Handeln hohen Ranges sein kann, wird in der hier vorgetragenen funktionalen Theorie dadurch berücksichtigt, daß das handelnde Sprechen als *Rede* von der formal analysierbaren *Sprache* unterschieden wird. Zu den Problemen dieser ganzen Einteilung vgl. *Zeit und Wissen* 6.8.2. Wir brauchen uns unter dem hier angesteuerten biologischen Aspekt um diese Probleme noch nicht zu kümmern.)

Im Funktionieren der Organismen wie in der Evolution muß die über der syntaktischen Ebene liegende, eigentlich steuernde Information von vornherein pragmatisch definiert werden. In MEI, S. 350, habe ich dies als »Objektivierung der Semantik« beschrieben.

Jetzt sei nur die *These 2* von MEI, S. 352, noch begründet: *Information ist nur, was Information erzeugt.* Diese These ist eine Verschärfung der obigen Aussage, pragmatische Information sei nur, was wirkt. Im Lebenszusammenhang ist die Wirkung die Erzeugung von Zuständen oder Vorgängen, die nur dann pragmatisch von Belang sind, wenn sie selbst wiederum wirken; wenn sie sich also wiederum als pragmatische Information erweisen. »Information erzeugen« ist also die pragmatische Version von »Verstandenwerden«. Die These ist nicht als Definition der Information gemeint – dann wäre sie

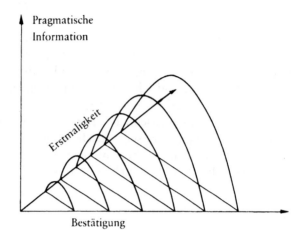

Figur 1

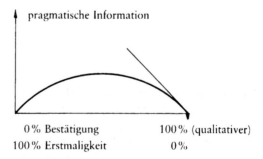

Figur 2

Pragmatische Information 203

zirkelhaft –, sondern als einschränkende Bedingung: *nur* wenn sie Information erzeugt, ist sie im pragmatischen Sinne Information. An diese These werden wir im 12. Kapitel anknüpfen.

b. Erstmaligkeit und Bestätigung. E. und C. v. Weizsäcker versuchen ein geschätztes Maß der pragmatischen Information aus zwei anderen Größen zu definieren, die man für leichter meßbar halten kann; die eine nennen sie Erstmaligkeit (oder Überraschung, Neuheit), die andere Bestätigung. Die pragmatische Information verstehen sie gemäß der obigen These 2 als informationserzeugend und nennen sie daher auch »ansteckende« Information (vgl. den Vortragstitel *Contagious knowledge*, 1984[2]). Der Zusammenhang der drei Größen wird als Fläche im dreidimensionalen Raum gemäß der Figur 1 aufgefaßt. Ein Schnitt durch diese Figur in einer der Ebenen, in denen die Summe der Bestätigung B und der Erstmaligkeit E konstant ist, ist Figur 2.

Der Sinn dieser Zeichnung ist, im Umriß gesprochen: wirksame Information (»Information ist, was Information erzeugt«) ist nur möglich, wenn einiges gesetzmäßig abläuft (Bestätigung) und doch auch einiges Neue geschieht (Erstmaligkeit). Lauter Erstmaligkeit ohne Bestätigung ist Chaos, in dem nichts verstanden werden kann, schiere Bestätigung ist keine Information (bringt keine Überraschung).

Nahe dem Grenzfall hundertprozentiger Bestätigung kann jede Neuigkeit registriert werden. Dies betrachten die Verfasser als die Situation, welche die Shannonsche Informationstheorie voraussetzt. Sie schlagen vor, in diesem Grenzfall die Erstmaligkeit direkt durch die Information im Sinne Shannons zu messen. Dann wird dort $I = E$; das ist die ausgezogene Tangente an die Kurve. Nimmt aber der Bruchteil der Bestätigung ab, so kann nicht mehr jede Neuigkeit pragmatisch effektiv registriert werden. Die Kurve bleibt unter der Shannon-Geraden und kehrt für $B = 0$ zu $I = 0$ zurück. Die Verfasser vermuten, daß geschichtlich erfolgreiche Systeme, also z. B. Lebewesen, in der Nähe des Maximums der Kurve operieren. Bloße Bestätigung entspricht der Karikatur des Spezialisten: er weiß alles über nichts; bloße Erstmaligkeit entspricht der Karikatur des Generalisten: er weiß nichts über alles.

Hier kann ein anderer fundamentaler Begriff von E. und C. v. Weizsäcker angeschlossen werden: der Begriff der *Fehlerfreundlichkeit*. Lebende Wesen sind nicht fehlerfrei funktionierende Apparate; sie können es nicht und sie sollen es auch nicht sein. Sie können es nicht sein, denn weder die äußeren Einflüsse noch das innere Funktionieren sind voll beherrschbar. Sie werden daher nur überleben, wenn sie darauf eingerichtet sind, auch Fehler zu überstehen. Das nennt man systemtheoretisch auch die Fähigkeit der Resilienz: die Eigenschaft des Stehaufmännchens. Sie sollen es auch nicht sein: dafür ist die Rolle der Mutationen in der Selektion ein Beispiel. Mutationen sind, technisch gesehen, Fehler im Apparat, die oft schädlich, ja tödlich sind, die aber auch neue Lebensmöglichkeiten zu erschließen vermögen. In einem vollkommen funktionierenden Apparat gibt es gleichsam keine Erstmaligkeit, sondern nur Vertrautes, Eingeplantes, nur Bestätigung. Umgekehrt ist die bloße Erstmaligkeit das lebenzerstörende Chaos. Fehlerfreundlichkeit ist Nähe zum Optimum der Verbindung von Erstmaligkeit und Bestätigung.

c. Ein Modell. Im Anfang jener Überlegungen (1970) habe ich, um mir ihre Struktur klarzumachen, einmal ein sehr vereinfachtes Modell dafür entworfen, dessen Beschreibung ich hier abdrucke:

Die Überlegungen der Verfasser hängen wesentlich daran, daß mehrere »semantische Ebenen« gleichzeitig betrachtet werden. Ich werde in drei Ebenen zugleich operieren. Sie sind

a) ein *Zeichenstrom*,
b) ein *Empfänger*,
c) ein *Theoretiker*.

Dabei kann der Empfänger noch zerlegt gedacht werden in

b_1) eine *Maschine*,
b_2) einen *Beobachter*.

a) Der *Zeichenstrom* besteht aus einer zu einem Zeitpunkt t_1

Pragmatische Information 205

beginnenden Folge von Zeichen, die aus K verschiedenen Zeichentypen ausgewählt werden (z. B. Buchstaben); ich betrachte quantitativ nur die Fälle $K = 2$ und $K = 3$. Zu jedem Zeitpunkt einer Folge t_n ($n = 1, 2, 3 \ldots$) von Zeitpunkten trete ein Zeichen in den Empfänger ein. Ob und wann die Folge abbricht, ist für unsere Überlegungen unwesentlich. Jeder Zeichentyp, gekennzeichnet durch eine Ziffer k ($k = 1, 2, \ldots K$) habe eine Auftretenswahrscheinlichkeit p_k im Zeichenstrom; $\sum_k p_k = 1$. Die p_k seien keinem der Beteiligten vorher bekannt.

b_1) Die *Maschine* soll die in sie eintretenden Zeichen registrieren. Könnte sie die Zeichentypen von vornherein unterscheiden, so hätten wir den üblichen Fall des nachrichtentechnischen Empfängers und würden auf die Shannonschen Überlegungen gelenkt. Wir führen nun den Gesichtspunkt, daß Bestätigung zur Information nötig ist, dadurch ein, daß die Maschine nur imstande sein soll festzustellen, daß ein zur Zeit t_n einlaufendes Zeichen gleichen Typus ist wie ein zu einer vorangegangenen Zeit t_m eingelaufenes Zeichen. Ist dies der Fall, so gibt sie ein Signal »Nr. n typusgleich mit Nr. m«, wobei sie z. B. stets die erste Nr. m, zu der dieser Typus ankam, melden soll. Andernfalls meldet sie nichts. Sie hat also, wenn jeder Typus schon einmal erschienen ist, einen Vorrat von K verschiedenen Meldungen; vorher kann vorkommen, daß sie zu einem eingehenden Signal »paßt«.

b_2) Der *Beobachter* kennt nur die Meldungen der Maschine. I soll die Information sein, die er zu jedem der Zeitpunkte t_n der Meldung (bzw. Nichtmeldung) der Maschine verdankt. Offenbar wird I, jedenfalls im Mittel, mit der Zeit zunehmen, denn wenn die Maschine nichts meldet, so erhält der Beobachter die Information Null. Die Maschine muß ja die Signale erst »erkennen lernen«; dazu braucht sie die »Bestätigung«, daß ein Signal zum zweitenmal erscheint. Der Beobachter wird seine Information kritisch messen. D. h. er wird aus den Meldungen der Maschine die Wahrscheinlichkeiten p_k abschätzen und I daraus gemäß der Shannonschen Formel berechnen. (Diese Komplikation ist für den Grundgedanken nicht nötig; man könnte auch mit bekannten Apriori-Wahrscheinlichkeiten arbeiten. Dann erhielte man aber nicht die zur

Konstruktion der Figuren 1 und 2 erforderliche Variation der Werte von E und I.)

c) Der *Theoretiker* kennt zu jeder Zeit t_n den objektiv bis dahin verlaufenen Zeichenstrom (also zu jedem $t_m \leq t_n$ den damals erschienenen Zeichentyp). Damit kennt er auch die Meldungen der Maschine. Auch er bestimmt die p_k empirisch. Er berechnet daraus die Information des zu jedem Zeitpunkt erscheinenden Zeichens und *nennt* sie Erstmaligkeit. Die Erstmaligkeit ist also die Information im Shannonschen Sinn für den Theoretiker. Er ist als im Besitz beliebiger »Bestätigung« zur Ablesung des Signalstroms gedacht. Er *definiert* ferner eine Bestätigung an der Maschine durch die Behauptung: Wenn die Maschine einen schon einmal empfangenen Zeichentyp von neuem empfängt, so ist für diesen Zeitpunkt die Bestätigung Eins; empfängt sie ein Zeichen zum erstenmal, so ist die Bestätigung Null. Zu Anfang der Serie wird die »Information« des Beobachters von der »Erstmaligkeit« des Theoretikers nach unten abweichen. Wenn die K Zeitpunkte, zu denen »Bestätigung Null« stattfindet (sie brauchen nicht lückenlos aufeinander zu folgen), verstrichen sind, so wird die Information gleich der Erstmaligkeit; der »Shannonsche Grenzfall« ist dann erreicht.

Da I, E und B jeweils nach einem vorgeschriebenen Verfahren berechnet werden, ist a priori gar nicht gewiß, ob I eine eindeutige Funktion von E und B ist. Ich habe diese Frage nicht theoretisch geprüft, sondern nur in den zwei Fällen $K = 2$ und $K = 3$ rechnerisch festgestellt, daß diese Annahme faktisch zutrifft.

Es lohnt nicht, die primitiven Rechnungen hier vorzuführen. Der Ansatz als solcher mag als eine Erläuterung zur Erörterung der subjektiven und objektiven Wahrscheinlichkeit und Information (oben Abschnitt 4c., Schluß) dienen. Im Sinne der Gleichsetzung von Information und Nutzen könnte man sagen: die pragmatische Information im Sinne der Verfasser ist die Information für den zuschauenden Theoretiker, vermindert um den Aufwand, den der Beobachter treiben muß, um eine Beobachtung *als* ein identifizierbares Ereignis zu bestätigen.

Die neueren Arbeiten der Verfasser zeigen, wie groß der Bereich der biologischen und gesellschaftlichen Phänomene ist, die man mit diesen qualitativen Begriffen beschreiben kann.

8. Biologische Präliminarien zur Logik

a. Methodisches. Für den direkten Fortgang zum Aufbau der Physik ist dieser Abschnitt nicht nötig. Er leitet vielmehr, als Abschluß des Teils über Zeit und Wahrscheinlichkeit, zum erstenmal die philosophische Reflexion ein, auf die wir am Ende des Aufbaus der Physik zurückkommen werden, und die das in Vorbereitung befindliche Buch *Zeit und Wissen* ausfüllen wird. Die methodische Figur dieser Reflexion ist der Kreisgang: die zeitliche Logik ist Grundlage der Physik, die Physik Grundlage der Biologie, und die aus der Biologie hervorgehende Verhaltensforschung lehrt uns Strukturen tierischen und menschlichen Verhaltens sehen, welche schließlich die Logik selbst als System von Verhaltensregeln zu interpretieren gestatten. Es sei nochmals hervorgehoben, daß in einer nicht hierarchisch aufgebauten Philosophie, also einer Philosophie, die nicht von oben herab deduziert, ein solcher Kreisgang nicht der Circulus vitiosus eines beanspruchten »Beweises«, sondern eher ein Konsistenznachweis ist (»semantische Konsistenz«), ein »Rundweg im Garten«.

Der Abschnitt ist nur eine Vorbereitung der Reflexion. Er gibt ein knappes Referat einiger Partien aus zwei früheren Büchern, die dort selbst schon als »Propädeutik« zur eigentlichen philosophischen Frage gekennzeichnet waren. Aus *Die Einheit der Natur,* Kapitel III *(Der Sinn der Kybernetik),* der Beitrag III.4: *Modelle des Gesunden und Kranken, Guten und Bösen, Wahren und Falschen,* im folgenden als *Modelle* zitiert. Aus *Der Garten des Menschlichen* mehrere Beiträge des Kapitels II *(Zur Biologie des Subjekts),* hier zitiert als GM II mit der Nummer des Beitrags und Abschnitts.

b. Die Erkenntnisförmigkeit des Lebens. GM II.2 *Die Rückseite des Spiegels, gespiegelt,* referiert im Abschnitt 2: *Die*

Erkenntnisförmigkeit der Evolution die These von Konrad Lorenz und Karl Popper, daß die Evolution, ja das Leben selbst eine strukturelle Analogie zur Erkenntnis habe. In dieser These begegnet sich Darwins Gedanke, daß die der Realität jeweils am besten angepaßten Lebewesen überleben, mit der Erkenntnistheorie des Pragmatismus, welche Wahrheit als Handlungserfolg definiert. Lorenz und Popper stehen freilich Darwin näher als z. B. dem Pragmatismus von William James, insofern sie mit Darwin den Realitätsbegriff der klassischen Physik übernehmen, während für den strengen Pragmatismus auch »Realität« nur eine Kurzformel für Handlungserfolg ist. In GM II.2.1 *(Die Ontologie der Naturwissenschaft)* habe ich versucht, Zustimmung und Kritik gegenüber dem Ansatz abzuwägen. Lorenz' Buchtitel *Die Rückseite des Spiegels* besagt, daß das Erkenntnisorgan, welches die Natur erkennt, selbst ein Teil der Natur ist; der Spiegel, der die Welt spiegelt, ist ein Teil der Welt und hat, als Körper in der Welt, eine nicht spiegelnde Rückseite. Diesem Ansatz stimme ich mühelos zu. Ich habe aber den Aufsatz GM II.2 überschrieben: *Die Rückseite des Spiegels, gespiegelt.* Der Titel besagt, daß wir auch die Rückseite des Spiegels nur im Spiegel sehen; anders gesagt: Realität, von der wir *sprechen* können, ist Realität *für uns.* Damit sind wir in dem Kreisgang des jetzigen Buches.

Daß die Evolution erkenntnisförmig (»gnoseomorph«) sei, können wir formal aus den vorangegangenen Abschnitten herleiten. Evolution ist Wachstum der Information; dasselbe kann man von der Erkenntnis sagen. Die Frage ist nur, ob wir unter Information in beiden Fällen dasselbe verstehen und wie wesentlich das Informationswachstum zur Charakterisierung einerseits von Evolution, andererseits von Erkenntnis ist. Man wird die Evolution als Vermehrung *objektiver* Information, Erkenntnis aber als Vermehrung *subjektiver* Information beschreiben. Nun sind die Begriffe »objektiv« und »subjektiv« schlecht definiert (vgl. *Zeit und Wissen* 5.6, dritte Variation). Der Abschnitt GM II.2.3 *(Information, Anpassung, Wahrheit)* schlägt folgende Ausdrucksweise vor (GM 201 ff.):

Information gibt es zunächst *für Menschen.* Aus der Theorie telegraphischer Kommunikation ist der Informationsbegriff hervorgegangen. Das Maß der Information ist aber damit

Biologische Präliminarien zur Logik

bereits intersubjektiv (nämlich kommunikativ!) gemeint, und es läßt sich objektivieren, indem man *Organe* oder *Apparate* als Sender und Empfänger betrachtet. Information gibt es dann für ein *Paar Sender-Empfänger*. »Was heißt in dieser Redeweise das ›für‹? Dem Empfänger unterstellen wir kein Bewußtsein oder zum mindesten keine Reflexion; insofern ist nicht er es, der sich oder uns sagen kann, es gebe ›für ihn‹ Information. Die wissenschaftliche Rechtfertigung dafür, daß *wir* sagen, es gebe *für ihn* Information, läßt sich in dem Satz andeuten, Information gebe es nur unter *einem Begriff*. Das gilt schon von der Information für Menschen.« (S. 202) Wir können hier auf die vorigen Abschnitte verweisen. Information ist überhaupt nur zwischen zwei semantischen Ebenen definiert. »So auch bei der Information für ein Organ. Diese ist erst definiert, wenn *wir* die *Funktion* des Organs angegeben haben und damit die für diese Funktion relevante Anzahl von Ja-Nein-Entscheidungen feststellen können. Haben *wir* diese Funktion verstanden, so können *wir* angeben, daß das Organ eben den Begriff dieser Funktion *objektiv*, unabhängig von unserem Urteil, durch seinen Bau und die dadurch erzeugte Leistung *darstellt*. Organe sind, wenn man das so ausdrücken darf, *objektive* Begriffe.« (S. 203)

Popper (1973; vgl. GM II.2.2) legt, wie mir scheint mit vollem Recht, besonderen Wert auf eine strukturelle Analogie zwischen den drei verschiedenen »Niveaus der Anpassung: genetische Anpassung; adaptives Verhaltenslernen; und wissenschaftliche Entdeckung«. (GM, 197) In allen drei Fällen handelt es sich um *Instruktion von innen* und *Selektion*. Instruktion von innen ist Weitergabe einer Struktur (eben derjenigen, deren Informationsgehalt wir messen); sei es die Struktur der Gene, des durch Versuch und Irrtum eingeübten Verhaltens oder theoretischer Überzeugungen. Er sagt: »In der Tat behaupte ich, *daß es so etwas nicht gibt wie Instruktion von außerhalb der Struktur* oder passiven Empfang eines Informationsflusses, der sich den Sinnesorganen einprägt. Alle Beobachtungen sind theoriegeprägt: es gibt keine reine, uninteressierte, theoriefreie Beobachtung.« »Eine neue revolutionäre Theorie funktioniert genau wie ein neues mächtiges Sinnesorgan.« (GM 199) Die Ähnlichkeit dieser Erkenntnistheorie mit der im gegenwärtigen Buch vertretenen liegt auf der Hand, ist aber wieder ein Thema für *Zeit und Wissen*. Hier sollte nur auf die Verwandtschaft von Begriff und Organ hingewiesen werden.

c. Ein Weg zum pragmatischen Wahrheitsbegriff. Dies ist ein Referat des Aufsatzes *Modelle* (*Die Einheit der Natur* III.4).

Wahrheit und Falschheit sind die reflexiven Grundbegriffe der Logik, d. h. die Begriffe, durch die man die Logik definieren kann. Nach Aristoteles ist eine Aussage eine Rede, die wahr oder falsch sein kann. Logik kann als die Mathematik der Wahrheit und Falschheit definiert werden (*Zeit und Wissen*, 6. Kapitel). Der Aufsatz *Modelle* fragt im Rahmen eines Buchkapitels über Kybernetik nach einer »Kybernetik der Wahrheit«. »Wenn der Mensch Teil der Natur ist, so muß es in der Natur Wahrheit geben.« (S. 320) Er betrachtet »methodisch den Menschen als Lebewesen, das Lebewesen als ein Regelsystem und dieses Regelsystem als entstanden durch Mutation und Selektion... Als Modelle werden die Überlegungen bezeichnet, weil sie nicht den Anspruch erheben, die Wahrheit über den Menschen, das Leben und die Herkunft der Regelsysteme auszusprechen. Hinter ihnen steht die Vermutung, daß in solchen Modellen soviel gesagt werden kann als sich am Menschen, am Leben und an der Geschichte objektivieren läßt. Was das Wort ›objektivieren‹ besagen soll, wird in diesen Überlegungen nicht mehr gefragt.« (S. 321) Das jetzige Buch geht dieser letzten Frage weiter nach.

Der Aufsatz betrachtet dreierlei Modelle: des Gesunden und Kranken, des Guten und Bösen, des Wahren und Falschen.

Unter dem Titel *Gesundheit* wird der Begriff der *Norm* erörtert. »Solange wir gesund sind, fällt uns nicht auf, daß wir gesund sind.« (S. 322) Das ist die im Leben normale »Fraglosigkeit«. Wir werden sie in *Zeit und Wissen*, 2. Kapitel, unter dem Titel der *schlichten* Erkenntnis wiederfinden. Der Begriff der Norm läßt sich kybernetisch als ein System von *Sollwerten* auffassen, um den die »Istwerte« des Regelkreises spielen. Der Aufsatz weist auf die Nähe des Normbegriffs zum *Eidos*, zur platonischen Idee hin. Die Norm »ist eine ›wahre Vorstellung‹. Eigentlich meinen wir, wenn wir von der Norm reden, nicht diese unsere Vorstellung, sondern den in ihr erfaßten Sachverhalt.« (S. 326) Wieder die Analogie von Begriff und Organfunktion.

Die eigentlich interessante Frage heißt aber: Was ist *Krankheit*? Sie ist nicht das übliche Spielen um die Norm. Wenn eine Krankheit durch einen Begriff bezeichnet werden kann, so ist sie selbst eine Norm. »Krankheit erscheint wie ein parasitäres Regelsystem innerhalb eines größeren Regelsystems, das wir Organismus nennen.« (S. 328) »Ein System hoher Ordnung kann selbst auf Störungen nur geordnet reagieren, sofern es überhaupt noch zu reagieren vermag.« »Krankheit könnte als falsche Gesundheit definiert werden. Der Begriff ›falsch‹ bezeichnet dabei darwinistisch das verminderte Erhaltungsvermögen, also einen Verlust an Anpassung. Platonisch gesagt: In einer von der Idee bestimmten Welt kann auch das Schlechte nur gemäß einer Idee Gestalt gewinnen.«* (S. 329)

Der *Fortschritt*, also z.B. die Evolution, »relativiert in gewissem Maße den Unterschied zwischen Gesundheit und Krankheit«. (S. 230) Was in einer Umwelt oder in einem Regelsystem »falsche« Norm war, kann bei veränderter Umwelt oder verändertem Regelsystem »richtige« Norm werden. »Es ist zu vermuten, daß der Fortschritt prinzipiell nicht voll in Normen ausgedrückt werden kann. Die Ideenlehre gehört nicht zur offenen, sondern zur zyklischen Zeit.« (S. 334)

Der knappe Abschnitt über *Gut und Böse* gehört thematisch nicht ins gegenwärtige Buch, sondern in das Kapitel *Begriffe* in *Wahrnehmung der Neuzeit*. Jetzt sei nur bemerkt, daß Kants kategorischer Imperativ hier interpretiert wird als: »Wolle mögliche Normen!« (S. 335) Der Fortschritt relativiert auch diese Normen. »Hier ist ein struktureller Grund dafür, daß die Wirklichkeit der Liebe dem Prinzip der Gerechtigkeit überlegen ist.« (S. 335)

Wahrheit wird traditionell definiert als »adaequatio rei et intellectus«. Nun übersetze ich »adaequatio« umdeutend durch *Anpassung*. Für richtiges Verhalten von Tieren kann

---

* Eine theologische Notiz: Dieser Gedanke vermittelt ein wenig zwischen der griechischen und der jüdischen Auffassung des Schlechten. Vgl. *Wahrnehmung der Neuzeit*, Nachruf auf Gershom Scholem.

man sagen: »Richtigkeit ist Angepaßtheit des Verhaltens an die Umstände.« (S. 338) Die Adäquation ist hier nicht die Ähnlichkeit von Photographie und Objekt, sondern das Passen des Schlüssels zum Schloß. »Stilisierend« (S. 339) gebrauche ich den Terminus Wahrheit schon für die Richtigkeit tierischen Verhaltens. Damit nähern wir uns dem pragmatischen Begriff der Wahrheit als Norm erfolgreichen Handelns.

Wir werden an Nietzsches herausforderndem Satz erinnert, Wahrheit sei die Art von Irrtum, ohne welche eine bestimmte Art von lebendigen Wesen nicht leben könnte. (S. 339) Was kann das heißen, wenn man streng denken will? »Wenn... die Wahrheit mit der Gesundheit in eine Linie tritt, dann die Falschheit mit der Krankheit.« (S. 339) Irrtum könnte dann als »falsche Wahrheit« beschrieben werden. So erörtert schon Platon die Möglichkeit des Irrtums.* Wenn aber Hegel recht hat, daß das Wahre das Ganze ist, oder, pragmatistisch geredet, wenn keine Anpassung in einer unermeßlichen Ereignisfülle vollkommen sein kann, so ist jede besondere Wahrheit, die wir aussprechen können, auch ein Irrtum, aber eben einer, ohne den wir schwerlich leben könnten.

Auf die philosophischen Fragen, die sich hier eröffnen, werden wir erst in *Zeit und Wissen*, 6. Kapitel, eingehen. Wir stellen jetzt nur die Frage, wie sich, im angedeuteten Rahmen, der pragmatische Wahrheitsbegriff formal genau fassen ließe. Dabei ist wesentlich zu sehen, daß Wahrheit und Falschheit üblicherweise nicht einer Verhaltensnorm, sondern einer Aussage zugeschrieben werden.

d. Die Zweiwertigkeit der Logik. Eine Aussage ist erklärt als eine Rede, die wahr oder falsch sein kann. Sie ist somit jedenfalls eine Sprachhandlung, also eine Weise menschlichen Verhaltens. Der Aufsatz GM II.6 *(Biologische Präliminarien zur Logik)*, Abschnitt 3: *Pragmatische Deutung der Zweiwertigkeit der Logik,* geht zunächst auf eine Eigenschaft der einfachsten tierischen Verhaltensschemata zurück. (S. 301) Ein solches Schema ist ein Ablauf von Tätigkeiten, der durch einen äußeren oder inneren Reiz ausgelöst werden kann. Es hat ein

---

* Vgl. meinen Aufsatz *Die Aktualität der Tradition: Platons Logik* (1973).

Alles- oder Nichts-Prinzip: es findet statt oder unterbleibt. Kompliziertere Verhaltensschemata können partiell oder auch stärker oder schwächer ablaufen; die elementaren Abläufe aber geschehen oder eben nicht. Man kann dafür ein Computermodell machen. »Es muß... ein Mechanismus funktionieren, der normalerweise nicht, sondern nur auf relevante Änderungen der Umstände... anspricht. Nun können endliche Wesen wie die Organismen nur endlich viele, sogar nur wenige zuverlässig funktionierende, relativ komplex aktive, auslösbare Verhaltensschemata haben.« (S. 304–5) Hier gibt es die Prävalenz des Positiven. »Findet die Auslösung statt, so geschieht der Verhaltensablauf. Findet die Auslösung nicht statt, so geschieht ›nichts‹, und es bedarf einer Rückfrage nach dem enttäuschten Interesse des jeweiligen Beobachters, um zu erfahren, was dasjenige ist, was nicht geschehen ist.«

Das Handlungsschema ist noch keine Aussage. »Wir, die Verhaltensforscher, können einen ›Sachverhalt für das Tier‹ definieren als diejenigen Umstände, welche die Auslösung zur Folge haben... Menschliches Denken beruht dann auf einer Repräsentation (Vor-stellung) möglicher Handlungen mit ihren Erfolgen, sei es in der Sprache, sei es in der z. B. optischen Phantasie.« (S. 301) Ein vorgestellter Auslöser vorgestellter möglicher Handlungen wäre ein »Sachverhalt für Menschen«. (S. 302) Die Rede ist zunächst eine Handlung, die eine andere Handlung bedeutet. (Vgl. dazu, noch unabhängig von der sprachlichen Form, die Auffassung von Wahrnehmen, Vorstellen und Denken als »symbolische Bewegung«, »erlebte Bewegung, die eine andere Bewegung ist als die, die sie darstellt«, in: GM II.3: *Die Einheit von Wahrnehmen und Bewegen*, Abschnitt 5: *Symbolische Bewegung*, S. 218.) Die Aussage ist dann eine Rede, die einen »Sachverhalt für Menschen« bedeutet. »Der Sachverhalt ist definiert durch eine ihm angemessene Handlungsweise.« (S. 302) In diesem letzten Satz ist die pragmatische Wahrheitstheorie investiert; er geht nicht aus von der naiv-realistischen Unterstellung, daß es eben »an sich« Sachverhalte gebe. Sachverhalte, wie Information, gibt es unter einem Begriff, und die objektive Gestalt des Begriffs ist beim tierischen Verhalten die Organfunktion, beim menschlichen Handeln eben der Komplex möglicher Handlungsweisen. »Ein Sachverhalt ist, was eine Aussage sagen kann« (Strawson).

Man kann nicht einfach aus dem Alles-oder-Nichts-Prinzip elementarer Verhaltensabläufe auf ein Alles-oder-Nichts-Prinzip des Vorliegens von »Sachverhalten für Menschen« schließen. Schon für komplexes Verhalten von Tieren, etwa der Taufliege, gibt es eine »Orientiertheit in der Umwelt«, eine Art von Kontinuum komplexer möglicher »Sachverhalte für das Tier«, die das Verhalten mitsteuern.* Was wieder ein Alles-oder-Nichts-Prinzip hat, ist gerade das Aussprechen (oder Denken) eines bestimmten Aussagesatzes. Wird die Aussage schlicht geäußert, so hat sie wieder die Prävalenz des Positiven; sie wird »als wahr verstanden«: Von der schlichten Aussage zweigt nach beiden Seiten ein Spektrum möglichen Verhaltens ab. Nach der Seite der Unausdrücklichkeit liegen Weisen der Orientiertheit, die gar keine sprachliche Form annehmen. Nach der Seite der Ausdrücklichkeit gibt es leisen oder entschiedenen Zweifel, bis zur Form des reflektierten Satzes. Für den reflektierten Satz, der also bezweifelt worden ist, steht fest, daß er wahr oder falsch sein kann und daß er nunmehr akzeptiert oder verworfen ist.

In diesem Spektrum bleibt ein Unterschied zwischen dem bloßen Verzicht auf eine in Zweifel geratene Aussage (»genau so ist es vielleicht nicht«) und der Versicherung ihrer Falschheit. Die volle Symmetrie von Wahr und Falsch, die zum dogmatischen Ausgangspunkt der Logik geworden ist, entsteht erst als Postulat an die voll reflektierte Aussage: sie *soll* wahr oder falsch sein. Die Zweiwertigkeit der Logik ist nicht selbstverständlich. Sie ist eine Forderung. Der pragmatische Nutzen dieser Forderung liegt auf der Hand. Negierbare Aussagen gestatten unbegrenzt akkumulierbares, abrufbares Wissen, also Macht (vgl. GM II.5: *Über Macht*, Abschnitt II.4: *Was ist Macht?*, S. 265–9). Die Orientiertheit, die sich nicht auf Aussagen im logischen Sinn stützt, habe ich in GM II.4 unter dem Titel *Die Vernunft der Affekte* beschrieben.

---

* Hier habe ich meine Darstellung GM, S. 302 zu modifizieren. Ich danke Martin Heisenberg für belehrende Gespräche über diese Fragen.

Biologische Präliminarien zur Logik

Wir sehen hier, daß die biologischen Präliminarien nicht nur zur Rechtfertigung der Logik, sondern auch zur Relativierung des Dogmatismus der Logik dienen können. In den logischen Betrachtungen zur Quantentheorie werden wir Anlaß haben, diesen Dogmatismus zu hinterfragen.

Zweiter Teil
Die Einheit der Physik

Sechstes Kapitel
Das Gefüge der Theorien

1. Vorbemerkung

Der Titel *Die Einheit der Physik* spricht die Vermutung aus, es werde gelingen, die Physik, soweit sie Grundgesetze aufstellt, in einer einzigen Theorie zusammenzufassen. Wir haben den Entwurf eines Aufbaus dieser Physik in zwei Teile gegliedert. Der Erste Teil stellte die Bedeutung dar, welche die *Zeit*, näher gesagt, die Zusammengehörigkeit von *Gegenwart, Vergangenheit* und *Zukunft*, für die Physik hat. Dort war nur die Zeit, aber noch nicht die Einheit der Physik das Thema.

Jetzt, im Zweiten Teil, setzen wir gleichsam noch einmal von Null aus ein. Wir betrachten zunächst, im gegenwärtigen Kapitel, die geschichtliche Entwicklung der großen Theorien der Physik, so wie diese von ihren Urhebern verstanden wurden. Wir lesen diese historische Abfolge sachlich als ein »Gefüge«, d.h. die Theorien beziehen sich aufeinander, und in dem Grade, in dem sie sich geschichtlich entwickelt haben, sind auch die älteren unter ihnen durch die neueren jeweils in ein neues Licht gerückt.

Diese geschichtliche Bewegung ist von Kuhn (1962) und vorher schon von Heisenberg (1948) auf ihre innere Dynamik, ihre sachliche Notwendigkeit hin beurteilt worden. Kuhn spricht von normaler Wissenschaft unter einem jeweils herrschenden Paradigma und von Paradigmenwechseln, die er Revolutionen nennt. Ein Paradigma hat jeweils nur eine begrenzte Reichweite. Die Revolution bereitet sich vor, indem Schwierigkeiten auftreten, die sich am Ende als unlösbar unter dem herrschenden Paradigma erweisen. Diese Unlösbarkeit wird freilich meist erst erkannt, wenn ein neues Paradigma sie gelöst hat; man sieht dann, warum das alte Paradigma versagen mußte. Der historische Vorgang der Herausbildung der großen Theorien der Physik, der uns hier interessiert, wurde spezieller und insofern genauer von Heisenberg als eine Abfolge »abgeschlossener Theorien« beschrieben. Jede abgeschlossene, d. h. durch kleine Änderungen nicht mehr verbesserbare Theorie hat einen Geltungsbereich, dessen Grenzen aber erst die nachfolgende Theorie zu bezeichnen vermag.

Wir wollen hier aber nicht von einem methodologischen Konzept ausgehen, sondern, wie es natürlich auch Heisenberg und Kuhn ursprünglich getan haben, die Belehrung aus dem Nachdenken der wirklichen Geschichte der Physik ziehen. Freilich ist dies nicht ein Buch über Geschichte der Physik. Der Verfasser kann bei jeder der Theorien nur ganz knapp diejenigen Punkte hervorheben, die ihm unter den genannten Gesichtspunkten als die wichtigsten erscheinen. Die »abgeschlossenen Theorien« bilden keine lineare Folge, sondern enthalten mancherlei Verzweigungen; auch das Prädikat der Abgeschlossenheit, ja der Charakter als Theorie kommt ihnen nicht durchweg in gleicher Weise zu. Das historisch-sachliche Interesse, aus dem diese Darstellung hervorgeht, bezog sich, soweit es in meiner begrenzten Kraft stand, stets auf die jeweiligen Sachfragen, welche die Theorien vorwärtsgetrieben haben; ich habe versucht, aus dem Besonderen für das Allgemeine zu lernen. Das Kapitel schreitet durch die Theorien fort und unterbricht den Gang zweimal durch eine methodische Reflexion: (Abschnitt 3) die mathematische Gestalt der Naturgesetze, (Abschnitt 7) semantische Konsistenz. Die Darstellungsweise der 12 Abschnitte ist nicht ganz gleichmäßig. Das ist z. T. ihrer jeweiligen Beziehung zu anderen Teilen des Buches zuzuschreiben, z. T. ihrer Entstehung zu verschiedenen Zeiten.

Der Zusammenhang der Theorien sei durch ein Diagramm angedeutet, in dem die Ziffern für die folgenden Abschnitte angeführt sind.

Zur Einführung in das Kapitel erläutern wir das Diagramm.

Zentral in der ersten Zeile steht die *klassische Mechanik*. Sie ist der Ausgangspunkt der neuzeitlichen Physik. Wollten wir ihre historische Herkunft noch kennzeichnen, so müßten wir außer dem Pfeil, der von der euklidischen Geometrie zu ihr führt, noch zwei Pfeile von den im Diagramm nicht eingezeichneten Disziplinen der Astronomie und Technik zu ihr ziehen. Der Geometrie verdankt sie die Methode, der Astronomie und

Vorbemerkung

Technik die Sachfragen. Unser Abschnitt 2 versucht an ihrem Modell zugleich in die Probleme einzuführen, die uns im Gefüge der Theorien begegnen werden.

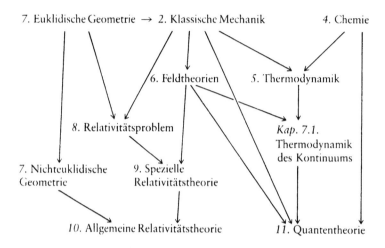

Diagramm 3: *Das Gefüge der Theorien*

Von der klassischen Mechanik gehen vier Pfeile aus: zum Relativitätsproblem, zu den Feldtheorien, zur Thermodynamik und direkt zur Quantentheorie. Unabhängig neben ihr stehen zwei Wissenschaften, beide schon antiken Ursprungs, die Geometrie und die Chemie. Von der euklidischen Geometrie führen zwei Pfeile, zum Relativitätsproblem, das schon der früheren Neuzeit bewußt war, und zur nichteuklidischen Geometrie des 19. Jahrhunderts. Von der Chemie gehen zwei Pfeile aus, zur Thermodynamik des 19. und zur Quantentheorie des 20. Jahrhunderts.

Wir betrachten zuerst die Mitte und linke Hälfte des Diagramms.

Die *Feldtheorien* sind teils direkte Konsequenzen der klassischen Mechanik als Mechanik der Kontinua, teils gehen sie aus den empirischen Wissenschaften vom Licht, von Elektrizität und vom Magnetismus hervor. Im späten 19. Jahrhundert setzten sie die seitdem in der Physik herrschende Nahewirkungs-Denkweise durch.

Zum *Relativitätsproblem* führen zwei Pfeile, von der Geometrie und der Mechanik. Abschnitt 8 bespricht die in der entstehenden Mechanik des 17. Jahrhunderts unausweichliche Frage des Bezugssystems der Kinematik.

Die *spezielle Relativitätstheorie* ist die Lösung dieses Problems durch seine Vereinigung mit der Belehrung durch die Feldtheorien.

Die *nichteuklidische Geometrie* ist eine Folge des neuzeitlichen Weiterdenkens der schon in der griechischen Geometrie angelegten und ihren Schöpfern bewußten Probleme. Nun bieten sich mehrere geometrische Theorien zur Wahl an und damit die Frage der empirischen Bedeutung der Geometrie.

Zur *allgemeinen Relativitätstheorie* sollten eigentlich drei Pfeile führen: von der speziellen Relativitätstheorie, von der nichteuklidischen Geometrie und von der Gravitationstheorie, die historisch ein Teil der klassischen Mechanik ist. Abschnitt 10 behandelt in einer gewissen Breite ihre ungelösten Probleme.

Wir wenden uns zur rechten Seite des Diagramms.

Die *Thermodynamik* ist eine eigenständige Fundamentaldisziplin. Sie ist von den empirischen Phänomenen der Wärme ausgegangen und hat die Erfahrungen über chemische Reaktionen in sich aufgenommen. Ihr erster Hauptsatz dehnt die Erhaltung der ursprünglich in der Mechanik definierten Energie auf die ganze Natur aus. Ihr zweiter Hauptsatz statuiert das universale Phänomen der Irreversibilität. Ihre statistische Deutung führt die Wahrscheinlichkeit als Grundbegriff in die Physik ein.

Unter dem Titel *Thermodynamik des Kontinuums* schildern wir im Anfangsabschnitt des 7. Kapitels das unausweichliche Scheitern der Thermodynamik klassischer Feldtheorien, das den Weg zur Quantentheorie zwangsläufig macht.

Zur *Quantentheorie* führen vier Pfeile. Sie entsteht aus der Thermodynamik des Kontinuums. Im Bohrschen Atommodell schafft sie die Vereinigung von Mechanik und Chemie. In der

Wellenmechanik nimmt sie die Feldtheorien in sich auf. Sie darf heute als die Fundamentaltheorie der Physik gelten. Die Weise, in der sich das Gefüge der Theorien darstellt, nachdem die Quantentheorie die anderen Theorien, insbesondere auch die Relativitätstheorien in sich aufgenommen hat, besprechen wir programmatisch im 12. Abschnitt dieses Kapitels.

2. Klassische Punktmechanik*

a. Erste Analyse des Sinns der Grundgleichungen.

$$m_i \frac{d^2 x_{ik}}{dt^2} = f_{ik} \ (i = 1 \ldots n, \ k = 1, 2, 3) \tag{1}$$

Wenn man einen heutigen Physiker ohne nähere Erläuterung fragt, was wohl die soeben niedergeschriebene Formelzeile bedeute, so darf man eine Antwort erwarten, die lauten könnte: »Nun, vielleicht sind damit die Bewegungsgleichungen der klassischen Mechanik gemeint.« Wir geben hier den Anfang einer Analyse des Verständnisses, das in dieser Antwort impliziert ist.

Wir haben dem Befragten die richtige, d.h. die von uns gemeinte Antwort in den Mund gelegt, aber mit Äußerungen des Zögerns. In der Tat gibt es über die Bedeutung von Zeichen in Formeln weitverbreitete Konventionen in der Wissenschaft, welche dem Leser, z.B. in für ihn fremdsprachlichen Texten, das Verständnis von Formeln oft leichter machen als das der begleitenden Prosa. Aber diese Konventionen sind nicht eindeutig, und zwar in beiden möglichen Richtungen: ein bestimmtes Zeichen drückt nicht immer denselben Begriff aus, und ein bestimmter Begriff wird nicht immer durch dasselbe Zeichen ausgedrückt. Die erste dieser Uneindeutigkeiten ist die fundamentale. Die Menge der in der Wissenschaft auftretenden Begriffe ist so viel größer als die Menge der benützten (und dem Gedächtnis zumutbaren) Zeichen, daß ein Zeichen not-

---

* Die Abschnitte a.–c. sind eine Aufzeichnung von 1971, die den Anfang eines Kapitels zur Analyse der Physik in einem Vorentwurf zum jetzigen Buch bilden sollte. d. und e. sind jetzt verfaßt, d. mit einem längeren Zitat aus dem Buch *Die Einheit der Natur.*

wendigerweise sehr viele verschiedene Begriffe ausdrücken muß. Welcher von diesen gemeint ist, ergibt sich aus dem Kontext oder wird durch ausdrückliche Definition jeweils festgelegt. Eben wegen dieser Kontext- und Definitionsabhängigkeit der Bedeutungen aber bilden sich divergente, nur manchmal nachträglich wieder geeinigte Traditionen des Zeichengebrauchs; historisch unvermeidlich entsteht die abstrakt gesehen vermeidliche Bezeichnung desselben Begriffs durch verschiedene Zeichen.

Die Lehre von den Bedeutungen der Zeichen und den mit ihnen vorgenommenen Verknüpfungen und Operationen nennt man *Semantik*. Im Zusammenhang der drei Wissenschaften der Logik, der Mathematik und der Physik, die wir in diesem Buch betrachten, kann eine Formel wie die oben niedergeschriebene auf ihre Bedeutung hin studiert werden. Für die *logische Semantik* ist sie der Ausdruck eines *Satzes*, der beansprucht, ein wahrer Satz zu sein. Für die *mathematische Semantik* ist sie eine Gleichung zwischen Größen, die reelle Zahlen als Werte annehmen können. Für die *physikalische Semantik* spricht sie ein *Naturgesetz* aus, eben das Bewegungsgesetz eines Systems von Massenpunkten. Um dieses ihres »eigentlichen« Sinnes willen wird die Formel normalerweise niedergeschrieben; ihn studieren wir zunächst. Dabei müssen wir aber offenbar ein Vorverständnis des logischen und mathematischen Sinns schon benützen. Was ein wahrer Satz und was eine Gleichung sei, dürfen wir als pragmatisch bekannt voraussetzen. Hingegen müssen wir das mathematisch nicht Selbstverständliche erklären, wie nämlich die durch die Buchstaben bezeichneten Größen mathematisch zu interpretieren sind.

Die Formel ist eine Gleichung, und zwar eine Differentialgleichung zweiter Ordnung; die Zeichen

$$\text{»}=\text{«} \quad \text{und} \quad \text{»}\frac{d^2}{dt^2}\text{«}$$

haben die übliche Bedeutung, mit »t« als Zeichen für die Argumentvariable. Von den übrigen Zeichen stehen die Indexbuchstaben i und k für natürliche Zahlen aus den Bereichen, die in der Klammer angegeben sind. k kann einen der drei Werte 1, 2 oder 3 annehmen, i einen der n Werte von 1 bis n;

dabei ist n eine nicht allgemein festgelegte, aber für jeden konkreten Gebrauch der Gleichung als fest angenommene natürliche Zahl $\geqq 1$. Durch jede Einsetzung für i und k entsteht eine Differentialgleichung. Unsere Formel ist also eine kurze symbolische Angabe von $3n$ Gleichungen. Diese Angabe – um diesen Vorgriff auf die Logik hier einzuschalten – ist möglich, weil alle $3n$ Gleichungen dieselbe »Form« haben. Die Darstellung der gleichen Form verschiedener Gebilde geschieht hier durch die Verwendung der Indizes als *Variable* in dem Sinne, den Frege präzisiert hat: sie sind nicht etwa »veränderliche« Größen, was in der Logik keinen verständlichen Sinn ergäbe, sondern sie »deuten Allgemeinheit an«. Die verbleibenden Buchstaben m, x, f und das schon genannte t sind in diesem logischen Sinn ebenfalls Variable, für welche jedoch reelle (für m sogar nur positive) Zahlen einzusetzen sind. In einem vom logischen Sprachgebrauch abweichenden Gebrauch unterscheidet die Mathematik der Differentialgleichungen x und t als die *Variablen*, deren Funktionszusammenhang studiert wird, von m und f als *Parameter*, d. h. Größen, die zwar einmal beliebig gewählt werden können, aber dann für die durch diese Wahl bestimmte Gestalt der Gleichung und die dadurch präzisierte Aufgabe ihrer Lösung festzuhalten sind. Dabei nennt man meist t die unabhängige und x die abhängige Variable und drückt damit aus, daß x als Funktion von t gesucht ist. Zu jeder Indexwahl i, k gibt es eine andere abhängige Variable x_{ik}, während t stets dieselbe Größe sein soll; wir suchen also $3n$ Funktionen $x_{ik}(t)$. m_i ist dabei als konstanter, d. h. von x_{ik} und t unabhängiger Parameter gemeint, f_{ik} hingegen (was in der knappen Schreibweise nicht zum Ausdruck gebracht ist) soll eine Funktion *aller* $3n$ Größen x_{ik} sein und darf außerdem auch eine explizite Funktionsabhängigkeit von t haben.

Man kann diese Gleichungen aufstellen und lösen – d. h. bei gegebenen Parameterwerten m_i und Parameterfunktionen $f_{ik}(x_{lm})$ mit $l = 1 \ldots n; m = 1, 2, 3$ die Funktionen $x_{ik}(t)$ bestimmen –, ohne etwas von einer ihnen zuzuschreibenden physikalischen Bedeutung zu wissen. Dies spiegelt sich im semantischen Sprachgebrauch des Physikers. Nach der Bedeutung der Gleichung (1) im einzelnen befragt, spricht er im allgemeinen nicht von der physikalischen Bedeutung der *Zeichen* x, $t \ldots$, sondern von der physikalischen Bedeutung der durch diese Zeichen bezeichneten mathematischen Größen. Das, was mathematisch als die Bedeutung der Zeichen erscheint, eben ihre mathematische Deutung, ist für den Physiker ein mathematischer »Formalismus«, der noch einer Deutung in der »Wirklichkeit«, der »Natur« oder der »Erfahrung«, bedarf. Ebenso wie historisch die Mathematik vor der mathematischen Formelsprache da war, so waren auch historisch viele Begriffe der Physik vor ihrer mathematischen Präzisierung da. Für das Problem, wie sich die Begriffe »Präzisierung«, »Deutung«, »Erfahrung«, »Semantik« zueinander verhalten, haben wir im 3. Kapitel schon ein Beispiel besprochen; vgl. außerdem die Abschnitte über »Semantische Konsistenz« (6.7) und *Zeit und Wissen* 5.2.7. Zunächst geben wir die physikalische Deutung der Gleichung gemäß dem üblichen Verständnis der Physiker.

Die Gleichung bestimmt das Verhalten gewisser physikalischer *Objekte*, genannt *Massenpunkte*. In der Erfahrung sind uns jedoch Gegenstände, welche sich genau wie Massenpunkte verhalten, nicht bekannt. Der Physiker bezeichnet einen Begriff, der sich zur Erfahrung so verhält wie der des Massenpunkts, als eine *Idealisierung*. Damit tritt alsbald ein neues semantisches Problem vor unsere Augen. Die physikalische Deutung des Formalismus vollzieht sich selbst wieder in zwei Schritten. Wir geben im ersten Schritt den mathematischen Größen neue *Namen*, die einem Sprachgebrauch entstammen, in dem die mathematischen Größen Eigenschaften bestimmter idealisierter Objekte – hier eben der Massenpunkte – beschreiben. Im zweiten Schritt überlegen wir dann, welche *Gegenstände* der Wirklichkeit oder welche Elemente unserer Erfahrung wohl durch diese idealisierten Objekte beschrieben werden, wie diese Beschreibung möglich ist, wie genau sie ist usw. Historisch war natürlich auch hier die Reihenfolge umgekehrt. Die Begriffe, welche die idealisierten Objekte beschreiben, sind das Resultat einer langen geschichtlichen Entwicklung. Dieses Resultat ist uns heute leichter verständlich als der Prozeß, der zu ihm geführt hat. Deshalb beginnen wir mit der Darstellung des Resultats. Aber die eigentliche Deutungsarbeit, die uns nicht erspart bleibt, steckt dann in unserem zweiten Schritt. Er

Klassische Punktmechanik 227

wird uns schließlich zu einer ausdrücklichen Reflexion auf die Struktur der geschichtlichen Entwicklung nötigen. Wir tun nun den ersten Schritt und betrachten die physikalische Benennung der einzelnen in der Gleichung vorkommenden mathematischen Größen.

Die Zahl n gibt die Anzahl der betrachteten Massenpunkte an, die durch den Index i numeriert werden. Wie die Gleichung dasteht, gilt sie also für eine beliebige, aber endliche und in jedem Fall der Anwendung fest zu wählende Anzahl von Massenpunkten. Zu festem i bezeichnen die drei Größen x_{ik} ($k = 1, 2, 3$) die in einem willkürlich gewählten rechtwinkligen Koordinatensystem bestimmten drei *räumlichen Koordinaten* des betreffenden, i-ten Massenpunkts. Die Größe t heißt die *Zeit*. Der konstante Parameter m_i heißt die *Masse* des i-ten Massenpunkts. Die Funktion $f_{ik}(x_{lm}, t)$ heißt die auf die k-te Koordinate des i-ten Massenpunkts wirkende *Kraft*. Sind die Massen gegeben und sind die Kraftfunktionen so gegeben, daß das System der $3n$ Gleichungen lösbar ist[*], so besteht jede Lösung aus $3n$ Funktionen $x_{ik}(t)$. Bei festem i nennt man die drei Funktionen $x_{ik}(t)$ ($k = 1, 2, 3$) eine Koordinatendarstellung der *Bahn* des i-ten Massenpunkts. Man nennt auch die $3n$ Größen x_{ik} die Orts-Koordinaten des *Phasenpunkts* des Gesamtsystems der n Massenpunkte und die $3n$ Funktionen $x_{ik}(t)$ eine Koordinatendarstellung der *Phasenbahn* des Systems. Eine Lösung dieses Systems von $3n$ Differentialgleichungen zweiter Ordnung enthält $6n$ Integrationskonstanten, auch Lösungsparameter genannt; die Lösungen bilden eine $6n$-dimensionale Mannigfaltigkeit. Als Lösungsparameter wählt man in der Physik meist die Werte der x_{ik} und ihrer ersten Ableitungen nach der Zeit

$$v_{ik} \leqq \frac{\mathrm{d}x_{ik}}{\mathrm{d}t} \quad ** \tag{2}$$

für einen festen Zeitpunkt t_o und nennt sie die *Anfangsbedingungen*.

---
[*] Die mathematischen Bedingungen für die Existenz von Lösungen, die der Physiker als physikalisch sinnvoll ansehen wird, diskutieren wir hier nicht.
[**] Das Zeichen »$\leqq$« wird in diesem Buch als »gleich durch Definition« verwendet; man schreibt dafür oft auch »$=_{\mathrm{Def.}}$«.

Hinter dieser Bezeichnungsweise stehen Vorstellungen, deren abstrakte Struktur etwa wie folgt beschrieben werden kann. Ein System von n Massenpunkten ist ein physikalisches Objekt, dessen gesamtes Verhalten in der Zeit theoretisch bestimmt werden kann, wenn dreierlei bekannt ist:
1. die allgemeinen Gesetze,
2. die Parameter des Systems,
3. die Parameter des Zustands.

Die allgemeinen Gesetze lassen sich aufgliedern in

1 a. die Angabe der formal-möglichen Eigenschaften eines Systems,

1 b. das allgemeine Gesetz der zeitlichen Änderung dieser Eigenschaften.

Formal-möglich nennen wir Eigenschaften, die einem System zukommen können, wenn es überhaupt ein Gegenstand der jeweils betrachteten Theorie sein kann. Alle Größen t, x_{ik}, m_i, f_{ik} bezeichnen formal-mögliche Eigenschaften, und zwar so, daß das, was der Physiker eine *Größe* nennt (etwa eine Koordinate x_{ik}, für festes Indexpaar i, k), eine *Klasse von Eigenschaften* bedeutet, von denen dem betreffenden System eine und nur eine zugleich zukommen kann; diese heißt dann der *Wert*, den die betreffende Größe für das System gerade hat. Daß das System einen Wert einer Größe als Eigenschaft haben *kann*, bezeichnet das Wort *möglich*. Daß diese Möglichkeit durch die allgemeine Theorie festgelegt ist, bezeichnet das Wort *formal*. In konkreten Situationen kann es vorkommen, daß ein bestimmter Wert einer Größe zwar formal möglich, aber nicht *real möglich* ist. Die Angaben 1b., 2. und 3. schränken eben das Feld des real Möglichen sukzessive ein. Formal mögliche Eigenschaften nennen wir auch *kontingent im weiten Sinne*. Wir geben damit dem philosophisch vieldeutigen Wort »kontingent« eine spezielle Bedeutung.

Zwischen der Größe t, also der Zeit, und den anderen Größen besteht ein Wesensunterschied, der sich schon in der Sprechweise zeigt. Sei t' ein spezieller Wert von t, also ein etwa durch den Zeigerstand einer Uhr bezeichneter Zeitpunkt, so sagt man nicht, das System habe die Eigenschaft t', sondern es habe zur Zeit t' die Eigenschaften $x'_{ik}\ldots$ Der Wert der Zeit erscheint nicht als eine Eigenschaft eines speziellen Systems.

Klassische Punktmechanik

Dem entspricht mathematisch, daß t in (1) als einzige unabhängige Variable auftritt. Deshalb haben wir das einzige allgemeine Gesetz, das den Spielraum der formal-möglichen Eigenschaften einschränkt, eben (1), in 1 b. als Gesetz der zeitlichen Änderung dieser Eigenschaften bezeichnet.

Einige formal-mögliche Eigenschaften treten unter 2. und 3. unter dem Namen *Parameter* auf. Das sind solche Werte der Größen, die von den allgemeinen Gesetzen her gesehen noch frei wählbar sind. Mathematisch sind es diejenigen Angaben, die nötig sind, um die Lösung der Gleichung, also die Phasenbahn, festzulegen. Als Parameter des Systems haben wir diejenigen Parameter bezeichnet, die notwendig sind, um die präzise Gestalt der Gleichung selbst festzulegen; sie traten schon in der mathematischen Beschreibung unter dem Namen »Parameter« auf. Es sind die m_i und f_{ik}. Als Parameter des Zustands sind diejenigen bezeichnet, welche die Lösung auswählen, also etwa die Anfangsbedingungen. Ändert man die Systemparameter, so geht man zur Betrachtung eines anderen Systems über; die Tatsache, daß gemäß den allgemeinen Gesetzen Systeme mit verschiedenen Systemparametern möglich sind, charakterisiert eben diese Systemparameter als kontingent im weiteren Sinne. Ändert man nur die Zustandsparameter, also etwa x_{ik} und v_{ik} zu einer Zeit, so geht man im Sinne der Theorie zu einem anderen möglichen Zustand desselben Systems, zu einer anderen Lösung derselben Gleichung über. Die Zustandsparameter wollen wir vorerst *kontingent im engeren Sinne* nennen.

Für die physikalische Semantik stellt sich also die Aufgabe, die vier Arten von Größen m_i, f_{ik}, x_{ik}, t zu deuten. Wir ordnen ihnen in lockerer Weise die vier Grundbegriffe Massenpunkt, Kraft, Raum, Zeit zu, denen die vier folgenden Abschnitte gewidmet sind. Wir werden damit in diesem Abschnitt nicht weiter gelangen als bis zur Formulierung gewisser Hauptprobleme.

b. Körper, Massenpunkt, Systeme von Massenpunkten. Man bezeichnet bald einen einzelnen Massenpunkt, bald ein System von Massenpunkten als ein *Objekt*. Diese Sprechweise setzt voraus, daß ein Objekt Teil eines umfassenderen Objekts sein kann oder, wie man auch sagt, daß ein Objekt aus Teilen, die selbst Objekte sind, *bestehen* oder *zusammengesetzt sein* kann. Diese Sprechweise, die wir in der Quantentheorie kritisieren werden, entspricht dem Denken der klassischen Physik. Sie ergibt sich natürlich, wenn man bedenkt, daß die beiden Begriffe »Massenpunkt« und »System von Massenpunkten« Idealisierungen des Begriffs des *Körpers* sind.

Historisch geht die Massenpunktmechanik aus der *Himmelsmechanik* hervor. Diese bietet den unter a. entwickelten Begriffen die empirische Verwendung, den »Sitz im Leben«.* Z. B. sind die Planeten Körper, deren Durchmesser so klein sind gegen ihre Abstände voneinander und von der Sonne, daß sie für die meisten Rechnungen als Punkte mit einem einzigen konstanten Parameter, eben ihrer Masse, behandelt werden können.** Sie wirken aufeinander nach einem bekannten Kraftgesetz, dem Gravitationsgesetz:

$$f_{ik} = \sum_{j \neq i} f_k^{ij} \qquad (3)$$

$$f_k^{ij} = G \, \frac{x_{jk} - x_{ik}}{r_{ij}} \cdot \frac{m_i m_j}{r_{ij}^2} \qquad (4)$$

$$\text{mit } r_{ij}^2 = \sum_k (x_{ik} - x_{jk})^2 \qquad (5)$$

und einer universellen Konstante G. Ihre Orte zu einer gewissen Zeit t_0 lassen sich empirisch bestimmen.*** Diese Orte sind die Anfangsbedingungen, aus denen die künftigen Orte dann vorausberechnet werden können. Der erste Sitz im Leben für eine (extrapolatorische) Vorausberechnung künftiger Planetenorte war übrigens die Vorausbestimmung der vom

---

* Der Begriff »Sitz im Leben« hat sich in Textinterpretationen, speziell in der Philologie des Alten Testaments, eingebürgert zur Beschreibung der realen historischen Verwendung von Begriffen, die uns in abstrakter, dogmatisierter Form überliefert sind.
** Es sei hinzugefügt, daß bei strenger Kugelsymmetrie eines Körpers seine Gravitationswirkung auf einen außerhalb seines Radius befindlichen Körpers exakt gleich ist, wie wenn seine Masse im Mittelpunkt vereinigt wäre.
*** Es sei aus methodologischen Gründen hervorgehoben, daß eine genaue Ortsbestimmung des Planeten im dreidimensionalen Raum selbst schon die Himmelsmechanik benützt.

Klassische Punktmechanik

Himmel auf das menschliche Schicksal ausgeübten Einflüsse in der babylonischen Astrologie.

Bei dieser Beschreibung der Planeten ist der Begriff des *Körpers* schlicht benützt. Ein Körper könnte beschrieben werden als ein ausgedehntes, zusammenhaltendes, gegen seine Umwelt bewegliches Ding (vgl. *Zeit und Wissen* 4.3). Der Versuch, eine präzisere Definition des Körpers zu geben, führt in die Sachprobleme der Physik. Wir machen einen Anfang. »Ausgedehnt« kann man erläutern als »raumerfüllend«. Damit stellt sich einmal die Frage, was man sich unter dem Raum vorstellen soll, den der Körper erfüllt; dazu unten unter d. Nehmen wir den Ausdruck als verständlich hin, so ist ferner zu erwägen, daß der von einem Körper ausgefüllte Raum in kleinere Räume eingeteilt werden kann, z. B. eine »rechte« und »linke Hälfte« usw. Diese Teilräume sind von Teilen des Körpers erfüllt. Also scheint der Körper aus aneinander angrenzenden Teilen zu bestehen, die selbst Körper sind. Zwar sind sie im Körper relativ zueinander meist nicht bewegt. Aber innere Schwingungen, elastische und plastische Deformation und aktuelle Teilungen von Körpern zeigen, daß ihre Teile im Prinzip beweglich sind. Nun erscheint uns ein Körper als *Kontinuum*, also als wenigstens in Gedanken unbegrenzt teilbar. Zwei Fragen treten auf: Besteht ein Körper wirklich aus den unendlich vielen Teilkörpern, in die man ihn zerlegt denken kann? Und: Was hält die Teile eines Körpers zusammen? Ein Versuch zur Antwort ist die *klassische Atomlehre*: Jeder Körper besteht aus einer endlichen Anzahl unteilbarer Körper von endlicher Größe, den Atomen. Diese Lehre verschiebt aber offenbar das theoretische Problem bloß. Wenn die Atome selbst Körper sind, wie steht es mit ihren Teilen? Hier ist nun ein zweiter, freilich rein theoretisch gebliebener Sitz im Leben der Punktmechanik; seit Boscovich, vor allem aber im späten 19. Jahrhundert, dient sie als Radikalisierung der Atomthese, in der Form: Körper sind in Wahrheit Systeme von Massenpunkten.

Diese These *punktueller Atome* nimmt die Teile eines Körpers als letzte, nicht weiter reduzible Gegebenheiten, eben als bewegliche, ihre Identität durch die Zeit hindurch wahrende Punkte. Die Masse, beim Körper noch in einer nie voll aufgeklärten Weise mit der Vorstellung der Materiemenge verbunden, ist jetzt nur eine dem punktuellen Atom zukommende Maßzahl. Der Zusammenhalt eines Massenpunkts in sich wird nicht mehr als Problem behandelt. Der Zusammenhalt der einen Körper ausmachenden Massenpunkte wird den zwischen ihnen wirkenden Fernkräften zugeschrieben. Der Begriff der Kraft erweist sich als ein notwendiges Korrelat des Begriffs des Massenpunkts. Historisch sei sofort hinzugefügt, daß die Erklärung der Existenz nahezu starrer Körper durch Fernkräfte zwischen Massenpunkten nie geglückt ist und daß wir die genäherte Inkompressibilität der festen Körper und Flüssigkeiten essentiell nichtklassisch, nämlich durch die Quantentheorie erklären. Die These punktueller Atome, die einer klassischen Punktmechanik genügen, war ein zur Begriffserklärung freilich wichtiger Irrtum oder, vorsichtiger gesagt, eine Einseitigkeit.

Wir beenden diesen Abschnitt mit einer Überlegung zur empirischen Bestimmung der Massen von Körpern. Faktisch geschieht dies meist durch Wägung, also unter Benützung des Gravitationsgesetzes, in dem die Masse ja nochmals vorkommt. Jede derartige Bestimmung setzt den Kraftbegriff, einen speziellen Ansatz für die Gestalt des Kraftgesetzes, und mit all diesem die Grundgesetze der Mechanik schon voraus. Nun ist es aber auch ein Zweck der physikalischen Semantik, die empirische Begründung oder Überprüfung des Anspruchs zu ermöglichen, daß der betrachtete Formalismus »die richtige« oder doch »eine gute« physikalische Theorie sei. Kann man die in die Gleichungen eingehenden Werte der physikalischen Größen bestimmen, ohne die Gültigkeit der Gleichungen schon vorauszusetzen? Wir stoßen hier zum erstenmal auf das *Begründungsproblem der Physik*.

Wir wollen zunächst annehmen, Orte und Zeiten (und somit auch Geschwindigkeiten) seien unabhängig von den mechanischen Grundgesetzen meßbar. Man könnte sich dann eine empirische Überprüfung der hypothetisch aufgestellten Grundgleichung so vorstellen, daß man für ein System von Massenpunkten (z.B. Planeten) die Anfangsbedingungen zu einer Zeit t_0 durch Beobachtung ermittelt, aus diesen durch Lösung der Gleichung die Bahn für spätere Zeit vorausberech-

Klassische Punktmechanik

net und diese mit der nachher tatsächlich eintretenden Bewegung vergleicht. Eine Übereinstimmung beider im betreffenden Einzelfall wäre zwar, in logischer Strenge gesprochen, keine empirische Verifikation der Grundgleichung als eines *allgemeinen* Gesetzes, aber eine Nichtübereinstimmung dürfte als eine empirische *Falsifikation* gelten. Aber die Vorausberechnung ist nur möglich, wenn die Massen m_i und die Kräftefunktionen f_{ik} schon bekannt sind. In der Himmelsmechanik besitzen wir für die Kräfte den weiteren hypothetischen Ansatz (3)–(5). Nun bleibt nichts anderes übrig, als für die Massen m_i verschiedene Werte einzusetzen und auszuprobieren, ob es eine Annahme gibt, welche zur Übereinstimmung mit der Erfahrung führt. Faktisch geschieht dies in Näherungsverfahren, die eine Verbesserung der Annahmen in sukzessiven Schritten gestatten. Das Verfahren hat historisch zu vollem Erfolg geführt; die Himmelsmechanik hat sich in Jahrhunderten an Millionen empirischer Daten bewährt.

Dieses Verfahren ist darauf angewiesen, daß den Forschern die erfolgversprechenden Hypothesen einfallen. Man hat viel Nachdenken auf die Frage verwendet, ob eine sukzessive empirische Bestimmung aller relevanten Größen möglich sei, so daß die Gesetze schließlich als schlichte Beschreibungen der empirischen Daten an diesen abgelesen werden könnten. Es ist eine These des vorliegenden Buchs, daß dies nicht möglich ist. Nun ist in der empirischen Wissenschaft auch eine Unmöglichkeitsbehauptung nicht in logischer Strenge beweisbar. Wir können nur faktische Beispiele des Scheiterns und Plausibilitätsgründe für die Unausweichlichkeit des Scheiterns dieses »schlicht empirischen« Verfahrens geben. Wir können versuchen, an den Beispielen abzulesen, welches Minimum theoretischer Vorstellungen bei der Festlegung empirischer Größen schon wenigstens hypothetisch vorausgesetzt werden muß.

In unserem Fall kann man, unter fortdauernder Annahme, Orte und Zeiten seien unabhängig von der zu prüfenden Theorie meßbar, versuchen, als nächste Größe die Massen von (irdischen) Körpern empirisch zu bestimmen. Gemeint ist nunmehr die *träge Masse*, die in (1) verwendet wird. Diese läßt sich empirisch durch den Trägheitswiderstand des Körpers messen: zwei Körper, auf welche die gleiche Kraft wirkt, erleiden Beschleunigungen, die ihren Massen umgekehrt proportional sind. Man kann dann auch empirisch zeigen, daß die Masse in sehr guter Näherung eine extensive Größe ist, d. h. fügt man zwei Körper zu einem Körper zusammen, so ist die Masse des Gesamtkörpers die Summe der Massen seiner Teile. Dieses Verfahren ist jedoch von dem historisch älteren der Himmelsmechanik nur im Detail verschieden. Es setzt den allgemeinen theoretischen Rahmen, den es letzten Endes prüfen will, wiederum hypothetisch voraus. Da die träge Masse nicht unmittelbar sinnlich wahrgenommen wird, ist es eine Hypothese, daß es überhaupt einen und genau einen Parameter jedes Körpers gibt, der seinen Trägheitswiderstand bestimmt. Trägheitswiderstände können nur verglichen werden, wenn schon verstanden ist, daß die Kraft durch die von ihr erzeugte *Beschleunigung* gemessen wird (s. Abschnitt c.). Es muß ferner Annahmen darüber geben, wann die auf zwei Körper verschiedener Massen wirkenden Kräfte gleich sind. Alle diese Annahmen bewähren sich an der Erfahrung, aber die präzise Formulierung dieser Erfahrung ist zum mindesten historisch erst mit Hilfe eben dieser Annahmen geglückt, und auch eine nachträgliche präzise Darstellung der Erfahrung unter Elimination der Annahmen ist dem Verfasser nicht bekannt geworden.

c. Kraft, Trägheit, Wechselwirkung. Der begriffliche Sinn der Kraft ist, daß sie *Ursache einer Veränderung* ist. Formal sehen wir das in (1) darin, daß die Funktion f_{ik}, deren Gestalt als Systemparameter in die Lösung eingeht, der zeitlichen Ableitung einer Zustandsgröße proportional gesetzt ist. In Worten: es ist vorweg angesetzt, wie die Kraft vom Zustand abhängen soll, und diese Kraft bestimmt dann die Änderung des Zustands in der Zeit. Den Begriff der Zeit und der Veränderung setzen wir hier, wie schon andere Begriffe, zunächst als bekannt voraus.

Die Gleichung (1) soll die Zustandsänderung vollständig bestimmen. Man versteht dann unter f_{ik} nicht *eine* Ursache neben anderen, sondern *die* Ursache der Zustandsänderung. Dieser Gedanke stellt uns aber sofort vor eine *kausale Paradoxie* der klassischen Mechanik, die wir auch in der neueren Physik noch nicht aufgelöst finden. Da diese Paradoxie heute,

Klassische Punktmechanik

im Unterschied zur Zeit Galileis, kaum empfunden wird, sei sie hier besonders hervorgehoben. Sie beruht mathematisch darauf, daß die Differentialgleichung (1) von zweiter Ordnung ist. Die Zustandsgröße x_{ik} determiniert ihre eigene Weiterentwicklung nicht, sondern sie tut dies nur zusammen mit ihrer in der Anfangsbedingung unabhängig wählbaren, zeitlichen Ableitung v_{ik}. Setzt man insbesondere die Kraft, welche die Ursache der Zustandsänderung sein soll, gleich Null, so gibt es noch Lösungen mit zeitlich konstanter Geschwindigkeit:

$$x_{ik} = a_{ik}t + b_{ik} \qquad (6)$$
$$v_{ik} = a_{ik}.$$

Ein Körper, auf den keine bewegende Ursache wirkt, bewegt sich mit konstanter Geschwindigkeit.

Man vermeidet den sprachlichen Anschein der Paradoxie, indem man die Kraft zutreffend nicht Ursache der Bewegung, sondern Ursache der Beschleunigung nennt und den Zustand durch Ort *und* Geschwindigkeit (bzw. Impuls) beschrieben sein läßt. Aber auch wenn man x_{ik} und v_{ik} als die Zustandsparameter auffaßt, stellt die Lösung (6) einen in der Zeit variablen Zustand dar, ohne daß die Gleichung (1), in der $f_{ik} = 0$ gesetzt ist, eine äußere Einwirkung auf das System ausweise, die als Ursache dieser ständigen Zustandsänderung gelten könnte. Im Unterschied zum empfindlichen kausalen Gewissen von Aristoteles und der Scholastiker, die nach einer Erklärung des Weiterfliegens eines frei geworfenen Körpers suchten, hat die Neuzeit gegenüber der Trägheitsbewegung auf eine solche Erklärung schlicht verzichtet. Dieser Verzicht entstammt nicht einer grundsätzlichen Resignation gegenüber kausalen Erklärungen. Er ist nichts als die Kapitulation vor einem ungelösten Problem. Wir werden die Lösung in einer radikalen Fassung des Zeitbegriffs suchen (9.3c).

Damit verlassen wir dieses Problem vorläufig und sprechen von der Kraft weiterhin schlampig als von der Ursache der Zustandsänderung.

Fragen wir, anschließend an das Ende des vorigen Abschnitts, nach der *empirischen* Begründung des allgemeinen Ansatzes für die Kraft gemäß (1), so ist zunächst nach der empirischen Begründung des Trägheitsgesetzes, also des Fehlens von Gliedern 1. Ordnung in der Differentialgleichung zu fragen. Da es eine von Menschen beobachtete, völlig kräftefreie Bewegung, also eine echte Trägheitsbewegung, im Erfahrungsbereich der frühen klassischen Physik nicht gab und in Strenge gewiß überhaupt nicht gibt, war man hier, angeregt durch die Beobachtungen am freien Wurf, am Abrollen auf schiefen Ebenen etc., wiederum auf die Aufstellung einer Hypothese verwiesen. Wir begnügen uns wieder mit der Feststellung des Erfolgs dieser Hypothese. Der Nachweis der Unmöglichkeit einer Erklärung aller uns heute bekannten Erfahrungen durch eine Mechanik mit einer Bewegungsgleichung 1. Ordnung (oder auch höherer als 2. Ordnung) wäre vielleicht sehr schwer, in Strenge unmöglich. Gibt man (1) vor, so kann man Kräfte in Fortsetzung der Ermittlung der Massen m_i schrittweise empirisch bestimmen, am bequemsten in vielen Fällen durch statische Messungen, also indem man mehrere Kräfte zu Null addiert. Die vektorielle Additivität der Kräfte folgt aus der vektoriellen Additivität der Beschleunigungen, wenn man (1) voraussetzt.

Die Frage nach der *theoretischen* Begründung der Gleichung (1) selbst nehmen wir später auf. Hier fragen wir, bei gegebener allgemeiner Form (1), nach der theoretischen Begründung der speziell für f_{ik} einzusetzenden Kraftgesetze. Der Versuch des 17. Jahrhunderts, die Kräfte zwischen den Körpern aus dem Begriff des Körpers, nämlich seiner Undurchdringlichkeit, herzuleiten, also die Begründung der Kraftwirkungen durch Druck und Stoß, war erfolglos. Er enthielt jedoch die kausale Vorstellung, daß der Zustand an einer Stelle nur vom Zustand in deren unmittelbarer Nachbarschaft beeinflußt werden könne, das Nahewirkungsprinzip, das in der Physik seit dem Ende des 19. Jahrhunderts wieder aufgenommen wurde und durch die spezielle Relativitätstheorie eine naturgesetzliche Fassung erhielt. Die Massenpunktmechanik gibt diesen Gedanken völlig auf. Sie muß dafür die Kraft zu einer besonderen physikalischen Realität neben der in den Massenpunkten vereinigten Masse machen. Die klassischen Fernwirkungsansätze (Coulombsches, Webersches Gesetz der Elektrostatik und Elektrodynamik) ließen die Kraft nach dem Muster des Newtonschen

Gravitationsgesetzes nur von den Relativkoordinaten der Körper (bzw. deren Zeitableitungen) abhängen und hielten damit an der Vorstellung fest, daß Kraft die Wirkung eines Körpers auf einen Körper ist. In den Feldtheorien aber entfalteten sich die Kräfte zu selbständigen Realitäten neben den Körpern.

d. Raum. Die drei Koordinaten x_{i1}, x_{i2}, x_{i3} des i-ten Massenpunkts bezeichnen seinen *Ort* im *Raum*. So wie sich die Massenpunktmechanik genötigt fand, neben den Massenpunkten die Kräfte als andersartige Realitäten einzuführen, so hat die klassische Mechanik schon seit Newton den Raum als eine von Körpern (und Kräften) im Wesen verschiedene, selbständige Realität angesehen. Dies war keineswegs selbstverständlich; es war vielmehr das Ergebnis einer Abstraktionsleistung, die in dieser Präzision wohl erst Newton vollbracht hat.

Wir erläutern diese Abstraktion anhand des erst von Newton eingeführten Ausdrucks *absoluter Raum*. Newton unterscheidet ihn vom *relativen* Raum als dem Inbegriff der *relativen Orte*, d.h. der Orte relativ zu anderen Körpern, an denen sich ein Körper befinden kann. »In meinem Zimmer« oder »auf dem Gipfel des Großvenedigers« sind relative Orte; »mein Zimmer«, begrenzt durch seine Wände in meinem Haus, oder »die Alpen«, lokalisiert relativ zu unserem Planeten, der Erde, sind relative Räume in Newtons Sinn. Zum Verständnis der Wichtigkeit dieser Unterscheidung ist ein Rückblick auf die philosophische Vorgeschichte des Raumbegriffs wohl unerläßlich.

Der erste Vorläufer der Newtonschen Abstraktion dürfte der Begriff des *Leeren* der griechischen Atomisten (Leukipp, Demokrit) sein. Dieser hat seinerseits eine philosophische Vorgeschichte. Parmenides von Elea hatte den Begriff des *Seienden* (eón) als Grundbegriff eingeführt. Das Seiende kann nicht entstehen und nicht vergehen, denn es müßte aus dem Nichtseienden entstehen und in das Nichtseiende vergehen; das Nichtseiende aber ist nicht. Die Veränderung der Welt, die wir erfahren, ist dann bloße Erscheinung (doxa). Wir gehen hier nicht auf den Versuch einer adäquaten Interpretation dieser Lehre ein (vgl. *Die Einheit der Natur* IV, 6, Abschnitt 3, und

Picht, *Die Epiphanie der ewigen Gegenwart*, 1960). Die Atomisten jedenfalls waren insofern Gefolgsleute des Parmenides, als sie die Unveränderlichkeit des Seienden zugaben; sie wollten aber die Wirklichkeit der Veränderung retten. Sie taten es, indem sie eine Vielzahl von Seienden annahmen, eben die Atome. Die Veränderung in der Welt ist dann nichts als eine Veränderung der relativen Lage der Atome. Damit diese möglich sei, mußten die Atome relativ zueinander beweglich sein, ohne ihre Gestalt und Größe zu ändern. Dazu mußten sie sich »im Leeren« befinden. Also mußten die Atomisten *zwei* Prinzipien einführen: das Volle (plēron) und das Leere (kenon), die sie auch das Etwas (to den) und das Nichts (to mēden) nannten. Die Unteilbarkeit der Atome war kein zusätzliches Postulat; sie folgte in dieser Denkweise schon daraus, daß die Atome seiend, also unveränderlich sind.

Die klassische Tradition der Philosophie verwarf den Atomismus. Der tiefste Grund dafür war seine »materialistische« Leugnung eines höchsten geistigen Prinzips. Aber die paradoxe Behauptung der Existenz eines Nichts war einer der gedanklichen Kritikpunkte. Platon benützte ein Wort, das wir mit »Raum« übersetzen müssen (chōra), um eben das Prinzip der reinen Möglichkeit zu bezeichnen, das Aristoteles »Materie« (hylē) nannte. Die Existenz eines in Strenge leeren Raumes leugnete Aristoteles mit präzisen Argumenten. Für einen Körper in einem solchen Raum gäbe es keinen Grund, sich eher schneller oder eher langsamer, eher hierhin als dorthin zu bewegen. Für einen schlechthin leeren, bestimmungslosen Raum ist dieses Argument unwidersprechlich; was die heutige Physik als Vakuum bezeichnet, ist von Feldern erfüllt, also nicht im Sinne der griechischen Atomisten und des Aristoteles leer. Aristoteles vermied die Notwendigkeit, von einem Raum überhaupt zu sprechen, indem er den Ort (topos) eines Körpers als die Oberfläche der ihn umgebenden Körper definierte. In der Tat lassen sich räumliche Beziehungen zwischen Körpern, zwischen denen es keine leeren Intervalle gibt, als bloße Relationen definieren. Von dieser Vorstellung setzt sich Newton ab.

Das Leere der Atomisten war als unendlich postuliert. Die Welt des Aristoteles war endlich; deshalb konnte der Ort eines

Körpers bezüglich der in der Mitte der Welt ruhenden Erde als ein »absoluter« Ort verstanden werden. Nikolaus von Kues führte den Gedanken der unendlichen Welt wieder ein und zog alsbald die Konsequenz, Ort und Bewegung seien nicht absolut, sondern nur relativ zu anderen Körpern definiert.* Die aufkommende Naturwissenschaft der Neuzeit wandte sich bald der bequemen Erklärungsmethode durch Atome und Vakuum wieder zu. Galilei brauchte das Vakuum, weil nur im Vakuum das Fallgesetz eine einfache Form annahm.

Aus dieser Entwicklung zieht Newton die Konsequenz. Wir können die Stärke seines Arguments aus der Gleichung (1) ablesen. Die Gleichung ist invariant unter der »Galilei-Transformation«, d. h. beim Übergang zu einem gegen das ursprüngliche gleichförmig bewegte Koordinatensystem, aber nicht unter Transformationen zu einem gegen das ursprüngliche beschleunigte System; dann treten »Scheinkräfte« auf. Also ist Beschleunigung relativ zum absoluten Raum objektiv definiert.

Dieser** Dualismus von Raum und Materie hat viele Denker nicht befriedigt. Leibniz leugnete die Existenz eines selbständigen Gegenstandes »Raum« und verwies die Räumlichkeit in den Bereich der Eigenschaften von Körpern. Ein Körper hat Größe, Gestalt, Abstand von einem anderen Körper; aber es wäre sinnlos, die ganze Welt, da wo sie ist, von einer gedachten, ihr gleichartigen Welt unterscheiden zu wollen, die 10 Meilen nach rechts im »Raum« verschoben wäre. Diese Kritik, die Mach wieder aufnahm, bahnte den Weg zur Relativitätstheorie. Zunächst setzte sie sich aber nicht durch. Newton hatte das starke physikalische Argument für sich, daß wenigstens eine »absolute« Beschleunigung eines Körpers (etwa als Drehung im Eimerversuch) im Innern des Körpers selbst, ohne Vergleich mit anderen Körpern, meßbar ist. Der gesamte weitere Aufbau der Physik kann nur verstanden werden, wenn man den Dualismus von Raum und Materie zunächst hinnimmt.

---

* Zur Geschichte dieser Entwicklung vgl. *Zum Weltbild der Physik*, vor allem den Aufsatz *Die Unendlichkeit der Welt. Eine Studie über das Symbolische in der Naturwissenschaft.*
** Die folgenden vier Absätze sind entnommen aus *Die Einheit der Natur* II, 1; 2d, S. 143–144.

Der Raum erscheint also als ein Gegenstand der Physik, aber als ein Gegenstand sui generis. Schon die Behauptung seiner Existenz hat einen fühlbar anderen Sinn als die der Existenz von Materie. »Es gibt Materie« heißt: »Irgendwo sind Körper.« »Irgendwo« heißt nun »irgendwo im Raum«. Es wäre aber sinnlos zu sagen: »Irgendwo ist Raum.« Der Raum ist vielmehr eben das, auf Grund wovon der Begriff »irgendwo« einen Sinn hat.

Ebenso unsymmetrisch ist das Verhältnis von Raum und Materie unter dem Gesichtspunkt der Kausalität. Daß eine Drehung »gegen den Raum« Zentrifugal- und Corioliskräfte hervorruft, erscheint wie eine Wirkung des Raumes auf die Materie. Hingegen gibt es in der klassischen Physik keine Wirkung der Materie auf den Raum; seine Struktur liegt a priori fest. Alle diese sprachlich schwer korrekt formulierbaren Sachverhalte dürfen wir als Hinweise auf damals und zum Teil auch heute ungelöste Probleme der Einheit der Physik ansehen.

Neben der Frage, was der Raum ist, steht die Frage, woher wir von ihm etwas wissen. Newton nahm für sein Postulat des absoluten Raumes wohl Evidenz in Anspruch. Daraus, daß wir vor aller einzelnen Erfahrung von »äußeren« Dingen schon mit Sicherheit wissen, daß sie Erfahrung im Raum sein werde, schloß Kant, daß der Raum eine subjektive Bedingung aller sinnlichen Erkenntnis, eine Form unserer Anschauung sei. Die Geometrie, als die Wissenschaft vom Raum aufgefaßt, erschien bei Newton wie bei Kant nicht als Zweig, sondern als Voraussetzung der Physik.

Die weitere Entwicklung des Raumbegriffs nehmen wir im Abschnitt über die Allgemeine Relativitätstheorie wieder auf; für die Entwicklung der Geometrie vgl. *Zeit und Wissen* 5.2.

e. *Zeit.* Die Newtonsche Mechanik ist auch der Ausgangspunkt der formal parallelen Behandlung von Raum und Zeit. In der Gleichung (1) ist die Zeit t von den Raumkoordinaten x_{ik} freilich deutlich unterschieden als die einzige unabhängige Variable; die Gleichung ist eine Differentialgleichung nach der Zeit, aber nicht nach dem Ort. In Worten: Die Mechanik beschreibt die Bewegung von Körpern und versteht Bewegung

Klassische Punktmechanik

als Änderung des Ortes. Änderung aber ist Änderung »in der Zeit«. Newton parallelisiert die Zeit aber darin mit dem Raum, daß er analog zum absoluten Raum und aus analogen Gründen eine *absolute Zeit* postuliert.

Bis in unser Jahrhundert ist die Verwischung des qualitativen Unterschieds zwischen Raum und Zeit in der Physik ständig fortgeschritten. Formal kann man schon in der Punktmechanik die Zeit als eine zusätzliche Koordinate einführen. Die Feldtheorien haben dann partielle Differentialgleichungen benutzt, in denen nicht $3n$ Raumkoordinaten für n Massenpunkte auftreten, sondern vier Koordinaten, drei des Raumes, eine der Zeit, als unabhängige Variable benutzt werden, nach denen differenziert wird. Die Differentialgleichungen sind freilich stets hyperbolisch und lassen keine Transformation zu, die, wie eine euklidische Drehung, eine Raumkoordinate x_k in die Zeitkoordinate t überführen würde (und t in $-x_k$). Das Auftreten hyperbolischer »Drehungen« zwischen Raum und Zeit in der speziellen Relativitätstheorie ändert hieran nichts; es hat aber die populäre Redeweise aufkommen lassen, die Zeit sei »nichts als« eine vierte Raumkoordinate.

Das gegenwärtige Buch hat einen radikal anderen Ausgangspunkt gewählt. Es stellt die Zeit allein an die Spitze und definiert sie zunächst überhaupt nicht als eine reelle Variable t, sondern durch die Struktur von Gegenwart, Vergangenheit und Zukunft, oder von Faktizität und Möglichkeit. Der Anlaß dafür war die im 4. Kapitel beschriebene Erkenntnis, daß die thermodynamische Irreversibilität überhaupt nur mit der Mechanik vereinbart werden kann, wenn man diese Zeitstruktur explizit voraussetzt. Wenn wir jetzt, im Zweiten Teil des Buchs, mit einem Kapitel beginnen, das die überlieferte Gestalt der theoretischen Physik beschreibt, so müssen wir zugleich schrittweise diese überlieferte Gestalt mit unserer Fragestellung in Einklang bringen. Wir müssen zeigen, daß sich alle empirisch fundierten Behauptungen der Physik in unserer Sprache mühelos, ja präziser ausdrücken lassen. Wir werden am Ende sehen, daß erst diese Sprache die Mittel liefert, die Quantentheorie ohne den Anschein von Paradoxien auszusprechen.

3. Mathematische Formen der Naturgesetze*

Man kann in der heutigen Physik ein allgemeines Naturgesetz in wenigstens vier Formen aussprechen. Man gibt an
a) eine Funktionenschar,
b) eine Differentialgleichung,
c) ein Extremalprinzip,
d) eine Symmetriegruppe.

Mathematisch hängen diese Gesetzesformen eng zusammen. Die Lösungen einer Differentialgleichung sind eine Funktionenschar. Zu einer Funktionenschar kann man eine Differentialgleichung konstruieren, deren Lösungsmannigfaltigkeit sie ist (vgl. Courant-Hilbert II, Kapitel I). Ein Extremalprinzip impliziert Differentialgleichungen als seine Eulerschen Gleichungen. Die Umkehrung ist nicht allgemein möglich; nur gewisse Klassen von Differentialgleichungen gehören zu Extremalprinzipien. Eine Differentialgleichung (und, falls vorhanden, das zugehörige Extremalprinzip) ist im allgemeinen invariant unter einer Symmetriegruppe, meist einer Lie-Gruppe; diese transformiert die Lösungen der Differentialgleichung ineinander. Umgekehrt erzeugt eine Gruppe Funktionsscharen auf ihren homogenen Räumen, welche Darstellungen der Gruppe vermitteln.

Beim Versuch, die Physik zu begründen, ist es von Interesse, ob man einer der Gesetzesformen eine inhaltlich verständliche Priorität vor den anderen gibt. Die obige Anordnung der vier Formen entspricht etwa der historischen Reihenfolge ihres Auftretens. Als ein *Gesetz* können wir dabei zunächst vage eine allgemeine Regel bezeichnen, die auf viele Einzelfälle zutrifft; dieser Begriff präzisiert sich im Gang der Geschichte.

Der Begriff der *Funktionenschar* ist eine moderne Mathematisierung des auf die Antike zurückgehenden *morphologischen* Gesetzestypus; man beschreibt eine Vielzahl von Gestalten durch ihre Ähnlichkeit und Unterschiedenheit. Für die Ge-

---

* Diese Notiz wurde 1982 als Vorstudie zu einer Erörterung über Symmetrien in der Quantentheorie und der Theorie der Uralternativen geschrieben, greift daher an einigen Stellen in die Themen der nachfolgenden Kapitel vor. Ich drucke sie hier schon ab, weil sie zu der Sprache beiträgt, in der im jetzigen Kapitel die klassischen Theorien dargestellt werden sollen.

schichte der Physik maßgebend wurde die raumzeitliche Morphologie der Planetenbewegung. Ihre reife Form waren die Keplerschen Gesetze. Hier zeigt sich ein fundamentales Problem. Die drei Keplerschen Gesetze charakterisieren *mögliche* Planetenbahnen; welche davon wirklich vorkommen, legen sie nicht fest. Kepler suchte, in der Morphologie verharrend, ein übergreifendes Gestaltgesetz des ganzen Planetensystems. Dies erwies sich zunächst nicht als fruchtbarer Weg.

Durchgesetzt hat sich vielmehr die Darstellung der Naturgesetze als *Differentialgleichungen nach der Zeit.* Dies drückt einen *kausalen* Gesetzesbegriff aus: die zu einer Zeit vorliegenden Kräfte bestimmen die Änderung des Zustands eines Systems. Wigner* sprach in Tutzing 1982 von »Newtons größter Entdeckung«, dem Unterschied von Gesetz und Anfangsbedingungen. Das Gesetz bestimmt alle *möglichen* Bewegungen, eben als Lösungsgesamtheit der Differentialgleichung; die Anfangsbedingungen legen fest, welche Bewegung wirklich stattfindet. Die übergreifende Gestaltgesetzmäßigkeit des Planetensystems z. B. wird nun (seit Buffon und Kant) auf die Entstehungsgeschichte des Systems zurückgeführt.

Die *Extremalprinzipien,* von Fermat bis Hamilton, wurden zumal im 18. Jahrhundert gern als Ausdruck einer *finalen* Gesetzmäßigkeit verstanden. Letztlich zeigte freilich die Entwicklung der Variationsrechnung, daß für viele Gesetzestypen die differentiale und die integrale Beschreibungsweise äquivalent sein können.** Man muß eher nach dem Grund des Bestehens gerade solcher Gesetzestypen fragen. Z. B. zeigt das Hamiltonsche Prinzip, daß die Newtonschen Bewegungsgleichungen Eulersche Gleichungen eines Extremalprinzips sein können, weil sie von *zweiter Ordnung* sind.

Ich hebe hier ein spezielles, im folgenden wichtiges Problem hervor, das schon in 2 c. besprochen wurde. Das *Trägheitsgesetz,* welches das Auftreten zweiter Ableitungen in der Bewegungsgleichung empirisch erzwingt, ist fundamental für die klassische Mechanik. Es stellt aber ein *kausales Paradoxon*

---

* Vgl. Wigner 1983.
** Vgl. *Naturgesetz und Theodizee,* in: *Zum Weltbild der Physik,* 1943, 1957⁷.

dar. Aristoteles verstand Bewegung als Änderung des Zustands und daher Kraft als Ursache der Bewegung. In der klassischen Mechanik ist jedoch die Trägheitsbewegung gerade die Bewegung ohne einwirkende Kraft. Im 17. Jahrhundert fühlte man noch die hierin liegende Paradoxie; Descartes und, ihm folgend, Newton definierten den Zustand eines Körpers durch seine Geschwindigkeit, so daß erst die Beschleunigung nun als Zustandsänderung angesehen wurde. Dies aber ist inkonsequent, denn zwei Körper gleicher Geschwindigkeit an verschiedenem Ort sind in verschiedenen Zuständen, wie die moderne Beschreibung im Phasenraum mit Recht sagt; und bei der Trägheitsbewegung ändert sich der Punkt im Phasenraum. Will man konsistent kausal denken, so muß man, Machs Ideen radikalisierend, die Trägheitsbewegung als verursacht durch das Universum (die »fernen Massen«) ansehen; das habe ich in der Ur-Theorie versucht, zweifle aber jetzt, ob dies eine adäquate Ausdrucksweise ist. Die andere Möglichkeit ist, die Kausalität im Sinne der zeitlichen Differentialgleichung (die »relativistische Kausalität« in der Sprache der heutigen Physiker) nur als einen Vordergrundaspekt, als eine Art klassischen Grenzfall einer andersartigen zeitüberbrückenden Gesetzmäßigkeit anzusehen. Beide Möglichkeiten werden im 9. und 10. Kapitel besprochen.

Ein Modell einer solchen Diskussion bietet nun schon die Beschreibung der Trägheitsbewegung gemäß dem Hamiltonschen Prinzip. Das Zeitintegral einer Zustandsfunktion L über alle kinematisch möglichen Bahnen von einem räumlich und zeitlich fixierten Punkt (x_1, t_1) zu einem ebenso fixierten Punkt (x_2, t_2) soll für die wirkliche Bahn ein Extremum sein. Zu bemerken ist, daß zur Anfangs- und Endzeit nicht der Zustand (x, p), sondern nur der Ort x vorgeschrieben ist. Jedenfalls aber legen diese Randbedingungen für $x_1 \neq x_2$ schon vorweg fest, daß der Körper sich inzwischen bewegt: Die Gestalt von L bei fehlenden äußeren Kräften wird dann so gewählt, daß die Bewegung geradlinig-gleichförmig ist. Die Hamiltonschen Gleichungen für $\dot{x}$ und p legen, als Eulersche Gleichungen des Extremalproblems, die dieser Forderung adäquate Gestalt der Kausalität fest: der Zustand definiert seine eigene Änderung, aber fast alle Zustände (alle, für die nicht anfangs $p = 0$ ist)

Mathematische Formen der Naturgesetze 245

sind gemäß dieser Kausalität gezwungen, sich zu ändern. Die intuitiv plausible Vorstellung von »wirkenden Ursachen« ist hier verlorengegangen, es sei denn, man könnte das Extremalprinzip selbst als Folge solcher Ursachen verstehen. Diesen Anspruch löst erst die Wellenmechanik ein, in der das Hamiltonsche Prinzip der Korpuskularmechanik als Huygenssches Prinzip der Wellen erscheint (Dirac 1933, Feynman 1948). Nun entsteht aber die Frage nach der kausalen Erklärung des Bewegungsgesetzes der Wellen. Die Materiewelle genügt der Schrödingerschen Wellengleichung, die sich ihrerseits wieder aus einem feldtheoretischen Hamiltonschen Prinzip ableiten läßt. Man hat also anscheinend trotz der großen Plausibilität des Diracschen Gedankens prinzipiell noch nichts gewonnen, es sei denn man versuche, das Hamiltonprinzip der Schrödingertheorie des Einteilchenproblems wiederum als ein Huygens-Prinzip der zweiten Quantelung zu verstehen. Das habe ich (1973) versucht; im 7. Kapitel kommen wir darauf zurück.

Schon der Versuch eines ernsthaften kausalen Verständnisses der kräftefreien Bewegung führt also in der bisherigen Physik ins Dunkle. Unter dem Einfluß einer empiristischen Philosophie hat man sich bloß daran gewöhnt, das Unverständliche schlicht zu behaupten.

Die *Symmetriegruppen* bezeichnen einen Typ von Gesetzmäßigkeit, der in die Tripel-Alternative von Morphologie, Kausalität und Finalität nicht eingeordnet werden kann, sondern eher auf einen möglichen gemeinsamen Ursprung dieser drei Formen deutet. Der Begriff der Symmetrie stammt historisch aus der Morphologie. Heisenberg sah in Platons Gebrauch der regulären Körper als »Atommodelle« einen Vorläufer seiner eigenen gruppentheoretischen Denkweise; dieselben Körper benützte Kepler zur phantasievollen Konstruktion seines integralen Modells des Sonnensystems. Die von Sophus Lie und Felix Klein (dem »Weisen« und dem »Glücklichen«) um 1870 eingeführte gruppentheoretische Betrachtung von Geometrie und Physik kam zum vollen Erfolg in Einsteins Herleitung der Lorentz-Transformation aus einfachen gruppentheoretischen Postulaten. Heute leitet man soweit als möglich Extremalprinzipien und Differentialgleichungen aus Invarianzforderungen her. Die Frage ist dann, woher man die verwendeten Gruppen begründet. Noch Heisenberg sah in ihnen eine vielleicht nicht weiter reduzible empirisch-ästhetische Gegebenheit. Mein Ziel ist seit langem, sie im Rahmen der Axiomatik der Quantentheorie aus Ununterscheidbarkeitsforderungen herzuleiten.

Ich erlaube mir eine Vorstufe dieser Überlegungen zu zitieren (1949). Ich hatte damals in einer Diplomarbeit (H. Franz) mögliche Dynamiken mit Differentialgleichungen n-ter Ordnung nach der Zeit studieren lassen, um insbesondere die »Aristotelische« ($n = 1$) und die Newtonsche Dynamik ($n = 2$) mit denkbaren höheren ($n > 2$) zu vergleichen. Alle erschienen widerspruchsfrei. Nun suchte ich die Newtonsche Dynamik auszuzeichnen als klassischen Grenzfall der Wellenmechanik, für welche ich eine drehsymmetrische Wellengleichung forderte, was den Laplace-Operator, also einen Differentialoperator zweiter Ordnung, notwendig zu machen schien. Die Notiz war mathematisch nicht ausgeführt, wies aber schon in die seither eingeschlagene Richtung.

4. Chemie

Chemie ist die empirisch begründete Wissenschaft von den Qualitäten und Umwandlungen materieller Substanzen.

Am Sprachgebrauch dieser lockeren Definition kann man schon eine Reihe empirischer Fakten ablesen, die von jeher im Alltag bekannt waren.

Die Rede ist von *Substanzen*. Beispiele sind Wasser, Silber, Benzol. Dies ist eine von der selbst freilich schwankenden philosophischen Verwendung des Worts abweichende Redeweise. Sub-stanz ist philosophisch das den Veränderungen Zugrundeliegende. Hierin folgt der chemische Wortgebrauch dem philosophischen. »Eine Substanz« im chemischen Sinne ist aber weder ein universales Prinzip alles Seienden noch ein Einzelding. Es ist ein durch gewisse *Qualitäten* (Härte oder Weichheit, Geschmack, Geruch, Farbe etc) charakterisiertes spezielles Material, ein *Stoff,* aus dem jeweils viele Einzeldinge (ein Bach, ein Regentropfen, das Meer; ein silberner Löffel, eine Münze, etc.) bestehen können. Die Qualitäten können im allgemeinen eine kontinuierliche Skala von »Werten« durchlaufen (von weich bis hart, von heiß bis kalt, von violett bis rot etc.). Aber die Substanzen lassen sich in diskreter Weise klassifizieren, und die kontinuierlichen Übergänge zwischen ihnen erweisen sich als bloße Gemische. Es gibt reines Wasser, in dem aber allerhand Substanzen »gelöst« sein können; reines Silber oder aber allerhand Legierungen; reines Benzol, etc. Die *Diskretheit* der reinen Substanzen ist ein chemisches Grundfaktum, das a priori keineswegs selbstverständlich ist.

Die *Umwandlungen* der Substanzen sind teils Änderungen des Zustands einer und derselben Substanz, zumal unter dem Einfluß der *Wärme* (fest, flüssig, gasförmig), teils *chemische Reaktionen*. Der letztere Begriff verdankt seine Herkunft der wiederum empirischen, völlig nichttrivialen Entdeckung, daß ein Unterschied zwischen einer *Mischung* und einer *Verbindung* zweier Substanzen besteht. Die Qualitäten einer Mischung durchlaufen ein Kontinuum zwischen den Qualitäten der reinen Substanzen; die Qualitäten einer Verbindung sind neuartig und charakterisieren eine neue Substanz.

Diese Beobachtung stützt die schon frühe chemische Theorie, welche alle Stoffe aus einigen wenigen Grundstoffen, den *Elementen*, durch Verbindung bestehen lassen will. Das lateinische Wort »elementum« ist eine Übersetzung des griechischen »stoicheion«, das Buchstabe bedeutet. Wie die ganze *Ilias* mit den vierundzwanzig Buchstaben des Alphabets geschrieben werden kann, so besteht diese reiche, bunte Welt aus wenigen Elementen. Dieser Vergleich stammt von den Atomisten, kann aber ebenso auf die empedokleische Lehre von den vier Elementen Erde, Wasser, Luft, Feuer angewandt werden, welch letztere Aristoteles dann als die vier Kombinationen der zwei Paare von Grundqualitäten trocken-feucht und kalt-warm erklärt. Dies sind philosophische Versuche einer allumfassenden abstrakten Theorie. Diese Theorie kam, nach heutiger Ansicht, historisch zu früh. Der große Fortschritt der Chemie, gefördert durch die Zwischenstufe der Alchemie, tritt gegen Ende des 18. Jahrhunderts ein, da man sich auf empirischer Grundlage entschloß, eine begrenzte Vielzahl »chemischer Elemente« wie Wasserstoff, Sauerstoff etc. zugrunde zu legen.

Wir haben diese allbekannten Tatsachen in Erinnerung gerufen, um darauf hinzuweisen, daß die Diskretheit der Substanzen schon im Alltag eine Grundstruktur der Wirklichkeit zu erkennen gibt, deren naturwissenschaftliche Erklärung, wie wir sehen werden, erst von der Quantentheorie zu erhoffen ist. Gerade die Vertrautheit dieses Phänomens hat das hinreichende Staunen darüber meist verhindert. Gäbe es die Phänomene der Diskretheit in der Natur nicht, von denen die deutliche Unterscheidbarkeit einer endlichen Anzahl von Substanzen ein Beispiel ist, so wäre vermutlich keine Begriffsbildung möglich. Wie aber kann sich diese Diskretheit angesichts der kontinuierlichen Variabilität von Kräften und Qualitäten aufrechterhalten?

Ehe wir weitergehen, sei auch ein Opfer genannt, das die moderne Lehre von den chemischen Elementen brachte. Die vier Elemente der griechischen Philosophie bedeuten zugleich sinnliche, seelische, geistige Qualitäten. Z.B. wurden die vier Elemente charakterologisch mit den vier »Temperamenten« in Zusammenhang gebracht. In den Grundbegriffen der Alchemie ist die chemische Bedeutung von der seelisch-symbolischen untrennbar (darauf hat u. a. C. G. Jung wieder hingewiesen). Die moderne chemische Elementenlehre ist hingegen strikt »materiell« gemeint. Sauerstoff ist durch seine physischen Eigenschaften vollständig charakterisiert. Der Zusammenhang der *materiellen* Substanzen mit Seelischem und Geistigem, ja schon mit den Sinnesqualitäten, ist kein Gegenstand der Chemie mehr. In der Deutung der Quantentheorie (Kapitel 11 und 14) werden wir zu den hier verdrängten Fragen zurückgeführt.

Die Diskretheit der durch Verbindung entstehenden Substanzen wurde im Anfang des 19. Jahrhunderts in den Gesetzen der konstanten und multiplen Proportionen (Dalton 1808) gesetzmäßig formuliert. Als theoretische Deutung bot sich unmittelbar die chemische Atomlehre an. Nach ihr ist ein Element durch eine Sorte von Atomen charakterisiert, eine chemische Substanz durch ein in bestimmter Weise aus Atomen bestehendes Molekül. Die Diskretheit der möglichen

Sorten von Molekülen erklärt nun die Diskretheit der nicht durch Mischung, sondern durch Verbindung definierten Substanzen und legt den Unterschied von Mischung und Verbindung erst definitiv fest. Zugleich werden die alten »vier Elemente« als Aggregatzustände erklärt. Nur im Gas haben die Moleküle stets selbständige Existenz; daher ist auch nur im Gas der Unterschied von Mischung und Verbindung jederzeit scharf definiert.

Viele Naturwissenschaftler hatten schon früher zur Atomlehre geneigt. Aber erst die Chemie hat dieser Lehre empirisch fundierte Legitimität gegeben. Doch mußte auch hierfür ein Preis gezahlt werden.* Unter den Kritikpunkten der klassischen Philosophie an der Atomlehre (s. Abschnitt 2c) war auch, daß diese Lehre die Probleme, die der Begriff einer kontinuierlich ausgedehnten Materie mit sich bringt, keineswegs löst, sondern nur ins Innere des Atoms verschiebt. Kant argumentierte, daß ein ausgedehntes Atom einen Raum erfüllt, der geometrisch in Teilräume zerlegt gedacht werden kann. Diese Teile werden offenbar von Teilen des Atoms erfüllt. Also hat das Atom Teile, und es ist nur eine Frage der wirkenden Kräfte, ob das sogenannte Atom unter allen Umständen zusammenhält. Man wird das Problem des Wesens der Kräfte durch die Atomhypothese nicht los. Man kann sagen, daß wir die chemische Atomlehre der glücklichen philosophischen Naivität der Naturforscher, in diesem Falle der Chemiker, verdanken. Für ein knappes Jahrhundert reichte die Beschreibung der empirisch geforderten Bausteine der Elemente durch den Begriff des ausgedehnten Atoms aus. Gegen Ende des 19. Jahrhunderts begann die Physik die ungelösten Probleme dieses Begriffs zu realisieren, und erst die Revolution der Quantentheorie vermochte das Richtige des Begriffs vom Falschen vorläufig zu trennen.

Die Vielzahl der chemischen Elemente forderte selbst im Rahmen der chemischen Atomlehre zu einer weiteren Erklärung heraus. Die Hypothese von Prout (1815), alle Elemente bestünden aus Wasserstoff, bot eine Einheit der Substanz an,

---

* Vgl. Die *Atomlehre der modernen Physik*, in: *Zum Weltbild der Physik*, 1943, 1957[7].

scheiterte aber daran, daß sich viele Atomgewichte als nichtganzzahlige Vielfache des Atomgewichts von Wasserstoff erwiesen; dies hat erst die Atomphysik unseres Jahrhunderts durch Isotopenmischung und Massendefekt erklärt. Hingegen verwies das Periodische System der Elemente (Mendelejew 1869) auf einen gesetzmäßigen Zusammenhang, der aber auch erst im Rahmen der Quantentheorie (Bohr 1919) erklärbar wurde.

Für das Gefüge der Theorien bedeutet die Chemie einen entscheidenden Fortschritt, der sich aber gegen Ende des 19. Jahrhunderts eher als eine empirisch fundierte Problemstellung erwies.

5. *Thermodynamik*

Die klassische Thermodynamik darf als die größte Abstraktionsleistung der Physik gelten; vielleicht der Physik überhaupt, gewiß aber der Physik vor Einstein. Zwar begann die Wärmelehre als Beschreibung der Phänomene eines bestimmten Sinnesgebiets, einer Qualität im Sinne der obigen Definition der Chemie. Aber in ihren beiden Hauptsätzen greift die Thermodynamik auf das gesamte Gebiet der Physik über. Die Abstraktionsleistung liegt, rückblickend gesehen, vor allem in dem Verzicht auf die Begründung dieser beiden Sätze auf spezielle Modellvorstellungen. Der Atomismus, an den die Schöpfer dieser Theorien faktisch glaubten, war in der Gestalt, die er damals hatte (chemische Atomlehre oder, bei Helmholtz, Punktmechanik), wie wir heute wissen, falsch oder doch unzureichend. Aber die thermodynamische Argumentation ist von solcher Allgemeinheit, daß sie von der späteren Korrektur der Modellvorstellungen unberührt blieb; sie hing tatsächlich von der Gestalt des Modells nicht ab. Einstein hat diesen singulären Rang der Thermodynamik in den folgenden Sätzen ausgesprochen: »Eine Theorie ist desto eindrucksvoller, je größer die Einfachheit ihrer Prämissen ist, je verschiedenartigere Dinge sie verknüpft und je weiter ihr Anwendungsbereich ist. Deshalb der tiefe Eindruck, den die klassische Thermodynamik auf mich machte. Es ist die einzige physikalische

Thermodynamik

Theorie allgemeinen Inhaltes, von der ich überzeugt bin, daß sie im Rahmen der Anwendbarkeit ihrer Grundbegriffe niemals umgestoßen werden wird (zur besonderen Beachtung der grundsätzlichen Skeptiker).« (1949, S. 32)

In der Tat beruhen die beiden Hauptsätze der Thermodynamik auf zwei abstrakten und darum universellen Begriffen, der *Energie* und der *Temperatur*, und auf dem, mit Hilfe der beiden definierbaren Begriffe der Entropie. Beide Begriffe haben eine spezielle Herkunft, die Energie aus der Mechanik, die Temperatur aus der Wärmelehre. Aber ihre kennzeichnenden abstrakten Eigenschaften haben universelle *zeitliche* Bedeutung: *Die Energie bleibt erhalten, die Temperatur gleicht sich aus.* So ist der erste Hauptsatz ein Satz der *Erhaltung*, der zweite ein Satz der *Irreversibilität*.

Freilich erklärt eine so allgemeine Ausdrucksweise noch nicht, warum jeder der beiden Sätze sich auf eine *einzige* Fundamentalgröße bezieht: der der Erhaltung eben auf die gleichbleibende Energie, der der Irreversibilität in zweckmäßiger Formulierung auf die nicht abnehmende Entropie.

In der Tat kennt die Physik heute viele Erhaltungssätze. Die singuläre Rolle der Energie wird erst auf dem Weg über die spezielle Relativitätstheorie verständlich, welche die Erhaltung der Energie mit der Erhaltung der Masse gleichzusetzen erlaubt. Wir gehen diesem Problem erst im 12. Kapitel thematisch nach. Es sei nur hier schon bemerkt, daß es sich dabei um eine Auszeichnung der *Zeit* handelt; der Energiesatz bedeutet, relativistisch gesehen, die *Homogenität der Zeit*.

Hingegen kennt die Physik nur *eine* Größe, deren Änderung die Irreversibilität bestimmt, eben die *Entropie*. Dies wird durchsichtig durch die statistische Deutung der Thermodynamik, also durch die Reduktion der Entropie auf *Wahrscheinlichkeit*. Das haben wir im 4. Kapitel ausführlich besprochen. Auch hier zeigt sich die ausgezeichnete Rolle der *Zeit* für die Physik.

Der abstrakte und darum universelle Charakter des zweiten Hauptsatzes, wie ihn Einstein charakterisiert hat, wird besonders deutlich in der Darstellung von Gibbs (1902). Diese Darstellung verzichtet auf jedes spezielle Modell des atomaren Geschehens und arbeitet daher nur mit denjenigen völlig allgemeinen Argumenten, die, wie Gibbs wußte, jeden Wechsel der Modelle überdauern mußten.

6. Feldtheorien

Feldtheorien wurden in einer für uns noch akzeptablen Form zunächst als Kontinuumsmechanik entwickelt: Akustik, Hydrodynamik, Elastizitätstheorie. Dabei war es im Effekt nicht wichtig, ob die Materie prinzipiell als Kontinuum aufgefaßt oder als atomar strukturiert angesehen wurde. In letzterem Fall war die Behandlung als Kontinuum eine empirisch gute Approximation; so sehen wir heute diese Theorien an.

Kaum hatte aber die Mechanik den Unterschied von Körpern und *Kräften* thematisiert, so stellte sich die Frage, ob die Kräfte nicht Wirkungen einer raumerfüllenden Materie und daher selbst nach einer Kontinuumsmechanik zu beschreiben wären. Newton, der selbst die Gravitation als Fernkraft eingeführt hatte, hielt dies nur für eine erfolgreiche Beschreibung eines noch unverstandenen Phänomens. In dem berühmten *Scholium generale* seiner *Principia* (1687) sagt er: »Die Ursache aber dieser Kraft habe ich nicht gefunden, und Fiktionen erfinde ich nicht.«* Er fordert also eine Ursache, die er in dem späteren Werk der *Opticks* (1706) vermutungsweise als Nahewirkung beschreibt.

Der Glaube an eine Punktmechanik mit Fernkräften blieb eine vorübergehende Phase in der Physik. Seit Faradays Aufbau der Elektrodynamik und ihrer mathematischen Fassung durch Maxwell wurden die Kräfte selbst als physische Realität mit innerer Dynamik, eben als ein *Feld* aufgefaßt. Die Feldgrößen wurden als Funktionen des Orts und des Zeitpunkts verstanden. Raum und Zeit wurden zum erstenmal wie ein vierdimensionales Kontinuum beschrieben, die Dynamik

---

* Im Satz »hypotheses non fingo« sollte man »hypotheses« wohl im alten, schon platonischen Sinn als »Unterstellungen«, also »Fiktionen«, übersetzen, und »fingo«, was wörtlich »bilden« heißt, als »erfinden«, »sich ausdenken«. Sollte Newton schon den neueren Sinn von »hypothesis« als »Vermutung« gemeint haben, so müßte »fingo« schärfer als »täuschend ausdenken« übersetzt werden.

durch ein System linearer hyperbolischer Differentialgleichungen nach Raum und Zeit. Hypothetisch dachte man sich dies als die Kontinuumsdynamik eines nicht direkt mechanisch wahrgenommenen Mediums, des Äthers. Einsteins spezielle Relativitätstheorie zeigte, daß diesem Medium keine definierte Geschwindigkeit (z. B. Ruhe) im absoluten Raum zugeschrieben werden konnte und daß der Äther somit eine zur Erklärung überflüssige Fiktion gewesen war. Wir werden daher die Feldtheorien weiterhin nur im relativistischen Begriffsrahmen beschreiben.

7. Nichteuklidische Geometrie und semantische Konsistenz

Der Übergang zu den großen Theorien des 20. Jahrhunderts war eine zweifache wissenschaftliche Revolution. Uns interessiert das »Gefüge der Theorien«, d.h. der sachliche Zusammenhang zwischen alten und neuen Theorien. Dies erörtern wir, hier in vorläufiger Weise, methodologisch unter dem Titel der *semantischen Konsistenz* von Theorien. Was damit gemeint ist, erläutern wir zunächst an einem Beispiel, das schon aus dem 19. Jahrhundert hervorgeht: der Frage nach der möglichen Geltung einer nichteuklidischen Geometrie.*

Daß das euklidische Parallelenpostulat nicht aus Euklids übrigen Axiomen abgeleitet werden kann, haben Saccheri und Lambert im 18. Jahrhundert erkannt. Im Grunde war diese Frage schon eine Folge der Skepsis an der direkten Evidenz des Postulats. Daß Euklid es gesondert gefordert hat, zeigt, daß schon er an seine Ableitbarkeit aus den anderen Forderungen nicht glaubte. Gauß hatte den Gedanken einer nichteuklidischen Geometrie, den Bolyai und Lobatschewski unabhängig von ihm und voneinander ausführten. Naturgemäß stellt sich die Frage, welche Geometrie im physikalischen Raum gilt.

Wir lassen die schwierigen erkenntnistheoretischen Fragen beiseite, die hier auftreten.** Wir beschreiben den Sachverhalt

---

* Dieser Zusammenhang ausführlicher in *Zeit und Wissen* 5.2; die semantische Konsistenz speziell in *Zeit und Wissen* 5.2.7.
** Vgl. *Zeit und Wissen* 5.2.1–6.

so, wie er sich einem heutigen Physiker darstellen würde. Falls der Physiker an eine nichteuklidische Geometrie des physikalischen Raumes glaubt, wird er zunächst die gemeinte Geometrie mathematisch präzisieren; im 19. Jahrhundert wäre das wohl die Lobatschewskische hyperbolische Geometrie gewesen. In der Pedanterie des obigen Abschnitts 6.2 a gesprochen, wird er also Zeichen einführen, die er mit einer *mathematischen Semantik* beschreibt, z. B. x_1, x_2, x_3 mit der Bedeutung von Koordinaten in einem hyperbolischen Raum. Nun stellt sich die Frage der *physikalischen Semantik*. Für die Frage, welche physikalisch realen, »meßbaren« Größen z. B. x_1, x_2, x_3 bedeuten, muß er an ein Vorverständnis appellieren, das ihm eine Sprache zur Antwort auf diese Frage zur Verfügung stellt. Die Größen sollen also z. B. die Projektionen des Abstandsvektors eines Massenpunkts von einem gegebenen ruhenden Massenpunkt auf die Achsen eines willkürlich gewählten Koordinatensystems sein. Man sieht, daß ich, um mich kurz auszudrücken, selbst wieder eine weitgehend mathematisierte Physikersprache spreche. Das real benutzte Vorverständnis ist also nicht eine vormathematische Sprache des Alltags oder gar einer von der Naturwissenschaft und Technik noch unberührten Frühkultur; der Weg von dieser zu dem Problem, vor dem Gauß und Lobatschewski standen, wäre für die Beschreibung in diesem Buch zu weit und umständlich. D. h. das Vorverständnis für eine moderne Theorie ist selbst eine moderne Theorie, aber eine frühere. In Heisenbergs Sprache: Das Vorverständnis einer abgeschlossenen Theorie wird von den vorausgehenden abgeschlossenen Theorien geliefert.

In unserem Falle ist die neue abgeschlossene Theorie, die entstehen soll, indem wir die hyperbolische Geometrie mit einer physikalischen Semantik versehen, offenbar in der These enthalten, der physikalische Raum sei ein hyperbolischer Raum. Das Vorverständnis, das wir brauchen, um zu sagen, was »der physikalische Raum« ist, liegt in der älteren abgeschlossenen Theorie, derjenigen der Newtonschen Mechanik, welche lehrt, der physikalische Raum sei ein euklidischer Raum. Hiermit aber scheinen wir durch die eingeführte physikalische Semantik unmittelbar einen Widerspruch zu erzeugen. Wir scheinen behaupten zu wollen, x_1, x_2, x_3 seien zugleich Koordinaten eines hyperbolischen Raums (qua mathematischer Definition) und eines euklidischen Raums (qua physikalischer Semantik). Die so geschaffene physikalische Theorie wäre also »semantisch inkonsistent«.

Jeder Physiker weiß, wie das scheinbare Problem zu lösen ist. Die neue Theorie soll ja die alte ablösen. Die alte Theorie ist dann streng genommen falsch. Nur als Grenzfall oder lokale Näherung der neuen soll sie noch brauchbar sein. Um die neue Theorie »semantisch konsistent« zu machen, müssen wir etwa sagen: »x_1, x_2, x_3 sind Koordinaten, die wir, wie bekannt, nur ungenau messen können. Bisher haben wir ihnen mit den Meßwerten innerhalb von deren Genauigkeit vereinbare Werte zugeschrieben, die mit einer Auffassung des Raums als euklidisch vereinbar waren. Künftig sollen wir ihnen Werte zuschreiben, die mit einer Auffassung des Raums als hyperbolisch vereinbar sind.« Mit anderen Worten: Wir haben um der semantischen Konsistenz der neuen Theorie willen unser Vorverständnis zu korrigieren. Da jede Theorie, die alte wie die neue, wie in 6.2 d erläutert, auf Idealisierungen beruht, dürfen wir hoffen, daß dies gelingt.

Die methodologische Frage, wie man sich von der Richtigkeit einer Theorie überzeugt, in 6.2 ein Stück weit besprochen, werden wir erst in *Zeit und Wissen* 1–4 und 5.2 teilweise weiter erörtern. Wir vermuten hier schon, daß eine strenge Methodologie der empirischen Wissenschaft überhaupt unmöglich ist. Im jetzigen Kapitel bewegen wir uns im üblichen Selbstverständnis der Physiker. Wir akzeptieren die etablierten Theorien und analysieren nur ihren Zusammenhang.

8. Das Relativitätsproblem

Die Astronomie ist eine ältere Wissenschaft als die Physik. Die ersten Beispiele für mathematische Naturgesetze, die wir oben im Abschnitt 3 besprochen haben, stammen aus der Astronomie. Das Problem der Relativität der Bewegung geht aus der Astronomie hervor.

Die älteste, morphologische Fassung der Gesetze der Planetenbewegung ist unlösbar mit der Kosmologie verbunden, die man als die Angabe eines Modells der Gestalt des Universums definieren könnte. Hier mußte schon die griechische Astronomie eine Entscheidung treffen. Das geozentrische Modell war nicht selbstverständlich. Schon die Pythagoreer diskutierten andere Möglichkeiten; Aristarch bot das heliozentrische System an, das später Kopernikus wieder aufgriff. Verfolgt man die Argumente in dieser antiken Kontroverse*, so zeigt sich die entscheidende Bedeutung von Überzeugungen, die wir heute der Physik zurechnen würden. Ein Argument gegen die Drehung der Erde um ihre eigene Achse war, daß dann die Luft hinter dieser Drehung zurückbleiben und damit, von der drehenden Erde aus gesehen, einen ständigen ungeheuren Sturm von Ost nach West erzeugen müßte. Uns beeindruckt dieses Argument nicht mehr, weil wir uns längst an die Vorstellung gewöhnt haben, daß die Luft mit der Erde rotiert. Das ist aber eine Folge des *Trägheitsgesetzes*. In der antiken, z. B. aristotelischen Physik muß eine ständige Kraft wirken, um einen sublunaren Körper, also auch die Luft, in Bewegung zu halten. Man sieht hier einmal mehr die Schlüsselrolle des Trägheitsgesetzes für die neuzeitliche Naturwissenschaft.

Nachdem sich das kopernikanische Modell in der Wissenschaft der Neuzeit durchgesetzt hatte, wurde seine Anerkennung zu einem Feldgeschrei der Fortschrittsgläubigen. Diese Politisierung des Streits lenkte den Blick ab von den echten, hochinteressanten gedanklichen Problemen, die bei seiner Erörterung hätten gelöst werden müssen; selbst die Debatte der Fachleute, so in den frühen, noch sachlichen Stadien der kirchlichen Auseinandersetzung mit Galilei** (Bellarmin, 1615) zeigt auf keiner der streitenden Seiten volle Klarheit der Argumente. Von der in diesem Kapitel dargestellten Denkweise aus sollte man den Streit wohl etwa wie folgt ansehen:

Historisch gibt es eine absolutistische und eine relativistische Auffassung der Bewegung. In die absolutistische Tradition kann man u. a. Ptolemäus, Kopernikus, Kepler, Galilei, Newton einreihen, in die relativistische Cusanus, Bellarmin, Leibniz, Mach. Einsteins Intention war relativistisch, sein

---

* Vgl. v. d. Waerden, *Erwachende Wissenschaft*.
** Vgl. *Tragweite der Wissenschaft*, 6. Vorlesung.

Resultat enthielt Elemente der absolutistischen Auffassung. Die Frage ist zunächst, was das Vokabular bedeutet, in dem der Streit ausgetragen wurde.

Der Streit des geozentrischen und des heliozentrischen Systems setzt zunächst naiv voraus, daß man schon weiß, was Ruhe und Bewegung bedeuten; er ist insofern naiv-innerabsolutistisch. Diese Naivität hatte Nikolaus von Kues (Cusanus) um 1450 schon überwunden. Er hält die Welt für unendlich. Dann gibt es in der Gestalt der Welt selbst nicht (wie zuvor in Gestalt der Himmelssphäre und des ruhenden Zentralkörpers) ein Kriterium für Ruhe und Bewegung. Also ist Bewegung per definitionem nur Relativbewegung von Körpern. Der Kardinal Bellarmin hatte das 1615 verstanden. Er verlangte von Galilei, er solle das kopernikanische System als eine mathematische Hypothese, aber nicht als Wahrheit darstellen. »Hypothese« heißt hier* nicht »Vermutung«, sondern »Unterstellung«; wir haben uns mit dem Wort »Modell« nahe an die von Bellarmin gewünschte Sprechweise angeschlossen. Bellarmin vermochte längst den Gedanken der Relativität der Bewegung zu denken. Man kann dieselben Bewegungen nach Belieben geozentrisch oder heliozentrisch beschreiben. Galilei fügte sich damals diplomatisch. Aber er blieb überzeugt, nicht eine »Hypothese«, sondern die Wahrheit zu verteidigen.** Wir können heute sagen, in welchem Sinne er recht hatte.

Das astronomische Argument für Kopernikus war die höhere geometrische und dynamische Plausibilität seines Modells. Schon Aristarch wußte, daß die Sonne größer ist als die Erde. Warum soll der größere und leuchtende Körper nicht die Mitte der Welt sein, um welche die anderen kreisen? Noch schärfer ist das geometrische Argument: Daß Merkur und Venus im langfristigen Mittel exakt dieselbe Zeit des Umlaufs um die als ruhend gedachte Erde haben wie die Sonne, ist im geozentrischen System eine Kuriosität, im heliozentrischen die natürliche Folge davon, daß sie näher und schneller um die Sonne

---

* Vgl. oben im Abschnitt 6 denselben Sinn des Worts bei Newton.
** Deshalb kam es fünfzehn Jahre später zu dem zweiten, für ihn äußerlich katastrophalen Prozeß; er war unfähig, seine Überzeugung erfolgreich zu verbergen.

laufen als die Erde. Tycho Brahe übernahm daher genau *diesen* Teil des kopernikanischen Systems und machte Merkur und Venus zu speziellen Satelliten der Sonne. Keplers Ellipsen schließlich waren heliozentrisch einfache, geozentrisch jedoch höchst komplizierte Kurven.

Aber alle diese Bemerkungen treffen den Kern des relativistischen Arguments nicht, der besagt, daß schon die *Frage*, welches der beiden Modelle das richtige sei, sinnlos ist. Solange man den Himmel als endliche Kugel ansah, konnte man noch hoffen, Bewegung relativ zu dieser Kugel als »wahre« Bewegung zu beschreiben. Der Sieg des Glaubens an ein unendliches Universum eliminierte auch dieses Argument. Gleichwohl beugten sich die Astronomen und Physiker der relativistischen Philosophie nicht. Die kinematische Beschreibung mochte konventionell sein. Die Dynamik aber nahm nur im kopernikanischen Modell eine »vernünftige«, d. h. zunächst eine einfache Form an. Was ist nach heutigem Urteil die Substanz dieser Denkweise?

Wir machen uns zunächst den ontologischen Hintergrund des Streits klar. Es handelt sich um das Verhältnis zwischen der Materie und dem Raum. Man kann eine monistische und eine dualistische Auffassung dieses Verhältnisses unterscheiden.* Als *dualistisch* kann man die absolutistische Tradition bezeichnen: Nach Newton gibt es den absoluten Raum *und* die Körper im Raum. *Monistisch* ist die Tendenz der relativistischen Tradition: Nach Leibniz und Mach gibt es in physikalischer Sprechweise** nur die Körper; ihre räumlichen Relationen sind dann Folgen ihres definierenden Merkmals, der Ausgedehntheit. Einsteins Intention folgte derjenigen Machs; sie war monistisch.

Die Entstehung und Rechtfertigung der Newtonschen dualistischen Auffassung haben wir im Abschnitt 6.2 d besprochen. Im Abschnitt 6.10 werden wir sehen, inwiefern sich Einstein mit seiner monistischen Intention nicht hat durchsetzen kön-

---

* Hierin folge ich P. Mittelstaedt 1979.
** Philosophisch gingen beide im Monismus noch weiter und schlossen auch das Bewußtsein, als das Primäre, ein: Leibniz in Gestalt der Monaden, Mach in Gestalt der Empfindungen als Elemente aller Wirklichkeit.

Das Relativitätsproblem 259

nen; die allgemeine Relativitätstheorie ist, so wie Einstein sie zu realisieren vermocht hat, dualistisch. Wir werden aber in 10.7 auf quantentheoretischer Basis zu einer monistischen Auffassung zurückkehren. Zur Vorbereitung dafür werfen wir hier einen Blick auf die Denkweise, die Leibniz gegen Newton vertrat.

Leibniz, der philosophisch Gebildetere der beiden Gegner, denkt im Verhältnis von Substanz und Attribut, logisch gesagt von Subjekt und Prädikat. Dies ist ein Dualismus, den die Physik und die Logik nie hat loswerden können. Logisch ist (modern gesagt) eine Klasse ein Prädikat und ist zu unterscheiden von ihren Elementen als den Subjekten, denen das Prädikat zukommt; Russell unterscheidet zu Recht eine Klasse mit nur einem Element scharf von diesem Element (die Klasse der ersten Kaiser der Franzosen hat als einziges Element Napoleon I.). In der Physik kann man außerdem zwischen Wesensprädikaten und kontingenten Prädikaten unterscheiden. Die Wesensprädikate charakterisieren das physikalische Objekt (das logische Subjekt der Aussagen). Z.B. ist in der klassischen Mechanik ein Massenpunkt ein Objekt, das Masse, Ort und Impuls, und sonst nichts, als Attribute hat. Dabei ist der Wert der Masse ein Wesensprädikat des betreffenden individuellen Massenpunkts; der Begriff »Masse« ist ein Wesensprädikat des Begriffs »Massenpunkt«. Das Wesensprädikat eines Begriffs ist eine Klasse kontingenter Prädikate, so die Masse die Klasse der möglichen Massenwerte. Analog ist für jeden Massenpunkt der Ort als Wesensprädikat die Klasse seiner möglichen Orte; ein Massenpunkt »ist ein Objekt, das einen Ort hat«. Ebenso für den Impuls. Die Quantentheorie spaltet die Attribute der Objekte nochmals in zwei fundamental verschiedene Klassen auf: Observable und Zustände. Mit Hilfe dieser Unterscheidung werden wir in 10.7 das Verhältnis der Quantentheorie zur Relativitätstheorie formulieren.

Leibniz versteht nun den Raum als Wesensprädikat der Körper, und zwar als Relation (in Russells Sprache: als zweistelliges Prädikat). Körper haben relative Lagen. Der unvermeidliche Dualismus zwischen Körpern und räumlichen Daten wie Distanz und Richtung ist damit im Dualismus von Substanz und Attribut schon enthalten. Also findet Leibniz philosophisch einen Dualismus der Substanzen – Körper und Raum – überflüssig. Newton vermeidet die Vokabel »Substanz« für den Raum, aber logisch behandelt er den Raum und die Zeit wie Substanzen (»Entitäten«).

Wenn der Raum nach Leibniz als ein Inbegriff von *Relationen* zwischen Körpern aufzufassen war, so mußte in der Tat der physikalische Sinn der Relativität für die Kontroverse entscheidend werden. Leibniz hatte gute Gründe für die *Relativität des Ortes.** Modern gesagt: Gemäß der Translationsgruppe des euklidischen Raumes gibt es keinen *geometrischen* Unterschied zwischen zwei Orten. Auch die *Relativität der geradlinig-gleichförmigen Bewegung* hatte schon Galilei verstanden. Auf einem gleichmäßig dahingleitenden Schiff hat die Mechanik, speziell das Fallgesetz, dieselbe Gestalt wie auf der ruhenden Erde. Die Entscheidung für Newton fiel nicht durch philosophische, sondern durch mathematisch-empirische Argumente. Newton sah, daß seine Bewegungsgesetze mathematisch die *Relativität der beschleunigten Bewegung nicht* zuließen, und er bestätigte dies empirisch durch den Eimerversuch.

In unserem Jahrhundert hat Einstein die These von der Relativität der gleichförmigen Bewegung in ihre wohl endgültige Gestalt gebracht in der speziellen Relativitätstheorie und hat das Problem der beschleunigten Bewegung neu aufgeworfen in der allgemeinen Relativitätstheorie. Wir folgen jetzt diesem Gang.

---

* Vgl. sein Argument, die wirkliche Welt und exakt dieselbe Welt, 10 Meilen nach rechts verschoben, seien identisch; er berief sich dafür auf sein Postulat der Identität des Ununterscheidbaren. Clarke antwortete hierauf, da Sir Isaac Newton die Existenz des absoluten Raums bewiesen habe, seien beide Welten objektiv verschieden. Leibniz berief sich nun auf das Prinzip vom zureichenden Grunde: warum sollte Gott die Welt eher hier als dort geschaffen haben. Clarke erwiderte, es gebe einen hinreichenden Grund: den Willen Gottes. Leibniz mußte antworten, Gott handle nie willkürlich, sondern gemäß Vernunftgründen.

9. Spezielle Relativitätstheorie*

Das Vorverständnis der speziellen Relativitätstheorie enthält unter anderem die euklidische Geometrie und die Newtonsche Mechanik. Beide können hier als abgeschlossene physikalische Theorien betrachtet werden, nach deren semantischer Konsistenz gefragt werden darf.

Eine physikalische Axiomatik der euklidischen Geometrie wird zweckmäßigerweise die Helmholtz-Dinglerschen Operationen an starren Körpern** zugrunde legen. Sie begründet so die sechsparametrige euklidische Gruppe der reell-dreidimensionalen Rotationen und Translationen. Die Theorie ist dann semantisch konsistent im oben erklärten Sinne. Ihr Vorverständnis setzt jedoch die Existenz starrer Körper voraus. Dies ist erstens eine Idealisierung. Die Phänomene zeigen die Existenz starrer Körper nur genähert. Sie rechtfertigen nicht eo ipso die Fiktion beliebig genauer Annäherung an das Ideal. Man muß also auf die Möglichkeit vorbereitet sein, einen begrenzten Geltungsbereich der Theorie zu entdecken. Zweitens wird die Existenz starrer Körper von der Geometrie nur im Vorverständnis benutzt, aber nicht theoretisch erklärt. Die statistische Physik des späten 19. Jahrhunderts hat schrittweise entdeckt, daß die Anwendung der klassischen Mechanik auf das Innere der Körper zu Schwierigkeiten führt, die vermutlich prinzipiell unüberwindlich sind. Jedenfalls hat erst die Quantentheorie dieses Problem gelöst.

Die klassische Mechanik fügt, wie man unter der gruppentheoretischen Fragestellung gegen Ende des 19. Jahrhunderts erkannte (L. Lange), eine vierparametrige Erweiterung zur euklidischen Gruppe hinzu, aus Transformationen bestehend, die die Zeit enthalten. Die einparametrige Untergruppe der Zeittranslationen, die die Homogenität der Zeit ausdrückt, hat man meist als Formulierung der Annahme, daß dieselben Naturgesetze immer gelten, leicht akzeptiert. Hingegen enthal-

---

* Dieser Abschnitt ist, bis auf kleine Änderungen und einen Zusatz am Ende, der Abschnitt 8 des Aufsatzes *Geometrie und Physik* (1974), dessen sieben erste Abschnitte in *Zeit und Wissen* 5.3 aufgenommen werden.
** Helmholtz: freie Beweglichkeit starrer Körper. Dingler: Herstellung euklidischer Ebenen durch Abschleifen von drei starren Körpern aneinander.

ten die »eigentlichen Galilei-Transformationen«, die Inertialsysteme ineinander transformieren, das spezielle Relativitätsprinzip, das viele philosophische Diskussionen wachgerufen hat. Historisch sind diese Diskussionen in zwei Phasen abgelaufen, die man als die Phase vor Einstein und die Phase nach Einstein unterscheiden kann. Vor Einstein erschien das Relativitätsprinzip nur dann als ein allgemeines Naturprinzip begründet, wenn man die klassische Mechanik als die fundamentale Wissenschaft von der Natur ansah; man kann diese Prämisse auch als das mechanische Weltbild bezeichnen. Etwa unter dieser Prämisse wurde die Relativität der Bewegung z. B. von Leibniz (gegen Clarke, d. h. gegen Newton), von Kant (in den *Metaphysischen Anfangsgründen der Naturwissenschaft*) und von Mach (ebenfalls gegen Newton) behauptet und diskutiert. Die Physiker des 19. Jahrhunderts entzogen sich aber meist der Härte des Problems durch die Annahme einer speziellen, im Raume ruhenden Substanz, des Lichtäthers. Deshalb hat erst der Michelson-Versuch bzw. Einsteins Deutung dieses Versuchs das philosophische Problem, nun anhand der Lorentzgruppe, unausweichlich gemacht. Erst bei Einstein wurde das spezielle Relativitätsprinzip aus einer faktisch für gewisse Phänomene gültigen Regel zu einem unentbehrlichen Bestandteil der gewählten Beschreibung von Raum und Zeit. Einstein durfte mit Recht annehmen, damit der Intention der genannten Philosophen (vor allem von Mach und vielleicht Leibniz; Kants Ansichten über Relativität der Bewegung hat er offensichtlich nicht gekannt) erst eine präzise physikalische Gestalt gegeben zu haben.

Diese Gestalt enthält nun aber ein philosophisch beunruhigendes Problem, auf das Einstein alsbald nach der Aufstellung der speziellen Relativitätstheorie aufmerksam wurde. Das spezielle Relativitätsprinzip leugnet die Existenz eines absoluten Raumes, ohne doch die Annahme einer allgemeinen Relativität von Bewegungen zu rechtfertigen. Es steht als empirisch gerechtfertigte unbequeme Annahme zwischen zwei scheinbar bequemeren, aber ungerechtfertigten. Die Abgrenzung nach beiden Seiten sei getrennt diskutiert.

Die Nichtexistenz des absoluten Raumes können wir so ausdrücken: Die Identität eines Raumpunktes im Lauf der Zeit

Spezielle Relativitätstheorie

läßt sich nicht in nachprüfbarer Weise behaupten. Zeige ich zweimal nacheinander auf einen Punkt, so kann ich nicht wissen, ob ich beide Male auf denselben Punkt gezeigt habe. Ich könnte versuchen, die Identität des Punktes zu objektivieren, indem ich eine Marke, etwa eine wiedererkennbare Stelle eines Körpers (kurz ausgedrückt, einen Körper) in ihm anbringe. Aber die Gruppe, der gegenüber die Bewegungsgesetze invariant sind, transformiert eine Zustandsbeschreibung, nach welcher der Körper in dem Punkt ruht, in eine solche, in welcher der Körper mit konstanter Geschwindigkeit auf einer geraden Bahn läuft, die den Punkt nur in einem bestimmten Zeitpunkt passiert.

Diese Überlegung konnte schon anhand der klassischen Mechanik angestellt werden. Das tat z. B. L. Lange in der Gestalt der Einführung der zueinander äquivalenten Inertialsysteme. Einstein hat hinzugefügt, daß auch Zeitpunkte keine vom Meßgerät (der realen Uhr) unabhängige Identität haben. Seine Überlegung wirkte methodisch wie das plötzliche Aufgehen eines Lichts, weil sie die erste konsequente Überprüfung dessen war, was hier semantische Konsistenz genannt wird. Es sei deshalb erlaubt, ihren methodischen Gehalt in einer falschen und einer richtigen Interpretation zu paraphrasieren. Gemeinsam ist der Ausgangspunkt: Die Wellentheorie des Lichts führt zum Postulat der Konstanz der Lichtgeschwindigkeit, der Michelson-Versuch zum Relativitätspostulat auch für Licht (und damit für alle bekannten Naturphänomene); beide zusammen zur Lorentz-Invarianz der Naturgesetze. Nun geht es falsch weiter: »Also kann man absolute Gleichzeitigkeit entfernter Ereignisse nicht mit Uhren feststellen. Was man nicht feststellen kann, existiert nicht. Somit existiert die absolute Gleichzeitigkeit nicht.« Richtig ist: »Der Begriff der absoluten Gleichzeitigkeit ist nicht lorentzinvariant. *Wenn* alle Naturgesetze lorentzinvariant sind, *kann* es also keine absolute Gleichzeitigkeit geben. Unser Vorverständnis ist entsprechend zu korrigieren. Nun könnte jemand einwenden, absolute Gleichzeitigkeit lasse sich doch sogar messen. Demgegenüber zeigt sich die Konsistenz der Theorie darin, daß Uhren, die lorentzinvarianten Gesetzen genügen, auch nicht fähig sind, absolute Gleichzeitigkeit zu messen.« Logisch gewendet:

»Was gemessen werden kann, existiert« wird als wahr vorausgesetzt. Die falsche Fassung benutzt die logisch nicht folgende Umkehrung »was nicht gemessen werden kann, existiert nicht«. Die richtige Fassung bestätigt nur die korrekte Kontraposition: »Was nicht existiert, kann auch nicht gemessen werden.« Es sei bemerkt, daß genau dasselbe Mißverständnis bei Kritikern von Heisenbergs Unbestimmtheitsrelation vorkommt.

Die Physiker, welche die konsequente Deutung der Quantentheorie aufgebaut haben, also Bohr, Heisenberg und ihre Nachfolger, haben diese Überlegungen Einsteins stets als die erste Einführung des Beobachters in eine Diskussion des Sinns physikalischer Begriffe aufgefaßt. Einstein hat sich dagegen verwahrt, von seinem Standpunkt aus mit Recht, aus zwei Gründen. Erstens kann bei ihm die Messung von Längen und Zeitspannen stets als die bloße Ablesung bestimmter Zustände von Maßstäben und Uhren angesehen werden, die auch dann vorliegen, wenn niemand sie beobachtet. Zweitens sind zwar weder Raum noch Zeit je für sich im hier definierten Sinne absolut, wohl aber das vierdimensionale Raum-Zeit-Kontinuum, Minkowskis »Welt«. Ein Weltpunkt oder, wie Einstein gern sagte, ein »Ereignis« wird in der speziellen und in der allgemeinen Relativitätstheorie als objektiv identifizierbar behandelt. Dies wird freilich nicht mehr begründet, sondern als quasi evident vorausgesetzt. Die Mannigfaltigkeit von Raumpunkten und ebenso die Mannigfaltigkeit von Zeitpunkten eines fest gewählten Inertialsystems erscheint unter diesem Aspekt als ein konventionelles Ordnungsschema in einer nicht konventionellen Ereignismannigfaltigkeit. (Die semantische Inkonsistenz dieser Annahme einer objektiven Ereignismenge wird erst in der Quantentheorie zum Thema.)

Für die Begründung der physikalischen Geometrie mindestens so wichtig wie die Nichtobjektivität absoluter Geschwindigkeiten ist aber die Objektivität absoluter Beschleunigungen in der klassischen Mechanik und der speziellen Relativitätstheorie. Die Galilei-Transformation drückt, wie Newton klar sah und durch den Eimerversuch nachwies, nicht eine allgemeine Relativität der Bewegung aus, sondern eine Folge eines speziellen dynamischen Gesetzes, des Trägheitsgesetzes. Die

Tatsache, daß die Newtonsche Bewegungsgleichung von zweiter Ordnung in der Zeitableitung ist, hat zur Folge, daß nur Geschwindigkeiten, nicht aber Beschleunigungen als relativ aufgefaßt werden dürfen. Diese schlechterdings nichttriviale Tatsache wird man heute wohl am liebsten damit in Zusammenhang bringen, daß die Newtonsche Gleichung die Eulersche Gleichung eines euklidisch invarianten Variationsprinzips ist. Die Ungeklärtheit dieses Problems war für Einstein der Anlaß zur Suche nach einer allgemeinen Relativitätstheorie. Ehe wir ihm hierin folgen, sei aber noch die Beziehung der hier besprochenen Theorien zur Erfahrung knapp methodologisch charakterisiert.

Alle diese Theorien gehen von empirisch bewährten Gesetzmäßigkeiten aus, die von ihrem Vorverständnis her keineswegs selbstverständlich sind, sich aber gegen empirische Falsifikationsversuche in einer für die Scientific community überzeugenden Weise als resistent erwiesen haben. Man kann diese Gesetzmäßigkeiten den harten Kern der betreffenden Theorien nennen. Sie werden dann als schlechthin allgemeingültige Prinzipien hypothetisch postuliert. Wer dieses Postulat akzeptiert, modifiziert damit sein Vorverständnis. Vom neuen Vorverständnis aus sind die ursprünglich nichttrivialen empirischen Grundfakten notwendige, keiner weiteren Erklärung bedürftige Phänomene.

Der harte Kern des »galileischen« Relativitätsprinzips der klassischen Mechanik ist das zunächst empirische Faktum des Trägheitsgesetzes. Postuliert man das Relativitätsprinzip als Naturgesetz, dann haben nicht Raumpunkte, wohl aber Trägheitsbahnen objektive Realität. D.h. man kann nicht einen durch die Zeit identischen Raumpunkt durch einen Körper objektiv markieren, wohl aber eine Trägheitsbahn. Dann kann man das Trägheitsgesetz als eine selbstverständliche Konsequenz des zuvor postulierten Naturprinzips der Relativität auffassen.

Der harte Kern der speziellen Relativitätstheorie ist das zunächst empirische Faktum des negativen Ausfalls des Michelson-Versuchs. Fordert man Einsteins zwei Postulate als Naturgesetze, dann hat die absolute Geschwindigkeit des Michelson-Apparates keine objektive Realität. Dann ist Michelsons Ergebnis die selbstverständliche Konsequenz der postulierten Prinzipien.

Hervorgehoben sei, entgegen einer oft zitierten, aber unscharfen Äußerung von Minkowski, daß die spezielle Relativitätstheorie den Unterschied von Raum und Zeit überhaupt nicht aufhebt. Die nicht objektiv existierenden Raumpunkte und die ebensowenig objektiv existierenden Zeitpunkte werden zu den (nach der speziellen Relativitätstheorie) objektiv existierenden »Ereignissen« zusammengeschlossen, welche das vierdimensionale Raum-Zeit-Kontinuum ausfüllen. Aber wegen des indefiniten Charakters der Minkowskischen Metrik des Raum-Zeit-Kontinuums ist es unmöglich, zeitartige Geraden (also mögliche Trägheitsbahnen) in raumartige Geraden zu transformieren und umgekehrt. Auch läßt sich der positive Lichtkegel nicht durch eine kontinuierliche Transformation in den negativen überführen; d.h. auch der Unterschied von Vergangenheit und Zukunft ist lorentzinvariant. Nichts an den Betrachtungen der vorangegangenen Kapitel wird durch die spezielle Relativitätstheorie verändert (vgl. 4.4).

10. Allgemeine Relativitätstheorie

a. Einsteins Theorie. Den Leibnizschen Gedanken der allgemeinen Relativität hat Mach wieder aufgenommen, aber nun in vollem physikalischen Verständnis der Stärke von Newtons mathematisch-empirischem Argument (s. Ende von Abschnitt 8). Er akzeptierte die formale Gestalt von Newtons Mechanik, kritisierte aber Newtons Deutung seines Eimerversuchs. Newton hat nicht gezeigt, daß die Trägheitskräfte nicht Folgen einer Relativbewegung des Eimers gegen die fernen Massen des Weltalls sind. Philosophisch gesehen war dieses physikalische Argument ein Teilschritt in Machs Kritik der Ontologie der klassischen Physik, ein Schritt auf seinem Weg zum Entwurf eines monistischen Weltbilds. Innerhalb der Mechanik sollten nur Körper, nicht aber Raumpunkte objektive Realität haben. Leibniz und Mach kritisierten aber auch die eingeengte Vorstellung von physischer Realität, die durch Descartes' Dualismus von Körper und Bewußtsein erzeugt war. In der Ausfüh-

Allgemeine Relativitätstheorie

rung dieses weiteren Schritts unterschieden sie sich. Leibniz hielt in ontologischer Verwendung der Logik am Substanzbegriff fest; aber seine letzten Substanzen, die Monaden, sollten sowohl Träger der physischen Phänomene wie des Bewußtseins sein. Mach verwarf den Substanzbegriff und betrachtete Körper (physische Objekte) ebenso wie seelische Subjekte als denkökonomische Bündelungen von Elementen, die er als »Empfindungen« zu benennen vorschlug. Dieser philosophischen Frage können wir hier noch nicht nachgehen. Wir werden sie in den Kapiteln 12–14 aufnehmen.

Physikalisch war die Frage, wie Newtons Eimer »merkt«, daß er sich gegen die fernen Massen bewegt. Das war denkbar bei Fernkräften. Einstein, eine Generation jünger als Mach, konnte denselben Gedanken, unter dem Eindruck der Maxwellschen Elektrodynamik und seiner eigenen speziellen Relativitätstheorie, nur in einer Nahewirkungstheorie realisieren. Hierzu führte er die Riemannsche Geometrie ein. Man kann das Verhältnis dieser Einführung zum Vorverständnis analog der Einführung des Galileischen Relativitätsprinzips durch den Begriff des »harten Kerns« der neuen Theorie beschreiben. Ein zunächst bloß empirisches Faktum wird als fundamental postuliert, und von diesem Postulat aus gesehen erscheint das Faktum dann als notwendig.

Der harte Kern der allgemeinen Relativitätstheorie ist das zunächst empirische Faktum der Proportionalität der schweren und trägen Masse. Einstein postuliert dies als fundamentales Gesetz und zeigt, daß dann ein homogenes Gravitationsfeld einem gleichmäßig beschleunigten Bezugssystem äquivalent ist: das *Äquivalenzprinzip*. Dies gibt ihm die Hoffnung, das Relativitätsprinzip auf beschleunigte Bewegungen auszudehnen. Beliebige Gravitationsfelder und beliebige Beschleunigungen können aber nur jeweils lokal zur Deckung gebracht werden. Als mathematisches Mittel dafür bietet sich die Riemannsche Geometrie des vierdimensionalen Raum-Zeit-Kontinuums an. In dieser Geometrie gibt es keine besondere Kraft »Gravitation« mehr. Die Proportionalität der schweren und trägen Masse, also das Äquivalenzprinzip, ist so unvermeidlich geworden wie das Trägheitsgesetz als Folge der Relativität der Inertialsysteme.

Einstein war überzeugt, damit die allgemeine Relativität beliebiger Bewegungsformen begründet zu haben. Als Ausdruck dieser Relativität forderte er eine Schreibweise der Fundamentalgleichungen, die gegen beliebige topologische Transformationen invariant wäre: das *Prinzip der allgemeinen Kovarianz*.

Als Nahewirkungstheorie wurde die allgemeine Relativitätstheorie aber zunächst unvermeidlich so *dualistisch* wie die klassische Elektrodynamik. Es gab nun das metrische Feld und seine Quellen. Das war die neue Gestalt des Newtonschen Dualismus von Raum und Körpern. Das Trägheitsgesetz nahm die neue Form der Bewegung auf zeitartigen Geodätischen des Raum-Zeit-Kontinuums an. Weyl nannte das metrische Feld treffend das »Führungsgfeld«.

Einstein gab jedoch die monistische Intention nicht auf. Es gab dafür, von seiner Theorie von 1915 aus, zwei Wege: das Feld auf die Materie oder die Materie auf das Feld zurückzuführen.

Die Rückführung des metrischen Feldes auf die Materie konnte nicht ontologisch (im Sinne einer Identität beider), sondern nur *kausal* sein: die Materieverteilung sollte das metrische Feld vollständig bestimmen. Das nannte Einstein nun das »Machsche Prinzip«. Einsteins Weltmodell von 1916 erfüllte dieses Prinzip. Aber in der heutigen Auffassung hat sich Einsteins Ansicht hierüber nicht durchgesetzt; unter c. kommen wir darauf zurück.

Der zweite Weg hieße: es gibt als »Substanz« nicht, wie bei Leibniz oder in Machs Mechanik, nur Körper, sondern es gibt, genau umgekehrt, nur das Feld. Einstein hat dies in seinen späten Jahren in der Form der einheitlichen Feldtheorie versucht. Er hoffte, durch Singularitäten der nichtlinearen Feldgleichungen oder durch Zusatzregeln, welche das Auftreten von Singularitäten verhindern, Teilchen und Quantisierungsvorschriften zu erklären. Am Schluß seines Buchs (1956, S. 110, beendet 1954, kurz vor seinem Tod) erwägt er einmal, im Kleinen die Kontinuität aufzugeben und durch algebraische Forderungen zu ersetzen. Man muß sagen, daß Einsteins Bemühung um den Aufbau einer monistischen Theorie der Erfolg versagt geblieben ist.

b. Eine Notiz zur philosophischen Debatte. Es war die allgemeine Relativitätstheorie, welche zuerst einer größeren Öffentlichkeit den Eindruck des philosophisch revolutionären Charakters der neueren Physik vermittelt hat. Bezüglich der Geometrie hat Einstein hier freilich nur das philosophische Niveau zur Debatte gestellt, das die Mathematik im 19. Jahrhundert von Gauß bis Riemann schon erreicht hatte. Entscheidend war die Verschmelzung dieser Geometrie mit der Physik, in einer Theorie, die in der Lichtablenkung am Sonnenrand eine schon 1919 empirisch bestätigte Voraussage gemacht hat. Dadurch war die aprioristische Philosophie durch ein großes Gegenbeispiel in ihren Grundlagen erschüttert.

Für den Sachgehalt der Debatte sei nochmals auf den Abschnitt 7 dieses Kapitels und auf *Zeit und Wissen* 5.2 verwiesen. Zu dem Einwand, die Lichtablenkung beweise nur, daß die Lichtstrahlen keine Geraden sind, macht Weyl (1923, S. 87) die »Bemerkung, daß nur das Ganze von Geometrie und Physik einer empirischen Nachprüfung fähig ist«. Einsteins vorweg ausgesprochene Erklärung, wenn die Lichtablenkung in der vorhergesagten Größe empirisch nicht auftrete, sei seine Theorie falsch, wurde für Popper das entscheidende Beispiel seiner Falsifikationsthese: nur dort ist Wissenschaft, wo der Forscher angeben kann, welches empirisch gefundene Faktum ihn zum Verzicht auf einen bestimmten allgemeinen Satz bewegen würde.

c. Abweichende physikalische Argumente. Uns geht hier die physikalische Weiterbildung der Theorie an. In etwas verblüffender Weise hat sich in den seitdem verflossenen 70 Jahren der Erfolg der Theorie besser bestätigt als Einsteins ursprüngliche Argumente. Dies wird für unsere eigene Deutung und Weiterbildung der Theorie (vgl. 10.7) wichtig. Es scheint, daß Einstein mit der ihm eigenen Genialität eine Struktur richtig »erraten« hat, die durch die ihm anfangs verfügbaren Argumente nicht voll gedeckt war. Es wäre wichtig zu verstehen, was diese Struktur auszeichnet. Auch Hilbert hat ja 1915, zwar angeregt durch Einsteins Fragestellung, aber unabhängig von Einsteins Resultat, genau dieselbe Struktur gefunden (dazu z. B. Mehra 1973).

Es handelt sich zunächst um den Begriff der allgemeinen Relativität. Man kann eine *konventionalistische* und eine *dynamische* Auffassung der Relativität unterscheiden. Konventionell kann man alles bezeichnen, wie man mag; »die Rose würde unter jedem Namen gleich süß duften«. Konventionell zulässig sind z.B. folgende Transformationen:

a. beliebige zeitabhängige euklidische Abbildungen des unendlichen Ortsraumes auf sich (Cusanus),

b. beliebige lokal minkowskische topologische Abbildungen des Raum-Zeit-Kontinuums auf sich (Einstein),

c. beliebige kanonische Abbildungen des Phasenraums auf sich (Hamilton).

Konventionen sind jedoch nur mitteilbar, wenn man einander schon vorher versteht; sie können nicht klarer sein als die Traditionen, die sie voraussetzen. Man muß schon vorher wissen, was ein euklidischer Raum, ein Raum-Zeit-Kontinuum, ein Phasenraum ist. Dieses Vorwissen knüpft an die Alltagssprache an.

Die dynamische Relativität setzt ein System von Gesetzen in einer traditionell vorgegebenen Schreibweise voraus und läßt nur diejenigen Transformationen zu, welche diese Gestalt der Gesetze invariant lassen. Dies definiert eine relativ enge Gruppe, z.B. die Galilei- oder Poincaré-Gruppe. Das spezielle Relativitätsprinzip ist in diesem Sinne dynamisch.

Einsteins Forderung der *allgemeinen Kovarianz* besagt dann, die zunächst konventionelle Relativität im Sinne von b. solle zugleich eine dynamische Relativität sein und dadurch die Gestalt der fundamentalen Naturgesetze bestimmen. Es zeigt sich aber, daß man durch Einführung der g_{ik} in die Schreibweise des Gesetzes jedes Gesetz allgemein kovariant schreiben kann. Dies ist ein Spezialfall der Regel, daß jedes in traditioneller Form vorgegebene Gesetz durch explizite Einführung der definierenden Merkmale einer Konvention invariant gegen die im Rahmen der Konvention zulässigen Änderungen der Ausdrucksweise formuliert werden kann. Ein anderes Beispiel ist die Tatsache, daß die Bewegungsgleichungen der klassischen Mechanik in kanonischer Schreibweise bei kanonischen Transformationen invariant sind – obwohl bei diesen z.B. im allgemeinen die Topologie des Ortsraums zerrissen wird.

Einstein war im Irrtum, wenn er das Äquivalenzprinzip als Erweiterung der dynamischen Invarianzgruppe ansah. Sein frei fallender Lift bewies etwas ganz anderes als Galileis gleichmäßig fahrendes Schiff. Das Äquivalenzprinzip führt zur Riemannschen Geometrie. Für eine dynamische Invarianzgruppe wäre in der Riemannschen Raum-Zeit-Geometrie die Existenz eines Killing-Feldes erforderlich (vgl. Sexl-Urbantke 1975, Kap. 2.9, S. 59). Die Lorentz-Invarianz gilt nur noch lokal.

Einstein hielt an der Wichtigkeit der Forderung der allgemeinen Kovarianz fest, auch als ihm klargeworden war, daß sie stets erfüllbar ist. Er forderte nun eine Feldgleichung, die in kovarianter Schreibweise möglichst *einfach* sein sollte. Freilich ist der Begriff der Einfachheit schwer zu präzisieren. Er hat vermutlich weniger einen logischen als einen ästhetischen Charakter. Wenn gute wissenschaftliche Einfälle ursprünglich als Gestaltwahrnehmungen gelten dürfen, so ist das »Einfache« eben eine dem wahrnehmungsbegabten Forscher auffallende Gestalt.*

Einstein präzisiert die Forderung der Einfachheit dahin, die Wechselwirkung zwischen Materie und metrischem Feld solle durch Differentialgleichungen möglichst niedriger (d.h. zweiter) Ordnung beschrieben werden. Von Einsteins später Vermutung einer fundamentalen algebraischen Struktur her wäre denkbar, daß Differentialgleichungen der Wechselwirkung überhaupt nur eine Näherung sind und daß die Differentialgleichung zweiter Ordnung in einem Näherungsverfahren nur als erstes Glied auftritt. Die Einfachheit läge dann in anderen mathematischen Begriffen.

Ein weiterer Gegenstand plausibler Kritik war das »Machsche Prinzip«. In einer fundamentalen Nahewirkungstheorie bleibt es ein Fremdkörper. Mittelstaedt (1979) hat diese Kritik im einzelnen durchgeführt. Einsteins Grundgleichung bestimmt bei gegebenem Materietensor T_{ik} nur die Tensoren R und R_{ik}, nicht den vollen Riemannschen Krümmungstensor R_{iklm}; den verbleibenden Weylschen komformen Tensor C_{iklm}

---

* Dazu *Zeit und Wissen* 5 und, zu Heisenbergs ästhetischer Gestaltwahrnehmung, *Wahrnehmung der Neuzeit*, S. 149–156.

gleich Null zu setzen, ist von dieser Theorie her nicht notwendig. Ist überall $T_{ik} = 0$, so bleiben doch viele verschiedene »Vakuum-Lösungen« der Einsteinschen Gleichung möglich. In der Quantenfeldtheorie erweist sich das »Vakuum« als Ursprung von Erzeugungs- und Vernichtungsprozessen reeller Materie. So erscheint der dualistische Charakter der Theorie unvermeidlich. Wir kommen in 10.7 hierauf zurück.

Durch die Quantentheorie ist eine Feldtheorie aller Materie möglich geworden. In dieser kann neben die dualistische Auffassung von Materie und metrischem Feld eine formal *pluralistische* treten. Sie wurde von Gupta (1950) und Thirring (1961) entworfen. Im Rahmen der speziellen Relativitätstheorie, also im Minkowski-Raum, wird ein Gravitationsfeld aus Tensoren g_{ik} als eines neben mehreren anderen Feldern eingeführt. Die Invarianzforderungen an die Wechselwirkung zeigen, daß dieses Feld an den gesamten Energie-Impuls-Tensor T_{ik} der vorhandenen Felder ankoppeln muß. Das ist gleichbedeutend mit Einsteins Äquivalenzprinzip. Demnach muß die *meßbare* Metrik nicht die formal vorausgesetzte Minkowskische, sondern eine Riemannsche Metrik sein, in der Einsteins Feldgleichung gilt.

In ihrer begrifflichen Substanz ist diese Theorie freilich noch immer dualistisch, nur daß sie im ersten Arbeitsgang die Gravitation nicht auf die Seite des metrischen Feldes, sondern der Materie stellt. Sie muß voraussetzen, daß es ein Raum-Zeit-Kontinuum gibt, in dem eine Topologie und eine lokale Lorentz-Symmetrie definiert ist. Die Voraussetzung, daß diese Symmetrie auch global gelte, d. h. daß das Raum-Zeit-Kontinuum ein Minkowski-Raum sei, ist hingegen nicht nötig. Es genügt zu fordern, daß man in einer hinreichend großen Umgebung jedes Punktes ein pseudo-euklidisches, also Minkowskisches Koordinatensystem einführen kann. Die Meinung, die Metrik dieses Koordinatensystems sei mit Maßstäben und Uhren ausmeßbar, erweist sich als semantisch inkonsistent und für den Gedankengang überflüssig. Vielmehr bestimmt die Materie selbst, und zwar gerade ihre einzige direkt an T_{ik} angekoppelte Form, nämlich das Gravitationsfeld, welche Längen und Zeitspannen meßbar sind. Liest man die Theorie so, dann ist sie eine stärkere Fassung der Einsteinschen

Intention, indem sie das Äquivalenzprinzip nicht mehr zu postulieren braucht, sondern es aus der Topologie und lokalen Lorentz-Invarianz herleitet. Dies beides mußte auch Einstein ohnehin voraussetzen. Der Dualismus im Gegensatz zum Monismus bleibt in dieser Theorie, genau wie in der Einsteinschen, nur durch zwei Tatsachen erhalten:

1. Die Existenz eines topologischen Raum-Zeit-Kontinuums und die lokale Geltung der speziellen Relativitätstheorie in diesem Kontinuum ist keine Wirkung der Materie, sondern eine Voraussetzung der präzisen Definition von Materie.

2. Die Materie bestimmt die Metrik nicht vollständig. Das betrifft die oben genannte Unbestimmtheit des Weylschen Tensors bzw. der Vakuumlösung. Es betrifft ferner den aus der Theorie nicht folgenden, sondern hineingesteckten Zahlwert der Gravitationskonstante, also des Kopplungsfaktors in Einsteins Gleichung, gemessen mit realen (aus Atomen bestehenden) Meßinstrumenten.

Wir stellen vorerst nur zur ersten Tatsache noch eine weitergehende Erwägung an. In einem hierarchischen Aufbau der Geometrie nach dem Erlanger Programm beginnt man mit beliebigen Punkttransformationen, die man dann schrittweise einschränkt durch die Forderung, daß gewisse Beziehungen zwischen Punkten invariant bleiben sollen, zuerst die Topologie, dann lineare (projektive oder affine), schließlich metrische Beziehungen. Eine umgekehrte Reihenfolge würde sich nahelegen, wenn man Beziehungen zwischen möglichst wenigen Punkten zugrunde legt. Eine metrische Beziehung (Abstand) besteht zwischen zwei Punkten, eine lineare (auf einer Geraden, Ebene, ... liegen) zwischen wenigstens drei Punkten, eine topologische (Häufungspunkt sein etc.) zwischen unendlich vielen Punkten. Nun definiert in der Tat eine Metrik auch eine Topologie. In einer semantisch konsistenten Physik erscheint es plausibel, daß räumliche und zeitliche Abstände gemessen werden können. Also sollte man das Raum-Zeit-Kontinuum wohl nicht primär als topologischen Raum von »Ereignissen« auffassen, dem dann eine Metrik aufgeprägt wird, sondern primär durch metrische Relationen bestimmen, welche bei fingierter absoluter Meßgenauigkeit auch eine Topologie festlegen. Die Metrik muß dabei nicht die pseudoeuklidische der

Minkowskiwelt sein, für welche Punkte mit lichtartigem Abstand den metrischen Abstand Null haben, sondern eine durch die positiv definite Summe von räumlichem und zeitlichem Abstand definierte Metrik. Zwar ist diese Metrik selbst nicht lorentzinvariant, aber über der durch sie definierten Topologie läßt sich eine lokale Lorentzinvarianz definieren. Wir kommen auch hierauf in 10.7 zurück.

d. Kosmologie. Die Anfänge der Relativitätsdiskussion, die wir im Abschnitt 8 besprochen haben, bezogen sich auf Weltmodelle, also auf Kosmologie. Einsteins Theorie hat konsequenterweise zu kosmologischen Fragen zurückgeführt.

Der entscheidende Schritt über die aus der Antike überlieferten räumlich endlichen oder unendlichen Weltmodelle hinaus war die Einführung der *Geschichte der Natur,* also der *Zeit.* Die antike Astronomie behandelte die Welt wie ein ewig dauerndes Gebilde. Die christliche Schöpfungslehre behandelte die Welt wie ein zu unbegrenztem Bestehen fähiges Gebilde, das Gott freilich einmal geschaffen hat und einmal durch ein neues ersetzen wird; diese Endlichkeit war nur an der moralischen, nicht an der astronomischen Geschichte der Welt abzulesen. Der Sieg der Mechanik in der Astronomie zwang zum Umdenken. Newton sah, daß das Planetensystem unter der gegenseitigen Anziehung aller seiner Körper nicht unbegrenzt stabil sein könnte. Daraus folgte, daß es nicht von jeher existiert haben und nicht ewig dauern konnte; Newton hatte die resultierende Irreversibilität komplizierter mechanischer Prozesse verstanden. Die gewaltige mathematische Anstrengung des 19. Jahrhunderts im Problem der Stabilität des Planetensystems hat zwar verständlich gemacht, daß das System so lange stabil sein konnte, wie wir heute wissen (rund $5 \cdot 10^9$ Jahre), hat aber die prinzipielle Irreversibilität nicht aufgehoben; stabile und instabile Lösungen liegen im Parameterraum dicht. Newtons Gedanke, er habe damit Schöpfung und wiederholte Wiederherstellung des Systems durch Gottes »direktes« Eingreifen bewiesen, konnte den Fortschritt der Wissenschaft nicht überleben. Es kam zu Theorien der mechanischen Entstehung des Systems, von denen diejenige Kants (*Allgemeine Naturgeschichte und Theorie des Himmels,* 1755)

Allgemeine Relativitätstheorie

den heutigen Vorstellungen wohl am nächsten kam (näher als ihre Wiederaufnahme durch Laplace).

Die Ausdehnung unserer empirischen Kenntnis des Kosmos auf Entfernungen von einigen Milliarden Lichtjahren und auf vergangene Zeiten von einigen Milliarden Jahren gestattet uns heute, uns dem Problem eines Modells des Weltalls und seiner Geschichte empirisch-kritisch zu nähern. Auch Einsteins kosmologische Modelle zeigten eine Tendenz zur Instabilität, und der Hubble-Effekt läßt uns einen zeitlichen Anfang unseres Kosmos vermuten. Kosmologie ist eine der großen wissenschaftlichen Moden unserer Zeit geworden. Die im gegenwärtigen Buch vorgetragene Theorie kann sich den kosmologischen Fragen nicht entziehen (Kapitel 10). Eben deshalb sollen hier aber zunächst einige skeptische Betrachtungen zur Kosmologie angestellt werden.

Betrachten wir die vier im Abschnitt 3 dieses Kapitels aufgezählten mathematischen Formen von Naturgesetzen, so sind die älteren, vorrelativistischen kosmologischen Modelle ohne Zweifel dem ersten Typ, dem der Morphologie, zuzurechnen. Sie setzten Raumstruktur (endlich oder unendlich) und Materieverteilung voraus, ohne sie kausal zu begründen. Seit der allgemeinen Relativitätstheorie besitzt man ein System von Differentialgleichungen, als dessen Lösung man nun die Weltmodelle ansieht. Dabei wird man aber meist nicht aufmerksam auf das Paradox, daß man eine Differentialgleichung voraussetzt, die unendlich viele Lösungen zuläßt, und nur eine einzige dieser Lösungen als die Wirklichkeit bezeichnet. Was bedeuten dann alle anderen Lösungen? Und was bedeutet dann die Differentialgleichung? Differentialgleichungen als Naturgesetze sind sinnvoll *in* der Welt, in der viele verschiedene Anfangsbedingungen vorkommen und daher viele verschiedene Lösungen empirisch überprüft werden können. Welchen empirischen oder philosophischen Grund haben wir, eine solche Gleichung auf das Ganze der Welt anzuwenden? Vielleicht wiederholen wir heute nur den begreiflichen Fehler der Griechen und des Kopernikus, die den ihnen bekannten Teil der Welt für die ganze Welt hielten und daraus eine morphologische Kennzeichnung dieses Teils rechtfertigen? Vielleicht ist der uns bekannte Teil der Welt in der Tat eine Lösung der

Einsteinschen Gleichungen, aber nur, weil auch er nur ein kleiner Teil des Ganzen ist. Vielleicht sind unsere bisherigen Begriffe völlig inadäquat, um das Ganze der Welt zu beschreiben; vielleicht ist schon der Begriff des »Ganzen der Welt« widerspruchsvoll. Dies soll hier nur als Frage stehenbleiben, an die wir uns in späteren Kapiteln erinnern werden. Die Großartigkeit der Fortschritte der Kosmologie in unserer Zeit wird damit nicht geleugnet. Vielleicht wird sie nur auf diese Weise ernst genommen.

11. Quantentheorie, historisch

a. 1900–1925. Planck, Einstein, Bohr. Plancks Ausgangspunkt war die Thermodynamik der Strahlung. Dieser Ausgangspunkt war abstrakt und fundamental. 1850 hatte Kirchhoff gezeigt, daß aus der Forderung thermodynamischen Gleichgewichts die Existenz eines universalen Spektralgesetzes der schwarzen Strahlung folgt. Am Ende des 19. Jahrhunderts rückte, mit dem Sieg der Maxwell-Hertzschen Theorie des Strahlungsfeldes, die Frage nach der genauen Gestalt des Kirchhoffschen Spektrums in die Reichweite der Theorie. Planck hatte sich länger als ein Jahrzehnt mit den Grundlagen der Thermodynamik beschäftigt. Er griff das Problem an. Die Messungen von Rubens gaben ihm 1900 die Möglichkeit präziser empirischer Überprüfung. Sein rascher Erfolg war der korrekten Darstellung der Rubensschen Ergebnisse zu verdanken. In Plancks Leistung war also zweierlei enthalten: erstens das fundamentale, aber zunächst für die Zeitgenossen weniger auffallende Ergebnis, daß infolge der Quantenhypothese die Gesamtenergie des Spektrums bei endlicher Temperatur endlich wurde, zweitens die präzise Wiedergabe des Intensitätsverlaufs im Spektrum.

Das erste, fundamentale Ergebnis folgte aus der Aufhebung des Gleichverteilungssatzes der statistischen Thermodynamik. Hierzu bedurfte es eines radikalen Bruches mit der klassischen Physik: eben die Annahme war nötig, daß zu jeder Frequenz v der Schwingung nur diskrete Energiewerte möglich sind, deren

Abstände mit wachsendem v wachsen. Planck täuschte sich nicht darüber, daß dies in der klassischen Mechanik unerklärbar war. Das zweite Ergebnis war eher ein Glücksfall; es hing an dem einfachen, von Planck erratenen quantentheoretischen Spektrum des harmonischen Oszillators.

Planck sah die faktische Notwendigkeit des Bruchs mit der klassischen Physik. Die theoretische Unausweichlichkeit des Bruchs hat wohl zuerst Einstein 1905 erkannt (dazu Pais 1982, S. 372 ff.). Er sah, daß aus der klassischen Elektrodynamik das Rayleigh-Jeanssche Strahlungsgesetz notwendig folgte, welches einen unendlichen Energiegehalt des Strahlungsfeldes für jede endliche Temperatur zur Folge hätte. Er wagte dann, den Begriff des Lichtquants, eines physischen Trägers der Planckschen Energiequanten, einzuführen. Er erklärte damit Lenards Beobachtungen am lichtelektrischen Effekt, erzeugte aber im Dualismus der Beschreibungsweisen des Lichts als Welle und als Teilchen eine Paradoxie, die im Rahmen der klassischen Physik unlösbar blieb.

Einstein war sich über die Radikalität seiner quantentheoretischen Ergebnisse im klaren und war von Anfang an von ihnen beunruhigt. Seinem Freund C. Habicht schrieb er 1905 zu seiner gleichzeitigen Arbeit über Relativitätstheorie nur: »Ihr kinematischer Teil wird dich interessieren«; die Arbeit über Quantentheorie aber nannte er in demselben Brief »sehr revolutionär« (Pais 1982, S. 30). Über vierzig Jahre später schrieb er dazu: »All meine Versuche, das theoretische Fundament der Physik diesen Erkenntnissen anzupassen, scheiterten aber völlig. Es war, wie wenn einem der Boden unter den Füßen weggezogen worden wäre, ohne daß sich irgendwo fester Grund zeigte, auf dem man hätte bauen können« (Einstein 1949, S. 44).

Von 1905 bis 1912 lag die geistige Führung auf dem Weg zur Quantentheorie bei Einstein, von 1913 bis 1925 bei Bohr.

Bohr erkannte, daß das empirisch gut begründete Rutherfordsche Atommodell nach der Maxwellschen Elektrodynamik instabil, also unmöglich war. Er wandte Plancks Quantenbedingungen auf dieses Modell an und erreichte damit wiederum zweierlei: einen fundamentalen, nicht sofort gewürdigten, und einen raschen spektakulären empirischen Erfolg.

Der fundamentale Erfolg war die Lösung und damit erst das Verständnis eines vorher nie hinreichend deutlich gesehenen Grundproblems der Chemie. Nicht nur mußten die Atome ausgedehnt und praktisch undurchdringlich sein, wenn sie die Existenz flüssiger und fester Körper erklären sollten. Die Diskretheit der chemischen Substanzen (vgl. oben Abschnitt 4) forderte, daß alle Atome einer bestimmten Substanz untereinander gleich und von den Atomen jeder anderen Substanz um einen endlichen Unterschied der Qualitäten verschieden sein mußten. Das Rutherfordsche Planetensystem im Atom erklärte nicht einmal, daß alle Wasserstoffatome gleich groß waren; jede Ellipsenbahn des Elektrons um den Kern war zulässig. Erst die Quantenbedingungen hatten die Gleichheit, Stabilität und Undurchdringlichkeit der Atome zur Folge. Erst die Quantentheorie, und nur durch ihre klassisch paradoxen Züge, versöhnt Chemie und Mechanik.

Der direkte empirische Erfolg, die quantitative Theorie des Wasserstoffspektrums, war hingegen wiederum eher ein Glücksfall. Nur im Einkörperproblem des Coulombfeldes führen (außer beim Oszillator) schon die Planck-Bohrschen Quantenbedingungen zu demselben Spektrum wie die entwickelte Quantenmechanik. Dazu kam freilich die Bestätigung der diskreten Energiezustände durch Elektronenstoßversuche, die auch dann spektakulär gewirkt hätte, wenn das vorhergesagte Spektrum quantitativ nicht korrekt gewesen wäre.* Schließlich vermochte Bohr qualitativ das gesamte periodische System der Elemente zu erklären. Freilich war Bohrs Lösung des Problems der Diskretheit der chemischen Substanzen insofern nur vorläufig, als er die Existenz diskreter Elementarteilchen (Proton und Elektron, wozu später das Neutron trat) voraussetzen mußte.

Wie genau Bohr von Anfang an das prinzipielle Problem sah,

Gustav Hertz hat mir erzählt, daß er 1913 zusammen mit James Franck als jungem Experimentator Bohrs Arbeit las und daß die beiden übereinstimmten: »Das ist verrückt. Aber wir haben auch das Mittel, Bohr empirisch zu widerlegen, indem wir die kontinuierliche Energieaufnahme bei Elektronenstoß nachweisen.« Sie machten den Versuch, und die Energieaufnahme erwies sich als diskontinuierlich. Die Folge waren die drei Nobelpreise für Bohr, Franck und Hertz.

mag ein Zitat aus seinem Bericht von 1913 vor der Dänischen Akademie der Wissenschaften belegen: »Ehe ich schließe, möchte ich nur sagen, daß ich hoffe, mich so klar ausgedrückt zu haben, daß Sie erfaßt haben, in wie schroffem Gegensatz die dargelegten Betrachtungen zu dem bewunderungswürdig zusammengefügten Kreis von Vorstellungen stehen, die man mit Recht die klassische Elektrodynamik genannt hat. Andererseits habe ich mich bemüht, in Ihnen den Eindruck hervorzurufen, daß es – gerade durch Hervorhebung dieses Gegensatzes – vielleicht möglich ist, mit der Zeit einen gewissen Zusammenhang auch in die neuen Vorstellungen zu bringen.«

b. Quantenmechanik. Auf der Linie Bohrs fand Heisenberg 1925, auf der Linie Einsteins, de Broglie (1924) folgend, fand Schrödinger 1926 die endgültige Gestalt der Quantentheorie. Beide Versionen erwiesen sich als identisch. Die heute übliche mathematische Fassung stammt von J. v. Neumann (1932). In dieser allgemeinen, abstrakten Gestalt, als basierend auf der mathematischen Theorie des Hilbertraums, hat die Theorie sich seitdem nicht mehr geändert. Sie ist heute die fundamentale Theorie der Physik.

Dieser Erfolg der Theorie hängt vermutlich mit ihrer Abstraktheit zusammen. Sie ist ein Modell dessen, was Heisenberg eine abgeschlossene Theorie nannte: sie enthält keinerlei spezielle Gesetze oder Naturkonstanten*, durch deren Änderung man die Theorie noch »verbessern« könnte. Heisenberg selbst mußte den Allgemeinheitsgrad seiner Theorie erst verstehen lernen. Er und Bohr sahen sie zunächst als eine gute Version der Mechanik für die Atomhülle an, erwarteten aber schon für den Atomkern eine neue Theorie. Tatsächlich ist aber bis heute keine einzige glaubwürdige Verletzung der Quantentheorie gefunden worden. Wenn wir versuchen werden, die Quantentheorie zu »rekonstruieren«, so werden wir streben, Annahmen zugrunde zu legen, die eine ebensogroße abstrakte Allgemeinheit haben, wie sie die Theorie faktisch zeigt.

---

* Der »Wert« des Planckschen Wirkungsquantums h ist eine Aussage über unsere Maßsysteme, nicht über die Theorie.

c. *Elementarteilchen.* Die Atomvorstellung hat im Lauf der Geschichte in einer Rückzugsbewegung eine ständige Verschärfung erfahren. Die Chemiker nahmen die antike Atomvorstellung wieder auf und präzisierten sie dahin, daß es so viele Atomsorten gebe, wie es chemische Elemente gibt. Bohr erklärte die Existenzfähigkeit dieser Atomsorten durch die Quantentheorie, indem er zugleich die elementare, »teillose« Natur der »Atome« aufhob und als Zusammensetzung aus »Elementarteilchen« beschrieb. Er benützte dabei die systematische Einteilung der Elemente durch das periodische System. Seit der Entdeckung des Neutrons (1932) und des Positrons (1933) ist die Anzahl der bekannten Elementarteilchen ständig gewachsen. Auch sie lassen sich heute durch »innere Symmetrien« klassifizieren, und niemand glaubt mehr, daß sie alle als letzte Bausteine aufzufassen seien. Man sucht einige von ihnen als Bausteine aller anderen auszuzeichnen. Die Theorie ist noch in der Entwicklung. Der Bau sehr großer Beschleuniger war experimentell für sie wesentlich. Heisenberg (1958) hat den Gedanken eingeführt, alle Teilchen sollten auf ein elementares Feld zurückgeführt werden, das selbst nicht mehr im strengen Sinne als Feld von Teilchen aufgefaßt werden kann. In seiner Version kann dieser Versuch aber noch nicht als geglückt gelten.

Das Entscheidende der Elementarteilchentheorie ist die gruppentheoretische Denkweise. Die vierte Art, Naturgesetze zu beschreiben (Abschnitt 3), setzt sich durch. Fundamental ist die raumzeitliche Gruppe der speziellen Relativitätstheorie, dazu kommen die inneren Symmetrien. Als eigentliche Aufgabe einer Begründung der Physik erscheint nun die Erklärung, warum überhaupt Gruppen und warum gerade diese Gruppen die Naturgesetze bestimmen.

12. *Quantentheorie, Plan der Rekonstruktion*

In den nachfolgenden Kapiteln versuchen wir die Quantentheorie zu rekonstruieren. Den Begriff der Rekonstruktion einer Theorie haben wir schon im 1. Kapitel des Buches erläutert. Wir verstehen darunter den nachträglichen Aufbau

Quantentheorie, Plan der Rekonstruktion

der Theorie aus möglichst einleuchtenden Postulaten. Eine ideale Vorstellung wäre, daß die Postulate nur Bedingungen der Möglichkeit von Erfahrung formulieren. Dieses Ideal werden wir nicht erreichen, aus den ebenfalls im 1. Kapitel schon genannten zwei Gründen: Erstens ist es nicht leicht, solche Vorbedingungen der Erfahrung präzise zu formulieren. Zweitens werden wir wenigstens *ein* Postulat aufstellen müssen, das wir gar nicht aus dem Prinzip der Möglichkeit von Erfahrung zu begründen vermögen. Der Begriff der Nachträglichkeit des Aufbaus, der Re-konstruktion, trägt dieser Sachlage Rechnung. Die Wissenschaft ist geschichtlich entstanden, im Wechselspiel von Erfahrungen und theoretischen Entwürfen.

Wir beginnen daher den Entwurf der Rekonstruktion mit einem Rückblick darauf, welchen Ort im Gefüge der Theorien und welche Struktur die Quantentheorie heute hat. Wir haben sie soeben als die fundamentale Theorie der heutigen Physik bezeichnet. Um dies zu prüfen, wenden wir uns noch einmal dem Diagramm 3 des einleitenden Abschnitts 6.1 zu.

Die Pfeile des Diagramms konvergieren in zwei Theorien: rechts in der Quantentheorie, links in der allgemeinen Relativitätstheorie. Wir betrachten zunächst die rechte Seite. Vier Pfeile münden in der Quantentheorie: aus der klassischen Mechanik, aus den Feldtheorien, aus der Chemie und aus der Thermodynamik des Kontinuums. Sie vereinigt die Teilchenvorstellung der klassischen Mechanik mit der Wellenvorstellung der klassischen Feldtheorien, vermittelt durch den in der statistischen Thermodynamik zuerst fundamental verwendeten Begriff der Wahrscheinlichkeit. Sie vereinbart die Bewegungsgesetze der Mechanik mit den Stabilitätserfahrungen der Chemie. Sie löst das Paradoxon der Unmöglichkeit einer Thermodynamik des mechanischen Kontinuums. In der Rekonstruktion liegt es uns nun aber ferne, eben diese Zugangswege zur Quantentheorie zu wiederholen. Wie schon im 1. Kapitel betont, bietet die späteste abgeschlossene Theorie die beste Hoffnung, aus völlig allgemeinen Prinzipien rekonstruiert werden zu können. Wir werden Postulate aufstellen, welche die speziellen Begriffe von Mechanik, Feldtheorien und Chemie überhaupt nicht benützen. Die Unmöglichkeit einer klassischen Kontinuums-Thermodynamik werden wir als Argument benützen, um überhaupt die Unmöglichkeit einer fundamentalen klassischen Physik zu vermuten. Das Korrespondenzprinzip, das historisch so wichtig war, werden wir im direkten Sinne überhaupt nicht benutzen, sondern nur in umgekehrter Richtung: letztlich soll die ohne Anleihen bei der klassischen Physik entworfenen Quantentheorie natürlich den empirischen Erfolg der klassischen Physik als Grenzfall erklären. Wir werden also auch den mathematischen Prozeß der »Quantisierung« einer klassischen Theorie letztlich überhaupt nicht benutzen, sondern nur seine Umkehrung, die Definition eines klassischen Grenzfalls.

Wir wollen dieses Verfahren in die Gestalt eines methodischen Prinzips kleiden:

Methodisches Prinzip der Umkehrung der historischen Argumente: Es kann bei der Rekonstruktion einer Theorie nützlich sein, die historische Abfolge von Argumenten umzukehren und mit den abstraktesten Zügen der spätesten und folglich allgemeinsten abgeschlossenen Theorie zu beginnen.

Wir wenden uns nun zur linken Seite des Diagramms. Geometrie und klassische Mechanik führen zunächst zur Wissenschaft der Kinematik, diese mit den Feldtheorien zur speziellen Relativitätstheorie, und diese, vereinigt mit der Riemannschen Geometrie und der Gravitationstheorie, zur allgemeinen Relativitätstheorie. Die linke Seite ist also die Theorie von Raum und Zeit, so wie die rechte Seite die Theorie von der Materie im allgemeinen Sinne der »Dinge in Raum und Zeit« ist. Diesen fundamentalen Dualismus der bisherigen Physik hat Einstein vergebens auf der Basis der Theorie von Raum und Zeit in einen Monismus zu verwandeln gesucht, in welchem die Materie als ein spezieller Zustand des Raum-Zeit-Kontinuums erschiene. Der umgekehrte Monismus wäre die Reduktion des Raum-Zeit-Kontinuums auf die Quantentheorie. Eben dies ist es, was wir versuchen wollen. Wenn dies gelänge, so wären noch zwei Pfeile von der speziellen und allgemeinen Relativitätstheorie zur Quantentheorie zu ziehen. Diese würden historisch die relativistische Quantenfeldtheorie der Gravitation bezeichnen. Im Sinne der Umkehrung der

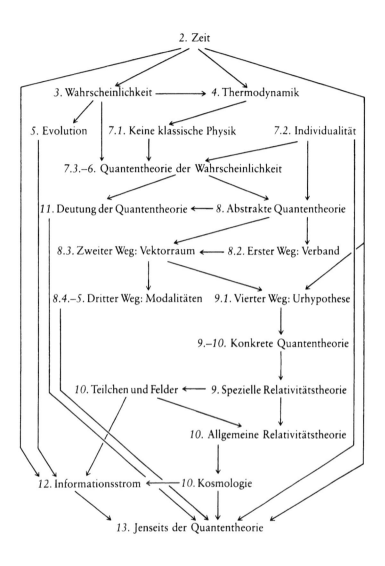

Diagramm 4: *Rekonstruktion der Quantentheorie*

Argumente wären auch diese Pfeile rückwärts zu lesen, und zwar im strengen Sinn, daß auch das Raum-Zeit-Kontinuum ein Zustandsprädikat der Materie bedeuten würde.

Den Plan der Rekonstruktion zeigt das Diagramm 4. Das Diagramm knüpft an die beiden Diagramme in Kapitel 1 an. In den Rahmen des Diagramms 1 über den Zusammenhang der Kapitel zeichnet es die Struktur der Rekonstruktion ein. Aus dieser Struktur hat das Diagramm 2 schon einen in Konstruktion (rechts) und Deutung (links) aufgespaltenen »kurzen Durchgang« herausgehoben. Die Grundzüge der Deutung stehen auch im Diagramm 4 links. Seine rechte Seite stellt die Rekonstruktion der Quantentheorie und aus ihr der Relativitätstheorie und der Teilchenphysik mehr im Detail dar. Die Titel mit Kapitel- und z. T. Abschnittnummern sind auf 12 Zeilen angeordnet.

Die Deutung der Physik geht in diesem Buch vom Phänomen der Zeit aus. Es steht allein an der Spitze des Diagramms. Auch die Rekonstruktion ist von ihm durchdrungen, denn es erklärt, was wir unter Bedingungen der Möglichkeit von Erfahrung verstehen. Aber wir werden in 8.3 sehen, daß wir *ein* nicht aus diesen Bedingungen erklärbares Postulat (dort »Erweiterung« genannt) brauchen. Dem entspricht, daß die Rekonstruktion unter dem Titel der Individualität (7.2) *einen* Ausgangspunkt hat, der sich nicht von der Logik zeitlicher Aussagen herleitet.

Wir gehen nun die Positionen im einzelnen durch.

In der *ersten* Zeile steht als einziges Thema das Grundphänomen der *Zeit* gemäß Kapitel 2. Von diesem Thema gehen vier direkte Pfeile aus; zwei gemäß dem Ersten Teil des Buches zu den beiden Wissenschaften der Wahrscheinlichkeit und der Thermodynamik, und zwei zu den beiden Endthemen »Informationsstrom« und »Jenseits der Quantentheorie«, also zur Interpretation unserer Resultate. Schließlich zweigt ein Pfeil ab zur Urhypothese, welche in der Tat die Thematik der Zeit noch einmal direkt aufnimmt.

Die *zweite* Zeile enthält zunächst die *Wahrscheinlichkeit*. Dieser Grundbegriff führt weiter auf drei wesentlich verschiedene Wege. Erstens zur Thermodynamik, welche für die Quantentheorie den negativen Absprung der *Unmöglichkeit einer fundamentalen klassischen Physik* bietet. Mit diesem Thema beginnen wir das 7. Kapitel. Zweitens direkt zur quantentheoretischen Erweiterung der *Wahrscheinlichkeitstheorie,* dem Hauptthema des 7. Kapitels. Drittens zur Theorie der *Evolution,* welche ihrerseits direkt zum Deutungskapitel über den Informationsstrom weiterführt.

Die *dritte* Zeile enthält außerdem den einzigen Begriff, der nicht durch einen Pfeil erreicht wird, welcher direkt oder indirekt von der Zeit herkäme: die *Individualität* der Prozesse. Wir wählen diesen von Bohr herrührenden Namen für das Kernphänomen der Quantentheorie. Zwar setzt der Begriff des Prozesses zeitlichen Ablauf voraus. Aber der Begriff der Individualität spricht den Prozessen das für unseren Begriff der Zeit entscheidende Merkmal ab, den Wesensunterschied von Faktizität und Möglichkeit. Dies dürfte der tiefste Grund der »Unanschaulichkeit« oder »Paradoxie« der Quantentheorie sein. Von diesem Begriff führen daher zwei fundamental verschiedene Wege weiter. Einerseits ist er unerläßlich für den *konstruktiven* Aufbau der Quantentheorie (Pfeile nach 7.3.–6. und 8.), so wie wir ihn im Rahmen unseres Zeitbegriffs vollziehen können. Andererseits führt von ihm an allen vom Zeitbegriff abhängigen Kapiteln vorbei ein Pfeil direkt in das *kritische* Kapitel »Jenseits der Quantentheorie«.

Die *vierte* Zeile nennt Vorüberlegungen zur *Quantentheorie der Wahrscheinlichkeit,* die aus demselben schon etwas älteren Aufsatz stammen wie das 3. Kapitel dieses Buchs. Dazu kommt am Schluß des 7. Kapitels ein Rückblick auf die Herkunft und damit auf die Motive der im Buch vorgetragenen Gedanken.

Von der *fünften* Zeile an verzweigt sich das Diagramm definitiv in eine *rechte, konstruktive* und eine *linke, interpretierende* Hälfte. Rechts beginnt die *Rekonstruktion,* und zwar zunächst der *abstrakten Quantentheorie,* welche vom Raumbegriff noch keinen Gebrauch macht. Links wird auf das ausführliche Kapitel zur *Deutung* der Quantentheorie verwiesen, mit dem der interpretierende Dritte Teil des Buches beginnt.

Die *sechste* und *siebte* Zeile enthalten, als Mitte des Diagramms, vier Wege der Rekonstruktion, deren Unterschied im 1. Abschnitt des 8. Kapitels erläutert wird. Der direkte Pfad der

Rekonstruktion, wie er im kurzen Durchgang vorgeschlagen wird, geht über die Abfolge des zweiten und vierten Weges. Der erste Weg ist eine ältere Phase derselben Zielsetzung, der dritte Weg ist Programm geblieben, trägt aber vielleicht zur Deutung jenseits der Quantentheorie bei.

Auf dem vierten Weg tritt ein wesentlich neuer Gedanke auf: die Hypothese der *Uralternativen*. Sie führt zu den in der *achten* Zeile genannten zwei Kapiteln 9 und 10 über *konkrete Quantentheorie*, d. h. die Herleitung der in der *neunten* Zeile genannten *speziellen Relativitätstheorie*, beginnend mit dem Raumbegriff, aus der Quantentheorie. Nur in diesem Punkt geht unser Buch über die allgemein anerkannte Physik *physikalisch* hinaus. Der Ansatz sollte auch die Theorien der *Teilchen und Felder* eindeutig festlegen; dies ist aber bisher Programm geblieben.

Die *allgemeine Relativitätstheorie*, in der *zehnten* Zeile genannt, sollte dann als Quantentheorie des Gravitationsfeldes verstanden werden können. Auch dies ist vorerst nur Programm.

Die *elfte* Zeile enthält einerseits die für unseren Aufbau der Teilchentheorie wichtige Kosmologie, auch diese nur programmatisch, andererseits unter dem Titel des *Informationsstroms* die inhaltliche Erfüllung der Art, wie die rekonstruierte einheitliche Physik als eine Physik der *Zeit* zu verstehen ist.

Daß all dies noch nicht das letzte Wort ist, darauf weist in der *zwölften* Zeile »Jenseits der Quantentheorie« hin. Hier beginnt eine neue, philosophische Arbeit.

Siebentes Kapitel
Vorüberlegungen zur Quantentheorie

1. Die Unmöglichkeit einer fundamentalen klassischen Physik

Lasciate ogni speranza voi che non entrate.

a. *Grundsätzliches.* Planck ist durch das Hauptportal in die Quantentheorie eingetreten: durch den Nachweis der Unmöglichkeit einer klassischen Physik. Es handelte sich zunächst um die Unmöglichkeit einer einzigen, scheinbar sehr speziellen klassischen Theorie: der Thermodynamik des Maxwellschen Strahlungsfeldes in Wechselwirkung mit einem materiellen Wärmeaustauscher (dem »Kohlestäubchen«). Aber diese Theorie war die einzige, die hinreichend präzisiert war, um die Methoden der statistischen Mechanik zuverlässig auf sie anzuwenden. Ihr Problem erwies sich nach und nach als paradigmatisch für das Problem der gesamten klassischen Physik.

Heisenberg hat gesagt, nur ein wahrer Konservativer könne ein wahrer Revolutionär sein. Der Satz war insbesondere gemeint für den Übergang von einer abgeschlossenen Theorie zur nachfolgenden abgeschlossenen Theorie, also für eben den Vorgang, den Kuhn später eine wissenschaftliche Revolution nannte. Nur der echte Konservative nimmt die alte Theorie ernst genug, um unter ihren Widersprüchen tief zu leiden. Er verfällt weder der reaktionären Illusion, diese Widersprüche seien durch kleine Korrekturen zu beheben, noch der umstürzlerischen Illusion, man könne die ältere Theorie durch irgendwelche neuen Einfälle los werden. Indem er die Widersprüche als unausweichlich erkennt, stößt er auf das einzige Tor, das sich in eine neue Theorie öffnet; eine Theorie, welche die große Konsequenz der alten Theorie bewahrt, indem sie sie in ein noch konsequenteres radikal neues Gedankengebäude überführt.*

---

* Man darf wohl sagen, daß Hegel eben dies unter Dialektik verstanden hat; es ist ein objektiver Erkenntnisprozeß jenseits der Beschränktheit oder Willkür unserer Absichten.

Die Stärke des Planckschen Arguments beruht auf der universalen Abstraktheit der Thermodynamik. Einstein hat dies 1905 klar erkannt. Das Rayleigh-Jeanssche Strahlungsgesetz ist eine notwendige thermodynamische Konsequenz, und es zwingt zur Folgerung eines unendlichen Energieinhalts des Strahlungsfelds bei thermodynamischem Gleichgewicht. Wir verweilen im jetzigen Abschnitt bei der grundsätzlichen Bedeutung des Planckschen Bruches mit den klassischen Bewegungsgesetzen, die sich uns erst im Rückblick voll enthüllt.

Wir werden den Titel dieses Abschnitts jetzt umfassend deuten: die Unmöglichkeit einer fundamentalen klassischen Physik bedeutet nicht die Unmöglichkeit einer speziellen, sondern die Unmöglichkeit *irgendeiner*, d. h. *jeder* klassischen Physik, wenn sie als Fundamentaltheorie gemeint ist. In dieser Schärfe wird die Folgerung aus Planck auch heute meist nicht gezogen. Man sagt etwa: Empirisch ist die Quantentheorie richtig, aber an sich, theoretisch gesehen, hätte auch die klassische Physik die richtige sein können. Diese »weiche« Auffassung hat dann Konsequenzen. Viele Autoren finden die Quantentheorie philosophisch unverständlich und hoffen darauf, »hinter ihr« doch wieder eine Physik zu finden, die den klassischen Vorstellungen mehr entspricht. Im 11. Kapitel kommen wir auf diese Frage zurück. Es wird für uns dann wichtig sein, gesehen zu haben, in welche Fülle vermutlich unlösbarer Probleme uns eine Rückkehr in die klassische Physik stürzen würde.

Wir sagen daher herausfordernd: Jede fundamentale klassische Physik ist unmöglich. Dabei geben wir sofort zu, daß eine so zugespitzte These keinen strengen Beweis zuläßt, sondern nur eine Aufzählung starker Argumente.

Wir präzisieren den Sinn der These ein erstes Mal: *Klassische Physik als semantisch konsistente Theorie ist unmöglich.* Daß wir in der Näherung der weit ausgedehnten täglichen Erfahrung die Naturphänomene klassisch beschreiben, geben wir selbstverständlich zu. Im 11. Kapitel werden wir sogar Bohrs These vertreten, daß ein reales Experiment stets mit klassischen Begriffen beschrieben werden muß. Ferner fechten wir nicht an, daß Theorien wie die klassische Punktmechanik oder die speziell-relativistische Theorie des freien elektromagnetischen Feldes *mathematisch* konsistent sind. Für die klassische Theorie der Wechselwirkung von Punktmassen mit dem Feld ist der mathematische Widerspruchsfreiheitsbeweis nicht erbracht; aber wir benützen die Skepsis hierüber jetzt nicht als Argument. Wir behaupten aber, daß diese Theorien keine mit elementaren Erfahrungen vereinbare physikalische Semantik zulassen. Die Stelle der Unvereinbarkeit liegt in der *Thermodynamik des Kontinuums*.

Ehe wir uns auf das Sachargument einlassen, ist eine zweite Präzisierung nötig. Wir haben bisher nicht erklärt, was wir unter klassischer Physik verstehen. Es ist evident, daß man die Unmöglichkeit einer Theorie nicht beweisen kann, ohne zu sagen, wie diese Theorie definiert sein soll. Wir kündigen jetzt nur an, daß wir im folgenden den Begriff »klassisch« in zwei Schritten präzisieren werden. Im Unterabschnitt b. des jetzigen Abschnitts geben wir eine Liste von Postulaten, die an eine klassische Physik zu stellen wären; im 11. Kapitel kommen wir dann vom quantentheoretischen Standpunkt aus auf das Problem zurück. In b. wird eine Physik als klassisch bezeichnet, wenn sie grundsätzlich ohne den Wahrscheinlichkeitsbegriff formuliert werden könnte. Im 11. Kapitel nennen wir eine Physik klassisch, welche Möglichkeiten grundsätzlich wie Fakten beschreibt. Beides ist derselbe Grundgedanke, der im Bereich zeitlicher Logik natürlich ist; die zeitliche Logik ist ihrem Ansatz nach »nichtklassisch«. Vorerst soll uns dieser qualitative Hinweis genügen. Alle im 6. Kapitel vor der Quantentheorie beschriebenen Theorien sind klassisch. Wir können daher das Problem an ihren inneren Schwierigkeiten ablesen.

Es handelt sich also um das Problem der *Kontinuumsdynamik*.* Die chemischen Atome wurden als ausgedehnt angesehen. Damit stellte sich die Frage nach den Kräften, die sie zusammenhalten. In der statistischen Thermodynamik zeigte sich das Problem in der Theorie der spezifischen Wärmen. Es gibt ein Argument von Boltzmann gegen die Kontinuität der Materie, von ihm als Argument für die Existenz von Atomen

---

* Zur philosophischen Vorgeschichte vgl. Kants Zweite Antinomie (*Kritik der reinen Vernunft*, A 434, B 462) und *Zum Weltbild der Physik*, 1957, S. 33 bis 50.

gebraucht. Ein Kontinuum hat unendlich viele Freiheitsgrade innerer Schwingung; also könnte sich bei endlichem Energievorrat niemals ein thermodynamisches Gleichgewicht zu endlicher Temperatur einstellen. Das Argument ist thermodynamisch zwingend. Aber aus ihm folgt, daß auch das Innere der Atome kein dynamisches Kontinuum sein kann; sonst würde ihre Einführung gar nichts nützen. Boltzmann entging dem Problem durch das Postulat absolut starrer Atome, also durch den Verzicht auf die Anwendung der Kontinuumsdynamik auf den Zentralbegriff seiner Theorie. Daß nach Ausweis der spezifischen Wärmen die Atome nicht einmal Rotationsenergie austauschen können, zeigte die Schwierigkeit der Boltzmannschen Position.

Das erste Kontinuum, für das die Physik eine glaubwürdige Dynamik besaß, das elektromagnetische Feld, führte in Plancks Theorie zur »Ultraviolettkatastrophe«, also genau zu dem von Boltzmann vorhergesehenen Widerspruch mit der allgemeinsten, nämlich der thermodynamischen Erfahrung. Man konnte in der statistischen Mechanik Boltzmanns Problem der damals ungelösten Frage nach dem richtigen Atommodell zuschieben. Eine Auffassung der Atome als Massenpunkte oder als Systeme von endlich vielen Massenpunkten, wie Helmholtz sie annahm, und wie sie Nagaoka, Lenard und später in Präzision Rutherford als Modell des Atominneren vorschlugen, hätte Boltzmanns Schwierigkeit scheinbar vermieden. Aber die Schwierigkeit trat wieder auf in der Dynamik des Feldes, das die Wechselwirkung zwischen den Massenpunkten vermittelte. Deshalb die Schlüsselrolle zuerst der Planckschen Thermodynamik des Maxwell-Feldes, dann der Bohrschen Analyse des Rutherfordschen Atommodells.

Der Vorgang zeigt die typischen Merkmale einer Kuhnschen Revolution. Die klassische Physik bot ein hervorragendes Paradigma zur Problemlösung (puzzle-solving). Einige Probleme widersetzten sich der Lösung. Man hielt dies lange für eine überwindbare Schwäche des Modells. Schließlich zeigte grundsätzliches Nachdenken die essentielle Unlösbarkeit dieser Probleme gemäß diesem Paradigma. Zur Anerkennung dieser Unlösbarkeit rang man sich in der wissenschaftlichen Zunft erst durch, als das neue Paradigma der Quantentheorie die Probleme gelöst hatte. Gerade mit diesem Erfolg aber geriet der prinzipielle Grund ihrer Unlösbarkeit im alten Paradigma vielfach wieder in Vergessenheit; andernfalls hätten wir die Woge vergeblichen Suchens nach einer klassischen Theorie »verborgener Parameter« hinter der Quantentheorie nicht erlebt. Vom Standpunkt der zeitlichen Logik aus erscheint die Stelle des Scheiterns der klassischen Physik ganz natürlich. Kontinuität ist ein Merkmal der Möglichkeit, Fakten sind irreversibel und darum diskret (vgl. 11.2eβ und 8.5.4); es kann nicht glücken, Möglichkeiten zu behandeln, als wären sie Fakten, d.h. das Kontinuum der klassischen Mechanik zu unterwerfen.

b. Postulate der klassischen Physik. Wir versuchen, die bisher locker historisch geschilderten Probleme einer ersten Präzisierung zu unterwerfen. Daß auch hierbei die Unbestimmtheit der »physikalischen Semantik« nicht voll überwunden werden kann, darf uns nicht überraschen.*

Klassisch heiße eine Physik, wenn sie grundsätzlich unter Verzicht auf den Wahrscheinlichkeitsbegriff formuliert werden könnte. Dies enthält spezieller die Forderungen:
A: *Existenz von objektiven Parametern bzw. Alternativen:*
Ein Zustand kann beschrieben werden durch die Angabe der in ihm vorliegenden »objektiven« Werte gewisser Parameter bzw. »objektiv wahrer« Antworten auf gewisse Alternativfragen.
B: *Drei Postulate von Kapitel 2.5:*
I. Entscheidbarkeit, II. Wiederholbarkeit, III. Entscheidungsverträglichkeit, für alle Antworten der unter 1 A genannten Alternativen. Diese Postulate sind im in 2.5 erklärten Sinne »theoretisch« gemeint.
C: *Determinismus:*
Der Zustand zu einer Zeit determiniert den Zustand zu einer späteren Zeit (bei fester Umwelt) eindeutig.

---

* Dieser Unterabschnitt entstammt dem zweiten Teil der Vorlesung von 1965 über Zeit und Wahrscheinlichkeit, der den Titel trug *Studie zum Aufbau der Quantentheorie*.

Diese drei Postulate können wir unter dem Titel *Postulate der Determiniertheit* zusammenfassen. Zu ihnen fügen wir nun zwei wesentlich andere, die als *Postulate der Kontinuität* bezeichnet werden können:
D: *Kontinuität des Zustandsraums:*
Zeitabhängige Zustandsparameter haben einen kontinuierlichen, zusammenhängenden Wertebereich.
E: *Kontinuität der Zustandsänderung:*
Die Werte der Zustandsparameter sind stetige (sogar differenzierbare) Funktionen der Zeit.

Schließlich kommt ein letztes Postulat hinzu, das erst seit der speziellen Relativitätstheorie als unausweichlich gelten dürfte:
F: *Unendlichdimensionalität des Zustandsraums:*
Der Zustandsraum enthält unendlich viele Parameter.

Keines dieser sechs Postulate kann in der klassischen Physik a priori hergeleitet werden. Die ersten fünf haben, wenn man überhaupt auf sie reflektierte, in der Ära der klassischen Physik immer als selbstverständlich gegolten. In der Quantentheorie werden wir die drei ersten modifizieren, und für die zwei folgenden, in ebenfalls modifizierter Interpretation, möglicherweise eine Art von Begründung finden. Das sechste Postulat ist erst der *Feldphysik* eigentümlich. In Modellvorstellungen wie denen des Massenpunkts, der starren Körper, der Fernkräfte wird es im allgemeinen verletzt. Man kann in ihm jedoch die Folge eines Ernstnehmens der *Kontinuität des Raumes* sehen. Was in a. ein *dynamisches Kontinuum* genannt wurde, ist eben ein physikalisches Objekt, das aus kontinuierlich im Raum ausgebreiteten, unabhängig voneinander veränderlichen Teilen bestehend betrachtet wird. Die Entdeckung der endlichen Ausbreitungsgeschwindigkeit aller Wirkungen hat uns nur genötigt, mit dieser Vorstellung des dynamischen Kontinuums Ernst zu machen, die Abweichungen von ihr also als vereinfachende Modelle zu verstehen. Auch dies läßt sich vom Standpunkt der klassischen Physik aus wohl nicht in Strenge a priori begründen (vgl. z. B. den entgegengesetzten, sehr konsequenten Versuch Kants, aus dem Begriff der Gleichzeitigkeit die Fernkraft a priori zu begründen*). Insofern ist

---

Kritik der reinen Vernunft, A 211 ff, B 256 ff.

Unmöglichkeit einer fundamentalen klassischen Physik 293

offensichtlich auch der Nachweis der Unmöglichkeit einer konsistenten klassischen Physik nicht streng zu führen, da nicht feststeht, welche Forderungen für die klassische Physik unabdingbar sind. Eben dies muß man erwarten: es ist nicht anzunehmen, daß eine inkonsistente Theorie überhaupt einer zwingenden Begründung aus einem einheitlichen Prinzip fähig ist. Gerade erst in der Quantentheorie können die jeweils modifizierten und damit konsistent gemachten Fassungen der sechs Postulate noch aus einfacheren Forderungen begründet werden. Erst die Quantentheorie also zeigt die sachliche Notwendigkeit der historischen Entwicklung der klassischen Physik. Aber die guten Physiker der klassischen Ära haben diese Notwendigkeit deutlich gefühlt. Wir hoffen, diesem Gefühl gerecht zu werden, indem wir die sechs Postulate sämtlich als Merkmale der zur Reife gekommenen klassischen Physik aufstellen.

Die Unmöglichkeit einer konsistenten klassischen Physik folgt nun sofort, wenn die folgenden beiden Sätze wahr sind:

G: *Gleichverteilungssatz:*

Im thermodynamischen Gleichgewicht enthält jeder Freiheitsgrad (Zustandsparameter) einen nur von der Temperatur abhängigen (sogar zu ihr proportionalen) festen mindesten Durchschnittsbetrag an Energie.

H: *Einstellung des Gleichgewichts:*

Das thermodynamische Gleichgewicht physikalischer Objekte tritt in beobachtbaren Zeitspannen wirklich ein.

Gelten nämlich diese beiden Sätze, so hat bei endlicher Gesamtenergie wegen (F) jeder einzelne Freiheitsgrad nach beobachtbarer Zeitspanne verschwindend geringe Energie, d.h. die Temperatur aller Objekte strebt in beobachtbarer Zeit gegen Null. Wer diesem Schluß entgehen will, muß versuchen, die Gültigkeit wenigstens eines der beiden Sätze zu bestreiten. Auch hier ist vermutlich kein völlig strenger Beweis zu führen. Man kann aber die Gründe hervorheben, welche in den historisch aufgetretenen Fällen eben diese Sätze als unausweichlich haben erscheinen lassen.

Der Gleichverteilungssatz folgt aus der *Reversibilität*, die wir als eine besondere Forderung einführen wollen:

J: *Reversibilität:*

Die Parameter zerfallen in zwei Klassen q_k und p_k so, daß zu $q_k(t)$, $p_k(t)$ ($k = 1,\ldots\infty$) stets auch $q'_k(t) = q_k(-t)$, $p'_k(t) = -p_k(-t)$ eine Lösung der Bewegungsgleichungen ist.

Reversible Systeme lassen eine Darstellung gemäß dem Schema der Hamiltonschen Theorie zu, und in ihr folgt der Gleichverteilungssatz aus dem Liouvilleschen Theorem. Der wesentliche Beweisgedanke ist der folgende: Zu jeder Lösung, welche während eines bestimmten Zeitintervalls Energie aus einem Freiheitsgrad q_k in einen anderen q_l überführt, gibt es eine umgekehrte, welche während desselben Zeitintervalls Energie aus q_l in q_k überführt. Im thermodynamischen Gleichgewicht kommen alle Lösungen mit derselben Wahrscheinlichkeit vor; also strömt im thermodynamischen Gleichgewicht zwischen je zwei Freiheitsgraden gleich viel Energie hin und her (detailed balance). Nun ist die Energie, die aus einem Freiheitsgrad ausströmt, eine monoton steigende Funktion seines Energieinhalts. Also verlangt die Gleichheit der Energieströme ein numerisch festes Verhältnis des Energieinhalts. Ist die Energie eine quadratische Funktion der Koordinaten q_k bzw. p_k, so ist dieses Verhältnis = 1. Dies ist für die kinetische Energie (p_k^2) der Fall; für die potentielle ist es beim harmonischen Oszillator, also jedenfalls für hinreichend kleine Auslenkungen aus der Ruhelage (hinreichend kleine Temperatur) der Fall.

Die Reversibilität ist in der klassischen Physik so wenig wie die anderen Postulate a priori begründbar, gilt aber de facto in allen klassischen Fundamentaltheorien. Die Diskussion ihres Sinns verschieben wir, wie bei den anderen Postulaten, auf die Quantentheorie.

Es bleibt die Möglichkeit, (H) zu leugnen. Genau diesen Weg gehen Modelle wie das Boltzmannsche der starren Atome: die inneren Freiheitsgrade der Atome werden nach dieser Annahme nicht angeregt. Hier ist die Frage, ob solche Annahmen nur eine sehr lange Dauer oder eine strenge Unmöglichkeit der Einstellung des Gleichgewichts behaupten. Letzteres würde bedeuten, daß (F) geleugnet wird, die physischen Objekte also eben nicht als dynamische Kontinua behandelt werden. Ersteres verschiebt das Problem in die Undurchschaubarkeit komplizierter quantitativer Abschätzungen. Doch sieht es nach der speziellen Relativitätstheorie nicht so aus, als könnten solche

Abschätzungen Zeitskalen für die Einstellung des Gleichgewichts ergeben, die ein allzu großes Vielfaches der Zeit sind, in der ein Lichtsignal oder allenfalls eine Schallwelle den betreffenden Körper durcheilt.

Zusammenfassend scheint die Unmöglichkeit einer Physik zu folgen, welche die vier Merkmale der Determiniertheit, Kontinuität, Unendlichdimensionalität und Reversibilität vereint. De facto hat die Quantentheorie nur das erste dieser vier Merkmale aufgegeben und damit das Paradoxon der »Ultraviolettkatastrophe« vermieden; freilich ist dabei der Sinn der anderen Merkmale modifiziert worden. Wir werden wohl nicht a priori zeigen können, daß nur dieser Weg gangbar ist; immerhin legt unser Ansatz ihn vielleicht nahe. Kontinuität und Unendlichdimensionalität scheinen fundamentale Züge von Zeit und Raum auszudrücken. Irreversible Grundgesetze würden (vgl. unten Kapitel 8) vielleicht kaum mit der Existenz zeitüberbrückender Alternativen und Gesetze zu vereinbaren sein. Die Determiniertheit aber, insbesondere in der scharfen Fassung des Determinismus (C), läßt die Möglichkeit der Zukunft als bloßes Nichtwissen erscheinen; sie annulliert im Grunde den Unterschied von Vergangenheit und Zukunft. Es liegt (wenn dies auch als ein Vaticinium ex eventu erscheinen mag) nahe, hierin eine irrige Verengung des verwendeten Zeitbegriffs zu sehen.

2. Bohrs Begriff der Individualität der Prozesse

Welcher Begriff muß an die Stelle des Begriffs eines dynamischen Kontinuums treten?

Wir fragen zunächst historisch, welcher Begriff in der Entwicklung der Quantentheorie zuerst an seine Stelle getreten ist.

In der Phase von 1900 bis 1925, bei Planck, Einstein und im Bohrschen Atommodell, war die Quantentheorie keine widerspruchsfreie Theorie. Alle drei Autoren waren sich dessen voll bewußt. Die Quantenbedingungen Plancks und Bohrs fügten zur kontinuierlichen Bewegung eine einschränkende Forderung hinzu, welche nur eine diskrete Menge der formal möglichen Bewegungen eines Teilchens als real möglich aussonderte. Einsteins Lichtquantenhypothese stellte dem Strahlungsfeld, das an jeder Stelle des Raumkontinuums einen Wert hat, ein Teilchen, also ein punktuelles Gebilde im Raum, gegenüber. Mathematisch gesehen wurde die Menge der zulässigen Zustände auf eine Menge geringerer Mächtigkeit reduziert. Wie sollte, klassisch gesehen, diese Reduktion erzwungen werden? Wie sollte, von der Quantentheorie her gesehen, der Sinn der anschaulich ebenso vorstellbaren, aber verbotenen klassischen Bahnen oder Feldzustände beschrieben werden?

Diese Fragen blieben faktisch unbeantwortet. Aus unserer These der Unmöglichkeit einer fundamentalen klassischen Physik folgern wir, daß sie auch prinzipiell unbeantwortbar sein dürften. Den entscheidenden Schritt zu ihrer Eliminierung tat Heisenberg, mathematisch 1925, interpretierend 1927 mit der Unbestimmtheitsrelation. Er leugnete die Existenz der klassischen Bahn selbst in den quantentheoretisch zulässigen Zuständen. Er nahm damit zum erstenmal den Anfang nicht mehr bei der klassischen Theorie, sondern sofort bei der Quantentheorie. Die klassische Theorie behielt nur eine heuristische Führungsrolle im Sinne von Bohrs Korrespondenzprinzip: die Quantentheorie mußte so aufgebaut werden, daß sie die klassische Theorie als Grenzfall implizierte. Schrödingers Wellenmechanik, ihre statistische Deutung durch Born, und schließlich J. v. Neumanns Kodifizierung der Theorie im Hilbertraum eröffneten den Weg zu der Einsicht, daß die Menge der quantentheoretisch möglichen Zustände eines Objekts nicht kleiner, sondern sehr viel größer ist als die Menge seiner klassisch vorstellbaren Zustände. Die Quantentheorie ist nicht eine Einschränkung, sondern eine außerordentliche Erweiterung unseres möglichen Wissens. Z.B. ist die Menge der momentanen Zustände eines Massenpunkts nicht die Menge der Punkte im Ortsraum (bzw. Phasenraum), sondern die Menge der komplexwertigen Funktionen im Ortsraum.* Ent-

---

* Mengentheoretisch ist die Menge der im Hilbertraum liegenden quadratintegrierbaren Funktionen freilich abzählbar, die Menge der Punkte im Ortsraum überabzählbar. Aber die Punkte im Ortsraum sind nicht real feststellbar; die ihnen entsprechenden ψ-Funktionen liegen gar nicht im Hilbertraum. Eine adäquate Beschreibung erhält man, wenn man endliche

scheidend für die thermodynamische Möglichkeit dieser Theorie ist, daß die Schrödingerwellen kein dynamisches Kontinuum im Sinne der klassischen Physik sind. Die Energie einer Schrödingerwelle ist nicht durch ihre (im Integral auf Eins normierte) Intensität, sondern durch ihre Frequenz bestimmt.

Diese Schilderung der empirisch erfolgreichen, mathematisch konsistenten Theorie läßt uns aber zunächst noch ratlos für unser Projekt einer Rekonstruktion der Theorie aus physikalisch einfachen Prinzipien. Historisch finden wir eine einfache, prinzipielle, hinreichend abstrakte und heute noch zutreffende Grundaussage der Quantentheorie 1925, kurz vor der Aufstellung der Quantenmechanik, in Bohrs Begriff der *Individualität der Prozesse.*

Niels Bohr hat* das, was die Quantentheorie tatsächlich über mögliche Erfahrungen aussagt, am genauesten beschrieben (vgl. dazu 11.1g). Das hängt damit zusammen, daß er nicht wie z.B. die gesamte an J. v. Neumann anschließende Interpretation einem vorgegebenen mathematischen Formalismus der Theorie eine physikalische Deutung unterlegte, sondern unter sparsamstem und höchst mißtrauischem Gebrauch des mathematischen Apparats stets von den Phänomenen und ihrer allgemein-begrifflichen Darstellung her argumentierte. Mir ist, das muß ich hier gestehen, die Schlüsselrolle seines Begriffs der Individualität erst vor kurzem deutlich geworden.

K.M. Meyer-Abich hat seinem Buch über Bohr (1965) den Titel gegeben *Korrespondenz, Individualität und Komplementarität.* Hier ist Individualität der zentrale, der eigentlich quantentheoretische Begriff. Korrespondenz und Komplementarität sind Beziehungen der Quantentheorie zur klassischen Physik. Korrespondenz bezeichnete bei der Suche nach der Quantentheorie diejenigen Forderungen, die man an die noch unbekannte Theorie stellen mußte, damit sie die bekannte

---

Mengen abzählt, z.B. endliche Teilvolumina (oder Gitterpunkte) in einem endlichen Raumvolumen (einem »Kasten«). Die Abschätzung wird im Abschnitt 11.3f ausgeführt.
* Diese Darstellung des Individualitätsbegriffs ist 1981 als Kommentar zur Rekonstruktion der Quantentheorie geschrieben.

klassische Theorie als Näherung zulassen konnte.* Komplementarität bezeichnete nachher die Weise, in der die klassischen Begriffe und Bilder in der vollendeten Quantentheorie weiter verwendet werden können. Individualität bedeutet bei Bohr, wie Meyer-Abich (S. 124–133) nachweist, Unteilbarkeit, insbesondere Unteilbarkeit der quantentheoretisch beschreibbaren Prozesse. So bezeichnet sie die Grenze der Korrespondenz und die Bedingung des bloß komplementären Gebrauchs klassischer Begriffe. Was besagt die Individualität der Prozesse?

Bohr hat (Meyer-Abich, S. 103) den Begriff der Individualität 1925 nach dem Experiment von Bothe und Geiger, aber vor dem Bekanntwerden der Heisenbergschen Matrizenmechanik eingeführt. Der Begriff entstammt also nicht einer Interpretation des fertigen Formalismus der Quantenmechanik, wohl aber einer Interpretation der für das Verständnis der Quantentheorie fundamentalen Experimente zur Energieerhaltung im Einzelprozeß. Die fundamentale Bedeutung dieser Experimente von Bothe und Geiger sowie von Compton und Simon hat Heisenberg mir gegenüber im Gespräch häufig betont. Bohr, Kramers und Slater hatten 1924 (Meyer-Abich, S. 115–124) angenommen, daß Atome miteinander durch einen raumzeitlichen Mechanismus kommunizieren, »der virtuell einem Strahlungsfelde gleichwertig ist« (S. 118). Die Stärke des Feldes an einer Stelle soll dabei die Wahrscheinlichkeit dafür bestimmen, daß ein an dieser Stelle befindliches Atom einen ihm möglichen Übergang zwischen zwei stationären Zuständen vollzieht. Hieraus folgte die Annahme einer nur statistischen Geltung der Erhaltungssätze für Energie und Impuls. Die genannten Versuche bewiesen jedoch die strenge Gültigkeit der Erhaltungssätze im individuellen Prozeß. Bohr beschreibt dies als »Kopplung individueller Prozesse in entfernten Atomen« (S. 127). In der heute üblichen Ausdrucksweise wird damit die Existenz individueller Photonen bewiesen und die Annahme einer Reduktion des Wellenpakets durch die Messung erzwungen.

Bohr sprach seitdem gern von der »durch das Wirkungs-

---

* Sommerfeld nannte Bohrs Korrespondenzprinzip in dieser Verwendung einen »Zauberstab«.

quantum symbolisierten begrenzten Teilbarkeit der physikalischen Vorgänge« (S. 132). Die Frage ist, was man sich unter der Teilbarkeit eines Vorgangs vorstellen soll. In der klassischen Physik wird ein Vorgang, etwa der Flug eines Teilchens auf seiner Bahn oder die Aufnahme oder Abgabe von Strahlungsenergie durch ein Atom, als stetige Zustandsänderung im Laufe der Zeit, kurz als kontinuierlich, beschrieben. Nach der klassischen Theorie des Kontinuums muß ein kontinuierlicher Vorgang wenigstens gedanklich unbegrenzt teilbar sein. Man kann die Bahn aus beliebig vielen Teilstücken zusammengesetzt denken. Das Gedankenexperiment einer Überprüfung dieser Teilstrecken durch sukzessive Ortsmessungen führt aber zu einer die Bahn zerstörenden Wechselwirkung. Bohr verknüpft dies mit Recht mit der endlichen Größe des Wirkungsquantums. Kein Energieaustausch auf der Frequenz v kann kleiner sein als hv; die Frequenz des zur Messung benützten Lichts aber muß größer sein als die reziproke Zeitdauer der Durchfliegung der zu messenden Teilstrecke, um diese zu identifizieren. Der einzige klassische Philosoph, bei dem ich einen hiermit vergleichbaren Ansatz zum Verständnis der Kontinuität der Bewegung gefunden habe, ist Aristoteles (Physik Θ 8, vgl. *Die Einheit der Natur*, S. 432).

Es ist, wie Bohr vielfach hervorgehoben hat, die Individualität der Prozesse, welche die Untrennbarkeit von Meßobjekt und Meßapparat (simplifiziert: von Objekt und Subjekt) und z. B. das EPR-»Paradox« erzeugt. Es ist ebenso die Individualität der Prozesse, welche das thermodynamische Gleichgewicht des Strahlungsfeldes nach Planck möglich macht. Auf die Bedeutung der Individualität für die Rekonstruktion der Quantentheorie werde ich im nächsten Kapitel eingehen. Man kann tatsächlich den dort unternommenen Aufbau der Quantentheorie, einschließlich der Ur-Theorie, als den Versuch einer konsistenten Beschreibung individueller, also unteilbarer Prozesse auffassen.

3. Wahrscheinlichkeitspostulate und Quantentheorie[*]

Wir streben an, den Erfolg der Quantentheorie zu verstehen. Im vorigen Kapitel haben wir die Vorgeschichte und die Entstehung der Quantentheorie historisch knapp skizziert. In den jetzt folgenden vier Kapiteln versuchen wir, ihren Erfolg systematisch zu verstehen. Ein solches Verständnis müßte, wenn es definitiv wäre, vermutlich auf wenigen Druckseiten einfach ausgesprochen werden können. Davon ist die heutige Darstellungsweise der Quantentheorie weit entfernt. Wer heute die begründete Knappheit der Darstellung sucht, der muß sich zuerst durch das ungeheure Geröll der Interpretationen einer an sich einfachen, aber den traditionellen Erwartungen nicht entsprechenden Theorie einige Schneisen bahnen. Dem soll dieses Kapitel dienen.

Die Quantentheorie ist die umfassendste Theorie der heutigen Physik. Der heutige Physiker kennt kein Phänomen, zum mindesten in der anorganischen Natur, von dem er nicht anzunehmen bereit wäre, es genüge den Gesetzen der Quantentheorie. Wir sollten die umfassende Gültigkeit einer bestimmten Theorie nicht als ein schlichtes historisches Faktum akzeptieren; wir sollten sie vielmehr selbst in ein Problem verwandeln. Gibt es einen Weg, den überwältigenden Erfolg gerade dieser besonderen Theorie zu verstehen? Gewiß würden alle lebenden Physiker davor zurückschrecken, die Quantentheorie als die Formulierung der endgültigen Gesetze über die Zustände physikalischer Objekte und über deren zeitliche Änderung anzusehen. Teils würden sie zurückschrecken, weil sie davor zurückschrecken, irgendein System von Gesetzen als endgültig anzusehen, teils auch, weil sie die Deutung der Quantentheorie vielleicht noch immer als unbefriedigend und dunkel ansehen. Aber diese Skrupel hindern sie nicht, die empirische Gültigkeit der Theorie ziemlich rückhaltlos anzuerkennen. Falls wir überhaupt erwarten, eine neue Theorie werde eines Tages die Quantentheorie ersetzen, so wie diese seinerzeit die klassische Mechanik ersetzt hat, dann erwarten

---

[*] Dieser Abschnitt entstammt, mit einigen Modifikationen und Umstellungen, demselben Aufsatz (1973) wie 4.1 und 4.2.

wir, diese Theorie werde noch universaler gültig sein, sie werde sich auf Erfahrungen beziehen, die wir heute noch nicht kennen oder noch nicht verstehen, und sie werde die Quantentheorie als Grenzfall enthalten für ihr weites, heute bekanntes Anwendungsgebiet. Der Grad der Universalität, den diese Ansicht der Quantentheorie zuschreibt, ist alles, was wir brauchen, um das Problem auszusprechen.

Im Anfang des 3. Kapitels haben wir von dem »erkenntnistheoretischen Paradoxon« gesprochen, daß wir unsere Grundbegriffe erfolgreich anwenden können, ohne sie zu verstehen. Als ersten Schritt zur Lösung sahen wir an, die paradox erscheinende Situation als Phänomen und insofern als Tatsache zu akzeptieren. Einen analogen Schritt versuchen wir auch hier. Das Problem der Universalität der Quantentheorie wird deutlicher werden, wenn wir es als ein Beispiel eines allgemeineren scheinbaren erkenntnistheoretischen »Paradoxons der universalen Theorien« formulieren: Gegeben die immense Vielfalt möglicher Erfahrungen, welche Chance hat ein ganz einfaches System von Gesetzen, uns zur Vorhersage dieser Erfahrung für die Zukunft aus der gegenwärtigen Erfahrung zu befähigen? So gefaßt, enthält das »Paradoxon« zwei verschiedene Probleme: 1. daß es überhaupt eine notwendige Verknüpfung zwischen Gegenwart und Zukunft gibt (das Problem der Kausalität), 2. daß die Gesetze, die diese Verknüpfung aussprechen, so einfach sind wie die bekannten Fundamentaltheorien der Physik, die heute zumeist in die Quantentheorie eingeschlossen sind.

Wir werden diese philosophischen Probleme in ihrer Breite erst in dem Buch *Zeit und Wissen* besprechen. Jetzt beginnen wir mit einer Vermutung, die wir im folgenden heuristisch verwenden. Wir suchen die Lösung des Problems darin, daß wir die durch die Theorien ausgedrückten Strukturen als Bedingungen der Möglichkeit von Erfahrung überhaupt erkennen. Wir versuchen hier nur zu zeigen, in welchem speziellen Sinne diese These auf die Quantentheorie anwendbar wäre. Die abstrakte Quantentheorie soll ihren faktisch bestehenden Grad universaler Geltung der – zunächst nur vermuteten – Tatsache verdanken, daß sie nichts anderes als allgemeine Gesetze der Wahrscheinlichkeitstheorie formuliert, darin eingeschlossen Gesetze für die Änderung der Wahrscheinlichkeiten mit der Zeit.

Wir werden somit, anschließend an die Kapitel 2 und 3, allgemeine Postulate für den Wahrscheinlichkeitsbegriff aufstellen, die umfassend genug sind, um auch die Quantentheorie zu beschreiben. Wenn es uns gelingen sollte, die volle abstrakte Quantentheorie aus diesen Postulaten herzuleiten, so würden wir dies eine *Rekonstruktion* der Quantentheorie nennen. Wir werden freilich in Kapitel 8 ein zusätzliches »realistisches« Postulat nötig haben.

Wir haben von zwei erkenntnistheoretischen »Paradoxa« gesprochen. Dabei bedeutet »Paradoxon« nicht dasselbe wie »Antinomie«, was einen inneren Widerspruch einer ausgearbeiteten Theorie meint (so die Russellsche Antinomie), sondern dem griechischen Wortsinn gemäß nur eine Tatsache, die unsere plausiblen Erwartungen verblüfft, die »para doxan«, gegen die Meinung, ist. Während nun diese beiden Paradoxa vielbesprochen sind, scheint ein anderes, spezielleres aber nicht weniger bemerkenswertes Paradoxon fast unbemerkt geblieben zu sein. Man kann die mathematische Wahrscheinlichkeitstheorie in axiomatischer Form darstellen; im 3. Kapitel haben wir Kolmogorows Axiome verwendet. Man würde annehmen, die empirische Verwendung des Wahrscheinlichkeitsbegriffs müßte heißen, daß wir diesen Axiomen einen empirischen Sinn geben. Nun ist die umfassendste Theorie der heutigen Physik eben die Quantentheorie. Man würde demnach erwarten, im heutigen Zustand der Naturwissenschaft sei der grundlegende Test jeder Theorie über den empirischen Sinn der Wahrscheinlichkeitstheorie ihre Anwendung auf den Wahrscheinlichkeitsbegriff der Quantentheorie. Aber ich kenne keinen Versuch, diesen Test an die Spitze einer Überlegung über den empirischen Sinn des Wahrscheinlichkeitsbegriffs zu stellen. Man beginnt stets mit dem Sinn der Wahrscheinlichkeit in vielen Feldern täglicher und wissenschaftlicher Erfahrung, einschließlich der klassischen Physik, und steht dann verwirrt vor den Wahrscheinlichkeitsaussagen der Quantentheorie, die doch allen anderen physikalischen Wahrscheinlichkeitsaussagen systematisch zugrunde liegen sollten.

Der Versuch, mit den Wahrscheinlichkeitsaussagen der

Quantentheorie zu beginnen, scheint in der Tat auf ein fundamentales Hindernis zu stoßen: es ist zweifelhaft, ob Kolmogorows Axiome überhaupt in der Quantentheorie gelten. Das Grundphänomen der quantentheoretischen Wahrscheinlichkeitsrechnung ist die »Interferenz der Wahrscheinlichkeiten«; die Grundgesetze beziehen sich nicht direkt auf die meßbaren Wahrscheinlichkeiten, sondern auf die »Wahrscheinlichkeitsamplituden«. Im System von Kolmogorow bedeutet dies, daß an die Stelle des ersten Axioms, das besagt, die möglichen Ereignisse bildeten einen Booleschen Verband, ein anderes Axiom tritt*, nach dem der Ereignisverband durch die Teilräume eines Hilbertraums gebildet wird. Dürften wir nun Erfahrung als vorgegebenen Begriff und Wahrscheinlichkeit als einen im Felde dieses Begriffs anzuwendenden Begriff auffassen, so könnte dieser Wechsel in den Axiomen als eine harmlose formale Korrektur erscheinen. Anders liegt es aber, wenn in der Tat der Sinn des Begriffs der Erfahrung vom richtigen Gebrauch des Wahrscheinlichkeitsbegriffs abhängt (vgl. Kapitel 3). Daher möchte ich die gegenwärtige Situation in der Epistemologie der Wahrscheinlichkeit in das folgende »Paradoxon der quantentheoretischen Wahrscheinlichkeiten« zusammenfassen: Wollen wir ein axiomatisches System der Wahrscheinlichkeitstheorie im Einklang mit den heute bekannten Naturgesetzen auf die Erfahrung anwenden, so kann dieses System nicht die klassische Wahrscheinlichkeitstheorie sein, die bisher sowohl von Mathematikern wie von Erkenntnistheoretikern fast ausschließlich studiert worden ist.

Der Unterschied zwischen klassischen und quantentheoretischen Wahrscheinlichkeiten entspricht genau dem Unterschied zwischen der klassischen und der quantentheoretischen Physik. Die meisten Erkenntnistheoretiker, zumal diejenigen aus der Schule des logischen Positivismus, haben diesem Unterschied einen »bloß empirischen Charakter« zugeschrieben, also eine niedrigere Stufe in der Begriffshierarchie als diejenige,

---

* Ob diese Ersetzung nötig ist oder nicht, hängt von der Formulierung der Axiome ab. Der Gegensatz zur klassischen Theorie liegt in der Unterscheidung zweier Bedeutungen der Axiome, den die zur Wahl stehenden Formulierungen ausdrücken, eine Unterscheidung, die in der klassischen Theorie bedeutungslos wäre.

auf der sich der Sinn von Begriffen wie Erfahrung und Wahrscheinlichkeit entscheidet. Dadurch erklärt sich vermutlich das mangelnde Verständnis dieser Erkenntnistheoretiker für die Bedeutung ersten Ranges, welche die Quantentheorie schon für die Formulierung des Sinns dieser »höheren« Begriffe hat.

Man hat Bohrs Begriff der Komplementarität nie verstanden, weil man ihn mißdeutete als die Verallgemeinerung eines speziellen empirischen Begriffs der Physik, während Bohr mit ihm eine universelle Struktur aller menschlichen Erkenntnis hatte andeuten wollen, die nur in der Quantentheorie ein besonders schlagendes Beispiel gefunden hatte. J. v. Neumann verwies auf die Universalität des Problems, indem er den nicht-Booleschen quantentheoretischen Ereignisverband als Kern einer neuen Logik, der sogenannten Quantenlogik, beschrieb. Freilich löste er nicht, ja empfand vielleicht nicht einmal das »Paradoxon der Quantenlogik«, daß man hier aus partikularer Erfahrung auf eine neue Logik schloß, während doch alle Erfahrung gemacht wird unter Benutzung einer Logik, die schon vorweg verfügbar und folglich doch wohl auch vorweg in ihrer Struktur fixiert zu sein scheint. Wir haben freilich im 3. Kapitel gesehen, daß beim Prozeß des Aufbaus der Erfahrung der Wahrscheinlichkeitsbegriff als ein Begriff aus einer »Logik zeitlicher Aussagen« auftritt. Prognostische Aussagen über quantentheoretisch beschreibbare Ereignisse sind Aussagen über die Zukunft. Es gibt eine Weise, die Logik zeitlicher Aussagen auf sie anzuwenden, die zur Quantenlogik führt. Historisch ist die Entdeckung dieser logischen Möglichkeit durch die Erfahrungen der Atomphysik angeregt worden, aber nachdem sie entdeckt ist, kann man sie auch ohne Bezugnahme auf diese Erfahrungen verstehen.

Eine Rekonstruktion der Quantentheorie auf der Basis der zeitlich interpretierten Quantenlogik hat zuerst M. Drieschner (1970) unternommen. Zur Erläuterung knüpfen wir an die Fußnote S. 303 an. Es hängt von der Formulierung ab, ob wir Kolmogorows erstes Axiom in der Quantentheorie aufgeben müssen. Die Formulierung betrifft die physikalische Semantik. Sie hängt davon ab, was wir als unsere Ereignismenge betrachten. Beschränken wir die Ereignisse auf die möglichen Ergebnisse *eines* Experiments (Messung *einer* Observablen oder *einer* Menge von kommutierenden Observablen), so brauchen wir das Axiom nicht abzuändern. Betrachten wir aber als die Menge möglicher Ereignisse, die zu *einem* Objekt gehören, die möglichen Ergebnisse aller möglichen, an diesem Objekt ausführbaren Experimente, dann ist ihr Verband durch die Teilräume eines Hilbertraums gegeben. Diese Zweideutigkeit kommt daher, daß es in der Quantentheorie inkompatible Experimente gibt. Man kann Drieschners Aufbau als ein Axiomensystem für empirische Wahrscheinlichkeiten beschreiben, in dem die Entscheidung solange als möglich offengelassen wird, ob es inkompatible Experimente geben soll oder nicht.

In J. v. Neumanns Quantenlogik ist der Aussagenkalkül dem veränderten Ereignisverband angepaßt; das bedeutet eine Änderung der Regeln für Negation und Disjunktion. Um den logischen Sinn dieser formalen Änderungen zu verstehen, müssen wir die Bedeutung der beiden Verbände im Sinne der Logik zeitlicher Aussagen untersuchen. Wir haben die Wahrscheinlichkeiten als quantitative Modalitäten gedeutet, welche für futurische Aussagen die klassischen Wahrheitswerte ersetzen.* Nun sollten Argumente mathematischer Schönheit uns erwarten lassen, daß in einer Quantenlogik futurischer Aussagen die fundamentale Modalität nicht die Wahrscheinlichkeit, sondern die Wahrscheinlichkeitsamplitude ist. Dann entsteht

---

Es sei hervorgehoben, daß dies nicht eine »mehrwertige Logik« in dem engen technischen Sinn ist, in dem man diesen Ausdruck heute meist gebraucht. In einer solchen Logik werden die logischen Funktoren genau wie in der klassischen Logik durch Wahrheitsmatrizen definiert; nur gibt es mehr als zwei Wahrheitswerte. Daß dies für Modalitäten unmöglich ist, sieht man aus einem einfachen Beispiel. Es möge genau drei Modalitäten geben: notwendig, unmöglich, kontingent (d.h. weder notwendig noch unmöglich). Soll der konjunktive Funktor »und« eine eindeutige Wahrheitsfunktion sein, so muß »p und q« kontingent sein, wenn sowohl p wie q kontingent sind; ferner muß, wenn p kontingent ist, auch ¬p kontingent sein. Nun setze man ¬p für q ein. Das Resultat ist, daß der Widerspruch »p und ¬p« kontingent, also nicht unmöglich, sein müßte, wenn p kontingent ist. Der logische Sinn hinter dieser scheinbaren Schwierigkeit ist, daß die Definition von Funktoren durch Wahrheitsfunktionen eine ziemlich künstliche Erfindung ist, die nur unter den speziellen Voraussetzungen der klassischen Logik funktioniert.

die Frage, ob wir die Wahrscheinlichkeitsdeutung der Quantentheorie rechtfertigen können, indem wir von den Wellenfunktionen (d.h. dem Hilbertraum) zusammen mit einigen sehr einfachen Postulaten über Meßbarkeit ausgehen. Dieses Vorgehen wäre komplementär zu demjenigen von Drieschner. Er beginnt, indem er den Wahrscheinlichkeitsbegriff als sinnvoll für alle Messungen postuliert, und leitet dann den Hilbertraum-Formalismus durch zusätzliche Postulate ab. Wir werden im 8. Kapitel beide Verfahren besprechen.

Ehe wir zur Rekonstruktion übergehen, verknüpfen wir das Programm mit zwei bekannten quantentheoretischen Prozeduren: der zweiten Quantelung und der Feynmanschen Formulierung der Quantentheorie. Beides wird zunächst nur andeutend behandelt; wir kommen später darauf zurück.

4. Zweite Quantelung*

In 3.2 haben wir die Wahrscheinlichkeit als Erwartungswert der relativen Häufigkeit von Ereignissen in einem Ensemble gedeutet. Dabei wurde der Erwartungswert in einem Ensemble von Ensembles definiert, die wir auch als »Meta-Ereignisse« bezeichneten. Wir wiederholen nun, an einem einfachen Modell, diese Begriffsbildung innerhalb der Quantentheorie.

Betrachten wir die quantenmechanische Messung einer einzelnen Observablen. Zur Vereinfachung der Sprechweise nehmen wir wieder an, diese Observable könne nur eine endliche Anzahl verschiedener Werte annehmen. Diese Anzahl sei nun genau $R = 2$. Wir haben dann eine einfache (oder, anders ausgedrückt, eine binäre) Alternative, z.B. die Messung des Spins eines Alkali-Atoms in einem Stern-Gerlach-Versuch. Wir nennen die beiden möglichen Resultate $r = 1$ und $r = 2$. Hinsichtlich dieser Alternative, also unter Absehung von seinen anderen Freiheitsgraden, hat das Objekt einen zweidimensionalen Hilbertraum. Wir nennen seinen Zustandsvektor $u_r(r = 1, 2)$. Ist u_r normiert, so sind die Wahrscheinlichkeiten, die Resultate 1 und 2 zu finden,

---

* Aus dem Aufsatz (1973).

Zweite Quantelung

$$p_1 = u_1^* u_1, \quad p_2 = u_2^* u_2 \qquad (2.1)$$

$$p_1 + p_2 = 1. \qquad (2.2)$$

Nun betrachten wir ein statistisches Ensemble von N solchen Objekten, an denen dieselbe Alternative entschieden werden kann. Das Ergebnis 1 möge in n_1 Fällen gefunden werden, das Ergebnis 2 in n_2 Fällen:

$$n_1 + n_2 = N. \qquad (2.3)$$

Wir wollen das Ensemble als ein reales Ensemble behandeln, d. h. als ein quantenmechanisches Objekt, das aus N einfachen Objekten zusammengesetzt ist. Dies ist formal möglich, auch wenn die Messungen zu verschiedenen Zeiten gemacht werden, aber wir lassen diesen Fall, von dem wir eine kompliziertere Beschreibung (einschließlich des Problems der Symmetrie) geben müßten, beiseite; wir behandeln die Messungen als gleichzeitig. Der allgemeine Zustand des Ensembles, in dem die vorgegebene Alternative nicht entschieden zu sein braucht, läßt sich durch eine Wellenfunktion im 2^N-dimensionalen Konfigurationsraum beschreiben. Zur Vereinfachung der Rechnung machen wir eine feste Annahme über die Symmetrie dieser Wellenfunktion. Sie sei symmetrisch, d. h. die einfachen Objekte sollen Bose-Statistik haben; Fermi-Statistik hätte uns auf den uninteressanten Fall $N \leq 2$ beschränkt. Man kann den Zustand dann durch eine Wellenfunktion $\varphi(n_1, n_2)$ beschreiben. Die Menge aller (normierten) $\varphi(n_1, n_2)$ für beliebige n_1, n_2 beschreibt alle möglichen Ensembles mit endlichen Werten von N; ein bestimmtes Ensemble hat jeweils ein festes N.

Falls das Ensemble aus N Objekten im selben Zustand u_r besteht, erhalten wir

$$\varphi(n_1, n_2) = c_{n_1 n_2} u_1^{n_1} u_2^{n_2}. \qquad (2.4)$$

Wir normieren φ, wobei wir (3.3) berücksichtigen:

$$\sum_{n_1} \varphi^*(n_1, n_2) \varphi(n_1, n_2) = \sum_{n_1} |c_{n_1 n_2}|^2 p_1^{n_1} p_2^{n_2} = 1. \quad (2.5)$$

Da
$$(p_1 + p_2)^N = \sum_{n_1} \frac{N!}{n_1! n_2!} \, p_1^{n_1} p_2^{n_2} = 1, \qquad (2.6)$$
erhalten wir
$$|c_{n_1 n_2}|^2 = \frac{N!}{n_1! n_2!}. \qquad (2.7)$$

Die Zahlen n_1 und n_2 kann man als Eigenwerte der Operatoren n_1 und n_2 deuten, deren Wirkung auf φ die Multiplikation mit n_1 bzw. n_2 ist. Der Erwartungswert von n_1 in φ ist

$$\begin{aligned}\bar{n}_1 &= \sum_{n_1} \varphi^*(n_1, n_2) n_1 \varphi(n_1, n_2) \\ &= N_1^N + (N-1) N_{p_1 p_2}^{N-1} + \ldots + N_{p_1 p_2}^{N-1} + 0 \\ &= p_1 \frac{\partial}{\partial p_1} (p_1 + p_2)^N = p_1 N (p_1 + p_2)^{N-1} = p_1 N. \end{aligned} \qquad (2.8)$$

So erhalten wir
$$p_1 = \frac{\bar{n}_1}{N}, \qquad (2.9)$$

im Einklang mit dem Postulat D in 4.2. Man verallgemeinert die Rechnung leicht auf größere R.

Diese kleine Rechnung war nichts anderes als der einfachste Fall einer *zweiten Quantelung*. Der Index r ist eine zweier Werte fähige quantenmechanische Observable. Die Operatoren n_r kann man aus Operatoren u_r, u_r^* aufbauen, die den Vertauschungsrelationen genügen:

$$\begin{aligned} u_r u_s^* - u_s^* u_r &= \delta_{rs} \\ u_r u_s - u_s u_r &= u_r^* u_r^* - u_s^* u_r^* = 0, \end{aligned} \qquad (2.10)$$

so daß
$$n_2 = u_r^* u_r. \qquad (2.11)$$

Man hat die zweite Quantelung gewöhnlich als eine geschickte formale Manipulation angesehen. Man konnte beweisen, daß sie der Methode des Konfigurationsraums äquivalent ist, aber es wurde nie recht klar, was die Iteration des Quantisierungsprozesses eigentlich bedeuten sollte.

In der korrespondenzmäßigen Auffassung ist die Bezeichnung in der Tat paradox. Heisenberg hat mir als Studenten streng verboten, sie zu gebrauchen; er sprach von Quantelung der klassischen Feldtheorie. Es ist in der korrespondenzmäßigen Auffassung nicht verständlich, wie dieselbe Theorie, die durch Quantelung einer klassischen Theorie gewonnen wurde, auf einmal als eine neue klassische Theorie aufgefaßt werden kann. Die Schrödingerwelle gibt eine Wahrscheinlichkeit an und ist nicht als klassische Größe meßbar. Auch formal ist die Schrödingergleichung des Einteilchenproblems nicht mit der klassischen (»de Broglieschen«) Feldgleichung identisch: letztere kann und muß nichtlineare (oder multilineare) Wechselwirkungsterme enthalten, erstere ist als quantentheoretische Gleichung streng linear.

Dieses im korrespondenzmäßigen Rahmen konsistente Verbot des Ausdrucks »zweite Quantelung« läßt aber das Faktum unerklärt, daß eine quantentheoretische Gleichung wie die Schrödingergleichung immerhin mit einer speziellen, nämlich der kräftefreien klassischen Feldgleichung formal identisch ist. Man wird dies nicht als »Zufall« abtun wollen. Die zweite Quantelung definiert in der Tat ein Ensemble gleichartiger Objekte, deren jedes, wenn es isoliert vorkäme, durch die Wellenfunktion der ersten Quantelung beschrieben würde. Andererseits ist der Formalismus der zweiten Quantelung eine korrekte Quantisierungsprozedur. Dies legt die Vermutung nahe, daß Quantisierung allgemein ein Prozeß der Ensemble-Bildung gemäß den besonderen Regeln der Wahrscheinlichkeitsrechnung ist, die für die Quantentheorie charakteristisch sind. Dies ist nun genau meine These: Die Quantentheorie ist nichts anderes als eine allgemeine Theorie der Wahrscheinlichkeiten, d.h. der Erwartungswerte relativer Häufigkeiten in statistischen Ensembles.

5. Feynmans Fassung der Quantentheorie*

Feynman** hat eine Formulierung der Quantentheorie angegeben, in der explizit wird, daß sie nur eine neue Wahrscheinlichkeitstheorie ist. Um des einfachen Ausdrucks willen teilen wir Zeit und Raum in diskrete Punkte auf. Wir können dann den Weg eines Teilchens im Raum wie folgt beschreiben: Das Teilchen sei zur Zeit t_0 am Ort x_0. Es gebe eine Wahrscheinlichkeit $p(x_1,x_0)$, es dann im nachfolgenden Zeitpunkt in x_1 zu finden. $p(x_2,x_0)$ ist dann gemäß der klassischen Wahrscheinlichkeitstheorie

$$p(x_2,x_0) = \sum_{x_1} p(x_2,x_1)p(x_1,x_2). \tag{3.1}$$

Die ganze Änderung beim Übergang zur Quantentheorie besteht darin, dies zu ersetzen durch

$$\psi(x_2,x_0) = \sum_{x_1} \psi(x_2,x_1)\psi(x_1,x_0), \tag{3.2}$$

mit der Regel

$$p(x_i,x_n) = |\psi(x_i,x_n)|^2. \tag{3.3}$$

In beiden Theorien gibt es ein Gesetz für die Zustandsänderung in der Zeit, welches die Werte der $p(x_i,x_n)$ bzw. $\psi(x_i,x_n)$ bestimmt. In der klassischen Physik spricht man es gewöhnlich für den Einzelfall aus, und seine grundlegendste Formulierung ist das Wirkungsprinzip

$$\delta S = \delta \int_{t_1}^{t_2} L\,dt = 0. \tag{3.4}$$

Aus diesem Gesetz kann man das Gesetz der zeitlichen Änderung der Wahrscheinlichkeiten herleiten. In der Quantentheorie gibt es kein deterministisches Gesetz für den Einzelfall, an

---

* Aus dem Aufsatz (1973).
** R.P. Feynman, *Space-Time Approach to Non-Relativistic Quantum Mechanics*, in: Review of Modern Physics, 20, 367–387 (1948).

Feynmans Fassung der Quantentheorie

seine Stelle tritt die Schrödingergleichung für die Wahrscheinlichkeitsamplitude:

$$i\dot{\psi} = H\psi. \qquad (3.5)$$

Das Hauptresultat der Feynmanschen Theorie ist die Verknüpfung zwischen diesen beiden Gesetzen. Die Schrödingergleichung ist äquivalent der Regel, daß

$$\psi(x_i, x_n) = e^{\frac{i}{\hbar} S(x_i, x_n)}; \qquad (3.6)$$

d. h. das klassische Wirkungsintegral ist genau die Phase der Wahrscheinlichkeitsamplitude für die entsprechende mögliche Bahn des Teilchens.

Den traditionell als »Quantisierung« bezeichneten Prozeß kann man nach dieser Theorie in zwei Richtungen lesen. Folgt man dem historischen Ursprung der modernen Quantentheorie in Bohrs Korrespondenzprinzip, so nimmt man die klassische Theorie als gegeben hin; Feynmans Gesetz (3.6) führt dann zur korrekten entsprechenden Quantentheorie. Vom Standpunkt der voll entwickelten Quantentheorie aus würde man umgekehrt die Wirkung S in Feynmans Gesetz als eine gegebene Funktion hinnehmen, und man würde seine Theorie benützen, um den Grenzfall zu finden, den man klassisch nennt. Aber wenn man Feynmans Theorie in dieser zweiten Richtung liest, so erklärt sie auch, warum es überhaupt einen »klassischen« Grenzfall und folglich einen Prozeß von der Art der »Quantisierung« gibt. Der klassische Grenzfall ist der Fall, in dem gewisse Wahrscheinlichkeiten gegen Eins bzw. Null streben, so daß nahezu eindeutige Vorhersagen für die entsprechenden Messungen möglich werden. In diesem Grenzfall braucht man den Wahrscheinlichkeitsbegriff nicht mehr, um den Einzelfall zu beschreiben. In der geschichtlichen Entwicklung wird man im allgemeinen einen solchen Fall früher als den allgemeinen Fall verstehen, und »Quantisierung« ist dann der Schritt zu einer verfeinerten Theorie der Wahrscheinlichkeiten.

In der Durchführung ist dieses »umgekehrte Lesen der Quantisierung«, diese »Deutung der klassischen Physik durch die Quantentheorie« eng verbunden mit der Rolle, welche in der klassischen Physik die Variationsprinzipien spielen. Warum eigentlich lassen sich fundamentale Naturgesetze so oft als Variationsprinzipien formulieren?

In der klassischen Physik kann man alle diejenigen Theorien, die Einzelereignisse beschreiben können, mit Hilfe von Variationsprinzipien aussprechen: Mechanik, geometrische Optik, Feldtheorie. Die Ausnahme bildet die Thermodynamik, genauer gesagt, die Theorie irreversibler Vorgänge, wie z. B. der Wärmeleitung. Aber irreversible Vorgänge sind gemäß der statistischen Thermodynamik niemals Einzelereignisse; sie sind wesentlich probabilistisch. Alle diese Tatsachen werden durch die Theorien von Dirac* und Feynman erklärt, im wesentlichen durch Anwendung des Huygensschen Prinzips. Auf der klassischen Bahn hat die Phase S einen Extremwert, und deshalb addieren sich in ihrer Nachbarschaft die Wahrscheinlichkeitsamplituden aller möglichen Bahnen, da sie nahezu dieselbe Phase haben. In der klassischen Thermodynamik werden gerade die quantentheoretischen Phasenbeziehungen vernachlässigt; deshalb gibt es in ihr diesen Phaseneffekt nicht.

All dies ist bekannt. Es erklärt die Gültigkeit der klassischen Variationsprinzipien durch die hinter ihnen stehende Quantentheorie. Aber anscheinend hat niemand je gefragt, warum die Quantentheorie selbst (d. h. die Schrödingergleichung) auch aus einem Variationsprinzip abgeleitet werden kann. Die hier gegebene Deutung der zweiten Quantelung könnte diese Frage beantworten. Es gibt eine Quantentheorie hinter der Quantentheorie, genau weil Wahrscheinlichkeiten nur mit Hilfe von Wahrscheinlichkeiten definiert werden können. Das bedeutet nichts weiter, als daß es zu jedem möglichen Objekt der Quantentheorie auch ein mögliches Objekt der Quantentheorie gibt, das aus vielen Objekten der vorhergehenden Stufe besteht. Man wird so nicht nur zur zweiten, sondern zur mehrfachen Quantelung geführt.

P. A. M. Dirac, *The Lagrangian in Quantum Mechanics*, in: Physikalische Zeitschrift der Sowjetunion, 3, 64–72 (1933).

6. Quantenlogik

Wir haben schon mehrfach auf den Begriff der »Quantenlogik« Bezug genommen. In 2.1 war die Frage nach seinem Sinn ein Motiv für die Aufstellung einer Logik zeitlicher Aussagen. Im jetzigen Kapitel wurde er benützt, um die Abweichung der quantentheoretischen von der klassischen Wahrscheinlichkeitsrechnung zu erläutern. Im nachfolgenden Abschnitt 8.2 wird er eine zentrale Rolle spielen. Wir müssen uns daher mit seinem Inhalt und seinen Problemen vertraut machen.

Als ich 1965 den hier als Kapitel 2 aufgenommenen Text schrieb, hatte ich die Absicht, ebenso ausführlich die Quantenlogik als eine Version der zeitlichen Logik darzustellen; Abschnitt 2.5 ist ausdrücklich als Vorstufe hierfür formuliert. Ein zweiter Anlauf dazu war der Aufriß der zeitlichen Logik (1977–78), der jetzt in dem Buch *Zeit und Wissen* den Abschnitt 6.7 bilden wird. Bei der heutigen Redaktion fehlt mir die Zeit, die breite Darstellung der Quantenlogik auszuführen. Auch ist diese seit dem Erscheinen des Buchs von Mittelstaedt (1978) nicht mehr nötig. Ich gebe deshalb hier nur einen Abriß der grundsätzlichen Thesen und Probleme. Er ist nach drei Gestalten der Theorie aufgegliedert: a. Der Aussagenverband (G. Birkhoff und J. v. Neumann 1936); b. Die volle Quantenlogik (P. Mittelstaedt 1978); c. Die Skizze einer »Komplementaritätslogik« (mein Entwurf 1955): hier in Abschnitt 7.

a. Der quantentheoretische Aussagenverband. J. v. Neumann hat 1932 darauf hingewiesen, daß die Projektionsoperatoren im Hilbertraum, da sie nur die Eigenwerte 1 und 0 haben, mit Aussagen im Sinne einer verallgemeinerten Logik verglichen werden können. Sei P ein solcher Operator, ψ_1 einer seiner Eigenvektoren zum Eigenwert 1, ψ_0 einer zum Eigenwert 0, und ψ ein Vektor, der nicht Eigenvektor von P ist. P, als Observable betrachtet, bedeutet die Aussage $P' = $ »der Zustand liegt in dem linearen Teilraum des Hilbertraums, auf den P projiziert«. Dann ist P' im Zustand ψ_1 wahr, im Zustand ψ_0 falsch, im Zustand ψ unbestimmt. Also scheint die Quantentheorie eine nichtklassische Logik zur Folge zu haben. Birkhoff und v. Neumann haben 1936 den Aussagenverband dieser Logik unter dem Namen des »Eigenschaftsverbandes« eines Objekts dargestellt. Er ist, mathematisch gesprochen, der Verband der linearen Teilräume des Hilbertraums.* Jedem Teilraum entspricht eine »Eigenschaft«, die das Objekt haben *kann;* eine formal-mögliche Eigenschaft in der Sprechweise dieses Buches. Eine Beschreibung dieses Teilraum-Verbandes von vorbildlicher mathematischer und physikalischer Präzision gibt das Buch von Jauch (1968).

In der Literatur ist bis heute strittig geblieben, ob dieser Verband den Namen eines Stücks einer neuen *Logik,* eben der »Quantenlogik«, verdient. Ein formales Argument dafür ist, daß jeder »Eigenschaft« P die Aussage $P' = $ »das Objekt hat die Eigenschaft P« zugeordnet werden kann; der Verband ist damit isomorph auf einen Verband von Aussagen abgebildet. Dieser Verband ist nicht-boolesch, nämlich nicht-distributiv, würde also einer nichtklassischen Logik entsprechen. Man kann aber den Eigenschaftsverband als eine Darstellung möglicher Eigenschaften einer gewissen Klasse von Objekten beschreiben und die logische Sprechweise für ihn vermeiden. So verfährt Jauch. Hinter dieser Vorsicht steht die Kritik, die wir schon in 2.1 zitiert haben. Erstens enthält die Bezeichnung als »Logik« einen Allgemeingültigkeitsanspruch der Quantentheorie, der durch ihre empirisch breite Geltung zum mindesten nicht erzwungen ist; und zweitens scheint es paradox, aus einer empirisch mit Hilfe der üblichen Logik gefundenen Theorie eine nichtübliche Logik herzuleiten.

Wir haben auf diese Einwände schon im 2. Kapitel geantwortet. Die These dieses Buchs ist, daß eine Logik zeitlicher

---

* Ich gehe hier durchweg nicht auf die Probleme ein, die aus der unendlichen Dimensionszahl des Hilbertraums entspringen, z. B. darauf, ob beliebige oder nur komplettierte Teilräume verwendet werden sollen. Auf dem »ersten Weg« (8.2) wird die Quantenlogik nur für endliche Alternativen, also endlichdimensionale Zustandsräume verwendet. Im selben Sinne »finitistisch« sind der zweite und dritte Weg, welche die Quantenlogik nicht explizit benutzen. Erst der vierte Weg (10.2) vollzieht den Übergang zum unendlichdimensionalen Raum durch einen expliziten Aufbau. Dort wird aber, wenn man vom zweiten oder dritten Weg ausgeht, die Quantenlogik nicht vorausgesetzt. Ich untersuche in diesem Buch nicht, in welcher Gestalt sie in der Theorie des vierten Weges impliziert ist.

Aussagen fundamental selbst für die Begründung der klassischen Logik sein sollte; daß diese zeitliche Logik in den Ausdrucksweisen der Umgangssprache, vielleicht am deutlichsten in den indogermanischen Sprachen, schon implizite enthalten ist; daß die Quantenlogik eine spezielle Fassung dieser zeitlichen Logik ist; und daß insofern die Quantentheorie nur der Anlaß war, der uns zu dieser logischen Reflexion veranlaßt hat.

Der Abschnitt 2.5 war eigens so angelegt, daß in ihm der Aussagenverband der klassischen Logik aus den drei Postulaten der Entscheidbarkeit (I), der Wiederholbarkeit (II) und der Entscheidungsverträglichkeit (III) aufgebaut werden sollte, um dann in einem späteren Kapitel durch bloßen Verzicht auf das Postulat III den quantenlogischen Verband herzuleiten. Das spätere Kapitel wurde nicht geschrieben; die Arbeit von Drieschner (1970 oder, fortgebildet, 1979) darf als die Ausführung des Programms gelten. Hier sei nur daran erinnert, in welcher Weise der quantentheoretische Aussagenverband formal vom klassischen abweicht.

Der klassische Aussagenverband ist dem Verband der Teilmengen einer Menge M isomorph. In der Logik definiert die Menge M das »universe of discourse«, auf welches sich die betrachteten Aussagen beziehen. Jede Teilmenge ist eine Aussage. Die Nullmenge 0 ist die »immer falsche«, die Gesamtmenge M die »immer wahre« Aussage. In der physikalischen Deutung sagt jede Teilmenge eine formal-mögliche Eigenschaft des gerade betrachteten Objekts X aus. Man muß dann M interpretieren als die Aussage »X existiert«, 0 als »X existiert nicht«. Wenn man schon weiß, daß X existiert, so wird M immer wahr, 0 immer falsch sein. Läßt man offen, ob X existiert, so kann man M als eine Aussage in einem größeren Verband auffassen, der auch Aussagen enthält, denen gemäß X nicht existiert. Der Verband der Teilmengen von M ist dann ein Teilverband des größeren Verbandes. Betrachten wir z.B. genau zwei Objekte X_1 und X_2 mit den zugehörigen Mengen M_1 und M_2, so sind die betrachteten Aussagen alle Teilmengen des cartesischen Produkts $M = M_1 \times M_2$. Unter diesen kommt u.a. $M_2 \cap 0_2$ vor, was bedeutet »X_1 existiert und X_2 existiert nicht«. Die Implikation zwischen zwei »Katalogaussagen« im

Sinne von 2.5, also von zwei Elementen des Verbands der Teilmengen von M, bedeutet, wie in 2.5 gesagt, die Mengeninklusion. Der Konjunktion entspricht der Durchschnitt, der Disjunktion die Vereinigung zweier Mengen, der Negation die Komplementmenge.

Der quantenlogische Aussagenverband ist der Verband nicht der *Teilmengen,* sondern nur der *linearen Teilräume* des Hilbertraums. In ihm entspricht der Implikation wieder die mengentheoretische Inklusion und der Konjunktion wieder der mengentheoretische Durchschnitt. Aber der Disjunktion zweier linearer Teilräume entspricht der von ihnen aufgespannte lineare Teilraum, und der Negation einer Aussage der zu dem ihr entsprechenden totalsenkrechte Teilraum. Die Vereinigung der Aussagen über zwei Objekte liegt im Tensorprodukt ihrer beiden Hilberträume.

In 2.3 haben wir die Konjunktion als *ontisch begründeten* Funktor von der Disjunktion und Negation als *epistemisch begründeten* Funktoren unterschieden. Das kommt in der Quantenlogik zum Tragen. Der Durchschnitt zweier linearer Teilräume ist selbst ein linearer Teilraum: die Konjunktion zweier gewußter Tatsachen ist wieder eine gewußte Tatsache. Wenn man hingegen von zwei formal möglichen Tatsachen x_1 und x_2 keine weiß, aber ein Wissen hat, aus dem folgt, daß sich bei Nachprüfung nicht beide als nichtbestehend erweisen werden, so ist dies offensichtlich eine ziemlich komplizierte Struktur. Man muß schon einen Überblick über alles formal mögliche Wissen von dem betreffenden Objekt oder Objektbereich haben, um sagen zu können, wie ein Wissen aussehen kann, das genau diese Behauptung zur Folge hat.

Die Struktur dieses Wissens wird deutlicher am Beispiel der Negation. Es gibt in der Quantentheorie formal mögliche Zustände (z. B. zwei eindimensionale Teilräume x_1 und x_2, die weder identisch noch orthogonal sind), die einerseits nicht zugleich vorliegen können ($x_1 \cap x_2 = 0$), die aber eine von Null verschiedene »Übereinstimmungswahrscheinlichkeit« haben; d. h. die bedingte Wahrscheinlichkeit, $p(x_1, x_2)$, x_2 zu finden, wenn x_1 vorliegt, ist nicht Null. Die Quantenlogik definiert aber als die Negation $\overline{x_2}$ von x_2 die Menge aller derjenigen Zustände x_1, deren Vorliegen das Gefundenwerden von x_2

Quantenlogik 317

ausschließt, also $p(x_1, x_2) = 0$. $\bar{x}_2$ ist wieder ein linearer Teilraum. Der »epistemische« Charakter der Negation zeigt sich hier darin, daß wir sie auf dem Umweg über eine bedingte Wahrscheinlichkeit, also über ein Wissen, definieren müssen. Die Komplementmenge von x_2, d. h. die Menge aller x_1 mit $p(x_1, x_2) \neq 1$, ist viel größer als $\bar{x}_2$ und ist kein linearer Raum; sie bezeichnet also nach der Quantenlogik keine zulässige Aussage über das Objekt. Die obige Erläuterung über die Disjunktion hat von diesem Verständnis der Negation faktisch Gebrauch gemacht; sie benützte, verbal eingekleidet, die de Morgansche Regel $a \vee b = \bar{a} \wedge \bar{b}$.

Dieser Rückgriff auf die Unterscheidung ontischer und epistemischer Aussagen ist soweit nur eine Erläuterung, nicht eine Begründung der Quantenlogik. Scheibe (1964) hat die Möglichkeit einer strengen Begründung auf diesem Wege untersucht, aber mit skeptischem Resultat. Er hat damals eine ontische und eine epistemische Ausdrucksweise in der Physik unterschieden. Die ontische Ausdrucksweise sagt, was der Fall ist, die epistemische sagt, was wir wissen. In der klassischen Physik lassen sich beide Ausdrucksweisen aufeinander abbilden. Für die Quantentheorie konnte Scheibe nur eine epistemische Ausdrucksweise angeben. Sei x ein im Prinzip beobachtbarer Sachverhalt. Die ontische Ausdrucksweise arbeitet mit Aussagen des Typus

$$on(x, t): x \text{ ist zur Zeit } t \text{ der Fall.} \qquad (1)$$

Die epistemische Ausdrucksweise benutzt zwei Aussagetypen

$ob(x, t)$: zur Zeit t wird beobachtet, ob x der Fall ist, (2)
$fe(x, t)$: zur Zeit t wird festgestellt, daß x der Fall ist. (3)

Sicher soll gelten

$$on(x, t) \rightarrow [ob(x, t) \rightarrow fe(x, t)]. \qquad (4)$$

Die epistemische Beschreibung der Quantentheorie entspricht genau ihrer Kennzeichnung als »Theorie des Wissens«.

In unserer damaligen Hamburger Arbeitsgruppe vermuteten wir, eine ontische Beschreibung der Quantentheorie werde möglich sein um den Preis, daß für die ontischen Aussagen nicht die klassische, sondern die Quantenlogik gilt. Wir hofften dies dadurch zu erreichen, daß wir, von der epistemischen Beschreibung ausgehend, die ontische Aussage definierten durch die Äquivalenz

$$on(x, t) \leftrightarrow [ob(x, t) \rightarrow fe(x, t)]. \tag{5}$$

Scheibe wies aber darauf hin, daß die rechte Seite dieser Äquivalenz wegen des Prinzips »ex falso quodlibet« schon wahr ist, wenn $ob(x, t)$ falsch ist, d. h. wenn nichts beobachtet wird. Ich bin überzeugt, daß diese Schwierigkeit behoben werden kann, indem man der in $ob(x, t) \rightarrow fe(x, t)$ gemeinten Wenn-so-Beziehung ihren eigentlichen kausalen Sinn gibt, der vom Sinn der logischen Implikation völlig verschieden ist. Diese Beziehung ist in 2.4 unter dem Titel »naturgesetzliche Implikation« eingeführt. Die dazu gehörige formale Theorie habe ich aber nie ausgearbeitet, und ich muß mich daher hier auf die Vermutung ihrer Möglichkeit beschränken. Auf Scheibes ausgearbeitete logische Analyse der Quantentheorie (1973) hoffe ich in *Zeit und Wissen* näher einzugehen.

b. Volle Quantenlogik. Ein fest vorgegebener Aussagenverband, wie wir ihn bisher betrachtet haben, ist, jedenfalls in der Quantenlogik, noch keine Basis einer vollen Aussagenlogik. Wir haben die Implikation nicht als »Katalogaussage«, sondern als »Aussage über den Katalog« eingeführt. In der klassischen binären Aussagenlogik kann man sie in den Verband zurückprojizieren. Dort gilt nämlich a→b = ā ∨ b. Die Bedeutung solcher Formeln in einer temporalen Aussagenlogik werden wir erst in *Zeit und Wissen* 6.4 und 6.9 diskutieren. Bemerkt sei, daß Kunsemüller (1964) für die Quantenlogik eine analoge, aber andere Formel gefunden hat, die für einen distributiven Verband in die klassische Formel übergeht. Zur Deutung der klassischen Formel in einer temporalen Logik sei nur gesagt, daß a→b in ihr genau dann wahr ist, wenn ā ∨ b = 1. Das ist wiederum keine Katalogaussage. Daraus folgt, daß iterierte Implikationen wie B→A→B im ursprünglichen Verband erst recht nicht vorkommen.

P. Mittelstaedt (1978) hat eine echte Begründung der vollen Quantenlogik mit Hilfe eben der Lorenzenschen Dialogtechnik unternommen, welche auch wir im Kapitel 2 benützt haben. Von unserem Standpunkt aus gesehen, ist Mittelstaedts Quantenlogik eine Spezialisierung der zeitlichen Logik. Das habe ich in einer Arbeit (1980) qualitativ diskutiert.

7. Ein Rückblick*

Dieser Abschnitt ist ein quasi autobiographischer Rückblick auf die Vorstufen der in den folgenden Abschnitten 8.2–8.4 und in den Kapiteln 9 und 10 vorgetragenen Theorie. Ich drucke ihn hier ab, weil er einen Einblick in die *Motive* dieser Theorie gibt und damit vielleicht den Zusammenhang ihrer Teile erläutert. Die spätere Darstellung wird aber sachlich ohne Berufung auf diese Vorstufen beginnen, setzt also die Lektüre des Rückblicks nicht voraus.

Beim Versuch, die Quantentheorie zu verstehen, habe ich vor Jahren, im Herbst 1954, eine Hypothese aufgestellt, die in drei einander stützende Behauptungen aufgegliedert werden kann. Sie lassen sich nachträglich etwa so formulieren:

1. Der Kern der Quantentheorie ist eine nichtklassische Logik.
2. Die Anwendung dieser Logik auf ihre eigenen Aussagen definiert das Verfahren der sog. zweiten oder mehrfachen Quantelung.
3. Die Anwendung dieses Verfahrens auf die formal einfachste mögliche Frage, die binäre Alternative, gibt eine quantentheoretische Erklärung der Dreidimensionalität des Ortsraums und darüber hinaus der relativistischen Raum-Zeit-Struktur und der relativistischen Quantenfeldtheorie.

Die Grundzüge der in dieser Hypothese anvisierten Theorie wurden zunächst in drei Arbeiten unter dem Titel *Komplementarität und Logik* (1955, 1958^1, 1958^2) dargestellt, insbeson-

Aus einem 1979 geschriebenen unveröffentlichten Aufsatz.

dere in der dritten, die ich gemeinsam mit E. Scheibe und G. Süssmann verfaßt habe. Der weitere Ausbau geschah insbesondere in Arbeiten von L. Castell, von M. Drieschner und von mir, ist aber nicht vollendet.

Die Arbeit I (1955) erörtert zunächst verschiedene Auffassungen des Bohrschen Begriffs der Komplementarität; dazu gehört eine Korrektur (1957[2]). Hierauf gehe ich jetzt nicht ein. Ihr Hauptinhalt ist die Einführung einer besonderen Version der Quantenlogik unter dem (später nicht mehr benützten) Namen »Komplementaritätslogik«, also die obige Behauptung (1). Die Behauptung (2) wird ausführlich, aber nur verbal erörtert. Die Behauptung (3) wird nur angedeutet; ich hatte sie zwar schon klar vor Augen, wollte sie aber erst nach mathematischer Ausarbeitung voll aussprechen, was dann in III (1958[2]) geschehen ist.

Zu der Meinung, der Kern der Quantentheorie sei eine nichtklassische Logik, war ich de facto durch folgenden Gedankengang gekommen. Dem direkten Vorstoß zu dem Problem ging eine Überlegung zum Begriff des räumlichen Kontinuums voraus, die für den bloßen Gedanken der Quantenlogik nicht wesentlich ist, die mich aber auf die Frage nach der Quantenlogik brachte und für die obige Behauptung (3) eine Vorstufe bildete. Heisenberg hatte (Heisenberg 1936, 1938[1], 1938[2]) den Gedanken einer kleinsten Länge gefaßt, welche für die Elementarteilchenphysik ähnlich fundamental sein sollte wie die Lichtgeschwindigkeit für die Relativitätstheorie und das Wirkungsquantum für die Quantentheorie. Ich verfolgte in den nachfolgenden Jahren eine Zeitlang die Frage, ob, ähnlich wie die allgemeine Relativitätstheorie eine Änderung der Geometrie im Großen und die Quantentheorie den Übergang zu einer nichtkommutativen Algebra nötig gemacht hat, die kleinste Länge eine mathematische Änderung der Geometrie im Kleinen erfordern könnte (1951). Dabei war der Gedanke, die Infinitesimalgeometrie des physischen Raums selbst der Quantentheorie zu unterwerfen. Z. B. sollte die Frage, ob zwei beobachtbare Raumpunkte identisch oder verschieden sind, eine quantentheoretische Alternative sein, deren Entscheidung nur mit Wahrscheinlichkeit zu prognostizieren wäre. Ich wollte also das Raumkontinuum nicht durch eine diskrete »Gitter-

Ein Rückblick

welt« ersetzen, sondern potentiell, durch Teilbarkeit definieren und diese Potentialität quantentheoretisch beschreiben. Gedanken dieser Art waren damals verbreitet (vgl. March und Foradori 1939–40, Snyder 1948). Die Durchführung mußte schwierig sein. Philosophisch verlangte sie eine über die Relativitätstheorie hinausgehende Klärung des Verhältnisses von Geometrie und Physik, physikalisch vermutlich eine wenigstens grundsätzliche Lösung des Problems der Elementarteilchen. Meine heutige Auffassung des philosophischen Problems der physikalischen Geometrie (1974) enthält die Erwartung, die Theorie der Uralternativen werde in der Tat die mathematische Struktur des Raum-Zeit-Kontinuums aus der Quantentheorie herleiten. Dies ist eine Umkehrung der traditionellen Auffassung, nach der die Raum-Zeit-Struktur von der Quantentheorie unabhängig und ihr vorgegeben ist. Um diese Frage überhaupt angreifen zu können, war es notwendig, den Allgemeinheitsgrad der Quantentheorie zu verstehen. Hieraus ging der »Versuch, die Quantentheorie zu verstehen«, hervor, der zu den hier rekapitulierten drei Arbeiten führte. Konkret ausgelöst war dieser Versuch durch ein Seminar im Winter 1953–54, an dem nicht nur Scheibe und Süssmann teilnahmen, sondern meiner Erinnerung nach auch Heisenberg und Mittelstaedt, und in dem wir »Versuche, die Quantentheorie abzuändern«, besprachen, insbesondere den von Bohm (Bohm 1952). Unsere Überzeugung, daß alle diese Versuche falsch seien, wurde durch das Seminar bestärkt. Aber wir konnten uns nicht verhehlen, daß der tiefste Grund unserer Überzeugung ein quasi-ästhetischer war. Die Quantentheorie übertraf alle Konkurrenten in der für eine »abgeschlossene Theorie« (Heisenberg 1948) kennzeichnenden einfachen Schönheit. Ich habe dieses Kriterium aber nie gleichsam gläubig als letzte uns zugängliche Antwort akzeptiert, sondern habe es als Aufforderung zu einer noch fehlenden Begründung verstanden. So war jetzt die Frage: warum ist gerade die Quantentheorie so allgemeingültig und anscheinend keiner naheliegenden Verbesserung mehr bedürftig oder zugänglich?

Faktisch kannten wir damals und kennen wir heute keine Gültigkeitsgrenzen der Quantentheorie. Heisenbergs erste Arbeit zur Quantenmechanik (Heisenberg 1925) bezeichnet schon in ihrem Titel als den Punkt ihrer Abweichung von der klassischen Physik die Kinematik; also nicht erst dynamische Gesetze der Bewegung, sondern die Beschreibung der Bewegung selbst. Ferner legte Heisenberg in der Analyse des Sinns der Quantenmechanik stets großen Wert auf die »Persistenz der klassischen Gesetze«: Wo aus einer wirklich gemachten Beobachtung eine eindeutige Voraussage mit Hilfe der klassischen Gesetze gemacht werden kann, ist diese auch nach der Quantenmechanik richtig. Der Unterschied ist nur, daß nach der Quantenmechanik keine Beobachtung möglich ist, welche eine vollständige klassische Prognose des Verhaltens des beobachteten Objekts zulassen würde; und die Wahrscheinlichkeitsprognosen, die man bei diesem Kenntnisgrad mit Hilfe der klassischen Physik machen würde, sind quantenmechanisch falsch. Ich folgerte daraus die Arbeitshypothese, die Quantentheorie bedeute überhaupt nichts anderes als eine Abänderung der klassischen Wahrscheinlichkeitsrechnung. In dieser Ansicht fühlte ich mich später durch die damals nicht von mir gelesene Feynmansche Fassung der Quantentheorie bestätigt (Feynman 1948).

Beim Versuch, die Stelle der Abweichung der quantentheoretischen Wahrscheinlichkeitstheorie von der klassischen genau zu bezeichnen, stieß ich auf die Logik. Ich empfand die quantentheoretische Superpositionsregel als eine Verletzung des »Tertium non datur«. Da in der üblichen Quantenlogik $a \vee \bar{a}$ ein immer wahrer Satz ist und da dieser Satz gewöhnlich als »Tertium non datur« bezeichnet wird, muß ich dies erläutern. Ich werde es aber erst nach einer Darstellung meines damaligen Entwurfs tun.

Die fundamentale Arbeit zur Quantenlogik (Birkhoff und v. Neumann 1936) hatte ich damals, wie wohl auch Heisenberg, nicht gelesen; Heinrich Scholz wies mich dann brieflich auf sie hin. In ihrer Sprache läßt sich die logische Abweichung leicht bezeichnen: der quantenmechanische Ereignisverband ist kein Boolescher Verband. Da die neuzeitliche »klassische« Logik von der Aussagenlogik ausgeht und diese mit dem mathematischen Werkzeug der Verbandstheorie formuliert, ist es üblich geworden, auch die »Quantenlogik« unter Ausgang

Ein Rückblick

von der Verbandstheorie zu formulieren; ich möchte auch die an Lorenzen (1955) anknüpfende operative Quantenlogik von Mittelstaedt (1978) noch diesem Typ zurechnen. In dieser Darstellungsweise erscheint aber die alternative Logik m. E. nicht in voller Deutlichkeit als der eigentliche, einzige Kern der Quantentheorie. Meine damalige naive Unkenntnis dieses Wegs ließ mich das Charakteristikum der quantentheoretischen Logik in eben dem mathematischen Phänomen suchen, das wir als Physiker ohnehin als charakteristisch für die Quantentheorie ansahen, in ihrem Superpositionsprinzip. Mathematisch bedeutet das: in einer Abelschen Gruppe, welche gestattet, anstelle der nichtnegativ-definiten Wahrscheinlichkeit eine indefinite Wurzel aus ihr mit der zusätzlichen Information einer Phase als die fundamentale Größe anzusehen. Obwohl ich dann die Birkhoff-Neumannsche Version der Quantenlogik in die Arbeit (1955) aufgenommen habe, glaube ich weiterhin, mit meiner Version auch das logische Problem näher an der Wurzel angefaßt zu haben.

Meine Version ging vom Begriff der n-fachen Alternative oder Frage aus; n ist dabei eine endliche oder unendliche Kardinalzahl. Die Alternative ist eine vollständige Liste einander ausschließender Prädikate (oder: kontingenter Aussagen). D. h., trifft eines der Prädikate sicher zu, so treffen alle anderen sicher nicht zu; treffen alle bis auf eines sicher nicht zu, so trifft dieses sicher zu. Nach der Quantenlogik soll nun jeder komplexe n-dimensionale Vektor $\psi = \{\psi_k\} (k = 1, 2 \ldots n)$ ebenfalls ein mögliches Prädikat bezeichnen. Ist ψ auf Eins normiert, so bezeichnet $|\psi_k|^2$ die Wahrscheinlichkeit, bei geeigneter Messung das Prädikat k zu finden, wenn ψ vorher vorliegt. Die komplexe Zahl ψ_k habe ich dabei den »komplexen Wahrheitswert« der Aussage »k liegt vor« genannt.

Ich gebe hier vier Absätze aus der damaligen Arbeit wieder, die dies erläutern und dabei auch den Sinn des Tertium non datur erörtern:

»Wir betrachten nun wieder das Beispiel der einfachen Alternative. Die Frage, von der wir ausgehen, nennen wir die *Grundfrage*. Sie lautet z. B.: ›Durch welches Loch ist das Teilchen gegangen?‹ Sie ist im Sinne unserer Definition eine Alternative. Die beiden auf sie möglichen Antworten lauten: a_1

›das Teilchen ist durch das Loch 1 gegangen‹ und a_2 ›das Teilchen ist durch das Loch 2 gegangen‹. Ist a_1 wahr, so ist a_2 falsch; ist a_2 wahr, so ist a_1 falsch; ist a_1 falsch, so ist a_2 wahr; ist a_2 falsch, so ist a_1 wahr. Dies gilt in der klassischen Logik, aber nach unseren Definitionen von Wahrheit und Falschheit auch in der Quantenlogik.

Indem wir den beiden Antworten a_1 und a_2 Wahrheitswerte u und v zugesprochen haben, sind wir in eine *höhere logische Stufe* eingetreten. Die Grundfrage fragte nach einer Eigenschaft eines physikalischen Gegenstandes. Jetzt fragen wir nach der Wahrheit der Antworten auf die Grundfrage. Diese Frage heiße die *Metafrage*. Sie lautet: ›Welche Wahrheitswerte haben die möglichen Antworten auf die Grundfrage?‹ Die Komplementaritätslogik sagt: ›Die möglichen Antworten auf die Metafrage sind alle normierten Vektoren (u, v).‹ Demnach ist die Metafrage eine unendlichfache Alternative. Diese Alternative ist im Sinne der klassischen Logik verstanden. Jede der auf sie möglichen Antworten ist entweder wahr oder falsch. Denn ein bestimmter Vektor (u, v) liegt vor. Liegt dieser vor, so liegt kein anderer vor. Ist unbekannt, welcher Vektor (u, v) vorliegt, so darf dies im Sinne der Theorie der Gemenge verstanden werden: ›ein Vektor liegt vor, aber man weiß nicht, welcher‹. Wir haben also die Komplementaritätslogik in die Objektsprache eingeführt mit Hilfe einer Metasprache, in der wir die zweiwertige Logik voraussetzen.

Wir können damit genau sagen, in welchem Sinne der Satz vom ausgeschlossenen Dritten gilt und in welchem nicht. Die beiden Aussagen a_1 und ›a_1 ist wahr‹ gehören verschiedenen Stufen an, haben also sicher verschiedenen Sinn. In der klassischen Logik sind sie aber äquivalent, d. h. sie sind stets zugleich wahr und zugleich falsch. In der Komplementaritätslogik sind sie nicht äquivalent. Zwar folgt aus der Wahrheit bzw. Falschheit von a_1 die Wahrheit bzw. Falschheit von ›a_1 ist wahr‹, aber nicht umgekehrt. Denn wenn ›a_1 ist wahr‹ falsch ist, kann a_1 unbestimmt sein. Sei etwa $u = v = 1/\sqrt{2}$, so ist a_1 weder wahr noch falsch, ›a_1 ist wahr‹ ist aber falsch. Ist aber ›a_1 ist wahr‹ wahr, so ist auch a_1 wahr. Man kann also eine Quasi-Äquivalenz zwischen Grundaussage und Metaaussage behaupten, die sich auf die Wahrheit, aber nicht auf die Falschheit

Ein Rückblick

beider Aussagen erstreckt. In diesem Sinne kann man sagen, die Komplementaritätslogik ändere den klassischen Begriff der Wahrheit nicht ab, sondern nur den der Falschheit. Hiermit hängt die ›Persistenz der klassischen Gesetze‹ zusammen: Alles, was klassisch aus dem folgt, was man wirklich weiß, folgt auch quantentheoretisch; nach der Quantentheorie kann man aber, anders als klassisch, nicht alles zugleich wissen, was man überhaupt wissen kann.«

»In der klassischen Logik gelten die Sätze

$\bar{\bar{a}} = a$ (doppelte Negation)
$a \wedge \bar{a} = 0$ (Widerspruch)
$a \vee \bar{a} = 1$ (tertium non datur);

$x = 0$ heißt dabei: ›x ist immer falsch‹, $x = 1$: ›x ist immer wahr‹. Alle drei Formeln gelten auch in der Birkhoff-Neumannschen Logik. Scheinbar gilt also auch in ihr das Tertium non datur. In Wirklichkeit bedeuten die Formeln jetzt inhaltlich etwas anderes als in der klassischen Logik. Die Menge der Zustände, in denen $\bar{a}$ gilt, ist nicht mehr die Komplementmenge der Menge, in der a gilt, sondern nur ein auf ihr senkrechter Unterraum. Die Vereinigungsmenge von a und $\bar{a}$ ist also nicht die ganze Menge, und in diesem Sinne ist das Tertium non datur falsch. Da aber auch das ›oder‹ eine andere Bedeutung erhält, bleibt die Formel $a \vee \bar{a}$ immer wahr: a und $\bar{a}$ spannen den ganzen Zustandsraum linear auf. $a \vee \bar{a}$ ist immer wahr, ›a ist wahr oder $\bar{a}$ ist wahr‹ aber nicht.«

Formal gesehen ist all dies natürlich zunächst nur eine unübliche Sprechweise zur Einführung des quantenmechanischen Hilbertraums und folglich auf die Birkhoff-Neumannsche Version abbildbar. Der Sinn des Verfahrens lag in der Arbeitshypothese, es handle sich hier um einen allgemeinen, für jede beliebige Alternative gültigen logischen Ansatz. Mit den Augen der traditionellen Logik betrachtet, muß diese Arbeitshypothese absonderlich, ja absurd erscheinen, und das war mir bewußt. Die Quantentheorie ist eine empirisch gefundene Theorie der Physik, die Physik aber benützt bei jeder Argumentation die Logik und bei jeder Theoriebildung die logisch strukturierte Mathematik, welche beide nichts von »komplexen Wahrheitswerten« wissen. In den eingangs geschilderten Überlegungen war ich aber zu der Vermutung gekommen, die Quantentheorie habe einen auch für die physikalische Verwendung der Mathematik fundamentalen Kern. Diesen Kern sollte die Arbeitshypothese in einer falsifizierbaren Weise aussprechen. Im Abschnitt 7 der Arbeit (1955) habe ich diesen Anspruch an die physikalisch zu verwendende Mathematik anhand der mathematischen Fundamentaldisziplin, der Mengenlehre, ausgesprochen. Mengen werden als Gesamtheiten *disjunkter* (eindeutig unterscheidbarer) Elemente aufgefaßt. In den Überlegungen zur Geometrie im Kleinen hatte ich diese Disjunktheitsannahme bereits für die Punkte des physikalischen Kontinuums aufgegeben. Sie sollte nun allgemein für jede physikalisch beobachtbare Menge durch die Annahme ersetzt werden, das Vorliegen irgendeines Elements dieser Menge sei ein Prädikat (eine kontingente Aussage), das komplexer Wahrheitswerte fähig ist.

Der nächstliegende Falsifikationsversuch für eine solche These ist ihre Iteration, d. h. ihre Anwendung auf ihre eigenen Konsequenzen. Der Begriff der n-fachen Alternative setzt die Existenz von n möglichen Prädikaten $k(k = 1\ldots n)$ voraus. Die Quantenlogik behauptet, jeder Vektor ψ (oder allenfalls der durch ihn aufgespannte eindimensionale Raum) sei wieder ein mögliches Prädikat. Also ist die Menge aller über der ursprünglichen Alternative errichteten Vektoren ψ wieder eine, kontinuierlich-unendlichfache, Alternative. In (1955) habe ich die Frage »welches ψ liegt vor?« die Metafrage zur ursprünglichen Frage »welches k liegt vor?« genannt. Die Metafrage ist zwar nicht durch die einmalige Messung eines im Hilbertraum der ursprünglichen Frage definierten Operators entscheidbar, wohl aber durch geeignete statistische Messungen. Ist die Quantenlogik allgemeingültig, so muß sie auch auf die Metafrage anwendbar sein. Die obige Behauptung (2) ist nun gerade die These, die als »zweite Quantelung« bezeichnete Methode sei eben diese iterierte Anwendung der Quantenlogik. Als ich bei Heisenberg studierte, lehrte er mich, nur von Feldquantelung zu sprechen; »zweite Quantelung« sei »ein Name, der jedes Verständnis des dadurch bezeichneten Verfahrens unmöglich zu machen geeignet ist«.* Es sei ein tiefliegender, noch

* Vgl. II.1 f γ.

Ein Rückblick

nicht adäquat verstandener Sachverhalt, daß die Quantelung der zueinander komplementären, grundverschiedenen Bilder der Teilchen und der Wellenfelder zu einer identischen Quantentheorie führe. Das bei der Feldquantelung quantisierte Feld sei aber jedenfalls ein klassisches Feld und nicht die Schrödingersche ψ-Funktion. Ich deutete hingegen nun das klassische Feld ausdrücklich als Schrödingerfunktion des Einkörperproblems und die Iterierung der Quantelung als Ausdruck der Universalität der Quantenlogik. Heisenberg akzeptierte im Gespräch diese Deutung. Soweit ich meinen noch qualitativen Argumenten trauen konnte, hatte also die Iteration der Quantenlogik nicht zur Falsifikation der Arbeitshypothese geführt, sondern zu einer ersten Bestätigung.

In der klassischen, binären Logik hätte die Iteration zu nichts Neuem geführt. In einer klassischen n-fachen Alternative kann jede Aussage k nur wahr oder falsch sein (jedes Prädikat k nur zutreffen oder nicht zutreffen). Die Aussagen »k« und »k ist wahr« sind äquivalent. »k ist falsch« ist äquivalent mit der Disjunktion aller $k' \neq k$. Man kann aber schon der Wahrscheinlichkeitsdeutung der Quantenlogik ansehen, daß es hier anders sein kann. »k hat die Wahrscheinlichkeit $w(k)$« ist, wenn $w(k) \neq 0,1$, keiner Aussage der Alternative äquivalent, auch keiner klassischen Funktion mehrerer von ihnen. Und es ist wenigstens nicht a priori logisch klar, ob iterierte Wahrscheinlichkeiten (allgemeiner iterierte Modalitäten) auf einfache reduziert werden können.

Die nächste Frage mußte sein, ob es weitere Iterationsstufen gibt. Mit einer »dritten« Quantelung, über die Feldquantelung hinaus, vermochte ich damals keinen mir erkennbaren Sinn zu verbinden; darauf kam ich später zurück. Hingegen bot sich mir zu meiner größten Überraschung eine »nullte« Stufe an.

Die Schrödingerfunktion des Einteilchenproblems ist über einem dreidimensionalen reellen Raum definiert. Als quantenlogische Basisalternative kann man z.B. *entweder* den Ortsraum *oder* den Impulsraum wählen, aber natürlich nicht beide zugleich, d.h. nicht den *klassischen* Phasenraum. Wir betrachten nun eine abstrakt eingeführte binäre Alternative (in den Arbeiten meist »einfache Alternative« genannt), deren beide Basisprädikate $r = 1$ oder $r = 2$ genannt werden sollen. Die

Quantelung ergibt einen zweidimensionalen komplexen Vektorraum. Der komplexe Vektor $u = \{u_1, u_2\}$ läßt sich bis auf einen Phasenfaktor durch einen reellen dreidimensionalen Vektor

$$k^m = \tfrac{1}{2}\bar{u}_r \sigma^{mrs} u_s \quad (m = 1, 2, 3) \tag{1}$$

darstellen; hier ist $\bar{u}_r$ der konjugiert komplexe Vektor und σ^m sind die drei Pauli-Matrizen. Es liegt nunmehr nahe, den Raum der k^m mit dem dreidimensionalen Basisraum der Quantentheorie des Einteilchenproblems zu identifizieren, also die k^m z. B. mit den Impulskomponenten. Ließe sich das durchhalten, so wäre die Quantentheorie des Einteilchenproblems bereits die zweite Quantelung einer »Ur-Alternative«. Man hätte dann die Existenz eines dreidimensionalen Orts- bzw. Impulsraums quantentheoretisch begründet. Die unitäre Gruppe der u, spezieller die SU(2), wird dargestellt in der Drehgruppe der k, SO(3).

Dies erschien mir als eine unvorhergesehene Bestätigung meiner Arbeitshypothese, welche die Anstrengung lohnend machte, sie zu einer konsistenten Theorie auszubauen. In den nachfolgenden Arbeiten (1958[1], 1958[2]), vor allem der letzteren, gelang dies formal bis zur Reproduktion kräftefreier Quantenfeldtheorien; darüber in den nachfolgenden drei Kapiteln. Aber in der formalen Vorschrift blieben Elemente der Willkür, und sie führte nicht zur Theorie wechselwirkender Felder. Beides hing zweifellos mit der Ungeklärtheit des physikalischen und logischen Sinns der »Komplementaritätslogik« zusammen. Ich habe daher in den nachfolgenden Jahren meine Arbeit vor allem auf die Klärung dieser Fragen verwendet. Es handelt sich um vier Fragenkreise:
1. den empirischen Sinn des Wahrscheinlichkeitsbegriffs,
2. Quantenlogik und Zeitlogik,
3. die philosophische Bedeutung einer einheitlichen Theorie der Physik,
4. eine axiomatische Rekonstruktion der Quantentheorie.
Im jetzigen Buch sind diese Fragenkreise behandelt:
1. im Kapitel 3.
2. in den Kapiteln 2 und 7; dazu *Zeit und Wissen* 6.

Ein Rückblick

3. Gewissermaßen im ganzen Buch, insbesondere Kapitel 14.
4. In Kapitel 8 sowie in 9.2.
Dabei greift der »dritte Weg«, 8.4, den Ausgang von den komplexen Amplituden wieder auf; er ist ein Versuch, diese direkt, nicht auf dem Umweg über Wahrscheinlichkeiten, zu begründen.
Im Rahmen der Interpretation des Wahrscheinlichkeitsbegriffs ergab sich die mehrstufige Definition der Wahrscheinlichkeit und ihre Reproduktion in der Quantentheorie unter dem Titel der mehrfachen Quantelung. Diese »statistische Deutung der Quantentheorie durch mehrfache Quantelung« ist aber noch keine konsequente Theorie. Erstens treten in der jeweils höchsten betrachteten Stufe wieder c-Zahl-ψ-Funktionen auf, die bei weiterführender Quantelung nochmals durch Operatoren ersetzt werden müßten.* Zweitens beschreibt die Theorie ihrem Wesen nach nicht die Wechselwirkung ihrer Objekte. Denn es gehört gerade zur Definition einer statistischen Gesamtheit, daß ihre Individuen voneinander unabhängig sind. Umgekehrt, im »Abstieg« gesagt: Man kann die statistische Deutung der Quantentheorie eines Objekts nur aus dem Grenzfall einer nichtwechselwirkenden Gesamtheit solcher Objekte begründen. Die Wechselwirkung muß durch einen andersartigen Gedankengang eingeführt werden. Dies ist das zentrale Problem der Ur-Theorie.
In der Tat ist die zweite Quantelung der binären Alternative (7.2) bereits der Beginn des Formalismus der Ur-Theorie, wie wir sie im 10. Kapitel darstellen werden.

---

* Dies entspricht freilich der Situation in der klassischen Wahrscheinlichkeitstheorie, vgl. *Zeit und Wissen* 4.5 b.

Achtes Kapitel
Rekonstruktion der abstrakten Quantentheorie

1. Methodisches

Dies ist das zentrale Kapitel des Buches. Sein Titel legt zunächst drei Fragen nahe:
1. Was heißt Rekonstruktion?
2. Was heißt abstrakte Quantentheorie?
3. Welche Wege gibt es für eine Rekonstruktion der abstrakten Quantentheorie?

a. Der Begriff der Rekonstruktion. Wir haben diesen Begriff schon im 1. Kapitel erläutert und am Anfang des Abschnitts 6.12 rekapituliert. Wir verstehen unter der Rekonstruktion einer Theorie ihren nachträglichen Aufbau aus möglichst einleuchtenden Postulaten. Wir artikulieren noch einmal den Unterschied zwischen zwei Sorten solcher Postulate. Sie können entweder Bedingungen möglicher Erfahrung aussprechen, also Bedingungen menschlichen Wissens; wir nennen sie dann *epistemisch*. Oder sie formulieren sehr einfache Prinzipien, die wir hypothetisch – angeregt durch konkrete Erfahrung – als allgemeingültig in dem betreffenden Bereich der Wirklichkeit annehmen wollen; wir nennen diese Postulate *realistisch*.

Schon im 1. Kapitel wurde hervorgehoben, daß unser methodischer Ansatz des *Kreisgangs* eine völlig scharfe Unterscheidung beider Sorten von Postulaten nicht zuläßt. Wir fügen im Kreisgang zwei Denktraditionen zusammen, die einander in der Geschichte der Philosophie meist feindlich gegenübergestanden haben. All unser Wissen von der Natur steht unter den Bedingungen menschlichen Wissens; das ist die erkenntnistheoretische Fragestellung. Der Mensch ist ein Kind der Natur und sein Wissen ist selbst ein Vorgang in der Natur; das ist die evolutionistische Fragestellung. Auch unser evolutionistisches Wissen steht, als menschliches Wissen, unter den von der Erkenntnistheorie studierten Bedingungen solchen Wissens; auch die Rückseite des Spiegels sehen wir nur im Spiegel. Aber auch der Spiegel, in dem wir die Rückseite des Spiegels sehen, ist eben der Spiegel, der diese Rückseite hat; auch die Erkenntnistheorie, wie die von ihr studierte Erkenntnis, ist ein Geschehen in der Natur. So ist jedes epistemische Postulat zugleich eine Behauptung über einen Vorgang in der Natur, und jedes realistische Postulat ist unter den Bedingungen unseres Wissens formuliert.

Das wissenschaftshistorische Phänomen, daß es abgeschlossene Theorien gibt, gestattet uns aber doch eine auf die jeweilige Theorie bezogene relative Unterscheidung epistemischer und realistischer Postulate. »Erst die Theorie entscheidet, was beobachtet werden kann« (Einstein zu Heisenberg; Heisenberg 1969). Wir werden die Rekonstruktion der Quantentheorie mit *einem* Postulat beginnen, das im Rahmen der Quantentheorie epistemisch ist: der Existenz trennbarer, empirisch entscheidbarer *Alternativen*. Die so charakterisierte Alternative ist die auf den logischen Grundgehalt reduzierte Fassung des quantentheoretischen Begriffs der Observablen. Daß die Quantentheorie so erfolgreich ist, daß man also mit dem Begriff der Alternative in der gesamten uns bekannten physikalischen Erfahrung durchkommt, das ist ein empirisches Faktum, welches nicht a priori gewiß erscheint. In diesem Sinne ist das Postulat der Alternativen realistisch. Es ist aber in einem doppelten Sinne epistemisch. Erstens, wie soeben gesagt, ist es epistemisch im Rahmen der Quantentheorie: es formuliert eine Bedingung, ohne welche die Begriffe der Quantentheorie unanwendbar wären. Zweitens aber auch prinzipiell: Wir können uns schwer vorstellen, wie wissenschaftliche Erfahrung ohne trennbare, empirisch entscheidbare Alternativen überhaupt möglich sein sollte. Der hohe Allgemeinheitsgrad der Quantentheorie gibt ihrem Grundpostulat damit eine Position, die an den Kantschen Begriff der Erkenntnis a priori erinnert: *daß* überhaupt Erfahrung möglich ist, können wir nicht a priori wissen, sondern nur, was der Fall sein muß, *damit* Erfahrung möglich ist.

Hingegen ist das *zweite*, für die Quantentheorie in ihrer realen Gestalt zentrale Postulat, das wir das Postulat der *Erweiterung* oder des *Indeterminismus* nennen werden, auch im Rahmen der Quantentheorie wohl als *realistisch* zu bezeichnen. Wir könnten uns eine Theorie von Wahrscheinlichkeitsprognosen über entscheidbare Alternativen vorstellen, in der dieses Postulat nicht anwendbar wäre. Diese Frage können wir aber erst nach vollzogener Rekonstruktion diskutieren. Sie wird uns bis ins 11. und 13. Kapitel begleiten.

b. Abstrakte Quantentheorie. Wir unterscheiden terminologisch abstrakte und konkrete Quantentheorie. Man kann die abstrakte Quantentheorie durch vier *Thesen* charakterisieren. Wir gebrauchen hier den Begriff »These«, um ihn von dem rekonstruktiven Begriff »Postulat« zu unterscheiden. Die Thesen könnten in einem formalen axiomatischen Aufbau der Theorie zugrunde gelegt werden. Sie können aber nicht den Anspruch erheben, »einleuchtend« zu sein, so wie wir es von den Postulaten fordern. Sie zu erklären, ist vielmehr gerade das Ziel unserer Rekonstruktion.

A. *Hilbertraum.* Die Zustände jedes Objekts werden durch Strahlen in einem Hilbertraum beschrieben.

B. *Wahrscheinlichkeitsmetrik.* Das Absolutquadrat des inneren Produkts zweier normierter Hilbert-Vektoren x und y ist die bedingte Wahrscheinlichkeit $p(x,y)$, den zu y gehörigen Zustand zu finden, wenn der zu x gehörige Zustand vorliegt.

C. *Kompositionsregel.* Zwei koexistierende Objekte A und B können als ein zusammengesetztes Objekt C = AB aufgefaßt werden. Der Hilbertraum von C ist das Tensorprodukt der Hilberträume von A und B.

D. *Dynamik.* Die Zeit wird durch eine reelle Koordinate t beschrieben. Die Zustände eines Objekts sind Funktionen von t, beschrieben durch eine unitäre Abbildung $U(t)$ des Hilbertraums auf sich selbst.

Wir nennen diese Theorie abstrakt, weil sie universell für alle beliebigen Objekte gilt. Ein Beispiel einer abstrakten Theorie haben wir in der klassischen Punktmechanik (6.2) gesehen. Gleichung (1) charakterisiert dort das allgemeingültige Bewegungsgesetz für beliebige Anzahlen n von Massenpunkten, beliebige Massen m_i und beliebige Kraftgesetze $f_{ik}(x_1...x_n)$. Die Neumannsche Quantentheorie ist insofern noch abstrakter, als sie auch den Begriff des Massenpunkts und die Existenz eines dreidimensionalen Ortsraums nicht voraussetzt. Diese

Methodisches 333

Begriffe treten in die Quantentheorie selbst erst durch spezielle Wahl der Dynamik und Auszeichnung bestimmter, mit der Dynamik verknüpfter Observablen ein. Sie gehören zur *konkreten* Theorie bestimmter Objekte.

Die konkrete Quantentheorie ist Gegenstand der Kapitel 9 und 10.

c. Vier Wege der Rekonstruktion. Wir werden nacheinander vier Wege einschlagen. Wir kennzeichnen sie kurz als die Wege

1. über Wahrscheinlichkeiten und den Aussagenverband,
2. über Wahrscheinlichkeiten direkt zum Vektorraum,
3. über Amplituden zum Vektorraum,
4. über Uralternativen zum Vektorraum.

Die drei ersten Wege sind in den drei folgenden Abschnitten dieses Kapitels dargestellt. Sie bilden eine Folge zunehmender Abstraktion. Den vierten Weg beschreibt das nachfolgende Kapitel. Er kann an jedem der drei ersten Wege angeschlossen werden und führt zugleich zur konkreten Quantentheorie.

Der kurze Durchgang (1. Kapitel, Diagramm 2) führt über den zweiten Weg zum vierten. Dies ist der Aufbau, den ich gegenwärtig als die beste verfügbare Lösung der Rekonstruktionsaufgabe ansehe.

Alle vier Wege sind aber in den Arbeiten unserer Gruppe (vgl. das Vorwort und 7.7) tatsächlich beschritten worden. Alle vier sollen hier zum mindesten skizziert werden, da jeder etwas Spezifisches zum Verständnis beiträgt.

Den ersten Weg hat Drieschner (1970) gewählt und später (1979) in verfeinerter Form dargestellt. Er schließt am engsten an Jauch (1968) und an die übliche Axiomatik an; er geht über diese in der Weise der Begründung und der daraus folgenden Auswahl der Postulate hinaus. Der dritte Weg wählt einen noch abstrakteren Ansatz, der direkt zu den Amplituden und über diese zum Wahrscheinlichkeitsbegriff führen soll; er geht auf meine alte Arbeit (1955) zurück und hat eine Anregung durch das in 7.5 erläuterte, zu Anfang der siebziger Jahre aufgenommene Studium der Arbeit von Feynman (1948) empfangen. Die Schwäche des dritten Wegs, wie er damals begangen wurde, lag in der sehr hohen Abstraktheit der Grundbegriffe, welche zweifelhaft erscheinen ließ, welchen Sinn die für sie geforderten Postulate haben. Der zweite Weg ist ein Kompromiß zwischen dem ersten und dem dritten. Er kehrt zur Voraussetzung des Wahrscheinlichkeitsbegriffs zurück und sucht den Raum der Amplituden, also den Vektorraum, direkt als Darstellungsraum der durch Symmetrie und Dynamik bedingten Transformationsgruppen zu gewinnen.

Der erste Weg wird hier skizziert, um den Anschluß an die bisherige Quantenaxiomatik zu erleichtern. Dies bietet eine Gelegenheit, die abstrakten Grundbegriffe in einem vertrauten Kontext zu erläutern. Der Ansatz zum dritten Weg erscheint mir, wenn er gangbar ist, als der tiefste. Aber diese Arbeit ist unvollendet. So soll hier nur auf diese Möglichkeit hingewiesen werden, die vielleicht zur Deutung der Quantentheorie (Kapitel 11 und 13) einen Beitrag leisten kann.

2. Erster Weg: Rekonstruktion über Wahrscheinlichkeiten und den Aussagenverband

Es ist nicht die Absicht dieses Abschnitts, den ersten Weg in seinen Einzelheiten darzustellen; dafür sei auf das Buch von Drieschner (1979) verwiesen. Wir skizzieren nur den Gedankengang und erörtern die Grundbegriffe soweit, als wir sie auf den drei späteren Wegen brauchen werden. Wir folgen dabei in der Anordnung und z.T. im Wortlaut der Darstellung in *Die Einheit der Natur* II.5.4, S. 249–263.

A. Alternativen und Wahrscheinlichkeiten. Die Physik formuliert Wahrscheinlichkeitsvoraussagen für das Ergebnis zukünftiger Entscheidungen von empirisch entscheidbaren Alternativen. Der Begriff der Wahrscheinlichkeit ist im 3. Kapitel beschrieben. Wir werden aber jetzt das Axiom I von Kolmogorow durch ein anderes ersetzen; der Katalog der Ereignisse ist nicht der Verband der Teilmengen einer Menge.

Wir beschreiben alle möglichen Beobachtungen als Entscheidungen n-facher Alternativen. n bedeutet hier entweder eine natürliche Zahl ≥ 2 oder das abzählbar Unendliche. Eine n-fache Alternative bedeutet eine Menge von n formal mögli-

chen Ereignissen, welche die folgenden Bedingungen erfüllen:
1. Die Alternative ist *entscheidbar;* d.h. eine Situation kann hergestellt werden, in welcher eines der möglichen Ereignisse ein wirkliches Ereignis und danach ein Faktum wird. Wir sagen dann, daß dieses Ereignis stattgefunden hat.
2. Wenn ein Ereignis $e_k (k = 1 \ldots n)$ stattgefunden hat, so hat keines der anderen Ereignisse $e_j (j \neq k)$ stattgefunden. Die Ereignisse einer Alternative sind *gegenseitig unvereinbar.*
3. Ist die Alternative entschieden worden und haben alle Ereignisse außer einem, also alle $e_j (j \neq k)$ nicht stattgefunden, so hat dies eine Ereignis e_k stattgefunden. Die Alternative ist als *vollständig* definiert.

Bemerkung zur Nomenklatur. Wahrscheinlichkeiten können als Prädikate von möglichen *Ereignissen* oder von *Aussagen* aufgefaßt werden. Zur philosophischen Interpretation des Unterschieds der beiden Ausdrucksweisen vgl. *Zeit und Wissen* 4. Wir benützen jetzt, im Aufbau, beide Ausdrucksweisen promiscue; bald ist die eine, bald die andere bequemer. Daraus ergeben sich die folgenden Sprechweisen:

Eine Alternative ist eine Menge entweder von *Ereignissen* oder von *Aussagen.* Beide nennen wir ihre *Elemente.* Ein Ereignis besteht in der Feststellung einer formal möglichen (kontingenten) *Eigenschaft* eines Objekts zu einer Zeit. Statt dessen sagen wir auch, das Objekt befinde sich zu dieser Zeit in einem bestimmten *Zustand.* Das Wort »Zustand« ist in dieser Sprechweise nicht auf »reine Fälle« beschränkt. Diese Ausdrucksweise wird nur auf dem ersten Weg benutzt; auf den drei anderen Wegen bezeichnet »Zustand« einen reinen Fall. Die *Aussage,* welche das Vorliegen der Eigenschaft bzw. des Zustands behauptet, wird *präsentisch* formuliert, im Sinn von 2.3. Das bedeutet: man kann »dieselbe« Alternative häufig entscheiden. Man kann die Alternative auch als eine *Frage* bezeichnen; die Aussagen sind dann ihre möglichen *Antworten.*

B. Objekte. Die Elemente einer Alternative bestehen in der Feststellung von formal möglichen Eigenschaften eines Objekts zu einer Zeit.

Wir führen also auf dem ersten Weg den »ontologischen« Begriff des Objekts zusätzlich zu dem »logischen« Begriff der Alternative ein. Die Alternativen zu einem Objekt sind, quantentheoretisch gesprochen, seine Observablen. Wir folgen hier der in der ganzen Physik, insbesondere in der Quantentheorie üblichen Denkweise, welche alle ihre Aussagenkataloge als Aussagen über jeweils ein »Objekt« oder »System« auffaßt. Diese beiden Wörter sind in der heutigen Physik nahezu gleichbedeutend. »Objekt« ist vielleicht der allgemeinere Begriff, weil er sowohl zusammengesetzte wie die möglicherweise existierenden schlechthin elementaren Objekte umfaßt, während das Wort »System« eher die Zusammengesetztheit andeutet (sy-stēma, das Zusammenstehende). In diesem Buch wird daher im allgemeinen der Terminus »Objekt« gewählt.

Im Aufbau gemäß dem ersten Weg brauchen wir den Objektbegriff, um den Aussagenverband zu definieren, der jeweils als Verband der Aussagen über ein festes Objekt (oder der Eigenschaften eines festen Objekts) bestimmt ist.

Der Objektbegriff enthält jedoch ein fundamentales Problem, das wir anschließend an den Punkt E besprechen werden.

C. *Letzte Aussagen über ein Objekt.* Für jedes Objekt soll es letzte Aussagen geben und Alternativen, deren Elemente, logisch gesagt, letzte Aussagen sind. Als eine letzte (kontingente) Aussage über ein Objekt soll eine Aussage definiert sein, die nicht von irgendeiner anderen Aussage über dasselbe Objekt impliziert wird.* In der quantentheoretischen Sprechweise heißt dies: es gibt reine Fälle. Verbandstheoretisch sind die letzten Aussagen »Atome«, d. h. unterste Elemente des Verbandes; Drieschner (1979) nennt sie deshalb atomare Aussagen. Drieschner argumentiert für das Postulat der Existenz atomarer Aussagen aus der Forderung, für jedes Objekt müsse prinzipiell eine vollständige Beschreibung seiner jeweiligen Eigenschaften möglich sein. Wir übernehmen das Postulat, das wir erst auf dem vierten Weg, der auf den Objektbegriff als

---

Mit der trivialen Ausnahme der »immer falschen Aussage« O, die ex definitione jede Aussage impliziert – ex falso quodlibet.

postulierten Grundbegriff verzichtet, anders zu begründen hoffen können.

D. *Finitismus*. Drieschner (1970) hat das Postulat des Finitismus eingeführt, das etwa so ausgesprochen werden kann: »Die Anzahl der Elemente einer beliebigen Alternative für ein gegebenes Objekt überschreitet nicht eine feste positive Zahl K, die für das Objekt charakteristisch ist.« Im Gegensatz dazu haben wir unter A. auch abzählbar unendliche Alternativen zugelassen; auch Drieschner (1979) fordert den Finitismus nicht mehr. Der technische Nutzen des Finitismus-Postulats ist, daß es beim axiomatischen Aufbau der Quantentheorie die mathematischen Komplikationen des unendlichdimensionalen Hilbertraums vermeidet. Philosophisch steht dahinter die Feststellung, daß keine Alternative mit mehr als einer endlichen Anzahl von Elementen wirklich durch ein Experiment entschieden werden kann.

Wir werden auf den drei ersten Wegen bequemlichkeitshalber nur endliche Alternativen verwenden. Wir können uns das leisten, weil wir alle drei Wege nur als Anmarschstraßen für den vierten Weg betreten, der seinerseits die unendlichen Alternativen explizit, d.h. mit einer Begründung einführt. Tatsächlich ließen sich die drei ersten Wege sehr wohl von vornherein für abzählbar-unendliche Alternativen formulieren. Physikalisch wird die unendliche Dimensionzahl des Hilbertraums unentbehrlich, wenn wir die nichtkompakten Transformationsgruppen der speziellen Relativitätstheorie in ihm unitär darstellen wollen. D.h. wir brauchen sie für die relativistische Quantentheorie. Das gegenwärtige 8. Kapitel beschränkt sich insofern auf unrelativistische Quantentheorie. Im 9. Kapitel werden wir die einfachsten Objekte, die Teilchen, im Sinne Wigners durch Darstellungen der relativistischen Transformationsgruppen definieren; damit wird für jedes Objekt $K = \infty$. Die »Objekte« des Finitismus behalten dort aber einen angebbaren Sinn als Darstellungen des kompakten Teils der Gruppe in endlichdimensionalen Teilräumen. Wir werden sie dann »Subobjekte« nennen.

E. *Zusammensetzung von Alternativen und von Objekten.*
Eine Anzahl von Alternativen kann zu einer *zusammengesetzten Alternative* vereinigt werden. Dies geschieht durch »cartesische Multiplikation«. Es seien N Alternativen gegeben (N endlich oder vielleicht abzählbar unendlich):
$\{e_k^\alpha\}$ ($k = 1 \ldots n^\alpha$; $\alpha = 1 \ldots N$). Dann bedeutet ein zusammengesetztes Ereignis, daß ein Ereignis e_j^α aus jeder Alternative stattfindet (nicht notwendigerweise gleichzeitig). Dieses ist ein Element der zusammengesetzten Alternative, die $n = \prod_\alpha n^\alpha$ Elemente hat.

Nun definieren N Objekte auch ein Gesamtobjekt, dessen Teile sie sind. Das cartesische Produkt irgendwelcher Alternativen der Teile ist eine Alternative des Gesamtobjekts. Insbesondere ist das Produkt von lauter letzten Alternativen der Teile eine letzte Alternative des Gesamtobjekts.

Der Objektbegriff enthält, wie wir jetzt sehen, eine Art von Selbstwiderspruch, den man nicht eliminieren kann, ohne die ganze uns bekannte, auf dem Objektbegriff aufbauende Physik zu eliminieren. Objekte sind uns nur bekannt durch ihre Wechselwirkung mit anderen Objekten, letztlich mit unserem eigenen Körper. Streng isolierte, wechselwirkungsfreie Objekte wären keine Objekte für uns. Der Hilbertraum eines Objekts beschreibt eben nur die möglichen Zustände dieses einen Objekts. Die Einführung einer Dynamik, wie wir sie nachher vollziehen werden, also eines Hamilton-Operators, beschreibt nur den Einfluß einer festgehaltenen Umwelt auf das Objekt und, soweit man das Objekt als zusammengesetzt betrachtet, die Wechselwirkung seiner Teile miteinander. Um seine Einwirkung auf die Umwelt zu beschreiben, muß man es mit anderen Objekten zu einem Gesamtobjekt zusammenfassen. Im Hilbertraum des Gesamtobjekts aber sind die reinen Produktzustände, in denen die Teilobjekte in wohldefinierten Zuständen sind, eine Menge vom Maß Null. Eben diese wohldefinierten Zustände aber sind es, durch welche die Quantentheorie die einzelnen Objekte beschreibt. Es scheint, als sei die Quantentheorie überhaupt nur in einer Näherung aussprechbar, die, wenn die Theorie richtig ist, so gut wie nie in Strenge gilt. Kurz gesagt: Die Möglichkeit der theoretischen Physik beruht auf ihrem Näherungscharakter.

Das hierin liegende philosophische Problem habe ich in früheren Schriften ausführlich besprochen.* Wir werden in den Kapiteln 11 bis 14 darauf zurückkommen. Hier sei der Objektbegriff zunächst in seiner üblichen Verwendung akzeptiert.

F. *Die Wahrscheinlichkeitsfunktion.* Zwischen irgend zwei Zuständen a und b desselben Objekts ist eine Wahrscheinlichkeitsfunktion $p(a, b)$ definiert, welche die Wahrscheinlichkeit angibt, b zu finden, wenn a notwendig ist. Sprache und Inhalt dieses Postulats beruhten auf der Annahme, daß alles, was überhaupt über ein Objekt in empirisch prüfbarer Weise gesagt werden kann, zur Vorhersage gewisser Wahrscheinlichkeiten äquivalent sein muß. Die empirische Überprüfung einer Aussage liegt ja zu der Zeit, auf welche sich die Aussage bezieht, in der Zukunft; das bezeichnet das Postulat II aus 3.2, das Postulat der Wiederholbarkeit. Über die Zukunft aber können nur Wahrscheinlichkeiten ausgesagt werden, die sich freilich den Werten 1 und 0, der Gewißheit und Unmöglichkeit, annähern können. Die Formulierung der Bedingung in $p(a,b)$ durch »wenn a notwendig ist« umfaßt sowohl den Fall »wenn a vorliegt«, da a dann wegen der Wiederholbarkeit auch futurisch notwendig ist, wie den Fall, daß man die Notwendigkeit von a aus anderen Gründen kennt.

Die eigentlich starke Annahme im Postulat F bleibt in der obigen Formulierung unauffällig, daß nämlich diese Wahrscheinlichkeitsfunktion jedem Zustandspaar a, b einen Wert $p(a, b)$ zuordnet, *unabhängig vom Zustand der Umwelt.* Das bedeutet zugleich, daß die Zustände eines Objekts eine »innere Beschreibung« zulassen, die nur in ihren Relativwahrscheinlichkeiten besteht, ohne Bezug auf »äußere« Objekte zu nehmen. Wie man die jeweiligen Zustände in der Beobachtung identifizieren kann, ist dann freilich erst durch die Wechselwirkung des Objekts mit seiner Umwelt bestimmt.

Diese starke Unabhängigkeitsannahme ist die Form, in der sich in diesem Aufbau die *Identität* des Objekts mit sich selbst ausdrückt, die unabhängig von seinen wechselnden Umwelten

---

Die Einheit der Natur II.3.5, IV.6.4; *Der Garten des Menschlichen* II.1.9.

bestehen soll. Hierin liegt eine Präzisierung des Objektbegriffs, die wir zum Aufbau brauchen, aber hier nicht weiter begründen.

G. *Objektivität.* Falls ein bestimmtes Objekt aktual existiert, ist immer eine letzte Aussage über es notwendig. Auch dies ist eine starke Aussage. Zur Begründung sei auf Drieschner (1979, S. 115–117) verwiesen. Sie wird dort als äquivalent beschrieben mit der Aussage: »Jedes Objekt hat jederzeit als Eigenschaft eine Wahrscheinlichkeitsbelegung aller seiner Eigenschaften.« Wir werden uns auf den späteren Wegen in anderer Weise derselben Behauptung nähern und lassen sie daher hier als Postulat stehen. Die Prämisse »Falls ein bestimmtes Objekt aktual existiert« ist notwendig, da in Zuständen eines zusammengesetzten Objekts, die nicht Produkte von Zuständen der Teilobjekte sind, kein letzter Zustand eines solchen Teilobjekts notwendig ist. Wir sagen dann, daß dieses Teilobjekt in einem solchen Zustand nicht aktual existiert (vgl. 11.3 d).

Wir nennen die hier postulierte Tatsache die *Objektivität* der Eigenschaften der aktual existierenden Objekte. Unabhängig davon, ob wir sie kennen, liegt an einem aktual existierenden Objekt stets eine letzte Eigenschaft vor, d.h. muß, wenn man sie sucht, notwendig gefunden werden. Anders gewendet: Wenn man sagt, ein Objekt existiere aktual, so meint man, daß man prinzipiell etwas Gewisses über das Objekt wissen kann. Wissen ist nicht ein »bloß subjektiver Seelenzustand«; Wissen heißt, tautologisch gesagt, wissen, daß das Gewußte so ist, wie man weiß. Wir verfolgen auch hier die philosophischen Implikationen unserer Behauptung noch nicht.

H. *Indeterminismus.* Zu irgend zwei einander ausschließenden letzten Aussagen a_1 und a_2 über ein Objekt gibt es eine letzte Aussage b über dasselbe Objekt, die keine von beiden ausschließt. Einander ausschließend sind zwei Aussagen x und y, wenn $p(x,y) = p(y,x) = 0$.

Dies ist das zentrale Postulat der Quantentheorie. Es ist hier im Anschluß an Drieschner als Postulat des Indeterminismus bezeichnet. Es erweist sich im Rahmen des Aufbaus als äquivalent mit dem z.B. von Jauch (1968, S. 106) formulierten Prinzip der Superposition. Es ist das »realistische« Grundpostulat; denn es ist zum mindesten nicht unmittelbar einsichtig, daß Erfahrung ohne die Gültigkeit dieses Postulats nicht möglich wäre. Wir übernehmen es auf dem zweiten Weg, bezeichnen es dort aber mit dem abstrakteren Namen eines Postulats der *Erweiterung*.

Der Zusammenhang zwischen den beiden Bezeichnungen des Postulats ergibt sich wie folgt. Jede Alternative aus letzten Aussagen wird durch dieses Postulat um letzte Aussagen zum selben Objekt erweitert, welche nicht Elemente der Aussagenmenge sind, die die ursprüngliche Alternative bilden. Die Erweiterung ist hier als Forderung an die Wahrscheinlichkeitsfunktion, also an Prognosen formuliert: es gibt stets Prognosen, die weder den Wert der Notwendigkeit noch der Unmöglichkeit haben. Dies steht der Forderung der Objektivität gegenüber, nach der es auch stets notwendige Prognosen gibt. Es gibt stets beides. Die Forderung ist zugleich universal formuliert: sie gilt für *jedes* Paar einander ausschließender letzter Aussagen. Sie hat zur Folge, daß es keine Wahrscheinlichkeitsbelegung des Aussagenkatalogs über irgendein Objekt geben kann, bei der jede Aussage entweder wahr ($p = 1$) oder falsch ($p = 0$) ist. Sie besagt also die prinzipielle Offenheit der Zukunft.

I. Skizze des Aufbaus der Quantentheorie. Für die Durchführung des Aufbaus sei auf Drieschner (1979) verwiesen. Wir nennen jetzt nur noch die wichtigsten Schritte.

Analog zu unserem Kapitel 2.5, aber unter Verzicht auf die Forderung der Entscheidungsverträglichkeit, wird der Aussagenkatalog über ein Objekt aufgebaut. Konjunktion, Negation, Disjunktion und Implikation werden durch naheliegende Forderungen an die Wahrscheinlichkeitsfunktion so definiert, daß der Katalog sich als ein Verband, und zwar, bei Finitismus, als ein modularer Verband erweist. Es läßt sich zeigen, daß er, bei den gestellten Forderungen, sogar eine projektive Geometrie ist. Diese läßt sich als Verband der linearen Teilräume eines Vektorraums darstellen. Es bleibt die Frage, über welchem Zahlkörper der Vektorraum errichtet ist. Da in ihm durch die

Wahrscheinlichkeitsfunktion eine reelle Metrik definiert ist, muß der Zahlkörper die reellen Zahlen enthalten. Anschließend an Stückelberg u. a. (1960–1962) folgert Drieschner aus der Unbestimmtheitsrelation, daß er speziell der Körper der komplexen Zahlen sein soll. In ihm soll die Dynamik, d. h. die Zeitabhängigkeit des Zustands durch Transformationen beschrieben werden, bei denen die Wahrscheinlichkeitsfunktion invariant bleibt. Dies müssen unitäre Transformationen sein. Damit ist die abstrakte Quantentheorie rekonstruiert.

Wir verzichten vorerst auf den Versuch zu überprüfen, wie nahe die einzelnen Postulate dem Ideal einer epistemischen Begründung gekommen sind.

Historische Anmerkung. Die erste Formulierung der hier verwendeten Gedanken in meiner Version gibt die Arbeit *Komplementarität und Logik* (I, 1955). Dem Drieschnerschen Indeterminismus-Axiom entspricht z. B. dort der »Satz der Komplementarität« (Abschnitt 6): »Zu jeder elementaren Aussage gibt es komplementäre elementare Aussagen.« Aber erst die Arbeit von Drieschner hat diese »komplementaritätslogische« Denkweise im Anschluß an die Quantenaxiomatik in der Version von Jauch (1968) in eine Rekonstruktion der Quantentheorie umgesetzt. Der Zweck der gegenwärtigen historischen Anmerkung ist, auf die Rekonstruktion der Quantentheorie hinzuweisen, die F. Bopp schon vorher begonnen hat. Bopps Arbeit von 1954 habe ich 1955 (Abschnitt 5) zitiert; sie hat mir für die Ausarbeitung meiner damaligen Überlegungen wesentliche Anstöße gegeben. Vgl. dazu seine neueren Arbeiten (1971, 1979, 1984[1,2]). Bopp geht, wie wir dann auf dem vierten Weg, von einer einfachen Alternative aus (*Sein oder Nichtsein als Grundfrage der Quantenphysik*, 1984[1]). Er postuliert wie in Drieschners Indeterminismuspostulat die Existenz zusätzlicher, durch Relativwahrscheinlichkeiten definierte Zustände und die Kontinuität dieses Zustandsraumes, damit eine kontinuierliche Kinematik der Zustände möglich wird; er kommt damit ebenfalls zur Rekonstruktion eines komplexen Zustandsraums, ähnlich unserem zweiten Weg. Er setzt jedoch das Raum-Zeit-Kontinuum voraus und betrachtet die Alternative als ortsabhängig (»Urfermion«).

3. Zweiter Weg: Rekonstruktion über Wahrscheinlichkeiten direkt zum Vektorraum

Der zweite Weg ist die für die Fortsetzung des Aufbaus maßgebende Rekonstruktion der abstrakten Quantentheorie. Wir formulieren ihn daher als einen knappen, thetischen Text mit Kommentar so, daß er auf dem »kurzen Durchgang« (1. Kapitel, Diagramm 2) in sich verständlich sein sollte. Doch kann ein Rückblick auf die vorangegangene Skizze des ersten Wegs zur weiteren Erläuterung der verwendeten Begriffe dienen.

Vom ersten Weg weicht der zweite durch zwei Verzichtleistungen ab. Erstens verzichtet er auf den Umweg über den vollen Aussagenverband. Nur die »letzten Aussagen«, also die Atome des Verbandes, enthalten das mögliche optimale Wissen; die höheren Elemente des Verbands drücken unvollständiges Wissen aus. Es scheint naturgemäßer, zunächst nur das optimale Wissen, also, quantentheoretisch gesagt, den Hilbertraum direkt und nicht über Postulate für den Verband seiner Teilräume zu konstruieren. Zweitens soll der Objektbegriff nicht vorweg postuliert, sondern aus Postulaten über Alternativen begründet werden. Dies gelingt, jedenfalls auf dem hier eingeschlagenen Weg, nur in zwei Schritten. Jetzt, auf dem zweiten Weg, gehen wir von endlichen Alternativen aus. Was wir so konstruieren, nennen wir terminologisch »Subobjekte«. Quantentheoretisch ist der Zustandsraum eines Subobjekts ein endlichdimensionaler Teilraum des Hilbertraums eines vollen Objekts, z.B. zu einem festen Eigenwert des Drehimpulsbetrags. Die Konstruktion der vollen Objekte geschieht dann auf dem vierten Weg und führt alsbald zur konkreten Quantentheorie im Ortsraum der speziellen Relativitätstheorie. Dies ist ein Beispiel für die Umkehrung der historischen Reihenfolge der Argumente (6.12).

a. Zwei methodische Vorbemerkungen.

1. *Definition der empirisch entscheidbaren Alternative.* Eine n-fache Alternative ist eine Menge von n $\begin{Bmatrix} \text{Aussagen} \\ \text{Zuständen} \end{Bmatrix}$, von denen sich genau $\begin{Bmatrix} \text{eine} \\ \text{einer} \end{Bmatrix}$ als $\begin{Bmatrix} \text{wahr} \\ \text{gegenwärtig} \end{Bmatrix}$ erweisen wird, *wenn* eine empirische Prüfung gemacht wird.

Kommentar. Es handelt sich im logischen Sinne um zeitliche Aussagen. Sie werden meist in der Form des neutralen Präsens zitiert: »es regnet«. Sie können aber in der Praxis in allen Tempora des Verbs benutzt werden. Wenn es jetzt regnet, ist die Aussage »es regnet« soeben wahr. Sie bezeichnet dann einen gegenwärtigen Zustand. Wir nennen die Alternative auch eine Frage und ihre Aussagen ihre formal möglichen Antworten.

n wird als natürliche Zahl ≥ 2 angenommen. Unendliche Alternativen sind nicht empirisch entscheidbar. Aber es gibt in der Theorie keine obere Schranke für n.

Der Weg zur Quantentheorie wird freigehalten durch die operative Einschränkung: »*wenn* eine empirische Prüfung gemacht wird«. Es wird nicht vorausgesetzt, daß eine nicht geprüfte Alternative an sich entschieden sei.

2. *Unschädliche Allgemeinheit.* Wir werden alle Postulate so allgemein wie möglich formulieren.

Kommentar. Wir suchen die abstrakte, d. h. allgemeinst mögliche Quantentheorie aufzubauen. In diesem Sinne abstrakte Formulierungen sind die einfachsten; sie verzichten auf vermeidbare Fallunterscheidungen. Einschränkungen der Allgemeinheit fassen wir dann als Aussagen über spezielle Objekte auf und rechnen sie der konkreten Quantentheorie zu. Es ist zunächst nur eine heuristische Hypothese, daß dieses Verfahren »unschädlich« sei, daß es also nicht wesentliche Sachverhalte verschleiere.

b. Drei Postulate über Alternativen.

1. Trennbarkeit. Zwei Alternativen heißen trennbar, wenn das Ergebnis der Entscheidung einer von ihnen nicht vom Ergebnis der Entscheidung der anderen abhängt. Es gibt trennbare Alternativen.

Kommentar. Beim begrifflichen Reden machen wir wohl im allgemeinen eine stillschweigende Voraussetzung, die etwa auf die Trennbarkeit der Alternativen hinausläuft. Es ist in der Tat schwer zu sehen, wie eindeutige Begriffe gebildet werden sollten, wenn alles von allem abhinge. Andererseits hängt in der Wirklichkeit wohl in der Tat alles mit allem zusammen. Begriffliches Denken kann darum wohl im Bereich der Erfahrung nie volle Eindeutigkeit erreichen. Unser Postulat stellt also die Arbeitshypothese einer Theorie dar, die auf größtmögliche Eindeutigkeit abzielt. In diesem Sinne ist es *epistemisch*.

Aus Anlaß des ersten Wegs, 8.2 F, haben wir das Problem im Rahmen der entwickelten Quantentheorie diskutiert. Die Quantentheorie korrigiert den Fehler der Ausnahme trennbarer, d.h. wechselwirkungsfreier Objekte, indem sie jedes Objekt mit den Objekten, mit denen es wechselwirkt, zu einem Gesamtobjekt zusammenfaßt. Dieses Näherungsverfahren kommt im Prinzip an kein Ende, es sei denn im fiktiven Quantenzustand des Universums. Es ist aber ein empirisches Faktum, daß viele Wechselwirkungen praktisch vernachlässigt werden können. Im Rahmen der konkreten Quantentheorie werden wir sehen, daß dies in der realen Welt daran liegt, daß »der Raum praktisch leer ist«. Damit wird unser Postulat im Sinne semantischer Konsistenz als Näherung gerechtfertigt.

Wir werden aber sehen, daß das Postulat in unserer Rekonstruktion der Quantentheorie eine entscheidende Rolle spielt. Eine ihm entsprechende Voraussetzung machen wohl alle

Axiomatiken der Quantentheorie. Wir werden folgern müssen, daß vermutlich die Quantentheorie so, wie wir sie kennen, selbst nur in der Näherung dieses Postulats korrekt ist. Im 13. Kapitel kommen wir auf diese Frage zurück.

2. *Erweiterung.* Zu jedem Paar x und y von einander ausschließenden Zuständen einer Alternative gibt es (wenigstens) einen von ihnen untrennbaren Zustand z, der keinen von beiden ausschließt, sondern bedingte Wahrscheinlichkeiten $p(z,x)$ und $p(z,y)$ bestimmt, die von Null und Eins verschieden sind.

Kommentar. Dies ist das *realistische Zentralpostulat* der Quantentheorie, das wir auf dem ersten Weg unter dem Titel *Indeterminismus* eingeführt haben. Daß z von x und y nicht im Sinne des 1. Postulats trennbar ist, folgt schon aus der Behauptung, z lege die beiden Wahrscheinlichkeiten $p(z,x)$ und $p(z,y)$ fest. Da die Alternative eine Menge einander ausschließender Aussagen ist ($p(x,y) = 0$ für alle ihre Elemente), ist z kein Element der Alternative. Wir legen die Ausdrucksweise fest, z *gehöre zu* der Alternative. Auch die Elemente einer Alternative sollen in dieser Ausdruckweise zu ihr gehören.

Es ist mir nicht gelungen, eine Begründung dieses Postulats durch *Reflexion* auf die Bedingungen möglicher Erfahrung zu finden. Selbst wenn dieser Verzicht auf direkt epistemische Begründung definitiv sein sollte, ist damit nicht ausgeschlossen, daß sich das Postulat bei Vollzug der gesamten Naturwissenschaft im *Kreisgang* gegenständlich als Bedingung der Existenz erfahrungsfähiger Wesen erweise.

Hier beschränken wir uns darauf, ein möglichst einfaches realistisches Postulat zu benützen, das, zusammen mit im wesentlichen epistemischen Forderungen, zur Begründung der Quantentheorie hinreichen soll. Die Formulierung »zu jedem Paar« ist im Sinne der unschädlichen Allgemeinheit gemeint. Wenn es de facto zu einem Paar x, y kein solches z gibt, so wollen wir dafür eine spezielle Eigenschaft der betreffenden Alternative (etwa eine Superauswahlregel) verantwortlich machen.

3. *Kinematik.* Zustände ändern sich mit der Zeit. Dabei bleiben die Wahrscheinlichkeitsrelationen von Zuständen, die zur selben Alternative gehören, ungeändert.

Kommentar. Wir wollen dieses Postulat einschließlich seines zweiten Satzes als *epistemisch* auffassen. »Wahrscheinlichkeitsrelationen« sollen die bedingten Wahrscheinlichkeiten $p(x,y)$ von irgendwelchen zur selben Alternative gehörigen Zuständen x, y heißen. Es ist an sich offenbar eine Annahme über die Wirklichkeit, daß diese Relationen sich mit der Zeit nicht ändern:

$$p(x(t), y(t)) = p(x(t_0), y(t_0)).$$

Die Annahme dürfte sich aber als epistemisch erweisen, wenn wir überlegen, wie wir die Identität eines Zustands durch die Zeit empirisch festhalten können. Auf der abstrakten Stufe der gegenwärtigen Überlegung steht uns kein anderes Mittel zur Identifikation eines Zustands zur Verfügung als seine Wahrscheinlichkeitsrelationen mit anderen Zuständen. Man kann das Postulat dann den Darwinismus beobachtbarer Zustände nennen. Wenn ein Zustand seine Wahrscheinlichkeitsbeziehungen zu den anderen Zuständen nicht bewahren würde, könnten wir ihn nicht wiedererkennen; er wäre »für uns gestorben«. Gäbe es keine Zustände, die das Postulat erfüllen, so gäbe es vielleicht keine mögliche Erfahrung.

Wir besprechen noch einen Einwand. Die Zustände einer beliebigen empirisch entscheidbaren Alternative müssen eine äußere Definition zulassen; wir müssen sie ja von außen wiedererkennen. Aber diese äußeren Beziehungen sind immer Beziehungen zu anderen empirisch entscheidbaren Alternativen (Meßobjekt zu Meßgerät, vgl. 11.2 d). Man kann nun zwei verschiedene Alternativen stets durch Bildung ihres cartesischen Produkts zu einer Gesamtalternative vereinigen. In dieser haben sich die äußeren Beziehungen zwischen den beiden Teilalternativen in innere Beziehungen der zur Gesamtalternative gehörigen Zustände verwandelt, und für diese besitzen wir nur die Beschreibung durch die bedingten Wahrscheinlichkeiten.

c. Drei Folgerungen.

1. Zustandsraum. Als den Zustandsraum $S(n)$ definieren wir die Menge aller Zustände, die zu einer gegebenen n-fachen Alternative gehören. Allen Alternativen mit gleichem n schreiben wir in der abstrakten Theorie isomorphe Zustandsräume zu.

Kommentar. Dies ist nur der erste Schritt zu einer Formalisierung der Folgerungen aus dem Postulat der Erweiterung. Die Annahme *eines* abstrakten $S(n)$ für gegebenes n ist ein Beispiel des Verfahrens der unschädlichen Allgemeinheit. Enthält der Zustandsraum einer individuellen Alternative nicht alle abstrakt möglichen Zustände, so ist dies ein Merkmal des besonderen Falles (oder eines Typus besonderer Fälle). Stärker ist die Annahme, daß es nicht zu jedem $S(n)$ einen zulässigen größeren Zustandsraum für eine ebenfalls n-fache Alternative gibt. Wir werden dafür so argumentieren wie für die nachfolgende These:

2. Symmetrie. Alle Zustände von $S(n)$ sind äquivalent, d.h. lassen keine innere Auszeichnung voreinander zu.

Kommentar. Dies erscheint nun als eine Folgerung aus dem Postulat der Trennbarkeit wie folgt:

Im ersten Schritt betrachten wir nur die Menge der n Elemente der Alternative $A_n = x_i$; $i = 1\ldots n$. Wenn A_n von allen anderen Alternativen getrennt ist, so wissen wir vorweg nichts darüber, welches x_i gefunden werden wird, wenn wir A_n empirisch entscheiden. In diesem Sinne sind alle x_i äquivalent.

Im zweiten Schritt schließen wir alle Zustände von $S(n)$ ein. Die Definition von A_n geschieht von außen, durch Wechselwirkung mit anderen Alternativen. Solange jedoch $S(n)$ strikt ohne äußere Wechselwirkung ist, wird auch nicht vorweg entschieden sein, ob ein gegebener Zustand z aus $S(n)$ ein Element einer Alternative $A(n)$ ist, die bei Einschaltung einer Wechselwirkung nach außen entschieden würde. Man kann dann jedes z als äquivalent mit jedem x_i der ursprünglichen

Alternative A_n ansehen. Also könnte $S(n)$ ebensowohl definiert werden, ausgehend von irgendeiner Alternative $A_n(z)$, die z als eines ihrer Elemente enthielte. Nun haben wir angenommen, daß die Identität eines Zustands durch seine Wahrscheinlichkeitsbeziehungen zu den anderen Zuständen definiert ist. Wir folgern, daß zwischen irgend zwei Zuständen x und y aus $S(n)$ eine wohldefinierte Beziehung $p(x,y)$ besteht.

Nun definieren wir (mit hoffentlich unschädlicher Allgemeinheit) das abstrakte $S(n)$ als die Gesamtheit aller Zustände y, die durch alle möglichen Werte $p(x,y)$ bezüglich aller schon so konstruierten zueinander äquivalenten x eindeutig beschrieben sind. Diese Konstruktion wird deutlich, wenn wir die *Symmetriegruppe* der Äquivalenz betrachten. $S(n)$ muß auf sich selbst so abgebildet werden können, daß ein gegebenes z auf irgendein z' abgebildet wird, und daß $p(x,y) = p(x',y')$, wenn x', y' die Bilder von x, y sind. Es gibt immer genau n Zustände mit $p(x_i, y_j) = \delta_{ij}$. Also muß man $S(n)$ durch einen reellen n-dimensionalen Vektorraum $\mathbb{R}^n$ mit der Metrik $p(x,y)$ darstellen können.

Wir erwarten, daß $p(x,y)$ eine Funktion einer invarianten Bilinearform in $\mathbb{R}^n$ sein wird. Es muß die Bedingung

$$p(x,x) = 1 \tag{1}$$

erfüllen. Die Bilinearform kann entweder orthogonal sein:

$$F(x,y) = \sum_{k=1}^{n} x_k y_k \tag{2}$$

oder symplektisch

$$\Phi(x,y) = \sum_{j=1}^{n/2} (x_{2j-1} y_{2j} - x_{2j} y_{2j-1}). \tag{3}$$

p muß nichtnegativ definit sein. Dies läßt sich erreichen, wenn

$$p = \alpha F^2 + \beta \Phi^2, \qquad \alpha, \beta \geq 0. \tag{4}$$

Da $F(x,x) > 0$ für $x \neq 0$, aber $\Phi(x,x) = 0$ für alle x, folgt aus (1), daß $\alpha \neq 0$ ist. Also muß die Gruppe jedenfalls orthogonal sein. Sie muß entweder die volle orthogonale Gruppe $O(n)$ oder eine ihrer Untergruppen sein. Falls auch $\beta \neq 0$ ist, müßte die Gruppe zugleich symplektisch sein.

3. *Dynamik.** Die Entwicklung aller Zustände in der Zeit muß durch eine einparametrige Untergruppe der Symmetriegruppe beschrieben werden, deren Parameter die Zeit ist. Das führt zum komplexen Vektorraum.

Kommentar. Dies ist die Folgerung aus dem Postulat der Kinematik und der Symmetrie des Zustandsraums. Wir stellen hier, wie stets in der heutigen Quantentheorie, die Zeit durch einen reellen Parameter t dar.

Die Dynamik ist gegeben durch die Gleichung

$$\frac{\partial x}{\partial t} = H^r x. \qquad (1)$$

Hier ist x ein n-dimensionaler reeller Vektor, der den Zustand darstellt. H^r ist der reelle Energieoperator. Er generiert eine Gruppe $SO(2)$. Seine $n \times n$-Matrix kann auf »Kästchen-Diagonalform« gebracht werden:

$$H^r_{kl} = \sum_{j=1}^{n/2} \omega_j \varepsilon^j_{kl} \qquad (2)$$

mit

$$\varepsilon^j_{kl} \begin{cases} +1 & \text{für} \quad k = 2j-1, l = 2j \\ -1 & \text{für} \quad k = 2j, l = 2j-1 \\ 0 & \text{sonst} \end{cases} \qquad (3)$$

---

* Dieser Unterabschnitt geht auf eine mündliche Bemerkung von K. Drühl zurück.

Zweiter Weg

D. h. H^r besteht längs der Diagonale aus Kästchen-Matrizen

$$\omega_j \varepsilon_{kl} = \begin{pmatrix} 0 & \omega_j \\ -\omega_j & 0 \end{pmatrix} \tag{4}$$

und sonst aus Nullen. Wenn n ungerade ist, bleibt außerdem eine Null in der Diagonale. Einfachheitshalber nehmen wir n als gerade an.

Zu jedem reellen Vektor x definieren wir nun einen komplexen Vektor $\tilde{x}$ durch

$$\tilde{x}_j = x_{2j-1} + i x_j \tag{5}$$

Für $\tilde{x}$ bedeutet der Operator ε^j die Multiplikation mit $-i$. Also ist

$$i \frac{\partial \tilde{x}}{\partial t} = H \tilde{x} \tag{6}$$

mit
$$H_{jk} = \omega_j \delta_{jk}. \tag{7}$$

Die Lösung ist

$$\tilde{x}_j = x_j^0 e^{-j\omega_j t}. \tag{8}$$

Wir haben damit die Darstellung konstruiert, in welcher die Energie H diagonal ist.

Wir müssen noch den symplektischen Teil in der Definition der Wahrscheinlichkeitsfunktion bestimmen, d.h. den Wert von β in Gleichung (4) des vorigen Unterabschnitts. H generiert gemäß (7) eine unitäre Transformation, die das hermitische innere Produkt

$$(\tilde{x}, \tilde{y}) = F + i\Phi \tag{9}$$

invariant läßt. Nehmen wir, wie üblich, für normierte Vektoren an

$$p = |(\tilde{x}, \tilde{y})|^2 = F^2 + \Phi^2, \tag{10}$$

so folgt

$$\alpha = \beta = 1. \qquad (11)$$

In der reellen Schreibweise kann man dieses Resultat durch die Bemerkung erläutern, daß jede einparametrige orthogonale Gruppe zugleich symplektisch ist und sowohl F wie Φ invariant läßt. Aber dann dürften wir noch jeden Wert für α und für β wählen, auch $\beta = 0$. Wir gebrauchen nun wieder ein »darwinistisches« Argument. Seien x und y Eigenvektoren von H zu verschiedenen Werten von ω_j, dann wird (x,y) den Zeitfaktor $e^{i(\omega(x) - \omega(y))t}$ haben. F und Φ, d.h. der Realteil und Imaginärteil von (x,y), werden periodisch mit der Zeit schwanken, aber $p = |(x,y)|^2$ wird konstant sein. Wenn nur p meßbar ist, kann es also zu keinem Fehler führen, $\alpha = \beta = 1$ anzunehmen. Die Unbeobachtbarkeit der Phase eines Zustands wäre dann nicht eine Prämisse, sondern eine Konsequenz unserer Überlegung. Wir müssen aber auf diese Frage in der Theorie der Wechselwirkung (10.6) noch einmal zurückkommen; auch das Problem der Eichfreiheit knüpft hier an.

d. Schlußbemerkung. Wir haben hiermit die vier Thesen von 8.1b rekonstruiert: den Hilbertraum aus der Dynamik, die Dynamik aus der Wahrscheinlichkeitsmetrik, diese aus der Definition der Zustände im Postulat der Erweiterung. Die Kompositionsregel der Zustandsräume folgt aus der cartesischen Multiplikation der Alternativen. Allerdings ist der Hilbertraum bisher endlichdimensional. Der volle Objektbegriff wird erst auf dem vierten Weg gewonnen werden.

4. Dritter Weg: Rekonstruktion über Amplituden zum Vektorraum

Für diesen Weg habe ich nur ein Programm zustandegebracht, welches im Aufbau der Kapitel 9 und 10 und in der Deutung von Kapitel 11 nicht verwendet wird. Ich möchte das Programm aber doch so weit vorlegen, als es ausgearbeitet ist. Denn es knüpft am direktesten an meine ursprüngliche Intention in den Arbeiten über Komplementarität und Logik (1955, 1958[1,2]) an (vgl. 7.7). Ich wollte damals nicht von dem eigentlich klassischen Begriff der Wahrscheinlichkeit ausgehen, sondern von der fundamentalen mathematischen Struktur der Quantenmechanik, die Dirac als das Superpositionsprinzip bezeichnet hat, also der Existenz einer additiven, abelschen Gruppe. 1955 hatte ich die Quantentheorie als gegeben vorausgesetzt und aus ihr eine Logik mit komplexen Wahrheitswerten abstrahiert. Hierauf zielte der 1973 veröffentlichte Aufsatz über Wahrscheinlichkeit, dem die Abschnitte 7.3–5 dieses Buchs entstammen. Bestärkt war ich durch Feynmans Darstellung der Quantenmechanik. Ich wollte aber in doppelter Hinsicht radikaler vorgehen als Feynman und gab meinen Studien hierüber zeitweise den Titel »Feynman abstrakt«. Erstens setzte Feynman die Quantentheorie doch im wesentlichen als bekannt voraus und schlug nur einen Aufbau, gemäß dem Korrespondenzprinzip, aus dem Hamiltonschen und Huygensschen Prinzip vor; ich wollte aber jetzt die Quantentheorie aus zeitlicher Logik rekonstruieren. Zweitens setzte Feynman das Raum-Zeit-Kontinuum voraus, das ich (gemäß dem vierten Weg) aus der Quantentheorie begründen wollte.

Auf den beiden ersten Wegen ist dieses Programm nicht durchgeführt. Der Vektorraum ist auf dem ersten Weg der Darstellungsraum einer projektiven Geometrie, auf dem zweiten Weg der Darstellungsraum einer Symmetriegruppe. Geometrie und Symmetriegruppe werden über den Wahrscheinlichkeitsbegriff eingeführt. Der additiven Gruppe im Vektorraum wird keine direkte Deutung gegeben. Die Invarianz der Wahrscheinlichkeitsmetrik erzwingt unitäre, norm-erhaltende Darstellungen. Nun schien mir aber schon im Aufbau des klassischen Wahrscheinlichkeitsbegriffs (vgl. 3. Kapitel) der Begriff der absoluten Häufigkeit fundamentaler zu sein; die Wahrscheinlichkeit ist die Angabe eines Gesetzes über relative Häufigkeiten, weil dies die Formulierung allgemeiner Aussagen erleichtert. So wurden in (1958[2]) auch bevorzugt unnormierte Vektoren verwendet, die erst in der Prozedur der zweiten Quantelung (7.4) zuerst zu absoluten und sekundär zu relativen Häufigkeiten führten. Bei unnormierten Vektoren hatte die Addition den direkten Sinn eines Übergangs zu anderen Amplituden, also auch Intensitäten. Der physikalische Begriff, der dem unnormierten Vektor angemessen ist, ist nicht das Einzelobjekt, sondern der *Strom*.

Ich habe den Aufbau auf diesem Weg nur einmal, 1974, in einem Aufsatz unter dem Titel *Abstrakte Quantentheorie* versucht. Ich habe den Aufsatz, als unausgereift, damals nicht veröffentlicht, drucke ihn aber jetzt hier in unveränderter Fassung ab. Die in der einleitenden Bemerkung genannten Erläuterungen sind damals in den Text des Aufbaus zum Teil schon eingegangen. Der andere Teil wurde damals nicht geschrieben. Er wird jetzt als Abschnitt 5. dieses Kapitels nach meiner heutigen Auffassung nachgeliefert. Der Begriff des Stroms tritt in dem Aufsatz erst im Abschnitt 19. auf; auf ihn zielt aber schon Abschnitt 1 mit dem Begriff der temporalen Ereignisklasse. Die direkte Deutung beginnt im Abschnitt 18. Der Begriff der Wahrscheinlichkeit wird erst im Schlußabschnitt 25. begründet.

Isoliert gelesen, muß der Aufsatz zumal in seinem ersten Teil sehr abstrakt und unverständlich wirken. Dem Leser, der die vorangehenden Teile des Buchs genau gelesen hat, sollten freilich die Anknüpfungen an jeder Stelle deutlich sein. Ich habe aber versucht, den Gedankengang in den Erläuterungen in zugänglicher Sprache zu kommentieren; vielleicht darf ich dem Leser empfehlen, die gemäß den Abschnitten des Aufsatzes numerierten Erläuterungen parallel zu den jeweiligen Abschnitten zu lesen.

Abstrakte Quantentheorie
Entwurf, September 1974

Der Aufsatz gliedert sich in den *Aufbau* und die *Erläuterungen*. Von dem Vorwissen, das die Theorie voraussetzt, um es, im Sinne semantischer Konsistenz, nachher herzuleiten, macht der Aufbau so sparsam wie möglich Gebrauch. Die Erläuterungen setzen dann die intendierte Struktur des Aufbaus als bekannt voraus und diskutieren mehr explizit die Weise, wie die Herstellung semantischer Konsistenz erhofft wird.

Dritter Weg 355

Aufbau

1. *Gleichheit und Verschiedenheit formal möglicher Ereignisse.* Gegenstand der Theorie sind *formal mögliche Ereignisse (fmE).* Wir nennen sie auch kurz Ereignisse, müssen dann jedoch die Verwechslung mit der engeren Klasse faktischer Ereignisse (s.2.) vermeiden.

Ereignisse, welche die Theorie beschreiben kann, lassen sich grundsätzlich nur begrifflich, d.h. durch objektivierbare Merkmale, als gleich oder verschieden charakterisieren. In logischer Sprechweise: Eigennamen sind in Wahrheit Kennzeichnungen, d.h. Begriffe, die so bestimmt sind, daß nach unserem Wissen nur ein einziger Gegenstand unter sie fällt. Unser Vorwissen enthält jedoch die in concreto verständliche Unterscheidung des begrifflich charakterisierten Allgemeinen vom durch Eigennamen, Marken, Hinzeigen bezeichneten Individuellen. Wir machen von diesem Vorwissen durch folgende Unterscheidungen Gebrauch. Zwei formal mögliche Ereignisse E_1 und E_2 können in viererlei Sinne gleich sein:

a. *allgemeinbegrifflich:* Sie fallen unter denselben Allgemeinbegriff (z.B. Aufleuchten einer Lampe);

b. *individuell:* Sie sind allgemeinbegrifflich gleich und geschehen am selben Objekt (z.B. Aufleuchten dieser Lampe);

c. *temporal:* Sie sind allgemeinbegrifflich und individuell gleich und sind Teil desselben momentanen Geschehens (z.B. des jetzigen Aufleuchtens dieser Lampe);

d. *numerisch:* Sie sind in einer Zählung temporal gleicher Ereignisse zwei Weisen, denselben Zählschritt zu bezeichnen (z.B. dieselbe Nummer in einer Zählung ununterscheidbarer Lichtquanten).

Ereignisse, die in einer dieser Bedeutungen gleich sind, fassen wir zu *Ereignisklassen* zusammen. Besonders wichtig werden die *temporalen Ereignisklassen (tEK)* sein, also Klassen temporal gleicher Ereignisse. Ein Meßapparat, der nicht Einzelereignisse zählt, sondern nur durch bestimmte Kanäle Ereignisse bestimmter Art aussondert, registriert temporale Ereignisklassen. Der Aufbau der Quantentheorie erweist sich als einfacher, wenn er zunächst auf die einfachere Beobachtungsform temporaler Ereignisklassen statt zählbarer Ereignisse bezogen wird (vgl. 1.).

2. Zeitliche Bestimmungen. Formal mögliche Ereignisse und temporale Ereignisklassen werden *zeitlich real* bestimmt je von einem *Blickpunkt* aus. Ein Blickpunkt ist ein Inbegriff verfügbaren (d.h. nicht notwendigerweise aktuell gedachten) *faktischen Wissens.*

Insofern die Theorie Gesetzmäßigkeiten über Blickpunkte formuliert, spricht sie von formal möglichen Blickpunkten, also von formal möglichen Fakten, während andererseits die Fakten als das Reale gegenüber dem formal Möglichen eingeführt waren. Diese Reflexion gehört zum Wesen der Theorie. Sie ist wesentlich Theorie über das Verhältnis der Theorie zur Realität, muß also das Verhältnis von Theorie und Realität selbst in der Theorie (d.h. als formal möglich) beschreiben.

Das auf einem Blickpunkt verfügbare Wissen bestimmt die *fmE* und *tEK*, auf die es sich bezieht, durch *perfektische* oder *futurische* Bestimmungen. Jedes *fmE* und jede *tEK* kann von einem Blickpunkt aus höchstens eine der beiden Bestimmungen haben.

3. Perfektische Bestimmungen. Ein perfektisch bestimmtes *fmE* ist *faktisch* oder *kontrafaktisch,* d.h. es hat stattgefunden oder es hat nicht stattgefunden. Für ein perfektisch bestimmtes *fmE* gilt genau eine der beiden möglichen Bestimmungen: für perfektische Aussagen gelten die Sätze vom Widerspruch und vom ausgeschlossenen Dritten.

Dasselbe gilt für perfektisch bestimmte *tEK.*

4. Klassische Modalitäten. Die *futurischen Bestimmungen* sind der engere Gegenstand der Theorie. Wir trennen hier formal mögliche Ereignisse und temporale Ereignisklassen und sprechen zuerst von den ersteren.

Einem *fmE* kann man genau eine der drei klassischen Modalitäten zuschreiben. Das Ereignis E ist

notwendig: nE
unmöglich: uE
kontingent: kE.

Jede futurische Bestimmung bezieht sich auf *zwei* Blickpunkte: *Vom* Blickpunkt B_1 *aus* hat das formal mögliche Ereignis E *im* Blickpunkt B_2 die Modalität ψ, näher also $\psi(B_1, B_2, E)$. B_1 ist hier der faktische Blickpunkt. Von seinem Wissen aus kann E nicht perfektisch bestimmt werden. B_2 ist ein formal möglicher Blickpunkt, in dem ein Wissen vorliegen wird, ob E dann stattgefunden hat oder nicht. Die Modalität gibt an, was von B_1 aus über das mögliche Wissen in B_2 gewußt werden kann. Ist E von B_1 aus in B_2 notwendig, so wird, *falls* in B_2 entschieden ist, ob E stattgefunden hat, E mit Gewißheit stattgefunden haben; ist es unmöglich, so wird es mit Gewißheit nicht stattgefunden haben; ist es kontingent, so besteht keine der beiden Gewißheiten. Diese Gewißheiten oder Ungewißheiten bestehen natürlich in B_1; sie sind Teil des B_1 konstituierenden Wissens.

Diese Beschreibung zeigt, daß B_1 als faktischer Blickpunkt von B_2 als möglichem Blickpunkt verschieden sein muß. Man kann aber einen zu B_1 *unmittelbar benachbarten* Blickpunkt $B_1(E)$ einführen, der erreicht wird, wenn, von B_1 ausgehend, *alsbald* über E entschieden wird. $B_1(E)$ bezeichnet das nach dieser Entscheidung verfügbare Wissen. Die Modalität von E von B_1 aus in $B_1(E)$, also $\psi(B_1, B_1(E), E)$, kann man verkürzt auch die Modalität von E von B_1 aus in B_1 nennen.

5. Alternativen. Wir bereiten nun die Theorie der *Modalitäten für temporale Ereignisklassen* vor. Zwei tEK heißen *zusammengehörig*, wenn es einen Blickpunkt gibt, in dem jede von beiden als *gegenwärtig geschehend* formal möglich ist. Zwei zusammengehörige *tEK* heißen *unverträglich*, wenn, falls eine von ihnen in einem Blickpunkt B, für den sie als gegenwärtig formal möglich ist, faktisch ist, die andere von B aus in B unmöglich ist. Eine Menge von zusammengehörigen *tEK* heißt *Alternative*, wenn

a) diese *tEK* paarweise unverträglich sind, und
b) keine mit ihnen allen unverträgliche mehr hinzugefügt werden kann.

Es gibt *zeitüberbrückende*, d. h. temporal verschiedene, aber individuell gleiche Alternativen. Wir sagen, eine zeitüberbrückende Alternative gehöre zu einem individuellen *Objekt*.

6. *Indeterminismus der Ereignisse.* Es ist unmöglich, durch Vermehrung des Wissens die Modalität »kontingent« zu eliminieren oder auch nur sich dieser Elimination unbegrenzt zu nähern. Vielmehr gilt das Drieschnersche *Indeterminismus-Axiom:* Sind ε_k ($k = 1\ldots n$, mit endlichem oder unendlichem n) die Ereignisklassen einer Alternative, so gibt es stets ein formal mögliches Ereignis E, so daß

$$nE \to \bigvee_{l,m} (k\varepsilon_l \wedge k\varepsilon_m). \qquad (1)$$

In Worten: Ist E notwendig, so gibt es zwei Ereignisklassen aus der Alternative, die beide kontingent sind.

Hier ist die klassische Modalität »kontingent« auf eine Klasse von Ereignissen angewandt. Da diese Ereignisse alle durch denselben (individuell und temporal präzisierten) Begriff bestimmt sind, besagt dies, daß die Modalität dem Begriff bzw. allen unter ihn fallenden Ereignissen zugeschrieben wird. Dasselbe ist unter 5. schon für die Modalität »unmöglich« geschehen. Für »notwendig« entsteht bei einer Ereignisklasse mit unbestimmter Elementenanzahl ein Problem, das erst am Ende des Aufbaus aufzulösen ist; wir verwenden diese Modalität vorläufig nicht für Ereignisklassen.

Das im Indeterminismus-Axiom genannte Ereignis E ist kein Element der die Alternative $\{\varepsilon_k\}$ ausmachenden Ereignisklassen. Also gibt es zu jeder Alternative Ereignisse, die mit ihr zusammengehörig sind, ihr aber nicht als Elemente angehören.

7. *Symmetrie.* Jede gesetzliche Eigenschaft eines zu einem Objekt gehörigen *fmE* kommt jedem zu demselben Objekt gehörigen *fmE* zu. Somit gilt dasselbe für jede gesetzliche Eigenschaft einer *tEK*.

Es folgt, daß, wenn eine n-fache Alternative zu dem Objekt gehört, jede zu dem Objekt gehörige *tEK* einer n-fachen Alternative angehört.

Das Symmetriepostulat gilt nur für Eigenschaften einzelner *fmE* bzw. *tEK*, nicht für Relationen zwischen ihnen. Vielmehr definieren diese Relationen gerade die Struktur der Mannigfaltigkeit aller einem Objekt angehörigen *fmE*.

Das Symmetriepostulat gestattet die Unterscheidung zwischen einem Objekt und seiner Umwelt. Dasselbe Objekt kann in verschiedenen Umwelten sein. Eigenschaften, welche einen Zustand eines Objekts auszeichnen, schreiben wir seiner Relation zur jeweiligen Umwelt zu.

8. *Quantentheoretische Modalitäten für Ereignisklassen.* Wir führen verallgemeinerte Modalitäten für Ereignisklassen ein. Sei ε eine *tEK*, B_2 ein Blickpunkt, in dem ε gegenwärtig sein kann, B_1 ein Blickpunkt, von dem aus ε eine Modalität in B_2 zugeschrieben werden kann, so nennen wir diese Modalität analog zu 4. $\psi(B_1, B_2, \varepsilon)$ oder kurz $\psi(\varepsilon)$. $\psi(B_1, B_2, \varepsilon)$, bei festem B_1 und B_2 als Funktion von ε betrachtet, ordnet also allen formal möglichen Ereignisklassen in B_2 Modalitäten zu. Das Vorliegen dieser Funktion als Teil des Wissens in B_1 ist ein formal mögliches Ereignis in B_1. Wir nehmen an, daß sie alles von B_1 aus über das Objekt in B_2 Wißbare zusammenfaßt *(Vollständigkeit der Modalitäten).*

9. *Determinismus der Modalitäten.* Sei B_0 ein fester Blickpunkt und seien B_j alle Blickpunkte, in denen von B_0 aus die Funktion $\psi(B_0, B_j, \varepsilon)$ definiert ist, so bestimmt bei konstanter Umwelt die Funktion für ein beliebiges festes B_j die Funktionen für alle anderen B_j. Eine Beobachtung an dem Objekt gilt dabei stets als Inkonstanz der Umwelt.

10. *Der Zustandsraum.* Wir nennen die Gesamtheit der in einem Blickpunkt B als gegenwärtig formal möglichen Ereignisse E an einem Objekt den Zustandsraum des Objekts in B. Wir fordern drei Postulate:
Wohlbestimmtheit: Ist E in B faktisch, so ist E von B aus in B notwendig.
Bestimmtheit durch Modalitäten: Ist E in B faktisch, so ist E durch die Funktion $\psi(B, B, \varepsilon_k)$ bezüglich einer beliebigen mit E zusammengehörigen Alternative vollständig bestimmt.
Vollständigkeit: Alle mit einer Alternative $\{\varepsilon_k\}$ zusammengehörigen *fmE* sind durch alle möglichen Funktionen $\psi(B, B, \varepsilon_k)$ eindeutig bestimmt.

Wir haben nun die *Wertemannigfaltigkeit* der ψ zu bestimmen.

11. Nullmodalität. Ist ε *unmöglich*, so geben wir $\psi(\varepsilon)$ einen Wert, den wir Null (0) nennen.

12. Zeitpunkte. In der Formel $\psi(B_1, B_2, \varepsilon_k)$ bezeichnet B_1 einen faktischen, B_2 einen formal möglichen Blickpunkt (4.). B_2 ist definiert durch die Entscheidung der Alternative ε_k. In der für alle ε definierten Funktion $\psi(B_1, B_2, \varepsilon)$ gehört ε nach dem Symmetriepostulat irgendeiner Alternative $\{\varepsilon'_k\}$ an (7.). Für dieses ε ist B_2 also durch die Entscheidung von $\{\varepsilon'_k\}$ definiert. Wir nennen die Gesamtheit aller Blickpunkte B_2 zu allen zusammengehörigen ε den Zeitpunkt t dieser ε. Die Funktion $\psi(B_1, B_2, \varepsilon)$ ist also gleich einer Funktion $\psi(B_1, t, \varepsilon)$, in der zu jedem ε statt des zu diesem ε gehörigen B_2 das t eingesetzt ist, dem B_2 angehört.

Aus dem Symmetriepostulat leiten wir ab: Ist $\{\varepsilon, t\}$ die Gesamtheit aller *tEK* zum festen Zeitpunkt t, und ist ε' eine *tEK*, die nicht zu t gehört, so gibt es ein t' derart, daß $\{\varepsilon', t'\}$ eindeutig strukturisomorph auf $\{\varepsilon, t\}$ abgebildet werden kann *(zeitliche Invarianz des Zustandsraums).*

13. Zeitfolge. Seien t und t' zwei Zeitpunkte und können von einem zu t gehörigen Blickpunkt aus die zu t' gehörigen Ereignisklassen futurisch bestimmt werden, so ist es unmöglich, von einem zu t gehörigen Blickpunkt aus die zu t' gehörigen Ereignisklassen faktisch zu bestimmen. Wir nennen dann t *früher* als t'. Eine Klasse von Zeitpunkten, in der für jedes Paar ihrer Elemente eines früher ist als das andere, nennen wir eine Zeitfolge.

Unsere Definitionen sind so eingerichtet, daß nicht notwendig alle zu einem Objekt gehörigen Zeitpunkte eine einzige Zeitfolge bilden. Zeitpunkte sind als Klassen von Blickpunkten definiert und Blickpunkte durch die Entscheidung von Alternativen. Falls eine Ereignisklasse zu mehreren verschiedenen Alternativen gehören kann, so kann sie möglicherweise auch zu verschiedenen Klassen von Blickpunkten gehören.

D.h. die *Relativität der Gleichzeitigkeit* ist nicht ausgeschlossen.

14. Die Gruppe der Determination. Die Modalitätenfunktionen $\psi(B_0, t, \varepsilon)$ und $\psi(B_0, t', \varepsilon)$ von einem festen (im folgenden fortgelassenen) Blickpunkt B_0 aus zu verschiedenen Zeiten t und t' determinieren einander bei fester Umwelt. Diese Determination ist eine von t und t' abhängige Abbildung des Zustandraums in sich. Die Wechselseitigkeit der Determination interpretieren wir so, daß sie eine *eineindeutige Abbildung des Zustandsraums auf sich* ist. Also ist sie eine von t und t' abhängige *Transformationsgruppe*. Sie operiert *transitiv* auf dem Zustandsraum; anderenfalls würde man ihn in Zustandsräume getrennter Objekte aufspalten. Er ist also homogener Raum der Gruppe, und man wird seine Struktur zusammen mit der Struktur der Gruppe bestimmen.

15. Homogenität der Zeit. Zu jedem Tripel von Zeitpunkten t, t', t_1 gibt es einen vierten Zeitpunkt t_1' so, daß bei fester Umwelt von t nach t' dieselbe Transformation des Zustandsraums führt wie von t_1 nach t_1'. Wir betrachten dies als Konsequenz des Symmetriepostulats.

16. Universalität formal möglicher Umwelten. Es soll zu jedem Paar ungleichzeitiger Zustände $\psi(t, \varepsilon_k)$, $\psi'(t', \varepsilon_k)$ eine formal mögliche Umwelt geben, welche den einen in den anderen überführt. Dieses Postulat bedeutet nur die *Allgemeinheit der Theorie*, also den Unterschied zwischen allgemeiner Quantentheorie und Theorie der Objekte, z.B. der Elementarteilchen. Natürlich kann man dann nicht bei *derselben* Umwelt auch noch $\psi'(t', \varepsilon_k)$ in ein beliebiges $\psi''(t'', \varepsilon_k)$ überführen; letzteres ist vielmehr determiniert.

Wir betrachten nun zweierlei Gruppen

a) die *universelle Gruppe* der möglichen Abbildungen des Zustandsraums eines Objekts auf sich,

b) die *einparametrigen Gruppen* der zeitabhängigen Abbildungen des Zustandsraums auf sich bei jeweils fester Umwelt. Die Elemente dieser Gruppen sind jeweils eine Auswahl aus denen der Gruppe a).

17. Universalität des Wertevorrats. Der Zustandsraum eines Objekts zu einer Zeit besteht aus allen Funktionen $\psi(\varepsilon_k)$ einer n-fachen Alternative. Wir postulieren zunächst, daß die Zustandsräume aller Objekte mit gleichem n *isomorph* sind. Auch dies bedeutet nur die Allgemeinheit der Theorie; für spezielle Objekte läßt sie sich auf Teilräume einschränken. Zweitens postulieren wir die *Unabhängigkeit des Wertevorrats von* ψ von der Dimensionszahl.

18. Addition. Ist g ein Element einer Gruppe b) (vgl. 16.), so enthält diese Gruppe wegen der Homogenität der Zeit alle Potenzen von g. Diese bilden eine abelsche Untergruppe (auch der Gruppe a)), die wir additiv schreiben. Die Potenzen heißen also kg mit ganzen Zahlen k.

Wir betrachten nun die Dimensionszahl $n = 1$. Ist ψ' ein möglicher Zustand, so auch alle $kg\,\psi'$. Der Wertevorrat von ψ enthält also wenigstens so viele Werte, als es verschiedene $kg\,\psi'$ gibt; diese seien mit der Zahl k numeriert. Wir dürfen nun speziell für $n = 1$ nicht vorweg voraussetzen, $\psi = 0$ sei ein möglicher Wert (vgl. 11.), denn er würde hier bedeuten, das Objekt selbst sei in diesem Zustand unmöglich. Gemäß 17. hat aber dann ψ für jede Dimension bei $n>1$ die kg in seinem Wertevorrat. Ferner gibt es ein Element h der Gruppe a), das $0g\psi'(\varepsilon_{k'})$ für festes k' in 0 überführt (16.). Also gibt es auch alle Elemente hkg und somit alle Werte $hkg\psi'$. Diese sind eine mit k numerierbare Mannigfaltigkeit, deren Elemente zu $k = 0$ selbst $\psi = 0$ ist.

19. Unendlichkeit. Es gebe Elemente g, so daß $kg \ne g$ für alle k. Es folgt dann, daß der Wertevorrat der ψ eine der additiven Gruppe der ganzen Zahlen isomorphe Mannigfaltigkeit enthält.

Dieses Postulat läßt die Interpretation zu: man kommt durch denselben Einfluß in unbegrenzter Zeit in unbegrenzte Möglichkeiten. Es begründet also letzten Endes die Unendlichkeit (und Nichtkompaktheit) der Wertemannigfaltigkeit von ψ auf diejenige der Transformationsgruppe des Zustandsraumes und letztere auf die der Zeit. Philosophisch: die Unendlichkeit ist die Offenheit der Zukunft.

Dritter Weg 363

In der üblichen Quantentheorie geht man diesen Weg nicht, weil man mit unitären Transformationsgruppen arbeitet, welche die Normierung der ψ-Funktion invariant lassen. Die Unitarität wird begründet durch die Forderung der Invarianz der Wahrscheinlichkeitsfunktion. Wahrscheinlichkeit ist, als Erwartungswert *relativer* Häufigkeit, auf den Wertebereich der reellen Zahlen zwischen Null und Eins beschränkt. Der nichtkompakte Vektorraum der ψ wird dann nur als ein Hilfsmittel der Darstellung benutzt. Dies hat den Vorteil der leichten Interpretierbarkeit von der Beobachtung her. Es hat den Nachteil, daß gerade die fundamentale Operation des Vektorraums, die Vektoraddition, keine direkte physikalische Deutung erhält.

Dies läßt sich vermeiden, wenn man, wie hier geschehen, als fundamentalen Träger der »Modalitäten« nicht das Einzelereignis, sondern die temporale Ereignisklasse wählt. Sie ist begrifflich einfacher, ihr entsprechen einfachere Meßapparate (vgl. 1.). Für sie ist ψ nicht eine Wahrscheinlichkeitsamplitude, sondern eine Stromamplitude, deren Absolutwert einen physikalischen Sinn hat. Das erste Objekt, auf das sich eine solche Theorie bezieht, ist dann nicht ein »Ding«, sondern ein »Strom«. Die Aufspaltung des Stroms in Einzelobjekte, der Ereignisklasse in Ereignisse, geschieht dann formal durch die zweite Quantelung (vgl. 25.). Ihr entsprechen zählende Messungen. Zählung ist nicht ohne ebenso viele irreversible Vorgänge möglich als die gezählte Anzahl beträgt. Die Möglichkeit von Zählung im Sinne semantischer Konsistenz darzustellen, erfordert demnach die Meßtheorie als Theorie irreversibler Vorgänge. Auch die hier vorausgesetzte Messung durch Kanäle, die Durchgang und eventuell Intensitäten registrieren, bedarf natürlich der nachträglichen Rechtfertigung, aber sie erscheint, wie gesagt, als der einfachere Vorgang.

Übrigens könnte der hier gewählte Aufbau auch von der üblichen Quantentheorie her als Näherung für kleine Amplituden gerechtfertigt werden. Dies sei hier nicht verfolgt.

20. *Multiplikation*. Wir bauen den Wertevorrat von ψ schrittweise auf. Wir beschränken uns in jedem Schritt auf den bis dahin konstruierten Wertevorrat und zeigen dann, welche

weiteren Forderungen an ihn zu stellen sind, die eine bestimmte Erweiterung erzwingen.

Wir beginnen jetzt mit ganzzahligen Werten für ψ. Für die Funktion $\psi(t, \varepsilon_k)$ schreiben wir kurz $\psi_k(t)$. Die ganzen Zahlen werden bis jetzt nur als additive Gruppe benützt. Wir fordern nun, daß die Transformationsgruppe *die additiven Beziehungen der ψ invariant läßt*. Die Abbildungen müssen also für jede Dimension von ψ Endomorphismen der additiven Gruppe der ganzen Zahlen sein. Diese Endomorphismen nun bilden einen Ring, der gerade aus den durch Multiplikation und Addition verknüpften ganzen Zahlen besteht. Dann kann man die Transformationen in Matrixschreibweise darstellen:

$$\psi_k(t) = g_{kl}(t, t') \psi_l(t'), \tag{2}$$

wobei die Matrixelemente g_{kl} ganze Zahlen sind.

Sollen die g_{kl} eine Gruppe darstellen, so muß auch die Multiplikation eine Gruppe bilden. Die kleinste Gruppe, die dies für die ganzen Zahlen leistet, sind die *rationalen Zahlen*. Also muß der Wertevorrat der g_{kl} und somit der ψ den Körper der rationalen Zahlen enthalten.

Gesetze über rationale Zahlen, die aus Symmetrieforderungen folgen, sind vielfach nur mit Hilfe irrationaler, evtl. transzendenter Zahlen formulierbar (im klassischen geometrischen Beispiel: $\sqrt{2}$ für die Länge der Quadratdiagonale, π für den Umfang des Kreises). Also ist für eine *allgemeine Theorie* der Wertebereich auf die *reellen Zahlen* zu erweitern.

21. Zeitkontinuum. Aus der Homogenität der Zeit haben wir gefolgert, daß die Zeitfolge eine den ganzen Zahlen isomorphe Teilmenge enthält. Dabei haben wir stillschweigend vorausgesetzt, daß die Zeit nicht zyklisch, daß die Zukunft offen ist. Man kann dies aus der Forderung begründen, daß von einem Blickpunkt aus dasselbe Ereignis nicht sowohl perfektisch wie futurisch bestimmt werden kann (2.). Die reale Zeitmessung geschieht durch das Zusammenwirken eines periodischen und eines irreversiblen Vorgangs (Ticker und Zähler; Uhr und Abreißkalender).

Die Frage ist, ob es zwischen zwei Zeitpunkten stets noch

Dritter Weg 365

einen Zeitpunkt gibt. In *interner* Zeitmessung, d.h. mit den inneren Vorgängen des jeweils betrachteten festen Objekts, wird dies nicht realisierbar sein. Die Vorstellung der beliebig unterteilbaren Zeit entspricht der *externen* Zeitmessung, mit Uhren der beliebig erweiterbaren Umwelt. Wir folgen für den gegenwärtigen Aufbau dieser später zu kritisierenden Vorstellung, führen also, wie die übliche Quantentheorie, die Zeit nicht als Observable der betrachteten Objekte, sondern als externen Parameter ein, dessen Wertebereich in allen *reellen Zahlen* besteht.

Die zeitliche Transformation des Zustandsraums soll eine *differenzierbare* Funktion der Zeit sein. Bei fester Umwelt soll der Zustand zu einer Zeit seine eigene Änderung mit der Zeit determinieren; also muß diese Änderung mathematisch existieren und ein Isomorphismus des Zustandsraumes sein. Bei variabler Umwelt ist zu bedenken, daß die Umwelt selbst aus Objekten besteht und sich nach denselben Gesetzen ändert wie diese.

22. *Dynamik eines Objekts.* Die Gesetze der zeitlichen Änderung nennen wir die Gesetze der Dynamik. Die Dynamik dient uns zur Charakterisierung der *Objekte* und später zum expliziten Aufbau der *Geometrie*.

In 14. wurde gefordert, daß die Transformationsgruppe transitiv auf dem Zustandsraum des Objekts wirke, da wir diesen sonst in die Zustandsräume mehrerer Objekte zerlegen würden. M.a.W., der Zustandsraum eines Objekts soll eine *irreduzible Darstellung* der Gruppe definieren.

Die für die Dynamik eines bestimmten Objekts charakteristische Gruppe wird im allgemeinen keine der in 16. unter a) und b) angeführten Gruppe sein, sondern weniger umfassend als die universelle Gruppe a), umfassender als die je zu einer festen Umwelt gehörigen einparametrigen Gruppen b). Letztere werden den Zustandsraum des Objekts in viele irreduzible Teilräume zerfallen lassen. Der Unterschied eines identischen Objekts von seinen variablen Umwelten wird durch die Annahme einer festen Umwelt verwischt. Die universelle Gruppe a) hingegen ist allen Objekten derselben Dimensionszahl n gemeinsam; bei reellem Zustandsraum ist sie die volle reelle lineare Gruppe in n Dimensionen. In der üblichen Quantentheorie setzt man n abzählbar unendlich, den Zustandsraum als komplexen Hilbertraum, dessen invariante Metrik (die wir erst noch zu begründen haben) die Gruppe a) auf die der unitären Transformationen des Hilbertraums einschränkt; so, ohne Dynamik, sind die Zustandsräume aller Objekte der üblichen Quantentheorie isomorph. Ein besonderes Objekt muß durch eine engere Gruppe charakterisiert sein, die man gewöhnlich durch Einführung des Ortsraums, also die Geometrie, aussondert. Sie ist nicht die Gruppe in einer festen Umwelt (die durch einen Hamiltonoperator charakterisiert wird), sondern sie ist die Gruppe in allen Umwelten, die mit der Identität dieses Objekts vereinbar sind. Wir nennen also c) die *zeitliche Transformationsgruppe eines Objekts in allen möglichen Umwelten.*

Wir werden fordern, daß c) eine *Lie-Gruppe* ist, deren einparametrige Untergruppen jeweils einer festen Umwelt entsprechen.

23. Dynamik der Wechselwirkung. Die Umwelt besteht selbst aus Objekten. Die Beschreibung eines Objekts in fester Umwelt ist stets nur eine Näherung. Die Umwelt ändert sich, weil sich die Objekte ändern, aus denen sie besteht, und diese Änderung vollzieht sich unter der Einwirkung des jeweiligen Zustands des betrachteten Objekts.

Fundamental ist die *Kompositionsregel:* Die Zustandsräume zweier Objekte O und O' lassen sich durch jeweils eine ihrer Alternativen $\{\varepsilon_k\}$ ($k = 1\ldots n$) und $\{\varepsilon_l'\}$ ($l = 1\ldots n'$) charakterisieren. Man kann zwei Objekte stets als ein einziges Objekt auffassen, dessen Zustandsraum durch die $n \cdot n'$-fache Alternative $\{\varepsilon_k \wedge \varepsilon_l'\}$ ($k = 1\ldots n$, $l = 1\ldots n'$) charakterisiert ist.

Unter Überspringung historischer Zwischenstufen gehen wir im abstrakten Aufbau alsbald vom Postulat *elementarer Objekte* aus: Es soll nur *eine* Sorte von Objekten geben, aus denen alle anderen zusammengesetzt sind. Die Gesetze ihrer Wechselwirkung sind nicht mehr Gegenstand der vorliegenden Aufzeichnung.

24. *Komplexer Zustandsraum.* Wir können ohne Einschränkung der Allgemeinheit annehmen, die Funktionen ψ_k bildeten einen reellen Vektorraum. Ihr Wertevorrat soll nämlich ein algebraischer Körper sein, der die reellen Zahlen als Unterkörper enthält. Es gibt nur drei solche Körper: die reellen Zahlen, die komplexen Zahlen und die Quaternionen. Jeder komplexe bzw. quaternionische Vektorraum kann als reeller Vektorraum mit doppelter bzw. vierfacher Dimensionszahl und einer Einschränkung der zulässigen Transformationsgruppen geschrieben werden.

Die Alternativen eines Objekts kommen ihm unabhängig von der Wahl der Umwelt zu. Also muß das Vorliegen einer temporalen Ereignisklasse ε_k an dem Objekt, das wir einen Zustand des Objekts nennen, grundsätzlich stets durch Einführung einer geeigneten Meßwechselwirkung beobachtbar sein. In einem Vorgriff auf die Meßtheorie (= Rückgriff auf unser Vorwissen) behaupten wir, daß nur Zustände beobachtbar sind, die eine gewisse Zeit hindurch stationär oder periodisch sind. Also können an einem Objekt nur Zustände vorkommen, für die es eine mögliche Umwelt gibt, in der sie stationär oder periodisch sind. Im Sinne einer allgemeinen Theorie stilisieren wir die Bedingung dahin, daß sie bei geeigneter Wahl der Umwelt unbegrenzt lange stationär oder periodisch sein sollen. Damit eine Alternative entsteht, darf dies nicht nur für einen einzigen Zustand gelten, sondern es muß für eine ganze Basis des Vektorraums zugleich eintreten.

Unter den Untergruppen der vollen reellen linearen Gruppe leisten dies die orthogonalen. Der Generator einer orthogonalen Lie-Gruppe läßt sich stets in die Form bringen, entlang der Diagonale lauter Kästchen der Gestalt

$$\begin{pmatrix} 0 & \omega_{2k} \\ -\omega_{2k} & 0 \end{pmatrix}$$

zu haben, und außerhalb lauter Nullen. Wir beschränken uns auf gerade Dimensionszahlen $n = 2m$ (m ganz, positiv); ein überschießender Einzelzustand wird in den Beobachtungen keine Rolle spielen. k in den Kästchen läuft dann von 1 bis m. Die durch ein Kästchen verbundenen Komponenten ψ_{2k-1} und ψ_{2k} können zu einer komplexen Komponente

$$\varphi_k = \psi_{2k-1} + i\psi_{2k} \qquad (3)$$

zusammengefaßt werden, die sich mit der Zeit wie

$$\varphi_k(t) = \varphi_k(t_0) e^{i\omega_k(t-t_0)} \qquad (4)$$

ändert.

Die Forderung, daß die Alternativen invariant sind gegen die Wahl der Umwelt, besagt, daß die Gruppe c) des Objekts keine Transformationen enthalten darf, welche die Komponenten ψ_{2k-1} und ψ_{2k} trennen. Für diese Gruppe kann der reelle Vektorraum dann als komplexer Vektorraum behandelt werden. Mehr braucht die Quantentheorie nicht.

25. Wahrscheinlichkeit. Gewöhnlich fordert man die Invarianz der Wahrscheinlichkeitsbeziehungen zwischen den Zuständen und folgert daraus die Beschränkung auf unitäre Transformationen. Wir gehen umgekehrt vor. Wir haben die abstrakt eingeführten Modalitäten nur für den Fall der Nullmodalität = Unmöglichkeit inhaltlich gedeutet. Unsere Aufgabe ist, den Wahrscheinlichkeitsbegriff aus den postulierten Gesetzen herzuleiten. Dies sei hier nur skizziert.

Für die Generatoren der Lie-Gruppen eines komplexen Vektorraums läßt sich eine Basis angeben, in der die Hälfte der Basisgeneratoren hermitisch, die Hälfte antihermitisch ist. Letztere generieren unitäre Transformationen. Wir suchen nun ein fundamentales Wechselwirkungsgesetz für *elementare Objekte* (23.). Wir müssen damit rechnen, daß sein Generator aus einem hermitischen und einem antihermitischen Anteil besteht. Der letztere wird die Intensität des »Stroms« elementarer Objekte konstant halten, der erstere nicht. Die Inkonstanz des Stroms wird als Materieentstehung oder -vernichtung, Expansion des Universums o. ä. beobachtet werden. Bei Objekten, die wir als konstante kennen, dürfen wir diesen Anteil als unbeobachtbar klein vernachlässigen. Für sie also darf die Zeittransformation der Wechselwirkung als unitär unterstellt werden.

Dieser Gedankengang hat natürlich dasselbe Konsistenzproblem wie der Darwinismus. Nach letzterem darf man voraussetzen, daß eine empirisch vorfindliche Spezies überlebensfähig war und daß die nicht überlebensfähigen im statistischen Mittel nicht empirisch vorfindlich sein werden; aber dadurch ist die Beweispflicht nicht aufgehoben, daß nach den angenommenen Gesetzen die überlebensfähigen Spezies überhaupt entstehen konnten. Das analoge Problem für konstante physikalische Objekte, also zunächst für stabile Elementarteilchen ist im Gegensatz zu dem Darwinschen vielleicht mit den Mitteln unserer Mathematik streng lösbar. Wir lassen es aber hier beiseite.

Ein stabiles Objekt hat demnach einen konstanten Gesamtstrom elementarer Objekte, aus denen es besteht. Wir können nun die quantentheoretischen Modalitäten vergröbernd auf die klassischen abbilden. Sei $\{\varepsilon_k\}$ eine Alternative des Objekts. $\psi_{k'} = 0$ heißt, daß $\varepsilon_{k'}$ unmöglich ist. Sind umgekehrt alle $\psi_j = 0$ für $j \neq k'$, so hat $\psi_{k'}$ den Absolutbetrag der Gesamtintensität. In diesem Fall sagen wir, die Ereignisklasse $\varepsilon_{k'}$ sei notwendig. Dies ist (vgl. 6.) jetzt sinnvoll, da die Stromstärke festgelegt ist (die durch einen Prozeß zweiter Quantelung, der hier noch nicht besprochen sei, auf eine Anzahl von elementaren Objekten reduziert werden kann). In allen anderen Fällen heiße $\varepsilon_{k'}$ kontingent.

Nun führen wir eine endliche, aber große Gesamtheit von gleichartigen stabilen Objekten ein. Es ist dann die Aufgabe, aus den klassischen Modalitäten die Gesetze der Wahrscheinlichkeit als des Erwartungswerts der relativen Häufigkeit herzuleiten. Das habe ich bisher nicht unternommen. Es scheint aber, vielleicht mit gewissen Zusatzannahmen, ausführbar.

5. Erläuterungen zum dritten Weg

1. Ereignis. »Ereignis« ist der zentrale Begriff des Aufsatzes von 1974. Er wird dort ohne Kommentar eingeführt. Für eine ausführliche Deutung der Quantentheorie, die ihn in den Mittelpunkt stellt, hätte ich auf meinen Triestiner Vortrag *Classical and Quantum Descriptions* (1973), Abschnitt 4: *Reality in Quantum Theory* verweisen können.

Zunächst eine negative Bemerkung, eine Abgrenzung gegen einen anderen Sprachgebrauch. In der klassischen (d. h. nichtquantentheoretischen) Relativitätstheorie nennt man manchmal jeden Weltpunkt (Punkt im Minkowski- oder Riemannraum) ein Ereignis; die Sprechweise stammt m. W. von Einstein. Wir haben zu unterscheiden zwischen dem Weltpunkt und dem, was an diesem Weltpunkt geschieht; der Weltpunkt ist für uns nur die vorweg gedachte raum-zeitliche Lokalisierung eines möglichen Ereignisses. Es wird sich zeigen, daß unsere Theorie sogar ausschließt, daß an jedem Weltpunkt ein Ereignis, im strengen Sinn des Worts, stattfindet. Wir stützen uns zur Definition des Ereignisses vielmehr auf die Sprache der zeitlichen Logik.

Als ein *gegenwärtiges Ereignis* bezeichnen wir etwas, was ein Mensch soeben, hier und jetzt, erlebt. »Hier sitze ich am 28. Oktober 1980 vor dem Haus auf der Griesseralm in der Sonne und schreibe einen Satz über den Begriff des Ereignisses.« Dieser Begriff des Ereignisses ist nahe dem Bohrschen Begriff des Phänomens. Vgl.: »...one may strongly advocate limitation of the use of the word *phenomenon* to refer exclusively to observation obtained under specified circumstances, including an account of the whole experiment.« (Bohr 1949, dazu Scheibe 1973, S. 21. Hier Kap. 11.1 g).

Um vom gegenwärtigen Ereignis zu demjenigen »Ereignis« zu kommen, das ein Physiker als an einem beliebigen Weltpunkt geschehend bezeichnen würde, sind drei Abstraktionsschritte nötig.

1. Man geht vom wirklich gegenwärtigen Ereignis zum *formal möglichen gegenwärtigen Ereignis* über. Das ist also etwas, was ein Mensch erleben *kann*. Solche *fmE* (formal möglichen Ereignisse) charakterisiert man dann temporal. Ein Ereignis, das einmal gegenwärtig war, ist ein *erlebtes Faktum*. Die Modalitäten der Zukünftigkeit und des Nichtwissens seien hier nicht aufgezählt.

2. Man geht vom erlebten zum *objektiven Ereignis* über. Das ist ein Geschehen, das zwar vielleicht niemand erlebt, von dem aber der Physiker mit gutem Gewissen sagen kann, daß es stattfindet (stattgefunden hat, stattfinden wird) oder, als formal mögliches, stattfinden könnte.

3. Man unterteilt den komplexen Vorgang, als welcher ein Ereignis allein ein Phänomen im Bohrschen Sinne sein kann, begrifflich in die kleinstmöglichen Einheiten: *Einzelvorgänge* an unterschiedenen, aber wechselwirkenden Objekten. Im infinitesimalen Grenzfall kommt man dabei zu punktuellen Ereignissen, wie die klassische Relativitätstheorie sie voraussetzt.

Jeder der drei Abstraktionsschritte setzt, um möglich zu sein, die Geltung gewisser Gesetzmäßigkeiten voraus. Wir gehen diese durch:

Zu 1.: Hier ist die Möglichkeit der Begriffsbildung und, damit zusammenhängend, die Geltung der Gesetze der Logik, insbesondere auch der zeitlichen Logik, vorausgesetzt. Das ist jetzt nicht unser Thema, sondern sei akzeptiert.

Zu 2.: Ein objektives Ereignis, das wirklich stattgefunden hat, nennen wir ein *Faktum*. Ein formal mögliches objektives Ereignis wird als *formal mögliches Faktum* beschrieben: als das Faktum, das vorläge, wenn das Ereignis stattgefunden hätte. Damit ein Faktum in unserem Wissen überhaupt vorkommen kann, muß ein irreversibler Prozeß abgelaufen sein. Damit hängt Bohrs These von der notwendigen Beschreibung beobachtbarer Fakten durch klassische Begriffe zusammen. Man kann dies in der »*Goldenen Kopenhagener Regel*« (vgl. 1973, S. 657) zusammenfassen: »Die Quantentheorie ist eine Theorie der probabilistischen Verknüpfung zwischen formal möglichen Fakten. Fakten müssen klassisch beschrieben werden. Wo keine klassische Beschreibung möglich ist, gibt es kein Faktum. Die Irreversibilität der Fakten meinen wir, wenn wir von klassischer Beschreibung sprechen.« In 11.1g kommen wir auf diese These zurück. Die Anwendbarkeitsgrenzen des Begriffs der Irreversibilität bezeichnen demnach zugleich die Grenzen der Objektivierbarkeit der Ereignisse. Dies ist jedoch erst eine Folge des Indeterminismus der Quantentheorie. Denn in einer deterministischen Theorie würde die Feststellung *eines* Faktums die Objektivität *aller* mit ihm kausal notwendig verbundenen Ereignisse sicherstellen.

Zu 3.: Es gibt zwei Gründe, aus denen die Zerlegbarkeit objektiver Ereignisse oder Vorgänge (d.h. Ereignisfolgen) in infinitesimale Vorgänge oder punktuelle Ereignisse in der

Quantentheorie scheitern muß. Der eine ist die von Bohr hervorgehobene *Individualität* der Prozesse. Den anderen könnte man die *Diskretheit des Irreversiblen* nennen. In einem endlichen Raum-Zeit-Gebiet können nur endlich viele voneinander unterscheidbare irreversible Vorgänge ablaufen. Dies ist der physikalische Sachverhalt hinter dem *Finitismus* in der Quantenaxiomatik: man kann nur endliche Alternativen empirisch entscheiden. Die beiden Gründe dürften aber einen gemeinsamen Ursprung haben. Aus der obigen Bemerkung zu 2. muß man folgern, daß die Diskretheit der irreversiblen Vorgänge nur wegen des quantentheoretischen Indeterminismus eine Diskretheit der Fakten impliziert. Nun impliziert die Diskretheit der Fakten einerseits die Individualität der beobachtbaren Vorgänge; jede empirische Teilung eines Vorgangs ist ein neues Faktum. Andererseits ist nach Heisenberg die quantentheoretische Unbestimmtheit klassischer Größen eine notwendige Bedingung, also eine logische Folge der Bestimmtheit der Vorgänge gemäß dem Superpositionsprinzip, die in einer noch aufzuklärenden Weise mit der Individualität der Prozesse zusammenhängt.

Der gesamte philosophische Streit über die Quantentheorie geht, in der hier gewählten Sprache, darum, ob der Objektivierung des Ereignisbegriffs prinzipielle Grenzen gesetzt sind. Die Goldene Regel besagt, daß in der Quantentheorie kein Widerspruch auftreten wird, wenn man diese Grenzen respektiert.

Für den Aufbau auf dem dritten Weg ist nun entscheidend, nicht den Begriff des einzelnen Ereignisses, des Einzelvorgangs im Sinne von Punkt 3 zugrunde zu legen, sondern den Begriff, der im Aufsatz *temporale Ereignisklasse* (*tEK*) genannt und unter der Nummer 19 als *Strom* erläutert wird. Der Physiker sei daran erinnert, daß man in der quantentheoretischen Streutheorie normalerweise unnormierbare Impulseigenfunktionen benutzt, deren absolutes Amplitudenquadrat eine *Stromstärke* (Teilchenzahl pro Quadratzentimeter und Sekunde) mißt; die Streuwahrscheinlichkeiten sind dann nicht dimensionslos, sondern haben als Wirkungsquerschnitte die Dimension einer Fläche oder, differentiell, einer Fläche pro Raumwinkeleinheit. Diese Beschreibung ist der experimentellen Realität, also dem Phänomen im Sinne Bohrs, viel näher als die Beschränkung auf die normierbaren Vektoren des Hilbertraums: denn die klassischen Streuexperimente, etwa an Licht, zählen zunächst nicht Teilchen, sondern messen Intensitäten. Es ist die Absicht des dritten Wegs, dieses einfache Phänomen zuerst zu beschreiben und die Zerlegung des Stroms in Teilchen, die ohnehin wegen der Wechselwirkung der Teilchen selbst nur eine Näherung ist, der zweiten Quantelung zu überlassen.

2. Zeitliche Bestimmungen. Unter dieser Nummer wird der sehr abstrakte Grundbegriff des *Blickpunkts* eingeführt. Der Anknüpfung an die übliche Redeweise mag die Bemerkung dienen, daß unter Nummer 12 des Aufsatzes ein Zeitpunkt als eine Gesamtheit von zusammengehörigen formal möglichen Blickpunkten definiert wird. Eine andere, nicht in den Aufsatz eingegangene Definition war: Blickpunkt ist der Kenntnisstand an Fakten und futurischen Möglichkeiten eines Subjekts in einem seiner Augenblicke. Hier wird ebenso wie im Aufsatz ein Blickpunkt durch einen Wissensstand definiert. Das Wort »Augenblick« bezeichnet die Form, in der dem wissenden Subjekt die jeweilige Gegenwart gegeben ist.

Diese Definitionen entstammen der Tendenz, die Zeit nicht von vornherein durch eine reelle Koordinate zu beschreiben. »Augenblick« könnte im Bohrschen Sinne als der »Rahmen« eines Phänomens bezeichnet werden; als das, worin das ganze Phänomen als eine Einheit geschieht. Der Augenblick ist dem Menschen nicht als ein »Zeitpunkt« gegeben, ebensowenig als eine abgrenzbare »Zeitspanne«, sondern als etwas, das nicht auf einer reellen Koordinate abgemessen wird. Der Aufsatz führt freilich dann doch zur Konstruktion einer reellen Zeitkoordinate. Aber sein Aufbau war so angelegt, daß er durch abweichende Postulate auch zu einer anderen Beschreibung der Zeit hätte führen können.

3. Perfektische Bestimmungen. Dies ist der zeitlichen Logik (2.3) entnommen. In der Theorie, die für ihre Sätze diese Prinzipien voraussetzt, ist die Faktizität im Sinne semantischer Konsistenz durch Irreversibilität zu begründen.

4. Klassische Modalitäten. Diese Nummer knüpft an 2.4 an. Hier läßt sich eine philosophische Rückfrage stellen: ψ ist eine futurische Bestimmung, aber ψ beschreibt, wie wir sehen werden, einen *Strom*. Ist also »Strom« eine futurische Bestimmung? In der orthodoxen Quantentheorie kann jeder Zustand, also jedes ψ, auch als Funktion über einer Basis im Hilbertraum, d.h. als Inbegriff futurischer Bestimmungen *anderer* (in einer Alternative zusammengefaßter) Zustände gelesen werden. Auf dem zweiten Weg folgt dies aus dem Postulat der Erweiterung und der Symmetrie. Philosophisch gesagt: Jeder Begriff ist eine Möglichkeit, also formal-futurisch; jeder gegenwärtige Zustand ist durch einen unären Begriff (Klasse mit genau einem Element) zu bezeichnen. Dem entspricht auf dem ersten Weg das Postulat G: Stets ist eine letzte Aussage notwendig. Im Aufsatz unter Nummer 10 entsprechend: Ist E in B faktisch, so ist E in B von B aus notwendig. Hierin steckt die Forderung der *Wiederholbarkeit* (3.2, Postulat II). Man darf wohl auch eine Art Umkehrung behaupten: Gegenwart ist die Koinzidenz von Faktizität und realer Notwendigkeit. Dies sei jetzt nicht verfolgt.

Allgemein kann man sagen: Der Gegenstand einer Theorie sind die möglichen Begriffe in ihrem Zusammenhang. Mögliche Begriffe sind mögliche futurische Bestimmungen. Die abstrakte Quantentheorie hat diesen Sachverhalt explizit zum Gegenstand; sie beschreibt, welchen Gesetzen Begriffe genügen müssen, *weil* sie futurische Bestimmungen sind. Dazu auch 13.

5. Alternativen. Hier wird die Definition der Alternative (8.2 A) in der Sprache des dritten Wegs wiederholt. Der Objektbegriff wird locker, ohne präzise Argumentation, angefügt. Seine Konstruktion war nicht Anliegen des Aufsatzes.

6. Indeterminismus der Ereignisse. Hier wird Drieschners Indeterminismus-Postulat auf Ereignisklassen, d.h. Ströme übertragen. Daß für E ein Ereignis und nicht eine Ereignisklasse gewählt ist, liegt daran, daß, wie im zweiten Absatz gesagt, zunächst nicht klar ist, wie die Modalität »notwendig« auf einen Strom anzuwenden wäre. Am Ende des Aufsatzes (Nummer 25) wird dies für ein stabiles Objekt angegeben, aber als »vergröbernde Abbildung« der quantentheoretischen Modalitäten auf die klassischen. Die klassischen Modalitäten, mit denen wir begonnen haben, erscheinen damit nicht als evident und unerschütterlich, sondern als ein vereinfachter Hinweis auf einen differenzierteren Sachverhalt. Sie enthalten zwar die Unbestimmtheit, aber nicht die *Individualität der Prozesse* im Sinne Bohrs, folglich nicht die *Superposition*. Unser Aufbau ist also noch zu klassisch und bedarf im Sinne semantischer Konsistenz späterer Korrektur.

7. Symmetrie. Die Symmetrie wird hier schlicht postuliert, aber im letzten Absatz im Sinne der Trennbarkeit der Objekte. Man kann die Frage stellen: Sind die Individualität eines *Objekts* (eine klassische Prämisse) und die Individualität der *Prozesse* (die quantentheoretische Grundthese) letztlich dasselbe? Dies ließe sich zeigen, wenn die Stabilität des Objekts aus der Stationarität eines Stromes herzuleiten wäre. Es wäre die abstrakte Fassung der Art, wie die Quantentheorie des Atombaus die Stabilität der Atome erklärt. Eine Aufgabe für den vierten Weg.

8. Quantentheoretische Modalitäten für Ereignisklassen. Man kann die Forderung der *Vollständigkeit der Modalitäten* als Grundpostulat der Quantentheorie auffassen. Die Modalitäten sind Wissen von B_1 über B_2. Wenn sie vollständig sind, heißt das, daß zusätzliches Wissen extern, d. h. Wissen über ein anderes Objekt wäre.

9. Determinismus der Modalitäten. Das Postulat setzt ein sehr allgemein gehaltenes Kausalprinzip voraus: »Indeterminismus der Ereignisse, Determinismus der Möglichkeiten« (vgl. 11.1 d, Born). Es besteht eine formale Analogie zu Cantors Argument: Potentiale Unendlichkeit der Fakten *heißt* aktuale Unendlichkeit der Möglichkeiten. Hier würde das Argument lauten: Wenn man überhaupt Möglichkeiten quantitativ beschreiben kann, so müssen sie determiniert sein. Unbestimmtheit von Möglichkeiten wäre, wenn sie noch eine präzise

Beschreibung gestattet, eine Iteration des Möglichkeitsbegriffs. Aber die Möglichkeit einer Möglichkeit eines Faktums dürfte selbst einfach eine Möglichkeit dieses Faktums sein. Wir haben in diesem Buch nie eine Rechtfertigung für schlicht iterierte Möglichkeit (2.4) oder iterierte Wahrscheinlichkeit gesehen.

Wie hängt die *Kausalität* mit der *Individualität* der Prozesse zusammen? Klassisch versteht man Kausalität als zeitüberbrückende Notwendigkeit. Hier soll die Zeitfolge erst konstruiert werden. Die sehr weitgehende Forderung, das Wissen über *ein* B_j lege das Wissen über *alle anderen* B_j fest, besagt, daß, wenn dies nicht der Fall ist, von einer inkonstanten Umwelt gesprochen werden soll. Die starke Behauptung ist dann, daß konstante Umwelt überhaupt vorkommt. Das *ist* die Individualität der Prozesse.

10. Der Zustandsraum. Rahmenbestimmungen für den Zustandsraum. Die Aufgabe ist, die Wertemannigfaltigkeit der ψ zu bestimmen.

11. Nullmodalität. Sie wird in der additiven Gruppe die Identität: man fügt *nichts* hinzu.

12. Zeitpunkte. Ein Zeitpunkt wird hier völlig abstrakt als eine Klasse von Blickpunkten definiert. Dies ist eine Abstraktion aus dem Minkowskiraum, in dem ein Zeitschnitt die Klasse der in einem Bezugssystem gleichzeitigen Ereignisse ist.

13. Zeitfolge. Die Beziehung zur Relativität der Gleichzeitigkeit ist hier ausdrücklich genannt. Die Pointe der Definition ist, daß die Zeitfolge durch den qualitativen Unterschied von Faktizität und Möglichkeit, also Vergangenheit und Zukunft *definiert* wird und nicht umgekehrt. Die Zeitfolge ist bekanntlich lorentzinvariant.

14. Die Gruppe der Determination. Hier wird eine Gruppe gefordert, die faktisch die Dynamik bei fester Umwelt bedeutet. Sie muß wegen des Zeitfolgepostulats einparametrig sein. Zu beachten: Die Relativität der Gleichzeitigkeit bezieht sich

Dritter Weg 377

auf eine Änderung des Blickpunkts B_0 des Beobachters. Bei festem B_0 ist die Zeitfolge eindeutig festgelegt.

15. Homogenität der Zeit. Sie ist eine Folge des Symmetriepostulats.

16. Universalität formal möglicher Umwelten. Hier wird die universelle Gruppe a) soweit als möglich auf die einparametrigen dynamischen Gruppen zu festen Umwelten reduziert. (Vgl. Nr. 22.)

17. Universalität des Wertevorrats. Das zweite Postulat, die Unabhängigkeit des Wertevorrats von der Dimensionzahl, erscheint zunächst als eine starke Forderung. Auf den beiden ersten Wegen der Rekonstruktion ist sie durch die Universalität des Wertevorrats der Wahrscheinlichkeitsfunktion garantiert, also eben durch das Ausgehen vom Begriff der Wahrscheinlichkeit. Hier wäre sie zu begründen durch die Kompositionsregel, sofern man annehmen darf, daß alle höheren Alternativen aus niedrigeren zusammengesetzt werden können. Das ist faktisch die Hypothese der Uralternativen.

18. Addition. Hier beginnt der *Aufbau des Wertevorrats,* anschließend an das Postulat der Nullmodalität (Nummer 11). Die Überlegung des zweiten Absatzes könnte vielleicht vereinfacht werden.

Der entscheidende Gedanke ist, die Addition, die im Superpositionsprinzip steckt, auf die *Homogenität der Zeit* zurückzuführen, also auf die *Addition von Zeitspannen.*

19. Unendlichkeit. In Kapitel 9 werden wir sehen, daß dieses Postulat die zeitliche Veränderlichkeit der Anzahl der Uralternativen impliziert. Offenheit der Zukunft heißt: Es entstehen immer neue Möglichkeiten. Die Menge der Möglichkeiten wächst (Picht 1960). Dies begründet die Bevorzugung von Strömen vor Objekten.

20. Multiplikation. Der Aufbau der rationalen und reellen Zahlen nach diesem Schema ist ausgeführt in *Zeit und Wissen 5.*

21. Zeitkontinuum. Erst hier wird die Weiche zur Einführung des reellen, externen Zeitparamters gestellt, vorbehaltlich späterer Korrektur. Die mathematische Konstruktion des reellen Kontinuums spricht dafür, daß ein etwaiger Zeitoperator nur entweder ein diskretes oder ein reell-kontinuierliches Spektrum haben kann.

Die Forderung der Differenzierbarkeit legt nahe, daß wir uns des weiteren auf Lie-Gruppen beschränken.

22. Dynamik eines Objekts. Hier wird der Plan einer expliziten Definition der Objekte durch die Dynamik der Alternativen entworfen, der dann auf dem vierten Weg ausgeführt wird.

23. Dynamik der Wechselwirkung. Die hier schlicht postulierte Kompositionsregel der Objekte läßt sich gemäß 8.2 E aus der logischen Komposition der Alternativen begründen. Wesentlich ist dann aber die Bestimmung der Dynamik der zusammengesetzten Objekte. Man könnte dazu postulieren: Zwei Objekte, wenn sie gemeinsam gegenüber der Umwelt Invarianz zeigen, sind *ein* Objekt. Daß dies möglich ist, bedeutet: Superpositionen individueller Prozesse getrennter Objekte können individuelle Prozesse am Gesamtobjekt sein.

24. Komplexer Zustandsraum. Dies ist im wesentlichen die Überlegung von 8.3 c 3.

25. Wahrscheinlichkeit. Es kommt hier darauf an, zuerst den Begriff der absoluten Häufigkeit, also die Zählbarkeit der Prozesse zu gewinnen. Gesetze über Häufigkeiten werden dann die Form der Angabe bedingter Wahrscheinlichkeiten haben.

Neuntes Kapitel
Spezielle Relativitätstheorie

1. Konkrete Quantentheorie

Im vorangegangenen Kapitel haben wir Wege zur Rekonstruktion der abstrakten Quantentheorie angegeben, also der Quantentheorie beliebiger Alternativen und Objekte, und beliebiger Kräfte. Jetzt streben wir den Aufbau der konkreten Quantentheorie an, d. h. der Quantentheorie der real existierenden oder real möglichen Objekte. Wir brauchen dazu drei Begriffe, die in der abstrakten Quantentheorie keine konstitutive Rolle spielten, sondern höchstens für erläuternde Beispiele herangezogen wurden:
  a. Raum
  b. Teilchen
  c. Wechselwirkung.

Zu ihrer vorläufigen Erläuterung greifen wir auf das Gefüge der Theorien zurück, wie es im 6. Kapitel dargestellt wurde.

a. Raum. Wir fassen die Rolle des Raumbegriffs im Gefüge der Theorien zunächst in vier Thesen zusammen.

α. *Räumlichkeit.* Alle Objekte, zum mindesten alle Objekte der klassischen Physik, sind »im Raum« (6.2 d), sei es als ausgedehnte Körper, als lokalisierbare Massenpunkte oder als im Raum definierte Felder. Zur Unterscheidung von abstrakten mathematischen Räumen nennt man diesen Raum auch den *Ortsraum.*

β. *Symmetrie.* Der Ortsraum ist ein reeller dreidimensionaler euklidischer Punktraum. Seine Symmetriegruppe ist die sechsparametrige euklidische Gruppe $E(3)$ der Rotationen und Translationen.

γ. *Spezielle Relativitätstheorie.* Der Ortsraum ist mit der Zeit zum vierdimensionalen Raum-Zeit-Kontinuum verknüpft, das auch die Minkowski-Welt genannt wird. Die Symmetriegruppe dieser »Welt« ist die zehnparametrige Poincaré-Gruppe (inhomogene Lorentz-Gruppe) der drei räumlichen Rotationen, der drei eigentlichen Lorentztransformationen, welche Raum und Zeit hyperbolisch ineinander drehen, der drei räumlichen Translationen und der Zeittranslation.

δ. *Allgemeine Relativitätstheorie.* Das Raum-Zeit-Kontinuum hat eine Riemannsche Geometrie. Es hat an jeder Stelle eine lokal tangierende Minkowski-Welt.

Kommentar: Wir werden keine dieser vier Thesen als epistemisches oder realistisches Postulat fordern, sondern wir werden versuchen, sie – wie die vier Thesen zur abstrakten Quantentheorie, 8.1 – aus Postulaten zu begründen. Wir werden dabei nur die abstrakte Quantentheorie und *ein* zusätzliches, rein quantentheoretisches Postulat (9.2b) voraussetzen. In der jetzigen Vorbetrachtung vergegenwärtigen wir uns die Rolle der Begriffe von Raum, Teilchen und Wechselwirkung im Gefüge der bisherigen Theorien. Zunächst die vier Thesen α. bis δ.

α. *Räumlichkeit.* Es besteht keinerlei a priori einsichtige *begriffliche* Notwendigkeit für die Annahme, daß alle Objekte der Physik »in« einem gemeinsamen Raum sein müssen. Uns drängt sich diese Einsicht dadurch auf, daß wir die Annahme der Räumlichkeit weder in den Thesen (8.1) zur abstrakten Quantentheorie noch in deren Rekonstruktion (8.2–4) gebraucht haben. Andererseits ist uns die Räumlichkeit traditionell so selbstverständlich, daß es einer Abstraktionsleistung bedarf, um in ihr überhaupt eine besondere Annahme zu erkennen. Es mag daher nützlich sein, in einem kurzen Rückblick zu prüfen, wie sich die drei großen traditionellen erkenntnistheoretischen Schulen des Realismus, Empirismus und Apriorismus und die neuere Verhaltensforschung mit dieser Annahme auseinandergesetzt haben.

Der Realismus nimmt die Räumlichkeit der Objekte meist als ein selbstverständliches Merkmal des Realitätsbegriffs schlicht hin. Der Empirismus sieht, daß dies nicht selbstver-

Konkrete Quantentheorie

ständlich ist; da er aber die Räumlichkeit akzeptiert, faßt er sie als ein empirisches Faktum auf. Was jedoch als »empirisch« beschrieben wird, von dem denkt man sich, daß es, abstrakt betrachtet, auch anders sein könnte. Kant war sich in seinem aprioristischen Ansatz hierüber im klaren. Er postulierte daher den Raum als Bedingung möglicher Erfahrung nicht im Sinne einer begrifflichen Notwendigkeit, sondern als Form unserer Anschauung.* Dies sind sukzessive Schritte auf einem Weg der Klärung der Voraussetzungen der Physik. Im Sinne des Kreisgangs folgen wir nun auch der evolutionistischen Erkenntnistheorie von Lorenz. Diese erkennt die Räumlichkeit als angeborene Form der Anschauung an, sucht sie aber durch Anpassung zu erklären; d. h. sie kehrt in ihren Erklärungsprinzipien zu der naivsten These, der des Realismus, zurück.

In unserem eigenen Ansatz haben wir keine Schwierigkeit, die Räumlichkeit im Geltungsbereich der klassischen Physik als empirisches Faktum und damit auch evolutionistisch als Grund unserer Anschauungsform anzuerkennen.** Aber eben diese empirischen Fakten, sowohl über die Räumlichkeit empirisch bekannter Körper wie über die Form unserer Anschauung, wollen wir nicht in der Quantentheorie voraussetzen, sondern womöglich aus ihr erklären.

Dies legt nahe zu fragen, welche systematische Rolle der Ortsraum in der historisch entstandenen Quantentheorie spielt. Daß Heisenberg mit der Vertauschungsrelation zwischen Ort und Impuls begonnen hat, war eine Präzisierung des Bohrschen Korrespondenzprinzips. Im Sinne der Umkehrung der historischen Reihenfolge der Argumente (8.1; dazu 7.5) kann man sagen: Wenn in der Quantenmechanik der Energieoperator H von irgend zwei Operatoren p und q abhängt, zwischen denen die Heisenbergsche Vertauschungsrelation

---

* Es sei bemerkt, daß er den Raum als »formale Anschauung«, in welcher wir unsere geometrischen Begriffe »konstruieren«, durch eine »Synthesis« von der bloßen »Form der Anschauung«, die »bloß Mannigfaltiges« gibt, unterscheidet. *Kritik der reinen Vernunft*, B 160, Fußnote.
** Im Sinne der vorigen Anmerkung sei ferner bemerkt, daß die psychologisch eruierbare Form unserer Anschauung weder euklidisch noch nichteuklidisch, sondern unscharf ist. Die euklidische Geometrie ist eine »Idealisierung« unserer Anschauung (6.2).

besteht, so definiert dies einen klassischen Grenzfall, in dem p und q kanonisch konjugierte Variable sind. Die Auszeichnung des Ortsraums liegt dann daran, daß alle klassischen Wechselwirkungsgesetze vom Ort (oder allenfalls von der Geschwindigkeit im Ortsraum) abhängen. Da wir nun nur durch Wechselwirkung beobachten, ist jede Messung zunächst einmal eine Ortsmessung. Diese Abhängigkeit der Wechselwirkung vom Ort mußte man in der korrespondenzmäßigen Auffassung als eine empirische Tatsache schlicht hinnehmen. In einer abstrakten Auffassung liegt es wieder nahe, die Anordnung der Argumente umzukehren. Wenn es überhaupt einen Zustandsparameter gibt, von dem alle Wechselwirkungen abhängen, so darf man erwarten, daß die real beobachtbaren Objekte und ihre Zustände am direktesten in einer Darstellung beschrieben werden können, die diesen Parameter als unabhängige Variable zugrunde legt.

Es fragt sich dann, warum es überhaupt einen Zustandsparameter geben soll, von dem alle Wechselwirkungen abhängen. Hierüber können uns die weiteren Thesen belehren.

β. *Symmetrie.* Im Sinne von Felix Kleins Erlanger Programm betrachten wir eine Geometrie als bestimmt durch ihre Symmetriegruppe (vgl. 6.3). In der Rekonstruktion der Quantentheorie (8.3) erscheint uns die Symmetrie des Zustandsraums als ein Ausdruck der Trennbarkeit der Alternativen. Dies liefert aber zunächst zu einer n-fachen Alternative die Gruppe $U(n)$, also die komplexe metrische Geometrie des Hilbertraums. Wenn aber alle real vorkommenden Wechselwirkungen von einer dreidimensionalen reellen Geometrie abhängen, so muß das bedeuten, daß *alle real vorkommenden dynamischen Gesetze eine gemeinsame Symmetriegruppe* haben, die sehr viel kleiner ist als $U(n)$ für größere n. Dies betrachten wir als das *zentrale Phänomen der konkreten Quantentheorie.* Wir werden es durch das *Postulat der Uralternativen* (9.2b) zu erklären versuchen. Der Ortsraum wird dann als ein homogener Raum der universalen Symmetriegruppe der Dynamik erklärt.

γ. *Spezielle Relativitätstheorie.* Die spezielle Relativitätstheorie beschreibt die Kinematik als eine vierdimensionale pseudoeuklidische Geometrie mit der Poincaré-Gruppe als definierender Symmetrie-Gruppe. Historisch wurde die Kinematik als Voraussetzung der Dynamik verstanden. Die Kinematik beschreibt alle durch die Struktur von Raum und Zeit formal möglichen Bewegungen; die Dynamik sondert unter ihnen durch Angabe der Kräfte die real möglichen aus. Die beiden mathematisch präzisen fundamentalen Fortschritte in der theoretischen Physik unseres Jahrhunderts, Einsteins spezielle Relativitätstheorie von 1905 und Heisenbergs Quantenmechanik von 1925, führen neue *kinematische* Gesetze ein.

Im Sinne der Umkehrung der Argumente müssen wir fragen, warum eine universelle Kinematik überhaupt möglich ist. Wir werden die Symmetriegruppe der Kinematik als die gemeinsame Symmetriegruppe aller real möglichen Dynamiken erklären. Sie ist insofern umfassender als die Symmetriegruppe des Ortsraums, als sie auch die Transformation von Geschwindigkeiten (und die Zeittranslation) umfaßt. Die Beschränkung auf Geschwindigkeiten, d.h. gleichförmige Bewegungen hat mit dem Trägheitsgesetz zu tun (9.3 b). Auf dem vierten Weg der Rekonstruktion der Quantentheorie (9.2) werden wir diese Einbeziehung der Zeit in die Transformationen als quantentheoretisch konsequent erkennen.

Die Beziehung zwischen Quantentheorie und Relativitätstheorie gilt zu Recht bis heute nicht als voll geklärt. Zwar ist die relativistische Quantenfeldtheorie mit lokaler Wechselwirkung empirisch sehr erfolgreich. Aber solange die in ihr auftretenden Singularitäten nur in relativistisch invarianter Weise weggelassen werden, ist nicht klar, ob die Theorie im mathematisch strengen Sinne überhaupt existiert. Auch wenn man hofft, daß sich diese Schwierigkeiten klären werden, so bleibt doch die relativistische Quantentheorie gleichsam »zusammengeleimt« aus zwei einander wesensfremden Theorien.

Unser Aufbau der Quantentheorie auf dem vierten Weg geht hingegen von der Erwartung aus, daß jede der beiden Theorien erst im Zusammenhang mit der anderen voll verstanden werden kann. Dies gilt in beiden Richtungen. Einerseits werden wir den Ortsraum und die relativistische Invarianz als *Folgerungen* aus der Quantentheorie variabler Alternativen mit dem Postulat der Uralternativen herleiten. Die so aufgebaute Quantentheorie ist also von vornherein eine relativistische Quantentheorie. Andererseits zeigt eben dies, daß erst die Berücksichtigung der relativistischen Invarianz die Quantentheorie *vollendet*. Nur die Darstellung der nichtkompakten relativistischen Symmetriegruppe nötigt uns, den Finitismus zu übersteigen und zum unendlichdimensionalen Hilbertraum überzugehen. Diese fundamentale Rolle der Relativitätstheorie kommt beim traditionellen korrespondenzmäßigen Aufbau der Quantentheorie nicht zum Vorschein, denn man geht dort von einer klassischen Physik aus, die von vornherein im kontinuierlichen, unendlichausgedehnten Ortsraum geschrieben wird. Die Wellenfunktionen in diesem Raum bilden von selbst einen unendlichdimensionalen Hilbertraum. Aber nur unser langsamerer, zunächst finiter Aufbau der Quantentheorie bietet Aussicht, die Singularitäten der Wechselwirkung von Anfang an nicht entstehen zu lassen. (Dazu Kapitel 10.3.)

δ. *Allgemeine Relativitätstheorie.* Wir haben die prinzipiellen Probleme der allgemeinen Relativitätstheorie in 6.10 ausführlich besprochen und werden erst in Kapitel 10 zu ihnen zurückkehren.

b. Teilchen. Wir bemerken hier nur, daß die Existenz von Teilchen, die als Massenpunkte beschrieben werden können, nach Wigner (1939) aus der relativistischen Quantentheorie folgt: ihre Zustandsräume sind die Darstellungsräume irreduzibler Darstellungen der Poincaré-Gruppe. Wir gehen im Kapitel 10 hierauf ein.

c. Wechselwirkung. Alle Dynamik ist Wechselwirkung. Wir werden diesen Satz beim Aufbau gemäß dem vierten Weg als Postulat einführen. Hier ist er zunächst als deskriptive Aussage über die bisherige Physik gemeint und sei als solche erläutert.

Der Satz ist keineswegs selbstverständlich. In der Mechanik (vgl. 6.2) unterscheidet man zwischen kräftefreier Bewegung,

Bewegung unter dem Einfluß einer äußeren Kraft und Bewegung unter dem Einfluß von Wechselwirkung. Daß es kräftefreie Bewegung gibt, haben wir in 6.2 und 6.3 als ein kausales Paradoxon bezeichnet; wir kommen in 9.3 c auf diese Frage zurück. Sie betrifft uns in der jetzigen Überlegung nicht, wenn wir unter Dynamik nur die Wirkung von Kräften verstehen. Der obige Satz besagt dann, daß alle »äußeren« Kräfte in Wirklichkeit Wechselwirkung sind. Wechselwirkung zwischen zwei Objekten (oder Alternativen) bedeutet, daß sie ihre Bewegung (Veränderung), wenn überhaupt, dann stets gegenseitig beeinflussen. Wenn die Einwirkung in einer der beiden Richtungen vernachlässigt werden kann, so spricht man von einer äußeren Kraft.

Man wird vielleicht sagen dürfen, daß die meisten Physiker an den Satz glauben. Newtons drittes Axiom spricht ihn in quantitativer Fassung aus. Wir haben oben implizit von ihm Gebrauch gemacht, indem wir den Ortsbegriff nicht auf Kräfte überhaupt, sondern auf Wechselwirkung bezogen.

2. Vierter Weg: Rekonstruktion der Quantentheorie über variable Alternativen

a. Variable Alternativen

α. *Drei Postulate.*
1. *Fundierung der Möglichkeiten.* Die aktualen Möglichkeiten sind durch die aktualen Fakten bestimmt.
Kommentar. Wir erläutern zunächst die Ausdrucksweise. Das Wort *aktual* soll dasjenige bezeichnen, was in der jeweiligen Gegenwart vorliegt. Im Sinne der zeitlichen Logik unterscheiden wir präsentische, perfektische und futurische Aussagen. Ein aktuales Faktum ist das, was in der jeweiligen Gegenwart durch eine wahre präsentische Aussage ausgesagt wird. Wir unterscheiden es von einem perfektischen Faktum als dem, was jeweils durch eine wahre perfektische Aussage ausgesagt wird. Den Bezug auf die *jeweilige* Gegenwart drücken wir aus, indem wir »aktual« statt »präsentisch« sagen. Eine aktuale Möglichkeit ist dann das, was in der jeweiligen

Gegenwart soeben möglich wird, was also jeweils eine wahre futurische Aussage über die unmittelbare Zukunft aussagt. Wir haben diesen Bezug auf die unmittelbare Zukunft in 2.4 ausführlich besprochen. Nicht alles, was wir als formal möglich beschreiben können, auch nicht alles, was in fernerer Zukunft möglich ist, ist jetzt möglich. Das Postulat besagt, daß die aktualen Fakten bestimmen, was jeweils jetzt möglich ist. Für Beispiele erinnern wir an die Diskussion der Irreversibilität (4.1) und der Evolution (5.1).

Die Zeit beschreiben wir in diesem und dem folgenden Kapitel durch eine reelle Koordinate, auf der die jeweilige Gegenwart jeweils einen Punkt bedeutet. Das ist eine mathematische Idealisierung (vgl. 8.5.1). Die phänomenale Gegenwart ist weder ein Zeitpunkt noch eine Zeitspanne, sondern wird nicht auf einer Skala gemessen. Wir bleiben mit dieser Idealisierung im Rahmen der heutigen Quantentheorie und Relativitätstheorie; erst im 13. Kapitel werden wir darüber hinausfragen. Es sei aber sofort hervorgehoben, daß die Gegenwart, auf welche das Wort »aktual« hinweist, die Gegenwart *eines* Beobachters ist, oder jedenfalls einer Gruppe von Menschen, die in einer gemeinsamen Gegenwart miteinander kommunizieren.

Wir verstehen das Postulat als *epistemisch* in dem Sinne, in dem wir die Zeit in ihren Modi als Vorbedingung von Erfahrung ansehen. Wie anders sollten aktuale Möglichkeiten erkennbar sein als aus aktualen Fakten? Selbst wer annähme, längst vergangene Fakten wirkten »direkt« auf aktuale Möglichkeiten, würde die heute wirksamen Fakten damit gewissermaßen zu aktualen Fakten erklären. Das Postulat kann als eine heutige Version der Antwort von Kant an Hume gelten, daß das Kausalprinzip Vorbedingung möglicher Erfahrung sei; nur determinieren in unserer Fassung die aktualen Fakten bloß die Möglichkeiten, nicht die zukünftigen Fakten.

2. *Offener Finitismus.* Alle real entscheidbaren Alternativen sind endlich, aber man kann keine obere Schranke für die Anzahl ihrer Elemente angeben.

Kommentar. Wir haben dies schon in 8.3 a 1 angenommen und in 8.2 D erläutert. Das Postulat beschreibt zunächst einfach die Rolle der natürlichen Zahlen im Umgang mit der Erfahrung. Jede Menge, deren Elemente man real durchzählen kann, ist endlich. Aber zu jeder endlichen Kardinalzahl läßt sich eine größere angeben. Die Aufzählung aller natürlichen Zahlen (das Zählen) geschieht in der Zeit und hat kein natürliches Ende.

Bei Messungen im Kontinuum erscheint es zunächst undeutlich, wie der offene Finitismus präzise anzuwenden wäre; der Experimentator weiß hier oft selbst nicht, wie genau die Messung, wie groß also die durch sie entschiedene Alternative war.

Betrachten wir als Vorgriff auf eine bekannte Theorie, die wir aber hier erst begründen wollen, die Observablen eines kräftefreien Teilchens. Die Eigenfunktionen der Operatoren mit kontinuierlichem Spektrum wie Ort oder Impuls sind nicht im Hilbertraum. Der Hilbertraum läßt sich aber mit diskreter Basis aufbauen aus den Eigenfunktionen des Drehimpulses und Laguerre-Polynomen des Impulsbetrags. Zu jedem festen Gesamtdrehimpuls gehört ein endlichdimensionaler Teilraum, der also durch eine endliche Alternative definiert ist. Einen solchen Raum wollen wir von nun an terminologisch den Zustandsraum eines *Subobjekts* nennen. Dann ist der Zustandsraum eines freien Teilchens die direkte Summe von unendlich vielen endlichdimensionalen Zustandsräumen von Subobjekten. Wir werden den offenen Finitismus so interpretieren, daß der Zustandsraum jedes freien Objekts eine solche formale Zerlegung zuläßt. Wir ziehen dafür die räumliche Deutung, wie soeben durch den Drehimpuls, nicht zur Begründung heran, werden sie vielmehr aus dem zunächst abstrakten Postulat des offenen Finitismus heraus herleiten.

3. Aktuale Alternative. Die aktualen Möglichkeiten sind in der Näherung der Trennbarkeit der Alternativen jeweils durch den Zustandsraum *einer* Alternative gegeben.

Kommentar. Dieses Postulat setzt die Rekonstruktion der abstrakten Quantentheorie gemäß dem zweiten Wege voraus, genauer die zwei Postulate 8.3b 1.–2. und die zwei Folgerungen 8.3c 1.–2., also die Rekonstruktion mit Ausnahme der Zeitabhängigkeit; letztere werden wir jetzt umfassender beschreiben. Die aktualen Möglichkeiten sind also verstanden im Sinne trennbarer Alternativen, für welche jeweils das Postulat der Erweiterung gelten soll. Alle jeweils in der Gegenwart eines Beobachters aktualen Möglichkeiten lassen sich dann stets durch den Zustandsraum *einer* Alternative beschreiben. Sie ist das cartesische Produkt aller für ihn soeben entscheidbaren voneinander unabhängigen Alternativen. Wir nennen sie die aktuale Alternative. Sie ist, als eine Basis im Zustandsraum, natürlich nur bis auf eine Koordinatentransformation im Zustandsraum definiert.

Wir werden sehen, daß unser Ansatz explizit dazu führt, die Trennbarkeit der endlichen Alternativen nur als Näherung aufzufassen.

β. *Drei Folgerungen.*
1. *Determinismus der Möglichkeiten.* Die aktualen Möglichkeiten bestimmen ihre eigene zeitliche Änderung.

Kommentar. Wir beschreiben die Möglichkeiten zunächst quantitativ durch die Angabe von Wahrscheinlichkeiten für formal mögliche Ereignisse. Aktuale Möglichkeiten sind formal mögliche Ereignisse mit einer aktualen Wahrscheinlichkeit ungleich Null. Unsere Folgerung behauptet, daß diese Ereignisse ihrerseits die danach bestehenden aktualen Möglichkeiten bestimmen werden, und so fort.

Wer die Quantenmechanik kennt, der weiß, daß in dieser scheinbar einfachen Schlußfolgerung eine Zweideutigkeit verborgen ist. Ein aktuales Faktum ist irreversibel eingetreten. Es muß nach Bohr klassisch beschrieben werden; wir werden das in 11.2 ausführlich besprechen. Damit ein aktual mögliches Ereignis zum aktualen Faktum werden kann, muß wiederum ein irreversibler Vorgang stattfinden, der »Meßprozeß«. Von diesem Problem sieht man in der klassischen Physik ab. Ein Faktum a zur Zeit t_0 determiniert in der klassischen Theorie die bedingten Wahrscheinlichkeiten aller Fakten b zur Zeit t_1 und durch diese die bedingte Wahrscheinlichkeit eines Faktums c zur noch späteren Zeit t_2 gemäß

$$p_{ac} = \sum_b p_{ab} \, p_{bc} \qquad (1)$$

(vgl. Feynman 1948; bei uns Kap. 7.5). Wird aber nicht gemessen, so ist (1) nach der Quantenmechanik durch die Kombination der Amplituden zu ersetzen:

$$\psi_{ac} = \sum_b \psi_{ab}\, \psi_{bc}. \qquad (2)$$

Unsere Folgerung läßt sich dann ziehen, wenn nicht die Wahrscheinlichkeiten p_{ab} für real eintretende Fakten, sondern die Amplituden ψ_{ab} für formal mögliche Ereignisse die Weiterentwicklung der aktualen Möglichkeiten bestimmen. Diese Überlegung liegt dem dritten Weg der Rekonstruktion zugrunde.

Die obige Folgerung haben wir in 8.4.9 als Postulat eingeführt und in 8.5.9 kommentiert. Jetzt können wir die Folgerung als eine Fortführung der epistemischen Begründung des Postulats der Fundierung der Möglichkeiten auffassen: Wie anders sollten spätere aktuale Möglichkeiten jetzt erkennbar sein als durch Vermittlung der zwischen der Gegenwart und ihnen liegenden Möglichkeiten? Schärfer als so vermag ich zur Zeit das Argument nicht zu fassen.

2. *Variable Alternativen.* Die zeitliche Änderung der aktualen Möglichkeiten kann den Übergang zu einer anderen aktualen Alternative (gemäß Postulat 3.) bedeuten.

Kommentar. Wir gehen von der Erfahrung der Zeit aus, nach der aktuale Möglichkeiten entstehen und vergehen können. Dies wird sich nicht nur im Zustandsraum einer festen Alternative abspielen. Es werden größere oder kleinere Alternativen entstehen. In der Sprache, die wir im Kommentar zum Postulat 2 eingeführt haben, wird die zeitliche Änderung ein Subobjekt in andere Subobjekte überführen. Eine quantitative Theorie hierfür werden wir im nächsten Unterabschnitt mit Hilfe der binären Uralternativen entwerfen. Zur qualitativen Erläuterung diene die 3. Folgerung:

3. *Wachstum der Möglichkeiten.* Im statistischen Mittel wächst die Menge der aktualen Möglichkeiten.

Kommentar. Wir haben im 5. Kapitel besprochen, in welchem Sinne bei jeder Herausbildung von Gestalten die Information im statistischen Mittel wächst; die biologische Evolution war das auffallendste Beispiel. Picht (1958) hat die Erfahrung dieses Wachstums rein phänomenologisch, ohne naturwissenschaftliche Theorie und ohne Verwendung des Informationsbegriffs, durch die Sätze beschrieben: »Das Vergangene vergeht nicht. Die Menge der Möglichkeiten wächst.« (Zur Erläuterung vgl. *Der Garten des Menschlichen*, II.7: Mitwahrnehmung der Zeit). Der Satz »Das Vergangene vergeht nicht« besagt die Faktizität der Vergangenheit. Der Satz »Die Menge der Möglichkeiten wächst« läßt sich dann wie folgt erläutern: Wenn das Vergangene nicht vergeht, d. h. wenn alles, was einmal Faktum ist, Faktum bleibt, so wird, da ständig neue Fakten entstehen (das nennt man Ereignisse!), die Menge der Fakten ständig wachsen. Also sollte auch die Menge der durch diese Fakten bestimmten Möglichkeiten wachsen.

Nun wächst freilich nur die Menge der perfektischen Fakten, aber nicht notwendigerweise auch die Menge der aktualen Fakten und damit der aktualen Möglichkeiten. Jedes wirkliche Ereignis eliminiert gewisse Möglichkeiten und schafft dafür andere Möglichkeiten. Aber der offene Finitismus legt die Vermutung nahe, daß auch die Menge der aktualen Möglichkeiten wenigstens im statistischen Mittel wächst. Beginnen wir mit irgendeiner aktualen Alternative der Ordnung n. Gemäß der Variabilität der Alternativen wird diese in Alternativen niedrigerer oder höherer Stufe n übergehen. n kann aber nicht unter den Wert 1 sinken, wenn noch etwas Beobachtbares vorliegen soll, kann jedoch über alle Grenzen wachsen. Auch hierfür wird die Theorie der Uralternativen uns ein quantitatives Modell liefern.

b. Uralternativen

1. Theorem der logischen Zerlegung der Alternativen. Eine n-fache Alternative läßt sich in das cartesische Produkt von k binären Alternativen mit $2^k \geq n$ abbilden.

Kommentar. Das Theorem ist logisch trivial. Jede endliche

Alternative läßt sich durch sukzessive Ja-Nein-Entscheidungen entscheiden.

2. *Theorem der mathematischen Zerlegung der Zustandsräume.* Ein n-dimensionaler komplexer Vektorraum läßt sich so in das Tensorprodukt von k zweidimensionalen Vektorräumen mit $2^k \geq n$ abbilden, daß seine lineare und metrische Struktur erhalten bleiben.

Kommentar. Man wähle z. B. $k = n-1$ und beschränke sich auf symmetrische Tensoren vom Rang k; sie bilden eine n-dimensionale irreduzible Darstellung der SU(2).

Physikalisch kann man das Theorem als eine erst durch die abstrakte Quantentheorie ermöglichte Radikalisierung des klassischen Atomismus lesen. In der bisherigen Chemie und Physik hatte sich ein *relativer Atomismus* bewährt. Alle Objekte bestehen aus jeweils kleineren, in wenige Klassen einteilbaren Objekten (chemische Atome, Elementarteilchen); die Objekte einer Klasse sind untereinander gleich. Der Atomismus ist relativ: man weiß nicht, ob die jeweils kleinsten bekannten Objekte nicht noch weiter teilbar sind. Die Quantentheorie hat den Atomismus präzisiert: die Zusammensetzung von Objekten braucht im allgemeinen nicht als räumliches Nebeneinanderliegen veranschaulicht zu werden; sie besteht in der Bildung des Tensorprodukts ihrer Hilberträume. Dieses notwendige Opfer an Anschaulichkeit haben wir als Hinweis darauf gelesen, daß in der Quantentheorie die Räumlichkeit der Objekte erst eine abgeleitete Eigenschaft ist.

Aus unserem Theorem läßt sich nun die Hypothese eines *radikalen Atomismus* entwickeln. In der unpräzisierten Sprache des klassischen Atomismus könnte man ihr die Form geben: Jedes Objekt ist in die kleinsten überhaupt möglichen Objekte zerlegbar. Man sieht freilich sofort, daß die Sprache der klassischen Räumlichkeit dem gemeinten Gedanken nicht adäquat ist. Was sollen »kleinste überhaupt mögliche Objekte« sein? Man stürzt in die in 6.2b, 6.4 und 7.1 erörterten Schwierigkeiten einer fundamentalen klassischen Kontinuums-Physik. Die Quantentheorie vermeidet dieses Problem. Wir haben die Quantentheorie vom Begriff der Alternative aus aufgebaut. Alternativen sind diskret. Die kleinste Alternative, die noch eine Entscheidung bedeutet, ist die binäre (zweifache)

Alternative*, $n = 2$. Die »kleinste« Alternative ist sie im Sinne des Informationsgehalts; ihre Entscheidung liefert, wenn kein Vorwissen vorhanden war, gerade 1 bit. Man sieht, daß hier jede Vorstellung räumlicher Kleinheit fernzuhalten ist; ein Teilchen in sehr kleinem Raum zu lokalisieren, verlangt gerade sehr viele Ja-Nein-Entscheidungen.

Definition. Die binären Alternativen, aus denen die Zustandsräume der Quantentheorie aufgebaut werden können, nennen wir *Uralternativen*. Das einer Uralternative zugeordnete Subobjekt nennen wir ein *Ur*.

Kommentar. Die Quantentheorie modifiziert auch die Vorstellungen vom *zeitlichen* Verhalten der elementaren Gegenstände. Das Atom des klassischen Atomismus sollte eine Substanz im strengen Sinne sein: unentstanden, unteilbar, unvergänglich. Das Elementarteilchen der heutigen Physik hat noch eine gewisse zeitliche Identität mit sich. Aber Elementarteilchen können sich ineinander umwandeln. Das Ur ist durch eine einfache Alternative definiert, die, gemäß der obigen Folgerung 2. der variablen Alternativen, entstehen und vergehen können muß. Die Wiedererkennbarkeit seiner Zustände im Sinne von 8.3 b 3 verlangt freilich, daß sein Zustandsraum so lange, als die definierende Alternative aktual besteht, unter der Dynamik invariant ist. Das sollen die nachfolgenden Postulate garantieren.

3. Postulat der Wechselwirkung. Alle Dynamik ist Wechselwirkung.

Kommentar. Wir haben das Postulat schon im Abschnitt 1 c. als Beschreibung einer verbreiteten Auffassung der Physik besprochen. Im Rahmen einer Rekonstruktion der Quantentheorie aus empirisch entscheidbaren Alternativen dürfen wir das Postulat wohl als *epistemisch* bezeichnen. Eine empirisch feststellbare äußere Kraft läßt sich durch Alternativen beschreiben. Sie sollte also selbst ein Objekt im Sinne der Quantentheorie sein. Man kann sie mit dem Objekt, auf das sie

---

* In früheren Texten habe ich sie, an den alltäglichen Sprachgebrauch anschließend, die »einfache Alternative« (*eine* Ja-Nein-Entscheidung) genannt.

Vierter Weg

wirkt, zu einem Gesamtobjekt zusammenfassen, das man dann seinerseits in Ure zerlegt denken kann. Damit die Kraftwirkung nicht einseitig, sondern eben Wechselwirkung ist (actio = reactio), sollte es genügen, daß zwischen den Uren, aus denen die beiden Teile des Gesamtobjekts bestehen, kein Unterschied besteht. Wir fassen dies als besonderes Postulat.

4. *Postulat der Ununterscheidbarkeit der Ure.* Ure sind momentan ununterscheidbar.

Kommentar. Das Wort »ununterscheidbar« ist hier ebenso gebraucht, wie man es in der Quantenstatistik für gleichartige Teilchen verwendet. Wir werden dies weiter unten (10.2 d) mathematisch präzisieren. Als Begründung des Postulats sei gesagt, daß eine Unterscheidung zweier Ure wieder eine Alternative wäre, die ihrerseits auf Ure zurückführbar sein sollte.

Es sei jedoch sofort bemerkt, daß die Existenz der Ure aus der Mathematik des zeitunabhängigen Vektorraums gefolgert ist und nur diejenigen Alternativen betrifft, die aus dieser »*momentanen*« Struktur des Zustandsraums folgen. Gemäß dem Determinismus der Möglichkeiten sollte diese momentane Struktur die Weiterentwicklung festlegen. Dazu ist aber noch die Angabe eines *dynamischen* Gesetzes erforderlich. Wir werden aus dem Postulat der Wechselwirkung eine Folgerung über die *Symmetriegruppe* dieses Gesetzes ziehen. Aber es ist nicht vorweg ausgeschlossen, daß die Wechselwirkung »*zeitliche*« Alternativen zu definieren gestattet, die in der momentanen Struktur noch nicht zum Ausdruck kommen und eine Unterscheidung zwischen Typen von Uren zulassen. Nur mit dieser Kautel ist die Urhypothese eine epistemisch begründete Folgerung aus der abstrakten Quantentheorie.

Zur Sprechweise: Die beiden Postulate 3. und 4. in ihrer Anwendung auf die Theoreme 1. und 2. fassen wir auch unter dem Namen *Postulat der Uralternativen* oder *Urhypothese* zusammen.

c. Der Tensorraum der Ure

Es fragt sich nun, wie die Zusammensetzung von Subobjekten aus Uren zu beschreiben ist. Nach der Kompositionsregel ist der Zustandsraum eines aus Teilobjekten zusammengesetzten Objekts das Tensorprodukt von deren Zustandsräumen. Diese Regel wenden wir hier an. Die Gesamtheit der möglichen Zustände von n Uren liegt demnach im Raum T_n aller Tensoren vom Rang n über dem Vektorraum $V^{(2)}$ des Urs. Die Gesamtheit der möglichen Zustände beliebig, aber endlich vieler Ure liegt dann in der direkten Summe aller T_n:

$$T = \sum_{n=0}^{\infty} T_n. \qquad (2)$$

Es stellt sich die Frage, ob der volle Tensorraum ausgenützt wird. Die Ure sollten ununterscheidbar sein. Dies legt den Verdacht nahe, daß die Ure Fermi- oder Bose-Statistik hätten. Fermi-Statistik kommt nicht in Betracht, denn dann könnte es in der Welt nur zwei Ure, eines in jedem der die Alternative definierenden Zustände geben. Bose-Statistik ist möglich. Sie bedeutet die Beschränkung auf symmetrische Tensoren in T; wir nennen den Raum der symmetrischen Tensoren $\overline{T}$. Die Überlegungen des jetzigen Kapitels werden wir der einfachen Ausdrucksweise halber in $\overline{T}$ durchführen. Im nächsten Kapitel werden wir aber sehen, daß die adäquate Statistik der Ure die Parabose-Statistik ist, die alle möglichen Symmetrieklassen der Tensoren ausnützt.

Wir definieren nun Zustände und Operatoren in T.

Das Ur ist das Subobjekt zu einer binären Alternative. Die beiden Antworten der Alternative bezeichnen wir durch einen Index r, der die Werte 1 und 2 annehmen kann. Im Unterabschnitt d werden wir Anlaß haben, Ure und Anti-Ure einzuführen, die wir formal in eine einzige vierfache Alternative zusammenfassen. Wir werden also auch zulassen, daß r nicht nur zwei, sondern vier Werte annehmen kann. Die Anzahl möglicher Werte von r werden wir mit dem Buchstaben R bezeichnen. Den Vektorraum mit R Dimensionen nennen wir $V^{(R)}$, den über ihm errichteten Tensorraum $T^{(R)}$. Die Vektoren in $V^{(R)}$ nennen wir u, ihre Komponenten bezüglich der Basis nennen wir u_r. Die Buchstabenwahl u_r soll an das Ur erinnern.

Vierter Weg

Ein symmetrischer, auf Eins normierter Basistensor vom Range n ist durch die Anzahl n_r der Ure im Zustand r bezeichnet. Wir wählen zunächst $R = 2$, sprechen also von »Zweieruren«. Dann ist der Basistensor vom Rang n durch die zwei Zahlen n_1 und n_2 charakterisiert, mit der Bedingung

$$n = n_1 + n_2. \tag{1}$$

Wir schreiben einen solchen Basistensor $|n_1, n_2>$. Die Tensoren vom Rang n haben eine Basis von $n + 1$ Basistensoren. Wir adjungieren dem Tensorraum ein »Vakuum«

$$\Omega = |0,0>. \tag{2}$$

Die Basiszustände des einzelnen Urs schreiben sich dann

$$|1,0> = (n_1 = 1, n_2 = 0) \tag{3}$$
$$|0,1> = (n_1 = 0, n_2 = 1).$$

Im Tensorraum $\overline{T}$ definieren wir eine Metrik, nach welcher $|n_1, n_2>$ und $|n_1', n_2'>$ stets aufeinander orthogonal sind, außer wenn $n_1 = n_1'$ und $n_2 = n_2'$.

Die Tensoren verschiedenen Rangs sind nach bekannten Regeln der Bose-Statistik durch Stufenoperatoren a_r, a_r^+ verknüpft, welche den Vertauschungsrelationen

$$[a_r, a_s^+] \lessgtr a_r a_s^+ - a_s^+ a_r = \delta_{rs} \tag{4}$$

$$[a_r, a_s] = [a_r^+ a_s^+] = 0 \tag{5}$$

genügen. Die Wirkung dieser Operatoren auf die Tensoren ist durch die Gleichungen beschrieben:

$$a_r|n_r> = \sqrt{n_r}|n_r - 1> \tag{6}$$

$$a_r^+|n_r> = \sqrt{n_r + 1}\,|n_r + 1>. \tag{7}$$

Wir haben diese Operatoren schon in 7.4 unter dem Titel der zweiten Quantelung eingeführt. Auf den Sinn dieser Sprechweise im Rahmen des Tensorraums kommen wir in 10.2e zurück.

Wir fragen nun, welche Lie-Gruppen wir mit Hilfe dieser Operatoren darstellen können.

Das Einfachste ist, die Lie-Algebra der gesuchten Gruppe *linear* aus den a_r aufzubauen. Die selbstadjungierten Operatoren

$$p_r = \frac{1}{2}(a_r + a_r^\dagger), \quad q_r = \frac{1}{2i}(a_r - a_r^\dagger) \tag{8}$$

haben die Heisenbergschen VR

$$[p_r q_s] = i\delta_{rs}, \tag{9}$$

definieren also eine R-dimensionale Heisenberg-Gruppe. Diese Gruppe können wir nicht unmittelbar deuten. Wir werden später sehen, daß gerade Zahlen n zu ganzzahligem, ungerade n zu halbzahligem Spin gehören. Die in den a_r, $a_r^\dagger$ lineare Gruppe bedeutet dann eine Supersymmetrie, die wir erst in einer entwickelten Teilchentheorie interpretieren können.

Der zweite Schritt ist der Aufbau einer Lie-Algebra aus *bilinearen* Ausdrücken in den a_r, $a_r^\dagger$. Auf diese werden wir uns des weiteren beschränken. Höher multilineare Ausdrücke werden im allgemeinen Kommutatoren von noch höherem Grad haben, sich dann also nicht zu einer endlichdimensionalen Lie-Algebra schließen. Wir haben aber diese Frage nicht näher untersucht.

3. Raum und Zeit

> *Du siehst, mein Sohn, zum Raum wird hier die Zeit.*
> Wagner, Parsifal, 1. Akt.*

a. Realistische Hypothese. Wenn sich im Rahmen der abstrakten Quantentheorie, speziell aus der Urhypothese, eine univer-

---

* Ich habe Herrn Martin Gregor-Dellin gefragt, ob hier wohl ein Einfluß Schopenhauers, also indirekt auch ein Einfluß Kants, auf Wagner vorliege. Mit seiner Erlaubnis zitiere ich aus seinem Antwortbrief vom 26.5.1984: »›Du

selle Symmetriegruppe für die Gesetze zeitlicher Änderungen ergibt, die einer empirisch gefundenen universellen Symmetriegruppe raumzeitlicher Vorgänge isomorph ist, so sollen die von den beiden Gruppen beherrschten Vorgänge heuristisch als identisch angesehen werden.

Kommentar. Isomorphe mathematische Strukturen, die in verschiedenen Sachzusammenhängen auftreten, sind als abstrakte Strukturen identisch, können aber konkret ganz Verschiedenes bedeuten. So definiert in der Quantentheorie jede beliebige binäre Alternative einen zweidimensionalen Zustandsraum mit der Symmetriegruppe U(2); dabei können die Alternativen so verschiedenes bedeuten wie etwa die zwei Spinrichtungen eines Elektrons, die zwei Polarisationszustände eines Lichtquants, den Durchgang durch eines von zwei Löchern im Youngschen Interferenzversuch, zwei Werte einer Isospinkomponente, oder die Entscheidung, ob ein Fermionenzustand besetzt oder unbesetzt ist (1958[1]). Keine dieser Entscheidungen wird man als eine Uralternative auffassen. Uralternativen nennen wir Alternativen, in die sich *jede* empirisch

---

siehst, mein Sohn‹: es lassen sich keine unmittelbaren Vorläufer oder Quellen finden... Richard Wagner hat mit Cosima viel über das Problem ›Zeit‹ und ›Raum‹ gesprochen, es gibt da ein paar Stellen in den Tagebüchern Cosimas, die ich aber (mangels eines noch immer nicht existierenden thematischen Registers) nicht zitieren kann – sie besagen auch nicht mehr, als daß es, Wagners Vermutung nach, einen Zusammenhang geben müßte. Und dann begibt er sich an die Ausführung seines Parsifal, wobei nun folgendes passiert: Parsifal wird, wenn auch noch unreif, durch Gurnemanz zum Gral und damit auf einen Lebensweg geleitet – wie sollte der ›Dramatiker‹ Wagner eine so lange ›Entwicklung‹ verdeutlichen, die ja die Einheit von Ort und Zeit sprengt, und wie eine notwendige Bühnenverwandlung überbrücken? Hier lief nun bei der ersten Aufführung eine aufgerollte Leinwand ab – Parsifal schreitet also kaum, und doch werden riesige Entfernungen überwunden, die offenbar auch die ›Entwicklung‹ Parsifals, die zeitliche Komponente, versinnlichen sollen. Zum Raum wird hier die Zeit. So – und ich glaube auch: höchst theaterpraktisch – kann ich mir die Stelle erklären. Aber es ist ja immer so: wenn Wagner ganz *in der Werkidee* lebt, dann trifft er auch philosophisch das Richtige.«

Dazu eine Briefstelle an Mathilde Wesendonck vom August 1860: »So wäre alle furchtbare Tragik des Lebens nur in dem Auseinanderliegen in Zeit und Raum zu finden: da aber Zeit und Raum nur unsre Anschauungsweisen sind, außerdem aber keine Realität haben, so müßte dem vollkommenen Hellsehenden auch der höchste tragische Schmerz nur aus dem Irrtum des Individuums erklärt werden können: Ich glaube, es ist so!«

entscheidbare Alternative zerlegen läßt. Wenn es Uralternativen gibt, so folgt daraus eine *universelle* Symmetriegruppe. Wenn uns nun die Erfahrung eine zu dieser isomorphe universelle Symmetriegruppe kennen lehrt, so ist die *Hypothese* naheliegend, hiermit sei die empirische Symmetriegruppe als Folge der abstrakten Quantentheorie mit der Urhypothese *erklärt*.

Die Natur einer solchen »realistischen Hypothese« sei am Beispiel der Reise des Kolumbus erläutert. Wenn jemand, der auf dem Ozean westwärts fährt, ein Land erreicht, das den bekannten Beschreibungen von Indien entspricht, so besagt die realistische Hypothese, daß er wirklich nach Indien gekommen ist. Man kann sich mit solchen Gleichsetzungen irren. Kolumbus meinte, in Indien angekommen zu sein, hatte aber einen neuen Kontinent entdeckt. Gleichwohl war seine Hypothese richtig. Die Schiffe Magellans bewiesen das, indem sie jenseits Amerikas zuerst ein Land fanden, das genau allen Beschreibungen Indiens entsprach, und von diesem aus den inzwischen schon bekannten Seeweg ums Kap der Guten Hoffnung nach Europa zurück durchfuhren.

Analog könnte es uns gehen. Wenn wir abstrakt eine universelle Symmetriegruppe finden, so werden wir versuchen, sie mit den empirischen Symmetriegruppen der Relativitätstheorie und der Teilchenphysik zu identifizieren. Es kann aber sein, daß wir zuerst auf eine bisher empirisch noch unbekannte Zwischenstation zwischen der abstrakten Theorie und der heutigen Erfahrung stoßen. Und ob das ganze Unternehmen berechtigt war, werden wir erst sehen, wenn es uns gelingt, den »Kreisgang« zu vollenden; wenn die Schiffe wieder heimkehren, d. h. wenn wir die bekannte Erfahrung aus unserer Theorie rekonstruieren können.

»Zum Raum wird hier die Zeit.« Nehmen wir an, unser Unternehmen sei erfolgreich. Wir sind von der Analyse der Zeit in ihren Modi ausgegangen. Von ihr aus haben wir die abstrakte Quantentheorie rekonstruiert. In dieser scheinen binäre Alternativen fundamental zu sein. Diese Alternativen definieren eine Symmetriegruppe, die sich der Symmetriegruppe des relativistischen Raum-Zeit-Kontinuums isomorph erweisen wird. »Der Raum ist der Plural«: er ist die Gesamtheit der Relationen, welche die quantentheoretische Wechselwirkung mehrerer Objekte bestimmen. Es gibt den Raum nur in der Näherung, in welcher wir mehrere Objekte als verschiedene gedanklich trennen können.

b. Der Einstein-Kosmos: ein Modell des Raums. Die kontinuierliche Symmetriegruppe des Urs ist die U(2); ihre Erweiterung durch die Komplexkonjugation besprechen wir erst unter d. Die U(2) enthält die zwei kommutierenden Untergruppen U(1) und SU(2). Die U(1) ist, gemäß der 3. Folgerung im Aufbau auf dem zweiten Weg, die Gruppe der zeitlichen Änderung des Zustands; hierauf gehen wir unter b. ein. Die SU(2) ist lokal isomorph der SO(3). Es liegt also nahe, sie als Drehgruppe in einem dreidimensionalen reellen Raum aufzufassen (1955, 1958[2]).

Das einfache Argument hierfür lautet: Alle Dynamik ist Wechselwirkung. Alle Wechselwirkung ist letzten Endes Wechselwirkung zwischen Uren. Also wird sie invariant sein, wenn der Zustand aller Ure gleichzeitig mit demselben Element der Symmetriegruppe des Urs transformiert wird. Somit sollte der Ortsraum ein homogener Raum der SU(2) sein.

Der natürlichste homogene Raum der SU(2) ist die SU(2) selbst. Sie ist eine S^3, also isomorph dem Ortsanteil des Einstein-Kosmos. Deshalb ergibt sich uns der Einstein-Kosmos als einfachstes Modell des durch die Quantentheorie implizierten Ortsraums. Natürlich folgt daraus noch keineswegs das Einsteinsche Weltmodell. Wir haben ja noch keine Theorie der Längen- und Zeitmessung. Wir haben nur ein im Sinne der allgemeinen Relativitätstheorie zulässiges Koordinatensystem im Orts-Anteil des Raum-Zeit-Kontinuums.

Das allgemeine Element der SU(2) lautet

$$U = \begin{pmatrix} w + iz & ix + y \\ ix - y & w - iz \end{pmatrix} \quad (1)$$

mit

$$w^2 + x^2 + y^2 + z^2 = 1. \quad (2)$$

Die zwei Spaltenvektoren in U sind Funktionen auf der durch (2) definierten S^3, die wir als zwei zueinander orthogonale Spinor-Darstellungen $u_r^{(s)}$ (w, x, y, z) $(s = 1, 2)$ der zwei Basiszustände des Urs auffassen können. Beide Zustände sind durch den ganzen Kosmos ausgedehnt. Das Ur ist, wie oben gesagt, nicht lokalisierbar; es »kennt den Unterschied von Teilchenphysik und Kosmologie noch nicht«.

Ein beliebiges Element U' von SU(2) mit speziellen Werten w', x', y', z' wirkt auf diese beiden Spinorfunktionen in S^3 als eine rechtshändige Clifford-Schraube. Bekanntlich sind in einem sphärischen Raum die beiden Operationen der Translation und Rotation nur lokal unterschieden. Z.B. ist auf der S^2, etwa der Erdoberfläche, dieselbe Operation, welche als Drehung um die durch Nord- und Südpol gehende Achse definiert ist, eine Translation längs des Äquators. Die SO(4), welche (2) invariant läßt, ist das direkte Produkt zweier SO(3), welche an jeder Stelle der S^3 als rechts- bzw. linkshändige Schrauben, d. h. gleichzeitige Translation und Rotation wirken. Beide lassen sich durch Wirkung eines u' auf die allgemeine Matrix U darstellen, in den Formen $u'u$ bzw. uu' (Links- bzw. Rechtsmultiplikation). Eigenfunktionen der Generatoren der Linksschraube sind die Zeilenvektoren.

Das Einselement von SU(2) ist in (1) durch die Koordinaten $w = 1, x = y = z = 0$ bezeichnet. Dies ist im Einstein-Kosmos der Ort, den wir als »hier« (Ausgangspunkt der x, y, z-Koordinaten) bezeichnen werden. Dort haben die Spalten-Spinoren die Gestalt

$$u^{(1)} = \begin{pmatrix} 1 \\ 0 \end{pmatrix}, \qquad u^{(2)} = \begin{pmatrix} 0 \\ 1 \end{pmatrix}. \tag{3}$$

c. *Trägheit.* In 6.2 und nochmals in 6.3 haben wir bemerkt, daß in der klassischen Mechanik das Trägheitsgesetz eigentlich ein kausales Paradoxon darstellt: eine Bewegung ohne wirkende Kraft. Eben dieses Paradoxon trennt die neuzeitliche Physik von der aristotelischen; deshalb hatte man in der gesamten Neuzeit ein Interesse daran, seinen paradoxen Charakter zu verdrängen. In 6.9 haben wir in einigem Detail erörtert,

Raum und Zeit

inwiefern die spezielle Relativitätstheorie auf dem Trägheitsgesetz beruht.

Unsere Rekonstruktion der Quantentheorie kehrt auch in dieser Frage die historische Reihenfolge der Argumente um. Wir beginnen mit dem Begriff der Zeit in ihren drei Modi. Gegenwart, Zukunft und Vergangenheit wären sinnlose Begriffe, wenn nicht ständige Veränderung geschähe. Dieser Begriff der Veränderung ist systematisch früher als die Unterscheidung von erzwungener und kräftefreier Bewegung. Im Postulat der Dynamik (8.3 b3) setzen wir schlicht voraus, daß der Zustand sich in der Zeit stetig ändert und leiten daraus den komplexen Charakter des Zustandsraums ab.

Für das einzelne Ur im Einstein-Kosmos ergibt sich hieraus die Zeitabhängigkeit

$$u_r = u_r^0 \, e^{-i\omega t} \qquad (4)$$

Explizit ist das die Zeitabhängigkeit

$$u^{(1)}(\vec{x}, t) = \begin{pmatrix} w' + iz' \\ ix' - y' \end{pmatrix},$$

$$u^{(2)}(\vec{x}, t) = \begin{pmatrix} ix'' + y'' \\ w'' - iz'' \end{pmatrix} \qquad (5)$$

mit

$$w' = cw + sz, \; z' = cz - sw, \; x' = cx + sy, \; y' = cy - sx \quad (6)$$
$$w'' = cw - sz, \; z'' = cz + sw, \; x'' = cx - sy, \; y'' = cy + sx$$

und

$$c = \cos \omega t, \qquad s = \sin \omega t. \qquad (7)$$

Die Punkte, an denen die $u^{(s)}$ die Formen (3) haben, wandern längs der w-z-Achse in entgegengesetzten Richtungen, und die x und y führen die zugehörigen Drehungen aus.

Dies ist eine in der S^3 natürliche, d.h. keinen Ort auszeichnende Trägheitsbewegung. Unser Ansatz der Quantentheorie führt also unmittelbar zum Trägheitsgesetz für das einfachste Subobjekt.

Man könnte symbolisch sagen: Die Trägheit ist die einfachste Erscheinungsform der Zeit.

Wir haben damit nicht ausgeschlossen, daß sich in einer ausgeführten Theorie der Wechselwirkung die freie Bewegung als Wirkung des Universums auf das genähert isolierte Objekt erweisen wird.

d. Spezielle Relativitätstheorie im binären Tensorraum. Im obigen Ansatz haben wir nur ein einzelnes Ur betrachtet. Wir haben damit insbesondere von der Variabilität der Alternativen abgesehen. Diese wollen wir nun im Tensorraum der Ure beschreiben. Als einfachstes Modell betrachten wir den $\bar{T}^{(2)}$, den Raum der symmetrischen Tensoren über dem binären Vektorraum $V^{(2)}$. Wir betrachten die größte Lie-Gruppe, für welche unitäre Darstellungen in $\bar{T}^{(2)}$ durch bilineare Ausdrücke in a_r, a_r^+ ($r = 1, 2$) gegeben werden können. Diese Darstellungen sind besonders von Heidenreich (1981) studiert worden.

Die Gruppe hat zehn unabhängige Generatoren. Mit den Abkürzungen

$$\alpha_{rs} = a_r a_s, \quad \alpha_{rs}^+ = a_r^+ a_s^+, \quad \tau_{rs} = a_r^+ a_s, \quad n_r = \tau_{rr}, \quad n = \sum_r n_r \quad (1)$$

lauten sie

$$M_{12} = i/2 \, (n_1 - n_2)$$
$$M_{13} = 1/2 \, (-\tau_{12} + \tau_{21})$$
$$M_{23} = i/2 \, (\tau_{12} + \tau_{21})$$
$$M_{45} = i/2 \, (n + 1)$$

$$\begin{aligned}
N_{14} &= 1/4 \, (\alpha_{11} - \alpha_{22} - \alpha_{11}^+ + \alpha_{22}^+) \\
N_{24} &= i/4 \, (\alpha_{11} + \alpha_{22} + \alpha_{11}^+ + \alpha_{22}^+) \\
N_{34} &= -1/2 \, (\alpha_{12} - \alpha_{12}^+) \\
N_{16} &= i/4 \, (\alpha_{11} - \alpha_{22} + \alpha_{11}^+ - \alpha_{22}^+) \\
N_{26} &= -1/4 \, (\alpha_{11} + \alpha_{22} - \alpha_{11}^+ - \alpha_{22}^+) \\
N_{36} &= i/2 \, (\alpha_{12} + \alpha_{12}^+).
\end{aligned} \quad (2)$$

Wir haben mit M_{ik} die Generatoren einer kompakten, mit N_{ik} die Generatoren einer nichtkompakten Untergruppe bezeichnet. Es gelten die Relationen

$$[M_{ik}\, M_{kl}] = M_{il},\ [N_{ik}\, N_{kl}] = M_{il},\ [M_{ik}\, N_{kl}] = N_{il} \qquad (3)$$
$$M_{ik} = -M_{ki},\quad N_{ik} = N_{ki}.$$

Diese Operatoren generieren die $SO(3,2)$, die sog. Anti-de Sitter-Gruppe. Sie hält den Ausdruck

$$F = x_1{}^2 + x_2{}^2 + x_3{}^2 - x_4{}^2 - x_5{}^2 \qquad (4)$$

invariant. Er bezeichnet eine vierdimensionale Hyperfläche in einem reellen fünfdimensionalen Raum. Sei $F<0$. Dann ist diese Hyperfläche interpretierbar als eine vierdimensionale »Welt«, mit einer Zeitkoordinate t, die mit x_4 und x_5 durch die Gleichungen

$$x_4 = x_0 \cos \omega t,\qquad x_5 = x_0 \sin \omega t \qquad (5)$$

verknüpft ist. Man nennt sie die Anti-de Sitter-Welt. An der Stelle $x_1 = x_2 = x_3 = 0$ ist $x_0 = -F = |F|$. Die Zeit t läuft zyklisch mit der Periode $2\pi\omega^{-1}$ in sich zurück. Man kann aber auch die unendliche Überdeckungsgruppe der $SO(3,2)$ wählen, für welche die Zeit ohne Periodizität von $t = -\infty$ bis $t = +\infty$ läuft und dabei unendlich viele »Blätter« erzeugt, deren jedes eine Anti-de Sitter-Welt ist. Für den Raum gilt

$$x_0{}^2 - x_1{}^2 - x_2{}^2 - x_3{}^2 = |F|. \qquad (6)$$

D.h. der Orts-Raum ist ein hyperbolischer Raum.

Der Raum $F = $ const. ist der Quotientenraum $SO(3,2)/SO(3,1)$. Die $SO(3,1)$, die als Stabilitätsgruppe der Punkte dieses Raums auftritt, ist die homogene Lorentzgruppe. Wir haben also automatisch einen Sonderfall der speziellen Relativitätstheorie erhalten: Lorentz-Invarianz im Anti-de Sitter-Raum. Wir haben diese Darstellung der Lorentz-Invarianz aber hier nur als einfachsten Modellfall angeführt, den wir nicht näher studieren werden. Denn er drückt in mehrfacher

Weise unsere physikalische Intention noch nicht adäquat aus.

Erstens ist die Zeittransformation, die durch M_{45} generiert wird, kompakt. Sie hält damit die Anzahl n der Ure invariant. D.h. sie beschreibt gerade noch nicht die vermutete Variabilität der Alternativen.

Zweitens enthält sie nicht das obige Modell des Ortsraums als S^3. Die SU(2) wird durch die drei Operatoren M_{ik} ($i, k = 1, 2, 3$) generiert und ist hier einfach die lokale Drehgruppe (bzw. deren Überlagerungsgruppe). Der Ortsraum ist ja hyperbolisch; die Translationen in ihm sind nichtkompakt. Wenn dies eine notwendige Konsequenz der Urhypothese wäre, so müßten wir es akzeptieren. Es ist aber, wie wir sehen werden, nur die Folge eines zu speziellen Ansatzes. Und in 10.6d werden wir, hypothetisch, die Kompaktheit des Ortsraums als wichtiges Element der Theorie benützen.

Drittens ist in der Tat die Annahme willkürlich, ω in (5) könne nur *ein* Vorzeichen haben. M_{45}/i ist positiv definit, wie man es für einen Energie-Operator wünscht. Aber aus unserem bisherigen Aufbau folgt noch kein festes Vorzeichen für ω. Man wird annehmen, daß, wie in der Feldquantelung, ω eine Frequenz mit beiden möglichen Vorzeichen ist. Dies zu beschreiben, ist unser nächstes Ziel.

e. Konforme spezielle Relativitätstheorie. * Wir bezeichnen die volle kompakte Symmetriegruppe einer binären Alternative als Q. Sie entsteht aus den drei Untergruppen SU(2), U(1) und der Komplexkonjugation K. SU(2) kommutiert mit den beiden anderen Untergruppen, aber diese kommutieren nicht miteinander. Wir beschreiben den Zustand des Urs durch einen komplexen Spaltenvektor

$$u = \begin{pmatrix} u_1 \\ u_2 \end{pmatrix}. \tag{1}$$

Die Wirkung der drei Untergruppen läßt sich veranschauli-

---

* Die Überlegungen dieses Unterabschnitts entstammen im wesentlichen einer für die Fortbildung der Urtheorie fundamentalen Arbeit von Castell (1975).

chen durch die Abbildung von u auf einen reellen Dreiervektor oder Vierer-Nullvektor:

$$k^\mu = \bar{u}_r \, \sigma^\mu_{rs} \, u_s \qquad (\mu = 0, 1, 2, 3). \tag{2}$$

Dabei bezeichnet Überstreichen die Komplexkonjugation und die σ^μ sind die Pauli-Matrizen mit $\sigma^0 = 1$. Die k^μ erfüllen die Beziehung

$$k_\mu k^\mu = (k^0)^2 - (\vec{k})^2 = 0 \tag{3}$$

mit $\vec{k} = (k^1, k^2, k^3)$. SU(2) dreht den Vektor $\vec{k}$, wobei zwei Elemente entgegengesetzten Vorzeichens dieselbe Drehung von $\vec{k}$ bewirken; SU(2) ist eine zweideutige Darstellung von SO(3). k^0 ist invariant. U(1) multipliziert u mit e^{it}, wobei t eine reelle Zahl ist; dabei bleibt k invariant. Die Komplexkonjugation stellen wir durch einen Operator K dar, dessen Quadrat -1 ist:

$$K \begin{pmatrix} u_1 \\ u_2 \end{pmatrix} = \begin{pmatrix} -\bar{u}_2 \\ \bar{u}_1 \end{pmatrix}. \tag{4}$$

Die reine Komplexkonjugation entsteht aus K durch eine zusätzliche Drehung der SU(2). K wirkt auf k als Raumspiegelung:

$$K\vec{k} = -\vec{k}. \tag{5}$$

Für das einzelne Ur können wir $k^0 = 1$ setzen, also mit normierten Vektoren arbeiten. $\vec{k}$ definiert dann eine Richtung im Raum. Fassen wir die SO(3) (oder, wenn wir wollen, die SU(2) selbst) als Ortsraum auf, so bezeichnet $\vec{k}$ eine Clifford-Schraube, die das Einselement der Gruppe in der Richtung von $\vec{k}$ durchsetzt. In der SO(3,2)-Darstellung ist $\vec{k}$ ein halbzahliger Drehimpuls. Wenn das Ur frei ist, wird es in beiden Deutungen $\vec{k}$ konstant halten. Also werden wir U(1) als die Dynamik des freien Urs auffassen und dürfen t als Zeit interpretieren.

Es sei bemerkt, daß wir hiermit im Sinne der realistischen Hypothese den entscheidenden Schritt der Ableitung der speziellen Relativitätstheorie aus der Quantentheorie tun. Die

Zeit war uns in der Quantentheorie vor Beginn des axiomatischen Aufbaus vorgegeben. Das Postulat der Dynamik hat dann *in* der rekonstruierten Quantentheorie die Zeit als reelle Variable dargestellt. In diesem Sinne interpretieren wir jetzt das t des Ausdrucks $e^{i\alpha t}$ »als Zeit«. Wir sehen dann, daß eben dieses t in der nunmehr aufzubauenden Theorie als Parameter einer einparametrigen Untergruppe fungiert, der mit den Parametern dreier weiterer Untergruppen gemäß der Lorentztransformation zusammenhängt. Die Theorie erweist sich also als *isomorph* der historisch bekannten speziellen Relativitätstheorie. Wir geben unserer Theorie eine physikalische Semantik, indem wir *postulieren,* sie sei mit dieser historisch vorgegebenen Theorie *inhaltlich identisch*.

Nun verwandelt K den Ausdruck $e^{i\alpha t}$ in $e^{-i\alpha t}$. Man würde mit einer Sprechweise aus der Teilchenphysik sagen, K vertausche Ure mit Anti-Uren. Es fragt sich also, ob wir annehmen sollen, daß es außer Uren auch Anti-Ure gibt. Wir werden keine Wechselwirkung einführen, die ein Ur in ein Anti-Ur überführt oder umgekehrt, d.h. welche den diskreten Operator K als Element oder Generator einer kontinuierlichen Gruppe enthielte. Aber wir können a priori nicht ausschließen, daß beide Bewegungsformen vorkommen. Sollte sich die Urhypothese in einer der oben diskutierten Bedeutungen als trivial erweisen, so ist zu vermuten, daß sie nur *mit* Anti-Uren trivial ist. Denn wir werden im folgenden sehen, daß wir Teilchen und Anti-Teilchen nur aus Uren und Anti-Uren aufbauen können, und da Anti-Teilchen quantentheoretisch beschrieben werden, muß die urtheoretische Version der allgemeinen Quantentheorie auch Anti-Ure enthalten.

Es ist bequem, die antilineare Transformation (4) durch Verdoppelung des Zutandsraums linear auszudrücken. Wir führen also Vierer-Ure mit einem vierdimensionalen Vektorraum ($r = 1, 2, 3, 4$) ein. Sei $A^{(2)}$ irgendeine Matrix der SU(2), so sind die vierdimensionalen Darstellungen definiert durch die Kästchenmatrizen

$$A^{(4)} = \begin{pmatrix} A^{(2)} & 0 \\ 0 & A^{(2)} \end{pmatrix}, \quad K = \begin{pmatrix} 0 & 1 \\ -1 & 0 \end{pmatrix}. \tag{6}$$

Dem neuen Vektorraum $V^{(4)}$ entspricht ein Tensorraum $T^{(4)}$

bzw. $\overline{T}^{(4)}$. Wenn keine Verwechslung zu befürchten ist, schreiben wir für ihn wieder nur T bzw. $\overline{T}$. Wir fragen nun wieder, welche Gruppen in $T^{(4)}$ dargestellt werden können. Wir wählen jetzt vier Paare a_r, a_r^+ ($r = 1, 2, 3, 4$). Für beliebige Dimensionszahl $2f$ ($r = 1, 2 \ldots 2f$) kann man aus den Stufenoperatoren bilinear die symplektische Gruppe $\mathrm{Sp}(2f, R)$ generieren. Diese hat $2f(4f + 1)$ Dimensionen. Die $\mathrm{SO}(3,2)$ zu $f = 1$ ist die $\mathrm{Sp}(2, R)$ mit 10 Dimensionen. Für $f = 2$ könnten wir also die $\mathrm{Sp}(4, R)$ mit 36 Dimensionen konstruieren. Castell hat nur ihre 15-dimensionale Untergruppe $\mathrm{SU}(2,2)$ bzw. $\mathrm{SO}(4,2)$ betrachtet, deren Generatoren sich mit den Definitionen 10.4b (1) und den Relationen 10.4 (3) schreiben lassen:

$$\begin{aligned}
M_{12} &= i/2 \, (n_1 - n_2 + n_3 - n_4) \\
M_{13} &= 1/2 \, (-\tau_{12} + \tau_{21} - \tau_{34} + \tau_{43}) \\
M_{23} &= i/2 \, (\tau_{12} + \tau_{21} + \tau_{34} + \tau_{43}) \\
M_{15} &= i/2 \, (\tau_{12} + \tau_{21} - \tau_{34} - \tau_{43}) \\
M_{25} &= 1/2 \, (\tau_{12} - \tau_{21} - \tau_{34} + \tau_{43}) \\
M_{35} &= i/2 \, (n_1 - n_2 - n_3 + n_4) \\
M_{46} &= i/2 \, (n + 2)
\end{aligned}$$

$$\begin{aligned}
N_{14} &= i/2 \, (\alpha_{13} + \alpha_{13}^+ - \alpha_{24} - \alpha_{24}^+) \\
N_{24} &= 1/2 \, (-\alpha_{13} + \alpha_{13}^+ - \alpha_{24} + \alpha_{24}^+) \\
N_{34} &= i/2 \, (-\alpha_{14} - \alpha_{14}^+ - \alpha_{23} - \alpha_{23}^+) \\
N_{16} &= 1/2 \, (-\alpha_{13} + \alpha_{13}^+ + \alpha_{24} - \alpha_{24}^+) \quad (7) \\
N_{26} &= i/2 \, (-\alpha_{13} - \alpha_{13}^+ - \alpha_{24} - \alpha_{24}^+) \\
N_{36} &= 1/2 \, (\alpha_{14} - \alpha_{14}^+ + \alpha_{23} - \alpha_{23}^+) \\
N_{45} &= 1/2 \, (\alpha_{14} - \alpha_{14}^+ - \alpha_{23} + \alpha_{23}^+) \\
N_{56} &= i/2 \, (\alpha_{14} + \alpha_{14}^+ - \alpha_{23} - \alpha_{23}^+)
\end{aligned}$$

Die Auswahl dieser Gruppe läßt sich wie folgt begründen. Sie ist die größte Untergruppe von $\mathrm{Sp}(4, R)$, welche den Operator

$$s = \tfrac{1}{2}(n_1 + n_2 - n_3 - n_4) \qquad (8)$$

invariant läßt. (is gehört selbst als Generator zu $\mathrm{Sp}(4)$, also ist genau genommen $\mathrm{SO}(4,2) \times e^{is}$ die größte solche Untergruppe.) $2s$ ist nun die Differenz der Anzahl von Uren und Anti-

Uren. Wenn man annimmt, daß Ure und Anti-Ure nicht ineinander transformiert werden können, ist die Einschränkung auf unsere Gruppe der Ausdruck dafür, daß das Ur einer binären und nicht einer quaternären Alternative entspricht.

In der Schreibweise der Generatoren entsprechen die Indizes $r,s = 1\ldots 4$ der Auffassung als Lie-Algebra der $SU(2,2)$, die Indizes $i,k = 1\ldots 6$ der Auffassung als $SO(4,2)$. Als $SU(2,2)$ drückt die Gruppe ihren Charakter als Symmetriegruppe der Urtheorie aus. Als $SO(4,2)$ läßt sie sich in der Sprache der speziellen Relativitätstheorie, also auch der Teilchenphysik beschreiben. Sie ist die konforme Gruppe der speziellen Relativitätstheorie. Wir können sagen, daß durch ihre Herleitung *die volle spezielle Relativitätstheorie urtheoretisch aus der Quantentheorie begründet* ist.

Wir sagen: die *volle* spezielle Relativitätstheorie, weil die konforme Gruppe über die Gestalt der vierdimensionalen »Welt« nicht, wie die Theorie des bloßen Zweierurs, schon präjudiziert. Sie hält den Ausdruck

$$G = x_1^2 + x_2^2 + x_3^2 - x_4^2 + x_5^2 - x_6^2 \tag{9}$$

invariant. Dies definiert als homogenen Raum den Minkowski-Raum, wenn man x_5 und x_6 festhält; den (3,2)-de Sitter-Raum (Anti-d. S.-R.), wenn man x_5; den (4,1)-de Sitter-Raum (de Sitter-Raum), wenn man x_6 festhält. Die Poincaré-Gruppe erhält man als Untergruppe mit den Koordinaten

$$y_\mu = \frac{x_\mu}{x_5 - x_6} \qquad (\mu = 1, 2, 3, 4). \tag{10}$$

Dann sind M_{ik} ($i, k = 1, 2, 3$) die Drehimpulse, N_{i4} ($i = 1, 2, 3$) erzeugen die speziellen Lorentz-Transformationen, die Impulse P_μ ($\mu = 1, 2, 3, 4$) sind definiert durch

$$\begin{aligned} P_i &= M_{i5} + N_{i6} \quad (i = 1, 2, 3) \\ P_4 &= N_{45} + M_{46}. \end{aligned} \tag{11}$$

Die K_μ:

$$\begin{aligned} K_i &= M_{i5} - N_{i6} \\ K_4 &= N_{45} - M_{46} \end{aligned} \tag{12}$$

erzeugen die speziellen konformen Transformationen. s ist die Helizität, ein SO(4,2)-invarianter Operator; die Masse

$$m^2 = P^\mu P_\mu \tag{13}$$

ist Casimir-Operator der Poincaré-Gruppe. Bei der Definition (11) erweist sich nach (7) allgemein

$$m^2 = 0, \tag{14}$$

d. h. die hier gewählten Darstellungen der SO(4,2) durch symmetrische Tensoren gehören zur Ruhmasse Null. Wir werden in 10.5–6 auch Darstellungen zu endlicher Ruhmasse in $T^{(4)}$, aber nicht in $\overline{T}^{(4)}$ finden.

Es sei hervorgehoben, daß bei unserer Herleitung der speziellen Relativitätstheorie die *homogene Lorentzgruppe* SO(3,1) notwendigerweise auftritt, während die inhomogene Gruppe, also die Darstellung der Translationen willkürlich wählbar bleibt; nur die umfassende konforme Gruppe SO(4,2) ist festgelegt. Nun enthält die homogene Lorentzgruppe nur lokale Transformationen, während die Auswahl der Translationsgruppe jeweils ein globales Weltmodell impliziert. Diese Bemerkung wird wichtig beim Übergang zur allgemeinen Relativitätstheorie.

Die Darstellung des Urs in der S^3 von Abschnitt b. läßt sich nun im (4,1)-de Sitter-Raum wiederholen. Die $\tau_{rs}(r,s = 1,2)$ erzeugen in seinem sphärischen Ortsraum die Rechtsdrehungen, die $\tau_{rs}(r,s = 3,4)$ die Linksdrehungen. Die M_{ik} ($i = 1, 2, 3$) sind Drehungen um den Ort $w = x_5 = 1$; die M_{i5} ($i = 1, 2, 3$) sind an dieser Stelle Translationen.

f. Relativität der Ure. Zwar werden wir erst im 11. Kapitel die Bedeutung des Beobachters in der Quantentheorie ausführlich erörtern. Aber wir können jetzt schon die übliche Sprechweise benützen, nach welcher sich die Wahrscheinlichkeiten der Quantentheorie auf künftige Messungen eines Beobachters beziehen. Dabei genügt es in der unrelativistischen Quantentheorie, von *einem* Beobachter zu sprechen. Die Zeit t, die wir beim axiomatischen Aufbau der Theorie benützen, ist dann, relativistisch gesagt, diejenige Zeit, die eine Uhr registriert, die im selben Bezugssystem wie der Beobachter ruht. Es steht dann nichts im Wege, auch mehrere Beobachter zuzulassen, die dieselbe Zeit benutzen, also, relativistisch gesagt, relativ zueinander ruhen.

Die spezielle Relativitätstheorie ist, in der Sprache der Quantentheorie ausgedrückt, die Theorie der Verständigung zwischen *mehreren*, relativ zueinander bewegten Beobachtern. Einstein selbst hat freilich Wert auf die Feststellung gelegt, er habe nicht das Verhalten bewegter Beobachter, sondern bewegter Maßstäbe und Uhren beschrieben. In unserem Kontext dürfen wir aber von Beobachtern sprechen, da wir die Relativitätstheorie von vornherein als Theorie *quantentheoretischer* Symmetrien eingeführt haben.

Wir betrachten nun die Wirkung der unter d. bzw. e. eingeführten Transformationen auf ein einzelnes Ur. Kompakte Untergruppen, wie z.B. in e (7) die Drehungen M_{ik} ($i, k = 1, 2, 3$), drehen das Ur in sich. D.h. die Alternative $r = 1, 2$ bzw. $r = 3, 4$ geht in eine andere Alternative desselben Zustandsraumes über. Die nichtkompakten Untergruppen aber halten die Anzahl der Ure nicht invariant. Sie erzeugen oder vernichten Ure, schaffen also aus *einem* Ur eine Superposition beliebig vieler Ure. Dies gilt allgemein für die speziellen Lorentz-Transformationen N_{i4} und in d(13) für die speziellen konformen Transformationen K_i. Im Minkowski-Raum gilt es auch für die Raum- und Zeittranslationen $P_i (i = 1, 2, 3, 4)$, im Anti-de Sitter-Raum für die Raumtranslationen, im de Sitter-Raum für die Zeittranslation N_{45}.

Betrachten wir als Beispiel eine Lorentztransformation. N_{14} führt u über in

$$u' = e^{N_{14}\beta u} = \sum_{k=0}^{\infty} \alpha_k \overline{T}'_{2k+1}; \qquad (1)$$

dabei ist $\beta = v/c$ die Relativgeschwindigkeit der Bezugssysteme und $\overline{T}'_{2k+1}$ ein symmetrischer Tensor vom Rang $2k + 1$. Auch u' ist eine binäre Alternative, denn u bzw. k^μ verhält sich bei der Transformation wie ein Vektor in C^2 oder C^4 bzw. in R^3.

Wir können sagen: u'_r ($r = 1, 2$) ist die Uralternative u_r ($r = 1, 2$), so wie sie vom bewegten Bezugssystem aus wahrgenommen wird. Im bewegten Inertialsystem ist u'_r also selbst keine Uralternative, sondern eine Superposition von beliebig vielen gleichzeitig zu entscheidenden Uralternativen. Nun gelten uns aber alle Inertialsysteme als gleichberechtigt. Also erweist sich der Begriff des Urs, mit dem wir begonnen haben, als ein bloß unrelativistischer Begriff, bezogen auf das Ruhesystem eines Beobachters. Jeder Beobachter hat eine andere Definition des Urs, und die Relativitätstheorie ist gerade die Theorie der Abbildung dieser Definitionen aufeinander. Man sieht hieran sehr deutlich, daß ein Ur kein Objekt, sondern nur der Zustandsraum einer Alternative ist, die freilich *an* einem Objekt gemessen wird. Es ist der Zustandsraum zu einer Oberservablen, und Observable hängen vom Bezugssystem ab. So löst der »radikale Atomismus« der Urhypothese den Begriff des »kleinsten Objekts«, des Atoms, völlig in »elementare Informationen« auf.

Dasselbe gilt, wenigstens im Minkowski- und Anti-de Sitter-Raum, von der räumlichen Translation. Also haben auch relativ zueinander ruhende, aber räumlich voneinander entfernte Beobachter in diesen nichtkompakten Ortsräumen jeweils verschiedene Definitionen des Urs. Im kompakten sphärischen de Sitter-Ortsraum S^3 dreht hingegen die Translation zwar die Richtungen der Clifford-Schrauben, die den beiden Alternativen (1, 2) und (3, 4) entsprechen, ändert aber die Anzahl der Uralternativen nicht.

In der Minkowski- und de Sitter-Welt ist schließlich auch die Zeittranslation nichtkompakt. D. h. für den Beobachter ändert sich die Anzahl der Ure auch mit der Zeit. Liegt zur Zeit t_0 ein Zustand vor, der eine endliche Anzahl N von Uren oder wenigstens einen endlichen Erwartungswert $\overline{N}$ dieser Anzahl enthält, so wird im statistischen Mittel diese Anzahl mit wachsender Zeit wachsen. Denn der Zeitgenerator, also der Energieoperator, enthält einen Summanden, der N um 2 erhöht, und einen anderen Summanden, der N um 2 erniedrigt. Vielfaches Anwenden des Operators wird die Werte von N wie über ein Galtonsches Brett ausbreiten. Aber bei $N = 0$ verschwinden die Summanden, während sie bei großen N unbeschränkt weiterwachsen können. Die statistische Überlegung ist prinzipiell dieselbe wie in der statistischen Mechanik fern vom Gleichgewicht; das »Gleichgewicht« läge hier bei $N = \infty$.

Wir haben also Grund anzunehmen, daß die Anzahl der Ure mit der Zeit wächst. Den operativen Sinn dieser Behauptung können wir erst im Rahmen der Meßtheorie (11.b, c) voll interpretieren. Hier sei nur gesagt: Nach der bisherigen Überlegung wächst nicht die Anzahl der entschiedenen, sondern nur die der *entscheidbaren* Alternativen. Das Ur zur Zeit t_0 ist eine binäre Alternative (bzw. deren Zustandsraum); der zur Zeit $t > t_0$ daraus entstandene Tensorraum ist noch immer Zustandsraum genau einer binären Alternative. Dies ist ein Spezialfall der Tatsache, daß sich die Wellenfunktion in der Quantentheorie deterministisch weiterentwickelt, solange keine Messung gemacht wird. Das Wachstum von N bedeutet nur, daß die Menge prinzipiell möglicher Messungen wächst. Solange nichts gemessen wird, bleibt der aus einem Zweierur entstehende Zustandsraum immer zweidimensional; er wird nur Unterraum eines immer wachsenden Tensorraums. Man kann also den keiner Messung unterworfenen Zustand dann noch zu jeder Zeit durch (oder »als«) den Zustand *eines* Urs zur Zeit t_0 beschreiben. Im Anti-de Sitter-Raum schließlich ist die Zeittranslation kompakt; hier nimmt auch die Anzahl der »momentanen« Ure nicht zu.

Zehntes Kapitel
Teilchen, Felder, Wechselwirkung

1. Offene Fragen

a. Rekapitulation. Wir beginnen mit einem Rückblick auf das Gefüge der Theorien. Was haben wir durch die Rekonstruktion der Quantentheorie und der speziellen Relativitätstheorie hinzugelernt? Wie stellt sich uns jetzt die Einheit der Physik dar? Welche Fragen in der Physik sind noch offen? Welche Fragen warten auf uns jenseits der Physik?

Die Fragen jenseits dessen, was man heute Physik nennt, verschieben wir auf den Dritten Teil des Buchs. Die offenen Fragen in der Physik artikulieren wir mit den inzwischen gewonnenen Begriffen. Als ersten Leitfaden wählen wir das Begriffspaar des *Ganzen* und der *Teile*. Roh und mit abkürzenden Namen können wir die Gegenstände der Physik, wie sie uns auf der jetzigen Stufe erscheint, in fünf »*Größenordnungen*« einteilen:

A. Die Welt
B. Gestirne
C. Dinge
D. Teilchen
E. Alternativen.

C. Dinge. Wir beginnen beim Bekanntesten, also in der Mitte. Als Dinge bezeichnen wir die Lebenswelt des Menschen, so wie sie der Physik zunächst erscheint. Steine und Bäume, Wasser und Brot, Tische und Stühle sind dem Physiker *Dinge*.

Alsbald meldet sich von neuem die Frage nach der Begrenztheit des physikalischen Gesichtskreises. Sind Pflanzen und Tiere, sind Menschen, also Männer, Frauen und Kinder, Familien, Völker und Kulturen Dinge? Sind Gedanke und Gefühl, sind Name und Form Dinge? Vorerst fragen wir aber in scheinbar entgegengesetzter Richtung. Wir fragen nach dem innerphysikalischen Wandel und den innerphysikalischen Grenzen des Dingbegriffs.

Wir betrachten noch einmal das Diagramm 3 in 6.1. Dort haben wir mit der klassischen Physik begonnen. Gegenüber der Rede von Steinen, Tischen und Brot ist die klassische Physik schon eine außerordentliche *Abstraktion*. Die klassische Mechanik spricht von Körpern, Kräften, Raum und Zeit (6.2). Einerseits sind diese hochabstrakten Begriffe in der Alltagserfahrung aufweisbar: ein fallender Stein ist ein Körper, den eine Kraft in der Zeit durch den Raum bewegt. Andererseits trägt diese Abstraktion weit über die menschliche Lebenswelt hinaus. Sie trägt in das Ganze, in dem diese Erde der Menschen ein kleiner Teil ist, und sie trägt zu den kleinen, unsichtbaren Teilen, aus denen wir die Dinge der Lebenswelt aufgebaut denken.

B. Gestirne. Sonne, Mond und Sterne am Himmelsgewölbe gehören zur Erfahrungswelt des Menschen. Die Astronomie hat die Gestirne seit der Antike der Mathematik, seit der Neuzeit der Mechanik unterworfen. Es schien zunächst, als seien damit die Himmelskörper mit der irdischen Mechanik beschrieben und so ihres Geheimnisses entkleidet. Tatsächlich hat damit aber zugleich die Mechanik begonnen, sich von ihren irdischen Modellen strukturell zu unterscheiden. Das allgemeine Gravitationsgesetz konnte nur im Bereich der Gestirne gefunden werden; es unterwarf gleichsam die irdischen Fallbewegungen einem kosmischen Gesetz. Die adäquate Fassung von Geometrie und Mechanik für den Größenordnungsbreich der Gestirne bis zu den fernen Galaxien ist nach unserer heutigen Kenntnis die *allgemeine Relativitätstheorie,* der linke Fußpunkt im Diagramm 3. Wir treffen hier auf die *Umkehrung der historischen Reihenfolge der Argumente* (6.12): Geometrie und Mechanik sind Abstraktionen aus unserer Lebenswelt und verschaffen uns zunächst das Vokabular, in dem wir die allgemeine Relativitätstheorie interpretieren, das semantische Vorverständnis (6.7). Aber nachträglich erscheint die allgemeine Relativitätstheorie als die einfachere und eben darum abstraktere Theorie, deren Gehalt sich nur für die kleinen Dimensionen unserer Lebenswelt genähert in physische Geometrie und Mechanik zerlegen läßt.

Offene Fragen 415

A. Die Welt. Zwischen den Gestirnen und der Welt liegt, zumwenigsten heute, die äußerste Grenze unseres Wissens. Daß es ein allumfassendes Ganzes gebe, war in der Geschichte des menschlichen Denkens ein ebenso unabweisbarer wie unvollziehbarer Gedanke. Im Rahmen der neuzeitlichen Physik und Astronomie bot die allgemeine Relativitätstheorie zum erstenmal ein Modell an, das gestattete, die Welt hypothetisch als das »allumfassende Ding« zu denken. Die notwendigen skeptischen Rückfragen haben wir in 6.10d formuliert. Es wäre erstaunlich, wenn es nicht auch hier zu einer Umkehr der Argumente käme. Was ist ein Ganzes? Für die notwendige Meditation dieses Begriffs können wir eine noch partielle Belehrung aus der Quantentheorie ziehen.

D. Teilchen. Wir kommen zum Leitbegriff des jetzigen Kapitels. Der historische Weg ist in der rechten Hälfte des Diagramms 3 und, detaillierter, im Diagramm 4 (Kap. 6.12) skizziert. Kleinste Teile der Körper hat die antike Philosophie erwogen, die neuzeitliche Chemie und statistische Thermodynamik mit großem empirischen Erfolg postuliert. Die versuchte Ausdehnung des Geltungsbereichs der Mechanik auf diese Teile führte aber zu einer wissenschaftlichen Revolution: der Quantentheorie. Auch hier zeigt sich die Umkehrung der Argumente: erst die Quantentheorie erklärt die stets vorausgesetzte Stabilität der Körper. Wir fragen alsbald:
1. Welcher Ansatz erklärt die universale Geltung der Quantentheorie?

Wir bleiben zunächst noch bei der historischen Entwicklung. Was man heute terminologisch ein Teilchen nennt, das läßt sich erst in der relativistischen Quantentheorie sagen: ein Objekt, dessen Zustandsraum eine irreduzible Darstellung der Poincaré-Gruppe gestattet. Aus dieser Definition ergeben sich aber zwei weitere Fragen:
2. Zwei wechselwirkende Teilchen sind nach dieser Definition keine Teilchen mehr. Wie also ist Wechselwirkung zu beschreiben, und wie in ihrem Rahmen der Teilchenbegriff?
3. Die Definition schließt eine weitere Teilbarkeit eines Teilchens in kleinere wechselwirkende »Teilchen« nicht aus. Gibt es eine Grenze der Teilbarkeit?

E. *Alternativen.* Zwischen Teilchen und Alternativen liegt heute die Grenze zwischen dem Konsens der Physiker und dem Ansatz dieses Buchs. Wir versuchen die drei obigen Fragen zu beantworten; dazu müssen wir die Reihenfolge von 2. und 3. vertauschen.

1. Die universale Geltung der Quantentheorie versucht die Rekonstruktion des 8. Kapitels vom Begriff der Alternative aus zu erklären. Die Rekonstruktion beruht auf einer Analyse der Bedingungen möglicher Erfahrung und auf dem *einen* »realistischen« »*Postulat der Erweiterung*«. Dieses entspricht dem traditionellen Superpositionsprinzip und hat die quantentheoretische Kompositionsregel zur Folge. Diese erklärt, in welchem Sinne ein Ganzes mehr ist als die Menge seiner Teile.

3. Wenn wir Objekte, also auch Teilchen, auf Alternativen zurückführen, so ergibt sich eine logische Grenze der Teilbarkeit in der binären Alternative. Dies hat die Existenz eines dreidimensionalen Ortsraums und der Lorentz-Invarianz zur Folge. Wiederum kehren sich damit die Argumente um. Wir lernen, daß Teilbarkeit primär kein räumlicher, sondern ein logischer Begriff ist. Alternativen sind groß oder klein je nach ihrem Informationsgehalt. Das »Ur« ist räumlich so groß wie die »Welt« (9.3b). Dies sollte uns einen neuen Zugang zur allgemeinen Relativitätstheorie eröffnen.

2. Dies ist das Thema des jetzigen Kapitels. Das Kapitel ist zu meinem Bedauern nur programmatisch. Die Rekonstruktion der abstrakten Quantentheorie und der speziellen Relativitätstheorie läßt sich zwar gewiß noch einmal hinterfragen; aber von den angegebenen Postulaten aus dürfte sie konsistent sein. Die offenen Fragen der Wechselwirkung skizziert der folgende Unterabschnitt.

b. Programm.
1. Streng genommen gibt es keine trennbaren Alternativen, also auch keine trennbaren Objekte. Unser begrifflicher Prozeß beginnt aber mit der Annahme trennbarer Alternativen und Objekte, die sich dann in der relativistischen Quantentheorie in Teilchen manifestieren. Für eine Physik, die von Uralternativen ausgeht, stellen sich dann drei Fragen semantischer Konsistenz:

Offene Fragen

A. Wie muß man das fiktive einzelne, freie Teilchen beschreiben?
B. Welche Näherung gestattet, ein Objekt gedanklich in getrennte Teilchen zu zerlegen?
C. Wie stellt sich die Korrektur dieser Näherung als Wechselwirkung der Teile dar?
Wir gehen die nachfolgenden Abschnitte dieses Kapitels unter diesen Fragen durch.

2. Die Urhypothese verlangt, daß alle physikalischen Zustände im *Tensorraum der Ure* dargestellt werden können. Wir definieren allgemeine Operatoren in diesem Raum und zeigen insbesondere, daß das Postulat der Ununterscheidbarkeit der Ure durch Operatoren gemäß den Forderungen der Parabose-Statistik erfüllt wird.

3. Im Tensorraum kann man einzelne freie Teilchen als irreduzible Darstellungen der Poincaré-Gruppe beschreiben, speziell masselose Teilchen durch Darstellungen der Parabose-Ordnung $p = 1$. Geeignet symmetrisierte Produkte solcher ($p = 1$)-Darstellungen liegen wieder im Tensorraum und beschreiben zusammengesetzte Objekte. Sie sind Darstellungen mit $p > 1$ und lassen sich als Produkte von p Darstellungen zu $p = 1$ auffassen. Allgemein ist in Parabose-Darstellungen die Ordnung p bei Produktbildung additiv. Entscheidend für die *Wechselwirkung* ist nun, daß die Zerlegung einer Darstellung zu $p > 1$ in Faktoren zu $p = 1$ mehrdeutig ist. Dies läßt sich in der Sprache der Streutheorie als Existenz nichttrivialer Kanäle in der S-Matrix auffassen. Dabei gibt es keine willkürlichen Parameter mehr. Wenn die Urhypothese richtig ist, so sollte sie die Typen möglicher Teilchen und die Gesetze ihrer Wechselwirkung *eindeutig* festlegen. Das jetzige Kapitel ist aber wegen der großen mathematischen Schwierigkeiten nur die Skizze eines *Programms* einer solchen Theorie.

4. Ein einfaches Modell ist die Beschreibung eines Teilchens in einem *homogenen Raum* einer in *T* wirkenden Gruppe, wie in Kapitel 9.3 beschrieben. Wir wählen als Beispiele das masselose Teilchen im Einstein-Raum (9.3b) und im global definierten Minkowski-Raum (9.3e). Als wichtigstes Hilfsmittel für die nachfolgenden Abschnitte führen wir einen »lokalen

Minkowski-Raum« ein, der einen Einstein-Raum an einer Stelle tangiert.

5. Der Titel des Abschnitts *Modell der Quantenelektrodynamik* ist mit Absicht zweideutig* formuliert. Die Quantenelektrodynamik ist ein Modell der Wechselwirkung; aber der Abschnitt skizziert nur ein noch unvollständiges Modell der Quantenelektrodynamik.

6. Das jetzige Buch versucht nicht, die rasch fortschreitende Theorie der *Elementarteilchen* einzuholen. Es formuliert nur drei Angebote an diese Theorie: a. Ihre *Systematik* sollte im Tensorraum der Ure darstellbar sein. b. *Lokale Eichinvarianz* erscheint im Tensorraum als natürliche Forderung. c. Die Existenz *scharfer Ruhmassen* ist in der bisherigen Teilchenphysik wohl nicht hinreichend als Grundproblem aufgefaßt worden; im Rahmen der Urhypothese ist das Problem vermutlich mit den Fragen der Kosmologie zu verknüpfen.

7. Die *allgemeine Relativitätstheorie* dürfte in T zunächst analog der Quantenelektrodynamik als Theorie eines Gravitonenfeldes aufzubauen sein. Analog den Überlegungen von Gupta und Thirring ergibt dies automatisch den Ansatz einer Riemannschen Geometrie. Anders als bei diesen Autoren braucht dabei kein starres Raum-Zeit-Kontinuum (z.B. Minkowski-Raum) als Ausgangspunkt gewählt werden. Ein Ausblick auf die offenen Fragen der Kosmologie beschließt das Kapitel.

2. Darstellungen im Tensorraum

a. Grundoperationen in T_n. Wir heben die bisherige Einschränkung auf den Raum $\overline{T}$ der symmetrischen Tensoren auf. Wir betrachten den vollen Tensorraum. Wir wollen Zweier- und Vierer-Ure behandeln können, also Koordinaten im Vektorraum des einzelnen Urs $r = 1, \ldots R$ mit $R = 2$ oder $R = 4$. Wir bezeichnen den Vektorraum zu einem R als $V^{(R)}$ und den

---

* Ebenso zweideutig ist Kants Buchtitel *Kritik der reinen Vernunft*. Es ist ein Genitivus objectivus *und* subjectivus. Die reine Vernunft kritisiert und wird kritisiert.

Darstellungen im Tensorraum 419

Tensorraum als $T^{(R)}$. Für die Basisvektoren in $V^{(R)}$ schreiben wir einfach die Ziffern r ($r = 1 \ldots R$). In $V^{(R)}$ ist eine hermitische Metrik definiert durch

$$(r,s) = \delta_{rs}. \tag{1}$$

Eine Basis des Raums $T_n^{(R)}$ der Tensoren vom Rang n besteht aus den R^n Monomen, die wir jeweils als eine geordnete Folge von Ziffern beschreiben:

$$x = r_1 r_2 \ldots r_n \quad (1 \leq r_\nu \leq R). \tag{2}$$

Zwei verschiedene Monome gleichen Rangs n sind nach (1) orthogonal; jedes Monom der Form x hat die Norm Eins. Tensoren verschiedenen Rangs sollen stets orthogonal sein.

GL(R) sei die volle lineare Gruppe in R komplexen Dimensionen. Sie hat ihre Vektordarstellung in $V^{(R)}$. Wir betrachten zuerst ihre Darstellungen in einem $T_n^{(R)}$ mit festem n. Die Lie-Algebra von GL(R) hat die $2\ R^2$ Basiselemente τ_{rs}, $i\tau_{rs}$ ($1 \leq r, s \leq R$) mit den Vertauschungsrelationen

$$[\tau_{rs}, \tau_{tu}] = \tau_{ru}\delta_{st} - \tau_{ts}\delta_{ru}. \tag{3}$$

Die Generatoren der unitären Untergruppe U(R) sind

$$\begin{aligned} a_{rs} &= 1/2\,(\tau_{rs} - \tau_{sr}) \\ b_{rs} &= i/2\,(\tau_{rs} + \tau_{sr}). \end{aligned} \tag{4}$$

Eine Basis von GL(R) besteht aus a_{rs}, b_{rs}, ia_{rs}, ib_{rs}. In $V^{(R)}$ wirkt τ_{rs} gemäß

$$\tau_{rs} t = r\delta_{st}, \tag{5}$$

d.h. τ_{rs} verwandelt s in r und $t \neq s$ in Null. Im Tensorraum $T_n^{(R)}$ wirkt τ_{rs} als Derivation gemäß der Leibnizschen Regel: τ_{rs} verwandelt ein Monom in eine Summe von Monomen, in deren jedem an *einer* Stelle, an der ein Basisvektor s stand, nunmehr ein r eingesetzt ist:

$$\tau_{rs} x = \sum_{\nu=1}^{n} \delta_{sr_\nu} \tau_{rr_\nu} x, \qquad (6)$$

z. B.

$$\tau_{12}\ 122 = 112 + 121. \qquad (7)$$

τ_{rs} multipliziert jedes Monom einfach mit der Anzahl n_r, die angibt, wie oft r in dem Monom vorkommt. Also in $T_n^{(R)}$:

$$\tau_{rr} = n_r \qquad (8)$$

$$\sum_r n_r = n. \qquad (9)$$

Die Theorie der Darstellungen von GL(R) in T_n durch die sog. Young-Diagramme ist bekannt (vgl. z. B. Börner 1955). Wir erinnern hier an diejenigen Züge, die wir nachher benützen werden. Ein Young-*Rahmen* des Rangs n ist eine Figur aus l Zeilen der Längen $m_1, m_2 \ldots m_l$ mit

$$\sum_{i=1}^{l} m_i = n \qquad (10)$$

und der Bedingung

$$m_1 \geq m_2 \geq \ldots \geq m_l. \qquad (11)$$

Ein Standard-*Tableau* entsteht, indem die Zahlen $1 \ldots n$ in die Stellen eines Rahmens eingesetzt werden, mit der Regel, daß die Zahlen in jeder Zeile nach rechts und in jeder Spalte nach unten zunehmen müssen. Wir unterscheiden die verschiedenen möglichen Rahmen für gegebenes n durch einen Index k. Für jeden Rahmen k gibt es eine Anzahl f_k von verschiedenen Standard-Tableaus. Jeder Rahmen k definiert, so zeigt sich, f_k äquivalente Darstellungen der Symmetrischen Gruppe S_n, alle von der Dimension f_k. Es gilt

Darstellungen im Tensorraum 421

$$\sum_k f_k^2 = n! \qquad (12)$$

In $T_n^{(R)}$ definiert ferner jeder Rahmen k gerade f_k irreduzible Darstellungen von GL(R), eine zu jedem Standard-Tableau. Die Basistensoren jeder dieser Darstellungen werden beschrieben durch die möglichen Standard-Schemata. Ein Standard-*Schema* entsteht, wenn man die Ziffern r ($r = 1 \ldots R$) in die Stellen des Rahmens einträgt gemäß der Regel, daß die Zahlen in jeder Zeile nach rechts nicht abnehmen und in jeder Spalte nach unten zunehmen sollen. Folglich kann ein Standard-Schema nicht mehr als R Zeilen haben. Zu jedem Schema gibt es f_k verschiedene Tensoren in $T_n^{(R)}$, entsprechend den f_k Darstellungen der GL(R).

b. *Grundoperationen in T.* Wir suchen nun Operatoren, welche den Rang eines Tensors erhöhen oder erniedrigen. Wir beschränken uns auf die Änderung von n nach $n \pm 1$; wir nehmen an, daß wir alle anderen relevanten Operatoren aus ihnen aufbauen können. Die Operatoren sollen im ganzen Tensorraum definiert sein, unabhängig von der Angabe der nachher durch sie darzustellenden Gruppe. Die einfachsten Operatoren der gesuchten Art nennen wir Operatoren des *Stopfens* und *Rupfens*.

Auf ein Monom

$$x = r_1 r_2 \ldots r_n \qquad (1)$$

wirke der *Stopf*-Operator S_r gemäß

$$S_r x = r r_1 r_2 \ldots r_n + r_1 r r_2 \ldots r_n + \ldots + r_1 r_2 \ldots r r_n \\ + r_1 r_2 \ldots r_n r. \qquad (2)$$

D.h. S_r stopft an irgendeiner Stelle ein r zwischen r_v und r_{v+1} bzw. vor oder hinter das ganze Monom und addiert alle $n + 1$ so entstehenden Monome. Der *Rupf*-Operator R_r wirke gemäß

$$R_r x = \sum_v \delta_{r r_v} r_1 r_2 \ldots r_{v-1} r_{v+r} \ldots r_n. \qquad (3)$$

D.h. R_r rupft an einer Stelle ein r heraus und addiert alle so entstehenden Monome. Enthält x kein r, so ist $R_r x = 0$.

Es gelten die Vertauschungsrelationen

$$[R_r S_s] = \tau_{sr} + (n + 1)\, \delta_{rs} \tag{4}$$

$$[R_r R_s] = [S_r S_s] = 0 \tag{5}$$

$$[\tau_{rs} S_t] = S_r \delta_{st} \tag{6}$$

$$[\tau_{rs} R_t] = -R_s \delta_{rt}. \tag{7}$$

Man kann zeigen, das R_r, S_r und τ_{rs} zusammen Darstellungen der Lie-Algebra von GL$(R+1)$ und eine unitäre Darstellung von SU$(R,1)$ in T definieren (Drühl 1977). Jede irreduzible Darstellung dieser Art ist ein »Turm« in T. Sie hat als »Fundament« einen Teilraum T'_n von T_n, und zwar so, daß alle Elemente von T'_n durch alle R_r annulliert werden, und alle anderen Elemente des Turms aus denen von T'_n durch mehrfache Anwendung der S_r entstehen. Sofern die Urhypothese sich zu einer Theorie der Elementarteilchen ausbauen läßt, ist zu vermuten, daß diese Darstellungen, jedenfalls der SU$(R,1)$, eine physikalische Bedeutung haben werden. Diese dürfte aber eher in der Richtung der »Supersymmetrie« liegen (vgl. dazu 9.2c). Denn wie wir in 9.3e gesehen haben, bedeutet jedenfalls in den Darstellungen der relativistischen Gruppen in $\bar{T}$ gerades n geraden Spin und ungerades n ungeraden Spin; wir werden alsbald sehen, daß dasselbe im vollen Tensorraum T gilt. Also werden wir erwarten, daß es außer der in R_r, S_r linearen Lie-Algebra eine in ihnen bilineare Lie-Algebra gibt, die noch Darstellungen anderer – nämlich der relativistischen – Gruppen vermittelt.

Es sei bemerkt, daß es noch andere relativ einfache Grundoperatoren in T geben kann. Z.B. könnte man statt des »symmetrischen« Stopfens und Rupfens die entsprechenden »schiefen« Operationen definieren, in denen die Summanden in (2) bzw. (3) mit einem nach irgendeiner Regel erklärten Vorzeichen behaftet sind. Wir kommen darauf unter d. (11)

zurück; vorerst bleiben wir bei der symmetrischen Operation.

c. *Bose-Darstellungen*. Die Operatoren R_r, S_r führen symmetrische Tensoren stets wieder in symmetrische Tensoren über. Wir erzeugen den vollen Raum $\overline{T}$ durch wiederholtes »Stopfen ins Vakuum«. Das Vakuum Ω (Tensor vom Rang Null) genügt den Gleichungen

$$\tau_{rs}\Omega = R_r\Omega = 0 \quad \text{für alle } r, s. \tag{1}$$

Alle symmetrischen Tensoren sind Linearkombinationen von

$$y(n_1,\ldots n_R) = S_1^{n_1}\ldots S_R^{n_R}\Omega. \tag{2}$$

Alle symmetrischen Tensoren bilden also *einen* Turm bezüglich der R_r, S_r.

Suchen wir nun eine in den R_r, S_r bilineare Lie-Algebra, so stoßen wir auf die Schwierigkeit, daß bilineare Ausdrücke aus der einhüllenden Algebra einer Lie-Algebra im allgemeinen trilineare Kommutatoren haben etc.; d. h. meist schließen sich solche Ausdrücke nicht zu einer endlichdimensionalen Lie-Algebra. Dies gelingt aber, wenn die Kommutatoren der als Ausgang gewählten Lie-Algebra reine Zahlen sind. Dies erreichen wir durch eine Umnormierung:

$$a_r^+ = \frac{1}{\sqrt{n+1}} S_r, \quad a_r = \frac{1}{\sqrt{n}} R_r. \tag{3}$$

Wir definieren ferner die auf Eins normierten Tensoren

$$|n_1\ldots n_R> = \frac{1}{N} y(n_1\ldots n_R). \tag{4}$$

Es ergibt sich

$$N = \sqrt{n!n_1!\ldots n_R!} \tag{5}$$

und

$$a_r|n_r> = \sqrt{n_r}|n_r - 1>,$$
$$a_r^+|n_r> = \sqrt{n_r + 1}|n_r + 1>, \qquad (6)$$

wobei in den Einheitstensoren die n_s für $s = r$ unverändert bleiben. Es folgen die Vertauschungsrelationen

$$[a_r, a_s^+] = \delta_{rs}, \quad [a_r, a_s] = [a_r^+\ a_s^+] = 0. \qquad (7)$$

D.h. die a_r, a_r^+ sind die in 9.3b definierten Stufenoperatoren der Bose-Statistik, welche für $R = 2$ die SO(3,2), für $R = 4$ die SO(4,2) erzeugen.

d. Parabose-Darstellungen. Die »Para-Statistik« wurde von Green (1953) erfunden* und von Castell und seinen Mitarbeitern** in die Urtheorie eingeführt. Green suchte verallgemeinerte Vertauschungsrelationen für Feldoperatoren, welche die allgemeinste Darstellung ununterscheidbarer Teilchen gestatten. Wir haben die Ununterscheidbarkeit der Ure postuliert, stehen also vor demselben Problem wie Green. Wir erinnern uns zunächst an die prinzipielle Bedeutung des Problems und an seine Lösung durch Green.

Bei Teilchen pflegt man das Auftreten der Bose- bzw. Fermi-Statistik durch die Ununterscheidbarkeit der Teilchen zu begründen. Diese Auskunft ist nicht falsch, aber unpräzise, so wie es häufig die Verbalisierungen der in der Physik auftretenden mathematischen Strukturen sind. Erinnern wir uns an das Ehrenfestsche Urnenspiel (4.2): Es seien n weiße Kugeln gegeben, von denen n_1 in der ersten, n_2 in der zweiten Urne liegen. Klassisch (also, wie man heute sagt, in der Boltzmann-Statistik) betrachtet man die Frage als sinnvoll, *welche* Kugeln in der ersten und welche in der zweiten Urne liegen. Man kann den Kugeln ja zusätzliche Merkmale geben, z.B. indem man auf jede eine Nummer schreibt. Abstrakt gesprochen bedeutet dies, daß wir die Alternative erweitern. Zuvor konnten wir nur

---

* Vgl. dazu auch Greenberg u. Messiah (1965), Greenberg (1966).
** Jacob (1977), Heidenreich (1981), Künemund (1982).

eine Kugel in der ersten Urne von einer Kugel in der zweiten Urne unterscheiden (»lokale« Unterscheidung), jetzt jede Kugel von jeder (»individuelle« Unterscheidung).

Quantentheoretisch setzt man den Zustandsraum von n Teilchen formal so an, als könnte man sie individuell unterscheiden (Tensorprodukt der einzelnen Zustandsräume). Im Tensorraum T_n unterscheidet man die verschiedenen *Symmetrieklassen* der Tensoren durch die Young-Rahmen. Einem festen Standardschema entspricht jeweils eine irreduzible Darstellung der Permutationsgruppe S_n der n in ihm enthaltenen Basisvektoren. Man interpretiert nun die Ununterscheidbarkeit der Teilchen, und analog der Ure, indem man fordert, alle Tensoren eines solchen fest gewählten irreduziblen Darstellungsraums der Permutationsgruppe sollten denselben physikalischen Zustand darstellen. In jeder irreduziblen Darstellung der linearen Gruppe GL (n) oder einer ihrer Untergruppen, welche das betreffende Standardschema enthält, kommt genau *einer* dieser Tensoren des zugehörigen Darstellungsraums der S_n vor; der betreffende Zustand ist dann durch diesen Vektor repräsentiert. Das ist formal genau analog den Strahldarstellungen einer linearen Gruppe in einem Vektorraum. In der Quantenmechanik gehören alle Vektoren eines Strahls im Hilbertraum zum selben Zustand. Jeder dieser Vektoren kann den Zustand repräsentieren. Man pflegt dafür Vektoren der Norm 1 zu wählen. Diese lassen dann noch immer einen beliebigen Phasenfaktor $e^{i\alpha}$ zu, der die Eichgruppe U(1) irreduzibel im Strahl darstellt. Man kann die Gruppendarstellungen durch Repräsentanten der Symmetrieklassen *verallgemeinerte Strahldarstellungen* nennen.

Die Ununterscheidbarkeit der Teilchen wird damit begründet, daß das Gesetz der Wechselwirkung der Teilchen invariant ist gegen Permutation der Teilchen, daß also eine Symmetrieklasse bei der Wechselwirkung erhalten bleibt. Damit wird die Auswahl der richtigen Symmetrieklasse aber nur in die Anfangsbedingung verschoben. Es gibt keinen unmittelbar einsichtigen Grund dafür, daß nur die vollsymmetrischen und die vollantisymmetrischen Tensoren, also nur Bose- und Fermi-Statistik vorkommen sollen. Greens Operatoren sind nun gerade so bestimmt, daß man mit ihrer Hilfe aus dem Vakuum gerade *einen* Repräsentanten jedes im Tensorraum möglichen Standardschemas erzeugen kann.

Empirisch hat man für Teilchen bisher nur Bose- und Fermi-Statistik gefunden. Wir akzeptieren dieses Resultat und werden unter 10.3 a eine hypothetische Erklärung dafür anbieten. Für Ure aber können wir uns sicher nicht auf Bose- oder Fermi-Statistik beschränken. Bei Fermi-Statistik bestünde die Welt überhaupt nur aus 2 bzw. 4 Uren. Daß wir uns auch nicht auf symmetrische Tensoren beschränken können, zeigt eine einfache, auf den Teilchenbegriff vorgreifende Überlegung. Wir werden in 10.3 eine irreduzible Darstellung der Poincaré-Gruppe als den Zustandsraum *eines* Teilchens auffassen. Wir werden dort übrigens sehen, daß die symmetrischen Tensoren für $R = 2$ nur ein Dirac-Singleton, für $R = 4$ nur ein masseloses Teilchen zu jeder Helizität beschreiben. Jedenfalls aber wird eine Mehrzahl von Teilchen nur in einem (geeignet symmetrisierten) Tensorprodukt von irreduziblen Darstellungen beschrieben werden. Nun ist ein solches Produkt symmetrischer Tensoren nicht wieder ein symmetrischer Tensor. Also muß die Mehrteilchentheorie notwendigerweise allgemeinere Symmetrieklassen im Tensorraum benutzen. Wir skizzieren zuerst die mathematische Struktur und besprechen danach ihre physikalische Deutung.

Wir führen neue Operatoren a_r, a_r^+ ein, für welche wir die Greenschen Vertauschungsrelationen (»VR«) fordern:

$$[\tfrac{1}{2}\{a_r, a_s^+\}, a_t] = -\delta_{st} a_r \qquad (1)$$

$$[\{a_r, a_s\}, a_t] = [\{a_r^+, a_s^+\}, a_t^+] = 0. \qquad (2)$$

Man kann mit Hilfe dieser Operatoren, deren Wirkung in T wir erst suchen, zunächst abstrakt Operatoren

$$\tau_{sr} = \tfrac{1}{2}\{a_r, a_s^+\} \qquad (3)$$

definieren, welche, wie aus (1–2) folgt, den VR a(3) genügen. Hiermit folgen dann die VR

$$[\tau_{rs}, a_t^+] = a_r^+ \delta_{st}, \quad [\tau_{rs}, a_t] = -a_s \delta_{rt}. \qquad (4)$$

Darstellungen im Tensorraum

Diese VR haben dieselbe Form wie b(6.–7.); man darf also vermuten, daß a_r, a_r^+ als Stufenoperatoren in T dargestellt werden können, die sich, wie die R_r, S_r und die Bose-Operatoren bei GL(R), wie Spinoren transformieren.

Green hat eine Darstellung der a_r, a_r^+, welche den trilinearen VR(1–2) genügen, durch Operatoren b_r, b_r^+ angegeben, deren VR bilinear sind:

$$a_r = \sum_{\alpha=1}^{p} b_r^\alpha, \qquad a_r^+ = \sum_{\alpha=1}^{p} b_r^{\alpha+} \tag{5}$$

mit den VR

$$[b_r^\alpha, b_s^{\alpha+}] = \delta_{rs}, \quad [b_r^\alpha, b_s^\alpha] = [b_r^{\alpha+}, b_s^{\alpha+}] = 0 \tag{6}$$

$$\{b_r^\alpha, b_s^{\beta+}\} = \{b_r^\alpha, b_s^\beta\} = \{b_r^{\alpha+}, b_s^{\beta+}\} = 0 \quad \text{für } \alpha \neq \beta. \tag{7}$$

Dabei ist p, die »Ordnung« der Operatoren a_r, a_r^+, eine ganze Zahl ≥ 1. Für festes α vertauschen also die b_r^α wie Bose-Operatoren, für $\alpha \neq \beta$ antikommutieren sie. Es soll ferner ein »Vakuum« Ω geben mit

$$b_r^\alpha \Omega = 0 \quad \text{für alle } \alpha \text{ und } r. \tag{8}$$

Es folgt

$$a_r a_s^+ \Omega = p \delta_{rs} \Omega \quad \text{für alle } r \text{ und } s. \tag{9}$$

Diese »Greensche Zerlegung« ist nicht die einzig mögliche Darstellung der a_r, a_r^+ (Heidenreich, vgl. Künemund, S. 12). Wir werden aber nur diese Zerlegung verwenden, da wir nur für sie eine allgemeine Darstellung in T angeben können.

Wir definieren zunächst für festes p einen erweiterten Tensorraum $T^{(R,p)}$ als direkte Summe von p Räumen $T^{(R)}$. $T^{(R,p)}$ ist also über einem Vektorraum $V^{(R,p)}$ errichtet, dessen Basisvektoren die $R.p$ Vektoren $r^\alpha (r = 1 \ldots R, \alpha = 1 \ldots p)$ sind. Die b_r^α, $b_r^{\alpha+}$ sollen in $T^{(R,p)}$ in einem Teilraum $\overline{T}^{(R,p)}$ geeignet symmetrisierter Tensoren wirken. Diese sind nicht vollsymmetrisch, sondern symmetrisiert mit alternierenden Vorzeichen nach folgender Regel. Alle Basistensoren vom Rang n entstehen aus dem Vakuum gemäß der Vorschrift

$$\psi = b^{a_1+}_{r_1} \ldots b^{a_n+}_{r_n} \Omega. \tag{10}$$

ψ ist, mit geeignetem Normierungsfaktor, eine Summe von $n!$ Summanden. Der erste Summand (»Leitterm«) ist

$$v = r^{a_1}_1 \ldots r^{a_n}_n. \tag{11}$$

Alle übrigen Summanden gehen aus v durch Permutationen der Stellen 1...n hervor mit der folgenden Vorzeichenregel: Das Vorzeichen kehrt sich bei jeder Transposition zweier benachbarter Faktoren genau dann um, wenn deren obere Indizes verschieden sind.

Aus $\overline{T}^{(R,p)}$ kehrt man durch Projektion in einen neu definierten $T^{(R)}$ zurück. Seine Basisvektoren sind die »Schwerpunktskoordinaten« der r^a:

$$r = \frac{1}{p} \sum_{a=1}^{p} r^a. \tag{12}$$

Man kann nun schreiben

$$r^a = r + \sum_{\beta=1}^{p-1} r^{|\beta|}. \tag{13}$$

Dabei sind die $r^{|\beta|}$ irgendwelche von r und voneinander linear unabhängigen Linearkombinationen der r^a, also »Relativkoordinaten«. Die Parallelprojektion entlang den $r^{|\beta|}$ auf die r geschieht, indem wir in jedem Tensor jeden Vektor r^a durch (13) ausdrücken und dann alle $r^{|\beta|} = 0$ setzen, also kurz r^a durch r ersetzen. Diese Abbildung hat sich bisher als umkehrbar eindeutig erwiesen, d.h. der projizierte Tensor in $T^{(R)}$ bestimmt, bei gegebenem p, eindeutig seinen Ursprungstensor in $\overline{T}^{(R,p)}$.

Für jedes $p > 1$ enthält die Menge der so erzeugten Tensoren in $T^{(R)}$ auch Tensoren anderer als der vollsymmetrischen Symmetrieklassen. Für $p \geq R$ erzeugt das Verfahren zu jedem Standardschema genau *einen* der f_k in ihm enthaltenen linear unabhängigen Tensoren; die anderen $f_k - 1$ Basistensoren zu diesem Schema gehen durch Stellenpermutation aus ihm hervor, sind aber durch die Parabose-Operatoren allein nicht erzeugbar. Die Anzahl n_r der Basisvektoren r ist durch

$$n_r = \tfrac{1}{2}\{a_r, a_r^+\} - \tfrac{1}{2}p \tag{14}$$

gegeben. Setzt man in 9.3d (1) statt $a_r a_s$ bzw. $a_r a_s^+$ jeweils $\tfrac{1}{2}\{a_r, a_s\}$ bzw. $\tfrac{1}{2}\{a_r, a_s^+\}$ ein, so sind die M_{ik}, N_{ik} wieder Generatoren der SO(4,2). Jede irreduzible Darstellung gehört zu festem p. Es zeigt sich, daß $p > 1$ Teilchen mit Ruhmasse $\neq 0$ beschreibt.

Dieses Ergebnis bestätigt die Deutung der Parabose-Operatoren als erweiterten Ausdruck der Ununterscheidbarkeit der Ure. Die Erweiterung des Tensorraums zu $T^{(R,p)}$ bedeutet zunächst, daß der Index α eine mögliche Unterscheidung der Ure ausdrückt. Die Symmetrisierung zu $\overline{T}^{(R,p)}$ besagt dann, daß man nicht sagen kann, *welches* Ur einen bestimmten Index α trägt, sondern nur, *wie viele* Ure n^α es zu einem Wert von α gibt. D.h. der Index ist analog einer lokalen Unterscheidung. Sofern Teilchen aus Uren aufgebaut sind, wird man bei wechselwirkungsfreien Teilchen zu jedem Teilchen in einem festen Zustand sagen können, aus wie vielen Uren es besteht. Die Zugehörigkeit zu einem Teilchen ist dann für ein Ur analog der Zugehörigkeit zu einem räumlichen Volumen (»Urne«) für ein Teilchen. Wir gehen diesen Fragen im nächsten Abschnitt nach. Die durch einen Wert von α definierten »Teilchen« werden wir dort *Quasiteilchen* nennen.

e. Mehrfache Quantelung in der Urtheorie. In 7.4 haben wir den Begriff der zweiten (und mehrfachen) Quantelung wahrscheinlichkeitstheoretisch gerechtfertigt. In 7.5 haben wir ihn benützt, um das Dirac-Feynmansche Argument für die Geltung eines Extremalprinzips in der klassischen Mechanik auf die Quantenmechanik zu übertragen. In der Arbeit (1958[2]) war schon der Versuch unternommen, die gesamte konkrete Quantentheorie durch mehrfache Quantelung einer binären Alternative aufzubauen. Es gelang dort, die Quantenfeldtheorie freier Felder zu konstruieren, aber nicht, die Wechselwirkung einzuführen. Dies wurde verständlich, nachdem wir die wahrscheinlichkeitstheoretische Deutung der mehrfachen Quantelung gefunden hatten. Die im Aufbau der Wahrscheinlichkeitstheorie (Kapitel 3) benutzten »Ensembles von Ensembles« sind gerade keine realen Gesamtheiten, deren Elemente miteinander wechselwirken, sondern unabhängige Wiederholungen immer desselben Falles. Real sind sie nur in der Asymptotik erzeugbar, in der die Wechselwirkung unmeßbar klein wird.

Eben deshalb wurde über den Begriff der primären Alternative (später Ur-Alternative genannt) der Begriff des »Urs« als eines Ur-Objekts (jetzt: Ur-Subobjekts) eingeführt. Die Gesamtheit der Zustände der Ure konnte dann im Tensorraum T beschrieben werden. Nun fragt sich, wie sich die mehrfache Quantelung in diesem Tensorraum ausdrückt.

Als »formal strikte« mehrfache Quantelung soll hier die schematische Iteration der Quantentheorie einer Alternative bezeichnet werden. Sie würde wie folgt verlaufen:

1. Stufe: die Vektoren u_r mit R Basiszuständen

2. Stufe: die normierbaren Funktionen ψ_r mit den abzählbar unendlich vielen Basiszuständen, die jeweils durch die R Anzahl n_r ($r = 1\ldots R$; $n_r = 0\ldots$) bezeichnet werden.

3. Stufe: die Funktionen $\varphi(n_r)$ mit den abzählbar vielen Basiszuständen, die durch alle möglichen Anzahlfunktionen $N(n_r)$ ($N(n_r) = 0\ldots\infty$) für jede Funktion n_r ($r = 1\ldots R$) bezeichnet werden.

Etc.

Für $R = 2$ bzw. $R = 4$ bezeichnet die 1. Stufe die Zustände des einzelnen Urs. In 7.4 ist die 2. Stufe erklärt, wobei die Funktionen ψ_r der Bose-Statistik des Urs entsprechen, also den Raum $\overline{T}$ der symmetrischen Tensoren ausmachen. Die 3. Stufe bedeutet zunächst eine Unterscheidbarkeit der Typen α von Uren, wie sie durch die Greenschen Operatoren $b_r^{\alpha,+}$ ($\alpha = 1 \ldots \infty$) erzeugt würden. Wenn man aber nur geeignet symmetrisierte Produkte benützt, so führt sie gerade zu den obigen Parabose-Darstellungen. Eine 4. Stufe müßte dann wiederum solche Darstellungen voneinander unterscheiden und symmetrisch zusammenfassen. Das ist die Theorie des nachfolgenden Abschnitts.

3. Wechselwirkung im Tensorraum

a. Produkte von Darstellungen. Da eine irreduzible Darstellung nur jeweils *ein* freies Objekt beschreibt, müssen mehrere Objekte durch Tensorprodukte solcher Darstellungen beschrieben werden. Ein Tensorprodukt irreduzibler Darstellungen scheint zunächst eine Mehrzahl *freier* Objekte zu beschreiben. Wir werden aber sehen, daß die Beschränkung auf Darstellungen, die in T realisiert werden können, automatisch und eindeutig eine Wechselwirkung definiert.

Wir folgen zunächt der Beschreibung von Darstellungsprodukten mit Parabose-Operatoren, die Heidenreich (1981, S. 88–92) gegeben hat. Er betrachtet dort (vgl. 9.3 c) nur den Fall $R = 2$, also Darstellungen der SO(3,2) im Anti-de Sitter-Raum. Die Darstellungen zu $p = 1$ heißen dort Dirac-Singletonen, deren es genau zwei gibt: das Di mit ungerader und das Rac mit gerader Anzahl n von Uren. Die Darstellungen zu höherem p stellen Teilchen dar. Den α-ten Unterraum einer Darstellung mit $p > 1$, mit der Basis

$$\varphi^\alpha(n_1^\alpha, n_2^\alpha)\,\Omega = (b_1^{\alpha+})^{n_1^\alpha}(b_2^{\alpha+})^{n_2^\alpha}\Omega, \tag{1}$$

nennt er den Hilbertraum eines einzelnen Singletons, dem man den »Typ« α zuschreiben kann. Man kann dann sagen, daß das durch die ganze p-Darstellung beschriebene Teilchen eine Superposition von $2p$ Singletonen ist. Es sind $2p$ und nicht nur p Singletonen, weil die Basis (1) für $n^\alpha = n_1^\alpha + n_2^\alpha$ bei geradem n einem Rac, bei ungeradem n einem Di zugehört.

In dieser Superposition ist auch ein Produkt von h Racs und p-h Dis enthalten. Man muß dazu eine Auswahl der Zustände treffen: für $\alpha = 1, 2\ldots h$ sollen nur gerade n^α zugelassen werden, für $\alpha = h + 1,\ldots p$ nur ungerade n^α. Nun bildet man das Produkt

$$\prod_{\alpha=1}^{p} \varphi^{\alpha}(n_1^{\alpha}, n_2^{\alpha})\,\Omega \tag{2}$$

und summiert über alle möglichen Permutationen $\pi(\alpha)$:

$$\sum_{\pi(\alpha)} \prod_{\alpha=1}^{p} \varphi^{\pi(\alpha)}(n_1^{\alpha}, n_2^{\alpha})\,\Omega. \tag{3}$$

Der Ausdruck (2) ist das Tensorprodukt der p Singletonen, der Ausdruck (3) die symmetrisierte Summe solcher Tensorprodukte. Heidenreich zeigt, daß in (3) die Rac Bosonen, die Di Fermionen sind, symbolisch geschrieben:

$$[\text{Rac}, \text{Rac}] = 0 \tag{4}$$

$$\{\text{Di}, \text{Di}\} = 0 \tag{5}$$

$$[\text{Rac}, \text{Di}] = 0. \tag{6}$$

(6) sagt, daß auch Rac und Di nur symmetrisch vertauscht werden dürfen. Dabei handelt es sich stets um Vertauschungen von Nachbarn im Produktausdruck.

Die Heidenreichschen Ausdrücke lassen sich nun eindeutig in den erweiterten Tensorraum $\overline{T}^{(R,p)}$ und aus diesem in den neu definierten $T^{(R)}$ abbilden, indem man sie jeweils als Leitterme v gemäß Gl. 2d (11) auffaßt. Urtheoretisch heißt dies: Interpretiert man die Heidenreichschen Singletonen als symmetrische Tensoren aus Uren, so besagt Heidenreichs Produkt (2), daß für jedes Ur klar ist, zu welchem Singleton es gehört. Die Symmetrisierung gemäß (3) besagt dann nur noch, wie viele Ure n^{α} es zu einem Wert von α gibt; genau wie am Ende von 2d beschrieben. Hingegen besteht keine *umkehrbar* eindeutige Beziehung zwischen den Heidenreichschen Produkten und den Parabose-Darstellungen im Tensorraum. Hierauf kommen wir alsbald zurück.

Wir sagen zusammenfassend und für beliebige R: Das symmetrisierte Produkt von p Darstellungen der Ordnung 1 definiert eindeutig eine Darstellung der Ordnung p. Wenn die

Faktor-Darstellungen irreduzibel sind, so wird doch die Produkt-Darstellung im allgemeinen reduzibel sein.

Es wird aber allgemein möglich sein, die Faktor-Darstellungen willkürlich in Faktoren höherer Ordnung zusammenzufassen. Dann gilt: Das symmetrisierte Produkt von k Darstellungen der Ordnungen p_i ($i = 1\ldots k$) definiert eindeutig eine Darstellung der Ordnung

$$p = \sum_{i=1}^{k} p_i. \qquad (7)$$

M.a.W.: Bei Produktbildung aus Parabose-Darstellungen ist die Ordnung p additiv.

Wenn dies das richtige Verfahren ist, aus Teilchen zusammengesetzte Objekte zu beschreiben, so erhalten wir die in 2 d vermißte Erklärung dafür, daß für Teilchen nur Bose- und Fermi-Statistik vorkommen. Allgemein gesagt, sind eben Teilchen noch nicht die elementaren Objekte, sondern sie sind aus den Uren zusammengesetzt. Für das Ur als elementares Subobjekt gilt die Greensche Überlegung. Speziell gesagt sind die VR (4) bis (6) die Folge der VR 10 2 d (6) der Generatoren der Greenschen Quasiteilchen. (4) gilt analog für alle Teilchen mit ganzzahligem, (5) für alle Teilchen mit halbzahligem Spin. Wir haben also Paulis Satz über Spin und Statistik nicht aus der speziellen Relativitätstheorie, sondern beide aus der gemeinsamen Wurzel, der Urtheorie, hergeleitet.

b. Wechselwirkung. Wenn jedes freie Objekt eine irreduzible Darstellung zu festem p bedeutet, so muß jedes freie Objekt aufgefaßt werden können als zusammengesetzt aus p »Quasi-Teilchen« zu $p = 1$. Für $R = 2$ sind dies Dirac-Singletonen, für $R = 4$ sind es im Minkowski-Raum masselose Teilchen beliebiger Helizität. Dies erinnert an Heisenbergs nichtlineare Spinorfeldtheorie (1959), ist aber allgemeiner als diese. Heisenberg wählte eine Differentialgleichung für Feldoperatoren zum Spin ½ ohne Massenterm, aber mit einem durch Symmetrieüberlegungen gewonnenen Wechselwirkungsterm. Wir legen im Minkowski-Raum den Spin unserer Quasi-Teilchen nicht fest und fordern keine lokal definierbaren Feldoperatoren für sie, folglich auch keine Differentialgleichung. Heisenberg wurde durch seine lokale Wechselwirkung zum Umweg über einen indefiniten Hilbertraum genötigt. Heisenberg ging nach Aufstellung seiner Gleichung nicht vom Grenzfall freier Quasiteilchen aus, sondern suchte sofort Lösungen mit großer Wechselwirkung, die, wie sich zeigte, endliche Ruhemasse haben mußten. Hierin folgen wir ihm, beschreiben aber die Wechselwirkung ohne Differentialgleichung und Feldoperatoren durch die linearen Beziehungen zwischen verschiedenen Produktdarstellungen desselben Zustands eines Gesamtobjekts.

Wir kommen damit auf die Bemerkung in a. zurück, daß keine umkehrbar eindeutige Beziehung zwischen den Heidenreichschen Produkten und den Parabose-Darstellungen besteht. Ein Produkt von p symmetrischen Tensoren bestimmt eindeutig einen Tensor zur Parabose-Ordnung p, aber nicht umgekehrt. Hier sei zunächst nur das einfachste Beispiel genannt. Wir suchen für $R = 2$ die Zustände eines Gesamtobjekts zu $p = 2, n = 3$ und zwar $n_1 = 2, n_2 = 1$. Es gibt nur zwei Basiszustände, die den Youngschen Standardschemata 112 und $\frac{11}{2}$ entsprechen. Es gibt aber drei linear unabhängige Tensoren 112, 121 und 211. Hierin drückt sich aus, daß die Parabose-Darstellungen stets nur *einen* Tensor zu jedem Standardschema erzeugen. Man kann nur zwei unabhängige Tensoren durch die drei möglichen Produkte von zwei Tensoren zu $p = 1$ erzeugen, die wir als Zustände von Dirac-Singletonen interpretieren können:

Di $(n_1 = 2, n_2 = 1)$ x Rac $(n_1 = n_2 = 0)$ = (112 + 121 + 211) x Ω = 112 + 121 + 211
Di $(n_1 = 1, n_2 = 0)$ x Rac $(n_1 = n_2 = 1)$ = 1 x (12 + 21) = 112 + 2 x 121 + 211
Di $(n_1 = 0, n_2 = 1)$ x Rac $(n_1 = 2, n_2 = 0)$ = 2 x 11 = 112 + 211.

Dabei sind die Produkte gemäß Gl. c. (3) symmetrisiert zu denken. Also besteht zwischen den drei Produktzuständen eine lineare Beziehung. D. h. es gibt keine freien Zustände für ein Di und ein Rac aus zusammen drei Uren. Entsprechendes gilt für alle höheren Zustände.

Beobachtbare Wechselwirkung gibt es entweder in Streuprozessen oder in der Existenz stationärer Bindungszustände. Wir erläutern die beabsichtigte urtheoretische Beschreibung von beiden am Beispiel des Spektrums des Wasserstoffatoms. Das Atom besteht aus einem Proton und einem Elektron; es hat ein diskretes und ein kontinuierliches Spektrum, überlagert vom kontinuierlichen Spektrum der Schwerpunktsbewegung. Wir nehmen zunächst an, daß die Ruhemasse eines Teilchens bestimmten Typs eindeutig mit der Ordnung p der dem freien Teilchen entsprechenden Parabose-Darstellung korreliert ist. Dann hat das freie Proton eine Ordnung p_1, das freie Elektron eine Ordnung p_2. Das Produkt beider Darstellungen hat eine Ordnung $p = p_1 + p_2$. Das Produkt der beiden irreduziblen Darstellungen ist reduzibel. In ihm kommen zunächst Zustände des kontinuierlichen Wasserstoffspektrums vor, welche elastischer Streuung der beiden Teilchen aneinander entsprechen. Der Übergang von einem asymptotischen Zustand in einen anderen gleicher Energie, den man eben elastische Streuung nennt, wird im Tensorraum daher rühren, daß es, wie im obigen Beispiel, völlig freie Zustände gar nicht gibt; zwischen den formal gebildeten Produkten der freien Zustände von Proton und Elektron bestehen lineare Beziehungen.

Es gibt auch inelastische Streuung. Als einfachsten Fall betrachten wir den Übergang eines vorher freien Proton-Elektron-Paars in den Grundzustand des Wasserstoffatoms unter Aussendung zweier Lichtquanten. Ein Lichtquant hat $p = 1$. Also wird der Wasserstoffgrundzustand zu $p_H = p_1 + p_2 - 2$ gehören. Anders gesagt: Das Wasserstoffatom besteht eigentlich nicht aus einem Proton und einem Elektron, sondern aus diesen beiden Teilchen und dem stets vorhandenen elektrischen Feld, und zwar so, daß die tiefste Energie der zwei freien Teilchen und des Feldes gleich in der tiefsten Energie der gebundenen Teilchen plus der bei der Bindung erzeugten Anregungsenergie des Feldes.

Jedoch zeigt sich bei dieser letzten Überlegung ein ungelöstes Problem. Die Ruhemasse eines Teilchens kann, so scheint es sich zu ergeben, das p des Teilchens nicht eindeutig festlegen. Denn z. B. kann der Übergang zum Wasserstoffgrundzustand auch unter Aussendung von mehr als zwei Lichtquanten, sagen wir von n Lichtquanten, erfolgen. Dann müßte $p_H = p_1 + p_2 - n$ werden. Wir kehren zu dieser Frage im 5. Abschnitt zurück.

c. Energie. Der vorangegangene Unterabschnitt b. entwirft zunächst nur den Zustandsraum eines Objekts, das man als ein System wechselwirkender Teilchen deuten kann. Es ist nun die Frage, wie dieser Zustandsraum in der Zeit durchlaufen wird.

Wir halten uns zunächst – d. h. ehe wir in Abschnitt 7 die allgemeine Relativitätstheorie einführen werden – an die Darstellungen der Tensorraum-Zustände, die wir im 9. Kapitel entwickelt haben. In ihnen gibt es stets eine einparametrige Untergruppe der Symmetriegruppe, die wir gemäß der realistischen Hypothese als Zeittranslation deuten müssen. In 8.3 b3 haben wir ferner postuliert, daß die reale Zeitabhängigkeit der Zustände eine einparametrige Untergruppe der Symmetriegruppe sein soll. D. h. man darf die Zeittranslation nicht nur als eine abstrakte Abbildung des Zustandsraumes auf sich, sondern als die reale zeitliche Änderung des jeweiligen Zustands deuten.

Der zeitliche Verlauf eines Vorgangs mit Wechselwirkung folgt somit aus genau denselben Postulaten wie die Trägheitsbewegung. Der Unterschied ist nur die kompliziertere Struktur eines Zustandsraums, der genähert durch ein symmetrisiertes Tensorprodukt von Zustandsräumen freier Quasiteilchen beschrieben werden kann. Die Urhypothese legt, wenn sie richtig ist, die Wechselwirkung eindeutig fest.

Den Generator der Zeittranslation nennt man traditionell Energie. Es ist nicht a priori klar, daß es einen solchen Generator global geben muß. In der allgemeinen Relativitätstheorie gibt es ihn nicht. Die außerordentliche historische Bedeutung des Satzes von der Erhaltung der Energie für die Entwicklung der Physik seit dem 19. Jahrhundert hat dazu

Wechselwirkung im Tensorraum 437

geführt, die Energie als einen Grundbegriff aller Physik aufzufassen. Tatsächlich ist der Grund dieses Erhaltungssatzes erst durch die gruppentheoretische Betrachtungsweise (Noethersches Theorem) klargeworden. Der Begriff der Energie ist also nur in bezug auf eine wohldefinierte Symmetriegruppe definiert. Die spezielle Relativitätstheorie, sofern man sie durch die homogene Lorentztransformation charakterisiert, legt den Energiebegriff noch nicht fest; dies geschieht erst durch die Definition der Translationen. Daher spielen in den unter der SO(4,2)-Symmetrie noch möglichen Weltmodellen jeweils verschiedene Operatoren die Rolle der Energie. Wir werden im folgenden nur solche Energieoperatoren wirklich benützen, die bei der Projektion auf einen lokal tangierenden Minkowski-Raum lokal in den dortigen Energieoperator übergehen. D.h. wir streben letzten Endes nur einen lokalen Energiebegriff an.

Wir begründen zunächst drei Eigenschaften der Energie: ihre Positivität, ihre Erhaltung und ihr natürliches Maß.

Positivität: Die Generatoren der anderen Untergruppen, welche Ortstranslationen oder Drehungen im (3,1)-Raum darstellen, haben Eigenwerte beider Vorzeichen. Wenn man wie üblich die Zeitkoordinate so definiert, daß von einer Zeit t_0 aus die Zukunft bei $t > t_0$, die Vergangenheit bei $t < t_0$ liegt, so darf die reale Bewegung nur zu größeren Zeiten führen, d.h. die Energie muß positiv sein. Man nennt die Forderung bezüglich der Zeit gewöhnlich die (relativistische) Kausalität: ein Ereignis soll nur auf Ereignisse wirken können, die von ihm aus auf einer zeitartigen Weltlinie erreicht werden können und in der Zukunft liegen.

Mathematisch kann man, wenn man von der abstrakten Gruppe ausgeht, Darstellungen fordern, in denen der Energieoperator nur positive Eigenwerte hat. Diese Bedingung ist nicht für alle Gruppen erfüllbar. Wenn sie erfüllt ist, so gibt es auch Darstellungen, in denen er nur negative Eigenwerte hat. Gruppen, die solche Darstellungen zulassen, nennt Castell (1975) physikalisch zulässige Gruppen. In einer zulässigen Gruppe gibt es keine inneren Automorphismen, die einen Zustand zu fester Energie in einen solchen zur entgegengesetzten Energie transformieren. In einem homogenen Raum dieser Gruppe kann man durch willkürliche Wahl eines globalen »ruhenden« Koordinatensystems die Zeittranslation und somit die Energie global definieren. Von den in 9. betrachteten Räumen gilt dies im Einstein-, Minkowski- und Anti-de Sitter-Raum. Unsere Darstellungen im Tensorraum legen in ihnen das Energievorzeichen vorweg fest. In T ist die Energie im Einstein- und Anti-de Sitter-Raum bis auf eine noch zu besprechende additive positive Konstante und einen Faktor $½$ gleich der Anzahl n der Ure, also positiv. Für den Minkowski-Raum in der Darstellung gemäß 9.3c (11) enthält die Energie P_4 den indefiniten Summanden N_{45}; man kann aber zeigen, daß $P_4 > 0$ bleibt. Wir werden unter 10.4c eine Darstellung im »lokalen« Minkowski-Raum erklären, in der die Positivität der Energie direkt evident wird. Im (4,1)-de Sitter-Raum hingegen ist die Energie N_{45} wesentlich indefinit. Man kann dort eine lokal positive Energie durch eine Wanderung »um die Welt« in eine lokal negative Energie überführen. In einem nur lokal definierten de Sitter-Raum, analog dem lokalen Minkowski-Raum, kann man solche Wanderungen ausschließen; in ihm läßt sich eine positive Energie definieren.

Erhaltung. Die Erhaltung der Energie folgt aus der Homogenität der Zeit, d.h. der Invarianz unter der Zeittranslation.

Natürliches Maß. Die Lorentz-Drehungen verknüpfen Raum- und Zeitkoordinaten. Es genügt also, für eine von beiden eine Maßeinheit einzuführen. Mißt man Längen und Zeitspannen unabhängig, so heißt das Verhältnis der Maßeinheiten die Lichtgeschwindigkeit c. Faktisch mißt man Zeitspannen durch Ortskoordinaten, z.B. Uhrzeiger. Das »natürliche« Zeitmaß, mit $c = 1$, wird z.B. mit einer »Lichtuhr« (Licht zwischen Spiegeln) definiert.

»Kosmologische« Energie in Parabose-Darstellungen. Wir beschränken uns auf den positiv hermitischen definiten Operator M, der für $R = 2$ (9.3d, Gl. (2)) als

$$M = M_{45} / i, \tag{1}$$

Wechselwirkung im Tensorraum 439

für $R = 4$ (9.3e, Gl. (7)) als

$$M = M_{46} / i \qquad (2)$$

definiert werden kann. Anschließend an Vorstellungen von Segal (1976) haben wir uns in der Starnberger Gruppe angewöhnt, M als kosmische oder kosmologische Energie zu bezeichnen. Die folgenden Überlegungen werden dies erläutern.

Es ist

$$M = \frac{1}{4} \sum_{r=1}^{R} \{a_r, a_r^+\}. \qquad (3)$$

Der Antikommutator muß in diesem Ausdruck stehen, um die richtigen VR mit den anderen, ebenfalls durch Antikommutatoren definierten Generatoren der genannten Symmetriegruppe zu ergeben. Wir betrachten zunächst den Wert des Antikommutators für $p = 1$, d.h. Bose-Statistik. Dort ist $n_r = a_r^+ a_r$, also

$$\frac{1}{2} \{a_r a_r^+\} = n_r + \frac{1}{2}. \qquad (4)$$

Für $R = 2$ folgt hieraus, wie in 9.3d (2),

$$M(p = 1, R = 2) = \frac{1}{2}(n_1 + n_2 + 1) = \frac{1}{2}(n + 1). \qquad (5)$$

Wenn das Quasiteilchen in einem Zustand des Tensorrangs n aus n Uren besteht und wenn jedes Ur die Energie n hat, so würde man bei unabhängigen Uren, deren jedes die Energie $\omega = \frac{1}{2}$ hätte, für das Quasiteilchen die Energie $n/2$ erwarten. Der zusätzliche Summand 1 ist jedoch eine Energie für $n = 0$, eine »Nullpunktenergie«. Mathematisch ist er durch (4) erzwungen. Wir müssen uns seine physikalische Bedeutung klarmachen.

Wir haben anschließend an 9.2b4 bemerkt, daß die Ure nur den momentanen Zustand festlegen und daß verschiedene dynamische Gesetze noch möglich sind. Eine erste Anwendung davon haben wir durch die Einführung der Anti-Ure gemacht.

Wir fügen jetzt hinzu, daß nicht schon eine Menge von Uren eine Darstellung der nichtkompakten, mit der Zeit zusammenhängenden Gruppen festlegt, sondern erst eine unendliche tensorielle Summe solcher Mengen ($T = \sum_n T_n$), also erst das Quasiteilchen. In einer solchen Darstellung kann dann auch ein Zustand $n = 0$ vorkommen; für $R = 2$ im Rac, für $R = 4$ in jedem Quasiteilchen zu $s = 0$. Dieser Zustand ist durch seine zeitliche Beziehung zu den anderen Zuständen, also durch seine Rolle in der Dynamik wohldefiniert. $n = 0$ bedeutet nicht, daß »nichts« da ist, sondern nur, daß der Zustand keine momentane, d. h. keine räumliche Struktur hat. Der Zustand muß, z. B. im Einstein-Kosmos beschrieben, im ganzen endlichen Ortsraum konstant, also homogen und isotrop sein. Quantentheoretisch muß einem solchen Zustand in einem endlichen Raum eine endliche Nullpunktsenergie zukommen.

Die allgemeine Formel für M lautet dann

$$M = \frac{1}{2}(n + \frac{pR}{2}). \qquad (6)$$

Faßt man den Zustand zu der Ordnung p als symmetrisiertes Produkt aus Zuständen von p Quasiteilchen auf und bedenkt, daß R die Zahl der Freiheitsgrade ist, so erweist sich der Summand als die Summe der Nullpunktsenergien der p Quasiteilchen.

4. Quasiteilchen in starren Ortsräumen

Für die weitere Anwendung brauchen wir Darstellungen der »Bauelemente« aller zusammengesetzten Teilchen, also unserer Quasiteilchen, in einem explizit definierten Raum-Zeit-Kontinuum. Wir beschränken uns vorerst weiterhin auf die »starren« in Kap. 9 eingeführten homogenen Räume der Symmetriegruppe, und wählen hier nur drei Spezialfälle aus.

a. Einstein-Raum. Wir knüpfen an 9.3b an, führen aber wie in 9.3e Ure und Anti-Ure ein. Die volle Drehgruppe SO(4), also die Gruppe aller globalen starren Bewegungen in der S^3, wird durch die 6 Operatoren M_{ik} (i, k = 1, 2, 3, 5) aus 9.3e (7) generiert. Dazu kommt $M = M_{46}/i$ als Energieoperator. Alle diese Operatoren sind Summen der Form $\mu_{12} + \mu_{34}$, wobei μ_{12} nur auf die Koordinaten r = 1, 2 wirkt, μ_{34} nur auf r = 3, 4. Die μ_{12} sind Rechtsschrauben, die μ_{34} Linksschrauben in S^3. Die M_{ik} sind so geschrieben, daß M_{12}, M_{13}, M_{23} eine Drehgruppe um den Punkt w = 1 sind, M_{15}, M_{25}, M_{35} aber bei w = 1 als Translationen wirken. Die Schrauben sind global definiert, Rotationen und Translationen nur lokal. Alle Operatoren vertauschen mit n und s, halten also kosmologische Energie und Helizität invariant. Wir unterscheiden ganz- und halbzahliges s, also Bosonen und Fermionen, und setzen in den beiden Fällen

Boson: $n = 2\nu$, $s = \mu$

Fermion: $n = 2\nu + 1$. $s = \dfrac{1}{2}(2\mu + 1)$. \hfill (1)

Für p = 1 ist bei festem n und s die Anzahl linear unabhängiger Zustände

Boson: $N_{n,s} = (\nu + \mu + 1)(\nu - \mu + 1) = (\nu + 1)^2 - \mu^2$

Fermion: $N_{n,s} = (\nu + \mu + 2)(\nu - \mu + 1)$
$= (\nu + 1)(\nu + 2) - \mu(\mu + 1)$. \hfill (2)

Eine Basis bilden die Zustände

$$|n_1, n_2, n_3, n_4>. \qquad (3)$$

Zur anschaulichen Diskussion wählen wir statt dieser Basis die »Quasi-Basis« der reinen *Impulszustände*. Als »Ausgangszustand« wählen wir den Zustand ψ_{max} mit maximaler Impulskomponente in der z-Richtung

$$M_{35}/i = \tfrac{1}{2}(n_1 - n_2 - n_3 + n_4). \qquad (4)$$

Es ist der Zustand

$$\psi_{max} = |\tfrac{1}{2}(n+s), 0, 0, \tfrac{1}{2}(n-s)>. \qquad (5)$$

Alle übrigen Impulszustände gehen aus ihnen durch Drehungen hervor. (Es sei bemerkt, daß für $p = 1$, also »masselose« Teilchen, die Richtung des Impulses die Richtung des Spins festlegt.) Die Anzahl der linear unabhängigen Impulszustände muß gleich $N_{n,s}$ gesetzt werden. Ihre Anzahl wird jedenfalls gleich sein derjenigen der reinen Drehimpulszustände, die durch Drehung aus einem

$$\psi'_{max} = |\tfrac{1}{2}(n+s), 0, \tfrac{1}{2}(n-s), 0> \qquad (6)$$

hervorgehen. Diese aber muß, wegen der Zusammensetzung aus den zwei unabhängigen Drehimpulsen aller Ure und aller Anti-Ure eben durch (2) gegeben sein. Aber im Gegensatz zu den Zuständen (3) sind die reinen Impulszustände im allgemeinen nicht orthogonal aufeinander. Zu jedem reinen Impulszustand gehört die Energie

$$M = \tfrac{1}{2}(n+2). \qquad (7)$$

Diese Festlegung des Energiebegriffs werden wir im Unterabschnitt c weiter besprechen.

b. Globaler Minkowski-Raum. Die übliche Beschreibung von Teilchen geschieht nicht im Einstein-Raum, sondern im Minkowski-Raum. Wir referieren hier zunächst die von Castell (1975) gegebene Darstellung masseloser Teilchen im Minkowski-Raum. Für $R = 4$ enthält der Raum der symmetrischen Tensoren, $T^{(4)}$, zu jedem s genau eine Darstellung der SO(4,2), also genau ein masseloses Teilchen zu jeder Helizität. $s = 0$ definiert eine Darstellung, die als ein, uns empirisch unbekanntes, spin- und masseloses Teilchen aufgefaßt werden müßte. $s = \pm \tfrac{1}{2}$ entspricht einem Neutrino bzw. Antineutrino, $s = \pm 1$ einem rechts- bzw. linkspolarisierten Lichtquant, $s = \pm 2$ einem Graviton.

Wir erläutern diese Darstellungen anschließend an Castell

am Beispiel $s = +\tfrac{1}{2}$, das ein einzelnes Neutrino beschreibt. Dabei ist formal vorausgesetzt, daß das Neutrino tatsächlich die Ruhemasse Null habe; andernfalls sollte man dieses Teilchen zu $m = 0$, $s = \tfrac{1}{2}$ anders benennen. Ohnehin ist die Bezeichnung dieser Darstellungen durch Teilchennamen vorerst fiktiv, da wir erst in den Parabose-Darstellungen mehr als ein einzelnes individuelles Teilchen beschreiben können. Unsere Darstellungen in $\overline{T}^{(4)}$ geben nur die relativistische Symmetrie eines freien masselosen Teilchens, nicht seine Wechselwirkungseigenschaften.

Man kann die Zustände in einer Darstellung durch vier Quantenzahlen charakterisieren

$$s^{(1)} = \tfrac{1}{2}(n_1 + n_2) \quad s_3^{(1)} = \tfrac{1}{2}(n_1 - n_2) \qquad (1)$$
$$s^{(2)} = \tfrac{1}{2}(n_3 + n_4) \quad s_3^{(2)} = \tfrac{1}{2}(n_3 - n_4).$$

Die Schreibweise entspricht einer Auffassung von $s^{(1)}$ als »Gesamt-Helizität« der nur aus den Uren in den Zuständen 1 und 2 bestehenden »Hälfte« des Teilchens, $s_3^{(1)}$ als deren Komponente in der dritten Koordinatenrichtung; und analog für $s^{(1)}$, $s_3^{(2)}$ bezüglich der Zustände 3 und 4. Für das »Neutrino« ist

$$s = s^{(1)} - s^{(2)} = \tfrac{1}{2}. \qquad (2)$$

Die Basiszustände des Neutrinos lassen sich charakterisieren durch

$$n = n_1 + n_2 + n_3 + n_4 = 2(s^{(1)} + s^{(2)}) = 2j \qquad (3)$$

und

$$j_3 = s_3^{(1)} - s_3^{(2)}; \qquad (4)$$

in Gl. (3) ist ganz rechts die Castellsche Schreibweise $2j$ angeführt, der gemäß j_3 eben die x_3-Komponente von j ist.

Im tiefsten Zustand des Neutrinos ist $n = 2s^{(1)} = 1$, $s^{(2)} = 0$. Dieser Zustand besteht aus einem einzelnen Ur. Er ist zweifach entartet: $s_3^{(1)} = \pm \tfrac{1}{2}$. Da die Generatoren der SO(4,2) in den

a_r, a_r^+ bilinear sind, haben alle Zustände des Neutrinos ungerades n; sie enthalten jeweils $(n + 1)/2$ Ure und $(n - 1)/2$ Anti-Ure. Den Operator

$$M = M_{46}/i \tag{5}$$

bezeichnet Castell als Energie, genauer als »kosmologische Energie« (vgl. Segal 1976). Sein von Castell mit m bezeichneter Eigenwert ist mit n bzw. j durch die Gleichung

$$m = j + 1 \tag{6}$$

verbunden. Diese Beziehung stellt die ausgezogene Linie in der folgenden Figur dar:

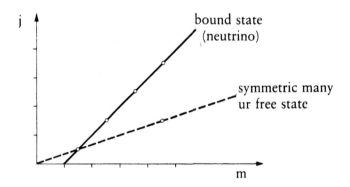

Die gestrichelte Linie stellt den Wert von m dar, den es hätte, wenn zu jedem $j = n/2$ gerade n Ure mit der Gesamtenergie $m = n \cdot m_1$ vorlägen, wobei m_1 die Energie des freien Urs, also auch des tiefsten Neutrino-Zustands bedeutet. Das m aller höheren Neutrino-Zustände ist gemäß Gl. (6) kleiner als $n \cdot m_1$. Castell deutet dies als eine Bindungsenergie der Ure im Neutrino.

Beschreiben wir das Neutrino im Minkowski-Raum, so ist freilich gemäß Gl. 4d(11) seine Energie durch die Summe von M_{46} und dem nichtkompakten Generator N_{45} gegeben. Die diskreten Zustände sind dann nicht Eigenzustände der Energie; in der Tat hat ja die Energie im Minkowski-Raum ein kontinuierliches Eigenwertspektrum. In den Minkowski-Koordinaten y_μ gemäß Gl. 4d(10) sind die Zustände der diskreten Basis Wellenpakete, die zu einer festen Zeit einen kleinsten räumlichen Durchmesser haben, sich vorher zusammenziehen und nachher auseinanderlaufen. Für das einzelne Ur gibt Castell die Minkowski-Wellenfunktion an als

$$\psi = \frac{y_k \sigma_k + y_4 - i}{(y_k^2 - (y_4 - i)^2)^2} \begin{pmatrix} \psi_1 \\ \psi_2 \end{pmatrix} \qquad (7)$$

mit festen komplexen Zahlen ψ_1 und ψ_2.

c. Lokaler Minkowski-Raum.* Unser drittes Modell ist ein Minkowski-Raum, der einen Einstein-Raum an einer Stelle tangiert. Dabei soll der Einstein-Raum als der physikalisch reale Raum aufgefaßt werden und der Minkowski-Raum soll nur die Sprache liefern, in der Beobachter in der Umgebung des Berührungspunkts die Phänomene beschreiben. Dies entspricht der Forderung Einsteins in der allgemeinen Relativitätstheorie, der Riemannsche Raum der realen Welt solle überall lokal genähert ein Minkowski-Raum sein. Es wird sich in diesem Modell zeigen, daß die Minkowski-Schreibweise hier nicht bloß – selbstverständlich – nur eine erste Näherung ist, sondern daß in ihr dann nur eine diskrete Mannigfaltigkeit von Zuständen vorkommt, die in die kontinuierliche Mannigfaltigkeit der im globalen Minkowski-Raum möglichen Zustände eingebettet ist.

Unter einem anderen Gesichtspunkt ist hingegen der Einstein-Raum vermutlich eine schlechtere Näherung als der Minkowski-Raum. Der Einstein-Kosmos ist als zeitlich unveränderlich angenommen, sowohl in seiner Raumstruktur wie in seinem Materiegehalt; ferner ist er nicht lorentzinvariant. Zur zeitlichen Konstanz: Die astronomische Erfahrung spricht dafür, daß man ein expandierendes Weltmodell benützen sollte, und in der Urtheorie ist es wahrscheinlich, daß die

---

* Dieser Abschnitt verdankt Wesentliches der Diskussion mit Th. Görnitz.

Gesamtanzahl der Ure zeitlich veränderbar ist und im Mittel wächst. Beides fügt sich zusammen: im Abschnitt 10.6 d werden wir sehen, daß der in atomaren Längeeinheiten gemessene Weltradius vermutlich eine monoton ansteigende Funktion der Ur-Anzahl sein muß. Hiervon sieht unser jetziges Modell ab. Es kann also höchstens eine kosmologisch gesehen kurze Zeitspanne beschreiben.

Begrifflich noch einschneidender ist die Frage, wie das Verhältnis des Einstein-Kosmos zur Lorentzinvarianz aufzufassen ist. In der allgemeinen Relativitätstheorie ist das Verhältnis einfach: der Einstein-Kosmos ist eine spezielle Lösung der Einsteinschen Feldgleichung, und spezielle Lösungen brauchen nicht gegen eine Symmetrietransformation der Gleichung invariant zu sein; eine solche Transformation führt im allgemeinen Lösungen in andere Lösungen über. In der Urtheorie sind wir auf den Einstein-Raum zunächst als Ortsraum für die Darstellung eines einzelnen, freien Urs gekommen. Er kann dann auch der Ortsraum für eine feste Anzahl freier, also nicht wechselwirkender Ure sein. Da der Einstein-Raum nicht lorentzinvariant ist, ist in ihm kein natürliches Maß der Energie definiert. Ein solches kann aber in einem tangierenden Minkowski-Raum verwendet werden. Damit wird aber die lokale Lorentzinvarianz für die Physik im Einstein-Kosmos konstitutiv. Eine lokale Lorentztransformation überführt den Einstein-Kosmos in einen anderen $(3 + 1)$-dimensionalen Raum. Nun stellt sich die Frage, ob diese beiden Kosmen einer gemeinsamen Bedingung genügen, also vielleicht Lösungen derselben Grundgleichung sind.

Im Sinne der Umkehrung der Reihenfolge der Argumente ist in der Urtheorie zu Anfang nicht eine Differentialgleichung, auch nicht eine Bewegungsgruppe gegeben, sondern der Tensorraum und ein Begriff von Zeit. Kann man im Tensorraum eine Gruppe darstellen, die u. a. einen als Zeit deutbaren Parameter hat, so ist als zweites die Invarianz der Gesetze gegen diese Gruppe zu erwarten. Eine Formulierung solcher Gesetze kann dann drittens eine Differentialgleichung für eine Funktion in einem homogenen Raum der Gruppe sein. Auf diese Überlegung werden wir zurückgreifen, wenn wir zur allgemeinen Relativitätstheorie übergehen.

Der Minkowski-Raum wird zunächst durch *Parallelprojektion* aus dem Einstein-Raum erklärt. Im Ortsraum sind die Koordinaten im Einstein-Kosmos durch die vier Zahlen w, x, y, z mit der Nebenbedingung 9.3b (2):

$$w^2 + x^2 + y^2 + z^2 = 1 \qquad (1)$$

bestimmt. Wir wählen als Berührungsort die Stelle $w = 1$, $x = y = z = 0$. Im dort tangierenden Minkowski-Raum sollen einfach x, y, z die Koordinaten sein. Die in 9.3b (4) benutzte Zeit t soll auch im Minkowski-Raum die Zeitkoordinate sein. In 9.3b konnten wir offenlassen, ob die Zeit offen (R^1) oder zyklisch (S^1) gemeint sei, also der Einstein-Kosmos der Hyperzylinder $S^3 \times R^1$ oder die Hyperkugel $S^3 \times S^1$. Im ersten Fall berührt der Minkowski-Raum den Einstein-Kosmos längs der Weltlinie $w = 1$, t beliebig, im zweiten Fall nur den Punkt $w = 1$, $t = 0$.

Statt dieses scheinbar etwas primitiven Verfahrens beschreibt man den Übergang aus einem gekrümmten in einen tangierenden flachen Raum meist durch sog. Kontraktion. In diesem Verfahren beschreibt man den gekrümmten Raum durch den Krümmungsradius r und geht dann zum Limes $r \to \infty$ über. Hierdurch führt man die im gekrümmten Raum definierten Funktionen, Differentialgleichungen und Gruppendarstellungen in die »entsprechenden« des flachen Raumes über. Dabei muß man vielfach mit gewissen Parametern dieser Funktionen etc. gleichzeitig einen Grenzübergang vollziehen, damit sie nicht auf einen trivialen Fall reduziert werden. So gibt es im Einstein-Kosmos keine in Strenge masselosen Teilchen. Faßt man M in Gl. 10.3c (6) als Energie im Einstein-Kosmos auf, so folgt für das Quasi-Teilchen $p = 1$, $n = 0$, $R = 4$ die Ruhenergie $M_0 = 1$. Alle Teilchen mit endlicher Ruhmasse M_0 im Einstein-Kosmos gehen aber bei der Kontraktion in Teilchen der Ruhmasse Null über; dies geschieht dadurch, daß im globalen Minkowski-Raum gemäß 9.3e (11) nicht M_{46}, sondern $M_{46} + N_{45}$ der Energieoperator ist. Teilchen endlicher Ruhmasse im Minkowski-Raum erhält man bei der Kontraktion nur, wenn man mit r auch M_0, also p gegen Unendlich gehen läßt.

Das Verfahren der Kontraktion hat aber offenbar einen ganz anderen physikalischen Sinn als das der Parallelprojektion. Es stellt die mathematischen Analogien und Unterschiede zwischen zwei verschiedenen möglichen physikalischen Annahmen dar; eben zwischen der Annahme, die Welt sei »in Wirklichkeit« ein Einstein-Kosmos oder »in Wirklichkeit« ein Minkowski-Kontinuum. Unser Verfahren hingegen geht von der (später zu verfeinernden) Arbeitshypothese aus, die aus Uren aufgebauten Objekte seien raumzeitlich korrekt in einem Einstein-Kosmos zu beschreiben, und fragt, wie solche Objekte in der bloßen Näherungsmethode der Beschreibung in einem lokal tangierenden Minkowski-Kontinuum aussehen würden.

Insbesondere die Endlichkeit und Diskretheit der Ruhmassen, die durch den Einstein-Raum beschrieben wird, muß *im* tangierenden Minkowski-Raum ebenfalls beschrieben werden, obwohl sie *aus* dem Minkowski-Raum nicht erklärbar ist. Im Sinne der Urtheorie ist sie nichts anderes als der Ausdruck des offenen Finitismus. Wenn alle real entscheidbaren Alternativen endlich sind, so kann jeder real beobachtbare Zustand eines Teilchens nur eine endliche Anzahl von Uren enthalten. Eben dies hat zur Folge, daß wir den kompakten Einstein-Raum für die räumliche Beschreibung gewählt haben. Über die Beziehungen dieser Wahl zur Kosmologie und zur Schärfe der Ruhmassen s. 10.6 d.

Im lokalen Minkowski-Raum sollen also nicht nur die M_{ik} ($i, k = 1, 2, 3$) wie im globalen Minkowski-Raum die lokale Drehgruppe bei $x = y = z = 0$ generieren, sondern es sollen auch, anders als in der globalen Auffassung, M_{i5} ($i = 1, 2, 3$) die meßbaren Impulse und M_{46}, d. h. M aus 4a (7) die meßbare Energie sein. Die drei M_{i5} kommutieren zwar miteinander nicht, sind also strenggenommen nicht Impulse im flachen Raum. Aber das heißt nur, daß die Näherung des flachen Raumes nur soweit durchgeführt werden kann, als die Kommutatoren der M_{i5} unmeßbar klein bleiben. Eben dies ist auch die Geltungsvoraussetzung für die Beschreibung der Erfahrung im flachen Raum gemäß der allgemeinen Relativitätstheorie.

Wir übernehmen also die Beschreibung der Quasiteilchen

aus 4a einfach in die Sprache des lokalen Minkowski-Raums. Dabei ergibt sich, daß auch die Quasiteilchen zu $p = 1$ nunmehr nicht masselos sind. Das Boson zu $s = 0$ hat einen Ruhezustand mit der Energie 1 und ohne räumliche Struktur, d.h. $\psi(x, y, z) = const.$, soweit die Minkowskische Näherung reicht. ψ bleibt normierbar, da für große Entfernungen die ebene Beschreibung versagt. Das Fermion zu $s = \frac{1}{2}$ hat im tiefsten Zustand den Impuls $\frac{1}{2}$, aber die Energie $\frac{3}{2}$, also eine von der Lichtgeschwindigkeit merklich verschiedene Geschwindigkeit. Wir greifen diese Frage unter 5c wieder auf.

5. Modell der Quantenelektrodynamik

Wie schon in 10.1b gesagt, wird hier die Quantenelektrodynamik einerseits als Modell allgemeinerer Feldtheorien besprochen, ich vermag aber andererseits keine ausgeführte Theorie der Quantenelektrodynamik, sondern nur einen Modellentwurf für sie zu geben. Ich hatte bei der Redaktion dieses und der nachfolgenden Abschnitte 6. und 7. die Wahl zwischen drei Möglichkeiten: 1. durch Versuch ihrer konsistenten Ausarbeitung die Publikation des Buches weiter ins Unbestimmte hinauszuschieben; 2. das Buch ohne Besprechung dieser Probleme zu publizieren; 3. eine bloße Modellbetrachtung der Fragen in das Buch aufzunehmen. Ich habe die dritte Möglichkeit gewählt und lege hier ein Programm einer unausgeführten Arbeit vor.

a. Alter Entwurf, neues Programm. Aus der Quantentheorie der binären Alternative haben Scheibe, Süssmann und ich (1958²) die kräftefreien Wellengleichungen von Weyl, Dirac und Maxwell, also für masselose und massive Leptonen und für transversale Photonen, hergeleitet. Die Vorgeschichte dieser Arbeit habe ich in Kap. 7.7 geschildert. Die Arbeit hat damals begründeterweise wenig Resonanz gefunden. Ihr hafteten drei wesentliche Mängel an:
1. Die begrifflichen Grundlagen des Ansatzes waren nicht geklärt.
2. Wir waren daher nicht imstande, die formal hergeleiteten

Gleichungen einerseits mit ihren Voraussetzungen, andererseits mit der Erfahrung in einen physikalisch durchsichtigen Zusammenhang zu bringen; so unterliefen uns in der Deutung unserer Formeln einige Inkonsistenzen.*
3. Es gelang uns nicht, die Wechselwirkung zu beschreiben.

Die Klärung der begrifflichen Grundlagen hat etwa 25 Jahre der Nacharbeit in Anspruch genommen; darüber berichtet dieses Buch. Den konsequenten Ansatz für die Wechselwirkung glaube ich inzwischen gefunden zu haben; er ist unter 10.3 skizziert. Ich greife jetzt den alten Entwurf auf, behebe die Inkonsistenzen und formuliere aus ihm ein neues Programm zur Herleitung der vollen Quantenelektrodynamik.

Das Verfahren der Arbeit (1958²) (im folgenden als KL III, nämlich »Komplementarität und Logik III«, zitiert) bestand darin, auf eine binäre Alternative die mehrfache Quantelung anzuwenden. Ich erläutere das Verfahren alsbald am einfachsten Beispiel, der Herleitung der Weyl-Gleichung.

b. Masseloses Lepton. Wir beginnen mit einer einfachen Alternative

$$r = (1,2). \qquad (1)$$

In der »ersten Quantelungsstufe« werden beiden Elementen der Alternative komplexe Zahlen u_r zugeordnet; es entsteht ein »reiner Spinor«

$$u = \begin{pmatrix} u_1 \\ u_2 \end{pmatrix}. \qquad (2)$$

u wird nun wiederum als klassische Größe behandelt und einer »zweiten Quantelung« unterworfen. Diese Quantelung haben wir damals nicht in voller Strenge durchgeführt; das ist eine der oben genannten Inkonsistenzen. Dafür war das Verfahren sehr

---

* Ich gab etwa 1972 die Arbeit J. Jauch zu lesen, der sie nicht gekannt hatte, der sich aber inzwischen für unsere späteren Arbeiten (mit M. Drieschner und L. Castell) sehr interessierte. Auf meine Frage nach seiner Lektüre: »Hätte Sie dieser Text damals überzeugt?« sagte er freundlich lächelnd: »Nein!«

Modell der Quantenelektrodynamik

einfach und führte rasch zum Ziel. Ich schildere zunächst das Verfahren und dann die Korrekturen im jetzigen Kontext.

Zunächst haben wir den komplexen Zweiervektor u_r durch einen reellen Vierervektor k^μ dargestellt:

$$k^\mu = \bar{u}_r \sigma^{\mu rs} u_s. \tag{3}$$

σ^μ ($\mu = 0, 1, 2, 3$) sind die Pauli-Matrizen, speziell σ^0 die Einheitsmatrix. Die Norm von u ist

$$k^0 = \bar{u}_1 u_1 + \bar{u}_2 u_2. \tag{4}$$

Die k^μ legen nur drei reelle Parameter fest, denn zwischen ihnen gilt die algebraische Identität (mit der Schreibweise der Minkowski-Metrik)

$$k_\mu k^\mu = 0. \tag{5}$$

Die oberen Spinindizes sind definiert durch

$$u^1 = -u_2, \quad u^2 = u_1, \tag{6}$$

so daß

$$u^r v_r = u_1 v_2 - u_2 v_1 \tag{7}$$

die Invariante aller affinen Transformationen der u ist. Die k^μ bestimmen die u_r bis auf einen Phasenfaktor $e^{i\alpha}$; α ist der vierte reelle Parameter von u.

Die u_r, als klassische Größen betrachtet, die weiter gequantelt werden sollen, werden nicht normiert; d.h. für k^0 werden zunächst beliebige Werte zugelassen. In der zweiten Quantelung müßte man nun die u_r und die k^μ als Operatoren auffassen. Naheliegend ist, für die u_r die kanonischen Vertauschungsrelationen

$$[u_r, u_s^+] = \delta_{rs}, \quad [u_r, u_s] = [u_r^+, u_s^+] = 0 \tag{8}$$

zu fordern; dann bekommen die k^m ($m = 1, 2, 3$) die VR des Drehimpulses, und k^0 verhält sich wie der Betrag eines Drehimpulses. Wir haben dies (KL III, 9a) erwogen, aber das vereinfachte Verfahren gewählt, die u_r und somit die k^μ als vertauschbar zu behandeln. Das ist für große Werte von k^0 eine zulässige Näherung.

Man kann dann eine Wellenfunktion der zweiten Quantelungsstufe

$$\varphi(k^\mu) \qquad (9)$$

definieren. φ darf nur für solche Quadrupel k^μ von Null verschieden sein, welche die Bedingung (5) erfüllen. Dies läßt sich erreichen durch die Forderung

$$k_\mu k^\mu \varphi(k^\nu) = 0. \qquad (10)$$

Setzt man nun eine vierdimensionale Fourier-Transformation aus dem Raum der k^μ in einen Raum von vier Koordinaten x^μ an, so nimmt im x-Raum (10) die Form an

$$\Box \psi = 0. \qquad (11)$$

Dies ist formal die klassische Wellengleichung.

Zwischen k und u gilt ferner die algebraische Identität

$$k_\mu \sigma^{\mu rs} u_s = 0. \qquad (12)$$

Sie besagt, daß $k_\mu \sigma^\mu$ der Projektor auf die zu u senkrechte Richtung im u-Raum ist. Wir definieren eine spinorielle Wellenfunktion

$$\varphi_r(k^\mu) = u_r \varphi(k^\mu). \qquad (13)$$

Dabei sollen u_r und k^μ durch die Gleichung (3) verknüpft sein, also denselben Zustand darstellen. Dann gilt

$$k_\mu \sigma^{\mu rs} \varphi_s(k^\nu) = 0, \qquad (14)$$

Modell der Quantenelektrodynamik 453

was durch Fourier-Transformation in die Weyl-Gleichung

$$\eth_\mu \sigma^{\mu rs} \psi_s(x_\nu) = 0 \qquad (15)$$

übergeht.

Im Sinne der »realistischen Hypothese« (9.3 a) haben wir seinerzeit angenommen, daß die x_ν als Koordinaten im physikalischen Minkowski-Raum gedeutet werden dürfen, folglich die Gleichungen (11) und (15) als Wellengleichung zweiter Ordnung bzw. Weyl-Gleichung für ein masseloses Lepton, etwa ein Neutrino. Dieselbe Annahme soll auch jetzt gemacht werden. Sie enthüllt aber einige Inkonsistenzen der damaligen Sprechweise, die wir nun zunächst aufklären müssen.

k^μ erscheint in dieser Deutung als der Impuls-Vierervektor, u_r als der Spinvektor des Teilchens. Also wäre k^μ in den Gleichungen (10) und (11) bzw. (14) und (15) als Generator der vier Translationen im Minkowski-Raum aufzufassen. Hingegen wären die k^m ($m = 1, 2, 3$) gemäß (3) als Komponenten des Spinvektors drei Drehimpulskomponenten. Die erste Antwort ist, daß für ein masseloses Teilchen Impuls und Drehimpuls parallel, also zwar nicht gleich, aber proportional sind. Der Vektor k^μ bezeichnet demnach bis auf einen in den Gleichungen nicht hervortretenden reellen Faktor beide Größen. Damit ist aber die Inkonsistenz noch nicht gelöst. k^m ist in der zweiten Quantelungsstufe ein Operator, der, wenn wir die Näherung der Vertauschbarkeit seiner Komponenten noch beibehalten, beliebige reelle Zahlentripel als Eigenwerte hat. u_r ist hingegen auch in (13) ein Hilbertvektor der ersten Quantelungsstufe; er bezeichnet den Zustand *eines* Urs. Dies ist unerläßlich, wenn man die x als Orte im Minkowski-Raum deuten will. Ein Zustand zweiter Stufe zu festem Vektor k^m bedeutet urtheoretisch eine große Anzahl k^0 von Uren im gleichen Zustand. Wenn aber k^m der Drehimpuls ist, so müßten diese zusammen auch den großen Drehimpulsbetrag k^0 haben. Wir haben also damals inkonsistenterweise k^m als Impuls für alle im Teilchen vorkommenden Ure, aber als Drehimpuls nur für ein einziges Ur angenommen.

Man kann aber die realistische Hypothese für die beiden Wellengleichungen aufrechterhalten, wenn man die u_r und k^μ

gemäß (8) quantelt und außerdem, wie es Castell eingeführt hat, gemäß 9.3 e Ure und Anti-Ure benützt. Man kommt dann zur Theorie von 10.4 a. k''' wird der Generator einer Rechtsschraube im Einstein-Raum, ist also *zugleich* Impuls und Drehimpuls. Die beiden Komponenten des Anti-Urs, $r = 3,4$, definieren genau so den Generator einer Linksschraube. Das masselose Lepton hat $s = \frac{1}{2}$, also $v + 1$ Ure und v Anti-Ure. Der Impuls des Leptons ist die Summe, der Spindrehimpuls die Differenz der beiden Schraubungs-Eigenwerte. Die Näherung der vertauschbaren k''' ist die in 10.4 c beschriebene Projektion in einem tangierenden Minkowski-Raum. Wir werden also im folgenden das »masselose Lepton« als die genäherte Beschreibung eines Teilchens mit $p = 1$, $s = \frac{1}{2}$ im Minkowski-Raum ansehen.

c. Relativistische Invarianz. Es stellt sich die Frage, wie wir vom jetzigen Standpunkt aus die relativistische Invarianz des damaligen Entwurfs zu beurteilen haben. Die Gleichungen (10), (11) und (14), (15) sind formal lorentzinvariant. Wir haben schon damals in der Tat den Anspruch erhoben, die spezielle Relativitätstheorie quantentheoretisch begründet zu haben: »*Die spezielle Relativitätstheorie, soweit sie eine mathematische Theorie von Raum und Zeit ist, ist bereits die Quantentheorie einer tiefer liegenden einfachen Alternative. Die Lorentz-Gruppe ist eine (untreue) reelle Darstellung der Gruppe der komplexen linearen Transformation des quantenmechanischen Zustandsraumes jener Alternative.*« (KL III, S. 708) Unabhängig von uns hat Finkelstein (1968) die Dreidimensionalität des Raumes und die Lorentz-Invarianz aus der Quantentheorie der binären Alternative begründet.* Seine Ausführung des Gedankens war dann anders als die unsere; roh gesagt, interpretierte er k^μ nicht als Impuls-Vierervektor,

---

* Als ich ihn 1971 kennenlernte, kannten wir gegenseitig unsere diesbezüglichen Arbeiten nicht. Ich sagte ihm, meiner Ansicht nach könne man die spezielle Relativitätstheorie aus der Quantentheorie der Alternative herleiten. Er antwortete: »You are the only man in the world to say such a thing. Of course you are right.« Seine Antwort war so prompt, weil sie unzutreffend war: er war der andere, der das behauptete.

Modell der Quantenelektrodynamik

sondern als Orts-Vierervektor. Wir verfolgen jetzt nicht die weitere Ausführung seiner, sondern unserer Theorie.

Die Einführung der Lorentz-Transformation in KL III, die ich soeben wörtlich zitiert habe, ist verschieden von der hier in Kapitel 9.3 d–e, anschließend an Castell, gegebenen. Dies ist genau der Unterschied zwischen der lokalen und der globalen Einführung des Minkowski-Raums. Die globale Einführung geschieht durch eine unitäre unendlichdimensionale Darstellung im vollen Tensorraum. In KL III benutzten wir die Tatsache, daß die algebraischen Identitäten, aus denen die Bewegungsgleichungen abgeleitet wurden, nicht von der Metrik der Ure abhängen, sondern unter $SL(2,C)$ invariant sind. In der ersten Quantelungsstufe erhielten wir damit nur die homogene Lorentzgruppe. Diese erhielt sich bei der zweiten Quantelung mit kommutierenden k^m. Deshalb interpretierten wir die k^m konsequent als Impulse. Die vier Translationen ergaben sich erst bei der Fourier-Transformation, in der im Exponenten vier additive rein imaginäre Parameter willkürlich bleiben; daher war es konsequent, die x_v, für welche nun die volle Poincaré-Gruppe galt, als Orts- und Zeit-Koordinaten zu deuten.

Die VR (8) hingegen heben die $SL(2,C)$-Invarianz auf. Sie konservieren die Anzahl der Ure und den Einstein-Raum. Unsere damalige lorentzinvariante Theorie gilt also nur im tangierenden Minkowski-Raum. Es fragt sich, mit welchem Recht wir in *diesem* Raum die $(p=1)$-Darstellungen der Poincaré-Gruppe im Tensorraum als *masselose Teilchen* beschreiben (vgl. 4c, Schluß). Der Zustandsraum dieser Objekte hat eine diskrete Basis, die z.B. durch die Impulseigenfunktionen im Einstein-Raum gemäß 4a dargestellt ist. Ihre Zeitabhängigkeit sei durch den Energieausdruck (7) gegeben. Man kann diese Eigenfunktionen in ein Bezugssystem im tangierenden Minkowski-Raum projizieren, das relativ zum Einstein-Kosmos ruht. Diese Funktionen bilden jedoch im Minkowski-Raum keine Basis für eine unitäre Darstellung der Lorentz-Gruppe (dies tun nur die in 4b definierten Castellschen Funktionen im globalen Minkowski-Raum). Also hat das Objekt keine im relativistischen Sinne wohldefinierte Ruhmasse und ist nicht im Sinne der Wignerschen Definition ein

Teilchen. Für große Ur-Anzahlen geht es aber in guter Näherung in ein Teilchen über, und dieses Teilchen darf man in eben dieser Näherung als masselos beschreiben.

Wir werden sehen, daß wir wegen dieses nur genähert gültigen Teilchenbegriffs die Produktbildung gemäß 10.3 nicht im Minkowski-Raum, sondern im Einstein-Raum beschreiben müssen.

d. *Das Maxwell-Feld*. Analog der Theorie freier masseloser Teilchen zu $s = \frac{1}{2}$ haben wir in KL III, Abschnitt 6, die Theorie freier masseloser Teilchen zu $s = 1$ entwickelt. Gemäß der realistischen Hypothese war dies die Theorie des freien transversalen rechtszirkular polarisierten Maxwell-Feldes; die $(s=1)$-Teilchen wurden als rechtszirkulare Photonen aufgefaßt.

Der Grundzustand des $(s=1)$-Photons besteht aus zwei Uren in den Zuständen $r = 1, 2$. Heiße die irreduzible Darstellung der SL(2,C) durch ein Ur D_2, so ist die Lorentz-Gruppe der k^μ das Produkt $D_2 \times D_2^*$, das ebenfalls irreduzibel ist. Hingegen ist das Produkt von D_2 mit sich selbst reduzibel: $D_2 \times D_2 = D_1 + D_3$. D_1 ist die identische Darstellung durch den antisymmetrischen Tensor $u^r u_r$. D_3 besteht aus den drei symmetrischen Tensoren

$$f^{k0} = \tfrac{1}{2} u^r \sigma^{krs} u_s, \tag{16}$$

welche die tiefsten Zustände des aus symmetrischen Tensoren von Uren aufgebauten Photons beschreiben. Explizit ist

$$\begin{aligned} f^{10} &= \tfrac{1}{2}(u^1 u_2 + u^2 u_1) = \tfrac{1}{2}(u_1^2 - u_2^2) \\ f^{20} &= -\tfrac{1}{2}(u^1 u_2 - u^2 u_1) = \tfrac{1}{2}(u_1^2 + u_2^2) \\ f^{30} &= \tfrac{1}{2}(u^1 u_1 - u^2 u_2) = -u_1 u_2. \end{aligned} \tag{17}$$

f^{k0} definiert einen schiefsymmetrischen selbstdualen Tensor

$$f^{ik} = -f^{ki} \tag{18}$$

$$f^{k0} = i f^{lm} \quad (k, l, m \text{ zyklisch}). \tag{19}$$

Modell der Quantenelektrodynamik 457

Definiert man wieder k^μ gemäß (3), so folgen die zwei algebraischen Identitäten

$$k^\lambda f^{\mu\nu} + k^\nu f^{\lambda\mu} + k^\mu f^{\nu\lambda} = 0 \tag{20}$$

$$k^\nu f_{\mu\nu} = 0, \tag{21}$$

die wir analog zu (5) und (12) als »Maxwell-Gleichungen 1. Stufe« bezeichnen könnten. Die $f^{\mu\nu}$ sind »Feldstärken 1. Stufe«, die durch zweite Quantelung zu den Feldstärken des ortsabhängigen Maxwell-Feldes werden.

Analog kann man »Potentiale 1. Stufe« definieren. Wir fassen die $f^{\mu\nu}$ als komplexe Kombination der reellen Feldstärken auf:

$$e^k = \mathrm{Re}\, f^{k0}, \quad h^k = \mathrm{Re}\, f^{lm} \quad (k, l, m \text{ zyklisch}). \tag{22}$$

Diese Felder wollen wir in der 2. Stufe durch Ableitung, also in der 1. Stufe durch Multiplikation mit k^μ aus Potentialen bestimmen. Wir fordern speziell

$$e^k = k^0 a^k - k^k a^0, \; h^k = k^l a^m - k^m a^l. \tag{23}$$

Es folgt

$$a^k = e^k/k^0, \quad a^0 = 0. \tag{24}$$

Statt dieser Eichung kann man eine Umeichung wählen

$$a^{\mu'} = a^\mu + \alpha k^\mu, \tag{25}$$

da nach (23) aus $a^\mu = \alpha k^\mu$ die Feldstärken Null folgen.

Die zweite Quantelungsstufe ergibt sich wie beim Lepton. Aus der Funktion $\varphi(k^\mu)$ bildet man

$$\varphi^{\mu\nu}(k^\lambda) = f^{\mu\nu} \varphi(k^\lambda) \tag{26}$$

und die reellen Feldgrößen

$$F^{\mu\nu} = \mathrm{Re}\, \varphi^{\mu\nu}. \tag{27}$$

Wegen der Selbstdualität (19) enthalten die reellen Feldstärken $F^{\mu\nu}$ ebensoviel Information wie die komplexen $\varphi^{\mu\nu}$. (20) und (21) führen zu den Maxwell-Gleichungen im Vakuum. Für das Potential

$$A^\mu = a^\mu \varphi\,(k^\lambda) \qquad (28)$$

gilt

$$k_\mu k^\mu A^\nu = 0. \qquad (28\,\text{a})$$

In KL III wurden spezielle Lösungen, fortschreitende rechtszirkulare ebene Wellen, explizit angegeben.

Wir müssen nun wieder die Anti-Ure einführen. Mit ihnen hat das rechtsdrehende Photon mit $n = 2\nu$ stets $\nu + 1$ Ure und $\nu - 1$ Anti-Ure, das linksdrehende $\nu - 1$ Ure und $\nu +$ Anti-Ure. Die geometrischen Überlegungen sind dieselben wie beim Lepton.

Soll die Elektrodynamik auch statische Felder beschreiben, so müssen in ihr bekanntlich auch longitudinale und skalare Photonen definiert werden. Ich vermute, daß diese durch die ($s = 0$)-Darstellungen erzeugt werden. Setzt man in (16) für einen der beiden Spinindizes r, s einen der Werte 1 oder 2, für den anderen 3 oder 4, so erhält man einen Skalar und einen Vektor. Beim Abschluß des Buchmanuskripts war die hierdurch erzeugte mathematische Struktur noch nicht untersucht.

e. Elektromagnetische Wechselwirkung. Die Wechselwirkung zwischen Leptonen und dem Maxwell-Feld sollte gemäß Abschnitt 10.3 eindeutig bestimmt sein. Auch diese Rechnung ist noch nicht ausgeführt. Wir zählen hier die zu lösenden Probleme auf und skizzieren die vermuteten Lösungen. Es gibt drei Klassen von Problemen:

α) die Gestalt der Gleichungen,
β) die Trennbarkeit der Quantenelektrodynamik von anderen Wechselwirkungen,
γ) die Werte der Fundamentalkonstanten.

Modell der Quantenelektrodynamik   459

α) *Die Gestalt der Gleichungen.* Es ist nicht sehr überraschend, daß wir in Kl. III, nachdem überhaupt ein Ansatz gefunden war, eine relativistische Feldtheorie aufzubauen, für diese die richtige Gestalt der kräftefreien Bewegungsgleichungen gefunden haben. Die Symmetriegruppe und die Quantenzahl s bestimmt die Gestalt der Gleichungen niedrigster Ordnung. Wenn unser Ansatz nach 10.3 überhaupt eine Wechselwirkung eindeutig bestimmt, so ist zu vermuten, daß ihre Gestalt die aus der Quantenelektrodynamik bekannte sein wird. Für die Wechselwirkung ist nach heutiger Auffassung neben der relativistischen Invarianz eine für die »inneren Symmetrien« maßgebende Eichgruppe wesentlich. Dazu vgl. Abschnitt 6c.

Offen bleiben bei dieser Überlegung zwei Fragen, eben die Fragen β) und γ). β) ist die Frage, ob sich überhaupt eine Näherung definieren läßt, in welcher die Quantenelektrodynamik von anderen Wechselwirkungen getrennt betrachtet werden kann; nur in dieser Näherung wird man die Gestalt der quantenelektrodynamischen Wechselwirkung eindeutig definieren können. γ) ist die Frage nach den durch die Eichgruppe nicht festgelegten Werten des dimensionslosen Wechselwirkungskoeffizienten, also der Feinstrukturkonstante, und der leptonischen Ruhmasse.

β) *Trennbarkeit.* Wir skizzieren das Problem am einfachsten Beispiel. Es sollen zwei Quasiteilchen wechselwirken. p ist additiv, das p des Gesamtsystems hat dann den Wert 2. Auch s ist additiv. Wir schreiben s_1 und s_2 für die beiden Komponenten und

$$S = s_1 + s_2. \tag{29}$$

Das erste Teilchen sei ein Fermion, das zweite ein Boson. Dann ist s_1 ungerade, s_2 gerade und S ungerade. Sei $S = \frac{1}{2}$. Dies kann man durch folgende Kombinationen realisieren, in der jeweils zusammengehörige Wertepaare untereinander geschrieben werden.

$$\begin{array}{c|cc|cc|cc|c} s_1 & \frac{1}{2} & -\frac{1}{2} & \frac{3}{2} & -\frac{3}{2} & \frac{5}{2} & -\frac{5}{2} & \ldots \\ s_2 & 0 & 1 & -1 & 2 & -2 & 3 & \end{array} \tag{30}$$

460 Teilchen, Felder. Wechselwirkung

Die durchgezogenen senkrechten Striche markieren die mutmaßlichen Grenzen zwischen zwei verschiedenen Theorien. Das erste Paar ist ein Lepton und ein skalares oder longitudinales Photon (falls die Hypothese vom Schluß des Absatzes d richtig ist). Das zweite Paar ist ein Anti-Lepton und ein rechtsdrehendes Photon. Die beiden nächster Paare verknüpfen vermutlich ein linksdrehendes Photon und ein masseloses Gravitino mit einem Anti-Gravitino und einem Graviton. Die nächsten Paare führen in noch höhere Spins, etc. Nach 10.3 stehen alle diese Paare miteinander in Wechselwirkung, d. h. sind eigentlich identisch. Ihre Trennbarkeit wird soweit gegeben sein, als die senkrechten Striche schwache Wechselwirkungskonstanten anzeigen. Somit hängt die Antwort auf die Frage β) von der auf die Frage γ) ab.

Wir skizzieren noch für $p = 2$ den Bereich der Elektrodynamik:

$$
\begin{array}{ccccccc}
S & \tfrac{3}{2} & \tfrac{1}{2} & \tfrac{1}{2} & -\tfrac{1}{2} & -\tfrac{1}{2} & -\tfrac{1}{2} \\
s_1 & \tfrac{1}{2} & \tfrac{1}{2} & -\tfrac{1}{2} & \tfrac{1}{2} & -\tfrac{1}{2} & -\tfrac{1}{2} \\
s_2 & 1 & 0 & 1 & -1 & 0 & -1
\end{array}
\tag{31}
$$

γ) *Konstanten.* Nach unserer Hypothese sollten auch die Konstanten der Wechselwirkung eindeutig durch die Zusammensetzung aus Uren bestimmt sein. Die Frage ist zunächst, was das bedeuten kann. Die Werte dimensionsbehafteter Größen sind zunächst Aussagen über unsere Maßsysteme. Man wird erwarten, daß nur dimensionslose Zahlen naturgesetzlich bestimmt sind. In gewissen Fällen kann man das vielleicht so ausdrücken, daß es naturgesetzlich ausgezeichnete Maßeinheiten gebe; die reinen Zahlen wären dann Werte gewisser Größen, ausgedrückt in solchen natürlichen Einheiten. In der Urhypothese gibt es als Charakteristika der Basiszustände im Tensorraum nur natürliche Zahlen. Also wäre zu hoffen, daß alle Naturkonstanten sich aus ganzen Zahlen mathematisch aufbauen ließen.

Der einfachste Wert einer Konstanten, der keiner Angabe von speziellen Maßeinheiten bedarf, ist Null. Ein Wechselwirkungsfaktor Null bedeutet: keine Wechselwirkung. Wir erläutern ein solches Resultat an einem Beispiel.

Ein masseloses Lepton ($s_1 = \frac{1}{2}$) wechselwirke mit einem rechtsdrehenden Photon ($s_2 = 1$). Es ist der obige Fall $S = \frac{3}{2}$. Der niedrigste mögliche Zustand gehört zu $n = 3$. Die drei Ure mögen die Basiszustände 1, 1, 2 haben. Es gibt zwei mögliche Kombinationen der beiden Teilchen: $1 \cdot \overline{12}$ und $2 \cdot 11$; dabei bedeutet $\overline{12}$ den symmetrischen Tensor 12 + 21. Ebenso gibt es zwei zulässige Parabose-Zustände der drei Ure: 112 und

11
2

Also tritt die Mehrdeutigkeit der Darstellung der Parabose-Zustände durch Produkte von Teilchenzuständen in diesem Fall nicht auf. D.h. in diesem Zustand des Gesamtobjekts haben die beiden Teilchen keine Wechselwirkung. Man kann nun durch Ausrechnen zeigen, daß dies für alle Produktzustände dieser beiden Teilchen gilt; es folgt einfach daraus, daß die Parabose-Zustände durch die Greensche Zerlegung definiert sind, die gemäß 10.3 genau dieselbe Mannigfaltigkeit wie das Produkt ergibt. Wäre dies der Normalfall, so könnten wir sagen: unser masseloses Lepton ist ein Neutrino, das mit dem Maxwell-Feld keine Wechselwirkung hat.

Es gibt aber drei Gründe, die gleichwohl zu Wechselwirkung führen:

1. Mehrdeutigkeit der Zerlegung des Gesamtobjekts in Teilchensorten,
2. Zustände eines Teils mit $n = 0$,
3. höhere Parabose-Ordnung p eines Teils.

Zu 1. Wir haben das in (30) für den Fall $S = \frac{1}{2}$ vorgeführt. Im Beispiel $S = \frac{3}{2}$ wäre eine andre Zerlegung z.B. $s_1 = -\frac{1}{2}$, $s_2 = 2$. Diese Zerlegung führt voraussichtlich in die Gravitationstheorie, würde also die gravitative Wechselwirkung von Neutrino und Maxwellfeld einführen.

Zu 2. Dafür haben wir in 10.3 ein Beispiel gegeben. Statt Di und Rac können wir hier sagen $S = \frac{1}{2}$, $s_1 = \frac{1}{2}$, $s_2 = 0$, d.h. Wechselwirkung eines masselosen Leptons mit einem skalaren Photon. Die Zustände mit $n = 0$ treten in der Greenschen Zerlegung nicht als Summanden auf. Es ist somit zu erwarten, daß skalare Photonen an masselose Leptonen gebunden werden.

Zu 3. Ein Lepton, an das viele skalare Photonen gebunden wären, wäre ein Objekt mit großem p. Hier treten die am Schluß von 10.3 b angedeuteten Formen der Wechselwirkung mit Licht auf. Man hat also zu erwarten, daß ein massives Lepton elektromagnetische Wechselwirkung mit dem Maxwellfeld, d. h. Ladung zeigt.

Hiermit kommen wir zur Frage nach den Größen der Ladung und Masse des Elektrons. Die soeben angestellte Überlegung legt die Vermutung nahe, die Ladung sei als eine Funktion der Masse bestimmt. Also wäre die Masse zuerst zu ermitteln. Nehmen wir an, das Elektron habe p_{el} skalare Photonen an sich gebunden, so wäre seine Masse in »natürlichen« Einheiten $p_{el} + 1 \approx p_{el}$. Es bleibt die Aufgabe, einen Ansatz für p_{el} zu machen. Das führt uns zur allgemeinen Theorie der Elementarteilchen.

6. Elementarteilchen

a. Vorgeschichte: Atomismus oder einheitliche Feldtheorie. Die heutige Physik der Elementarteilchen klingt in ihrer Sprechweise wie eine Fortsetzung des Atomismus der Chemie (vgl. 6.4 und 9.1). Die letzten Bestandteile der Natur werden als lokalisierbare, ihre Identität in der Zeit bewahrende kleine Körper oder Massenpunkte, genannt »Teilchen«, verstanden. Unter ihnen soll es letzte, nicht mehr teilbare Teilchen geben, »Atome« im griechischen Wortsinn, »elementare« Teilchen. Nur was man für elementar hält, ändert sich im Lauf der Zeit. Einst waren es die Atome von Wasserstoff, Sauerstoff etc., dann Photon, Elektron, Neutron etc., heute Leptonen, Quarks, Photonen, Gluonen etc. Jenseits der soeben genannten sucht man naturgemäß bereits nach noch kleineren Teilchen.

Es ist aber keineswegs selbstverständlich, daß es überhaupt Teilchen gibt. Ihre empirische Existenz ist theoretischer Erklärung bedürftig. Warum soll das materiell Wirkliche überhaupt

Elementarteilchen 463

in lokalisierbare, dauerhafte Einheiten zusammengefaßt sein? Die Feldtheorien (6.6) boten eine prinzipielle Alternative. In der Maxwellschen Elektrodynamik ist das Elektron zunächst ein Fremdkörper, der zu unauflösbaren theoretischen Schwierigkeiten führte: ist es ein Massenpunkt mit Coulombfeld, so muß es eine unendliche Selbstenergie tragen; ist es ausgedehnt, so sind nichtelektrische Kräfte nötig, um es zusammenzuhalten.*

Einstein entwarf in seiner späten Zeit den Gedanken einer einheitlichen Feldtheorie (6.10). Die Teilchen sollten nur spezielle Lösungen der Feldgleichungen sein. Es gelang ihm aber nicht, solche Lösungen zu finden.

Die Quantentheorie hat das Aussehen dieser Probleme verändert, aber keines von ihnen gelöst. Sie erweist Teilchen und Felder als zwei Aspekte derselben Realität, aber mit einer Asymmetrie, die sich bequem im Schema mehrfacher Quantelung ausdrücken läßt. Wenn die nichtrelativistische Quantentheorie vom Teilchenbegriff ausgeht, so setzt sie diesen ebenso naiv und unbegründet voraus wie die klassische Punktmechanik (6.2). Die relativistische Quantentheorie der Felder setzt umgekehrt den Feldbegriff unbegründet voraus. Sie führt dann nach Wigner zu einer Rechtfertigung des Teilchenbegriffs als irreduzible Darstellung der Poincaré-Gruppe. Aber dies gilt nur für freie Teilchen. Warum und in welchem Grade wechselwirkende Teilchen überhaupt die Teilcheneigenschaften bewahren sollen, bleibt zunächst völlig unerklärt.

Die Divergenzen der klassischen Elektronentheorie sind nicht überwunden worden. Die Renormierung ist nur ein Verfahren, divergente Terme in den Gleichungen lorentzinvariant wegzustreichen. Sie bietet nicht mehr als ein pragmatisch erfolgreiches Rechenverfahren, verbunden mit der Hoffnung, das Weglassen dieser Terme in einer späteren Entwicklungsstufe der Theorie rechtfertigen zu können. Selbst wenn es aber gelingen sollte, wie manche Autoren hoffen, in einer umfassenden Teilchentheorie (z. B. mit Supersymmetrie) die divergenten

Aus der Biographie Sommerfelds (vgl. 1984) habe ich gelernt, daß der Mathematiker Lindemann 1907 der Berufung Sommerfelds nach München widersprach mit der Begründung, dieser hänge der mathematisch widerspruchsvollen Elektronentheorie an.

Terme gegenseitig zu kompensieren, so wäre damit der tiefere Grund für die erreichte Konvergenz der Theorie noch nicht verstanden.

Heisenberg (1958) hat einen prinzipiell tieferen Ansatz einer einheitlichen Quantenfeldtheorie versucht. Er wählte ein spinorielles masseloses Feld ($s = \frac{1}{2}$), dessen Bewegungsgleichung einen nichtlinearen Term der Selbstwechselwirkung enthält. Die Lösungen, die man durch Vernachlässigung des Wechselwirkungsterms erhielt, formal freie masselose ($s = \frac{1}{2}$)-Teilchen, sollten physikalisch bedeutungslos sein. Die Lösungen mit Wechselwirkung sollten direkt Teilchen mit endlicher scharfer Ruhmasse bedeuten. Hier ist also der Feldbegriff fundamental, und der Zusammenhalt und die Ruhmasse eines Teilchens sind durch die Selbstwechselwirkung des Feldes erzeugt. Heisenberg erwartete, daß eine konsistente Theorie der Selbstwechselwirkung niemals divergente Resultate ergeben werde und daß alle endlichen Terme in den Bewegungsgleichungen der resultierenden Teilchen eine korrekte Beschreibung endlicher Größen (Energien, Ruhmassen, Wechselwirkungskonstanten) ergeben müßten. Aber die Lösung der Heisenbergschen Gleichung war naturgemäß schwierig. Die Theorie hat sich nicht durchgesetzt, u. a. weil Heisenberg die inzwischen erfolgreich angewandte Quark-Symmetrie in seiner Theorie weder unerklärt voraussetzen wollte, noch sie aus der Theorie herzuleiten vermochte. Es scheint mir aber, daß die mathematischen Probleme, auf die Heisenberg (wie schon Einstein in seinem Versuch einer klassischen einheitlichen Feldtheorie) gestoßen ist, zum mindesten symptomatisch sind für die Fragen, die sich einer fundamentalen Physik notwendigerweise stellen. Die pragmatisch erfolgreiche phänomenologische Fortführung des Teilchenbegriffs schiebt diese Fragen nur ungestellt und daher ungelöst vor sich her.

b. Das Angebot der Urtheorie. Wir haben die Urhypothese als den konsequenten Atomismus eingeführt, wie er erst in der Quantentheorie möglich ist. Kleinste Teilchen gibt es nicht, aber kleinste Alternativen. Raum-Zeit-Kontinuum, Teilchen und Felder sollen als Näherungsbeschreibungen aus ihnen hervorgehen. Die Probe auf das Programm kann nur in seiner

Elementarteilchen 465

Ausführung liegen. Wir stellen hier zwei orientierende Vorfragen über seine Chancen:
1. Kann es die begrifflichen Schwierigkeiten der bisherigen Theorien überwinden?
2. Bietet es Aussicht, die empirische Systematik der Teilchenphysik zu erklären?

Zu 1. Die evidente Schwierigkeit sind die Divergenzen. Unser Programm des offenen Finitismus ist darauf angelegt, Divergenzen nie entstehen zu lassen. Jeder reale Zustand soll aus Tensoren endlichen Rangs aufgebaut sein. Die Divergenzen entstehen, wenn man den Teilchenbegriff mit seinem unendlichen Zustandsspektrum oder den Begriff lokaler Felder mit beliebig scharfer Lokalisierung ernst nimmt und reale Zustände aus wechselwirkenden, in der Wechselwirkung ihre Identität bewahrenden Teilchen bzw. Feldern aufbaut. Hier werden unendlich viele fiktive Zwischenzustände eingeführt. D. h. die Begriffe von Teilchen und Feld, die von vornherein nur bequeme Näherungen für Zustände im Tensorraum waren, werden gerade in ihren fiktiven Eigenschaften ernst genommen. Man kann hoffen, daß in der strengen Urtheorie alle diese Unendlichkeiten nie auftreten.
Dieselbe Hoffnung lag der Heisenbergschen Spinor-Feldtheorie zugrunde. Ich möchte annehmen, daß auch diese Theorie eine Annäherung an die Urtheorie bedeutet. Es ist notwendig, zumindest formal ein Feld (oder eine unendlichdimensionale Darstellung im Tensorraum) einzuführen, um die spezielle Relativitätstheorie darzustellen. In ihrer Sprache pflegt man die Kausalität, d. h., in unserer Auffassung, die Abfolge der Zeitmodi, auszudrücken. Einzelne endliche Tensoren aus Uren geben die Zeitfolge nicht wieder. Deshalb ist die Erwartung plausibel, daß es zwischen den Uren und den Teilchen ein »Zwischenstockwerk« (Dürr 1977) gibt, das die relativistischen Kausalzusammenhänge, aber noch nicht die einzelnen Teilchen beschreibt. Eben dies wäre das Heisenbergsche »Urfeld«.
Unsere bisherige Theorie hat uns ein Analogon dazu in den $(p = 1)$-Darstellungen kennen gelehrt, die wir als »Quasiteilchen« bezeichnet haben. Es bleibt aber ein wesentlicher Unter-

schied gegenüber Heisenbergs Ansatz. Gemeinsam ist der Ausgangspunkt einer elementaren Realität mit den Transformationseigenschaften eines Spinors. Nur aus einer solchen kann man hoffen, alle Teilchensorten aufzubauen. Heisenberg hat das spinorielle Verhalten mit diesem Argument explizit gefordert. Wir haben es, wenigstens für momentane Zustände (9.2 b2), aus der abstrakten Quantentheorie hergeleitet und für zeitabhängige Zustände aus einem Postulat der Identitätsbewahrung begründet. Heisenberg mußte seinem Spinor sofort die Eigenschaften eines Feldes im Raum-Zeit-Kontinuum geben, da ihm kein Begriff für eine informationell kleinere Einheit zur Verfügung stand. Wir bauen aus den Uren alsbald ein fundamentales $(p=1)$-Feld zu jedem s auf, also gleichsam eine unendliche Folge von virtuellen Heisenbergfeldern mit verschiedener Helizität. Wir vermeiden damit die Probleme, die auch bei Heisenberg aus der Zusammensetzung höherer Gebilde aus einem *Feld* hervorgehen (indefiniter Hilbertraum etc.). Die Kombination mehrerer $(p=1)$-Felder vollzieht sich bei uns nicht im Ortsraum, sondern im diskret indizierten Tensorraum.

Zu 2. Das Problem zerfällt in die zwei wesentlich verschiedenen Fragenkomplexe nach *diskreten* und *kontinuierlichen* Merkmalen der Teilchen.

Diskrete Quantenzahlen ergeben sich aus kompakten Gruppen. Die Unterscheidung von Teilchen nach ihrem Spin folgt durch die spezielle Relativitätstheorie direkt aus der Urtheorie. Die Chance, die inneren Symmetrien der Teilchenphysik abzuleiten, besprechen wir unter c.

Kontinuierliche Merkmale von Teilchen sind die Ruhmasse für das freie Teilchen und die Wechselwirkungsfaktoren. Das Wort »kontinuierlich« bedeutet hier, daß die Symmetriegruppen, die wir kennen, einen kontinuierlichen Wertebereich zulassen. Die Erfahrung zeigt aber, daß diese Größen scharfe Werte haben; die Ruhmassen völlig scharf für die stabilen Teilchen und mit einem präzisen Schwerpunkt für instabile Teilchen, also Resonanzen; die Wechselwirkungskonstanten nach unserer besten Kenntnis ebenfalls ganz scharf, z.B. $e^2\,|\,\hbar c = 1/137.036$. Wiederum ist die Wortbedeutung von »scharf«

zu bemerken. Daß ein individuelles stabiles Teilchen, etwa ein freies Elektron, eine scharfe Ruhmasse hat, ist relativistisch trivial: sie ist der Wert des Casimir-Operators »Masse« für die irreduzible Darstellung der Poincaré-Gruppe im Zustandsraum dieses einen Teilchens. Aber es wäre mathematisch ohne weiteres denkbar, daß alle, in ihren übrigen Eigenschaften ununterscheidbaren Elektronen verschiedene, das jeweilige Einzelteilchen charakterisierende Werte der Ruhmasse hätten. Daß zum Teilchentyp »Elektron« ein einziger, fester Wert der Ruhmasse gehört, ist ein erklärungsbedürftiges Phänomen. Nur weil man ohne Begründung vom Teilchenbegriff ausgegangen ist und die empirische Gleichheit der Ruhmassen als scheinbar selbstverständlich akzeptiert hat, ist dieses Problem kaum ins Bewußtsein der Physiker getreten. Wir werden von ihm unter d. handeln. Es wird sich als ein zentrales Problem der Urtheorie erweisen.

Unter 10.5 e haben wir Gründe für die Vermutung gefunden, daß wenigstens in der Elektrodynamik die Größe der Wechselwirkungskonstanten vom Wert der Ruhmasse abhängt. Diese Frage übersteigt aber die Reichweite der gegenwärtigen Ausführung unseres Programms.

c. Systematik und Eichgruppen.* Ehe die Elektrodynamik urtheoretisch voll rekonstruiert ist, können wir für die weitergehende Systematik nur Vermutungen äußern.

Ein Grundzug der heutigen Teilchensystematik scheint die Unterscheidung zwischen Fermionen einerseits, bosonischen Feldern andererseits zu sein. Der klassische Gegensatz zwischen Teilchen und Feldern findet hier seine Erklärung in den zwei Formen der Quantenstatistik für Teilchen: Fermionen stoßen einander ab, treten also eher als isolierte Teilchen auf; Bosonen vereinen sich leicht zu einem Feld. Die Urtheorie rekonstruiert Paulis Gesetz über Spin und Statistik und erklärt, warum die mathematisch mögliche Parastatistik für Ure, aber nicht für Teilchen auftritt (10.3 a).

Zwischen Fermionen scheint es (außer der statistikbeding-

---

* Ich danke H. Joos für ausführliche belehrende Gespräche über diese Fragen.

ten Abstoßung) keine direkte Wechselwirkung zu geben; ihre Wechselwirkung wird durch die Bosonenfelder vermittelt. Auch dies scheint aus der Urtheorie zu folgen. In 10.5 e haben wir gesehen, daß zwei masselose Teilchen mit $s \neq 0$ keine Wechselwirkung miteinander haben. Dort war das Beispiel ein Neutrino mit einem transversalen (zirkularen) Photon. Dasselbe gilt aber von zwei Neutrinos oder zwei Photonen. Letzteres sollte die Ursache für den linearen Charakter der Maxwell-Gleichungen sein. Der Weg zur elektromagnetischen Wechselwirkung schien uns dort ausschließlich über den Grundzustand der skalaren Photonen zu laufen. Ein reines Fermionenfeld, ohne $(s = 0)$-Anteil, sollte also, anders als in Heisenbergs Ansatz, grundsätzlich keine Selbstwechselwirkung haben. Freilich kann Wechselwirkung auch vermittelt werden durch Aufhebung der Trennung der Elektrodynamik von anderen Feldern in 10.5, Gl. (30).

In der Klasse der fundamentalen Fermionen unterscheidet das heutige Standardmodell zwei Typen: Leptonen und Quarks. Jeder der beiden Typen ist bis heute in drei verschiedenen »Familien« bekannt, die sich im wesentlichen durch verschiedene Werte der Ruhmasse unterscheiden. Diese Einteilung in Familien ist bisher unerklärt. Wir versuchen uns nicht an ihrer Erklärung, sondern beschränken uns auf die untersten Familien beider Typen.

Die Systematik der Teilchen wird durch *lokale Eichgruppen* bestimmt. Das einfachste Beispiel ist die U(1) der Elektrodynamik. Eine Materiewellenfunktion $\psi(x)$ erlaubt immer einen globalen Phasenfaktor $e^{i\alpha}$ (α reell, $0 \leq \alpha < 2\pi$). Man kann aber auch eine ortsabhängige Eichung mit einem Faktor $e^{i\alpha(x)}$ einführen. Das ist eine Umdefinition der ψ-Funktion. Die elektromagnetische Wechselwirkung bleibt invariant, wenn man gleichzeitig zum Potential des Maxwellfeldes $e\partial_\mu \alpha(x)$ addiert. Für andere Wechselwirkungen benutzt man höhere, nichtabelsche Eichgruppen, z.B. SU(3) für die Quarks. Dabei ist die fundamentale Forderung, das Gesetz der Wechselwirkung müsse unter der Eichgruppe invariant sein.

Wenn nun in der Urtheorie die Wechselwirkung eindeutig festgelegt ist, so müßte die Invarianz der Urtheorie in der jeweils relevanten Näherung selbst eine Konsequenz der Urhypothese, also eine Eigenschaft des Tensorraums der Ure sein. Dies erscheint nach unserem Ansatz der Wechselwirkung prinzipiell plausibel. Man kann im Raum $\overline{T}$ der symmetrischen Tensoren eine »lokale« Umeichung definieren, indem man jedem durch vier Zahlen n_1, n_2, n_3, n_4 definierten Basistensor einen Faktor $e^{i\alpha(n_1,n_2,n_3,n_4)}$ gibt. Ein Tensor eines zusammengesetzten Objekts ($p > 1$) wird als ein symmetrisiertes Produkt von Tensoren zu $p = 1$ aufgefaßt. Man kann jeden von diesen Faktoren so umeichen, daß das Produkt invariant bleibt. Beim Übergang in den Ortsraum wird sich dies als lokale Eichtransformation im üblichen Sinne erweisen. Die transformierte Eichphase wird nicht nur vom Ort, sondern auch von anderen Koordinaten, z.B. Spinkomponenten* abhängen. Also wird man nichtabelsche Eichgruppen erhalten.

Nun stellt sich die Frage nach dem Unterschied zwischen Leptonen und Quarks. Beide haben den Spin $\frac{1}{2}$. Man würde in der Urtheorie nur *eine* Sorte solcher Teilchen erwarten. Also liegt die Vermutung nahe, sie seien dasselbe Teilchen in verschiedenen, durch eine Metastabilität voneinander getrennten Zuständen. Ein charakteristischer Unterschied ist: Leptonen haben große Wechselwirkung bei kleinen Abständen und sind bei großen Abständen asymptotisch frei; Quarks haben große Wechselwirkung bei großen Abständen und sind bei kleinen Abständen asymptotisch frei. Für Quarks kann man vermutlich auch formulieren: sie haben große Wechselwirkung bei kleinen Relativimpulsen und sind bei großen Relativimpulsen asymptotisch frei. Wir betrachten nun die Darstellung der SO(4,2) in 9.3e, Gl. (7) und (11). Dort sind die Translationen im Ortsraum, bis auf den kompakten Summanden M_{i5}, die Operatoren N_{i6} ($i = 1, 2, 3$); die Translationen im Impulsraum sind die N_{i4}. Die N_{i4} und N_{i6} sind aber für jedes i die zwei möglichen schiefhermitischen Linearkombinationen einer bestimmten Kombination von Aufstiegs- und Abstiegsoperatoren, also durch eine Spiegelung ineinander überführbar. Der Gedanke liegt also nahe, daß man durch eine bestimmte Spiegelung im Tensorraum der Ure ein Lepton in eine Linearkombination von Quarks überführen kann und vice versa

---

Vgl. die analoge Überlegung bei Bopp (1983).

(Linearkombination, um ganzzahlige Ladungen in ganzzahlige Ladungen zu überführen).*

Soweit die heute zugänglichen Vermutungen zur urtheoretischen Systematik der Teilchensorten.

d. Ruhmassen. Es wird die Probe auf die begriffliche Konsistenz der Urtheorie sein, ob es ihr gelingen wird, die Schärfe der Ruhmassen zu erklären. Warum hat nicht jedes Teilchen eines Typs, also z.B. jedes individuelle Elektron, einen etwas anderen Wert der Ruhmasse, im Kontinuum der möglichen Werte? Wie oben (Schluß von b.) gesagt, tritt dies in den bisherigen Theorien gar nicht als Problem hervor. Die klassische Annahme der Existenz fester Teilchentypen postuliert die Gleichheit aller Individuen eines Typus. Das tat schon die klassische Chemie für ihre Atome. Erst Bohr hat anhand eines physikalisch diskutierbaren Atommodells, eben des Rutherfordschen, im Detail gezeigt, daß (wie die Philosophen längst erwartet hatten) Atome mit innerer Struktur nach der klassischen Mechanik gar nicht untereinander individuell gleich sein können. Seine Lösung war die Quantentheorie. Aber dabei mußte er die individuelle Gleichheit aller Elektronen und ebenso aller Protonen schlicht postulieren. In Quantenfeldtheorien bleibt das Problem wiederum unsichtbar. Die Annahme der Gültigkeit einer Feldgleichung mit einem festen Massenterm hat zur Folge, daß alle Teilchen, die den Lösungen *dieser* Feldgleichung entsprechen, automatisch gleiche Masse haben.

Eine einheitliche Feldtheorie wie die von Einstein oder Heisenberg enthält aber nicht vorweg einen willkürlich postulierten Massenterm. Von ihr muß man verlangen, daß sie die Geltung einer speziellen Gleichung mit festem Massenterm für die Näherung freier Teilchen eines Typus zur Folge hat. Sie muß also die Existenz scharf getrennter Typen von Teilchen selbst erst erklären. Einsteins klassische Feldtheorie ist einem solchen Resultat nicht einmal nahegekommen; vermutlich ist das nur in der Quantentheorie möglich. Aber auch für Heisen-

---

* Einen analogen Gedanken verfolgt Barut (1984), wenn er Quarks als Hauptschwingungen eines Systems von drei Leptonen bei kleinem Abstand unter dem Einfluß ihrer magnetischen Dipolwechselwirkung auffaßt.

bergs Theorie lag hier das entscheidende Problem, das er jedenfalls nicht endgültig gelöst hat. Als ich etwa 1965 in der Urtheorie auf das Problem der individuellen Gleichheit der Teilchen eines Typs gestoßen war, fragte ich Heisenberg, ob dieses Problem nicht auch in seiner Theorie bestehe. Er sagte: »Nein. Die Theorie muß die Existenz der Typen erklären. Dazu gehört dann z. B. auch der Zahlwert des Massenverhältnisses von Proton und Elektron. Aber wenn man dann eine Wellengleichung für das Elektron gefunden hat, müssen von selbst alle Elektronen gleiche Masse haben.« Die Antwort war richtig. Aber sie postulierte eben, daß es gelingen werde, eine Wellengleichung des Elektrons abzuleiten. Da Heisenberg schon mit einer fundamentalen Wellengleichung begann, hatte er das Problem, wie die Urtheorie es sehen muß, ebenfalls schon durch seine Ausgangsannahmen eliminiert.

In der Urtheorie müssen die Existenz von Teilchentypen und die Geltung von Feldgleichungen erst hergeleitet werden. Beides kann nur genähert gelten. Teilchentypen können wir zunächst durch die zwei Zahlen s und p charakterisieren. Für $p = 1$ nennen wir s die Helizität. Für größere p wird $|s|$ der Spin, und das Vorzeichen von s unterscheidet Teilchen von Antiteilchen. Feldgleichungen haben wir in der Elektrodynamik in der Näherung des Minkowskiraumes für freie Felder mit $p = 1$ hergeleitet. Das Problem der Quantenzahlen der inneren Symmetrien haben wir oben erörtert, aber nicht gelöst. Zu erwarten ist, daß p oder $p - 1$ die Rolle der Ruhmasse übernimmt. Man muß also Darstellungen mit großem p erwarten. Die Schärfe der Ruhmassen müßte sich dann als die Auszeichnung bestimmter Werte von p darstellen. Nur wenn solche Werte ausgezeichnet sind, kann man hoffen, überhaupt Feldgleichungen für unterscheidbare Typen von Teilchen jeweils fester Ruhmasse zu finden. Das ist unser noch ungelöstes Problem.

Ich habe den Ansatz zu einer Lösung dieses Problems bisher nur im Modell eines *kosmischen Finitismus* finden können (1971, 1973, 1974, 1975). Dieses Modell nimmt an, es gebe eine endliche Gesamtmenge von Information in der Welt, also eine bestimmte Gesamtzahl N von Uren. Wir betrachten hier nur die möglichen Konsequenzen dieser Annahme. Ihre Kritik oder Rechtfertigung übersteigt die Reichweite der jetzigen Überlegungen.

Wir gehen aus von der Darstellung des einzelnen Urs im Einstein-Raum. Das einzelne Ur »kennt den Unterschied zwischen Welt und Elementarteilchen noch nicht«. Sein endlicher Informationsgehalt wird natürlicherweise in einem Ortsraum von endlichem Volumen dargestellt. Lokalisierung eines Ereignisses in einem kleinen Teilvolumen dieses kosmischen Raumes ist nur möglich, wenn viele Ja-Nein-Entscheidungen getroffen werden, also durch viele Ure. Wir nehmen an, im Einstein-Raum befänden sich N Ure. Wie genau wird man an ihnen Ereignisse lokalisieren können?

Die Frage ist noch zweideutig. Nehmen wir an, man verwende alle Ure zur Lokalisierung *eines* Ereignisses, so kann man vermuten, dies werde einen Bruchteil 2^{-N} des Gesamtvolumens auszeichnen; einen Faktor $\frac{1}{2}$ pro Ur. Aber das ist fiktiv; so als sei die ganze Welt mit Galaxien, Sternen, Planeten, Menschen, Instrumenten ein einziges Gerät zur Messung *eines* Orts. Wir aber wollen wissen, wie genau prinzipiell »sozial mögliche« Ortsbestimmungen sein können; etwa, wie genau man in der realen Welt wie viele Ortsbestimmungen gleichzeitig prinzipiell ausführen könnte. »Prinzipiell« heißt, daß real viel weniger gemessen wird, daß aber jede betrachtete Messung gemacht werden könnte, ohne die gleichzeitige Ausführung der anderen Messungen physisch unmöglich zu machen.

Wir präzisieren das Modell, indem wir annehmen, daß Ortsmessungen nur mit ponderabler Materie gemacht werden können. Zwar mißt man Orte meist mit Licht, aber die Lokalisierung wird nicht genauer als relativ zu einem Bezugssystem, das durch einen in ihm ruhenden Körper definiert ist. Die Masse der ponderablen Materie liegt im wesentlichen in den Atomkernen. Diese bestehen aus Nukleonen. Man darf annehmen, daß eine prinzipiell sozial mögliche Ortsmessung ein Nukleon nicht genauer als bis auf seine Comptonwellenlänge

$$\lambda = \hbar/mc \qquad (32)$$

Elementarteilchen 473

lokalisieren kann. Hiermit ist eine atomare *Längeneinheit* definiert.

Wir nennen den Radius des Kosmos (in denselben willkürlichen Einheiten wie λ gemessen) r_k und das Weltvolumen

$$V \approx r_k^3. \qquad (33)$$

Wir wollen versuchsweise annehmen, N bezeichne die Anzahl möglicher Ereignisse, die in der Welt gleichzeitig (»sozial verträglich«) bis auf ein Volumen

$$v \approx \lambda^3 \qquad (34)$$

lokalisiert werden könnten. Also

$$N \approx V/v = r_k^3/\lambda^3. \qquad (35)$$

Bei dieser Annahme steht N nicht im Exponenten wie vorhin; nicht 2^N, sondern N selbst soll etwa gleich V/v sein. Hierin ist auf die Quantentheorie der Ure, also auf die Quantentheorie der Information Bezug genommen. N ist nicht die Anzahl aller überhaupt möglichen, sondern nur der miteinander verträglichen Ja-Nein-Entscheidungen, also nicht proportional zur (formal unendlichen) Anzahl möglicher Zustände im Zustandsraum, sondern es ist die Anzahl seiner Basiszustände. Die gleichzeitige Lokalisierung von N Ereignissen im Kosmos ist bei weitem nicht die einzige mögliche Messung in der Welt, aber sie ist mit der Durchführung der anderen möglichen Messungen unvereinbar. Insofern scheint die Vermutung sinnvoll, V/v messe die Anzahl der Basisvektoren des Raums der aus Uren aufbaubaren Zustände.

Nun hatten wir aber oben N nicht als die Anzahl der Basistensoren im Tensorraum der real vorhandenen Ure definiert, sondern als die Anzahl dieser Ure selbst. Im Raum T_N aller Tensoren vom Rang N gibt es aber zunächst, wenn man annimmt, es seien gleich viele Ure wie Anti-Ure vorhanden ($S = 0$), gerade $2 \cdot 2^N$ Basistensoren. Von diesen sind $2(N + 1)$ symmetrisch, also in T_N enthalten. Es sieht also so aus, als hätten wir V/v durch die Anzahl symmetrischer Basistensoren in T_N definiert. Die volle Anzahl physikalisch realisierbarer Basistensoren in T_N dürfte weder N noch 2^N sein, sondern gleich der Anzahl der im Parabose-Verfahren definierbaren Basistensoren, also der bei $S = 0$ zulässigen Youngschen Standard-Schemata. Andererseits ist ohne ausführlichere Rechnung nicht klar, ob die Menge der vereinbaren Ortsmessungen einer vollen Basis der Parabose-Tensoren in T_N äquivalent sein muß. Ich beschränke mich daher für die jetzige Modell-Überlegung auf die Abschätzung meiner älteren Arbeiten, d. h. auf (35).

Wir stellen nun eine zweite Frage. Wie viele Ure sind in einem ruhenden Nukleon investiert? Wie viele Nukleonen kann man dann aus N Uren aufbauen? Nach heute üblichen kosmologischen Mutmaßungen müßte etwa

$$r_k = \gamma\lambda, \quad \gamma \approx 10^{40} \tag{36}$$

sein. Man braucht zur Lokalisierung eines Nukleons bis auf die Genauigkeit λ vermutlich etwa $\nu = 3r_k/\lambda$ Ure. Diese Abschätzung ist von der vorigen logisch unabhängig, sie definiert eine von der vorigen verschiedene Basis im Raum aller Alternativen. Man muß quantentheoretisch etwa r_k/λ Wellenfunktionen der Wellenlänge r_k superponieren, um Lokalisierung bis auf λ zu erhalten; der Faktor 3 drückt aus, daß dies in 3 Dimensionen zu geschehen hat. Sei n die Anzahl der Nukleonen in der Welt, so würde bei ν Uren pro Nukleon, wenn alle Ure in Nukleonen untergebracht wären, folgen

$$n = N/\nu \approx 10^{80}. \tag{37}$$

Diese Zahl stimmt mit der empirischen Dichte des Wasserstoffs in der Welt ziemlich gut überein; Faktoren der Größenordnung 10 oder 100 sind natürlich bei so rohen Überlegungen ungewiß.

Diese Überlegung liefert uns zwei empirische Plausibilitätsargumente zugunsten der versuchten Theorie. Das eine war schon Einstein bekannt und betrifft die Größenordnung der Gravitationskonstante $\varkappa$: der Radius eines stabilen Einstein-Kosmos ist für die empirische Größe von $\varkappa$ gerade so groß, wie

Elementarteilchen

man ihn auch aus heutiger kosmologischer Kenntnis mindestens annehmen muß; er kann empirisch jedenfalls nicht kleiner sein. Das zweite Argument folgt erst aus der Urtheorie: die Abschätzung der Anzahl n der Nukleonen im Volumen V gemäß (9). *Dies ist die erste prüfbare Folgerung aus der Urtheorie, welche nicht bloß bekannte Theorien reproduziert.*

Allgemein besagt sie für einen geschlossenen Kosmos

$$N = \gamma^3, \; v = \gamma, \; n = \gamma^2. \tag{38}$$

N und v sind nur urtheoretisch definiert, n aber ist meßbar und ergibt sich aus der Theorie in der richtigen Größenordnung. Freilich ist damit urtheoretisch noch nicht gezeigt, *daß* die Ure sich in erster Näherung in lauter Teilchen gleicher Ruhmasse anordnen müssen. Es ist nur gezeigt, daß sich eine empirisch etwa richtige Anzahl der Teilchen ergibt, *wenn* die Ure sich so anordnen.

Auch diese, ebenfalls den älteren Arbeiten entstammende Überlegung berücksichtigt noch nicht die Parabose-Darstellung der Teilchen. In ihr müßte vermutlich v die Parabose-Ordnung eines Nukleons und damit N die Parabose-Ordnung des Universums sein, soweit sein Inhalt in Nukleonen organisiert ist; die Ure in ca. 10^{80} Elektronen und in ca. 10^{90} Photonen der Hintergrundstrahlung würden daran quantitativ nicht viel ändern. Im Sinne der Elektrodynamik (10.5e) könnte man annehmen: Wenn n masselose Fermionen N masselose Bosonen an sich binden können, so wird jedes Fermion $v = N/n$ Bosonen binden, also die Ruhmasse $p = v$ gewinnen. Eine statistische Überlegung müßte umgekehrt zeigen, daß sich im dreidimensionalen Raum N masselose Bosonen vorzugsweise zu massiven Teilchen aus je $N^{1/3}$ masselosen Bosonen vereinigen sollten. Die Schärfe der Ruhmassen wäre dann analog der Schärfe der Schmelzpunkte statistisch zu erklären; etwa in dem Sinn, daß die Streuung des p eines massiven Fermions um den Wert v nur von der Größenordnung $v^{1/2}$ wäre.

Alle diese Vorschläge bleiben zunächst programmatisch.

7. Allgemeine Relativitätstheorie*

a. Das Problem der Raumstruktur. Im 6. Kapitel, in den Abschnitten 2d, e und 7 bis 10 haben wir die Geschichte des Raumproblems in der klassischen Physik skizziert. Die Physiker sind meist Newtons Meinung gefolgt, Raum und Zeit seien selbständige Entitäten, »in« denen sich die Körper bewegen. Die Mathematiker haben im 19. Jahrhundert, von Gauss über Bolyai, Lobatschewski, Riemann, Lie, Klein bis Hilbert, klargemacht, daß viele verschiedene Raumstrukturen mathematisch möglich und der Physik zur Naturbeschreibung angeboten sind. Einstein hat zuerst Raum und Zeit verknüpft und dann für das Raum-Zeit-Kontinuum eine Riemannsche Geometrie postuliert. Die Quantentheorie hat die klassische Beschreibung des Raum-Zeit-Kontinuums unkritisiert übernommen.

Wir haben dann im 8. Kapitel die abstrakte Quantentheorie ohne jede Bezugnahme auf den Ortsraum, aber unter Voraussetzung einer linearen Zeit, aus Postulaten über empirisch entscheidbare Alternativen und über den Wahrscheinlichkeitsbegriff rekonstruiert. Im 9. Kapitel haben wir die Existenz eines dreidimensionalen reellen Ortsraums und seine Verknüpfung mit der Zeit gemäß der speziellen Relativitätstheorie aus der abstrakten Quantentheorie und der Hypothese der Uralternativen hergeleitet. Dabei hat sich uns aber nur die *lokale* Struktur des Raum-Zeit-Kontinuums eindeutig ergeben: es läßt überall einen tangierenden Minkowski-Raum zu. Für die *globale* Struktur konnten wir, je nach der gewählten Symmetriegruppe, einen Einstein-, Minkowski-, de Sitter- oder Antide Sitter-Raum wählen. Unsere Aufgabe ist jetzt, diese Willkür zu überwinden.

Die Vermutung liegt nahe, daß die lokale Struktur des Raums in zweiter Näherung, also die lokale Krümmung, von der Materieverteilung bestimmt sei. Damit wären wir genau bei Einsteins Problemstellung.

Einstein sah sich zu einer dualistischen Theorie genötigt, in

---

* Hierzu Görnitz (1985). Ich verdanke dem Gespräch mit Herrn Görnitz entscheidende Förderung.

Allgemeine Relativitätstheorie

welcher das metrische Feld des Raum-Zeit-Kontinuums und die Materie gegenseitig aufeinander wirken. Die beiden Gesetze dieser Wirkung sind:
1. *Das Bewegungsgesetz.* Ein Massenpunkt läuft, wenn keine anderen Kräfte auf ihn wirken, auf einer Geodätischen des Raum-Zeit-Kontinuums.
2. *Die Feldgleichung.* Der Energie-Impuls-Tensor T_{ik} der Materie bestimmt die Raumkrümmung gemäß der Gleichung

$$G_{ik} = -\varkappa\, T_{ik}, \qquad (1)$$

wobei G_{ik} mit den Riemannschen Krümmungsgrößen verbunden ist gemäß

$$G_{ik} = R_{ik} - \tfrac{1}{2} R g_{ik}. \qquad (2)$$

Es fragt sich, ob wir diese Gesetze urtheoretisch ableiten können.

Das *Bewegungsgesetz* ist die Verallgemeinerung des Trägheitsgesetzes für einen gekrümmten Raum. Für Ure und aus Uren gebildete freie Felder haben wir die Bewegung im Einstein-Raum beschrieben und Wellengleichungen im tangierenden Minkowski-Raum aufgestellt. Beide stimmen mit der quantentheoretischen Trägheitsbewegung überein. Wir finden hier wiederum die urtheoretische »Umkehrung der Argumente«. Die besonderen Lösungen, die wir aus dem Tensorraum in einen homogenen Raum der Symmetriegruppe konstruieren konnten, genügen den aus der bisherigen Physik bekannten allgemeinen Gesetzen. Es ist dann die Aufgabe nachzuweisen, daß diese Gesetze entweder für alle Zustände von Systemen von Uren gelten oder, welche die Näherung ist, in der sie gelten. Dies werden wir für Einsteins Bewegungsgesetz erst überprüfen können, wenn wir seinen Riemannschen Raum streng oder genähert rekonstruiert haben.

Einsteins *Feldgleichung* hat die Quantentheoretiker vor ein bisher ungelöstes Problem gestellt. Sie ist nichtlinear. Ihre Quantisierung ist aber nur in linearisierter Näherung gelungen. Es ist denkbar, daß ein konsistentes Quantisierungsverfahren für die nichtlineare Feldtheorie noch gefunden werden wird. Wir gehen jetzt aber von der heuristischen Vermutung aus, daß dies nicht gelingen wird und daß es sachlich nicht nötig ist. Vielleicht verbirgt sich nämlich in diesem technischen Mißlingen ein tieferes Problem, das wir inhaltlich verstehen sollten.

Zwischen der allgemeinen Relativitätstheorie und der Quantentheorie besteht eine grundsätzliche Spannung: die allgemeine Relativitätstheorie ist *essentiell lokal*, die Quantentheorie ist *essentiell nichtlokal*. Alle Gesetze der allgemeinen Relativitätstheorie sind differentialgeometrisch formuliert; sie ist eine reine Nahewirkungstheorie. Die Nichtlokalität der Quantentheorie spricht sich schon in Bohrs Prinzip der Individualität der Prozesse aus (7.2). In der mathematischen Gestalt der Schrödingergleichung fällt die Nichtlokalität zunächst nicht ins Auge. Aber die Schrödingerwelle ist eine Wahrscheinlichkeitswelle, die durch Kenntnisnahme momentan im ganzen Raum verändert wird (11.2 b); das auffallendste Modell dafür ist das Gedankenexperiment von Einstein, Podolsky und Rosen (11.3 d). Auch die mathematische Gestalt der Quantentheorie ist in Wirklichkeit in gewissem Sinne nichtlokal. Die Schrödingergleichung des nichtrelativistischen Mehrkörperproblems ist im Konfigurationsraum mit Fernkräften formuliert. Die relativistische Quantenfeldtheorie arbeitet zwar mit lokalen Feldgleichungen. Aber die Feldstärken sind nicht Zustandsgrößen, sondern Operatoren, deren Meßwerte wiederum nur mit Wahrscheinlichkeit bestimmt sind. Dazu kommt, daß auch in den speziell-relativistischen Theorien der Wechselwirkung die mathematische Konsistenz der lokalen nichtlinearen Operatortheorie nicht nachgewiesen ist. Unser Aufbau schließlich geht von diskreten Alternativen aus, ist also in seinen Grundlagen nichtlokal. Es fragt sich, wie die lokalen Phänomene in ihm zu beschreiben sind.

Als Beispiel des Problems zitiere ich ein Gespräch mit E. Fermi vom Jahr 1949. Er sagte mir damals, in der Quantentheorie sei Einsteins Äquivalenzprinzip falsch. Als Beleg benützte er das Gedankenexperiment der Beugung einer Materiewelle durch ein Beugungsgitter, das aus einem periodischen Gravitationsfeld besteht. Der Ablenkungswinkel ist gegeben durch das Verhältnis der Gitterkonstanten zur Wellenlänge. Nach dem Äquivalenzprinzip sollte, so Fermi, das Beugungsgitter alle Körper gleicher Geschwindigkeit in die gleiche Richtung ablenken. Tatsächlich aber hängt die Wellenlänge und damit die Ablenkung bei gegebener Geschwindigkeit der Teilchen von ihrer trägen Masse ab. J. Ehlers*, dem ich dies unlängst erzählte, wies alsbald darauf hin, daß das Äquivalenzprinzip zwangsläufig zu einer differentialgeometrischen Theorie führt, in der es dann nur lokal verwendet wird. Die Beschreibung des Beugungsvorgangs einer Welle ist also in der allgemeinen Relativitätstheorie problemlos. Der nichtlokale Charakter der Quantentheorie zeigt sich hier darin, daß die Wellenlänge zugleich den Impuls eines Teilchens bestimmt. Ehlers schloß die Erörterung mit der Bemerkung, in der erhofften künftigen Versöhnung würden »beide Theorien Federn lassen müssen«.

Wir werden das Problem in zwei Stufen behandeln. Im Abschnitt b. verzichten wir auf die Quantelung des metrischen Feldes, behandeln also die allgemeine Relativitätstheorie als eine prinzipiell klassische Theorie. In Gleichung (1) muß dann natürlich nicht G_{ik}, sondern auch T_{ik}, also die Materie, klassisch beschrieben werden. Im Abschnitt c. betrachten wir G_{ik} und T_{ik} als Quantengrößen und erörtern den dadurch vermutlich beiderseits erzwungenen Verzicht auf Lokalität. Im Abschnitt d. erwägen wir kurz die Konsequenzen für die Kosmologie.

b. Klassisches metrisches Feld. In 6.8 haben wir den Leibnizschen Monismus von Materie und Raum besprochen. Nach ihm sollte der Raum nur die logische Klasse gewisser Relationen zwischen Körpern sein (z. B. Abstand, Winkel zwischen relativen Richtungen etc.). Relationen sind zweistellige Prädikate. Die Dualität von Materie und Raum wäre dann nur die anscheinend uneliminierbare logische Dualität von Subjekt und Prädikat, ontologisch gesagt von Substanz und Attribut. Diesen von Mach wieder aufgegriffenen Gedanken konnte

---

* Ich danke Herrn Ehlers für ausführliche Gespräche über das Verhältnis der allgemeinen Relativitätstheorie zur Quantentheorie.

Einstein nicht durchführen, gerade *weil* er den Raum differentialgeometrisch beschreiben muß. Der metrische Tensor wurde damit eine Feldgröße wie andere Feldgrößen auch. Die Quantentheorie aber gibt uns Gelegenheit, die Leibnizsche Auffassung wieder einzuführen. In der speziell-relativistischen Quantenfeldtheorie sind Raum- und Zeitkoordinaten nicht Observable, sondern Parameter. In unserem Aufbau erscheinen sie als Gruppenparameter einer Symmetriegruppe des Tensorraums. Sie können benutzt werden, um einen homogenen Raum der Gruppe zu koordinatisieren. Funktionen in diesem Raum, deren Werte selbst wiederum (komplexe) Zahlen und nicht Operatoren sind, dienen als Darstellungsvektoren der Gruppe. Falls es uns gelingt, eine Theorie aufzubauen, in der diese Gruppen nur lokal verwendet werden, müßten die Raum-Zeit-Koordinaten in die Paramter eines klassischen Riemannschen Raums übergehen. Wir hätten dann eine Quantentheorie der Materie in einem klassischen metrischen Feld.*

Alles, was aus Uren besteht, wäre dann die »Substanz« im klassischen, abstrakten Sinne des Worts; die Raum-Zeit-Koordinaten aber wären, genau wie Leibniz wollte, Relationen zwischen den möglichen Zuständen der Substanz. In dieser Auffassung wäre es ein Mißverständnis, die allgemeine Relativitätstheorie quanteln zu wollen.

Es fragt sich nun, ob wir eine solche Theorie auf der Basis der Urhypothese aufbauen können. Wie in der Elektrodynamik und der allgemeinen Teilchentheorie sind dabei zwei verschiedene Aufgaben zu lösen:
1. die Aufstellung einer Feldgleichung,
2. die Bestimmung der Konstanten $\varkappa$.

Zu 1. Wie in den anderen Theorien erwarten wir, daß die Invarianzforderungen die Gestalt der Gleichung schon weitgehend festlegen. Wir müssen hier nur Einsteins eigenen Gedankengang im urtheoretischen Rahmen wiederholen. Die Erwartung eines Riemannschen Raumes haben wir schon plausibel

---

Dies ist der Unterschied unseres Aufbaus von demjenigen Finkelsteins (vgl. 10.5 c). Er quantelte nicht den Impuls, sondern Raum und Zeit. Eine Begegnung beider Theorien ist dann wohl erst in der Quantentheorie des metrischen Feldes (unten, Abschnitt c.) möglich.

Allgemeine Relativitätstheorie 481

gemacht, wenngleich natürlich bisher nicht zwingend begründet. Einsteins Gleichung ist (vgl. 6.10) die einfachste gegen beliebige Koordinatentransformationen invariante Feldgleichung. In unserem gegenwärtigen Ansatz verknüpft die Gleichung (1) die hier als essentiell klassisch aufgefaßte Größe G_{ik} mit dem Tensor T_{ik}, der notwendigerweise aus Operatoren aufgebaut ist. Also kann die Gleichung ohnehin nur in der Näherung gelten, in der T_{ik} klassisch approximiert werden kann. Es genügt also anzunehmen, daß die Gleichung (1) als erstes Glied in einer Näherungsrechnung auftritt. Mehr ist ohnehin nicht zu erwarten.

Zu 2. Die Probe auf unsere Rekonstruktion der allgemeinen Relativitätstheorie wäre die Herleitung des empirischen Werts von $\varkappa$. In Umkehrung der Argumente konstruieren wir wieder zunächst ein Modell, das der Gleichung genügt, und fragen dann erst nach der Allgemeingültigkeit der Gleichung. Das Modell ist der Einstein-Kosmos, so wie wir ihn in 10.6 d benützt haben. Einstein hat sein Weltmodell als eine Lösung seiner Feldgleichung hergeleitet, und die kosmologischen Abschätzungen, anschließend an den Hubble-Effekt, gaben die richtige Beziehung zwischen $\varkappa$ und dem Weltradius r_k. D.h. *wenn* die reale Welt durch einen Einstein-Kosmos approximativ dargestellt werden darf, so ist sie eine Lösung der Einsteinschen Feldgleichung, also ein Modell, wie wir es suchen.
In 10.6 d haben wir nun zu zeigen versucht, daß ein Einstein-Kosmos mit n Uren oder Quasi-Teilchen gerade $N^{2/3}$ massive Teilchen enthalten sollte, deren Ruhmasse eine Länge λ so definiert, daß $\gamma = r_k/\lambda = N^{1/3}$ ist. Wählen wir nun atomare Einheiten, definiert durch

$$\hbar = c = \lambda = 1, \qquad (3)$$

so wird der empirische Wert von $\varkappa$:

$$\varkappa \approx 10^{-40}. \qquad (4)$$

Daß hiernach

$$\varkappa \approx \lambda/r_k \qquad (5)$$

ist, bedeutet gerade, daß der empirische Kosmos in guter Näherung eine Lösung der Einsteinschen Gleichung ist. Wir können dann, gemäß unserer Interpretation der empirischen Größe von λ, sagen, daß in der Urtheorie

$$\varkappa = N^{-1/3} \qquad (6)$$

sein muß. Hierbei ist gegenüber Einstein nur die Anordnung der kausalen Argumente umgekehrt. Nach Newton bestimmt Masse und Lage der Körper die Stärke der Gravitation. In etwas verschärfender Sprache (die von mathematischem »bestimmen« zu physischem »verursachen« übergeht) kann man also sagen, die Körper seien Ursachen der jeweiligen Gestalt des Gravitationsfeldes. Analog pflegt man Einsteins Gleichung so zu lesen, daß die Materie durch das Tensorfeld T_{ik} die Raumkrümmung G_{ik} verursache. Wir geben umgekehrt einen gekrümmten kompakten Raum als Darstellungsraum endlicher quantentheoretischer Alternativen vor. Dann fragen wir, in welchen Einheiten die Längen in diesem Raum in der menschlichen Erfahrung gemessen werden, und wählen dafür die Comptonwellenlänge desjenigen Elementarteilchens, das die Ruhmasse der Körper im wesentlichen bestimmt. Der Radius des Kosmos, in diesen Einheiten gemessen, ist, wenn der Kosmos durch Gravitation zusammenhaltend gedacht wird, die reziproke Gravitationskonstante. Das ist dieselbe Beziehung zwischen atomaren und kosmologischen Einheiten, wie die Aussage, daß der Bohrsche Radius eines nur durch Gravitation zusammengehaltenen Moleküls aus zwei Nukleonen etwa gleich dem Weltradius ist.

Allerdings ist der stationäre Einstein-Kosmos keine Lösung der Gleichung (1). Man muß entweder zu der Gleichung ein »kosmologisches Glied« hinzufügen oder den Kosmos, etwa gemäß den Friedmannschen Modellen, expandieren lassen. Hierauf kommen wir unter d. zurück. Th. Görnitz (1985) hat

gezeigt, daß man in expandierenden, urtheoretisch konsequenten Modellen Einsteins Gleichung exakt erfüllen kann.
Nun wäre es notwendig, die globale Betrachtung im Einstein-Raum in eine lokale Betrachtung im allgemeinen Riemann-Raum zu überführen. Wir brauchen dazu nur eine differentialgeometrische Beziehung zweiter Ordnung zwischen der Materieverteilung und dem metrischen Feld. Das Verfahren wäre eine Verallgemeinerung der Definition des tangierenden Minkowski-Raumes auf die Konstruktion globaler vierdimensional gekrümmter Weltmodelle, die den betrachteten Riemann-Raum lokal oskulieren, ihm also bis zur zweiten Ableitung angepaßt sein können. Das Verfahren ist bisher nicht ausgeführt. Das Programm hat Görnitz mit oskulierenden de Sitter-Räumen erprobt. Man wird beim jetzigen Stand sagen können: Wenn das Verfahren überhaupt die einfachste mögliche Feldgleichung, also die Einsteinsche, ergibt, so wird es, da der Einstein-Kosmos der Gleichung genügt, den empirisch richtigen Wert von $\varkappa$ ergeben.

c. *Quantentheorie der Gravitation.* Die Theorie des klassischen metrischen Feldes, die wir soeben entworfen haben, kann jedenfalls nur eine Näherung sein. Das folgt schon daraus, daß T_{ik} kein klassisches Feld ist. Darüber hinaus haben wir in den vorangehenden Abschnitten dieses Kapitels für wechselwirkende Felder Anlaß zu der Annahme gesehen, daß sie auch nicht streng als lokale Operatorfelder beschrieben werden können. Man führt zwar heute vielfach die Invarianz der Wechselwirkungsgesetze gegen lokale Eichgruppen als Argument für die Lokalität der Wechselwirkung an. Aber in 10.6c haben wir gesehen, daß hierfür wahrscheinlich die »lokale« Eichinvarianz im Tensorraum genügt. Wenn man fragt, *welche* Federn allgemeine Relativitätstheorie und Quantentheorie bei ihrer Versöhnung lassen müssen, so liegt nunmehr die Vermutung nahe, daß es bei beiden dieselbe Feder ist: die strenge Darstellbarkeit der Theorie durch Funktionen im klassischen Raum-Zeit-Kontinuum.

In dieselbe Richtung weist die Bemerkung, daß Raum und Zeitstrecken *meßbar* sein sollten. Einstein gelangte zur speziellen Relativitätstheorie, indem er die Bedingungen dieser Meßbarkeit studierte. Wenn in der Quantentheorie jede meßbare Größe durch einen Operator beschrieben wird, so sollte das auch für Raum und Zeit gelten. Hiervon gingen die Theorien von Snyder (1947) und Finkelstein (1968) aus. Freilich hat die Urtheorie uns zunächst zu »starren« Ortsräumen geführt, die durch Gruppenparameter beschrieben werden; es wäre in solchen Räumen ausreichend, Maßstäbe und Uhren als reale Geräte zu beschreiben, die mit endlicher Meßgenauigkeit die Orts- und Zeitkoordinaten bestimmen. Wenn wir aber die starren Räume nur lokal benützen, so wird die Art ihrer Fortsetzung durch das metrische Feld bestimmt. Also muß dieses als meßbar betrachtet werden. Das läuft schließlich doch auf die Forderung hinaus, Einsteins Feldgleichung zu quanteln, also auf eine Quantentheorie des Gravitationsfeldes.

Gupta und Thirring (vgl. 6.10) haben das Gravitationsfeld als masseloses Spin-2-Feld im Minkowski-Raum gequantelt. Wir müssen analog die Theorie eines $(s = \pm 2)$-Feldes im Tensorraum studieren. Die Überlegungen von 10.5 e legen die Vermutung nahe, daß diese Theorie auf natürliche Weise mit der Theorie der Felder zu $s = \pm 1$ und $s = 0$ zusammenhängt. Dies würde eine einheitliche Feldtheorie im Sinne von Einstein und Kaluza-Klein nahelegen (dazu Schmutzer 1984). Auch dies ist vorerst Programm.

Wäre diese Theorie, wenn sie sich durchführen ließe, monistisch, dualistisch oder pluralistisch im Sinne von 6.10? Der Monismus von Leibniz bliebe erhalten. Entfernungen und Zeitdistanzen, soweit eindeutig meßbar, bleiben Relationen zwischen Ereignissen. Die Durchführung dieser Messungen aber hängt dann ab von einem realen Feld, dem Gravitationsfeld. In diesem Sinne ist die Theorie pluralistisch. Wenn aber alle Felder aus Uren aufgebaut sind, so ist die Theorie letztlich doch unitarisch.

d. Kosmologie. Es wäre verfrüht, die unfertige Theorie dieses Kapitels auf die offenen Fragen der Kosmologie anzuwenden. Daher seien nur ein paar grundsätzliche Bemerkungen gemacht.

Wenn das Raum-Zeit-Kontinuum nur das Medium einer

genäherten, also vordergründigen Beschreibung der Realität ist, so gilt dies gewiß auch vom Weltraum und der Weltgeschichte, wie die heutige Kosmologie sie benützt. Wir werden im Kapitel 13 der Frage nachgehen, ob wir gedanklich hinter diesen Vordergrund dringen können.

Innerhalb der Rede vom Weltraum haben wir in 10.6 d die starke Vermutung des *kosmischen Finitismus* ausgesprochen. Diese Vermutung ist auch innerhalb unseres Aufbaus der Quantentheorie keineswegs selbstverständlich. Sie geht über den offenen Finitismus von 9.2 a hinaus. Wenn jede entscheidbare Alternative endlich ist, so braucht doch die Anzahl entscheidbarer Alternativen in der Welt nicht endlich zu sein. Zwar werden wir immer nur endlich viele Alternativen entscheiden. Aber wir brauchten die Hypothese des kosmischen Finitismus für eine statistische Überlegung vom Typ der Thermodynamik zur Erklärung der scharfen Ruhmassen. Schon in 7.1 haben wir gesehen, daß die thermodynamische Statistik nicht davon abhängt, wieviel *wir* entscheiden können.

Der kosmische Finitismus läuft darauf hinaus, dem Weltraum ein endliches Volumen zuzuschreiben. »Weltraum« heißt dabei derjenige Raum, der auf die Ruhmassen der hier beobachteten Teilchen Einfluß hat. Dieses Volumen braucht aber nicht zeitlich konstant zu sein. Wir haben in 9.3 f vermutet, daß die Anzahl der Ure mit der Zeit wächst. Dann sollte auch der Radius der Welt, in Einheiten λ gemessen, wachsen. Dies erinnert an die Diracsche Vermutung, daß r_k/λ das Alter der Welt sei, gemessen in atomaren Zeiteinheiten. Die naheliegende Folgerung von Dirac und Jordan war, daß dann $\varkappa$ umgekehrt proportional zur Zeit abnimmt. Der heutige Stand kosmologischer Erfahrung spricht gegen diese Vermutung.

Wir lassen diese Frage und damit die urtheoretische Beschreibung der Kosmologie offen.

Dritter Teil
Zur Deutung der Physik

Elftes Kapitel
Das Deutungsproblem der Quantentheorie

1. Zur Geschichte der Deutung

Was weiß ich, wenn ich weiß?

a. Die Aufgabe. Die Deutung der Physik ist eine philosophische Aufgabe. So wie sie sich uns stellt, ist sie eine nachträgliche Aufgabe. Wir haben das schon in der Wortwahl der Titel des Zweiten und des Dritten Teils des Buches angedeutet: »*Die* Einheit der Physik«, aber »*Zur* Deutung der Physik«. Der Versuch, die Einheit der Physik zu rekonstruieren, ist selbst schon teilweise nachträglich. Aber er steht doch unter dem Ideal der Vollendbarkeit, das durch den Begriff einer abgeschlossenen Theorie bezeichnet ist. Eine Theorie in diesem Sinne hat zwar eine mathematisch unendliche, empirisch offene Anzahl möglicher Konsequenzen, aber ihre Grundlagen sollten in einer endlichen, kleinen Anzahl von Forderungen angegeben werden können. Die Deutung der Theorie hingegen, ihre Einbettung in das, was wir unser Weltbild nennen, die Veränderung dieses Weltbildes durch die Theorie – dies ist eine Aufgabe, deren mögliche Grenzen wir zunächst gar nicht kennen. Wir können nur Beiträge *zu* ihr ins Auge fassen.

Wir beginnen eben darum mit einem historisch vorgegebenen Phänomen: der Debatte um die Deutung der Quantentheorie, die in unserem Jahrhundert tatsächlich stattgefunden hat.

Daß die Quantentheorie eine Deutungsdebatte herausgefordert hat, ist verständlich. Sie ist nicht nur mit dem Weltbild der klassischen Physik, sondern auch mit gewissen Positionen der klassischen Metaphysik unvereinbar. Es handelte sich zunächst darum, diese Unvereinbarkeit zu erkennen und präzise zu formulieren. Dann mußte man sich entscheiden, ob man die Unvereinbarkeit als einen philosophischen Fortschritt oder als eine Schwäche der Theorie ansehen wollte. Das gegenwärtige Buch beruht auf der Überzeugung, daß es sich um einen fundamentalen philosophischen Fortschritt handelt. Nicht die Quantentheorie hat sich nach dieser Überzeugung vor dem Gerichtshof überlieferter Philosophien zu verantworten, sondern diese Philosophien haben sich in einem selbst philosophischen Prozeß zu verantworten, in dem die Quantentheorie als Zeuge auftritt. Eben deshalb ist es notwendig, die Zeugenaussage der Quantentheorie philosophisch so genau wie möglich zu formulieren.

Wir werden dies in vier Schritten versuchen.

Zuerst skizzieren wir den historischen Gang der Debatte. Dabei können wir uns auf das hervorragende Buch *The Philosophy of Quantum Mechanics* von Max Jammer (1974) stützen, werden aber auch aus den Berichten der Urheber der Theorie und aus eigener Erinnerung schöpfen.

Zweitens suchen wir darzulegen, daß die Quantentheorie keinen inneren Widerspruch enthält; daß sie mit sich selbst im Einklang, semantisch konsistent, ist.

Drittens wenden wir uns einigen der vermuteten Paradoxien und alternativen Deutungen zu, die in den Jahren seit dem mathematischen Abschluß der Theorie aufgetreten sind. Daß die Paradoxien keine Selbstwidersprüche der Theorie bedeuten, war früh klar; Einstein hat das seit 1930 anerkannt. Sie wurden aber als Aufforderung dazu gedeutet, über die Quantentheorie hinauszugehen.

Viertens stellen wir die Frage, wie von unserer eigenen Deutung her ein Hinausgehen über die Quantentheorie aussehen könnte. Das wird Inhalt des 13. Kapitels sein.

b. Vorgeschichte der Deutungsdebatte. Man kann die Geschichte der Deutungsdebatte roh in drei Perioden einteilen:

1900–1924: Deutungsprobleme der unvollendeten Quantentheorie;

1925–1932: Vollendung der Quantentheorie und Entstehung der Kopenhagener Deutung;

1935–heute: Nachhutgefechte.

Den Anfang der zweiten Periode markieren wir durch Heisenbergs Arbeit von 1925, ihr Ende durch J. v. Neumanns Buch 1932. Den Anfang der dritten Periode bezeichnen wir durch die Arbeit von Einstein, Podolsky und Rosen 1935.

Zur Geschichte der Deutung

Die Vorgeschichte der Deutungsdebatte erfüllt die erste der drei Perioden. In 6.11 und 7.1 haben wir versucht, die Entstehung der Quantentheorie als eine Folge der Unmöglichkeit einer fundamentalen klassischen Physik zu beschreiben. Dies ist eine nachträgliche Interpretation, ein Versuch, hinterher zu sehen, daß »es kam wie es kommen mußte«. Zeitgenossen konnten es nicht so sehen. Das erste Verständnis des fundamentalen Problems der klassischen Physik findet sich bei Einstein 1905, dann bei Bohr 1913; für Heisenberg 1925 hat es eine Rolle gespielt; aber in aller Härte wurde die Behauptung ihrer Unmöglichkeit als Fundamentaltheorie kaum je ausgesprochen. Die Deutungsprobleme wurden durchgehend in der Sprache der klassischen Physik formuliert. Diese Herkunft hängt der Debatte bis heute an und charakterisiert sie seit langem als »Nachhutgefecht«, freilich ein zur Belehrung notwendiges.

Mit Einsteins Lichtquantenhypothese 1905 entstand als ein Kernproblem der Quantentheorie der *Dualismus von Teilchen und Wellen*. Hierbei wurde die Räumlichkeit aller physikalischen Objekte noch als selbstverständlich vorausgesetzt. Dann ist der Dualismus eine vollständige Alternative, wenn man nur beide Begriffe weit genug faßt. Teilchen oder Körper sind lokalisierte Objekte, Felder, speziell Wellen, sind Zustände, die prinzipiell den ganzen Raum erfüllen. Nach klassischer, empirisch gut fundierter Theorie waren Elektromagnetismus (Licht) und Gravitation Felder, die Materie bestand aus Teilchen. Einsteins Lichtquanten schrieben de facto dem Elektromagnetismus, de Broglies Materiewellen (1924) der Materie eine »Doppelnatur« zu. Dieses Problem zu lösen, war eine der Aufgaben der Quantentheorie.

Daß die Quantentheorie wirklich einen radikalen Bruch mit der klassischen Physik verlangte, sah wohl, wie schon gesagt, als erster Bohr (1913). Eben deshalb wurde für ihn ihr Verhältnis zur empirisch so gut bewährten und begrifflich so geschlossenen klassischen Physik zu einem zentralen Problem, das er im *Korrespondenzprinzip* formulierte (vgl. Meyer-Abich 1965). Die Quantentheorie kann nur richtig sein, wenn sie die klassische Physik als Grenzfall impliziert. Damit war nur die klassische Feldtheorie des Elektromagnetismus und die klassische Teilchentheorie der Materie gemeint. Bohr sagte gelegentlich scherzend: »Wenn mir Einstein ein Radiotelegramm schickt, er habe nun die Teilchennatur des Lichtes endgültig bewiesen, so kommt das Telegramm nur an, weil das Licht eine Welle ist.«

Die Versöhnung beider Modelle durch eine *statistische* Theorie wurde verschiedentlich erwogen. Einstein hatte (1917) die statistischen Gesetze der Emission und Absorption von Lichtquanten aufgestellt. Seit Bohrs Theorie des Wasserstoffatoms waren die »Quantensprünge« zwischen stationären Zuständen des Atoms ein Begriff der Theorie. Das Korrespondenzprinzip deutete die klassischen Strahlungsintensitäten als »Übergangswahrscheinlichkeiten« um. Ein ausgearbeiteter Versuch einer statistischen Theorie war schließlich die Hypothese von Bohr, Kramers und Slater 1924 (vgl. 7.2). Die Autoren nahmen die objektive Existenz eines Strahlungsfeldes an, das aber nur noch die statistische Häufigkeit des Auftretens der Lichtenergie an Materie bei Emission und Absorption bestimmen sollte. Das wäre mit der individuellen Erhaltung der Energie des Strahlungsfeldes unvereinbar gewesen. Die empirische Widerlegung dieses Gedankens führte zu der radikaleren Auffassung der Quantenmechanik.

Die Problemstellung des Dualismus beim Übergang zur Quantenmechanik läßt sich so zusammenfassen: Licht und Materie zeigten sowohl die für Teilchen charakteristische Lokalisierbarkeit wie die für Wellen charakteristischen Interferenzphänomene. Man konnte mit den verfügbaren klassischen Begriffen sowohl für Licht wie für Materie an dreierlei Lösungen denken:

1. Es gibt eigentlich nur Teilchen,
2. es gibt eigentlich nur das Feld,
3. es gibt beides in Wechselwirkung.

Im ersten Fall mußte man erklären, was das Feld bedeutet. Man konnte ihm dann kaum eine andere Deutung geben, als daß es irgendwie die Statistik der Teilchen beschrieb. Die Schwierigkeit dafür war, daß Wahrscheinlichkeitsdichten keine Interferenz zeigen sollten. Die Annahme von Bohr, Kramers und Slater vermied dieses Problem, indem sie keine Lichtquanten als Teilchen annahmen, sondern nur einen quantenhaften

Zur Geschichte der Deutung 493

Energie-Austausch bei Emission und Absorption. Für sie war das Licht ein reines Feld, dessen *Sinn* aber nur die Wahrscheinlichkeit gewisser Prozesse an der als reine Teilchen beschriebenen Materie war. Dies war eher eine Lösung des dritten Typus, aber gemäß Bohrs korrespondenzmäßiger Vorstellung, daß wie in der klassischen Physik auch in der Quantentheorie das Licht Feld, die Materie korpuskular sei.

Im zweiten Fall mußte man erklären, was die Teilchen bedeuten. Man konnte sie kaum anders denn als spezielle Wellen-Anordnungen verstehen. Einstein erwog früh eine »Nadelstrahlung« mit scharfer Begrenzung auf einen engen Winkelbereich als Lösung der Maxwellschen Gleichungen. Eine andere Möglichkeit war, nach dem Vorbild der allgemeinen Relativitätstheorie auf Lösungen einer nichtlinearen Wellengleichung zu hoffen.

Eine dritte Lösung, welche nicht wie Bohr, Kramers und Slater die beiden Modelle auf Licht und Materie verteilt, sondern demselben Objekt (also z. B. dem Licht) reale Teilchen *und* ein reales Feld zugeordnet hätte, scheint damals nicht ernstlich erwogen worden zu sein.

Die Quantenmechanik bot eine unvorhergesehene Überwindung der Paradoxie. Aber ehe diese (»Kopenhagener«) Lösung gefunden war, wurden verständlicherweise auch anhand der Quantenmechanik die drei genannten klassischen Lösungen durchprobiert; wir werden sie in den drei folgenden Unterabschnitten c., d. und e. kurz besprechen. Und die gedanklichen Schwierigkeiten waren so groß, daß die Kopenhagener Lösung, trotz der vollen mathematischen Klarheit der Theorie, verbal bis heute fast nie präzise ausgesprochen wird. In der Tat ist sie vielleicht ohne den in diesem Buch versuchten Ansatz nicht klar zu fassen.

c. Schrödinger. Angeregt durch de Broglie fand Schrödinger 1926 seine Wellengleichung der Materie. Noch im selben Jahr zeigte er, daß seine Theorie mit Heisenbergs Matrizenmechanik mathematisch äquivalent war. Er nahm verständlicherweise an, seine Wellen seien die anschauliche Realität hinter Heisenbergs abstraktem Formalismus. So hoffte er anfangs, das Problem des Dualismus endgültig gelöst zu haben, im Sinne der obigen zweiten Lösung: Es sollte überhaupt nur Felder geben, eine reine Kontinuumsphysik. Die quantentheoretischen Energiebeziehungen, z. B. beim Compton-Effekt, konnte er als reine Frequenzbeziehungen zwischen Licht- und Materiewelle deuten. Er wollte die »makrophysikalischen« Begriffe der Energie und des Impulses in der eigentlichen, der Mikro-Physik vollständig durch die Begriffe der Frequenz und der Wellenzahl ersetzen. Dann brauchte es keinerlei »Quantensprünge« mehr zu geben, sondern nur kontinuierliche Übergänge in den Wellenfunktionen. Die Physik konnte dann, so hoffte er, wieder rein deterministisch sein (Jammer 1974, S. 24–33).

Er stieß mit diesen Hoffnungen auf die Kritik der »Kopenhagener«, zumal von Bohr und Heisenberg. Ich kenne aus Heisenbergs Erzählungen einiges von Atmosphäre und Inhalt dieser Diskussionen. Schrödinger sollte erklären, warum das Elektron, das er im Atom als Welle beschrieb, außerhalb des Atoms offenkundig als Teilchen beobachtet wird (einzelne Szintillationen, Zählrohrausschläge, Wilsonkammer-Bahnen). Er sagte: »Daraus, daß die Leute in Kleidern in die Badeanstalt hineingehen und in Kleidern herauskommen, folgt nicht, daß sie drinnen auch Kleider anhaben.« Aber das Argument bewies zu wenig. Wenn es in Wirklichkeit nur das Elektronenfeld gab, hätte er zeigen müssen, was die »Kleider« sind, die es außerhalb des Atoms in Form von Teilchen auftreten lassen. Er faßte das Elektron als ein Wellenpaket auf und bewies, daß im harmonischen Oszillator ein Wellenpaket unbegrenzt zusammenhält. Aber Heisenberg zeigte, daß dies nur an dem äquidistanten Energiespektrum des harmonischen Oszillators lag. Normalerweise laufen Wellenpakete irreversibel auseinander.

Bei einem denkwürdigen Besuch Schrödingers in Kopenhagen im Herbst 1926 kam all dies zur Sprache. Schrödinger bekam eine Grippe und wurde von Bohr und seiner Frau, bei denen er wohnte, hingebend gepflegt. Wenn man aber die Tür zu Schrödingers Krankenzimmer öffnete, sah man Bohr auf dem Bettrand sitzen und auf Schrödinger einreden: »Aber Schrödinger, Sie *müssen* doch zugeben, daß...!« Bei der Abreise soll Schrödinger gesagt haben: »Wenn die verdammte

Quantenspringerei doch wieder anfangen soll, dann tut es mir leid, die ganze Theorie gemacht zu haben.«*

Schrödingers Auffassung scheiterte nicht nur am Auseinanderlaufen der Wellenpakete. Man erkannte, daß Schrödingers Welle im Konfigurationsraum etwas völlig anderes ist als de Broglies Welle im dreidimensionalen anschaulichen Raum. De Broglies Welle ist ein klassisches Feld. Es steht nichts im Wege, z.B. ihre elektrostatische Selbstwechselwirkung durch eine nichtlineare Wellengleichung oder ihre Wechselwirkung mit dem Maxwell-Feld durch eine multilineare Gleichung in ψ, ψ^* und der elektromagnetischen Feldstärke F_{ik} zu beschreiben. Schrödingers Beschreibung des Einelektronenproblems, also des Wasserstoffatoms, konnte als Theorie einer de Broglie-Welle aufgefaßt werden. Schon das Zweielektronenproblem (Helium), das, nach Einführung des Elektronenspins und des Pauli-Prinzips, mit Schrödingers Methode streng lösbar war, blieb der klassischen de Broglie-Welle unzugänglich.

Heisenberg blieb übrigens zeit seines Lebens unerbittlich darin, daß im Gegensatz zu klassischen Wellengleichungen die Schrödingergleichung streng linear sein *muß*. Nur so konnte das nach seiner Überzeugung für die Quantentheorie fundamentale Superpositionsprinzip aufrechterhalten werden. In unserem 8. Kapitel tritt dies auf dem zweiten Weg deutlich hervor und ist für den dritten Weg fundamental. Auf dem zweiten Weg wird die Schrödingerfunktion *definiert* als Vektor in einer linearen Darstellung der Symmetriegruppe, und die Zeitableitung ist einer der Generatoren eben dieser Gruppe, also ein notwendigerweise linearer Operator im Vektorraum. Eine nichtlineare Schrödingergleichung würde den Übergang zu nichtlinearen Gruppendarstellungen verlangen.

d. Born. Born wählte die erste der oben aufgezählten Lösungen. Er hielt fest an der Teilchennatur der Elektronen und erklärte 1926 (Jammer, S. 38–44) die Intensität der Schrödingerwelle als Wahrscheinlichkeitsdichte. Ihn interessierte das Problem des Indeterminismus. Er sagte: »Die Bewegung der

---

* Heisenberg formuliert den Satz in *Der Teil und das Ganze*, S. 108, unerheblich anders, als ich ihn selbst aus seinen Erzählungen in Erinnerung habe.

Partikel folgt Wahrscheinlichkeitsgesetzen, die Wahrscheinlichkeit aber breitet sich im Einklang mit dem Kausalgesetz aus« (Jammer, S. 40, Fußnote 32). Die »orthodoxe« Quantentheorie ist ihm hierin gefolgt. Unser zweiter Weg im 8. Kapitel könnte in der Kombination von Indeterminismus und Trennbarkeit der Alternativen als eine Begründung des Bornschen Satzes aus einfachen Prinzipien gelesen werden.

Gleichwohl war Borns Ansatz noch nicht die Lösung des Deutungsproblems. Heisenberg sagte mir einmal:* »Born hat seine Deutung damals nur veröffentlicht, weil er nicht verstanden hat, daß es so nicht geht.« In der Tat lag die statistische Deutung, wie oben (b.) gesagt, in der Luft. Born selbst erklärte später (Interview 1962, Jammer, S. 41, Fußnote 33), Einsteins frühere Auffassung des Maxwell-Feldes als »Gespensterfeld«, das die Photonen auf ihrem Weg statistisch lenkt, habe ihn zu seiner Deutung angeregt. Eine Variante des »Gespensterfeldes« (unter Verzicht auf das Lichtquant) war die Hypothese von Bohr, Kramers und Slater. Das Scheitern dieser Hypothese machte Bohr und Heisenberg zurückhaltend gegen rasche statistische Deutungen.

Man kann die Schwierigkeit an der sprachlichen Formulierung des Bornschen Satzes ablesen. Sowohl seine erste wie seine zweite Hälfte wählt noch eine zu klassische Sprache.

Der Ausdruck »die Bewegung der Partikel« scheint zu verraten, daß Born noch nicht gesehen hatte, was Heisenberg 1927 aussprach, daß nämlich der Begriff der *Bahn* eines Teilchens überhaupt aufgegeben werden muß. In der Tat deutet Jammer Borns Auffassung so, als sei die Bahn des Teilchens überall definiert, aber statistisch gekrümmt; damit wird dann

---

* In *Der Teil und das Ganze*, S. 110, hat Heisenberg die Kritik gedämpfter und in scheinbar entgegengesetzter Richtung ausgedrückt: »Ich hielt die Bornsche These zwar durchaus für richtig, aber es mißfiel mir, daß es so aussah, als habe hier noch eine gewisse Freiheit der Deutung bestanden. Ich war überzeugt, daß die Bornsche These bereits zwangsläufig aus der schon festgelegten Interpretation spezieller Größen in der Quantenmechanik folgte.« Darin ist jedoch impliziert, daß die statistische Deutung für Heisenberg damals keine Neuheit, sondern schon eine Selbstverständlichkeit war; und es war angedeutet, daß die strenge Ableitung dieser Deutung aus der Theorie ihr eine etwas andere Gestalt geben würde, als Born gemeint hatte. Heisenberg fand diese Gestalt wenige Monate später in der Unbestimmtheitsrelation.

z.B. das Youngsche Zwei-Löcher-Experiment uninterpretierbar. Man kann den Unterschied zwischen Born und Bohr auch dadurch kennzeichnen, daß Born die Abweichung der Quantentheorie von der klassischen Physik zeitlebens durch die indeterministische Abweichung vom Kausalgesetz beschrieb, während für Bohr die veränderte Auffassung von der Realität das Entscheidende war. Einstein hat die Radikalität des Bohrschen Standpunkts genau verstanden; eben dies war es, was er dann an der Quantentheorie mißbilligte. Born versuchte in seinem Briefwechsel mit Einstein vergeblich, den Freund zu überzeugen, der Bruch gehe ja nicht so tief, denn schon in der klassischen Physik führten minimale Unbestimmtheiten in den Anfangsbedingungen zu beliebig großen Unbestimmtheiten der längerfristigen Prognosen. Pauli versuchte schließlich in einem Brief an Born aus Princeton, Born klarzumachen, daß sein Insistieren auf der Unvorhersagbarkeit der Ereignisse Einsteins Pointe, den Realitätsbegriff der klassischen Physik, gar nicht treffe. Dieser Gedanke scheint aber Born fremd geblieben zu sein.

Im zweiten Teil des Bornschen Satzes wird zum mindesten die eigentliche Pointe der statistischen Deutung, die Reduktion des Wellenpakets bei der Messung, verschwiegen. Die Wahrscheinlichkeit breitet sich nur so lange »im Einklang mit dem Kausalgesetz«, nämlich gemäß der Schrödingergleichung, aus, als keine Messung gemacht wird. Dies folgt zwingend aus dem Postulat der Wiederholbarkeit der Messung; den einzigen konsequenten Ausweg, der vorgeschlagen worden ist, Everetts Mehrwelten-Theorie, besprechen wir in 11.3h. Born hat freilich, seiner Auffassung gemäß, von der Reduktion der Wellenpakete unbedenklich Gebrauch gemacht. Da ihm die Wellenfunktion eine Wahrscheinlichkeit, also ein Wissen, bedeutete, hatte er damit nicht die Schwierigkeiten, die derjenige empfinden muß, der die Welle, wie Schrödinger, als »Realität« betrachtet. Aber es scheint Born entgangen zu sein, daß der Erwartung einer kausalen Fortpflanzung der Welle eben die »realistische« Auffassung der Welle zugrunde gelegen hatte. Diese eingeengte Wahrnehmung für philosophische Probleme mag auch eine Ursache dafür gewesen sein, daß er nie recht verstand, warum man erst die Kopenhagener Deutung und nicht schon seine statistische Annahme als den eigentlichen Durchbruch betrachtete.

e. De Broglie. Als einen Versuch zur dritten Lösung kann man de Broglies Gedanken der Führungswelle (l'onde pilote) oder der doppelten Lösung der Wellengleichung von 1926–27 auffassen (Jammer, S. 44–49), den später Vigier (1951–56) wieder aufnahm. Die Wellengleichung soll zwei Lösungen haben: die kontinuierliche ψ-Funktion und eine singuläre Lösung, die ein Teilchen darstellt. Die ψ-Funktion soll dann das Teilchen statistisch führen. De Broglie hoffte, auf diese Art den Indeterminismus der Quantentheorie in einen bloßen Ausdruck des Nichtwissens zu verwandeln. Die kontinuierliche Welle sollte das Teilchen durch eine Wechselwirkung beider Lösungen auf einer Bahn »führen«, die aber bei unvollständiger Kenntnis nur statistisch bestimmt wäre.

Der Gedanke hat sich nicht durchgesetzt und wurde hier nur genannt, um zu belegen, daß alle drei obigen Lösungswege wirklich versucht worden sind. Der Gedanke scheitert vermutlich schon an der Unausweichlichkeit der Reduktion der Wellenpakete, sofern die Welle die Wahrscheinlichkeiten für Teilchen beschreiben soll. In de Broglies Theorie wird die kontinuierliche Welle natürlich durch die Messung nicht auf eine Eigenfunktion der gemessenen Observablen zum gemessenen Eigenwert reduziert (dazu 11.2c). Um die weiteren Vorhersagen aus der ψ-Funktion richtig werden zu lassen, müßte man mit Everett (11.3h) auf die Reduktion verzichten, aber zeigen, daß die zukünftige Bahn des Teilchens nur durch eine Komponente von ψ bei einer Entwicklung nach Eigenfunktionen der Observablen, eben die zum gemessenen Eigenwert gehörige, bestimmt wird. Es ist schwer zu sehen, wie das aus der erforderlichen nichtlinearen Feldgleichung folgen soll.

f. Heisenberg. α) *Quantenmechanik.* Anders als die drei vorgenannten und wohl als alle älteren Physiker außer Bohr, war Heisenberg von Anfang an auf eine philosophische Skepsis gegen klassische Modelle des Atoms eingestellt. In seinem Buch *Der Teil und das Ganze* (1969) schildert er seinen Weg in die Atomphysik. Im ersten Kapitel erwägt der achtzehnjährige

Pfadfinder auf einem Gang »im Buchengrün des Starnberger Sees« beim Gespräch mit zwei Freunden den Begriff des Atoms. Er verwirft eine Zeichnung, die chemische Valenzen durch Haken und Ösen an den Atomen veranschaulicht. »Denn Haken und Ösen sind, wie mir schien, recht willkürliche Gebilde, denen man je nach der technischen Zweckmäßigkeit die verschiedensten Formen geben kann. Die Atome aber sollten doch eine Folge der Naturgesetze sein und durch die Naturgesetze veranlaßt werden, sich zu Molekülen zusammenzuschließen. Dabei kann es, so glaubte ich, keinerlei Willkür, also auch keine so willkürlichen Formen wie Haken und Ösen geben.« (S. 13) Er hatte, zunächst mit Befremden, Platons rein mathematische Atommodelle im *Timaios* gelesen, vier der fünf regulären Körper: Tetraeder für Feuer, Oktaeder für Luft, Ikosaeder für Wasser, den Würfel für Erde. Später im Leben deutete er dies als eine Frühform von Gruppendarstellungen, also als Erklärung der Naturgesetze durch Symmetrie. Schon für den Achtzehnjährigen aber »ging... von der Vorstellung, daß man bei den kleinsten Teilen der Materie schließlich auf mathematische Formen* stoßen sollte, eine gewisse Faszination aus«. (S. 21) Er folgert, »daß die Atome wahrscheinlich keine Dinge sind« (S. 25). Man kann diese Überlegungen nachträglich auf die einfache Form bringen: Wenn die Atome die Eigenschaften der makroskopischen Körper *erklären* sollen, *dürfen* sie nicht eben diese Eigenschaften selber haben; sonst repetieren sie, erklären aber nicht.

Heisenberg sagte später über seine Lehrer: »Von Sommerfeld hab' ich den Optimismus gelernt, von den Göttingern die Mathematik, von Bohr die Physik.«** In seinem ersten Gespräch mit Bohr, in Göttingen 1922 (S. 58–65), lernte er dessen Herantasten an die Beschreibung der unanschaulichen Realität der Atome kennen. Er fragt am Schluß: »Werden wir dann die Atome überhaupt jemals verstehen?« Bohr zögerte einen Moment und sagte dann: »Doch. Aber wir werden dabei gleichzei-

---

* Nach meiner eigenen Interpretation meint Platon dort wirklich mathematische Formen und nicht physische Körper, die mathematische Formen haben. Er hebt, der Intention nach, den Gegensatz von Mathematik und Physik auf: die Sinnesdinge *sind* Ideen. Vgl. *Zeit und Wissen*.
** Vgl. *Zeit und Wissen*.

tig erst lernen, was das Wort ›verstehen‹ bedeutet.« Einstein (1949, S. 44–46) schildert jene Phase der Quantentheorie mit den Worten: »Es war, wie wenn einem der Boden unter den Füßen weggezogen worden wäre, ohne daß sich irgendwo fester Grund zeigte, auf dem man hätte bauen können. Daß diese schwankende und widerspruchsvolle Grundlage hinreichte, um einen Mann mit dem einzigartigen Instinkt und Feingefühl Bohrs in den Stand zu setzen, die hauptsächlichen Gesetze der Spektrallinien und der Elektronenhüllen der Atome nebst deren Bedeutung für die Chemie aufzufinden, erschien mir wie ein Wunder – und erscheint mir auch heute noch als ein Wunder. Das ist höchste Musikalität auf dem Gebiete des Gedankens.« (Vgl. 6.11 a)

Es war Heisenberg und nicht Bohr bestimmt, den »festen Grund« zu finden, auf dem man bauen konnte. Dafür war die mathematische Schule der Göttinger wesentlich, und speziell Borns Suche nach einer neuen, mathematischen konsistenten Atommechanik.* Heisenbergs entscheidende Arbeit von 1925 zeigt schon im Titel, daß ein radikaler Schritt getan wird: *Über quantentheoretische Umdeutung kinematischer und mechanischer Beziehungen*, mit der kurzen einleitenden Zusammenfassung: »In der Arbeit soll versucht werden, Grundlagen zu gewinnen für eine quantentheoretische Mechanik, die ausschließlich auf Beziehungen zwischen prinzipiell beobachtbaren Größen basiert ist.« Also schon die Kinematik wird abgeändert. Die »Werte« von Ort und Impuls sind nicht mehr Zahlen, sondern nichtkommutative Größen, die Born und Jordan (1925) alsbald als Matrizen erkannten. Gerade in diesem abstrakten Schema lassen sich die beobachtbaren Größen wie Meßwerte und Übergangswahrscheinlichkeiten zusammenfassen, ohne sie in das unbeobachtbare klassische Modell des Teilchens eintragen zu müssen.

β) *Unbestimmtheitsrelation.* Die Absicht, sich auf beobachtbare Größen zu beschränken, war gewiß durch Mach und den zeitgenössischen Positivismus beeinflußt. Die positivistische Denkweise erleichterte die quantentheoretische Revolution,

---

* Vgl. Born (1924, sein Buch 1925).

Zur Geschichte der Deutung

wie sie schon den jungen Einstein angeregt hatte. Denn sie brach mit zwei im klassischen Paradigma verankerten Dogmatismen, dem Realismus und dem Apriorismus. In dieser gedanklichen Atmosphäre konnte man unbeschwert nach neuen Gesetzen suchen. Aber es ist charakteristisch, daß sich sowohl Einstein wie Heisenberg in höherem Lebensalter dezidiert vom Positivismus losgesagt haben. Sie distanzierten sich von dem neuen Dogmatismus, der an die Stelle der klassisch beschriebenen materiellen Realität oder der unerschütterlichen Erkenntnis a priori als fragloses Fundament die sinnliche Erfahrung setzen wollte. Entscheidend für Heisenberg wurde hier ein Gespräch mit Einstein im Frühjahr 1926, in dem dieser seine Kritik an der beabsichtigten Beschränkung auf beobachtbare Größen in den Satz gefaßt hatte: »Erst die Theorie entscheidet, was beobachtet werden kann.« (*Der Teil und das Ganze*, S. 92) Anders gesagt: Man sieht nur, was man weiß.

Heisenberg hatte den Angelhaken für das Verständnis dieser Tatsache schon in der Formulierung angebracht, er wolle ausschließlich Beziehungen zwischen *prinzipiell* beobachtbaren Größen zugrunde legen.* Prinzipiell Unbeobachtbares sollte ausgeschlossen bleiben, aber erst die Theorie entscheidet, was prinzipiell beobachtbar ist. Tatsächlich hatte er sich auf diejenigen Größen gestützt, die *faktisch* beobachtet, also fraglos beobachtbar waren; aber wie stand es mit den nicht faktisch beobachteten Größen, z. B. allen Orten und Impulsen auf der Bahn eines Teilchens? Waren sie prinzipiell beobachtbar? B. L. v. d. Waerden hat mich im Zuge seiner Studien zur Geschichte der Quantentheorie einmal erstaunt nach dem Sinn eines Briefs von Heisenberg an Pauli aus dem Spätherbst 1926 gefragt, in dem dieser das Problem der Atomphysik als völlig ungelöst bezeichnet hatte. Die mathematische Theorie war doch schon abgeschlossen vorhanden; was fehlte denn noch? In der Sprache des gegenwärtigen Buchs kann man antworten: es fehlte die physikalische Semantik.

Die Lösung war die Unbestimmtheitsrelation (1927). Die klassischen Eigenschaften eines Teilchens, Ort und Impuls, sind prinzipiell beobachtbar, aber sie sind prinzipiell nicht

---

* Vgl. dazu 9.3 a.

zugleich beobachtbar. Dies war nicht eine Prämisse, sondern eine Konsequenz der Quantentheorie. Die Theorie hatte entschieden, was beobachtbar ist. In der Sprache des Hilbertraums gesagt: die Operatoren Ort und Impuls haben jeweils Eigenvektoren, aber sie haben keine gemeinsamen Eigenvektoren. Auf einer klassischen Teilchenbahn aber müßten beide zugleich bestimmt sein; deshalb existiert die klassische Bahn niemals.

Höchst lehrreich ist Heisenbergs eigener Weg zu dieser Einsicht (S. 111–112). »Wir hatten ja immer leichthin gesagt: die Bahn des Elektrons in der Nebelkammer kann man beobachten. Aber vielleicht war das, was man wirklich beobachtet, weniger. Vielleicht konnte man nur eine diskrete Folge von ungenau bestimmten Orten des Elektrons wahrnehmen. Tatsächlich sieht man ja nur einzelne Wassertröpfchen in der Kammer, die sicher sehr viel ausgedehnter sind als ein Elektron. Die richtige Frage mußte also lauten: Kann man in der Quantenmechanik eine Situation darstellen, in der sich ein Elektron ungefähr – das heißt mit einer gewissen Ungenauigkeit – an einem gegebenen Ort befindet und dabei ungefähr – das heißt wieder mit einer gewissen Ungenauigkeit – eine vorgegebene Geschwindigkeit besitzt, und kann man diese Ungenauigkeiten so gering machen, daß man nicht in Schwierigkeiten mit dem Experiment gerät?« Die bejahende Antwort auf diese Frage ist die Unbestimmtheitsrelation.

Heisenbergs These ist oft »positivistisch« mißverstanden worden[*], als behaupte sie: »Zustände mit gleichzeitig scharf bestimmtem Ort und Impuls können nicht beobachtet werden, also existieren sie nicht.« Nur die logische Umkehrung ist richtig: »Diese Zustände existieren gemäß der Theorie nicht, also können sie auch nicht beobachtet werden.« »Sie existieren gemäß der Theorie nicht«: das ist die obige Aussage, daß sie im Hilbertraum nicht vorkommen. Das Gedankenexperiment des Gammastrahl-Mikroskops wehrt nur den Einwand ab: »Aber man kann sie doch beobachten, also müssen sie existieren.« *Wenn* das Licht und das Teilchen im Mikroskop beide der

---

[*] Vgl. die analoge Überlegung zu Einsteins Relativität der Gleichzeitigkeit, 6.8.

Quantentheorie genügen, dann, so zeigt die Diskussion, können solche Zustände eben nicht beobachtet werden.

Irreführend ist die Behauptung, die Unbestimmtheit entstamme der Störung des Zustands durch den Meßprozeß. Gebraucht man das Wort »Zustand« im Sinne der Quantentheorie, als Strahl im Hilbertraum, so existiert weder vor noch während noch nach der Messung ein Zustand mit zugleich bestimmtem Ort und Impuls. Die »Störung« ist die Reduktion des Wellenpakets, also der Übergang zu einem neuen Wissen durch die Messung. Vorher *kannte* man z. B. den Impuls des Elektrons, und es *hatte* daher keinen Ort: nachher *kennt* man seinen Ort und es *hat* daher keinen Impuls. Ob jenseits dessen, was die Quantentheorie weiß, noch »an sich« voll bestimmte Orte und Impulse existieren, ist das Problem der Möglichkeit »verborgener Parameter«, auf das wir später eingehen. Heisenbergs Argument zeigt lediglich die Konsistenz der Quantentheorie. Natürlich geht es von der Erfahrung der Klärung einer vorher unbegreiflichen Problematik aus, einer Klärung, die damals eben durch den entschlossenen Verzicht auf die klassische Beschreibung erreicht war.

γ) *Teilchenbild und Wellenbild.* In seine Arbeit über die Unbestimmtheitsrelation hat Heisenberg bei der Korrektur noch eine Fußnote eingefügt. Sie besagte, daß nach einer Bemerkung von Bohr die Unbestimmtheit von Ort und Impuls deshalb unvermeidlich sei, weil das Elektron nicht nur als Teilchen, sondern auch als Welle beschrieben werden kann. In den ersten Monaten von 1927 bestand zwischen Bohr und Heisenberg eine sachliche Differenz in den Vermutungen über die richtige Deutung der Quantenmechanik, die bis zu empfindlicher persönlicher Irritation führte. Als sie einige Wochen getrennt waren, weil Bohr nach Norwegen zum Skilaufen gefahren war, während Heisenberg in Kopenhagen zurückblieb, fand jeder seine Lösung: Heisenberg die Unbestimmtheit von Ort und Impuls, Bohr die Komplementarität von Welle und Teilchen. Als Bohr zurückkam, einigten sie sich schließlich auf die Formel, die Komplementarität sei der Grund der Unbestimmtheit. Das ist die vierte mögliche Lösung des Dualismusproblems. Materie und Licht sind »an sich« *weder*

Teilchen *noch* Welle. Wenn wir sie aber für unsere Anschauung beschreiben wollen, so müssen wir beide Bilder gebrauchen. Und die Gültigkeit des einen Bildes erzwingt gleichzeitig die Gültigkeitsgrenzen des anderen. Dies ist der Kern der Kopenhagener Deutung.

Was die Komplementarität für Bohrs Denken bedeutete, besprechen wir nachher. Jetzt schildern wir, was aus dem Dualismus der Bilder in Heisenbergs Interpretation geworden ist, so wie er sie 1930 in seinem Buch *Physikalische Prinzipien der Quantentheorie* vortrug und wie man sie damals als Student bei ihm lernte.

Quantentheorie wurde seit Bohrs Korrespondenzprinzip als das Ergebnis des Übergangs von einer vorgegebenen klassischen Theorie zu einer neuen, ihr entsprechenden Theorie aufgefaßt. Diesen Übergang nennt man die Quantelung oder Quantisierung der klassischen Theorie. Man vollzog dies nun, wohl einem Gedanken von Born folgend, indem man die klassische Theorie in die Hamiltonsche Form brachte und dann die kanonisch konjugierten Variablen durch algebraische Größen ersetzte, die den Heisenbergschen Vertauschungsrelationen genügten. In der Hilbertraum-Theorie sind diese Größen selbstadjungierte lineare Operatoren. Man kann dann zeigen, daß auch umgekehrt die klassische Theorie aus der ihr korrespondierenden Quantentheorie als Grenzfall für große Quantenzahlen folgt. Das ist bis heute die herrschende Auffassung, die man in allen Lehrbüchern findet.

Die Frage war nun, von welcher klassischen Theorie man ausgehen sollte. Für Materie begann man mit der klassischen Punktmechanik und erhielt durch Quantelung Schrödingers Wellenmechanik im Konfigurationsraum, die man dann im Hilbertraum auszudrücken lernte. Für Licht ging Dirac (1926) von den klassischen Maxwellschen Gleichungen aus, deren Quantelung das erste Beispiel einer Quantenfeldtheorie ergab. Wo blieb hier aber der Dualismus der Bilder? War die Wellentheorie eigentlich die Theorie der Schrödingerwelle? Verhielten sich somit Teilchenbild und Wellenbild zueinander wie klassische und Quantentheorie? Aber das Wellenbild war so klassisch wie das Teilchenbild, und Schrödingers Welle im Konfigurationsraum war, wie Heisenberg stets hervorhob, etwas

Zur Geschichte der Deutung

ganz anderes als die de Broglie-Welle. Jordan und Wigner quantelten nun de Broglies klassische Feldtheorie freier Materie und fanden eine zur Schrödingerschen mathematisch äquivalente Theorie.

Diesen mathematischen Sachverhalt schilderte Heisenberg im Anhang seines Buches von 1930. Dieselbe Quantentheorie ergibt sich durch die Quantelung zweier völlig verschiedener klassischer Theorien: der Mechanik vieler Massenpunkte und der de Broglieschen Wellentheorie. Das ist der mathematische Grund des Dualismus der beiden klassischen Bilder. Heisenberg wies mich auf diesen Beweis im Gespräch hin. »Dieser Beweis ist wichtig. Den mußt du verstehen.« Ich fragte, ob er mir nicht in einfachen Worten sagen könne, *warum* zwei verschiedene klassische Theorien zur selben Quantentheorie führen. Er antwortete: »Mehr weiß ich auch nicht. Man kann es eben beweisen. Darin steckt das Geheimnis.«

Man konnte sich den Sachverhalt zugänglicher machen, wenn man die Schlußfolge umkehrte. Aus der Quantenfeldtheorie kommt man durch zwei verschiedene Grenzübergänge zu zwei verschiedenen klassischen Theorien. Daß das vorkommen kann, ist mathematisch nicht überraschend. Aber damit hatte man die Denkweise des Korrespondenzprinzips im Grunde schon aufgegeben. Man betrachtete nun die spezielle Quantentheorie als vorgegeben und leitete sekundär aus ihr klassische Theorien ab. Zu dieser Umkehrung war Bohr freilich nie bereit, und auch Heisenberg liebte sie nicht. Woher kann man denn die Quantentheorie der Felder kennen, wenn nicht aus der klassisch beschreibbaren Erfahrung? Mir freilich, wie wohl manchen Jüngeren, schien ein direkter Weg zur Quantentheorie denkbar und wünschenswert. Die Rekonstruktionen des 8. Kapitels sind die Folge der Suche nach einem solchen Weg.

Man konnte die wechselwirkungsfreie de Brogliesche Feldtheorie formal auch als Schrödingertheorie des Einteilchenproblems der klassischen Punktmechanik auffassen. Dann war die Quantelung dieser Feldtheorie schon eine »zweite Quantelung« (vgl. dazu 8.1c und 10.5e). Diese Sprechweise hat sich durchgesetzt. Heisenberg verbot mir diesen Ausdruck, »der geeignet ist, jedes Verständnis des damit gemeinten Sachverhalts unmöglich zu machen«. Er insistierte, daß die Schrödingerwelle in 3 Dimensionen und die de Broglie-Welle total verschiedene physikalische Bedeutung haben: die eine eben als quantentheoretischer Zustandsvektor *eines* Teilchens, die andere als klassische Amplitude, deren Quantelung *vielen* Teilchen entspricht. Damit aber war ihre formale Identität nicht erklärt; in ihr eben steckte das »Geheimnis«. Eben dies wurde später der Ausgangspunkt meiner eigenen Interpretation der Quantentheorie: das Verhältnis der Quantentheorie eines Teilchens zur klassischen Wellentheorie vieler Teilchen ist die quantentheoretische Übertragung des Verhältnisses von Wahrscheinlichkeit zu Häufigkeit. Mehrfache Quantelung ist dasselbe wie die Iteration des Wahrscheinlichkeitsbegriffs in der Erklärung, Wahrscheinlichkeit sei der Erwartungswert einer relativen Häufigkeit (3. Kapitel). Heisenberg hat diese Interpretation schließlich gebilligt.

Nach dieser Interpretation ist der Dualismus der Bilder freilich ein sekundäres Phänomen. Das Feld ist das quantentheoretische Wahrscheinlichkeitsfeld der Teilchen.* Fügt man noch die Ur-Hypothese hinzu, so ist ein Teilchen aber ebensowenig eine letzte Entität, sondern eine statistische Verteilung von Uren; das Teilchen verhält sich zum Ur wie das Feld zum Teilchen.

g. Bohr. Das Denken Bohrs ging nie von mathematischen Strukturen aus, von dem, was Physiker etwas abschätzig den Formalismus nennen, sondern von der begrifflichen Beschreibung der Erfahrung und der unablässigen Reflexion auf den Sinn der Begriffe.

Bohrs frühere begriffliche Leistungen haben wir schon besprochen: die Einführung der Quantentheorie ins Atommodell in 6.11a, das Korrespondenzprinzip im jetzigen Kapitel, den Begriff der Individualität der Prozesse in 7.2. Wir haben jetzt die *Komplementarität* zu erörtern.

Bohr hat den Begriff der Komplementarität 1927 geprägt, und von da an bekam er für ihn eine physikalische und philosophische Schlüsselrolle. Soweit es um Philosophie ging,

---

* Diese Auffassung hat Bopp schon (1954) klar ausgesprochen. Meine Überlegungen von 1954 (vgl. 7.7) waren durch Bopps Arbeit mit angeregt.

war dies freilich seit Bohrs Jugend vorbereitet. Es sei an die Anekdote erinnert, daß er kurz nach 1927 einem alten Freund, der nicht Physiker war (ich glaube Chievitz), die philosophischen Konsequenzen der neuen Quantenmechanik schilderte. Dieser antwortete schließlich: »Ja, Bohr, das ist ja alles sehr schön. Aber du mußt doch zugeben, daß du genau dasselbe schon vor zwanzig Jahren gesagt hast.« Wenn Philosophen sich später dagegen verwahrten, daß Bohr einen physikalischen Spezialbegriff als Modell ganz anderer, z. B. psychologischer und ethischer Probleme verwende, so verkannten sie die Genesis des Begriffs. Die Denkweise war bei Bohr immer vorhanden gewesen, und sein großes Erlebnis 1927 war, daß sie sich sogar in der Physik so gut bewährte.

Der Schlüssel zum präzisen Sinn des Komplementaritätsbegriffs bleibt aber seine physikalische Verwendung 1927. Teilchen und Welle sind zwei klassische Beschreibungsweisen der Phänomene, die beide durch die Erfahrung erzwungen sind und einander doch in strenger Anwendung ausschließen. Das meint man, wenn man sagt, sie seien komplementär.

Dies ist eine genaue Beschreibung dessen, was über den Dualismus von Teilchen und Feld 1927 erkennbar war. In diesem Sinne ist die Beschreibung auch nach heutiger Kenntnis richtig. Wir haben aber am Ende des vorigen Abschnitts gesehen, daß der Dualismus von unserem Standpunkt aus kein fundamentales, sondern ein abgeleitetes Faktum ist. Auch wenn man die besondere Deutung, die wir dem heutigen Wissensstand geben, nicht übernimmt, muß man konstatieren, daß der Begriff der Komplementarität in der Praxis der heutigen theoretischen Physik keine Rolle spielt; er wird in Lehrbüchern genannt, aber eher mit einer Art von historischem Respekt. Für Bohr hatte der Begriff jedoch in sich selbst eine fundamentale Bedeutung, der wir hier ein Stück weit nachgehen wollen.

Man kann die Philosophie der späteren Jahre Bohrs[*] um drei Grundbegriffe herum anordnen, die Begriffe des *Phänomens*, der *Sprache* und der *klassischen Beschreibung*.

---

[*] Vgl. z.B. Meyer-Abich (1965), Scheibe (1974, Kap. 1), Heisenberg (1969), Jammer (1974), mein Aufsatz *Niels Bohr* in (1957), mein (1982), und vor allem Bohrs eigene spätere Schriften.

Seinen Begriff des *Phänomens* hat Bohr erst 1935 in der Antwort auf Einstein, Podolsky und Rosen ausdrücklich eingeführt. Die Wissenschaft soll nur das behaupten, was wir wenigstens prinzipiell wissen können. Wissen können wir nur, was mit Phänomenen gesetzmäßig zusammenhängt. Als Phänomene soll man aber nicht isolierte Sinnenwahrnehmungen bezeichnen, sondern jeweils nur das verständliche Ganze einer *Situation*, in deren Rahmen Sinneseindrücke erst eine mitteilbare Bedeutung bekommen. Nicht »Hellwerden« ist ein Phänomen, sondern eine offene Landschaft in der Frühdämmerung, in der sich der Mensch befindet, für den das Hellwerden die kommende Sonne anzeigt.* Nicht ein Zeigerstand auf einer Skala ist ein Phänomen, sondern ein Zimmer, in dem Apparate stehen, die der Institutsmechaniker gebaut hat und auf denen der Experimentator die Stromstärke einer Entladung abliest. Bohr gewöhnte sich deshalb an, Zeichnungen von Gedankenexperimenten im »pseudorealistischen Stil« anzufertigen: eine Wand war nicht durch *einen* Strich bezeichnet, sondern durch zwei parallele Striche mit dazwischenliegender Schraffur, um ihre materielle Dicke anzudeuten, etc.

Man sieht, wie dieser Phänomenbegriff die Elemente, die in den streitenden Schulen des Positivismus, Realismus und Apriorismus nur getrennt auftreten, als Ganzheit umfaßt. Es handelt sich um sinnliche Wahrnehmungen an realen Gegenständen, die wir vorweg begrifflich interpretieren. Isolierte Sinnesreize sind unverständlich, Gegenstände, von denen wir nichts wissen, gehen uns nichts an, Begriffe sind nur sinnvoll, wenn sie sich auf wahrnehmbare Gegenstände beziehen lassen. Kant sagt: »Anschauungen ohne Begriffe sind blind, Begriffe ohne Anschauungen sind leer.« Es war Bohr natürlich klar, wie weit die heutige Physik mit Instrumenten und Hypothesen jenseits der Idylle eines Sommermorgens oder einer Experimentierstube vordringt. Gerade an diese Physik wendete er sich, um sie zu erinnern, was sie stets voraussetzen muß, wenn sie *Wissen* produzieren will: reale Instrumente, überprüfbare Kausalketten.

Der Aufbau, den ich in diesem Buch wähle, ist sehr viel

---

* Dieses Beispiel stammt nicht von Bohr.

Zur Geschichte der Deutung

abstrakter, als Bohr verfahren wäre. Ich weiß nicht, ob er ihn gebilligt hätte. Gleichwohl fühle ich mich in ihm der Belehrung durch Bohrs Phänomenbegriff entscheidend verpflichtet. Zeit wird im 2. Kapitel gerade nicht primär mathematisch als Zahlenkontinuum eingeführt, sondern in der Gliederung von Gegenwart, Vergangenheit und Zukunft, die unserer Erfahrung zugrunde liegt. Irreversibilität wird im 4. Kapitel als Zug desjenigen Geschehens erklärt, das in der Zeit unserer Erfahrung Phänomen werden kann; die Schwierigkeiten, die viele Physiker mit dieser Erklärung haben, rühren stets daher, daß sie mathematische Modelle des Geschehens voraussetzen, ohne gründlich zu fragen, wie die dabei verwendeten Begriffe phänomenal mit Sinn erfüllt werden könnten. Im 8. und 9. Kapitel wird die Quantentheorie vom Begriff der entscheidbaren Alternative aus aufgebaut, also von der abstrakten Fassung dessen, was zum empirischen Wissen notwendig ist.

Die *Sprache* ist nötig, denn es gibt keine Wissenschaft, wenn wir nicht *sagen* können, was wir wissen. Auf Einsteins Satz »Gott würfelt nicht« antwortete Bohr: »Es kommt nicht darauf an, ob Gott würfelt oder nicht, sondern ob wir wissen, was wir meinen, wenn wir *sagen*, Gott würfele oder er würfele nicht.« Deshalb erläuterte Bohr die Unvermeidlichkeit komplementärer Begriffe gern durch die *Begrenztheit unserer Ausdrucksmittel*. »Wir hängen in der Sprache« pflegte er in seinen Gesprächen mit Aage Petersen zu sagen. Er sprach so, lange ehe die linguistische Philosophie Mode wurde. Freilich hat er nie die Sprachstruktur selbst zum Forschungsobjekt gemacht. In der sprachlichen Erläuterung der Komplementarität wies er nur darauf hin, daß wir beim Beschreiben von Phänomenen »stets darauf angewiesen sind, uns durch ein Wortgemälde auszudrücken«. Wenn wir kein Wort haben, das ein Phänomen eindeutig beschreibt, müssen wir mehrere ungefähre Worte gebrauchen, deren Anwendungsbereiche sich gegenseitig begrenzen. Diese Begrenzung erläuterte er meist nicht sprachstrukturell (wie z.B. in dem uns heute geläufig gewordenen Gedanken der philosophischen Vorentscheidungen, die im Gebrauch von Substantiven und des bestimmten Artikels liegen), sondern in jedem Fragenkreis durch Beschreibung der dort auftretenden Sachfragen. So redete er direkt ethisch, wenn er von der Komplementarität zwischen Gerechtigkeit und Liebe sprach; er berief sich in diesem Bereich gerne auf die Weisheit der Psalmen oder der alten Chinesen. Eine Reflexion auf den psychologischen Vorgang beim Sprechen enthielt die These von dem komplementären Verhältnis zwischen der Analyse eines Begriffs und seinem unmittelbaren Gebrauch.

Als entscheidend für die *quantentheoretische Komplementarität* empfand Bohr, daß wir jede reale Messung mit *klassischen Begriffen* beschreiben müssen. In dieser These blieb er unerbittlich. Ich zitiere hier noch einmal eine öfter erzählte Anekdote: Beim Institutstee saßen Eduard Teller und ich neben Bohr. Teller versuchte, Bohr klarzumachen, daß wir nach langer Gewöhnung an die Quantentheorie doch die klassischen Begriffe durch quantentheoretische würden ersetzen können. Bohr hörte scheinbar abwesend zu*, zuletzt sagte er: »Oh, ich verstehe. Man könnte ja auch sagen, daß wir nicht hier sitzen und Tee trinken, sondern daß wir das alles nur träumen.« Es ist klar, daß er damit auf die Vorbedingungen eines Phänomens hinwies. Aber warum können die Begriffe, mit denen wir ein Phänomen beschreiben, nicht »quantentheoretisch« sein?

Man könnte antworten, daß es gemäß Bohrs korrespondenzmäßiger Denkweise überhaupt keine »quantentheoretischen Begriffe« im hier gesuchten Sinn, nämlich keine für die Quantentheorie spezifischen Observablen gibt, sondern nur veränderte Gesetze für die klassischen Observablen. Bohrs präzises Argument lautete dann: Ein Meßapparat muß einerseits wahrnehmbar sein, also in der raumzeitlichen Anschauung beschrieben werden können. Andererseits muß es möglich sein, aus seinem direkt wahrgenommenen Verhalten auf das nicht direkt wahrgenommene Verhalten des Meßobjekts streng kausal zu schließen.** Beide Forderungen sind gleich-

---

* Teller erzählt die Geschichte gerne so: »Bohr schlief ein. Als ich fertig war, wachte er auf und sagte: ...«
** Dies ist übrigens eine zeitgemäße Fassung der Kantschen Dualität der Vorbedingungen aller Erfahrung: Anschauung und Verstand, wobei zu den Prinzipien des reinen Verstandes das Kausalgesetz gehört.

zeitig erfüllt, wenn der Meßapparat der klassischen Physik genügt. Hingegen schließt die Nichtkommutativität der quantentheoretischen Observablen die gleichzeitige Erfüllung beider Bedingungen aus. Also kann ein Gerät nur in derjenigen Näherung zur Messung verwendet werden, in der man bei der Beschreibung des Meßvorgangs in ihm von der Nichtkommutativität der Observablen absehen kann.

Diese Frage gehört zu den in der bisherigen Meßtheorie nicht befriedigend erledigten Sachfragen der semantischen Konsistenz der Quantentheorie. Wir werden sie unter 11.2 b weiter besprechen.

h. Neumann. J. v. Neumanns Buch *Mathematische Grundlagen der Quantenmechanik* (1932) kann als die Machtübernahme der Mathematik in der Quantentheorie bezeichnet werden. Neumann hatte die Gesamtheit der Schrödingerschen Wellenfunktionen alsbald als einen Hilbertraum identifiziert und hatte die von ihm selbst wesentlich geförderte mathematische Theorie des Hilbertraums auf die Quantentheorie angewandt. (Ich habe die Anekdote gehört, er habe die Dirac-Jordansche Transformationstheorie von 1926 nur deshalb nicht schon vor diesen beiden Autoren publiziert, weil er geglaubt habe, genau dies sei es, was die Physiker mit ihren vorausgegangenen Arbeiten über Matrizen- und Wellenmechanik gemeint hätten.) Nach dem Erscheinen von Neumanns Buch gab es keinen Zweifel, daß eben dies die mathematische Struktur war, auf welche die Entwicklung der Quantenmechanik geführt hatte; selbst wenn es noch Uneinigkeit über Einzelheiten wie die Zulässigkeit der Diracschen δ-Funktion gab.

Damit veränderte sich aber, zunächst vielleicht fast unmerklich, das Gewicht der verschiedenen Argumente im Deutungsproblem. Die Physiker argumentierten anfangs von den *Motiven* aus: soll – kann – darf die Theorie die Gestalt annehmen, in die sie sich allmählich entwickelte? Nun konnte man vom *Resultat* aus argumentieren: ist die anerkannte Gestalt der Theorie mit gewissen Motiven im Einklang oder nicht? Und wenn nicht, soll man noch auf eine Änderung der Theorie hoffen oder die Motive korrigieren? Gewiß waren die mathematisch Versierten unter den führenden Theoretikern, wie

Pauli, Born, Jordan, Heisenberg und wohl auch der stets auf selbständigen Wegen gehende Dirac seit 1926 überzeugt, daß die mathematische Gestalt der Theorie im Prinzip gefunden sei. Aber Neumanns Buch wirkte wie die Kodifikation auf ein Rechtssystem: nun war das Wissen nicht nur den Eingeweihten, sondern der Allgemeinheit zugänglich. Je länger die Quantenmechanik existierte, desto stärker wurde dieser Einfluß. Die Hilbertraumtheorie ist die Gestalt, in der die Quantentheorie sich seit über fünf Jahrzehnten bewährt hat; sie liefert die gemeinsame Sprache, in der über die Quantenphysik gesprochen werden kann. Selbst ein relativ naheliegender Verallgemeinerungsversuch wie die Einführung einer indefiniten Metrik, z.B. durch Heisenberg (1959), hat sich als Fundamentaltheorie nicht durchgesetzt; in der Feldtheorie wie bei Bleuler-Gupta ist sie nur eine Erweiterung des mathematischen Instrumentariums, nicht eine geänderte Fundamentaltheorie. Daher zielten auch alle Versuche eines axiomatischen Aufbaus aus physikalisch einfachen Forderungen auf eine Rekonstruktion dieser Theorie. In dieser Tradition steht auch unser 8. Kapitel.

Hierdurch wird nun freilich eine nivellierende Tendenz in der Deutung gefördert. Sie zeigt sich am deutlichsten in Neumanns Postulat, jeden beschränkten selbstadjungierten Operator als eine Observable aufzufassen. Bohr hat die Neumannsche Mathematik niemals als eine adäquate Gestalt der Quantentheorie anerkannt. Für Bohr war eine Observable nur eine Größe, für deren Messung man einen möglichen Meßapparat in Raum und Zeit angeben konnte. Das hätte der Algebra *aller* Neumannschen »Observablen« höchstens den Charakter eines viel zu weiten *Rahmens* gelassen, innerhalb dessen die reale Quantentheorie formuliert werden kann. Genau so wäre auch die Theorie unseres 9. und 10. Kapitels zu interpretieren, sofern die Vermutung der Trivialität der Urhypothese sich als falsch erwiese. »Reale Observable« wären dann nur die aus Uralternativen konstruierbaren.

i. Einstein. Über Einsteins Reaktion auf die Quantenmechanik und deren Kopenhagener Deutung gibt es eine überreiche

Zur Geschichte der Deutung

Literatur.* Im jetzigen Abschnitt soll sein Ort in der Geschichte des Deutungsproblems nur knapp charakterisiert werden. Seine Leistung in der frühen Geschichte der Quantentheorie haben wir genannt; das Deutungsproblem in der von ihm stammenden Form werden wir unter 11.3d als Sachfrage diskutieren.

Einstein war mit der Gestalt, welche die Quantentheorie unter den Händen Bohrs und seiner Schüler angenommen hat, niemals einverstanden. Die im oben (11.1c) gegebenen Zitat hoch gelobte Leistung Bohrs »erscheint mir auch heute noch als ein Wunder«. Später im selben Text sagt Einstein: »Meine Meinung ist die, daß die gegenwärtige Quantentheorie bei gewissen festgelegten Grundbegriffen, die im wesentlichen der klassischen Mechanik entnommen sind, eine optimale Formulierung der Zusammenhänge darstellt. Ich glaube aber, daß die Theorie keinen brauchbaren Ausgangspunkt für die künftige Entwicklung bietet.« (S. 86)

Bis zum Solvay-Kongreß 1930 versuchte Einstein innere Widersprüche der Quantenmechanik nachzuweisen. Er tat das vor allem, indem er Gedankenexperimente erfand, in denen Größen meßbar waren, die es nach der Quantenmechanik nicht sein dürften. Der Höhepunkt war ein Gedankenexperiment der Energiemessung im Schwerefeld, das die Unbestimmtheitsrelation zwischen Energie und Zeit als falsch erweisen sollte. Bohr, der schon vorher für alle diese Gedankenexperimente die Übereinstimmung mit der Quantentheorie nachgewiesen hatte, fand diesmal in Einsteins Argument einen Widerspruch zur allgemeinen Relativitätstheorie, den Einstein zugab. Der Vorgang wurde später von Bohr (1949) eindrucksvoll geschildert (vgl. auch Jammer, S. 121–136). Nachdem Einstein diesen Titanenkampf mit Bohr über die Konsistenz der Quantenmechanik endgültig verloren hatte, ging er zu der Meinung über, die Quantentheorie sei zwar konsistent, aber unvollständig. Sie beschreibe nicht die Realität der Atome, sondern nur ein unvollständiges Wissen über sie, und sie könne eben darum nicht determinierende, sondern nur statistische Voraussagen machen.

* Vgl. vor allem Einstein (1949), Bohr (ebenda), Jammer (1974), Pais (1982).

Seine positive Hoffnung setzte Einstein nun darauf, daß eine nichtlineare allgemeine Feldtheorie die Teilchen und die Quantenphänomene als spezielle singularitätsfreie Lösungen zur Folge haben könnte. Die schwierige Aufgabe zu lösen ist ihm nicht gelungen. Es ist zu vermuten, daß sie an denselben Problemen gescheitert wäre, die wir oben anläßlich der Gedanken von de Broglie genannt haben.

2. Die semantische Konsistenz der Quantentheorie

a. Vier Stufen semantischer Konsistenz. Semantische Konsistenz einer physikalischen Theorie soll bedeuten, daß ihr Vorverständnis, mit dessen Hilfe wir ihre mathematische Struktur physikalisch deuten, selbst den Gesetzen der Theorie genügt. Das ist vermutlich immer nur begrenzt erreichbar. Denn der mathematische Gehalt der Theorie muß scharf umrissen sein, das Vorverständnis aber wurzelt in der unabgrenzbaren Umgangssprache. Die Quantentheorie als die allgemeinste uns bekannte Theorie der Physik sollte sich aber in besonders weitem Umfang als semantisch konsistent erweisen lassen.

Die Quantentheorie ist eine Theorie von Wahrscheinlichkeiten, also von Prognosen. Prognostiziert werden mögliche Ergebnisse der empirischen Entscheidung von Alternativen, also der Ausfall von Messungen. Die Quantentheorie muß somit ein Vorverständnis darüber voraussetzen, daß und wie Alternativen entschieden, Messungen ausgeführt werden können. Die Theorie der Messung ist daher das Kernstück einer Überprüfung ihrer semantischen Konsistenz.

Wir durchlaufen diese Überlegung in vier Stufen.

In der *ersten* Stufe (Unterabschnitt *b*) vergewissern wir uns des Sinnes der üblichen Sprechweise, in welcher ein Beobachter, der selbst nicht quantentheoretisch beschrieben wird, durch Messung an einem Objekt *Information* gewinnt. Hier ist nur die Konsistenz der Beschreibung des Wissens über das Objekt durch die ψ-Funktion das Thema, also nur der Sinn der Theorie, die nachher auf ihr Vorverständnis angewandt werden soll.

Die *zweite* Stufe *(c)* setzt, im Sinne der heute schon traditionellen Meßtheorie, eine Zerlegung der »Subjektseite« in den bewußten Beobachter und einen *Meßapparat* voraus. Sie deutet die Bohrsche These der notwendigerweise *klassischen Beschreibung* des Meßapparats als Notwendigkeit irreversibler Vorgänge bei der Messung.

In der *dritten* Stufe *(d)* wenden wir die *Quantentheorie* auf den Meßapparat an.

Die *vierte* Stufe *(e)* schließlich prüft, ob die Quantentheorie auf den *Beobachter* selbst angewandt werden könnte.

b. *Messung als Informationsgewinn.* Im historischen Abschnitt dieses Kapitels haben wir uns mehrfach auf die *Reduktion der Wellenpakete bei der Messung* bezogen. Wir besprechen jetzt den Sinn dieser These.

In den meisten Darstellungen der Quantentheorie wird es als verblüffendes Faktum vermerkt, daß die Theorie zwei völlig verschiedene Weisen der zeitlichen Änderung des Zustandsvektors (der ψ-Funktion) kennt:
1. kontinuierlich, gemäß der Schrödingergleichung,
2. diskontinuierlich bei der Messung.

Kontinuierliche Änderung erscheint natürlich, denn wir kennen sie aus der klassischen Physik. Warum sollte es dann außerdem noch diskontinuierliche Änderungen geben, die von Schrödinger so gehaßten »Quantensprünge«? Und wie soll die Messung, d. h. die Wechselwirkung mit einem bewußten Menschen, auf den Zustand des Objekts einwirken? Lassen wir aber das Bewußtsein aus dem Spiel und beschränken uns auf die Wechselwirkung zwischen dem Objekt und dem Meßapparat, wie kann dieser Vorgang, der sich voll durch die Schrödingergleichung beschreiben lassen muß, eine diskontinuierliche Zustandsänderung hervorbringen?

Wir werden diesen Anschein eines Paradoxons schrittweise ausräumen. Dabei folgen wir der üblichen Meßtheorie (vgl. z. B. Jauch 1968). Wir legen in der Darstellung nur Gewicht auf die Unausweichlichkeit und Konsistenz der quantentheoretischen Beschreibung. Wir werden erkennen, daß keinerlei Paradoxon entsteht, wenn man diese Beschreibung selbst konsistent und ohne mehrdeutiges Vokabular anwendet.

Die »diskontinuierliche« Änderung des bekannten Zustands durch die Messung ist zunächst eine natürliche, unausweichliche Konsequenz zweier Grundregeln der Theorie: α) der Wahrscheinlichkeitsdeutung der ψ-Funktion; β) der Wiederholbarkeit der Messung. Wie Regel α) sich historisch durchgesetzt hat, haben wir oben besprochen; in unserem eigenen Aufbau ist sie der Ausgangspunkt der gesamten Quantentheorie. Regel β) haben wir in 2.5 als Postulat II eingeführt; sie besagt, daß man Meßresultate überprüfen kann.

In der Sprache der Wahrscheinlichkeiten folgt aus der Regel β), daß die Wahrscheinlichkeit, ein Meßresultat bei unmittelbarer Wiederholung der Messung wiederzufinden, den Wert Eins hat. Diese einfache Formulierung gilt nur für »Messungen erster Art« (Jauch, S. 165), d.h. für Messungen, die, wie z.B. die Ortsmessung an einem Teilchen, den Wert der gemessenen Observablen nicht ändern und deshalb direkt als Präparation des Zustands für die folgende zweite Messung benützt werden können. »Messungen zweiter Art«, z.B. die Impulsmessung an einem Teilchen, ändern den Wert der Observablen um einen bekannten Betrag. Bei ihnen muß man die Werte der Observablen vor und nach der Messung unterscheiden. Die Wiederholbarkeit bedeutet dann, daß der Wert nach der ersten Messung sich gleich dem Wert vor der zweiten Messung erweisen wird. Um des einfachen Ausdrucks willen werden wir uns hier nur auf Messungen erster Art beziehen.

Die Zusammengehörigkeit der beiden Regeln β) und α) drückt genau den Zusammenhang von Faktum und Möglichkeit, also von Vergangenheit und Zukunft aus. Wir sehen ein Faktum, das an einem Objekt gefunden worden ist, als objektive Gegebenheit an, die daher wiedergefunden werden kann: Faktizität impliziert Notwendigkeit für das Ergebnis eines (korrekt ausgeführten) Tests des Faktums. Andererseits spricht die Wahrscheinlichkeitsdeutung einfach den Sinn der ψ-Funktion aus, wie er sich in der reifen Quantentheorie ergeben hat. Auch Einstein hat dies nach 1930 nicht mehr bestritten; eben deshalb hielt er die Quantentheorie für unvollständig. Wir studieren aber im jetzigen Gedankengang nur die *Konsistenz* der Quantentheorie, nicht ihre Vollständigkeit. Wenn nun aber

Die semantische Konsistenz der Quantentheorie 517

in einem präparierten Zustand ein mit ihm inkommensurabler Zustand durch Messung mit nichtverschwindender Wahrscheinlichkeit gefunden werden kann, so bedeutet dies eben so etwas wie eine diskontinuierliche Zustandsänderung.

Man spricht den Sachverhalt am einfachsten in der Sprache der Informationstheorie aus. Eine Beobachtung ist der Erwerb einer Information durch den Beobachter. Die Diskontinuität gibt es im Wissen des Beobachters. Er möge eine Reihe von Messungen ... $M_0, M_1, M_2, \ldots$ am selben Objekt vornehmen, zu sukzessiven bestimmten Zeiten ... $t_0, t_1, t_2, \ldots$ Zwischen t_0 und t_1 kannte er das Resultat von M_0. Nach t_1 weiß er mehr: er kennt auch das Resultat von M_1; und so fort. Die Diskontinuität existiert, streng genommen, nur in seiner Beschreibung seiner Informationsgewinne. Seine mentalen Prozesse schreiten vermutlich kontinuierlich fort. Aber was er über sie *sagen* kann, wird nach Intervallen geäußert. So ist der idealisierte Zeitpunkt t_1 faktisch nur ein Indikator des Zeitintervalls, in dem er die Kenntnis von M_1 erworben hat.

Andererseits ist die ψ-Funktion, also die Menge der Komponenten des Zustandsvektors, nichts anderes als die vollständige Liste aller möglichen Vorhersagen, die er über das Ergebnis einer künftigen Messung machen kann, vorausgesetzt, daß das Ergebnis der letzten bekannt ist; also z. B. über M_2, wenn das Ergebnis von M_1 gegeben ist. Betrachten wir t_2 als laufende Variable, d. h. entscheiden wir nicht vorweg, wann die nächste Messung gemacht werden soll, so gibt $\psi_{M_1}(t_2)$ die Wahrscheinlichkeiten für jede spätere Zeit t_2. Da das Objekt seinen Zustand unter dem Einfluß von Kräften und Trägheit ständig verändert, ist es ganz natürlich, daß sich $\psi_{M_1}(t_2)$ kontinuierlich mit t_2 ändert: alle diese Wahrscheinlichkeiten ändern sich stetig mit der Zeit. Ebenso natürlich ist es, daß der Erwerb neuen Wissens durch M_2 alle Vorhersagen »diskontinuierlich« in der oben beschriebenen Weise ändert.

Wir haben insoweit nur die Argumente explizit wiederholt, welche die Physiker seit der Erfindung der statistischen Deutung genötigt haben, die doppelte Regel für die Änderung von ψ zu benützen.* Kein Widerspruch entsteht, wenn wir uns an

---

* Dies ist gerade der Unterschied der Quantenmechanik gegen die Theorie von Bohr, Kramers und Slater. Diese schrieb das Wahrscheinlichkeitsfeld nicht

diese einfachen Argumente halten. Aber man sieht nun, daß das Wort »Zustand« als Name für ψ irreführend ist. ψ ist ein Wissenskatalog, der aus *einem* beobachteten Faktum folgt und die Wahrscheinlichkeiten für eine Unendlichkeit möglicher zukünftiger Ereignisse bestimmt; und mehr ist ψ nicht. Die Vergangenheit bedarf keiner Beschreibung durch eine stetig von der Zeit abhängende ψ-Funktion. Soweit wir die Vergangenheit kennen, besteht sie aus Fakten, die man prinzipiell getrennt aufzählen könnte (z.B. zur Zeit t_0 aus den Resultaten von ... M_{-3}, M_{-2}, M_{-1}). Soweit wir die Vergangenheit nicht kennen, können wir Hypothesen über ihre Fakten machen; dazu unter *c*. Die Zukunft hingegen ist uns nur in der Gestalt des Wahrscheinlichkeitskatalogs, genannt ψ-Funktion, bekannt, eines Katalogs, dessen Geltung genau bis zur nächsten Messung reicht, und darüber hinaus nur als »Gemenge« der ψ-Funktionen zu den möglichen Resultaten der Messung.

Es gibt nur *eine* notwendige Folgerung aus der Quantentheorie bezüglich der Vergangenheit. Jedes jetzt vergangene Faktum war einmal ein mögliches zukünftiges Ereignis; seine Wahrscheinlichkeit konnte damals durch ein ψ bestimmt werden. Also muß erstens jedes Faktum der Vergangenheit ein gemäß der Quantentheorie formal mögliches Ereignis an dem betrachteten Objekt sein. Und zweitens muß die relative Häufigkeit gewisser vergangener Ereignisse im Mittel übereinstimmen mit ihrer Wahrscheinlichkeit, so wie sie aus den ihnen vorausgehenden Ereignissen nach der Quantentheorie berechnet werden kann. In diesem Sinne besagt die ψ-Funktion zwischen zwei vergangenen Messungen, z.B. zwischen M_{-2} und M_{-1}, welche Vorhersage der Beobachter nach M_{-2} bezüglich M_{-1} machen konnte.

Es ist übrigens in diesem Sinne gleicherweise zulässig, ψ-Funktionen zur »Retrodiktion« zu benützen. Nehmen wir an, der Beobachter habe die Messung M_{-1} gemacht und das Resultat von M_{-2} vergessen oder nie erfahren. Dann kann er die Schrödingergleichung benützen, um vom Resultat von M_{-1} rückwärts die Wahrscheinlichkeit des unbekannten, aber ob-

einem oder einer festen Anzahl von Teilchen zu, reduzierte es nach der Messung nicht und konnte *deshalb* die Anzahl der Lichtquanten bzw. Energiequanten nur statistisch bestimmen.

Die semantische Konsistenz der Quantentheorie 519

jektiven Faktums zu berechnen, das in dem Resultat von M_{-2} besteht. Wiederum müssen hier die relativen Häufigkeiten solcher »retrodizierten« Ergebnisse mit ihren quantentheoretischen Wahrscheinlichkeiten übereinstimmen. In diesem Sinne ist es möglich, zwei ganz verschiedene ψ-Funktionen für dasselbe Zeitintervall zu benutzen: eine für die Vorhersage, die ein Beobachter, der M_{-2} kennt, für M_{-1} macht, die andere für die Retrodiktion, die ein Beobachter, der M_{-1} kennt, für M_{-2} macht. Dabei ist die Retrodiktion operational auch eine Vorhersage. Sie ist die Vorhersage dessen, was man erfahren wird, wenn man M_{-2} aus einem Dokument oder der Erinnerung eines Menschen erfährt. Diese doppelte ψ-Funktion ist sinnvoll, wenn wir wissen, daß zwischen M_{-2} und M_{-1} keine Beobachtung gemacht wurde; andernfalls ist keines der beiden ψ in der eben geschilderten Weise definierbar.

Wir fassen zusammen: ψ ist Wissen, und Wissen hängt von der Information ab, die das wissende Subjekt besitzt. Wissen ist aber natürlich nicht Träumerei, nicht »bloß subjektiv«. Es ist Wissen von objektiven Fakten der Vergangenheit, die sich für jeden, der die nötige Information besitzt, identisch erweisen werden; und es ist eine Wahrscheinlichkeitsfunktion für die Zukunft, die für jeden, der *dieselbe* Information besitzt, gilt, und in der im 3. Kapitel beschriebenen Weise durch Messung relativer Häufigkeiten empirisch bestätigt werden kann. Alle Paradoxien entstehen nur, wenn man ψ noch in irgendeinem anderen Sinn selbst als ein »objektives Faktum« ansieht, ein anderes Faktum also, als daß eben der betreffende Mensch zu einer bestimmten Zeit das betreffende Wissen hat. Fakten sind vergangene Ereignisse, die man heute prinzipiell wissen kann.

c. Meßtheorie, klassisch.

α) *Die Idee einer Quantentheorie der Messung.* Einstein, Bohr und Heisenberg waren Meister in der Diskussion von Gedankenexperimenten. Einstein hat die Methode wohl erfunden, wenn sie auch in der klassischen Physik Vorläufer hatte. Bohr hat sie mit der größten Sicherheit gehandhabt und auf ihre prinzipielle Bedeutung reflektiert. Erkenntnistheoretisch gesehen besteht ein Gedankenexperiment darin, die semantische Konsistenz einer Theorie einem Test zu unterwerfen, indem man den Vorgang des Informationsgewinns durch eine Messung mit Hilfe der Theorie selbst beschreibt. Es sei noch einmal hervorgehoben, daß das Vorverständnis, mit dem wir Messungen normalerweise beschreiben, beim Gedankenexperiment nicht dogmatisch vorausgesetzt, sondern auf seine Vereinbarkeit mit der Theorie geprüft wird. Einsteins Zeitmessung mit einer bewegten Uhr, Heisenbergs Ortsmessung mit einem Gammastrahl-Mikroskop *beweisen nicht* die Unmöglichkeit absoluter Gleichzeitigkeit distanter Ereignisse bzw. gleichzeitiger Bestimmtheit von Ort und Impuls. Diese Gedankenexperimente beweisen vielmehr, daß die Theorie, welche die betreffenden Unmöglichkeiten behauptet, durch solche Experimente *nicht widerlegt* werden kann, wenn man diese Experimente im Einklang mit der Theorie diskutiert.

Die Quantentheorie der Messung ist nun gleichsam die allgemeine Theorie beliebiger quantentheoretischer Gedankenexperimente. Sie behandelt den Meßapparat und das Meßobjekt als ein quantentheoretisches Gesamtobjekt und zeigt, daß oder in welcher Näherung aus dieser Beschreibung eben dieselben Aussagen über den Zustand des Objekts abgeleitet werden können wie aus der isolierten Betrachtung des Objekts. Heisenberg bezeichnete dies als die »Verschieblichkeit des Schnitts zwischen Beobachter und Objekt«. In einem Punkt von entscheidender Wichtigkeit beweist die soeben geschilderte Quantentheorie der Messung noch nicht die semantische Konsistenz der Quantentheorie. Er betrifft die *Objektivität des Meßresultats*. Man nimmt als selbstverständlich an, daß ein *Meßresultat* ein *objektives Faktum* ist, das im Meßapparat gespeichert werden kann, völlig unabhängig davon, ob und wann ein Beobachter es abliest. Dies war in unserer einleitenden Betrachtung über Messung als Informationsgewinn zunächst nur bezüglich des Bewußtseins des Beobachters vorausgesetzt: er speichert die Fakten in seinem Gedächtnis. Bohr forderte, wie oben geschildert, die Messung müsse, um ein Phänomen sein zu können, mit klassischen Begriffen beschrieben werden können. Gerade dadurch wird der ausdrückliche Rückgriff auf das Bewußtsein des Beobachters überflüssig. Das

Die semantische Konsistenz der Quantentheorie 521

Meßresultat kann dann als objektiv existierend beschrieben werden wie alle Zustände in der klassischen Physik, einerlei, wer es abliest und wann er das tut. Hingegen ist es gerade der Sinn der Unbestimmtheitsrelation, daß dies für einen Quantenzustand nicht gilt: das Elektron hat einen bestimmten Ort nur, wenn dieser Ort soeben gemessen worden ist. Als Heisenberg aus einer ersten Überlegung über die Quantentheorie der Messung die »Verschieblichkeit des Schnitts zwischen Beobachter und Objekt« gefolgert hatte, antwortete ihm Bohr in einem Brief, in gewissem Sinne könne man gerade umgekehrt auch behaupten, der Schnitt dürfe nicht über den Meßapparat hinweg verschoben werden, denn der Meßapparat müsse *notwendigerweise* klassisch beschrieben werden.

Diese Kontroverse zwischen Bohr und Heisenberg verdient eine nähere Betrachtung. Die herrschende Meinung ist, daß der Meßapparat an sich der Quantentheorie genügt, daß er aber nur zur Messung geeignet ist, wenn es »keinen Schaden tut«, ihn bezüglich des Meßprozesses klassisch zu beschreiben. In 8.5.1 haben wir diese Auffassung als »Goldene Kopenhagener Regel« bezeichnet. Bohr selbst hat freilich gelegentlich erwogen, im makroskopischen Bereich könne die Quantentheorie vielleicht prinzipiell nicht angewandt werden. Diesen Gedanken hat Ludwig (1954) später verschärft zu der Vermutung, die klassische Theorie makroskopischer und die Quantentheorie mikroskopischer Vorgänge müßten in einer übergreifenden, von beiden verschiedenen Theorie vereinbart werden. Wir haben hingegen unsere gesamte Überlegung in diesem Buch so aufgebaut, daß wir sehr allgemeine Argumente für die ausschließliche strenge Geltung der Quantentheorie gesucht und angegeben haben. Wir werden daher auch jetzt von der herrschenden, »orthodoxen« Ansicht ausgehen. Dann sind wir verpflichtet, Bohrs Ansicht im Sinne der »goldenen Regel« aufzufassen und *zu rechtfertigen.*

Wir haben eingangs gefordert, das Meßresultat müsse ein »Resultat«, ein objektives *Faktum*, sein. Das entspricht Bohrs Forderung der *eindeutigen* Beschreibung des Phänomens. Wir nehmen aber jetzt die Frage von 11.1 g wieder auf: Warum oder in welchem Sinne sollte die eindeutige Beschreibung klassisch sein? In unserer Auffassung der Quantentheorie ist Bohrs korrespondenzmäßige Denkweise die historische Gestalt eines prinzipiellen Gesichtspunkts, den wir für unsere Zwecke auch prinzipieller formulieren müssen, als es das Wort »klassisch« leistet. Für Bohr als klassisch gegeben waren die Newton-Hamiltonsche Mechanik und die Maxwellsche Elektrodynamik. Das sind für uns zunächst wissenschaftshistorische Daten. Die Galilei-Newtonsche Mechanik hat die aristotelische Physik abgelöst, und vor der griechischen Physik kam die nochmals von ihr verschiedene Rationalität des Mythos. Tellers Frage in der Tee-Anekdote war gerade: Was meint das Wort »klassisch«, wenn es eine Eigenschaft der Newton-Maxwellschen Physik bezeichnen soll, die nie mehr durch eine neue Physik abgelöst werden kann?

Stellen wir uns auf den Standpunkt der Hilbertraumtheorie, so sollte die klassische Physik ein Grenzfall der Quantentheorie sein. Genau umgekehrt als in Bohrs Argument müßte dann eine klassische Observable eigentlich eine quantentheoretische Observable sein, bei der man sich in einer gewissen Näherung erlaubt, von der Nichtkommutativität abzusehen. Wir folgen aber jetzt nicht Neumanns »nivellierender« Meinung (11.1h), jeder beschränkte selbstadjungierte Operator sei eine zulässige Observable. Aus der Quantentheorie der Messung folgern wir vielmehr (s. 11.2d: Meßtheorie, quantentheoretisch), nur ein Operator, der real als Hamilton-Operator auftreten kann, sei eine quantentheoretische Observable. Die Operatoren der Wechselwirkung hängen gemäß der klassischen Physik von den Relativkoordinaten (oder, magnetisch, Relativgeschwindigkeiten) im Ortsraum ab, speziell-relativistisch gemäß Nahewirkungsgesetzen, also »lokal«. Gibt man der Quantentheorie das klassische Raum-Zeit-Kontinuum vor, so ist dies ein zusätzliches empirisches Faktum. In der Ur-Hypothese wird die sparsamere Annahme gewählt, daß die Trennbarkeit der Alternativen die gemeinsame Symmetriegruppe aller Objekte und damit auch das Wechselwirkungsgesetz bestimmt. Dann ist die Raum-Zeit-Struktur eine *Folge* dieser Symmetrie und nicht umgekehrt. Was zeichnet dann die klassische Beschreibung bezüglich der Messung aus?

Bohr sagt, nur in der klassischen Physik seien Raum-Zeit-Beschreibung und Kausalität vereinbar. Kausalität fordert er

Die semantische Konsistenz der Quantentheorie 523

vom Meßinstrument in dem Sinne, daß es einen eindeutigen Schluß vom beobachteten Phänomen auf das Objekt zuläßt, also keine Information verliert. Diese Forderung läßt sich erfüllen, wenn wir Meßapparat und Objekt der Schrödingergleichung unterwerfen; in der nachfolgenden Skizze der Quantentheorie der Messung wird diese Forderung unser Ausgangspunkt sein. Wie steht es mit der Raum-Zeit-Beschreibung? Die Räumlichkeit haben wir in der Meßtheorie nicht vorausgesetzt, wohl aber die Zeitstruktur, eben in dem Sinne, daß das Meßresultat ein Faktum sein muß. Dies legt die Vermutung nahe, daß der Schlüssel zum Begriff »klassisch« die Irreversibilität der Fakten sei.

β) *Die Irreversibilität der Messung.* Das Kopenhagener Tee-Gespräch von 1933 zwischen Teller und Bohr fand ein Jahrzehnt später eine Fortsetzung in einem amerikanischen transkontinentalen Eisenbahnzug (mündliche Mitteilung von Teller). Teller suchte jetzt Bohr davon zu überzeugen, das Entscheidende an der Messung sei ein irreversibler Vorgang im Meßapparat. Wieder war er erfolglos. Bohr erwiderte, die fundamentalen Eigenschaften der Messung könnten nicht von einer speziellen physikalischen Theorie wie der Thermodynamik abhängen.*

Natürlich ergreifen wir hier Partei für Teller. Sollen Autoritäten angeführt werden, so erinnern wir daran, daß Einstein die klassische Thermodynamik ansah als »die einzige physikalische Theorie allgemeiner Inhalte, von der ich überzeugt bin, daß sie im Rahmen der Anwendbarkeit ihrer Grundbegriffe niemals umgestoßen werden wird« (vgl. 6.5). Vom Standpunkt dieses Buchs aus ist, wie im 4. Kapitel erläutert, die Irreversibilität eine Folge der fundamentalen Zeitstruktur. Wir wenden die dortigen Überlegungen jetzt auf den Meßprozeß an.

Der Meßprozeß ist im Sinne der statistischen Mechanik irreversibel. Der Meßapparat hat viele Freiheitsgrade. Heiße die Observable des Objekts L und nehmen wir an, im Zustand des Objekts vor der Messung habe der Eigenwert λ von L die

---

* Es sei bemerkt, daß Bohr selbst die Messung gelegentlich als »irreversibel« bezeichnet hat.

Wahrscheinlichkeit $p(\lambda)$. Es gebe ferner eine Observable M des Meßapparats, die infolge der Meßwechselwirkung der Observablen L so entspricht, daß M, falls L den Eigenwert λ hat, jeweils einen bestimmten Eigenwert μ_λ erhält. Man muß dann erwarten, daß für eine nachträgliche Messung *am* Meßapparat (Ablesung des Meßresultats) $p(\mu_\lambda) = p(\lambda)$ ist. Selbst wenn aber der Zustand $|\lambda>$ des Objekts ein reiner Fall war, entspricht der Zustand $|\mu_\lambda>$ des Apparats einem extrem großen Teilraum seines Hilbertraums. Während der Wert μ_λ im Apparat nach der Wechselwirkung konstant bleibt, findet eine komplizierte und unbekannte Bewegung in diesem Teilraum statt, die sogar eine unbekannte Wechselwirkung mit der Umgebung des Meßapparats einschließt. Selbst wenn wir fiktiv annehmen, unmittelbar nach der Meßwechselwirkung sei der genaue Quantenzustand des Apparats bekannt, so geht diese Kenntnis binnen kurzem verloren. Es gibt also dann keine bekannte ψ-Funktion des Meßapparats, sondern nur eine Wahrscheinlichkeit $p(\mu_\lambda) = p(\lambda)$ für seine spezielle Eigenschaft μ_λ. Diese Situation im Apparat kann man sinnvoll durch eine Dichtematrix $W(\mu)$ beschreiben. Aber diese Dichtematrix wird wiederum diskontinuierlich geändert werden durch eine Beobachtung *an* dem Meßapparat, die wir die »Ablesung des Resultats« nennen. Darin liegt keinerlei Paradoxie, denn die Dichtematrix, wie alle Quantenbeschreibungen, drückt Wissen aus. »Objektiv« ist der Zustand des Meßapparats nur in dem Sinne, daß man aus $W(\mu)$ keinen Widerspruch gegen mögliche Vorhersagen über Observable herleiten kann, die mit M nicht kommutieren. Dies ist so, einfach weil die Phasen der Komponenten des Zustandsvektors, die für diese Vorhersage nötig wären, unbekannt sind; sie sind verloren im Abgrund des Nichtwissens, den man thermodynamische Irreversibilität nennt. Also kann die Annahme, der spezielle Wert μ_λ habe in dem Apparat *vor der Ablesung* vorgelegen, keinen nachprüfbaren Schaden tun.

Wir werden die ausgearbeiteten Theorien über Gestalt und Zeitabhängigkeit von W während des Meßprozesses hier nicht studieren. Wigner (1963) hat hervorgehoben, daß es keine mögliche dynamische Entwicklung des Systems gibt, die einen reinen Fall in ein Gemisch reiner Fälle überführen könnte. Das

Die semantische Konsistenz der Quantentheorie 525

ist evident. Es sollte uns aber nicht mehr überraschen, als daß wir keine dynamische Entwicklung gemäß der Schrödingergleichung kennen, welche die Reduktion des Wellenpakets herbeiführt. Man *meint* keine dynamische Entwicklung im Objekt oder im Meßgerät, wenn man den Informationsverlust durch irreversible Prozesse beschreibt. Informationsverlust heißt Wissensverlust. Der Beobachter wählt nach dem irreversiblen Prozeß eine bescheidenere Beschreibung, weil er die dynamische Entwicklung nicht hat verfolgen können. Es tut keinen Schaden *anzunehmen*, daß weiterhin ein reiner Zustand »objektiv« vorliegt, daß wir aber seine Spur verloren haben; eben das verstehen wir unter einem statistischen Gemisch. Man darf nur nicht vergessen, daß der reine Zustand selbst nicht mehr ist als ein Katalog möglicher Voraussagen, gefolgert aus dem Wissen vergangener Fakten. Eben darum bedeutet es auch keinen Widerspruch, wenn wir zugeben, daß dieselbe Dichtematrix aus verschiedenen Systemen von Basisvektoren aufgebaut werden kann; das heißt nur, daß sie, wie schon der reine Zustand, Wahrscheinlichkeiten für verschiedene, untereinander inkommensurable Observable ausdrückt und daß sie es der Wahl des Beobachters überläßt, welche von diesen er im nächsten Experiment messen will. Die »objektive« Existenz des unbekannten reinen Zustands besagt nur, daß er mit all seinen Wahrscheinlichkeitsimplikationen aus dem Anfangszustand des *Gesamtsystems* von Meßobjekt *und* Meßapparat hätte berechnet werden können, *wenn* dieser bekannt gewesen wäre. Die fiktive Annahme, daß dieses maximale Wissen über die Zukunft verfügbar gewesen wäre, impliziert keinen Widerspruch gegen das, was der Beobachter wirklich weiß. Wir erinnern hier daran, daß schon in der klassischen Wahrscheinlichkeitstheorie das weitergehende Wissen eines Beobachters B, der damit andere numerische Wahrscheinlichkeiten berechnet als, bezüglich desselben Ereignisses, ein weniger wissender Beobachter A, keinen Widerspruch gegen das Wissen von A impliziert; denn die Wahrscheinlichkeiten beider Beobachter gehören eben wegen des verschiedenen Vorwissens zu verschiedenen statistischen Gesamtheiten. Vgl. das Würfeln mit zwei Würfeln in 3.3.

Es könnte nun so aussehen, als hätten wir mit dieser

Denkweise auch die Irreversibilität selbst auf bloßen Wissensverlust reduziert, während doch die irreversiblen Prozesse in der klassischen Thermodynamik beobachtete Fakten sind. Die Antwort lautet: Es ist eine objektive Tatsache, daß ein Makrozustand von hoher Entropie mehr Mikrozustände enthält als ein Makrozustand von niedriger Entropie. Also ist die Wahrscheinlichkeit dafür, daß er in den Zustand niedriger Entropie zurückkehrt, klein, aber nicht Null. Könnten wir die Mikrozustände auf ihrem Weg durch die Zeit verfolgen, so wären wir imstande, ausdrücklich diejenige Minorität unter ihnen auszusuchen, die in einen Makrozustand niedrigerer Entropie zurücklaufen werden. Wenn wir aber nur den Makrozustand kennen, so muß es uns genügen zu sagen, daß diese antiirreversiblen Entwicklungen eine kleine Minorität in einer Zufallsverteilung darstellen.

Ich sollte mich dafür entschuldigen, Probleme so breit zu erörtern, die trivial erscheinen müssen, wenn man die Theorie einmal verstanden hat. Jahrzehntelange Erfahrung hat mich aber die verbalen Fallen kennen gelehrt, die uns verlocken, nicht-existierende Schwierigkeiten zu finden.

γ) *Die Rolle des Beobachters in der Kopenhagener Deutung.*
Wir rekapitulieren. Wir haben qualitativ plausibel gemacht, daß die Quantentheorie der Messung die semantische Konsistenz der »orthodoxen« Deutung erweist; ein formales Modell liefern wir im nächsten Abschnitt nach. Also hat sie die Notwendigkeit des ausdrücklichen Bezugs auf *Wissen* um nichts vermindert. Die ψ-Funktion *ist* als Wissen definiert. Die Reduktion des Wellenpakets ist keine dynamische Entwicklung der ψ-Funktion gemäß der Schrödingergleichung. Sie ist vielmehr identisch mit dem Ereignis, in dem der *Beobachter* ein Faktum erkennt. Sie geschieht noch nicht, solange nur Meßobjekt und Meßapparat wechselwirken, auch nicht, solange der Apparat nach Ablauf der Meßwechselwirkung unabgelesen dasteht; sie *ist* der Wissensgewinn durch die Ablesung.

Die orthodoxe Kopenhagener Deutung besagt nun: die Quantentheorie beschreibt, was der Beobachter wissen kann, sie beschreibt aber nicht den Beobachter selbst. Bohr und Heisenberg haben dies verschiedentlich ausgesprochen.

Heisenberg schreibt (1930, S. 44) anläßlich der Verschieblichkeit des Schnitts: Wollte man den Schnitt auch noch über den Beobachter selbst zurückziehen, so bliebe keine Physik mehr übrig. Bohrs Begriff des Phänomens besagt im Resultat dasselbe: Phänomen ist, was ein Beobachter wissen kann; seine eigenen Gehirnvorgänge sind aber für den Beobachter kein Phänomen.

Diese vorsichtige Haltung vermeidet jedenfalls Widersprüche. Sie setzt freilich auch dem Nachweis der semantischen Konsistenz eine Schranke. Wenn die Quantentheorie den Beobachter nicht beschreibt, so kann sie auch auf das Vorverständnis über den Beobachter, das sie voraussetzt, nicht angewandt werden; sie muß es hinnehmen. Andererseits hat gerade Bohr stets betont, daß die Quantentheorie die strenge Trennung zwischen dem Objekt und dem Beobachter aufgehoben habe. Sie hat uns »so nachdrücklich an die alte Wahrheit erinnert, daß wir zugleich Mitspieler und Zuschauer in dem großen Schauspiel des Daseins sind«. Was hat er damit gemeint?

Auch die klassische Physik ist, als Wissenschaft, *Wissen* über die Natur, als empirische Wissenschaft Wissen möglicher Beobachter. Aber sie kann ihre Aussagen so machen, daß sie an sich bestehende Sachverhalte beschreiben; »an sich bestehend« heißt: völlig unabhängig davon, ob sie beobachtet werden. In diesem Sinne, *erkenntnistheoretisch,* trennt sie den Beobachter strikt vom Objekt. Das Objekt ist so, wie es ist, einerlei, was ein Beobachter von ihm weiß; es bedarf des Beobachters nicht. Ob aber der Beobachter seinerseits, *gegenständlich* betrachtet, also selbst als Naturobjekt angesehen, den Gesetzen der klassischen Physik genügt oder nicht, ist für diese erkenntnistheoretische Trennung irrelevant. Historisch ist die klassische Physik sowohl mit einer monistischen wie mit einer dualistischen Auffassung des sog. »Leib-Seele-Problems« als vereinbar angesehen worden. Das Leib-Seele-Problem in der z. B. in der Medizin gelegentlich diskutierten Fassung ist eigentlich selbst ein Produkt der klassischen Physik. Wenn die Physik für alle materiellen Objekte gilt und wenn der menschliche Leib selbst ein materielles Objekt ist, so muß auch er der Physik genügen; die Frage war dann, ob damit auch das

Bewußtsein eine physikalische Beschreibung zuließe. Auch wenn man das Wissen des Beobachters selbst hypothetisch, in einer materialistischen oder monistischen Philosophie, der Physik unterwarf, blieb jedoch die logisch-erkenntnistheoretische Unabhängigkeit der objektiv beschriebenen physikalischen Tatbestände vom Wissen des Beobachters bestehen; diese Tatbestände liegen, klassisch gesehen, vor, einerlei, ob jemand sie weiß.

Diese saubere erkenntnistheoretische Trennung ist es, welche die Quantentheorie aufhebt. Bohr beschrieb dies manchmal im Gespräch anhand des Problems von Determinismus und Freiheit in den Worten: »In der klassischen Physik ist das Verhalten des Objekts streng kausal determiniert, der Beobachter aber wird als völlig frei beschrieben; frei zu messen, was er will, sei es Ort und Impuls eines Teilchens, sei es Wellenlänge und Frequenz einer Welle. In der Quantentheorie ist der Beobachter nicht mehr ganz frei, z. B. kann er zwar wählen, ob er den Ort oder den Impuls messen will, aber nicht beide zugleich. Eben um so viel wird das Objekt freier: sein Verhalten ist nicht mehr voll determinierbar.« Das war nur ein Aperçu. Aber sein harter Kern war die erkenntnistheoretische Untrennbarkeit von Subjekt und Objekt. In der Quantentheorie ist der *Inhalt* des Wissens, also das Gewußte, nämlich die ψ-Funktion, nur ein Wahrscheinlichkeitskatalog, also selbst ein Wissen.

Wir erläutern die Bedeutung dieser Feststellung getrennt für den Beobachter und für das Objekt. Als Beispiel wählen wir das Youngsche Zwei-Löcher-Experiment.

Durch das Loch L der Quelle Q tritt eine Welle, sagen wir eine Lichtwelle, durchsetzt die beiden Löcher A und B des Schirms S und erzeugt auf der Platte P Schwärzungen, die wir speziell am Ort X betrachten. Die Intensität bei X läßt sich wellentheoretisch berechnen. X sei der Ort eines Interferenz-Minimums. Wenn nur eines der Löcher offen ist, sei es nun A oder B, so wird in X eine endliche Intensität eintreffen. Sind aber beide Löcher offen, so sollen sich die beiden Teilwellen zu Null kompensieren. Man kann das Licht mit so geringer Intensität aus L austreten lassen, daß stets nur *ein* Lichtquant unterwegs ist. Die Interferenz wird dadurch bekanntlich nicht beeinträchtigt: jedes Lichtquant interferiert nur mit sich selbst.

Die semantische Konsistenz der Quantentheorie

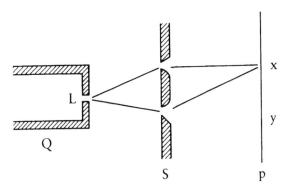

Figur 3

Die Intensität bei X ist die Wahrscheinlichkeit, also bei langer Meßreihe praktisch die relative Häufigkeit des Auftreffens eines Lichtquants an dieser Stelle. $|\psi|^2$ ist eigentlich eine Wahrscheinlichkeitsdichte. Bei X liege aber z.B. ein Silberkorn einer Emulsion. Ist nur A offen, so wird dieses nach hinreichend langer Zeit T praktisch mit Sicherheit geschwärzt sein, ebenso, wenn nur B offen ist. Sind beide offen, so dauert es sehr viel länger als T, bis eine Schwärzung eintritt (unendlich lange, wenn man davon absehen dürfte, daß die Intensität nur längs eines Linienstrangs verschwindet, das Korn aber endliche Ausdehnung hat).

Wir ziehen zunächst die Konsequenz für das *Objekt*. Man darf, wenn beide Löcher offen sind, nicht sagen: »Das Lichtquant ist entweder durch das Loch A oder durch das Loch B gegangen, wir wissen aber nicht durch welches.« Wäre es durch A gegangen, so entspräche dem eine Wahrscheinlichkeitsverteilung, der gemäß das Korn bei X nach der Zeit T geschwärzt sein müßte; ebenso, wenn es durch B gegangen wäre. Das Korn ist aber zur Zeit T nicht geschwärzt. Dies ist, was Bohr die *Individualität des Prozesses* genannt hat, die Unteilbarkeit des Prozesses: man kann den Vorgang, wenn beide Löcher offen sind, nicht in die beiden Teilvorgänge bei offenem A und bei offenem B gedanklich zerlegen. Sind beide Löcher offen, so ist weder der Durchgang des Lichtquants durch A noch sein Durchgang durch B ein objektives Faktum, das entweder stattgefunden oder nicht stattgefunden hat. Objektiv ist die Schwärzung, die bei jedem Lichtquant an einer Stelle auf P (nennen wir sie Y) stattgefunden hat. Die Schwärzung bei Y ist *genau deshalb objektiv*, weil dort der individuelle Prozeß durch eine *Beobachtung* beendet wird. Wir haben die Überlegungen unter α) und β) vorangestellt, um jetzt klar sagen zu können, daß die Schwärzung bei Y, sofern die Beschreibung durch die unreduzierte ψ-Funktion weitergeführt werden könnte, nicht das Ende des individuellen Prozesses wäre. *Wir verzichten* auf diese Beschreibung, weil sie für Menschen praktisch nicht durchführbar ist. Und wir können *auch* auf eine aktuelle Beobachtung bei X bzw. bei Y verzichten, weil die Schwärzung ein irreversibler Prozeß ist, den jeder Beobachter, der irgendwann nachher die Platte ansieht, feststellen wird. Es *schadet nichts*, ihn als objektiv anzusehen. Linguistisch kann man sagen: Objekte, Gegen-stände, gibt es *nur für Subjekte*, denen sie »entgegenstehen«. Objektiv ist die Schwärzung, gerade *weil* sie beobachtet werden kann. In diesem Sinne ist in der Quantentheorie das Objekt vom Subjekt nicht prinzipiell trennbar.

Nun die Konsequenz für den *Beobachter*. Er wird in der Beschreibung des Experiments nicht mitbeschrieben. Er ist vielmehr derjenige, der es beschreibt. Dabei kommt es aber auf ihn als diese individuelle Person gerade nicht an. Von seinen Wahrnehmungen, seinen Handlungen und seinem Wissen wird in der Beschreibung des Experiments nur gerade dasjenige relevant, was jeder andere ausgebildete Beobachter ebenso wahrnehmen, tun oder wissen würde. Es kommt, in der Sprache Kants, nicht auf das empirische, sondern nur auf das transzendentale Subjekt an: darauf, daß ein Subjekt etwas wahrnimmt, tut und weiß, und vielleicht mehrere Subjekte gemeinsam. Aber der so »objektivierte« Beobachter ist kein »reiner Geist«. Er muß mit seinen Augen sehen, mit seinen

Die semantische Konsistenz der Quantentheorie 531

Händen arbeiten. Er ist nur Beobachter, weil er selbst – vorsichtig sagen die Dualisten: weil sein Leib – Teil der Welt der Phänomene ist. Er kann seine eigene Hand sehen, sein eigenes Auge betasten, er steht in physischer Wechselwirkung mit den Objekten, die er beschreibt. Die Frage, wie der Beobachter sich selbst beschreiben könnte, bleibt offen. Wir kommen unter e. auf sie zurück.

d. *Meßtheorie, quantentheoretisch.* Man braucht den Meßapparat nicht explizit klassisch zu beschreiben. Wir geben hier eine Skizze einer Quantentheorie der Messung.

Wir beginnen mit einer Bemerkung über selbstadjungierte Operatoren in der Quantentheorie. Sie werden in drei scheinbar ganz verschiedenen Rollen benützt. Ein solcher Operator H kann bedeuten:
1. den Hamilton-Operator, d. h. den Generator der dynamischen Gruppe;
2. eine Observable;
3. eine Dichtematrix.

Wir reduzieren zuerst 3. auf 2. Eine Dichtematrix kann man schreiben $W = \sum_i a_i P_i$, wo die P_i Projektoren und die a_i reelle Zahlen ≤ 1 sind. Ein Projektor ist die Observable, welche das Vorliegen eines Zustands oder eines Teilraums des Zustandsraums ausdrückt. Also ist die Dichtematrix einfach eine Wahrscheinlichkeitsverteilung von gewissen Observablen.

Nun versuchen wir 2. auf 1. zu reduzieren. Wie kann man eine Observable wirklich beobachten? Wir behaupten: indem man sie zum Hamilton-Operator der Wechselwirkung zwischen Objekt und Meßinstrument macht. Wir erläutern das im Detail, mit der Absicht zu zeigen, daß die Quantentheorie in folgendem Sinne konsistent ist. Sei $p(\lambda)$ die Wahrscheinlichkeit, den Eigenwert λ bei einer Messung einer Observablen L zu finden, dann wird es eine Eigenschaft des Meßapparats geben, welche λ entspricht. Diese Eigenschaft heiße μ_λ. Die Wahrscheinlichkeit, die Eigenschaft μ_λ zu finden, wenn man das Instrument mit einem zweiten Instrument beobachtet, das die betreffende Eigenschaft registriert, soll dann $p(\mu_\lambda) = p(\lambda)$ sein.

Die Quantentheorie der Messung muß also zwei Objekte

beschreiben: das primäre Meßobjekt X_1 und den Meßapparat X_2. Wir beschreiben die Messung zuerst in der Quantentheorie des Objekts, also von X_1 allein. X_1 sei im Zustand $|x_1>$ unmittelbar vor der Zeit t_0. Zur Zeit t_0 werde die Observable L durch eine Messung erster Art gemessen. Der Eigenwert λ von L habe die Wahrscheinlichkeit $p(\lambda)$. Wir nehmen an, gerade der Wert λ werde tatsächlich beobachtet. Dann wird X_1 unmittelbar nach t_0 in einem Zustand $|\lambda>$ sein, mit der Bedingung $L|\lambda> = \lambda\, |\lambda>$.

Nun beschreiben wir denselben Vorgang in der Quantentheorie der Messung, also am Gesamtobjekt X, das aus X_1 und X_2 besteht. Sein Zustand unmittelbar vor t_0 sei ein Produktzustand

$$|x> = |x_1> |x_2>. \qquad (1)$$

Das setzt voraus, daß vor der Messung keine Wechselwirkung zwischen X_1 und X_2 stattgefunden hat und daß die Zustände der beiden Objekte unabhängig voneinander bekannt sind. $|x>$ genügt der Schrödingergleichung

$$i\,|\dot{x}> = H\,|x>. \qquad (2)$$

Vor t_0 gab es keine Wechselwirkung, also galt

$$H = H_0 = H_1^0 + H_2^0 \quad (t \ll t_0). \qquad (3)$$

In einer kurzen Zeitspanne um t_0 herum gibt es eine Wechselwirkung H_i:

$$H = H_0 + H_i \quad (t \approx t_0). \qquad (4)$$

Später hört die Wechselwirkung wieder auf:

$$H = H_0 \quad (t \gg t_0). \qquad (5)$$

$|x>$ als Funktion der Zeit vor t_0 muß eine Lösung von (2) mit $H = H_0$ sein. Die additive Form von H_0 in (3) garantiert die Fortdauer der Produktform von $|x>$. Die Wechselwirkung

Die semantische Konsistenz der Quantentheorie

zerstört die Produktform. Von $t \approx t_0$ an erhält $|x>$ die Form einer Summe

$$|x, t> = \sum_{\mu_1\mu_2} c_{\mu_1\mu_2} |\mu_1> |\mu_2>. \quad (6)$$

Es ist erlaubt anzunehmen

$$H_i \gg H_0 \quad (t \approx t_0); \quad (7)$$

d. h. wir nehmen an, wir dürften während der kurzen Zeitdauer der Wechselwirkung von der freien Bewegung beider Objekte absehen. Wir werden zeigen, daß wir dann die Eigenfunktionen von H als Basis in der Summe (6) benützen können. *Angenommen*, das Produkt $|\mu_1>|\mu_2>$ sei eine Eigenfunktion von H, so wird $c_{\mu_1\mu_2}$ nicht von der Zeit abhängen. $|c_{\mu_1\mu_2}|^2$ wird dann die Wahrscheinlichkeit sein, bei einer gleichzeitigen Messung an X_1 und X_2 die Objekte in den Zuständen $|\mu_1>$ bzw. $|\mu_2>$ zu finden. Unter der Bedingung (7) wird das Produkt $|\mu_1>|\mu_2>$ während der Wechselwirkung eine Eigenfunktion von H_i allein sein. Können wir eine Basis $|\mu_1>$ im Hilbertraum V_1 von X_1 so finden, daß die Wahrscheinlichkeiten $|<x_1|\mu_1>|^2$ durch die Meßwechselwirkung nicht geändert werden? Diese Basis wäre in der Tat ein Kandidat dafür, aus Eigenfunktionen von H durch den ganzen Prozeß hindurch zu bestehen.

Nun erinnern wir uns daran, daß der Vorgang die Messung des Operators L bedeuten soll. Für alle seine Eigenwerte λ und deren Eigenzustände $|\lambda>$ ist die Wahrscheinlichkeit, gerade λ vor der Wechselwirkung zu finden, $|<x_1|\lambda>|^2$. Da die Wechselwirkung gerade L messen soll, muß nach der Wechselwirkung, aber vor der Ablesung des Instruments, die Wahrscheinlichkeit, daß sie gerade den Eigenwert λ gefunden hat, wieder $|<x_1|\lambda>|^2$ sein. Also wählen wir die Basis $|\mu_1> = |\lambda>$ für alle λ und μ_1.

Andererseits muß es eine Observable M im Meßapparat X_2 geben, die der Observablen L in X_1 genau entspricht: so daß eine Ablesung am Instrument nach der Wechselwirkung, in welcher der Eigenwert μ von M gefunden wird, *bedeutet*, daß ein bestimmter Eigenwert λ von L nunmehr bei einem zweiten Versuch an X_1 gefunden würde. Nennen wir den Eigenwert von M, der λ entspricht, μ_λ, so wird diese Bedingung erfüllt sein, wenn

$$c_{\lambda_\mu} = \delta_{\mu\mu_\lambda}. \qquad (8)$$

Also muß H_i ein Operator sein, dessen Eigenvektoren genau die Produkte $|\lambda>|\mu>$ sind, und so, daß seine Eigenvektoren für diese Produkte verschwinden für $\mu \neq \mu_\lambda$ und irgendwelche Werte ungleich Null haben für $\mu = \mu_\lambda$. Dies ist eine abstrakte Beschreibung eines Operators, der als *lokaler Operator* bezeichnet würde, wenn L und M Ortsoperatoren von zwei Teilchen wären und $\mu_\lambda = \lambda$: Die zwei Teilchen wechselwirken nur, wenn sie am selben Ort sind. Genau eine solche Wechselwirkung ist notwendig für eine Ortsmessung.

Bezüglich der Basis $|\lambda>|\mu>$ muß also der Wechselwirkungsoperator die Form haben:

$$H_i = \lambda\mu\delta_{\mu\mu_\lambda}. \qquad (9)$$

Da $\quad L|\lambda> = \lambda|\lambda>, \quad M|\mu> = \mu|\mu>, \qquad (10)$

wird das Produkt

$$H_i = L M \delta_{\mu\mu_\lambda} \qquad (11)$$

ein allgemeiner Ausdruck für H_i sein. Dies entspricht wieder der lokalen Wechselwirkung zweier Felder φ und ψ durch ein $H = \varphi(x)\,\psi(x)$.

Wir sehen also, daß eine Observable L gerade durch einen Hamiltonoperator gemessen werden kann, der ein Produkt ist, dessen Objekt-Faktor L ist und dessen Meßapparat-Faktor eine Eins-zu-eins-Entsprechung seiner Eigenwerte zu den Eigenwerten von L hat. In diesem Sinne muß eine Observable ein möglicher Hamiltonoperator bei einer Meßwechselwirkung sein.

e. Quantentheorie des Subjekts. Kennzeichnend für Bohrs Beschreibung der Messung wie für sein ganzes Weltbild ist seine *Vorsicht.* Er beschreibt, was er weiß, und verweigert die Aussage über das, was er nicht weiß. Er unterscheidet scharf die *erkenntnistheoretische Einbeziehung* des Beobachters, ohne welche die Quantentheorie uninterpretierbar wäre, von der *gegenständlichen Beschreibung* des Beobachters, welche die Quantentheorie faktisch nicht vollzogen hat. Aber der Wunsch nach einem einheitlichen Weltbild und die in den sechs Jahrzehnten seit der Entstehung der Quantenmechanik erzielten Fortschritte der Biologie und der kybernetischen Denkweise drängen uns die Frage auf, ob die gegenständliche Beschreibung des Beobachters *prinzipiell* ausgeschlossen bleiben muß oder ob sie prinzipiell möglich wäre. Wir plädieren für letzteres.

Für Bohr stellte sich die Frage schon deshalb nicht so, weil er bereits den Physikalismus in der Biologie mit tiefster Skepsis betrachtete. Er vermutete (1932) eine Komplementarität zwischen physikalischer und eigentlich biologischer Beschreibung der Organismen. Auch in Organismen sollte sich die Physik bei jedem Experiment als richtig erweisen. Aber die spezifisch biologischen Prozesse sollten nur bei Verzicht auf vollständige physikalische Analyse ablaufen, und die vollständige physikalische Analyse würde den Organismus töten. Demnach wäre der Beobachter nicht erst, weil er denkt, sondern schon weil er ein Lebewesen ist, der quantentheoretischen Beschreibung entzogen. Der Wunsch, diese Verhältnisse aufzuklären, hat Max Delbrück in die Biologie geführt. Aber bis heute hat sich der Physikalismus in der Biologie stets bewährt. Wir versuchen daher den entgegengesetzten Schritt. Wir fragen, *wie* man die gegenständliche Beschreibung eines Beobachters, wenn sie möglich wäre, quantentheoretisch ausführen müßte.

Nennen wir wie zuvor das Meßobjekt X_1 und den Meßapparat X_2. Nennen wir den Beobachter, der den Meßapparat abliest, Y und den »Meta-Beobachter«, der den Beobachter beobachtet, Z. Wie würde Z das Ereignis wahrnehmen, in dem Y das Faktum in X_2 wahrnimmt, aus dem er sein neues Wissen über X_1 herleitet? Im Detail überschreitet diese Frage unser heutiges Wissen. Aber die Frage ist sinnvoll als ein »Gedankenexperiment über eine Theorie«. Sie prüft den Sinn der Quantentheorie, indem sie ihre Anwendbarkeit auf bewußte Menschen hypothetisch unterstellt.

Wir wählen zunächst, um des traditionellen Ausdrucks willen, die Sprache der ontologischen Unterscheidung von Körper und Seele. Z möge die Quantentheorie auf Y's Körper anwenden. Nach unserer Arbeitshypothese kann man diesen Körper wie ein Meßinstrument beschreiben, das mit X_2 in der oben beschriebenen Weise wechselwirkt; jetzt ist X_2, für Y's Körper, das Meßobjekt. Solange niemand Y's Körper beobachtet, wird die Wechselwirkung mit X_2 in Y's Körper eine Situation erzeugen, die Z als eine klassische (irreversible) Wahrscheinlichkeitsverteilung für das Ergebnis der Messung der Observablen M von X_2 durch Y's Körper beschreibt. Diese Wahrscheinlichkeitsverteilung wird für Z reduziert, wenn Z Y's Körper beobachtet.

Aber wie kann Z die Situation in Y's Körper beobachten? Es gibt eine ganz einfache Art, das zu tun. Z muß seinen Freund Y fragen, was er, Y, beobachtet hat. In der traditionellen, aber umständlichen und problematischen Sprechweise, die Körper und Seele (oder Bewußtsein) unterscheidet, müßten wir das so beschreiben: Z's Bewußtsein veranlaßt Z's Körper, Schallwellen auszusenden, die von Y's Körper empfangen werden und die an Y's Bewußtsein die Frage übermitteln: »Hallo, Y's Bewußtsein! Was hast du mit Hilfe deines Körpers über den Wert der Observablen M in X_2 herausgebracht?« Y's Bewußtsein antwortet mit derselben Telegraphie.

In dieser Beschreibung erweist sich der zweite Beobachter, Z, als überflüssig. Der Vorgang funktioniert nur, wenn Y's Bewußtsein etwas über Y's Körper weiß. Also können wir von vornherein Y's Bewußtsein als den Beobachter von Y's Körper wählen. Für Y's Bewußtsein ist Y's Körper dann ein gewöhnliches Meßinstrument, an dem Fakten beobachtet und Wahrscheinlichkeiten zur Vorhersage benützt werden können. Die Reduktion der Wellenfunktion von Y's Körper geschieht in Y's Bewußtsein. Nichts ist verändert gegenüber der Quantentheorie der Messung.

Also nehmen wir unseren letzten Anlauf und nehmen an, die Quantentheorie gelte auch für das Bewußtsein selbst. Dies ist

Die semantische Konsistenz der Quantentheorie 537

dann zum ersten Mal wirklich eine Anwendung der Quantentheorie auf das wissende Subjekt. Die Annahme, diese Anwendung sei möglich, ist gewiß hypothetisch, aber sie widerspricht in nichts der logischen Struktur der abstrakten Quantentheorie. Die abstrakte Quantentheorie spricht von entscheidbaren Alternativen ohne jede Abhängigkeit von deren spezieller Natur. Die Frage, ob Y's Bewußtsein ein Faktum beobachtet hat oder nicht, ist eine sinnvolle Alternative. Die Wahrscheinlichkeit, daß ein Beobachter, der ein Faktum x wahrgenommen hat, nachher ein Faktum y wahrnehmen wird, ist eine sinnvolle Wahrscheinlichkeit. So können wir als Beobachter das Bewußtsein Z einführen (das wir zuvor Z's Bewußtsein genannt hatten), das sich über die Bewußtseinstatsachen im Bewußtsein Y informiert, z. B. indem Z mit Y spricht und Vorhersagen über Y's künftige Bewußtseinstatsachen macht und überprüft. Das Bewußtsein Y verhält sich dann wie irgendein Quantenobjekt. Die Wahrscheinlichkeitsfunktion, durch welche Z den »Bewußtseinszustand« von Y beschreibt, wird jedesmal reduziert, wenn Y etwas zu Z gesagt hat und verstanden worden ist.

Hier wird freilich der »Realist« einwenden: »Aber Y's Bewußtseinszustand ist sicher objektiv, denn er kennt sich selbst.« Das veranlaßt uns zum zweiten Mal, den äußeren Beobachter Z zu eliminieren und Y sich selbst beobachten zu lassen. In unserer Deutung der Quantentheorie ist das zulässig, und wir haben keine Schwierigkeit, Y eine bessere Kenntnis seiner selbst zuzuschreiben als Z und diese Kenntnis folglich durch eine andere ψ-Funktion auszudrücken als diejenige, die Z benützt.

Hier machen wir die Randbemerkung, daß die Unterscheidung zwischen Y's Körper und Y's Bewußtsein jetzt ziemlich nutzlos geworden ist. Y's Körper gehorcht der Quantentheorie gemäß unserer Ausgangshypothese, Y's Bewußtsein gehorcht ihr gemäß unserer letzten Annahme. Was steht im Wege, beide nur als verschiedene Aspekte einer und derselben Realität anzusehen? Warum sollte nicht Y's Körper eben das sein, was Y von sich selbst im Raume wahrnehmen kann, und Y's Bewußtsein das, was Y von sich durch »Introspektion« wahrnimmt? Wir werden auf diesen philosophischen Grundgedanken später zurückkommen. Für die Stringenz des gegenwärtigen Arguments ist er nicht nötig. Insofern bleibt er jetzt eine Randbemerkung.

Was kann Y über sich selbst wissen? Er kann Fakten kennen: soweit sein Gedächtnis verläßlich ist, hat er eine faktische Kenntnis seiner vergangenen Erfahrungen, die sein gegenwärtiges Bewußtsein mit umfaßt. Er kann Möglichkeiten kennen: er kann Wahrscheinlichkeiten für seine zukünftige Erfahrung schätzen. Stets, wenn er bewußt eine neue Erfahrung macht, wird er ein neues Faktum zu seiner Kollektion hinzufügen und wird die Wahrscheinlichkeitsfunktion für seine künftigen Erfahrungen reduzieren. Er kann sich selbst nicht deterministisch vorhersagen, weder seine äußeren Erfahrungen noch seine Stimmungen, Gedanken und Willensentscheidungen. So kann er konsistent gleichzeitig beide Rollen spielen, die des Wissenden und des Gewußten.

Wir haben das tiefe philosophische Problem der Selbstwahrnehmung erreicht. Wir erheben nicht den Anspruch, dieses Problem aufgeklärt zu haben. Wir behaupten nur, daß es nichts in der Quantentheorie selbst gibt, das sie daran hindern könnte, ohne irgendeine Änderung ihrer Deutung auf das Bewußtsein, allgemein auf seelische Vorgänge angewandt zu werden. Was ich über mich selbst weiß, ist »objektiv« im Sinne der Faktizität. Was ich nicht objektiv über mich weiß, mag in der Zukunft dem Wissen zugänglich werden. Diese Zeitstruktur ist für seelische Vorgänge nicht anders als für Objekte, die wir materiell nennen.

3. Paradoxien und Alternativen

a. Vorbemerkung. Die dritte Periode der Deutung der Quantentheorie, etwa von 1935 bis heute, haben wir als Periode der »Nachhutgefechte« charakterisiert. Damit sollte nicht gesagt sein, die Kopenhagener Deutung sei objektiv das letzte Wort in der Interpretation der Quantentheorie. Es sollte aber gesagt sein, daß in *diesen* fünfzig Jahren kaum ein substantieller Fortschritt über sie hinaus erzielt worden ist. Dies dürfte daran liegen, daß in der Deutungsdebatte dieses Jahrzehnts keine vorausblickenden, sondern rückblickende Fragen an die Theorie gestellt wurden, daß eben Nachhutgefechte ausgefochten wurden. Der Grund hierfür ist jedoch verständlich: Die Kopenhagener Deutung geht, historisch und sachlich begreiflich, noch von Bohrs Korrespondenzgedanken aus. Die klassische Physik ist vorgegeben. Sie liefert, in unserer Terminologie gesagt, das *Vorverständnis* zur Quantentheorie. In ihrer Sprache beschreibt man die Messungen. Die Kopenhagener Deutung läßt dann die *semantische Konsistenz* der Quantentheorie erkennen. Sie zeigt genau, wie man das Vorverständnis modifizieren, also den Anwendungsbereich der klassischen Physik einschränken muß, damit kein Widerspruch entsteht. Die scheinbaren Paradoxien und Alternativen, die man danach noch diskutiert hat, waren durchgehend Versuche, die Opfer im Vorverständnis, die man dabei bringen mußte, wenigstens teilweise wieder rückgängig zu machen. Die Versuche waren erfolglos. Dies war eine wichtige »Trauerarbeit«; es wurde dadurch erst richtig klar, wie tief diese Opfer gehen. Einstein bewährte in dieser Debatte noch einmal seinen überragenden denkerischen Rang. In seinem berühmten Gedankenexperiment mit Podolsky und Rosen arbeitete er präzise den zentralen Punkt des Opfers heraus: den Verzicht auf den Glauben an die »objektive Realität« der physikalischen Objekte. Wir widmen daher dieser Trauerarbeit noch einen ganzen Abschnitt, zentral darin eben dem Protest Einsteins. Aber sie bleibt Trauerarbeit. Keine angebotene Rückkehr zu klassischen Prinzipien hat sich durchgesetzt. Der psychologische Sinn des Freudschen Begriffs der Trauerarbeit ist in der Tat, das Geschehene anerkennen zu lernen, seine Härte nicht zu verdrängen und eben dadurch einen Weg in eine andere Zukunft zu bahnen.

Daß es nicht möglich war, während dieser Jahrzehnte in der Deutung fundamentale Schritte vorwärts zu tun, ist aus der gleichzeitigen Entwicklung der Physik heraus verständlich. Es waren die Jahrzehnte der »Welteroberung durch die Quantentheorie«. Die Quantentheorie war abgeschlossen; und sie stieß nirgends auf erkennbare Gültigkeitsgrenzen. Das hatte zwei Folgen. Einerseits waren die produktiven Physiker der Generationen, die jünger waren als Einstein und Bohr, wie noch die heute Jungen, fasziniert von gegenständlichem Fortschritt, von der Entdeckung und Erklärung immer neuer Phänomene. Kaum einer der führenden Köpfe dieses Fortschritts hat sich für die Deutungsdebatte stark interessiert. Das hing aber auch schon mit der zweiten Folge zusammen: die führenden Physiker verstanden recht gut, daß aus dieser Debatte, so wie sie geführt wurde, vermutlich wenig Neues zu lernen war. In der Tat: wenn nicht mehr vorliegt als eine abgeschlossene Theorie und ein festes, historisch gegebenes Vorverständnis der Theorie, das durch Neuinterpretation mit ihr semantisch konsistent gemacht ist, dann ist, aus diesem Material, nicht mehr als bloße Verdeutlichung des schon Bekannten herauszuholen. Eine Erweiterung des Horizonts ist nötig, wenn man mehr erreichen will, entweder eine Einbettung und Kritik des Vorverständnisses in einer viel breiteren und tieferen Philosophie oder eine neue abgeschlossene physikalische Theorie. Ersteres hätte verlangt, den Rahmen des uninteressant werdenden Meinungsstreits der untereinander in ihren Vorurteilen viel zu ähnlichen zeitgenössischen Philosophien wie Realismus, Positivismus, Apriorismus zu sprengen. Notwendige und noch nicht hinreichende Voraussetzung hierfür wäre eine Aufarbeitung der abendländischen Philosophie seit ihren Anfängen und damit ein kritisches Verhältnis zu den Motiven der neuzeitlichen Philosophie gewesen. Dies konnten weder die philosophisch nicht hinreichend gebildeten Physiker leisten, noch, stellvertretend für die Physiker, die Philosophen, die die neue Physik nicht verstanden. Letzteres aber, eine neue abgeschlossene Theorie jenseits der korrespondenzmäßig aufgebauten Quantentheorie, wäre die physikalische Vorbedingung eines neuen Schritts auch in der Deutung der Quantentheorie gewesen. Sie hätte die bisherige Quantentheorie in die Rolle des Vorverständnisses gebracht, und sie hätte die Mittel geboten, dieses ihr Vorverständnis zu kritisieren. Aber neue abgeschlossene Theorien werden entdeckt wie Kontinente; sie lassen sich nicht willentlich erzeugen.

Das gegenwärtige Buch ist aus einer Suche in diesen beiden Richtungen entstanden. Die philosophische Verbreiterung der Basis wird ein Stück weit in dem in Vorbereitung befindlichen Buch *Zeit und Wissen* referiert werden. Der *Aufbau der Physik* sucht physikalisch das beizutragen, was durch *immanente*

Analyse der Quantentheorie und ihres Vorverständnisses geleistet werden kann. Es handelt sich dabei durchgehend darum, das Vorverständnis auf seine *knappsten Elemente* zu reduzieren. Als diese bleiben übrig die *Zeitstruktur* (2. Kapitel) und der Begriff der Alternative (8. Kapitel). Ihr Zusammenhang zeigt sich darin, daß jede Alternative eine Frage an die *Zukunft* bedeutet und daß sie nur durch die Irreversibilität des Meßresultats, also durch die Faktizität der Vergangenheit, entscheidbar ist. Die Ur-Hypothese (9. Kapitel) schließlich möchte ein sachlicher Schritt vorwärts innerhalb der Quantentheorie sein. Sie ist ebenfalls durch die Frage nach den knappsten möglichen Elementen der Quantentheorie entstanden, erweckt aber die Hoffnung, auch die Relativitätstheorie und die Theorie der Elementarteilchen als notwendige Konsequenzen in die prinzipielle Quantentheorie einzufügen. Mit all diesem ist die Überzeugung verbunden, daß nur ein solcher entschiedener *Schritt vorwärts* auch im Deutungsproblem zu neuer Belehrung führen kann.

Der jetzige Abschnitt aber befaßt sich mit der »Trauerarbeit« der vergangenen Debatte. Er nennt ein paar der vermuteten Paradoxa und vorgeschlagenen Alternativen. Er erinnert einerseits daran, warum sie keine Paradoxa sind und vermutlich auch keine gangbaren Alternativen. Er sucht andererseits in jedem Fall das Motiv zu verstehen, aus dem heraus gerade so gefragt wurde; diese *Motive* weisen manchmal über die bisherige Gestalt der Quantentheorie hinaus.

b. Schrödingers Katze: der Sinn der Wellenfunktion. Schrödinger hatte nach den oben geschilderten Diskussionen zugeben müssen, daß eine Wellentheorie nicht geeignet war, die Teilchenphänomene zu erklären. Eben darum blieb er seitdem bei der Meinung, die Quantentheorie in der vorliegenden Gestalt sei trotz ihrer Erfolge keine adäquate Theorie der Wirklichkeit. Er beteiligte sich nicht mehr an ihrem Ausbau und wandte sich dem Einsteinschen Fragenkreis einer einheitlichen klassischen Feldtheorie zu.

In einem Bericht von 1935 (vgl. Jammer, S. 215–218) ironisierte er die Kopenhagener Auffassung durch ein Gedankenexperiment. Eine lebende Katze sei in einem Kasten eingesperrt und mit ihr ein tödliches Gift, das durch ein einzelnes, im Kasten anwesendes radioaktives Atom freigesetzt werden kann. Nach Verlauf einer Halbwertzeit des Atoms besteht die Wahrscheinlichkeit 1/2, daß die Katze noch lebt, und 1/2, daß sie tot ist. Schrödinger beschreibt die ψ-Funktion des Systems zu diesem Zeitpunkt durch den Satz: »Die halbe lebende und die halbe tote Katze sind durch den ganzen Kasten verschmiert.«

Die Antwort ist trivial: die ψ-Funktion ist die Liste möglicher Vorhersagen. Eine Wahrscheinlichkeit 1/2 für zwei alternative Möglichkeiten (hier: »lebend-tot«) bedeutet, daß die beiden unvereinbaren Situationen jetzt als gleichermaßen möglich gelten müssen für den Zeitpunkt, den die Vorhersage meint. Hierin gibt es keine Spur eines Paradoxons.

Schrödingers Grund, die Situation als paradox zu empfinden, lag darin, daß er die ψ-Funktion als »objektives« Wellenfeld zu deuten gehofft hatte. In der darin implizierten deterministischen Beschreibung fand er keinen Anlaß, den Unterschied von Gegenwart und Zukunft ernst zu nehmen. Wie fremd ihm, wie manchen Physikern, der Gedanke war, dieser Unterschied sei etwas physikalisch Ernstzunehmendes, nicht nur »Subjektives«, habe ich aus einem Brief gesehen, den er mir einmal (schon nach dem Krieg) schrieb. Er hatte eine Darstellung gelesen, die ich von meiner Deutung der thermodynamischen Irreversibilität gegeben hatte. Er schrieb mir, er habe große Mühe gehabt, meine ungewöhnliche Ausdrucksweise zu verstehen, aber er sehe jetzt, daß ich einfach den Zeitpfeil gemeint habe. Für mich war natürlich gerade das Wort »Zeitpfeil« eine bloß metaphorische Ausdrucksweise für den eigentlichen, phänomenal gegebenen Sachverhalt.

Die Verschärfung des paradoxen Eindrucks bewirkt Schrödinger, indem er ein lebendes Wesen zum Beispiel nimmt. Die arme Katze wird hier einfach als Meßinstrument behandelt, das durch den auffallenden und menschlich bewegenden Gegensatz der Zustände des Lebens und des Todes die Irreversibilität des Meßprozesses veranschaulichen soll. Wir haben oben (11.2e) argumentiert, daß es keinen der Quantentheorie immanenten Grund gibt, sie nicht auf lebende Wesen anzuwenden. Aber zur Diskussion von Schrödingers Beispiel brauchen wir das nicht vorauszusetzen. Es genügt die Bemerkung, daß es offenbar keine verständliche Beschreibung eines quantentheoretischen Gedankenexperiments geben kann, wenn man einerseits lebende Organismen als seine integrierenden Bestandteile benutzt, andererseits aber die Anwendung der Quantentheorie, d. h. hier einfach des Wahrscheinlichkeitsbegriffs, auf die Organismen nicht ernst nimmt.

c. *Wigners Freund: Einbeziehung des Bewußtseins.* Wigner (1961) war anscheinend, aber dann irrig, der Meinung, Bohr behaupte eine Anwendbarkeit der Quantentheorie auf das Bewußtsein. Dieser Eindruck war bei manchen Physikern entstanden, weil Bohr von der Unvermeidlichkeit der Einführung des Beobachters sprach. Wir haben oben dargelegt, daß dies gerade nicht so gemeint war. Andererseits haben wir behauptet, es gebe keinen der Quantentheorie immanenten Grund gegen ihre Anwendung aufs Bewußtsein. Diese letztere Meinung sollte das als »Wigners Freund« bekannt gewordene Gedankenexperiment widerlegen. Wir müssen daher den Fehler in Wigners Argumentation aufsuchen.

Der Theoretiker W und sein Freund F beschreiben in dem Gedankenexperiment dieselbe binäre experimentelle Alternative zwischen zwei Zuständen x_1 und x_2 eines Objekts. W benützt eine Wellenfunktion $\psi = \alpha\psi_1 + \beta\psi_2$, die für ihn – so meint Wigner – gilt, bis er weiß, was geschehen ist. Der Freund F ist der Beobachter. Das Ereignis im Objekt wird ein mentales Ereignis in F's Bewußtsein auslösen. Ist x_1 eingetreten, so sieht F einen Lichtblitz, ist x_2 eingetreten, sieht er keinen Lichtblitz. Also kann W seine eigene Vorhersage auf eine Vorhersage über die beiden einander ausschließenden mentalen Ereignisse beschränken, die seinem Freund zustoßen: x_1 = F sieht einen Lichtblitz; x_2 = F sieht keinen Lichtblitz. Er fragt nun den Freund: »Hast du einen Lichtblitz gesehen?« Bis zu dem Augenblick, in dem W die Antwort von F erhält, wird er – so scheint es zunächst – korrekt den Zustandsvektor ψ zur Beschreibung von F's Seelenzustand benützen. Aber wenn er die Antwort erhalten hat, kann er den Freund fragen: »Was hast du über den Lichtblitz gewußt, ehe ich dich fragte?« Er bekommt natürlich im Falle x_1 die Antwort: »Ich habe es dir doch schon gesagt, ich habe den Lichtblitz gesehen«, im Falle x_2 mit derselben Indignation: »Ich habe ihn ja doch nicht gesehen.« D. h. für F war der Zustand schon reduziert, ehe W ihn fragte. Dies scheint einen Widerspruch zu implizieren, denn beide Zustände x_1 und x_2 sind mit ψ unvereinbar. Die Antwort ist, daß auch ein Bewußtseinsakt, wenn er wirklich stattgefunden hat, ein Faktum ist, also einen irreversiblen Vorgang im Bewußtsein voraussetzt. F hätte W's Frage gar nicht beantworten können, wenn er das Ergebnis nicht in seinem Gedächtnis gespeichert hätte. Genau wie in einem materiellen Apparat zerstört dieser irreversible Prozeß die Phasenbeziehung, die durch die komplexen Zahlen α_1 und β_2 beschrieben ist. So hat W, sobald er weiß, daß F den Vorgang beobachtet hat, kein Recht mehr, sein ψ für die Zeit zwischen F's Wahrnehmungsakt und F's Antwort zur Beschreibung von F's Bewußtseinszustand zu benützen. Er muß ψ durch ein Gemisch von x_1 mit der Wahrscheinlichkeit $\mid \alpha \mid^2$ und x_2 mit der Wahrscheinlichkeit $\mid \beta \mid^2$ ersetzen.

Hier wird der Eindruck eines Paradoxons erzeugt, indem das Bewußtsein naiv und eben darum unauffällig gemäß der klassischen Ontologie beschrieben wird. Die korrekte Anwendung der Quantentheorie aufs Bewußtsein, die wir oben beschrieben haben, schließt dies für die jeweilige Zukunft aus. Darin ist nicht mehr behauptet, als daß ich heute meine eigene Zukunft nicht kenne.

d. Einstein-Podolsky-Rosen: verzögerte Wahl und Realitätsbegriff. Einstein hat dieses berühmte Gedankenexperiment entworfen, *nachdem* er die innere Widerspruchsfreiheit der Quantentheorie anerkannt hatte. Es sollte also nicht die Quantentheorie immanent widerlegen, sondern ihre Konsequenzen bezüglich des Realitätsbegriffs so ans Licht stellen, daß klar wurde, warum Einstein eine solche Theorie nicht als endgültig zu akzeptieren bereit war.

α) *Das Gedankenexperiment.* Die Autoren (abgekürzt nennt man sie heute meist »EPR«) betrachten zwei Körper X_1 und X_2, die zu einer Zeit t_0 miteinander wechselwirken und sich nachher um einen sehr großen Abstand voneinander entfer-

Paradoxien und Alternativen 545

nen, sagen wir um den Abstand der Erde vom Sirius. Während sie beieinander in direkter Wechselwirkung standen, wurden zwei miteinander vertauschbare Observable des aus X_1 und X_2 bestehenden Gesamtobjekts gemessen, z. B. ihr Abstand in einer Richtung $x_1 - x_2$ und ihr Gesamtimpuls in derselben Richtung $p_1 + p_2$. Nach ihrer weiten Trennung messen wir zur Zeit t_1 an dem Objekt X_1, von dem wir annehmen, es sei auf der Erde angekommen, *entweder* den Wert von x_1 *oder* den Wert von p_1. In einem zulässigen Lorentzschen Bezugssystem, z. B. dem Ruhesystem des gemeinsamen Schwerpunkts beider Objekte, mißt ein Beobachter auf dem Sirius, in einem in diesem Bezugssystem mit t_1 gleichzeitigen Augenblick, am Objekt X_2, entweder x_2 oder p_2. Kein physisches Signal kann das Meßresultat von der Erde zum Sirius bringen, ehe die dortige Messung gemacht ist. Aber, *wenn* am X_1 der Ort x_1 gemessen worden ist, dann kann der Beobachter auf der Erde genau vorhersagen, welchen Ort x_2 der Beobachter auf dem Sirius ihm als gefunden signalisieren wird, *falls* auch an X_2 der Ort gemessen wurde. *Wenn* aber an X_1 der Impuls p_1 gemessen wurde, so ist umgekehrt gerade der Impuls p_2 von X_2 vorhersagbar. Aber gemäß der Quantentheorie kann X_2 nicht zugleich vorhersagbare Werte von x_2 und p_2 haben.

Es war Einstein völlig klar, daß dies keinen logischen Widerspruch innerhalb der Quantentheorie bedeutet. Die zwei Voraussetzungen, daß zur Zeit t an X_1 gerade x_1 oder gerade p_1 gemessen wurde, sind unvereinbar; also kann höchstens eine von beiden erfüllt worden sein. Folglich kann es nicht vorkommen, daß x_2 und p_2 gleichzeitig vorhersagbar werden. Aber das scheinbare Paradox liegt darin, daß die ψ-Funktion von X_2 am Sirius, eben wegen der Reduktion des Wellenpakets, durch eine Messung an X_1 auf der Erde momentan geändert wird. Der paradoxe Eindruck wird auch nicht aufgehoben, wenn man zugibt, daß die ψ-Funktion ein Wissenskatalog ist und durch neues Wissen plötzlich geändert werden muß. Denn der *Inhalt* des Wissens ändert sich in diesem Gedankenexperiment drastisch, in einer Weise, von der Einstein mit Recht sagte, daß sie mit der überlieferten Vorstellung von der physischen Realität unvereinbar ist. Mißt man auf der Erde an X_1 den Ort x_1, so hat X_2 den vorhersagbaren Ort x_2. Nach der überlieferten Vorstellung von Realität heißt dies, daß X_2 unmittelbar vor der Messung eben diesen Ort hat haben müssen; warum würde er sonst mit Gewißheit gefunden? Beschließt man aber auf der Erde, statt dessen den Impuls p_1 zu messen, so hat X_2 den vorhersagbaren Impuls p_2. Hatte es auch diesen unmittelbar vor der Messung, so entsteht durch diese *Realitätsannahme* der Widerspruch gegen die Quantenmechanik, daß x_2 und p_2 zugleich bestimmt sind. Will man die Quantenmechanik aufrechterhalten, so muß man die Realitätsannahme aufgeben.

Es sei um der Klarheit willen betont, daß die Annahme der Wiederholbarkeit einer Messung, die für die Postulate der Quantentheorie unentbehrlich sein dürfte, sehr viel weniger besagt als die soeben eingeführte Realitätsannahme. Die Wiederholbarkeit besagt, daß unmittelbar *nach* einer wirklich vollzogenen Messung dasselbe Resultat wiedergefunden werden würde, *wenn* man es kontrollierte. Die Realitätsannahme besagt, daß unmittelbar *vor* der wirklichen Messung deren Resultat vorgelegen haben muß, *unabhängig* davon, ob man es kontrolliert. Auch die in 11.2 b genannte Retrodiktion, also die rückläufige Konstruktion einer ψ-Funktion in die Vergangenheit hinein, ändert daran nichts. Die rückläufige ψ-Funktion besagt, daß man unmittelbar *vor* der Messung dasselbe Resultat *gefunden* haben muß, falls man damals gemessen hat.

Wheeler (1978) nennt den EPR-Versuch ein Gedankenexperiment mit *verzögerter Wahl* (delayed choice). Wir können das wie folgt paraphrasieren. Man kann im Sinne der Quantentheorie der Messung jedes der beiden Objekte X_1 und X_2 als Meßapparat für eine Messung an dem andern auffassen. Dann ist ihre Wechselwirkung zur Zeit t_0 schon die Meßwechselwirkung. So wie wir das Experiment beschrieben haben, wäre X_1 der Meßapparat, X_2 das Meßobjekt. Die Messung an X_1 auf der Erde ist dann die Ablesung des Meßapparats, welche den Zustand des Meßobjekts X_2 auf dem Sirius zu bestimmen gestattet. Die Messung an X_2 auf dem Sirius ist dann nur noch eine Kontrollmessung, deren Ergebnis (wenn beiderseits x oder wenn beiderseits p gemessen wird) bei korrektem Versuchsablauf vorhersehbar ist. Da an X_1 zwischen t_0 und t_1 kein irreversibler Vorgang (insbesondere keine Messung) stattgefunden haben darf, ist X_1 vor der Messung zur Zeit t_1 in einem

Ruth Seliger

Das Dschungelbuch der Führung

Ein Navigationssystem für Führungskräfte

2008

Mitglieder des wissenschaftlichen Beirats des Carl-Auer Verlags:

Prof. Dr. Rolf Arnold
Prof. Dr. Dirk Baecker
Prof. Dr. Ulrich Clement
Prof. Dr. Jörg Fengler
Dr. Barbara Heitger
Prof. Dr. Johannes Herwig-Lempp
Prof. Dr. Bruno Hildenbrand
Prof. Dr. Karl L. Holtz
Prof. Dr. Heiko Kleve
Dr. Roswita Königswieser
Prof. Dr. Jürgen Kriz
Prof. Dr. Friedebert Kröger
Dr. Tom Levold
Dr. Kurt Ludewig
Prof. Dr. Siegfried Mrochen
Dr. Burkhard Peter
Prof. Dr. Bernhard Pörksen
Prof. Dr. Kersten Reich
Prof. Dr. Wolf Ritscher
Dr. Wilhelm Rotthaus
Prof. Dr. Arist von Schlippe
Dr. Gunther Schmidt
Prof. Dr. Siegfried J. Schmidt
Jakob R. Schneider
Prof. Dr. Jochen Schweitzer
Prof. Dr. Fritz B. Simon
Dr. Therese Steiner
Prof. Dr. Helm Stierlin
Karsten Trebesch
Bernhard Trenkle
Prof. Dr. Sigrid Tschöpe-Scheffler
Prof. Dr. Reinhard Voß
Dr. Gunthard Weber
Prof. Dr. Rudolf Wimmer
Prof. Dr. Michael Wirsching

Über alle Rechte der deutschen Ausgabe verfügt
Carl-Auer-Systeme Verlag und
Verlagsbuchhandlung GmbH; Heidelberg.
Fotomechanische Wiedergabe nur mit Genehmigung des Verlages
Umschlaggestaltung: Goebel/Riemer
Satz: Josef Hegele, Heiligkreuzsteinach
Printed in Germany
Druck und Bindung: Freiburger Graphische Betriebe, www.fgb.de

Erste Auflage, 2008
ISBN 978-3-89670-637-9
© 2008 Carl-Auer-Systeme Verlag, Heidelberg

Bibliografische Information der Deutschen Nationalbibliothek
Die Deutsche Nationalbibliothek verzeichnet diese Publikation in der
Deutschen Nationalbibliografie; detaillierte bibliografische Daten sind im
Internet über http://dnb.d-nb.de abrufbar.

Informationen zu unserem gesamten Programm, unseren Autoren
und zum Verlag finden Sie unter: **www.carl-auer.de**.

Wenn Sie unseren Newsletter zu aktuellen Neuerscheinungen
und anderen Neuigkeiten abonnieren möchten, schicken Sie
einfach eine leere E-Mail an: **carl-auer-info-on@carl-auer.de**.

Carl-Auer Verlag
Häusserstraße 14
69115 Heidelberg
Tel. 0 62 21-64 38 0
Fax 0 62 21-64 38 22
E-Mail: info@carl-auer.de

Inhalt

Danksagung 9
Vorwort der Autorin 11

1. **Im Dschungel des Führens** 15
   1.1 Dilemmata von Führung 15
       1.1.1 *Führung ist unsichtbar* 15
       1.1.2 *Führung ist Hausfrauenarbeit* 17
       1.1.3 *Führung ist prinzipiell unmöglich* 18
   1.2 Archetypische Führungsleitbilder 19
       1.2.1 *Der Meister: Führung durch Expertise* 19
       1.2.2 *Der Held: Führung als Heldentat* 20
       1.2.3 *Der General: Führung über die Position* .. 20
       1.2.4 *Der Vater: Führung über emotionale Bindung* 21
   1.3 Moderne Führungskonzepte als Legitimation
       von Führung 22
       1.3.1 *Beliebte Führungstheorien* 22
       1.3.2 *Neue Bedingungen des Führens* 24
       1.3.3 *Der Umgang mit Führung in Organisationen* 25

2. **Wozu Führung?** 27
   2.1 Bilder von Organisation 27
       2.1.1 *Die Organisation als Maschine:
             Das mechanistische Bild von Organisation* 28
       2.1.2 *Die Organisation als Bilanz:
             Das ökonomische Bild von Organisation* 29
       2.1.3 *Die Organisation als Gruppe:
             Das sozialpsychologische Bild von Organisationen* ... 30
       2.1.4 *Der Blick auf den ganzen Elefanten:
             Die systemische Perspektive* 31
   2.2 Der Sinn von Führung 33
       2.2.1 *Verbinden* 34
       2.2.2 *Entscheiden* 34
   2.3 Der Platz von Führung ist zwischen allen Stühlen 35

3. **Die Landkarte von Führung: Leadership-Map** **39**
  3.1 Führung als Praxis 40
    3.1.1 Sich selbst führen 41
    3.1.2 Menschen führen 43
    3.1.3 Die Organisation führen 44
  3.2 Führung als Profession 44
    3.2.1 Was ist Professionalität? 45
    3.2.2 Ein Modell von Professionalität 45
  3.3 Führung als Prozess 47
  3.4 Die Landkarte der Führens 49
  3.5 Wie können Sie das Modell für Ihre Führungspraxis nutzen? 50

4. **Dimensionen des Führens** **51**
  4.1 Führung als Profession 51
    4.1.1 Theorie 52
    4.1.2 Rollenklarheit 73
    4.1.3 Instrumente 81
  4.2 Führung als Prozess 87
    4.2.1 Wachsamkeit 91
    4.2.2 Wert-Schätzung 100
    4.2.3 Wirksamkeit 108
  4.3 Führung als Praxis 125
    4.3.1 Sich selbst führen 127
    4.3.2 Menschen führen 140
    4.3.3 Die Organisation führen 169

5. **Das Beste zum Schluss: Positive Leadership** **199**
  5.1 Was ist Positive Leadership? 200
    5.1.1 Positive Psychologie und Glücksforschung 200
    5.1.2 Positive Organizational Scholarship (POS) 202
    5.1.3 Appreciative Inquiry (AI) 203
    5.1.4 Stärkenbasiertes Management 205
  5.2 Die Prinzipien von Positive Leadership 205
    5.2.1 Führen mit Freude 206
    5.2.2 Führung mit Sinn 206
    5.2.3 Stärkenfokussiertes Führen 207
  5.3 Positive Leadership und Positive Organization 208
  5.4 Eine allerletzte Übung 209

5.4.1 Sich selbst führen 209
5.4.2 Menschen führen 209
5.4.3 Die Organisation führen 210

Literatur 211
Über die Autorin 214
Leadership-Map – Bastelbogen zum Herausnehmen

Danksagung

Dieses Buch über Führung ist das Ergebnis meiner jahrelangen Tätigkeit als Managementtrainerin und -beraterin. Alles, was hier vor- und dargestellt wird, entstand im Laufe meiner persönlichen und beruflichen Entwicklung, in der ich viele Impulse aufgenommen und integriert habe. Mein Dank gilt daher jenen Menschen, die mich auf diesem Weg begleitet und angeregt haben.

Der wichtigste Mensch ist mein Sohn Johannes, der mich seit seiner Geburt lehrt, dass das Leben seinen eigenen Weg geht und seinen eigenen Sinn produziert und dass man bei der Bewertung der eigenen Bedeutung bescheiden sein sollte.

Fritz B. Simon und Gunthard Weber waren meine wichtigsten Lehrer des systemischen Denkens, mit denen ich mich über beinahe 20 Jahre verbunden fühle. Viele ihrer Gedanken sind in diesem Buch verarbeitet. Ich danke ihnen für viele der Irritationen, die mein Lernen angeregt haben.

Dirk Baecker hat mich dabei unterstützt, das Führungsmodell *Leadership-Map* zu entwickeln. Seine kritische Reflexion und seine inhaltlichen Anregungen sind in dieses Buch eingeflossen.

In meiner Beratungsfirma *Train Consulting* bin ich von Menschen umgeben, die mit mir gemeinsam an der Entwicklung dieses Führungsmodells gearbeitet haben: Lothar Wenzl, Janina Obermüller, Oliver Schrader und Thomas Schöller. In vielen Diskussionen haben wir um Gedanken und Bilder gerungen, die nun in die *Leadership-Map* eingearbeitet wurden.

Ich bedanke mich bei allen Führungskräften, die mir im Rahmen meiner Arbeit ihre Geschichten erzählt haben, aus denen ich lernen konnte, was Führung bedeutet und welche Dilemmata damit verbunden sind. Ich hoffe, ich kann ihnen etwas zurückgeben, das ihnen bei ihrer Aufgabe hilfreich ist.

Schließlich gilt mein besonderer Dank zwei Personen, die in ganz spezifischer Weise zur Entstehung dieses Buches beigetragen haben:

Karin Eichhorn-Thanhoffer, langjährige Kundin, Kollegin und Freundin, und Christof Schmitz, lieber Kollege und Freund, haben sich der Mühe unterzogen, das gesamte Manuskript zu lesen, und sie

Danksagung

haben mir mit ihren Anmerkungen und Korrekturen Mut gemacht, zu kürzen, neu zu formulieren und eine klare Linie zu halten. Vielen Dank Euch beiden!

Last but not least bedanke ich mich bei meinem Freund und Kollegen Walter Csuvala für seine Zeichnungen.

Vorwort der Autorin

Sollten Sie, lieber Leser, liebe Leserin, in einer Führungsposition, also eine Führungskraft, sein oder sich für diese Aufgabe gerade vorbereiten, dann gratuliere ich Ihnen: Sie haben sich eine wahrlich unmögliche Aufgabe ausgesucht.

Führung ist ein Dschungel: Vielfältig, undurchsichtig, anstrengend, manchmal überraschend, manchmal beängstigend, man weiß nie genau, aus welcher Richtung Gefahr kommt. Man hat es mit unterschiedlichsten Menschen zu tun, mit Organisationen und Teilorganisationen, mit Aufgaben und Zielen, mit Kulturen, Spielregeln. Wie kann man sich da auskennen? Wie kommt man da durch?

Ich vermute, in Ihrem Bücherschrank steht eine Reihe guter Ratgeber, die Ihnen den »richtigen Weg«, die »richtige Antwort« auf Ihre Fragen versprechen. Die meisten dieser Ratgeber haben sich aus den komplexen und vielfältigen Bedingungen des Dschungels von Führung einen bestimmten Aspekt herausgegriffen, mit dem alle Führungsprobleme erklärt und schließlich gelöst werden sollen. Derzeit sind die »Persönlichkeit«, der »Charakter«, das »Charisma« der einzelnen Führungskraft wieder sehr im Trend. Es bedeutet: Für den Erfolg oder Misserfolg von Führung werden ausschließlich *Sie* verantwortlich gemacht.

Die meisten Angebote für Weiterbildung von Führung richten sich an Führungskraft-Persönlichkeiten: ihre Performance, ihre Potentiale, ihre Haltung. Damit wird die gesamte Verantwortung für gelungene Führung auf die Schultern von Führungskräften gelegt. Die »Persönlichkeit« gilt derzeit als der Schlüssel zu erfolgreicher Führung.

Es erscheint naiv anzunehmen, dass man sich in einem undurchdringlichen Dschungel voller seltsamer Geschöpfe, mit komplizierten Gesetzen und sich permanent verändernden Lebensbedingungen mit einer einzigen Erklärung und einigen wenigen Werkzeugen zurechtfinden könnte. Den Weg durch den Dschungel findet man leichter mit einer guten Landkarte, die Überblick über die Landschaft und ihre zahlreichen Facetten gibt.

Ich habe in meiner Praxis als Beraterin, Trainerin und Coach von Führungskräften und in meiner Arbeit mit Organisationen viele Gelegenheiten gehabt, Einblick in die Welt und die Fragestellungen von

Führung und Führungskräften zu gewinnen. In diesen vielen Jahren entstanden zahlreiche Modelle, Konzepte und Instrumente, die Führungskräfte bei ihrer schwierigen, ja unmöglichen Aufgabe unterstützen sollen.

Die in diesem Buch vorgestellte Landkarte des Führens – die *Leadership-Map* – ist eine Zusammenstellung dieser Modelle, Konzepte und Instrumente.

Sie können dieses Modell wie ein GPS benützen: Es hilft Ihnen zu erkennen, wo Sie sich gerade befinden, in welche Richtung Sie sich bewegen könnten und was Sie gerade nicht sehen. Eine gute Landkarte zeigt Ihnen, was Sie sehen, und auch, was Sie nicht sehen: Ihren blinden Fleck. Das ist mit Überblick gemeint.

Sie müssen dieses Buch auch nicht von vorne bis hinten lesen – das würden Sie mit einem Atlas ja auch nicht tun. Sie können überall beginnen, Sie können wählen, welcher Landstrich von Führung Sie gerade beschäftigt. Ich musste das Buch von der ersten bis zur letzten Seite schreiben. Sie müssen sich nicht an diese Ordnung halten.

Einige Enttäuschungen muss ich Ihnen allerdings gleich zu Beginn zumuten:

1. *Diese Landkarte enthält nichts Neues*
   Sie werden manches in diesem Buch vielleicht kennen und sich denken, das weiß ich ja schon. Landkarten sind auch keine Instrumente dafür, neue Landschaft zu erfinden, sondern dafür, eine bestimmte Landschaft neu zu zeichnen, neue Perspektiven zu setzen – so wie z. B. eine Straßenkarte einfach anders ist als eine geologische oder eine politische Landkarte.
   Das Führungsmodell *Leadership-Map* kann Sie anregen, immer wieder neue Perspektiven auf Führung zu gewinnen, und ich gehe davon aus, dass jede neue Perspektive Ihnen neue Impulse für Ihre Praxis eröffnen kann.
2. *Diese Landkarte enthält keine Rezepte*
   Dieses Buch wird Ihre Erwartungen nicht erfüllen, wenn Sie auf praktische Rezepte für alle Ihre Führungsfragen hoffen. Dieses Buch ist garantiert rezeptfrei. Es bietet Ihnen eine solide Theoriebasis hinsichtlich Führung, praktikable Modelle und einige Anregungen für die Praxis. Es soll Ihnen als Orientierungshilfe im Dschungel des Führens dienen, ist aber keine

Anleitung, was Sie in welcher Situation genau tun sollen. Das müssen Sie selbst entscheiden.
3. *Diese Landkarte enthält keine Wahrheiten*
Sie werden in diesem Buch auch keine ultimativen und unumstößlichen Wahrheiten über Führung finden. Zu viele Texte gehen der Frage nach, was Führung »wirklich« ist – und darüber lässt es sich auch trefflich streiten. Ich werde Ihnen meine Bilder anbieten, und ich lade Sie ein, darüber zu entscheiden, welche davon Ihnen nützlich, plausibel, anregend oder auch nicht erscheinen.

Mit diesem Buch möchte ich dazu beitragen, die alleinige Verantwortung für das Gelingen von Führung von den Schultern der einzelnen Menschen zu nehmen und diese Verantwortung »gerecht« zwischen Führungskräften und ihren Organisationen zu verteilen. Für die Qualität von Führung kann niemals die einzelne Person alleine zuständig sein. Führung ist ein komplexer Vorgang, der sich in einem komplexen Feld – nämlich Organisationen – ereignet und an dem immer mehrere Personen und viele Umstände beteiligt sind. Dieses Buch will Führung in einen Kontext stellen und damit »entpersonalisieren«. Führung ist mehr ein Organisationsphänomen als ein Persönlichkeitsphänomen.

Wir werden in diesem Buch immer eine gewisse Flughöhe beibehalten, das bedeutet, dass wir mehr Wert auf den Überblick als auf einzelne Details der Landschaft legen, die wir überfliegen. Daher wird es nicht immer möglich sein, sich einzelne Gegenden oder Orte genauer anzusehen. Sie finden immer wieder weiterführende Literatur zu den einzelnen Themen vor, und Sie können entscheiden, worüber Sie sich noch genauer informieren möchten.

Vor unserer gemeinsamen Reise möchte ich darauf hinweisen, dass ich aus Gründen der Lesbarkeit auf die Nennung auch der weiblichen Ausdrucksformen verzichtet habe und nur die männliche Form wähle. Die weiblichen Formen sind immer inkludiert. Ich bitte die Leserinnen um Verständnis.

Jetzt aber: Auf in den Dschungel!

Ruth Seliger
Wien, Juni 2008

1. Im Dschungel des Führens

Warum bezeichne ich Führung als einen Dschungel? Was ist das Dschungelartige an Führung?

Führung weist eine dschungelartige Undurchdringlichkeit auf, weil sie sich mit etwas Lebendigem beschäftigt. Wir sprechen hier nicht davon, wie Sie ein Auto oder ein Schiff führen. Führung handelt von den Versuchen, andere lebende Systeme zu beeinflussen.

> Führung ist ein Versuch der Einflussnahme auf lebende Systeme.

Dass es sich eben nur um Versuche handelt, liegt an der besonderen »Beschaffenheit« des Phänomens Führung.

1.1 Dilemmata von Führung

Führung ist ein Phänomen, über das alle reden, das niemand exakt beschreiben kann und das jeden, der sich damit beschäftigt, sofort in verschiedene Widersprüche und Dilemmata verstrickt. Hier eine Auswahl von Widersprüchen und Stolpersteinen des Führens.

1.1.1 Führung ist unsichtbar

Beginnen wir mit einer einfachen Frage: Was ist Führung, wie kann man das Phänomen beobachten und beschreiben? Wer hat schon einmal Führung gesehen? Und was genau hat man dann gesehen?

Zum Beispiel: A gibt B eine Anordnung, B führt sie aus. Im Nachhinein sagt man: B hat die Tätigkeit ausgeführt, weil A sie angeordnet hat, A hat demnach B geführt. Aber B könnte aus vielen Gründen das angeordnete Verhalten gezeigt haben: Aus Lust? Aus Interesse? Weil B ohnehin genau diese Tätigkeit geplant hatte oder aus einem anderen inneren Impuls heraus? Wer weiß? Wer kann schon in B hineinschauen?

Führung ist eine *Erklärung* dafür, warum B sich so verhält, wie er es tut. Diese Erklärung stellt einen Zusammenhang zwischen der Anordnung von A und der Reaktion von B her. Unterstellt man B, dass sein Verhalten ursächlich mit der Anweisung von A zu tun hat, dann kann man das Verhalten *beider* beteiligten Personen ein Führungsgeschehen nennen. Ob wir also von

> Führung ist eine Erklärung für das Verhalten von Menschen.

1. Im Dschungel des Führens

Führung sprechen, hängt davon ab, wie wir uns das Verhalten und vor allem die Intentionen der beteiligten Menschen erklären.

Führung ist daher, wie Christian Morgenstern in seinem Gedicht über den Lattenzaun (1905) schreibt, ein Phänomen zwischen den sichtbaren Erscheinungen, in unserem Fall zwischen Menschen:

»Es war einmal ein Lattenzaun,
mit Zwischenraum, hindurchzuschaun.

Ein Architekt, der dieses sah,
stand eines Abends plötzlich da –

und nahm den Zwischenraum heraus
und baute draus ein großes Haus.

Der Zaun indessen stand ganz dumm
mit Latten ohne was herum.

Ein Anblick grässlich und gemein.
Drum zog ihn der Senat auch ein.

Der Architekt jedoch entfloh
nach Afri- od- Ameriko.«

Wir haben es bei Führung mit einem Phänomen zu tun, das niemand direkt beobachten kann und über das trotzdem alle reden. Wen wundert es also, dass Führung zu einem blinden Fleck von Führungskräften und Organisationen geworden ist?

Beim Coaching mit einem Manager wurde eine für meinen Klienten unangenehme Situation besprochen: Einer seiner Mitarbeiter hatte eine große Summe Geld veruntreut. »Was hätte ich machen können?«, fragte mein Klient. Ich fragte zurück: »Haben Sie es schon einmal mit Führung versucht?« – »Mit Führung?«, fragte mein Klient erstaunt zurück, »nein, mit Führung eigentlich noch nicht.«

Wenn wir in diesem Buch über Führung sprechen, dann sprechen wir über ein Phänomen, dass erst durch die Interpretation von Beobachtern entsteht. Jemand muss A und B beobachten und deren Zusammenspiel die Erklärung *Führung* geben. Beobachter können durchaus die beiden beteiligten Personen sein. Führung ist daher ein unsichtbares Phänomen, das in den Köpfen der Beobachter entsteht.

> Was Führung ist, entscheiden die Beobachter.

Führung hat allerdings sehr viele Beobachter. Jede Organisation, Institution, jeder Verein hat Mitglieder und damit viele Beobachter von Führung. Als Bürgerinnen und Bürger beobachten wir unsere politischen und wirtschaftlichen Führungspersonen und kommentieren ihre Führungsarbeit. Dabei bringen wir unsere Vorstellungen und Standards in unsere Beurteilungen ein.

In diesem Buch geht es um Führung in Organisationen. Dort wird Führung von Mitarbeitern, Kunden, Eigentümern, Mitbewerbern, der Öffentlichkeit – und nicht zuletzt auch von Beratern beobachtet. Führung wird aus diesen unterschiedlichen Perspektiven kommentiert und interpretiert. Die vielen Beschreibungen und Bewertungen von Führung verunsichern Führungskräfte zunehmend. Für sie wird immer unklarer, was ihr Job ist und ob sie ihn gut machen.

Die einschlägige Fachliteratur gibt nur wenig Orientierung. Führung ist ein relativ junges Forschungsgebiet und als solches immer Spiegel seiner Zeit. Führung wird niemals wert- und ideologiefrei untersucht. Wie Führung definiert und interpretiert wird, welche Themen im Vordergrund stehen, welche Erwartungen daran geknüpft werden, sagt mehr über die Betrachter von Führung als über Führung selbst.

> Führungsliteratur ist ein Spiegel ihrer Zeit und daher auch Ideologie.

Man kann also sagen: Führung ist unsichtbar, wird aber dennoch beobachtet.

1.1.2 Führung ist Hausfrauenarbeit

Fritz B. Simon (vgl. Simon/CONECTA 1992, S. 49 ff.) stellt zwei Typen von Tätigkeiten in Organisationen einander gegenüber: die »Künstlerarbeit«, die kreativ ist, auf Veränderungen und Überraschungen orientiert ist, und die »Hausfrauenarbeit«, die die bestehende Ordnung aufrechterhält und einander die Normalität sichert.

Führung ist nicht nur unsichtbar, sondern wird nur dann bemerkt, wenn sie nicht stattfindet. Das ist eines der Merkmale von Hausfrauenarbeit. Hausfrauenarbeit hat zwei Charakteristika: Erstens bemerkt man sie erst, wenn sie nicht getan wurde, wenn also das schmutzige Geschirr herumsteht, das normalerweise sauber im Schrank aufbewahrt ist.

> Hausfrauenarbeit bemerkt man, wenn sie nicht getan wurde. Sie ist ein monotoner Dauerauftrag.

Erst dann weiß man, dass die Hausfrau (oder manchmal der Hausmann) ihre Arbeit nicht gemacht hat, die sie normalerweise macht. Hausfrauenarbeit ist bis zu einem gewissen Grad auch unsichtbar, allerdings meistens auf Grund des Umstandes, dass niemand zusieht.

Zweitens ist Hausfrauenarbeit eine Daueraufgabe, ein Dauerauftrag, ein ewiges Instandsetzen des Lebensraumes. Keine aufregende Jagd und kein Abenteuer.

Führung ist ein kontinuierlicher Prozess, eine Abfolge vieler kleinerer und größerer Tätigkeiten, die kaum wahrgenommen und damit auch kaum belohnt werden. Führung ist kein Projekt, das ein bestimmtes Ergebnis hat, auf das man stolz sein könnte. Keines der männlichen Attribute trifft auf Führung zu. Führung, so könnte man sagen, ist die »weibliche« Aufgabe in Organisationen, »Management« erscheint demgegenüber als die »männliche« Aufgabe. Vielleicht ist das der Grund, warum dieser Begriff erfunden wurde.

Das sind traurige Nachrichten für Führungskräfte, denn viele von ihnen haben diese Aufgabe auch deshalb angestrebt, weil ihr ein gewisser Helden- und Machtmythos anhaftet. Führungskräfte werden in diese Funktionen gelockt, weil sie hier angeblich gestalten können und wichtig genommen werden – und dann das: Hausfrauenarbeit!

1.1.3 Führung ist prinzipiell unmöglich

Ein drittes Dilemma von Führung ist das schwerwiegendste. Führung wird gern mit Bildern und Metaphern von stolzen Kapitänen beschrieben, die ihr Schiff durch die Gewässer manövrieren. Diese Bilder sind nicht nur irreführend, sondern sie sind ein Teil des Problems von Führung. Führungskräfte messen sich an solchen Bildern und fragen sich immer: Wieso kann ich mein kleines Boot nicht ordentlich führen, während andere riesige Dampfer steuern? Diese Führungskräfte fühlen sich dann unfähig, als Versager. Das Problem ist: Das Bild ist falsch. Auch der größte Hochseedampfer ist letzten Endes nur eine Maschine, die man prinzipiell steuern kann und die auch dafür konstruiert wurde, gesteuert zu werden. Man muss die Maschine zwar gut kennen, wissen, wie sie funktioniert – oder geeignete Techniker bei der Hand haben –, dann aber kann man die vielen Knöpfe, Räder und Hebel bedienen, und die Kiste läuft. Weil sie eine Maschine ist.

Aber Führungskräfte führen keine Maschinen, sondern Menschen und Organisationen. Beides sind lebende Systeme, die ein paar Eigenheiten aufweisen, die Führung fast unmöglich machen: Sie sind eigensinnig, reagieren unerwartet, folgen ausschließlich ihrer eigenen Logik. Lebende Systeme haben die Ei-

> Maschinen kann man steuern, lebende System nicht.

genheit, sich selbst zu führen und sich von außen kaum steuern zu lassen. Das ist die schlechteste aller Nachrichten.

Sie fragen sich jetzt vielleicht: Und wofür bin ich dann gut? Wofür bekomme ich mein Geld? Die Antwort ist ganz einfach: damit es dennoch funktioniert, obwohl es nicht möglich ist.

1.2 Archetypische Führungsleitbilder

Die beschriebenen Dilemmata von Führung sind nichts Neues. Seit sich Menschen mit dem Phänomen des Führens beschäftigen, stoßen sie auf diese Grenzen und suchen nach Lösungen. Die Er-Lösung aus dem Führungsdilemma wird seit Generationen in menschlichen Eigenschaften gesucht, in Persönlichkeiten, die Vorbilder für ideale Führungspersönlichkeiten sein und an denen sich Führungskräfte orientieren könnten. Diese Führungsideale sind an bestimmte persönliche Merkmale und archetypische Menschenbilder geknüpft und prägen als Führungsleitbilder immer noch die Ideale des Führens und legitimieren zugleich Führung. Sie suggerieren nach wie vor, dass das Gelingen von Führung von Persönlichkeitsmerkmalen abhängt. Ich habe hier einige der wichtigsten dieser archetypischen Führungsleitbilder zusammengestellt, nach denen sich Führungskräfte häufig richten. Diese Darstellung orientiert sich an dem psychoanalytischen Modell von Fritz Riemann (1984).

1.2.1 Der Meister: Führung durch Expertise

Dieses alte Führungsleitbild stammt aus der Tradition des Handwerks. Der Meister führt kraft seines Vorsprungs an Wissen und Erfahrung gegenüber seinen »Lehrlingen«. Der Meister ist klüger, kompetenter, erfahrener als andere und legitimiert aus diesem Unterschied den Anspruch auf Führung. Der Klügste führt.

Der Meister führt, weil er mehr weiß und kann.

In modernen Organisationen, die differenziert arbeiten, in denen Mitarbeiter dezentral, in hochkomplexen Projekten tätig sind, erweist sich dieses Führungsleitbild als nicht mehr praktikabel. <u>Führungskräfte verfügen heute nicht immer über mehr Wissen und Expertise als ihre Mitarbeiter, sie sind – im Gegenteil – oft darauf angewiesen, von ihren Mitarbeitern informiert zu werden. Damit sinkt die Legitimation von Führung.</u> Es entsteht Ratlosigkeit auf beiden Seiten.

1.2.2 Der Held: Führung als Heldentat

Dieses Führungsleitbild entspringt der Tradition der jüdisch-christlichen Kultur des Abendlandes und der Idee des einen Schöpfergottes.

Der Held führt, weil er außergewöhnlich ist.

Die Tat des EINEN erschafft die Welt. Führung und Autorität legitimieren sich durch besonderen Mut, durch besondere Taten einer einzelnen herausragenden Persönlichkeit. ER (meistens ist es ein Mann) ist herausragend aus der Menge, ein Guru, ein Erlöser.

Die Legitimation für Führung entsteht hier durch den Unterschied zwischen einem Einzelnen und der Masse der Menschen. Der herausragende Einzelne ist Leitfigur und Orientierungspunkt für die anderen.

Der Held lebt davon, dass andere ihn als Helden anerkennen und ihm folgen. Das Bild des Helden ist heute wohl immer noch eines der beliebtesten Leitmotive von Führung. Dazu werden Beispiele von erfolgreichen Managern, Politikern, Sportlern oder anderen Personen der Öffentlichkeit angeführt. Manager haben ihre Helden: Jack Welch und viele andere. Zugleich werden diese Idole und Helden immer wieder hinterfragt, es gibt massive Vertrauenskrisen, wenn ihre »Durchschnittlichkeit« sichtbar wird.

Moderne Organisationen haben gern Heldengestalten an ihrer Spitze: Gründer, Pioniere, Turnaround-Manager. Aber die große Menge an Führungskräften dürfen in diesen Organisationen keine Helden sein. Für sie ist Kooperation der Alltag. Oder können Sie sich eine Organisation vorstellen, in denen alle Führungskräfte wie Steve Balmers sind? Dieses Leit-Bild des Helden birgt Führungskräften daher eine paradoxe Botschaft: »Seid wie ich, aber seid ganz anders!«

1.2.3 Der General: Führung über die Position

Der General führt, weil er dazu befugt ist.

Dieses Bild von Führung entsteht in hierarchischen Systemen, die Komplexität durch Strukturen mit klaren Positionen und Funktionen reduzieren: Kirche, Militär, Krankenhäuser, Schulen, Unternehmen. Wesen dieses Führungsbildes sind strukturelle Macht, Position, Befehlsgewalt und Folgebereitschaftsdruck.

Die Legitimation für Führung leitet sich aus der Differenz von Machtbefugnissen ab: Ober sticht Unter. Dieses Bild von Führung hat eine mindestens 2000-jährige Tradition in unserer Gesellschaft.

Führung über die Position war stets ein gesellschaftliches Leitbild, das nicht nur in Organisationen, sondern in Familien, im Sport und in der Politik vorherrschend war.

War, denn in den vergangenen Jahrzehnten haben sich gesellschaftliche Werthaltungen – nicht zuletzt durch die Kritik der Nachkriegsgeneration der »68er« – massiv verändert. Vor allem die notwendige Flexibilisierung und Dynamisierung von Organisationen lösten alte und starre hierarchische Muster auf. Projekte, Netzwerke, strategische Allianzen, Prozess- und Kundenorientierung sind mit starrer Hierarchie nicht vereinbar.  Veränderungen des Arbeitsmarktes führen zu einer wachsenden Gruppe von »Selbständigen«, die in Mehrfachkooperationen stehen und keine bedingungslose Folgebereitschaft zeigen. <u>Das Führungsleitbild des Generals hat an Wirkung verloren und passt nicht mehr in moderne Organisationen.</u>

1.2.4 Der Vater: Führung über emotionale Bindung

Dieses Bild hat sich in Familienunternehmen und bäuerlichen Betrieben entwickelt, in denen die Funktion des Familienoberhauptes mit der des Unternehmensleiters ident war. Familienunternehmen haben es immer mit dieser Rollenvermischung zu tun. Die Legitimation von Führung ergibt sich aus der Zugehörigkeit des Einzelnen zum System, das durch einen »Vater« oder eine »Mutter« repräsentiert wird, und über die emotionale Bindung des Einzelnen an dieses System. »Vater« oder auch »Mutter« sind oft die Gründer der Organisation und Garanten für diese Bindung. Führung legitimiert sich auch auf Grund der Möglichkeit der Führung, Menschen aus dem System auszuschließen, zu exkommunizieren. Über das Dazugehören zu bestimmen ist Form und Inhalt des Führens.

> Der Vater führt, weil er entscheidet, wer zur Familie gehört.

Moderne Unternehmen sind im Allgemeinen kein Rahmen mehr für diese Art des Führens. Denn dieses Modell setzt eine besondere psychodynamische Konstellation voraus bzw. stellt sie her: die Bereitschaft erwachsener Menschen, sich im Rahmen ihrer Arbeit wie Kinder zu verhalten und sich auch so behandeln zu lassen. Diese Bereitschaft ist im Sinken und weicht auf Seiten der Mitarbeiter der Erwartung professioneller Führung.

1. Im Dschungel des Führens

Wenn die alten Rollenbilder von Führung nicht mehr taugen, woran orientieren sich Führungskräfte heute?

1.3 Moderne Führungskonzepte als Legitimation von Führung

Die alten Rollenbilder sind als Legitimation von Führung nicht mehr ausreichend, weil Organisationen als Kontexte von Führung sich so entwickelt haben, dass die auf eine einzige Person zugeschnittene Erklärung für Führung zu kurz greift. Moderne Führungstheorien sind ein Versuch, die Dilemmata von Führung aufzulösen. Sie stellen Führung in einen größeren Zusammenhang und zugleich auf eine wissenschaftliche Basis.

Führung wird erst seit relativ kurzer Zeit – seit etwa Mitte des 20. Jahrhunderts – mit wissenschaftlichen Methoden und Ansprüchen untersucht. Davor hat sich Führung »von selbst verstanden«. Seit jeher wurde Führung als durch Gott oder Geburt legitimiert betrachtet. Es war es daher müßig, über Inhalte, Aufgaben und Qualität von Führung nachzudenken. Erst die Entstehung von modernen Organisationen machte es notwendig, Führung als eigenes Phänomen zu untersuchen. Seither ist über Führung viel nachgedacht und vieles geschrieben worden – vielleicht zu viel.

Es ist hier nicht der Ort, Ihnen alle Führungstheorien vorzustellen, die in den vergangenen 60 Jahren entstanden sind. Wenn Sie mehr darüber erfahren wollen, dann verweise ich Sie auf eines der Standardbücher (z. B. Neuberger 2002).

1.3.1 Beliebte Führungstheorien

Jede dieser wissenschaftlichen Forschungen zu Führung hat ihrer Theorie eine andere Idee zu Grunde gelegt. Hier einige Beispiele, die in den 50er bis 80er Jahren des vergangenen Jahrhunderts entstanden und nach wie vor Lerngrundlage für Führungskräfte sind:

- Die *Eigenschaftstheorie* beschäftigt sich ausschließlich mit der Person der Führungskraft und weist Erfolg oder Misserfolg von Führung den individuellen Eigenschaften der Person zu.
- Nicht unähnlich dazu ist das – bekannte und beliebte – Modell der *Führungsstile*, wie es Kurt Lewin entwickelt hat. Es unterscheidet drei Möglichkeiten, zu Entscheidungen zu kommen:

»autoritär«: von oben, ohne Einbeziehung der Geführten; »laisser faire«: Die Geführten entscheiden, oder niemand entscheidet; und »demokratisch«: durch Verhandlung und gemeinsame Entscheidung. Dieses Modell ist nach wie vor Gegenstand vieler Führungstrainings.

- Das bekannte *Grid-Modell* differenziert das Verhalten der Führungskraft nach ihrer aufgaben- oder personenbezogenen Ausrichtung und erstellt eine Verhaltensmatrix, mit der diese Ausrichtungen bewertet werden können.
- Der *rollentheoretische Ansatz* stellt – im Unterschied zu den vorherigen Ansätzen – die Führungskraft in ihren Arbeitszusammenhang und »zerlegt« sie gleichsam in unterschiedliche Rollen, je nachdem, mit wem sie zu tun hat und welche Erwartungen die jeweils anderen Mitspieler an die Führungskraft richten.
- Das Modell des *situativen Führens* führt eine Differenzierung des Mitarbeiters in die Untersuchung von Führung ein. Führung muss sich auf die jeweiligen konkreten Umstände und den »Reifegrad« der Mitarbeiter situativ einstellen.
- Die *Gruppendynamik* richtet ihre Aufmerksamkeit auf die Beziehungen und Interaktionen zwischen Führungskraft und Mitarbeitern und auf deren Entwicklungsprozesse. Die Gruppendynamik unterscheidet Rollen, Positionen und Funktionen in sozialen Prozessen und sieht die Führungskraft in diesem sozialen Netz operieren.
- Die *Erwartungs-Valenz-Theorie* legt dem Führungsgeschehen das Thema Motivation zu Grunde: Der Erfolg von Führung steht in Zusammenhang mit den (vermuteten) Erfolgserwartungen der Geführten. Ist die Erfolgserwartung hoch, steigt auch die Leistung.
- Die *Lerntheorie* unterstellt, dass die Kommunikation zwischen Führung und Geführten ein wechselseitiger Lernprozess ist. Führen bedeutet hier, dass Führungskräfte über unterschiedliche Reizangebote (Verstärken, Belohnen, Bestrafen) Wirkung erzielen.

Alle diese Theorien und Modellen setzen sich mit der Frage auseinander, wie Führung gelingt. Diese Frage kann aber nur auftauchen, wenn das Gelingen keine Selbstverständlichkeit ist. Insofern sind alle diese theoretischen Konzeptionen von Führung ein Versuch, die beschrieben Dilemmata aufzulösen.

1.3.2 Neue Bedingungen des Führens

Alte und neue Theorien versuchen, diesem unmöglichen Gegenstand Führung beizukommen, ihn zu definieren, zu verstehen und zu erklären. Die Menge der Ansätze ist beeindruckend. Es zeigt sich, dass es die einzig richtige Theorie, die einzig richtige Erklärung oder Beschreibung von Führung nicht geben kann. Jede Theorie legt ihren Modellen bestimmte Annahmen zu Grunde, die man annehmen kann – oder nicht.

> Jede Führungstheorie geht von bestimmten Annahmen aus und unterstellt stabile Bedingungen des Führens.

Die alten Rollenbilder und Theorien des vergangenen Jahrhunderts haben eines gemeinsam: Sie entstanden unter relativ stabilen Bedingungen, als Veränderungen noch Ausnahmeerscheinungen und die Reichweite von Führung und Organisationen überschaubar waren. In den vergangenen Jahren haben sich die Bedingungen in Organisationen und damit für Führung allerdings in vielfältiger Richtung verändert:

- *Räumliche Grenzen* scheinen keine Bedeutung mehr zu haben. Organisationen sind international, global und interkulturell geworden. Allein die räumlichen Distanzen in dezentralen Organisationen erfordern neue Formen der Gestaltung von Führung und Kommunikation.
- *Stabilität* ist eine Ausnahme in der dynamischen Entwicklung von Organisationen geworden. Führung muss mehr denn je mit Ungewissheiten leben.
- Sowohl die Produkte als auch die Energie zu ihrer Herstellung sind abstrakt, nicht mehr direkt zu erkennen. Wir haben es zunehmend mit *Wissen als Produkt und als Produktivkraft* zu tun. Organisationen sind zunehmend auf die Expertise ihrer Mitarbeiter angewiesen.
- Die *Eigentumsverhältnisse* haben sich verändert, man kennt die Eigentümer nicht mehr. Organisationen sind im Besitz von Aktionären, die mit dem Unternehmen wenig Verbundenheit spüren – abgesehen von dem Wunsch, möglichst viel zu ernten.

- *Technologische Entwicklungen* verändern die Möglichkeiten und die Formen der Kommunikation radikal. Die Face-to-Face-Kommunikation, die guten alten Meetings finden selten oder unter erschwerten Bedingungen statt. Management-Board-Meetings sind häufig Videokonferenzen oder haben oft mit dem Jetlag ihrer Teilnehmer zu kämpfen.
- Organisationen erreichen auf Grund von Übernahmen und Zusammenschlüssen *Größenordnungen, die bei Weitem* nicht mehr überschaubar und führbar sind.

Das sind einige Beispiele für die Veränderungen von und in Organisationen. Führung ist davon direkt betroffen. Aber die Theorie folgt diesen Entwicklungen nur sehr langsam. Immer noch sind die alten Bilder, Modelle und Theorien in den Köpfen von Führungskräften, die versuchen, sie in die Praxis umzusetzen. Mit wechselndem Erfolge. Die Kluft zwischen der Realität von Führung und der Theorie stürzt vor allem Führungskräfte in die Krise. Das, was sie gelernt haben, passt nicht mehr zur erlebten Realität. Das Gefühl von Misserfolg und Ausgebranntsein stellt sich immer häufiger ein.

1.3.3 Der Umgang mit Führung in Organisationen

Führung ist ein wesentlicher Erfolgsfaktor für Organisationen. Aber wie gehen Organisationen mit Führung um?

- Einerseits werden Führungspositionen als eine Art von »Währung«, als Anerkennung für Verdienste und/oder einfach für lange Betriebszugehörigkeit vergeben. Damit wird Führung missbraucht. Vielleicht ist Ihnen dieses Thema als *Peter-Prinzip* bekannt: Mitarbeiter werden so lange für gute Arbeit mit Führungspositionen belohnt, bis sie schließlich am Ort ihrer Inkompetenz angelangt sind – und dort bleiben (Peter u. Hull 2001). Führungsfunktionen sind damit zu Anreizsystemen, zu Bestandteilen von Karrierepfaden geworden.

  Organisationen gehen mit Führung oft widersprüchlich um.

- Obwohl Führung einen hohen Stellewert in Organisationen hat, werden Führungskräfte kaum an ihrer Führungsarbeit gemessen, sondern an ihrem operativen Erfolg. Für Fragen, wie gut es gelingt, die Kooperation zu stärken, Ziele klar zu vermitteln,

Orientierung zu geben, gibt es kaum Messgrößen oder Beobachtungsformen.
- Die Bedeutung von Führung wird einerseits betont, andererseits wird Führungskräften kaum zugestanden, sich Zeit und Raum für Führung zu nehmen. Führung sollte möglichst neben dem operativen Tagesgeschäft geschehen und dieses nicht behindern.
- In Organisationen wird wenig darüber gesprochen, wie die Organisation selbst zu einem optimalen Rahmen für Führung werden könnte. Organisationen thematisieren sich selbst kaum in dieser Hinsicht.

Organisationen gehen mit Führung sehr widersprüchlich um. Der Widerspruch wird dann besonders deutlich, wenn Führungskräfte in Seminaren Methoden und Instrumente kennenlernen und anschließend an der Umsetzung scheitern, weil dieselbe Organisation, die die Seminare bezahlt, keine Möglichkeiten der Umsetzung bereitstellt.

Zusammenfassend
Die derzeitige Situation von Führung in Organisationen lässt sich durch einige Missverständnisse beschreiben:

- Führung wird auf ein individuelles Phänomen reduziert, obwohl es sich dabei um ein Organisationsphänomen handelt.
- Führung wird von Bildern geprägt, die aus vergangenen Jahrhunderten stammen und nicht mehr gegenwarts- oder gar zukunftstauglich sind.
- Führungskonzepte werden zumindest in der populärwissenschaftlichen Literatur auf die mechanistischen Ideen des 17. und 18. Jahrhunderts aufgesetzt, die ebenfalls den modernen Wissenschaftsansätzen nicht mehr entsprechen.
- Die Verwechslung von Führung und Führungskräften bringt weitere Verwirrung ins Thema. Was ist Funktion, was ist Person? Was kann man gestalten, was nicht?
- Der ambivalente Umgang mit Führung, wie er in Organisationen gelebt wird, erhöht nicht wirklich die Klarheit und Sicherheit.

2. Wozu Führung?

Führung ist zwar unsichtbar und unmöglich – aber das bedeutet nicht, dass man deshalb darauf verzichten könnte. Führung hat Sinn. Um den Sinn von Führung zu verstehen, brauchen wir zunächst einen gemeinsamen Begriff von Führung. Die Antwort auf die Frage, was Führung ist, ist immer abhängig davon, wen man fragt. Wenn Sie mich fragen, dann bekommen Sie eine Antwort, die Sie vor dem Hintergrund meiner Berufserfahrung, meiner Lebensgeschichte und meines Theoriezugangs einordnen sollten. Ich unternehme also nicht den Versuch, Ihnen hier eine allgemeine und endgültige Definition von Führung vorzustellen, sondern jene, die ich mir erarbeitet habe und die mir nützlich erscheint. Die Literatur ist voll von ähnlichen oder anderen Definitionen. Aber wir – Sie und ich – könnten uns hier auf eine gemeinsame Definition als Arbeitsbasis verständigen.

Um für uns eine Beschreibung von Führung zu entwickeln, sollten wir nochmals klarstellen, dass wir in diesem Buch nicht über Bergführer, Reiseführer oder einen Museumsführer sprechen. Wir sprechen von Führung in Organisationen.

Um uns einer Definition von Führung anzunähern, brauchen wir daher zunächst ein gemeinsames Bild von Organisation.

2.1 Bilder von Organisation

Was ist eine Organisation? Welche Bilder davon haben wir, welche haben Sie? Diese Frage ist deshalb so wichtig, weil Führung sich nicht nur in Organisationen ereignet, sondern das Verständnis von Führung und von Führungskräften sich wesentlich davon ableitet, wie man eine Organisation versteht.

Organisationen sind – ebenso wie Führung – unsichtbar, was ebenfalls nicht bedeutet, dass es sie nicht geben würde.

Wir können Organisationen nicht direkt beobachten. Was wir an Organisationen erkennen können, sind Büro- oder Fabrikgebäude, Logos, Mitarbeiter, Maschinen. Aber eine Maschine ist noch keine Organisation, auch nicht ein Logo. Offenbar ist eine Organisation – so wie Führung – etwas zwischen diesen beobachtbaren Dingen. Wenn

> Organisationen sind nicht direkt beobachtbar.

2. Wozu Führung?

wir Organisationen also nicht direkt beobachten können, wie können wir sie dann definieren?

Versuchen wir einen anderen Weg: Woher kommt der Begriff Organisation? Das etymologische Wörterbuch gibt uns einen Hinweis: Der Begriff Organisation leitet sich vom griechischen *órganon* her, das bedeutet: »Werkzeug«. Eine Organisation wäre demnach ein Werkzeug, das

1. jemand herstellt
2. jemandem nutzt
3. von jemandem bedient werden muss.

Ausgehend von dieser Wurzel, können wir nun Bilder von Organisationen entwerfen. Dabei gibt es, wie auch bei Führung, ältere und neuere Bilder.

2.1.1 Die Organisation als Maschine: Das mechanistische Bild von Organisation

Das Bild der Organisation als Werkzeug ist sehr brauchbar. Allerdings verleitet dieses Bild auch zu einem mechanistischen Verständnis von Organisation.

So wie Bilder von Führung häufig von veralteten Vorstellungen geleitet werden, so werden auch Bilder von Organisationen von Ideen geleitet, die aus der Welt des mechanistischen Denkens kommen. Danach wird die ganze Welt als eine Maschine gesehen: Organisationen sind Maschinen, Menschen sind Bestandteile dieser Maschinen. »Wir sprechen von Organisationen wie von Maschinen, und folglich erwarten wir, dass sie wie Maschinen funktionieren, nämlich routinemäßig, verlässlich und vorhersehbar« (Morgan 1997, S. 27).

Organisationen werden unter der mechanistischen Perspektive als Werkzeuge zur effizienten Produktion von Gütern verstanden. Die Vorstellung, alle Verfahren und Entscheidungen zu mechanisieren und damit zu vereinfachen, ist sehr verlockend. Wer wünscht sich nicht, dass die Dinge einfach und reibungslos funktionieren, ohne Wenn und Aber?

> Führung in einer mechanistisch gedachten Organisation sorgt für Ordnung und Kontrolle.

Führung erscheint in diesem Bild als eine Leistung, die das Funktionieren der Organisation sicherstellt. Führung stellt Ordnung in der Struktur und den Abläufen her und kontrolliert deren Einhaltung. Führung verwaltet die Ordnung der Organisation. In mechanistisch gedachten Organisationen wird also auch Führung mechanistisch gedacht.

Die Übertragung der mechanistischen Idee auf Phänomene des Lebens – wie Organisation und Führung – ist nicht nur falsch, sondern hat auch viele nachteilige Konsequenzen. Die Realität belehrt uns tagtäglich, dass weder Organisationen noch Menschen Maschinen sind, und dennoch erwarten wir von Menschen, dass sie »funktionieren«, und interpretieren unerwartete Verhaltensweisen als »Pannen«.

2.1.2 Die Organisation als Bilanz: Das ökonomische Bild von Organisation

Wirtschaftsorganisationen – Unternehmen – sind Werkzeuge des Geldverdienens. Unternehmen werden nicht nur als Maschinen gesehen, die Produkte erzeugen, sondern als Gewinnproduktionsmaschinen. Ihr Funktionieren wird daran gemessen, ob und wie viel Geld sie produzieren. Die betriebswirtschaftliche Perspektive auf Organisationen richtet ihre Aufmerksamkeit auf Kennzahlen von Cashflows, Umsatz, Gewinn. Entscheidungen werden vor dem Hintergrund dieser Daten getroffen, Führungskräfte werden an ihrem Beitrag zum Ertrag gemessen. Was nicht messbar ist, das gibt es auch nicht. Unter der Perspektive der Ökonomie erscheinen alle anderen Faktoren, die in einer Organisation anzutreffen sind – Veränderungen von Kundenwünschen, Bedürfnisse von Mitarbeitern, neue Technologien – als permanente Störung. Organisation und Ökonomie werden heute beinahe synonym – als Chance, Geld zu verdienen – verwendet. Ist die Organisation ökonomisch erfolgreich, ist sie überhaupt erfolgreich. Damit wird auch gesagt: Organisationen *sind* Ökonomie.

Diese Idee erscheint mir allerdings ein Kurzschluss zu sein. Auch wenn die Interessen der Eigentümer von Organisationen vorwiegend auf die ökonomische Seite gerichtet sind, so ist jede Organisation ein Feld von sehr unterschiedlichen Interessengruppen und Themen, die immer in Balance zu halten sind. Ökonomische Themen stehen im Streit mit persönlichen, technischen oder politischen Themen. Organisationen lassen sich nicht ausschließlich über Instrumente des Controllings erfassen und steuern.

Führung erscheint unter dieser ökonomischen Perspektive auf Organisationen als Garant der Gewinnproduktion. Steuerung über

2. Wozu Führung?

> Führung in einer als ökonomisch gedachten Organisation kümmert sich um den Gewinn.

Zahlen ist zwar ein verbreitetes Verständnis und auch Instrument von Führung, dieses Verständnis ist aber zu begrenzt und blendet viele relevante Felder von Organisationen aus.

2.1.3 Die Organisation als Gruppe: Das sozialpsychologische Bild von Organisationen

In den 30er und später in den 70er und 80er Jahren des letzten Jahrhunderts kamen auch die Psychologen auf den Gedanken, sich mit Organisationen zu beschäftigen. Durch ihre Brille erscheinen Organisationen als soziale Gebilde, die aus Menschen und ihren Bedürfnissen bestehen.

Die Human-Relations-Bewegung entstand in der 30er Jahren des vergangenen Jahrhunderts als Gegenkonzept zu dem auf radikale Ausbeutung ausgerichteten Konzept von Organisationen. Die Aufmerksamkeit und damit auch die wissenschaftlicher Forschung richtete sich in der Folge und besonders verstärkt in den 70er und 80er Jahren auf Themen des Verhaltens von Menschen im Arbeitsprozess. Es entstanden bekannte Motivationstheorien, verhaltenstheoretische Führungstheorien und Managementkonzepte. Ich bin sicher, Sie kennen sie alle, und Sie sind Ihnen in diversen Führungsseminaren begegnet: Maslow, Hertzberg, das Managerial Grid.

In den 80er Jahren gesellte sich zu diesen auf das individuelle Verhalten gerichteten Ansätzen die Gruppendynamik hinzu. Im Rahmen der Theorie über Prozesse in Gruppen und von Trainingsmethoden untersuchte man die Entwicklung von Beziehungen in Gruppen, Rangordnungen und Machtfragen. Die Gruppendynamik prägte über viele Jahrzehnte die Vorstellungen von Führung, Kooperation und Konflikten und entwickelte neue Lernkonzepte für Organisationen. Damals wurde – angeregt durch Impulse aus der japanischen Automobilindustrie – das »Team« als neue soziale Form der Arbeit entdeckt.

Führung definierte sich auf Grund dieser Konzepte nun vorwiegend als Mitarbeiterführung. Führungskräfte mussten Psychologie lernen. Das Human-Relations-Verständnis erwartete von Führungskräften, dass sie die Interessen der Mitarbeiter vertreten, was sie mitunter in die Rolle von Betriebsräten

> Führung von als Gruppen gedachten Organisationen sorgt für die Entwicklung der Beziehungen und das Wohlbefinden der Mitarbeiter.

drängte. Der Begriff der *soft skills* wurde geboren und beschreibt bis heute das Missverständnis, dass es sich bei den psychologischen Aspekten von Führung um weichere, einfachere Themen handeln könnte. Dabei sind das die wahren harten Nüsse der Führung!

Auch dieses sozialpsychologische Bild von Organisation greift zu kurz. Technische, ökonomische, strategische Themen geraten dabei aus dem Blick.

2.1.4 Der Blick auf den ganzen Elefanten: Die systemische Perspektive

Allen diesen Bildern ist gemeinsam, dass sie Organisationen aus einem spezifischen Blickwinkel betrachten und daraus allgemeine Organisationskonzepte ableiten. Das erinnert an das berühmte Sufi-Gleichnis von den sechs Blinden, die versuchen, einen Elefanten zu beschreiben:

> Der eine, der den Rüssel erfasst, sagt: »Ein Elefant ist ein langer Schlauch.« Ein anderer, der ein Ohr berührt, sagt: »Ein Elefant ist ein großes, weiches Tuch.« Ein dritter umfasst ein Bein und meint: »Ein Elefant ist eine feste Säule.« Usw.

Die Frage, die sich für uns stellt: (Wie) kann es gelingen, den »ganzen Elefanten« zu sehen?

Die systemische Perspektive ist ein Versuch, das ganze System in seinen Umwelten zu betrachten. Was das *Ganze* jeweils ist, steht aber nicht fest, sondern wird immer wieder neu definiert. Organisationen sind immer das, was man in ihnen sieht. Wir sind alle mehr oder minder frei in unserer Beobachtungs*perspektive*, aber geleitet von unserem eigenen Beobachtungs*interesse*.

> Organisationen sind Konstrukte von Beobachtern.

Im Abschnitt 4.1.1 über systemische Theorie werden die Grundlagen des systemischen Verständnisses von Organisationen genauer vorgestellt. Hier seien einige Annahmen und Konzepte eines systemischen Verständnisses von Organisationen vorgestellt:

- Organisationen sind keine Maschinen, sondern lebende Systeme, die sich permanent verändern und auf Einflüsse aus ihrer Umwelt reagieren müssen. Sie sind wie alle lebenden Systeme selbstorganisiert und von außen kaum zu steuern.

2. Wozu Führung?

Abb. 1: Organsisationen sind selbstorganisiert

- Organisationen haben eine Reihe von relevanten Umwelten, von denen einige der wichtigsten genannt seien (siehe Abb. 2):

  Organisationen sind in ihre Umwelt eingebettet

Abb. 2: Das komplexe Umfeld von Organsisationen

Jeder der in Abbildung 2 aufgeführten Mitspieler übt Wirkung auf das Innenleben der Organisation aus, mit der sie sich auseinandersetzen muss, um zu überleben.

- Organisationen sind rund um ihre Aufgabe organisierte Kommunikation und »bestehen« in ihrem Kern aus Kommunikation. Organisationen sind daher auf Menschen angewiesen, die diese Kommunikation »beisteuern«.

  Kommunikation ist das Kernelement von Organisationen.

- Organisationen haben es mit äußerer und innerer *Komplexität* zu tun:
  - *Äußere* Komplexität entsteht durch die gleichzeitigen und vielfältigen Ansprüche der unterschiedlichen Umwelten an die Organisation.

- *Innere* Komplexität entsteht durch hochgradig vernetzte interne Kommunikation. In Organisationen gibt es kaum Face-to-Face-Kommunikation wie in Gruppen. <u>Kommunikation muss daher organisiert werden</u>.
- Komplexität ist eines der größten Probleme, mit denen sich Organisationen herumschlagen müssen. Ist die Komplexität zu hoch, sind also zu viele Impulse gleichzeitig im Spiel, entstehen Verwirrung und Unklarheit; ist die Komplexität zu gering, werden also zu viele wesentliche Momente des Organisationslebens ausgeblendet, haben Entscheidungen keine solide Basis. <u>Komplexität muss kontinuierlich bearbeitet – reduziert oder erweitert – werden, damit Organisationen handlungsfähig bleiben</u>. Das ist die Aufgabe von Führung.

Organisationen ringen mit innerer und äußerer Komplexität.

2.2 Der Sinn von Führung

Das systemische Verständnis von Organisation beschreibt implizit, was Sinn und Zweck von Führung sein könnte. Führung hat zwei zentrale Aufgaben, die beide lebenswichtig für Organisationen sind:

- Zum einen muss Führung dafür sorgen, dass die Verbindungen zwischen der Organisation und ihren wichtigsten Umwelten kontinuierlich gesichert und gepflegt werden. Ohne Mitarbeiter, Kunden oder Lieferanten kann keine Organisation überleben.

  Führung bedeutet Verbindung.

- Zum anderen müssen die innere und äußere Komplexität von Organisationen permanent bearbeitet werden, damit sie sich selbst steuern und auf Impulse von innen oder außen reagieren können. Entscheidungen sind der Weg und das Instrument der Bearbeitung von Komplexität.

  Führung bedeutet Entscheidung.

Diese beiden zentralen Aufgaben von Führung – Verbinden und Entscheiden – sind für das Überleben von Organisationen ausschlaggebend. Darin liegt der Sinn von Führung.

2.2.1 Verbinden

Führung balanciert unterschiedliche Ansprüche an die Organisation aus.

Organisationen leben davon, dass sie mit ihren zentralen Kooperationspartnern in produktivem Austausch stehen. Im Allgemeinen sind diese Partner unabhängige Akteure, die durch unterschiedliche Vereinbarungen mit der jeweiligen Organisation verbunden sind.

Führung kommt die Aufgabe zu, diese Verbindungen zu pflegen und produktiv zu erhalten. Das betrifft vor allem die Beziehung zwischen der Organisation und ihren Mitarbeitern, aber auch die zu Kunden, Lieferanten oder Eigentümern.

Führung hat eine Brückenfunktion zwischen dem Innen und dem Außen der Organisation und steht damit oft vor einer Zerreißprobe. Führungskräfte stehen im Zentrum vieler unterschiedlicher, manchmal auch gegensätzlicher Ansprüche von Akteuren und sollen zugleich sicherstellen, dass die Organisation keinen davon verliert. Damit ist Führung ein permanenter Balanceakt.

2.2.2 Entscheiden

Der einzige Weg, der Führung dafür offensteht, die innere und äußere Komplexität zu bearbeiten, heißt: Entscheidungen treffen. Entscheidungen reduzieren Komplexität, sie scheiden Alternativen aus, sie trennen Wichtiges von Unwichtigem.

Der Sinn von Führung ist die Produktion von Entscheidungen.

Der Sinn von Führung ist es, Organisationen dadurch arbeitsfähig und überlebensfähig zu erhalten, dass sie kontinuierlich Entscheidungen produziert (vgl. Luhmann 2000a).

Entscheidungen haben sehr unterschiedliche Inhalte und Reichweiten. Topmanager entscheiden über andere Fragen als Abteilungsleiter. Entscheidungen werden über Fragen im Zusammenhang mit Ressourcen, Spielregeln, Personal, Zielen und Strategien getroffen. Durch Entscheidungen entstehen gemeinsame Ausrichtung, Orientierung und Sicherheit. Sie sind die Voraussetzung dafür, dass die Organisation sich in eine Richtung bewegen kann. Ohne Entscheidungen versinkt jede Organisation im Chaos der Komplexität. Zugleich sind Entscheidungen immer risikoreich. Entscheidungen werden unter Bedingungen von Ungewissheit getroffen, denn sonst wären sie nicht notwendig. Ungewiss bleibt

Führung ist immer mit dem Risiko der Ungewissheit verbunden.

auch, wie sich Entscheidungen auswirken, denn, so heißt es, Prognosen sind sehr schwierig, besonders, wenn sie die Zukunft betreffen. Damit ist Führung immer mit Risiko verbunden.

Führung bedeutet also Balancieren und Risiko-auf-sich-Nehmen. Mit diesen beiden Aufgaben ist der Sinn von Führung definiert. Es wird dabei deutlich, dass diese beiden Aufgaben selbst komplex, herausfordernd und keineswegs trivial sind. Unter diesem Licht betrachtet, erscheint es doppelt naiv zu glauben, dass es dafür einfache Rezepte geben könnte. Zugleich ist es nur allzu verständlich, dass Führungskräfte sich nach dem ultimativen Tipp für die Bewältigung ihrer komplexen Aufgabe sehnen. Aber leider: Den gibt es nicht.

2.3 Der Platz von Führung ist zwischen allen Stühlen

Damit aber nicht genug. Die Rolle von Führung wird noch ein wenig komplizierter, wenn man sich überlegt, wo ihr Platz im Organisationsgefüge sein könnte. Damit ist nicht gemeint, wo die Position im Organigramm festgelegt ist, sondern in welchem Beziehungsgefüge Führung generell verortet werden kann. Ein Organigramm ist ja selbst nichts anderes als einer von vielen Versuchen von Organisationen, ihre Komplexität in den Griff zu bekommen. In unserem Organisationsmodell ist noch nicht erkennbar, von welchem Ort in der Organisation Führung diese Aufgabe wahrnehmen kann. Im Alltagsverständnis wird Führung gern einfach *oben* platziert: »Die da oben entscheiden, die da oben sagen uns, wo es langgeht.« Das geht, wenn wir uns Organisationen als hierarchisches Dreieck vorstellen, an dessen Spitze das Management steht.

Wenn wir Führung die Aufgabe zuweisen, Komplexität durch Entscheidungen zu bearbeiten und externe Partner zu binden, dann muss diese Aufgabe von einem Ort aus geschehen, der einerseits ausreichend Abstand und Überblick gewährt, damit Entscheidungen getroffen werden können, andererseits genügend Nähe zu den jeweiligen Kooperationspartnern aufweist, damit Kontakt und Bindung ermöglicht werden.

> Führung braucht Abstand, um Entscheidungen zu treffen, und Nähe, um Bindung zu halten.

Der Platz von Führung wird schließlich noch davon bestimmt, dass sie zwar ein abstraktes Phänomen von Organisationen ist, aber realer Menschen, nämlich der Führungskräfte, bedarf, um wirksam

2. Wozu Führung?

Führungskräfte sind Mitglieder des Systems Organisation und des Personensystems. zu werden. Damit ist Führung sowohl ein Organisationsphänomen als auch ein Verhaltensphänomen. Führungskräfte sind insofern Mitglieder unterschiedlicher Systeme: Über die Aufgabe sind sie Teil der Organisation, über ihr Verhalten Teil des Personensystems.

In unserem Modell lässt sich das wie in Abbildung 3 darstellen.

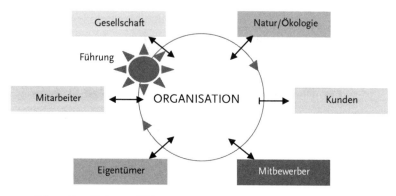

Abb. 3: Der Platz von Führung

Diesen in Abbildung 3 so statisch dargestellten Platz sollten Sie sich jetzt auch noch dynamisch, in Bewegung vorstellen. Das kommt der Sache näher. Führung von Organisationen, so zeigt sich, ist zwischen allen Stühlen angesiedelt und damit der unbequemste Platz, den man einnehmen kann. Kein Wunder also, wenn Führung eine Aufgabe ist, der man mit Respekt begegnen muss.

Zusammenfassend

»Wozu Führung?«, haben wir gefragt. Führung ist eine unerlässliche interne Dienstleistung innerhalb einer Organisation. Ihr Sinn liegt darin, die Organisation dabei zu unterstützen, erfolgreich und lebensfähig zu bleiben. Führung löst zwei große und zentrale Probleme von Organisationen:

- Führung sorgt für die dauerhafte und produktive Zusammenarbeit der Organisation mit ihren relevanten externen Partnern – den Mitarbeitern, Kunden, Eigentümern, Teilen des gesellschaftlichen Umfeldes usw. Dabei zeigt sich, dass Führung im-

mer ein Balanceakt und damit permanentes Konfliktmanagement ist.
- Führung bearbeitet Komplexität und sorgt damit für eine gemeinsame Ausrichtung aller Aktivitäten. Komplexität muss je nach Bedarf reduziert oder auch erweitert werden. Indem Entscheidungen nur in Situationen der Ungewissheit hinein getroffen werden können, ist Führung eine risikoreiche Aufgabe.

Es zeigt sich, dass die Aufgaben von Führung komplex und vielschichtig sind. Trotz ihrer Unsichtbarkeit ist Führung nicht aus dem Leben von Organisationen wegzudenken. Im Gegenteil: Die Entwicklung der letzten Jahrzehnte hat gezeigt, dass Führung zentrale Bedeutung zukommt, besonders, wenn es um Veränderungen von Organisationen geht und sich die Rahmenbedingungen, Strukturen und Prozesse für alle ändern – auch für Führung. Führung ist also kein triviales Geschäft. Sobald man sich mit Führung befasst, betritt man einen Dschungel von Widersprüchen, Ansprüchen und Auffassungen, die es der einzelnen Führungskraft nicht leichtmachen, ihre Aufgabe umzusetzen. Der Wunsch nach eindeutigen Rezepten und klaren Kriterien für die Qualität von Führung ist sehr verständlich.

Anstatt solcher Rezepte biete ich Ihnen ein Modell an, das Ihnen bei Ihren Führungsaufgaben hilfreich sein soll: Die *Leadership-Map*. Sie soll Ihnen als Wegweiser und Orientierungshilfe dienen.

3. Die Landkarte von Führung: *Leadership-Map*

Die *Leadership-Map* ist ein Führungsmodell, das den »ganzen Elefanten« des Führens zeigt. Modelle sind verdichtete Theorie und Beschreibungen der Realität. Sie heben manches hervor und stellen anderes in den Hintergrund. Modelle sind wie Landkarten, die die Realität nicht eins zu eins abbilden, sonst wären sie ja ident mit der Realität und daher wenig hilfreich. Landkarten und Modelle dienen dazu, sich in der Realität besser zu orientieren und neue Perspektiven zu gewinnen.

> Die *Leadership-Map* gibt einen Überblick über die wesentlichen Felder des Führens.

Die *Leadership-Map* ist eine Landkarte durch den Dschungel des Führens, die den Anspruch hat, der Komplexität der Aufgabe gerecht zu werden. Sie soll Ihnen als Führungskraft dabei helfen, Überblick über Ihre Aufgabe zu bekommen und damit auch zu sehen, was Sie gerade nicht sehen – den blinden Fleck. Denn man kann normalerweise nicht sehen, was man nicht sehen kann.

Die *Leadership-Map* ist ein Führungsmodell, in das sehr viele Theorien eingearbeitet sind, die Ihnen bei Ihrer Aufgabe von Nutzen sein sollen. Manches in diesem Modell wird Ihnen möglicherweise bekannt vorkommen. Die einzelnen Elemente des Modells sind nicht neu. Erst die Verbindungen dieser bekannten Elemente ergibt etwas Neues. Die *Leadership-Map* ist ein Instrument, das Ihre Aufmerksamkeit auf drei Dimensionen des Führens lenkt:

- *Führung als Praxis* ist die vordergründigste Dimension. Dabei geht es um die konkreten Aktivitäten des Führens.
- *Führung als Profession* beschreibt die Qualitätsstandards, den Maßstab also, an dem Führung als Beruf gemessen werden kann.
- *Führung als Prozess* beschreibt die Aufgabe des Führens als kontinuierliche Aufeinanderfolge von einzelnen Schritten.

Ich möchte Ihnen hier zunächst das Modell im Überblick vorstellen. In den Kapiteln 4 und 5 werden wir mehr in die Tiefe gehen und die einzelnen Aspekte dieser Führungsdimensionen beleuchten.

3.1 Führung als Praxis

Wenn man über Führung nachdenkt, fällt einem zuerst die konkrete Ausübung von Führung ein, die Praxis des Führens. Wen aber betrifft Führung eigentlich? Wer oder was muss geführt werden? Wann muss geführt werden? Und wann nicht? Welches sind die Fragestellungen, auf die Führung angewendet werden soll? Führung ist eine Aufgabe, die sich in der täglichen Praxis realisiert. Die Darstellung von Organisation im letzten Kapitel zeigt, dass Führung sich mit Verbinden und Entscheiden beschäftigt und dafür einen unbequemen Platz im Organisationsgefüge hat.

Führung sorgt für die Verbindung zwischen der Organisation und ihrer wichtigsten Mitspielern, vor allem den Mitarbeitern, und muss daher in diese Richtung aufmerksam und aktiv sein.

Führung sorgt für angemessene Komplexität innerhalb der Organisation und muss daher in diese Richtung aufmerksam und aktiv sein.

Weil Führung als Organisationsphänomen und Führungskräfte als Akteure selbst Teil des Führungsgeschehens sind, müssen sich beide bei diesen schwierigen Aufgaben selbst thematisieren und in diese Richtung aufmerksam und aktiv sein.

Die Praxis, also das Tagesgeschäft von Führung, hat mithin drei Dimensionen:

1. die Führung der Mitarbeiter und anderer Menschen
2. die Führung der Organisation oder eines Bereiches
3. die Führung der Führung.

Im Modell können die Dimensionen der Praxis des Führens wie in Abbildung 4 dargestellt werden.

Abb. 4: Führung als Praxis

Betrachten wir diese drei Dimensionen etwas genauer.

3.1.1 Sich selbst führen
Warum beschäftigt man sich mit dem Thema der Selbstführung? Ist das eine Marotte von Psychologen?

Es gibt einige gute Gründe, warum Führungskräfte und die Führung sich selbst führen müssen.

1. Führung ist eine Aufgabe, die sich im Wesentlichen in Form von Kommunikation ereignet. Jeder Kommunikationsprozess vollzieht sich zwischen Akteuren, die in das Geschehen involviert sind. Das bedeutet, dass das eigene Kommunikationsverhalten, die eigenen Motive und Instrumente der Kommunikation entscheidend für diesen Prozess sind und daher Thema kontinuierlicher Selbstbeobachtung sein müssen.

    > Selbstführung ist notwendig, weil das Verhalten der Führung ein entscheidender Faktor ist.

2. Führung ist nicht zu vergleichen mit einem Schachspiel, bei dem sich die Akteure außerhalb des Spieles befinden und die Figuren auf dem Brett umherschieben. Führung ist eher mit einem Fußballspiel vergleichbar, bei dem der *playing captain* selbst auf dem Feld ist, beobachtet und beobachtet wird, seine Bälle an andere Spieler abspielt und selbst angespielt wird. Führung ist ein lebendiges Zusammenspiel mehrerer Spieler, die Führungskraft ist Teil dieses Geschehens. Ein guter Kapitän hat zwei unterschiedliche Bilder im Kopf, die seine Aktionen leiten: die einzelnen Spieler, die er anspielen kann, und das gesamte Spiel, in das er eingebunden ist. Letzteres Bild ist nur aus einer besonderen Perspektive möglich.

    > Selbstführung ist notwendig, weil die Führungskraft immer »auf dem Feld« und Teil des Spiels ist.

3. Zugleich ist Führung, wie schon erwähnt, eine komplexe Aufgabe, die man im täglichen Fluss der Ereignisse kaum überschauen kann. Um sicherzustellen, dass man alle wesentlichen Aufgaben im Blick hat, und um zu überlegen, welches die nächsten Aktivitäten dafür sind, die eigenen Beiträge zum Führungsgeschehen wahrzunehmen, braucht man Gelegen-

    > Selbstführung ist notwendig, damit die Komplexität der Führungsaufgaben überschaut werden kann.

heit, zu ver-stehen. Das bedeutet, stehen zu bleiben, inne zu halten und das Geschehen aus einer anderen Perspektive zu betrachten.
4. Führung ist an einem unbequemen Platz – zwischen allen Stühlen – der Organisation angesiedelt. Von dieser Position aus ist es gar nicht einfach, immer Balance zwischen den Ansprüchen und Erwartungen der verschiedenen Mitspieler zu halten. Verliert Führung die Balance, schlägt sie sich auf eine der Seiten, verliert sie wesentliche Bereiche aus dem Blick: Wenn Führungskräfte sich zu sehr auf die Perspektive der Mitarbeiter einlassen, stellen sie sich damit gegen die Ansprüche der Organisation; stehen Führungskräfte zu sehr im Dienst der Organisation, dann verlieren sie Kontakt, und ihre Glaubwürdigkeit gegenüber den Mitarbeitern leidet; stehen sie den Kunden zu nahe, geben also zu sehr deren Erwartungen nach, können sie die Interessen der Organisation nicht wahren.

> Selbstführung ist notwendig, damit man überprüfen kann, ab man die Balance zwischen den verschiedenen Ansprüchen hält.

Führung muss sich daher kontinuierlich selbst thematisieren, das eigene Tun reflektieren, das eigene Kommunikationsverhalten möglichst professionell gestalten, um nicht in der Komplexität der Aufgabe unterzugehen, an der Einsamkeit der Position zu verzweifeln und den Begehrlichkeiten einzelner Mitspieler zu unterliegen. Dazu setzt man sich am besten gedanklich auf die »Zuschauertribüne«, sieht sich selbst beim Spielen zu und gewinnt dabei ganz neue Einsichten. Diese Einsichten entstehen durch Reflexion des eigenen Verhaltens, also Selbstreflexion. Sich selbst zu führen bedeutet aber nicht nur Selbstreflexion, sondern auch Selbstorganisation. Die Gestaltung der eigenen Arbeit sowie die Einteilung von Aufgaben, Zeit, Kontakten gehören dazu und sind Teil des Jobs.

> Selbstführung ist auf das eigene Verhalten und auf die Gestaltung der eigenen Arbeit gerichtet.

Sich selbst zu führen bedeutet: die eigene Person und die eigene Arbeit zu führen.

> Reflexion ist Medium der Selbstführung.

Reflexion ist die Methode der Selbstführung.

3.1.2 Menschen führen

Dieser Teil der Führung erscheint meistens als das »eigentliche« Geschäft von Führung, als Führung schlechthin. Dass das nicht ganz stimmt, zeigt unser Organisationsmodell. Führung ist nicht nur auf Menschen gerichtet, aber die Führung von Menschen nimmt einen großen Raum bei der Führungsarbeit ein.

Die Führung von Menschen in Organisationen hat im Wesentlichen zwei große Themen und Aufgaben:

1. *Die Verbindung zwischen Menschen und der Organisation sicherstellen:* Menschen sind lebende Systeme, die vor allem von ihren Annahmen und Bedürfnissen her gesteuert sind. Sie kooperieren mit Organisationen, um dadurch ihre eigenen Bedürfnisse zu befriedigen.

   > Menschenführung bedeutet, die Bedürfnisse der Menschen und die Ziele der Organisation zu koppeln.

   Organisationen sind lebende Systeme, die von ihren Zielen und Aufgaben her gesteuert werden – und diese sind nicht immer kompatibel mit den Bedürfnissen von Mitarbeitern.

   Menschenführung bedeutet daher, die Brücke zwischen diesen beiden unterschiedlichen Systemen zu bauen. Die besondere Herausforderung dabei liegt in dem Umstand, dass Führungskräfte selbst ja auch Menschen sind, die Bedürfnisse haben.

2. *Leistungsprozesse sicherstellen:* Diese Aufgabe der Führung entsteht auf Grund der inneren Komplexität von Organisationen. Organisationen sind – wie bereits ausgeführt – Werkzeuge zur Erzeugung von Produkten. Die dafür erforderliche Arbeit wird in Teilbereiche und Teilaufgaben zergliedert, die in der Folge wieder zu einem ganzen Stück zusammengesetzt werden müssen. Das erfordert klare Teilungs- und zugleich klare Vernetzungsprozesse.

   > Kommunikation ist das Medium der Menschenführung,

   Organisationen arbeiten arbeitsteilig-kooperativ und erzeugen damit ihre innere Komplexität.

   Die zweite Aufgabe im Rahmen der *Menschenführung* liegt darin, diese Komplexität der Organisation so weit zu bearbeiten, dass die einzelnen Personen darauf orientiert sind, welche Aufgaben in welcher Zeit und welcher Qualität zu erledigen sind, mit wem sie zusammenarbeiten, von wem sie Ergebnisse erhalten, wem sie Ergebnisse liefern.

Der Leistungsprozess bedarf der kontinuierlichen Beobachtung und Kommunikation. Kommunikation ist das Medium der Menschenführung.

3.1.3 Die Organisation führen

Organisationen sind – einmal in die Welt gesetzt – lebende Systeme, die rund um eine Aufgabe gestaltet sind und in ihrem Kern aus Kommunikation bestehen. Der spezifische Inhalt von Kommunikation in oder über Organisationen ist Arbeit. Arbeit ist letztlich das kommunikative Kernelement, das Organisationen von anderen sozialen Systemen, etwa einer Familie oder einer Reisegruppe, unterscheidet.

Führung von Organisationen besteht daher darin, Entscheidungen hinsichtlich der zu leistenden Arbeit und der möglichen Entwicklungen der Organisation zu treffen und zu kommunizieren. Entscheidungen betreffen Ziele, Ressourcen, Beziehungen, Konflikte, Strategien, Prozesse, Produkte, Strukturen und letzten Endes auch die Entscheidungen selbst. – Die Führung der Organisation bezieht sich auf den eigenen Verantwortungsbereich: die Abteilung, die Gruppe, das Projekt oder auf die Gesamtorganisation. – Führung bedeutet, alle dafür relevanten Entscheidungen zu treffen und darüber hinaus zu entscheiden, welche Entscheidungen die relevanten sind – also Entscheidungen über Entscheidungen zu treffen.

> Entscheidungen sind das Medium des Führens von Organisationen.

So weit die Praxisfelder von Führung. Allein schon diese drei Themen genügen, um Führung zu einer wirklich herausfordernden Aufgabe zu machen, die die gesamte Aufmerksamkeit erfordert. Aber die Praxis ist nur einer von mehreren Aspekten von Führung.

3.2 Führung als Profession

Führung hat nicht nur die Aufgabe, sich selbst, andere Menschen und den eigenen Verantwortungsbereich zu gestalten, sondern muss sich auch noch an Qualitätsstandards messen lassen, die mit dem Begriff *Professionalität* beschrieben werden. Führung ist ein Beruf und keine Nebenbeschäftigung – neben der »eigentlichen« Arbeit.

3.2.1 Was ist Professionalität?

Das Wort »Professionalität« stammt vom lateinischen Substantiv *professio*, das seinerseits auf das Verb *profiteri (profiteor, professus sum)* zurückgeht, mit der Kernbedeutung: »offen bekennen, öffentlich erklären«. Es meint, sich zu einem Beruf, einem Stand, einem Gewerbe öffentlich zu bekennen. Damit fängt das Problem von Führung schon an. Kaum jemand gibt als Beruf »Führung« an. Man ist Chemiker oder Manager.

Führung ist eine der Kerntätigkeiten in Organisationen. Ohne Führung ist jede Organisation orientierungslos, erstickt an ihrer eigenen Komplexität, ist manövrierunfähig in ihren Umwelten und auf Dauer nicht lebensfähig. Führung ist ein wesentliches Berufsfeld in Organisationen, das noch immer nach professionellen Qualitätsstandards sucht.

Professionalitätsstandards definieren, woran die Qualität eines Berufs gemessen werden kann. Das gilt auch für Führung. Insofern geben sie Orientierung und Sicherheit auf beiden Seiten: der Organisation und den Führungskräften.

> Professionalität beschreibt Qualitätsstandards eines Berufs.

3.2.2 Ein Modell von Professionalität

Um Professionalität zu definieren, stütze ich mich auf ein Modell, das Stefan Titscher (1997, S. 55) ursprünglich für Berater entwickelt hat und das ich hier auf Führung anwende. Danach steht jede Profession, jeder Beruf also, auf drei Säulen, wie in Abbildung 5 dargestellt:

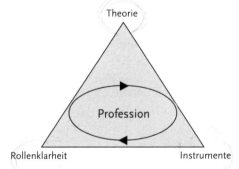

Abb. 5: Führung als Profession

Diese in Abbildung 5 dargestellten drei Themen bilden die Grundlage jedes Berufs. Jeder Beruf, jede Berufsgruppe muss sich mit diesen drei Themen und Fragen beschäftigen:

1. *Theorie* beantwortet die Frage: *Warum* mache ich das?
   Jeder Professionist braucht eine solide theoretische Basis für sein Geschäft. Das erwarten Sie zu Recht von Ihrem Friseur, Ihrem Automechaniker oder Ihrem Zahnarzt. Auch von Führung?
   Dabei gilt es immer wieder zu überprüfen, welche Theorie, welche Modelle hilfreich und relevant für die Praxis sind.
2. *Rollenklarheit* beantwortet die Frage: Wer bin ich hier? Was soll bzw. darf ich tun?
   Eine Profession auszuüben bedeutet, im Rahmen von ganz bestimmten Rollenerwartungen zu handeln bzw. bestimmte Rollen zugewiesen zu bekommen.
   Rollen beschreiben das Spektrum von Verhaltensweisen, die in einem bestimmten Zusammenhang und im Rahmen von bestimmten Funktionen und Positionen von einem Rolleninhaber erwartet werden. Erfüllt man die Erwartungen nicht, fällt man aus der Rolle. Die eigene Rolle kann man daher kaum mit sich selbst klären, sondern diese Klärung bedarf der Kommunikation mit jenen, die Verhaltenserwartungen an einen richten. Welches die Rolle von Führung ist, kann nur mit der Organisation und ihren Mitspielern geklärt werden.
3. *Instrumente* beantworten die Frage: Wie mache ich es?
   Jedes Berufsfeld entwickelt sein eigenes Instrumentarium, das rund um die jeweilige Aufgabe der Profession entsteht. Instrumente müssen den Aufgaben angemessen sein und auch den Menschen, die sie benutzen.
   Im Bereich von Führung werden immer wieder Instrumente entwickelt, von denen es manchen gelingt, zum Teil des Standardinstrumentariums zu werden. So ist etwa das Mitarbeitergespräch zu einem verbreiteten Instrument in vielen Organisationen geworden.

Dieses Professionalitätsmodell macht deutlich, in welche Richtungen Führung sich immer wieder entwickeln und verbessern kann und muss, um qualitätsvoll und professionell zu sein. Führung muss sich daran messen lassen.

3.3 Führung als Prozess

Führung ist weder eine einmalige Heldentat, noch ist sie ein Projekt, das einen Anfang und ein definiertes Ende hat. Führung ist – wie bereits gesagt – Hausfrauenarbeit, also ein Dauerauftrag der Organisation. Führung ist ein kontinuierlicher Prozess. Was können wir uns unter Prozessen vorstellen? Um uns ein Bild von Prozessen zu erarbeiten, lade ich Sie auf eine kleine Fantasiereise ein. Stellen Sie sich folgende Situation vor:

> Eine kleine Gruppe von Menschen, möglicherweise Touristen, ist im Dschungel unterwegs. Sie haben sich verlaufen, sind immer tiefer in das Dickicht eingedrungen, es wird immer ungemütlicher. Die Gruppe hat keine Orientierung mehr, aber vielleicht noch ein paar hilfreiche Dinge in ihren Rucksäcken. Die Mitglieder kennen einander nicht besonders gut, wie man sich eben kennt als Reisegruppe. Je länger sie im Urwald umherirren, umso mehr entstehen Verzagtheit, Unruhe und der Wunsch, wieder aus diesem undurchdringlichen Dickicht herauszukommen. Die Geräusche machen ebenso Angst wie die Stille.

Was, denken Sie, braucht diese Gruppe, um in dieser unbekannten und unberechenbaren Situation zu überleben?

Zunächst wird das Überleben dieser Gruppe davon abhängen, wie gut es ihr gelingt, die Situation zu erfassen. Sie muss Informationen sammeln über die Beschaffenheit ihrer Umgebung, deren Merkmale, Veränderungen, deren Chancen und Risken. Zugleich braucht diese Gruppe auch ausreichenden Blick nach innen: Wie geht es den einzelnen Personen, wie sind die Kräfte, sind die Beziehungen, entstehen Konflikte, wie gehen wir mit unserer Unsicherheit und Angst um? Die Gruppe braucht also konzentrierte Aufmerksamkeit, um die innere und äußere Realität zu beobachten, Daten zu sammeln und zu verarbeiten. Sie braucht *Wachsamkeit.*

Die Gruppe muss weiters, um zu überleben, klären, was sie an nützlichen Dingen hat, die man verwenden kann: Wer kann was? Wer hat Erfahrung mit solchen Situationen? Welche Dinge in unserem Gepäck oder in unserer Umgebung können wir brauchen? Welche Dinge in unserer Umgebung könnten wir nutzen? Es würde diesen Menschen nicht viel helfen, wenn sie in Jammer, Klagen, in Auflistung aller ihrer Probleme und Defizite verfallen würden. Im Gegenteil, es würde sie schwächen. Diese Überlebensgruppe braucht daher *Wertschätzung* für die Gegebenheiten und aller ihrer Möglichkeiten und Potentiale.

Unsere Dschungeltouristen brauchen schließlich Mut zu handeln. Es gilt, Entscheidungen zu treffen, Dinge herzustellen, sich vielleicht aufzuteilen, Wege zu bahnen. Die Gruppe muss handeln, aktiv werden und ihre Lage verändern. Handeln heißt: wirksam werden. Das dritte Überlebensprinzip heißt *Wirksamkeit*.

Diese drei Prinzipien sind Überlebensprinzipien lebender Systeme – von Menschen, Gruppen oder Organisationen. Sie sind damit auch jene drei Momente, die Lebensprozesse allgemein und Führungsprozesse im Besonderen charakterisieren. Führen hat immer damit zu tun, wie eine Organisation sich in einem unüberschaubaren Umfeld von Wirtschaft, Gesellschaft oder Ökologie zurechtfindet und wie sie dort erfolgreich operiert.

> Wachsamkeit, Wertschätzung und Wirksamkeit sind drei Momente von Lebensprozessen.

Abb. 6: *Führung als Prozess*

Diese drei Momente von Lebensprozessen sind keine willkürliche Auswahl, sondern die Auswahl stützt sich auf einige tiefere Einsichten. In den großen philosophischen Richtungen und Religionen dieser Welt findet sich ein gemeinsames Bild vom Menschen, das in der Dreiheit von Körper, Geist und Seele besteht. Unser Geist befähigt uns zu Wachsamkeit und Informationsgewinnung; unsere Seele ermöglicht uns Wertschätzung, Vertrauen, Liebe und Anerkennung; unser Körper befähigt uns zum Handeln, zur Aktivität und damit zur Gestaltung der Welt und Wirksamkeit in ihr.

> Der Prozess des Führens vollzieht sich im Beobachten, Interpretieren und Handeln.

In einer zunehmend unberechenbar werdenden Welt, die sich mit hoher Geschwindigkeit verändert, die zudem durch Informationstechnologie hochgradig vernetzt und damit immer komplexer geworden ist, fühlen sich nicht nur die *einzelnen* Menschen in der Gesellschaft wie im Dschungel. Menschen, Gruppen und Organisationen können sich in dieser dynamischen und komplexen Umwelt nur orientieren, wenn sie wachsam die Entwicklungen beobachten, ihre Potentiale und Ressourcen erkennen, wertschätzen und wirksam entscheiden und handeln.

Auch die Prozesse des Führens vollzieht sich in einer immer wiederkehrenden Spirale dieser drei Momente: Informationen generieren, die Potentiale erkennen und nutzen, entscheiden und handeln.

3.4 Die Landkarte des Führens

Die *Leadership-Map* verbindet diese drei Dimensionen des Führens, die ihrerseits wieder jeweils drei Aspekte aufweisen. Keiner der einzelnen Aspekte und keine der drei Dimensionen könnten alleine erklären, was Führung ist. Die Komplexität von Führung liegt darin, dass diese drei Dimensionen und ihre einzelnen Aspekte nicht einfach nebeneinanderstehen, sondern miteinander verknüpft und aufeinander bezogen sind. Man kann daher jede Dimension des Führens aus der Perspektive jeder anderen Dimension betrachten – und sieht damit immer neue Aspekte.

Dieses Modell von Führung ist in Abbildung 7 dargstellt.

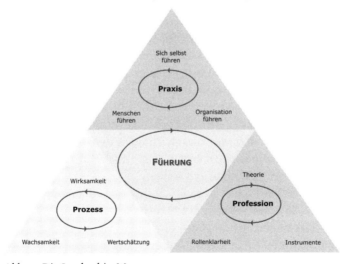

Abb. 7: Die Leadership-Map

3.5 Wie können Sie das Modell für Ihre Führungspraxis nutzen?

Die *Leadership-Map* ist kein neuer Hokuspokus, kein neues Allheilmittel gegen Probleme des Führens. Sie sagt Ihnen nicht, was Sie in jeder einzelnen Situation tun sollen. Sie enthält keine Rezepte, keine Tricks, keine Geheimnisse. Das Modell enthält nichts anderes als Wissen, das Sie überprüfen, nachlesen, nachvollziehen können. Das Modell verspricht Ihnen nicht, dass Führung einfach ist. Im Gegenteil: Das Modell ist der Versuch, die Komplexität des Führens abzubilden.

Sie können das Modell mehrfach nutzen. Zunächst bietet es Ihnen einen wertvollen Überblick darüber, was im Führungsalltag alles zu tun und zu bedenken ist. Es hilft Ihnen, Ihre eigene Führungsaufgabe in ihrer Gesamtheit zu sehen, den »ganzen Elefanten« zu erkennen und sich dieser Herausforderung immer bewusst zu sein. Indem Sie mit dem Modell die einzelnen Dimensionen in Beziehung zueinander setzen, werden Sie neue Perspektiven einnehmen und neue Erkenntnisse über Inhalte, Natur und Entwicklungen des Führens gewinnen.

> Sie gewinnen einen Überblick über die wichtigen Dimensionen von Führung.

Schließlich ermöglicht es Ihnen, Ihren eigenen blinden Fleck bezüglich Führung zu erkennen. Das bedeutet, dass Sie für sich selbst immer überprüfen können, womit Sie sich derzeit besonders beschäftigen, was im Moment nicht im Zentrum Ihrer Aufmerksamkeit liegt, welche Dimensionen des Führens Sie derzeit unbearbeitet oder unbeleuchtet lassen. Damit haben Sie Entscheidungsgrundlagen für Ihre Praxis.

> Sie sehen, was Sie sonst nicht sehen: Ihren blinden Fleck.

Dieser mehrfache Nutzen dient Ihnen als Reflexionsgrundlage für Ihr individuelles Führungsverhalten und für Ihre Entscheidungen. Das Modell ist aber zugleich auch eine Orientierungshilfe für Organisationen, die sich selbst hinsichtlich ihrer eigenen Gestaltung von Führung untersuchen wollen.

Im folgenden Kapitel werden wir uns vertieft mit den einzelnen Dimensionen und Aspekten des Modells beschäftigen und auch zeigen, welche neuen Perspektiven entstehen, wenn wir Führung aus den jeweils unterschiedlichen Positionen betrachten.

4. Dimensionen des Führens

Nachdem Sie einen modellhaften Überblick über die *Leadership-Map* bekommen haben, können wir uns die einzelnen Aspekte und Dimensionen von Führung in diesem Modell genauer ansehen.

Wir werden an manchen Stellen etwas tiefer in die Materie eintauchen, an anderen Stellen weniger tief. Dort, wo Sie selbst Lust bekommen, mehr zu erfahren, möchte ich Sie auf die Literaturtipps im Text oder im Literaturverzeichnis verweisen.

Zu Ihrer Orientierung sehen Sie ab hier die *Leadership-Map* aus Abbildung 7 jeweils in der oberen Ecke jeder Seite. Sie können sofort erkennen, wo wir uns gerade befinden.

Wir beginnen mit der Beschreibung der *Leadership-Map* von »unten«, also mit den beiden Dimensionen Profession und Prozess, denn sie tragen die Praxis.

4.1 Führung als Profession

Führung ist keine Eigenschaft und kein Merkmal von Persönlichkeiten, sondern ein Berufsfeld, eine Aufgabe. Wie jeder Beruf weist auch Führung Qualitätsstandards auf, die das Maß für Professionalität des Verhaltens der einzelnen Führungskraft sind.

Das Dreieck der Professionalität hat die in Abbildung 8 dargestellten drei Themen, die miteinander in Verbindung stehen.

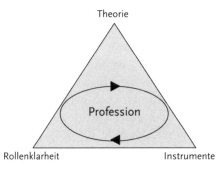

Abb. 8: Führung als Profession

4.1.1 Theorie

Beginnen wir gleich mit dem anspruchsvollen Teil, der Theorie. Diese Dimension von Führung mutet Ihnen einiges an Konzentration und Abstraktionsvermögen zu.

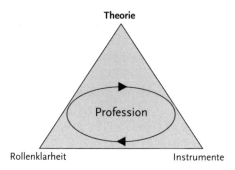

Abb. 9: *Theorie als Aspekt der Profession »Führung«*

Wozu brauchen Sie als Praktiker oder Praktikerin überhaupt Theorie? Ganz einfach: Theorie gibt Ihnen eine Begründung dafür, *warum* Sie tun, was Sie tun.

Jeder Beruf hat sein spezifisches Wissen und seine eigene Theorie zur Beantwortung dieser Frage. »Theorien sind deshalb so praktisch, weil sie ermöglichen, Ad-hoc-Erklärungen für das Geschehen zu konstruieren, um so eine Leitlinie für das eigene Verhalten zu bekommen« (Simon 2004, S. 276).

> Theorie ist eine wertvolle Ressource für die Praxis.

Theorie mag vielleicht trocken, schwierig, abstrakt oder langweilig klingen. Das ist sie aber nicht: Theorie ist eine wertvolle Ressource, die in der Praxis Orientierung und Sicherheit gibt. Ohne Theorie oder theoretische Modelle und Konzepte können Sie nicht entscheiden, warum Sie ein bestimmtes Instrument wählen, eine bestimmte Entscheidung treffen. Instrumente ohne Theorie einzusetzen ist unklug und mitunter auch gefährlich. »A fool with a tool is still a fool«, so lautet ein guter Spruch aus der IT-Branche. Theorien sind Erklärungen und Modelle, die Sie wie eine Folie über Ihre konkreten Erfahrungen legen können, die Ihnen Zusammenhänge eröffnen, Begründungen liefern oder neue Perspektiven erschließen. Theorie ist keineswegs das Gegenteil von Praxis, sondern nur ihre andere Seite. Theorie ohne Praxis ist leer, Praxis ohne Theorie ist blind.

Allerdings brauchen Sie nicht alle Theorie dieser Welt zu kennen, sondern nur bestimmte Teile davon – aber welche?

4.1.1.1 Welche Theorie, welches Wissen braucht Führung?

Wenn Theorie Sie in Ihrer Führungspraxis unterstützen soll, dann ist es naheliegend, dass Sie Wissen und Theorie über jene drei Praxisfelder brauchen, die in der Leadership genannt sind (siehe Abb. 10).

Abb. 10: *Wissensfelder für die Praxis*

Daraus lässt sich erkennen, womit Sie in Ihrer Führungspraxis zu tun haben und worüber Sie daher auch theoretische Grundlagen brauchen:

- Das Kerngeschäft der Selbstführung ist Reflexion und braucht daher Wissen über *(Selbst-)Wahrnehmung* und *(Selbst-)Beobachtung*: Was geht dabei vor sich? Worauf soll und kann man achten? Wie kann man es anstellen, sich zu beobachten?
- Menschenführung braucht *Kommunikationswissen*: Führungsarbeit ist immer Arbeit mit Menschen und vollzieht sich über Kommunikation. Daher ist Theorie über Kommunikation unentbehrliches Führungswissen.
- Organisationsführung braucht *Organisationswissen*: Als Führungskraft gestalten Sie auch Ihren organisatorischen Verantwortungsbereich, verändern Strukturen, Prozesse, Positionen etc. Dazu brauchen Sie allgemeines Wissen über Organisationen, darüber, wie sie arbeiten, wie sie verändert werden können, wie man sie gestalten kann, welche Eigendynamik sie haben.
- *Systemisches Denken* ist die Grundlage eines modernen Verständnisses von der Steuerung lebender Systeme. Systemi-

4. Dimensionen des Führens

sches Denken ist ein abstraktes Theoriegebäude, das diese vielen Wissensbereiche verbindet und sie zugleich ordnet. Systemisches Denken unterstützt nicht nur Ihre theoretischen Erwägungen und Ihre praktischen Entscheidungen, sondern legt Ihnen auch nahe, welche professionelle Haltung Sie in der Führungsrolle einnehmen sollten, um diesen unmöglichen Job auszuführen.

- *Fachwissen:* Sie haben es immer auch mit Aufgaben zu tun, die der Herstellung von Produkten oder Dienstleistungen dienen. Sie sind daher immer auch Experte für Ihre Produkte. Aber Sie müssen nicht unbedingt der beste Experte sein. Sie brauchen nur so viel an Fachwissen, um überprüfen zu können, ob und wie Ihre Mitarbeiter ihren Job machen, ob und wie die Organisation Sie dabei unterstützt. Für die Führungsaufgabe sind neben dem Fachwissen auch arbeitsrechtliches und betriebswirtschaftliches Wissen erforderlich.

Theorien über Selbstwahrnehmung, Kommunikation und Organisation werden wir jeweils bei den einzelnen Kapiteln über die Praxis des Führens ausführlich besprechen. In diesem Abschnitt über Theorie möchte ich Ihnen eine Einführung in die Grundannahmen und Grundbegriffe des systemischen Denkens geben. Es ist die Grundlage für alle anderen theoretischen Ausführungen.

4.1.1.2 Systemisches Denken: Ein neues Paradigma

Spätestens seit Peter Senge (1996, S. 21 ff.) systemisches Denken als *Die fünfte Disziplin* des Führens benannt hat, ist klargeworden, dass Führung und Management nicht nur generell eine solide Theoriebasis brauchen, sondern eine ganz spezifische Theorie: systemisches Denken als übergeordnetes Theoriegebäude, das in der Folge auf die relevanten Themen und Fragestellungen des Führens angewendet werden kann.

> Systemisches Denken ist ein komplexes Theoriegebäude.

Was systemisches Denken ist, ist nicht ganz leicht zu erklären, und man sollte nicht versuchen, es in drei Sätzen zu tun. Um zu begreifen, was unter dem Begriff systemisches Denken zu verstehen ist, machen wir einen kleinen Umweg und zeichnen zunächst ein Bild davon, was systemisches Denken nicht ist bzw. wovon sich systemisches Denken unterscheidet.

4.1 Führung als Profession

Der Übergang zum systemischen Denken wird immer wieder als »Paradigmenwechsel« unseres Denkens beschrieben. Ein Paradigma ist eine Summe von Annahmen über die Welt. Im Mittelalter etwa war das herrschende Paradigma die Vorstellung, die Erde sei der Mittelpunkt des Universums, und die Sonne drehe sich um die Erde. Die Physik der Neuzeit konnte mit ihren Theorien und ihren Teleskopen beweisen, dass dieses Weltbild falsch war. Galileo Galilei wurde für seine Erkenntnis von der Kirche verfolgt. Er führte ein neues Paradigma ein.

> Systemisches Denken ist ein neues Welt- und Menschenbild und damit ein neues Paradigma.

Systemisches Denken bedeutet einen ähnlichen Wandel unseres gesamten Weltbildes und damit unseres Menschenbildes. Die Frage nach dem nichtsystemischen Denken führt uns in die Geschichte des europäischen Denkens zurück. Wovon wurde seit Jahrhunderten unser Denken – unser »Paradigma« – und unsere westliche Kultur bestimmt? Welche dieser Annahmen über die Welt und die Menschen bestimmen immer noch unser Denken? Obwohl unser westliches Denken viele Quellen hat, wollen wir hier einige wesentliche herausgreifen.

4.1.1.2.1 Drei Wurzeln des westlichen Paradigmas

Die hier aufgezählten Wurzeln und Quellen unseres europäischen Denkens stellen weder eine wissenschaftliche Analyse dar, noch erheben sie den Anspruch auf Vollständigkeit. Vielmehr sollen diese Überlegungen dazu anregen, unser eigenes Weltbild in seiner möglichen Entstehungsgeschichte zu sehen und eventuell noch andere Wurzeln und Quellen zu finden.

Wenn man die europäische Geistesgeschichte durchforstet, dann zeigen sich zumindest drei große Strömungen, die das Weltbild und Denken unserer modernen Gesellschaft nach wie vor prägen:

(1) Monotheismus
(2) Aristotelische Logik
(3) Das naturwissenschaftlich-technische Verständnis der Moderne.

(1) Monotheismus: Das jüdisch-christliche Erbe

Der Monotheismus ist sozusagen eine Erfindung der jüdischen Kultur. Ursprünglich stand hinter dem Eingottglauben der politische

4. Dimensionen des Führens

Versuch, die Stämme Israels zu vereinen und so gestärkt aus der ägyptischen Sklaverei zu führen.

Die zentrale Idee des Monotheismus besteht in der Annahme, dass ein einziger Gott alle Prinzipien in sich vereint, die bisher – wie etwa in Naturreligionen oder dem Weltbild der Ägypter – auf mehrere Götter verteilt waren. Alle großen monotheistischen Religionen – Judentum, Christentum und Islam – gehen von der Annahme aus, dass der eine Gott der Schöpfer der Welt ist und damit auch alles Wissen und die Wahrheit in sich trägt. Das Prinzip des Monotheismus besteht daher in der Idee einer letzten Wahrheit, für die dieser eine Gott steht. Dieser eine Gott ist selbst die letzte Wahrheit. Im Vergleich zu ihm sind Menschen unvollkommene Sucher nach Wahrheit, die sie zugleich niemals erfahren können.

> Der Monotheismus hat die Idee der einzigen und letzten Wahrheit in die Welt gebracht.

Diese Idee einer einzigen Wahrheit hat in der Folge große Wirkungen auf unser Weltbild, unser Menschenbild, unser Denken erlangt. Das Gegenteil von Wahrheit kann aus diesem Verständnis heraus nur entweder Unwahrheit (Lüge) oder Unwissenheit (Dummheit) sein. Wer also meint, im Besitz der Wahrheit zu sein, nimmt sich Macht über alle anderen Menschen und leitet davon die Legitimation zur Unterwerfung jener Kulturen ab, die diese Wahrheit nicht besitzen.

Religionskriege wurden und werden unter dem Banner der Wahrheit geführt.

Auch wenn heute – zumindest in Europa – Religionen nicht mehr dieselbe Bedeutung haben wie in den vergangenen Jahrhunderten, so ist die Idee einer letzten Wahrheit noch immer eine dominierende Denkfigur. Kaum eine Diskussion verläuft ohne die wechselseitigen Versuche, einander von einer Wahrheit zu überzeugen. Sie ist immer letzter Zeuge und letztes Argument.

(2) Aristotelische Logik
Die Logik als Lehre vom richtigen Denken wurde von Aristoteles formuliert. Er hat als Erster klare Richtlinien dafür vorgegeben, wie man denken muss, um zu logisch richtigen Schlussfolgerungen und Beweisen zu kommen. Dabei geht es nicht um die inhaltliche Richtigkeit, sondern allein um die formale Richtigkeit, also die richtige Abfolge von Denkschritten. Es geht um die Ableitungen von Gedanken

4.1 *Führung als Profession*

von Prämissen, um Klassifizierung von Erscheinungen und um Denkfiguren, die in sich schlüssig sind.

Ein Aspekt der aristotelischen Logik hat sich in unserem Denken besonders festgesetzt: die Idee der Widerspruchsfreiheit. Richtiges Denken ist demnach frei von formalen Widersprüchen. Wenn eine Aussage richtig ist, kann nicht zugleich auch ihr Gegenteil richtig sein. Aristoteles hat das Entweder-oder geschaffen, das auch heute noch für uns gilt.

> Die aristotelische Logik hat das Ideal der Widerspruchsfreiheit in die Welt gebracht.

Nun wissen wir zwar, dass das Leben nicht widerspruchfrei ist und das Denken im Entweder-oder-Schema zumeist nicht weit führt, dennoch hat sich die Norm der Widerspruchsfreiheit als wissenschaftlicher Standard und als Ideal einer allgemeingültigen Denkfigur in unseren Köpfen durchgesetzt. Nichts ist beschämender, als von jemandem darauf hingewiesen zu werden, dass etwas unlogisch sei und man sich in einem Widerspruch verheddert habe.

Das Ideal der Widerspruchsfreiheit und des Entweder-oder prägt unsere Vorstellungen von »richtigem« Denken nach wie vor, auch wenn niemand dabei Bezug auf Aristoteles nimmt.

(3) Das naturwissenschaftlich-technische Verständnis der Moderne
Die »Moderne« des 15. und 16. Jahrhunderts, die Renaissance, war eine Zeit großer Umwälzungen und einer Neuausrichtung des gesamten Denkens. Diese Epoche ist durch die Ablösung der Religion, insbesondere der katholischen Kirche, als Besitzerin der einzigen Weltwahrheit durch die neu aufkommende Naturwissenschaft geprägt. Unser modernes Denken wird immer noch aus diesen Quellen gespeist. Mit Nikolaus Kopernikus und Galileo Galilei und ihren Erkenntnissen, dass sich die Sonne um die Erde bewegt, beginnt ein neues Zeitalter: die *Neuzeit* oder *Moderne*.

Die Entwicklungen von Naturwissenschaft, Mathematik und Technik bestimmten das neue Weltbild, das neue Paradigma. Hier einige der wichtigsten Elemente des Paradigmas der Moderne:

- Physik und Mathematik wurden zu den neuen Leitwissenschaften und lösten die Theologie ab. Ihre *Forschungsmethoden* wie die analytische Denkmethode, die genaue Beobachtung der Natur oder die Erfassung der Welt in Zahlen brachten neue Erkenntnisse und Bilder von der Welt hervor. Die Methoden selbst

4. Dimensionen des Führens

wurden zu einer neuen Form der Betrachtung der Welt und sind bis heute kennzeichnend für unser Denken geblieben: Analyse, Messbarkeit, Quantifizierung, Zerlegung von Zusammenhängen, das Ideal der »Objektivität« sind nach wie vor Standards, mit denen so gut wie jedes Phänomen des Lebens untersucht und bewertet wird. (Die meisten Managementinstrumente folgen dieser Logik. »Was nicht messbar ist, existiert nicht«, ist ein zentraler Leitsatz von Managern.)

> Objektivität, Messbarkeit, analytische Zerlegung: Das sind die Formen der Erkenntnis der Welt.

- Neue *Wissensgebiete* wurden erobert. Vor allem die Physik brachte viele der Erkenntnisse hervor, auf die wir uns heute noch stützen: die Gesetze der Astronomie, der Optik, der Mechanik, des freien Falls, der Bewegung, der Thermodynamik.
- Die Entwicklung der Technik und von Maschinen brachte ein *neues Weltbild* mit sich. Isaac Newton legte den Grundstein für die gesamte klassische Mechanik, die eine Sicht auf die Welt prägt: Die ganze Welt ist eine einzige große Maschine, deren Funktionslogik man erforschen und verstehen müsse, um sie zu beherrschen.

> Die ganze Welt ist eine Maschine, die nach der Logik von Input und Output funktioniert.

- Die Funktionslogik von Maschinen ist die *lineare Kausalität*: hier Ursache – dort Wirkung. Ich drücke auf den Knopf der Maschine, und sie bewegt sich. Ich drücke auf einen anderen Knopf, und sie hält still. Diese lineare Funktionsweise faszinierte die Menschen ungemein. Wie wunderbar wäre doch die Welt, würde sie nur wie eine Maschine arbeiten, auf Knopfdruck, lenkbar, berechenbar!

> Der Mensch ist ein einzigartiges Individuum mit freiem Willen und Verstand.

- Die Kunst der Renaissance stellte den Menschen wieder – seit der Antike – in seiner Einzigartigkeit und Schönheit in den Vordergrund und erschuf damit ein *neues Menschenbild*: das Individuum mit freiem Willen und Verstand.

Die eben skizzierten westlichen Denkmuster beherrschen uns heute unverändert, auch wenn in der Zwischenzeit einige Ansatzpunkte für Zweifel aufgetaucht sind. So hat ausgerechnet die Physik – einst Quel-

4.1 Führung als Profession

le mechanistischen Denkens – ihre eigene Logik selbst aufgegeben. Eine der Annahmen der Physik der Moderne lag in der Vorstellung, dass wir die Welt einfach beobachten könnten und objektive, also von Beobachtern unabhängige und damit wahre Aussagen über die Welt machen könnten. Mit der Quantenphysik und der sogenannten Heisenberg'schen Unschärferelation wurde diese Idee der Möglichkeit objektiver Beobachtung und Messung ohne Beeinflussung des beobachteten Gegenstandes fallengelassen. Beim Versuch, Licht zu beobachten, zeigte sich nämlich, dass es sich nicht einfach beobachten lässt. Es erscheint einmal als aus Wellen, einmal als aus Teilchen bestehend, je nachdem, ob und wie es beobachtet wird. Und für Teilchen gilt:

Die moderne Quantenphysik war Auslöser für den Paradigmenwechsel.

> »Wir können entweder genau den Ort des Teilchens feststellen und über seinen Impuls (und damit seine Geschwindigkeit) nichts erfahren oder umgekehrt, oder wir können sehr ungenaue Werte von beiden Größen erhalten. Diese Einschränkungen haben nichts mit mangelhafter Messtechnik zu tun, sie sind in der atomaren Realität enthalten. Wenn wir den Ort des Teilchens messen, hat das Teilchen einfach keinen klar definierbaren Impuls, und wenn wir den Impuls messen, hat es keinen klar definierten Ort« (Capra: 1997, S. 142).

Zum anderen hat sich die Welt in den vergangenen Jahrzehnten in einer Art und Weise verändert, die Problemlösungen auf der Basis linearer und mechanistischer Denkmodelle nicht mehr möglich macht. Heute weiß man, dass viele Probleme erst dadurch entstehen, dass man versucht, sie in dieser Form zu lösen. Unsere Verkehrsprobleme können mit einfacher linearer Logik ebenso wenig gelöst werden wie die Probleme des Klimawandels, soziale Konflikte, Fragen der Globalisierung oder der Entwicklung der Wirtschaft im Zeitalter der Informationsgesellschaft. Die moderne Welt braucht auf die immer komplexer werdenden Fragestellungen und Problemlagen neue Antworten und Denkansätze, neue Konzepte und Prozeduren. Die Welt ist eben keine Maschine und daher auch nicht mit der Logik einer Maschine gestaltbar. Systemisches Denken ist eine Antwort auf diese Situation.

Die Fragen der komplexen modernen Welt können mit dem mechanistischen und linearen Paradigma nicht mehr beantwortet werden.

4. Dimensionen des Führens

4.1.1.1.2.2 Annahmen und Grundbegriffe des systemischen Denkens

Wir haben einen kleinen Umweg gemacht, um unser eigenes europäisches Denken, das westliche Paradigma, zu erkennen und zu verstehen. Ein Paradigma ist nicht leicht zu erkennen, denn es ist ja die Brille, durch die wir die Welt betrachten. Und wenn wir die Welt betrachten, können wir nicht auch die Brille sehen, durch die wir schauen. Erst der Blick auf diese Brille ist aber die Voraussetzung dafür, systemisches Denken zu verstehen. Denn systemisches Denken ist auch eine Brille, nur eben eine andere.

Systemisches Denken ist ein Theorieansatz, der durch die Vernetzung unterschiedlicher Wissenschaftsbereiche entstanden ist. Die eigentliche Geburtsstunde des modernen systemischen Denkens war eine Serie von Konferenzen, die in den 40er und 50er Jahren des vorigen Jahrhunderts durch das New Yorker Kaufhaus *Macy's* gestiftet wurden. In diesen sogenannten *Macy-Konferenzen* trafen Wissenschaftler aus unterschiedlichen Disziplinen zusammen, um u. a. über das Thema Kybernetik zu diskutieren: Ethnologen, Physiker, Kommunikationswissenschafter, Mathematiker usw. tauschten sich über Phänomene von Selbststeuerung, Regelkreisen und Wechselwirkungen aus und versuchten, Erkenntnisse aus diesem Diskurs auf ihre jeweiligen Wissenschaftsfelder zu übertragen.

> Systemisches Denken war von Anfang an ein interdisziplinärer Prozess.

»Es ist das Jahrzehnt einer Konspiration, eines ›Zusammen-Atmens‹ einer kongenialen Gruppe von neugierigen, furchtlosen, präzisen, geistreichen und pragmatischen Träumern, deren Gemeinsamkeit darin bestand, dass sie sich vom Mannigfaltigen leiten ließen« (von Foerster 1993, S. 109). Heinz von Foerster beschreibt auch diesen Anfang eines neuen Denkens: »Sind wir Zeugen der Entwicklung eines neuen Paradigmas, eines Modells, einer neuen Sichtweise der Dinge aus einem anderen Blickwinkel? Nein! Worüber man damals sprach, war nicht ein Modell von ›Etwas‹. Dinge aus einem anderen Blickwinkel zu sehen, erfordert ›Dinge‹, aber die gab es nicht. Das Problem waren nicht die Dinge, es war das Sehen« (ebd., S. 109 f.).

Seit den *Macy-Konferenzen* hat sich systemisches Denken weiterentwickelt und ist zu einem komplexen und differenzierten Ideengebäude geworden. In der Folge stelle ich Ihnen einige der wichtigsten Überlegungen und Annahmen systemischen Denkens vor. Die Aus-

4.1 Führung als Profession

wahl entstand aus der Überlegung heraus, welche Aspekte systemischen Denkens für Führung besonders relevant sind.

(1) Kybernetik: Die Absage an die Idee der linearen Kausalität
Kybernetik bedeutet: Steuerung. Die zentrale Frage der Kybernetik ist: Wie funktionieren jene Prozesse, die offenkundig niemand direkt steuert, die aber dennoch deutliche Bewegungen aufweisen, wie etwa die Veränderung von Populationen bestimmter Tiere, die Veränderungen des Klimas? Wie hängen bestimmte Veränderungen mit anderen Veränderungen zusammen? Was wirkt sich worauf wie genau aus?

Die Grundform kybernetischer Steuerung ist der Regelkreis: die kreisförmige Wechselwirkung von Ereignissen, in der Ursache und Wirkung nicht mehr unterscheidbar sind. Die Idee der kybernetischen Steuerung erklärt, wie Prozesse zwischen zumindest zwei beteiligten Elementen ohne äußere Steuerung ablaufen: Jeder Impuls erzeugt eine Reaktion, ein Feedback, das seinerseits Impuls für weitere Reaktionen ist. Mit der Idee der Kybernetik ist also auch die Idee der Vernetzung und der komplexen Wechselwirkungen in vernetzten Systemen geboren.

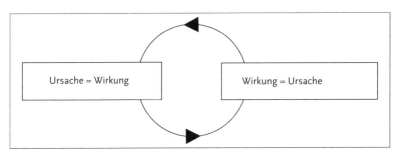

Abb. 11: Kybernetischer Regelkreis

Kybernetik war die klare Absage an die Idee der linearen Kausalität und damit ein Bruch mit dem mechanistischen Denken. Die lineare Input-Output-Logik setzt immer eine äußere Kraft voraus, die einen Impuls gibt, der zu einer Wirkung führt. Die Maschine wird von

Lebensprozesse verlaufen zirkulär und nicht linear.

jemandem gesteuert, der nicht Teil der Maschine ist: einem Steuermann.

Die meisten Phänomene des Lebens funktionieren nicht nach der linearen Logik. Klima, Kommunikation, Politik, Lernen oder Wirt-

61

schaft funktionieren nicht nach dem einfachen Schema von Input und Output. Diese Prozesse sind selbstorganisiert und selbstgesteuert, sie regulieren sich durch wechselseitiges Feedback.

Kybernetik wurde als eigene Disziplin auf viele Forschungsgebiete übertragen: die mathematische Spieltheorie, Entscheidungstheorie, Managementtheorie und vieles andere mehr. Peter Senge etwa hat in seinem Standardwerk *Die fünfte Disziplin* (1996) Organisationen als ein Zusammenspiel zahlreicher kybernetischer Regelkreise und Feedbackschleifen beschrieben; das Wissen über die Natur solcher Regelkreise wird für ihn zu einer der wesentlichen Managementkompetenzen (S. 118 ff.).

Der Kommunikationswissenschafter Paul Watzlawick hat die Idee der kybernetischen Regelkreise auf Kommunikation angewendet. So sagt in einem seiner berühmten Beispiele ein Mann: »Ich saufe, weil sie nörgelt« – Die Frau sagt: »Ich nörgle, weil er säuft.« Das Verhalten der beiden ist sowohl Auslöser als auch Feedback in dem Kommunikationsgeschehen. Niemand kann sagen, was Ursache, was Wirkung ist. Allgemeiner drückte Watzlawick diesen Gedanken in einem seiner pragmatischen Axiome aus: »Die Natur einer Beziehung ist durch die Interpunktion der Kommunikationsabläufe seitens des Partners bedingt« (Watzlawick, Beavin u. Jackson 2000, S. 61).

Führung ist ein Beispiel für kybernetische Kommunikationsprozesse. Das Verhalten der Führungskraft ist sowohl Auslöser für als auch Reaktion auf das Verhalten von Mitarbeitern. Es ist nicht eindeutig feststellbar, ob Mitarbeiter oder die Führungskraft den entscheidenden Impuls für das Führungsgeschehen geben.

(2) Konstruktivismus: Die Absage an die Idee der einzigen Wahrheit
Konstruktivismus ist eine Erkenntnistheorie. Erkenntnistheorie ist ein Bereich der Philosophie und beschäftigt sich mit der Frage: Wie entsteht für uns Erkenntnis über die Realität, über die Welt? Dabei werden hauptsächlich zwei Alternativen diskutiert:

(a) Haben wir Menschen die Möglichkeit, die Welt direkt so zu erkennen, wie sie ist? Können wir also objektiv wahrnehmen? Oder

(b) Sind wir Menschen bei jeder Erkenntnis, die wir über die Welt gewinnen, auf unsere subjektiven Eindrücke zurückgewiesen? Ist jede Erkenntnis über die Welt daher eine persönliche Konstruktion?

Konstruktivismus beantwortet diese Frage mit der zweiten Alternative. Systemisches Denken ist konstruktivistisches Denken.

Systemisches Denken leitet seinen Namen vom Begriff *System* ab. *System* ist ein griechisches Wort und bedeutet *Zusammenstellung*. Ein System ist ein »ganzheitlicher, regelhafter Zusammenhang von Einheiten, Dingen oder Vorgängen« (Brockhaus Lexikon 1982, Bd. 18, Seite 56).

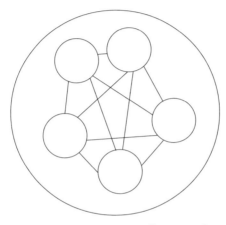

Abb. 12: Ein System ist eine Zusammenstellung von Elementen und ihren Zusammenhängen

Bei dieser bekannten Definition von Systemen erhebt sich allerdings die Frage: Wer stellt zusammen – und wer definiert, welche Elemente zusammengehören? Wer definiert das System? Wer zieht die Grenze zwischen diesen Elementen, die zum System gehören, und jenen, die nicht dazugehören? Wer definiert die Beziehungen zwischen den Elementen?

Die Antwort liegt auf der Hand: Ein Beobachter tut das. Er ist der Schöpfer von Systemen.

> Der Beobachter erschafft Systeme.

Die Elemente eines Systems sind in der Realität nicht verbunden, sie werden erst durch den Beobachter verbunden. So wie nur der Beobachter aus vielen Bäumen einen Wald, aus mehreren Menschen eine Gruppe macht, so entstehen Systeme erst durch das Zusammenstellen von beobachteten Phänomenen durch den Beobachter.

Systeme *gibt* es also nicht, sondern sie werden von Beobachtern geschaffen. Wir alle sind Beobachter und schaffen andau-

> Beobachter entscheiden, was sinnvolle Systeme sind.

ernd Systeme. Wir sagen: Diese Elemente gehören zusammen, sind ein System, und jene Elemente gehören nicht dazu. Auf diese Art und Weise bringen wir Ordnung in unsere eigene Welt.

Der Beobachter steht also im Zentrum des systemischen Denkens. Er ist der Schöpfer von Systemen und damit der Schöpfer seiner Welt. Wie weiß der Beobachter, welche Elemente er zu einem System zusammenstellen soll? Das Kriterium ist *Sinn*. Wir entscheiden immer wieder aufs Neue, welche Elemente für uns sinnvollerweise zusammengehören und welche nicht, je nachdem, was für uns gerade wichtig oder interessant ist oder was wir als sinnvoll erlernt haben.

> Wirklichkeit ist eine subjektive Konstruktion des Beobachters

Systeme entstehen, wenn ein Beobachter rund um verschiedene Phänomene eine *Sinngrenze* zieht und zwischen der Innen- und der Außenseite einen Unterschied macht. Was im Inneren dieser Grenze ist, nennen wir ein System, was außerhalb ist, ist die Umwelt des Systems.

> Sinn ist das Kriterium zur Bildung von Systemen

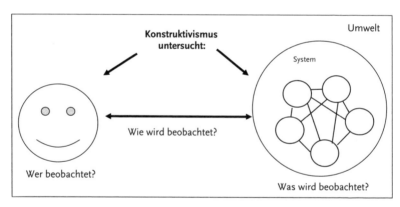

Abb. 13: Der Beobachter schafft Systeme

Alles auf dieser Welt kann zu einem System werden. Was zum Beispiel alles zum System »Führung« gehört, müssen Sie selbst immer wieder neu entscheiden: Was ist Führung für Sie, was gehört zu Ihren Führungsaufgaben und was nicht? Wenn Sie ein Problem haben, so können Sie das ebenfalls als

> Beobachter entscheiden, was sinnvolle Systeme sind.

System definieren und überlegen, welche Aspekte zu diesem Problemsystem gehören, und welche nicht.

Konstruktivismus behauptet: Wirklichkeit ist eine Schöpfung des Beobachters. Jeder Beobachter erschafft sich seine eigene Wirklichkeit. Sie entsteht, indem ein Beobachter Impulse aus der Außenwelt – optische, akustische und andere – mit Hilfe seines Sinnesapparats – Augen, Ohren, Haut etc. – aufnimmt und in seinem Inneren – im Gehirn – verarbeitet.

Der Beobachter konstruiert seine persönliche Welt als inneres Bild der äußeren Realität.

Das Ergebnis dieser komplexen inneren Prozesse sind jeweils persönliche Bilder, Eindrücke, Konstruktionen. Wir nennen sie Wirklichkeit und vermuten dann, dass unsere Wirklichkeit identisch ist mit der Welt, die wir uns konstruieren.

Metaphorisch werden unsere Wirklichkeitskonstruktion, unsere inneren Bilder von der äußeren Realität als *Landkarte* bezeichnet. Eine Landkarte ist aber immer etwas anderes als die *Landschaft*. Die Landkarte dient der Orientierung in der Landschaft.

Die innere Landkarte ist nicht identisch mit der äußeren Landschaft.

Der Kern der konstruktivistischen Erkenntnistheorie sagt uns: Wir haben keine Möglichkeit, Erkenntnis über die »wirkliche Wirklichkeit« zu gewinnen, sondern sind immer auf unsere individuelle Wahrnehmung zurückgeworfen. Wir haben also keine Möglichkeit zu überprüfen, ob unsere Landkarten mit der Landschaft übereinstimmen

Wir können den Unterschied zwischen Landkarte und Landschaft nicht wahrnehmen.

oder in welcher Hinsicht sie unterschiedlich sind. Wahrheit ist also eine individuelle und subjektive Konstruktion über die Wirklichkeit. Diese Annahme ist die Gegenthese zur Idee von Wahrheit und Objektivität des naturwissenschaftlich-technischen Denkens der Moderne.

(3) Theorie Lebender Systeme: Die Abkehr von der Idee, die Welt sei eine Maschine

Der Paradigmenwechsel, den systemisches Denken eingeleitet hat, besteht vor allem darin, dass das Denken in den vergangenen Jahrhunderten von den Prinzipien nichtlebender Systeme beherrscht war. Ich habe dargestellt, wie Technik und Naturwissenschaft die alles beherrschende Denkfigur der Moderne lieferten, die allen Phänomenen des Lebens übergestülpt wurde. Menschen, Organisationen, gesellschaftliche Einrichtungen werden auch heute noch nach diesen Prinzipien untersucht und gestaltet. Unsere Schulen, Krankenhäuser und Unternehmen, die Schüler, Patienten und Mitarbeiter sollen funktionieren wie Maschinen.

Systemisches Denken erforscht besondere Systeme: lebende Systeme. In unterschiedlichen wissenschaftlichen Disziplinen wurde und wird darüber geforscht, wie wir uns die Funktionsweise lebender Systeme vorstellen können: Die Ethnologie erforscht Kulturen, die Psychologie ergründet seelische Prozesse, die Soziologie untersucht gesellschaftliche Phänomene, die Biologie beshäftigt sich mit den manifesten Formen des Lebens, und Physiologie bis hin zur modernen Physik haben ihre Ergebnisse in dieses neue Wissensfeld eingebracht. Mittlerweile ist daraus ein umfassender Denkansatz geworden, dessen Kern darin besteht, die Prinzipien lebender Systeme auf lebende Systeme anzuwenden und damit die Vorherrschaft des »alten« Denkens der Mechanik zu brechen, wonach die Prinzipien der Funktionsweise von Maschinen auf alles Leben übertragen wurden. Im systemischen Verständnis hat sich eine zentrale Unterscheidung von Systemen entwickelt, die uns durch alle weitere Theorie leitet (vgl. auch Abb. 14).

Lebende Systeme	Nichtlebende Systeme
• *Organismen:* Pflanzen, Tiere • *Menschen* (auch kognitive oder psychische Systeme genannt): können Bewusstsein ihrer selbst entwickeln • *soziale Systeme:* entstehen durch Verbindung von Menschen durch Kommunikation: – Paare – Familien – Gruppen – Organisationen – Institutionen – Gesellschaft	• *unbelebte Natur:* Mineralien, anorganische Substanzen • *mechanische Systeme:* Maschinen

Abb. 14: Lebende und nichtlebende Systeme

> Das systemische Paradigma ist das Prinzip lebender Systeme.

Wie unterscheiden sich lebende von nichtlebenden Systemen?

Heinz von Foerster hat den Unterschied lebender und nichtlebender Systeme mit der berühmten Metapher der trivialen und der nichttrivialen Maschine beschrieben: Eine triviale Maschine ist ein Gerät, das auf Inputs – z. B. ausgelöst durch die Betätigung der Einschalttaste des Fernsehapparats – immer mit der gleichen Reaktion antwortet: Es gibt Bild und Ton. Im Inneren dieser Maschine vermuten wir eine Reihe von Mechanismen, die nach einer bestimmten Weise funktionieren (*f*) und die Inputs immer nach demselben Prinzip verarbeiten, so dass immer der gleiche Output entsteht (vgl. Abb. 15).

> Triviale Systeme sind nichtlebende Systeme. Sie sind berechenbar und von außen durch Inputs steuerbar

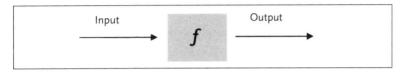

Abb. 15: Die lineare Logik trivialer Systeme

Sollte das einmal nicht der Fall sein, so betrachten wir die Maschine als kaputt und entscheiden je nach Schaden und Reparaturkosten, ob wir das Gerät reparieren oder wegwerfen und ein neues, moderneres kaufen.

Die nichttriviale Maschine ist im Gegensatz dazu ein System, das denselben Input von außen immer wieder anders beantwortet, so dass wir nicht vorhersehen können, was es als Nächstes tun wird. Wir vermuten, dass im Inneren dieser »Maschine« zwei Faktoren wirken: Zum einen ihre übliche Funktionsweise *f*, die gewährleistet, dass überhaupt eine Reaktion entstehen kann; zum anderen aber könnte im Inneren dieser »Maschine« eine Art von Zusatzmaschine (*Z*) sein, die immer wieder neu entscheidet, wie die Impulse von außen bewertet und verarbeitet werden. Diese Zusatzmaschine könnte beispielsweise »Erfahrung« oder »Laune« oder »Interesse« oder »Zustand« heißen. Dieser Zustand *Z* nimmt Einfluss auf die Funktionsweise *f*, so dass es immer wieder zu veränderten Outputs kommt. Dieser Zusatzmotor im Inneren der Maschine ist von außen nicht erkennbar und keinesfalls steuerbar.

> Nichttriviale Systeme sind lebende Systeme. Sie sind unberechenbar und von außen nicht steuerbar. Sie sind selbstorganisiert

4. Dimensionen des Führens

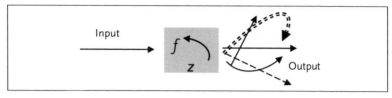

Abb. 16: Die zirkuäre Logik nichttivialer Systeme

Was sich im Inneren dieser »Maschine« befindet, ist das Leben selbst: unsere Weltbilder, Gefühle, Erfahrungen, Ziele, Absichten, Fähigkeiten usw., die dafür ausschlaggebend sind, wie wir jeweils auf Impulse von außen reagieren. Lebende Systeme haben im Prinzip unendlich viele Möglichkeiten, auf Impulse von außen zu reagieren. Die Vielfalt an Optionen und die Unkalkulierbarkeit der Reaktionen macht lebende Systeme zu unsteuerbaren Systemen. Das leuchtet ein, denn jeder von uns erlebt sich selbst ja andauernd als eigenständiges Wesen, das seine eigenen Gedanken und Gefühle hat. Dennoch haben wir die Idee, dass lebende Systeme wie triviale Maschinen funktionieren könnten, seit Jahrhunderten in unsere Gedanken eingebrannt.

> Lebende Systeme sind selbstgesteuert und unberechenbar.

Der Umkehrschluss macht diesen Widersinn deutlich: Wie würden Sie jemanden bezeichnen, der morgens, wenn er den Toaster benutzen will, mit diesem zunächst ein freundliches Gespräch führt, ihn nach seinem Befinden fragt und versucht, mit ihm auszuhandeln, ob er nun in der Stimmung sei, zwei Toasts zu machen? So wäre es, wenn man ein triviales System mit einem nichttrivialen verwechselte. Ziemlich verrückt! Aber unsere Kinder in der Schule als Lernmaschinen zu betrachten und zu behandeln erscheint uns ziemlich normal! Ihre Erwartung an Ihre Mitarbeiter, dass sie wie triviale Maschinen tagtäglich vorhersehbar und berechenbar ihre Leistungen erbringen, finden Sie wahrscheinlich auch ganz in Ordnung.

Wenn wir die mechanistische Logik der trivialen Maschine auf lebende Systeme, wie es Mitarbeiter und Führungskräfte sind, übertragen, dann gehen wir von der Annahme aus, dass lebende Systeme berechenbar und steuerbar seien, und wir reagieren auf unberechenbares oder überraschendes Verhalten mit der Annahme, dass der andere

> Menschen sind besondere lebende Systeme, die sich dafür entscheiden können, mitunter ihre Nichttrivialität aufzugeben.

irgendwie »kaputt« sein muss. Man könnte diese »Maschine« dann reparieren, sie in Therapie, auf ein Seminar oder zum Arzt schicken. Aber man bemerkt dabei nicht, dass man selbst mit der falschen Annahme an das Leben herangeht. Menschen in Organisationen zeigen sich (erfreulicherweise) trivial, um zu kooperieren. Sie verhalten sich im Allgemeinen berechenbar und im Sinne ihres Vertrags. Aber sie könnten auch anders! Die Maschine könnte das nicht.

In sozialen Systemen muss der Einzelne lernen, sich ein wenig zu trivialisieren, sich für andere berechenbar zu machen. So kann die Komplexität einer Gemeinschaft reduziert werden. Fragen von Ethik, Moral und Spielregeln geben in jeder Gesellschaft die Handlungs- und Verhaltensmaximen vor, die Geltung haben. Dieser soziale Mechanismus der Selbsttrivialisierung wirkt natürlich auch in der Zusammenarbeit von Führungskräften und Mitarbeitern: Sie müssen sich jeweils darauf verlassen können, dass der andere seine Handlungsmöglichkeiten auf das beschränkt, was in das Bild der Zusammenarbeit passt. Im Alltag können Sie diese Selbsttrivialisierung voneinander erwarten. Sie sollten aber nicht vergessen, dass sowohl Sie als auch Ihre Mitarbeiter sich dazu entschieden haben – und ganz anders könnten.

Am Ende dieses Abschnitts fragen Sie sich vielleicht: Wozu muss ich all das wissen? Was nützt es mir in meiner Führungspraxis?

4.1.1.3 Wozu systemisches Denken?

Jede Theorie dient der Orientierung. Jede Theorie ist daher selbst eine Landkarte, die die Landschaft erklärt. Und jede Theorie ist nur dann eine gute und nützliche Theorie, solange sie Erklärungen liefert.

Systemisches Denken ist ein Denkansatz, der aus zahlreichen Theorien, Modellen und Wissenselementen verschiedener Forschungsrichtungen entstanden ist. Die besondere Qualität dieses Ansatzes liegt in seiner Möglichkeit, Komplexität zu bearbeiten. Indem wir als Beobachter immer wieder entscheiden können, welche Phänomene wir als Einheit, als *System* definieren, bringen wir Ordnung in unsere Welt und können dadurch hochkomplexe Situationen bearbeitbar machen.

Zugleich gibt dieser Ansatz dem einzelnen Beobachter sehr viel Verantwortung dafür, ob eine Entscheidung nützlich ist oder nicht. Es gibt im systemischen Denken kein Richtig oder Falsch, auf das man sich als Beobachter in dieser Entscheidung berufen kann. Man ist immer auf die subjektive Sicht des Einzelnen verwiesen. Jeder muss daher seine Entscheidungen, sein Verhalten auf der Grundlage der eigenen Sicht der Welt oder der jeweiligen Situation selbst verantworten.

Führung ist derart komplexes Geschehen, dass es mit einfachen theoretischen Modellen nicht angemessen beschrieben und erklärt werden kann. Obwohl ich das Bedürfnis nach Einfachheit und reduzierter Komplexität gut nachvollziehen kann, sind die »schrecklichen Vereinfachungen« zugleich auch sehr gefährliche Reduzierungen der Realität.

> Führung ist ein komplexes Phänomen und braucht eine komplexe Theorie.

4.1.1.4 Was bedeutet systemisches Denken für Führung?

Die bisherigen Ausführungen mögen abstrakt und nicht ganz leicht zugänglich erscheinen. Ihr Inhalt hat aber sehr konkrete Auswirkungen auf die Praxis des Führens.

(1) Über Führung gibt es keine absolute Wahrheit
Es gibt keine Führungsgötter und keine objektiven Wahrheiten über Führung. Die schlechte Nachricht daran ist, dass Sie sich an keiner letzten Wahrheit des Führens festhalten können, die Ihnen Sicherheit und Gewissheit gibt, das Richtige zu tun. Die gute Nachricht ist, dass Sie auch nicht länger danach suchen müssen, sondern Ihre persönliche Wahrheit selbst gestalten können. Sie müssen auch mit niemandem darüber streiten, welche Führungstheorie nun die beste, einzig richtige oder wahre ist.

(2) Führung ist nicht widerspruchsfrei
Führung ist ein komplexes Feld voller Widersprüche und Gegensätze. Sie können das Ideal der Widerspruchsfreiheit einfach fallenlassen, sofern Sie es jemals hatten. Widerspruch gehört zum Leben und daher auch zum Führungsalltag.

> Vielleicht kennen Sie die Sufi-Geschichte von dem Mann, der einen Esel kaufte und sich in dessen Schatten ausruhte. Als er so dalag, kam der Verkäufer des Esels gelaufen und sagte: »Der Schatten war aber nicht im Preis des Esels enthalten, du schuldest mir noch etwas.« Der Käufer des Esels antwortete verwundert: »Aber es gibt doch keinen Esel ohne Schatten, warum sollte ich daher mehr bezahlen?« So stritten die beiden eine Weile, bis sie beschlossen, zum Kadi zu gehen, der entscheiden sollte,

wer von ihnen recht hatte. Der Kadi hörte zunächst den Verkäufer des Esels an und sagte schließlich: »Du hast recht.« Dann hörte er den Käufer des Esels an und sagte: »Du hast auch recht.« Ein Mann, der diesen Prozess beobachtet hatte, mischte sich ein und rief: »Aber es können doch nicht beide recht haben!« Darauf antwortete der Kadi dem Mann: »Du hast auch recht.«

Bei Fragen des Führens können viele Ideen gleichzeitig berechtigt sein. Der alte Entweder-oder-Ansatz kann daher in diesem Feld nicht gelten.

(3) Führung ist kein linearer Input-Output-Prozess
Führung lässt sich nicht dadurch definieren, dass die Führungskraft eine Anweisung gibt und Mitarbeiter sie ausführen. Führung vollzieht sich als kybernetischer Kreisprozess zwischen Ihnen und Ihren Mitarbeitern. Sie selbst sind immer Ursache und Wirkung des Prozesses zugleich. Sie reagieren auf Ihre Mitarbeiter und diese auf Sie. Führung ist ein kontinuierlicher Prozess gegenseitigen Beobachtens und Beeinflussens. Wer von beiden führt, bleibt unentscheidbar.

(4) Führung ist ein Zusammenspiel zwischen mehreren nichttrivialen Systemen
Sie können sich viele Enttäuschungen, viel Ärger und viel Ratlosigkeit ersparen, wenn Sie nicht davon ausgehen, dass Sie oder Ihre Mitarbeiter oder Ihre Organisation triviale Systeme seien. Erst die Erwartung, dass man selbst und die anderen auf Knopfdruck und zuverlässig funktionieren sollten, erzeugt Ärger und Enttäuschung. Viel erfreulicher ist doch der Umstand, dass es überhaupt funktioniert. Wenn Sie den Prinzipien und Annahmen betreffend lebende Systeme folgen (wollen), dann heißt das, dass Sie auf Überraschungen gefasst sein müssen – sowohl bei sich selbst als auch bei Ihnen Mitarbeitern. Lebende Systeme sind unberechenbar. Dennoch dürfen Sie bis zu einem gewissen Grad damit rechnen, dass Ihre Mitarbeiter und Sie selbst sich dafür entschieden haben, sich selbst zu trivialisieren und sich füreinander berechenbar zu machen.

Die Kunst des Führens liegt darin, diese Eigenarten lebender Systeme zu erkennen und respektieren.

Zusammenfassend
Ich habe Ihnen in diesem Abschnitt die wesentlichen Entwicklungen und Annahmen systemischen Denkens vorgestellt.

Systemisches Denken löst in unserem westlichen Denken einen Paradigmenwechsel aus, der vollkommen neue Bilder der Welt, vom Menschen und von Veränderungen mit sich bringt. Systemisches Denken steht einem mechanistisch-linearen Denkmodell gegenüber. Systemisches Denken erzeugt einen Unterschied zwischen nichtlebenden Systemen (Maschinen) und lebenden Systemen (Organismen, Menschen, Organisationen, Gesellschaft) und befasst sich mit der Frage, wie Leben und lebende Systeme operieren.

Systemisches Denken stützt sich auf drei Theorien:

1. *Kybernetik:*
   Sie ist die Theorie über die Steuerungslogik lebender Systeme. Danach verlaufen Prozesse als zirkuläre Schleifen von Wechselwirkungen. Was jeweils Ursache oder Wirkung von Veränderungen ist, bleibt dabei unentscheidbar.
2. *Konstruktivismus:*
   Er ist eine Erkenntnistheorie, die davon ausgeht, dass jede unserer Erkenntnisse über die Welt eine individuelle und damit subjektive Konstruktion ist. Alle Daten über die Welt müssen durch unseren Sinnesapparat gehen und werden erst in unserem Inneren zu den Bildern, die wir als »Wirklichkeit« bezeichnen. Unsere inneren Landkarten sind nicht ident mit der äußeren Landschaft.
3. *Lebende Systeme:*
   Lebende Systeme weisen eine Reihe von Eigenheiten auf, die sie von Maschinen unterscheiden. Sie sind:
   - *autonom,*
     das heißt, sie entscheiden selbst, wie sie Impulse von außen aufnehmen und darauf reagieren, dieser innere Prozess wird von bisher gemachten Erfahrungen, erlernten Mustern oder jeweiligen Zielen und Interessen gesteuert;
   - *unberechenbar,*
     das bedeutet, dass lebende Systeme ein beinahe unbegrenztes Repertoire an Verhaltensweisen aufweisen und jeweils jene wählen, die gerade sinnvoll erscheint; das kann zu Überraschungen führen;

- *unsteuerbar*,
  das bedeutet, dass man lebende Systeme nicht von außen steuern kann, sondern darauf angewiesen ist, wie sie Impulse beantworten; man kann lebende Systeme zwar beeinflussen, anregen, stören oder bedrohen, aber die Entscheidung über die Reaktion fällt im Inneren des Systems.

Diese Annahmen haben, wie Sie sich vorstellen können, große Wirkung auf Führung und erklären, warum Führung so schwierig ist. Der Beruf des Führens besteht ja gerade darin, Einfluss auf andere lebende Systeme zu nehmen. Die Theorie sagt aber, dass gerade das unmöglich ist. Führung ist ein unmöglicher Beruf. Das Führen eines noch so komplizierten Gerätes ist dagegen ein Kinderspiel.

Empfehlungen
- Gehen Sie nicht davon aus, dass Sie führen! Sie werden immer auch von Ihren Mitarbeitern geführt.
- Was immer Ihre Mitarbeiter tun, tun Sie auf Grund ihrer eigenen Entscheidung, auch wenn diese Entscheidung lautet, Ihre Anweisungen zu befolgen.
- Überprüfen Sie Ihren Sprachgebrauch: Wie oft sprechen Sie davon, dass Sie selbst oder Ihre Mitarbeiter »funktionieren«?
- Wie gehen Sie mit unerwartetem Verhalten Ihrer Mitarbeiter um: Ist es für Sie eine »Panne«, muss jemand »repariert« werden, oder können Sie diese Abweichungen als Information schätzen?
- Beobachten Sie Ihre eigenen Bilder von Ihrer Führungsaufgabe: Haben Sie Bilder von Steuerung und Lenkung oder eher solche von Kooperation?

4.1.2 Rollenklarheit

Führung ist eine berufliche Rolle, die Sie einnehmen, sobald Sie diese Aufgabe übernehmen. Rollenklarheit beschreibt, welches Verhalten in dieser Rolle von Ihnen erwartet wird.

Das zweite Standbein der Profession von Führung ist Rollenklarheit. Rollen geben Antwort auf die Frage: Wer bin ich (hier), und was soll und darf ich (hier) tun?

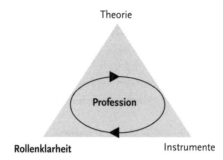

Abb. 17: Rollenklarheit als Element der Profession

4.1.2.1 Was sind Rollen?

Der Begriff *Rolle* ist dem Theater entlehnt und legt möglicherweise die Idee nahe, dass es hierbei um Theaterspielen, um Unehrlichkeit, um Masken gehen könnte. Bis zu einem gewissen Grad ist das auch zutreffend.

Im Theater erwarten die Zuschauer, die Beobachter, dass die Schauspieler im Rahmen des Stücks bleiben und ihren Text sprechen. Auch innerhalb anderer Professionen erwarten die Beobachter oder Mitspieler, dass man sich im Rahmen der Rolle verhält. Wenn Sie zum Arzt gehen, erwarten Sie zu Recht, dass er Sie nach Ihrem Befinden fragt, Sie untersucht, Ihnen ein Medikament verschreibt – und Ihnen *nicht* den Großteil der Ordinationszeit von den eigenen Eheproblemen und den eigenen Magenschmerzen erzählt. Sie würden dann sagen, der Arzt sei aus der Rolle gefallen und habe sich unprofessionell verhalten.

Eine Rolle beschreibt Verhalten, das in bestimmten sozialen Situationen zu zeigen ist. Rollen beschreiben Verhaltenserwartungen anderer Personen an einen selbst – seien es Beobachter oder Mitspieler, mit denen man in der jeweiligen Situation verbunden ist. Rollen denkt man sich also nicht selbst aus, sie werden einem von den »Mitspielern« zugewiesen.

> Rollen definieren, wie man sich in einer bestimmten Situationen oder Funktionen verhalten soll.

Jedes soziale System – wie Gruppe, Familie oder Organisation – kennt verschiedene Rollen, die den Platz des Einzelnen im System, das dort gewünschte Verhalten und die Beziehung zu anderen Mitgliedern des Systems definieren.

> Wer gleichzeitig in vielen Rollen steht, hat mit Rollenkomplexität zu tun.

Sie selbst stehen auch immer in vielen Rollen, je nachdem, in welchem Rahmen Sie sich gerade bewegen: als Staatsbürger bei der Wahl, als Konsument in Ihrem Supermarkt oder als Kunde bei Ihrem IT-Provider, in Ihrer Familie sind Sie Vater oder Mutter, Onkel oder Tante, in Ihrer beruflichen Interessenvertretung sind Sie Mitglied usw. Überall wird von Ihnen erwartet, dass Sie sich an Verhaltenserwartungen halten und nicht aus der Rolle fallen.

Rollen in Organisationen

In Organisationen entstehen professionelle Rollen, indem die beiden Systeme *Mensch* und *Organisation* miteinander in Verbindung treten. Menschen sind ja nicht Teile, Elemente einer Organisation, sondern eigene Systeme mit eigener innerer Logik: Menschen leben dafür, Ihre Bedürfnisse zu befriedigen, sie sind bedürfnisgesteuerte Systeme; Organisationen sind Instrumente, die den Zweck haben, bestimmte Aufgaben zu erfüllen, sie sind aufgabengesteuerte Systeme.

> Rollen verbinden Menschen mit Organisationen.

Die Unterschiedlichkeit dieser Systemlogiken wird für beide Teile dann zum Problem, wenn sie kooperieren müssen. Organisationen können ihre Aufgabe ohne Menschen nicht erfüllen, Menschen können ohne Arbeit (und daher oft ohne Organisationen) nicht ihre Bedürfnisse befriedigen. Sie müssen sich daher aufeinander einlassen.

Diese Verbindung von Menschen und Organisation wird meistens in einem Arbeitsvertrag definiert, dessen Inhalt in der Beschreibung der Rolle (des erwünschten Verhaltens) durch die Organisation und den Erwartungen der Personen an die Organisation (Gehalt, Arbeitsbedingungen, Karrieremöglichkeiten) besteht. Organisationen kaufen also bestimmtes erwünschtes Rollenverhalten ein und bieten dafür bestimmte Gratifikationen an. Eine Rolle ist damit das Ergebnis eines Handels zwischen Person und Organisation.

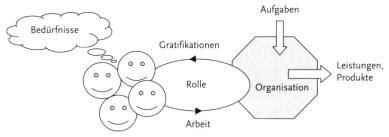

Abb. 18: Die Rolle verbindet Menschen und Organisation

4.1.2.2 Warum sind Rollen wichtig?

Rollen erfüllen eine wesentliche Aufgabe in Organisationen: Sie reduzieren Komplexität.

Menschen sind nichttriviale Systeme, das bedeutet, sie tun, was sie wollen: Sie sind autonom, unberechenbar und unsteuerbar. Organisationen könnten mit dieser Unberechenbarkeit aber nicht arbeiten. Die Komplexität, die dadurch entstünde, wäre unbeherrschbar, und sie könnte ihre Aufgaben nicht erfüllen. Organisationen brauchen berechenbare Partner, die sich wie triviale Systeme verhalten.

> Rollen reduzieren Komplexität.

Rollen schränken die Verhaltensmöglichkeiten von Menschen ein. Die Rolle macht Menschen berechenbar, trivialer. Damit werden Menschen zwar nicht zu trivialen Systemen, aber sie verzichten in ihren Rollen auf viele Möglichkeiten, sich zu verhalten, sie zeigen sich trivial.

> Rollen beschränken die Möglichkeiten des Verhaltens.

Rollen schränken zwar den Verhaltensspielraum ein, geben zum anderen aber Sicherheit. Wer seine Rolle kennt, muss sich nicht immer wieder fragen, was er in jeder Situation tun soll. Die Rolle definiert, was zu tun ist und was nicht.

> Rollen geben Sicherheit.

4.1.2.3 Wo bleibt die Authentizität? Die Ehrlichkeit? Die Offenheit?

Wenn ich in Seminaren über Rollen spreche, dann wird an dieser Stelle immer wieder gesagt: Ja, aber man sollte als Führungskraft doch vor allem authentisch, ehrlich, offen sein!

Ich bin skeptisch. Bleiben wir bei dem Beispiel des Arztes: Möchten Sie sich wirklich von einem Arzt behandeln lassen, der Ihnen ganz ehrlich und offen über seine privaten Probleme erzählt, Ihnen seine authentischen Gefühle zeigt, etwa dass er heute gar keinen Bock auf Ihre Krankengeschichte hat? Möchten Sie selbst eine Führungskraft haben, die Ihnen morgens ihren authentischen Ärger mit ihrem pubertierenden Sohn serviert oder Ihnen ganz offen und ehrlich die Meinung sagt? Ich wünsche Ihnen eine professionelle Führungskraft, die in ihrer Rolle klar ist, die Ihnen Orientierung und Feedback gibt, die für Sie berechenbar ist. »Wer nach allen Seiten offen ist, der ist nicht ganz dicht«, sagt ein Sprichwort.

Hinter dem Wunsch nach Offenheit und Authentizität steckt ein verständliches Bedürfnis, von anderen Menschen nicht hintergan-

4.1 Führung als Profession

gen, hereingelegt und belogen zu werden. Offenheit und Authentizität erscheinen als Schutz gegen solche negativen Erfahrungen. Aber gerade hier zeigt sich der Nutzen von Rollen und Rollenklarheit. Einforderbares und berechenbares Rollenverhalten ist ein guter Schutz gegen Willkür und Verletzungen. Wenn Organisationen Vertrauen aufbauen wollen, dann sind klar definierte und vereinbarte Rollen der beste Weg dazu. Vertrauen reduziert Komplexität, weil es die Erwartungen an das künftige Verhalten anderer beschreibt (vgl. Luhmann 2000b).

Rollen schaffen Vertrauen in Organisationen

Rollen schaffen damit Vertrauen, Sicherheit und Berechenbarkeit. Sie sind für Menschen und Organisationen lebensnotwendig.

4.1.2.4 Rolle, Position und Funktion von Führung
Abschließend wollen wir eine Begriffsklärung vornehmen, die mir wesentlich erscheint: die Unterscheidung von Position, Funktion und Rolle.

- *Positionen* beschreiben den *formalen Platz*, den jemand in einem System, in einer Organisation einnimmt. Dieser Platz kann formal sein: Weit oben oder weit unten in der Hierarchie, Stabsstelle, Linie, Projektleitung usw.; Positionen in Organisationen heißen dann CEO oder Abteilungsleiter.

  Positionen beschreiben den Platz im System.

  Positionen beschreiben aber auch informelle Plätze in Organisationen: der »heimliche Chef«, die »graue Eminenz«, der »Außenseiter«, die »Info-Börse«. Im Unterschied zu den formalen Positionen werden sie aber nicht verliehen, sondern sie entstehen gleichsam in Selbstorganisation, durch soziale Prozesse.
- *Funktionen* beschreiben den *Zweck und die inhaltlichen Aufgaben*, die mit den Positionen verbunden sind. Der Abteilungsleiter des Controllings hat andere Aufgaben als der Verkaufsleiter, obwohl sie gleiche Positionen innehaben. Der Nutzen, den die Organisation durch sie hat, ist ein unterschiedlicher. Funktionen definieren die Arbeit, die an einem bestimmten Platz der Organisation, bzw. den Beitrag, der zur Aufgabe der gesamten Organisation zu leisten ist.

  Funktionen beschreiben die Aufgaben in der Position.

4. Dimensionen des Führens

- *Rollen* beschreiben, wie gerade besprochen, die *Verhaltenserwartungen*, die an Inhaber von Positionen und Funktionen gerichtet werden. Jede Organisation kennt die geschriebenen und ungeschriebenen Gesetze, wie man sich als CEO, als Verkaufleiter oder als Assistenz der Geschäftsleitung zu verhalten hat. Rollenbeschreibungen stehen aber zumeist nicht in einem Organisationshandbuch. Sie müssen von Neuankömmlingen oft mühevoll herausgefunden werden.

> Rollen beschreiben das erwünschte Verhalten in der Position und Funktion.

So können etwa junge Ärzte ein Lied davon singen, was es heißt, eine Stelle in einem Krankenhaus anzutreten und dort auf ein eingeschworenes Team von erfahrenen Krankenschwestern zu treffen. Für solche Situationen ist es sehr hilfreich, die heimlichen Spielregeln von Rollenerwartungen zu kennen und nicht allein auf die Karte der Position zu setzen. Rollen haben daher mehr mit der Kultur einer Organisation zu tun als mit ihren Strukturen.

> Die Rollen von Führung werden kaum definiert und müssen vorsichtig herausgefunden werden.

Führung wird in Organisationen vorwiegend durch Positionen und Funktionen definiert. Führungskräfte erhalten zunächst einen Titel, wie Abteilungsleiter, Bereichsleiter, Teamleiter, der ihre Position markiert und ihre Entscheidungskompetenzen festlegt. Aus der inhaltlichen Funktion heraus erklärt sich oft das Aufgaben-Portfolio. Die Rolle bleibt meist vollkommen undefiniert.

Herr A., einer meiner Coaching-Kunden, ist Leiter einer Expertenabteilung, der direkt dem Verkaufsvorstand zuarbeitet. Den Anlass für das Coaching beschreibt Herr A. mit: »Ich komme mit meinem Vorstand nicht zurecht, wir können nicht miteinander.« Die Nachfrage ergibt eine genauere Beschreibung der Situation:

Der Verkaufsvorstand ist laufend unzufrieden mit der Aufbereitung der Daten und Informationen durch Herrn A.: Er sei zu detailverliebt, habe keinen Blick aufs Ganze, seine Informationen seien insgesamt nicht falsch, aber nicht brauchbar. Herr A. fühlt sich öffentlich bloßgestellt, unter Druck gesetzt, schließlich wird – als »letzter Ausweg« – ein Coaching vereinbart.

Herr A. ist verunsichert, er will alles richtig machen, sich keinen Fehler erlauben, keine wichtige Information vergessen – und es kommt nur Kritik.

4.1 Führung als Profession

Die Lösung des Problems entsteht in einer gemeinsamen Sicht auf die Situation. Herrn A. wird klar, wie sehr auch sein Vorstand unter Druck steht, welche Entscheidungen er zu treffen und zu verantworten hat, wie ehrgeizig der Vorstand selbst ist und wie groß seine Angst, sich vor seinem CEO eine Blöße zu geben. Erst als klar wird, welche Erwartungen der Vorstand an Herrn A. hat, ist dieser in der Lage, die Informationen so aufzubereiten, wie sie der Vorstand als Grundlage für seine Entscheidungen benötigt. Die Lösung lag im Umweg über die Vorstellung von den Erwartungen der anderen Person oder, genauer: Position an Herrn A. Die Klarheit über seine eigene Rolle ermöglichte es schließlich, sein Verhalten zu modifizieren.

Welches die Rolle von Führung und den einzelnen Führungspositionen in der jeweiligen Organisation jeweils konkret ist, kann nicht ein für alle Mal festgeschrieben werden, sondern ist Thema eines kontinuierlichen Aushandelns und Aufgabe der Führung selbst. Einen Rahmen für diese Aushandlungsprozesse liefert im Allgemeinen die Arbeit an Führungsleitbildern, die Führungskräfte allgemeine Verhaltensorientierung geben. Aber die Frage »Welches ist meine Rolle als Führungskraft?« kann jede Führungskraft nur über den Umweg des Aushandelns mit der eigenen Führung und den Mitarbeiten klären. Diese Klärungsprozesse sind Teil des Führungsgeschäfts.

> Die Arbeit an Führungsleitbildern ist ein guter Rahmen dafür, Führungsrollen kontinuierlich zu klären.

Zusammenfassend
Rollen helfen uns bei der Klärung der Frage: Wer bin ich, und was soll und darf ich tun?

Rollen grenzen unsere Handlungsmöglichkeiten ein. In einer Rolle kann man nicht machen, was man will, sonst fällt man aus der Rolle. Zugleich geben uns Rollen Sicherheit, indem sie uns vorschreiben, wie wir uns in bestimmten Situationen richtig verhalten können. In Organisationen ist die professionelle Rolle die Verbindung von (bedürfnisorientierten) Menschen und der (aufgabenorientierten) Organisation. In der Rolle wird dieses schwierige Zusammenspiel festgelegt.

Als Führungskraft sind Sie immer in einer Rolle, an die zahlreiche Verhaltenserwartungen gerichtet sind. Je klarer Ihnen diese

4. Dimensionen des Führens

Erwartungen sind, umso eher können Sie entscheiden, welche Rolle Sie einnehmen und wie Sie sie ausführen möchten.

Empfehlung

Eine Übung zur Rollenklärung: Die Rollenlandkarte
Nehmen Sie ein Blatt Papier, und zeichnen Sie in die Mitte des Blattes einen kleinen Kreis, in den Sie »ICH« schreiben.

Nun überlegen Sie: Welches sind die Personen, Gruppen, Funktions- und Positionsinhaber, mit denen Sie in Ihrem Berufsalltag regelmäßig zu tun haben: Mitarbeiter, Kunden, Kollegen, Lieferanten, eigene Führung ...? Verteilen Sie diese Kooperationspartner so auf dem Blatt, dass Nähe oder Distanz zu Ihnen und Größe der Kreise Ausdruck von Häufigkeit und Wichtigkeit sind.

Nun ziehen Sie jeweils Verbindungslinien zwischen sich und Ihren Partnern und tragen auf diesen Linien die Antworten zu diesen Fragen ein:
1. Was erwarten diese Mitspieler von mir? Wie sollte ich mich ihnen gegenüber verhalten?
2. Wie könnte die Rolle heißen, die ich ihnen gegenüber einnehme? Das können formelle Rollen sein, aber auch informelle, etwa »Mädchen für alles«, »Krisenmanager«, »Grabstein zum Ausweinen« etc.
3. Bewerten Sie alle Rollen mit +, wenn Sie diese Rolle schätzen, mit –, wenn Sie diese Rolle nicht schätzen, mit ?, wenn Ihnen die Rolle nicht ganz klar ist.

Das könnte etwa so aussehen wie in Abbildung 19.

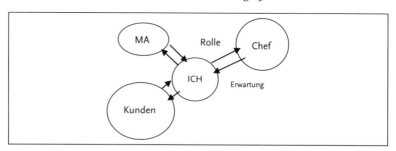

Abb. 19: Die Rollenlandkarte

Zum Schluss überlegen Sie, was sich durch diese Übung für Sie verändert hat.

4.1.3 Instrumente

»Wer nur einen Hammer hat, für den sieht jedes Problem aus wie ein Nagel« (Paul Watzlawick)

Instrumente sind die dritte Säule jeder Profession. Jede Profession entwickelt ihr eigenes Instrumentarium, das sie dabei unterstützt, ihre Aufgaben zu realisieren.

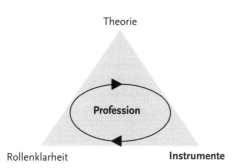

Abb. 20: *Instrumente als Elemente der Profession*

Die Frage, wozu man Instrumente braucht, stellt sich im Allgemeinen nicht. Es scheint selbstverständlich zu sein, dass man für jede Tätigkeit Instrumente braucht. Auch Führung braucht Instrumente. Instrumente sind notwendig, aber der Umgang mit ihnen enthält auch einige Tücken. Instrumente können zum Problem werden.

4.1.3.1 Instrumente als Problem

Karl Weick (1996) beschreibt, wie 27 Feuerwehrmänner bei einem Waldbrand ums Leben kamen, weil sie sich an ihre Instrumente geklammert hatten, anstatt sie wegzuwerfen und davonzulaufen. Instrumente können lebensrettend, wertvoll und hilfreich sein, sie können einem aber auch den Blick auf die konkrete Situation verstellen und dadurch selbst zum Problem werden. Dazu ein Beispiel aus meiner Praxis.

> Einer meiner Coaching-Klienten war Leiter einer Expertenabteilung einer großen österreichischen Bank, deren Aufgabe es war, das Management immer wieder mit Expertisen bei seinen Entscheidungen zu unterstützen. Er selbst führte sechs Mitarbeiter, allesamt hochqualifizierte Spezialisten.

4. Dimensionen des Führens

Sein Problem sah er darin, dass es ihm nicht gelang, seine Abteilungsziele zu erreichen. Er beschrieb, wie er gemeinsam mit seinen Mitarbeitern Ziele für die Abteilung festlegte, wie sie gemeinsam die Umsetzung planten. Aber dann geschah es immer wieder, dass die Manager zwischendurch neue Berichte brauchten und damit den Plan störten. So entstand bei dem Abteilungsleiter und seinen Mitarbeitern permanent das Gefühl, die gesteckten Ziele nicht erreichen zu können und nicht erfolgreich zu sein. Als Ursache dafür sah der Abteilungsleiter das Verhalten der Manager, das er aber nicht beeinflussen konnte. Das war sein Problem.

Im Laufe des Coachings wurde klar, dass sein wichtigstes Führungsinstrument der bekannte Management-Regelkreis war: Ziele setzen – planen – durchführen – kontrollieren.

In seinem dynamischen Umfeld funktionierte dieses Instrument aber nicht nur nicht, sondern es erwies sich sogar als Quelle des Problems. Der »gute, alte« Management-Regelkreis erwies sich als zu wenig flexibel, zu langsam, zu starr. Ziele, die am Beginn des Jahres definiert wurden, konnten daher nicht erreicht werden. Mein Coaching-Klient hoffte aber weiterhin, dass sich diese dynamische Situation irgendwann einmal beruhigen und er wieder wie gewohnt den Prozess des Management-Regelkreises gestalten können würde.

Ich stellte einige Fragen: Angenommen, die Situation in der Bank bleibt weiterhin so dynamisch und unberechenbar; angenommen, die Manager werden nie mehr – wie früher – nach Plan um Expertise fragen, sondern weiterhin, vom Geschäft getrieben, unregelmäßig ihren Bedarf anfordern – was würde das für Ihre Führungsinstrumente bedeuten?

Auf diesem Weg wurde es möglich, das Instrument fallenzulassen und die Aufmerksamkeit auf die zu leistenden Aufgaben unter den gegebenen Umständen zu richten. Anstatt Pläne zu machen, die auf der Annahme von stabilen Bedingungen aufbauen, musste sich die Abteilung auf eine dauerhaft flexible Situation einstellen. Die Abteilung und die Aufgaben wurden daraufhin neu strukturiert, es wurden stabile von flexiblen Aufgaben differenziert und neu zugeordnet.

Werkzeuge können aus unterschiedlichen Gründen zum Problem werde:

- *Werkzeuge verstellen den Blick auf Probleme und Lösungen*
  Werkzeuge fordern Aufmerksamkeit und schränken damit die Sicht auf die zu lösenden Aufgaben ein. Wer kennt nicht den Ärger mit dem Werkzeug Computer? Eigentlich will man ja nur eine kleine Sache machen, aber plötzlich hängt man stunden-

lang in einem Programm, das aus unerfindlichen Gründen nicht funktioniert. Das Werkzeug braucht mehr Energie als die Aufgabe. Wir haben sehr komplizierte und komplexe Instrumente geschaffen, die uns mitunter den Blick auf die konkrete Situation und auf mögliche Lösungswege verstellen. Unsere hochtechnisierte Medizin ist ein weiteres Beispiel dafür, wie es ist, wenn die Geräte wichtiger werden als die Menschen bzw. Patienten.

- *Werkzeuge geben (falsche) Sicherheit*
Wer ein Werkzeug bedient, wiegt sich in der Sicherheit des Könnens. Aber es ist immer die Person, die das Werkzeug bedient, die über die Qualität der Arbeit entscheidet. Wie kleine Kinder, die mit einer riesengroßen Spritzpistole herumschießen und sich dabei groß und stark fühlen, so erscheinen manche Führungskräfte, wenn sie mit ihren neuesten Managementinstrumenten auffahren und alle Mitarbeiter damit beschäftigen.

- *Werkzeuge fördern triviales Denken*
Das Bild des Werkzeugs ist das eines Dings, das sich außerhalb der Person befindet – wie ein Hammer oder ein Schraubenzieher. Dieses Bild suggeriert, dass Führung ähnlich vor sich gehen könnte wie die Steuerung oder Reparatur eines Autos. Das Bild des Werkzeugs vermittelt den Eindruck, dass Führung darin besteht, die *richtigen* Instrumente zu finden und sie dann *richtig* einzusetzen. Aber Führung ist ein Geschäft mit einer anderen Logik. Das Instrument des Führens ist die Führungskraft selbst. Die Bedienung dieses Instruments bedarf eines anderen Denkens als die Bedienung eines Schraubenziehers.

- *Werkzeuge sind Lösungen von gestern*
Werkzeuge werden zu einem bestimmten Zeitpunkt, für bestimmte Probleme und unter bestimmten Annahmen entwickelt. Mit der Zeit vergisst man aber die genauen Umstände dieser Entwicklung. Der obenerwähnte Management-Regelkreis wurde in einer Zeit sehr stabiler Organisationen erfunden. Er ist auf diese Stabilität ausgerichtet. Obwohl die Welt sich seither verändert hat und es kaum noch stabile Organisationen gibt, wird dieses Instrument weiterhin gelehrt und mit wenig Erfolg eingesetzt. Im Falle des Misserfolgs sagen sich Führungskräfte, sie hätten das Instrument möglicherweise falsch verwendet – und versuchen es daher immer weiter.

4. Dimensionen des Führens

Vielleicht werden Sie jetzt einwenden: Ja, aber man braucht doch Instrumente des Führens! Das denke ich auch. Aber wie jedes Instrument sollen auch Führungsinstrumente der Aufgabe, den äußeren Bedingungen und auch einer Reihe von theoretischen und auch ethischen Bedingungen entsprechen. Dieser Maßstab sollte an jedes Instrument angelegt werden.

4.1.3.2 Führung als Intervention

Instrumente des Führens müssen dem Gegenstand des Führens gerecht werden. Sie müssen Führungskräfte dabei unterstützen, sich selbst, andere Menschen und die Organisation zu führen.

Im Abschnitt über systemisches Denken habe ich dargestellt, dass lebende Systeme die Eigenart haben, sich nicht führen zu lassen, dass sie von außen nicht direkt steuerbar sind und jeweils für sich entscheiden, wie sie mit Impulsen von außen, etwa einer Anweisung durch eine Führungskraft, umgehen. Damit Führungskräfte von einem Problem, für das sie geeignete Instrumente brauchen. Wie können sie etwas steuern, das sich nicht steuern lässt?

> Das Problem von Führung ist, dass man lebende Systeme nicht direkt steuern kann.

Die Antwort ist einfach und komplex zugleich. Sie sollten die Autonomie lebender Systeme einfach respektieren – und dennoch Ihre Chance nutzen, Einfluss zu nehmen. Wenn Sie lebende Systeme nicht direkt steuern, also auf deren innere Prozesse nicht direkt gestaltend einwirken können, dann liegt Ihre Chance der Führung darin, diese lebenden Systeme so zu berühren, dass sie aus sich heraus das von Ihnen gewünschte Verhalten zeigen. Diese Chance nennen wir Intervention. Darunter verstehen wir den Versuch, Einfluss darauf zu nehmen, dass ein lebendes System sich selbst in eine von uns gewünschte Richtung in Bewegung setzt. Sie können Führung also als einen kontinuierlichen Prozess des Verführens verstehen und ein Verhalten zeigen, das die Wahrscheinlichkeit erhöht, dass die andere Seite sich entscheidet, das zu tun, was Sie von ihr erwarten.

> Intervention ist der Versuch, ein lebendes System zur Bewegung in eine gewünschte Richtung zu verführen.

Von der Möglichkeit der direkten Steuerung lebender Systeme, in der Sie entscheiden, wie sich das andere System jeweils verhält, sollten Sie sich aber verabschieden.

4.1.3.3 Instrumente des Führens

Führung bewegt sich also in dem Widerspruchsfeld, dass es lebende Systeme steuern soll, die aber nur das tun, was sie selbst wollen, und daher nicht führbar sind. Trotzdem erwartet man von Ihnen, dass Sie dieses Kunststück irgendwie zu Wege bringen.

Welches sind nun die Instrumente der Intervention, die Führung unter diesen schwierigen Bedingungen möglich macht? Nehmen wir kurz Bezug auf die Theorie. Organisationen sind aus systemischer Sicht lebende soziale Systeme, die aus Kommunikation bestehen.

> Instrument der Führung ist Kommunikation.

Diese Kommunikation wird von den Menschen, die mit der Organisation kooperieren, eingebracht. Alle Instrumente der Steuerung von und in Organisationen können daher nur Instrumente der Kommunikation sein.

Kommunikation ist Dreh- und Angelpunkt jedes Führungsgeschehens. Etwas anderes haben Sie nicht zur Verfügung. Dabei verstehen wir unter Kommunikation weit mehr als nur »reden« oder »zuhören«. Führung kann als direkte Face-to-Face-Kommunikation gestaltet werden oder indirekt als Einrichten von geeigneten Kommunikationssettings. Beides ist Führung. Abbildung 21 zeigt einige Beispiele.

Instrumente der direkten Kommunikation	Instrumente der Gestaltung von Kommunikations-Settings
Informationen geben und nehmen: Zahlen, Daten, Fakten Präsentationen zu eigenen Bildern und Gedanken Fragen stellen und anregen Feedback geben und nehmen jährliches Mitarbeitergespräch Anweisungen geben Empfehlungen und Anleitungen Konfliktmoderation Meetingmoderation	regelmäßige Abteilungsmeetings Meetings für Schnittstellenmanagement Peer-Gruppen Kundenbefragungen Großgruppen bei Change-Prozessen Projektmeetings Workshops zu aktuellen Themen Strategiemeetings

Abb. 21: Kommunikationsinstrumente der Führung

Jeder dieser Kommunikationsakte stellt für die jeweiligen Felder des Führens – Sie selbst, Mitarbeiter und Ihren Aufgabenbereich – einen Impuls dar, auf den reagiert wird.

Die Entscheidung für ein bestimmtes Kommunikationsinstrument hängt von einigen Voraussetzungen ab:

- *Ethische Voraussetzungen für Instrumente*
  Jedes Instrument trägt eine bestimmte Wertorientierung in sich, Instrumente sind nicht »wertfrei«, sie wurden immer von Menschen entwickelt. Damit ist auch der Einsatz nicht frei von ethischen Werten, deren man sich bewusst sein sollte. Welche Instrumente Sie auch immer einsetzen, ergründen Sie sie einmal im Hinblick auf ihre impliziten ethischen Werte.
- *Theoretische Voraussetzungen für Instrumente*
  Der Einsatz von Instrumenten ohne theoretische Begründung und Einbettung ist riskant. Wenn Sie nicht sagen können, warum Sie gerade dieses Instrument anwenden, dann können Sie auf Grund der entstehenden Beliebigkeit auch ziemlich falsch liegen.
- *Die Rolle bestimmt die Instrumente*
  Wir haben weiter oben erläutert, dass die Rolle eine Begrenzung von Verhaltensmöglichkeiten darstellt. Das bedeutet, dass man nicht alles machen kann, was man wollte oder auch könnte. Der Einsatz von Instrumenten hängt also von der Rolle ab, in der Sie sind. Das kann manchmal zum Problem werden, wenn man meint, Lösungen zu sehen, für die man aber keine Kompetenz und damit keine Instrumente hat.
- *Die Aufgabe bestimmt die Instrumente*
  Für die Wahl der Instrumente ist ausschlaggebend, welche Aufgabe Sie damit gestalten und welches Ziel Sie erreichen wollen. Das Ziel, fehlerfreie Produkte zu erzeugen, bedarf anderer Instrumente als das Ziel, die Kooperation im Team zu verbessern.

Zusammenfassend
Instrumente sind wertvoll und hilfreich, können aber zum Problem werden, wenn sie uns die Sicht auf konkrete Situationen verstellen. Instrumente sollten daher fallengelassen werden, wenn sie sich als alter Ballast oder als unpassend zur Situation erweisen.

Führung kann nicht direkt steuern, sondern gezielte Interventionen setzen, die die Wahrscheinlichkeit erhöhen, dass die anderen Akteure sich in die gewünschte Richtung bewegen. Die Instrumente dafür sind allesamt Kommunikationsinstrumente.

Die Wahl und der Einsatz von Instrumenten hängen von der Werthaltung, der konkreten Situation und dem professionellen und theoretischen Verständnis der eigenen Rolle ab.

Mehr über Instrumente des Führens finden in Abschnitt 4.3 (über die Praxis des Führens).

Empfehlung
- Nehmen Sie sich Zeit, und listen Sie alle Instrumente des Führens auf, die Sie derzeit verwenden. Sie werden erstaunt sein, was und wie viel das alles ist.
- Welches sind die drei Instrumente, die Sie am häufigsten verwenden?
- Überlegen Sie, welche Instrumente Sie einmal in Seminaren oder anderen Situationen kennengelernt und nie eingesetzt haben. Wie kam das?
- Denken Sie an eine schwierige Führungssituation, und versuchen Sie, dafür drei Instrumente zu erfinden.
- Vergessen Sie nie, dass selbst die besten Instrumente nur unter bestimmten Bedingungen gut sind und in anderen vollkommen unnütz oder sogar schädlich sein können.

4.2 Führung als Prozess

Die zweite Dimension von Führung betrifft den Prozesscharakter dieser Aufgabe. Wir haben an mehreren Stellen darauf hingewiesen, dass Führung weder eine einmalige Heldentat ist, mit der ein für alle Mal die Dinge gestaltet werden, noch ein Projekt, das einen Anfang und ein überprüfbares Ende hat, noch auch eine Tätigkeit neben der »eigentlichen« Arbeit, die man etwa morgens zwischen neun und zehn Uhr erledigt.

Wenn die im vorigen Abschnitt dargestellte Profession die inhaltliche Dimension des Führens beschreibt, so beschreibt der Prozess die zeitliche Dimension von Führung. Führung ist ein Prozess, ein kontinuierliches Fließen von Aktivitäten.

(1) Was ist ein Prozess?
»Prozess« bedeutet vom Wort her »Fortschritt«. Er bezeichnet zeitliche Abfolgen von Ereignissen oder Tätigkeiten.

In unserem westlichen Denken stellen wir uns Prozesse als ein lineares Nacheinander von Ereignissen bzw. der Veränderungen der

4. Dimensionen des Führens

> Unter Prozessen versteht man in unserer Kultur die lineare zeitliche Abfolge von Ereignissen.

Dinge um uns herum vor. In unserer Kultur haben Prozesse einen Anfang (Ursprung, Ursache) und ein Ende (Ziel, Ergebnis). Das ist nicht immer und überall so. Noch vor wenigen Jahrhunderten war unsere Kultur von bäuerlichen Bedingungen geprägt, die ein Bild von Prozessen als kreisförmige Wiederkehr von Jahreszeiten und Ereignissen gaben.

In anderen Kulturen werden Prozesse ebenfalls nicht als lineare Folge von Ereignissen verstanden. »Alles entsteht, besteht und vergeht«, heißt es im Buddhismus. Es ist derselbe Gedanke, den Heraklit formulierte: »Man steigt niemals in denselben Fluss.« Das Prozessdenken des Ostens sieht das Leben als unendlichen Strom des Entstehens und Vergehens. Im chinesischen Denken etwa gibt es keine Schöpfungsgeschichte, Realität wird nicht mit einem einmaligen Akt geschaffen, sondern befindet sich in einem kontinuierlichen Transformationsprozess. Aus chinesischer Sicht ist jedes Handeln eine Einmischung, ein Eindringen in den kontinuierlichen Prozess des Lebens (vgl. Jullien 1999). Der Prozess ist sozusagen immer da, er wird nicht geschaffen.

> In anderen Kulturen sind Prozesse ein unendlicher Strom des Entstehens und Vergehens.

Aus systemischer Sicht sind Lebensprozesse zirkuläre Prozesse von Wechselwirkungen. Die Idee der Kybernetik und der Selbstorganisation lebender Systeme legt ein Bild von Prozessen nahe, das einerseits als Stoffwechsel von Systemen mit ihren Umwelten, andererseits als inneres Verarbeiten von Impulsen gesehen werden kann.

> Aus systemischer Sicht sind Prozesse zirkulär aufeinander einwirkende Wechselbeziehungen.

Diese zirkulären Stoffwechselprozesse können wir auf vielen Ebenen des Lebens entdecken:

- Auf der *körperlichen Ebene* ist Stoffwechsel ein Prozess des Aufnehmens von Sauerstoff und Abgebens von Stickstoff, der Aufnahme von Nahrung, des Verarbeitens und Abgebens von dem, was der Körper nicht braucht.
- Auf der *geistigen Ebene* bedeutet Stoffwechsel Lernen als geistigen Prozess: die Aufnahme von Wissen, die Verwertung von Wissen, das Vergessen von nutzlosem Wissen.

- Auf der *sozialen Ebene* sprechen wir von Kommunikation als Informationsstoffwechsel in Form des gemeinsamen Generierens von Information. Man nimmt Informationen auf, interpretiert und bewertet sie, handelt und erzeugt damit Wirkung, auf die wieder Aktivitäten gesetzt werden.
- Auf der *spirituellen Ebene* ist es das Ein- und Ausatmen als energetischer Stoffwechsel mit dem Kosmos: Lat. *spirare* heißt »atmen«. Hier geht es um das Aufnehmen und Loslassen von Lebensenergie.

Diese Überlegungen dienen der Unterscheidung von linearen, also zielgerichteten Vorstellungen von Zeit und Prozessen einerseits und zirkulären Vorstellungen von Abläufen andererseits. Beide Bilder haben Gültigkeit.

Führung ist ein Prozess, in dem beiden Auffassungen von Zeit und damit von Prozessen bedeutsam sind:

- Führung ist zum einen immer wieder zielorientiertes Handeln, und Führungskräfte werden daran gemessen, ob und wie sie Ziele erreichen.
- Gleichzeitig ist Führung eben auch diese »Hausfrauenarbeit«, die sich teilweise stets wiederholt und in Schleifen bewegt.

(2) Momente des Führungsprozesses
Jeder Prozess, ob wir ihn als linear oder zirkulär verstehen, durchläuft verschiedene Phasen und weist einen Rhythmus auf. Der Rhythmus des Führens bewegt sich zwischen den drei Momenten des aufmerksamen Beobachtens (der Aufnahme von Informationen), des Bewertens der Beobachtungen (der Aufnahme des Wertvollen und Nützlichen aus den Informationen) und des Entscheidens bzw. des aktiven Handelns (und damit des wirksamen Gestaltens). Im Modell sieht das so aus, wie in Abbildung 22 dargestellt.

4. Dimensionen des Führens

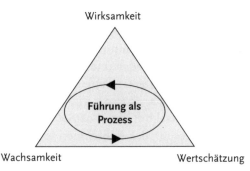

Abb. 22: Momente des Führungsprozesses

Dieses Modell von Führungsprozessen stützt sich auf drei Grundwerte, die sich in allen Religionen und Kulturen finden und die Matthias Varga von Kibéd und Insa Sparrer (2000, S. 132) in Anlehnung an F. Schuon Erkenntnis, Liebe und Ordnung nennen:

- *Erkenntnis*, Wissen, Einsicht sind das Ergebnis von Wachsamkeit, Aufmerksamkeit und Achtsamkeit.
- *Liebe* ist die Würdigung und Wertschätzung dessen, was ich erkenne und anerkenne.
- *Ordnung* entsteht durch Entscheidungen und Handlungen. Handlungen erzeugen Wirkungen und Ordnung.

Ähnliche Momente von Prozessen zeichnen Königswieser und Exner (1998, S. 24) in ihrer systemischen Schleife für Beratungsprozesse, wie sie in Abbildung 23 dargestellt ist.

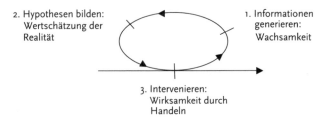

Abb. 23: Die systemische Schleife (nach Königswieser u. Exner 1998)

Der Grundgedanke ist überall ähnlich: Lebensprozesse vollziehen sich als Prozesse des Aufnehmens, Verarbeitens und Umsetzens, als

Stoffwechsel mit der Welt, in der das Leben gerade lebt. Führung ist eine Form von Lebensprozessen und folgt daher diesem Muster.

4.2.1 Wachsamkeit

»Ewige Wachsamkeit ist der Preis der Freiheit« (Thomas Jefferson).

Der Prozess des Führens ist ein Kreislauf der drei Momente von Wachsamkeit, Wertschätzung und Wirksamkeit. Jedes dieser Momente treibt den Prozess weiter. Obwohl man an jeder Stelle beginnen könnte, den Prozess zu beschreiben, erscheint es mir sinnvoll, mit der Wachsamkeit als erstem Schritt zu beginnen.

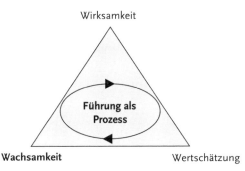

Abb. 24: Wachsamkeit als Moment des Führungsprozesses

4.2.1.1 Was bedeutet Wachsamkeit?

Wachsamkeit ist ein Begriff des Augen-Blicks, des Hier und Jetzt. Er bedeutet das Aufnehmen, das »Einatmen« von Impulsen von außen. Wachsamkeit beschreibt die Tätigkeit des gerichteten Beobachtens, eine Aktivität des Geistes.

Wachsamkeit ist Voraussetzung für das Überleben.

Wachsamkeit ist zentrale Voraussetzung für das Überleben. Wir können durch Wachsamkeit Gefahren erkennen, Chancen entdecken, Veränderungen bemerken. Wachsamkeit ist der Vorgang, mit dem jedes lebende System sich in seiner Welt orientiert. Wachsamkeit ist der Weg, wie wir uns die Welt zu eigen machen. Wachsamkeit führt zu Wissen und Erkenntnis.

Die amerikanischen Organisationsforscher Karl E. Weick und Kathleen M. Sutcliffe (2003) haben anhand zahlreicher Untersuchungen über sogenannte Hochsicherheitsorganisationen wie atom-

4. Dimensionen des Führens

> Wachsamkeit ist der Kernfaktor für den Erfolg von Organisationen.

betriebene Flugzeugträger, Organisationen der Notfallmedizin oder der Flugüberwachung herausgefunden, dass Wachsamkeit jener Kernfaktor ist, der diesen Unternehmen Sicherheit und Erfolg gewährleistet. Solche Organisationen müssen in einem extrem hohen Ausmaß Aufmerksamkeit aufbringen, um die gewaltigen Risiken ihrer Operationen zu minimieren.

»Mit Achtsamkeit meinen wir das Zusammenspiel verschiedener Momente: Die bestehenden Erwartungen werden laufend überprüft, überarbeitet und von den Erwartungen unterschieden, die auf neueren Erfahrungen beruhen; es besteht die Bereitschaft und die Fähigkeit, neue Erwartungen zu entwickeln, durch die nie da gewesene Ereignisse erst verständlicher werden; ferner gehört dazu eine besonders nuancierte Würdigung des Kontexts und der darin enthaltenen Möglichkeiten zur Problembewältigung sowie das Ausloten neuer Kontextdimensionen, die zu einer Verbesserung des Weitblicks und der laufenden Arbeitsvorgänge führt« (ebd., S. 55 f.).

Angesichts der Leistungen solcher Hochsicherheitsorganisationen und der Anforderungen an sie wird die allgemeine Bedeutung von Aufmerksamkeit erst deutlich.

Weick und Sutcliffe nennen zahlreiche Beispiele von Organisationen, in denen es wegen Mangel an Aufmerksamkeit und Wachsamkeit zu großen Problemen und Unfällen kam. Aber man muss nicht unbedingt das Beispiel von Hochsicherheitsorganisationen hernehmen, um die Bedeutung der Wachsamkeit für Organisationen zu erkennen. Es genügt, sich im heutigen Wirtschaftsleben umzusehen, das von hoher Dynamik, hoher Komplexität und Unüberschaubarkeit gekennzeichnet ist. Dieser Dschungel der Wirtschaft fordert von Organisationen, Veränderungen rasch zu erfassen, sich schnell auf neue Bedingungen einzustellen, sich selbst zu verändern. Die Fähigkeit und Bereitschaft zu Wachsamkeit ist für alle Organisationen zur Überlebensfrage geworden. Unter langanhaltenden stabilen Bedingungen war diese Fähigkeit von geringerer Bedeutung.

4.2.1.2 Was behindert Wachsamkeit?

Zu beobachten ist, dass Organisationen und ihre Führung sich mit ihren Zielen und ihrem Tagesgeschäft beschäftigen und wenig Wachsamkeit für die Entwicklungen in ihrem Umfeld oder im Inneren aufbringen. Was hindert Organisationen und ihre Führung daran, ausreichend Wachsamkeit und Aufmerksamkeit zu entwickeln? Hier einige Antworten:

Wachsamkeit geht unter dem Druck des Tagesgeschäfts verloren.

- *Wissen behindert Wachsamkeit*
  Wachsamkeit braucht Neugier. Führung wird aber dadurch legitimiert, dass sie über Wissen und Erfahrung verfügt, die anderen Orientierung geben sollen. Wer aber über Wissen verfügt, fühlt sich geistig satt, ist nicht mehr neugierig. Wissen ist also eine Behinderung von Neugier und damit eine Behinderung von Wachsamkeit.
- *Erfahrungen behindern Wachsamkeit*
  Wissen stützt sich oft auf Erfahrungen – logischerweise aus der Vergangenheit. Wenn wir diese Erfahrungen in die Zukunft projizieren, dann entwickeln wir Vorannahmen. Wir denken, wir wissen, wie die Dinge laufen werden, weil sie ja bisher auch so gelaufen sind. Und wir haben es ja so gern, wenn unsere Annahmen sich bestätigen. Daher suchen wir nach Bestätigung unserer eigenen Annahmen, anstatt wachsam zu sein für das, was ist.
- *Routine verhindert Wachsamkeit*
  Routine ist sehr hilfreich, wenn es darum geht, Zeit und Energie zu sparen. Aber sie hat den Nachteil, uns träge zu machen. Wir tun die Dinge, wie und weil wir sie bisher auch gemacht haben, ohne viel nachzudenken. Routine schläfert ein und ist ein Feind der Wachsamkeit.
- *Ziele und Pläne verhindern Wachsamkeit*
  Wer nur seine Ziele und Pläne im Auge hat, schränkt die Wahrnehmung auf einen bestimmten Punkt ein. Unser Geist bewegt sich gleichsam auf einer Geraden, wir nehmen nicht mehr wahr, was links und rechts der schmalen Linie liegt.
- *Bequemlichkeit verhindert Wachsamkeit*
  Wahrnehmung dient dazu, Neues zu erfahren. Das kann aber auch zum Risiko und unbequem werden, wenn man sich an seine vertrauten Denkmuster und Annahmen gewöhnt hat. Dank Wachsamkeit könnte man Neues lernen, um den Preis, sich von bereits Erlerntem zu trennen.

»Achtsame Menschen akzeptieren die Tatsache ihrer eigenen Unwissenheit und geben sich große Mühe, ihre Lücken aufzudecken, weil sie sehr wohl wissen, dass jede neue Antwort eine Vielzahl neuer Fragen aufwirft. Die Macht einer achtsamen Orientierung besteht darin, dass sie die Aufmerksamkeit vom Erwarteten auf das Irrelevante umlenkt, von den bestätigenden Hinweisen auf die Gegenbeweise, vom Angenehmen auf das Unangenehme, vom Sicheren zum Ungewissen, vom Expliziten zum Impliziten, vom Faktischen zum Wahrscheinlichen und vom Übereinstimmenden zum Widersprüchlichen« (Weick u. Sutcliffe 2003, S. 55 f.).

4.2.1.3 Wachsamkeit braucht Neugier

Voraussetzung für jede Wachsamkeit und Aufmerksamkeit ist Neugier. Neugierig zu sein ist gar nicht so einfach. Als erwachsene verlieren wir unsere kindliche Neugier, unser Nichtwissen und unsere Offenheit, weil wir zu viel an Wissen und an Erfahrungen ansammeln. Für uns Erwachsene ist es daher eine schwierige Übung, sich bewusst in eine Haltung der Neugier und des Nichtwissens zu bringen. Besonders dann, wenn wir längere Zeit in einer Organisation mit immer denselben Personen arbeiten, wissen wir einfach zu viel, um noch neugierig zu sein. Wir wissen, wie unsere Kollegen, unsere Mitarbeiter reagieren, wir wissen, wie der Hase läuft. Wozu also neugierig sein? Und worauf?

> Wissen behindert Neugier.

In manchen Berufen sind Wachsamkeit und Neugier Kernkompetenzen. So müssen etwa die Mitarbeiter der Flugsicherung immer mit Aufmerksamkeit am Bildschirm das Nichtereignis des Zusammenpralls von Flugzeugen überwachen. Langeweile, Desinteresse oder Gewöhnung sind hier lebensgefährlich. Von solchen Berufsgruppen kann man lernen, wie man neugierig bleibt.

Ohne Neugier gibt es keine neuen Informationen, keine Wachsamkeit und damit kein Lernen. Die Neugier zu verlieren bedeutet, das Interesse zu verlieren und damit wesentliche Entwicklungen nicht zu erkennen. Das kann gefährlich sein.

4.2.1.4 Worauf sollte sich die Wachsamkeit von Führung richten?

Wachsamkeit ist eine Haltung, hat aber auch ihre »Gegen-Stände«, ihr inhaltliches Gegenüber, auf das sie sich richtet. Führung bewegt sich in einem sehr komplexen Umfeld und kann und soll im Hinblick auf sehr viele Phänomene wachsam sein.

Unserem Modell folgend, muss sich die Aufmerksamkeit von Führung zunächst auf ihre drei Praxisfelder richten (vgl. Abb. 25).

Abb. 25: Die Objekte der Neugier

Führung braucht also Wachsamkeit im Hinblick auf:

- sich selbst, das kann sowohl die einzelne Führungskraft als auch das Thema Führung bedeuten;
- die Menschen, mit denen man in einer Führungskooperation steht;
- die Organisationseinheit, für die man verantwortlich ist.

Zum anderen soll sich die Wachsamkeit von Führung darauf richten, wie sich diese drei Praxisfelder entwickeln und welche Ressourcen sie für diese Entwicklungen mobilisieren.

- *Wachsamkeit hinsichtlich Abweichungen*
  Jede Organisation steht in einem komplexen inneren und äußeren Zusammenhang, der sich kontinuierlich verändert. Auch kleinste Veränderungen von Prozessen können Indizien für größere Veränderungen bedeuten, mit denen sich die Führung, die Mitarbeiter und die Organisation auseinandersetzen müssen.
  Abweichungen können positiver und negativer Natur sein. Negative Abweichungen nennen wir Fehler oder Pannen. Sie gelten oft und, wie ich meine, zu Unrecht als Quellen des Lernens. Wir können auch aus unseren größten Erfolgen lernen. Jeder Unterschied kann Thema der Wachsamkeit werden und sollte als Information genützt werden.

- *Wachsamkeit hinsichtlich Ressourcen*
  Wann immer sich etwas verändert, stecken hinter diesen Prozessen Fähigkeiten und Kräfte. Auch die Veränderung zum Schlechten kann nur mit bestimmten Kräften vollzogen werden.
  Für Führung ist es bedeutend, die Ressourcen und Chancen für Lösungen und Verbesserungen zu erkennen. Ressource kann vieles sein: Wissen, Expertise, Vertrauen, Geräte, Verfahren, Prozesse. Die Aufmerksamkeit muss sich dorthin richten, wo Ressourcen sind, und ihre Nutzung damit ermöglichen. Wachsamkeit ist die Voraussetzung für Erkenntnis und Wissen. Wachsamkeit ist zugleich eine Form von Anerkennung.

Wenn wir diese beiden Ausrichtungen der Wachsamkeit miteinander verbinden, ergeben sich eine Reihe von allgemeinen Fragestellungen, auf die sich die Aufmerksamkeit der Führung richten sollte (vgl. Abb. 26).

Wachsamkeit richtet sich auf	sich selbst	Mitarbeiter	Organisation
Veränderungen	Wie verändert sich Führung in unserer Organisation? Was verändert sich bei mir / für mich als Führungskraft?	(Wie) verändern sich das Verhalten, die Leistung, die Kooperation der Mitarbeiter?	Welche Entwicklungen sind im internen Zusammenspiel unserer Organisation zu bemerken? Wie verändert sich unser Umfeld?
Ressourcen	Welche Fähigkeiten und Kräfte kann ich / kann unsere Führung nutzen?	Welche Fähigkeiten und Kräfte zeigen die Mitarbeiter derzeit?	Worin liegen die größten Stärken und Ressourcen unserer Organisation?

Abb. 26: Richtungen der Wachsamkeit

Wenn Sie als Führungskraft diese Themen immer im Blick haben, sind Sie dafür gut gerüstet, Entscheidungen zu treffen.

4.2.1.5 Wie kann man wachsam sein?

Auf der individuellen Seite ist Wachsamkeit eine Haltung, die in der Bereitschaft, Neues aufzunehmen, gründet. Die damit verbundenen Instrumente bestehen zum einen im Beobachten und zum anderen im Fragen.

- *Beobachten*
  Beobachten bedeutet, die Aufmerksamkeit bewusst auf die Welt im Inneren wie im Umfeld zu richten, sich zu fokussieren. Beobachten ist eine bewusste Aktivität der Konzentration und des Aufnehmens von Eindrücken. Um zu beobachten, braucht man Zeit, Ruhe und die Entscheidung für einen bestimmten Fokus. Ohne die Entscheidung für einen Fokus der Beobachtung sieht man gar nichts.

  > Beobachten ist eine bewusste Aktivität der Konzentration.

  Wenn Sie sich nicht bewusst dafür entscheiden zu beobachten, ob und wie Ihre Mitarbeiter Fortschritte machen und ihre Kooperation gestalten oder welche Probleme im Leitungsprozess auftreten, dann werden Sie nichts wahrnehmen, obwohl sich alles vor Ihren Augen ereignet. Durch Beobachten erhalten Sie Informationen über jene Phänomene, auf die Sie fokussieren.

- *Fragen*
  Die Frage ist eine Möglichkeit, gezielt Informationen zu gewinnen. Wir können entscheiden, wonach wir fragen und was wir herausfinden möchten.

  Aber Fragen können noch viel mehr als nur unser Wissen erweitern. Fragen können auch steuern, durch Fragen können wir Einfluss auf die Gedanken anderer nehmen. Jede Frage, die gestellt wird, regt den Adressaten an, seine Gedanken auf den Gegenstand der Frage zu richten. Wenn ich Sie jetzt etwa frage: »Welches war Ihr persönlich bester Moment als Führungskraft?« – in welche Richtung gehen da Ihre Gedanken? Fragen sind eine Verführung. Sie können die Aufmerksamkeit anderer in eine gewünschte Richtung lenken.

  > Fragen sind eine Möglichkeit, Informationen zu gewinnen und zugleich Einfluss zu nehmen.

  Fragen können auch neue Perspektiven eröffnen. So lenkte etwa die Frage: »Wie würden Ihre Mitarbeiter Ihre besondere

4. Dimensionen des Führens

Qualität als Führungskraft beschreiben?« – Ihren inneren Blick auf Sie selbst, allerdings über den Umweg der Perspektive Ihrer Mitarbeiter. Vielleicht haben Sie sich noch nie aus diesem Blickwinkel betrachtet ...

Mit Fragen könnten Sie einen großen Teil Ihrer Führungsarbeit gestalten. Wer fragt, der führt, heißt es nicht umsonst. Weniger sagen, mehr fragen, das wäre ein guter Leitgedanke.

> Fragen eröffnen neue Perspektiven.

Fragen ist eines der effektivsten Führungsinstrumente. Allerdings ist es auch eine Kunst, gute Fragen zu stellen. Sie sollten im Allgemeinen wissen, aus welchem Grund Sie wie und wonach fragen.

Gute Fragen ...
- machen uns neue Informationen zugänglich;
- lösen beim Gegenüber Such- und Lernprozesse aus;
- geben dem Gesprächspartner das Gefühl, dass wir ihm interessiert zuhören;
- schaffen eine Vertrauensbasis;
- bauen Aggressionen ab;
- geben uns Zeit, die nächsten Gedanken zu formulieren;
- ermöglichen ein diplomatisches Korrigieren des Gesprächsprozesses;
- sind eine Chance, auf die Gedanken anderer Einfluss zu nehmen.

Fragen ist ein Instrument der direkten persönlichen Kommunikation.

Wachsamkeit betrifft aber nicht nur die individuelle Ebene. In Organisationen bedeutet Wachsamkeit, größere Befragungen wie Mitarbeiter- oder Kundenbefragungen, Marktbeobachtungen oder die Beobachtung der Konkurrenz zu organisieren. Organisationen müssen wachsam darauf achten, welche neuen Technologien sich entwickeln, welche wissenschaftlichen Erkenntnisse in der Öffentlichkeit diskutiert werden, wie sich gesellschaftliche, politische, gesetzliche oder ethische Strömungen entwickeln.

> Wachsamkeit von Organisationen betrifft Entwicklungen bei Kunden, Mitarbeitern, im Markt, in der Technologie und der Gesellschaft.

Auf der Organisationsseite könnte man von organisierter Wachsamkeit sprechen. In den letzten Jahren hat sich dazu ein breites Forschungsfeld entwickelt, das eine Reihe von Konzepten und Methoden für Führung und Management hervorgebracht hat: Wissensmanagement. Bei Wissensmanagement geht es um das Generieren und Nutzen der Ressource Wissen. Literatur dazu finden Sie unter anderem bei Willke (2007) und bei Probst et al. (2006).

Ein weitere Ansatz für organisationale Wachsamkeit ist »Evidence-based Management«. Dabei geht es um Methoden und Konzepte, die dazu führen sollen, Entscheidungen stärker auf der Grundlage von Wissen zu treffen und sich nicht von den eigenen Annahmen, Vorurteilen oder auch von Gerüchten steuern zu lassen (mehr dazu bei Pfeffer u. Sutton 2007). Bei Weick und Sutcliffe (2003) finden Sie wertvolle Anregungen, wie Sie eine ganze Organisation in eine Kultur der Wachsamkeit führen können.

Eine Übung zur Wachsamkeit
Wo immer Sie jetzt gerade sind – nehmen Sie sich 5 Minuten Zeit und Ruhe.
Fixieren Sie mit den Augen einen Punkt in Ihrer näheren Umgebung – ca. 1 bis 2 Meter entfernt. Konzentrieren Sie sich auf diesen Punkt.
Und nun versuchen Sie – ohne den fixierten Punkt aus den Augen zu lassen –, zunehmend Ihr Blickfeld zu erweitern:
Nehmen Sie wahr, was rund um Ihren Punkt zu erkennen ist,
nehmen Sie wahr, was an Geräuschen und anderen Eindrücken für Sie erkennbar wird,
versuchen Sie, sich vorzustellen, was hinter, neben und über Ihnen ist
– ohne Ihren Blick von Ihrem Punkt zu nehmen.

Eine Übung zur Neugier
Wählen Sie eines der nächsten Meetings aus, bei dem Sie ein kleines Experiment mit sich selbst machen wollen.
Während des Meetings beobachten Sie mit einem Teil Ihrer Aufmerksamkeit, was beim Meeting vor sich geht, wie immer. Mit einem anderen Teil Ihrer Aufmerksamkeit beobachten Sie, an welcher Stelle Sie Ihre Neugier, Ihr Interesse verlieren. Registrieren Sie diese Veränderung lediglich, und beobachten Sie anschließend, wie Sie sich selbst wieder in eine interessierte Haltung begeben: Wie gelingt es Ihnen, wieder neugierig und interessiert zu werden?
Aus dieser kleinen Übung können Sie lernen, wie Sie sich selbst in eine Haltung von Interesse bringen können.

Zusammenfassend
- Wachsamkeit ist der Akt der Aufnahme von Informationen über die Welt um uns. Sie ist Voraussetzung für alle weiteren Schritte. Ohne Informationen sind wir wie orientierungslos.

- Wachsamkeit richtet unsere Aufmerksamkeit, fokussiert und gestaltet unsere innere Welt.
- Wachsamkeit setzt eine innere Haltung von Neugier und Interesse voraus.
- Wachsamkeit besteht aus den Tätigkeiten Konzentration, Beobachten und Fragen.
- Wachsamkeit auf der Ebene von Organisationen ist Wissensmanagement oder Evidence-based Management.

4.2.2 Wert-Schätzung

»... es ist, was es ist, sagt die Liebe« (Erich Fried).

Wertschätzung ist der zweite Moment im Prozess des Führens.

Abb. 27: *Wertschätzung als Moment des Führungsprozesses*

4.2.1.1 Wie wir Wertschätzung verstehen

Der Begriff der Wertschätzung hat eine doppelte Bedeutung.

Wertschätzung bedeutet, den Dingen um uns Wert zu geben und ihren Wert zu schätzen. Wertschätzung bedeutet also, aus Informationen, die wir durch unsere Wachsamkeit generieren, jene Aspekte zu gewinnen, die für uns wertvoll, sinnvoll und nützlich sind. Was immer wir in unserer Welt beobachten und erkennen mögen – konkret arbeiten und handeln können wir nur mit jenen Phänomenen, die uns nützlich erscheinen.

> Wertschätzung bedeutet, den Beobachtungen Wert zu geben.

Wertschätzung bedeutet zugleich auch, dass wir die Realität zur Kenntnis nehmen, sie erkennen und anerkennen. Was nicht bemerkt wird, wird nicht geschätzt. In Organisa-

> Wertschätzung bedeutet, Realität zu erkennen und anzuerkennen.

tionen werden Wertschätzung und Anerkennung daher nicht zufällig gleichgesetzt.

Wenn Mitarbeiter den Wunsch haben, dass ihre Arbeit von ihren Führungskräften geschätzt wird, dann ist damit nicht unbedingt »Lob« gemeint wie bei einem kleinen Kind, sondern der berechtigte Wunsch, dass die eigene Arbeit oder Leistung überhaupt erkannt, bemerkt und positiv bewertet wird. Erkennen und anerkennen hängen zusammen.

Wertschätzung ist also ein besonderes Moment im Führungsprozess. Es verbindet die Aufnahme von Informationen mit der Umsetzung in Aktivität. Wertschätzung liegt zwischen Wahrnehmen und Handeln. Das Moment der Wertschätzung »verwandelt« Informationen in Ressourcen, mit denen wir handeln. Sie ist ein Moment des Innehaltens im Prozess. Wertschätzung ist eine Aktivität, mit der wir das (für uns) Beste aus unseren Wahrnehmungen herausholen.

4.2.1.2 Wertschätzung ist Ressourcenorientierung

Ressourcenorientierung ist die Fähigkeit und Bereitschaft, Situationen danach zu bewerten, was sie an Möglichkeiten für Entwicklungen oder Lösungen enthalten, und unsere Aufmerksamkeit bewusst darauf zu richten.

Das östliche Denken kennt den Begriff des *Situationspotentials*. Wer das Potential einer Situation erkennt und nutzt, hat Vorteile auf seiner Seite, strengt sich weniger an. Es geht dabei um die Frage, welche Kraft, welche Energie, welche Möglichkeiten in einer Situation stecken und wie man sie nutzen kann.

> Ressourcenorientierung ist die Fähigkeit, die Potentiale einer Situation zu erkennen und zu nutzen.

> »In den antiken militärischen Abhandlungen [...] wird dies durch das Bild des Stromes illustriert, der durch die Kraft seiner Fluten auch Steine mit sich trägt; oder durch die Armbrust, die gespannt ist und abschussbereit ist« (Jullien 1999, S. 33).

Ressourcenorientierung ist selbst eine Ressource, indem sie es uns ermöglicht, uns nicht selbst die Energie zu rauben, wie wir das beim Jammern so gerne tun. In unserer Kultur liebt man Probleme, sie erzeugen einen ungeheuren Sog, man kann fast nicht aufhören, sich mit Problemen zu beschäftigen, sie zu analy-

> Ressourcenorientierung ist eine Ressource, die Ressourcen erzeugt.

4. Dimensionen des Führens

sieren, sich in sie zu vertiefen. Probleme ziehen uns in ihren Bann, blockieren unsere gesamte Energie und Aufmerksamkeit. Im Sinne der zirkulären Rückkoppelungen kann man sagen: Ressourcenorientierung erzeugt Ressourcen, Problemorientierung verstärkt Probleme.

Vor einigen Jahren hielt ich ein Seminar ab für Führungskräfte einer Versicherung zum Thema Kundenorientierung. Das Seminar begann damit, dass die Teilnehmer anmerkten, dass sie die Kunden der Versicherung großteils für Gauner hielten. Sie nannten Beispiele von Versicherungsbetrügereien, von gefälschten Rechnungen für die Reparatur nie zerbrochener Fensterscheiben, um diese Annahme zu untermauern. Die Teilnehmer fragten sich also: Wozu machen wir ein Seminar für diese Gauner?

Ich begann das Seminar daher mit einer Blitzumfrage: Jeder Teilnehmer sollte schätzen, wie viel Prozent der Versicherungskunden wohl Betrüger seien. Die Schätzungen beliefen sich auf zwischen 3 und 10 Prozent. Meine Anschlussfrage war: Wie viel unserer Seminarzeit wollen wir für diese maximal 10 Prozent aufwenden? Damit war das Thema vom Tisch.

Probleme können also faszinieren, sie können uns in eine Problemtrance führen, man kann sich in Problemen regelrecht verfangen. Dies führt zu einer Jammerkultur, die in vielen Organisationen zu beobachten ist. Die verbreitete Annahme, dass man aus Fehlern lernt, dass man die Ursache von Problemen kennen müsse, um sie lösen zu können, und dergleichen hat sich als wenig nützlich erwiesen. In Amerika sagt man: Problem talk brings problems, solution talk brings solutions. Wenn wir unsere Aufmerksamkeit hauptsächlich auf Probleme, Defizite und Fehler lenken, ist es kein Wunder, wenn wir nichts anderes mehr wahrnehmen.

Ein Polizist hat einmal zu mir gesagt: »Wo man hinschaut – nichts als Verbrecher.«

Führung ist zielorientiertes Handeln. Mit Defiziten und Problemen lässt sich aber nichts erreichen. Ressourcen sind das Spielkapital in problematischen Situationen. Nur damit können Sie gewinnen.

In den USA hat sich etwa seit Mitte der 1990er Jahre eine Bewegung entwickelt, die sich intensiv mit ressourcenorientiertem Management beschäftigt und sowohl Führung als auch Organisationen unter dem Aspekt der Wertschätzung untersucht (vgl. dazu Cooperrider et al. 2000, Ringlstetter et al. 2006). Appreciative Inquiry, stärkenbasiertes Management (vgl. Buckingham u. Clifton 2007) oder Positive Organizational Scholarship sind Beispiele dafür, wie hoch das Interesse und wie weit entwickelt die Instrumente eines ressourcenorientierten Verständnisses von Führung und Organisationen heute sind.

4.2.1.3 Wertschätzung ist Vertrauen

Führung ist immer ein Risiko. Sie entscheiden etwas, geben eine Anweisung und wissen eigentlich nicht mit Sicherheit, was der andere daraus macht. Sie können mit dieser prinzipiellen Ungewissheit unterschiedlich umgehen: Sie könnten alles ganz genau anweisen und danach alles ganz genau kontrollieren. Oder Sie könnten sich vor der Ungewissheit fürchten und daher alles alleine machen. Oder Sie könnten sich vor lauter Unsicherheit erst gar nicht um die Ausführung Ihrer Anweisungen kümmern und alles laufenlassen.

Die Ungewissheit darüber, was mit den eigenen Interventionen geschieht, eröffnet eine komplexe soziale Situation. Vertrauen reduziert diese Komplexität (vgl. Luhmann 2000b, Seite 27 ff.). Vertrauen ist eine Vorleistung in sozialen Situationen und beruht auf der positiven Unterstellung, dass die anderen Mitspieler sich erwartbar verhalten werden. Vertrauen beruht auf der Annahme, dass die anderen Mitspieler die Spielregeln einhalten und zur Kooperation bereit sind. Wertschätzende Führung unterstellt anderen Menschen zunächst das Beste.

> Vertrauen besteht in der positiven Unterstellung, dass andere ihr Bestes geben.

> Der Straßenverkehr ist ein komplexes soziales System: Viele Fahrzeuge bewegen sich mit teilweise hoher Geschwindigkeit in verschiedene Richtungen, die Lenker der Fahrzeuge sind nichttriviale und daher unberechenbare Systeme, denen jederzeit einfallen könnte, die Richtung zu ändern, stehenzubleiben oder auch das Gegenteil davon. Um diese Komplexität lebbar zu machen, hat man sich Verkehrsregeln ausgedacht und Signale gesetzt, die diese Regeln anzeigen. Dennoch würde der Straßenverkehr regelmäßig kollabieren, gäbe es nicht eine wichtige generelle Bedingung für alle Verkehrsteilnehmer: den Vertrauensgrundsatz. Er besagt, dass man nicht nur darauf vertrauen kann, sondern sogar darauf vertrauen *muss*, dass sich die anderen an die Verkehrsregeln halten. So erspart man sich, bei jeder Kreuzung Regeln zu verhandeln oder zu kontrollieren, ob die Regeln eingehalten werden. Erst

4. Dimensionen des Führens

dieses Vertrauen reduziert die Komplexität und macht möglich, dass der Verkehr fließt.

Die wenigsten Unternehmen gehen mit der positiven Unterstellung einer erwartbaren Kooperation an ihre Mitarbeiter heran. In solchen Organisationen wird viel Energie in die Kontrolle der Mitarbeiter und ihrer Leistungen investiert. Führung wird dort zur Aufpasserfunktion degradiert. Wo allerdings Vertrauen in die Kooperationsbereitschaft besteht, kann die Aufmerksamkeit auf Entwicklung und Lösungen gerichtet werden. Der bekannte Satz von Lenin:»Vertrauen ist gut, Kontrolle ist besser«, müsste daher eigentlich umgedreht werden: »Kontrolle ist gut, Vertrauen ist besser.«

In immer komplexer werdenden Organisationen ist Kontrolle längst kein taugliches Mittel von Führung mehr. Kontrolle war in früheren Zeiten unter zwei Voraussetzungen möglich:

1. dass die Führungskraft mehr als oder zumindest genauso viel vom Inhalt der Arbeit verstand wie die Mitarbeiter, also ein »Meister« ihres Fachs war und damit die Qualität der Arbeit kontrollieren konnte;
2. dass die Arbeitsprozesse im direkten räumlichen Umfeld der Führungskraft stattfanden und daher direkt beobachtbar waren, so dass auch Faktoren wie Disziplin kontrolliert werden konnten.

Beide Faktoren finden wir heute kaum noch in Unternehmen. Kontrolle ist de facto beinahe unmöglich geworden. Mitarbeiter sind heute oft hochqualifizierte Experten, die über ein Detailwissen verfügen, das Führungskräfte nicht mehr haben – und auch nicht haben sollten, wenn sie sich mit ihrer Führungsaufgabe beschäftigen. Darüber hinaus agieren internationale Organisationen über so große Distanzen hinweg, dass es keinen direkten Einblick in die konkreten Arbeitsabläufe mehr geben kann.

> Vertrauen ist die angemessene Führungshaltung in komplexen Organisationen.

Vor einigen Jahren hatte ich mit Führungskräften eines großen IT-Unternehmens zu tun. Sie beklagten, dass ihre Mitarbeiter nicht nur in hochkomplexen Spezialprojekten tätig waren, deren Inhalte, Fortschritt und Qualität sie kaum mehr überblicken konnten, sondern zudem auch noch in enger Kooperation mit ihren Kunden verbunden waren. Viele der Mitarbeiter hatten ihre Büros in den Räumen der Kunden eingerichtet und waren für ihre Führungskräfte kaum mehr greifbar. Kontrolle war für diese Führungskräfte kein Mittel des Führens mehr. Diese Situation verunsicherte sie daher enorm.

Führung musste unter diesen Bedingungen vollkommen neu definiert werden: als Unterstützung und Service für die Mitarbeiter. Führung bedeutet in solchen Organisationen, dafür zu sorgen, dass die Mitarbeiter alle Voraussetzungen haben, um ihre Expertenrolle und ihre Aufgabe erfüllen zu können.

Wie immer kommt es auch hierbei auf die eigenen Bilder von Führung an, die erst das Problem erzeugen: Wenn die Aufgabe von Führung in der Kontrolle der Prozesse gesehen wird, dann verlieren Führungskräfte den Boden unter den Füßen, wenn dieser Faktor wegfällt. Sehen Führungskräfte ihre Aufgabe hingegen darin, die Arbeitsprozesse sicherzustellen und für ihre Mitarbeiter die notwendigen Rahmenbedingungen zu schaffen, sehen sie sich somit als Dienstleister der Organisation, dann verändert sich auch die Angst vor dem Verlust der Kontrolle. Vertrauen wird dann zur wichtigen Voraussetzung für Führung.

4.2.1.3 Wege der Wertschätzung

Wie kann sich Wertschätzung zeigen? Wertschätzung ist einerseits eine innere Haltung, eine bewusste Entscheidung, die Ressourcen und Potentiale einer Situation erkennen und nutzen zu wollen. Wertschätzung ist zugleich auch konkretes Verhalten. Es zeigt sich beispielsweise daran, welche Fragen Sie sich und anderen stellen.

Daher möchte ich Ihnen hier ein paar Fragen vorstellen, die Sie bei Ihrem Führungsprozess begleiten können:

- Was funktioniert in meiner Führungspraxis gut?
- Was funktioniert für meine Mitarbeiter und in meiner Organisation gut?
- Welche Faktoren unserer Arbeit machen uns erfolgreich, lebendig und bereiten uns Freude?
- Was gelingt uns in unserer Organisation bzw. Kooperation besonders gut?

Auf der Ebene von Organisationen geht es in diesem Zusammenhang um die Schaffung einer ressourcenorientierten und wertschätzenden

4. Dimensionen des Führens

Kultur. Eine solche Kultur ist einerseits von der Haltung der Führung anhängig, wird andererseits aber auch von Entscheidungen geprägt, die etwa den Umgang mit Fehlern, eine Kultur der Würdigung und des gemeinsamen Feierns von Erfolgen gestalten.

Zwei Übungen zur Ressourcenorientierung
Übung 1: Ein wertschätzendes Interview mit mir selbst
Nehmen Sie sich etwa 30 Minuten Zeit, und beantworten Sie folgende Fragen:
1. Wenn Sie an Ihre berufliche Laufbahn zurückdenken: Gab es da eine bestimmte herausfordernde Situation, die Sie besonders gut gemeistert haben und in der Sie sich stark und energievoll gefühlt haben?
   Bitte erinnern Sie sich: Was war das für eine Situation? Worum ging es dabei? Wie ist Ihnen der Erfolg gelungen? Was macht diese Situation heute noch so wertvoll für Sie?
2. Was schätzen Sie heute an sich selbst als Führungskraft?
3. Was schätzen Ihre MitarbeiterInnen und Ihre KollegInnen an Ihnen vermutlich besonders?
4. Was schätzen Sie an Ihrer Führungsaufgabe besonders?
5. Was schätzen Sie an Ihrem Unternehmen besonders?
6. Wo sehen Sie heute Entwicklungen in der Welt, die Ihnen persönlich Hoffnung und Kraft geben?
7. Was sind Ihre drei größten Wünsche für Ihre Zukunft?

Wenn Sie diese Fragen beantwortet haben, überprüfen Sie: Was ist jetzt anders für Sie geworden? (Wie) haben diese Fragen Ihre Bilder und Einstellungen verändert? (Wie) hat sich Ihre Energie verändert?

Wenn Sie mehr über diese Art der ressourcenorientierten Befragung (Appreciative Inquiry) erfahren wollen, dann empfehle ich Ihnen hier weiterführende Literatur (vgl. zur Bonsen u. Maleh 2001).

Übung 2: Positive Abweichungen
Diese Übung beruht auf einer Idee von Kim Cameron (2005).
Finden Sie konkrete Beispiele für die negativen, neutralen oder positiven Abweichungen unterschiedlicher Aspekte des Führens, wie sie in Abbildung 28 dargestellt sind.

	negative Abweichung	normal	positive Abweichung
Effektivität der Arbeit	ineffektiv	effektiv	exzellent
Erfolg in Bezug auf die Ziele	erfolglos	erfolgreich	außergewöhnlich
Qualität der Arbeit	fehlerhaft	fehlerlos	brillant
Zusammenarbeit im Team	unbefriedigend	befriedigend	begeisternd
meine Führungsarbeit	anstrengend	unauffällig	bringt mir Energie
Hier ist Platz für Ihre eigenen Kategorien:			
...	...	...	...

Abb. 28: Positive Abweichungen

Zusammenfassend

Wertschätzung ist das Moment der Verarbeitung von Daten und Informationen. Wertschätzen bedeutet, Informationen aus der Perspektive möglicher Potentiale und Ressourcen zu interpretieren und dieses Kapital für das eigene Handeln zu nutzen.

4. Dimensionen des Führens

Unter Wertschätzung verstehen wir zwei Aspekte:

- *Ressourcenorientierung:* Der Blick auf das halb volle Glas gibt Energie und verweist auf mögliche Lösungen.
- *Vertrauen* reduziert die Komplexität sozialer Situationen, indem wir den anderen einfach unterstellen, sich berechenbar und kooperativ zu verhalten.

4.2.3 Wirksamkeit

»Es gibt nicht Gutes, außer, man tut es« (Erich Kästner).

Was wir bisher besprochen haben, spielt sich im Inneren von Führungskräften ab: Wachsamkeit und Wertschätzung sind Phänomene des Bewusstseins, der inneren Haltung.

Wirksamkeit entsteht durch Handeln. Handeln kann man von außen beobachten. Führung bemerkt man erst durch die Handlungen, die Führungskräfte setzen. Führung wird daher gern mit Wirksamkeit gleichgesetzt. Das ist aber eine verkürzte Sicht. Handlungen ohne Wachsamkeit und Wertschätzung würden reinen Aktionismus bedeuten.

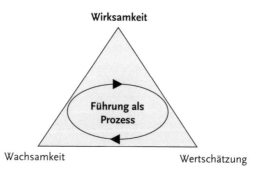

Abb. 29: *Wirksamkeit als Moment des Führungsprozesses*

Die Wirksamkeit des Führens ist gleichsam die sichtbare Spitze eines Eisbergs. Darunter liegen – jenseits unserer Wahrnehmung – jene Voraussetzungen für das Handeln, die wir bis jetzt beschrieben haben. Unser Prozessmodell könnte daher auch so aussehen, wie in Abbildung 30 dargestellt.

Abb. 30: Wirksamkeit als wahrnehmbarer Teil des Führungsprozesses

Die Tätigkeiten des Wahrnehmens, Denkens und Bewertens bleiben für Beobachter unsichtbar. Das kann eine der Ursachen sein, warum man diese notwendigen Voraussetzungen von Führung oft vollkommen vergisst oder geringbewertet. Führung handelt und wird erst im Handeln beobachtbar. Führung wird daran gemessen, ob und wie sie handelt und welche Wirkungen diese Handlungen erzeugen.

Wie können wir Aktivitäten des Führens von anderen Aktivitäten unterscheiden? Ist jedes Handeln bereits Führung? Ist es auch Führung, sich die Nase zu putzen? Die Antwort lautet: Es kommt darauf an.

4.2.3.1 Was ist Führungshandeln?

Aus der Sicht von Führung sind nur jene Handlungen als Führungshandeln zu verstehen, die als solche gemeint sind. Erst die Absicht, die Intention macht den Unterschied zwischen unspezifischem Verhalten und Führungshandeln.

Das hindert aber die vielen Beobachter von Führung nicht daran, jedes Verhalten, sobald es von den Inhabern einer Führungsposition gesetzt wird, als Führungsverhalten zu interpretieren – egal, wie es gemeint war. Für Führungskräfte ist es hilfreich, diesen Umstand immer im Bewusstsein zu haben.

> Jede Handlung kann als Führung interpretiert werden.

Die folgenden Überlegungen zu Führungsaktivitäten werde ich aus der Sicht der Führung anstellen. Dabei geht es um Motive, Absichten, Inhalte und Möglichkeiten von Führungshandeln – unabhängig davon, wie Beobachter sie deuten mögen.

4. Dimensionen des Führens

> Führungshandeln hat Motive und Ziele, besteht in Entscheidungen und benutzt das Medium der Macht zur Umsetzung.

Jedes Handeln vollzieht sich im Hier und Jetzt. Das erzeugt das Problem des Handelns: Man muss sich immer jetzt entscheiden, wie man *jetzt* handelt. Einmal gehandelt, ist eine Tat-Sache gesetzt, die man nicht mehr rückgängig machen kann. Jedes Handeln hat zugleich auch Wirkung: auf andere, auf sich selbst und auf die Zukunft. Handeln verändert die Welt. Daher ist es wichtig, sich damit zu befassen.

Führungshandeln besteht – im Unterschied zu anderen Verhaltensweisen – aus Kommunikationsakten, die von *Motiven und Zielen* gesteuert werden, deren Inhalt im Allgemeinen *Entscheidungen* sind und die mit dem Medium von *Macht* umgesetzt werden.

Diese drei Themen von Führungsaktivitäten wollen wir wieder etwas genauer betrachten:

- Motive und Ziele
- Entscheidungen
- Macht.

4.2.3.1.1 Motive und Ziele des Führens

Als Führungskraft können Sie aus vielen guten Gründen handeln: weil Ihnen diese Aktivität spontan einfällt, weil Sie gerade Lust dazu haben, weil Sie damit jemandem etwas beweisen wollen, weil Sie genau dieses immer schon getan haben, weil Sie gewürfelt haben, weil Ihnen Ihre Eltern immer gesagt haben, dass Sie das tun sollen usw. Alles gute Gründe, aber nicht für Führung.

Aus der Funktion und Rolle von Führung heraus wird das Repertoire an Handlungsmöglichkeiten deutlich eingeschränkt. Als Motiv gilt allgemein: Führungshandeln ist, was der Aufgabe und den Zielen der Organisation dient. Führungshandeln ist

> Führung wird in unserer Kultur als zielorientiertes Handeln definiert.

immer zielorientiertes Handeln. Dieser Gedanke erscheint uns so selbstverständlich, dass wir ihn gar nicht mehr hinterfragen. Hier tut wieder ein Blick in eine andere Kultur gut, damit wir aus den eigenen Denkmustern herauskommen.

Die Absicht von Führungshandeln ist es, etwas für die Organisation voranzubringen, Ergebnisse zu erzielen, für die Systemumwelt und für die Zukunft nachhaltig wirksam zu sein. Dies kann aber auf unterschiedliche Weise geschehen. Unser westliches Denken setzt

4.2 Führung als Prozess

voraus, dass Ergebnisse und Wirkungen nur auf eine einzige Art und Weise zu Stande kommen können: durch das Setzen und Umsetzen von Zielen. Nach dem Zielesetzen kommt ein Plan, danach die Umsetzung, dann das Erreichen oder Nichterreichen des Ziels. Wir haben es wieder mit unserem technisch-linearen Denken zu tun, wie es in Abbildung 31 dargestellt ist. Danach ist Führung eine lineare Abfolge von Schritten, es erfolgt einer nach dem anderen.

| Ziel setzen | planen | umsetzen | kontrollieren |

Abb. 31: Der lineare Führungsprozess

Hintergrund für dieses Modell ist unser Bild von der Machbarkeit der Dinge und der direkten Steuerbarkeit der Welt. Ausgangspunkt dafür ist die Idee, dass die Welt durch einen Schöpfungsakt geschaffen wurde, und daran nehmen sich Führende gern ein Beispiel. Wir haben diese Gedanken im Abschnitt über Theorie und systemisches Denken thematisiert.

Das chinesische Denken geht, wie bereits dargestellt, nicht von einem Beginn der Welt, sondern von einem ewigen Prozess des Entstehens und Vergehens, der kontinuierlichen Transformation der Dinge aus. Diese Annahme wirkt sich auch auf Fragen des Führens aus:

> »Nun entdecken wir ganz in der Ferne, in China, eine Konzeption von Wirksamkeit, die lehrt, die Wirkung geschehen zu lassen, sie also nicht (direkt) anzuvisieren, sondern sie (als Konsequenz) einzubeziehen. Das heißt, sie nicht anzustreben, sondern sie aufzunehmen – sie sich ergeben zu lassen. Wie uns die alten Chinesen sagen, genügt es, vom Ablauf der Situation zu profitieren, um sich von ihr ›tragen‹ zu lassen. Wenn man sich nicht anstrengt, wenn man sich weder bemüht noch etwas erzwingt, so geschieht das nicht, um sich von der Welt zu lösen, sondern um in ihr mehr Erfolg zu haben« (Jullien 1999, S. 7 f.).

Dieses andere Bild davon, wie Wirkung erzielt werden kann, führt zu einem anderen Bild von Führung:

> »Der chinesische Weise entwirft kein Modell, das als Norm für sein Handeln dient, sondern konzentriert seine Aufmerksamkeit auf den Verlauf der Dinge, in den er eingebunden ist, um deren Kohärenz aufzudecken und sich ihre Entwicklung zunutze zu machen« (ebd., S. 32).

4. Dimensionen des Führens

Führungshandeln kann auch beobachtendes, abwartendes und die Potentiale nutzendes Verhalten sein.

Führung ist in diesem Verständnis nicht ein Bild des aktiven Handelns, sondern eines des Beobachtens, des Abwartens, des Nutzens von Potentialen. Es ist ein ruhiges Bild, aber auch ein weniger heldenhaftes. Es ist das Bild des Weisen (vgl. dazu auch Fritz 2000).

Im chinesischen Denken über Wirksamkeit »zählt weniger unser persönlicher Einsatz, der die Welt dank unserer Bemühungen prägt, sondern die objektive Konditionierung, die sich aus der Situation ergibt: Sie muss von mir ausgenutzt werden, auf sie muss ich zählen, sie allein genügt, um den Erfolg herbeizuführen« (ebd., S. 34).

Dieser kleine Ausflug in das chinesische Denken soll uns hier nur dazu dienen, das eigene Denken zu hinterfragen, zu relativieren und ihm die Selbstverständlichkeit zu nehmen. Sie können sich auch einfach davon inspirieren lassen und dabei vielleicht zu mehr Ruhe und Gelassenheit finden. Ich persönlich meine, dass in der Praxis von Führung beide Wege wichtig und möglich sind: Ziele zu setzen und umzusetzen und auch das Potential der Situation zu nutzen, beobachten und abwarten zu können, die Dinge entstehen zu lassen. Die Weisheit besteht darin, zu erkennen, wann welcher Weg der bessere ist.

Führungshandeln kann beides sein: zielorientiert und abwartend.

Generell geht es bei der Frage nach den Zielen und Absichten von Führung um die Frage: Woher kommt der Impuls für das Handeln?

Wir können grundsätzlich zwei Arten von Impulsen unterscheiden: Druck oder Zug.

- Druck entsteht, wenn Probleme auftauchen, die es zu lösen gilt.
- Zug entsteht durch Interesse, aus dem Wunsch nach Entwicklung.

Beiden Impulsen ist gemeinsam, dass sie von Ideen, Bildern und Konzepten ausgehen. Im einen Fall davon, wie eine Situation ohne das Problem aussehen könnte, im anderen Fall von einer Vision der Zukunft. Beide Impulse können auch integriert werden, wenn etwa Problemlösungen zum Ausgangspunkt für weitere Entwicklungen werden.

4.2 Führung als Prozess

Ziele und Lösungen erster und zweiter Ordnung
Aktivitäten, die aus dem Druck eines Problems entstehen und zum Ziel haben, das Problem zu lösen, führen – sofern sie erfolgreich sind – dazu, dass das Problem gelöst ist und damit ein alter Zustand wiederhergestellt ist. Wir nennen das: *Lösungen erster Ordnung*.

> Lösungen erster Ordnung stellen einen ursprünglichen Zustand wieder her, ohne die Muster und Regeln des Systems zu verändern.

Lösungen erster Ordnung bewirken eine Stabilisierung der Situation, sind gleichsam als Reparatur zu sehen.

Das kann ja oft gut und ausreichend sein. Lösungen erster Ordnung sind etwa, sogenannte unmotivierte Mitarbeiter (oder Führungskräfte) durch andere zu ersetzen oder einen neuen Standort zu eröffnen und die Strukturen beizubehalten. Wenn im Fußball ein Spieler ausgewechselt wird, wenn das Match einmal in diesem, einmal in jenem Stadion ausgetragen wird, bleibt das Match, bleibt der Sport mit seinen Spielregeln dennoch der gleiche.

Führungsaktivitäten, die ein Problem zum Ausgangspunkt für weiterführende Entwicklungen nehmen, um Spielregeln, die Muster der Situation nachhaltig zu gestalten, nennen wir *Lösungen zweiter Ordnung*. Sie gehen über die Problemlösung hinaus und verändern das Muster bisheriger Problemlösungen. Wenn etwa die vielen angeblich unmotivierten Mitarbeiter in einer Abteilung zum Anlass genommen werden, über ihre Kommunikations- oder Entscheidungskultur zu kommunizieren, und wenn dafür neue Regeln erarbeitet werden; wenn die Eröffnung eines neuen Standortes Anlass ist zu überlegen, ob die Organisationsstrukturen, die Kunden, die Strategien so bleiben können oder sich verändern müssen, dann wird an Lösungen zweiter Ordnung gearbeitet.

> Lösungen zweiter Ordnung verändern die Art und Weise, wie das System arbeitet und Probleme löst.

Solches Führungshandeln ist also getrieben von:

- Problemen oder Interessen, die zu
- Zielen oder Potentialen geformt werden und
- Lösungen erster oder zweiter Ordnung bewirken können.

Das betrifft sowohl das individuelle Führungshandeln als auch die organisationale Gestaltung von Führung.

4.2.3.1.2 Entscheidung

Sie haben es vielleicht bemerkt: Der vorige Abschnitt über Motive und Ziele von Führung hat Sie immer wieder mit mehreren Optionen konfrontiert: Ziele oder Situationspotentiale? Druck oder Zug? Lösungen erster oder zweiter Ordnung? Welches ist der bessere Weg? Sie müssen sich entscheiden.

Entscheidungen sind jene Aktivitäten, die Organisationen brauchen, um ihre Komplexität zu managen. In Organisationen wird daher viel über Entscheidungen gesprochen und nachgedacht: Wer muss worüber entscheiden, wer darf überhaupt entscheiden? Wo fehlen Entscheidungen? Ist Herr A »entscheidungsschwach«? An Stammtischen heißt es: Wenn *ich* zu entscheiden hätte ...

(1) Wozu Entscheidungen?
Entscheidungen sind schwierig und riskant. Wozu brauchen Organisationen überhaupt Entscheidungen?

- *Prinzipiell unentscheidbare Fragen müssen entschieden werden*

Heinz von Foerster teilt alle Fragen und Probleme dieser Welt in zwei große Kategorien ein: Die prinzipiell entscheidbaren und die prinzipiell unentscheidbaren Fragen.

Prinzipiell entscheidbare Fragen sind solche, auf die es eindeutige Antworten gibt. So kann die Frage, wie weit es auf der Autobahn von Wien nach Rom ist, prinzipiell beantwortet werden. Auf die Frage, wie viel 2 und 2 ist oder warum der Apfel vom Baum auf den Boden und nicht in den Himmel fällt, gibt es eindeutige Antworten, egal, wen man fragt.

> Es gibt prinzipiell entscheidbare und prinzipiell unentscheidbare Fragen.

Prinzipiell unentscheidbar ist eine Frage, auf die es keine eindeutige Antwort gibt, wie etwa die Frage: Was ist Führung? Bei dieser Frage können Sie sich nicht auf gemeinsames Wissen oder auf eine Übereinkunft stützen, sondern müssen selbst entscheiden, wie Sie sie beantworten. Bei der Beantwortung von prinzipiell unentscheidbaren Fragen ist es daher ausschlaggebend, wer die Antwort gibt. Wenn wir jemanden fragen: Woran erkennt man eine gute Führungskraft?, werden wir mehr über die *Person* erfahren,

> Auf prinzipiell entscheidbare Fragen gibt es eindeutige Antworten, unabhängig davon, wen man fragt.

die uns Antwort gibt, als über den Inhalt unserer Frage. Je nachdem, wen man fragt, wird die Antwort eine andere sein.

> Auf eine prinzipiell unentscheidbare Frage gibt es keine eindeutige Antwort. Diese hängt von der Person ab, die man fragt.

Prinzipiell unentscheidbare Fragen sind solche, auf und für die wir immer wieder Antworten finden und erfinden müssen, die wir immer wieder neu entscheiden müssen und für die wir auch Verantwortung übernehmen müssen: Das ist meine Antwort.

In Organisationen entstehen permanent prinzipiell unentscheidbare Fragen: Wie soll unsere Strategie sein? Wer sind unsere Kunden? Wie wollen wir unsere Strukturen und Prozesse gestalten? Was erwarten wir von unseren Mitarbeitern? Was bedeutet Führung in unserer Organisation? Wie schätze ich die Leistung meiner Mitarbeiter

> Organisationen brauchen permanent Antworten auf prinzipiell nicht entscheidbare Fragen.

ein? Wie kann in meiner Abteilung die Leistung angehoben werden? Wie macht man Change Management? Alle diese Fragen müssen immer wieder entschieden werden. Werden sie nicht entschieden, erzeugen sie Unsicherheit und eröffnen neue Komplexität. Für diese Fragen gibt es jedoch keine vorgefertigten Antworten, man muss diese Antworten selbst geben und sie verantworten. Kein Wunder also, dass Entscheidungen ein so heißes Thema in der Diskussion von Führung sind: In einer Situation der Unsicherheit soll man Antworten geben, für die es keine sicheren Grundlagen gibt und für die man geradestehen muss.

- *Entscheidungen setzen Alternativen voraus*
  Wenn Entscheidungen notwendig werden, dann deshalb, weil es in einer Situation mehrere Möglichkeiten gibt, zu reagieren und zu entscheiden. Das bedeutet, dass die Notwendigkeit von Entscheidungen ein Hinweis auf Möglichkeiten, Optionen und Freiheitsgrade ist. Wir empfinden es als Unfreiheit, wenn wir nicht entscheiden können. »[...] ohne Alternative gäbe es [...] keine Entscheidung; nur die Alternative macht die Entscheidung zur Entscheidung« (Luhmann 2000a, S. 135).

  Alternativen sind eine Ressource. Alternativen sind allerdings nicht einfach da, sondern werden von den vielen Menschen in der Organisation konstruiert und disku-

  > Alternativen sind eine Ressource und ein Problem.

4. *Dimensionen des Führens*

tiert. Diese Vielfalt an Alternativen erzeugt ein neues Problem, nämlich Komplexität.

- *Entscheidungen reduzieren oder erweitern Komplexität*
  Komplexität entsteht, wenn:
  - in einem sozialen System viele Akteure mehrere Ideen, Möglichkeiten, Optionen verfolgen;
  - darüber hinaus keine direkte Kommunikation über diese Vielfalt an Optionen möglich ist;
  - die Akteure bzw. ihre Ideen darüber hinaus noch miteinander vernetzt und
  - Entscheidungen bzw. Alternativen voneinander abhängig sind.

Das ist die permanente Situation von Organisationen: Durch die arbeitsteilig-kooperative Form der Erfüllung ihrer Aufgaben erzeugt die Organisation jene Komplexität, die ihr im Weg steht, wenn sie sich als System entwickeln, verändern oder in eine neue Richtung bewegen soll. Um dieses Problem zu lösen, bauen Organisationen Strukturen, Spielregeln, Prozeduren, die festlegen, wie in den unterschiedlichen Situationen entschieden werden soll. Strukturen sind selbst auch immer schon Ergebnis von Entscheidungen.

> Hohe Komplexität entsteht durch viele Alternativen.

Wenn es in Organisationen zu wenige unterschiedliche Sichtweisen oder Alternativen gibt, wenn alle Mitglieder nur in eine einzige Richtung blicken, nur ein einziges Thema bearbeitet wird, etwa: Was will der Vorstand?, dann ist die Komplexität der Organisation zu gering. Zu geringe Komplexität bedeutet die Gefahr, wichtige Themen oder Mitspieler zu übersehen, sich nicht rechtzeitig auf neue Entwicklungen einstellen zu können. Zu geringe Komplexität muss erweitert werden. Das geschieht, indem man bewusst neue Themen und neue Perspektiven ins Gespräch bringt. So ist etwa die Entscheidung, sich mit Kundenorientierung zu beschäftigen, ein Versuch, die zu geringe Komplexität zu erhöhen.

> Geringe Komplexität entsteht durch zu geringe Anzahl an Perspektiven und Alternativen.

- *Entscheidungen reduzieren und produzieren Unsicherheit*
  Entscheidungen schaffen Unterscheidungen. Unterscheidungen schaffen Ordnung. Ordnung schafft Sicherheit. Entscheidungen reduzieren also auch Unsicherheit.

4.2 Führung als Prozess

Dort, wo es keine Unsicherheit gibt, bedarf es keiner Entscheidungen. In hochbürokratischen, durchgetakteten Organisationen, in denen für alle Mitglieder und alle Situationen geklärt ist, was zu tun ist, sind Entscheidungen nicht (mehr) erforderlich, sondern nur die Verwaltung der bestehenden Ordnung. Erst dann, wenn diese Ordnung verändert wird, werden wieder Entscheidungen notwendig. Wenn sich bestehende Ordnungen, Regeln, Muster verändern, entsteht für alle Beteiligten und Betroffenen ein hohes Maß an Unsicherheit. Plötzlich ist alles und nichts möglich. Entscheidungen geben wieder Sicherheit. Sie weisen einen Weg, regeln Prozesse.

> Entscheidungen schaffen Ordnung und geben Sicherheit für alle.

Wer aber die Aufgabe hat, kontinuierlich Entscheidungen und damit Sicherheit zu produzieren, lebt selbst in und mit Unsicherheit. Denn Entscheidungen produzieren ihrerseits viel Unsicherheit: Habe ich die richtige Entscheidung getroffen? Wie wird sich diese Entscheidung auswirken? Wie werden andere darauf reagieren? Werde ich durch diese Entscheidung zum Helden oder eher zum Versager gestempelt werden? Kein Wunder also, dass sich Führungskräfte danach sehnen, Instrumente zu besitzen, die ihnen sagen, wie sie zu guten und richtigen Entscheidungen kommen.

> Das Entscheiden selbst schafft Unsicherheit für den Entscheider.

- *Entscheidungen lösen und erzeugen Probleme*

  »Was immer eine Entscheidung ›ist‹: innerhalb von Organisationssystemen kommt sie ausschließlich als Kommunikation zu Stande. Für uns ist demnach die Entscheidung ein kommunikatives Ereignis und nicht etwas, was im Kopf eines Individuums stattfindet« (Luhmann 2000a, S. 141 f.).

  Entscheidungen sind also Kommunikationsphänomene und nicht Landkarten eines Einzelnen. Entscheidungen sind jene Kommunikationsereignisse, durch die Organisationen gestaltet werden. Was immer Sie heute in Ihrer Organisation vorfinden – Strukturen, Spielregeln, Prozeduren, Personen, In-

  > Entscheidungen sind Thema von Organisationen und nicht (nur) von Führungskräften.

4. Dimensionen des Führens

strumente, Kultur und Werte –, all das sind Ergebnisse von Entscheidungen, die irgendwann einmal getroffen und kommuniziert wurden.

Damit wird deutlich, dass Entscheidungen Thema von Organisationen sind und auch als Organisationsthema bearbeitet werden sollten. In der Mehrzahl aber werden Entscheidungsprobleme als Probleme einzelner Führungskräfte gesehen. Die Verantwortung für Entscheidungen wird den Personen zugemutet. Für Organisationen stellt sich jedoch die Frage, wie sie Führung gestalten und ob und wie sie ihre Führungspositionen mit Entscheidungsmöglichkeiten ausstatten. Sind die Entscheidungskompetenzen, die dafür erforderlichen Strukturen und Prozesse, die Qualifikationen ausreichend? Sind die Kultur, das Wertesystem und die internen Spielregeln so, dass man auch Mut zu Entscheidungen und damit auch zu Fehlern haben kann?

- *Man kann nicht nicht entscheiden*
  In Organisationen wird immer entschieden, egal, von wem. Prinzipiell unentscheidbare Fragen werden beantwortet, Komplexität wird bearbeitet, Unsicherheit wird reduziert, weil die Situation andernfalls nicht lebbar wäre. In Organisationen gibt es keine Möglichkeit, nicht zu entscheiden.

  Der strukturelle Ort, an dem Entscheidungen in Organisationen angesiedelt sind, sind die Positionen von Führung. Wenn Führung aber nicht entscheidet, dann tut es eben ein anderer Personenkreis. Organisationen sind auf Grund ihrer Komplexität, auf Grund der gleichzeitig notwendigen Kooperation und Vielfalt an Perspektiven, Alternativen und Zielen ein einziges Konfliktfeld. Werden Konflikte nicht bearbeitet, binden sie – genauso wie Probleme – Energie und Aufmerksamkeit. Konflikte sind also Situationen, die auf Entscheidungen warten. Es ist gut, wenn Führung diese Aufgabe wahrnimmt.

  > In Organisationen wird permanent entschieden – egal, von wem.

(2) Wie kommt man zu »richtigen« Entscheidungen?
Wer zu entscheiden hat, will das auch richtig tun, will Sicherheit haben, dass damit etwas Gutes bewirkt wird. Aber wie kann man das im Voraus wissen?

4.2 Führung als Prozess

Wenn Entscheidungen nur prinzipiell unentscheidbare Fragen betreffen, etwa: Welche der Alternativen soll ich wählen? – dann kann man sich dabei nicht auf Gewissheiten stützen. Was also tun? Die Praxis des Entscheidens kennt beinahe unendlich viele Strategien:

- *Sich auf die eigene Erfahrung verlassen*:
  Wie habe ich es bisher gemacht?
- *Auf die eigene Intuition vertrauen*:
  Was sagt mein Bauch?
- *Entscheidungsinstrumente einsetzen*:
  Entscheidungsbäume, Portfolios, die Einteilung in *Dringend und Wichtig*, die bekannte U-Prozedur (vgl. Fisher, Ury u. Patton 2003) oder der Entscheidungstrichter (vgl. Nagel u. Wimmer 2004) im Rahmen von Strategieentscheidungen – es liegen viele Modelle vor, wie man zu Entscheidungen kommt. Vieles davon nachzulesen bei Mintzberg, Ahlstrand u. Lampel (2001).
- *Studien und Fakten*:
  Jeffrey Pfeffer (2006, pp. 63 ff.) plädiert dafür, dass Entscheidungen Informationen zu Grunde liegen sollten, die ihre Komplexität wieder reduzieren helfen und ihnen eine solide Basis geben sollen.
- *Mikropolitisch entscheiden*:
  Was nutzt mir, wem schadet die eine oder die andere Option, die ich sehe? Wie verhält sich die Option zu meinen persönlichen Interessen?
- *Würfeln, die Sterne befragen*:
  Ja, auch das kommt vor.
- *Berater zuziehen*:
  Manchmal ist es hilfreich, eine neue Perspektive und neue Verfahren auszuprobieren.

Viele dieser Zugänge können hilfreich sein, Entscheidungen zu treffen. Ob die Entscheidung »gut« oder »richtig« war, weiß man allerdings erst im Nachhinein, anhand der Wirkung der Entscheidung. Entscheidungen zu treffen erfordert eine Reihe von Vorarbeiten. Die eigenen Vorannahmen, Motive, Werte von Entscheidungen sind zu überprüfen, Annahmen über mögliche Wirkungen auf Betroffene, die Zukunft, die Umwelt zu entwerfen.

> Entscheidungen brauchen Mut.

4. Dimensionen des Führens

Wer Entscheidungen zu treffen hat, braucht dafür aber in jedem Fall Mut. Denn die Ungewissheit bleibt.

4.2.3.1.3 Macht

Entscheidungen bleiben wirkungslos, wenn sie nicht umgesetzt werden. Dazu brauchen Entscheider das Medium der Macht. Ohne Macht wird nichts gemacht. Macht ist die dritte Kategorie des Führungshandelns.

Macht beschreibt die Möglichkeit von Personen oder Gruppen, das Verhalten anderer im eigenen Sinne zu beeinflussen und eigene Interessen durchzusetzen. Führung ist eine Machtposition. Führung hat die Funktion, Entscheidungen um- und auch durchzusetzen. Führung braucht daher einen klaren Umgang mit Macht.

> Macht ist die Möglichkeit, auf das Verhalten anderer Einfluss zu nehmen.

Kaum ein Thema im Zusammenhang mit Führung ist so sehr ideologie- und moralbeladen wie das Thema Macht, kaum ein Thema wird so verschämt und unklar diskutiert: Jeder hätte gern Macht, aber man darf es eigentlich nicht zugeben. Im Folgenden ein Versuch, dieses Thema so zu fassen, dass wir hier damit arbeiten können.

(1) Anstatt einer Begriffsklärung: Gedanken zu Macht
- *Macht ist Aktivität – oder zumindest deren Androhung*
  Macht hat mit Aktivität, mit Handeln, zu tun. Nicht jedes Handeln ist aber Macht. *Macht* beschreibt eine spezifische Aktivität, die an den Aktionsraum anderer grenzt oder ihn besetzt. Machtgefälle entstehen schon durch Drohungen von Grenzüberschreitungen, die bei den Adressaten Angst auslösen. Ist eine Androhung von unerwünschten Aktivitäten im Raum, etwa die einer Kündigung, kann mühelos eine Machtsituation aufrechterhalten werden. Oft ist die Realisierung der Androhung aber auch das Ende der Macht (Baecker 2003, S. 169). Wer seine Drohungen wahrmacht, läuft Gefahr, seine Macht zu verspielen.

- *Macht ereignet sich in Beziehungen*
  Macht ist nur dort Thema, wo Menschen miteinander in einer kommunikativen Beziehung stehen, wo Menschen und ihre Handlungsspielräume einander berühren. Wo es keine Berührungspunkte gibt, entstehen kaum Machtbedingungen.
- *In Organisationen wird Macht über Strukturen geregelt*
  Organisationen können es sich nicht leisten, Machtfragen dem freien Spiel der Kräfte zu überlassen. Macht wird dort über Strukturen, also über Positionen und Funktionen, definiert, die mit unterschiedlich viel Macht ausgestattet sind. Für jede dieser Positionen gibt es (mehr oder minder genaue) Beschreibungen, die festlegen, in welchem Ausmaß welche Handlungsoptionen welcher anderen Positionen begrenzt (etwa im Rahmen von Berichtslinien) oder auch erweitert (etwa durch Karriereaussichten) werden dürfen.
- *Macht setzt Abhängigkeit voraus*
  Die Summe der Einflussmöglichkeiten in sozialen Systemen ist immer gleich. Macht beschreibt eine soziale bzw. kommunikative Situation, in der die beteiligten Mitspieler unterschiedliche Möglichkeiten haben, ihre Interessen durch- bzw. umzusetzen. Wenn eine Seite sich mehr Macht nimmt, verliert die andere Seite im selben Ausmaß. Das bedeutet, dass auch diejenigen, die aktuell über mehr Macht verfügen, davon abhängig sind, dass die andere Seite diesen Machtraum gibt.
- *Macht bedeutet, dass beide Seiten Optionen haben*
  Macht auszuüben ergibt nur dort Sinn, wo auch die andere Seite Optionen hat. Über einen vollkommen handlungsunfähigen Menschen hat man nicht Macht. Erst die Möglichkeit, dass das Abhängigkeits- und Kräfteverhältnis sich verändern könnte, macht Macht zum Thema. In Führungssituationen ist dieser Umstand besonders bedeutsam. Auch wenn Führungskräfte auf Grund ihrer Position die Macht haben, Anweisungen zu geben, haben Mitarbeiter viele Optionen, diese nicht zu erfüllen: durch Verschleppen, Vergessen, Sich-dumm-Stellen bis zur Option, den Job aufzugeben. Erst diese Möglichkeiten machen Macht interessant.
- *Macht ist nicht dasselbe wie Gewalt*
  Es ist eines der größten Missverständnisse, Macht mit Gewalt gleichzusetzen. Gewalt oder Gewaltandrohung sind bestenfalls

Instrumente zur Erzeugung und Aufrechterhaltung von Macht. Gewalt greift nur dort als Machtinstrument, wo die andere Seite darauf reagiert. Die Geschichte der Märtyrer zeigt, wie wenig wirksam Gewalt ist, wenn jemand sich auf Leid einstellt oder andere Werte – etwa Würde oder Stolz – wichtiger sind.

- *Macht ist nicht dasselbe wie Autorität*
  Im Unterschied zu Macht, die ein bestimmtes soziales Verhältnis beschreibt, ist Autorität eine Fähigkeit, die einer oder mehreren Personen oder Positionsinhabern zugeschrieben wird. Autorität ist eine Zuschreibung, die Macht legitimiert. Wer Autorität hat, weiß angeblich, warum er etwas macht, und daher darf er auch – solange diese Unterstellung gilt. Wie oft wird in Organisationen diskutiert, wer denn nun eine »echte« Autorität sei und wer nicht. Hier entscheiden »die anderen« – und haben daher Macht.

Diese Gedanken zu Macht könnten wahrscheinlich beliebig erweitert werden. Die Frage, was Macht ist, ist eine prinzipiell unentscheidbare Frage. Wir könnten viele Definitionen geben, manchen davon zustimmen, anderen nicht. Was bleibt, ist die Notwendigkeit, dass Führung als Ressource der Organisation und Führungskräfte als Inhaber von Machtpositionen sich ihre eigene Bedeutung von Macht kontinuierlich konstruieren.

(2) Wie umgehen mit Macht?
Macht ist, so viel kann aus den bisherigen Ausführungen geschlossen werden, nichts, das man besitzt, kein Gegenstand, den man sehen kann, den man weitergeben könnte. Macht wird in allen Theorien als soziales Phänomen beschrieben, als ein Zustand von unterschiedlichen Möglichkeiten der Gestaltung der Situation durch die beteiligten Personen oder Gruppen. Zum Machtinstrument kann alles werden, was für die Mitspieler Wert hat: Anerkennung, Geld, Gesundheit, das Leben, Freiheit – was auch immer. Wer all das zur Verfügung stellen oder entziehen kann, hat Macht.

Organisationen definieren im Allgemeinen, welchen Positionen wie viel Macht zukommt. Die einzelnen Inhaber von Machtpositionen sollten daher professionell mit Macht umgehen können. Führung handelt dann professionell, wenn sie für Klarheit darüber sorgt, wer wann wie Entscheidungen trifft. Führung entscheidet immer,

Führung kann sich der Entscheidung nicht entziehen, auch wenn sie entscheidet, nicht zu entscheiden.

Unter diesen Voraussetzungen ist der Umgang mit Macht an eine Reihe von Bedingungen gebunden:

- Reflexion des eigenen persönlichen Zugangs zur Macht ist für Führungskräfte eine wichtige Aufgabe.
- Machtpositionen in Organisationen brauchen klare Beschreibungen der Reichweite ihrer Macht.
- Die Gestaltung der eigenen Machtposition erfordert klare Spielregeln der individuellen Ausübung von Macht durch die einzelne Führungskraft.
- Führungskräfte sind dann am effektivsten, wenn sie sich berechenbar machen und ihre Machtgestaltung klar kommunizieren.

Erst die Reflexion, Kommunikation und Beschränkung von Macht zeichnen professionellen Umgang mit Macht aus. Der amerikanische Organisationsforscher Edgar H. Schein fasst die Kernkompetenzen von Führung und dem Umgang mit Macht so zusammen (2006, p 11; Übersetzung: R. S.):

- »[Die gute Führungskraft] denkt wie ein Anthropologe und ist sich dessen bewusst, dass die Rolle der Kultur sowohl eine Stärke als auch eine Quelle von Schwierigkeiten bedeutet;
- kennt die Instrumente eines Familientherapeuten, kann mit Lernangst umgehen und ist sich der Kräfte bewusst, die in einem komplexen System wirken; und
- ist imstande, ihren eigenen kreativen und künstlerischen Impulsen zu folgen, um eine Vision zu schaffen, die Vertrauenswürdigkeit aufweist und als stimmig und ehrlich empfunden wird.«

Was Schein hier zusammenfasst, sind die wichtigen allgemeinen Merkmale von Führung, die sich selbst als Teil und als Gestalter lebender Prozesse versteht:

- Der Anthropologe ist der aufmerksame und neugierige Beobachter, der Wissen und Erkenntnis aufbaut und damit die Basis des Handelns schafft.

- Der Therapeut anerkennt, was im System vor sich geht, kennt die Emotionen, die Ideen, die das System treiben.
- Aktivität ist ein kreativer Vorgang, der sich in der Gegenwart ereignet und die Zukunft schafft.

Führung als Prozess zu gestalten bedeutet, sich in diesen Themen zu bewegen und dafür Kompetenz aufzubauen.

(3) Eine Übung zu Macht
Für diese Übung brauchen Sie einen Spielpartner.

Nehmen Sie und Ihr Spielpartner an einem Tisch Platz, so dass Sie einander gegenübersitzen. Auf dem Tisch sollten ein größeres Zeichenblatt und ein dicker Filzstift liegen.

Die gemeinsame Aufgabe besteht darin, dass Sie beide den Stift mit je einer Hand halten und nun – *ohne zu sprechen* – einen Baum, ein Haus und einen Hund zeichnen.

Diese nette, alte Übung können Sie dadurch beenden, dass Sie noch – *ohne zu sprechen* – eine gemeinsame Note und eine gemeinsame Unterschrift auf das Blatt setzen.

Nachdem Sie das geschafft haben, bitte ich Sie, diese Fragen zu diskutieren:

- Wie kam es zu den Entscheidungen, die hier zu treffen waren?
- Wer hat sie getroffen und wie genau?
- Wer hatte in dieser Übung die Führung, und woran haben Sie beide das bemerkt?
- Wer hat geführt: derjenige, der Druck gemacht hat, oder derjenige, der nachgegeben hat?

Was haben Sie aus dieser Übung über Führung gelernt?

Zusammenfassend

Wirksamkeit ist das dritte Moment und der offensichtliche Teil des Führungsprozesses, der sich auf Wachsamkeit und Wertschätzung stützt.

Wirksamkeit kann zweierlei bedeuten:

- Handlungen, die auf ein bestimmtes Ziel gerichtet sind, und
- aufmerksames Nutzen des Potentials von Situationen.

Wirksamkeit hat drei Aspekte:

- Motive und Ziele, die Handlungen antreiben,
- Entscheidungen als Bearbeitung der Komplexität und
- Macht zur Verwirklichung von Entscheidungen.

4.3 Führung als Praxis

Die dritte und für Sie als Praktiker vermutlich interessanteste Dimension des Führens betrifft die Praxis: Was TUN Führungskräfte, oder was sollen sie tun? Worauf bezieht sich die Tätigkeit des Führens?

Im Abschnitt 4.2 haben wir ausgeführt, dass die Aufgabe von Führung darin liegt, die Organisation in ihren komplexen Umfeldern erfolgreich und überlebensfähig zu machen. Wir haben dargestellt, dass die beiden zentralen Aufgaben des Führens dabei einerseits in der Gestaltung und Aufrechterhaltung der Verbindung zwischen Organisation und ihren Umwelten, andererseits in der Bearbeitung der inneren und äußeren Komplexität liegen, mit der jede Organisation ringt. Dazu müssen permanent Aktivitäten gesetzt und Entscheidungen getroffen werden, die die Leistungsprozesse im Inneren steuern und die Leistungserwartungen von außen balancieren. Verbinden und Entscheiden sind die zentralen Aufgaben des Führens.

In unserer *Leadership-Map* wird die Dimension der *Praxis* von den beiden Dimensionen *Professionalität* und *Prozess* gleichsam getragen, wie in Abbildung 32 dargestellt.

4. Dimensionen des Führens

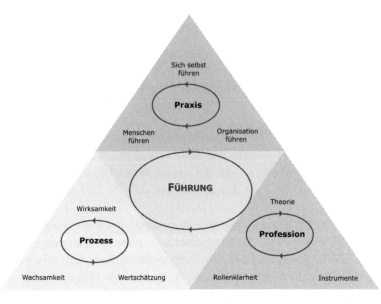

Abb. 32: Die Praxis des Führens beruht auf der Professionalität und dem Prozess

Die Praxis ist jene Dimension von Führung, die beobachtbar ist, sofern Führung sich als Verhalten von Führungskräften zeigt.

Wie die beiden anderen Dimensionen differenzieren wir auch die Praxis in drei Richtungen (vgl. Abb. 33).

Abb. 33: Drei Perspektiven der Praxis des Führens

Führung in Organisationen, so haben wir festgestellt, sitzt zwischen allen Stühlen: Zwischen den Erwartungen und Anforderungen der Organisation einerseits, die von ihren Aufgaben getrieben ist, und denen der Menschen anderseits, die für diese Aufgaben Leistungen erbringen sollen, aber von ihren Bedürfnissen getrieben werden. Führung bedeutet immer, Diener zweier Herren zu sein. Von diesem instabilen und auch unbequemen Platz aus ergeben sich diese drei zentralen Arbeitsrichtungen der Führungspraxis beinahe von selbst.

In diesem Abschnitt 4.3 werden wir die in den vorigen Kapiteln und Abschnitten vorgestellten Themen »Prozesswissen« und »Professionalitätsstandards« direkt auf die Praxisfelder anwenden. Wir werden also immer wieder einen Blick auf die Theorie werfen, um daraus praktische Empfehlungen abzuleiten.

4.3.1 Sich selbst führen

Abb. 34: Selbstführung als Führungsaufgabe

4.3.1.1 Was ist Selbstführung?

Im Abschnitt 4.3 haben wir gezeigt, dass Führung ein Kommunikationsgeschehen ist. Das bedeutet, dass man selbst relevanter Teil des Führungsgeschehens ist. Professionelle Führung muss diesem Umstand gerecht werden und daher sich selbst kontinuierlich untersuchen, die eigenen Motive, Werte, Muster, Handlungen und Wirkungen permanent zum Thema machen, um nicht blind in diesem komplexen Geschehen zu agieren.

> Führung ist ein Kommunikationsgeschehen, das sich selbst immer wieder erschafft.

Was bedeutet es konkret, sich selbst zu führen? Sinnvollerweise unterscheiden wir zwei Schwerpunkte der Selbstführung:

- die eigene Person führen: Selbstreflexion
- die eigene Arbeit gestalten: Selbstmanagement.

4. Dimensionen des Führens

Wie kann man sich selbst führen? Nehmen wir unsere beiden tragenden Dimensionen des Führens zu Hilfe.

Auf der Ebene des *Prozesses* beginnt Selbstführung mit Wachsamkeit in Bezug auf die eigene Person. Der Blick auf die eigene Person sollte mit Wertschätzung für die eigenen Stärken, Qualitäten und Ressourcen geschehen – alles andere ist unbrauchbar. Und der Blick auf sich selbst sollte zu Handlungen führen, die im Sinne Ihrer Aufgabe auch Wirkungen erzielen. Im folgenden Abschnitt 4.3.1.2 werden wir uns hauptsächlich mit dem Thema der Wachsamkeit in Bezug auf sich selbst beschäftigen. Die anderen beiden Momente des Führungsprozesses, die Wertschätzung und die Wirksamkeit, werden in diese Ausführungen integriert.

Das Thema der *Arbeitsorganisation* ist wichtig. Die Gestaltung der eigenen Arbeitsprozesse, des Arbeitstages, der eigenen Ordnung ist von großer Bedeutung. Insofern es dazu allerdings sehr viel gute Literatur gibt, möchte ich mich hier darauf beschränken, auf sie hinzuweisen (z. B. Thieme 1995).

4.3.1.2 Selbstreflexion: Wie entsteht Wissen über uns selbst?

Selbstreflexion ist ein besonderes Kunststück. Man muss, wie in der Muppet-Show, auf der Bühne stehen und singen und zugleich am Balkon sitzen und sich selbst dabei zusehen. Um dieses Kunststück als Führungskraft professionell zu vollführen, hilft uns wieder die Theorie, insbesondere der Konstruktivismus. Er gibt uns eine Vorstellung davon, wie wir Erkenntnis über uns selbst gewinnen können.

4.3.1.2.1 Wahr-Nehmen

Das deutsche Wort Wahr-Nehmung deutet an, dass wir das, was wir wahrnehmen, für wahr nehmen. Was geschieht beim Wahr-Nehmen?

Zunächst: Wahrnehmen müssen wir lernen. Als Neugeborene stehen wir einem ungeordneten Chaos von Phänomenen gegenüber. Die Welt erscheint uns als ein Gemisch von Geräuschen, Bildern und anderen Eindrücken, die wir über unsere Sinnesorgane aufnehmen. Es ist wie der Zustand vor der Erschaffung der Welt: Am Anfang ist das Chaos. Um uns also in der Welt zurechtzufinden und zu orientieren, müssen wir Ordnung in

> Wahrnehmung ist ein Prozess, der unsere Welt ordnet.

128

dem Chaos schaffen. Diese Ordnung entsteht durch Wahrnehmung. Wahrnehmung geschieht, indem wir Unterschiede machen.

In Abschnitt 4.1.1.2.2 (über Konstruktivismus) haben wir gezeigt, dass wir unsere Welt dadurch erschaffen, dass wir Sinngrenzen um unsere Sinneseindrücke ziehen. So entstehen Unterschiede, die wir benennen und von anderen Phänomenen abgrenzen. Das ist der Prozess des Wahrnehmens: ein Prozess des Unterscheidens.

> Wahrnehmung ist ein Prozess des Unterscheidens.

Ein kleines Experiment soll diese Annahme verdeutlichen. Was können Sie in Abbildung 35 erkennen?

Abb. 35: Was nehmen Sie wahr?

Lesen Sie noch nicht weiter, suchen Sie nach einem sinnvollen Bild: Was könnte das sein?

Das Bild zeigt eine Kuh. Wenn Sie die Kuh nicht sofort erkannt haben, machen Sie sich keine Gedanken – es ist kein Intelligenztest!

Noch interessanter als die Frage, ob und wie schnell Sie das »richtige« Bild gefunden haben, ist eine andere Frage: Was haben Sie bzw. was hat Ihr Gehirn getan, um ein sinnvolles Bild zu erkennen? Die Antwort darauf könnte eine Erklärung geben, was Erkenntnis ist und wie wir beobachten.

Sie mussten, um die Kuh zu erkennen, einen Unterschied in diese ungeordneten und scheinbar sinnlosen schwarzen und weißen

> Wahrnehmen ist Unterscheiden und Benennen eines Unterschieds.

Linien und Flächen des Bildes setzen. Dazu wieder mussten Sie schon einmal eine Kuh wahrgenommen haben. Irgendwann in Ihrem Leben muss jemand Ihnen gezeigt haben, was eine Kuh ist und was alles nicht zur Kuh gehört, also Umwelt der Kuh ist.

Der Vorgang der Wahrnehmung kann also folgendermaßen dargestellt werden wie in Abbildung 36.

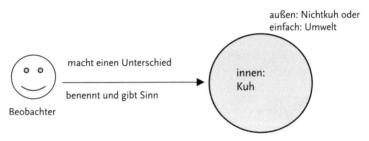

Abb. 36: Der Beobachter und das Beobachtete

Wahrnehmung beruht also auf einer Unterscheidung des Beobachters zwischen einer sinnvollen Form (z. B. einer Kuh) und ihrer Umwelt. Was der Beobachter jeweils als Sinn bezeichnet oder erlebt, hängt von unterschiedlichen Faktoren ab: von dem, was mit dem Spracherwerb in der Kindheit als »Sinn« mitgeliefert und daher erlernt wurde, was in der aktuellen Situation gerade Bedeutung hat, welche Ziele wir verfolgen, welche Muster wir erlernt haben – und von ähnlichen Faktoren.

In der Bibel wird die Welt dadurch erschaffen, dass Gott zahlreiche Unterschiede macht: von Licht und Dunkel, von Wasser und Erde, von Pflanzen, Tieren und Mensch und nicht zuletzt von Mann und Frau, von Arbeit und von Ruhe.

Wahrnehmung hat also nicht viel mit Wahrheit zu tun, schlimmer noch: Wir können keine allgemeingültige Aussage über die Welt um uns herum machen, weil wir nur wahrnehmen können, was wir selbst unterscheiden. Unterscheiden ist jedoch nur die Kehrseite eines anderen Vorgangs, der im Prozess der Wahrnehmung gleichzeitig stattfindet: der Verknüpfung.

Ein anderes kleines Experiment soll das belegen: Was sehen Sie in Abbildung 37?

4.3 *Führung als Praxis*

Abb. 37: *Was nehmen Sie wahr?*

Wenn Sie jetzt sagen, Sie sehen einen Stern oder zwei Dreiecke oder Ähnliches, dann muss ich Sie enttäuschen. Sie sehen nichts dergleichen. Was Sie sehen können, sind drei Winkel und drei Kreissegmente. Warum also meinen Sie, Sterne oder Dreiecke zu sehen? Ganz einfach: Weil drei Winkel und drei Kreissegmente für uns keinen Sinn ergeben und Sie die einzielen Phänomene erst zu einem sinnvollen Bild verknüpfen müssen.

Wenn wir in unseren Wahrnehmungen keinen Sinn entdecken können, dann behilft sich unser Gehirn und konstruiert einfach Verbindungen, um ein sinnvolles Bild zu gewinnen. Wir verknüpfen einzelne Phänomene zu einem sinnvollen Ganzen und unterscheiden dieses von jenen Elementen, die nicht zu diesem Ganzen gehören. Was wir miteinander verknüpfen, ist wieder abhängig davon, was für uns jeweils Sinn ergibt.

> Wahrnehmen ist Verbindungen herstellen.

So fügen wir einzelne Häuser zu einem Dorf, fassen eine Anzahl von Menschen, Maschinen, Produkten zu einer Organisation zusammen oder verbinden zwei hintereinanderfolgende Ereignisse zu einem sinnvollen Prozess, indem wir das eine »Ursache« und das andere »Wirkung« nennen. Und schon haben wir uns eine sinnvolle Erklärung gebastelt.

Wahrnehmung ist also eine doppelte Operation unseres Gehirns: eine gleichzeitige Tätigkeit des Unterscheidens und Verknüpfens von

Eindrücken zu dem Zweck, so Ordnung und Orientierung herzustellen.

4.3.1.2.2 Wirklichkeitskonstruktion – Innere Landkarte

Das Ergebnis des Wahrnehmens ist ein jeweils individuelles Bild, eine jeweils eigene Konstruktion von Wirklichkeit. Wir brauchen diese Wirklichkeitskonstruktionen, um uns in der realen Welt zu bewegen. Wirklichkeitskonstruktionen sind innere Landkarten, die uns bei der Orientierung in der Welt helfen.

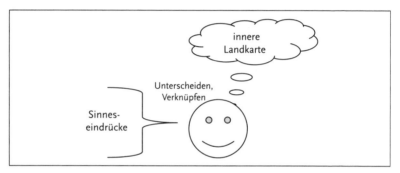

Abb. 38: Wahrnehmungen und Wirklichkeitskonstruktionen

Landkarten und Landschaften sind nicht dasselbe. Der Nutzen von Landkarten ist es, die Komplexität der Welt so zu reduzieren, dass wir entscheidungs- und aktionsfähig werden. Worin der Unterschied zwischen inneren Landkarten und der äußeren Realität, der »Landschaft«, jeweils besteht, ist für uns aber nicht feststellbar. Wir haben keine Möglichkeit, diesen Unterschied zu erkennen, weil wir immer nur durch unsere eigene Brille auf die Welt schauen.

> Landkarten reduzieren die Komplexität der Realität und geben uns Orientierung.

So plausibel das möglicherweise auf den ersten Blick auf Sie wirkt, im Alltagshandeln ist uns diese Idee fremd. Wir gehen im Allgemeinen davon aus zu wissen, wie die Dinge »in Wirklichkeit« sind. Wir halten unsere Wirklichkeitskonstruktionen gern für die Wirklichkeit, unsere Landkarten für die Landschaft.

4.3 Führung als Praxis

4.3.1.2.3 Landkarten steuern das Handeln – und umgekehrt
Warum muss man sich mit alldem beschäftigen? Wozu brauchen Sie als Führungskraft Wissen über Erkenntnistheorie, Konstruktivismus und all das?

Ganz einfach: Wir gehen davon aus, dass unsere Wirklichkeitskonstruktionen die entscheidende Steuerungsgröße unseres Handelns sind. Landkarte und Verhalten stehen in einem kybernetischen Regelkreis zueinander und beeinflussen einander.

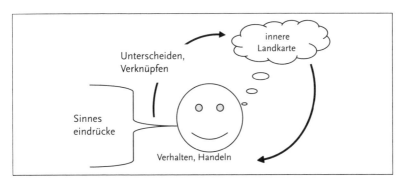

Abb. 39: Der Regelkreis von Landkarte und Verhalten

Anders gesagt: Wie immer sich jemand verhält, was immer jemand tut, tut er vor dem Hintergrund einer jeweils spezifischen Landkarte, einer jeweils besonderen Sicht der Wirklichkeit oder Einschätzung der Situation – genauso, wie das kleine Männchen von Mordillo in Abbildung 40.

Abb. 40: Die Landkarte steuert das Handeln

4. Dimensionen des Führens

Vor dem Hintergrund der Landkarte ergibt jedes Verhalten Sinn. Wir müssen die Landkarten kennen, um Verhalten zu verstehen. Das betrifft Menschen, mit denen wir zu tun haben, aber auch uns selbst.

Dieser Gedanke hat für Ihr Führungsgeschäft weitreichende Konsequenzen:

- Alles, was jemand tut, gewinnt erst vor dem Hintergrund seiner eigenen Landkarte Sinn. Das gilt auch dann, wenn Ihnen als Beobachter (oder gar als Führungskraft!) dieses Verhalten nicht besonders sinnvoll erscheint.

  > Nicht die Führungskraft steuert das Verhalten der Mitarbeiter, sondern ihre eigenen Landkarten.

- Wie jemand sich verhält, hat weniger damit zu tun, was sich in der Außenwelt ereignet, als vielmehr damit, wie jemand die Eindrücke der Außenwelt innerlich verarbeitet, also wie er die Situation deutet und versteht.
- Auch Ihr eigenes Verhalten wird von Ihren Landkarten gesteuert. Daher ist es wichtig, Ihre eigenen Landkarten für Sie selbst wahrnehmbar zu machen.

4.3.1.2.4 Selbstreflexion: Die Beobachtung des Beobachters
Beobachten wir die Welt, dann nehmen wir wahr, was um uns herum ist. Diese Beobachtung der Welt wird *Beobachtung erster Ordnung* genannt. Wenn wir in dieser Beobachtungsperspektive sind, sehen wir vieles, aber nicht uns selbst.

Beobachten wir uns selbst, dann können wir beobachten, wie wir beobachten. Das nennen wir die *Beobachtung zweiter Ordnung*. Aus dieser Perspektive erkennen wir, wie wir beobachten, wir gewinnen einen Blick auf den »Konstruktionsplan« unserer eigenen Landkarten – und erhalten damit vollkommen neue Informationen.

Selbstreflexion ist Beobachtung zweiter Ordnung. Erst aus dieser Perspektive sind Phänome wahrnehmbar, die in der Beobachtung erster Ordnung nicht erkennbar sind. Solange Sie etwa nur Ihre Mitarbeiter und deren Verhalten beobachten, sehen Sie nicht auch das Zusammenspiel mit Ihnen, und es bleibt Ihnen eine wesetliche Seite von Führung verborgen, nämlich Ihr eigener Beitrag zum Verhalten der Mitarbeiter. Durch Selbstreflexion können Sie also erkennen, was Sie normalerweise nicht erkennen: Ihren blinden Fleck. Erst die Beobachtung zweiter Ordnung ermöglicht es Ihnen, die eigenen Anteile

4.3 Führung als Praxis

am Führungsgeschehen zu erkennen und dadurch neue Erklärungen für das Verhalten von Mitarbeitern zu finden. Beobachtung zweiter Ordnung, Selbstreflexion, ist aus diesem Grund ein zentraler Teil professioneller Führung. Doch auch die Selbstbeobachtung hat ihren Preis.

Wer sich selbst beobachtet und dabei die eigenen Muster wahrnimmt, verliert seine Unschuld und erlebt die Vertreibung aus dem Paradies. Erkenntnis verpflichtet. Selbsterkenntnis wirft uns in die Verantwortung für unser Handeln. Man kann nicht mehr behaupten, nicht gewusst zu haben, welches der eigene Beitrag zu einer Situation sei, man kann nicht länger ein »Opfer« der Umstände sein, sondern wird zur Täterschaft gezwungen.

> Selbstbeobachtung bedeutet, Verantwortung zu übernehmen.

4.3.1.3 Wie beobachtet man sich selbst?

Im Alltagsgeschäft fällt die Aufgabe der Selbstreflexion meistens unter den Tisch. Ganz ehrlich: Wann nehmen Sie sich Zeit für diese Themen? Erscheint es Ihnen als Luxus, vielleicht sogar als Spinnerei, sich mit Ihrer eigenen Person und Rolle zu beschäftigen? Sind alle anderen Dinge wichtiger?

Wie viel Zeit verwenden Sie für Ihre Selbstreflexion im Jahresschnitt? Schauen Sie auf Abbildung 41.

Abb. 41: Der Anteil der Reflexion an der Zeit für Führung

==Professionelle Führung bedeutet, Selbstreflexion als wichtige Arbeit zu definieren und dafür Räume zu schaffen. Wie immer Sie in Abbildung 41 Ihren Zeitaufwand bewerten: Was könnten Sie tun, um mehr Zeit und Raum für Ihre Person zu schaffen?==

4. Dimensionen des Führens

Zugänge zur Selbstbeobachtung
Selbstbeobachtung kann auf viele verschiedene Weisen vor sich gehen, dies sind zum Beispiel:

- *Innerer Dialog*
  Nehmen Sie sich Zeit, und bauen Sie eine kleine Gedankenbrücke, die Ihnen hilft, sich aus einer neuen Perspektive zu sehen:
  - Wie würden meine Mitarbeiter über mich sprechen, wenn sie gerade einmal tratschten?
  - Was würden meine Kollegen, meine eigenen Führungskräfte über mich denken?
  - Was erwartet meine Familie von mir?
  - Wenn ich um 30 Jahre älter wäre: Wie würde ich mein derzeitiges Verhalten sehen?
- *Feedback*
  Feedback ist nicht dasselbe wie Kritik. Feedback ist eine ausgewogene Rückmeldung, eine Information darüber, wie andere Sie wahrnehmen.
  Sie können sich geeignete Rahmen schaffen, in denen Sie Feedback von Ihren MitarbeiterInnen, Ihren KollegInnen und Ihren Führungskräften erhalten. Dieses Feedback sollte gut vorbereitet, wertschätzend sein und in einem dafür geeigneten Rahmen stattfinden.
- *Kollegiale Beratung (Intervision)*
  Sofern es in Ihrem Arbeitskontext möglich ist, könnten Sie eine sogenannte Intervisionsgruppe anregen, in der Sie gemeinsam mit anderen Führungskräften an konkreten Fragen des Führens arbeiten, einander Feedback geben und einander anregen.
- *Coaching*
  Um über Ihre eigenen Muster zu forschen, können Sie auch professionelle Begleitung in Anspruch nehmen. Durch die unabhängige Außenperspektive eines professionellen Beobachters können Sie Ihre Muster bearbeiten. Coaching ist kein Zeichen von Schwäche oder ein Hinweis darauf, dass Sie ein Therapiefall sind. Coaching gehört seit vielen Jahren zum professionellen Führen.

4.3 Führung als Praxis

4.3.1.3.1 Was sollte eine Führungskraft beobachten?

Selbstreflexion im Rahmen von Führung bedeutet, sich als Führungskraft zu beobachten. Das ist so leicht gesagt, bedeutet aber konkret: Sie beobachten sich als Führungskraft im Spannungsfeld unterschiedlicher Systeme.

Erinnern Sie sich an den unbequemen Platz von Führung in unserem Organisationsmodell (vgl. Kap. 2). Als Führungskraft stehen Sie nicht nur im Spannungsfeld unterschiedlicher Erwartungen, die Ihre Organisation, Ihre Mitarbeiter, Ihre eigene Führung, Ihre Kollegen, Kunden, Lieferanten usw. an Sie richten, sondern auch noch im Spannungsfeld der beiden großen Lebenswelten »Beruf« und »Privatleben«. In allen diesen Lebenswelten nehmen Sie unterschiedliche Rollen ein:

- Im Privatleben sind Sie Vater oder Mutter, Freund, Bruder oder Schwester, Kind Ihrer Eltern.
- Im Berufsleben sind Sie Führungskraft, Mitarbeiter, Projektleiter, Mitglied von Führungsteams usw.
- Für sich selbst haben Sie eventuell auch noch einige Rollen definiert, etwa die des strahlenden Siegers, des tüchtigen Gewinners oder des ewigen Zweiten ...

Auf diese verschiedenen Rollen können Sie Ihre Aufmerksamkeit im Rahmen Ihrer Selbstreflexion richten. Die Blickrichtungen der Selbstreflexion stellen wieder ein Dreieck dar, wie es Abbildung 42 zeigt.

Abb. 42: Perspektiven der Selbstreflexion

Die wichtigsten Themen der Selbstreflexion beziehen sich auf diese drei Aspekte: Wer bin ich für mich selbst? Wer bin ich in meiner Organisation? Wer bin ich in meinen privaten Lebensfeldern? Wie hängen diese Lebenswelten für mich zusammen?

Sie brauchen Zeit und Raum, um sich solche oder ähnliche Fragen zu stellen.

4.3.1.3.2 Instrumente zur Selbstreflexion
Fragen
Fragen sind nicht nur ein Königsweg der Mitarbeiterführung, sondern auch der Selbstreflexion. Mitunter kann man sich selbst mit Antworten überraschen, wenn man sich kluge und ungewohnte Fragen stellt.

Der folgende Fragenkatalog ist eine Anregung und folgt den Themen der Selbstreflexion: Selbstbild, Privatrollen und Berufsrollen.

(1) Fragen zu meinem Selbstbild

- Was ist mir im Leben, in meiner Arbeit wirklich wichtig?
- Was bereitet mir Freude – in der Arbeit, im Leben?
- In welcher Lebensphase stehe ich, und welches sind meine zentralen Themen?
- Welches sind meine persönlichen Ziele im Leben, in meiner Arbeit, für meine persönliche Entwicklung? Was will ich erreichen? Welchen Preis bin ich bereit, dafür zu zahlen?
- Was bedeuten mir Menschen?
- Was schätze ich an meiner Situation?
- Wie ist meine Lebensgeschichte verlaufen? Was habe ich daraus für meine Aufgabe als Führungskraft mitnehmen können?
- Welches sind meine »Triggerpunkte«, auf die ich besonders stark reagiere?

(2) Fragen zu meinen privaten Rollen

- Was bedeuten mir meine Familie, meine Freunde?
- Was erwarten meine Familie, meine Freunde von mir?
- Habe ich das Gefühl, ein guter Vater, eine gute Mutter zu sein?
- Wie sieht meine *work-life-balance* aus?
- Wie unterstützt mich mein Privatleben bei meinem Berufsleben – und umgekehrt?
- Wie gut trenne ich die beiden Lebensbereiche? Wo gibt es Vermischungen? Sind sie mir zuträglich?

(3) Fragen zu meinen Berufsrollen

- Was erwartet meine Organisation von mir – und ich von ihr?
- Was erwarten meine Mitarbeiter und meine Kollegen von mir – und ich von ihnen?
- Wie sieht das Zusammenspiel mit meinen Mitarbeitern aus? Was läuft gut? Was sollte sich ändern?
- Woran werde ich als Führungskraft gemessen, beurteilt?
- Was bedeutet Führung für mich?
- Was bedeutet meine Führungsrolle für mich?
- Wie sind die Rahmenbedingungen gestaltet, unter denen ich diese Rolle umsetzen kann?
- Was kann ich daran ändern? Wo muss ich mich einfach dreinfügen?
- Wo ist Unterstützung, wo ist Konkurrenz, wo ist Unklarheit rund um mich herum?
- Wie wird mein Verhalten von anderen (vermutlich) beobachtet und bewertet? Was schätzt man an mir, was nicht?
- Was hält mich in dieser Organisation? Was macht sie mir möglich?

Zusammenfassend

Selbstführung ist deshalb eine unverzichtbare Führungsaufgabe, weil Sie als Führungskraft wesentlicher Bestandteil des Führungsgeschehens sind und darauf ein Auge haben sollten.

Der Prozess der Selbstführung bedeutet:

- Selbstreflexion der eigenen Person und der vielfältigen Rollen
- Wertschätzung der eigenen Person und der eigenen Potentiale als Führungskraft
- Beobachtung der eigenen Wirksamkeit im Führungsprozess.

Selbstreflexion ist ein Prozess des Wahrnehmens. Wahrnehmung, Unterscheiden und Verknüpfen von Phänomenen führen zu für uns sinnvollen Konstrukten. Das Ergebnis unserer Wahrnehmungen sind unsere eigenen inneren Landkarten, Wirklichkeitskonstruktionen, die unser Verhalten steuern. Aus diesem Grund ist es notwendig, unsere eigenen Landkarten als Steuerungsgrößen unseres Verhaltens immer wieder zu beobachten. Das Beobachten der eigenen Landkarten nennt man Beobachtung zweiter Ordnung. Sie bringt neue Einsichten und Erkenntnisse über uns selbst.

4. Dimensionen des Führens

Selbstwahrnehmung bedeutet aber auch den Verlust der Unschuld: Wer in Bezug auf sich selbst Bewusstsein entwickelt, ist auch verantwortlich für sein Handeln. Reflexion bedeutet die Vertreibung aus dem Paradies. Wir erkennen uns selbst und die Wirkungen unseres Handelns. Selbstreflexion ist ein Weg aus der Opferhaltung: »Alle machen mit mir, was sie wollen.« Im Zuge der Selbstwahrnehmung können Sie Ihre eigenen Anteile an vielen Ereignissen erkennen. Damit wächst einerseits Ihre Verantwortung, aber zugleich auch das Bewusstsein Ihres eigenen Handlungsspielraums, Ihrer Wirksamkeit und Ihrer Vernetztheit mit anderen Akteuren.

4.3.2 Menschen führen

Dieser Teil der Führungsaufgaben wird oft als die zentrale Tätigkeit des Führens und als Führen im eigentlichen Sinne bezeichnet. Das stimmt und stimmt nicht.

Die Aufgaben des Führens beziehen sich immer auf die drei Felder: die eigene Person, die Organisation und die Mitarbeiter (oder andere Personen). Zugleich handelt es sich bei allen drei Feldern des Führens immer um Menschen, auf die Sie Einfluss nehmen sollen: Sie selbst, Menschen, die die Interessen der Organisation vertreten, und Mitarbeiter, die arbeitsteilig Beiträge zur Produktion leisten sollen. Insofern ist jedes Führen eine spezifische Kooperation mit Menschen. Dennoch ist Menschenführung ein eigenes Aufgabengebiet des Führens.

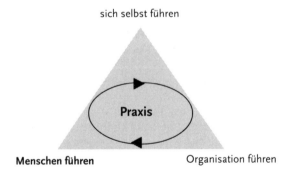

Abb. 43: Führungsaufgabe »Mitarbeiterführung«

4.3 *Führung als Praxis*

Menschenführung hat die Aufgaben einer dreifachen Koppelung:

- die Gestaltung und Sicherung der Koppelung von Mitarbeitern mit der Organisation,
- die Koppelung von Personen und Aufgaben, also die Begleitung und Unterstützung des Leistungsprozesses der einzelnen Mitarbeiter,
- die Koppelung von Personen mit anderen Personen in einem Team oder einer Abteilung, also die Führung der Kooperation zwischen den MitarbeiterInnen und zwischen Führung und MitarbeiterInnen.

Alle drei Aufgaben werden über Kommunikation gestaltet und erfüllt. Führung ist ein Kommunikationsgeschehen und ein Kommunikationsgeschäft. Kommunikation ist so zentral für Ihr Führungsgeschäft, dass wir aus diesem Grund hier wieder einen Ausflug in die Theorie machen.

> Die zentrale Tätigkeit der Führung von Menschen ist Kommunikation.

4.3.2.1 Kommunikation aus systemischer Sicht

Eigentlich haben wir die meisten Dinge, die es zu Kommunikation aus systemisch-konstruktivistischer Sicht zu sagen gibt, bereits erwähnt. Wir brauchen sie hier nur noch zusammenzufügen. In Abschnitt 4.1.1.2 (über systemisches Denken) haben wir die Grundlagen vorgestellt, auf denen unser Verständnis und das Modell von Kommunikation aufbauen.

Wir Menschen sind lebende Systeme – keine Maschinen, keine »trivialen Systeme« und daher keine »Sender« und auch keine »Empfänger«. Als lebende Systeme sind wir Akteure und zugleich Beobachter, die gemeinsam mit anderen Akteuren Kommunikationsprozesse gestalten. Wir sind dabei immer jene, die diese Prozesse nach ihrer eigenen inneren Logik gestalten.

Wie können wir uns diese Prozesse der Kommunikation nun modellhaft vorstellen? Wir unterschieden – angeregt durch Niklas Luhmann (1988) – drei Aktivitäten von Kommunikation: Wahrnehmen, Mitteilen und Verstehen.

4.3.2.1.1 Wahr-Nehmen

Wir haben im vorigen Abschnitt 4.3.1.2 (über die Selbstbeobachtung) gezeigt, dass unsere Wahrnehmung durch einen Prozess des Differenzierens und Verknüpfens von Impulsen entsteht. Das Ergebnis dieser Verarbeitung sind unsere individuellen Konstrukte, unsere Landkarten, unsere Bilder von der äußeren Realität und von uns selbst.

Die Bedeutung der Landkarten liegt in ihrer Steuerungskraft in Bezug auf unser Verhalten. Wir handeln immer entsprechend unseren Wirklichkeitskonstruktionen. Man könnte auch sagen: Jedes Verhalten ist eine Äußerung unserer inneren Landkarten. Die Landkarten sind jener Faktor, der im Modell der nichttrivialen Maschine als der innere »Zusatzmotor Z« bezeichnet wurde, der entscheidet, wie wir auf Impulse von außen reagieren.

> Landkarten sind der Betriebsstoff der Kommunikation.

Landkarten sind also der Betriebsstoff der Kommunikation. Sie lassen sich wieder in drei unterschiedliche Operationen des Unterscheidens differenzieren (Darstellung nach Simon 2007, S. 71 ff.):

Beschreiben

... ist die Tätigkeit des Unterscheidens und Benennen der Phänomene um uns herum: Das ist ein Baum – im Unterschied zum Haus daneben. Unsere Landkarten enthalten Beschreibungen.

Erklären

... entsteht durch Verknüpfungen, die wir vornehmen. Wenn wir sagen: »Das ist ..., weil ...«, stellen wir Phänomene in zeitliche oder kausale Zusammenhänge. Diese Verknüpfungen sind nicht einfach da, sie werden von uns Beobachtern gemacht. Unsere Landkarten enthalten Erklärungen für unsere Wahrnehmungen.

Bewerten

... bedeutet, unseren Wahrnehmungen eine bestimmte Gewichtung, Färbung und Bedeutung zu geben. Es gibt keine wertfreie Beobachtung. Alles hat für uns irgendeine Bedeutung, erhält eine emotionale Gewichtung. Unsere Landkarten enthalten auch die Bedeutungen, emotionalen Färbungen und Gewichtungen unserer Wahrnehmungen.

Das vollständige Modell unserer Wahrnehmungsprozesse sieht also aus, wie in Abbildung 44 dargestellt.

4.3 Führung als Praxis

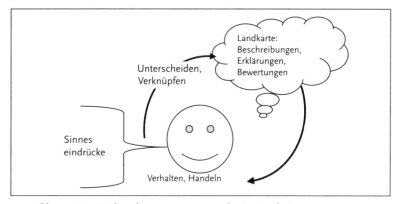

Abb. 44: Der Wahrnehmungsprozess und sein Ergebnis

4.3.2.1.2 Mit-Teilen

Wahrnehmung ist der erste Schritt im Prozess der Kommunikation. Diesen Schritt macht jeder für sich allein. Kommunikation handelt davon, was passiert, wenn zumindest zwei Personen aufeinandertreffen, die beide nach der gleichen Logik operieren. Solange die beiden Personen sich nicht auf einander beziehen, passiert gar nichts. Jeder Akteur verhält sich eben. Man nimmt einander gar nicht wahr und steht daher auch nicht in einer kommunikativen Verbindung (vgl. Abb. 45).

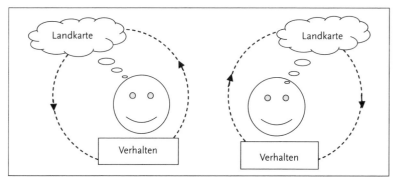

Abb. 45: Zwei Personen in ihren individuellen Regelkreisen

Kommunikation findet erst dann statt, wenn die beiden (oder zumindest einer von beiden) einander wahrnehmen und ihr Verhalten aufeinander richten. Erst ein auf eine andere Person gerichtetes Verhal-

4. Dimensionen des Führens

> **Verhalten wird zur Mitteilung, wenn es auf der einen Seite eine Intention und auf der anderen Seite eine Interpretation gibt.**

ten wird aus der Sicht des einen Akteurs zu einer Mitteilung. Zwar ist nicht jedes Verhalten eine Mitteilung – es kann aber von einem Beobachter als Mitteilung interpretiert werden. Davor ist man nie gefeit. Wenn Sie als Führungskraft ein bestimmtes Verhalten zeigen, etwa in Gesprächen gerne Ihre Fingernägel betrachten, weil das für Sie interessant oder eine liebe Gewohnheit ist, dann könnten Ihre Mitarbeiter

> **Man kann sich nicht *nicht* verhalten.**

das als Desinteresse interpretieren, also als eine an sie gerichtete Mitteilung. Man kann sich nicht *nicht* verhalten und schon gar nicht verhindern, dabei beobachtet und interpretiert zu werden.

Mitteilungen sind ausgewählte und in Verhalten übersetzte Landkarten. Sie sind beobachtbares Verhalten – etwa Sprache, Mimik,

> **Mitteilungen sind eine in Verhalten übersetzte Auswahl aus der Landkarte.**

Körperhaltung, Blickrichtung usw. –, das aus einer Auswahl von Aspekten aus der eigenen Landkarte besteht und auf eine andere Person gerichtet ist. Mitteilungen geben Einblick in die eigene Landkarte, die dadurch *mit anderen geteilt* werden kann.

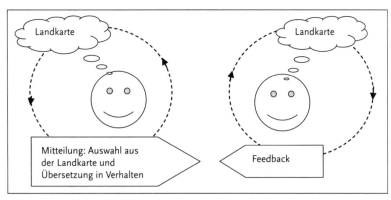

Abb. 46: Verhalten richtet sich auf Verhalten

Jeder, der an diesem Geschehen teilnimmt, beobachtet den anderen. Diese Beobachtungen steuern die Entscheidung im Hinblick darauf, was man jeweils aus der eigenen Landkarte mitteilen möchte. Jede Mitteilung ist für die beteiligten Beobachter ein Impuls, der zu neuen

4.3 Führung als Praxis

Unterscheidungen und Verknüpfungen führt, zu jeweils aktualisierten Landkarten.

Mitteilungen können verbal und nichtverbal, bewusst oder nichtbewusst gemacht werden. Wie auch immer, sie werden im Rahmen von Kommunikation beobachtet, interpretiert und beantwortet.

4.3.2.1.3 Ver-Stehen

Verstehen ist der dritte Schritt im Prozess der Kommunikation. Verstehen bedeutet, einer Mitteilung eine eigene Bedeutung zu geben, sie in die eigene Landkarte zu integrieren. Verstehen bedeutet also nicht, wie wir oft meinen, »richtig« zu verstehen, also die Übereinstimmung von Mitteilung und Interpretation. In unserem Sprachgebrauch unterscheiden wir oft zwischen »verstehen« und »interpretieren«. Diesen Unterschied gibt es in diesem Modell nicht: Jedes Verstehen ist Interpretieren.

> Verstehen ist die subjektive Interpretation einer Mitteilung.

Ver-Stehen ist ein Begriff, der vermuten lassen könnte, dass diese Tätigkeit mit dem Stehenbleiben, etwa dem Aussteigen aus dem Fluss der Ereignisse verbunden ist. Wir bleiben stehen, um Dinge in Ruhe zu be-greifen, eine neue Sicht auf sie zu gewinnen.

Innehalten, Begreifen, Interpretieren sind die Momente des Verstehens. Das Ergebnis ist für den jeweiligen Akteur eine neue Landkarte: Man versteht, was der andere gesagt hat – irgendwie.

Die Frage, ob jemand »richtig« verstanden hat, ist dabei weniger interessant als die Frage, *wie* jemand etwas verstanden hat.

4.3.2.2 Das Landkartenmodell von Kommunikation

Der Prozess des Einanderwahrnehmens, -mitteilens und -verstehens vollzieht sich gleichzeitig. Es ist ein komplexer und zirkulärer Prozess, der keinen Anfang und keine Ende kennt. Als Modell lässt sich dieser Kreislauf darstellen wie in Abbildung 47.

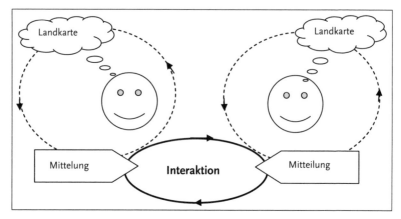

Abb. 47: Das systemische Modell von Kommunikation

Die drei Schritte – Wahrnehmen, Mitteilen und Verstehen – stellen die Aktivitäten des Kommunikationsprozess dar. Durch diese Aktivitäten entstehen zwei miteinander verbundene Regelkreise: der Regelkreis zwischen Landkarte und Verhalten auf der individuellen Seite und der Regelkreis zwischen Verhalten und Verhalten auf der interpersonalen Seite. Beide Regelkreise ergeben miteinander eine Unendlichschleife des Kommunikationsprozesses: Landkarten werden in Mitteilungen übersetzt, Mitteilungen werden interpretiert und in neue Landkarten übersetzt, diese werden wieder in Mitteilungen übersetzt usw. usw.

> Kommunikation ist ein Prozess des Abstimmens von Landkarten, ein Prozess der Konstruktion einer gemeinsamen Wirklichkeit.

Wenn wir über Kommunikation sprechen, dann haben wir es also mit einem Prozess zu tun, in dem nicht feststellbar ist, wer »Sender« oder »Empfänger« ist. Alle beteiligten Personen sind gleichzeitig Ursache und Wirkung des Prozesses, der gemeinsam geschaffen wird. Jede Mitteilung ist für jeden Akteur ein Impuls, mit dem man sich auseinandersetzt, auf den man reagieren kann. Inhalte dieses Prozesses sind die Landkarten der beteiligten Personen, die permanent abgestimmt, verglichen und verändert werden. Kommunikation ist ein Prozess des Abstimmens von Landkarten, ein Abklären dessen, worin man übereinstimmt und worin nicht. Jede Mitteilung gibt den anderen Beobachtern Einblick in die Landkarte. Im optimalen Fall entstehen durch Kommunikation neue und teilweise gemeinsame Wirklichkeitskonstruktionen und damit eine neue gemeinsame Welt.

4.3.2.3 Führung als Kommunikationssystem

Das Ergebnis von Kommunikationsprozessen ist eine spezifische soziale Verbindung zwischen den beteiligten Akteuren, die wir als Kommunikationssystem oder soziales System bezeichnen.

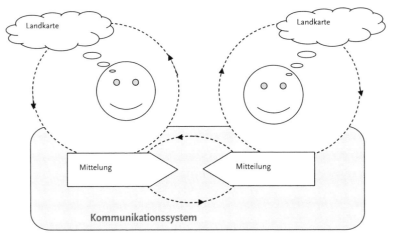

Abb. 48: Kommunikation schafft ein soziales System

Ein soziales System ist also immer ein Kommunikationssystem – egal ob wir von einer Familie, einer Gruppe, einem Team oder einer Organisation sprechen.

Aus unserer systemtheoretischen Perspektive ergibt sich daraus eine erstaunliche Schlussfolgerung: Menschen sind nicht Elemente oder Bestandteile sozialer Systeme, sondern deren *Umwelten*.

Das klingt ungewöhnlich: Menschen sind doch wichtig in der Kommunikation. Ohne sie gibt es doch gar keine Kommunikation. Das ist schon richtig. Ohne Menschen kann zwar keine Kommunikation stattfinden, darum sind Menschen auch relevante, also unverzichtbare Umwelten von Kommunikationssystemen. Aber wären Menschen tatsächlich Elemente, Bestandteile sozialer Systeme, würde das bedeuten, dass jedes soziale System, etwa eine Organisation, sofort

> Kommunikationssysteme bestehen aus Kommunikation. Menschen sind relevante Umwelten der Kommunikationssysteme.

zusammenbräche, wenn die Menschen abends heimgehen. Wir wissen aber, dass Organisationen sehr viel länger leben können als die Menschen, die für sie tätig sind, und dass andererseits Organisationen zu Grunde gehen können, ohne dass die Menschen deshalb sterben. Und auch die Menschen bleiben, was sie sind, auch wenn sie nicht in der Organisation, in ihrer Gruppe oder in ihrer Familie sind.

Führung ist ein ganz besonderes Kommunikationssystem. Es steht und entsteht im Kontext von Organisationen, die Inhalte, Formen und Abläufe in diesem System prägt. Das bedeutet, dass:

- die beteiligten Personen nicht einfach nur Menschen sind, sondern spezifische Rollen und Funktionen ausüben,
- ihre Beziehungen daher spezifische Rollenbeziehungen sind,
- die Inhalte der Mitteilungen von diesen Rollen und den jeweiligen Zielen und Aufgaben geprägt sind.

Die einzelnen Menschen, die als relevante Umwelten ein spezifisches Führungssystem gestalten, haben natürlich ihre Interessen, Bedürfnisse, Verletzlichkeiten und Verhaltensmuster.

Menschen geben dem Führungssystem seine Charakteristik.

Die konkreten Menschen geben dem Führungssystem seine jeweils eigene Note, schaffen eine jeweils bestimmte Atmosphäre, eigene Muster der Abläufe. Wenn neue Personen ins Spiel kommen, etwa eine neue Führungskraft, dann verändern sich damit eventuell die Kultur, die Atmosphäre, manche Spielregeln des Führungssystems, aber das System bleibt in seiner Grundstruktur dasselbe.

F. B. Simon (2004, S. 67 ff.) verwendet für diesen Gedanken das Bild des Fußballspiels. Auch wenn die Spieler, die Schiedsrichter oder die Zuschauer wechseln, das Spiel mit seinen Spielregeln, das Kommunikationssystem »Fußballspiel«, bleibt gleich. Die Qualität des Spiels aber und die Frage, ob eine Mannschaft gewinnt oder verliert, wird von den konkreten Spielern entschieden. Das gilt auch für Führung.

Vielleicht kennen Sie aus Ihrer unmittelbaren Erfahrung das Phänomen, dass in einer Abteilung dieselben Probleme oder Konflikte immer wieder auftauchen, obwohl viele Personen bereits mehrmals ausgetauscht wurden. In solchen Fällen sind die Muster des Systems stärker als die Menschen. Das wäre ein Beispiel dafür, dass Menschen und Kommunikationssysteme verschiedene Systeme sind.

Die Kunst der Führung von Menschen liegt darin, das Führungssystem so zu gestalten, dass die Menschen, die daran beteiligt sind, dem Spiel verbunden bleiben und bereit sind, ihre Energie und ihre Fähigkeiten einzubringen.

Anstatt einer Schlussfolgerung: Das Kellermeistersyndrom
Kennen Sie das Kellermeistersyndrom? Es handelt sich dabei um eine spezifische Landkarte, eine Annahme, die man häufig bei Führungskräften antrifft. Sie lautet: »Ich bin von lauter Flaschen umgeben.«

Führungskräfte, die an diesem Syndrom leiden, verhalten sich, wie man sich eben Flaschen gegenüber verhält: viel Kontrolle (weil man diesen Flaschen ja nicht trauen kann), alles möglichst selbst machen (weil: Was ich nicht selbst mache, ist nicht wirklich gut gemacht!), kurze Leine, wenig Entscheidungskompetenzen für sie (aus demselben Grund).

Die Mitarbeiter beobachten dieses Führungsverhalten und interpretieren – je nach Naturell:

(a) Die aggressiven Typen denken: Soll er seinen Mist doch alleine machen, wenn er unbedingt will.
(b) Die depressiven Typen denken vielleicht: Er hat schon recht, wenn er mir nichts zutraut, ich bin wirklich eine Flasche.

Wie auch immer, Mitarbeiter werden ihrer eigenen Interpretation entsprechend handeln: viel nachfragen, Dienst nach Vorschrift, keine Initiative.

Am Ende bestätigt die Führungskraft sich selbst: Ich bin *wirklich* von lauter Flaschen umgeben! Ich kann machen, was ich will!

4. Dimensionen des Führens

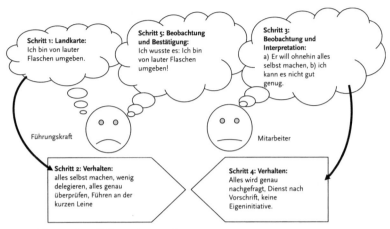

Abb. 49: Das Kellermeistersyndrom

4.3.2.4 Führung als Kommunikationsprozess

Im Kapitel über den Prozess des Führens haben wir ein Modell von Lebensprozessen mit den drei Momenten von Wachsamkeit, Wertschätzung und Wirksamkeit vorgestellt. Jetzt geht es darum, dieses allgemeine Modell auf die konkrete Aufgabe von Menschenführung bzw. den Prozess der Führungskommunikation anzuwenden.

> Der Führungsprozess ist ein Kommunikationsprozess, der die Momente von Wachsamkeit, Wertschätzung und Wirksamkeit aufweist.

Wie jeder Kommunikationsprozess durchläuft auch die Führungskommunikation die zentralen Momente von Wahrnehmen, Mitteilen und Verstehen in der beschriebenen Unendlichschleife zwischen den Akteuren. Wir können daher an einem beliebigen Punkt des Prozesses beginnen. Da Führung zielorientierte Aufgaben hat, erscheinen Ziele als sinnvoller Ausgangspunkt des Führungsprozesses. Folgende Schritte prägen den Führungsprozess:

4.3.2.4.1 Fokus setzen – Ziele vereinbaren

Peter Drucker (vgl. 2005) hat als Erster die Kraft der Ziele und der zielorientierten Führung in die Diskussion gebracht. Ohne ihn gäbe es kein Management by Objectives.

Ziele sind Konstruktionen eines zukünftigen Zustands. Sie geben Orientierung und eine Richtung des Handelns. Ziele machen Leistungen bewertbar und überprüfbar. Mitarbeiter brauchen nicht

4.3 Führung als Praxis

nur Orientierung darin, wohin die Reise geht, was ihre Aufgabe ist, sondern auch darüber, woran ihre Leistung gemessen wird. Ziele zu formulieren ist ein Prozess, der Fantasie und Querdenken braucht und nicht nur quantitative Leistungsziele betrifft, sondern auch qualitative Entwicklungsziele.

Ziele geben Orientierung und Sicherheit im Handeln.

Oft werden Ziele in Form von Zahlen formuliert. Das erscheint sehr praktisch, denn in Zahlen gegossene Ziele sind gut überprüfbar. Allerdings lässt sich nicht alles in Zahlen ausdrücken, was aber trotzdem existiert und auch überprüfbar ist: gute Qualität, Freude bei der Arbeit, eine neue Idee usw.

Hilfreiche Fragen bei der Formulierung von Zielen

- Wie heißt das Ziel, das Sie erreichen wollen?
- Was soll mit der Erreichung des Ziels sichergestellt sein?
- Woran werden Sie erkennen, dass Sie Ihr Ziel erreicht haben?
- Wer noch wird bemerken, dass Sie Ihr Ziel erreicht haben, und woran genau?
- Für wen hätte Ihr Ziel Vorteile, für wen Nachteile – und welche?
- Wen sollten Sie in die Zielerreichung einbinden?
- Sind Sie sicher, dass Sie dieses Ziel erreichen möchten?
- Was müssten Sie für die Zielerreichung aufgeben?
- Welches werden Ihre ersten Schritte sein?
- Wie könnten Sie sich selbst an der Erreichung Ihrer Ziele hindern?

4.3.2.4.2 Informationen generieren
Ziele geben Ihnen den Fokus, welche Informationen Sie sammeln sollten.

Ziele sind nicht nur wichtig, damit Zukunftsbilder entworfen und Leistungen überprüfbar gemacht werden können. Ziele setzen auch einen Beobachtungsbereich. Erst wenn Sie Ziele formuliert und konkretisiert haben, können Sie beobachten, was Ihre Mitarbeiter so treiben und wie sich der Leistungsprozess entwickelt. Ohne Ziele wüssten Sie vermutlich nicht, worauf Sie achten sollten.

Ziele geben einen Beobachtungsbereich.

Um über Ihre Mitarbeiter Informationen zu sammeln, stehen Ihnen prinzipiell zwei Wege offen: Beobachten und nachfragen.

4. Dimensionen des Führens

Beobachten klingt nicht nach Arbeit, beinahe nach Nichtstun. Sie selbst werden allerdings daran gemessen, dass Sie einen fleißigen Eindruck machen. Daher stürzen sich Führungskräfte lieber in ihre operativen Aufgaben, denn da geht etwas weiter, da bewegt sich was, da wirkt man geschäftig. Wir haben die Tätigkeit des Beobachtens oben genauer beleuchtet. Beobachten ist eine Tätigkeit des Wahrnehmens, Unterscheidens und Verbindens, die als Ergebnis neue Landkarten bringt.

Die ruhige Aufgabe des Beobachtens, des Wahrnehmens, der Wachsamkeit wird oft nicht als Führungsarbeit verstanden. Aber ohne Beobachtung, ohne Wachsamkeit gibt es keine Information.

Sie können das Verhalten Ihrer Mitarbeiter in Bezug auf die vereinbarten Ziele in vielerlei Hinsicht beobachten bzw. danach fragen:

- Wie setzt der Mitarbeiter die Ziele in Aktivitäten um?
- Welchen Unterschied kann man hinsichtlich des Zeitpunkts vor und nach der Zielvereinbarung beobachten?
- Welche Unterschiede im Verhalten zeigen sich bei den verschiedenen Mitarbeitern?

4.3.2.4.3 Wertschätzung – ressourcenorientierte Hypothesen bilden

Der zweite Schritt im Führungsprozess ist die Interpretation der gewonnenen Informationen, die Bildung von Hypothesen. Hypothesen sind Landkarten. Ihre Hypothesen sind ausschlaggebend dafür, welches Führungsverhalten Sie zeigen werden, denn Ihre Landkarten steuern Ihr Verhalten. Ihre persönlichen Landkarten sind Ihre persönliche Angelegenheit. Aber im professionellen Kontext von Führung sollten Sie nicht einfach nur irgendetwas denken. So wie Sie in Ihrem Beruf auch nicht immer so reden können, wie Ihnen gerade zumute ist, sondern sich der Wirkung Ihrer Worte bewusst sein sollten, so sollten auch Ihre Hypothesen einem professionellen Standard entsprechen. Dieser wird durch Ihre Aufgabe definiert: Begleiten und Unterstützen des Leistungsprozesses.

> Hypothesen sind professionelle Landkarten, die die Aufgabe des Führens unterstützen sollen.

Die Kernfrage lautet: Nutzen meine Hypothesen dem Leistungsprozess oder nicht? Führen meine Hypothesen zu einer Verbesserung der Leistung, führen sie mich zu einem leistungsfördernden Verhalten? Gute oder schlechte Hypothesen sind also keine moralisch-ethische Kategorie, sondern eine sehr pragmatische. In der Praxis zeigt sich, dass Hypothesen, die vor allem auf Fehler, Defizite und Mängel ausgerichtet sind, wenig nützlich sind, weil sie wenig Lösungspotential enthalten. Zu sagen: »Ich bin von lauter Flaschen umgeben«, ist zwar emotional nachvollziehbar, führt den Kellermeister aber zu keiner Lösung seiner Probleme. Gute Hypothesen müssen also Lösungspotential enthalten und daher eher nach den Ressourcen fragen, die auch bei noch so großen »Flaschen« eine Veränderung bewirken könnten.

> Gute Hypothesen sind lösungs- und ressourcenorientiert.

Sie sind für Ihre Hypothesen verantwortlich.

4.3.2.4.4 Fragen

Fragen können vieles verändern. Manchmal können sie das Leben retten. Kennen Sie den?

Im Wald herrscht große Unruhe. Es heißt, der Bär ist auf Jagd und hat eine Todesliste. Alle Tiere fürchten sich unglaublich.

Das Wildschwein will es wissen und geht zum Bären und fragt: »Bär, ist es richtig, dass du eine Todesliste hast?« – »Ja«, sagt der Bär. »Stehe ich da drauf?«, fragt das Wildschwein. »Ja«, sagt der Bär. Das Wildschwein geht – nach zwei Tagen ist es tot.

Daraufhin geht der Fuchs zum Bären. Er fragt: »Bär, ist es richtig, dass du eine Todesliste hast?« – »Ja«, sagt der Bär. »Stehe ich da drauf?«, fragt der Fuchs. »Ja«, sagt der Bär. Der Fuchs geht – nach zwei Tagen ist er tot.

Der kleine Hase kommt beinahe um vor Angst und versucht als Nächster sein Glück. Er fragt den Bären: »Bär, ist es richtig, dass du eine Todesliste hast?« – »Ja«, sagt der Bär. »Stehe ich da drauf?«, fragt der Hase. »Ja«, sagt der Bär. »Könntest du mich von der Liste streichen?«, fragt der Hase. »Klar«, sagt der Bär und streicht den Hasen von der Liste.

Die richtige Frage zur richtigen Zeit kann einem das Leben retten. Fragen zu stellen ist eine Kunst.

Das Fragen ist für Sie der Königsweg, um sich mit dem Verhalten Ihrer MitarbeiterInnen abzustimmen. Durch Fragen bekommen Sie Informationen über die Landkarten Ihrer MitarbeiterInnen. Deren Verhalten kann Ihnen dann als verständlicher und sinnvoller erscheinen.

> Das Fragen ist der Königsweg des Führens.

In Abschnitt 4.2.1 (über die Wachsamkeit im Rahmen des Führungsprozesses) haben wir einige Gedanken über die Vorzüge des Fragens formuliert. Fragen haben zwei Ziele, nämlich:

4. Dimensionen des Führens

1. Informationen zu generieren, also für die Fragenden selbst etwas Neues zugänglich zu machen, die eigene Landkarte zu verändern, und
2. bei der befragten Person Impulse zu setzen, Suchprozesse anzuregen, die Aufmerksamkeit zu lenken, neue Perspektiven zu eröffnen.

Fragen können positive Nebenwirkungen haben, wenn sie Wertschätzung und Interesse vermitteln. Wenn sie den Charakter eines Verhörs annehmen, wirken sie abwertend und verstörend.

In diesem Buch finden Sie an vielen Stellen Fragen, die Sie sich oder Ihren Mitarbeitern stellen können. Sie können diese Fragen als Anregung für weitere Fragen nehmen, die Ihren Führungsprozess unterstützen.

4.3.2.4.5 Feedback geben und nehmen

Der nächste Schritt im Führungsprozess ist (oft) Feedback. Feedback ist eine Information darüber, wie jemand eine Mitteilung bzw. ein Verhalten verstanden hat. Feedback ist eines der wichtigsten Regulationsinstrumente im Kommunikationsprozess.

> Feedback ist ein wichtiges Regelelement im kybernetischen Kommunikationsprozess.

Erst durch Feedback wird uns klar, wie wir verstanden wurden, und erst diese Information ermöglicht zu entscheiden, ob wir unser Verhalten ändern oder beibehalten. Das gilt für Ihre Mitarbeiter und für Sie selbst gleichermaßen.

Feedback wird oft mit Kritik gleichgesetzt. Feedback sollte aber eine ausgewogene Rückmeldung zu den erbrachten Leistungen sein, die Mitarbeitern Orientierung gibt. Feedback soll daher gründlich vorbereitet werden. Eine Rückmeldung aus dem Bauch heraus, um Ihrem Ärger vielleicht Luft zu verschaffen, ist kein Feedback, sondern eher eine persönliche emotionale Entlastung.

Ein einfaches Instrument, sich auf ein Feedback-Gespräch vorzubereiten, ist die folgende *Übung*.

Vorbereitung auf Feedback
1. Denken Sie an einen Ihrer Mitarbeiter und an dessen Leistungen im vergangenen halben Jahr:
   Wie zufrieden sind Sie damit auf einer Skala von
   0--10?
   Markieren Sie Ihre Bewertung auf der Linie.

2. Angenommen, Sie markieren bei 7.
0----------------------------------X---------------10
Beschreiben Sie:
- Welche Leistungen machen mich zufrieden (0–7)?
- Welche Beobachtungen habe ich gemacht, die zu meiner Bewertung führen (möglichst ganz konkrete Situationen, konkretes Verhalten)?
- Welche Faktoren machen die Differenz von 7 auf 10 aus? Was fehlt auf 10?
- Welche konkreten Handlungen sollte mein Mitarbeiter setzen oder unterlassen, um auf meiner inneren Skala auf 8 oder 9 zu kommen?
- Woran würde ich das bemerken?

4.3.2.4.6 Entscheiden: Neue Ziele vereinbaren oder Interventionen setzen

In der Folge geht der Prozess weiter: Sie vereinbaren entweder neue Ziele, oder Sie überlegen andere Schritte. Im Überblick sieht der Führungsprozess so aus, wie in Abbildung 50 dargestellt.

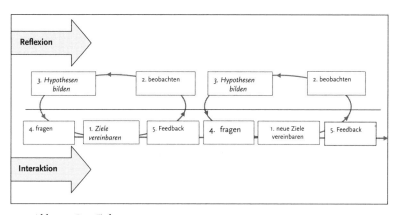

Abb. 50: Der Führungsprozess

Wie Sie bemerken, folgt dieser Prozess dem allgemeinen Prozessmodell von:

- *Wachsamkeit:* beobachten
- *Wertschätzung:* weiterführende und ressourcenorientierte Hypothesen bilden
- *Wirksamkeit:* Ziele vereinbaren, fragen, Feedback geben.

4. Dimensionen des Führens

Das Modell zeigt auch deutlich, dass der Führungsprozess zum einen aus Reflexion, also Arbeit mit sich selbst besteht, zum anderen Aktivität und Interaktion mit anderen Personen ist. *Beides gemeinsam* ist Führung.

4.3.2.5 Die Inhalte der Führungskommunikation

Kommunikation ist das Medium der Menschenführung. Was aber ist der Inhalt dieser spezifischen Kommunikation? Zurück zu den drei Aufgaben der Menschenführung:

1. die Gestaltung und Sicherung der Koppelung von Mitarbeitern mit der Organisation,
2. die Koppelung von Personen und Aufgaben, also die Begleitung und Unterstützung des Leistungsprozesses der einzelnen Mitarbeiter,
3. die Koppelung von Personen mit anderen Personen in einem Team oder einer Abteilung, also die Führung der Kooperation zwischen den Mitarbeitern und zwischen Führung und Mitarbeitern.

4.3.2.5.1 Menschen mit der Organisation verbinden: Permanente Rollenklärung und emotionale Passung

Sie erinnern sich: Organisationen sind soziale Systeme, also Kommunikationssysteme, die sich rund um ihre Aufgaben organisieren. Um ihre innere Komplexität zu reduzieren, bilden sie differenzierte Funktionen und Positionen aus, deren Inhaber die Aufgaben und Ziele arbeitsteilig und kooperativ bewerkstelligen sollen. Organisationen sind ziel- und aufgabengetrieben.

Um ihre Aufgaben zu lösen, brauchen Organisationen Menschen, die – als relevante Umwelten der Organisationen – in ihren Funktionen und Positionen ihre Beiträge leisten, indem sie spezifisches Verhalten zur Verfügung stellen. Menschen tun das in der Regel nicht aus Liebe zur Organisation, sondern weil sie dadurch ihre eigenen Bedürfnisse befriedigen können.

> Organisationen kaufen professionelles Verhalten der Mitarbeiter ein.

Menschen sind bedürfnisgetrieben. Organisationen sind aus ihrer Sicht nicht an den Menschen als Individuen mit ihren jeweiligen Bedürfnissen und Interessen interessiert, sondern lediglich am professionellen Verhalten, das in der jeweiligen Rolle gefragt ist. Aus ihrer

4.3 Führung als Praxis

Sicht nehmen Organisationen es in Kauf, dass an dem Rollenverhalten auch Menschen mit ihren Unberechenbarkeiten beteiligt sind. Organisationen haben das Bestreben, sich von Menschen tendenziell unabhängig zu machen. Umgekehrt sind Organisationen für Menschen auch nur Mittel zum Zweck. Für Mitarbeiter hängt an ihrem Gehalt, an ihrem Urlaub, an ihren Entwicklungsmöglichkeiten ebenso der Pferdefuß einer ganzen Organisation, wie sie selbst der Pferdefuß für die Organisation sind. Die Aufgabe von Mitarbeiterführung liegt darin, diese zwei derart unterschiedlich ausgerichteten Systeme so miteinander zu verbinden, dass dadurch produktive Leistungen für beide Seiten entstehen können.

In Abschnitt 4.1 (über Führung als Profession) haben wir *Rollenklarheit* als einen der wesentlichen Qualitätsstandards von Führung definiert. Wir haben dort festgestellt, dass Rollen Verhaltenserwartungen beschreiben, die an die Inhaber von Positionen und Funktionen in Organisationen gerichtet werden. Rollen beschreiben, was man in der Position tun oder nicht tun sollte. Rollen schränken daher die Verhaltensmöglichkeiten und die Bedürfnisse des Einzelnen ein, geben dafür aber Sicherheit: Man weiß, was man zu tun hat und was man dafür bekommt.

> Rollen sind die Verbindung von Person und Organisation.

Rollenklärung
Rollen sind der Transmissionsriemen oder, wenn Sie so wollen, das Scharnier zwischen Personen und Organisationen.

Das Zusammenspiel der Rollen von Führung und Mitarbeitern kann man sich so vorstellen, wie in Abbildung 51 dargestellt.

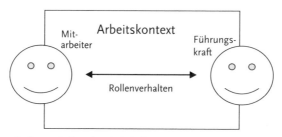

Abb. 51: Rollenverhalten im Arbeitskontext

Rollen werden – im Unterschied zu Funktionen und Positionen – in Organisationen wenig präzise definiert. Funktionsbeschreibungen finden Sie in Ihrem Aufgaben-Portfolio, Ihre Position finden Sie im Organigramm. Rollen sind schwammig und unscharf, aber dennoch der zentrale Regelungsmechanismus in der professionellen Kommunikation und den Arbeitsbeziehungen.

Die Führungsaufgabe der Koppelung von Personen und Organisation ist also eine Aufgabe der Steuerung von Rollenklarheit und Rollenverhalten. Rollenverhalten muss permanent verhandelt, vereinbart und begleitet werden. Wo Rollenklarheit fehlt, kommt es zu Unzufriedenheit, Enttäuschungen und Konflikten zwischen Führung und Mitarbeitern. Fehlende Rollenklarheit ist oft Anlass dafür, dass Mitarbeiter sich nicht mit dem Unternehmen identifizieren und sich nicht damit verbunden fühlen. Damit wäre der Koppelungsprozess gescheitert.

> Die Aufgaben der Bindung von Menschen und Organisation geschieht über die Klärung von Rollen.

Die Sicherung und Gestaltung der Verbindung von Menschen mit der Organisation erfordert einige Maßnahmen:

1. sich der eigenen Rolle als Führungskraft bewusst sein
2. ein möglichst klares Bild von den eigenen Rollenerwartungen an die Mitarbeiter entwickeln
3. über diese Rollenerwartungen kommunizieren
4. das eigene und das Rollenverhalten der Mitarbeiter kontinuierlich beobachten
5. Feedback geben und Rollen neu verhandeln.

Emotionale Passung
Die Verbindung zwischen Mitarbeitern und der Organisation vollzieht sich zum einen über die Rollen, zum anderen aber über die Frage, wie man miteinander auskommt, ob »die Chemie stimmt«. Mitarbeiter gehen mit Organisationen Arbeitsverträge ein, die die inhaltlichen Aufgaben und die Rahmenbedingungen der Arbeit beinhalten. Darunter gibt es für alle Mitarbeiter aber auch einen psychologischen »Vertrag«, der das emotionale Geben und Nehmen, die Erwartungen und Angebote »beschreibt«.

Ob man nun zusammenpasst oder nicht, ist von zahlreichen Faktoren abhängig. Professionelle Führung ist allerdings darauf angewiesen, dass diese psychologischen Verträge mit sehr unterschiedlichen Menschen und hinsichtlich unterschiedlicher Erwartungen irgendwie erfüllt werden. Im privaten Leben kann es sein, dass man mit dem einen oder anderen besser oder schlechter umgehen kann, im professionellen Kontext ist die Gestaltung dieser emotionalen Ebene Teil der Führungsarbeit.

Hilfreich dafür sind einerseits ein klares Bild von der eigenen Persönlichkeit und der eigenen »Passung« in Bezug auf andere Menschen:

- Mit welchen Menschen komme ich besser oder schlechter aus?
- Was ärgert, freut, beunruhigt mich?
- Was erwarte ich von meinen Mitarbeitern: Brauche ich ihre Anerkennung, Zuwendung?

Andererseits hilft ein gewisses Maß an psychologischem Wissen. Mitarbeiterführung ist Führung auf dem psychologischen Feld. Dazu gibt es zahlreiche Ratgeber und Persönlichkeitsmodelle, die – mit Vorsicht genossen – den Blick schärfen können.

4.3.2.5.2 Menschen mit ihren Aufgaben verbinden: Den Leistungsprozess sichern

Jede Organisation ist darauf angewiesen, dass die Menschen, die für sie tätig sind, sich tagtäglich (bewusst oder nicht) dafür entscheiden, auf einen guten Teil an Verhaltensmöglichkeiten zu verzichten. Es ist ganz und gar nicht selbstverständlich, dass Menschen tun, was man von ihnen verlangt. Alles, was Menschen tun, tun sie auf Grund ihrer eigenen Entscheidung. Wären Menschen triviale Maschinen, hätte niemand ein Problem, aber leider ... Wie bringt man nun Menschen dazu, sich dafür zu entscheiden, Leistungen zu erbringen? An dieser Stelle kommt das Thema *Motivation* ins Spiel. Ich halte es hier mit Reinhard Sprenger (2002): Man kann nicht motivieren, weil Motive nicht beliebig herstellbar sind. Motivation ist ein innerer Motor, ein »Zustand Z«, der unser Verhalten immer wieder modifiziert.

> Man kann nicht motivieren, dennoch ist Motivierung Teil der Führungsaufgabe.

Hinter der gesamten Motivationsidee steckt die misstrauische Unterstellung, dass Menschen im Grunde unmotiviert und faul seien und erst mit irgendwelchen Tricks zu Leistungen gebracht werden müssten. Sprenger zeigt in seinem Buch auf, dass und wie Motivierungsversuche erst jene Demotivation schaffen, die man beklagt. Dennoch bleibt es Führungsaufgabe, den Leistungsprozess

4. Dimensionen des Führens

der Mitarbeiter zu begleiten und ihre Leistungsbereitschaft zu sichern. Wie kann das geschehen?
Manchmal kann man sich einem Thema besser durch die Hintertüre nähern. Daher hier ein Gedankenexperiment:

> Stellen Sie sich vor, Sie hätten Mitarbeiter, die bestens motiviert sind, mit Freude und Kompetenz ihre Leistungen erbringen. Und stellen Sie sich weiter vor, dass Sie einen guten Grund hätten, das zu ändern, vielleicht weil Sie eine Wette abgeschlossen haben oder weil Ihnen jemand eine Belohnung dafür in Aussicht stellt, dass Sie Ihre motivierten Mitarbeiter möglichst stark und nachhaltig demotivieren.
> Wie müssten Sie das anstellen? Welche Tricks würden Sie dafür anwenden?
> Listen Sie Ihre besten Ideen auf, und dann überlegen Sie (ganz ehrlich): Was davon tun Sie tatsächlich von Zeit zu Zeit?

Wenn Sie Ihre besten Tricks zur Demotivierung kennen, dann wissen Sie schon viel, nämlich was Sie in Zukunft weglassen könnten. Sie wissen zugleich aber auch, welche Verhaltensweisen motivierend oder demotivierend wirken können.

Motivation im eigentlichen Sinne, also die Erzeugung von Motivation, ist unmöglich, weil es unmöglich ist, in ein anderes lebendes System einzugreifen. Dennoch bleibt Motivation Führungsaufgabe. Motivation beschreibt einerseits einen inneren Zustand einer Person, ihre Ziele, Interessen, Vorlieben, die sie mitbringt und die in der konkreten Situation Bedeutung erlangen. Motivation ist andererseits aber kein statischer Zustand, sondern eine sich permanent verändernde Befindlichkeit, die unmittelbar in der konkreten Situation entstehen oder vergehen kann. Auf die mitgebrachten Motive haben Sie kaum Einfluss. Sehr wohl aber auf die sich immer wieder neu bildenden inneren Zustände. Daher können wir unser Kommunikationsmodell nutzen, um einen Weg zu finden, die unmögliche Aufgabe der Motivation zu vollbringen.

> Motivation ist ein innerer Zustand, der aus mitgebrachten Zielen und Interessen und aus sich immer neu entstehenden Befindlichkeiten entwickelt.

> Führung kann am ehesten auf die variablen Aspekte der Motivation Einfluss nehmen. Sie entstehen in der Kommunikation.

Sie können auf vielen Ebenen des Kommunikationsprozesses Impulse setzen, so dass die Wahrscheinlichkeit wächst, dass Ihre Mitarbeiter sich motiviert an ihre Arbeit machen – genauso können Sie Einfluss nehmen, dass diese Wahrscheinlichkeit sinkt.

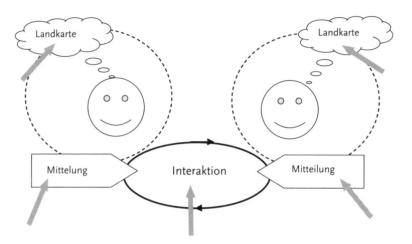

Abb. 52: Interventionsrichtungen

Sie können ...:

1. Sie können Ihre eigene Landkarte erforschen und modifizieren:
   - Wie sehen Sie Ihre Mitarbeiter an? Erscheinen sie Ihnen eher motiviert, demotiviert, neutral?
   - Wie schätzen Sie deren Leistungsfähigkeit (Können) und Leistungsbereitschaft (Wollen) ein?
   - Was motiviert Sie selbst bei Ihrer Arbeit? Was demotiviert Sie?
   - Was brauchen Ihre Mitarbeiter, damit sie ihre Leistungen erbringen können?
   - Haben Ihre Mitarbeiter alles, was für den Leistungsprozess erforderlich ist: Ressourcen (Geräte, Material), klare Ziele, Feedback etc.?
2. Sie können Ihr eigenes Verhalten unter die Lupe nehmen und modifizieren:
   - Wie klar sind meine Aufträge, Ziele und Erwartungen formuliert?
   - Wie klar, unmittelbar und konkret gebe ich Feedback?

- Wie drücke ich meine Wertschätzung für meine Mitarbeiter aus?
- Wie gut kann ich Feedback meiner Mitarbeiter annehmen? Wie reagiere ich darauf?
- Wie oft stelle ich Fragen an meine Mitarbeiter?

3. Sie können das Zusammenspiel zwischen Ihren Mitarbeitern und Ihnen genauer unter die Lupe nehmen und modifizieren:
   - Wie gehen wir in unserem Team mit Fehlern und Misserfolgen um?
   - Wie regiere ich, wenn ich beobachte, dass meine Mitarbeiter sich gerade demotiviert verhalten?
   - Wie reagieren meine Mitarbeiter auf meine Kritik, auf Anweisungen?
   - Welche meiner Verhaltensweisen löst erfahrungsgemäß besondere Motivation oder Demotivation bei meinen Mitarbeitern aus?
   - Wie gelingt es meinen Mitarbeitern, mich zu meiner Führungsarbeit zu motivieren bzw. zu demotivieren?
   - Kann ich im Zusammenspiel mit meinen Mitarbeitern Muster sich wiederholender Interaktionen erkennen? Welche davon sind produktiv, welche eher nicht?

4. Sie können die Landkarte der Mitarbeiter erkunden – die folgenden Fragen können Sie sich selbst oder auch Ihren Mitarbeitern direkt stellen:
   - Welche Aspekte der Arbeit machen meinen Mitarbeitern besondere Freude, welche machen kaum Freude?
   - Welche persönlichen Interessen, Bedürfnisse, Ziele und Fähigkeiten bringen meine Mitarbeiter (vermutlich) in den Leistungsprozess ein? Was ist ihnen wichtig?
   - Wie würden meine Mitarbeiter eine sinnvolle, erfüllende Aufgabe beschreiben?
   - Sind die Landkarten meiner Mitarbeiter mit meiner eigenen bezüglich Zielen, Aufgaben und Verfahrensweisen (vermutlich) gut abgestimmt?
   - Welche Fragen könnten meine Mitarbeiter beschäftigen?
   - Welche Erwartungen haben meine Mitarbeiter (vermutlich) an mich als Führungskraft und an unsere Zusammenarbeit?
   - Welche Erwartungen haben meine Mitarbeiter an die Organisation?

4.3 Führung als Praxis

- Was könnte die Leistungsbereitschaft meiner Mitarbeiter am meisten positiv beeinflussen?
5. Sie können das Verhalten der Mitarbeiter beobachten und beeinflussen:
   - Was klappt besonders gut beim Arbeitsprozess meiner Mitarbeiter?
   - An welchen Stellen tauchen immer wieder Probleme auf?
   - Wie versuchen meine Mitarbeiter, Probleme zu lösen?
   - Wie zeigen meine Mitarbeiter, ob sie motiviert bzw. demotiviert sind?
   - Was zeigen sie mir vermutlich nie? Was wird mir verschwiegen – und warum?

4.3.2.5.3 Menschen mit Menschen verbinden: Kooperation gewährleisten

Führung ist kein Zweipersonenstück. In einem komplexen System wie einer Organisation haben Sie kaum Gelegenheit für Zweierbeziehungen. Das Führungsgeschehen ist eingebettet in ein dichtes Beziehungsgeflecht, hat viele Beobachter und viele Ansprechpersonen. Vermutlich führen Sie mehrere Personen, vermutlich kooperieren Sie mit vielen Menschen in Ihrer Organisation.

Alle diese Beziehungen sind von ihrer Natur her zunächst Arbeitsbeziehungen – was nicht bedeutet, dass man sich mit einzelnen Personen nicht gut versteht und mit ihnen auch befreundet sein kann. Im Kontext der Organisation interessieren aber jene Beziehungen, die sich im Rahmen der Positionen, Funktionen und Rollen entwickeln: *Teams*.

> Teams sind ziel- und aufgabenbezogene Arbeitsgruppen.

Teams zu führen bedeutet, die Arbeitsbeziehungen und die Arbeitskommunikation im Sinne der Ziele und des zu erwartenden Leistungsprozesses zu beeinflussen.

Teamarbeit ist eine aufgabenbezogene und arbeitsteilige Kooperation von Menschen mit unterschiedlichen Fähigkeiten und Schwerpunkten.

Dieser Gedanke ist deshalb so wichtig, weil mit dem Begriff *Team* immer wieder emotionale und ideologische Bilder verbunden werden, die mit dem wohligen Gefühl der Familie, der guten Beziehungen, des Kuschelns oder aber

> Teams leben von den Unterschieden und nicht von den Gemeinsamkeiten ihrer Mitglieder.

4. Dimensionen des Führens

auch des Freiraums einer Gruppe in der Organisation verbunden werden. In Teams ist aber die gemeinsame Aufgabe das zentrale Thema und Element der Kommunikation. Die Gruppe der Menschen und ihre persönlichen Beziehungen sind – streng systemisch gesehen – Umwelten zum Team.

Teams sind Arbeitsgruppen, die erst auf Grund ihrer unterschiedlichen Arbeitsschwerpunkte und Kompetenzen nützlich sind. Teams sollten daher weniger dem Aspekt des Wohlfühlens und der größtmöglichen Übereinstimmung und Ähnlichkeit zusammengestellt werden, sondern nach dem Kriterium maximaler Produktivität. Das kann zu sehr heterogenen Zusammensetzungen führen, die aber oft produktiver sind als die Teams, in denen man sich so gut versteht.

Die Aufgabe der Teamführung besteht also in der Beeinflussung der Arbeitsbeziehungen und der Arbeitskommunikation, und das ist etwas anderes als die Führung einzelner Personen. Sie als Führungskraft steuern ein komplexes soziales System.

> Die Führung von Teams steuert nicht Personen, sondern Interaktionen.

Die Aufmerksamkeit der Führung muss einerseits auf alle jene Faktoren gerichtet werden, die auch im Führungsprozess bezüglich einzelner Menschen im Zentrum stehen:

- Aufgaben und Ziele klären
- Rollen und Ressourcen klären
- den Leistungsprozess begleiten.

Dazu haben Sie alle Möglichkeiten, die Ihnen in der Kommunikation zur Verfügung stehen:

- die eigene Landkarte erkunden
- das eigene Verhalten untersuchen
- die Interaktion wahrnehmen und Muster erkennen
- die Landkarte der Mitarbeiter erfragen
- das Verhalten der Mitarbeiter beobachten und durch eigenes Verhalten beeinflussen.

> Teams zu führen bedeutet, Aufgaben und Beziehungen im Team zu balancieren.

Bei der Führung von Teams kommen andererseits einige Faktoren hinzu. In Teams entwickeln sich neben den Leistungsprozes-

4.3 Führung als Praxis

sen auch gruppendynamische Phänomene, also Beziehungsmuster und -strukturen, die das Team zu einem eigenen System mit eigener Logik, Kultur und eigenen Spielregeln machen.

Für Leiter von Teams stellt sich permanent die Frage, inwieweit diese gruppendynamischen Phänomene den Leistungsprozess fördern oder behindern. Wenn Teams sich vor allem mit ihren Beziehungen beschäftigen, gerät die gemeinsame Aufgabe aus dem Blick. Wird die Aufgabe zu sehr in den Vordergrund gestellt, entsteht zu wenig innere Bindung, und die Kooperation ist gefährdet. Führung von Teams besteht darin, diese beiden Themen zu balancieren.

Zusätzlich zu den bisher vorgeschlagenen Fragen könnten Sie noch weitere Themen für sich bzw. mit Ihren Mitarbeitern klären:

1. *Fragen zur Kooperation im Team*
   - Welche Bilder von guter Zusammenarbeit in einem Team habe ich selbst, haben meine Mitarbeiter?
   - Wie werden die Beziehungen in meinem Team gestaltet: Gibt es eindeutige Rollen, wie Anführer, Mitläufer, Gegenspieler – oder wechseln solche Rollen immer wieder?
   - Gibt es Themen, die immer wieder zu Konflikten im Team führen?
   - Wie lösen die Mitarbeiter diese Konflikte: Streiten sie sie aus, gehen sie in eine »Bunkerstellung«, wird viel hinter dem Rücken anderer getratscht, kommen sie zu mir, damit ich im Konflikt entscheide?
   - Wie erkenne ich selbst, dass das Team gerade gut kooperiert?
   - Woran erkenne ich Probleme und Konflikte?
   - Was braucht das Team von mir als Führungskraft, um optimal zusammenzuarbeiten?
2. *Fragen zu den Aufgaben des Teams*
   - Ist allen Mitgliedern klar, welche Aufgaben das Team hat?
   - Ist die Zusammensetzung des Teams der Aufgabe angemessen, sind also die vorhandenen Fähigkeiten, Erfahrungen, Perspektiven der Aufgabe dienlich?
   - Ist dem Team klar, wie die Aufgaben innerhalb des Teams verteilt sind?
   - Ist dem Team klar, woran sein Erfolg gemessen wird?
   - Hat das Team die erforderlichen Rahmenbedingungen und Ressourcen, um erfolgreich sein zu können?

4. Dimensionen des Führens

- Ist dem Team klar, mit welchen Fragen und Anliegen es zu mir kommen kann?
- Ist dem Team klar, wie weit seine Entscheidungskompetenzen reichen und wo es Rücksprache mit mir braucht?

Das Führungskräfte-Schutzprogramm
In meinen Beratungen und Seminaren habe ich die Erfahrung gemacht, dass viele Konflikte in Teams entstehen, wenn Führungskräfte diese und ähnliche Fragen nicht bearbeiten. Den Mitarbeitern ist es oft peinlich, sich wegen Streitigkeiten an ihre Führung zu wenden. Sie versuchen über längere Zeiträume hinweg, das Problem alleine zu lösen, um sich keine Blöße zu geben, um nicht zu »petzen«, um sich zu beweisen, dass sie unabhängig sind.

> In einem Seminar über Konfliktmanagement bearbeitete ich im Rahmen eines Praxisbeispiels das Problem einer Teilnehmerin. Sie war Assistentin der Geschäftsleitung, eine von zweien. Sie berichtete, dass sie mit ihrer Kollegin seit Jahren im Clinch liege, dass es so etwas wie einen kalten Krieg gebe, der von Zeit zu Zeit auch heiß wurde und eskalierte.
> Die Fallanalyse brachte hervor, dass beide Assistentinnen nicht genau wussten, was ihr Chef von ihnen verlangte und ob sie ihre Arbeit zu seiner Zufriedenheit erfüllten oder nicht. Diese Unklarheit führte zu einem latenten Konkurrenzkampf zwischen den beiden Frauen. Aus Furcht, dass dieser Konflikt als eine »typische Weibersache« erscheinen und abgewertet werden könnte, kämpften sie diesen Kampf still und leise. Der Chef wusste gar nichts von dem Problem.
> Ich regte an, ein gemeinsames Gespräch mit dem Chef zu führen, die gegenseitigen Rollenerwartungen zu klären und Feedback zu vereinbaren.

In Organisationen gibt es ein Phänomen, das ich als »Führungskräfte-Schutzprogramm« bezeichne. Es besteht darin, dass Mitarbeiter die Tendenz zeigen, Probleme und Konflikte möglichst ohne ihre Führung zu lösen. Führungskräfte erfahren oft gar nichts von Problemen, sie werden damit nicht »belästigt« und auf diese Weise einerseits geschützt, andererseits aber auch im Unklaren gelassen.

Als Führungskraft sollten Sie mit diesem Phänomen rechnen und sich immer wieder fragen, was Sie alles nicht wahrnehmen und auch nicht wahrnehmen sollen, weil Ihre Mitarbeiter Ihnen gern einiges vom Leib halten wollen. So bequem dieses Programm für Sie sein mag, sosehr Ihre Mitarbeiter sich dadurch als Ihre Stütze und damit wichtig fühlen – in Ihrer Rolle als Führungskraft sollten Sie zumindest Informationen darüber haben, was in Ihrem Laden läuft. Sind Sie derzeit Teilnehmer an einem solchen Schutzprogramm?

Eine Übung zur Führung von Teams: Aufstellung
Sie brauchen für diese Übung eine freie Fläche, etwa Ihren Schreibtisch oder einen Besprechungstisch; des Weiteren einige Gegenstände, etwa Kaffeetassen, Radiergummi, Lochmaschine, Bleistifthalter etc. Von diesen Gegenständen brauchen Sie so viele, wie Ihr Team Mitglieder hat, und einen Gegenstand für Sie selbst. Entscheiden Sie zunächst, welcher Gegenstand welches Teammitglied repräsentiert, Sie selbst eingeschlossen.

Nun stellen Sie nacheinander jedes Teammitglied (den betreffenden Gegenstand) so auf Ihre Übungsfläche, wie es Ihrem persönlichen Bild entspricht. Die Personen können weiter oder weniger weit voneinander entfernt stehen, sie können einander ab- oder zugewandt sein. Nehmen Sie sich für diese Aufstellung Zeit, folgen Sie Ihrem Gefühl, Ihrem inneren Impuls, wenn Sie die »Personen« positionieren.

Wenn alle »Personen« aufgestellt sind, schauen Sie zunächst das Gesamtbild an:

- Fällt Ihnen etwas auf?
- Gibt es etwas, das Sie noch nie bemerkt haben?
- Entspricht diese Konstellation Ihren Wünschen?
- Was würden Sie gern anders haben?

Notieren Sie Ihre Gedanken. Nun berühren Sie nacheinander jede Figur mit dem Finger und überlegen:

- Wie sieht diese Person die Situation?
- Kann sie alle anderen sehen?
- Hat sie jemanden im Rücken stehen? Ist das angenehm oder eher bedrohlich?
- Ist jemand zu nahe, zu weit entfernt?
- Was würde diese Person gern ändern, wenn sie könnte?

Gehen Sie jede Figur in dieser Weise durch, und notieren Sie auch alle Ihre Ideen.

Im Anschluss an diese Aufstellung (die Gegenstände dürfen jetzt wieder an ihren gewohnten Platz) überlegen Sie, welche Einsichten, neuen Perspektiven und Ideen Sie aus dieser Übung gewonnen haben und was Sie damit tun werden.

Zusammenfassend

Menschenführung ist ein Kommunikationsgeschehen. Kommunikation besteht aus drei Aktivitäten der beteiligten Akteure:

- Wahrnehmen
- Mitteilen
- Verstehen.

Wesentliche Erkenntnis aus diesem Kommunikationsmodell: Die Landkarten steuern das Verhalten – von Führungskräften und Mitarbeitern.
Menschenführung vollzieht sich als ein spiralförmiger Prozess in einer Abfolge von Aktivitäten:

- Ziele vereinbaren
- beobachten
- Hypothesen bilden
- fragen
- Feedback geben
- entscheiden: neue Ziele oder andere Interventionen.

Menschenführung hat drei zentrale Aufgaben zu lösen:

1. die Verbindung von bedürfnisorientierten Menschen mit einer aufgabenorientierten Organisation gewährleisten
2. den Leistungsprozess von Mitarbeitern sichern
3. die Kooperation zwischen Mitarbeitern so steuern, dass gemeinsame Leistungen erbracht werden können.

Führung ist kein linearer Prozess – hier Anweisung, dort Ausführung –, sondern ereignet sich als zirkulärer Kommunikationsprozess. Führung ist eine spezifische Kommunikation und Kooperation, bei der beide Seiten versuchen, auf das Verhalten der anderen Seite Einfluss zu nehmen, und bei der beide Seiten ihre Chancen haben.

Menschenführung hat die Aufgabe, auf das Verhalten von anderen Personen Einfluss zu nehmen. Das kann nur gelingen, wenn Führungskräfte einerseits ein Bild von den das Mitarbeiterverhalten treibenden Faktoren haben und Mitarbeiter andererseits bereit sind,

Führungsangebote anzunehmen und Erwartungen zu erfüllen. Beide Seiten haben Möglichkeiten dafür und dagegen. Auf Grund dieser Erkenntnis nennt Oswald Neuberger (2002)sein Buch *Führen und führen lassen*.

Diese Überlegungen sollen Ihnen dabei helfen, Ihre Erwartungen an das Gelingen von Führungskooperation einigermaßen realistisch zu sehen: Wenn sie gelingt, ist es ein gemeinsames Werk und das Ergebnis der Entscheidungen und Aktivitäten beider Seiten. Sie allein können nicht führen.

4.3.3 Die Organisation führen

»Systemische Führung oder: Eine Welt gestalten, der andere gerne angehören wollen« (Pinnow 2006, S. 159).

Das dritte Praxisfeld von Führung betrifft die eigene Organisation bzw. den eigenen Verantwortungsbereich. Dieses Feld wird oft mit dem Begriff *Management* gleichgesetzt, so wie Menschenführung mit *Führung* oder *Leadership* gleichgesetzt wird.

Ich möchte die Diskussion über die Sinnhaftigkeit dieser Unterscheidung an dieser Stelle nicht führen. Insofern jede Führung sich mit der Sicherung des Erfolgs und damit des Überlebens der gesamten Organisation beschäftigt, zugleich aber immer Arbeit mit Menschen ist, erscheint es mir sinnvoll, alle Praxisfelder als Führung zu bezeichnen.

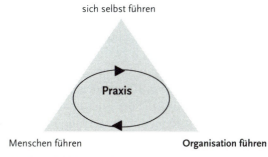

Abb. 53: Die Praxisfelder von Führung

Werfen wir zunächst einen Blick auf das Praxisfeld Organisation, um danach zu sehen, welche Möglichkeiten des Führens sich hier zeigen.

Organisation und Führung stehen in Wechselwirkung. Organisationen und Führung sind in einer zirkulären Form miteinander verbunden: Organisationen steuern Führung, Führung steuert die Organisationen. Je nach Blickwinkel ist eines die Umwelt des anderen.

4.3.3.1 Die Organisation steuert Führung: Organisation als Kontext von Führung

Organisationen sind der Rahmen von Führung. Die jeweilige Struktur und Kultur, die Branche, Größe, das Alter der Organisationen entscheidet maßgeblich, wie Führung gestaltet und organisiert wird, welche besonderen Anforderungen an Führung jeweils gestellt werden und welchen besonderen Herausforderungen sich Führung stellen muss.

4.3.3.1.1 Die Struktur steuert Führung
Organisationen weisen unterschiedliche Strukturen und Ordnungsprinzipien auf. Jede Struktur stellt andere Anforderungen an Führung (vgl. Nagel et al. 2006, S. 58 ff.):

- *Funktional strukturierte Organisationen* sind hierarchisch gegliedert und setzen häufig Experten als Führungskräfte ein. Führung und ihre Entscheidungsspielräume sind durch die Position definiert.
- In Organisationen, die sich in *Geschäftsfeldern*, also in Unternehmenseinheiten, die jeweils rund um bestimmte Kundensegmente oder Kundenbedürfnisse gebaut sind, werden der Führung höhere Eigenständigkeit und größere Entscheidungsspielräume zugesprochen.
- *Projektorganisationen* richten rund um jede Kundenanfrage herum eigene Projekte ein. Führung bedeutet hier eine zeitlich und inhaltlich befristete Aufgabe der Koordination des Projekts mit der Gesamtorganisation. Führung ist hier Schnittstellenarbeit.
- In einer *Prozessorganisation* liegt die besondere Herausforderung für Führung in dem Umstand, den gesamten Geschäftsprozess und damit auch die Schnittstellen zu anderen Bereichen und Teilprozessen erfolgreich gestalten zu müssen. Fehler, die an einer Stelle des Prozesses entstehen, haben weitreichende Folgen für die weiteren Prozessschritte.

4.3 *Führung als Praxis*

- In der in internationalen Konzernen üblichen *Matrixorganisation* bedeutet Führung vor allem Konflikt- und Schnittstellenmanagement. Matrixorganisationen bringen eine besonders hohe Komplexität, unzählige Schnittstellen, Kreuzungspunkte und Rollen mit sich, die durch Führung permanent gesteuert werden müssen.

4.3.3.1.2 Position und Funktion steuern Führung

Unabhängig von der jeweiligen Struktur weisen Organisationen Positionen und Funktionen auf, an die sie jeweils bestimmte Erwartungen richten. Das gilt auch für Führung:

- Eine Führungsposition an der *Organisationsspitze* hat die Aufgabe, Veränderungen in der Organisation und ihrer Umwelt zu erkennen und dazu Entscheidungen vorzubereiten. Die Führungsspitze repräsentiert die Organisation nach innen und nach außen.
- Der sogenannte *Sandwichmanager* ist ein Transmissionsriemen in hierarchischen Organisationen und immer ein Diener zweier Herren. Seine Aufgabe ist es, Informationen vertikal zu vernetzen: Entscheidungen von oben nach unten zu übersetzen, Informationen von unten nach oben zu transportieren.
- Die *operative Führung an der Basis* hat vor allem die Ziele und Aufgaben und die Mitarbeiter im Blick. Ihre Aufgabe liegt in hohem Maße in der Sicherstellung des Zusammenspiels von Menschen und Organisation bzw. der Sicherung des Leistungsprozesses.

Funktionen definieren die inhaltlichen Aufgaben und damit die Aufgaben von Führung. Leiten Sie eine Produktionseinheit, eine Stabsstelle, die Verwaltung oder den Verkauf? Jede dieser Aufgaben erfordert ein anderes Verständnis von Führung. Wer etwa Außendienstmitarbeiter zu führen hat, weiß, dass es sich hier um Primadonnen handelt, die mit ganz besonderem Feingefühl – wenn überhaupt – geführt werden wollen. Mitarbeiter in einer Verwaltungsabteilung hingegen haben genaue Anweisungen meist recht gern.

4.3.3.1.3 Die Kultur steuert Führung

Neben den Strukturen sind es Spielregeln und Werte der Kultur, die das konkrete Leben in der Organisation bestimmen. Kultur ist die Seele der Organisation. Sie ist den Mitgliedern der Organisation zumeist nicht bewusst. Kultur ist vergleichbar mit der Grammatik einer Sprache. Wir sprechen in unserer Sprache und halten uns (weitgehend) an die Regeln der Grammatik, aber wenn jemand uns fragt, wie die Grammatikregeln lauten, wissen das nur die wenigsten.

> Die Kultur einer Organisation ist ihre Seele. Sie enthält die wichtigsten Werte und Regeln, die das Verhalten der Mitglieder bestimmen.

Die Regeln und Werte einer Organisationskultur entwickeln sich im Laufe der Zeit beinahe unbemerkt und wie von selbst. Man wird erst dann auf sie aufmerksam, wenn man selbst oder jemand anderer dagegen verstößt. Dann finden wir, »dass man das bei uns *so* nicht macht«.

> Kultur entwickelt sich selbstorganisiert.

Jede Organisation entwickelt ihre eigene und einmalige Kultur. Dennoch können manche Gemeinsamkeiten (in Anlehnung an Riemann 1984) festgestellt werden:

- Größe, bürokratische Organisationen, wie etwa Verwaltungseinrichtungen, Banken, Versicherungen, entwickeln häufig eine Kultur, deren Grundwerte auf *Ordnung und Sicherheit* gerichtet sind. Veränderungen werden dort wenig geliebt.
- Soziale Einrichtungen, wie etwa Jugendzentren oder karitative Organisationen, entwickeln häufig eine Kultur, deren Werte auf *Beziehungen und Gefühle* gerichtet sind. Die Befindlichkeit der Menschen wird hier meist höher bewertet als die Ziele und Ergebnisse der Organisation.
- In sogenannten Expertenorganisationen stehen Sachfragen im Zentrum der Wertorientierungen. Von der Autowerkstatt bis zum Forschungslabor zeigen solche Organisationen häufig eine Kultur, die auf *Sachlichkeit und Funktionalität* ausgerichtet ist.
- In einer Werbeagentur oder in einer Verkaufsabteilung geht es dagegen bunt und mitunter chaotisch zu. Die Werte der Kultur sind auf Veränderung und Individualität gerichtet. Die Einmaligkeit des Einzelnen wird höher bewertet als die Interessen der Firma.

4.3 Führung als Praxis

Jede dieser hier dargestellten Kulturwerte hat ihre Vorzüge und ihre Nachteile. In großen Organisationen finden wir viele Werte, viele Kulturen, die gleichzeitig wirken und mitunter zu Konfliktthemen werden können. Führung ist in das jeweilige kulturelle Wertesystem eingebunden und wird davon bestimmt. Manche Organisationen widmen sich bewusst und gezielt diesem Thema und erarbeiten Führungsleitbilder, in denen die Werte der Organisationskultur mit den Erwartungen an Führung verbunden werden.

4.3.3.2 Führung steuert die Organisation: Die Organisationen als Gegenstand von Führung

Organisationen sind nicht nur Rahmen und Begrenzung von Führung. Führung gestaltet zugleich auch die Organisationen und damit auch sich selbst. Insofern ist Führung eine zirkuläre und rekursive Tätigkeit: Sie schafft sich ihren eigenen Kontext, um dann innerhalb dieses Kontexts zu agieren und sich auf ihre eigenen Parameter zu beziehen.

> Die Führung einer Organisation wird von den Modellen geprägt, die Führung bezüglich Organisationen hat.

Um eine Organisation professionell zu führen, brauchen Sie – wie jede andere Profession – eine theoretische Grundlage und ein praktikables Modell des Gegenstandes Ihrer Führungstätigkeit. Denn – jetzt wissen wir es ja ganz genau – diese Modelle sind nichts anderes als Landkarten, die Ihr Führungshandeln steuern. Es kommt also auf die Modelle an, die Sie verwenden.

Es wurde bereits darauf hingewiesen, dass Organisationen sehr unterschiedlich beschrieben werden und es dazu höchst unterschiedliche Theorien und Modelle gibt. Das Modell, das ich Ihnen vorstelle, wurzelt in der Systemtheorie, wie sie durch N. Luhmann (2000a) und R. Wimmer (2004) formuliert wurde, wurde aber auch durch andere Ideen angeregt, etwa die Organisationsaufstellungen (Weber 2000).

4.3.3.2.1 Sieben Lebensthemen von Organisationen – Ein Organisationsmodell

In der Absicht, den Sinn von Führung zu erklären, wurde in den vorigen Abschnitten bereits einiges über Organisationen vorweggenommen:

Organisationen sind aufgabenbezogene Kommunikationssysteme, die mit innerer und äußerer Komplexität ringen. Komplexität

4. Dimensionen des Führens

entsteht durch die gleichzeitigen Anforderungen und Impulse der zahlreichen Stakeholder und relevanten Umwelten. Führung hat die Aufgabe, diese Komplexität durch Entscheidungen zu bearbeiten.

Die Managementliteratur hat zahlreiche Organisationsmodelle hervorgebracht, die dabei helfen sollen, die relevanten Entscheidungsthemen festzulegen und damit die Komplexität des Entscheidens zu reduzieren.

Ich habe in den vergangenen Jahren gemeinsam mit meinen Kollegen ein Organisationsmodell entwickelt, das sich als nützlich und hilfreich dafür erwiesen hat, Führungskräfte bei ihren Entscheidungen zu unterstützen.

Ausgehend von den bereits vorgestellten Überlegungen über Organisationen, habe ich Faktoren integriert, die meiner Meinung nach entscheidend dafür sind, ob eine Organisation erfolgreich, energievoll und überlebensfähig ist. Ich verwende in diesem Zusammenhang gern das Bild einer »gesunden« Organisation (Seliger, Schober u. Sicher 2006). Das Organisationsmodell umfasst sieben Lebensthemen bzw. Felder, die m. E. für den Erfolg und die Gesundheit von Organisationen entscheidend sind:

(1) Kommunikation
(2) Sinn
(3) Identität
(4) Prozess
(5) Ressourcen
(6) Ordnung
(7) Balance.

(1) Kommunikation
Weil Organisationen Kommunikationssysteme sind, also aus Kommunikation bestehen, ist Kommunikation die Drehscheibe des Organisationsmodells. Kommunikation ist die Lebensenergie von Organisationen.

Mit dem Begriff *Energie* im Zusammenhang mit Organisationen bringen wir ein Thema in die systemtheoretische Diskussion ein, das bisher wenig beachtet und bearbeitet wurde. Es ist verwunderlich, dass die Theorie über lebende Systeme dieses Thema bisher ausgeklammert hat.

> Kommunikation ist Lebensenergie von Organisationen.

4.3 Führung als Praxis

»Organisationale Energie stellt ein bisher nur in Grundzügen erforschtes Konstrukt dar. Es beschreibt das Ausmaß, in dem ein Unternehmen sein emotionales, mentales und aktionales Potential für die Verfolgung seiner Ziele mobilisiert hat [...] Die Stärke der organisationalen Energie eines Unternehmens kommt in dem Ausmaß an Temperament, Intensität, Geschwindigkeit und Durchhaltevermögen seiner Arbeits-, Veränderungs- und Innovationsprozesse zum Ausdruck. Organisationale Energie beeinflusst die Produktivität in Unternehmen maßgeblich und hängt daher eng mit dem Erfolg von Unternehmen zusammen« (Bruch u. Böhm 2006, S. 169).

Kommunikation kommt im Führungszusammenhang eine doppelte Bedeutung zu:

- Zum einen hat Kommunikation die Aufgabe, alle wichtigen Lebensthemen der Organisation zu vernetzen, sie kontinuierlich zu bearbeiten. Kommunikation in Organisationen muss sich mit den einzelnen relevanten Faktoren der Organisation befassen.
- Zum anderen ist Kommunikation das Kernelement von Organisationen. Durch Kommunikation lebt die Organisation, Kommunikation ist Lebensenergie von Organisationen. Führung muss gewährleisten, dass Kommunikation bereitgestellt wird und durch die Organisation fließt. Kommunikation muss sich also auch selbst thematisieren.

Organisationen sind organisierte Kommunikation. Organisationen organisieren sich und ihre Kommunikation rund um ihre Produkte, Aufgaben und Ziele. Die Inhalte der organisationalen Kommunikation beziehen sich einerseits auf Themen der Arbeit: Fragen der Ökonomie (und des Marketings oder Controllings), der Technik (Maschinen, Geräte), Steuerung (Entscheidungsstrukturen, Strategien) und der Menschen (Kooperation, Klima, Kultur) (vgl. Baecker 2003). Zum anderen thematisiert Organisationskommunikation die Organisation selbst: ihre Ziele, Strategie, Strukturen usw.

Kommunikation richtet sich auf Fragen der Arbeit und Fragen der Organisation.

Führung von Organisationen bedeutet zu beobachten, ob und wie die Lebensenergie Kommunikation innerhalb der Organisation bzw. zwischen ihr und den Umwelten fließt,

Kommunikation fließt innerhalb der Organisation und zwischen ihr und ihren Umwelten in bestimmten Kanälen.

175

ob es so etwas wie »verstopfte Gefäße« gibt, Informationen nicht dorthin gelangen, wo es wichtig wäre, ob es »Trampelpfade« gibt, die immer wieder kommunikativ genutzt werden, oder Sackgassen, in denen Informationen einfach versickern.

Sind die Kanäle zwischen innen und außen verstopft, dann werden Kundenbedürfnisse, Marktveränderungen, technologische oder soziale Veränderungen im Umfeld nicht wahrgenommen, Organisationen werden »autistisch«. Oder auch umgekehrt: Wenn eine Organisation sich nicht durch Marketingmaßnahmen bemerkbar macht, wird sie von außen nicht wahrgenommen, und niemand kennt und kauft ihre Produkte oder Dienstleistungen.

Fragen zur Kommunikation in Ihrer Organisation
- Worüber wird bei uns geredet – und worüber nicht?
- Wie ist Kommunikation organisiert, wie sieht die Regelkommunikation aus: Wer kommuniziert wann wie oft worüber mit wem?
- Wie ist die Kommunikationskultur? Welche Merkmale weist sie auf? Welche sollte sie aufweisen, welche nicht?
- Wer ist bei uns wie in die Kommunikation eingebunden – und wer nicht?
- Wessen Sichtweise ist uns vollkommen unbekannt? Wen sollten wir in die Kommunikation einbeziehen?
- Wo sind bei uns die relevanten Informationen gelagert? In der Kaffeeküche? In den Fluren? In Meetings? Im Intranet?
- Welchen Stellenwert hat die informelle Kommunikation?
- Wie versorgen wir uns mit den relevanten Informationen über unsere Organisation?
- Welche Medien benutzen wir, könnten wir benutzen?
- Wie gehen wir mit Sprach- und Kulturunterschieden um?
- Wie sehen unsere Meetings aus – redet immer nur einer, beteiligen sich alle?
- Wie kommen bei uns offene Diskussionen zu Stande?
- Welche Kommunikationskanäle lassen sich bei uns beobachten? Fließt Kommunikation von oben nach unten, von unten nach oben und quer durch die Organisation?
- Sind unsere Kommunikationskanäle flexibel, oder sind wir eine »arthritische Organisation«, in der alle Information in den immer gleichen Kanälen fließt?

- Wird über Organisationsthemen wie Sinn, Identität, Entwicklung, Ressourcen, Ordnung und Balance gesprochen, diskutiert? In welchen Rahmen, Situationen, Kontexten findet diese Kommunikation statt?

(2) Sinn
Organisationen werden geschaffen zu dem Zweck, etwas zu bewerkstelligen, was ein Einzelner nicht kann. Organisationen haben daher immer Sinn, Ziele und Aufgaben, derentwegen sie gegründet werden.

Sinn ist ein entscheidender Faktor unserer Wahrnehmung. Wir ziehen Sinngrenzen um einzelne Phänomene rund um uns und erzeugen damit Systeme. Wir erzeugen damit eine Welt von Systemen und ihren Umwelten. In sozialen Systemen »erfinden« die einzelnen Beobachter ihr System laufend neu, indem sie es von anderen Phänomenen unterscheiden und ihm Sinn zuschreiben. Sinn ist sinnvoll. Sinn definiert Grenzen.

> Sinn beschreibt den Daseinsgrund einer Organisation.

Sinn gibt Orientierung
Sinn beantwortet für Organisationen die Fragen: Warum gibt es uns? Welches ist unser Auftrag? Was sollen wir in der Welt leisten? Sinn weist über die Organisation selbst hinaus, stellt sie in einen weiteren Zusammenhang, der hilft, alle Aktivitäten im Inneren zu ordnen. Sinn ist der Stern von Bethlehem, der alle Prozesse leitet, die Bewegungen der Organisation ausrichtet.

> Sinn weist über den Rahmen einer Organisation hinaus und stellt sie in einen größeren Zusammenhang.

Der Sinn von Organisationen wird von unterschiedlichen Beobachtern und Akteuren unterschiedlich definiert:

- Für Eigentümer besteht der Sinn darin, Gewinn zu machen oder damit eigene Ideen zu realisieren.
- Mitarbeiter sehen den Sinn ihrer Organisation in der Bereitstellung von Arbeit und damit einer Existenzgrundlage.
- Für Kunden liegt der Sinn einer Organisation darin, dass sie etwas leistet, das man selbst nicht herstellen könnte.
- Für Mitbewerber könnte der Sinn die Möglichkeit sein, voneinander zu lernen und sich zu messen.

- Die ökologische Umwelt ist nur auf abstrakter Ebene Beobachter von Organisationen, allerdings reagiert sie auf deren Outputs.
- Die Gesellschaft kann sehr viel Unterschiedliches in Organisationen sehen – je nachdem, an welchen gesellschaftlichen Bereich man denkt: Wirtschaft, Ethik, Politik, Wissenschaft usw.

Bei der Klärung von Sinnfragen greifen Organisationen oft auf ihren Gründungsmythos zurück.

Die *Erste Bank* – eine der größten österreichischen Banken mit starker Expansion nach Osteuropa – hat ein vielbeachtetes Sozialprojekt gegründet: die *Zweite Wiener Vereins-Sparcasse*.

Das Projekt *Zweite Bank* bietet seit Herbst 2006 Menschen, die in Not geraten sind und vor dem finanziellen Abgrund stehen, ein kostenloses Konto ohne Überziehungsrahmen. Damit sind diese Personen, die normalerweise nicht zu den Wunschkunden von Banken zählen, wieder in ein soziales System integriert und haben bessere Chance, etwa auf einen neuen Arbeitsplatz. Betroffen sind davon etwa 12 000 Menschen in Österreich.

Die *Erste Bank* knüpft mit diesem Sozialprojekt an ihre Gründungsgeschichte an: Das Institut wurde 1819 – ganz im Sinne der katholischen Soziallehre und in der Tradition des philanthropischen Unternehmers – von Pfarrer Johann Baptist Weber als erste Sparkasse der Monarchie begründet mit dem Ziel, Menschen aus den unteren Schichten Zugang zu einem Konto und einem Sparbuch zu ermöglichen.

In der Kultur der *Ersten Bank* spielt diese Gründungsidee immer noch eine bedeutende Rolle und gibt Mitarbeitern heute Sinn und Ausrichtung ihrer Arbeit. Das Projekt *Zweite Bank* wird von überwiegend jungen Mitarbeitern freiwillig und unentgeltlich nach Dienstschluss getragen.

Sinn gibt Energie
Wenn Menschen mit Organisationen kooperieren, spielt die Sinnfrage oft eine große Rolle für Motivation und Engagement. Sinn richtet die Aufmerksamkeit auf die gemeinsame Sache, auf eine Aufgabe, die über das Alltagsgeschäft hinausweist und einem selbst und der eigenen Arbeit einen wertvollen Platz in der Welt gibt.

Als es in Österreich im Jahr 2003 große Unwetter und Hochwasser gab, wurden aus allen Teilen des Landes Feuerwehrleute und Rettungsmannschaften zusammengetrommelt, die in unermüdlichem Einsatz

4.3 *Führung als Praxis*

und weit über die normale Belastungsgrenze hinaus Leben und Gut vieler Menschen retteten.

In einem Fernsehinterview sagte einer der Feuerwehrleute – gezeichnet von Erschöpfung und Freude –, dass er die Kraft für diese Arbeit aus dem *Sinn* seiner Anstrengung zog. Für den Einzelnen war klar, dass es auf ihn und auf seine Leistung in genau diesen Minuten ankam, dass es genau ihre Aufgabe war, hier und jetzt zu helfen, zu retten und zu unterstützen. Im Gesicht dieses Feuerwehrmannes konnte man das sehen, was wir als »Flow« kennen (vgl. Csikszentmihalyi 1992).

Geht einer Organisation der Sinn verloren, verliert sie also die Erinnerung an ihre Aufgabe, dann verliert sie nicht nur an Energie, sondern auch an Wert für sich selbst und für andere. Das ist einer der Gründe, warum vom Shareholder-Value getriebene Organisationen, die ihren Sinn einzig in der Erzeugung von Gewinnen für Topmanager und Anleger sehen, Probleme mit ihrem inneren Zusammenhalt, der Motivation der Mitarbeiter haben und sich dort kollektiver Zynismus breitmacht. Führung von Organisationen bedeutet, ihren Sinn immer wieder neu zu entdecken und zu definieren. Das erfordert organisierte Kommunikation, einen bewusst gestalteten Dialog über den Sinn der jeweiligen Unternehmung.

> Eine sinnlose Organisation verliert Energie, Motivation und Wert.

Sinnfragen werden in Organisationen zumeist zu einem *Mission Statement* zusammengefasst.

> Sinnfragen werden in Mission Statements formuliert.

Fragen zum Sinn in Ihrer Organisation
- Warum gibt es uns? Was ist unser Auftrag?
- Was sollen wir als Organisation oder Abteilung für wen leisten? Welchen Nutzen stiften wir?
- Für wen sind wir wichtig, unersetzlich? Wem würden wir fehlen, wenn es uns nicht gäbe?
- Für wen haben wir welche Bedeutung? Welchen Sinn sehen andere in unserer Organisation?
- Was ist keinesfalls unser Auftrag?
- Was erwarten unsere Organisation, unsere Mitarbeiter, unsere Kunden, die Gesellschaft von uns?
- Wie zeigen wir unseren Sinn, unseren Auftrag nach außen?
- Woran können wir erkennen, wenn wir unseren Sinn aus den Augen verloren haben?

- Wie hat sich der Sinn unserer Organisation, unserer Arbeit in unserer Geschichte verändert? Was ist gleich geblieben?

(3) Identität
Identität umschreibt eine Grenzziehung zwischen innen und außen: Was gehört zu mir bzw. zu uns und was nicht? Was *bin* ich oder *sind* wir daher?

Identität entsteht durch einen kontinuierlichen Prozess des Konstruierens von Grenzen und Gemeinsamkeit, durch kollektives Benennen dessen, was man als dauerhaftes Wesen des Systems versteht. Beim einzelnen Menschen beginnt diese Grenzziehung mit dem Begriff des *Ich*, das durch eine Selbstdistanzierung oder Dissoziation entsteht: Erst wenn ich zu mir selbst Abstand nehme, kann ich mich als *Ich* erkennen. Heinz von Foerster bezeichnet deshalb das Wort *Ich* als einen Begriff zweiter Ordnung. Das Ich entsteht erst mit der Beobachtung zweiter Ordnung.

> Identität ist eine Grenzziehung von Beobachtern, eine Unterscheidung zwischen »Wir« und »Nicht-Wir«.

Bei Organisationen geht es ebenfalls um diese Fragen: Wer sind *wir* – und wer sind wir *nicht*? Identität in Organisationen entsteht, wenn die Vergangenheit, die Zukunft, Produkte, Werte, Beziehungen, Räume von internen Mitspielern als jeweils »unsere gemeinsamen« oder von externen Beobachtern als jeweils »ihre gemeinsamen« bezeichnet werden.

Identität kann allerdings nicht hergestellt oder von oben verordnet werden. Auch wenn bei vielen Weihnachtsansprachen dieses Wir-Gefühl beschworen wird, es wird sich nur dann einstellen, wenn kontinuierlich daran gearbeitet wird, diese gemeinsame Haut zu entwickeln und zu spüren. Organisationen unternehmen verschiedene Anstrengungen, um ihre Identität zu entwickeln und zu erhalten: Abzeichen, Uniformen, Rituale, Logos, CI, Spielregeln, Dresscodes, eine eigene Organisationssprache bis hin zur Auswahl bestimmter Menschentypen als Mitarbeiter – sie alle sorgen für das Gefühl, dass die Organisation eine Einheit ist.

> Identität entwickelt sich selbstorganisiert und kann nicht verordnet werden.

Die Frage nach der Identität ist eine prinzipiell unentscheidbare Frage im Sinne von Heinz von Foerster: Es gibt darauf keine richtige Antwort. Die Frage nach Identität muss eigenverantwortlich beant-

4.3 *Führung als Praxis*

wortet und damit entschieden werden, und das aus folgenden unterschiedlichen Gründen.

Identität verbindet nach innen
Organisationen brauchen Menschen, die sich verlässlich mit ihr identifizieren, indem sie ihre individuelle Identität mit der Identität der Organisation verbinden. Identität ist wie ein Klebstoff, der Menschen zusammenhält und sie zu einem *Wir* werden lässt.

> Identität erzeugt Anpassungsdruck im Inneren.

In diesem Zusammenhang stellt sich für Führung immer wieder die Frage, wie eng oder weit die Grenzen der Identität gesteckt werden. Wie viel Unterschied darf sein, ohne dass die innere Einheit gefährdet ist? Wie viele Querdenker, Widerborste, Unangepasste wollen oder können wir uns leisten? Wie viel Anpassungsdruck ist zulässig oder notwendig?

Identität unterscheidet nach außen
Im Zusammenhang mit Identität stellen sich aber auch andere Fragen der Grenzziehung für die Führung: Gehören Kunden, Lieferanten oder andere zu uns oder nicht? In modernen, kundenorientierten Unternehmen wird diese Frage bejaht.

> Die Grenzen nach außen sind fließend und abhängig von den Beobachtern.

Erst wenn man die Kunden (oder ihr Anliegen) als Element der Organisation betrachtet, kann man das Richtige produzieren.

In manchen Unternehmen gehörte beinahe die gesamte Region zum Unternehmen.

> Die Papierfabrik *sappi* ist ein ursprünglich österreichisches Familienunternehmen, das sich gut entwickelt hat und damit zum sozialen Zentrum der gesamten Region wurde.
> Der Ort Gratkorn ist rund um die Fabrik gewachsen und besteht heute überwiegend aus den Häusern der Arbeiter und Angestellten, die gesamte Infrastruktur ist rund um dieses Werk gebaut.
> Wenn im Werk Entscheidungen getroffen werden, dann sind lokalpolitische Fragen Teil der Unternehmensfragen. Bei allen Entscheidungen werden die Wirkungen auf die Region, den Ort und die Beziehungen mitgedacht. Gratkorn ist nicht nur die lokale Umwelt der Fabrik, sondern Thema im Herzen der Organisation, es gehört dazu und damit zur Identität von *sappi*.

Heute ist *sappi* Teil eines großen, internationalen Papierkonzerns mit Hauptsitz in Johannesburg, Südafrika. Aber Gratkorn gehört immer noch dazu.

Eine der Gelegenheiten, Identität zu stiften, ist die Arbeit an Leitbildern. Es zählt zu einem häufigen und ärgerlichen Missverständnis, Leitbilder lediglich von ihrem Ergebnis her – zumeist einem schönen Papier mit ein paar hohlen Sätzen – zu bewerten. Bei Leitbildern ist das Ergebnis beinahe belanglos. Wichtig ist der Prozess: Wie kommt das Leitbild zu Stande? Wer hat daran mitgewirkt? Sind die Themen mit vielen Menschen gründlich und auch kontroversiell diskutiert worden? Ist um jeden Satz gerungen worden?

> Identitätsthemen werden in Leitbildern formuliert.

Die kontinuierliche Bearbeitung von Identitätsfragen setzt voraus und stellt sicher, dass die Organisation sich selbst laufend beobachtet und dadurch laufend ihre Identität erschafft und weiterentwickelt. Das ist eine der wichtigen Aufgaben bei der Führung von Organisationen.

Fragen zur Identität Ihrer Organisation
- Wer sind *wir*?
- Wer und was gehört zu uns – und wer oder was nicht?
- Wie haben wir uns als Gemeinschaft entwickelt?
- Was hält uns heute und in Zukunft zusammen?
- Was verbindet uns mit unseren dezentralen Einheiten?
- Welches sind die wichtigsten Werte, die wir teilen?
- Was ist typisch für uns?
- Wie nehmen uns andere wahr? Wie würden sie unsere Kultur beschreiben?
- Was passt zu uns – welche Produkte, welche Strategien, welche Kunden, welche Lieferanten – und welche nicht?
- Wie zeigen wir unsere Identität nach außen? Wie ist unser Erscheinungsbild? Passt es noch zu uns?

(4) Prozess
Alle lebenden Systeme verändern sich permanent – manchmal schneller, manchmal langsamer, manchmal umfassender, manchmal nur in Teilbereichen. Alles Leben, auch das von und in Organisationen, steht immer im Fluss aus Vergangenheit, Gegenwart und Zu-

4.3 Führung als Praxis

kunft, aus Entstehen und Vergehen. Auch Organisationen können nicht ewig so bleiben, wie sie sind, auch wenn sich das viele wünschen und es in vielen Organisationen über lange Zeit so ausgesehen hat, als wäre es möglich. Sie ändern sich doch!

> Alles, was lebt, entwickelt und verändert sich permanent.

Entwicklungsthemen sind die Bearbeitung der zeitlichen Dimension von Organisationen.

Über viele Jahrzehnte wurden Veränderungen als Ausnahmesituationen verstanden, die nur ein Zwischenspiel zur nächsten Phase der Stabilität darstellten. In den vergangenen Jahren wurden wir eines Besseren belehrt. Stabilität ist nur eine kurze Verschnaufpause in einem kontinuierlichen Wandel. Unser Bild von Veränderung hat sich damit selbst radikal verändert.

> Veränderungen können durch Zug von innen oder durch Druck von außen ausgelöst werden.

Organisationen können sich evolutionär entwickeln, indem Veränderungen langsam, von innen heraus, etwa im Rahmen von Generationsfolgen oder durch neue Interessen und Chancen, auftreten. Veränderungen können auch radikal, turbulent und dynamisch sein und durch Druck von außen entstehen. Entwicklungen und Veränderungen von Organisationen sind in jedem Fall Ergebnisse von Entscheidungen. Entscheidet nicht die Führung, dann entscheiden andere Gruppen und Kräfte, wie sich die Dinge entwickeln. Die Gestaltung von Entwicklungsprozessen ist daher permanente Führungsaufgabe und nicht, wie es mitunter verstanden wird, eine zusätzliche Arbeit neben dem Tagesgeschäft. Das gilt für den CEO eines Konzerns ebenso wir für einen Abteilungsleiter.

In keiner anderen Frage sind die Unsicherheit und Ungewissheit des Entscheidens so deutlich spürbar wie bei der Gestaltung von Entwicklungen und Veränderungen. Der Grund dafür liegt unter anderem in der Paradoxie, dass Veränderungen nicht mit denselben Methoden und Instrumenten herbeigeführt werden können, die in der Vergangenheit verwendet wurden, es aber andere Methoden noch nicht gibt. So ist jede Veränderung risikoreich und verursacht Angst. Zugleich sind die Wirkungen von Entscheidungen, die man heute trifft, auf die Zukunft nicht vorhersehbar. Auch das macht Angst.

Um Führungskräften bei dieser schwierigen Aufgabe Orientierung und Sicherheit zu geben, hat man zahlreiche Konzepte entwickelt, wie man Veränderungen gut gestalten kann. Hier nur eine kleine Übersicht:

- Organisationsentwicklung (OE) (vgl. Trebesch 2000):
  Dieser in den 40er Jahren entwickelte und in den 70er Jahren des letzten Jahrhunderts besonders verbreitete Ansatz geht davon aus, dass Organisationen sich gleichsam von innen heraus entwickeln, wenn man nur genug Raum dafür gibt. Kerngedanke und Anspruch war die Beteiligung aller Betroffenen am Prozess der Veränderung.
- Lernende Organisation (LO) (vgl. Argyris u. Schön 1999):
  Dieser Ansatz sieht Organisationen als Lernfeld und Veränderungen als Lernprozesse. Die Verknüpfung individueller und organisationaler Lernprozesse ist der Schlüssel zur Veränderung. Konzepte wie Action Learning sind heute immer noch sehr gute Möglichkeiten, anhand von konkreten Projekten Lernprozesse zu organisieren und dabei die Organisation zu verändern.
- Change Management (vgl. Kotter 1997):
  Dieser Ansatz sieht die Gestaltung und Steuerung der Veränderungen als Aufgabe der Führung. Im Rahmen von Change Management sind unterschiedliche Konzepte entstanden. Aus meiner Sicht am interessantesten ist der Ansatz des Whole Scale Change (Dannemiller 2000), bei dem Veränderung als Führungs- und damit Top-down-Aufgabe definiert wird, die Prozessgestaltung zugleich aber partizipativ, unter Einbeziehung möglichst vieler Menschen, organisiert ist.

Wie immer Veränderungen organisiert werden, sie machen Angst. Aber Veränderungen brauchen auch Angst. Edgar Schein (2006) spricht in diesem Zusammenhang von zweierlei Angst: der Angst, dass (die schlechten) Zustände so bleiben, wie sie sind, und der Angst vor dem unbekannten Neuen. Bei Veränderungen kommt es darauf an, dass die Angst, dass alles so bleibt, wie es ist, größer ist als die Angst vor dem Neuen.

Veränderungen machen Angst.

In der Praxis werden die Themen von Organisationsveränderung bzw. -entwicklung im Rahmen von Strategieprozessen diskutiert und entschieden. Dabei beschäftigen sich Führungskräfte mit den Fragen

4.3 Führung als Praxis

von Vergangenheit, Gegenwart und Zukunft der Organisation, also mit Visionen, Zielen und Ressourcen und mit den äußeren Feldern, den Märkten, Kunden und gesellschaftlichen Trends, sowie mit den inneren Fragen der eigenen Strukturen, der eigenen Kultur und der Produkte.

| Veränderungen werden in Strategieprozessen bearbeitet. |

Fragen zur Entwicklung Ihrer Organisation

Fragen zur Vergangenheit:
- Wie ist unsere gemeinsame Geschichte? Wie hat alles begonnen? Woher kommen wir als Organisation? Welches sind unsere Wurzeln?
- Welches waren entscheidende Wendepunkte – Höhepunkte, Tiefpunkte – in unserer Vergangenheit?
- Wie sind wir in der Vergangenheit mit Schwierigkeiten umgegangen? Welche Strategien haben sich bewährt?
- Was hat sich bis heute nicht verändert?

Fragen zur Gegenwart:
- Welches sind unsere wichtigsten Produkte, unsere Ressourcen, unsere Qualität?
- Wer sind unsere wichtigsten Kooperationspartner?
- Wie sehen uns andere – Kunden, Mitbewerber, Kooperationspartner?
- Wo liegen unsere größten Chancen für unseren Erfolg?

Fragen zur Zukunft:
- Wie sieht unsere Vision der Zukunft aus? Wo werden wir in zehn Jahren stehen, wenn wir alle unsere Träume realisiert haben?
- Welche Ressourcen und Potentiale können wir heute nutzen, um diese Träume zu verwirklichen?
- Welches könnten die ersten Schritte sein, von wem?
- Woran werden wir erkennen, dass wir auf dem richtigen Weg sind?

4. Dimensionen des Führens

(5) Ressourcen

Lebende Systeme brauchen Lebensmittel. Alles Leben vollzieht sich in einem Stoffwechsel, bei dem Nahrung aufgenommen, verarbeitet und wieder abgegeben wird. Bei Organisationen werden darunter normalerweise ökonomische Ressourcen verstanden: Cashflow, Gewinn, Umsatz, Aktienpreise, Geld. Diese ökonomischen Parameter werden in Organisationen permanent beobachtet und gemessen.

Ökonomische Messgrößen wie Kennzahlen geben der Organisation wichtige Informationen darüber, wie sich der Stoffwechsel zwischen der Organisation und ihren relevanten Umwelten – vor allem den Kunden – entwickelt. Kennzahlen sind wie eine Fieberkurve, die eine Entwicklung beschreibt. Kennzahlen sind aber selbst keine Ressource. Kennzahlen sind Landkarten, die beschreiben können, was im Prozess des Stoffwechsels mit dem Markt geschieht. Wie bei allen Landkarten kommt es darauf an, wer sie unter welchen Blickwinkel und mit welcher Zielsetzung gezeichnet hat. Kennzahlen haben in Organisationen jedoch die Bedeutung von Wahrheiten bekommen.

> Ökonomische Messgrößen messen nur einen Teil der Ressourcen.

> Kennzahlen sind (nur) Landkarten.

In manchen Unternehmen richtet sich die gesamte Aufmerksamkeit auf die Entwicklung des Deckungsbeitrags. Alle Aktivitäten werden darauf orientiert und daran gemessen, wie sich der Deckungsbeitrag entwickelt. Das Hinterfragen der Sinnhaftigkeit dieser Fokussierung ist schwierig, beinahe ein Tabu. Andere Beobachtungsrichtungen können sich nicht entwickeln. Ein Teil der Landschaft der Organisation bleibt dann unbeobachtet.

Organisationen brauchen für ihre Lebensprozesse ganz spezifische Nahrung: Kommunikation. Kommunikation hat viele Formen. Sie kann sich als Wissen von Mitarbeitern, Kontakt zum Markt, Netzwerke mit Kollegen oder als Kultur zeigen. Manchmal ist es ein gutes Betriebsklima, das Energie gibt, manchmal sind es die Produkte, die Identifikation damit oder eine gute Marktposition, eine eingeführte Marke, ein günstiger Standort oder gute Zulieferer. Alle diese Phänomene werden durch Kommunikation erzeugt. Ohne diese Kommunikation haben Organisationen keine Lebenschancen. Für Organisationen sind Menschen daher eine zentrale Ressource, die für Kommunikation sorgen. Allerdings sind es nicht unbedingt be-

> Wichtigste Ressource für Organisationen ist Kommunikation.

stimmte Personen, die dafür notwendig sind, es ist aus der Sicht von Organisationen nicht wichtig, *wer*, sondern *dass* jemand diese Kommunikation gleichsam liefert.

> Nicht durch *wen*, sondern *dass* Kommunikation stattfindet, ist für Organisationen entscheidend.

Im Zusammenhang mit Ressourcen bedeutet Führung von Organisationen, ein Bewusstsein für die vorhandenen Ressourcen zu schaffen und diese auch zu würdigen. Das ist – ganz nebenbei bemerkt – ein gutes Mittel gegen die Raunz- und Jammerkultur in unseren Breiten. Ressourcen zu erkennen, zu beschaffen, zu nutzen, einzuteilen – das sind lebenswichtige Fragen der Organisation, die Führung zu bearbeiten und zu entscheiden hat. Ohne Ressourcen keine Leistung. So einfach ist das.

Fragen zu Ressourcen in Ihrer Organisation

- Was sichert unseren Erfolg? Was noch?
- Welches sind unsere wichtigsten Lebensmittel? Was noch?
- Was funktioniert bei uns ausgezeichnet?
- Worauf können wir uns stützen und verlassen?
- Worauf können wir keinesfalls verzichten?
- (Wie) nutzen wir unsere Ressourcen optimal?
- Wie teilen wir unsere Kräfte ein?
- Welche Ressourcen brauchen wir noch, wie beschaffen wir sie?
- Welche Ressourcen liegen bei uns brach, sind ungenutzt?

(6) Ordnung
Würden wir Kultur als die Seele der Organisation betrachten, dann könnte Ordnung in dieser Analogie das Skelett der Organisation sein: Ordnung gibt der Organisation Stabilität und Halt.

> Ordnung gibt Stabilität und reduziert Komplexität.

Um Komplexität zu reduzieren, müssen Organisationen Ordnung aufbauen. Ordnung vereinfacht Abläufe, ersetzt Entscheidungen, gibt Klarheit und Sicherheit. Ordnung in Organisationen zeigt sich im Allgemeinen in Organigrammen und Regelwerken, die definieren, welche Positionen und Spielregeln das Leben der Organisation prägen (sollen).

> Ordnung wird teilweise geschaffen und entwickelt sich teilweise selbstorganisiert.

Ordnung zeigt sich nicht nur in Rangordnungen, sondern auch in Spielregeln, Abläufen, räumlichen Sitzordnungen oder Formen der Kontrolle.

Ordnung kann aber nur teilweise erzeugt werden. Lebende Systeme organisieren und ordnen sich selbst. In jeder Organisation entwickeln sich parallel zur offiziellen Ordnung auch informelle Ordnungen. Neben der klassischen Hierarchie, die als »heilige Ordnung« (Schwarz 1985) vor allem Macht- und Entscheidungsfragen regelt, können in anderen Bereichen auch andere Prinzipien zu Ordnungsfaktoren werden, etwa:

- *Zugehörigkeit:*
  Wer war zuerst da – wer ist später gekommen?

- *Alter:*
  Wer ist älter und hat daher Erfahrung – wer ist jung und weniger erfahren?

- *Ausbildung:*
  Wer hat die längere oder höherwertige Ausbildung?

- *Leistung:*
  Wer trägt wie (viel) zum Erfolg der Organisation bei?

- *Ressourcen:*
  Wer hat die besten Netzwerke zu Kunden? Wer hat den besten Draht zum Chef?

Meist bestehen die offiziellen und die inoffiziellen Ordnungsprinzipien parallel nebeneinander. Mitunter können diese unterschiedlichen Ordnungsfaktoren aber auch zum Konfliktstoff werden. Ein Klassiker ist der Dauerkonflikt zwischen der alten, erfahrenen Krankenschwester, die nicht nur weiß, wie im Krankenhaus der Hase läuft, sondern auch Respekt für ihre Seniorität (lange Betriebszugehörigkeit) erwartet, und dem jungen Arzt, der die höherwertige Ausbildung und mächtigere Position innehat und dafür auch Respekt erwartet.

> Einer meiner Coaching-Klienten ist einer von zwei Geschäftsführern eines großen und international operierenden Immobilienunternehmens. Sein Anliegen an das Coaching war, mit seinem Co-Geschäftsführer eine bessere Kooperationsbasis zu entwickeln.
> Mein Klient beschreibt sein Problem so, dass er keine Möglichkeit sieht, seinen Partner vor einigen gravierenden Fehlern zu warnen, die

4.3 Führung als Praxis

in dessen Bereich entstanden sind und das Unternehmen bedrohen. Sein Partner blockt ab und verbittet sich jede Einmischung.

Was aus Sicht meines Klienten wie störrische Rechthaberei und Ignoranz des zweiten Geschäftsführers gegenüber den Warnungen meines Klienten erschien, konnte im Coaching anders interpretiert werden: Mein Klient war jünger und erst relativ kurz in seiner Funktion. Er hatte die geheime Ordnungsregel – wer jünger ist und später gekommen ist, hat die anderen zu respektieren – verletzt. Seine möglicherweise sogar zutreffenden Sorgen und Warnungen konnten in diesem Kontext nicht angenommen werden, sie wurde von seinem Co-Geschäftsführer als Respektlosigkeit interpretiert.

Organisationsführung bedeutet, Ordnung so zu gestalten, dass sie Arbeitsräume erweitert und nicht nur begrenzt. Wird Ordnung zu engmaschig gestaltet, ist sie eine Arbeitsbehinderung, die Eigenverantwortung einschränkt, ist sie zu weitmaschig, dann entstehen Unsicherheit und Instabilität. Ordnung muss balanciert werden. Führung hat die kontinuierliche Aufgabe, die bestehende Ordnung in Bezug auf ihre Nützlichkeit zu reflektieren, zu überprüfen, ob sie zu den aktuellen Aufgaben und zur Kultur der Organisation passt, welche Aspekte der Ordnung neu zu erschaffen und zu vereinbaren sind und von welchen man sich trennen sollte.

> Führung sollte zwischen zu viel und zu wenig Ordnung eine Balance finden.

Führung bedeutet daher sowohl Bewahren als auch Entwickeln von Ordnung.

Fragen zur Ordnung in Ihrer Organisation

- Wie ist bei uns Ordnung gestaltet und formuliert?
- Wird unsere Ordnung als nützlich erlebt oder eher umgangen?
- Wie hat sich Ordnung in unserer Organisation verändert?
- Wo sind wir eventuell überreguliert, wo bedarf es einer neuen Ordnung?
- Woran bemerken wir, wenn Ordnung fehlt oder zu viel davon besteht?
- Wo brauchen wir Ordnung und wo nicht? Wo ist Ordnung hilfreich, wo ist sie eher störend?
- Wo haben wir offizielle Ordnungen und welche informellen Ordnungen sind bei uns darüber hinaus wirksam?

189

- Welche Prinzipien leiten offizielle und unsere informelle unsere Ordnung?
- Wo können wir Ordnung durch Eigenverantwortung und Vertrauen ersetzen und wo nicht?
- Welche Themen sollen bei uns neu geregelt werden?

(7) Balance
Jedes lebende System strebt nach dem Zustand eines stabilen Gleichgewichts. Sofern man dieses Bild übertragen kann, suchen auch Organisationen nach ihrer *Mitte*. Am wohlsten fühlen sich lebende Systeme in einem Zustand der Ausgewogenheit, der so genannten Homöostase. So würden sie gern ewig verweilen. Das gilt auch für Organisationen.

Das Leben erlaubt diese Zustände allerdings nur sehr selten. Organisationen sind permanent den verschiedensten Einflüssen ausgesetzt, die sie aus der Ruhe bringen, sie in Instabilität versetzen und zu einer Bewegung des Balancierens und Ausgleichens zwingen. Fehlt diese Bewegung des Balancierens, dann bekommt das System Schlagseite in die Richtung, nach der der Einfluss drängt.

Balance beschreibt ein Fließgleichgewicht sowohl im Inneren der Organisation als auch zwischen der Organisation und ihren Umwelten. Innerhalb von Organisationen sind unterschiedliche Interessengruppen, Kräfte und Strömungen wirksam, die um Vorherrschaft und Einfluss ringen. Im Umfeld von Organisationen versuchen unterschiedliche Stakeholder ebenfalls, ihre Interessen durchzusetzen.

> Balance ist ein Fließleichtgewicht im Inneren und zwischen Innen und Außen

Im Inneren einer Organisation geht es beispielsweise:

- um Interessenausgleich zwischen einzelnen Gruppen, Projekten, Abteilungen, Hierarchieebenen, also um Konfliktregelungen;
- um das Gleichgewicht von Leistung und Anerkennung, also von Geben und Nehmen – um den Handel mit Verhalten, wie es F. B. Simon nennt (Simon et al. 1992);
- oder um die Balance von Veränderung und Bewahren der Situation.

Die Balance zwischen Organisation und ihren Umwelten betrifft das permanente Austarieren der unterschiedlichen Ansprüche von Stakeholdern, etwa der Eigentümer, der Mitarbeiter oder der Kunden. Familienunternehmen haben häufig eine Schlagseite zu den Mitarbeitern hin. Entscheidungen werden dort oft aus der Mitarbeitersicht getroffen, das Wohl und Interesse der Mitarbeiter steht über dem des Betriebes. Diese auf den ersten Blick vielleicht sympathische Schlagseite zeigt ihre Schattenseite, wenn es um sogenannte unpopuläre Maßnahmen geht. Da wird lange herumgedrückt, unklar kommuniziert, halbherzig entschieden.

Aber nicht nur Familienbetriebe können aus der Balance kommen:

> Die gewerkschaftseigene Supermarktkette Konsum war ein Flagschiff des österreichischen Lebensmittelhandels und Prunkstück sozialdemokratischer Unternehmerschaft. Mitarbeiter hatte viele Rechte und Vergünstigungen, der Eigentümer achtete sehr darauf, dass die Mitarbeiter zufrieden waren.
>
> Kunden hatten einen vergleichsweise geringeren Stellenwert. Öffnungszeiten und Angebote waren nicht auf sich verändernde Bedürfnisse ausgerichtet. Kunden blieben zunehmend weg, die Konkurrenz zeigte wesentlich mehr Kundenorientierung, während das Management zur gleichen Zeit seine Schäfchen ins Trockene brachte.
>
> Der genossenschaftlich organisierte Betrieb mit vielen Filialen in ganz Österreich ging 1995 unter anderem an seiner extremen Mitarbeiterorientierung zu Grunde.

Organisationen, die sich zu sehr an den Interessen ihrer Mitarbeiter orientieren, gefährden ihr Gleichgewicht ebenso wie jene, die nur auf die Interessen der Eigentümer und Shareholder bedacht sind. Organisationen, die ihren Erfolg nur an den Quartalszahlen messen, geraten aus der Balance und bezahlen dafür mit sinkender Identifikation und Motivation der Mitarbeiter, mit hohem gesellschaftlichem Druck, wenn wieder einmal viele Arbeitsplätze verlorengehen. Aber auch Organisationen, die die Anliegen ihrer Kunden über ihre eigenen Ziele oder die Interessen ihrer Mitarbeiter stellen, geraten in Gefahr, das Gleichgewicht zu verlieren.

Balance ist jenes Merkmal von Organisationen, das am schwierigsten zu erkennen und daher zu steuern ist. Fragen der Balance können sich zu jedem Thema stellen, Unausgewogenheiten werden oft erst wahrnehmbar, wenn eine Seite sich zu sehr durchsetzt und

4. Dimensionen des Führens

die anderen Aspekte zu kippen drohen. Balance betrifft auch die in diesem Modell genannten Themen. Ordnung kann aus der Balance kommen, wenn es zu viel oder zu wenig davon gibt, zu viel Identität kann zu einer Abschottung nach außen führen, zu wenig davon bringt keinen inneren Zusammenhalt usw.

Die Balance einer Organisation zu managen bedeutet vor allem, Wachsamkeit für feine Disbalancen und Veränderungen des Gleichgewichts zu entwickeln und entsprechend früh gegenzusteuern. Eine der Möglichkeiten für Sie als Führungskraft, Balance zu halten, ist es, besonders aufmerksam auf die kritischen Stimmen in Ihrer Organisation zu hören. Sie sprechen oft Themen an, die aus dem Gleichgewicht geraten sind. Die Kritiker sollten nicht (sofort) als Quertreiber und Nörgler abqualifiziert werden, sondern als »Seismografen« für fehlendes Gleichgewicht genützt und geschätzt werden.

Fragen zur Balance in Ihrer Organisation
- Welche Interessengruppen werden in unserer Organisation, in einem Bereich immer wieder beachtet – und welche nicht?
- Welche Themen bekommen bei uns besonders viel Raum, welche nie?
- Welche Konflikte treten immer wieder auf? Welche nie?
- Stimmt bei uns der Ausgleich von Geben und Nehmen? Wo nicht? Wie belohnen wir Leistung?
- Wie achten wir auf Veränderungen in stabilen Phasen, was bewahren wir in bewegten Zeiten?
- Welche unserer wichtigsten externen Partner kommen bei uns kaum in den Blick?
- Wohin könnten wir Schlagseite haben?
- Woran bemerken wir, wenn wir aus dem Gleichgewicht geraten?

4.3.3.2.2 Das Modell im Überblick

Die Abbildung 54 zeigt das Modell im Überblick (vgl. Seliger 2007b, S. 110). Kommunikation steht im Zentrum, alle Themen sind miteinander verbunden und beeinflussen einander.

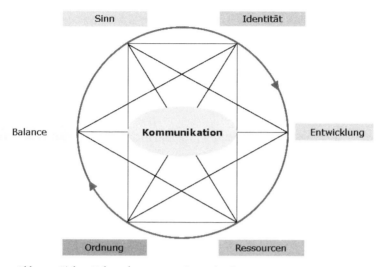

Abb. 54: *Sieben Lebensthemen von Organisationen*

Mit diesem Modell haben Sie ein Instrument in der Hand, das Sie dabei unterstützt, Ihre Organisation zu führen. Führung einer Organisation bedeutet vor diesem Hintergrund, diese sieben Themenfelder permanent zu beobachten, zu bearbeiten, dafür zu sorgen, dass kein Faktor vernachlässigt wird und stets Inhalt der Kommunikation der Organisation bleibt. Das gilt sowohl für die Führung der ganzen Organisation als auch für die Führung eines Teilbereichs, einer Abteilung. Die Themen bleiben immer dieselben.

> Das Modell ist ein Instrument des Führens von Organisationen.

Man kann niemals alle Themen im Blick haben. Zwangsläufig setzt man Prioritäten und gibt dem einen oder anderen Thema mehr Aufmerksamkeit. Sie müssen Komplexität reduzieren. Bei der Arbeit mit diesem Modell empfehle ich, die sieben Themen jeweils aus der Perspektive der drei relevantesten Umwelten der Organisation zu bearbeiten: der Kunden bzw. Märkte, der Mitarbeiter, der Eigentümer.

Dieses Modell erinnert Sie immer wieder daran, welche Themen gerade im Schatten stehen, nicht beachtet werden und dort ein Eigenleben führen, das bedeutet: von anderen Personen besprochen und bearbeitet werden. Sie können entscheiden, wohin die Aufmerksamkeit und damit auch die Aktivitäten gehen.

Empfehlungen für die Arbeit mit dem Modell

1. Wählen Sie einen Kreis von Personen aus Ihrem beruflichen Umfeld, die Sie für relevant und hilfreich erachten, und denken Sie mit Ihnen gemeinsam über diese Aufgabe nach. Das können Kollegen auf Ihrer Führungsebene sein, aber auch Mitarbeiter, die auf Grund ihrer Funktion und Position spezifische Perspektiven einnehmen, die Sie nicht haben.
2. »Deklinieren« Sie die sieben Faktoren »durch«: Womit beschäftigen wir uns derzeit am meisten? Was ist uns in der letzten Zeit aus dem Blick geraten?
3. Entscheiden Sie, welche Faktoren Ihnen derzeit als besonders wichtig dafür erscheinen, Ihre Organisation erfolgreich und lebendig zu machen oder zu erhalten.
4. Überlegen Sie, wie sich eine Bearbeitung dieser Faktoren auf die anderen auswirken könnte.
5. Formulieren Sie daraus Ihre nächsten Schritte.
6. Besprechen Sie Ihre Entscheidungen mit weiteren Personen, die für diese Schritte wichtig sind, weil sie einschlägiges *Wissen* haben, über *Einfluss* verfügen oder von den Maßnahmen betroffen sind und daher *Energie* für die Umsetzung haben sollten.

4.3.3.3 Der Prozess der Organisationsführung

Die Führung von Organisationen ist ein Prozess des Entscheidens. Dieser Prozess weist – wie alle anderen Prozesse, die wir bisher beschrieben haben – die Momente von Wachsamkeit, Wertschätzung und Wirksamkeit auf. Im Rahmen des Führungsprozesses in Organisationen haben diese drei Momente einen jeweils besonderen Namen und besondere Inhalte:

- *Wachsamkeit: Organisationsdiagnose*
  Grundlage für Entscheidungen schaffen durch Generieren von Informationen durch Beobachten, Fragen oder Beiziehen von Experten.
- *Wertschätzung: Strategieprozess*
  Hypothesen und Bewertungen vornehmen, um die gewonnenen Informationen zu ordnen, Ressourcen herausfiltern und daraus neue Richtungen und Ziele ableiten, sich für eine Strategie entscheiden.

- *Wirksamkeit: Implementierung*
  Umsetzung vorbereiten, sie argumentativ kommunizieren, Rahmenbedingungen dafür schaffen, Menschen für ihre Mitwirkung gewinnen, die Prozesse gestalten.

4.3.3.3.1 Organisationsdiagnose

Eine Organisationsdiagnose dient der Selbstbeobachtung und Selbstbeschreibung der Organisation, also der organisierten Beobachtung zweiter Ordnung.

In den letzten Jahrzehnten sind zahlreiche Methoden und Verfahren dafür entwickelt worden, Organisationen bei ihrer Standortbestimmung zu unterstützen: Von externen Diagnosen über Mitarbeiterbefragungen, Einzelinterviews bis hin zu Fokus-Gruppen oder Benchmark-Vergleichen gibt es fast alles. Hinter jedem dieser Diagnoseverfahren stehen wieder Theorien, Modelle und Methoden. Auch die Entscheidung für oder gegen das eine oder andere Verfahren ist eine Führungsentscheidung.

> Diagnosen dienen der Selbstbeobachtung und Selbstbeschreibung der Organisation.

Wie bei allen Diagnosen gilt der Grundsatz: Man findet nur das, wonach man sucht. Daher sind die Fragestellung und Definition der Diagnoserichtung entscheidend. Eine grundsätzliche Überlegung ist, ob die Daten für eine Organisationsdiagnose von externen Spezialisten oder durch die eigenen Mitarbeiter gewonnen werden sollen.

> Bei Diagnosen findet man nur das, wonach man sucht.

Die systemische Beratung hat sich darauf spezialisiert, Daten mit den internen Personen zu erheben und dafür zahlreiche Verfahren, beispielsweise Appreciative Inquiry oder Großgruppenverfahren, entwickelt (Seliger 2008).

Das Modell der sieben Lebensthemen bietet eine Grundlage und ein Instrument für Organisationsdiagnosen, die mit den eigenen Kräften einer Organisation gut durchgeführt werden können.

4.3.3.3.2 Strategieprozess

Die in der Diagnose erhobenen Daten und Informationen sind die Grundlage für strategische Überlegungen: Wohin wollen wir uns entwickeln, wo liegen unsere Chancen, was wollen wir verändern, welche Produkte, Kunden und Märkte wollen wir gewinnen, welche Kul-

4. Dimensionen des Führens

Strategieentwicklungen dienen der Ausrichtung auf eine gemeinsame Zukunft.

tur, welche Struktur, welche Identität wollen wir schaffen, welche Ressourcen stehen uns dabei zur Verfügung? Auch im Bereich von Strategieprozessen sind viele Methoden und Theorien entstanden, die wir hier nicht im Einzelnen vorstellen können. Einen besonders guten Überblick geben Mintzberg, Ahlstrand u. Lampel (2001).

Strategieentwicklungen dienen der Ausrichtung der Organisation auf ein gemeinsames Zukunftsbild. Zukunftsbilder sind wie ein archimedischer Punkt, der den Entscheidungen der Gegenwart Halt, Richtung, Sinn und Energie gibt. Attraktive Zukunftsbilder ziehen Organisationen in eine Richtung. Man erspart sich mühevolles Schieben.

Strategieprozesse sind im Allgemeinen Top-down-Prozesse und in der Verantwortung der Führung. Dennoch ist es ratsam, strategische Entscheidungen nicht im einsamen Kämmerchen zu treffen, sondern sich dafür eine breite Daten- und Kommunikationsbasis zu schaffen und möglichst frühzeitig viele relevante Positionsinhaber in den Entscheidungsprozess einzubinden. Was man in dieser Phase an Zeit und Energie investiert, spart man später bei der Umsetzung.

Auch dazu wurden in der systemischen Beratung viele nützliche Ansätze und Verfahren entwickelt. Ich möchte hier vor allem den Ansatz des Whole Scale Change (Dannemiller 2000) erwähnen, der meine Arbeit im Rahmen von Change Management leitet.

4.3.3.3.3 Implementierung

Die Trennung von Entwicklung und Implementierung von Strategien markiert einen Unterschied, der nur in einigen Konzepten Bedeutung hat, wie etwa bei Optimierungsprojekten oder in der sogenannten Expertenberatung, wie sie beispielsweise von *McKinsey* und anderen angeboten werden.

Die Umsetzung von strategischen Entscheidungen beginnt bereits bei der Gestaltung der Diagnoseverfahren, spätestens aber bei der Gestaltung des Strategieprozesses. Wer-

Die Umsetzung strategischer Ziele braucht die Anstrengung aller.

den diese drei Prozessschritte als Teile eines gemeinsamen Verfahrens verstanden, dann sind die Übergänge fließend und folgen denselben Prinzipien. Nur bei strikt voneinander getrennten Verfahren müssen jeweils neue Übergänge gestaltet werden.

Bei der Umsetzung von strategischen Zielen ist jede Führung auf die Mitwirkung der Mitarbeiter angewiesen. Implementierung beginnt daher optimalerweise mit der Information der Mitarbeiter. Die Umsetzung strategischer Entscheidungen wird umso einfacher, je früher und je offener Informationen in die Organisation gespielt werden und je mehr Diskussion und Kritik der betroffenen Mitarbeiter in die Prozesse einfließen können.

Implementierungsprozesse werden möglichst durch bewusstes Empowerment der betroffenen Personen und Bereiche organisiert – also durch Übertragung maximaler Verantwortung und Gewährung großer Entscheidungs- und Gestaltungsspielräume. Was Menschen selbst entscheiden, das tragen sie auch mit. Der sogenannte Widerstand von Mitarbeitern gegen Veränderungen entsteht oft erst dadurch, dass ihre Ideen, Einwände, Interessen und Bedenken nicht gewürdigt werden. Die Kunst der Umsetzung von strategischen Entscheidungen liegt darin, die Balance zwischen der Entscheidung von oben, die mitunter auch gegen den Willen von Mitarbeitern durchgesetzt wird, und den Vereinbarungen mit Mitarbeitern zu finden.

> Implementierungsprozesse sind ein Balanceakt zwischen Entscheidungen von oben und Vereinbarungen mit allen.

Entscheiden bedeutet, Verantwortung zu übernehmen. Daher ist die übergeordnete Entscheidung in allen diesen Prozessen: Was beschließt die Führung, selbst zu entscheiden, und was beschließt die Führung, mit den Mitgliedern der Organisation auszuhandeln?

Zusammenfassend

Organisationen zu führen ist eine Aufgabe, die nicht neben dem Tagesgeschäft erledigt wird, sondern Tagesgeschäft ist. Diese Aufgabe erfordert – so wie andere Führungsaufgaben – Zeit und Raum. Damit über Selbstbeschreibungen, strategische Ausrichtungen und Implementierungen von Strategien nachgedacht werden kann, müssen geeignete Führungsräume geschaffen werden.

Diese Führungsräume müssen im Allgemeinen sehr schwer erkämpft werden. Das Tagesgeschäft – die operativen Aufgaben des Ausführens – wird oft mir größerer Aufmerksamkeit und Dringlichkeit behandelt als die Fragen des Führens und der langfristigen Steuerung.

Organisationsführung ist ein kontinuierlicher Prozess, ein Basso continuo, der den Rhythmus und die Stimmführung der Organisation begleitet und bestimmt.

4. Dimensionen des Führens

Organisationen beschäftigen sich mit Führung in zweifacher Weise:

1. *Organisationen gestalten Führung*
   Einerseits ist die Organisation immer der Rahmen, in dem Führung sich ereignet, der Führung definiert und begrenzt.
2. *Führung gestaltet Organisationen*
   Andererseits gestaltet und steuert Führung Organisationen und damit wieder sich selbst.

Führung von Organisationen hat die Aufgabe, die innere und äußere Komplexität so zu bearbeiten, dass Orientierung und Sicherheit und damit Leistungsmöglichkeit entstehen. Diese Aufgabe wird durch das Medium des Entscheidens möglich. Entscheiden ist die Kernaufgabe der Organisationsführung. Entscheidungen haben den Sinn, Komplexität zu reduzieren und Sicherheit zu geben. Entscheidungen müssen in Situationen der Unsicherheit getroffen werden und haben eine nicht vorhersehbare Wirkung. Damit produzieren sie neue Unsicherheit. Führung muss mit dieser Unsicherheit umgehen können.

Die Inhalte von Entscheidungen drehen sich um die Lebensthemen von Organisationen. Das Modell der sieben Lebensthemen beschreibt zentrale Themen, die immer wieder entschieden werden müssen:

(1) Kommunikation
(2) Sinn
(3) Identität
(4) Prozess
(5) Ressourcen
(6) Ordnung
(7) Balance.

Der Prozess der Organisationsführung vollzieht sich entlang der Trias von Wachsamkeit, Wertschätzung und Wirksamkeit:

- Diagnose
- Strategie
- Implementierung.

5. Das Beste zum Schluss: Positive Leadership

»Glück ist, wenn man eine Beschäftigung hat, die man liebt« (Lelord 2004, S. 105).

Wir haben einen ausführlichen Streifzug durch den Dschungel des Führens unternommen. Dabei haben wir Theorien, Modelle, Werkzeuge, Beispiele und Fragestellungen besprochen, manche Nebenpfade betreten, interessante Perspektiven eingenommen. All das sollte Ihnen dazu dienen, sich im Dschungel des Führens besser zurechtzufinden. Führung hat sich dabei als herausfordernde und komplexe Aufgabe erwiesen, die denjenigen, die sie ausführen, und auch denjenigen, die die Rahmenbedingungen dafür schaffen, einiges an Wissen und Können abverlangt. Die bisher vorgestellten Theorien und Modelle sollen Ihnen allen eine wertvolle und nützliche Hilfestellung sein.

Die Anwendung der meisten dieser Instrumente ist vorwiegend eine Sache des Verstands. Führung ist aber nicht nur reine Verstandessache. Führung ist ein Spiegel der Zeit, der Kultur und der Wertorientierungen der gesamten Gesellschaft. Führung wird nicht nur von Instrumenten und Theorien geprägt, sondern von den Werten, dem Menschenbild, der Haltung der Führungskräfte und den Werthaltungen der Organisation, in der sie stattfindet. Im Zentrum unseres Modells befindet sich daher das Herz von Führung: Unsere Haltung. Sie steuert unsere Wahrnehmung, unsere Interpretationen und unser Handeln. Und wir können unsere Haltung steuern.

> Führung ist nicht nur Verstandessache, sondern auch eine Frage von Emotionen und der Ethik.

Anstatt Ihnen hier nun moralische Empfehlungen zu geben, welche Haltung Sie einnehmen sollten, stelle ich Ihnen meine Position vor, die sich nicht nur aus meiner persönlichen ethischen Einstellung, sondern auch aus meinen praktischen Erfahrungen und aus einer Reihe von theoretischen Erkenntnissen ableitet. Ich bezeichne diese Haltung als »Positive Leadership«.

5.1 Was ist Positive Leadership?

Seit etwa zehn Jahren entwickelt sich in den USA ein Denkansatz, der sich dort bereits zu einer wachsenden Bewegung wissenschaftlicher Forschung und praktischer Anwendung in Management und Beratung herausgebildet hat. Zunehmend gewinnt dieser positive Zugang auch in Europa (Buckingham u. Clifton 2007; Layard 2005) an Interesse und Bedeutung. *Positives Management* (Ringlstetter et al. 2006) oder Leadership stützt sich auf unterschiedliche Quellen:

> Positive Leadership: Eine neue Bewegung gewinnt an Bedeutung und Größe.

- positive Psychologie und Glücksforschung
- Positive Organizational Scholarship
- Appreciative Inquiry
- stärkenbasiertes Management.

5.1.1 Positive Psychologie und Glücksforschung

Auslöser der Bewegung waren die positive Psychologie und ihr Pionier Martin E. P. Seligman (2005). Der bekannte Experte für Depressionsforschung hatte eines Tages genug davon, sich ausschließlich mit den negativen Erscheinungen der Seele zu befassen, und begann, sich den Fragen des Glücks, seinen Entstehungsbedingungen und Erscheinungsformen zuzuwenden. Mit den Methoden der wissenschaftlichen Forschung hat die sogenannte Glücksforschung immer mehr und immer interessantere Ergebnisse hervorgebracht, die heute auch Eingang in die Managementwelt finden. Glück ist im Sinne der positiven Psychologie keine Emotion, keine persönliche Eigenschaft und kein situativer Zustand, wie etwa Freude bei einem Lotteriegewinn. Glück ist ein Zustand von tiefer Zufriedenheit und Zuversicht, der daraus entspringt, dass man sich des Sinns des eigenen Lebens bewusst wird.

> Die Glücksforschung untersucht Bedingungen von Glück.

Glück, so definiert es Seligmann, hat drei Ebenen:

1. Positive Gefühle wie Optimismus, Zuversicht, Vertrauen, Lebensfreude.
2. Engagement, also die Fähigkeit und Bereitschaft zu Bindung, Mitgefühl, Menschenfreundlichkeit und Dankbarkeit.

3. Sinnvolles Leben: »Der Sinn des Lebens besteht darin, sich mit etwas Größerem zu verbünden – und je größer das ist, woran Sie sich halten, desto sinnvoller ist Ihr leben« (ebd., S. 37).

Die Fähigkeit zu Glück, Zufriedenheit und einem sinnvollen Leben, so postuliert die Glücksforschung, beruht auf einer Reihe von »Tugenden«, die jeder Mensch entwickeln kann und die sich auf Grund zahlreicher wissenschaftlicher Untersuchungen als relevant erwiesen haben. Die positive Psychologie hat einen Tugendkatalog erarbeitet, der drei Kriterien entsprechen musste:

1. »Sie müssen in praktisch allen Kulturen hoch geschätzt werden.
2. Sie müssen an und für sich und nicht als Mittel zu anderen Zwecken geschätzt werden.
3. Sie müssen formbar sein« (ebd., S. 32).

Der Tugendkatalog enthält sechs Kerntugenden, die diesen Kriterien entsprechen:

- Weisheit und Wissen
- Mut
- Liebe und Humanität
- Gerechtigkeit
- Mäßigung
- Spiritualität und Transzendenz (ebd.).

> Glück beruht auf sechs Grundtugenden, die jeder Mensch entwickeln kann.

Die einzelnen Tugenden sind wieder in eine Reihe von Stärken unterteilt. Jeder Mensch und jede Organisation kann diese Tugenden entwickeln oder sie sich als Leitgedanken vornehmen. Die positive Psychologie erforscht Glücksempfindungen von Individuen und kann belegen, dass Menschen, die diese Tugenden aufweisen, gesünder sind, länger leben, erfolgreicher im Beruf und zufriedener in ihren Partnerschaften und insgesamt glücklicher sind als andere.

Besondere Bekanntheit hat in diesem Zusammenhang der Begriff *Flow* erlangt (Csikszentmihalyi 1992). Flow bezeichnet einen besonderen Zustand, der entsteht, wenn individuelle Begabungen und Potenziale auf eine herausfordernde Aufgabe treffen: Man geht vollkommen in der Aufgabe auf, vergisst darüber Zeit, Raum und sich

5. Das Beste zum Schluss: Positive Leadership

selbst. Das Bewusstsein des Ich löst sich in einem energetischen Fließen auf, man ist buchstäblich »selbstvergessen«.

Csikszentmihalyi nennt acht Faktoren, die Flow-Erfahrungen begünstigen bzw. hervorrufen (ebd., S. 74):

1. eine Aufgabe, der man sich gewachsen fühlt;
2. die Fähigkeit, sich zu konzentrieren;
3. klare Ziele;
4. unmittelbares Feedback;
5. eine tiefe, mühelose Hingabe an die Aufgabe, die die Alltagssorgen verdrängt;
6. Kontrolle über die Tätigkeiten;
7. über die eigenen Grenzen gehen;
8. Zeitempfinden verändert sich: Stunden vergehen in Minuten, Minuten können als Stunden erlebt werden.

Das Zusammenwirken dieser Faktoren löst tiefe Freude, das Gefühl des Fließens der Energie und der Erfüllung aus, dessen man sich allerdings erst nach diesen Erfahrungen bewusst wird. In der Situation selbst ist die Aufmerksamkeit bei der Aufgabe. Aber die nachträgliche Wahrnehmung der Freude ist eine Erfahrung, die dazu beitragen kann, dass man als Persönlichkeit wächst. Flow ist per Definition eine Verbindung von individuellen Fähigkeiten mit herausfordernden Aufgaben, die die Organisation stellt, eine Verbindung von Mensch und Organisation. Eine der derzeit wichtigsten Bemühungen in diesem Feld liegt in der Übertragung und Nutzung dieser Ergebnisse auf Fragen von Organisationen und Management.

> Flow ist das Zusammenspiel von individuellen Stärken und einer herausfordernden Aufgabe.

Die Ergebnisse der positiven Psychologie können sowohl auf einzelne Führungskräfte und ihre individuelle Zufriedenheit angewendet werden als auch auf den Anspruch an Führung, Organisationen so zu gestalten, dass diese Tugenden aufgebaut, gezeigt und geschätzt werden können.

5.1.2 Positive Organizational Scholarship (POS)

Herausragend ist das an der *Ross School of Business* an der Universität Michigan entstandene POS: Positive Organizational Scholarship (vgl. Cameron 2005). Das Interesse der vielfältigen Studien richtet sich vor allem auf sogenannte High-performing-Unternehmen, also besonders erfolgreiche Organisationen, und darauf, was man von ihnen lernen kann. Positive Organizational Scholarship untersucht mit wissenschaftlichen Methoden, wie Spitzenleistungen in und von Organisationen entstehen.

> Positive Organizational Scholarship untersucht erfolgreiche und effiziente Organisationen.

Dabei zeigt sich, dass man Effektivität besser über positive Abweichungen, also besondere Erfolge, Höhepunkte oder gute Ergebnisse, messen kann als über die Analyse der Differenz zwischen Ist und Soll. Eines der Ergebnisse besagt, dass in diesen besonders effektiven Unternehmen positive Kommunikation, etwa in Meetings, deutlich häufiger stattfindet als in weniger effektiven Organisationen (ebd.).

Die *Harvard Business Review* bewertet das Positive Organizational Scholarship (POS) als eine der »breakthrough ideas« des Jahres 2004 (vgl. Ringlstetter et al. 2006, S. 5).

5.1.3 Appreciative Inquiry (AI)

Eine der bekanntesten Methoden dafür, sich positives Management zu erarbeiten ist Appreciative Inquiry (vgl. Cooperrider et al. 2000; zur Bonsen u. Maleh 2001), die auch in diesem Buch in einigen Übungen angewendet wurde. Appreciative Inquiry (AI) ist ein Ansatz zum Change Management, der sich auf die Frage konzentriert, wie Veränderungen in Organisationen so gestaltet werden können, dass sie sich auf die Stärken der Organisation stützen und sie zugleich auch weiterentwickeln. AI ist zugleich Philosophie und Instrument. Ihre Prinzipien besagen:

> Appreciative Inquiry hat Instrumente, die das Beste in Menschen und Organisationen zu entdecken und zu entwickeln vermögen.

- Jede Organisation hat Stärken und etwas, das funktioniert – sonst würde sie nicht da sein.
- Jede Organisation besteht aus Geschichten, die laufend erzählt werden. Wir können Organisationen verändern, wenn wir neue Geschichte erzählen.
- Fragen, die wir stellen, lenken unsere Aufmerksamkeit. Fragen nach den Ressourcen, Stärken und Visionen lenken die Aufmerksamkeit auf Positives und stärken es; Fragen nach Defiziten und Problemen lenken die Aufmerksamkeit auf Negatives und stärken es.

5. Das Beste zum Schluss: Positive Leadership

- Veränderungen geschehen, wenn wir Stärken mit Stärken verbinden.

Entlang diesen Prinzipien wurde ein spezifisches Instrumentarium aufgebaut, das aus drei Grundelementen besteht, diese sind:

1. eine spezifische Fragemethodik, die sich ausschließlich auf die Stärken, Potentiale, Ressourcen und Visionen ausrichtet und damit die Aufmerksamkeit der Befragten in eine positive Richtung lenkt;
2. ein Modell von Veränderungsprozessen, das aus fünf Schritten besteht (vgl. Abb. 59):
3. die Methodik von Großkonferenzen, mit deren Hilfe eine ganze Organisation in den positiven Veränderungsprozess eingebunden werden kann (vgl. Seliger 2008).

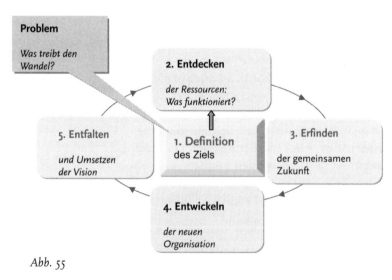

Abb. 55

AI ist ein sehr entwickeltes und erprobtes Instrument zur Herbeiführung positiver Veränderungen. Von David Cooperrider und AI gehen daher derzeit die stärksten Impulse für Positive Leadership aus.

5.1.4 Stärkenbasiertes Management

Seit einigen Jahren sind das *Gallup Institut* und der Managementberater Marcus Buckingham (vgl. Buckingham u. Clifton 2007) mit dem Thema des stärkenbasierten Managements bekannt. Ähnlich wie bei AI geht es auch hierbei darum, die Aufmerksamkeit auf Stärke, Ressourcen und Potentiale zu richten. Aufbauend auf umfangreichen Studien an mehr als einer Million Arbeitnehmern und Managern, wurden Kerntalente definiert, die sich zu einem individuellen Stärkeprofil verbinden lassen. (In englischer Version können Sie sich selbst testen unter: http://www.gallup.com/consulting/61/Strengths-Development.aspx [9.4.2008].)

> Stärkenbasiertes Management hat 34 Grundstärken definiert, die in Organisationen relevant sind.

Alle diese Zugänge und Untersuchungen belegen, dass es einen eindeutigen Zusammenhang zwischen Erfolg und dem Empfinden von Freude gibt. Freude, Zufriedenheit, Glück sind Erfolgfaktoren und damit interessant für Organisationen und für Führung.

5.2 Die Prinzipien von Positive Leadership

Wenn wir nun diese verschiedenen Zugänge zum Positive Leadership verbinden und auf Führung übertragen, können wir ein weiteres Modell ableiten, das die wichtigsten Aspekte dieser Bewegung beinhaltet.

Aus Liebe zu den Dreiecken, die unser gesamtes Führungsmodell prägt, biete ich Ihnen noch eine letzte Gliederung in drei Faktoren an. Positive Leadership hat drei zentrale Prinzipien:

Führen mit Freude   Stärkenfokussiertes Führen

Führen mit Sinn

Abb. 56: Die Prinzipien von Positive Leadership

5. Das Beste zum Schluss: Positive Leadership

Das Dreieck, wie es in Abbildung 56 dargestellt ist, bildet den inneren Kern, das Herzstück von Führung. Was bedeuten diese drei Themen im Einzelnen?

5.2.1 Führen mit Freude

Positive Leadership ist getragen von optimistischen und positiven Gefühlen gegenüber der eigenen Person, den Mitmenschen und gegenüber der Welt. Führen mit Freude kann dazu beizutragen, dass Menschen – und Organisationen – glücklich werden können.

Positive Leadership beruht auf einer Haltung der Zuversicht und des Vertrauens, des Engagements für andere Menschen und positive Ziele. Führen mit Freude ist Führen mit Leichtigkeit.

5.2.2 Führung mit Sinn

Martin Seligman (2005) bezeichnet Sinn als das Bewusstsein, Teil eines größeren Ganzen zu sein, in das man eingebunden ist. Das Bewusstsein, dass sich Bedeutungen und Werte erst aus diesem Zusammenhang ergeben, macht Sinn zu einem zentralen Grundprinzip von Führung.

Führung durch Sinn bedeutet, für sich selbst, die Mitarbeiter und die gesamte Organisation immer wieder Bewusstsein zu schaffen, dass jedes Handeln einen größeren Bezugsrahmen hat, dass wir mit unserem Handeln Wirkungen erzielen und zugleich selbst von außen immer beeinflusst werden.

Sinn bedeutet in der Folge daher dreierlei:

Zum einen ergibt sich aus einem größeren Sinnzusammenhang von Arbeit und von Organisationen die Bedeutung und Bewertung der eigenen Aktivitäten. Erst wenn Mitarbeiter verstanden haben, welche Bedeutung ihre Arbeitsschritte für die gesamte Organisation haben, gewinnt ihre Arbeit an Gewicht. Auch Organisationen, die sich ihrer Rolle in der Gesellschaft bewusst sind, gewinnen an Bedeutung – in jeder Hinsicht des Wortes.

Zum anderen bedeutet Sinn, Verantwortung für die eigenen Wirkungen zu erkennen. Damit ist Sinn eng mit Fragen der Ethik verbunden. Wenn wir Teil eines Ganzen sind, auf das wir wirken, dann sollten unsere Handlungen mit Bedacht und Bewusstsein und auf der Grundlage von Werten geschehen. Führung ist in besonderem Maße von Fragen der Ethik betroffen, weil Führungskräfte mehr als andere Menschen beobachtet und als Vorbilder genommen werden.

In diesem Buch haben wir ein Menschenbild vorgestellt, das auf den Annahmen über lebende Systeme beruht und daher Respekt vor ihrer Eigensinnigkeit und Eigenartigkeit sowie der Fähigkeit der Selbstorganisation empfiehlt.

Wir haben auch Organisationen als lebende soziale Systeme definiert und empfehlen daher ebenfalls eine Werthaltung, die in unserem Organisationsmodell dargestellt wurde.

Wie auch immer Ihr persönliches Wertesystem aussieht, im Rahmen von Positive Leadership sollten Werte, Haltungen und Prinzipien an den Besonderheiten lebender Systeme und des Lebensprozesses orientiert sein.

Und schließlich, zum Dritten, haben wir in Abschnitt 4.3.2.1.1 über Wahrnehmung gesagt, dass sie erst auf der Grundlage von Sinnzusammenhängen möglich ist. Wir nehmen wahr, was für uns Sinn ergibt. Führung mit Sinn bedeutet also ganz pragmatisch, dass Mitarbeiter ihre Aufgabe erst wahrnehmen können, wenn ihnen der Sinn klar ist.

5.2.3 Stärkenfokussiertes Führen

Positive Leadership richtet die Aufmerksamkeit auf die Stärken, Chancen und Potentiale von Menschen und Organisationen. Lernen und Entwicklungen werden aus den Analysen von Erfolgen und Höhepunkten angeregt. Hohe Qualitätsstandards und exzellente Leistungen für Mitarbeiter, Organisation und Kunden sind die Markierungspunkte.

Das klingt recht einfach, in der Praxis haben aber Fehler mehr Sexappeal als Lösungen, Mängel mehr Attraktivität als Ressourcen. Unsere Kultur lehrt uns, auf die Differenz von Soll und Ist zu schauen. Damit schauen wir immer auf einen Mangel.

Diese negative Perspektive bringt oft eine ganze negative Spirale in Gang, eine immer neue Bestätigung dessen, was warum nicht geht.

Viele Untersuchungen belegen allerdings, dass sich Optimismus, der Blick auf Chancen, Vertrauen und Stärken sich positiv auf Leistungen, Gesundheit und Problemlösungen auswirken (vgl. Seligman 2005, S. 240).

5.3 Positive Leadership und Positive Organization

Es ist sicherlich nicht Aufgabe von Organisationen, Menschen glücklich zu machen, sondern Ziele zu erreichen und Ergebnisse zu produzieren. Aber es hilft offenbar, wenn Menschen mit Freude und Zufriedenheit ihre Arbeit machen. Menschen und Organisationen sind – das wurde bereits ausgeführt – miteinander verbunden und stehen in einem Wechselverhältnis, in dem eines das andere beeinflusst. Organisationen sind der Rahmen, in dem Menschen Arbeit leisten. Die Beschaffenheit dieses Rahmens und die Qualität der Organisation sind also entscheidend dafür, ob Menschen Freude und Zufriedenheit entwickeln. Insofern beschäftigt sich die Positive-Management-Forschung mit dem Thema einer positiven Organisation. Eine positive Organisation ist eine, die die Potentiale ihrer Mitarbeiter fördert und ihre Entwicklung ermöglicht.

Peterson und Park (2006, S. 25 f.) nennen sechs »Tugenden« einer solchen positiven Organisation:

1. eine klare ethische Vision, die von allen Mitarbeitern geteilt werden kann;
2. die Weisheit, zu erkennen, wo ihre Stärken und Fähigkeiten liegen;
3. flexible und offene (anpassungsfähige) Strukturen;
4. faire Behandlung der Mitarbeiter;
5. Verbindlichkeit und Verlässlichkeit gegenüber Mitarbeitern und Kunden;
6. Menschen als Persönlichkeiten behandeln und nicht als »a pair of hands«.

> Glückliche Menschen arbeiten besser, gute Organisationen sind eine der Rahmenbedingungen dafür. Positive Leadership kann das fördern.

Wir können also sagen: Die Freude der Menschen fördert den Erfolg der Organisation, die Qualität der Organisation fördert die Freude der Menschen. In einem solchen Rahmen könnte positive Führung stattfinden.

Jede Organisation hat die Möglichkeit, ja die Aufgabe, das innere Feld von Führung mit den eigenen Werten und Prinzipien zu füllen und die Leadership Map damit zu einem eigenen und besonderen Modell der eigenen Corporate Leadership zu machen.

5.4 Eine allerletzte Übung

Erinnern Sie sich an das Kellermeistersyndrom? Der Kellermeister hat keine Freude an seiner Führungsaufgabe und an seinen Mitarbeitern. Durch seine negative Brille erscheinen seine Mitarbeiter unfähig oder unwillig. Die Idee, ihnen interessante Aufgaben zu geben, kommt ihm gar nicht in den Sinn.

Dieser negative Regelkreis, die sich selbst erfüllende Prophezeiung – »Ich bin von lauter Flaschen umgeben, ich kann machen, was ich will« – kann mit demselben Aufwand auch in einen positiven Regelkreis verwandelt werden.

Es beginnt wieder bei Ihrer Landkarte und Ihrer Selbstführung.

5.4.1 Sich selbst führen

Ihre Führungsrolle ist – im Sinne von Flow – eine herausfordernde Aufgabe. Sie ist selbst eine Verbindung zwischen Ihren Fähigkeiten, möglicherweise Ihrer Leidenschaft und den Erwartungen Ihrer Organisation an Sie.

Folgende Fragen könnten Sie sich stellen:

- Wann habe ich in meiner Führungserfahrung eine Situation erlebt, in der Führung eine große Herausforderung für mich war, für dich ich mich aber als gut gerüstet empfunden habe? – Was war das für eine Situation? Worin lag die besondere Herausforderung? Worin lagen meine besonderen Fähigkeiten?
- Welches sind die drei wichtigsten Faktoren an meiner Führungsaufgabe, die mir die meiste Freude bereiten?
- Wie fühle ich mich, wenn ich diese Freude empfinde?
- Wann war das zuletzt?
- Welche besonderen Talente und Erfahrungen bringe ich für meine Führungsaufgabe mit?
- Was funktioniert in meinem Führungsalltag am besten?
- Wofür bin ich als Führungskraft besonders dankbar?
- Vor welchen neuen Herausforderungen stehe ich heute?

5.4.2 Menschen führen

Führung im Sinne eines positiven Regelkreises bedeutet, die Freude und die Leidenschaften Ihrer Mitarbeiter zu erkennen und mit geeigneten Aufgaben zu verbinden.

Fragen, die Sie sich dazu stellen könnten:

- Welche Fähigkeiten und Stärken bringen meine Mitarbeiter mit, um ihre Aufgaben zu erfüllen?
- Welche Aufgaben machen ihnen Freude, begeistern sie?
- Woran erkenne ich, was meinen Mitarbeitern bei Ihrer Aufgabe Freude macht?
- Welche neuen Herausforderungen könnten dazu beitragen, dass sie ihre Potenziale weiterentwickeln?

5.4.3 Die Organisation führen

Um für die gemeinsame Arbeit einen fördernden Rahmen zu schaffen, könnten Sie sich folgende Fragen stellen:

- Wie sieht unsere gemeinsame Vision aus? Können sich meine Mitarbeiter damit identifizieren? Macht sie sie stolz?
- Wie ist die Zukunftsperspektive unserer Organisation oder Abteilung? Ist sie attraktiv?
- Wann war unsere Organisation besonders erfolgreich?
- Wofür ist unsere Organisation im besten Sinne bekannt?
- Wie gelingen uns Erfolge?

Freude an Führung ist eine Haltung, die Sie bewusst einnehmen können. Sie können sich dafür entscheiden, einen positiven Regelkreis des Führens aufzubauen. Wenn Sie Ihre Freude, Ihre Leidenschaft, Ihr Interesse an Führung spüren, wenn Sie Ihre Begabungen und Fähigkeiten erkennen und einsetzen, dann kann Führung zu jener Aufgabe werden, die Sie trägt, die Sie erfüllt und Sie manchmal Raum und Zeit vergessen lässt. Führung wird dadurch nicht einfacher, aber leichter.

Ich wünsche Ihnen dafür gutes Gelingen und viel Freude!

Literatur

Argyris, C. u. D. A. Schön (1999): Die lernende Organisation. Grundlagen, Methode, Praxis. Stuttgart (Klett-Cotta).
Baecker, D. (2003): Organisation und Management. Frankfurt a. M. (Suhrkamp).
Bateson, G. (1985): Ökologie des Geistes. Anthropologische, psychologische, biologische und epistemologische Perspektiven. Frankfurt a. M. (Suhrkamp).
Bonsen, M. zur u. C. Maleh (2001): Aprreciative inquiry (AI). Der Weg zu Spitzenleistungen. Weinheim/Basel (Beltz).
Brockhaus Lexikon in 20 Bänden (1982). Wiesbaden (dtv).
Bruch, H. u. S. Böhm (2006): Organisationale Energie – Wie Führungskräfte durch Perspektive und Stolz Potenziale freisetzen. In: M. Ringlstetter, S. Kaiser u. G. Müller-Seitz (Hrsg.): Positives Management. Zentrale Konzepte und Ideen des Positive Organizational Scholarship. Wiesbaden (Deutscher Universitäts-Verlag), S. 167–185.
Buckingham, M. u. D. O. Clifton (2007): Entdecken Sie Ihre Stärken Jetzt! Das Gallup- Prinzip für individuelle Entwicklung und erfolgreiche Führung. Frankfurt a. M./New York (Campus).
Cameron, K. (2005): Organizational effectivness: Its Demise and re-emergence through positive organizational scholarship. Verfügbar unter: www.bus.umich.edu/Positive [23.12.2007].
Capra, F. (1997): Das Tao der Physik. Die Konvergenz von westlicher Wissenschaft und östlicher Philosophie. München (Knaur).
Cooperrider, D., P. F. Sorensen jr., D. Whitney a. T. F. Yaeger (eds.) (2000): Appreciative inquiry. Rethinking organzisation toward a positive theory of change. Campaign/IL (Stipes).
Csikszentmihalyi, M. (1992): Flow. Das Geheimnis des Glücks. Stuttgart (Klett-Cotta). Dannemiller, T. (2000): Whole scale change. Unleashing the magic in organizations. San Francisco (Berett-Koehler).
Drucker, P. F. (2005): Was ist Management? Das Beste aus 50 Jahren. Berlin (Econ).
Etymologisches Wörterbuch des Deutschen (2000). München (dtv), 5. Aufl.
Fisher, R., W. Ury u. B. Patton (2003): Das Harvard Konzept. Frankfurt a. M. (Campus).
Foerster, H. von (1993): KybernEthik. Berlin (Merve).
Frey, D., S. Oßwald, C. Peus u. P. Fischer (2006): Positives Management, ethikorientierte Führung und Center of Excellence. Wie Unternehmenserfolge und Entfaltung der Mitarbeiter durch neue Unternehmens- und Führungskulturen gefördert werden. In: M. Ringlstetter, S. Kaiser u. G. Müller-Seitz (Hrsg.): Positives Management. Zentrale Konzepte und Ideen des Positive Organizational Scholarship. Wiesbaden (Deutscher Universitäts-Verlag), S. 237–268.
Fritz, R. (2000): Den Weg des geringsten Widerstandes managen. Stuttgart (Klett-Cotta).
Jullien, F. (1999): Über die Wirksamkeit. Berlin (Merve).

Literatur

Königswieser, R. u. A. Exner (1998): Systemische Interventionen. Stuttgart (Klett-Cotta).
Kotter, J. P. (1997): Chaos, Wandel, Führung. Düsseldorf (Econ).
Layard, R. (2005): Die glückliche Gesellschaft. Frankfurt a. M. (Campus).
Lelord, F. (2004): Hectors Reise oder Suche nach dem Glück. München (Piper).
Luhrmann, N. (1988): Was ist Kommunikation? In: F. B. Simon (Hrsg.): Lebende Systeme. Heidelberg (Springer).
Luhmann, N. (2000a): Organisation und Entscheidung. Opladen/Wiesbaden (Westdeutscher Verlag).
Luhmann, N. (2000b): Vertrauen. Ein Mechanismus der Reduktion sozialer Komplexität. Stuttgart (Lucius und Lucius), 4. Aufl.
Maturana, H. u. F. Varela (1984): Der Baum der Erkenntnis. Bern/München (Goldmann).
Mintzberg, H., B. Ahlstrand u. J. Lampel (2001): Strategy Safari. Eine Reise durch die Wildnis des strategischen Managements. Wien/Frankfurt a. M. (Ueberreuter).
Morgan, G. (1997): Bilder der Organisation. Stuttgart (Klett-Cotta).
Morgenstern, C. (1905): Galgenlieder. Berlin (Cassirer) [Neuausg. (2008), Frankfurt a. M. (Fischer).].
Nagel, R. u. R. Wimmer (2004): Systemische Strategieentwicklung. Stuttgart (Klett-Cotta).
Nagel, R., B. Krische, T. Groth u. T. Schumacher (2006): Führungsherausforderungen in unterschiedlichen Organisationsarchitekturen. *Zeitschrift für Organisationsentwicklung und Change Management* (2): 58–67.
Neuberger, O. (2002): Führen und führen lassen. Stuttgart (Lucius und Lucius), 6., völlig neu überarb. und erw. Aufl.
Peter, L. J. u. R. Hull (2001): Das Peter-Prinzip oder die Hierarchie der Unfähigen. Reinbek bei Hamburg (Rowohlt).
Peterson, C. u. N. Park (2006): Positive Organizational Scholarship. In: M. Ringlstetter, S. Kaiser u. G. Müller-Seitz (Hrsg.): Positives Management. Zentrale Konzepte und Ideen des Positive Organizational Scholarship. Wiesbaden (Deutscher Universitäts-Verlag), S. 11–31.
Pfeffer, J. (2006): Evidence-based management. *Harvard Business Review* 1.
Pfeffer, J. u. R. I. Sutton (2007): Harte Fakten. Gefährliche Unwahrheiten und absoluter Unsinn. München (Pearson Business).
Pinnow, D. F. (2006): Führen – Worauf es wirklich ankommt. Wiesbaden (Gabler), 2. Aufl.
Probst G. J. B., S. Raub u. K. Rombart (2006): Wissen managen. Wie Unternehmen ihre wertvollste Ressource optimal nutzen. Wiesbaden (Gabler).
Riemann, F. (1984): Grundformen der Angst. Eine tiefenpsychologische Studie. München/Basel (Ernst Reinhardt).
Ringlstetter, M., S. Kaiser u. G. Müller-Seitz (Hrsg.) (2006): Positives Management. Zentrale Konzepte und Ideen des Positive Organizational Scholarship. Wiesbaden (Deutscher Universitäts-Verlag).
Roth, G. (2001): Fühlen, Denken, Handeln: Wie das Gehirn unser Verhalten steuert. Frankfurt a. M. (Suhrkamp).

Schein, E. H. (2006): Leadership and culture as evolutionary process. *Hernsteiner* 19 (1): 8–12.
Schwarz, G. (1985): Die „Heilige Ordnung" der Männer. Wiesbaden (Westdeutscher Verlag).
Seliger, R. (2007a): Train Mail. Verfügbar unter: www.train.at [23.12.2007].
Seliger, R. (2007b): Wer wird sich wessen bewusst und warum genau? In: N. Tomaschek (Hrsg.): Die bewusste Organisation. Steigerung der Leistungsfähigkeit, Lebendigkeit und Innovationskraft von Unternehmen. Heidelberg (Carl-Auer).
Seliger, R. (2008): Einführung in Großgruppenmethoden. Heidelberg (Carl-Auer).
Seliger, R., H. Schober u. J. Sicher (2006): Gesunde Mitarbeiter – gesunde Organisation. In: P. Heintel, L. Krainer u. M. Ukowitz (Hrsg.): Beratung und Ethik. Berlin (Ulrich Leutner).
Seligman, M. E. P. (2005): Der Glücksfaktor. Bergisch Gladbach (Lübbe).
Senge, P. (1996): Die fünfte Disziplin. Stuttgart (Klett-Cotta).
Simon, F. B. (2004): Gemeinsam sind wir blöd!? Die Intelligenz von Unternehmen, Managern und Märkten. Heidelberg (Carl-Auer).
Simon, F. B. (2007): Einführung in Systemtheorie und Konstruktivismus. Heidelberg (Carl-Auer).
Simon, F. B. CONECTA (1992): »Radikale« Marktwirtschaft. Grundlagen des systemischen Managements. Heidelberg (Carl-Auer).
Sprenger, R. K. (2002): Mythos Motivation. Frankfurt a. M. (Campus).
Steinbrecht-Baade, C. (1998): Traditionelle Chinesische Medizin. Gesundheit, Glück und langes Leben. Rastatt (Moewig).
Thieme, K. H. (1995): Das ABC des Selbstmanagements. Wiesbaden (Gabler).
Titscher, S. (1997): Professionelle Beratung. Was beide Seiten vorher wissen sollten. Wien (Ueberreuter).
Trebesch, K. (Hrsg.) (2000): Organisationsentwicklung. Konzepte, Strategien, Fallstudien. Stuttgart (Klett-Cotta).
Varga, M. von Kibéd u. I. Sparrer (2000): Ganz im Gegenteil. Heidelberg (Carl-Auer).
Watzlawick, P., J. H. Beavin u. D. D. Jackson (2000): Menschliche Kommunikation. Bern (Hans Huber), 10. Aufl.
Weber, G. (2000): Praxis der Organisationsaufstellung. Heidelberg (Carl-Auer).
Weick, K. E. (1996): Drop your tools: An allegory for organizational studies. *Administrative Science Quarterly* (June): 301–313.
Weick, K. E. u. K. M. Sutcliffe (2003): Das Unerwartete managen. Wie Unternehmen aus Extremsituationen lernen. Stuttgart (Klett-Cotta).
Willke, H. (2007): Einführung in systemisches Wissensmanagement. Heidelberg (Carl-Auer).
Wimmer, R. (2004): Organisation und Beratung. Heidelberg (Carl-Auer).

Über die Autorin

Ruth Seliger, Dr., Studium von Pädagogik, Wirtschafts- und Sozialgeschichte, Philosophie; 1986 Gründung von Train Consulting; seither geschäftsführende Gesellschafterin. Ausbildungen in systemischer Beratung, Appreciative Inquiry und Großgruppenmethoden.

Systemische Organisationsberatung

- Change Management
- Leadership Development Programme
- Human Resource Management Consulting

Lerngänge

- Systemische Organisationsberatung und Coaching
- Systemisches Leadership
- Systemische Strategie-Entwicklung

TRAIN Consulting GmbH, A-1070 Wien, Zollergasse 7/5
T +43-1-526 07 40, train@train.at, www.train.at

Ruth Seliger
Einführung in Großgruppen-Methoden

126 Seiten, 18 Abb., Kt, 2008
ISBN 978-3-89670-618-8

In den letzten Jahren wurde für die Gestaltung von Veränderungsprozessen eine Reihe von Methoden entwickelt, die auch in großen Organisationen effektiv und effizient eingesetzt werden können. Ruth Seliger, Organisationsberaterin mit jahrzehntelanger Praxis, beschreibt in dieser Einführung die wichtigsten dieser Großgruppenmethoden: Zukunftskonferenz, Real Time Strategic Change (RTSC), Open Space, Appreciative Inquiry Summit und World Café.

Die einzelnen Methoden werden mit ihren theoretischen Grundlagen, ihren Prinzipien und methodischen Besonderheiten vorgestellt. Zu jeder Methode werden praktische Hinweise zu Einsatzmöglichkeiten, Gestaltung und Durchführung geboten.

„Dieses Buch ist ein hervorragender, kompetent geschriebener Einstieg in die faszinierende Welt der Großgruppenmethoden. Ruth Seliger gibt nicht nur eine Übersicht über die wichtigsten Methoden, sie bettet sie in einen Kontext ein, der die Bedeutung der Methoden erst verständlich macht. Eine solche Einführung gab es bisher nicht – sie hat eine wichtige Lücke gefüllt."

Dr. Matthias zur Bonsen

Fritz B. Simon
Einführung in die systemische Organisationstheorie

128 Seiten, 12 Abb., Kt, 2007
ISBN 978-3-89670-602-7

Ob Arbeitsagentur, Sportverein oder Handyanbieter – Organisationen bestimmen unser tägliches Leben. Gemessen an den unzähligen Kontakten als Mitglieder oder Kunden wissen wir jedoch wenig über ihre innere Logik und Verhaltensweisen.

Selbst denjenigen, die eine Organisation führen, geht es oft nicht anders. Wer hier seine Erfahrungen mit anderen sozialen Systemen, etwa der Familie, auf den Umgang mit Organisationen überträgt, wird nicht weit kommen. Hier bedarf es einer theoretischen Vorstellung, wie sie diese Einführung liefert.

Fritz B. Simon lenkt den Blick auf den zentralen Punkt der (Wechsel-)Beziehungen zwischen den Mitgliedern der Organisation und der Organisation als soziale Einheit. Auf der Basis von Systemtheorie und Konstruktivismus vermittelt er ein Grundverständnis für die Funktionslogik von Organisationen. Man lernt so, mit der Eigenlogik von Organisationen zu rechnen, sie zu nutzen oder sich gegebenenfalls vor ihr zu schützen und zielgerichtet zu handeln.

„Eine prägnante, übersichtliche und kurze Zusammenfassung zur systemischen Organisationstheorie. Das Buch ist gut strukturiert, die Argumente klar nachvollziehbar, die Themen bauen aufeinander auf und sind mit großem Vergnügen zu lesen."   OrganisationsEntwicklung

Harrison Owen

The Spirit of Leadership
Führen heißt Freiräume schaffen

140 Seiten, Gb, 2. Aufl. 2008
ISBN 978-3-89670-664-5

Überall wird nach Führung und Führungspersönlichkeiten verlangt – in der Hoffnung, dass ein charismatischer Führer in einer unüberschaubaren Welt den Weg weist. Harrison Owen, der „Erfinder" der Open-Space-Technologie, zeigt in diesem Buch, dass solche Hoffnungen in die Irre führen.

Um die aktuellen wirtschaftlichen Probleme und Fragen zu lösen, müssen auf allen Hierarchieebenen Mitarbeiter Verantwortung übernehmen und ihre Kreativität einsetzen können. Für die Führenden geht es nicht darum, Wandel zu erkämpfen oder zu bekämpfen, sondern sich mit dem Fluss des Geschehens treiben zu lassen, ohne dabei die Steuerung aufzugeben. Darin besteht der „Spirit of Leadership".

„Gegenüber der Machbarkeitsrhetorik vieler Management-Bücher bildet das Buch mit seinen Geschichten und persönlichen Erfahrungen einen guten Kontrast."
OrganisationsEntwicklung

Bernhard Krusche

Paradoxien der Führung
Aufgaben und Funktionen
für ein zukunftsfähiges Management

189 Seiten, Gb, 2008
ISBN 978-3-89670-619-5

Bernhard Krusche, Partner der renommierten Organisationsberatungsfirma osb international AG, fordert eine Abkehr von dem traditionellen Führungsverständnis, die Verhältnisse und die Wirkung des eigenen Tuns seien berechen- und kontrollierbar. Gleichzeitig macht er deutlich, wie konstruktives und zielbewusstes Führen in der Praxis aussehen kann.

Anhand der zentralen Stichworte Entscheidung, Kommunikation und Kontingenz erläutert der Autor, welches Verständnis von Organisation den aktuellen wirtschaftlichen, sozialen und politischen Herausforderungen gerecht wird und welche neuen Aufgaben für Führungskräfte damit verbunden sind.

„In diesem Buch finde ich gründliche Analysen und durchdachte Praxishinweise zum aktuellen Stand der Führungsdiskussion, die den immer größer werdenden Herausforderungen tatsächlich gerecht werden. Es ist jeder Führungskraft uneingeschränkt zu empfehlen."
Johannes Friedrich
CEO Skandia Versicherungen Deutschland

Carl-Auer Verlag

Sagen Sie uns die Meinung!

Carl-Auer – immer ein Gewinn!

Mit Büchern von Carl-Auer können Sie doppelt gewinnen: beim Lesen neue Erkenntnisse und nach dem Lesen neue Bücher!

Wie? Ganz einfach: Sagen Sie uns die Meinung! Wir verlosen monatlich ein Buch unter denjenigen, die ihre Kurzkritik zu einem unserer Bücher an Carl-Auer senden.

Bei jedem Buch auf www.carl-auer.de finden Sie in der rechten Spalte die Rubrik *Lesermeinung abgeben*. Einfach anklicken, ausfüllen, abschicken und gewinnen!

Viel Glück!

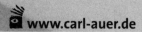

Paradoxien und Alternativen 547

reinen Quantenzustand. Also kann man bis zur Zeit t_1 warten, ehe man *wählt*, welche Größe man an X_1 messen will. Diese verzögerte Wahl der zu messenden Observablen von X_1 entscheidet dann auch, in einem Eigenzustand welcher Observablen sich X_2 finden wird, wenn man die Messung auf dem Sirius kontrolliert. Nach der Realitätsannahme müßte aber X_2 in diesem Zustand von t_0 an gewesen sein. Also würde aus der Realitätsannahme eine *Rückwirkung* der Messung an X_1 zur Zeit t, auf den Zustand von X_2 unmittelbar nach t_0 folgen.

Alle diese Folgerungen sind selbstverständlich, wenn man die ψ-Funktion als *Wahrscheinlichkeitskatalog* deutet. Gesetzmäßig bestimmte Wahrscheinlichkeiten sind stets *bedingte Wahrscheinlichkeiten*. Die verzögerte Wahl der zu messenden Observablen von X_1 ist zugleich die Wahl der *Bedingung*, unter der das Resultat einer Messung an X_2 prognostiziert werden soll, also des statistischen Ensembles, von dem X_2 zur Zeit t_1 als ein Fall gezählt werden soll. Was Einsteins Überlegung an den Tag bringt, ist nur, daß die quantentheoretische Struktur dieses Wahrscheinlichkeitskatalogs (nämlich das Superpositionsprinzip für ψ) mit der Realitätsannahme unverträglich ist.

β) *Ein älteres Gedankenexperiment mit verzögerter Wahl.* Jammer (1974, S. 178–180) hat darauf hingewiesen, daß in meiner ersten physikalischen Publikation (1931) schon explizit ein Experiment mit verzögerter Wahl beschrieben wird. In einem Brief von 1967 hat er mich auf diese Analogie aufmerksam gemacht, von der ich nicht mehr weiß, ob sie mir 1935 anläßlich der Arbeit von Einstein, Podolsky und Rosen aufgefallen ist. Meine Arbeit, die Heisenberg angeregt und überwacht hatte, war eine Kontrolle, ob die damalige Fassung der Quantenelektrodynamik von Heisenberg und Pauli (1929) geeignet sei, das Heisenbergsche Gammastrahl-Mikroskop korrekt zu beschreiben.

Die angenommene Versuchsanordnung war eine optische Linse, unter der sich ein Elektron irgendwo in einer vorweg bestimmten, zur Mittelebene der Linse parallelen Ebene (»Objektebene«) befindet. Ferner sei sein Impuls parallel zur Ebene vor dem Versuch bekannt. Das Elektron hat also eine möglichst scharf bekannte z-Koordinate. Ein Lichtquant fällt von der Seite ein, wird am Elektron gestreut, geht durch die Linse und wird auf einer photographischen Platte jenseits (d. h. oberhalb) der Linse absorbiert. Es macht dort auf einem Punkt mit den Koordinaten ξ, η eine Schwärzung. Was kann man daraus für das Elektron folgern? Wenn die Platte, wie man es gewöhnlich tun wird, in die der Objektebene zugeordnete *Bildebene* gelegt war, so folgen aus den Gesetzen der Optik die Ortskoordinaten x, y in der Objektebene, an denen das Lichtquant vom Elektron gestreut wurde. Hat man aber statt dessen die *Brennebene* der Linse für die Lage der Platte gewählt, so folgt aus ξ, η die Flugrichtung des Lichtquants vor dem Durchgang durch die Linse, also, gemäß dem Impulssatz, der Impuls des Elektrons nach der Streuung. Nun kann der Beobachter im Prinzip (bei großen Dimensionen und rasch beweglicher Platte) erst *nach* dem Streuprozeß am Elektron *wählen*, in welche Ebene er eine vorher bereitgelegte Platte von der Seite her einschieben will. Also entscheidet er hierdurch erst nach der Meßwechselwirkung, ob das Elektron durch sie einen gut definierten Ort oder einen gut definierten Impuls erhält.

Jammer war erstaunt, daß ich diesem Gedanken damals nicht mehr Gewicht beigemessen, sondern ihn eher en passant eingeführt hatte. Auf seine briefliche Frage antwortete ich: »Das Problem, das zu dieser Arbeit geführt hat, war sicher dem von Einstein, Rosen und Podolsky nahe verwandt. Der Unterschied war nur, daß Heisenberg, der es mir vorschlug, und ich ebenso diesen Sachverhalt nicht als ein Paradoxon ansahen wie die drei Autoren, sondern eher als ein willkommenes Beispiel, um den Sinn der Wellenfunktion in der Quantenmechanik zu illustrieren. Daher hatte die Sache für uns nicht das Gewicht, das sie für Einstein und seine Mitarbeiter aufgrund von Einsteins philosophischen Intentionen bekam. Der Zweck meiner Arbeit war nicht, Tatsachen zu verdeutlichen, die uns selbstverständlich waren, sondern mit Hilfe einer quantenfeldtheoretischen Rechnung die Konsistenz der zugrunde liegenden Annahmen zu prüfen. Die Arbeit war eigentlich eher eine Übungsaufgabe in Quantenfeldtheorie, und der Zweck, für den Heisenberg sie mir vorgeschlagen hatte, war eher ein Test, ob die Quantenfeldtheorie gute Quantentheorie sei, als eine erneute Analyse der Quantentheorie selbst.«

Jammer macht in seinem Buch hierzu die faire und doch etwas verwunderte Bemerkung, die ich um der Genauigkeit willen im englischen Original zitiere: »It may well be that Heisenberg and von Weizsäcker were fully aware of the situation without regarding it as a problem. But as happens so often in the history of science, a slight critical turn may open a new vista with far-reaching consequences. As the biochemist Albert Szent-Györgyi once said: ›Research is to see what everybody has seen and to think what nobody has thought.‹ In fact, even if it was only a slight turn in viewing a well-known state of affairs, the work of Einstein and his collaborators raised questions of far-reaching implications and thus had a decisive effect on the subsequent development of the interpretation of quantum mechanics.« (S. 180)

Meine spontane Reaktion, als ich nach 1974 diesen Passus in Jammers Buch las, war, daß ich neben das Wort »decisive« im letzten Satz an den Rand schrieb: »i.e.: misleading.« In der Tat hielt und halte ich diese ganze Debatte für ein bloßes Nachhutgefecht. Trotzdem war meine Reaktion vermutlich ungerecht. Mein Respekt vor Einstein ist, wie ich schon im Vorwort dieses Buchs gesagt habe, von Jahrzehnt zu Jahrzehnt gewachsen. Sein Insistieren auf einer Position, der die Geschichte keinen Erfolg gegönnt hat, war gleichwohl wichtig, um, sei es auch nur als »Trauerarbeit«, eine gewisse Leichtfertigkeit zu überwinden, welche nicht Bohr und Heisenberg, aber ihre Nachfolger in der Deutungsfrage hatten – die Leichtfertigkeit, die sich in siegreichen Schulen so rasch einstellt. Wir Jungen waren in den Dreißigerjahren gegenüber Einsteins Reaktion auf die Quantentheorie von einem grenzenlosen Hochmut. Die EPR-Arbeit imponierte uns nicht sehr; die Reaktion war eher: »Also hat Einstein jetzt auch verstanden, was die Quantentheorie wirklich behauptet.«

Ich selbst habe freilich damals, etwa bis 1954, immer wachsend unter dem Empfinden gelitten, daß ich die Quantentheorie nicht verstand. Logisch hatten sie, so schien mir um 1935, vielleicht vier bis fünf Leute verstanden, etwa Heisenberg, Pauli, Dirac, Fermi; ich gewiß nicht. Philosophisch verstand sie, so schien mir, nur Bohr; ihn verstand kein anderer; und zudem wußte selbst Bohr, so schien mir weiter, nicht das letzte Wort über sie. Völlig oberflächlich erschien mir die Subsumtion der Kopenhagener Deutung unter »Positivismus«. Ich bedauerte, daß selbst Einstein Bohr im Grunde unter die Positivisten einreihte. Die Ferne der Kopenhagener Deutung vom Positivismus hat sich seitdem schon in der völligen Unfähigkeit der neopositivistischen Wissenschaftstheorie gezeigt, die Gedankengänge von Bohr und Heisenberg auch nur korrekt darzustellen, geschweige denn, sie in ihrem Gewicht zu sehen oder gar zu interpretieren.

Die Tatsache, daß die Quantentheorie von den Physikern selbst zwar korrekt angewandt, aber niemals wirklich, d. h. aussprechbar, verstanden wurde, konnte auf die Dauer nicht verborgen bleiben. Das war die legitime Basis der von Einstein ausgelösten, in den Sechziger- und Siebzigerjahren zeitweilig zur Lawine anwachsenden neuen Deutungsdebatte. Aber mir schien, daß der »Realismus«, den die meisten Kritiker wieder anstrebten, philosophisch um nichts besser war als der bekämpfte Positivismus. *Diese* Richtung der Deutungsdebatte schien mir von vornherein zum Scheitern verurteilt, und ich habe mich nie an ihr beteiligt. Einsteins eigener Realitätsbegriff hatte freilich eine sehr tiefe philosophische Wurzel. Ehe wir uns darauf einlassen, sollten wir aber die logische Analyse des EPR-Experiments noch um einen Schritt weiterführen.

γ) *Semantische Konsistenz der Wahrscheinlichkeitsdeutung, anhand des EPR-Modells.* Zum Zweck des einfacheren Ausdrucks wählen wir ein vereinfachtes Modell des EPR-Experiments, das nicht Orts- und Impulsmessungen, sondern zwei binäre Alternativen aneinanderkoppelt. Es stammt aus Bohms Lehrbuch der Quantentheorie (1951, S. 614–619); vgl. Jauch (1968, S. 185–187) und mein (1973). Ein Spin 0-Teilchen möge in zwei Spin ½-Teilchen zerfallen, ohne Austausch von Spin- und Bahn-Drehimpuls. Die zwei Teilchen werden später an den zwei weit voneinander entfernten Orten x_1 und x_2 (»Erde« und »Sirius«) beobachtet. Beide Beobachter können wählen, ob sie die Spin-Komponente ihres Teilchens in der y- oder in der z-Richtung messen wollen. Wir reden von drei

Paradoxien und Alternativen 551

Beobachtern: A, B_1, B_2. A besitzt die anfängliche Information, die wir in den letzten paar Sätzen ausgesprochen haben. B_1 mißt am Ort x_1, B_2 am Ort x_2. Nach den Messungen teilen sie einander ihre Ergebnisse mit und überprüfen ihre Vorhersagen. A und B_1 wußten anfangs nicht, welches der zwei verfügbaren Experimente B_2 auszuführen beschließen würde. Wir nennen diese beiden Experimente y_2 und z_2, und ihre möglichen Ergebnisse y_2^+, y_2^- und z_2^+, z_2^-. Also bedeutet z. B. y_2^+: Der Spin des Teilchens am Ort 2 wurde in der y-Richtung gemessen und positiv gefunden. Ebensowenig wußten A und B_2, welches der Experimente y und z_1, mit den möglichen Resultaten y_1^+, y_1^- und z_1^+, z_1^- von B_1 ausgeführt werden würde. A besitzt nun eine Liste von vier bedingten Wahrscheinlichkeiten p, die von den möglichen Wahlen der beiden Beobachter B_1, B_2 abhängt.

	p		p		p		p
$y_1^+ y_2^+$	0	$z_1^+ z_2^+$	0	$y_1^+ z_2^+$	¼	$z_1^+ y_2^+$	¼
$y_1^+ y_2^-$	½	$z_1^+ z_2^-$	½	$y_1^+ z_2^-$	¼	$z_1^+ y_2^-$	¼
$y_1^- y_2^+$	½	$z_1^- z_2^+$	½	$y_1^- z_2^+$	¼	$z_1^- y_2^+$	¼
$y_1^- y_2^-$	0	$z_1^- z_2^-$	0	$y_1^- z_2^-$	¼	$z_1^- y_2^-$	¼

Nehmen wir an, B_1 messe y_1 und finde y_1^+. Er hat danach zwei bedingte Wahrscheinlichkeiten für das Ergebnis, das ihm B_2 berichten wird.

	p		p
y_2^+	0	z_2^+	½
y_2^-	1	z_2^-	½

Nehmen wir an, B_2 messe y_2. A wird, wenn er weiß, welche Messungen die beiden B anstellen, nämlich in unserer jetzigen Annahme y_1 und y_2, wenn er aber das Resultat von B_1 noch nicht weiß, für beide möglichen Resultate von B_2, also für y_2^+ und y_2^-, gemäß seiner Tabelle die Wahrscheinlichkeiten $p = ½$ vorhersagen. B_1 hingegen weiß, nach seinem Resultat y_1^+ gewiß*, daß B_2 das Resultat y_2^- berichten wird. Wenn die Quan-

---
*»Gewiß«, wie immer in solchen Gedankenexperimenten, wenn keine Fehler gemacht worden sind. Vgl. die Fußnote im 2. Kapitel, S. 85 über die Redensart »Irrtum ausgeschlossen«.

tentheorie richtig ist, wird B_2 in der Tat y_2^- finden. Er wird nun seinerseits vorhersagen, daß B_1, wenn er y_1 gemessen hat, das Resultat y_1^+ berichten wird. Wir können alle aufgezählten Fälle durchgehen und werden keinen Widerspruch finden. Daß verschiedene Beobachter demselben möglichen experimentellen Resultat je nach ihrem Vorwissen verschiedene Wahrscheinlichkeiten zuschreiben, ist völlig normal: vgl. 3.3. Jeder von ihnen wird genau seine Wahrscheinlichkeit empirisch als relative Häufigkeit empirisch testen können, wenn er die Messung oft wiederholt in demjenigen Ensemble, das seinem Vorwissen entspricht. Dieser schon aus der klassischen Wahrscheinlichkeitsrechnung bekannte Sachverhalt gilt selbstverständlich auch für ψ-Funktionen. Es ist völlig legitim, wenn zwei verschiedene Beobachter denselben Vorgang mit zwei, je nach ihrem Vorwissen verschiedenen ψ-Funktionen prognostizieren. Insbesondere kann auch A fortfahren, die spätere Zukunft mit seinem ursprünglichen Zustandsvektor vorherzusagen, wenn er die Ergebnisse von B_1 und B_2 nicht kennt; nur darf er die unbekannte Phasenänderung nicht vergessen, die an seiner ψ-Funktion durch die Messungen der beiden B entstehen. Die unreduzierte Wellenfunktion ist einfach der Wahrscheinlichkeitskatalog für einen Beobachter, der das Ergebnis späterer Messungen nicht kennt. Wir kommen unter g., anläßlich der Sprechweise von Everett, darauf zurück.

δ) *Einsteins Realitätsbegriff.* Hier ist nicht der Raum, Einsteins Philosophie ausführlich darzustellen. Wir verknüpfen jetzt nur sein Argument in der EPR-Arbeit mit dem metaphysischen Hintergrund seines Realitätsbegriffs.

Jammer (S. 185) unterscheidet im EPR-Argument für die Unvollständigkeit der Quantentheorie zwei ausdrücklich formulierte Kriterien und zwei stillschweigend angenommene Prämissen. Wir zitieren wieder im englischen Original, das seinerseits wörtliche Zitate aus der EPR-Arbeit enthält:

»1. *The reality criterion.* ›If, without in any way disturbing a system, we can predict with certainty (i.e., with probability equal to unity) the value of a physical quantity, then there

exists an element of physical reality corresponding to this physical quantity.‹
2. *The completeness criterion.* A physical theory is complete only if ›every element of the physical reality has a counterpart in the physical theory.‹
The tacitly assumed arguments are:
3. *The locality assumption.* If ›at the time of measurement... two systems no longer interact, no real change can take place in the second system in consequence of anything that may be done to the first system.‹
4. *The validity assumption.* The statistical predictions of quantum mechanics – at least to the extent they are relevant to the argument itself – are confirmed by experience.

We use the term ›criterion‹ not in the mathematically rigorous sense denoting necessary *and* sufficient conditions; the authors explicitly referred to 1 as a sufficient, but not necessary, condition of reality and 2 only as a necessary condition of completeness. The Einstein-Podolsky-Rosen argument then proves that on the basis of the reality criterion 1, assumptions 3 and 4 imply that quantum mechanics does not satisfy criterion 2, that is, the necessary condition of completeness, and hence provides only an incomplete description of physical reality.«

Uns interessiert hier der Ausgangspunkt, das *Realitätskriterium*. Oben haben wir es unter dem Titel der »Realitätsannahme« schon benützt. Charakteristisch für seine logische Struktur ist, daß es den Begriff der Realität nicht definiert, sondern eine *hinreichende* Bedingung seiner konkreten Anwendbarkeit angibt. *Wenigstens* wenn diese Bedingung erfüllt ist, will Einstein von Realität sprechen. Gerade dieses Kriterium wird von der Quantentheorie verletzt; deshalb sprechen die Quantentheoretiker nicht *in diesem Sinne* von Realität. Eine Definition des Realen gibt Einstein (1949, S. 80): »Die Physik ist eine Bemühung, das Seiende als etwas begrifflich zu erfassen, was unabhängig vom Wahrgenommen-Werden gedacht wird. In diesem Sinne spricht man vom ›Physikalisch-Realen‹. In der Vor-Quantenphysik war kein Zweifel, wie dies zu verstehen sei. In Newtons Theorie war das Reale durch materielle Punkte in Raum und Zeit, in der Maxwellschen Theorie durch ein Feld in Raum und Zeit dargestellt. In der Quantenmechanik ist es weniger durchsichtig.« Auch diese Erläuterung setzt aber das Gemeinte als vorweg verstanden voraus. Das philosophische Schlüsselwort ist »das Seiende«, im ersten Satz. Einstein selbst weiß, daß Zweifel möglich sind, »wie dies zu verstehen sei«. Er gibt daher unzweifelhafte Beispiele: Newtons und Maxwells klassische Physik. Was Realität jenseits dieser Modelle bedeuten soll, ist eben das Problem.

Es ist charakteristisch für die gesamte philosophische Richtung des »Realismus«, daß sie ihren Zentralbegriff der *Realität* nicht mehr durch eine Definition erklären kann, sondern ihn, bei ihren schwächeren Denkern unbemerkt, bei den stärkeren ausdrücklich, als durch sich selbst verständlich voraussetzt. Nun steckt hinter diesem Verhalten eines der philosophischen Grundprobleme. Wenn es überhaupt einen begrifflichen hierarchischen Aufbau der Philosophie geben kann, so muß es wohl einen oder wenige »Grundbegriffe« geben. Diese können dann offenbar nicht durch kunstgerechte Definition (durch Oberbegriff und spezifische Differenz) auf noch andere Begriffe zurückgeführt werden – sie wären dann eben noch nicht die Grundbegriffe gewesen. Die griechische Philosophie – Parmenides, Platon, Aristoteles – hat dieses Problem schon in einer Schärfe durchdacht, für welche moderne Wissenschaftstheoretiker oder gar Physiker meist kein Organ haben. Für sie war der zentrale Grundbegriff das *Sein.* Daher kommt in den deutschen philosophischen Sprachgebrauch, dem Einstein im obigen Zitat folgt, der Ausdruck »das Seiende«. Daß aber schon bei den Griechen »Sein« kein selbstverständlicher, sondern ein zutiefst rätselhafter Begriff ist, und daß der hierarchische Aufbau der Philosophie letztlich nicht möglich sein dürfte, hat in unserem Jahrhundert Heidegger wieder deutlich gemacht.*
Wir haben jetzt zu fragen, wo Einsteins Realitätsbegriff in dieser Spannung zwischen griechischer Metaphysik, klassischer Physik und Quantentheorie steht.

Die griechische Philosophie ging davon aus, nicht bloß Teile der Wirklichkeit, sondern das Ganze denken zu wollen. So verband sich ihr Begriff des Seins mit dem religiösen Blick aufs

---

* Zu all diesem vgl. *Zeit und Wissen.*

Ganze; sie war, wie Heidegger sagt, Onto-Theologie. »Gott« ist der populäre Name für das Eine, das bei Parmenides das Seiende heißt, bei Platon das Gute, bei Aristoteles der Geist (nūs). Dieser Hintergrund, das eigentliche, ewige Sein Gottes, gewährleistet dann das von sich selbst her unvollkommene, wandelbare Sein aller einzelnen Dinge.

Formal den entgegengesetzten Weg ging die klassische Physik. Sie prägte den Begriff vom Sein ihrer Gegenstände anhand der Dinge des Alltags, die sie um der mathematischen Beschreibung willen zu raumerfüllenden Körpern und schließlich zu Systemen von Massenpunkten stilisierte. Von den Dingen (res) stammt ihr Name für Sein: Realität, Dinghaftigkeit. Sie übernahm aber von der griechischen Metaphysik den Glauben an die Einheit des Seins. Sie versuchte alles Seiende *diesem* Seinsbegriff zu unterwerfen und schuf so das »Weltbild«, das Einstein in seiner Jugend kennenlernte und im Alter ironisch so beschrieb: »Am Anfang (wenn es einen solchen gab) schuf Gott Newtons Bewegungsgesetze samt den notwendigen Massen und Kräften. Dies ist alles; das Weitere ergibt die Ausbildung geeigneter mathematischer Methoden durch Deduktion.« (1949, S. 18) Im Lauf seines Lebens hat Einstein durch die beiden Relativitätstheorien, durch seinen Beitrag zur frühen Quantentheorie und durch den Gedanken einer einheitlichen Feldtheorie fast alles, was an diesem Weltbild konkretes Modell war, zerstört und durch Besseres ersetzt. Eben darum waren wir jungen Quantentheoretiker so verblüfft, ihn nicht auf Bohrs und Heisenbergs Seite zu finden. Wir waren bereit, in der Arbeit der Kopenhagener Schule die Krönung von Einsteins Lebenswerk zu sehen. Tatsächlich aber hat Einstein zwar die Modellvorstellungen geändert, aber den Realitätsbegriff der klassischen Physik nicht aufgegeben. Unter ε) werden wir die Struktur dieses Begriffs, im Zusammenhang mit dem Begriff des Raums noch etwas näher betrachten.

Einsteins Entscheidung in diesem Konflikt war letztlich metaphysisch bestimmt, und er wußte das. Im Gespräch brachte er gelegentlich ein philosophisches Argument unter scheinbar spielerischer Verwendung des Namens Gottes vor: »Gott würfelt nicht« oder »Raffiniert ist der Herrgott, aber boshaft ist er nicht«. Wenn man ihn stellte, antwortete er direkt: »Ich glaube an Spinozas Gott, der sich in der gesetzlichen Harmonie des Seienden offenbart, nicht an einen Gott, der sich mit den Schicksalen und Handlungen der Menschen abgibt.« (Vgl. Hoffmann u. Dukas 1978, S. 119) Spinozas Gott ist der Gott der griechischen Metaphysik. Es war gerade die Zeitlichkeit, die Einstein als nur subjektiv empfand.* Ich wiederhole hier eine schon mehrfach zitierte Äußerung: Vier Wochen vor seinem eigenen Tode schrieb er den Hinterbliebenen seines Jugendfreundes Besso: »Nun ist er mir auch mit dem Abschied von dieser sonderbaren Welt ein wenig vorausgegangen. Dies bedeutet nichts. Für uns gläubige Physiker hat die Scheidung zwischen Vergangenheit, Gegenwart und Zukunft nur die Bedeutung einer wenn auch hartnäckigen Illusion.« (Hoffmann u. Dukas, S. 302) Dies ist einerseits im Sinne der griechischen Metaphysik gedacht. Das Lehrgedicht des Parmenides hat Picht (1960) treffend als »die Epiphanie der ewigen Gegenwart« bezeichnet; für Platon im *Timaios* und für Plotin ist die Zeit »das nach der Zahl fortschreitende Abbild der Ewigkeit«. Andererseits aber stellt sich die »ewige Gegenwart« für Einstein unter dem Bilde des Raum-Zeit-Kontinuums der allgemeinen Relativitätstheorie dar, also nicht als eine die Mathematik übersteigende ursprüngliche Einheit, sondern als ein ausgedehnter vierdimensionaler Raum.

Gerade dieser Verbindung einer überzeitlichen Metaphysik mit der allgemeinen Relativitätstheorie ist nun freilich der methodische Ausgangspunkt des gegenwärtigen Buches genau entgegengesetzt. Wir beginnen, nicht um die Metaphysik zu kritisieren, auf die wir erst am Ende zurückkommen, sondern um die Physik aufzubauen, mit der Zeit in ihren Modi der Gegenwart, Vergangenheit und Zukunft. Wir behaupten nicht, diese Zeitstruktur sei eine letzte Wahrheit. Aber wir behaupten, daß sie aller Erfahrung und darum aller Erfahrungswissenschaft zugrunde liegt. Sie ist für uns so wenig »subjektiv«, daß sie uns umgekehrt erst gestattet, den Unterschied von Subjekt und Objekt und damit einen sinnvollen Begriff von Subjektivi-

---

* Dazu in: *Zeit und Wissen*, 4. Kapitel, »Gespräch zwischen Einstein und Carnap über das Jetzt«.

Paradoxien und Alternativen 557

tät zu formulieren. In ihrem Rahmen können wir dann auch sagen, was die Interpretation des Seins als »Realität« bedeutet. Der Realist behandelt alles Seiende wie Fakten.* Faktizität ist nach unserer Auffassung die Weise, wie der Physik die Vergangenheit gegeben ist. Einsteins von »realen« Ereignissen erfülltes Raum-Zeit-Kontinuum beschreibt, so gesehen, auch die Gegenwart und die Zukunft wie Vergangenheit. Möglichkeit ist für ihn nur subjektiv; deshalb darf Gott nicht »würfeln«. Die physikalische Auffassung von der Zeit ist es also, die uns von Einstein trennt.

ε) *Raum und Objekt.* Fragen wir, welche Elemente der Newton-Maxwellschen Physik in Einsteins Bild des »Physisch-Realen« beibehalten sind, so müssen wir die Begriffe des *Raums* und des *Objekts* nennen; »Objekt« ist unser Terminus, Einstein sagt dafür auch »System« oder »Seiendes«. Der Raum umfaßt, im soeben geschilderten Sinne, auch die Zeit. Der Raum selbst ist gemäß der allgemeinen Relativitätstheorie ein Seiendes. Alles andere für die Physik faßbare Seiende ist dadurch charakterisiert, daß und wie es im Raum ist. Massenpunkte sind lokalisiert, Körper lokalisiert und ausgedehnt, ein Feld ist eine Funktion der Ortskoordinaten, hat also an jedem Punkt im Raum einen Wert oder Werte. Wie fundamental die Räumlichkeit für diese Objekte ist, sieht man an Einsteins Erläuterung zum EPR-Versuch an zwei Systemen S_1 und S_2. »Nun muß aber der Realzustand von S_2 unabhängig davon sein, was an S_1 geschieht. Für denselben Realzustand von S_2 können also (je nach Wahl der Messung an S_1) verschiedenartige ψ-Funktionen gefunden werden. (Diesem Schlusse kann man nur dadurch ausweichen, daß man entweder annimmt, daß die Messung an S_1 den Realzustand von S_2 [telepathisch] verändert, oder aber daß man Dingen, die räumlich voneinander getrennt sind, unabhängige Realzustände überhaupt abspricht. Beides scheint mir ganz inacceptabel.)«

Bohr (1935, zitiert 1949, S. 234) antwortete auf Einsteins Realitätskriterium: »From our point of view we now see that

---

* Dies gilt nicht für Popper, für den die *Realität der Zeit* der Kern des Realismus ist.

the wording of the above mentioned criterion of physical reality proposed by Einstein, Podolsky, and Rosen contains an ambiguity as regards the meaning of the expression ›without in any way disturbing a system‹. Of course there is in a case like that just considered no question of a mechanical disturbance of the system under investigation during the last critical stage of the measuring procedure. But even at this stage there is essentially the question of an *influence on the very conditions which define the possible types of predictions regarding the future behaviour of the system.*[*] Since these conditions constitute an inherent element of the description of any phenomenon to which the term ›physical reality‹ can be properly attached, we see that the argumentation of the authors does not justify their conclusion that quantum-mechanical description is essentially incomplete.«

Im letzten Satz benützt Bohr, wie man sieht, seinen Begriff des Phänomens, um anzugeben, worauf der Ausdruck ›physikalische Realität‹ zu Recht angewandt werden kann. Die Entscheidung, an S_1 den Ort zu messen, definiert ein anderes Phänomen in Bohrs Sinne als die Entscheidung, an S_1 den Impuls zu messen. Der Übergang vom einen Fall zum andern ersetzt ein wohldefiniertes Phänomen durch ein anderes und ist in diesem Sinne allerdings eine »Störung des Systems«.

Daß man den Vorgang auch in der Endphase als ein einheitliches, S_1 und S_2 umfassendes Phänomen beschreiben muß, ist eben Bohrs Individualität des Prozesses. In der Tat ist die quantentheoretische Lösung genau die zweite der »inacceptablen« Lösungen Einsteins. Strenggenommen bleiben S_1 und S_2 so lange ein einziges Gesamtobjekt, als kein irreversibler Meßvorgang die Phasenbeziehung zwischen ihnen aufgelöst hat. Im Gesamtobjekt haben die Teile je für sich (s. 8.2 E) keine wohldefinierten Zustände; in gewissem Sinn kann man sagen, daß die Teilobjekte »an sich« so lange nicht existieren, außer wenn der Zustand des Gesamtobjekts ein Produkt von Zuständen der Teile ist.

Man kann aber nicht leugnen, daß uns das EPR-Experiment, obwohl die Quantentheorie es widerspruchslos beschreibt,

---

[*] Von Bohr kursiv gesetzt.

Paradoxien und Alternativen 559

den Bruch der Quantentheorie mit dem klassischen Objektbegriff in einer verblüffenden, »paradoxen« Weise vor Augen führt. Zwei Sandkörner, die sich berühren, sind unterschiedene Objekte, weil wir ihren Unterschied irreversibel beschreiben können; die um eine Siriusweite voneinander getrennten Systeme S_1 und S_2 sind, solange wir ihnen gemeinsam einen »reinen« Zustand zuschreiben können, nicht unterschiedene Objekte. Den zeitlichen Aspekt dieses Sachverhalts beschreibt Wheelers Begriff des »delayed choice«. Nicht nur einerlei wo, sondern auch einerlei wann der Beobachter in das System eingreift, verändert er den ganzen Zustand.

Nach unserer Auffassung legt Einstein hier den Finger auf eine Inkonsequenz der bisherigen, korrespondenzmäßigen Quantentheorie. Diese Theorie beschreibt den Raum, anders als die Objekte, als etwas im Sinne der klassischen Physik an sich Seiendes. Eben deshalb wirkt es verblüffend, daß Objekte an weit entfernten Orten *ein* Objekt sein sollen. Finkelstein (1968) hat die bisherige Quantentheorie als einen Hybrid aus einer Quantentheorie der Objekte und einer klassischen Theorie des Raumes bezeichnet. Finkelstein versuchte dem abzuhelfen, indem er auch eine Quantentheorie des Raumes korrespondenzmäßig aus der klassischen Geometrie herleitete. Unser Versuch der Urhypothese ist wohl noch radikaler. Er beginnt ohne jede korrespondenzmäßige Vorstellung außer dem Begriff der entscheidbaren Alternative, und er entwickelt sowohl den Raum wie die Objekte (Teilchen) aus den Darstellungen der Symmetriegruppe eines Systems von »Uren«. Es ist dann keineswegs selbstverständlich, daß ein Objekt überhaupt im Raum beschrieben werden muß. Eine Sirius-Entfernung ergibt sich als klassischer Grenzfall einer quantentheoretischen vorräumlichen Beschreibung schwerer, genähert klassischer Objekte wie Sonne, Erde und Sirius. Aber ein Objekt, dessen quantentheoretische Phasen bekannt sind, ist nicht an sich in zwei so weit entfernte Teile zerlegt, sondern ist ein Ganzes, im EPR-Fall mit einer endlichen Wahrscheinlichkeit, daß bei einer Messung des Distanzoperators $x_1 - x_2$ dieser als Wert die Siriusentfernung zeigen wird.

Unser Argument erkennt also Einsteins Kritik an der Quantentheorie anhand des EPR-Experiments in gewissem Umfang an, löst sie aber in der zu Einsteins Hoffnung entgegengesetzten Richtung auf: die bisherige Quantentheorie war noch keine ganz konsequente Quantentheorie.

e. *Verborgene Parameter*. Dieser Titel bezeichnet fast nur eine Lücke in unserem Buch. Ich habe mich mit der ersten der Theorien verborgener Parameter, derjenigen von Bohm (1952), sorgfältig beschäftigt (vgl. 7.7). Diese Beschäftigung hat, als Alternative zu Bohms Vorschlag, die in diesem Buch vorgetragene logische Auffassung der Quantentheorie ausgelöst. Ich war danach überzeugt, daß Theorien verborgener Parameter müßig wären, selbst wenn sie sich als formal möglich erweisen würden. Denn sie würden voraussichtlich eben die wunderbare Symmetrie der Quantentheorie, die ich jetzt aus einfachen Postulaten zu rekonstruieren suchte, wieder zerstören. Auch vermutete ich, daß eine klassische Kontinuumstheorie verborgener Parameter, wie z.B. Bohm sie zur Erklärung der ψ-Funktion zu verwenden hoffte, stets auf die in 7.1 geschilderten thermodynamischen Schwierigkeiten stoßen würde. Daher habe ich, wie wohl viele Angehörige der quantentheoretischen Zunft, die Literatur über verborgene Parameter nicht weiter verfolgt und in Ruhe das Scheitern der Versuche abgewartet. Hier folgen daher nur ein paar Bemerkungen.

Wie Jammer (S. 254) darlegt, stand Einstein den Theorien verborgener Variablen sympathisch, aber in jedem Einzelfall auch reserviert gegenüber. Er erhoffte nicht eine bloße Ergänzung der Quantentheorie durch zusätzliche Variable, sondern einen neuen Schritt, der so radikal wäre wie der Schritt von Newtons Gravitationstheorie zur allgemeinen Relativitätstheorie. Dies scheint in der Tat die einzige wissenschaftstheoretisch plausible Hoffnung. Einen solchen Weg wird man aber wohl gerade nicht finden, indem man nach einer bloßen Ergänzung der Quantentheorie sucht.

Ich war übrigens, wohl wieder wie die meisten »Zunftgenossen«, ebensowenig wie an einer positiven Theorie verborgener Parameter an einem Nachweis der Unmöglichkeit einer solchen Theorie interessiert. Unmöglichkeitsbeweise sind im Felde empirischer Theorien kaum zu führen. Wie soll man eine

Paradoxien und Alternativen 561

bisher unbemerkte Abänderung der empirischen Bestätigungen der bisherigen Theorie ausschließen? Heute hat sich die Meinung durchgesetzt, daß es keine dem betrachteten Objekt *internen* oder *lokalen* Parameter geben kann. Aber wie will man externe oder nichtlokale Parameter, also letztlich einen Einfluß der ganzen Welt auf das lokale Geschehen ausschließen?

Einen scharfen Unterschied sollte man aber machen zwischen *deterministischen* und *indeterministischen* Theorien verborgener Parameter. Die bisherigen Vorschläge sind wohl durchweg deterministisch. D. h. sie wollen die kausale Bestimmtheit der Zukunft durch die Gegenwart wiederherstellen. Man könnte sich aber auch eine verborgene »Faktizität der Zukunft« vorstellen, ohne daß das zukünftige Geschehen nach allgemeinen Gesetzen durch den gegenwärtigen Zustand bestimmt wäre. Wir gehen unter 13.4 auf diese Möglichkeit ein.

Ein starkes Argument gegen die Suche nach *deterministischen* Theorien verborgener Variablen ist das psychologische, daß man den konservativen Wunsch nach ihnen so leicht historisch erklären kann. Die klassische Theorie ist deterministisch. Die Quantentheorie kann diesen Determinismus als eine Konsequenz des formalen Determinismus der ψ-Funktion gemäß der Schrödingergleichung erklären, wenn man die ψ-Funktion nur auf den Grenzfall großer statistischer Gesamtheiten anwendet. Damit erklären wir den Glauben an den Determinismus durch seinen empirischen Erfolg im klassischen Grenzfall. Ein psychologisch erklärter Glaube hört aber, wenn man die Erklärung verstanden hat, meist nach einiger Zeit auf, ein überzeugender Glaube zu sein – es sei denn, man könne den Meta-Glauben, er sei psychologisch erklärt worden, selbst wieder psychologisch erklären.

f. Das quantentheoretische Mehrwissen. Wir beenden die Auseinandersetzung über verborgene Parameter mit einem Argument, das die korrespondenzmäßige Auffassung der Quantentheorie prinzipiell überschreitet. Heisenbergs Unbestimmtheitsrelation zeigt, daß die Quantenmechanik jedenfalls dann vermutlich widerspruchsfrei ist, wenn man auf die

Annahme verzichtet, daß die Größen der klassischen Punktmechanik, eben Ort und Impuls, stets existieren. Der ursprüngliche Ansatz der Theorien verborgener Parameter liegt in der Hoffnung, daß diese Größen an sich existieren, aber für die Quantentheorie »verborgen« sind. Dann kann man die Quantentheorie als eine *unvollständige* Theorie ansehen. Jammer (S. 185–186) weist darauf hin, daß man sie auch als *überbestimmt* ansehen könnte. Das EPR-Paradox entsteht gerade, weil die Quantentheorie über eine Siriusweite hinweg eine Phasenbezeichnung kennt, der in der klassischen Punktmechanik nichts entspricht. Jammer erwägt, diese Überbestimmtheit zu opfern. Aber eben auf diesen Phasenbeziehungen beruht der gesamte empirische Erfolg der Quantentheorie: Materiewellen, Stabilität der Atome und Moleküle, spezieller die Erklärung von Supraleitung und Superfluidität. Man kann sie nicht opfern, ohne die Theorie zu zerstören.

Umgekehrt muß man sagen: Das Charakteristikum der Quantentheorie ist, verglichen mit der klassischen Physik, nicht ein Wenigerwissen, sondern ein außerordentliches *Mehrwissen*. Versuchen wir dies quantitativ abzuschätzen. Wir nehmen an, bei einer gewissen Meßgenauigkeit könne man ein Kontinuum möglicher Meßwerte (etwa als Strecke auf einer Skala veranschaulicht) durch n Ja-Nein-Entscheidungen in kleinere noch unterscheidbare Intervalle zerlegen. Das gibt $N = 2^n$ unterscheidbare Meßwerte. Der Informationsgehalt *einer* Messung dieser Größe ist dann n bits. Nun unterwerfen wir diese N-fache Alternative der Quantentheorie. Jedes der möglichen N Meßresultate hat dann eine Wahrscheinlichkeit $p_k (k = 1 \ldots N)$. p_k muß zwischen Null und Eins liegen, mit der einzigen Nebenbedingung $\Sigma_k p_k = 1$. Dies ist für jedes k wieder ein Kontinuum, und wir wollen annehmen, daß durch große statistische Messungen in ihm wieder n Ja-Nein-Entscheidungen getroffen, also wieder N verschiedene Werte von p_k gemessen werden können.* Dann gibt es N^N unterscheidbare Quantenzustände des Objekts. Die empirische Bestimmung *eines* von ihnen hat den Informationsgehalt $n \cdot 2^n$ bits. Die mögliche klassische Information ist dann

---

* Da ψ komplex ist, sind es eigentlich $2N$ verschiedener Werte.

der Bruchteil 2^{-n} der möglichen quantentheoretischen Information. Man sieht an diesem Beispiel vielleicht am besten, was für eine ungeheure Aufgabe sich eine Theorie verborgener Parameter stellt, welche die positiven Ergebnisse der Quantentheorie nicht wieder verlieren will. In der Rekonstruktion der Quantentheorie auf dem zweiten Weg haben wir dieses Mehrwissen unter dem Namen des Postulats der Erweiterung als das eigentlich »realistische« Postulat in den Mittelpunkt der Argumentation gestellt.

g. *Poppers Realismus.* Dies ist wiederum nur eine mir schmerzliche Fehlanzeige. Nach einem ersten Klingenkreuzen 1934 (Popper 1934, Weizsäcker 1934; vgl. Jammer, S. 176–178) bin ich 1971 in einem Aufsatz über Heisenberg ausführlich auf Poppers Meinungen zur Quantenmechanik in seiner *Logik der Forschung* eingegangen. Auf das für Popper wichtige Problem, ob die ψ-Funktion, d. h. die Wahrscheinlichkeit, den Einzelfall oder die statistische Gesamtheit beschreibt, geht *Zeit und Wissen*, Kapitel 4, ein. Als ich Popper in den Siebzigerjahren persönlich kennenlernte, nahm ich mir vor, seine neueren Publikationen zur Deutung der Quantentheorie zu lesen und zu besprechen. Ich war ziemlich überzeugt, daß ich bei meiner kritischen Ansicht in diesem Spezialproblem bleiben würde, aber ich empfand es als Pflicht, dies explizit darzulegen. Ich habe die Zeit und Kraft dafür nicht gefunden. Nun fehlt hier der Abschnitt über Poppers Deutung der Quantentheorie und in *Zeit und Wissen* der Abschnitt über seine – mir in vielen Punkten einleuchtende, von der meinen aber doch verschiedene – Analyse des Wahrscheinlichkeitsbegriffs. *Zeit und Wissen* enthält nur eine kurze persönliche Würdigung dieses bedeutenden Mannes. Schließlich sei auf das 7. Kapitel des vorliegenden Buches verwiesen, sowie auf S. 583 in *Der Garten des Menschlichen*.

h. *Everetts Mehr-Welten-Theorie: Möglichkeit und Faktizität.* Everett hat 1957 eine Auffassung der Quantentheorie ohne Reduktion des Wellenpakets vorgeschlagen. Wenn man seine Theorie verbal nur wenig umformuliert, so ist sie nicht mehr so revolutionär, wie er selbst, seine Anhänger bis heute und auch Jammer gemeint haben (vgl. den Bericht bei Jammer, S. 507–519). Aber sie ist von allen hier aufgezählten Alternativen die einzige, die nicht hinter das schon von der Quantentheorie erreichte Verständnis zurück-, sondern vorwärts über es hinausstrebt. Ihre Schwäche scheint eher eine Formulierung in einer noch zu traditionellen Sprache zu sein, welche dann die wahre Radikalität der Quantentheorie inadäquat und gerade dadurch schockierend ausdrückt.

Everett schlägt vor, die Wellenfunktion niemals zu reduzieren und eben die unreduzierte Wellenfunktion als objektive Beschreibung der realen Welt aufzufassen. Wo immer die übliche Theorie ein Meßresultat durch Reduktion des Wellenpakets ausdrückt, treten folglich nach Everett alle möglichen Meßresultate gleichzeitig auf. Ihre quantentheoretische Superposition kann aber der jeweilige Beobachter wegen der Irreversibilität des Meßvorgangs und des dadurch eintretenden Verlusts der *Kenntnis* der Phase niemals wahrnehmen. Everetts Hypothese besagt dann, daß der Beobachter, *wenn* er ein bestimmtes Meßresultat gefunden hat, nicht wissen kann, daß er in den anderen Zweigen der Gesamtwellenfunktion jeweils die anderen Meßresultate gefunden hat. *Für ihn* verengt sich die Welt auf alles, was aus dem einen, von ihm wahrgenommenen Meßresultat folgt. *Für ihn* muß es also so scheinen, als gäbe es nur diesen Zweig der Welt, und er wird demgemäß von nun an eine reduzierte Wellenfunktion benutzen. Der *Theoretiker* aber, der den ganzen Vorgang rechnerisch verfolgt, weiß, daß alle möglichen Meßresultate gefunden worden sind. *Für den Theoretiker* also hat sich die Welt damit in so viele nicht miteinander kommunizierende, aber koexistente »Welten« gespalten, als es mögliche Meßresultate gibt. Und so in infinitum.

Diese verblüffende Beschreibung hat genau die Struktur der Novelle *Der Garten der sich verzweigenden Pfade* von J. L. Borges. Ein junger Chinese, der im Ersten Weltkrieg als deutscher Spion in England arbeitet, muß einen bestimmten Ortsnamen so schnell wie möglich an seine deutsche Spionagezentrale melden; Sieg oder Niederlage in Flandern hängen davon ab. Er sieht nur den Weg, durch eine sensationelle

Mordtat an dem Besitzer eines benachbarten Landguts, das zufällig denselben Namen trägt, den Namen in die morgigen Tageszeitungen zu bringen. In dem Besitzer des Guts findet er aber nun einen bedeutenden Sinologen, der eine Schrift des Großvaters unseres Chinesen über besagten Garten der sich verzweigenden Pfade ediert. Der Garten ist ein Bild des menschlichen Lebens. Jede menschliche Entscheidung wird in jeder möglichen Weise zugleich getroffen. Der Mensch, der sie getroffen hat, geht nachher also zugleich auf allen Pfaden, die ihm offen waren. Aber auf jedem Pfad kennt er nur die eine Entscheidung, die auf eben diesen Pfad geführt hat, und hat ihre physischen und moralischen Folgen zu tragen. Nun fragt sich unser Spion: Soll er den weisen und gütigen Gastgeber umbringen oder nicht? Er wird beides tun und auf beiden Pfaden nachher nur wissen, das eine getan zu haben, was auf diesen Pfad führte.

Everetts Theorie macht von fast allen Überlegungen Gebrauch, die wir zur semantischen Konsistenz der Quantentheorie angestellt haben: dem Informationsgewinn des Beobachters, der Quantentheorie des Meßapparats, der Irreversibilität der Messung und der Quantentheorie des Subjekts. Sie ist insofern eine vollständige, fehlerlose Quantentheorie. Sie kann durch eine einzige verbale Änderung auf unsere Deutung abgebildet werden: statt »mehrere Welten« muß man sagen »mehrere Möglichkeiten«. Wie oben in dγ) erörtert, ist es völlig legitim, daß verschiedene Beobachter, die verschiedene Fakten wissen, verschiedene Möglichkeiten und Wahrscheinlichkeiten anerkennen. Die unreduzierte Wellenfunktion des Beobachters A ist dort das Wissen, das er besitzt, solange er die Meßresultate von B_1 und B_2 nicht kennt. Verschiedene Möglichkeiten müssen einander ausschließen und zugleich bestehen: das *meint* man, wenn man sagt, mehreres sei nunmehr möglich, es ist also konstitutiv für den Begriff der Möglichkeit. Everett ist nur darin konservativ geblieben, daß er die Gleichsetzung von Realität und Faktizität aus der klassischen Physik übernommen hat. Hätte er zeitliche Logik gekannt, so hätte er eine weniger verblüffende, aber korrektere Beschreibung der Quantentheorie geben können.

Im 13. Kapitel werden wir von dem Modell einer Quantentheorie ohne Zustandsreduktion wesentlichen Gebrauch machen. Unsere Interpretation des Modells wird von derjenigen Everetts wesentlich abweichen; sie wäre aber ohne die Beschäftigung mit Everett nicht entstanden.

Zwölftes Kapitel
Der Informationsstrom

1. Die Suche nach der Substanz

Sinnend der Weise...
Sucht den ruhenden Pol in der Erscheinungen Flucht.
Schiller, Der Spaziergang

Vergänglichkeit ist eine Grunderfahrung des Menschen. Was strebte die Stabilität der ägyptischen Kunst an wenn nicht die Bewahrung des Lebens durch den ständig wiederkehrenden Tod hindurch? Seit ihren griechischen Anfängen hat die Wissenschaft das Bleibende in der Flucht der Erscheinungen gesucht. Die philosophische Frage nach der Substanz beginnt damit, nicht dieses oder jenes – die feste Erde, die Götter, das Wasser – als das Bleibende zu bezeichnen, sondern zu fragen, was man denn mit der Frage nach dem Bleibenden gemeint habe. Wir suchen das, was immer und überall, *unter* der wechselnden Oberfläche der Erscheinungen steht. Das, was darunter steht, das Sub-sistierende, die Substanz. Sie soll das eigentlich Seiende sein, das nicht wird und vergeht, sondern ist.

Hier ist eine philosophische Grundentscheidung getroffen worden. Nicht das Diesseits ist vergänglich, ein Jenseits aber unvergänglich. Nicht anderswo suchet das Bleibende, und hier nur das Vergehende. Das Seiende in den wechselnden Dingen selbst soll das Unvergängliche sein.

Die Naturwissenschaft der Neuzeit beginnt mit der klassischen Mechanik. Diese kennt Körper, von Kräften in der Zeit durch den Raum bewegt. Wir haben im Kapitel über das Gefüge der Theorien die Entwicklung bis in unser Jahrhundert verfolgt. Der Weg bis zur Quantentheorie hat alles, was der klassischen Mechanik bleibend schien, aufgelöst – dies ist der Grund der »Trauerarbeit« in der Deutungsdebatte zur Quantentheorie. Nur die Zeit selbst scheint zu bleiben.

Der Aufbau unseres Buches hat diese Situation schon vorausgesetzt und hat den Anfang von der Struktur der Zeit selbst her genommen. Wir haben den Aufbau so weit geführt, als uns das heutige Wissen gestattet. Nun kehren wir zur Frage nach dem Bleibenden oder dem Wesen zurück.* Das Bleibende oder das Wesen – damit ist der Ansatz der platonischen Philosophie bezeichnet. In ihr ist das, was ist und weder wird, noch vergeht, das Eidos, die Form oder Gestalt; eben das Wesen, wenn wir einen Ausdruck der deutschsprachigen Tradition benutzen. Das für die mathematische Naturwissenschaft wichtigste Beispiel sind die mathematischen Strukturen. Die in den Sand gezeichneten Kreise entstehen und vergehen und sind keine wahren Kreise; vom Kreis selbst jedoch, vom mathematischen Kreis, gibt es Erkenntnis seiner zeitüberdauernden Struktur. Eidos ist aber auch das Gerechte selbst, im Unterschied zu den nicht endenden Zweideutigkeiten unseres menschlichen Handelns. Eidos ist das Vorbild menschlicher Gemeinschaft, der Politeia, wie es der Philosoph nachzeichnet. Eidos ist in der mythischen Sprache des *Timaios* das ewige Vorbild, als dessen Abbild Himmel und Erde in mathematischer Ordnung gemacht sind. Die mythische Sprache scheint doch eine Trennung von Jenseits und Diesseits zu behaupten. Aber nur vom Nichtwissen aus, das noch in den Erscheinungen, den Schatten an der Höhlenwand befangen ist, scheint es so. Die Neuplatoniker bezeichnen das unaussprechbare Eine, den ewig das Eine anschauenden Geist und die sich und alle Dinge bewegende Seele der Welt als die Hypostasen, die Substanzen. Wer die Hypostasen gesehen hat, sieht, daß alles Erscheinende in Wahrheit bewegte Substanz ist.

Für die spätere Naturwissenschaft wirksam wurde der aristotelische Begriff der Usia, der »Seiendheit«. Er wird in zweierlei Bedeutung verwendet. Einerseits kann er die Form, das Eidos bezeichnen, in wörtlicher lateinischer Übersetzung die Essentia einer Sache, die unsere Tradition das Wesen der Sache nennt. Andererseits aber bezeichnet er – und das ist die leitende Bedeutung, die »erste Usia« – das aus Form und

---

* Dieses Kapitel, wie schon Abschnitt 5.7a, folgt mit einigen Modifikationen dem Aufsatz *Materie – Energie – Information* (1969), in: *Die Einheit der Natur* III, 5; als MEI zitiert.

Materie »zusammengewachsene« Con-cretum, das Ding. In diesem Sinne übersetzt man Usia als Substanz. Das Wort Hylē, lateinisch Materie, bedeutet ursprünglich Holz; als Terminus meint es den Stoff, der die Form annimmt, der »informiert« wird. Auf der Höhe aristotelischer Abstraktion bezeichnet Materie die Möglichkeit. Möglichkeit gibt es in der Zeit; durch sie gibt es Änderung, Kinesis, was wir meist verengend mit Bewegung übersetzen.* Substanz im aristotelischen Sinne ist also Form in der Materie. Die konkreten Dinge freilich entstehen und vergehen, indem die Materie die Form annimmt und wieder verliert. Die Form ist ewig, indem immer neue Dinge sie annehmen. Das klassische Beispiel ist die biologische Spezies, deren Individuen stets wieder ihresgleichen erzeugen; »Spezies«, Aussehen, ist die lateinische Übersetzung von Eidos. Der Stoff ist nicht ewig. Der jeweilige Stoff (z. B. dieses Holz, aus dem ein Schrank gemacht wird) ist selbst ein Konkretum aus der Form »Holz« und den Elementen als Materie. Aber auch die Elemente haben Form. Eine »erste Materie« ohne Form ist eine bloße Abstraktion.

Die aristotelische Physik ist, wie man sieht, umfassend. Sie ist einerseits den Phänomenen ganz nahe. Sie läßt sich in der Alltagssprache ausdrücken. Sie erreicht andererseits mit Begriffen wie Form und Möglichkeit eine sehr hohe Abstraktionsstufe. Das mechanische Weltbild der frühneuzeitlichen Physik ist in beiden Hinsichten enger. Es weicht sowohl von den Phänomenen wie von der höchsten Abstraktion zurück. Es postuliert konkrete Modelle der Realität jenseits der Phänomene: ausgedehnte Körper oder Massenpunkte, denen nur geometrische und kinematische Merkmale zukommen, während sie die sinnlichen Qualitäten nur »im Bewußtsein des Beobachters« als »subjektive« Eindrücke erzeugen.

Dieser Entwurf ist stark, insofern er mathematisch ist. Man kann aus ihm eindeutige Konsequenzen ziehen und diese experimentell bestätigen oder widerlegen. So erreicht man eine rasche gedankliche Weiterbildung der Modelle, wie wir sie im

---

* Vgl. den Aufsatz *Möglichkeit und Bewegung. Eine Notiz zur aristotelischen Physik* (1967), in: *Die Einheit der Natur* IV, 4.

6. Kapitel verfolgt haben. Sein zweifaches Zurückweichen erzeugt aber zugleich eine zweifache Unsicherheit. Als Substanz kennt er die Materie im Raum, später vielleicht die Kraftfelder; als »Entitäten« (was nur eine im Sprachgebrauch abstraktere Version für »Substanzen« ist) auch Raum und Zeit. Die Sinnesphänomene werden ins Subjektive abgedrängt. Descartes ist konsequent, wenn er das Bewußtsein nun als besondere Substanz einführt. Damit ist aber das unlösbare »Leib-Seele-Problem« erzeugt. Die materielle Substanz ist durch ihr Modell der seelischen Qualitäten beraubt. Weder für eine Wechselwirkung, noch für eine Identität beider Substanzen hat die neuzeitliche Naturwissenschaft ein Modell. Die Unsicherheit ist in der Tat zweifach: das erfolgreiche mechanische Modell schließt einerseits die Welt der Phänomene als bloß subjektiv aus, andererseits vermeidet es aber auch einen abstrakteren und darum umfassenderen Begriff der Substanz.

Freilich war auch in der griechischen Philosophie das Verhältnis von Leib und Seele ein Problem. In der aristotelischen Tradition nennt man die Seele die Form eines lebendigen Leibs. In der griechischen Sprachüberlieferung klingt dieser Ausdruck natürlich. Psychē bedeutet zunächst den lebendigen Atem und kann von da aus sowohl die Bedeutung der bewegenden und formenden Kraft wie die Bedeutung des lebendigen Empfindens und Bewußtseins annehmen. In der Eidos-Philosophie ist Form das Bleibende und eben darum Erkennbare. Die bewegende Seele als Form des Lebendigen ist einerseits das, was uns jeden lebendigen Leib von neuem als lebendig erkennen läßt. Zum Leben gehört andererseits Empfindung; nur als Empfindender ist der Leib lebendig. Dies ist, ermöglicht durch die Abstraktionsstufe der Eidos-Philosophie, eine Beschreibung des Phänomens, das wir Leben nennen. Eine kausale Erklärung, wie die neuzeitliche Naturwissenschaft sie sucht, ist es nicht. Gehen wir in der aristotelischen Beschreibung vom Reich des Lebendigen nach unten, so gelangen wir in eine teleologische Physik (z. B. haben die Körper einen natürlichen Ort, in den sie zurückstreben). Gehen wir nach oben, zum Geist, der die obersten Ideen sieht, so werden wir an die neuplatonische Lehre erinnert, daß diese Ideen sich selbst

Die Suche nach der Substanz

wissen. Platons »ungeschriebene Lehre« mag eine Skizze dieser geahnten Zusammenhänge gewesen sein.

Wir lassen diese Probleme zunächst auf sich beruhen und lesen nunmehr die Entwicklung der neuzeitlichen Physik als die Suche nach einem präzisen Verständnis der materiellen Substanz.

Substanz soll das Bleibende sein. Also glaubte man an die Erhaltung der Materie im Wechsel der Erscheinungen. Im Abschnitt über Chemie (6.4) haben wir die Ausprägungen und Erfolge dieses Glaubens besprochen. In der Mechanik faßte man die Masse als quantitativen Ausdruck der Materiemenge auf. Daher werden die Massen der Körper oder der Massenpunkte als Konstanten in die Grundgleichungen eingesetzt. Der Erfolg bewährt den Ansatz. Die Wichtigkeit der Wägung in der Chemie beruht auf demselben Ansatz.

Neben die Erhaltung der Masse tritt im 19. Jahrhundert die Erhaltung der Energie (6.5). Man kann sie als Erhaltung der »Quantität der (aktuellen oder potentiellen) Bewegung« deuten (MEI, 1.). Im Unterschied zur Erhaltung der Masse durfte man sie in der Mechanik nicht vorweg postulieren. Sie folgte vielmehr als ein »Integral der Bewegungsgleichungen«; ihre Ausdehnung auf die ganze Physik bezeichnete den Glauben an mechanische oder der Mechanik ähnliche Naturgesetze. Im Rückblick sehen wir hier die Entwicklung der mathematischen Form der Naturgesetze (6.3). Von der neuzeitlichen Physik aus gehört die Mathematik der Eidos-Philosophie zum morphologischen Gesetzestypus: gesetzmäßige Formen stehen nebeneinander. Der Typ der Differentialgleichungen bezeichnet das kausale Denken. Die Erhaltung der Energie ist nun eine kausale Folge der Geltung der mechanischen Bewegungsgleichungen. Eigentlich erklärt wird diese Folge erst im Gesetzestyp der Symmetriegruppen. Nach dem Noetherschen Theorem ist die Erhaltung der Energie der Ausdruck der Homogenität der Zeit. Die spezielle Relativitätstheorie beweist die Identität von Masse und Energie und insofern ihrer Erhaltungssätze. Man kann dann sagen: der Substanzcharakter von Masse bzw. Energie besagt gerade die Identität der fundamentalen Naturgesetze zu jeder Zeit; denn eben das besagt die Homogenität der Zeit. In diesem speziellen Sinne erweist sich schon in der klassischen (d.h. vorquantentheoretischen) Physik als das eigentlich Bleibende die Zeit selbst.*

2. Der Informationsstrom in der Quantentheorie

Die Zeit ist selbst das Sein.
G. Picht**

Die klassische Physik hat die Frage nach der Substanz nicht voll beantwortet. Zwar bleibt die Energie erhalten. Aber was zeichnet sie vor anderen Integralen der Bewegungsgleichungen aus? Nur im ersten Hauptsatz der Thermodynamik (6.5) spielt diese Auszeichnung eine zentrale Rolle. Dort bleibt sie aber ein bloßes, für die Theorie nicht konstitutives Postulat. Auch andere Erhaltungsgrößen sind thermodynamisch interessant. Der harte Kern der Thermodynamik ist der zweite Hauptsatz mit der ausgezeichneten Größe der Entropie, d. h. der Information.
Andererseits ist die Energie eine bloße Zustandsgröße. In der Punktmechanik z. B. ist sie eine zeitlich konstante, aber vom Anfangszustand abhängige Eigenschaft eines Systems von Massenpunkten. Als die »Substanzen« würde man in ihr die Massenpunkte selbst auffassen; analog in der klassischen Chemie die Atome. Erst die Umwandlung der »Substanzen« ineinander, so in der klassischen Thermodynamik der chemischen Verbindungen oder in der heutigen Physik der Elementarteilchen, hebt die Energie als das dabei Unveränderliche heraus. Da schon die chemischen Umwandlungen nur quantentheoretisch erklärt werden können, sind wir daher mit der Frage nach der Substanz auf die Quantentheorie verwiesen. In ihr aber sind offenbar weder die Atome noch die Elementarteilchen das Unwandelbare. Unsere Frage führt uns also weiter in die noch nicht geschehene Vollendung der Physik elementarer Objekte.

* Vgl. den Aufsatz Kants »Erste Analogie der Erfahrung« und die Erhaltungssätze der Physik (1964), in: Die Einheit der Natur IV, 2.
** Picht (1958); dazu Der Garten des Menschlichen II, 7: Mitwahrnehmung der Zeit.

Der abstrakte Aufbau der Quantentheorie legt nahe, die Information als das Zugrundeliegende und insofern als die Substanz aufzufassen. Dabei kümmert uns zunächst nicht, ob die Quantität der Information zeitlich erhalten bleibt, sondern daß sie im begrifflichen Aufbau das Fundament bildet und insofern den Begriffen von Objekten und deren Erhaltungsgrößen zugrunde liegt. Wir beginnen ja mit Alternativen. Eine 2^k-fache Alternative aber ist k bits potentielle Information. Das Ur ist dann ein »Atom der Information«.

Wollen wir aber der Information eine so fundamentale Rolle geben, so sollten wir sicher sein, wie sie definiert ist. Im 5. Kapitel haben wir gesagt, Information gebe es nur unter einem Begriff, oder genauer, zwischen zwei semantischen Ebenen (5.4). Ist eine Alternative vorgegeben, so ist die untere* semantische Ebene diejenige, in welcher die Alternative als Frage gestellt werden kann; quantentheoretisch gesagt, die Ebene der Observablen, die durch Meßapparate (11.2 d) realisiert werden können. Die obere semantische Ebene ist die der möglichen Antworten auf die gestellte Frage; quantentheoretisch die Ebene der Zustände, speziell der Eigenzustände der jeweiligen Observablen.

Die Frage nach der Menge der potentiellen Information zu einer gegebenen 2^k-fachen Alternative ist damit aber noch nicht entschieden. Klassisch würde man sagen, ihr Wert sei k. Aber das »quantentheoretische Mehrwissen« (11.3 f) besagt, daß es zu jeder Alternative die kontinuierliche Mannigfaltigkeit der Zustände im Vektorraum geben kann. Zu diesen Zuständen gibt es freilich auch eine kontinuierliche Mannigfaltigkeit von Observablen, also von Alternativen, die der vorgegebenen äquivalent sind. Also kann man definitorisch festlegen, zu jeder 2^k-fachen Alternative solle genau die Information k gehören; man muß dann aber hinzufügen, daß die Entscheidbarkeit dieser Alternative bereits eine formal unend-

---

Gemäß den Definitionen in 5.4 enthält die untere semantische Ebene mehr potentielle, die obere mehr aktuelle Information. Der »unteren« semantischen Ebene, in dieser Sprechweise, entspricht dann jeweils der Oberbegriff zu den Begriffen der »oberen« semantischen Ebene. Diese Terminologie bezeichnet als die obere Ebene die inhaltreichere, während der logische »Oberbegriff« umgekehrt der an Inhalt ärmere und daher an Umfang weitere ist.

liche Menge von anderen Alternativen und daher von Information impliziert, die demselben Objekt zugehört. Diese unendliche Menge ist zwar nicht empirisch meßbar, aber in 11.3 f haben wir eine endliche Abschätzung für sie gegeben, nach der sie in empirisch möglicher Annäherung die Zahl k (dort n genannt) um einen Faktor der Größenordnung 2^k übertrifft. Neben diesem rein quantentheoretischen Argument zeigt schon eine Überlegung im Rahmen der klassischen Informationstheorie, daß man von der Information eines gegebenen Systems nur sinnvoll reden kann, wenn man die Existenz einer viel größeren Menge weiterer Information voraussetzt. In 5.7 a haben wir, anschließend an den Aufsatz MEI, Abschnitt 2, die These begründet: Information ist nur, was verstanden wird. »Verstehen« ist dort nicht bloß »subjektiv«, als Bewußtseinsvorgang, aufgefaßt, sondern auch als »objektive« Wirkung, z. B. auf lebende Wesen oder auf Apparate. Diese Wirkung können wir als »objektivierte Semantik« bezeichnen. Im Aufsatz MEI folgt ein Abschnitt 3: *Informationsfluß und Gesetz*, der, in zunächst inkonklusiver Weise, der Frage nachgeht, wieviel Information die objektivierte Semantik einer gegebenen Informationsmenge enthält. Wieviel bits braucht man, um ein bit zu verstehen? (*Die Einheit der Natur*, S. 352 ff.). Wir gehen dieser Überlegung hier ein paar Schritte weit nach.

Das Beispiel in MEI, 3, ist die genetische Information einer tierischen Spezies. Enthält ein Chromosomensatz der Spezies n DNS-»Buchstaben«, so kann man, da es vier verschiedene Buchstaben gibt, die genetische Information in diesem Chromosomensatz in erster Näherung zu $2n$ bits angeben. Der Organismus, der sich aus einer befruchteten Eizelle entwickelt, »versteht« diese Information, indem er sich zum Phänotyp der betreffenden Spezies entwickelt. Der Phänotyp wäre demnach eine objektivierte Semantik der genetischen Information. Wie viele bits sind dazu nötig? Wie viele bits sind nötig, um die $2n$ bits der genetischen Information zu verstehen?

Nennen wir die gesuchte Zahl N. Der Aufsatz erwägt zwei entgegengesetzte Antworten.

Erste Antwort: N ist ungeheuer groß, etwa gleich der Summe der Informationsgehalte aller einzelnen Eiweißmoleküle, die gemäß dem genetischen Code in dem betreffenden Organismus erzeugt worden sind. Ohne diese Information wäre er ja nicht lebens- und fortpflanzungsfähig.

Zweite Antwort: $N = 2n$. Das Argument dafür stützt sich auf die These: Information ist nur, was Information erzeugt (5.5 a). Wir geben es hier wörtlich wieder: »Der Organismus entsteht nämlich gesetzmäßig aus seinem Erbgut und gibt an seine Nachkommen (von Mutationen abgesehen) wieder genau die $2n$ bits seines Erbguts weiter. Diese bits sind notwendig und hinreichend zur Definition der Spezies, sie sind also die echte Formmenge des Organismus. Wer das naturgesetzliche Funktionieren des Organismus völlig durchschaute, der müßte aus der bloßen Kenntnis der DNS-Kette des Kerns einer beliebigen Zelle dieses Organismus die Gestalt und Funktionsweise des ganzen Organismus herleiten können. Er wüßte also, daß die in der ersten Antwort behauptete Informationsfülle redundant und auf $2n$ bits reduzierbar ist. In diesem Sinne bringt nur die zweite Antwort den Organismus unter den ihm zukommenden Begriff eines lebenden Wesens, die erste aber brachte ihn nur unter den Begriff eines physikalischen Gegenstands. Die überschüssige Information der ersten Antwort ist eben die im Begriff des Lebewesens enthaltene.« (S. 353)

Beide Antworten erklären also sinnvolle, aber verschiedene Begriffe der in der objektiven Semantik benötigten Information. Beide lassen sich auch zu unserer gegenwärtigen Frage in Beziehung setzen, ob Information in der fundamentalen Physik die Rolle der Substanz spielen könne. Die Unterschiedenheit der Antworten trennt dabei die zwei in der traditionellen Auffassung der Substanz miteinander vermischten Auffassungen: Substanz sei das Beharrende, und: Substanz sei das Zugrundeliegende.

In der zweiten Antwort ist die Information das in der Spezies Beharrende. Sie ist das Maß der Menge der Wesensmerkmale der Spezies *als* Spezies. Sie ist das, was man wissen muß, wenn man schon weiß, daß es lebende Organismen gibt, die sich fortpflanzen (untere semantische Ebene), und wenn man wissen will, welche Spezies (welches Eidos) von Lebewesen man »speziell« vor sich hat (obere semantische Ebene). In der ersten Antwort aber ist die Information das, was man wissen muß, wenn man nur weiß, daß es Atome und Moleküle gibt, und wissen will, unter welchen Bedingungen sie sich überhaupt zu einem Lebewesen, und speziell zu einem Lebewesen dieser Spezies, zusammenfügen. Hier ist die Information das physikalisch Zugrundeliegende.

Zu bemerken ist, daß es Beharrung nur im Geltungsbereich des jeweiligen Begriffs gibt. So hier im Geltungsbereich der organischen Spezies. Im realen Lebensprozeß gibt es individuelle Mutationen, es gibt die »egoistischen« Gene innerhalb einer Spezies, es gibt Evolution und das Aussterben von Spezies. All dies ist nur im Rahmen der ersten Antwort diskutierbar. Gäbe es aber überhaupt keine Begriffe, unter welche genähert Beharrendes oder genähert Reproduzierbares fällt, so gäbe es keine Erkenntnis; wir könnten dann keine Biologie treiben, und wir selbst als miteinander kommunizierende Lebewesen wären nicht möglich.

Analoge, aber vermutlich einfachere Verhältnisse finden wir nun in der fundamentalen Physik vor. Wir betrachten den Ansatz einer konkreten Quantentheorie der Teilchen gemäß Kapitel 10. Der Spezies entspricht dort eine bestimmte Teilchensorte, durch Ruhmasse und Spin definiert. Die Teilchen einer Sorte »pflanzen sich nicht fort«; sie erzeugen nicht ihresgleichen. Sie haben das nicht nötig, denn in der Näherung, in der man von der Wechselwirkung absehen kann, sterben sie auch nicht. Ihre individuelle Fortdauer ist ihr Beharren. (»Spontaner Zerfall« ist ja stets Wechselwirkung mit einem Feld virtueller Teilchen.) Das Zugrundeliegende hingegen sind nach unserer dortigen Hypothese die Ure. Ihre Anzahl in einem gegebenen Objekt, einem Raumgebiet oder einem hypothetischen endlichen Universum wäre das Maß der maximalen, in diesem Objekt, Gebiet oder Universum definierbaren Information. Die Ure sind die unterste quantentheoretisch mögliche semantische Ebene. Für ihre Anzahl aber besteht (außer in speziellen Weltmodellen wie der Anti-de Sitter-Welt) kein Erhaltungssatz.

Hierin spiegelt sich die doppelte Beziehung des Substanzbegriffs zur Zeit. Einerseits ist das Beharren Vorbedingung für die Anwendbarkeit von Begriffen. Insofern ist Substanz das im Felde der Möglichkeiten verwirklichte Eidos. »Die Zeit ist selbst das Sein« bedeutet hier: Sein heißt in der Zeit beharren. In dieser Denkweise konnte Kant die Substanz als dasjenige bleibende Substrat auffassen, »welches die Zeit überhaupt vorstellt« (*Kritik der reinen Vernunft* B 224). Andererseits gibt es das Beharren nur in Näherungen. In der Rekonstruktion der Quantentheorie über variable Alternativen (Kapitel 9), also im Entstehen und Vergehen der Ure als der Atome der Information, drückt sich die Offenheit der Zukunft aus. Picht hebt hervor, daß er in dem Satz »Die Zeit ist selbst das Sein« das »ist« wie ein transitives Verb gelesen haben will: die Zeit *ist* das Sein, insofern sie es hervorbringt. Hiervon sprach auch Heidegger*, wenn er an den Satz »Es gibt Sein« die Frage knüpfte, welches »Es« es sei, das hier »gibt«, und antwortete: das Ereignis. Das Ereignis gibt das Sein.

Äußerungen wie die von Heidegger und Picht deuten mit den Mitteln der Sprache über die begriffliche Wissenschaft hinaus. Mit dem Ur als kleinster Einheit der physikalischen Information wollen wir aber innerhalb der begrifflichen Wissenschaft bleiben. Damit kommen wir vor das Problem, wie das Ur selbst begrifflich, also mit Hilfe von Beharrendem, definiert werden kann. Diese Frage ist die auf das Ur angewandte Frage nach dem Informationsgehalt der objektivierten Semantik; in simpler Physikersprache: wie kann man ein Ur messen? Die Frage gewinnt ihre Schärfe, wenn das Ur ernstlich als letzte verfügbare Informationseinheit verstanden wird. Dann kann die objektivierte Semantik des Urs letztlich nur auf Uren beruhen. Man kann Ure letztlich nur mit Uren messen.

Eine erste Antwort ist der Verweis auf die unerläßliche Irreversibilität jeder Messung 11.2 cβ. Man kann ein Ur nur mit so vielen Uren messen, wie man braucht, damit der erlaubte Informationsverlust im aus diesen Uren bestehenden Meßapparat garantiert, daß ein objektives Meßergebnis registriert werden kann. Nach unserem Teilchenmodell kann man voraussichtlich die Messung der Spinrichtung eines Elektrons im Stern-Gerlach-Versuch als die Entscheidung einer Uralternative auffassen. Dabei bleibt nur wegen der Ununterscheidbarkeit

---

* *Zeit und Sein.*

der Ure unbestimmt, welches der etwa 10^{37} im Elektron in geeigneter Symmetrie verbundenen Ure gemeint ist.

Die Definition des Urs hängt damit an den verfügbaren und benutzten Apparaten. Dies wird deutlich in der Relativität der Ure (9.3f). Die Definition des Urs ist auf Ort, Zeit und Bewegungszustand des Meßapparats (Beobachters) bezogen. Information ist nur, was verstanden wird. So hängt die Auswahl der Grundeinheit der Information, eben des Urs, von den verfügbaren Mitteln des Verstehens ab. Die Relativität der Ure besagt aber gerade, daß eine Transformation von einer Definition des Urs auf die andere möglich ist. Die Beobachter, welche die elementare Information verstehen, können sich untereinander verständigen.

Wenn diese Verständigung auch zwischen verschiedenen sukzessiven Beobachtungen desselben Beobachters möglich ist, formal gesagt also mittels der Zeit-Translation zwischen verschiedenen Punkten einer Weltlinie – was bedeutet dann die Erzeugung von Uren? Wir wählen als einfachstes Beispiel das Castellsche Modell des Neutrinos im tiefsten diskreten Zustand (10.4b). Dieses ist im Zeitpunkt $y_4 = t = 0$ ein einzelnes Ur. Für $t > 0$ ist es eine Superposition vieler Ure. Enthält es nun mehr Information als zuvor? Die aktuelle Information ist dieselbe wie zuvor. Sie beharrt, wie es der Gen-Code einer Spezies tut: das Objekt ist weiterhin ein Neutrino im tiefsten diskreten Zustand. Dieser Zustand ist aber im Ortsraum ein expandierendes Wellenpaket. Also nimmt seine potentielle Information zu; thermodynamisch gesagt: der Expansion im Vakuum entspricht ein Wachstum der Entropie. Um die potentielle Information in aktuelle zu verwandeln, braucht man die Wechselwirkung mit einem anderen Objekt, einem Meßapparat zur Ortsmessung. Unter der Fragestellung: »In welchem diskreten Zustand ist das Neutrino?« ist die Entropie konstant geblieben; unter der Fragestellung: »An welchem Ort ist das Neutrino?« ist die Entropie gewachsen. Wenn das Ur eine Informationseinheit ist, so muß der Relativität der Ure eine Relativität der Information, also der Entropie entsprechen. Diese Verhältnisse sind spezifisch quantentheoretisch, durch den Indeterminismus bzw. das »Mehrwissen« ermöglicht.

In MEI, 3, haben wir den Satz »Information ist nur, was

Information erzeugt« schon auf die deterministische Beschreibung angewandt, welche die klassische Mechanik von einer einfachen Bewegung, z. b. derjenigen eines Massenpunkts gibt. Die Information der gegenwärtigen Lage des Massenpunktes (im Phasenraum) »erzeugt« vermittels der Bewegung des Massenpunkts die Information seiner Lage in einem späteren Zeitpunkt. Inhaltlich sind beide Angaben verschieden, ihr Informationsgehalt aber ist kraft des Determinismus der Mechanik gleich groß. In diesem Sinne bleibt die Informationsmenge erhalten; jede der Ortsangaben im Phasenraum genügt, um kraft der mechanischen Gesetze jede andere zu erschließen. So können wir freilich nur reden, wenn die Lage des Punkts im Phasenraum exakt bekannt ist. Wegen der Kontinuität des Phasenraums würde das aber einen unendlichen Informationsgehalt dieser Ortsangabe bedeuten. Ist die Lage zu einer Zeit ungenau bekannt, so breitet sich das Wahrscheinlichkeitspaket (außer in uninteressanten Sonderfällen wie dem harmonischen Oszillator) schon nach der klassischen Mechanik mit der Zeit aus; seine Entropie nimmt zu, die aktuelle Information ab.

In der Quantentheorie hingegen läßt, wie unser obiges Beispiel zeigt, selbst die exakte Kenntnis des Zustands eine Entropievermehrung zu. Bei Abwesenheit von Messungen oder anderen als irreversibel beschriebenen Vorgängen ist zwar die zeitliche Änderung des Hilbertvektors genau so deterministisch wie die Änderung des Phasenpunkts in der klassischen Mechanik. Aber der Hilbertvektor bedeutet stets für gewisse Alternativen Wahrscheinlichkeiten ungleich Eins und Null, also nicht maximale Information. In der abstrakten Quantentheorie des unendlichdimensionalen Hilbertraums läßt sich über die Zeitabhängigkeit dieser Information wohl nichts Allgemeines sagen. Die konkrete Quantentheorie koppelt aber den Ortsraum, in dem wir unsere realen Messungen ausführen, an gewisse endliche Alternativen, eben die aus endlich vielen Uralternativen bestimmten. Damit ist eine Basis im unendlichdimensionalen Hilbertraum definiert, dessen Zustände in Klassen zerfallen, die jeweils durch eine endliche Zahl n, die Ur-Anzahl, d.h. den Tensorrang, charakterisiert sind. $\log_2 n$ mißt dann die potentielle Information der Aussage, daß der Zustand zum Tensorrang n gehört. Beginnt man dann, wie im obigen Beispiel, zur Zeit $t = 0$ mit einem Zustand von niedrigem Tensorrang (dort $n = 1$), so ist statistisch zu erwarten, daß der Tensorrang und damit die potentielle Information des Zustands bezüglich von im Ortsraum definierten Messungen wachsen wird. Bei etwas komplizierteren Verhältnissen, die, mit Hilfe großer Ur-Anzahlen n, mehr als zwei semantische Ebenen zu definieren gestatten, dürfen wir erwarten, daß dies genau wie in den Beispielen des 5. Kapitels als ein Wachstum der Gestaltenfülle beschrieben werden kann. In den Überlegungen zum expandierenden Universum im 10. Kapitel haben wir eben davon Gebrauch gemacht. Für ein detailliertes Modell wäre eine ausführliche Theorie der Elementarteilchen nötig.

Wir haben jedenfalls Anlaß zu erwarten, daß die konkrete Quantentheorie einen Informationsstrom zur Folge hat, in dessen Rahmen die Evolution von Gestalten eine statistisch überwiegend wahrscheinliche Folge ist.

3. Geist und Form

Feuer!
Pascal

Die Information steht für uns nunmehr an dem systematischen Ort einer Maßzahl der Substanz. Andererseits haben wir (5.2) Information erklärt als das Maß einer Menge an Form. Die Entwicklung der Physik scheint uns dahin zurückzuführen, die *Form* als die Substanz im Strom der Erscheinungen zu verstehen. Kehren wir in die Eidos-Philosophie zurück?

Unsere Antwort enthält ein Ja und ein Nein. Ja: Die Eidos-Philosophie bedeutet eine Abstraktionsstufe, hinter der die mechanischen Modelle der Physik seit dem 17. Jahrhundert zurückgeblieben sind. Die abstrakte Quantentheorie nötigt uns, auf diese Abstraktionsstufe zurückzukehren. Nein: Die Trennung des Zugrundeliegenden vom Beharrenden bedeutet eine Anerkennung der Zeit, des Stromes, wie die Eidos-Philosophie sie gerade vermeiden wollte. Wir können von

Geist und Form

Form nur reden, wenn wir auch die Evolution der Formen anerkennen.

Wir legen das Ja und das Nein näher aus.

Ja: Man hat in unserer Zeit gelegentlich Information und damit Form als ein Drittes neben die »beiden Realitäten« von Materie und Bewußtsein gestellt (5.2). Nach unserer Analyse ist dies eine Inkonsequenz, eine Halbheit. Erfahrung und Theorie, wie wir sie heute kennen, bieten keinen Anlaß mehr, Materie und Bewußtsein (matter and mind, res extensa und res cogitans) als selbständige »Realitäten«, eben als Substanzen im klassischen Sinn des Wortes zu postulieren. Form ist nicht ein Drittes neben ihnen, sondern sie ist ihr gemeinsamer Grund.

Daß Form der Grund der Materie ist, haben wir ausführlich erörtert: Alternativen als Ausgangspunkt für die Rekonstruktion des Objekts.

Bewußtsein ist nicht das Thema dieses Buches über Physik. Wir haben aber (11.2c) hervorgehoben, daß es keinen der abstrakten Quantentheorie immanenten Grund gibt, warum man sie nicht auf die Selbstkenntnis des Bewußtseins anwenden dürfte. Wir haben dort um der Präzision des Arguments willen darauf verzichtet, den Zusammenhang zwischen Körper und Bewußtsein des Beobachters zu thematisieren. Wir haben gerade *nicht* behauptet, *weil* die Quantentheorie auf seinen Körper anwendbar ist, müsse sie auch auf sein Bewußtsein anwendbar sein. Gerade umgekehrt haben wir gesagt, soweit in der Selbstkenntnis des Bewußtseins entscheidbare Alternativen existieren, müßten diese der abstrakten Quantentheorie als der Theorie *aller* formal möglichen Alternativen unterliegen.

Wenn wir nun aber den Übergang zur konkreten Quantentheorie vollziehen, so werden wir auch die Alternativen in der Selbstkenntnis des Bewußtseins aus Uralternativen aufbauen. Daraus müssen wir dann *folgern*, daß man auch das Bewußtsein des Menschen als Körper im dreidimensionalen Raum beschreiben können muß. Die Folgerung liegt auf der Hand, daß dies der menschliche Körper sein müßte.

Hiermit ist freilich nur eine Aufgabe gestellt.

Zunächst ist die Beschreibung des Bewußtseins durch entscheidbare Alternativen eine szientistische Stilisierung. Ich kenne mich selbst als ein Wesen, das will und sich treiben läßt, das wacht und schläft, das leidet und sich freut, liebt und haßt, einer bunten, hegenden und drohenden Umwelt verhaftet, mit verstehenden und unverständigen Partnern, als Glied einer Gesellschaft, und doch fähig, sich aus Gesellschaft, Umwelt, Wollen und Entscheiden in ein Inneres zurückzuziehen, in dem sich unabschätzbare Tiefen auftun. Was erfahre ich noch von mir, wenn ich versuche, die Struktur dieser Erlebnisse aus entscheidbaren Alternativen aufzubauen?

Hierzu ist jedoch zu sagen, daß wir auch unsere Umwelt und unseren Körper, also die genannte materielle Welt, in einer Fülle von Qualitäten kennen, die wir normalerweise nicht auf entscheidbare Alternativen zurückführen. Auch in der griechischen Eidos-Philosophie bedeutete Eidos oder Form keineswegs nur mathematisierbare Struktur. Wir haben eingangs (12.1) andere Bedeutungen des Eidos zitiert: das Gerechte, das vollkommen Schöne bei Platon, die Seele selbst bei Aristoteles. Die Reduktion des Wissens auf mathematische Strukturen ist insofern keine Rückkehr zur griechischen Philosophie, sondern eine Radikalisierung der neuzeitlichen Naturwissenschaft. Sie folgt damit freilich einer in der griechischen Logik, Mathematik, Astronomie, Musiktheorie schon angelegten Tendenz, die in der ausgezeichneten Rolle der Mathematik bei den Pythagoreern und bei Platon wirksam wurde. Wir können sagen: Was überhaupt logisch-empirischer Entscheidung unterworfen werden kann, läßt sich als mathematische Struktur beschreiben. Daß wir das Bewußtsein auf entscheidbare Alternativen hin befragen, bedeutet zunächst nichts anderes, als daß wir es derselben Fragestellung aussetzen wie die Natur in der Naturwissenschaft. Es muß sich zeigen, wieviel wir daraus lernen können.

Ein anderer Einwand geht von der konstitutiven Rolle des Bewußtseins für die Wissenschaft aus. In lockerer Anlehnung an Kant könnte er etwa so formuliert werden: Wissenschaft ist Wissen, also – sofern wir den Begriff des Bewußtseins verwenden dürfen – Inhalt des Bewußtseins. Materie aber ist Objekt des Wissens. Formen sind, im wissenschaftlichen Gebrauch, Begriffe. Also erscheint es sinnvoll, die Materie in der Physik durch Formen, also Begriffe, zu erklären; Physik ist eben, was wir von der Materie wissen können. Bewußtsein aber ist Voraussetzung des Wissens; folglich wäre es zirkelhaft, es durch die Mittel des Wissens, die Formen, erklären zu wollen. Nach Kant ist das wissende Subjekt eben darum nicht als Substanz zu beschreiben; denn Substanz ist selbst eine Kategorie, also ein Begriff.

Dieser Einwand basiert auf dem Argument der Zirkelhaftigkeit, also auf dem hierarchischen Ansatz der traditionellen Philosophie (dazu *Zeit und Wissen* 5.2.3). Wir bewegen uns aber im Kreisgang. Die Physik beschreibt das Gesetzmäßige an der Natur, die in der klassischen Physik »Materie« genannt wurde. Die abstrakte Quantentheorie kann mit demselben Recht versuchen, das Gesetzmäßige am Bewußtsein zu beschreiben. Die physikalischen wie die im Bewußtsein bereitliegenden Voraussetzungen unseres Wissens werden von Anfang an benutzt, im Kreisgang aber nachträglich auch beschrieben. Der Anspruch, damit eine *volle* Beschreibung der Wirklichkeit zu geben, dürfte uneinlösbar sein; legitim ist der Anspruch, eine in der gegebenen Näherung (der Trennbarkeit der Alternativen) *konsistente* Beschreibung zu geben.

Das Bewußtsein, wie wir es kennen, taucht im Lauf der Evolution aus dem Meer des Lebendigen auf. Im Abschnitt 5.8 wurde skizziert, wie die Strukturen unserer Logik auf Vorstufen im tierischen Verhalten aufruhen. Die Weise, wie die Tiere ihr Verhalten selbst erleben, können wir um so schwerer nachempfinden, je weiter ihr Verhalten vom unsrigen entfernt ist. Der Übergang ins für uns Unnachvollziehbare ist kontinuierlich. Das völlige Fehlen von »cogitatio«, also von Denken, Empfinden, Erleben in der cartesischen ausgedehnten Substanz ist lediglich ein Postulat des Philosophen, der beschlossen hatte, nur das als real anzuerkennen, was er klar und deutlich – und das hieß hier de facto mathematisch – denken konnte.

Wir haben also keinen Anlaß, die Erkenntnisförmigkeit des Lebens (5.8b) als bloße Analogie anzusehen. Das Kennzeichnende menschlicher Erkenntnis ist die vor allem durch die Sprache vermittelte Fähigkeit zur Reflexion, des »Sich selbst im Spiegel Anschauens«. Die Reflexion ermöglicht die kantische Unterscheidung des transzendentalen, d.h. erkennenden

Subjekts vom empirischen, d. h. erkannten Subjekt. Insofern der Hergang der Erkenntnisleistung psychologisch oder ethologisch beschrieben wird, ist er »im Spiegel gesehen«, gehört also dem empirischen Subjekt an. Daß er Erkenntnis ist, bedeutet, daß er das im Spiegel gesehene Bild des Subjekts selbst ist. Diese Leistung des erkennenden Subjekts nun ist eben das, was es schon mit den Tieren gemeinsam hat. Es ist entscheidend zu sehen, daß die Tiere am transzendentalen Subjekt Anteil haben, nur ohne Reflexion. Das Tier nimmt im Einzelvorgang das Eidos wahr (*Der Garten des Menschlichen* II, 6.4, S. 312); der Mensch, der das Eidos vom Einzelfall reflektierend unterscheidet, nimmt den Einzelfall *als* Einzelfall und das Eidos *als* Eidos wahr.

Das Thema der klassischen Eidos-Philosophie sind aber nicht diese unteren Stufen, sondern die obersten. Wir mögen das Verhalten der Tiere vom menschlichen Bewußtsein her interpretieren. Von woher interpretieren wir das menschliche Bewußtsein? Die Philosophie verlangt hier einen Aufstieg von unserem verständnislosen Umgang mit den Ideen im Alltag zu ihrer wahren Anschauung. Im Neuplatonismus ist die höchste aussprechbare Stufe der Geist (der göttliche Nūs). Er ist das Reich der Ideen, die sich selbst wissen, höchste Energie der Bewegung, die in sich zurückkehrt, und eben darum höchste Ruhe zugleich.

Kehren wir in diese Gestalt der Eidos-Philosophie zurück? Nein: Wir mußten an die Spitze des Aufbaus unserer Wissenschaft die Zeit stellen. Wir kennen eine Evolution der Formen. Das Zugrundeliegende ist für uns nicht die Form, sondern die Zeit.

Wir beantworten alsbald einen Einwand. Evolution der in konkreten Dingen realisierten Formen müssen wir anerkennen. Aber die reinen Formen selbst, dasjenige, was in diesem Buch oft »formal möglich« genannt wird, bestehen doch unabhängig von ihrer Aktualisierung in Dingen. Wir können nicht die volle Philosophie des Aristoteles mitmachen, nach der jedes Eidos, zumal im Reich des Lebendigen, in immer neuen Individuen ewig präsent ist. Aber indem wir Mathematik benutzen, haben wir doch Anteil am Platonismus der Mathematiker. Die Strukturen selbst sind zeitlos. Mit Cantor gesagt:

Geist und Form

Damit die Reihe der real durch Zählen erreichbaren Zahlen potentiell unendlich sein kann, muß die Menge der möglichen Zahlen aktual unendlich sein. Die Möglichkeiten sind das Zeitlose.

Wir werden uns auf diese Frage im Ernst erst in *Zeit und Wissen*, Kap. 5: *Was ist Mathematik?* einlassen können. Hier genüge es zu sagen, daß in der heutigen Philosophie der Mathematik gerade diese These vom Intuitionismus oder Konstruktivismus geleugnet wird. Auch mathematische Begriffe müssen (mental) konstruierbar sein. Das Reich der mathematischen Strukturen scheint nicht eine abgeschlossene Unendlichkeit, sondern offen zu sein. Wie dem auch sei, in der Physik jedenfalls ist der gedankliche Überblick über eine Unendlichkeit formaler Möglichkeiten (z. B. der volle Tensorraum der Ure) nur ein abstraktes Hilfsmittel, ein Überblick über Denkmöglichkeiten. Was wir real brauchen, sind die jeweils vorliegenden und stets sich ändernden, in den jeweiligen Fakten fundierten aktualen Möglichkeiten (9.2 a). Dies übrigens dürfte mit der aristotelischen Theorie der Mathematik voll im Einklang sein.

Unser gesamter Aufbau illustriert das Problem, wie Wissenschaft in der offenen Zeit möglich ist. Alles fließt, nichts in der Zeit bleibt für immer. Anwendbare allgemeine Begriffe aber gibt es nur von Bleibendem oder Wiederkehrendem. Es genügt nicht, den Fluß zu leugnen – das wäre schlicht nicht wahr. Es genügt ebensowenig, die Begriffe und damit die Wissenschaft für bloße Fiktionen zu erklären – das ließe ihren Erfolg unverstanden. Die Wissenschaft muß von sich verlangen, die Näherung selbst begreiflich zu machen, in der sie erfolgreich sein kann. Wir haben das unter dem Titel der Trennbarkeit der Alternativen besprochen. In der Geschichte des Denkens ist das, was man begrifflich erfassen kann, und das, was so verlorengeht, in vielfachen Gleichnissen angedeutet worden. Das Gleichnis ist eine angemessene sprachliche Figur für das, was den Begriff überschreitet.

»Man steigt nicht zweimal in denselben Fluß, denn immer strömt anderes und anderes Wasser herbei.« (Heraklit) Die Stromschnelle ist eine Gestalt, die sich stets wiederherstellt, aber sie besteht aus immer anderen Wassertropfen. Ein anderes

Gleichnis ist der Regenbogen. Der feste Bogen am Himmel ist die immer gleiche Brechung des Sonnenlichts in ständig wechselnden fallenden Tropfen. Sieht man einen Regenbogen in einem Wasserfall im Gebirge oder in einer Fontäne, so ist leicht zu beobachten, daß der Bogen mit dem Beschauer wandert; sehr auffallend bei raschem Kniebeugen. Der Bogen ist ein »subjektives Phänomen«; jeder Beobachter sieht einen anderen Bogen, an etwas anderem Ort. Indem wir diese Beispiele aber erklären, setzen wir etwas Beharrendes voraus. Das Wasser läuft weiter, aber es vergeht nicht. Die Stromschnelle, der Wasserfall, die Fontäne haben konstante Gestalt, weil das Wasser durch eine feste Umwelt gelenkt wird. Die Chemie freilich stellt die Wandelbarkeit von Stein und Metall fest; sie erklärt sie durch die beharrenden Atome. Unser Aufbau führt die Wandelbarkeit der Atome auf Ure zurück, die selber entstehen und vergehen und die für jeden Beobachter, wie der Regenbogen im Wasserfall, anders definiert sind. Was sich ständig wiederherstellt, ist die Entscheidbarkeit von Alternativen. Entscheidbarkeit hängt an der Faktizität des Entschiedenen, also an der Irreversibilität in der Welt der Phänomene. Die ungezählten Ure oder Atome, welche die Irreversibilität ermöglichen, sind gleichsam die strömenden Tropfen des Regens oder Wasserfalls, welche das registrierbare Phänomen stützen, das wir dann in der Sprache der Quantentheorie ausdrücken.

Das große Gleichnis ist das Feuer. Es ist das Gleichnis der Zerstörung: es nährt sich, indem es Festes verzehrt. Es ist das Gleichnis des Lebens: auch für die heutige Wissenschaft beruhen Feuer und Leben auf Stoffwechsel in einer zeitweilig dauernden Gestalt; beide pflanzen sich fort, wo sie Nahrung finden. Es ist das Gleichnis der Sichtbarkeit: alles Licht geht von himmlischem oder irdischem Feuer aus; die Antike meinte, das Feuer der Sonne und der Sterne verzehre sich nicht, für uns aber ist die Analogie nuklearer und chemischer Reaktionen eng. Licht ist das Gleichnis der Wahrheit. So ist das Feuer das Gleichnis des Geistes. Seine Gleichniskraft umfaßt gleichsam mühelos Bewußtsein wie materielles Geschehen. Auch Wachheit ist ein Prozeß, der der Nahrung bedarf. Der göttliche Geist ist ebensowohl das ruhende Licht, in dem alle Formen sich zeigen, wie das fordernde und verzehrende Feuer. Pascal wendet sich ab vom Gott der Philosophen, der das Beharren des Seins garantiert. Er spricht vom Gott Abrahams, Isaaks und Jakobs, vom Gott eines einmaligen geschichtlichen Bundes, mit dem nichts bleiben kann, wie es war; der auch sein, Pascals eigenes Leben verwandelt und verzehrt.

Dreizehntes Kapitel
Jenseits der Quantentheorie

Nebo
5. Mose 34, 1

1. Grenzüberschreitung

Wir möchten wissen, was jenseits der Grenzen unseres Wissens ist. Dieses Verlangen kennzeichnet den Menschen. Es kennzeichnet insbesondere den Menschen der abendländischen Kultur, die von dem neugierigen Volk der Griechen geprägt wurde. Beim Aufbau der Physik, wie er in diesem Buch versucht wird, stellt uns dieses Verlangen vor ein besonderes Dilemma. Einerseits haben wir unsere Wissenschaft von einer Logik der Zeit her aufgebaut, von einem Verständnis der offenen Zukunft. Wir haben das Werden menschlichen Wissens strukturell mit der Evolution verglichen. Ein Grundsatz der hierzu gehörigen Philosophie heißt: Wir philosophieren *heute*. Das Phänomen der Gegenwart ist uns nicht verständlich ohne Faktizität der Vergangenheit und Antizipation möglicher Zukunft. Indem wir heutiges Wissen denken, denken wir schon an ein zukünftiges Wissen, welches das heutige Wissen übertreffen wird.

Andererseits haben wir die Quantentheorie als eine umfassende Theorie empirisch entscheidbaren menschlichen Wissens entworfen. Sie ist eine abgeschlossene Theorie im Sinne Heisenbergs. Sie kann, so scheint uns, durch kleine Änderungen nicht mehr verbessert werden. Kann man sich aber einen Fortschritt der Wissenschaft durch eine unendliche Folge abgeschlossener Theorien hindurch vorstellen? Wenn nicht, so müßte eine von ihnen die letzte, die endgültige sein. Warum nicht die Quantentheorie? Aber kann es ein endgültiges Wissen geben? Wenn ja, kann es die Form der Theorie haben?

Unsere Frage läßt sich in drei Fragen aufgliedern. Wir können dreierlei mit der Frage gemeint haben:

Grenzüberschreitung

a. Physik jenseits der Quantentheorie,
b. menschliches Wissen jenseits der Physik,
c. Sein jenseits menschlichen Wissens.

Wollen wir die drei Fragen mit Präzision erfüllen, so müssen wir sie uns schwer machen. Nur der wahre Konservative kann ein wahrer Revolutionär sein (Heisenberg; vgl. 7.1a). Es ist bequem und wenig fruchtbar zu sagen: »Gleich um die Ecke wartet auf uns etwas Unbekanntes.« Wir müssen fragen, ob unser bisheriges Wissen das Unbekannte schon begrifflich antizipiert hat.

a. Physik jenseits der Quantentheorie. Wir haben die abstrakte Quantentheorie als allgemeine Theorie probabilistischer Prognosen für empirisch entscheidbare Alternativen charakterisiert. Welches physikalische Wissen könnte es geben, das nicht unter diese Charakteristik fiele? Und der große empirische Erfolg der Theorie, verbunden mit ihrer mathematischen Einfachheit, läßt jedenfalls die Vermutung zu, daß sie eine korrekte, vielleicht die endgültige Realisierung des so charakterisierten Programms sei.

»Diesseits« einer abstrakten Theorie ist die Welt der Phänomene, auf die sie angewandt wird. In der Folge der abgeschlossenen Theorien sind diese Phänomene zunächst in dem Vorverständnis interpretiert, das der mathematisch formulierten Theorie die Semantik gibt (vgl. 6.7). Das Ideal semantischer Konsistenz fordert dann, daß die so interpretierte Theorie das Vorverständnis erklärt. In der Sprache des Kapitels über den Informationsstrom (speziell 12.3) bedeutet dies, daß die Theorie selbst die Formen bestimmt, welche sich uns in den Phänomenen darstellen. Ein Beispiel einer derart allgemeinen Theorie ist die Mathematik (vgl. *Zeit und Wissen* 5). Sie setzt außer den Begriffen der Zahl bzw. Menge nichts voraus, enthält aber eine unbegrenzte Menge von Folgerungen. Und da wir die ganze Physik mathematisch aufbauen, sind die so entworfenen mathematischen Strukturen, und nur sie, die möglichen Strukturen physikalischer Zustände oder Vorgänge. Unser Aufbau der Physik ist so angelegt, daß er genau das festlegen soll, was die Mathematik bezüglich der realen Natur unbestimmt läßt: welche mathematisch möglichen Strukturen in der Natur »formal-möglich« sind und unter welchen Bedingungen sie realisiert werden.

Hierfür ist die abstrakte Quantentheorie nur ein Rahmen. Die konkrete Quantentheorie hingegen ist mit der Intention entworfen, alle formal-möglichen physikalischen Objekte und Vorgänge festzulegen. In der Durchführung wäre diese Aufgabe so unendlich wie die Vollendung der Mathematik. Aber die Theorie der Elementarteilchen und ihrer Wechselwirkungen gibt eine Basis für die weitere Physik. Die Teilchentheorie herzuleiten ist daher das natürliche Ziel der konkreten Quantentheorie. Die höheren Gestalten können mit unseren wissenschaftlichen Mitteln nur noch begrenzt deduziert werden. Hingegen gibt es allgemeine Begriffe über ihr Entstehen im Rahmen der Evolutionstheorie. Aus unserem Ansatz der Zeit ergibt sich auch die Evolutionstheorie als natürliche Folge. Falls sich die konkrete Quantentheorie als durchführbar und dann mit der Erfahrung übereinstimmend erwiese, wäre aus heutiger Kenntnis schwer zu sehen, welcher physikalische Erfahrungsbereich ihr verschlossen bleiben sollte. Es entspricht dem methodischen Sinn des Gedankens der abgeschlossenen Theorie, in dieser Lage wenigstens heuristisch ihre unbegrenzte Gültigkeit zu postulieren. Nur so kommt die notwendige »konservative« Härte in die künftigen empirischen Fragestellungen, welche allenfalls dazu führen könnte, daß die Theorie künftig einmal empirisch falsifiziert und durch eine bessere ersetzt würde.

Als das eigentlich revolutionäre Element in den Kuhnschen Revolutionen erweisen sich, wenigstens im Rückblick, im allgemeinen die begrifflichen Probleme, die Selbstwidersprüche oder unüberwindlichen Unklarheiten der älteren Theorie. Eben um an ihnen fruchtbar zu leiden, soll man ja in Heisenbergs Sinne konservativ sein. Als ein derart unverdaulicher Brocken ist uns aus der Deutungsdebatte zur Quantentheorie allenfalls der Indeterminismus übriggeblieben. Einerseits ist er eine Weise, das quantentheoretische »Mehrwissen« auszudrücken, die unermeßliche Überlegenheit der quantentheoretischen Informationsmenge über diejenige ihres klassischen Grenzfalls; dies wieder aufzugeben, ist ausgeschlossen. Andererseits bleibt die Frage, ob nicht die negative Charakterisierung dieses Mehrwissens als Unbestimmtheit bloß eine Eierschale der klassischen Herkunft der Quantentheorie bedeutet. Könnten die Ereignisse sich als bestimmt erweisen, wenn man sie von ihrer inadäquaten Beschreibung mittels der klassischen Physik befreite?

Die klassische Beschreibung haben wir in 11.2c durch die Irreversibilität gerechtfertigt, die zur Erzeugung eines Meßresultats als Faktum nötig ist. Irreversibilität aber deutet die Physik als Informationsverlust. Es ist also um der semantischen Konsistenz willen nötig zu fragen, wie die Quantentheorie aussähe, wenn wir wenigstens in Gedanken die im irreversiblen Vorgang verlorene Information als objektiv aufbewahrt beschrieben.

Hiermit hängt zusammen, daß die Quantentheorie von der Näherung getrennter Objekte bzw. Alternativen ausgeht, die sie selbst als fehlerhaft erweist. Auch hier setzt die Quantentheorie in ihren Grundbegriffen einen Informationsverlust voraus, den sie in ihrer konsequenten Durchführung nicht anerkennen dürfte.

Schließlich wird derselbe Fehler gemacht, wenn man, wie es in der Quantentheorie geschieht, die Zeit als einen reellen Parameter beschreibt. Zeit ist mit Uhren meßbar. Der Zeitpunkt ist eine Fiktion. Er könnte wiederum nur durch einen irreversiblen Vorgang, und durch diesen nur mit endlicher Ungenauigkeit bestimmt werden.

Durch diese ungelösten Fragen weist die Quantentheorie zwar nicht in die klassische Physik zurück, aber über sich hinaus. Wir nennen dies die *Selbstkritik der Quantentheorie*. Wir werden ihr im folgenden nachgehen.

b. Menschliches Wissen jenseits der Physik. Wieder nehmen wir zunächst eine methodisch konservative Haltung ein. Welches Wissen könnte es jenseits der Physik noch geben, wenn diese in der Quantentheorie zur allgemeinen prognostischen Theorie empirisch entscheidbarer Alternativen geworden ist?

Daß die Wissenschaft vom Anorganischen auf der Grundlage der Physik geeint ist, dürfen wir wohl als zugestanden voraussetzen. Die historischen Wissenschaften vom Anorganischen wie Kosmologie, Theorie der Sternentstehung und Geologie fügen sich gerade unserem zeitlichen Aufbau mühelos ein.

In den Wissenschaften vom Lebendigen hat sich der Physikalismus in den letzten Jahrzehnten immer weiter durchgesetzt. Im 5. Kapitel haben wir ihn vorausgesetzt, und die abstrakte Auffassung der Quantentheorie mag als eine Begründung für ihn gelten. Daß die Quantentheorie auch für unsere Kenntnis des Bewußtseins gilt, soweit diese auf entscheidbare Alternativen reduzierbar ist, haben wir in 11.2e zu begründen versucht. Es ist wichtig zu sehen, daß diese Auffassung voll vereinbar ist mit einer Anerkennung des hermeneutischen Charakters der Geisteswissenschaften (vgl. dazu Gadamer 1960). Es wäre ein Mißverständnis der naturwissenschaftlichen Methode, wenn man aus Sozial- und Kulturwissenschaften Gesetzeswissenschaften machen wollte. Je höheren Strukturreichtum die Evolution erzeugt, desto weniger kann man erwarten, diese Strukturen noch durch allgemeine Gesetze in ihren eigentlich interessanten Zügen zu beschreiben. Allgemeine Gesetze müssen einfach sein: der Reichtum einer individuellen oder spezifischen Struktur liegt aber in ihrer Kompliziertheit, ihrem hohen Informationswert. Deshalb ist auch hoher Strukturreichtum des Beobachters nötig, um hohen Strukturreichtum des Beobachteten aufzufassen. Nur Personen können Personen verstehen. Dies widerspricht der naturwissenschaftlichen Betrachtungsweise nicht, es folgt vielmehr aus ihr, wenn man sie konsequent vollzieht.

Wiederum finden wir aber eben in dieser Überlegung einen Anlaß zur *Selbstkritik der Physik*. Wir haben die Physik auf dem Begriff der entscheidbaren Alternative aufgebaut. Dies ist eine außerordentliche Vereinfachung der tatsächlichen Erkenntnisleistungen des Menschen. Unsere Erkenntnisse über Menschen, auch uns selbst, und über unsere nichtmenschliche Umwelt sind fast stets affektiv und willensbezogen. Sie werden so gut wie nie vollständig sprachlich formuliert. Eher werden sie unmittelbar in Handlungen umgesetzt, oder sie dienen einer unartikulierten Orientiertheit (vgl. 5.8 und *Zeit und Wissen* 2). Die sprachliche Figur des assertorischen Satzes ist ein hochspezialisiertes Kulturprodukt (5.8d und *Zeit und Wissen* 6). Es ist

Grenzüberschreitung

eine logische These, daß sich Aussagen, also assertorische Sätze, als Antworten auf Alternativfragen auffassen lassen. Die Zweiwertigkeit der Logik ist, verhaltenstheoretisch gesehen, ein höchst nützliches Konstrukt. Aber was dabei an Information verlorengeht, kann gerade die logische Konstruktion nicht ans Tageslicht bringen.

Also spricht eben die Verhaltenslehre dafür, daß wir in menschlichen Leistungen wie Kunst, Mythos, Kultur, gesellschaftlichen Umgangsformen eine Weise des Wissens vorfinden, die möglicherweise beim Versuch der logischen (und folglich physikalischen) Analyse ihrem Wesen nach verlorengeht. Wenn Bohr die Komplementarität selbst in der Physik wiederfand, so war der Hauptgrund dafür, daß ihn gerade der Verlust möglicher Information, der mit jeder Messung notwendig verbunden ist, an den Verständnisverlust erinnert, den jede logische Entscheidung mit sich bringt.

Wir werden also die Selbstkritik des logischen Charakters der Physik möglicherweise mitbedenken können, wenn wir die Selbstkritik der Quantentheorie studieren.

c. Sein jenseits menschlichen Wissens. Die Frage meint, so wie sie meist gestellt wird, ein Sein jenseits dessen, was wir wissen können. Sie meint aber zugleich ein Sein, das für uns lebenswichtig ist. Die Tradition der menschlichen Kulturen sucht solches Sein meist in der Religion. Unser Verhalten zu ihm nennt unsere christliche Tradition Glauben. Man nennt die Frage dann die Frage nach dem Verhältnis von Glauben und Wissen.

Die Frage hat sich uns hier nicht aus der religiösen Tradition, sondern in direkter Logik aus dem Aufbau der Physik ergeben. Wenn wir gefragt haben, was wir jenseits der Quantentheorie oder jenseits der Physik wissen können, so ergibt sich zwingend die Frage, ob es etwas gibt, was wir überhaupt nicht wissen können. Und zwar nicht etwas Belangloses, sondern etwas grundlegend Wichtiges.

Wir werden uns der Frage in drei Schritten nähern: jetzt im direkten Anschluß an die Deutungsdebatte der Quantentheorie; im Schlußkapitel im Blick auf die Tradition der Metaphysik; und im abschließenden Kapitel von *Zeit und Wissen,* das sich thematisch der philosophischen Theologie zuwenden soll.

Wir erinnern uns an Einsteins Äußerung angesichts des Todes: »Für uns gläubige Physiker hat die Scheidung zwischen Vergangenheit, Gegenwart und Zukunft nur die Bedeutung einer wenn auch hartnäckigen Illusion.« (11.3d) Für Einstein enthielt das Wort offenbar einen tiefen Trost. Das Leiden an der Zeit ist eine uralte menschliche Erfahrung. Wir haben das vorige Kapitel dem Ringen um das Bleibende im Geschehen gewidmet. Die Zukunft ist das Unbekannte, Erhoffte oder Drohende. Die Vergangenheit ist das Erinnerte, Unwiederbringliche; wir besitzen sie nur als das, was wir zugleich verloren haben. Einsteins Wort spricht uns den Trost zu: all dies ist nur eine hartnäckige Illusion. Es scheint uns den Trost einer ewigen Gegenwart zuzusprechen.

Einstein spricht von uns als den »gläubigen Physikern«. Bewußt überspielt er damit die traditionelle Kontroverse von Religion und Wissenschaft. Aber er sucht nicht die manchmal herbeigesehnte billige Versöhnung. Er meint nicht, daß wir Physiker und außerdem noch gläubig sind. Er meint offenbar, daß wir gläubig sind, weil wir Physiker sind; und das, woran wir glauben, ist eben die tiefe, eigentliche Wahrheit der Physik selbst. Diese Wahrheit enthüllt die Einheit des Wirklichen, angesichts derer die Scheidung der drei Gestalten der Zeit bloß eine hartnäckige Illusion ist.

In dem Abschnitt über Einsteins Gedankenexperiment haben wir diese Auffassung besprochen und in den historischen Zusammenhang der abendländischen Metaphysik gestellt. Spinozas Gott ist der Gott der Philosophen, der sich zuerst dem Parmenides enthüllt hat.* Die griechische Philosophie ist in der Tat die nichtoberflächliche Versöhnung von Religion und Wissenschaft, denn ihrem Selbstverständnis nach *ist* sie beides als Einheit. Sie ist die Epiphanie, die Offenbarung des Einen, das sich zuvor in den Göttern der überlieferten Religion unvollkommen offenbart hat und das die Einheit des Denkens, die Wissenschaft, zur Folge hat.

Hier, im ersten unserer drei Schritte zur Frage der Metaphy-

---

* Dazu G. Picht, *Die Epiphanie der ewigen Gegenwart*, 1960.

sik, gehen wir nicht von ihrer philosophischen Geschichte aus, sondern von der heutigen Physik: vom Wissen und damit vielleicht zugleich von der möglichen Verblendung unseres Jahrhunderts. Das, was Einstein zu überwinden hofft, ist gerade der Ausgangspunkt unseres gesamten Aufbaus der Physik: die Zeit in ihren drei Modi. Wenn unser Aufbau erfolgreich war, so stellt Einstein genau die Frage nach dem, was alles heutige wissenschaftliche Wissen transzendiert: Sein jenseits unseres Wissens.

Wir stellen nun rein innerphysikalisch die Frage: Ist es mit unserem heutigen Wissen – es sei erlaubt, zu präzisieren: in der Form des Aufbaus in diesem Buch – gedanklich vereinbar, eine Überwindung der Dreiheit der Zeitmodi zu erhoffen?

Wir meinen damit nicht einen Sprung ins völlig Unbekannte, den man vorweg nicht ausdenken und eben darum nicht mit Argumenten ausschließen kann. Wir stellen vielmehr drei bescheidenere, möglichst konservative Fragen. Wäre es möglich, den Wirklichkeitstypus eines der drei Zeitmodi zugrunde zu legen und die beiden anderen darauf zurückzuführen? Wir stellen also die drei Fragen: Wäre es möglich, unter Bewahrung aller Erkenntnisse der Quantentheorie, alles Geschehen zu beschreiben in der Sprache

entweder A., klassischer Faktizität,

oder B., quantentheoretischer Modalität (d. h. der ψ-Funktion),

oder C., direkter Gegenwärtigkeit?

Wir behaupten, daß alle drei Lösungen im Prinzip denkbar sind, wenn wir gewisse fundamentale Opfer gegenüber der traditionellen Auffassung von Faktizität, Möglichkeit oder Gegenwart bringen. Wir widmen den drei Fragen die drei folgenden Abschnitte.

2. Faktizität der Zukunft

Wir haben die Vergangenheit als faktisch dargestellt. Wenn alle drei Zeitmodi in der Sprache der Faktizität zu beschreiben sind, so sind wir nahe dem Weltbild der klassischen Physik und ihres Realitätsbegriffs (vgl. 11.3d). Wir wollen aber alle Erkenntnisse der Quantentheorie, einschließlich ihres Indeterminismus bewahren. Die Frage ist, ob sich gleichwohl hinter den Wahrscheinlichkeitsprognosen der Quantentheorie eine Wirklichkeit verbergen könnte, in der auch die Zukunft als faktisch darzustellen wäre.

In *erster gedanklicher Näherung* scheint aus einer solchen Annahme kein logischer Widerspruch zu folgen. Dabei halten wir an der vollen Quantentheorie *als* Theorie des Wissens fest, also auch an unserer Auffassung vom »Mehrwissen« der Quantentheorie, verglichen mit der klassischen Physik. Wir verzichten somit völlig auf die Hypothese einer *kausalen* Bestimmung der Zukunft durch verborgene Parameter. Dies ist das notwendige Opfer gegenüber der traditionellen, klassischen Auffassung. Wir beschreiben die Zukunft in dieser Annahme als *faktisch*, aber *nicht* als *notwendig*.

Zur Erläuterung betrachten wir noch einmal unsere Beschreibung der Vergangenheit. Im Kapitel über Irreversibilität und in der Beschreibung des Meßprozesses (11.2b) haben wir gesehen, daß wir die Vergangenheit als den Inbegriff objektiv bestehender, voneinander prinzipiell vielleicht sogar diskret unterscheidbarer Fakten beschreiben können. Auch in der Retrodiktion aus dem heutigen Zustand eines Objekts gemäß der Schrödingergleichung folgen die vergangenen Fakten über dieses Objekt nicht mit Notwendigkeit. Die retrodiktive Wahrscheinlichkeit für ein bestimmtes vergangenes Faktum, also etwa das Resultat der Messung M_{-1}, aufgrund des bekannten Resultats der späteren Messung M_0, ist im allgemeinen nicht Eins. Die Fakten der Vergangenheit folgen nicht notwendig aus dem gegenwärtigen Zustand des Objekts. Die vergangenen Fakten können wir aber aus den irreversibel eingetretenen Zuständen anderer Objekte folgern, d. h. aus Dokumenten. Wir sagen: die Vergangenheit ist nicht, von heute aus gesehen, kausal notwendig, aber sie ist faktisch.

Wir erinnern an das Beispiel einer antiken Sonnenfinsternis. Unsere Astronomie kann berechnen, daß 585 v. Chr. eine in Kleinasien sichtbare Sonnenfinsternis stattgefunden haben muß. Dies ist kausal notwendig, unter der stets gemachten methodologischen Annahme, daß wir richtig beobachtet und gerechnet haben (»Irrtum ausgeschlossen«, Fußnote S. 85),

Faktizität der Zukunft

und unter der inhaltlichen astronomischen Annahme, daß die Bahn des Mondes nicht in den zweieinhalb Jahrtausenden seit jenem Jahr durch uns unbekannte Faktoren (etwa einen Planetoidenstoß auf seiner Rückseite) gestört worden ist. Die historischen Dokumente berichten, daß in der Entscheidungsschlacht zwischen Persern und Lydern in jenem Jahr eine Sonnenfinsternis eintrat, welche übrigens Thales von Milet vorhergesagt hatte. Die historischen Dokumente belegen ein Faktum und damit auch, daß die astronomische Annahme der störungsfreien Mondbahn für diese Jahrtausende zu Recht gemacht worden ist. Die Sonnenfinsternis war also notwendig (von unserer heutigen Kenntnis der Mondbahn aus) *und* faktisch. Daß hingegen ein Elektron, das jetzt mein Zählrohr betritt, bei der vorangehenden Streumessung den Impuls p gezeigt hat, ist, wenn es der Fall ist, faktisch, aber *nicht* notwendig. Wenn wir wiederum eine Sonnenfinsternis für das Jahr 3500 vorhersagen, so ist diese unter den vorhin genannten Prämissen notwendig, aber, wenigstens für uns, nicht faktisch. In der Tat könnte in den nächsten zweieinhalb Jahrtausenden eine Bahnstörung des Mondes erfolgen und diese Sonnenfinsternis nicht eintreten lassen.

Es steht nun logisch nichts im Wege, dieselbe Überlegung auch für zukünftige Fakten anzustellen. Diese wären dann objektiv, aber uns unbekannt. *Wir* kennen nur ihre prospektiven Wahrscheinlichkeiten gemäß der Schrödingergleichung. Das wir sie nicht vorherwissen, läge nur daran, daß es von ihnen gemäß der Thermodynamik keine Dokumente gibt.

Der letzte Satz kann freilich einen Einwand wachrufen. Im 4. Kapitel haben wir die Tatsache, daß es von zukünftigen Ereignissen keine Dokumente gibt, darauf begründet, daß die Vergangenheit faktisch, die Zukunft möglich ist. Wenn wir nun auch die Zukunft als faktisch bezeichnen, wo bleibt der Unterschied zwischen Zukunft und Vergangenheit? Müßte es dann nicht auch Dokumente der Zukunft geben? Wir beantworten den Einwand in zwei Stufen.

Die erste Antwort ist so hypothetisch wie die ganze Erwägung, in der wir uns befinden. Sie führt die Erwägung in ihre *zweite gedankliche Näherung*. Sie besagt: »Es gibt wirklich Dokumente der Zukunft, nämlich die Phänomene der Prophetie.« Prophetische Aussagen, so wie wir sie unter Menschen kennen, stellen die Zukunft, oft unter dem Schleier von Gleichnisreden, wie geschene Fakten dar. Wir geben nur zwei Beispiele. Nostradamus, ein hochgelehrter französischer Arzt und Astrologe, schrieb um 1550 in seinem Buch von Prophezeiungen den Halbsatz: »Das Jahr 1792, das man für den Beginn einer neuen Ära halten wird...«* 1792 war der Sturm auf die Tuilerien, das Jahr 1 der Republik während der Französischen Revolution. Der Mühlhiasl, ein psychopathischer ungebildeter Müllerbursch aus dem Bayerischen Wald, sagte im 18. Jahrhundert neben anderen visionären Äußerungen: »Wenn in unserem Tal zum erstenmal der eiserne Hund bellen wird, fängt der große Krieg an.« 1914 wurde in diesem Tal die Eisenbahn eröffnet.

In einem physikalischen Text kann man ein Argument wie dieses nicht benutzen, ohne Emotionen wachzurufen. Die meisten Wissenschaftler (die Historiker und Soziologen vielleicht noch leidenschaftlicher als die Physiker) werden sagen: »Wie kann man eine physikalische Hypothese auf nackten Aberglauben stützen!« Die Liebhaber des Okkulten hingegen werden die Äußerung triumphierend für sich einkassieren. Nach meiner Auffassung, die ich vielleicht als meine subjektive Wahrnehmung bezeichnen sollte – also als reelle Wahrnehmung, aber mit dem speziellen Meßgerät meiner psychischen Anlage –, nach meiner Auffassung also sind beide Reaktionen, so wie sie sich darbieten, unberechtigt, ja unverteidigbar, haben aber beide einen tiefliegenden legitimen Grund, den sie sich meist selbst nicht klarmachen. Nach meiner Auffassung ist die Reaktion des Wissenschaftlers sachlich unbegründet, aber moralisch gut begründet, und umgekehrt die Reaktion des Okkultisten moralisch tief problematisch, hat aber einen Grund in der Sache. Dies sind vier Thesen, die kurz erläutert seien.

Die Reaktion der Wissenschaftler ist in ihrer unreflektierten Direktheit ohne Zweifel *sachlich unbegründet*. Die Naturwissenschaft rühmt sich, empirisch vorzugehen. Fast keiner der Wissenschaftler, welche Prophetie als Aberglauben verwerfen,

---

* Ich zitiere aus dem Gedächtnis.

Faktizität der Zukunft

hat sich die Mühe gemacht, sie empirisch zu überprüfen. Er kennt vielleicht ein paar Prophezeiungen, die sich nicht erfüllt haben. Beispiele erfüllter Prophezeiungen kommen ihm so selten vor, daß er keine Mühe hat, sie als zufällige Übereinstimmungen zu klassifizieren. Die Frage ist in der Lebenspraxis eines Wissenschaftlers völlig legitim, welchen Bruchteil seiner Zeit er der Überprüfung unglaubwürdiger Hypothesen opfern darf. Aber hier ist die selbstverständliche Prämisse gemacht, daß die Hypothese, es gebe echte Prophetie, eben unglaubwürdig ist. Warum ist sie unglaubwürdig? Weil der Physiker in *seinem* Weltbild sich keinen Mechanismus vorstellen kann, durch den die Prophetie möglich werden könnte. Hier ist gerade die »formal-faktische« Natur der Prophezeiungen das Unerklärliche. Man kann kausal retrodiktiv berechnen, daß 585 v. Chr. eine in Kleinasien sichtbare Sonnenfinsternis war. Aber niemand kann aus dem heutigen Weltzustand kausal berechnen, daß damals ein Krieg zwischen Kroisos und Kyros stattfand und ein Philosoph namens Thales Sonnenfinsternisse vorausberechnete: all dies kann man nur durch überlieferte Dokumente faktisch wissen. Wie hätte Nostradamus die Französische Revolution aufs Jahr genau oder der Mühlhiasl die ihm unbekannte und unbegreifliche Eisenbahn vorausberechnen können? Wenn Prophetie dieser Art möglich ist, so muß die Zukunft faktisch wahrgenommen werden können, wenigstens in einzelnen Fetzen. Wie soll das physikalisch zugehen? Nun ist aber unsere Erwägung gerade die Frage, ob es etwas jenseits der Grenzen der besten heutigen Physik gibt. *Dafür* darf man die Prophetie nicht ungeprüft leugnen.

Aber ich gestehe, daß auch ich keinen Versuch gemacht habe, Prophezeiungen empirisch zu überprüfen, und daß ich eine tiefe Abneigung dagegen habe, es zu tun. Hierin verrät sich vielleicht eine tiefere *moralische Legitimität* der wissenschaftlichen Ablehnung. Sollen wir die Zukunft faktisch wissen? Würden wir es ertragen? Ich erläutere dies mit einer Anekdote, die ich im politischen Zusammenhang schon mehrfach erzählt habe. Um 1960 fragte mich ein Jugendfreund: »Meinst du eigentlich, daß der Atomkrieg kommt, von dem du soviel sprichst?« Ohne Nachdenken, ohne Zögern antwortete ich: »Das weiß ich nicht.« Noch immer ohne Zögern: »Das darf ich nicht wissen.« Dann dachte ich nach. In der Tat: Wüßte ich gewiß, daß der Krieg nicht kommt, so würde ich mich nicht anstrengen, ihn zu verhindern; ich wüßte mich dann besser zu beschäftigen. Wüßte ich gewiß, daß er kommt, so würde ich *diese* Anstrengung auch nicht mehr machen, sondern eine andere, zum Beispiel Schadensbegrenzung. Ich *soll* mich aber anstrengen, ihn zu verhindern. Analog darf ich, wenn er schon käme, die genaue Art und Größe des Schadens nicht vorweg wissen. Mit anderen Worten: Menschliches Handeln ist nur möglich unter der Voraussetzung, daß es etwas bewirkt. So aber, wie unser Bewußtsein, zum mindesten in unserer Kultur, beschaffen ist, bedürfen wir dazu des offenen Horizonts einer Zukunft, die noch Möglichkeiten enthält. Freilich *sollen* wir, wenn wir verantwortlich handeln wollen, diese Möglichkeit und ihre Grenzen so genau wie möglich ins Auge fassen. Jede nüchterne *kausale* Abschätzung der Zukunft ist moralisch gerechtfertigt, ja geboten. Eine *faktische* Kenntnis der Zukunft aber würde, so wie wir beschaffen sind, unseren moralisch gesteuerten Willen lähmen. Diese Moral schützt der Physiker, vielleicht kurzschlüssig, indem er den Glauben an Prophezeiungen einen Aberglauben nennt.

Wie berechtigt diese moralische Reaktion ist, sieht man, wenn man die *moralische Illegitimität* der Verliebtheit ins Okkulte zu beobachten Gelegenheit hat. Ich kann mich nicht erinnern, gesehen zu haben, daß der Versuch, Lebensentscheidungen von Prophezeiungen abhängig zu machen, den Menschen, die ihn machten, nicht geschadet hätte. Das ist auch im mythischen und künstlerischen Denken, das vielfach an Prophetie glaubt, sehr wohl bekannt. Orakel sind trügerisch. Kroisos fragte das delphische Orakel vor 585, ob er den Grenzfluß gegen das persische Reich des Kyros überschreiten solle. Er bekam die Antwort: »Wenn du den Halys überschreitest, wirst du ein großes Reich zerstören.« Er überschritt den Halys und zerstörte damit sein eigenes Reich. Es scheint freilich, daß die delphischen Priester sehr gut informiert waren und sehr gut politisch zu denken vermochten; also war ihre Prophetie in diesem Fall wohl kausal und nicht faktisch. Aber geht es den heutigen Nostradamus-Interpreten besser?

Weil ich diese Dinge nicht im Detail studiert habe, kann ich dem Wissenschaftler den *Grund in der Sache* nicht beweisen, den die Prophetie für mein Empfinden hat. Prophetie tritt spontan als Wahrnehmung auf, meist affektiv hoch aufgeladen. An sich ist alle elementare Wahrnehmung zugleich affektiv, sie lockt, warnt, beruhigt. Außersinnliche Wahrnehmung scheint davon nicht ausgenommen. Oft genug ist sie Prämonition. Sie nimmt das wahr, was den Wahrnehmenden oder den ihm – sei es als Freund, Verwandten, Patient – Anvertrauten lebenswichtig angeht. Das moralisch Illegitime ist das angstvolle Machtstreben dessen, der diesem Bereich verfällt, der unfromme Versuch, dem lieben Gott in die Karten zu gucken und so Herr des eigenen Schicksals zu werden.

Eben diese Gefahr wird gefördert, wenn sich die Zukunft als eine verborgene Sammlung von Fakten darstellt. Wir treten damit in die *dritte gedankliche Näherung* ein. Wir kehren in die Physik zurück und fragen, *wie* die Zukunft zu beschreiben wäre, *falls* wir ihr »etwas wie Faktizität« zuschreiben. Wir setzen noch einmal bei dem Einwand vom Ende der ersten Näherung an: Wenn auch die Zukunft faktisch ist, wo bleibt dann der Unterschied zwischen Vergangenheit und Zukunft?

Zunächst bleibt, auch wenn es Prophetie gibt, der phänomenale Unterschied erhalten: Prophezeiungen zeigen »Fetzen« der Zukunft, die erst nach dem realen Geschehen wirklich interpretierbar sind; die Fetzen fügen sich, solange sie noch Zukunft sind, nicht wie die Wissensfragmente von Vergangenem zu einer kohärenten, erzählbaren Geschichte zusammen. Quantitativ und vorsichtig gesagt: unsere Information über die Zukunft bleibt sehr viel geringer als die über die Vergangenheit. Ferner ist der Spielraum ihrer Uninterpretierbarkeit so weit, daß es oft eine Frage des guten Willens des Interpreten bleiben wird, ob sich für ihn eine Prophezeiung erfüllt hat oder nicht. Schließlich kann der dem Propheten verborgene Zweck einer Prophezeiung sein, ihre eigene Erfüllung überflüssig zu machen, indem sie den moralischen Schock, den die Katastrophe auslösen würde, vorweg durch das Wort erzielt; davon handelt die kluge Novelle, die als das *Buch Jona* in den biblischen Kanon gekommen ist. Versuchen *wir*, die wir die schmerzhafte Gabe prophetischen Sehens nicht oder nur rudimentär haben, wir, die wir dieser Gabe vielleicht erst dann trauen, wenn wir das Gesehene kausal plausibel machen können –, versuchen wir also auszusprechen, wie ein visionär hochbegabter und zugleich intellektuell durchtrainierter Mensch sein eigenes Wissen von der Zukunft beschreiben müßte, so wäre vielleicht zu sagen: Er sieht Fakten der Zukunft als lebende Bilder; nicht wie dokumentierte Fakten der Vergangenheit, sondern *als Möglichkeiten*, aber mit einer weitaus größeren Wahrscheinlichkeit, als die kausale Vorausrechnung sie ergeben könnte. Übrigens berichten Visionäre manchmal auch, daß sie Vergangenes in einem Detail gesehen haben, wofür sie keinen historischen Beleg besaßen.

Diese Phänomenologie des Visionären würde nahelegen, zu den zwei wissenschaftlich zugänglichen Modi der zeitlichen Modallogik, der Faktizität und der Möglichkeit, einen dritten, unserer Wissenschaft bis heute unzugänglichen Modus hinzuzufügen, den man vielleicht *zeitüberbrückende Wahrnehmbarkeit* nennen würde. Die Frage ist dann, ob diese Annahme, wenn sie auch aus der Quantentheorie nicht folgt, doch logisch mit ihr vereinbar wäre.

Wir könnten in dieser Sprechweise daran festhalten, daß es *keine Dokumente der Zukunft* gibt. Prophetie ist, auch wenn es sie gibt, etwas fundamental anderes als Dokumentation*. Wir können dann die gesamte Theorie der *Irreversibilität* aus dem 4. Kapitel aufrechterhalten. Diese ist dann aber, so wie wir es für die Quantentheorie schon behauptet haben, wesentlich als eine *Theorie menschlichen Wissens* aufzufassen. Wenn wir bereit sind, auch Prophetie als mögliches menschliches Wissen aufzufassen, so müßten wir die Aussage sogar noch weiter einschränken. Theorie der Irreversibilität und Quantentheorie wären dann eine einheitliche *Theorie empirisch-rationalen Wissens im Sinne der gegenwärtigen westlichen wissenschaftlichen Zivilisation*. Empirie in diesem Sinne heißt Dokumente kennen, Rationalität heißt Möglichkeiten begrifflich denken können.

Der Angehörige unserer wissenschaftlichen Zivilisation, der

---

* Wenn wir sagen, die Zukunft sei faktisch, so sagen wir bezüglich der Dokumente nur, daß es von einem solchen futurischen Faktum, *wenn* es geschehen sein wird, auch Dokumente geben wird.

die Möglichkeit zeitüberbrückender Wahrnehmung einmal ernst genommen hat, wird alsbald in der Versuchung sein, auch hierfür ein wissenschaftliches Modell zu entwerfen. Es würde sich damit also um eine Einbeziehung dieser Art der Wahrnehmung und – vielleicht nur in gewissem Umfang – dessen, was sie wahrnimmt, in die Theorie menschlichen Wissens handeln. Hierzu wäre eine in hohem Grade selbstkritische Auffassung des Wissens nötig. Wir haben Faktizität und Möglichkeit als Bedingungen wissenschaftlicher Erfahrung kennengelernt. Die gesuchte Theorie müßte vermutlich über diese beiden Grundbegriffe ähnlich hinausgehen, wie die Quantentheorie über die Grundbegriffe der klassischen Physik.

3. Möglichkeit der Vergangenheit

Wir kehren zur Selbstkritik der Quantentheorie (13.1a) zurück. In zweifacher Hinsicht setzt die Quantentheorie, wie wir sie interpretiert haben, ein Nichtwissen voraus:
1. die Irreversibilität der Messung,
2. die Trennbarkeit der Alternativen.

Die Irreversibilität der Messung ist ein Bestandteil der Kopenhagener Deutung (11.2c); in unserer Rekonstruktion ist sie als Faktizität der Vergangenheit vorausgesetzt. Daß die Trennbarkeit der Alternativen ein Nichtwissen bedeutet, wird erst in unserer Rekonstruktion (8.2 E; 8.3b1) hervorgehoben. In der formalen Beschreibung der Objekte äußert sich die Irreversibilität der Messung als die Reduktion des Wellenpakets (11.2b). Die Trennbarkeit der Alternativen kann immanent relativiert werden durch die Bildung von Tensorprodukten ihrer Zustandsräume. In der Geschichte der Deutung der Quantentheorie war die Reduktion der Welle für viele Autoren eine Schwierigkeit; an der Trennbarkeit der Alternativen hat kaum jemand grundsätzlich Anstoß genommen. Wir werden die beiden Probleme getrennt behandeln: die Irreversibilität in diesem Abschnitt, die Trennbarkeit im nächsten. Der jetzige Abschnitt diskutiert die Irreversibilität innerhalb des quantentheoretischen Formalismus und benutzt dabei die immanente Relativierung der Trennbarkeit. Der nächste Abschnitt stellt die Frage, ob und wie die Trennbarkeit jenseits der Quantentheorie zu korrigieren ist.

Bezüglich der Irreversibilität haben wir eine Unebenheit unserer eigenen Darstellung auszugleichen. Wir haben (6.12; 7.2) als einzigen von den Zeitmodi unabhängigen Ausgangspunkt der Quantentheorie die Individualität der Prozesse im Sinne Bohrs eingeführt. Sie besagt, im Rahmen der Kopenhagener Deutung: Ein Prozeß, der durch eine Messung unterbrochen wird, ist nicht mehr derselbe Prozeß. Dies ist eine sachhaltige Aussage nur – um uns noch einmal der Sprache Bohrs zu bedienen – wegen der endlichen Größe des Wirkungsquantums; die Wechselwirkung mit dem Meßgerät kann nicht beliebig klein gemacht werden, sondern hat eine naturgesetzliche untere Schranke. In unserer Rekonstruktion ergibt sich dasselbe aus der Endlichkeit der Alternativen. Ein individueller Prozeß wird in der Quantenmechanik beschrieben durch die Entwicklung des Zustandsvektors gemäß der Schrödingergleichung. So beschrieben, reicht er von einer Messung bis zur nächsten. Diese Darstellung haben wir in 11.2b-c gewählt. In dieser Darstellung ist die ψ-Funktion ein Ausdruck menschlichen Wissens und nichts anderes. Wir haben es als die »Goldene Kopenhagener Regel« bezeichnet (8.5.1), daß man mit dieser Darstellungsweise nicht in Widersprüche gerät.

Wir ergreifen nun aber die Partei derjenigen Physiker, die an der Reduktion der Welle Anstoß nehmen. Wir behaupten, daß unsere Darstellung der Irreversibilität in 11.2cβ ihnen stillschweigend bereits recht gegeben hat. Wir sagten dort: der »irreversible« Prozeß ist ein objektives Faktum in dem Sinn, daß der Mikrozustand in der Mehrzahl der Fälle in einen Makrozustand hineinwandert, der mehr Mikrozustände enthält als der vorherige Makrozustand, also höhere Entropie hat. Für den Beobachter, der nur den Makrozustand kennt, ist das eine Abnahme der ihm verfügbaren Information, also ein Wissensverlust. Der objektive Hergang aber bliebe derselbe für einen Beobachter, der den Mikrozustand kennte. Das heißt aber, in die quantentheoretische Beschreibung übersetzt: Die korrekte Beschreibung des Meßprozesses, die wir in der Kopenhagener Deutung besitzen, kann dadurch nicht geschädigt werden, daß wir annehmen, die ψ-Funktion werde nie reduziert. Also müßte es möglich sein, die Messung in der Sprache der unreduzierten ψ-Funktion zu beschreiben. Die Denkaufgabe, die damit gestellt wird, ist, soweit meine Kenntnis reicht, in der bisherigen Deutungsdebatte nicht gelöst werden. Die Beschreibung mit der nichtreduzierten ψ-Funktion setzt zunächst voraus, daß das Meßgerät und auch der Beobachter einschließlich seines Bewußtseins quantenmechanisch beschrieben werden. Daß dies im Prinzip – natürlich nicht praktisch – möglich sein müsse, haben wir in 11.2d-e postuliert. Das Problem liegt nicht hierin, sondern in der Beziehung der ψ-Funktion zu dem einzigen, was wir kennen, zu den Ereignissen selbst. Die ψ-Funktion in der üblichen Deutung gibt die Wahrscheinlichkeit von Ereignissen an. Sie entscheidet nicht, welches Ereignis stattfindet. Wir haben sie deshalb als Ausdruck einer futurischen Modalität, einer Möglichkeit bezeichnet.

Es sei zunächst bemerkt, daß die quantentheoretische Beschreibung des Meßprozesses hieran nichts ändert. Die Meßwechselwirkung hebt die Trennbarkeit des Objekts vom Meßapparat auf. Das EPR-Gedankenexperiment zeigt, daß das aus zwei einmal in Wechselwirkung getretenen Objekten entstandene Objekt seine Individualität (im Sinne Bohrs) beibehält, auch wenn längst keine »physische« Wechselwirkung zwischen den beiden Teilen mehr stattfindet. Die Unbestimmtheit des späteren Meßresultats an einem der Teile wird dadurch nicht aufgehoben; nur eine notwendige Korrelation zwischen den Ergebnissen gewisser Messungen an den beiden Teilen wird erzeugt.

Everett hat hieraus die Konsequenz gezogen, *alle* möglichen Ereignisse träten ein und bildeten alternative Welten. Wir haben (11.3h) geantwortet, daß seine Theorie durch eine einzige verbale Änderung in die unsere übergeht: man muß von *möglichen* statt von wirklichen Welten sprechen. Wir haben dort nicht Gebrauch gemacht von dem Argument, daß seine Theorie so, wie sie wenigstens meistens vorgetragen wird, gerade wegen des nur genäherten Charakters der Irreversibilität nicht voll konsistent ist. Seine »verzweigenden Pfade« bleiben in derjenigen Näherung in Kontakt miteinander, in welcher die Wahrscheinlichkeit der Rückläufigkeit eines irreversiblen Prozesses von Null verschieden ist.

Unser eigentliches Argument gegen Everetts Diktion ist ein anderes. Er behandelt die Quantentheorie wie eine geoffenbarte Wahrheit und fordert, da er sie so, wie er sie liest, d.h. ohne Zustandsreduktion, in den Phänomenen nicht realisiert finden kann, die Existenz einer Menge von Ereignissen (»Welten«), die grundsätzlich für uns nicht Phänomene werden können. Nun ist aber die Quantentheorie aus dem Versuch einer möglichst konsistenten Beschreibung und Vorhersage der Phänomene gefolgert. Es muß also doch wohl eine Deutung der Quantentheorie geben, die sich wenigstens prinzipiell in den Phänomenen nachweisen läßt. Sonst würde man vorziehen, die vor weniger als hundert Jahren historisch entstandene Quantentheorie nicht für die richtige Physik zu halten. In unserem Aufbau jedenfalls, der sich grundsätzlich auf empirisch entscheidbare Alternativen stützt, wäre diese Folgerung zwingend.

Es fragt sich also, was die unreduzierte ψ-Funktion in unserem Aufbau bedeuten kann. Ich habe dafür 1972 auf einer Tagung in Triest einen Vorschlag gemacht (s. 1973), den ich hier im wesentlichen referiere. Es sei erlaubt, ihn um der bequemen Wiedererkennbarkeit willen die Triestiner Theorie zu nennen.

Es wird sich zeigen, daß die Triestiner Theorie in ihrem Kern eine Theorie der Selbstkenntnis des Bewußtseins ist. In der Tat entsteht ja das Problem, das wir hier besprechen, in der Frage, wie sich die Möglichkeiten, die wir in der ψ-Funktion formulieren, zu den Fakten verhalten, die wir wissen, oder zu den Ereignissen, die wir erleben. Es sei daher hier ein Vorgriff auf eine in *Zeit und Wissen* ausgeführte Erörterung über Faktizität und Reflexion gestattet. Sie zeigt zunächst, wie man auch vergangene Ereignisse, also Fakten, als Möglichkeiten darstellen kann, nämlich als Möglichkeiten zukünftigen Wissens von ihnen. In *Zeit und Wissen* 6.9.6, *Faktizität und Reflexion*, knüpfen wir dafür an Husserls Beschreibung des Gedächtnisses an, genauer der Retention, des im Weitergeschehen gewußten soeben Geschehenen. Wir beziehen uns dabei auf den Begriff des objektiven Dokuments als Bedingung des Wissens von vergangenen Fakten (4.3); auch eine Erinnerung ist ein »Dokument im Bewußtsein«. Wir diskutieren die Schwierigkeit, daß es scheinbar unermeßlich viele Erinnerungen, Erinnerungen an Erinnerungen etc. im Bewußtsein geben müßte. Wir lösen die Schwierigkeit mit Husserl durch die Bemerkung, daß alle diese verschiedenen Stufen der Reflexion nicht verschiedene Fakten, sondern verschiedene Möglichkeiten der Reflexion anhand eines einzigen Dokuments sind.» Derselbe aktuelle Sachverhalt ist der Möglichkeit nach Dokument sehr vieler vergangener Ereignisse. Die Faktizität der Vergangenheit ist eine Form der Potentialität. Man kann also formal-mögliche perfektische Aussagen nicht verstehen, wenn man sie nicht als futurisch-mögliche Aussagen über Vergangenes versteht.« Ein einfaches Beispiel, das wir im 4. Kapitel besprochen haben, ist die Anwendung des Wahrscheinlichkeitsbegriffs auf vergangene Ereignisse. »Es ist wahrscheinlich, daß es heute nacht geregnet hat« heißt: »Es ist wahrscheinlich, daß man bei Nachprüfung finden wird, daß es faktisch heute nacht geregnet hat.«

Diese Überlegungen ersparen uns aber nicht ein Opfer vertrauter Vorstellungen, das nicht weniger radikal ist als im vorangegangenen Abschnitt, nur in entgegengesetzter Richtung: das Opfer des grundsätzlichen Begriffs der Faktizität. Wir stellen die so entstehende »Theorie der Ereignisse« zunächst in thetischer Form dar, gleichsam wie ein erzähltes Märchen.

Ein Ereignis im strengen Sinn ist ein gegenwärtiges Ereignis, etwas, was soeben geschieht. Die Quantentheorie als begriffliche, allgemeine Theorie kann nur formal-mögliche Ereignisse beschreiben. Im Prinzip werden sie immer durch Zustandsvektoren dargestellt, selbst wenn wir nur statistische Gemische solcher Vektoren kennen. Die Wahrscheinlichkeitsfunktion $p(a, b)$ definiert die Wahrscheinlichkeit, daß b geschieht, unter der doppelten Bedingung, daß a soeben geschehen ist und daß b durch die Wechselwirkung mit der Umgebung möglich gemacht ist. Ein Ereignis, das geschehen ist, ist ein Faktum. Ein Faktum ist die futurische Möglichkeit einer Klasse von Ereignissen, die dieses Faktum dokumentieren.

Die soeben genannte zweite Bedingung für den Sinn von

p (*a*, *b*) zeigt an, daß Ereignisse nur geschehen können, wenn es Wechselwirkung gibt. Ein strikt isoliertes Objekt ist kein Teil der Welt; es ist ereignislos. Was wir als isoliertes Objekt idealisieren, ist operational definiert durch eine vergangene Wechselwirkung und durch die Möglichkeit künftiger Messungen an ihm. In dieser Weise ist es ein Faktum, also ein Zustandsvektor.

Ein Ereignis, das in der Wechselwirkung einer kleinen Anzahl von Objekten geschieht, kann wieder verschwinden, also kein Faktum werden. Solange sich der Zustandsvektor reversibel ändert, ist das Ereignis selbst reversibel, wieder aufhebbar. Wir können theoretisch von ihm sprechen, aber wir können es nicht kennen. Man kann es beschreiben, indem man alle an ihm teilnehmenden Objekte in ein zusammengesetztes isoliertes Objekt zusammenfaßt; d. h. aber nach dem zuvor Gesagten, indem man es als »Nicht-Ereignis« auffaßt.

Wenn aber ein Ereignis einen Energiebetrag auf viele Objekte verteilt, so wird die Wahrscheinlichkeit, daß es »wieder verschwindet«, sehr klein. Dann nennen wir es ein Faktum.

Auch wenn so ein Faktum entsteht, führt die Entwicklung des Zustandsvektors nicht zu *einem* wohldefinierten Faktum, sondern zu einer Wahrscheinlichkeitsverteilung über mehrere einander ausschließende Fakten. Dies ist in abstrakter Form wohlbekannt.

Wir vergegenwärtigen es uns an einem vereinfachten Beispiel.* Ein leichter Gegenstand, etwa eine Streichholzschachtel, liege an einem erhöhten Ort. Ein Stern-Gerlach-Versuch lenke ein Silberatom so in der Richtung auf die Streichholzschachtel, daß sie nach rechts hinunterfällt, wenn das Atom den Spin + ½ (in einer Richtung, sagen wir *z*) hatte, nach links bei − ½. Die Wahrscheinlichkeiten beider Fälle seien ½. Wenn aber gefunden wird, daß ein einziges Atom der intakten Steichholzschachtel nach rechts gefallen ist, so ist die Wahrscheinlickeit, daß irgend ein anderes ihrer Atome nach links fällt, praktisch Null. Wir sagen nun: Das Ereignis, daß das Silberatom entweder den Spin + ½ oder den Spin − ½ annimmt,

---

* G. Süssmann hat dieses Beispiel in unseren Hamburger Diskussionen um 1960 gebraucht.

Möglichkeit der Vergangenheit

geschieht wirklich. Dies ist die sprachliche Vereinbarung unserer »Theorie der Ereignisse«. Irreversibel wird das Ereignis durch das Fallen der Streichholzschachtel. Durch die Wechselwirkung mit der Streichholzschachtel geht die Kenntnis der Phase des Silberatoms (das weiterfliegt) verloren. Werden die zwei Strahlen nach der Wechselwirkung mit der Schachtel geometrisch wieder zusammengeführt (durch geeignete Wahl der Inhomogenität des Magnetfeldes), so werden sie inkohärent superponiert. War aber keine Streichholzschachtel da, um mit den zwei Teilen der Wellenfunktion des Silberatoms in Wechselwirkung zu treten, so können die zwei Strahlen kohärent rekombiniert werden. Der kohärente Strahl nach der Wiedervereinigung kann einer Spinorientierung senkrecht auf der im Experiment bestimmten z-Richtung, sagen wir y, entsprechen. Dann ist das Ereignis der Entscheidung der z-Komponente des Spins wieder »verschwunden«. In diesem wechselwirkungsfreien Fall kann man sagen, die Wellenfunktion des einzelnen Objekts »Silberatom in einer festen Umwelt« habe sich ungestört gemäß der Schrödingergleichung entwickelt.

So können wir sagen, daß Ereignisse stattfinden, wenn Dinge wechselwirken, mit Wahrscheinlichkeiten gemäß der Hilbertraum-Theorie. Im Prinzip sind alle Ereignisse reversibel. Die einfachste Art der Umkehrung (Aufhebung) eines Ereignisses ist, daß es in Ermangelung eines wechselwirkenden Partners gar nicht stattfindet. Die Quantentheoretiker haben eine Ausdrucksweise, die dieser Auffassung angepaßt ist. Sie sagen, ein Zustand sei virtuell alle Zustände, aus denen er superponiert werden kann. Diese Zustände stellen die Ereignisse dar, die an dem Objekt stattfinden könnten. Der Ausdruck »virtuelle Existenz« oder »virtuelles Geschehen« schildert die Lage deutlich. Ein Ereignis, an dem viele Objekte teilnehmen, bekommt dann eine sehr geringe Wahrscheinlichkeit der Umkehrung.

Auch dies darf dann aufs menschliche Bewußtsein angewandt werden. Hiermit kehren wir von der Märchenerzählung zu dem zurück, was wir zu wissen meinen, zu unserer Kenntnis unserer selbst. Wir reden zunächst noch drei Sätze weiter im Märchenton. Wenn ein Mensch Teilnehmer an einem Ereignis wird, kann er sagen, es sei geschehen. Aber auch dieser Bewußtseinsvorgang ist nicht absolut irreversibel. Wir können die Möglichkeit nicht ausschließen, daß er, wenn auch mit sehr geringer Wahrscheinlichkeit, rückgängig gemacht wird, so daß er nachträglich »nicht geschehen ist«. Nur einer cartesischen Ontologie des Bewußtseins muß dies unmöglich erscheinen. Es läßt sich aber im Rahmen der Denkweise diskutieren, die der Satz bezeichnet: »Bewußtsein ist ein unbewußter Akt.«*

Dieser Satz von William James, der mir durch Niels Bohr zugekommen ist, bezeichnet die Unmöglichkeit der in der neuzeitlichen Bewußtseinsphilosophie vorausgesetzten Selbstkenntnis, also die prinzipielle Falschheit des von Sartre (*L'être et le néant*) zitierten Satzes »savoir c'est savoir qu'on sait«, »wissen ist wissen, daß man weiß«. Der Sartresche Satz ist, wie Sartre weiß, nicht logisch evident. Das sieht man, wenn man das Spiel auf zwei Partien verteilt. Daß ich weiß, was du weißt, ist nicht dasselbe wie, daß du weißt, daß ich das weiß.**

Es ist ein nichtevidentes Postulat, daß mir das mit mir selbst nicht passieren kann. Wissen ist zunächst Wissen von etwas. Frage ich mich, ob ich es weiß, so ist das real meist der Ausdruck eines Zweifels. Vielleicht kann ich den Zweifel beheben, vielleicht nicht, vielleicht irre ich mich, wenn ich meine, ihn behoben zu haben. Viktor v. Weizsäcker sagte mir einmal: »Wenn man mich fragt: ‚was denkst du gerade?' und ich antworte darauf, dann lüge ich bereits.« Wir werden dieser Frage in *Zeit und Wissen*, Kapitel 2, nachgehen. Wir werden dort zu dem Ergebnis kommen, daß relativer (partieller) Zweifel stets möglich ist, daß aber ein lebender Mensch de facto nicht im absoluten (totalen) Zweifel lebt. Den Begriff des Wissens, den die Physik benützt, nennen wir dort den »Glauben der Physiker«.

---

* Vgl. *Wahrnehmung der Neuzeit* (1983), in: *Bohr und Heisenberg. Eine Erinnerung aus dem Jahr 1932* und im ersten Abschnitt des Aufsatzes *Begriffe*; ferner *Zeit und Wissen*, 2. Kapitel.
** There was a man new to the zoo
  who was put in charge of the gnu.
  The gnu knew he was new,
  and he knew the gnu knew,
  and the gnu knew he knew the gnu knew.

Möglichkeit der Vergangenheit 611

Die Deutung des »Märchens« vor dem Hintergrund dieser Auffassung vom Wissen muß zunächst wie eine triviale Verallgemeinerung der Goldenen Kopenhagener Regel klingen. Ereignisse, die zu wissen wir beanspruchen können, sind Fakten, also vergangene Ereignisse. Schließen wir auf sie mit der unreduzierten Wellenfunktion, so wird das Ergebnis nicht anders sein, als wir es für die klassische statistische Thermodynamik im 4. Kapitel gefunden haben. Lassen wir die Entwicklung der Wellenfunktion *vor* dem fraglichen Ereignis E beginnen und ist E eine von mehreren möglichen Entscheidungen eines Meßprozesses, so folgt aus der »Triestiner Theorie«, daß E oder ein anderes, mit ihm konkurrierendes Ereignis E' eintreten mußte, daß aber, wenn E eingetreten war, die Wahrscheinlichkeit seines »Wiederverschwindens« sehr klein war. Die jetzige Ablesung am Meßgerät lernt also ein Dokument im Sinne von 4.3 kennen, aus dem wir wiederum mit großer Wahrscheinlichkeit schließen können, daß E eingetreten ist. Was wir zur Kopenhagener Regel hinzugefügt haben, ist nur, all dies mit den gebührenden Wahrscheinlichkeiten und nicht mit absoluter Gewißheit zu behaupten.

Aber dieses triviale Gesicht zeigt die Triestiner Theorie nur, wenn wir uns auf Vorgänge beschränken, die mit hinreichender Wahrscheinlichkeit klassisch beschrieben werden dürfen. Ihre eigentliche Aussage ist, daß quantentheoretische Phasenbeziehungen, auch wenn wir sie nicht kennen, auch durch irreversible Vorgänge hindurch bestehen bleiben – natürlich nur soweit dies aus der quantentheoretischen Beschreibung des Wechselwirkungsvorgangs folgt. Man darf behaupten, daß ein individueller Prozeß seine Individualität auch durch alle Meßvorgänge hindurch behält – natürlich nur als Prozeß am Gesamtobjekt, welches das Meßgerät und gegebenenfalls den Beobachter mit umfaßt. Wesentlich ist, daß diese Aussage sich nicht ändert, wenn der Beobachter aufgrund seiner Beobachtung zu einer anderen Wellenfunktion als der vorher von ihm benutzten übergeht. Denn wenn beide Wellenfunktionen korrekt aus Messungen erschlossen waren, so muß das neue Beobachtungsergebnis aufgrund der alten Wellenfunktion eine von Null verschiedene Wahrscheinlichkeit gehabt haben. Dann muß aber die neue Wellenfunktion in einer Linearkombination, welche die alte Wellenfunktion darstellt, mit endlicher Amplitude vorgekommen sein. Die in der alten Wellenfunktion ausgedrückten Phasenbeziehungen zwischen den Teilen des Gesamtobjekts müssen dann auch in der neuen Wellenfunktion ausgedrückt sein. Das Gedankenexperiment von Einstein, Podolsky und Rosen ist genau hierfür ein Beispiel: die Messung am Objekt B_2 entscheidet, welche Messung an B_1 ein vorhersagbares Resultat liefern wird. Die Triestiner Theorie ist gewissermaßen ein Versuch zu *sagen*, wie weit man den Begriff des Faktums auflösen muß, um Einstein in seiner Analyse des Experiments und Bohr in seiner Interpretation Recht zu geben.

4. Umfassende Gegenwart

Die beiden vorangegangenen Abschnitte sind zueinander gleichsam spiegelbildlich. Die These von der Faktizität der Zukunft stellt – hypothetisch – die Zukunft in der üblichen Form der Vergangenheit dar. Die These von der Möglichkeit der Vergangenheit, oder, wie wir auch sagen können, von der Modalität der Ereignisse stellt – begriffsanalytisch – auch die Vergangenheit in der quantentheoretischen Auffassung der Zukunft dar. Beide setzen dabei die Gegenwart als gleichsam nicht diskussionsbedürftig voraus und relativieren eher ihre Bedeutung: auf der reellen »Zeitachse« ist die jeweilige Gegenwart ein Punkt, und gerade wenn Vergangenheit und Zukunft im Prinzip gleichartig beschrieben werden, erscheint die Lage dieses Punkts als irrelevant.

Im Sinne einer sorgfältigen Phänomenologie der Zeit sollte aber jede der beiden Auffassungen die naiven Voraussetzungen der anderen kritisieren. Die Modalität der Ereignisse entzieht begriffsanalytisch dem Begriff des Faktums seine »realistische« Selbstverständlichkeit. Dann darf man auch das denkbare Wissen von einer akausal vorbestimmten Zukunft nicht einfach als Gesamtheit von Fakten beschreiben. Im 2. Abschnitt sind wir in der dritten gedanklichen Näherung schon einen Schritt in dieser Richtung gegangen. Dann ist auch die Gegenwart nicht einfach faktisch da. Die »Faktizität« der Zukunft aber macht hypothetisch klar, daß die Zukunft vielleicht in gewisser Weise schon da ist. Dann könnte die Gegenwart mehr umfassen als einen Zeitpunkt.

Im Aufbau der Quantentheorie ist uns mehrfach die Frage begegnet, ob der reelle Zeitparameter vom quantentheoretischen Standpunkt aus nicht eine Inkonsequenz ist. Wenn Zeit meßbar ist, sollte ihr ein Operator entsprechen. Wir stellen nun die umgekehrte Frage, wodurch eigentlich die Vorstellung einer punktuellen Gegenwart im Rahmen unserer Auffassung der Quantentheorie begründet werden kann; die Grenzen dieser Begründung werden sich dann von selbst zeigen.

Wir erinnern an die Logik der präsentischen Aussagen (2.3), insbesondere an die Dialogschemata zum implikativen Satz der Identität, p→p. In der Fassung für p, welche keinen Zeitpunkt markiert, etwa »der Mond scheint«, läßt sich p→p überhaupt nur verteidigen, indem man p auf die ganze Zeitspanne des Dialogs bezieht und die »Ständigkeit der Natur« voraussetzt, die man schärfer als Kontinuität des Geschehens fassen kann. Die Gegenwart, für welche eine präsentische Aussage gilt, ist dann notwendigerweise eine, wenngleich kurze, vielleicht beliebig kurze, Zeitspanne. Setzen wir aber in p einen objektiv bezeichneten Zeitpunkt ein, z. B. »abends um 10 Uhr schien am 28.6.63 der Mond«, so ist die Aussage, wenn sie bestätigt ist, bereits eine perfektische Aussage. Der scharfe Zeitpunkt eines Geschehens ist selbst ein Faktum. Nun haben wir uns überzeugt, daß Fakten Irreversibilität voraussetzen. Also ist die Auffassung der Gegenwart als punktuell nur im Rahmen der Irreversibilität interpretierbar. Dies aber macht zwei Grenzen des Begriffs der punktuellen Gegenwart deutlich. Einerseits läßt sich der Grenzübergang von einer kurzen Zeitspanne zum Punkt nicht vollziehen. Ein irreversibler Vorgang enthält stets nur endlich viele beteiligte Objekte und läßt damit nur die Festlegung einer wenngleich kurzen Zeitspanne von endlicher Länge zu (quantentheoretisch folgt dies aus der Unbestimmtheitsrelation zwischen Zeit und Energie, welche nicht die Existenz eines Zeitoperators, sondern nur die Beziehung zwischen der Breite einer Funktion und der Wellenzahl ihrer Fourier-Komponenten voraussetzt). Andererseits haben wir die absolute Irreversibilität als Ausdruck eines subjektiven Nichtwissens charakterisiert. Gerade im Sinne der

Modalität der Ereignisse ist es völlig unbegründet, die Zeit als eine aus Zeitpunkten zusammengesetzte Gerade zu beschreiben.

In der relativistischen Quantentheorie sind Orts- und Zeitkoordinaten nicht Observable, sondern Gruppenparameter der Symmetriegruppe und erst dadurch, in unserem Aufbau, Koordinaten eines homogenen Raumes. Gleichwohl gelten Orte und Zeiten als meßbar. Die Ortsobservable kommt erst einem Teilchen zu: sie bezeichnet eine Eigenschaft eines Objekts. Raum- und Zeitkoordinate bezeichnen klassisch eine Eigenschaft eines Ereignisses (zur Terminologie von »Ereignis« s. 8.5.1). Also sollte es für Wechselwirkung eine Zeitobservable geben. Aber unsere Wechselwirkungstheorie ist nicht lokal und bewahrt im allgemeinen die Identität eines Teilchens nicht. Die Annäherung eines Ereignisses an die punktuelle raumzeitliche Lokalisierbarkeit wird somit um so besser sein, je höhere Energien, je mehr virtuelle Objekte also, dabei ins Spiel kommen. In der Tat wird eben dann eine Beschreibung des Ereignisses als irreversibel um so genauer möglich sein.

Eine Rekonstruktion der Quantentheorie, die von einer reellen Zeitkoordinate ausgeht, kann somit nicht in Strenge semantisch konsistent werden. Der Fehler dürfte sachlich identisch sein mit dem Fehler der Annahme getrennter Objekte bzw. der Trennbarkeit der Alternativen. Nun ist uns die Trennbarkeit der Alternativen als Voraussetzung einer begrifflichen Beschreibung der Wirklichkeit erschienen. Wenn unsere Überlegungen richtig waren, so scheint es, daß wir mit ihnen eine Grenze bezeichnet haben, die unser begriffliches Denken nicht überschreiten kann. Wir haben die Grenze aber so bezeichnet, daß wir über das, was jenseits der Grenze liegen mag, selbst in einer dem heutigen Wissenschaftler zugänglichen Sprache geredet haben. Dies ist die schon von Hegel erörterte Dialektik des Begriffs »Grenzen des Wissens«[*]; man kann sie nur angeben, indem man sie gedanklich überschreitet.

Wir stellen die Frage zunächst doch noch innerhalb des uns heute verfügbaren physikalischen Wissens. Inwieweit ist die Trennbarkeit der Alternativen semantisch konsistent? Schon

---

[*] Vgl. G.W.F. Hegel, *Wissenschaft der Logik*, Zweites Kapitel B b.

Umfassende Gegenwart

als wir sie einführten, wiesen wir darauf hin, daß sie nur eine Näherung ist (8.2E; 8.3b1). Im Abschnitt 3 haben wir soeben gesagt, daß erst Wechselwirkung Ereignisse ermöglicht. Die Entscheidung einer Alternative sprengt immer die Trennung dieser Alternative vom Rest der Wirklichkeit. Die erste Frage muß sein, warum die Näherung der Trennbarkeit gleichwohl so gut ist.

Physikimmanent können wir antworten: weil der Raum praktisch leer ist. Wählen wir die Abschätzung von 10.6d: Es gibt in einem Weltraum vom Volumen $V = N\lambda^3$ etwa $N^{2/3}$ Teilchen, deren jedes das Volumen $v = \lambda^3$ erfüllt. Also ist der Bruchteil $N^{-1/3} \approx 10^{-40}$ des Weltraums mit Materie erfüllt, der Rest ist leer. Deshalb gibt es im Raum asymptotisch freie Teilchen, und das heißt eben asymptotisch trennbare Alternativen.

In der Näherung trennbarer Alternativen konnten wir die Quantentheorie mit reeller Zeitkoordinate, also mit der Fiktion der punktuellen Gegenwart aufbauen. Ereignisse aber gibt es nur durch Wechselwirkung; Wissen von Ereignissen ist jeweils ein neues Ereignis, nochmalige Wechselwirkung. Eigentliche Ereignisse gibt es nur in der für unbegrenzte Reflexion, also Wechselwirkung offenen Welt. Diese Offenheit umfaßt nicht nur den Raum, sondern auch die Zeit. Man wird die Formel wagen dürfen: Eigentliche Ereignisse gibt es nur in einer umfassenden Gegenwart.

Was bedeutet »umfassende Gegenwart« phänomenologisch? Sie bedeutet sicher nicht das Zerfallen der Zeit in diskrete Zeitpunkte oder Zeitspannen; vermutlich auch nicht einen Zeitoperator, der solche diskreten Eigenwerte hätte. Als Beispiel für das Phänomen der umfassenden Gegenwart mag eine Melodie dienen. Nicht ihre einzelnen Töne sind die Melodie, sondern deren im Bewußtsein präsente komplette Abfolge. Die umfassende Gegenwart umfaßt also ein »ganzes« Ereignis, das nach Uhrzeit eine Zeitspanne ausfüllt. *In* der umfassenden Gegenwart gibt es Abfolge, es gibt die Präsenz des schon Verklungenen und die Antizipation des Erwarteten, deren Enttäuschung ein Bruch, eine Zerstörung des »individuellen Prozesses« ist. Der Physiker neigt dazu, dieses Phänomen als »nur subjektiv« zu beschreiben. Es ist in der Tat eine

Bewußtseinsleistung, vermutlich als Regelvorgang im Gehirn darstellbar. Unser Vorschlag wäre nun, die Realität selbst nicht als zerlegt in punktuelle Ereignisse, sondern eben im Sinne der Individualität der Prozesse objektiv nach dem Muster der phänomenalen umfassenden Gegenwart zu beschreiben. Daß unser psychischer Apparat die Leistung des Hörens einer Melodie vollbringt, wäre dann nicht nur subjektiv, sondern seine Fähigkeit, es zu leisten, wäre begründet in der objektiven Struktur physischer Prozesse. Der individuelle Prozeß an *einem* Objekt wird jeweils unterbrochen durch das Ereignis seiner Wechselwirkung mit einem anderen Objekt; diese Wechselwirkung selbst ist aber wieder ein individueller Prozeß am Gesamtobjekt; könnte man die ganze Welt in die Beschreibung einbeziehen, so erwiese sich ihre Geschichte als ein einziger individueller Prozeß in einer allumfassenden Gegenwart.

Folgen wir dieser Darstellung, so können wir sagen, inwiefern der Begriff des individuellen Prozesses von den Zeitmodi unabhängig ist. Der individuelle Prozeß an einem Objekt enthält die Abfolge an ihm möglicher, jeweils durch Wechselwirkung zu etablierender Ereignisse. Zwischen den Ereignissen ist *für dieses Objekt* keine Zeitfolge, sondern gleichsam umfassende Gegenwart. Die Zeitmodi konstituieren sich durch die Wechselwirkung. Die Faktizität der Vergangenheit bedeutet, daß vergangene Ereignisse an diesem Objekt aufbewahrt sind in ihrer Wirkung auf andere Objekte, also im Sinne der Möglichkeit der Vergangenheit durch ihre Wirkung auf die heute möglichen Ereignisse in der Welt: durch Dokumente. Die Offenheit der Zukunft bedeutet, daß *diesem* Objekt nicht anzusehen ist, welche Ereignisse durch seine Wechselwirkung mit anderen Objekten geschehen werden. Die Faktizität der Zukunft ist, wenn der individuelle Prozeß des gesamten Weltgeschehens in die Vorhersage einbezogen werden könnte, nicht logisch ausgeschlossen.

Dieses Bild des Weltgeschehens ist im Formalismus der Quantentheorie nur als möglich impliziert. Die Ausdehnung des Zustandsraums auf mehr und mehr Objekte hebt die quantentheoretische Unbestimmtheit der Vorhersage nicht auf. Wenn unsere Rekonstruktion den Grund des Erfolgs der Quantentheorie richtig beschreibt, so ist auch nichts anderes zu erwarten. Wir gingen von der Trennbarkeit der Alternativen aus. Die Vereinigung mehrerer Objekte zu einem Gesamtobjekt hebt das Prinzip der Trennbarkeit nicht auf, vergrößert nur die als trennbar angesehene Alternative. Innerhalb dieser Rekonstruktion wird die Individualität der Prozesse durch das Postulat der Kinematik beschrieben (8.3b3): der ungestörte Prozeß hält die den Zustand definierenden Wahrscheinlichkeitsrelationen invariant. Wir haben gesehen, warum die Trennbarkeit sich als eine sehr gute Näherung erweist, *wenn* man von Postulaten ausgeht, die die Trennbarkeit prinzipiell voraussetzen; d. h. wir sehen die gute Näherung, in der die Annahme selbstkonsistent ist. Die Wirklichkeit aber ist nicht in Strenge trennbar. Lokale Ereignisse sind nur genähert als real zu beschreiben. Der wahre Gang der Welt dürfte weder räumlich noch zeitlich lokal sein.

Diesen Gedanken können wir verbal-begrifflich nur noch durch Negationen ausdrücken. Die uns verfügbare Physik beschreibt ihn nicht.

5. *Jenseits der Physik*

Können wir über unsere Physik hinausdenken, um die Welt in einer umfassenden Gegenwart zu verstehen? Hier sind für uns mehrere weitere Wege denkbar, die durch eine Überschneidung zweier Alternativen zu klassifizieren wären:
A: endliches und unendliches Wissen,
B: begriffliche und nicht-begriffliche Erkenntnis.

Die Unterscheidung A entspringt der Tradition der Metaphysik. Der Mensch ist ein endliches Wesen. Sein Wissen und seine Macht haben Grenzen. Es gibt vieles, was wir nicht wissen, vielleicht niemals wissen können. Wir können uns demgegenüber ein unendliches* Wissen, das Wissen eines unendlichen, göttlichen Subjekts denken, das alles Wißbare umfaßt. Dabei ist anscheinend vorausgesetzt, daß der göttliche

---

Der Begriff »unendlich« ist hier nicht identisch mit dem mathematischen Begriff, etwa dem der unendlichen Menge. Er soll vielmehr die menschliche Begrenztheit, also auch das mathematische Wissen des Menschen übertreffen.

Intellekt alles, was der menschliche Intellekt leistet, unvergleichlich besser leistet. Geht man von dieser Alternative aus, so kann man offenbar zwei Wege wählen: man kann die Existenz eines solchen göttlichen Intellekts entweder annehmen oder beiseitelassen, letzteres, indem man sie entweder als unentscheidbar ansieht oder direkt leugnet.

Wer die Vorstellung des unendlichen Wissens beiseiteläßt, der kann in der pragmatischen Haltung verharren: Einiges wissen wir, anderes wissen wir nicht, die Grenze zwischen beidem ändert sich im Lauf der Zeit, und mehr können wir dazu nicht sagen. In der normalen Wissenschaft nach einem festen Paradigma ist diese Haltung üblich und fruchtbar. Sie hat aber wohl niemals eine wisenschaftliche Revolution, eine abgeschlossene Theorie hervorgebracht. Sie verhindert das Leiden des Konservativen an den Inkonsistenzen des Bestehenden. Darum haben sich die grundsätzlich denkenden Wissenschaftler wenigstens als heuristische Fiktion oft die Frage gestellt, wie das uns Unbekannte sich einem allwissenden Geist darstellen müßte. Als Modell dafür haben sie freilich nur die Instrumente ihres endlichen und speziell ihres zu ihrer Zeit verfügbaren Wissens zur Hand. So entsteht die methodische Fiktion eines vom menschlichen Wissen vor allem quantitativ verschiedenen Allwissens. Eine solche Fiktion ist z. B. der Gedanke der ψ-Funktion des Universums. Unsere Analyse der Modalität der Ereignisse sollte statt dessen nicht die quantitative Vermehrung, sondern die begriffliche Klärung des quantentheoretischen Wissens darstellen, um gerade die ungeklärten Grundfragen zum Vorschein zu bringen. Wie würde ein allwissender Geist die Modalitäten denken? Gäbe es für ihn eine offene Zukunft? Oder gäbe es für ihn, wie es die klassische Metaphysik gedacht hat, eine allumfassende Gegenwart, eine Omnipräsenz?

Ehe wir uns dieser Frage stellen können, müssen wir die Unterscheidung B betrachten. Wir können hier nicht eine volle Theorie des begrifflichen Denkens entwickeln (dazu *Zeit und Wissen*). Unter dem Titel der biologischen Präliminarien der Logik haben wir das begriffliche Denken als eine spezielle Leistung in die umfassendere Erkenntnisförmigkeit des Lebens eingeordnet. Wahrnehmung ist prädikativ, Wahrnehmung und

Jenseits der Physik

Urteil sind im allgemeinen affektiv, Affekte sind meist auf mögliche Handlungen bezogen. Der in der Logik vorausgesetzte assertorische Satz, der wahr oder falsch sein kann, ist ein Kulturprodukt; in der in der Logik beschriebenen Form ist er selbst ein Produkt der Logik. Sogar die wissenschaftliche Intuition reagiert auf Strukturen, die der Wissenschaftler selbst meist nicht voll begrifflich auszusprechen vermag. Also ist es sehr wohl denkbar, daß eine Erkenntnis, die unser begriffliches Wissen übertrifft, eine wesentlich nicht-begriffliche Gestalt hat. So haben wir im Abschnitt 2 hypothetisch die zeitüberbrückende Wahrnehmung beschrieben. In einer heuristischen Vorstellung sollten wir einem übermenschlichen Wissen also vermutlich eine nicht aufs Begriffliche beschränkte Form zusprechen. Schon für menschliche Vernunft (in der Sprechweise der klassischen deutschen Philosophie vom begrifflich operierenden Verstand unterschieden) bietet sich die Formel der Wahrnehmung eines Ganzen an.

Mit der Quantentheorie, so wie wir sie rekonstruiert und gedeutet haben, ist der Gedanke voll vereinbar, daß die Wirklichkeit ein nichträumlicher individueller Prozeß ist, den wir mit den uns geläufigen Worten als geistig zu beschreiben haben. Es ist eine alte Tradition, daß unser persönliches Bewußtsein nur eine Erscheinungsweise eines umfassenden Geistes ist. Wir kommen im Schlußkapitel darauf zurück.

Wagen wir eine solche Sichtweise, so haben wir damit die Physik nicht widerlegt oder »überwunden«. Wir haben uns vielmehr *als* Physiker genötigt, noch einmal die Reihenfolge der Argumente umzukehren. Wir gingen vom fraglosen Erfolg der Physik aus und fragten nach dem, was jenseits der Physik liegen mag. Jetzt gehen wir vom Gedanken einer umfassenden geistigen Wirklichkeit aus und müssen uns fragen, warum die Physik so erfolgreich ist. Wir steigen damit nur an einer anderen Stelle als zuvor in den Kreisgang ein. Wir kennen uns empirisch als Wesen mit endlichem Wissen. Wir mögen wissen oder glauben, daß dies nur die Oberfläche einer tieferen, »unendlichen« Wirklichkeit ist. Aber mit unserer Erscheinung als endliche Wesen sind die Regeln gesetzt, denen gemäß wir die Wirklichkeit in endlichem Wissen, mit endlichen Alternativen spiegeln können. Das, so scheint es bisher, sind die Gesetze der Quantentheorie. Keine echte Errungenschaft der Aufklärung wird durch den Weg preisgegeben, der uns jenseits der Physik führt. Nur das Kriterium der Echtheit eines rationalen Arguments muß behutsam gehandhabt werden.

Vierzehntes Kapitel
In der Sprache der Philosophen

1. Exposition

Dieses Kapitel soll nachträglich eine Skizze der Philosophie entwerfen, die im Aufbau der Physik schon enthalten ist. Die Nachträglichkeit der Philosophie ist bereits ein philosophisches Programm. In ihrer klassischen Tradition verstand sich die Philosophie als Grundwissenschaft: inhaltlich als Ontologie, etwa auch als Ethik; methodisch als Logik und Erkenntnistheorie. Faktisch erkennen die anderen Wissenschaften diesen Anspruch seit langem nicht mehr an. Durch diesen Unglauben wird die Philosophie aber unter ihren wahren Rang abgewertet. In der Vorstellung, eine hierarchische Struktur des Wissens erreichen zu können, lag lediglich ein historisch kaum vermeidliches Selbstmißverständnis der klassischen Philosophie, ein spezieller philosophischer Irrtum. Die griechische Philosophie ist gleichzeitig und in Wechselwirkung mit der deduktiven Gestalt der Mathematik entstanden. So legte sich die Erwartung nahe, auch Philosophie könne eine deduktive Wissenschaft und gerade als solche die Grundlage der anderen Wissenschaften sein. Tatsächlich aber ist der spezifisch philosophische Prozeß die sokratische Rückfrage: Weißt du eigentlich, was du tust? Verstehst du eigentlich, was du soeben gesagt hast? Es war dann der Traum der Philosophen, mit dieser Rückfrage bis zum unerschütterlichen Fundament eines deduktiven Aufbaus durchzudringen. Aber dieser Traum hat sich in der bisherigen Geschichte nicht erfüllt.

Die Absicht, diejenige Philosophie zu skizzieren, die im Aufbau der Physik schon enthalten ist, bedeutet genau die sokratische Rückfrage an unsere eigene Arbeit. Wir haben, z.B. in 5.8, den Weg der Philosophie als »Kreisgang« geschildert. Dort handelte es sich um einen »großen« Kreis: von der zeitlichen Logik zur Physik, von der Physik zur Evolution des Lebens, aus der Erkenntnisförmigkeit des Lebens zu den Voraussetzungen der Logik. Es gibt aber bei jedem Schritt unseres Aufbaus »kleine« Kreise, einzelne Rückfragen: Physik beruht auf Erfahrung, Erfahrung geschieht in der Zeit; wie sprechen wir in der Physik von der Zeit? Quantentheorie macht Wahrscheinlichkeitsprognosen; wie definieren wir Wahrscheinlichkeit? Struktur und Inhalt dieser sokratischen Elemente unseres Aufbaus herauszuheben, ist jetzt unser Ziel.

Der Aufbau des Kapitels lehnt sich an die aristotelische Einteilung der theoretischen Philosophie in Logik, Physik und Metaphysik an.

Statt Logik sagen wir *Wissenschaftstheorie*. Es handelt sich um die *Methoden* der Wissenschaft.

Physik ist bei Aristoteles die Wissenschaft vom Bewegten, genauer von dem, was einen Ursprung seiner Bewegung in sich selbst hat. Wir gehen beim Aufbau der Physik von der Zeit aus, also vom Medium der Bewegung. Physik umfaßt bei uns wie bei Aristoteles die Grundlagen aller Erfahrungswissenschaften.

Metaphysik ist nach alter Überlieferung der Name der Bücher, die im aristotelischen Kanon *nach* den Büchern über Physik kommen. Der Name bezeichnet insofern glücklich die *Nachträglichkeit der Philosophie*. Wir gebrauchen den Namen hier in diesem sehr allgemeinen Sinn, ohne uns auf bestimmte Thesen der abendländischen Metaphysik zu verpflichten.

2. Wissenschaftstheorie

Die Wissenschaftstheorie unseres Jahrhunderts kann als eine bewußt nachträgliche Philosophie aufgefaßt werden. Den Anspruch zuverlässigen Wissens, der einst die Philosophie beflügelte, haben nur die positiven Wissenschaften eingelöst. Die Wissenschaftstheorie fragt, was die Wissenschaften dazu befähigt hat.

Der Wissenschaftstheorie sind also die Wissenschaften als ein historisches Faktum vorgegeben. Die Wissenschaften scheinen in zwei große Gruppen zu zerfallen: die reinen Strukturwissenschaften, d. h. Mathematik und Logik, und die empirischen Realwissenschaften, von der Physik und Astronomie über die biologischen Fächer bis hin zur Soziologie und

Psychologie. Es ist charakteristisch schon für diese Fragestellung, daß die interpretierenden Geisteswissenschaften in ihr keinen rechten Ort finden (dazu: *Jenseits der Quantentheorie*, 13.1b).

Worauf stützt sich nun das Wissen der Wissenschaften? Die Realwissenschaften stützen sich auf *Realität*; sie kennen diese durch *Erfahrung*. Die Strukturwissenschaften scheinen der Realität und Erfahrung nicht zu bedürfen; sie erkennen die Strukturen *a priori*. Realwissenschaften ohne Logik und, wo sie streng werden, ohne Mathematik scheint es aber nicht zu geben; die allgemeinen Naturgesetze sind wesentlich mathematisch. Je nach dem Gewicht, das sie diesen drei Grundlagen des Wissens geben, lassen sich die wissenschaftstheoretischen Schulen ganz roh in Schulen des *Empirismus, Realismus* und *Apriorismus* einteilen. Unser Aufbau enthält Komponenten aller drei Denkweisen und verschreibt sich keiner von ihnen. Wir folgen hier seiner systematischen Anlage und besprechen nur zur Erläuterung sein Verhältnis zu den gängigen Denkweisen.

Den Ausgangspunkt teilen wir mit allen drei Schulen, so wie sie heute vertreten werden: Physik geht von *Erfahrung* aus. Auch der Apriorismus Kants beginnt so, fährt freilich alsbald fort: »Wenn aber gleich alle unsere Erkenntnis *mit* der Erfahrung anhebt, so entspringt sie darum doch nicht eben alle *aus* der Erfahrung.« (*Kritik der reinen Vernunft*, B 1). Der Empirismus wollte hingegen gerade die Gewißheit der Wissenschaft auf Erfahrung stützen. Wir folgen Platon, Hume, Kant und Popper, indem wir feststellen, daß allgemeine Gesetze nicht logisch aus der stets unvollständigen bisherigen Erfahrung gefolgert werden können. Wir folgen insbesondere Hume, wenn wir hervorheben, daß sich allgemeine Naturgesetze stets auch auf die Zukunft beziehen, die uns empirisch unbekannt ist. Angesichts der Frage, worauf dann unser Glaube an die Naturgesetze gegründet werden kann, wählen wir einen bisher nicht programmatisch beschriebenen Weg. Er vermeidet zwei einander entgegengesetzte traditionelle Haltungen, indem er von beiden lernt: wir können sie als die *pragmatische* und die *absolute* Haltung bezeichnen.

Die pragmatische Haltung ist zufrieden mit dem stets wiederholten Erfolg der empirischen Wissenschaft; sie hält es für überflüssig und anmaßend, diesen Erfolg auch noch erklären zu wollen. Das ist die Haltung der meisten Naturwissenschaftler. Die absolute Haltung sucht ein unerschütterliches Fundament, also ein Wissen, das mit Gewißheit keiner Korrektur mehr bedürfen wird. Wir verhalten uns in unserem Aufbau nicht absolut: wir betrachten die Wissenschaft als einen Vorgang in einer unabgeschlossenen Geschichte. Wir nennen das fundamentale Wissen, das wir beschreiben, den »Glauben der Physiker« (13.3; dazu *Zeit und Wissen* 2.4). Wir sind aber überzeugt, daß dem pragmatischen Verzicht auf die Erklärung des Erfolgs gerade eine der interessantesten, auch wissenschaftlich fruchtbarsten Fragen entgeht.

Um dies zu erläutern, formulieren wir zunächst eine Kritik an derjenigen absoluten Haltung, welche den drei wissenschaftstheoretischen Auffassungen zum mindesten in ihren Anfängen gemeinsam war. Sie waren alle noch nicht in hinreichender Konsequenz »nachträgliche« Philosophie. Zwar setzten sie das historische Faktum der Wissenschaften voraus. Aber sie meinten eine Begründung dieses Erfolgs angeben zu können, die nicht mehr von den fortschreitenden inhaltlichen Resultaten der Wissenschaft abhinge. Programmatisch hat dies der Apriorismus ausgesprochen; die Formel »a priori« bezieht sich bei Kant zwar nicht auf die historische, aber doch auf die Begründungs-Reihenfolge. Nicht ganz klar war sich über seine eigene absolute Haltung der Realismus. Er faßte gewisse Vorurteile der klassischen Physik als wissenschaftliche Resultate auf, denen er treu bleiben wollte; daher seine Not mit der Quantentheorie, die abweichende Resultate anbietet. Uns geht hier vor allem die absolute Haltung des Empirismus an. Er suchte Erfahrung. Was aber Erfahrung sei, meinte er mehr oder weniger a priori zu wissen; z. B. »induktives« logisches Folgern aus Sinneswahrnehmungen. Ein konsequenter Empirismus hätte aber erst aus der Erfahrung lernen müssen, was Erfahrung ist. Hier ist höchst relevant die Entdeckung angeborener Formen der Erfahrung durch die Ethologie (Lorenz 1941). Für die wissenschaftliche Erfahrung ist das fruchtbarste Feld ihrer Erforschung die Wissenschaftsgeschichte.

Hier hat Th. Kuhn den wichtigen Schritt getan durch die

Unterscheidung der normalen Wissenschaft von den Revolutionen. Die entscheidende Struktur hatte freilich, spezieller und genauer, schon Heisenberg in seinem Begriff der abgeschlossenen Theorie bezeichnet. Das Verhältnis der inhaltlich fortschreitenden Wissenschaft zur Wissenschaftstheorie – oder sagen wir gleich grundsätzlicher: zur Philosophie – läßt sich dann so formulieren: In den Phasen normaler Wissenschaft ist die Philosophie für den inhaltlichen Fortschritt entbehrlich, ja hinderlich. Die normale Wissenschaft glückt *wegen* ihrer pragmatischen Haltung; sie schreitet rasch fort, weil sie sich nicht damit aufhält, den Grund ihres eigenen Erfolgs verstehen zu wollen. Die großen Revolutionen hingegen entstammen eben der Frage nach diesem Grund. In diesen Revolutionen ist die Philosophie unentbehrlich, sind Wissenschaft und Philosophie untrennbar. Eine Wissenschaftstheorie, welche nur die normale Wissenschaft oder allenfalls die vergangenen, nicht mehr gefährlichen Revolutionen beschreibt, ist selbst eine normale Wissenschaft; ihr Schicksal ist, in der nächsten wissenschaftlichen Revolution überholt zu werden.

Die fruchtbare Frage, die der pragmatischen Haltung verlorengeht, ist demnach, wie wissenschaftliche Revolutionen möglich sind. Hierfür ist ein Vergleich mit der biologischen Evolution lehrreich. Konrad Lorenz* sagt, daß in der Evolution »Fulgurationen« geschehen, blitzartiges Zusammenschießen älterer Strukturen zu einer komplexeren neuen Struktur, die eben darum auch eine neue Einfachheit der Leistung auf höherer Integrationsstufe vollbringt. Von der vorangegangenen Struktur her ist die neue Stufe unvorhersagbar. Das geschieht auch in der Wissenschaft, sowohl in den großen Revolutionen wie in vielen Einzelentdeckungen. Deshalb sind gerade nicht die immer und überall anwendbaren *Methoden* das philosophisch Wichtigste an der Wissenschaft, sondern ihre einmaligen *inhaltlichen* Probleme und Resultate.

Unser Aufbau geht aus von der Frage: wie sind abgeschlossene Theorien möglich? Auch hier gehen wir alsbald ins einzelne. Wir vermuten, daß eine abgeschlossene Theorie einer grundsätzlichen Erklärung um so zugänglicher sein wird, je

1973, S. 48; dazu *Garten des Menschlichen* II, 2.1, S. 189.

später sie in der Folge der Theorien steht; denn um so allgemeingültiger wird sie sein. Dies wendet unseren Blick insbesondere auf die Quantentheorie. Wir vermuten, daß heute das beste Kriterium für eine Wissenschaftstheorie ist, ob sie die Quantentheorie verständlich machen kann. Diese Frage hat dieselbe erkenntnistheoretische Struktur wie Kants Frage: Wie ist Erfahrung überhaupt möglich? Im Rahmen unseres Verständnisses von Theorie sind beide Fragen auch inhaltlich fast gleichbedeutend. Erfahrung im Sinne Kants ist begrifflich aussprechbare Erfahrung. Wir haben gelernt, daß wissenschaftliche Begriffe erst im Rahmen einer abgeschlossenen Theorie einen präzisen Sinn gewinnen. »Erst die Theorie entscheidet, was meßbar ist«, hat Einstein zu Heisenberg gesagt, und in einer Theorie entscheiden eben die Begriffe über den Sinn von Messungen. Freilich müssen wir die Genesis von Theorien betrachten. Sie haben stets ein Vorverständnis, in dessen Rahmen sie zunächst formuliert werden; hier hat Kuhns weicherer Begriff des Paradigmas seinen Ort. Nur soweit die Theorie als »semantisch konsistent« gelten kann, definiert sie selbst den Sinn der Begriffe in der Erfahrung. In diesem Sinne ist dann aber Kants Frage nach dem Grund der Möglichkeit von Erfahrung, soweit wir überhaupt versuchen können, sie zu beantworten, eben unsere Frage nach dem Grund der Möglichkeit der letzten uns noch zugänglichen Theorie.

Die Gleichheit des Sinns beider Fragen bietet die Hoffnung, auch auf die Frage nach dem Grund des Erfolgs der Physik eine Antwort zu finden. Man kann die Grundannahmen der Quantentheorie für einen mathematisch gebildeten Leser auf einer Druckseite formulieren; ihr Gültigkeitsbereich aber ist im Rahmen unserer heutigen Kenntnis unbegrenzt. Dies würde sich im Sinne Kants erklären: *Weil* die Theorie in ihrer abstrakten Allgemeinheit lediglich Bedingungen der Möglichkeit *von* Erfahrung überhaupt ausspricht, eben deshalb muß sie überall *in* der Erfahrung gelten.

Diese Vermutung nun fordert zu einer Probe heraus. Wenn oder soweit die Vermutung richtig ist, dann oder soweit müßte es möglich sein, die Theorie aus einer direkten Formulierung der Vorbedingungen von Erfahrung überhaupt begrifflich zu rekonstruieren. Freilich wird man diese Vorbedingungen schwerlich richtig formulieren, wenn man dabei ein Verständnis von Erfahrung benützt, wie es schon vor der Kenntnis der Quantentheorie verfügbar war. Man muß vermutlich die semantische Konsistenz der Quantentheorie (soweit wir sie erreicht haben) benützen, um das Vorverständnis so zu formulieren, wie es zu ihrer Rekonstruktion erforderlich ist. Auch diese Rekonstruktion wird also den Charakter eines immanenten Konsistenznachweises haben. Doch sollte sie in einer Sprache formulierbar sein, die auch dem Nichtfachmann, aber Zeitgenossen, verständlich ist.

Der Kernbegriff der Quantentheorie, so wie sie gewöhnlich formuliert wird, dürfte der Begriff der Wahrscheinlichkeit sein. Wahrscheinlichkeit hat in der Physik prognostische Bedeutung. Physik beruht auf Erfahrung; Erfahrung aber heißt, aus der Vergangenheit für die Zukunft gelernt haben. Also tritt an die Spitze der Bedingungen der Möglichkeit von Erfahrung die Struktur der Zeit selbst, in ihren Modi der Gegenwart, der Zukunft und der Vergangenheit.

Damit sind wir am Anfang des Aufbaus der Physik.

3. Physik

Die Physik bauen wir auf als die allgemeine Theorie empirisch entscheidbarer Alternativen. Das Prädikat »allgemein« hat im Begriff der allgemeinen Theorie eine sehr viel weitertragende Bedeutung als im logischen Begriff des allgemeinen Urteils. Ein allgemeines Urteil ist durch seine logische Form charakterisiert. Im einfachsten Fall wird ein Prädikat von allen unter einen gegebenen Begriff fallenden Gegenständen angesagt: »Alle Menschen sind sterblich«, »alle S sind P«. Die Allgemeinheit des Urteils trägt nur so weit, als es Gegenstände gibt, die unter den gewählten Subjektbegriff S (z.B. »Mensch«) fallen. Eine allgemeine Theorie aber, im strengen Sinne der abgeschlossenen Theorie, definiert ihre Begriffe selbst. Einige mathematische Ausdrucksformen solcher Theorien haben wir in 6.3 betrachtet. Eine Differentialgleichung z.B. legt die Menge aller ihrer möglichen Lösungen fest. Das Programm der konkreten Quantentheorie geht dahin, im Prinzip alle möglichen empirisch entscheidbaren Alternativen zu klassifizieren. Was die Wendung »im Prinzip« bedeuten soll, sei an ein paar Beispielen und Gegenbeispielen erläutert. Der bloße Begriff der chemischen Verbindung legt nicht fest, welche chemischen Verbindungen es geben kann. Der bloße Begriff der tierischen Spezies legt nicht fest, was für Tiere es geben kann. Hingegen legen die logischen Operationen und die Begriffe der Menge und der Zahl vermutlich alle bisher studierten mathematischen Strukturen fest. Die Menge aller so definierbaren, »im Prinzip« möglichen mathematischen Strukturen ist, wie sich zeigt, unendlich. Man zweifelt heute nicht daran, daß die gesamte Chemie der Quantentheorie genügt, daß also alle überhaupt möglichen chemischen Verbindungen Lösungen der Schrödingergleichung sind. So legt die Quantentheorie »im Prinzip« alle Verbindungen fest; gleichwohl lernt man die Verbindungen sehr viel leichter durch Erfahrung kennen als durch noch so große Computerprogramme. *Wenn* der Physikalismus korrekt ist, so ist auch eine Brüllaffenfamilie im Urwald »im Prinzip« eine Lösung der Schrödingergleichung; niemand wird versuchen, sie rechnerisch aus der Gleichung abzuleiten.

Es mag lehrreich sein, die Allgemeinheit dieses Entwurfs der Physik mit der Allgemeinheit des aristotelischen Entwurfs zu vergleichen (s. 12.1). Physik ist nach Aristoteles die grundsätzliche Lehre von allem, was einen Anfang seiner Bewegung in sich hat. »Anfang« oder, wie wir oben sagten, »Ursprung« ist eine wörtliche Übersetzung von »archē«; terminologisch wird dieses Wort lateinisch als »causa«, deutsch als »Ursache« übersetzt. »Bewegung« heißt griechisch »kinesis«, was nicht nur Ortsveränderung (phora), sondern jegliche Änderung, einschließlich des Entstehens und Vergehens, bedeutet. »Einen« Anfang: Aristoteles unterscheidet vier »archai«: Stoff, Form, Herkunft der Bewegung, Ziel der Bewegung (telos). Alle vier müssen zusammenwirken, damit ein Ding sein kann. Aus der Herkunft der Bewegung, also einem Ding oder Ereignis, durch welches die Bewegung in Gang kommt, d.h. der »causa efficiens«, hat sich der moderne Begriff der Kausalität entwickelt.

Man vergegenwärtigt sich die Struktur der aristotelischen

Physik am leichtesten an biologischen Beispielen. Etwa der Eichbaum! Sein Stoff ist Holz, seine Form ist Eichbaum. Seine Bewegung ist das Wachstum. Die Herkunft dieser Bewegung ist die Eichel, ihr Ziel ist, Eichbaum zu sein. Die Form »Eichbaum« ist ewig, in immer anderen Eichbäumen präsent. So ist das Ziel *im* Baum: en-tel-echeia, Entelechie, »in sich das Ziel haben«. Analog die Physik des Unbelebten. Ein fallender Felsbrocken im Gebirge. Sein Stoff ist Stein, seine Form Felsbrocken, Herkunft der Bewegung der Regen, der ihn abgerissen hat, Ziel der Bewegung der natürliche Ort alles Schweren: unten, dem Erdmittelpunkt so nahe als möglich. Oder der Planet Ares (Mars). Sein Stoff ist eine dem Feuer ähnliche geistige Substanz, seine Form leuchtendes Gestirn, die Herkunft der Bewegung ihre von jeher ewige Dauer, das Ziel der Bewegung die ewige Nähe zur Vollkommenheit des göttlichen unbewegten Bewegers. Das Korrelat der Physik ist die Technik: die Lehre von den bewegten Dingen, die den Ursprung ihrer Bewegung außerhalb ihrer selbst haben, nämlich im menschlichen Denken und Handeln. Ein Schuh. Sein Stoff ist Leder, seine Form Schuh, seine Bewegung das Angefertigtwerden, deren Herkunft der Schuhmacher, das Ziel, am Fuß getragen zu werden. Die menschliche Seele weiß die Ursachen und vermag sie anzuwenden. Sie selbst ist Form des Menschen.

Dies ist ein Entwurf der Einheit der Natur. Die Welt ist endlich. In der Mitte die ruhende Erde, um sie die Luft und die konzentrischen Himmelssphären. Außerhalb der Fixsternsphäre ist kein Raum. Denn der abstrakte Begriff des Raumes existiert in dieser Philosophie nicht; Ort ist durch Relation der Körper definiert. Alle irdischen Bewegungen werden letztlich durch himmlische Bewegungen in Gang gehalten, vor allem durch den Tages- und Jahreslauf der Sonne. Die Kreisbewegung ist die vollkommenste Bewegung, weil sie, in sich zurückkehrend, ewig sein kann. So ist die himmlische Bewegung durch die ewige Sehnsucht nach dem unbewegten Beweger erzeugt. Alle Bewegung ist ewig, die Welt ist ewig sich selbst gleich.

Dieser Entwurf hält sich an die Phänomene. Er ist im Einklang mit dem damals bekannten Augenschein. Er ist aber nicht eine naive Übernahme des Augenscheins. Die denkerischen Alternativen waren längst bekannt. Die Atomisten führten Bewegung auf Stoß der Atome im leeren unendlichen Raum zurück. Der Mythos kannte gerade keine ewige Welt, sondern einen Anfang von Himmel und Erde, und ein mögliches Ende der Herrschaft des Zeus. Die Pythagoreer hatten die Hypothese einer Bewegung der Erde um ein Zentralfeuer; nur hundert Jahre nach Aristoteles stellte Aristarch das heliozentrische System auf. Alle Entscheidungen des aristotelischen Entwurfs sind durch die Forderung der strengen Denkbarkeit begründet. Wenn die Welt einen Anfang hätte, woher käme die Bewegung ihres Entstehens? Ein Schöpfer erklärt nichts; woher käme der Schöpfer? Ein Leeres ist nicht denkbar; nur als Relation von Seiendem »ist« Raum. Unendliche Erstreckung ist nicht beschreibbar, und zur Erklärung des Beschreibbaren ist sie überflüssig. Ohne das Trägheitsgesetz war physikalisch nicht zu verstehen, wie die Erde rasche Drehungen ausführen soll, von denen kein Gegenstand auf ihr spürbar affiziert wird. Dies ist ein fast vollkommen gerundetes Gedankengebäude. Anderweitige Erfahrungen nötigten dazu, es in zwei Jahrtausenden teils durch ihm innerlich fremde Gedanken zu verändern, teils durch weniger konsistente, aber erfolgreichere Theoriengefüge zu ersetzen. Das Christentum schloß die auf diesseitige Ewigkeit angelegte Welt der griechischen Philosophie und Astronomie zwischen die ihr unangemessenen Grenzen der Schöpfung und des Gerichts ein. Hierin aber sprach sich die Erfahrung der Geschichtlichkeit des Menschen aus. Die Naturwissenschaft der Neuzeit opferte die Totalität des Wirklichkeitsbezugs zugunsten der jeweiligen Mathematisierbarkeit. Sie erzwang Dualismen: Raum und Materie (6.2), Denken und Ausdehnung (12.1), Mechanik und Leben (schon, unerkannt, in Mechanik und Chemie angelegt: 6.4, 6.11). Sie riß die überschaubaren Grenzen der Welt teleskopisch und mikroskopisch auf. Viele ihrer Erfolge wurden durch Inkonsistenzen bezahlt, die erst in späteren Revolutionen als Probleme wieder auftauchten. So erreicht z. B. erst die Relativitätstheorie wieder das aristotelische, von Leibniz noch verstandene Niveau des Raumproblems (6.8-10).

Die durchgängige gedankliche Konsistenz hat die abendländische Philosophie immer von sich gefordert. Sie ist nicht identisch mit dem zu speziellen Modell der deduktiven Wissenschaft. Unser Entwurf wäre nicht entstanden ohne die Hoffnung, die neuzeitliche Physik könne am Ende ihrer Entwicklung die Konsistenz wieder erreichen, welche die inhaltlich zu engen Entwürfe der klassischen Philosophie besessen haben. Wie weit haben wir uns der Erfüllung dieser Hoffnung genähert? Der grundsätzliche Unterschied zu den klassischen Entwürfen liegt in der zentralen Rolle der Zeit. Von diesem Unterschied her können wir die Elemente der aristotelischen Physik mit dem vergleichen, was heute aus ihnen geworden ist.

Zunächst die vier »Ursachen«.

Das Verhältnis von Stoff und Form haben wir schon im Kapitel 12 über den Informationsstrom erörtert. Wir fanden in der heutigen Physik die Form in der Rolle der Substanz. Aber die Formen sind nicht ewig präsent. Sie entstehen in der Evolution (12.3). Nur nachträglich kann man sagen, daß schon vor der Entstehung von Planeten Bergkristalle »formalmöglich« waren oder am Anfang der Evolution des Lebens Bäume und Affen. Diese formale Möglichkeit ist eine Abstraktion, ein Entwurf *unserer* Begrifflichkeit.

Stoff, Materie, ist für Aristoteles ein Aspekt der Möglichkeit. Aristoteles definiert die Bewegung mit Hilfe des Begriffspaars von Wirklichkeit und Möglichkeit (energeia = Im-Werk-Sein; dynamis = Können). Beide werden weiter aufgespalten; so gibt es eine »dynamis tū poiein« und eine »dynamis tū paschein«: Tunkönnen und Annehmenkönnen. Bewegung ist definiert als die Wirklichkeit des der Möglichkeit nach Seienden als eines solchen.* In unserer Sprechweise bedeutet Möglichkeit das Merkmal der Zukunft, Wirklichkeit das Merkmal der Gegenwart. Faktizität ist vergangene in Dokumenten bewahrbare Wirklichkeit. Man kann dann stilisierend sagen: »Bewegung ist die Gegenwart der Zukunft.«

Ihr anti-aristotelisches Pathos hat die neuzeitliche Wissenschaft vor allem bekundet, indem sie die »causa efficiens« gegen die »causa finalis« ausspielte. Popularphilosophisch

---

* Vgl. »Möglichkeit und Bewegung«, in: *Die Einheit der Natur* IV, 4., S. 428 ff.

wendet sich dies gegen den durch den Schöpfungsglauben umgedeuteten Aristotelismus. Der anthropomorphe Schöpfergott kann sich Zwecke setzen wie ein Mensch. Hiergegen wird die naturgesetzliche Entstehung aller Dinge ausgespielt. Der Gott des neuzeitlichen Deismus muß dann seine Zwecke durchsetzen, indem er am Anfang Ursachen und Gesetze schafft, mittels derer die Zwecke am Ende kausal notwendig erreicht werden. Diese ganze Kontroverse hat mit Aristoteles nichts zu tun. Der ewige Gott des Aristoteles weiß ewig die Formen, die sich in der Bewegung der Welt ewig reproduzieren und darum in ihr ebensowohl als Ursachen wie als Ziele auftreten. Dies ist, in der Ausdrucksweise der Metaphysik, eine phänomenal saubere Beschreibung der Selbstreproduktion des Lebens. Das Ei ist das Mittel des Huhns, wieder Hühner zu erzeugen. Moderne Genetiker finden ihren Spaß darin, daß man ebensogut sagen kann: das Huhn ist das Mittel des Eis, wieder Eier zu erzeugen; der Organismus ist das Mittel des »egoistischen Gens«, ihm gleiche Gene zu erzeugen.

Der Bruch mit Aristoteles liegt erst in der Evolution, in der Entstehung der Formen. Dafür gewinnt unser Weltbild eine Einheit, die das aristotelische nicht besaß: nun können alle Organismen von einem gemeinsamen Ursprung abstammen. Ihre Beziehung zueinander ist nicht nur die von Aristoteles längst verstandene ökologische Lebensgemeinschaft, sondern die physische Verwandtschaft. Und sie stammen von anorganischer Materie ab; auch mit dem Stein und dem Stern sind wir physisch verwandt. Um dies aber zu denken und nicht bloß zu behaupten, müssen wir die mathematische Gestalt der Naturgesetze inhaltlich verstehen (6.3). Morphologie entspricht der Philosophie der ewigen Formen; die Differentialgleichung nach der Zeit entspricht dem neuzeitlich-kausalen Ansatz; das Extremalprinzip zeigt die weitgehende Äquivalenz einer kausalen und einer finalen Beschreibung; die Symmetriegruppen verweisen auf einen gemeinsamen Grund der Gesetze in der Trennbarkeit der Alternativen. Die mechanische Kausalität erweist sich als ein abgeleiteter Begriff. Daher die kausale Paradoxie des Trägheitsgesetzes, mit der schon Aristoteles in seiner Theorie des Wurfs erfolglos rang (vgl. M. Wolff 1971). Trägheit und Kraft entstammen gemeinsam der Offenheit der

Zukunft (9.3c; 10.3c). Es sei nochmals (vgl. den Anfang von 12.3) darauf hingewiesen, daß eine vollständige Philosophie des mathematischen Naturgesetzes eine Philosophie der Mathematik erfordert, in welcher Mathematik selbst als eine »Kunst«, eine Erkenntnis von Gestalt durch das Schaffen von Gestalt erscheint (*Zeit und Wissen* 5).

Eines freilich fehlt dem Menschen in diesem Bild der großen Einheit der Natur: die Behaustheit, die ihm sowohl die ewige endliche Welt des Aristoteles wie der Schöpfungsgarten der Bibel bietet. »Bin ich der Flüchtling nicht, der Unbehauste...?« (Goethe, Faust 3348). Unsere astronomische Heimat, das Sonnensystem, ist eine entstandene und wohl auch vergängliche Form. Sie ist eines von vielen Milliarden Systemen in einem Raum, den wir mit unseren Vorstellungen von Sinn bisher nicht zu beleben vermögen. Unsere Nachbarplaneten erscheinen unseren heutigen Satellitenbeobachtungen als Eis- oder Glutwüsten. Und die Evolutionstheorie lehrt uns, wie viele Tausende von Lebewesen und Arten untergehen mußten, um uns, die Enkel von Siegern im Kampf ums Dasein, in eine kurze Existenz treten zu lassen. Von den überlieferten Sichtweisen des Lebens scheint diejenige, von der Buddha vor seiner Erleuchtung ausging, die naturwissenschaftlich realistischste: Leben ist Durst und Leiden. Nach Darwin ist es erfolgreich, weil es Durst und Leiden ist.

Was haben wir soeben in unserer Schilderung der größeren Einheit der Natur getan? Wir haben den Rahmen eines Bildes gesprengt. Wir haben die Grenzen des aristotelisch-scholastischen Weltentwurfs in der Zeit und im Raum ins für unser Empfindungsvermögen Unnachvollziehbare erweitert. Astronomie und Atomphysik haben uns dazu ermächtigt, ja genötigt. Wir haben aber eine andere Grenzüberschreitung nicht mitvollzogen: die Relativierung der Begriffe von Objekt, Raum und Zeiterstreckung, die in der Quantentheorie begonnen hat, und die noch nicht interpretiert ist. Wir sollten gelernt haben, daß die Reduktion von Raum, Zeit, Materie auf empirisch entscheidbare Alternativen der Vordergrundaspekt der Natur ist, den die klassische Physik uns zu Gesicht gebracht hat. Wenn wir die Quantentheorie richtig gelesen haben, so lehrt sie, daß dieser Vordergrundaspekt nur möglich ist, *weil* er auf dem Untergrund eines sehr viel größeren, andersartigen Strukturreichtums aufruht; wo wir dieser Strukturen partiell ansichtig geworden sind, haben wir vom quantentheoretischen »Mehrwissen« gesprochen.

Was jenseits der Physik liegt, heißt traditionell Metaphysik. Unsere Überlegungen über das »Jenseits der Quantentheorie« haben uns mit dem Eindruck zurückgelassen, daß die Quantentheorie selbst Strukturen zeigt, die wir in unserer klassischen Sprechweise noch nicht zu deuten vermocht haben. Die Grenze zwischen »Physik« und »Metaphysik« erweist sich selbst als ein noch ungelöstes Problem. Es scheint, daß es Physik überhaupt nur geben kann, weil sie ein offenes Tor hat zur Metaphysik.

4. Metaphysik

Die Metaphysik beginnt bei den Griechen als philosophische Lehre von dem einen Gott. Die menschengestaltigen Vorstellungen der Religion werden abgestreift. Die Philosophen sprechen im Neutrum. Parmenides sagt »das Seiende«, Platon »das Eine« und »das Gute«. Ähnlich abstrakt spricht die asiatische Spekulation: »das Zweitlose« des Advaita-Vedanta, »das Leere« des Buddhismus.

Die Metaphysik stellt sich zunächst dar als Aufstieg: bei Parmenides in dem dichterischen Bild einer Auffahrt zum Tor der Wahrheit, bei Platon im philosophischen Gleichnis der Umwendung des Blicks und des Hinaussteigens aus der Höhle, bei Aristoteles in der Komposition der drei Schriften: der Physik, der Metaphysik und der Schrift von der Seele, die sachlich zusammengehören und alle mit einem Kapitel über den göttlichen Geist enden.

Diese Bewegung ist doppelter Natur. Der Aufstieg ist hart, lang, mühsam. Dann, nur in einem Sprung möglich, der Übergang zum Sehen des Einen, das das Ganze ist. »Sich!« – so beginnt bei Parmenides am Ziel der Fahrt die Göttin der Wahrheit ihre Rede. »Plötzlich« sieht bei Platon der Schüler nach vieljährigem Umgang mit dem Lehrer das, wovon immer die Rede war. Der Wiederabstieg, die Deduktion, ist ein

Metaphysik

wichtiges Postulat, das jedoch bei den Großen des Anfangs nirgends als geschriebene Lehre überliefert ist.

Das Unaussagbare, das gesehen wird, scheint in allen Kulturen dasselbe zu sein. Die Arbeit des Aufstiegs ist argumentativ; sie ist damit so kulturbedingt wie eben die Formen der Rationalität.

Wir haben uns eine dreifache Bewegung des Aufstiegs vorgenommen. Im Kapitel *Jenseits der Quantentheorie* haben wir gefragt, wie sich mit den Mitteln der Quantentheorie die Vermutung eines Seins formulieren ließe, das jenseits der uns geläufigen Vorstellung der Zeitmodi über einem linearen Zeitparameter liegt. Diese Überlegungen wollen wir im jetzigen Kapitel mit der überlieferten Argumentationsweise der Metaphysik vergleichen.* Erst im Schlußkapitel von *Zeit und Wissen* wird die philosophische Theologie selbst zum Thema.

Wir gehen noch einmal von Aristoteles aus. Warum ist die Physik, als Lehre vom Bewegten, nicht die ganze inhaltliche theoretische Philosophie? Weil es Unbewegtes gibt: die mathematischen Begriffe, die reinen Formen, den Gott. Die mathematischen Begriffe sind freilich bloße Abstraktionen; sie sind die Gestalten des Bewegten, die übrigbleiben, wenn man von seiner Bewegung absieht. Auch die reinen Formen haben ihr eigentliches Sein nur in den konkreten Dingen. Aber Gott ist unbewegt wissendes Seiendes. In den drei Grundschriften der inhaltlichen theoretischen Philosophie des Aristoteles wird der Gott auf dreifache Weise erschlossen: in der *Physik* als der Ursprung aller Bewegung, in der *Metaphysik* als das in voller Wirklichkeit, ohne unerfüllte Möglichkeit, Seiende, in *De anima* als der wissende Geist, in dem alle Formen gegenwärtig sind.** Dies ist eine Philosophie der ewigen Bewegung, denn ihr Ursprung verändert sich nicht; der ewigen Gegenwart, denn keine Zukunft (Möglichkeit) steht dem Gott mehr aus; des ewigen Wissens, denn die Formen sind ewig.

Wie müssen *wir*, im Vergleich dazu, reden? Den Ursprung der Bewegung haben wir die Zeit in ihren Modi genannt.

---

* Dazu *Parmenides und die Quantentheorie*, in: *Die Einheit der Natur* IV, 6, und *Wer ist das Subjekt in der Physik?* in: *Der Garten des Menschlichen* II, 1.
** Dazu Enno Rudolph (1983).

Denjenigen Schritt über die übliche Formulierung der Quantentheorie hinaus, der sich noch quantentheoretisch formulieren läßt, haben wir durch den Titel der umfassenden Gegenwart bezeichnet. Für das menschliche Wissen ist die phänomenale Gegenwart nicht punktuell, sondern unabgegrenzt umfassend. Die Vorstellung der ewigen Gegenwart eines unendlichen Wissens erscheint als denkbare Verallgemeinerung dazu. Es liegt dann nahe zu sagen: Endliches Wissen gibt es nur für endliche Subjekte; unsere Wissenschaft ist solches endliche Wissen.

Die eigentliche Denkarbeit ist aber mit solchen Vermutungen nicht geleistet. Im Verhältnis des Ewigen zur Zeit sind wir genötigt, von Aristoteles und von der gesamten klassischen Metaphysik abzuweichen. Die Metaphysik enthält an dieser Stelle in sich ein ungelöstes Problem, das an den Tag kommt, wenn wir versuchen, die moderne Sicht der Zeit in die Metaphysik einzufügen. Für Parmenides, der den Sprung in die ewige Gegenwart tut, ist die Welt des Werdens und Vergehens »doxa«, was Picht, sicher angemessen, mit »Erscheinung« übersetzt. Wie aber kommt es zu dieser Erscheinung? Wo im Seienden ist das, was Zeit und Erscheinung hervorbringt? Platon erklärt die Zeit als des im Einen verharrenden Aion aionisches, nach der Zahl fortschreitendes Abbild. Aion heißt griechisch ein sinnvoller Zeitraum, etwa eine Jahreszeit oder eine Lebenszeit. Traditionell übersetzt man es mit Ewigkeit; dann ist die Zeit ewiges Abbild der Ewigkeit. Im Aion selbst muß die Bewegung sein. Für uns ist in der Gegenwart die Zukunft als Möglichkeit, die Vergangenheit als Möglichkeit des Dokuments. Denken wir eine allumfassende Gegenwart, so sollten wir in ihr diese Struktur mitdenken. Dies haben wir in der obigen Vermutung nicht geleistet. Wir müssen langsamer vorgehen.

Der Sprung in die abstrakte Theologie überspringt nun in der Tat eine entscheidend wichtige Sphäre. Er überspringt eben die Frage nach dem inhaltlichen Sinn des quantentheoretischen »Mehrwissens«. Dieses Wissen bezieht sich auf mathematisch angebbare Strukturen, die keine getrennten Objekte im Raum sind. Die räumliche Körperwelt ist nur ein Ausschnitt oder – in einem vielleicht noch genaueren Gleichnis gesagt – nur eine

Metaphysik

Oberfläche der Wirklichkeit. Die Quantentheorie vollbringt dieser Wirklichkeit gegenüber eine doppelte oder zyklische Leistung. Einerseits gibt sie wenigstens ein mathematisches Modell dieser Wirklichkeit, ausgehend von Prognosen über entscheidbare Alternativen in der räumlichen Körperwelt. Andererseits zeigt sie, von diesem Modell ausgehend, daß die so beschriebene Wirklichkeit sich in der Näherung der Trennbarkeit der Alternativen eben als räumliche Körperwelt mit den bekannten Gesetzen der Physik darstellen muß.

Ferner haben wir gesehen, daß nichts im Wege steht, die Quantentheorie auch auf entscheidbare Alternativen über seelische oder geistige Vorgänge anzuwenden. Von den heutigen Kenntnissen der Physik her steht also einer Philosophie nichts im Wege, welche wagen würde, die Wirklichkeit, auf die sich das quantentheoretische Mehrwissen bezieht, als eine essentiell seelische oder geistige Wirklichkeit aufzufassen. Die Frage ist nur, ob wir wissen, was wir mit Ausdrücken wie »seelische« oder »geistige« Wirklichkeit meinen. Auch sie sind anthropomorph.

Wir kennen uns selbst als kommunizierende, fühlende, wollende, denkende Wesen. Wir können nicht umhin, auch Tieren Kommunikation, Affekt, Wahrnehmung, Antrieb zuzusprechen. Aber je weiter ein Wesen von uns entfernt ist, desto uneinfühlbarer wird es für uns. Das Erlebnis der Einsamkeit des Menschen in einer Welt ohne einen ihm verständlichen Sinn drängt sich auf. Das Studium des biologischen Hintergrunds des Bewußtseins, der »Rückseite des Spiegels«, lehrt uns die höchst komplizierten organischen Leistungen kennen, welche die Bewußtseinsphänomene ermöglichen. Individuelle Psyche kennen wir nur als Funktion der räumlichen Körperwelt. Deshalb müssen wir in der Körperwelt dort, wo sie diese Organe nicht entwickelt hat, einsam sein.

Nun lehrt uns aber die Quantentheorie, daß die Körper selbst auf räumlich nicht mehr beschreibbaren Strukturen beruhen. Dann muß dies auch für die seelischen Phänomene gelten. Es ist also zu vermuten, daß einer Wahrnehmung, die sich aus Naivität oder aus wissenschaftlichem Herrscherwillen auf die Körperwelt und die in ihr manifesten seelischen Vorgänge beschränkt, wesentliche seelische und geistige Phänomene entgehen müssen. Kommunikation, künstlerische, meditative Wahrnehmung werden hier andere Zugänge haben.

Die Quantentheorie erscheint demnach zunächst einmal offen für eine »nahe Metaphysik«. Sie wird bereit sein, seelische Erfahrungen anzuerkennen, die jenseits der klassisch beschreibbaren sinnlichen Erfahrung von der Körperwelt liegen. Solche Erfahrungen waren der Menschheit vor der Ära der Naturwissenschaft immer vertraut. Es bedeutet aber etwas anderes, sie anzuerkennen, nachdem die Wissenschaft ein kohärentes Weltbild aufgebaut hat; und zwar sie anzuerkennen nicht als eine Leugnung oder Sprengung dieses Weltbildes, sondern als eine Voraussetzung seiner Möglichkeit.

Die Ahnung, die Quantentheorie könnte einen solchen Zugang zum psychischen Hintergrund der Welt eröffnen, ist seit der Vollendung der Theorie vor rund sechzig Jahren öfters aufgetaucht. Bedeutende Physiker wie Pauli und Jordan haben solche Gedanken geäußert. Sie dachten dabei nicht unbedingt an den Geltungsbereich der Quantentheorie selbst, sondern eher an eine formale Analogie zu ihr in unserem Verhältnis zu einem vermuteten noch umfassenderen Bereich. Bohrs Gedanke der Komplementarität wirkte dabei als Anreger; Bohr selbst blieb freilich sehr zurückhaltend gegenüber solchen etwas zu »direkten« Anwendungen seines Gedankens. Die Bezeichnung parapsychischer Phänomene als «Psi« entstammt wohl einer direkten Bezugnahme auf die ψ-Funktion. In der Tradition dieser Gedanken stehen auch die neuerdings viel gelesenen Schriften von Capra und anderen Autoren, die eine Brücke zur asiatischen Meditationserfahrung zu schlagen suchen.

Dies ist wahrscheinlich eine Meute auf einer richtigen Spur. Daß dabei manche unkritische Verliebtheit ins Okkulte mit unterläuft, kann nicht verwundern. Die Bewegung ist bisher auf ihre Spürnase angewiesen. Sie hat die Konsistenz der Wissenschaft nicht erreicht, die Strenge der Philosophie wahrscheinlich meist gar nicht als Möglichkeit wahrgenommen. Von der Quantentheorie her wäre zu fragen, ob konsequente theoretische Modelle solcher Erfahrungen schon ernstlich erwogen worden sind. Denn es ist nicht mühelos zu erkennen, was man dabei suchen soll. Manches spricht dafür, daß z. B. die breit angelegten parapsychologischen Untersuchungen ei-

Metaphysik

nen weniger aussichtsreichen Weg verfolgen. Sie wollen die gesuchten Phänomene empirisch-wissenschaftlich objektivieren. Diese Methode dürfte aber am ehesten Phänomene im Sinne der klassischen Physik erzeugen; es ist leicht möglich, daß sie die Vorbedingungen der realen seelischen Vorgänge im Untergrund der Welt gerade zum Verschwinden bringt. Diese Vorgänge sind, wo sie mitten im Leben auftreten, affektgeladen oder von einer an Träume gemahnenden verdeckten Symbolik; sie sind, sinnvollerweise, auf den jeweiligen Lebenszusammenhang bezogen. Es ist eine alte Erfahrung, daß abergläubische Personen von ihren Vorzeichen genarrt werden, so als wollten die Vorzeichen sich der menschlichen Verfügbarkeit entziehen. Wissenschaftlich betriebene Parapsychologie nimmt daher leicht die Gestalt methodisch produzierten Aberglaubens an. Man kann auch eine Liebesbeziehung zerstören, wenn man sich in ihr mit der mißtrauischen Neugier des Wissenschaftlers verhält.

Häufung empirischen Materials ist zudem nur eine Vorstufe der Wissenschaft. Vermutlich muß eine harte theoretische Vorarbeit geleistet werden, ehe man weiß, was man empirisch fragen soll. Eine erste Erkundung dieses Felds haben wir im Kapitel *Jenseits der Quantentheorie* versucht. Wenn die Quantentheorie uns hier einen Weg öffnen soll, so müßten wir zuerst fragen, wie sie denn ein seelisches Phänomen beschreiben kann. Diese Phänomene sind sinnvoll im Leben; wie aber beschreiben wir die Struktur solchen Sinns? Ein Beispiel der dabei auftretenden Probleme bieten die aus der Computer-Wissenschaft hervorgehenden Versuche, »künstliche Intelligenz« zu konstruieren. Der Computer verhält sich vermutlich zum menschlichen Denken wie das Auto zum menschlichen Leib: er leistet, als Instrument, gerade das, was der Mensch nicht leistet. Der Computer ist gemäß der Logik konstruiert. Die Logik aber wurde erfunden, nicht um das menschliche Denken zu beschreiben, sondern um es zu korrigieren.

Die Frage, was die Struktur des Denkens oder des Wahrnehmens sei, wird ohne Selbstwahrnehmung nicht beantwortet werden. Selbstwahrnehmung ist Sache des wachen Lebens, Sache der spontanen oder künstlerischen Selbstdarstellung, Sache der Meditation und der Reflexion. Reflexion ist der

Versuch zu sagen, was ich gedacht habe, sie ist die sokratische Rückfrage. Wer sich in unserer kulturellen Tradition auf sie einläßt, den führt sie den Weg, den die Philosophie geführt worden ist. Man kann versuchen, aus diesem Weg in fremde, etwa asiatische Traditionen auszubrechen. Aber eben diese Traditionen werden heute auf den Weg der Auseinandersetzung mit unserer Wissenschaft, also unserer Tradition genötigt. Unsere individuellen Fähigkeiten sind begrenzt; jedem ist erlaubt, sich dort einzuordnen, wohin seine Fähigkeiten ihn weisen. Aber wer den Weg der Philosophie verstehend geht, der wird mit ihr in die Metaphysik geführt.

Jetzt ist nicht mehr von der »nahen Metaphysik« psychischer Wahrnehmung die Rede, sondern vom Aufstieg zur Metaphysik selbst; nur führt dieser Aufstieg nun auch durch das Gebirge »jenseits der Quantentheorie«. Es war der große Gedanke der Metaphysik, die Frage, was Wissen ist, nicht von einer Beschreibung oder Bestreitung unseres stets unvollkommenen faktischen Wissens her zu stellen. Vielmehr fragt die Metaphysik nach dem Kriterium, das wir stets schon benützen, wenn wir vorgebliches Wissen danach befragen, ob es sich als Wissen ausweisen kann. Sokrates, der weiß, daß er nicht weiß, weiß damit offenbar, was er meint, wenn er nach Wissen fragt. Der Gott der Metaphysik stellt eben dieses Wissen dar, ohne das es kein faktisches Wissen gäbe.

Am Ende des Aufbaus der Physik sollten wir also sagen, welche Vorstellung vom Wissen uns geleitet hat, wenn wir Physik als Wissen in der Zeit beschrieben haben. Wir haben Wissen nicht nur vorausgesetzt. Wir haben es im Kreisgang auch, wenngleich rudimentär, gegenständlich beschrieben. Und wir haben in diesem Kreisgang nach semantischer Konsistenz gestrebt; dies ist eine Formel dafür, daß unsere Theorie Wissen sein solle. Soeben, in unserem letzten Schritt jenseits der Quantentheorie, haben wir die gegenständliche Möglichkeit überindividuellen Wissens nicht ausgeschlossen. Wir haben sie sogar, wenngleich in Frageform, als Voraussetzung der Möglichkeit endlichen Wissens postuliert.

Die Reflexion darauf, was wir damit getan haben, ist nur in einem erneuten, großen Kreisgang möglich, dem wir den Titel »Zeit und Wissen« geben werden.

Anhang

Personenregister

Aristarch 256 f, 630
Aristoteles 17, 51 f, 78, 210, 235, 239, 244, 247, 299, 554 f, 582, 584, 622, 628, 630 ff, 633 ff, 636
Augustinus, A. 48

Barut, A. O. 470
Becker, J. 20
Bellarmin, R. 256 f
Berdjis, F. 20
Besso, M. A. 556
Beth, E. W. 54
Birkhoff, G. 313, 322
Bleuler, K. 512
Bocheński, J. M. 54, 68
Böhme, G. 123
Boerner, H. 420
Bohm, D. 321, 550, 560
Bohr, N. 15 f, 19, 37 ff, 42, 250, 264, 276 ff, 279 f, 285, 288, 295 ff, 298 f, 304, 311, 370 ff, 375, 388, 470, 478, 491 ff, 494, 496 ff, 499 f, 503 ff, 506 ff, 509 f, 512 f, 517, 519 ff, 522 f, 526 ff, 530, 535, 539, 543, 549, 550, 555, 557 f, 593, 604 f, 610, 612, 638
Boltzmann, L. 128, 149 ff, 152 ff, 289 f
Bolyai, J. 253, 476
Bopp, F. 342, 469, 506
Borges, J. L. 564
Born, M. 16, 296, 375, 495 ff, 500, 504, 512
Boscovich, R. J. 231
Bothe, W. 298
Brahe, Tycho 258
de Broglie, L. V. 16, 279, 491, 493, 495, 498, 505, 514
Brouwer, L. E. J. 54, 78
Buddha 633
Buffon, G. L. L. 243

Cantor, G. 375, 584
Capra, F. 638
Carnap, R. 556
Carnot, S. 174
Castell, L. 20 f, 320, 404, 424, 437, 442, 444 f, 450, 454 f
Chievitz 507
Clarke, S. 260, 262
Clausius, R. 174
Compton, A. H. 298
Courant, R. 242

Dalton, J. 248
Darwin, Ch. 164, 169, 175 f, 208, 633
Delbrück, M. 535
Demokrit 237
Descartes, R. 17, 244, 266, 570
Dingler, H. 261
Dirac, P. 15, 34, 245, 312, 353, 449, 485, 504, 512, 549
Drieschner, M. 19, 102, 194, 304 ff, 315, 320, 333 f, 336 f, 340 ff, 374, 450
Drühl, K. 20, 350, 422
Dürr, H. P. 20, 465
Dukas, H. 556

Ebert, R. 19
Ehlers, J. 479
Ehrenfest, P. 128 f, 133, 135
Ehrenfest, T. 128 f, 133, 135
Eigen, M. 178
Einstein, A. 15 f, 33 f, 38 f, 42, 157 ff, 245, 250 f, 253, 256, 259 f, 262 ff, 265 ff, 268 ff, 271 ff, 274 ff, 277, 279, 282, 287, 295 f, 331, 370, 383, 410, 445, 463 f, 470, 474, 476 ff, 480 ff, 483 f, 490 ff, 493, 496 f, 500 ff, 508 f, 512 ff, 516, 519 f, 523, 539, 544 f, 547 ff, 550 ff, 553 ff, 556 ff, 559 f, 594 f, 612, 626

Ellis, G. F. R. 162
Euklid 253
Everett, H. 497f, 552, 563ff, 566, 605f
Faraday, M. 252
Fermat, P. de 243
Fermi, E. 16, 478f, 549
Feynman, R. Ph. 34, 245, 310ff, 322, 333, 353, 389
Finetti, B. de 190f
Finkelstein, D. 20, 454, 480, 484, 559
Foradori 321
Franck, J. 278
Franz, H. 246
Frede, D. 51
Frege, G. 17
Friedmann, A. A. 482

Gadamer, H.-G. 592
Galilei, G. 235, 239, 256f, 260, 271
Gauß, C. Fr. 253f, 269, 476
Geiger, H. 298
Gibbs, H. W. 128, 135, 251f
Glansdorff, P. 174, 177f, 181, 187
Gödel, K. 161
Görnitz, Th. 20, 445, 476, 482f
Goethe, J. W. v. 633
Green, H. S. 424f, 427
Greenberg, O. W. 424
Gregor-Dellin, M. 396
Grosse, R. 20
Gupta, S. N. 272, 418, 484, 512

Habicht, C. 277
Haken, H. 20, 169
Hamilton, W. 243, 270, 294
Hawking, S. W. 162
Hegel, G. W. F. 212, 287, 614
Heidegger, M. 17, 554, 577
Heidenreich, W. 20, 402, 424, 427, 431f
Heisenberg, M. 214
Heisenberg, W. 15ff, 24, 28, 42, 199, 219f, 245f, 254, 264, 271, 279f, 287, 296, 298, 309, 320ff, 326f, 331, 372, 381, 383, 433f, 464, 466, 468, 470f, 490f, 493ff, 496, 498ff, 501ff, 504ff, 507, 512, 519ff, 526f, 547ff, 550, 555, 561, 563, 588ff, 610, 625f
Helmholtz, H. v. 250, 261, 290
Heraklit 585
Hertz, G. 278
Heyn, E. 20
Hilbert, D. 62, 242, 269, 476
Hoffmann, B. 556
Horaz 23
Hügel, K. 20
Hume, D. 24, 113, 386, 623
Husserl, E. 606f

Jacob, P. 20, 424
James, W. 208, 610
Jammer, M. 490, 494ff, 498, 507, 513, 541, 547ff, 552, 560, 562ff
Jauch, J. M. 314, 333, 341f, 450, 515f, 550
Joos, H. 467
Jordan, P. 485, 500, 505, 512, 638
Jung, C. G. 248

Kaluza, Th. 484
Kant, I. 17, 23f, 29, 77, 164, 211, 240, 243, 249, 262, 274, 289, 292, 381, 386, 396, 418, 508, 530, 572, 577, 582f, 623f, 626
Kapp, E. 57
Kepler, J. 243, 245, 256f, 258
Kirchhoff, G. R. 276
Klein, F. 245, 382, 476, 484
Kolmogorow, A. N. 106, 108f, 302ff, 334
Kolumbus, Chr. 398
Kopernikus, N. 256f, 275
Kornwachs, K. 20
Kramers, H. A. 298, 492f, 496, 517
Kroisos 599f
Künemund, Th. 20, 424, 427
Küppers, B. O. 20, 177
Kuhn, Th. S. 23, 219f, 287, 624, 626

Personenregister

Kunsemüller, H. 19, 318
Kyros 599 f

Lakatos, I. 100
Lambert, J. H. 253
Landau, L. 153
Lange, L. 261, 263
Laplace, P. S. de 112 f, 164, 275
Leibniz, G. W. 239, 256, 258 ff, 262, 266 ff, 480, 484, 630
Lenard, Ph. 277, 290
Lehmeier, T. 20
Leukipp 237
Lie, S. 245, 476
Lindemann, F. v. 463
Lobatschewski, N. 253 f, 476
Lorentz, H. A. 157
Lorenz, Konrad 208, 381, 624 f
Lorenz, Kuno 59
Lorenzen, P. 54, 57 ff, 61, 322
Ludwig, G. 521
Luhmann, N. 198

Mach, E. 244, 256, 258, 262, 266 ff, 479, 500
Magellan 398
March, A. 321
Maxwell, J. Cl. 252, 449, 554 f
Mehra, J. 269
Mendelejew, D. I. 250
Meré, A. G. de 100
Messiah, A. M. L. 424
Meyer-Abich, K. M. 19, 297 f, 491, 507
Minkowski, H. 157, 264, 266
Mittelstaedt, P. 63, 159, 258, 271, 313, 319, 321, 323
Morgenstern, O. 189, 191

Nagaoka, H. 290
Napoleon Bonaparte 50, 64, 259
Neumann, J. v. 34, 189, 191, 279, 296 f, 304 f, 313 f, 322, 490, 511 f, 522
Newton, I. 179, 237 ff, 240 f, 243 f, 252, 256 ff, 259 f, 262, 264, 266 f, 274, 385, 476, 482, 553 ff, 560

Nietzsche, F. 212
Nikolaus von Kues (Cusanus) 239, 256 f, 270
Nostradamus 598 f

Pais, A. 277, 513
Parmenides 238, 554 ff, 594, 634 ff
Pascal, B. 580, 587
Pauli, W. 15, 433, 467, 497, 501, 512, 547, 549, 638
Peano, G. 57
Petersen, A. 509
Picht, G. 238, 377, 390, 556, 572, 577, 594, 636
Planck, M. 16, 276 f, 287 f, 290, 295, 299
Platon 17, 212, 238, 245, 499, 554 ff, 571, 582, 623, 634, 636
Plotin 556
Podolsky, B. 16, 478, 490, 508, 539, 544, 547 f, 558, 612
Poincaré, J. H. 155
Popper, K. R. 199, 208 f, 269, 557, 563, 623
Prigogine, I. 174, 177 f, 181, 187
Prout, W. 249
Ptolemäus 256

Reichenbach, H. 128
Riemann, B. 269, 476
Roman, P. 20
Rosen, N. 16, 478, 490, 508, 539, 544, 547 f, 558, 612
Rubens, H. 276
Rudolph, E. 635
Russell, B. 259, 302
Rutherford, E. 16, 290

Sartre, J.-P. 610
Saccheri, G. G. 253
Savage, L. J. 190
Schiller, Fr. 567
Scheibe, E. 19, 81, 317 f, 320 f, 370, 449, 507
Schmutzer, E. 484
Scholem, G. 211
Scholz, H. 322
Schopenhauer, A. 396

Schrödinger, E. 16, 279, 296, 493 ff, 497, 504, 515, 541 f
Segal, J. E. 439, 444
Sexl, R. U. 271
Shannon, C. E. 164, 167 f, 170 f, 203
Simon, F. 298
Slater, J. G. 298, 492 f, 496, 517
Snyder, H. S. 321, 484
Sokrates 16, 640
Sommerfeld, A. 16, 298, 463, 499
Spencer, H. 175
Spinoza, B. 556, 594
Strawson, P. F. 214
Stückelberg, E. C. G. 342
Süssmann, G. 19, 320 f, 449, 608
Szent-Györgyi, A. 549

Tataru-Mihaj, P. 20
Teller, E. 510, 522 f
Thales 142 f, 597, 599
Thirring, W. 272, 418, 484

Urbantke, H. K. 271

Vigier, H. P. 498

Waerden, B. L. v. d. 256, 501
Wagner, C. 397
Wagner, R. 396 f
Weizsäcker, Chr. v. 19, 165, 200, 203 f
Weizsäcker, E. v. 19, 165, 200, 203 f
Weizsäcker, V. v. 610
Wesendonck, M. 397
Weyl, H. 268 f, 449
Wheeler, J. A. 546, 559
Wigner, E. 243, 337, 384, 455, 463, 505, 524, 543
Wolff, M. 632

Zucker, F. J. 19 f

Sachregister

absolute Haltung 623 f
Abstraktion 569
Äquivalenzprinzip 267, 271
Alchemie 247
Allgemeinheit 225
–, unschädliche 344
Alltagssprache 569
Alternative 35, 323, 334, 344, 357, 413, 416, 514, 627, 633
–, aktuale 387
–, binäre 39, 327, 394, 397, 416
–, variable 385, 389
Amplitude 329, 333 f, 352
Anfangsbedingungen 227, 230
Anfangshypothese 149–151, 154–162
Anpassung 208 f, 211 f
Anti-de Sitter-Gruppe 403
A priori 501, 623 f
Apriorismus 381, 501, 508, 540, 623 f
aristotelische Physik 522, 569, 628, 631
assertorischer Satz 619
Astrologie 231
Astronomie 255
Atem 570
Atom 32 f, 231, 238, 249, 278, 280, 289 f, 462, 499, 586, 630
Atomismus 238, 250, 462, 464
–, radikaler 391
Atommodell, Bohrsches 222, 295
–, Rutherfordsches 277, 290
Attribut 259
Aufklärung 620
Aufstieg 634 f
Augenblick 373
Ausdehnung 630
Aussage 50, 335
–, epistemisch begründete 67
–, formal-mögliche 81
–, formal-perfektische 79

–, futurische 52, 79–88
–, gegenwartsbezogene 79
–, letzte 336, 343
–, neutral-präsentische 81, 89
–, ontisch begründete 67
–, perfektische 64, 72–78
–, präsentische 64–72
–, zeitliche 51
–, zeitlose 54, 64, 77
Aussagenkatalog 85
Aussagenverband 88, 313

Bahn 227, 496
Bayessches Verfahren 111–115, 173
Begriff 172, 209, 345, 506, 508, 573, 626
–, klassischer 510
begriffliches Denken 345, 614, 618
Begründung 53
– der Logik 54
– der Physik 232
Behaustheit 633
Beobachter 264, 515, 526 f, 530, 535–538, 545
Beschreibung, klassische 507, 521
Bestätigung 200–203
Bewegung 635
–, ewige 635
Bewußtsein 28, 32, 42, 167, 266 f, 536 f, 544, 569 f, 581 f, 592, 606, 609 f
Biologie 163–215
Bleibende, das 567 f, 570
Blickpunkt 356, 373
Bose-Operatoren 423 f

Chemie 32, 221, 246–250, 278, 281, 500, 571 f, 586, 630
Chromosomensatz 173, 574
Clifford-Schraube 400
Computer 639

Darwinismus beobachtbarer Zustände 347
Darwins Theorie 169
– Selektionstheorie 175
Denken 630
Determinismus 52, 291, 295, 528
– der Möglichkeiten 388
Deutung der Physik 489–640
Dialektik 287
Dialogspiel 58 f, 94
Dichtematrix 524, 531
Diesseits 567 f
Differentialgleichungen 48, 224, 242 f, 571, 632
Ding 35, 413, 569
Disjunktion 55, 67, 305, 316
Disjunktive Elemente 326
Diskretheit 248, 278
Diskussionsspiel 57
Divergenzen 463, 465
Dogmatismus 501
Dokument 31, 73, 93, 137, 139–149, 189, 597, 606 f, 631
Druck und Stoß 236
Dualismus von Teilchen und Wellen 491 f, 504, 506
Durchgang, kurzer 41, 284, 333, 343
Durst und Leiden 633
Dynamik 34, 36, 332, 350, 365, 384, 392

Eichgruppe 38, 467–469
Eichinvarianz 418
Eidos 32, 210, 568, 576, 580
Eigenschaft 35, 314
–, formal-mögliche 228
Eine, das 568, 594, 634
Einfachheit 271, 301
Einheit der Natur 629, 633
Einheit der Physik 28–41, 219
Einstein-Kosmos 399
Einstein-Raum 417, 440
Einzelereignisse 312
Einzelfall 584
Einzelobjekt 354
Elektrodynamik 277
Elektromagnetismus 491

Elementarteilchen 37, 280, 418, 462–475, 572
Elemente 247
Empirismus 380, 623 f
Energie 251, 436–440, 571 f
Entropie 31, 49, 119–164, 167, 251, 572
Entropiespiel 129–139
Entropiewachstum 25, 31, 169
Entscheidbarkeit 30, 92, 291
Entscheidungsverträglichkeit 30, 92, 291, 315
Entstehung des Planetensystems 175
epistemische Begründung 316, 342, 346
epistemisches Postulat 330
EPR-Gedankenexperiment 605, 612
Ereignis 89, 106, 264, 266, 335, 355, 369, 577, 607, 609, 615
Ereignis, allgemeinbegrifflich 355
–, faktisch 355
–, formal-möglich 89, 355
–, individuell 355
–, numerisch 355
–, temporal 355
Ereignisklasse, temporale (tEK) 354 f, 372
Erfahrung 23 ff, 29, 42, 47, 49 f, 100–105, 140, 281, 301, 303, 331, 347, 501, 506, 556, 622 ff, 626
Erhaltungssatz 48, 251
Erinnerung 48, 73, 137
Erkenntnis, begriffliche 617
–, nicht-begriffliche 617, 619
Erkenntnisförmigkeit 31, 42
Erkenntnisförmigkeit des Lebens 207, 583, 621
Erkenntnistheorie 621
Erscheinung 636
Erstmaligkeit 200–203
Erwartungswert 173, 191
Erweiterung 36, 40, 284, 331, 341, 346, 416
Everetts Mehrwelten-Theorie 497, 563–566, 605–606

Sachregister

Evolution 25, 31, 42, 163–215, 285, 581, 583, 625, 632
evolutionistische Erkenntnistheorie 381
Ewigkeit 636
Extremalprinzip 48, 242 f, 632

faktisch 596
Faktizität 39, 516, 563, 565, 595, 631
Faktizität der Vergangenheit 31
– der Zukunft 561, 595–603
Faktum 74, 136, 291, 516, 521, 557, 596, 607 f
Falsifikation 38, 233, 269
Fehlerfreundlichkeit 204
Felder 33, 286, 413, 491 f, 506
Feld, metrisches 268, 479
Feldtheorie 221, 252, 281
–, einheitliche 462, 470
–, nichtlinear 514
Fernkraft 232, 252, 267
Feuer 586
Feynmans Darstellung der Quantenmechanik 353
Finitismus 35, 337
–, kosmischer 471–475, 485
–, offener 35, 386, 465
Form 28, 32, 167, 225, 568 ff, 580–587, 631, 635
Fortschritt 211
Frage 85, 323
Führungswelle 498
Fulguration 625
Fundamentalkonstanten 460–462
Fundierung der Möglichkeiten 385
Funktion 209
funktional 174
Funktionenschar 242
Funktoren 55, 305

Galilei-Transformation 239
Gammastrahl-Mikroskop 502, 547
Gedächtnis 148
Gedankenexperiment 502, 513, 519 f, 535 f, 544
Gegenwärtigkeit 595

Gegenwart 25, 47 ff, 51, 158, 556, 588
–, ewige 556, 594, 635 f
–, umfassende 612–617, 636
Gehirn 527
Geist 568, 571, 580–587, 635
Geisteswissenschaften 592
Geometrie 221, 321
–, euklidische 221, 261, 381
–, nichteuklidische 33, 221 f, 253–255
–, Riemannsche 267
Gerichtshof 490
Geschichte der Natur 274
Geschichtlichkeit 630
Geschwindigkeit 121 f, 232, 235, 244, 253, 263, 265
Gesetz 24, 47 f
–, allgemeines 623
Gestalt 271, 568, 633
Gestaltenfülle 167, 169
Gestaltentwicklung 174–189
Gestirne 413 f
Gesundheit 210
Glauben 593
Gleichnis 585
Gleichverteilungssatz 293 f
Gleichzeitigkeit 91, 158, 263
Gödels Weltmodell 160 f
Goldene Kopenhagener Regel 371, 521, 611
Gravitation 222, 252, 267, 272, 461, 483, 491
Gravitationskonstante 481–483
Grenze 614, 617, 630
Grenzen unseres Wissens 588
Größe 85, 228
Gut und Böse 211
Gute, das 634

Häufigkeit, absolute 353
–, relative 25, 30, 100–115, 353
Haken und Ösen 499
Hamilton-Operator 531
Hamiltonsches Prinzip 244
hierarchischer Aufbau der Physik 554
hierarchisches Wissen 273

Hilbertraum 31, 34 ff, 279, 296, 303, 313, 332, 502, 504, 511, 524
Himmelsmechanik 33, 230, 233
H-Theorem 132–139
Huygenssches Prinzip 34 f, 245, 312
Hypothese 233, 236, 252, 257, 398
Hypothese von Bohr, Kramers und Slater 492, 496, 517

Idealisierung 226
Identität 55, 57, 69, 71
Implikation 55, 68, 94–99
–, naturgesetzliche 86, 318
Indeterminismus 36, 40, 331, 340, 346, 358, 374, 495 f, 498, 578, 596
Individualität der Prozesse 284 f, 295–299, 530, 558, 604, 616
Information 31 f, 144, 163–215, 514, 517, 572 ff, 575, 581
–, aktuelle 164, 171
–, potentielle 164, 174
–, pragmatische 168, 200–203
–, semantische 168
–, syntaktische 164, 168, 174
Informationsstrom 27, 31 f, 40, 286, 567–587, 589
Intuitionismus 585
Irreversibilität 25, 31, 119–162, 163, 169, 251, 274, 509, 523 f, 526, 542, 591, 596, 604
– der Messung 523, 565, 577, 603
–, Diskretheit des Irreversiblen 372
Irrtum 84 f, 596

Ja-Nein-Entscheidung 24, 209
Jenseits 567, 568
Jenseits der Quantentheorie 286, 588–620
Jetzt 31, 39, 64 f, 158, 556

Kant-Laplacesche Theorie 164, 188
Kausalität 120, 301, 510, 522, 632
–, relativistische 465

Kinematik 322, 347, 500, 617
kinesis 569
klassische Physik 27, 38 f, 69, 289, 291–295, 489, 522, 527, 539, 555, 572, 595, 624, 633
–, Unmöglichkeit 42, 277, 282, 287–295, 491
Kodifikation 512
Körper 32, 229–234, 239, 491, 536, 569, 581
–, starre 261
Komplementarität 297 f, 304, 320, 503 f, 506–511, 535, 593, 638
Komplementaritätslogik 313, 320, 324, 328
Komplexkonjugation 404 f
Kompositionsregel 332, 366, 393
Kondensationsmodell 181
Konfigurationsraum 495, 504
Konjunktion 55, 59 f, 66, 316
Konservativer 287
kontingent 52, 356
Kontinuität 268, 292
– des Geschehens 71
Kontinuum 32 f, 231, 320
–, Thermodynamik des K. 222, 281, 289
Konvention 270
Konventionalismus 54
Korrespondenzprinzip 296 f, 311, 491 f, 504 f
Kosmologie 149, 255, 274–276, 484, 591
Kovarianz, allgemeine 268, 270
Kraft 32 f, 227, 229, 234, 632
Krankheit 211
Kreisgang 32, 41, 165, 207 f, 330, 346, 381, 398, 583, 619, 621, 640
Kristallwachstum 175, 177
Kultur 593
Kunst 593, 633

Leben 23, 163–215, 570, 630
Leere 237 ff, 630
–, das 634
Leib-Seele-Problem 44, 527, 570
Lepton 450, 469

Sachregister

Logik 29, 32, 41, 44, 49 f, 53, 207, 210, 224, 314 f, 322, 619, 621 f
Logik, Begründungsproblem 53 f
–, dialogische Begründung 54
–, mehrwertige 305
–, reflexive Begründung 53 f
–, zeitlicher Aussagen 25, 47–99, 107, 159, 304
–, Zweiwertigkeit 212
lokal 561, 617
Lorentzgruppe 403, 409, 454
Lorentz-Invarianz 416

Machsches Prinzip 271
Macht 199, 214, 617
Machtförmigkeit der Physik 24
Machtübernahme der Mathematik 511
Masse 227, 259, 571
–, schwere 267
–, träge 233, 267
Massenpunkt 33, 226, 229–234, 259, 569
Materie 28, 32, 165, 167, 238 f, 258, 282, 491, 569, 570 f, 581 f, 630 f
Mathematik 582, 585, 589, 621 f, 633
Maxwell-Gleichungen 456–458
Mechanik 278, 630
–, klassische 32, 220, 223, 281, 567
–, statistische 138
Meditation 638, 640
Mehrwissen 39 f, 578, 596, 634, 636
–, quantentheoretisches 561–563, 573, 590
Melodie 615
Mengenlehre 326
Mensch 208, 592, 617, 633
Meßapparat 510, 515, 520 f, 535, 573
Meßobjekt 510, 520, 535
Meßtheorie 511, 515
–, klassische 519–531
–, quantentheoretische 531–534
Messung 514 f

Meta-Beobachter 535
Metafrage 324, 326
Metaphysik 41, 489, 554 ff, 594, 617, 622, 632, 634–640
–, nahe 638
Mikro- und Makrozustände 131, 155, 171 f, 180, 526
Minkowski-Raum 417, 442
–, lokaler 417 f, 445–449
Modalitäten 30, 52, 80, 305, 356, 374, 595
–, Determinismus der M. 359, 375
–, futurische 30, 36
–, quantentheoretische 359
möglich 80, 228
Möglichkeit 89, 291, 516, 563, 569, 602
–, der Vergangenheit 603–612
–, futurische 88
–, formale 631
Morphologie 632
morphologisch 571
Mythos 522, 593, 630

Nachträglichkeit 175, 281, 489, 491, 621 f
Näherungscharakter der Physik 338
Nahewirkungsprinzip 236, 267
Naturgesetz 29, 37, 42, 80, 83 f, 86, 224, 242–246, 571, 623, 632
–, Differentialgleichung 29
–, Extremalprinzip 29, 312
–, morphologisch 29, 242
–, Symmetriegruppe 29
Negation 55, 68, 305, 316, 325
Nichtwissen 498, 524, 568
notwendig 52, 80, 356
Nutzen 32, 189

Oberfläche der Wirklichkeit 637
Objekt 35, 85 f, 226, 229 f, 335, 527, 556 f, 633
Objektivität 340
Observable 512, 522, 531, 534, 573
Offenheit der Zukunft 31

Ontologie 53, 76 f, 208, 610, 621
Operatoren, selbstadjungierte 531
Orientiertheit 214
Ort 259, 629
Ortsraum 34, 37, 39, 270, 328, 381 f, 416, 578
–, dreidimensionaler 27

Parabose-Operatoren 424–429
Paradoxon 116, 302, 515, 538, 539–560
–, der Quantenlogik 304
–, der quantentheoretischen Wahrscheinlichkeiten 303
–, der universalen Theorien 301
–, Einstein-Podolsky-Rosen (EPR) 544–560
–, erkenntnistheoretisches 100, 301
–, Schrödingers Katze 541–543
–, Wigners Freund 543–544
Parameter 225, 229
–, verborgene 291, 503, 560
Parapsychologie 638 f
Phänomen 507 ff, 510, 527, 558, 569, 586, 589, 629
phänomenale Gegebenheit 65, 67, 79
Phasenpunkt 227
Phasenraum 122, 244, 270, 296, 327
Philosophie 621
Physikalismus 535, 592, 628
Planetenentwicklung 175, 179, 274
Plural 398
Poincaré-Gruppe 37 f, 417
Positivismus 500 f, 508, 540, 550
Prämissenvorschaltung 55, 62 f
pragmatische Haltung 623, 625
pragmatischer Wahrheitsbegriff 210
pragmatische Wahrheitstheorie 198
prinzipiell beobachtbar 501
Produkte von Darstellungen 431
Prognose 39, 47, 116–118, 514
Projektor 531
Prophetie 597–603
psychē 570

psychischer Hintergrund der Welt 638
Punktmechanik 223, 504

Quantelung, mehrfache 34, 312, 429–431, 506
–, zweite 306–309, 312, 326, 505
Quantenelektrodynamik 38, 418, 449–462
Quantenlogik 34, 50, 56, 304, 313–319, 322
Quantenmechanik 279, 498–500
Quantentheorie 23 f, 27 f, 30, 33, 35 f, 39 f, 49 f, 63, 67, 69, 221 f, 276–280, 489–566
–, abstrakte 27, 34, 39, 285, 330–378
–, des Bewußtseins (Subjekts) 42, 535–538, 565
–, Deutung 27, 38, 42, 285
–, Feynmans Formulierung 34, 310–312, 322
–, historisch 276–280, 295
–, konkrete 27, 36 f, 39, 286, 379–385, 579, 590
–, Kopenhagener Deutung 493, 497, 504, 526, 539, 603
–, Mehrwissen 39, 296
–, Rekonstruktion 280–286, 330–485
–, relativistische 614
–, statistische Deutung 492, 495–498
–, Selbstkritik 591, 603
–, Unvollständigkeit 513
Quantisierung 282, 311, 504
Quark 469
Quasiteilchen 429, 440–449

Räumlichkeit 379, 380–382, 491
Raum 24, 32 f, 157, 229, 237 ff, 254, 258, 282, 292, 379, 396, 476, 557, 570, 629 f, 633
–, leerer 615
Raum-Zeit-Beschreibung 522
Raum-Zeit-Kontinuum 157, 264, 266 f, 522, 556

Sachregister

Realismus 380, 501, 508, 540, 550, 554, 563, 623 f
realistische Hypothese 396, 405, 453
realistisches Postulat 330
Realität 497, 501, 539, 553 ff, 557, 565, 623
Realitätsannahme 546
Realitätsbegriff 552
Realitätskriterium 553
Reduktion der Welle 604
–, des Wellenpakets 497 f, 503, 515, 564
Reflexion 640
Regenbogen 586
Rekonstruktion 27, 35, 505, 512
Rekonstruktion der Quantentheorie 42
–, erster Weg 36, 333, 334–343
–, zweiter Weg 36, 334, 343–352
–, dritter Weg 36, 40, 333, 352–378
–, vierter Weg 35 f, 286, 385–396
Relativität des Urs 409–412, 578
Relativität, dynamisch 270
Relativitätsproblem 33, 221 f, 255–260
Relativitätstheorie 24, 149, 157, 630
–, allgemeine 34, 38, 160, 222, 266–276, 286, 380, 418, 476–485, 556
–, spezielle 27, 33, 37, 222, 261–266, 286, 379–412, 454, 465, 571
Religion 593 f, 634
Retrodiktion 518–519, 596
Reversibilität 120–125, 293 f
Revolutionen 219, 287, 290, 500, 618, 625
rhetorische Begabung 157
Rückseite des Spiegels 207 f, 330, 637
Ruhmasse 38, 418, 466, 470

Schönheit 62, 305, 321
Schwankungshypothese 149–154

Seele 570
»Seeschlacht des Aristoteles« 51
Seiende, das 634 f
Sein 28, 554 f, 572, 589, 593, 595, 635
Selbstenergie 463
Selbstwahrnehmung 538, 639
Selektion 209
Semantik 224
–, physikalische 29, 106, 108, 224, 254, 501
semantische Ebene 172, 204, 209, 573
semantische Konsistenz 253–259, 514, 520, 539, 589
Sieger im Kampf ums Dasein 633
Sitz im Leben 230
Sonnenfinsternis 142, 596 f
Spezies 569, 576
Spinor-Feldtheorie 464–466
Sprache 507, 509
Sprung 634, 636
Ständigkeit der Natur 71, 76, 78
Stoff 246, 569
Stopfen und Rupfen 421
Strahldarstellungen, verallgemeinert 425
Strahlungsfeld 287
Strom 36, 354, 363, 372
Stromschnelle 585
Subjekt 537, 556, 636
Subobjekt 36, 343, 392
Substanz 32, 246, 259, 268, 567–573
Superposition 323, 341, 353
Supersymmetrie 396, 422, 463
Symmetrie 348, 358, 375, 379, 382, 499
Symmetriegruppe 36 f, 242, 245, 349, 399, 522, 571, 632
–, additive 36, 353, 362
–, euklidische 261
–, orthogonale 350
–, symplektische 350
–, unitäre 328, 419
Symmetriegruppen U (1) 399; SU (2) 399, 404; U (2) 399; U (n); SU (2,2) 408; SO (3) 399;

SO (3,1) 403, 409; SO (3,2) 403,
424; SO (4,2) 408 f, 424; U (n);
Sp (4, R) 407; GL (R) 419;
SU (R, 1) 422
Synergetik 169
System 294, 336

Teilchen 37 f, 286, 384, 413, 415,
417, 491, 493, 506, 514, 576
–, masselose 417, 426, 433,
442 f, 447, 453, 455 f, 468
–, massive 481
Teilchenbild 503
Temperatur 251
Tensoren, symmetrisch 394, 418
Tensorraum, binär 402
– der Ure 393, 417, 418–440
–, Grundoperationen 418–431
Tertium non datur 54 f, 60, 78,
322, 324 f
Theorie 23 f, 219, 247, 640
–, abgeschlossene 24, 28, 219,
254, 279, 287, 321, 331, 489,
625
–, allgemeine 627
Thermodynamik 33, 49, 126–128,
221 f, 250–252, 287 f, 523
– des Kontinuums 222, 281, 289
–, phänomenologische 127
– der Strahlung 276
thermodynamisches Gleichgewicht
175, 177, 288, 290, 293 f, 299
Trägheit 234, 400, 402
Trägheitsgesetz 33, 120–123, 236,
243, 256, 265, 630, 632
Trauerarbeit 539, 567
Trennbarkeit 29, 35, 40, 345, 459,
496, 522, 603, 614, 617, 632
Triestiner Theorie 606–612

Ultraviolettkatastrophe 290, 295
Umgangsformen 593
Umgangssprache 29
Umkehrung der Argumente 282,
381
Umwelt 361
Unbestimmtheitsrelation 39, 63,
296, 496, 500–503

Unendlichkeit 257, 292, 362
unmöglich 52, 356
Unmöglichkeit einer fundamentalen klassischen Physik 42, 277,
282, 287–295, 491
Unordnung 165, 168
Ur 392, 394, 506, 573, 577 f, 586
Uralternative 27, 37, 286, 321,
328, 390–396
Ur, Anti-Ur 394, 406
Ur-Hypothese 37, 42, 506, 522,
541
Ur, Relativität der Ure 409–412,
578
Ur-Theorie 329
Ur, Ununterscheidbarkeit der Ure
393, 424
–, Viererur 418
–, Zweierur 395, 418
Urfermion 343
Ursache 234
Usia 568

Variable 225
Variationsprinzip 312
Vektorraum 328, 333 f, 341, 343,
349 f, 352 f, 418, 425, 427
verbale Fallen 526
Verband 90, 98 f, 305, 314 ff, 318 f,
336, 343
–, atomarer 98, 343
–, Boolescher 90, 303
–, modularer 341
Verblendung 595
Vergänglichkeit 567
Vergangenheit 24 f, 39, 47 ff, 51,
135, 516, 518, 556, 588, 594,
596
Verliebtheit ins Okkulte 600
Vernunft 619
Verstehen 499–500, 574
verzögerte Wahl 546 f
Vordergrundaspekt der Natur 633

Wachstum der Möglichkeiten 389
Wärme 247
Wärmeleitung 126–128, 143
Wärmetod 178

Sachregister

wahr oder falsch 52, 85, 210
Wahrheit 23, 41, 210 f
Wahrnehmung 638
Wahrscheinlichkeit 24 f, 30 f, 34, 42, 49, 51, 89, 100–118, 166, 170, 251, 284, 334, 368, 378, 493, 506, 514, 627
–, empirische Bestimmung 111–115
–, Interferenz 303
–, objektive 194–197
–, quantentheoretische 285, 300–306
–, subjektive 190–199
–, thermodynamische 131
Wahrscheinlichkeitsamplitude 303, 305
Wahrscheinlichkeitsfunktion 339, 351
Wahrscheinlichkeitsmetrik 36, 332, 352
Wechselwirkung 38, 234, 366, 382, 384, 392, 413, 417, 431–440, 522, 531, 608, 615
–, elektromagnetische 458, 524
Wellenbild 503
Wellengleichung 453, 493
–, nichtlineare 493
Wellenmechanik 296, 493–495, 504
–, statistische Deutung 296
Welt 274 ff, 413, 415
Weltbild 489, 555
–, mechanisches 569
Weltraum 40
Weltseele 568
Wesen 568
Weyl-Gleichung 453
Widerspruch 55, 60, 325
Wiederholbarkeit 30, 92 f, 291, 497, 516, 546
Wissen 497, 503, 508 f, 513 f, 519, 526 f, 545, 582, 589, 591, 593, 596, 602, 615, 617, 640
–, endliches 617 ff, 636
–, ewiges 635

–, hierarchisches 621
–, unendliches 617 f, 636
Wissenschaft, normale 23, 219, 618, 625
–, Revolution 23
Wissenschaftsgeschichte 624
Wissenschaftstheorie 41, 550, 622–627
Wortgemälde 509

Zeit 24, 32 f, 36, 39, 48 f, 157, 229, 240, 282, 284, 396, 509, 556 f, 567, 569 f, 572, 584, 591, 622, 631, 636
–, Homogenität 251, 361, 571
Zeitfolge 360, 376
zeitliche Logik 29
Zeitmaß 438
Zeitmodi 25, 29, 33, 41 f, 556, 595, 616, 627, 635
Zeitoperator 613, 615
Zeitparameter 48 f, 51, 613
Zeitpfeil 49, 542
Zeitpunkt 48, 64, 360, 373, 376, 591, 613, 615
Zeitrichtung 49
Zeitspanne 615
zeitüberbrückende Wahrnehmbarkeit 602, 619
Zugrundeliegende, das 573, 584
Zukunft 24 f, 29, 39, 47 ff, 51, 135, 516, 541, 556, 577, 588, 594, 623
Zusammensetzung von Alternativen 338
Zusammensetzung von Objekten 338
Zustand 35, 503, 518, 573
Zustandsraum 348, 359
Zweckmäßigkeit 169
Zwei-Löcher-Experiment 528
Zweiter Hauptsatz der Thermodynamik 25, 31, 42, 137–162, 174 f, 251
Zweitlose, das 634

Liste der im Text zitierten Literatur

Abkürzung: QTS: Quantum Theory and the Structures of Time and Space, ed. L. Castell, M. Drieschner, C. F. v. Weizsäcker. 6 Bände: I (1975), II (1977), III (1979), IV (1981), V (1983), VI (in Vorb.), München, Hanser

Aristoteles De Interpretatione, Kap. 9; Metaphysik, Buch Γ
Barut, A. O. (1982) Description and interpretation of the internal symmetries of hadrons as an exchange symmetry, Physica *114 A*, 221–228
(1984) Unification based on electrodynamics, Symposium on Unification, Caput, Sept. 84
Beth, E. W. (1955): Semantic Entailment and Formal Derivability, Medd. Kon. Nederlandse Ak. v. Wetenschappen, Amsterdam
Birkhoff, G. a. J. v. Neumann (1936), The Logic of Quantum Mechanics, Annals of Mathematics *37*, 823–843
Bleuler, K. (1950) Eine neue Methode zur Behandlung der longitudinalen und skalaren Photonen, Helv. Phys. Acta, *23*, 567–586
Bocheński, J. M. (1956) Formale Logik, Freiburg/Br., Alber
Bohm, D. (1951) Quantum Theory, Englewood Cliffs, N. Y., Prentice Hall
(1952) A Suggested Interpretation of the Quantum Theory in Terms of Hidden Variables, Phys. Rev. *85*, 166–179, 180–193
Bohr, N. (1913) On the Constitution of Atoms and Molecules, Phil Mag. *26*, 1–25, 476–502, 857–875
(1913^2) Über das Wasserstoffspektrum, Fys. Tidskr. *12*, 97, (1914)
(1927) Das Quantenpostulat und die neuere Entwicklung der Atomistik, Como 16.9.1927; Naturwiss. *16*, 245 (1928)
(1932) Licht und Leben, Naturwiss. *21*, 245 (1933)
(1935) Can quantum-mechanical description of physical reality be considered complete? Phys. Rev. *48*, 696–702
(1949) Discussion with Einstein on epistemological problems in atomic physics, in Schilpp (1949)
Bohr, N. mit H. A. Kramers und J. C. Slater (1924) Über die Quantentheorie der Strahlung, Z. Phys. *24*, 69–87
Bopp, F. (1954) Z. Naturforschung *9a*, 579
(1983) Quantenphysikalischer Ursprung der Eichidee, Ann. d. Phys. 7. Folge, *40*, 317–333
Borges, J. L. Der Garten der Pfade, die sich verzweigen. In J. L.. Borges, Sämtliche Erzählungen, München, Hanser, 1970
Born, M. (1924) Über Quantenmechanik, Z. Phys. *26*, 379–395
(1925) Vorlesungen über Atommechanik, Berlin, Springer
(1926) Quantenmechanik der Stoßvorgänge, Z. Phys. *38*, 803–827
Born, M. u. P. Jordan (1930) Elementare Quantenmechanik, Berlin, Springer
Boerner, H. (1955) Darstellungen von Gruppen, Berlin, Göttingen, Heidelberg, Springer

Literatur

de Broglie, L. (1924) Thèses, Paris, Masson et Cie
Capra, F. (1975) The Tao of Physics, Berkeley
Castell, L. (1968) Causality and conformal symmetry, Nuclear Physics B 5, 601–605
(1975) Quantum theory of simple alternatives, QTS II, 147–162
Courant, R. u. D. Hilbert (1937) Methoden der mathematischen Physik II, Berlin, Springer
Dingler, H. (1964) Aufbau der exakten Fundamentalwissenschaft, München, Eidos
Dirac, P. A. M. (1927) The quantum theory of the emission and absorption of radiation, Proc. Roy. Soc. A, 114, 243–265
(1933) The Lagrangian in quantum mechanics, Phys. Zeitschrift d. Sowjetunion 3, 64–72
(1937) The cosmological constants, Nature 139, 323
(1938) A new basis for cosmology, Proc. Roy. Soc., A 165, 199–208
Drieschner, M. (1970) Quantum mechanics as a general theory of objective prediction, Dissertation, Hamburg 1967
(1978) Information als Nutzen, Manuskript
(1979) Voraussage – Wahrscheinlichkeit – Objekt, Springer Lecture Notes Nr. 99, Berlin, Heidelberg, New York, Springer
Dürr, H. P. (1977) Heisenberg's unified theory of elementary particles and the structure of time and space, QTS II, 33–45
Ehrenfest, P. u. T. (1906) Über eine Aufgabe aus der Wahrscheinlichkeitsrechnung, die mit der kinetischen Deutung der Entropievermehrung zusammenhängt. Math.-naturwiss. Blätter, 11, 12
(1912) Begriffliche Grundlagen der statistischen Auffassung in der Mechanik, Enzykl. d. math. Wiss. IV, 2, II
Eigen, M. (1971) Selforganization of matter and the evolution of biological macromolecules, Natwiss. 58, 465–523
Einstein, A. (1905) Über einen die Erzeugung und Verwandlung des Lichts betreffenden heuristischen Gesichtspunkt, Ann. d. Phys. 17, 132–148
(1905^2) Elektrodynamik bewegter Körper, Ann. d. Phys. 17, 891–921
(1917) Quantentheorie der Strahlung, Phys. Zeitschrift 18, 121–128
(1949) Autobiographisches, in Schilpp (1949), 2–95
Einstein, A. mit B. Podolsky u. N. Rosen (1935) Can quantum-mechanical description of physical reality be considered complete? Phys. Rev. 47, 777–780
Everett, H. (1957) Relative state formulation of quantum mechanics, Rev. Mod. Phys. 29, 454–462
(1973) The theory of the universal wave function, in B. de Witt and N. Graham, The Many Worlds interpretation of quantum mechanics, Princeton, The University Press, S. 1–140
Feynman, R. P. (1948) Space-time approach to non-relativistic quantum mechanics, Rev. Mod. Phys. 20, 367–387
de Finetti, B. (1937) La prévision: ses lois logiques, ses sources subjectives, Ann. de l'Institut H. Poincaré, 7, 1–68
(1972) Probability, induction and statistics, New York, Wiley
Finkelstein, D. (1968) Space-Time Code, Phys. Rev. 185, 1261

Franz, H. (1949) Diplomarbeit, Göttingen, MPI f. Physik
Frede, D. (1970) Aristoteles und die »Seeschlacht«, Göttingen, Vandenhoeck & Ruprecht
Gadamer, H. G. (1960) Wahrheit und Methode, Tübingen, Mohr (Siebeck)
Gibbs, H. W. (1902) Elementary principles in statistical mechanics, New Haven, Yale University Press
Glansdorff, P. u. I. Prigogine (1971) Thermodynamic theory of structure, stability and fluctuation, New York, Wiley
Gödel, K. (1949) An example of a new type of cosmological solutions of Einstein's field equation of gravitation, Rev. Mod. Phys. 21, 447–450
Green, H. S. (1953) A generalized method of field quantization, Phys. Rev. 90, 270–273
Greenberg, O. W. u. A. M. L. Messiah (1965) High-order limit of para-Bose and para-Fermi fields, Journal of Math. Physics 6, 500–504
Görnitz, Th. (1985) On the connection of abstract quantum theory and general relativity, in QTS VI
Gupta, S. N. (1950) Theory of longitudinal photons in quantum electrodynamics, Proc. Phys. Soc., A 63, 681–691
(1954) Gravitation and electromagnetism, Phys. Rev. 96, 1683–85
Haken, H. (1978) Synergetics, Berlin, Heidelberg, New York, Springer
Hawking, S. W. a. G. F. R. Ellis (1973) The large scale structure of space-time, Cambridge, The University Press
Hegel, G. W. F. Die Wissenschaft der Logik, Zweites Kapitel Bb
Heidenreich, W. (1981) Die dynamischen Gruppen SO (3, 2) und SO (4, 2) als Raum-Zeit-Gruppen von Elementarteilchen, Dissertation, TU München
Heisenberg, W. (1925) Über quantentheoretische Umdeutung kinematischer und mechanischer Beziehungen, Z. Phys. 33, 879–893
(1927) Über den anschaulichen Inhalt der quantentheoretischen Kinematik und Mechanik, Z. Phys. 43, 172–198
(1930) Die physikalischen Prinzipien der Quantentheorie, Leipzig, Hirzel
(1936) Zur Theorie der »Schauer« in der Höhenstrahlung, Z. Physik 101, 533
(1938) Die Grenzen der Anwendbarkeit der bisherigen Quantentheorie, Z. Physik 110, 251
(1938^2) Über die in der Theorie der Elementarteilchen auftretende universelle Länge, Ann. Physique 32, 20
(1948) Der Begriff »abgeschlossene Theorie« in der modernen Naturwissenschaft, Dialectica 2, 331–336
(1969) Der Teil und das Ganze, München, Piper
Heisenberg, W. u. H. P. Dürr, H. Mitter, S. Schieder u. K. Yamasaki, (1959) Z. Naturforschung 14a, 441
Heisenberg, W. u. W. Pauli (1929) Z. Physik 56, 1 und 59, 168
(1958) Unveröffentlichtes Manuskript
Helmholtz, H. v. (1863) Über Tatsachen, die der Geometrie zugrunde liegen, Nachr. Ges. Wiss. Gött., 1863, 193–221
Hilbert, D. (1915) Die Grundlagen der Physik, Nachr. Ges. Wiss. Gött., 1915, 395; 1917, 201
Hoffmann, B. u. H. Dukas (1972) Albert Einstein, New York, Viking Press

Literatur

Jacob, P. (1977) Konform invariante Theorie exklusiver Elementarteilchen-Streuungen bei großen Winkeln, Dissertation, MPI Lebensbedingungen Starnberg

Jammer, M. (1974) The philosophy of quantum mechanics, New York, Wiley

Jauch, J. M. (1968) Foundations of quantum mechanics, Reading, Mass., Addison-Wesley

Jordan, P. u. E. Wigner (1928) Über das Paulische Äquivalenzverbot, Z. Phys. 47, 631–651

Kant, I. (1781) Kritik der reinen Vernunft
(1784) Was ist Aufklärung?

Kapp, E. (1942) Greek origins of classical logic

Kolmogorow, A. N. (1933) Grundbegriff der Wahrscheinlichkeitsrechnung, in Ergebnisse der Mathematik 1933

Kuhn, Th. S. (1962) The structure of scientific revolutions, Chicago, University of Chicago Press

Künemund, Th. (1982) Dynamische Symmetrien in der Elementarteilchenphysik, Diplomarbeit, TU München
(1985) Die Darstellungen der symplektischen und konformen Superalgebren, Dissertation, TU München

Kunsemüller, H. (1964) Zur Axiomatik der Quantenlogik, Philosophia Naturalis 8, 363

Landau, L. u. M. Bronstein (1934), Sowj. Phys. 4, 114

Lenard, P. (1902) Über die lichtelektrische Wirkung, Ann. Phys. 8, 149–198

Lorenz, Konrad (1942) Die angeborenen Formen möglicher Erfahrung, Z. Tierpsychol. 5, 235
(1973) Die Rückseite des Spiegels, München, Piper

Lorenz, Kuno (1961) Arithmetik und Logik als Spiele, in Lorenzen und Lorenz (1978)

Lorenzen, P. (1955) Einführung in die operative Logik und Mathematik, Berlin, Heidelberg, New York, Springer
(1959) Ein dialogisches Konstruktivitätskriterium, in Lorenzen und Lorenz (1978)
(1962) Metamathematik, Mannheim, Bibliographisches Institut

Lorenzen, P. u. K. Lorenz (1978) Dialogische Logik, Darmstadt, Wissenschaftliche Buchgesellschaft

Ludwig, G. (1954) Die Grundlagen der Quantenmechanik, Berlin, Heidelberg, New York, Springer

March u. Foradori (1939–40) Ganzzahligkeit in Raum und Zeit, Z. Phys. 114, 215, 653; 115, 245, 522

Mehra, J. (1973) The physicist's conception of nature, ed. J. Mehra, Dordrecht, Reidel
(1973^2) Einstein, Hilbert, and the theory of gravitation, in Mehra (1973)

Meyer-Abich, K. M. (1965) Korrespondenz, Individualität und Komplementarität, Wiesbaden, Steiner

Minkowski, H. (1908) Raum und Zeit, in H. A. Lorentz, A. Einstein, H. Minkowski, Das Relativitätsprinzip, Darmstadt, Wissenschaftliche Buchgesellschaft 1958

Mittelstaedt, P. (1978) Quantum logic, Dordrecht, Reidel

(1979) Der Dualismus von Feld und Materie in der Allgemeinen Relativitätstheorie, in Springer Lecture Notes Nr. 100, S. 308–319, Berlin, Heidelberg, New York, Springer
Nagaoka, H. (1904) Phil Mag. 7, 445–455
Neumann, J. v. (1932) Mathematische Grundlagen der Quantenmechanik, Heidelberg, Berlin, Springer
Neumann, J. v. u. O. Morgenstern (1943) Theory of Games
Pais, A. (1982) Subtle is the Lord..., Oxford, Oxford University Press
Picht, G. (1958) Die Erfahrung der Geschichte, in Picht (1969)
(1960) Die Epiphanie der ewigen Gegenwart, in Picht (1969)
(1969) Wahrheit, Vernunft, Verantwortung, Stuttgart, Klett
Popper, K. R. (1934) Zur Kritik der Ungenauigkeitsrelationen, Naturwiss. 22, 807–808
(1973) The rationality of scientific revolutions, in R. Harré (ed.), Problems of Scientific revolution, Oxford, Clarendon 1975
Roman, P. (1977) Statistical thermodynamics of ur-systems, in QTS II, 143–173; ferner QTS II, IV, V
Rudolph, E. (1983) Zur Theologie des Aristoteles
Rutherford, E. (1911) The scattering of α and β particles by matter and the structure of the atom, Phil. Mag. 21, 669–688
Sartre, J. P. (1943) L'être et le néant, Paris, Gallimard
Savage, L. J. (1954) The foundations of statistics, New York, Wiley
Scheibe, E. (1964) Die kontingenten Aussagen in der Physik, Frankfurt, Athenäum
(1973) The logical analysis of quantum mechanics, Oxford, Pergamon Press
Schilpp, P. A. (1949) ed., Albert Einstein: Philosopher-scientist, The Library of living philosophers VII, Evanston, Ill.
Schmutzer, E. (1983) Prospects for relativistic physics, in Proc. of GR 9, Berlin, Dt. Verlag d. Wissenschaften
Schrödinger, E. (1935) Die gegenwärtige Situation in der Quantenmechanik, Naturwiss. 23, 807, 824, 844
Segal, I. E. (1976) Theoretical foundations of the chronometric cosmology, Proc. Nat. Acad. Sci. USA 73, 669–673
(1977) Spinors, cosmology, elementary partices, QTS II, 113–129; ferner in QTS I, III, IV
Sexl, R. U. u. H. K. Urbantke (1983) Gravitation und Kosmologie, Mannheim, Bibliographisches Institut
Shannon, C. E. u. W. Weaver (1949) The mathematical theory of communication, Urbana, Ill.
Snyder, H. S. (1947) Quantized space-time, Phys. Rev. 71, 38–41
Sommerfeld, A. (1981) Geheimrat Sommerfeld – Theoretischer Physiker, Dokumentation aus seinem Nachlaß, M. Eckert, W. Pricha, H. Schubert, G. Torkav, Dt. Museum München
Strawson, P. F. (1959) Individuals, London, Methuen u. Co., University Paperback Nr. 81, 1964
Stückelberg, E. C. G. (1960) Quantum theory in real Hilbert space, Helv. Phys. Act. 33, 727–752

Thirring, W. (1961) An alternative approach to the theory of gravitation, Ann. Phys. (N. Y.) *16*, 96–117
Vigier, H. P. (1954) Structure des micro-objets dans l'interpretation causale de la théorie des quantes, Paris, gedruckt 1956
Weizsäcker, C. F. v. (1931) Ortsbestimmung eines Elektrons durch ein Mikroskop, Z. Phys. *70*, 114–130
(1934) Nachwort zur Arbeit von K. Popper (1934), Natwiss. *22*, 808
(1939) Der zweite Hauptsatz und der Unterschied von Vergangenheit und Zukunft, Ann. Physik *36*, 275; abgedruckt in (1971)
(1943) Zum Weltbild der Physik, Leipzig, Hirzel
(1948) Die Geschichte der Natur, Stuttgart, Hirzel
(1949) Eine Bemerkung über die Grundlagen der Mechanik, Ann. Phys. *6*, 67–68
(1955) Komplementarität und Logik I, Natwiss. *42*, 521–529 u. 545–555; abgedruckt in (1971)
(1957) Zum Weltbild der Physik, 7. Auflage. Stuttgart, Hirzel
(1957^2) Bemerkung zum vorstehenden Aufsatz (d. h. zu (1955)), in (1957), S. 329–332
(1958) Komplementarität und Logik II, Z. Naturforschung, *13a*, 245–253
(1958^2) mit *E. Scheibe u. G. Süssmann*, Mehrfache Quantelung, Komplementarität und Logik III, Z. Naturforschung *13a*, 705–721
(1965) Zeit und Wahrscheinlichkeit, Vorlesungsmanuskript, ungedruckt
(1971) Die Einheit der Natur, München, Hanser
(1971^2) Die Quantentheorie. In (1971), II.5
(1971^3) Notizen über die philosophische Bedeutung der Heisenbergschen Physik, in H. P. Dürr (ed.), Quanten und Felder, Braunschweig, Vieweg
(1972) Evolution und Entropiewachstum, Nova Acta Leopoldina, *206*, 515–530; in E. v. Weizsäcker (ed.) Offene Systeme I, Stuttgart, Klett-Cotta
(1973) Classical and quantum description, in Mehra (1973)
(1973^2) Comment on Dirac's paper, in Mehra (1973)
(1973^3) Probability and quantum mechanics, Brit. Journ. f. the philosophy of science *24*, 321–337
(1974) Geometrie und Physik, in Enz u. Mehra (ed.), Physical reality and mathematical description, Dordrecht, Reidel, S. 48–90
(1974^2) Der Zusammenhang der Quantentheorie elementarer Felder mit der Kosmogonie, in Nova Acta Leopoldina *212*, 61–80
(1975) The philosophy of alternatives, QTS I, 213–230
(1979) Einstein, in (1983)
(1980) Ist die Quantenlogik eine zeitliche Logik?
(1982) Bohr und Heisenberg, in (1983)
(1983) Wahrnehmung der Neuzeit, München, Hanser
(1985) Werner Heisenberg, in L. Gall (ed.), Die großen Deutschen unserer Epoche, Berlin, Propyläen
Weizsäcker, E. u. C. v. (1972) Wiederaufnahme der begrifflichen Frage: Was ist Information? Nova Acta Leopoldina *206*, 535–555
(1974) Erstmaligkeit und Bestätigung als Komponenten der pragmatischen Information, in E. v. Weizsäcker (ed.), Offene Systeme I, Stuttgart, Klett-Cotta, S. 82–113

(1984) Fehlerfreundlichkeit, in K. Kornwachs (ed.), Offenheit, Zeitlichkeit, Komplexität, Frankfurt, New York, Campus

Weizsäcker, E. v. (1985) Contagious knowledge, in Tord Ganelius (ed.), Progress in Science and its Social Conditions–Proceedings of the 58th Nobel-Symposium, Stockholm 1983, New York, Pergamon Press

Weyl, H. (1924) Raum-Zeit-Materie

Wigner, E. (1939) Ann. Math. 40, 149

(1961) Remarks on the mind-body question, in I. J. Good (ed.), The scientist speculates, London, Heinemann

(1983) Realität und Quantenmechanik, in QTS V, 7–18

Wolff, M. (1971) Fallgesetz und Massenbegriff. Zwei wissenschaftshistorische Untersuchungen zur Kosmologie des Johannes Philoponus, Berlin, de Gruyter

Zucker, F. J. (1974) Information, Entropie, Komplementarität und Zeit, in E. v. Weizsäcker (ed.), Offene Systeme I, Stuttgart, Klett-Cotta

Carl Friedrich von Weizsäcker, geboren 1912, war nach Lehrtätigkeit an den Universitäten Straßburg, Göttingen und Hamburg von 1970 bis 1980 Direktor am Max-Planck-Institut zur Erforschung der Lebensbedingungen der wissenschaftlich-technischen Welt.

Seine Hauptwerke im Carl Hanser Verlag: *Die Einheit der Natur* (1971, [5]1979), *Wege in der Gefahr* (1976), *Der Garten des Menschlichen* (1977, [4]1992), *Der bedrohte Friede* (1981), *Wahrnehmung der Neuzeit* (1983, [5]1984), *Die Zeit drängt* (1986, [7]1988), *Bewußtseinswandel* (1988, [6]1989), *Der Mensch in seiner Geschichte* (1991, [3]1992), *Zeit und Wissen* (1992, [3]1993), *Wohin gehen wir?* (1997, [3]1997).

Schutzumschlag: Klaus Detjen